生命科学实验指南系列

液相色谱-质谱（LC-MS）生物分析手册：最佳实践、实验方案及相关法规

Handbook of LC-MS Bioanalysis: Best Practices, Experimental Protocols, and Regulations

〔美〕李文魁　张　杰　谢励诚　编著

李文魁　刘　佳　张　杰　侯健萌　谢励诚　等　译

科 学 出 版 社

北　京

图字：01-2014-7927 号

内 容 简 介

液相色谱-质谱生物分析（LC-MS bioanalysis）是一门新兴学科，它正被越来越广泛地应用于药物代谢（drug metabolism）、药代动力学（pharmacokinetics）、毒代动力学（toxicokinetics），临床药物监测（therapeutic drug monitoring）、生物标记物测定等领域。承蒙许多国际顶尖的生物分析专家的积极参与，本书收载了诸多实战经验及最前沿的科学技术，涵盖了各类小分子和大分子的生物分析方法，集当今生物分析理论，相关法规与实践之大成，旨在对液相色谱-质谱生物分析研究进行完整而系统的总结。

本书堪称生物分析工作者进行液相色谱-质谱生物分析方法开发和验证的最佳参考书。读者群体包括从事新药研发、毒物检测、食品安全、临床药物监测及生化研究的科研人员，大专院校及研究院所的学生学者，药物监管机构的工作人员等。

图书在版编目（CIP）数据

液相色谱-质谱（LC-MS）生物分析手册：最佳实践、实验方案及相关法规/（美）李文魁（Wenkui Li）等著译. —北京：科学出版社，2017.1
（生命科学实验指南系列）

书名原文：Handbook of LC-MS Bioanalysis: Best Practices, Experimental Protocols, and Regulations

ISBN 978-7-03-049426-9

Ⅰ. ①液… Ⅱ. ①李… Ⅲ. ①液相色谱-色谱-质谱-生物分析-手册 Ⅳ. ①O657.7-62

中国版本图书馆 CIP 数据核字（2016）第 186934 号

责任编辑：王 静 岳漫宇 / 责任校对：张怡君 赵桂芬
责任印制：赵 博 / 封面设计：刘新新

科学出版社 出版
北京东黄城根北街 16 号
邮政编码：100717
http://www.sciencep.com

北京凌奇印刷有限责任公司印刷
科学出版社发行 各地新华书店经销
*
2017 年 1 月第 一 版 开本：787×1092 1/16
2024 年 10 月第七次印刷 印张：49 1/4
字数：1 165 000

定价：280.00 元
（如有印装质量问题，我社负责调换）

翻译和审校人员名单

主译和主审（按姓氏笔画排序）

刘　佳　李文魁（诺华）　张　杰（诺华）

侯健萌（药明康德）　谢励诚（诺华）

参译和参审人员（按姓氏笔画排序）

马　飞　马丽丽　马智宇　王　凯　王来新　王晓明　卞　超

古　珑　田春玲　史　律　兰　静　邢金松　朱云婷　刘　迪

刘　佳　刘　佳（上海药物所）　刘爱华　汤文艳　杜英华

李　辰　李　颖　李　黎　李文魁　李志远　杨兴烨　吴　伟

沈晓航　张　杰　张天谊　张永文　张渡溪　陈　牧　陈　昶

陈凤菊　林仲平　罗　江　周　信　屈兰金　钟大放　侯健萌

昝　斌　姜宏梁　姜金方　袁苏苏　夏元庆　顾　琦　顾哲明

高　红　陶　怡　黄建耿　曹化川　梁文忠　蒋华芳　温　冰

谢励诚　蒙　敏　詹　燕　熊　茵　蹇文婴

参编者名单

Arnold, Mark E., Bioanalytical Sciences, Bristol-Myers Squibb Co., Princeton, NJ, USA

Aubry, Anne-Françoise, Bioanalytical Sciences, Bristol-Myers Squibb Co., Princeton, NJ, USA

Awaiye, Kayode, Bioanalytical, BioPharma Services Inc., Toronto, ON, Canada

Bansal, Surendra K., Bioanalytical Research & Development, Non-Clinical Safety, Hoffmann-La Roche Inc., Nutley, NJ, USA

Barrientos-Astigarraga, Rafael E., Magabi Pesquisas Clínicas e Farmacêuticas Ltda, Itaqui Itapevi, Sao Paulo, Brazil

Bartels, Michael J., Toxicology and Environmental Research & Consulting, The Dow Chemical Company, Midland, MI, USA

Bartlett, Michael G., Department of Pharmaceutical & Biomedical Sciences, College of Pharmacy, University of Georgia, Athens, GA, USA

Bennett, Patrick, Thermo Fisher Scientific, San Jose, CA, USA

Briscoe, Chad, US Bioanalysis, PRA International, Lenexa, KS, USA

Bruenner, Bernd A. Bioanalytical Sciences, Pharmacokinetics & Drug Metabolism, Amgen Inc., Thousand Oaks, CA, USA

Carter, Spencer, Tandem Labs, a Labcorp Company, Salt Lake City, UT, USA

Chen, Buyun, Department of Pharmaceutical & Biomedical Sciences, College of Pharmacy, University of Georgia, Athens, GA, USA

Chow, Frank, Lachman Consultant Services Inc., Westbury, NY, USA

Cohen, Lucinda, NJ Discovery Bioanalytical Group, Merck, Rahway, NJ, USA

Cohen, Sabine, Hospices Civils de Lyon, Laboratoire de biochimie-toxicologie, Centre Hospitalier Lyon-Sud, Pierre Bénite, Cedex, France

de Boer, Theo, Analytical Biochemical Laboratory (ABL) B.V., W.A. Scholtenstraat 7, Assen, The Netherlands

Demers, Roger, Tandem Labs, a Labcorp Company, West Trenton, NJ, USA

Duggan, Jeffrey X., Bioanalysis & Metabolic Profiling, DMPK, Boehringer-Ingelheim Pharmaceuticals Inc., Ridgefield, CT, USA

Edom, Richard, Bioanalysis, Janssen Research & Development, Global Development Operations, Raritan, NJ, USA

Evans, Christopher A., PTS-DMPK Bioanalytical Science & Toxicokinetics (BST), GlaxoSmithKline, King of Prussia, PA, USA

Flarakos, Jimmy, Drug Metabolism & Pharmacokinetics, Novartis Institutes for BioMedical Research, East Hanover, NJ, USA

Fu, Yunlin, Drug Metabolism & Pharmacokinetics, Novartis Institutes for BioMedical Research, East Hanover, NJ, USA

Gagnieu, Marie-Claude, Hospices Civils de Lyon, Laboratoire de pharmacologie, Hôpital E. Herriot, Lyon, France

Gao, Hong, Drug Metabolism & Pharmacokinetics, Vertex Pharmaceuticals Inc., Cambridge, MA, USA

Garofolo, Fabio, Bioanalytical, Algorithme Pharma Inc., Laval (Montreal), Quebec, Canada

Guitton, Jérôme, Hospices Civils de Lyon, Laboratoire de ciblage thérapeutique en cancérologie, Centre Hospitalier Lyon-Sud, Pierre Bénite, Cedex, France; Université Claude Bernard Lyon I, Laboratoire de Toxicologie, ISPBL, Lyon, France

Hawthorne, Glen, Department of Bioanalysis, Huntingdon Life Sciences, Alconbury, Cambridgeshire, UK

Hayes, Michael, Drug Metabolism & Pharmacokinetics, Novartis Institutes for BioMedical Research, East Hanover, NJ, USA

Hill, Howard M., Pharmaceutical Development, Huntingdon Life Sciences, Alconbury, Cambridgeshire, UK

Ho, Stacy, Drug Metabolism & Pharmacokinetics, Preclinical Biosciences, Sanofi, Waltham, MA, USA

Hoffman, David, Early Development Biostatistics, Sanofi, Bridgewater, NJ, USA

Huang, Qingtao (Mike), Bioanalysis, Janssen Research & Development, Global Development Operations, Raritan, NJ, USA

James, Christopher A., Bioanalytical Sciences, Pharmacokinetics & Drug Metabolism, Amgen Inc., Thousand Oaks, CA, USA

Ji, Allena J., Clinical Specialty Lab, Genzyme, A Sanofi Company, Framingham, MA, USA

Jian, Wenying, Bioanalysis, Janssen Research & Development, Global Development Operations, Raritan, NJ, USA

Kindt, Erick, Pharmacokinetics, Dynamics & Metabolism, Pfizer Inc., San Diego, CA, USA

Kudoh, Shinobu, Pharmaceuticals & Life-sciences Division, Shimadzu Techno-Research, Inc., Nakagyo-ku, Kyoto-shi, Kyoto-fu, Japan

Lachman, Leon, Lachman Consultant Services, Inc., Westbury, NY, USA

Lefebvre, Isabelle, Institut des Biomolécules Max Mousseron, UMR 5247 CNRS-UM1-UM2, Université Montpellier 2, Montpellier, Cedex, France

Li, Feng (Frank), Alliance Pharma Inc., Malvern, PA, USA

Li, Hongyan, Bioanalytical Sciences, Pharmacokinetics & Drug Metabolism, Amgen Inc., Thousand Oaks, CA, USA

Li, Wenkui, Drug Metabolism & Pharmacokinetics, Novartis Institutes for BioMedical Research, East Hanover, NJ, USA

Li, Wenlin (Wendy), Pharmacokinetics, Dynamics & Metabolism, Pfizer Inc., San Diego, CA, USA

Licea-Perez, Hermes, PTS-DMPK Bioanalytical Science & Toxicokinetics (BST), GlaxoSmithKline, King of Prussia, PA, USA

Lin, Zhongping (John), Bioanalytical Services, Frontage Laboratories Inc., Malvern, PA, USA

Liu, Guowen, Bioanalytical Sciences, Bristol-Myers Squibb Co., Princeton, NJ, USA

Love, Iain, Department of Bioanalysis, Huntingdon Life Sciences, Alconbury, Cambridgeshire, UK

Majumdar, Tapan K., Drug Metabolism & Pharmacokinetics, Novartis Institutes for BioMedical Research, East Hanover, NJ, USA

Martinez, Elizabeth M., Department of Medicinal Chemistry & Pharmacognosy, University of Illinois College of Pharmacy, Chicago, IL, USA

McGinnis, A. Cary, Department of Pharmaceutical & Biomedical Sciences, College of Pharmacy, University of Georgia, Athens, GA, USA

Meng, Min, Tandem Labs, a Labcorp Company, Salt Lake City, UT, USA

Miller, Jeffrey D., Product Applications, AB Sciex, Framingham, MA, USA

Moyer, Michael, Bioanalytical Services, Frontage Laboratories Inc., Malvern, PA, USA

Nash, Bradley, Global Quality & Compliance, PPD, Richmond, VA, USA

Ohnmacht, Corey M., US Bioanalysis, PRA International, Lenexa, KS, USA

Patel, Shefali, Bioanalysis, Janssen Research & Development, Global Development Operations, Raritan, NJ, USA

Pawula, Maria, Department of Bioanalysis, Huntingdon Life Sciences, Alconbury, Cambridgeshire, UK

Rahavendran, Sadayappan V., Pharmacokinetics, Dynamics & Metabolism, Pfizer Inc., San Diego, CA, USA

Rajarao, Joe, Global Professional Services, IDBS, Bridgewater, NJ, USA

Ramanathan, Dil, Kean University, New Jersey Center for Science, Technology & Mathematics, Union, NJ, USA

Ramanathan, Ragu, Drug Metabolism and Pharmacokinectics, QPS LLC, Newark, DE, USA

Reuschel, Scott, Tandem Labs, a Labcorp Company, Salt Lake City, UT, USA

Rudewicz, Patrick J., Metabolism & Pharmacokinectics, Novartis Institutes for BioMedical Research, Emeryville, CA, USA

Santa, Tomofumi, Graduate School of Pharmaceutical Sciences, The University of Tokyo, Bunkyo-ku, Tokyo, Japan

Savale, Shrinivas S., Bioevaluation Centre, Torrent Pharmaceuticals Limited, Gandhinagar, Gujarat, India

Shrivastav, Pranav S., Department of Chemistry, School of Sciences, Gujarat University School of Science, Navrangpura, Ahmedabad, Gujarat, India

Singhal, Puran, Bioanalytical, Alkem Laboratories Ltd, Navi Mumbai, Maharashtra, India

Skor, Heather, Applied Proteomics, Inc., San Diego, CA, USA

Smith, Graeme T., Department of Bioanalysis, Huntingdon Life Sciences, Alconbury, Cambridgeshire, UK

Smith, Harold T., Drug Metabolism & Pharmacokinetics, Novartis Institutes for BioMedical Research, East Hanover, NJ, USA

Smith, J. Kirk, Regulatory Affairs & Quality Systems, Smithers, Wareham, MA, USA

Stanczyk, Frank, Department of Obstetrics and Gynecology, Department of Preventive Medicine, University of Southern California Keck School of Medicine, Los Angeles, CA, USA

Tan, Aimin, Bioanalytical, BioPharma Services Inc., Toronto, ON, Canada

Tang, Daniel, ICON Development Solutions APAC, Pudong, Shanghai, China

Timmerman, Philip, Bioanalysis, Janssen Research & Development, Division of Janssen Pharmaceutica N.V., Beerse, Belgium

Tse, Francis L.S., Drug Metabolism & Pharmacokinetics, Novartis Institutes for BioMedical Research, East Hanover, NJ, USA

Tweed, Joseph A., Regulated Bioanalytical, Pharmacokinetics, Dynamics & Metabolism, Pfizer Inc., Groton, CT, USA

Unger, Steve, Bioanalytical Sciences, Worldwide Clinical Trials, Austin, TX, USA

van Amsterdam, Peter, Abbott Healthcare Products BV, 1380DAWeesp C. J. van Houtenlaan 36, The Netherlands.

van Breemen, Richard B., Department of Medicinal Chemistry & Pharmacognosy, University of Illinois College of Pharmacy, Chicago, IL, USA

van de Merbel, Nico, Bioanalytical Laboratories, PRA International, Assen, The Netherlands

Voelker, Troy, Tandem Labs, a Labcorp Company, Salt Lake City, UT, USA

Wang, Laixin, Tandem Labs, a Labcorp Company, Salt Lake City, UT, USA

Weng, Naidong, Bioanalysis, Janssen Research & Development, Global Development Operations, Raritan, NJ, USA

Wieling, Jaap, QPS Netherlands BV, Groningen, The Netherlands

Williams, John, Vertex Pharmaceuticals Inc., Cambridge, MA, USA

Xia, Yuan-Qing, Product Applications, AB Sciex, Framingham, MA, USA

Yadav, Manish S., Clinical Research & Bioanalysis, Alkem Laboratories Ltd, Navi Mumbai, Maharashtra, India

Yang, Yi (Eric), PTS-DMPK Bioanalytical Science & Toxicokinetics, GlaxoSmithKline, King of Prussia, PA, USA

Yang, Ziping, Drug Metabolism & Pharmacokinetics, Novartis Institutes for BioMedical Research, East Hanover, NJ, USA

Yau, Martin, Lachman Consultant Services, Inc., Westbury, NY, USA

Yuan, Weiwei, QPS LLC, Newark, DE, USA

Zeng, Jianing, Bioanalytical Sciences, Bristol-Myers Squibb Co., Princeton, NJ, USA

Zhang, Duxi, Department of Bioanalysis, WuXi AppTec (Suzhou) Co., Ltd., Suzhou, Jiangsu, China

Zhang, Fagen, Toxicology & Environmental Research & Consulting, The Dow Chemical Company, Midland, MI, USA

Zhang, Jie, Drug Metabolism & Pharmacokinetics, Novartis Institutes for BioMedical Research, East Hanover, NJ, USA

Zhou, Jin, Drug Metabolism & Pharmacokinetics, Boehringer-Ingelheim Pharmaceuticals Inc., Ridgefield, CT, USA

译 者 简 介

马飞，陕西西安人。中国药科大学学士、硕士，美国田纳西大学药剂学博士。先后任职于西安杨森、美国 GTxInc 和 Seventh Wave Labs，现为上海睿智化学研究有限公司药物代谢物鉴定资深研究员。

马丽丽，华东理工大学药物制剂学士（2003 年）。曾就职于药物制剂国家工程研究中心药代动力学研究室和通标标准技术服务有限公司上海分公司生命科学实验室，现为方达医药技术（上海）有限公司生物分析主任研究员（principal scientist）。熟悉 HPLC、LC-MS/MS 等分析仪器，在生物分析方法的建立、验证和转移，临床前及临床Ⅰ～Ⅲ期生物样品分析等方面积累了丰富的经验。熟悉实验室标准化流程、安全生产管理及相关 GLP 规则和运作。

马智宇，2008 年毕业于中国药科大学生物技术专业，同年攻读中国药科大学药物分析专业研究生，主修仪器分析，于 2011 年获得药物分析硕士学位。毕业后进入中国科学院上海药物研究所药物代谢研究中心工作。先后参与 17 个一类新药的 ADME 研究、2 个临床药代动力学研究和 2 个临床前药代动力学研究项目，主要从事生物分析测试工作。先后在学术期刊发表学术论文 7 篇。

王凯，2008 年毕业于南京大学化学化工学院，获学士学位，2014 年年初毕业于美国新泽西罗格斯大学化学系，获博士学位，博士学习期间主要从事与质谱相关的研究工作。毕业后进入美国宾夕法尼亚州方达医药（Frontage Laboratories, Inc.）担任高级科学家，从事生物分析方法的开发与验证、研究设计及样品分析等相关工作。

王来新，博士，现任 Tandem Labs 实验室副主任，负责生物分析方法的开发及验证。1988 年于北京医科大学药学院本科毕业，1992 年在该校获药物化学博士学位。在留校任教半年后，赴美国犹他大学药剂与药剂化学学院从事博士后研究。1999 年赴杜克大学化学系任研究副教授。2000 年回犹他州盐湖城加入到一个新成立的生物技术公司（Salus Therapeutics），并任高级研究员，他一直工作到 2004 年该公司被 GentaInc 收购，同年加入 Tandem Labs。

王晓明，现任 Sanofi 公司资深研究化学家，主要从事动物新药研发中原料药物和成品药物的分析，曾供职于 Merck，从事新药原料药稳定性分析和研究工作，具有近 20 年运用高效液相分离技术进行药物定量和定性分析的工作经验，熟知美国 FDA 的 GMP/GLP 规范，毕业于山东医科大学药学专业。

卞超，天津人，南开大学化学学士、高分子化学与物理学硕士。曾参与天津市重大科技攻关项目“甘草活性多糖粉针剂”。曾参与国家 863 项目“单壁碳纳米管的制备和物理性能”的研究。从事生物分析方法的开发与验证在 8 年以上。2006 年加入上海药明康德新药开发有限公司，现任生物分析服务部组长。

古珑，南开大学化学学士（1999 年）、分析化学硕士（2002 年）。曾就职于天津出入境检验检疫局、AB Sciex，现为方达医药技术（上海）有限公司生物分析高级主任研究员（senior principal scientist）。熟悉 GC-MS、LC-MS/MS、LC-TOF 等各类与质谱相关的分析仪器，在临床前及临床药代动力学、毒代动力学研究等方面有丰富的经验。熟悉相关的 GLP 规则和运作，在食品农兽药残留及添加剂检测分析方面做了大量的工作。曾获天津市科学技术进步三等奖（2004 年）、国家质量监督检验检疫总局（国家质检总局）“科技兴检奖”二等奖（2004 年、2007 年），发表论文 10 余篇，参与 2 项国家标准和 4 项行业标准的制定。

田春玲，2001 年毕业于山东大学药学院，同年攻读沈阳药科大学药物分析专业硕士学位。曾就职于上海药明康德新药开发有限公司生物分析服务部，从事生物分析方法的开发、验证及生物样品的分析工作。

史律，睿智化学药代动力学高级研究员，主要从事生物大分子，特别是单抗类药物的药代动力学研究。2001 年毕业于安徽大学生命科学院。2002～2005 年，在上海生命科学研究院从事肝癌等疾病的科研工作。2006～2012 年，在中国科学技术大学攻读神经生物学博士学位，研究 Alzheimer 病的机制及可能的药物靶标。2012～2014 年，在安捷伦（中国）担任高级应用工程师，主要从事 LC-MS 在生物大分子分析中的应用。

兰静，吉林双辽人。吉林大学生物制药专业学士、药物分析专业硕士。在校期间从事生物等效性研究及药代动力学研究，并发表了 2 篇 SCI 论文和 2 篇中国核心期刊论文。曾从事药物发现前期阶段的药物分析和食品中三聚氰胺、苯甲酸钠的检测工作，现任上海药明康德新药开发有限公司生物分析服务部助理主任。主要从事国内外药厂的Ⅰ～Ⅳ期及仿制药的生物分析和药代动力学工作。

邢金松，安徽全椒人。北京大学生物学学士、美国罗格斯大学植物科学博士。曾任上海药明康德新药开发有限公司副总裁，在药明康德任职期间，生物分析服务部成为中国第一家同时通过中国 CFDA、美国 FDA、OECD 和 EMA 检查认证的 GLP 生物分析实验室。

朱云婷，2012 年毕业于上海交通大学药学系，现于中国科学院上海药物研究所攻读药物分析专业博士学位，师从药物代谢领域专家钟大放研究员，专业方向为药物代谢与药代动力学研究。学习期间，参与编写《新药研发案例研究》，并参与完成了多个一类新药的体外代谢、转运体筛选及体内药代动力学研究。

刘迪，2004 年毕业于中国药科大学制药工程专业，后获中国药科大学药物分析学硕士学位。2008 年加入南京美新诺医药科技有限公司，并于同年被选派至美国 XenoBiotic Laboratories，Inc.进修 GLP。回国后协助美新诺医药建立了符合 FDA GLP 规范的生物分析实验室。目前主要从事药物非临床和临床研究质量管理工作，在 GLP 生物样品分析的质量保证工作领域具有丰富的经验。曾任南京美新诺医药科技有限公司质量保证部总监。

刘佳，在 2007 年 7 月毕业于西安交通大学药物分析学专业，获硕士学位。曾任上海药明康德生物分析服务部副主任，从事 LC-MS/MS 生物分析方法的开发，以及遵循当代工业标准和 GLP 法规的方法学验证及样品分析工作，支持数十家国内外制药公司的临床/临床前生物分析项目，同时负责部门内 GLP SOP 的起草、修订及更新工作。

刘佳，天津人。2006 年毕业于天津大学，2011 年获中国科学院上海药物研究所药物分析学博士学位。现为中国科学院上海药物研究所-法国施维雅公司联合药学实验室负责人，主要从事先导化合物早期类药性质评价和代谢组学工作。已发表 SCI 论文 7 篇。

刘爱华，2006 年于北京大学医学部药学系获博士学位，期间从事的课题获得 2007 年中国高等学校科学技术奖。2007～2010 年在美国犹他大学眼科中心从事生物化学博士后研究。2010～2012 年在该中心任研究员。2012～2015 年在 Tandem Labs 任研究员。2015 年至今在 Covance（Tandem Labs）任资深研究员。主要从事生物分析方法的研究和验证，以及生物样品的分析。现已发表专题论文 40 余篇。

汤文艳，江苏镇江人。2007 年毕业于华中科技大学同济医学院药学院，同年攻读药剂学研究生，2009 年获药剂学硕士学位。现任上海药明康德新药开发有限公司生物分析服务部高级研究员。从事 LC-MS 测定人体血液样品中药物浓度相关的工作。

杜英华，美国杨柏翰大学生物化学博士。曾任 Sugen/Pharmacia/辉瑞生物研究制药公司和杜邦默沙东公司 DMPK 专题组负责人。曾任赛默飞世尔（THERMO FISHER）产品开拓经理,负责公司质谱研发部业务扩展并领导 Demo 实验室及市场部共 60 多人的团队。现任睿智化学药物代谢和药动学部（DMPK）执行总监，负责生物分析和 *In Vitro* ADME 部门，她领导这两个功能部门共 100 多人的团队，参与 IND 新药研发和报告，并负责抗癌小分子创新药 GLP 分析研发平台的组建及开拓。

李辰，中国科学院上海药物研究所实习研究员。2010 年毕业于中国药科大学药物分析专业，同年攻读药代动力学专业硕士学位，2013 年毕业获理学硕士学位。同年进入上海药物研究所药物代谢研究中心，主要利用 LC-MS 技术进行药代动力学研究。参与完成多个一类新药的 ADME 研究、临床药代动力学研究、生物等效性及候选化合物初筛等项目的分析测试工作。

李颖，2006 年毕业于中南大学湘雅医学院药学系，同年攻读沈阳药科大学硕士学位，2009 年获药剂学硕士学位。曾任上海药明康德新药开发有限公司生物分析服务部研究员，从事生物分析方法的开发、验证和生物样品的分析工作。

李黎，2005 年毕业于华中科技大学同济医学院，同年攻读药物分析学专业硕士学位，2008 年获理学硕士学位。曾任上海药明康德新药开发有限公司生物分析服务部副高级研究员、组长。主要从事 LC-MS/MS 生物分析工作，掌握了 LC-MS 的原理、方法开发、方法验证、样品前处理、仪器使用和日常维护。负责符合 GLP 标准的项目方案的撰写、实验开展和数据汇报。先后与国内外多家知名制药企业合作承担多项 BA、BE 和 TK 项目，为企业在 FDA、OECD 及 CFDA 的药品申报提供重要的生物分析数据支持。

李文魁，江西宜丰人。中国协和医科大学博士，前中国医学科学院药用植物研究所副教授。曾在美国肯塔基大学药学院和伊利诺大学药学院从事博士后研究，现任诺华药品公司药物代谢部高级研究员。主要负责生物分析方法的开发、验证和转移，临床前及临床生物样品的分析及相关的毒代与药代动力学研究。任两个专业杂志的编委。编著相关参考书籍 3 部，发表专题论文 100 余篇。

李志远，辽宁沈阳人。2013 年毕业于沈阳药科大学，获得分析化学硕士学位，在校期间主要从事生物样品的分析与药物质量标准的建立工作，毕业后就职于中国科学院上海药物研究所药物代谢研究中心，从事与药物代谢和药代动力学相关的研究。曾参与 2 个一类新药的 ADME 研究、2 个临床生物等效性实验及多个临床前药代动力学实验的研究。

杨兴烨，2007 年于美国纽约州立大学环境科学与林业学院获生物化学博士学位。2007～2009 年在美国北卡罗来纳大学威明顿分校海洋科学中心从事博士后研究工作。2009 年加入南京美新诺医药科技有限公司，从事符合 GLP 法规原则的各种生物基质中生物分析方法的开发、验证和转移，以及生物样品分析工作。具有多年非临床和临床药物药代动力学研究工作经验。曾任南京美新诺医药科技有限公司生物分析部高级研究员。

吴伟，2002 年毕业于第二军医大学药学院。曾任上海药明康德新药开发有限公司生物分析服务部副主任，主要从事 GLP 法规指导下的 LC-MS 生物样品分析，以支持药物临床试验及毒理实验。精通 LC-MS 方法的开发，熟悉 GLP 实验室的建设、各国的 GLP

法规、仪器设备的IQ/OQ/PQ，熟悉计算机系统的验证及21 CFR Part 11。

沈晓航，复旦大学有机化学专业本科毕业，美国东北大学分析化学专业博士。曾任上海药明康德新药开发有限公司生物分析服务部执行主任，负责遵循GLP法规的生物体内小分子药物的生物分析工作。加入药明康德之前，曾在美国百时美施贵宝（Bristol-Myers Squibb）、巴斯夫、Biogen等医药公司从事生物分析工作12年。此外，还就职于Merial动物制药公司和麻省理工学院。

张杰，1984年毕业于中国北京中医药大学，1996年获得瑞典卡罗林斯卡医学院（Karolinska Institute）生物及分析化学博士学位，在加拿大戴尔豪斯大学（Dalhousie University）完成博士后研究后进入工业界。主要从事以生物分析为主的毒代动力学和药代动力学研究。先后在Neurochem Inc.、MDS Pharma、赛诺菲（Sanofi）任职。目前为诺华药品公司美国生物分析实验室负责人。发表论文20多篇，是*LC-MS Bioanalysis*原书的作者及3位主编之一。

张天谊，1991年毕业于南京大学化学系，1994年获硕士学位，2001年获美国佛罗里达大学分析化学博士学位，2009年获美国弗吉尼亚联邦大学工商管理硕士。曾在多所美国CRO任职，先后担任高级研究员、项目经理、部门经理和运营总监等职务。现为方达医药技术（上海）有限公司总经理。研究领域包括药代动力学，代谢机制，GLP生物分析，LC-MS/MS中的磷酸酯基质效应，分析方法的系统化开发、优化和问题处理。在国际刊物上发表论文30多篇，并多次在国际会议上发表海报和演讲。

张永文，博士，研究员，药物化学（天然药物）专业。1985年毕业于山东医科大学药学系，获医学学士学位；其后在中国协和医科大学研究生院学习，获理学硕士学位；之后在香港中文大学生物系学习，获博士（PhD in biology）学位。多年来一直从事中药、天然药物化学的研究与开发。曾在日本东京北里研究所进行为期两年的中药多糖化学与活性的研修，后到加拿大Dalhousie University大学进行为期三个月的药用植物成分抗病毒活性研究。2004年加入国家食品药品监督管理局药品审评中心（CDE，CFDA），从事中药药学技术审评与评价工作。现为国家食品药品监督管理总局药品审评中心研究员、主审报告人、高级审评员。

张渡溪，博士，于美国普渡大学（Purdue University）Graham R. Cooks教授指导下获得分析化学博士学位，本书英文版的作者之一。曾任苏州药明康德新药开发有限公司生物分析服务部高级主任，支持药明康德苏州临床前药物安全性评价中心GLP毒理及毒代动力学研究中所有的生物分析工作，涵盖小分子化学药物和大分子生物药物。在加入药明康德之前，他曾就职于美国著名制药公司百时美施贵宝（Bristol-Myers Squibb），负责生物分析方面的工作，支持新乙肝治疗药物安替卡韦（Entecavir）的研发并成功上市。

陈牧，2008年毕业于南京大学化学化工学院，2014年于美国新泽西罗格斯大学获得化学博士学位。博士期间从事气相物理有机化学、分析化学、质谱分析研究。在《美国化学会志》《有机化学》等期刊发表论文5篇。毕业后进入方达医药（Frontage Laboratories，Inc.）实验室任高级科学家，从事药物生物分析方法的开发/验证及样品分析工作。

陈昶，主要从事药物分析技术在医药领域的应用研究。2002～2008年于华中科技大学同济医学院获生物药学学士及药物化学硕士学位。2009年由国家留学基金委-阿德莱德大学联合奖学金资助，赴澳大利亚阿德莱德大学深造，并于2013年获药理学博士学位。同年回到华中科技大学同济医学院从事博士后研究。以第一作者或通讯作者身份在国际权威期刊发表论文近10篇，并担任多个期刊的审稿人。现承担中国博士后科学基金一等资助研究一项。

陈凤菊，沈阳药科大学学士、硕士。主要研究方向为生物药剂学及药代动力学，擅长使用LC-MS/MS进行生物分析方法的开发、验证及应用，有丰富的GLP工作经验。其所开发的分析方法涉及手性药物、单克隆抗体、脂质体药物、多肽蛋白类药物、染料、内源性化合物和微量元素等。在国内外杂志发表药代动力学相关论文4篇，曾参编教材1部。曾任上海药明康德新药开发有限公司生物分析服务部副高级研究员、组长。

林仲平，加拿大Dalhousie大学分析化学专业博士。曾在美国俄亥俄州立大学药学院肿瘤综合研究中心从事药物代谢与药代动力学方面的博士后研究工作。现任方达医药（Frontage Laboratories，Inc.）高级副总裁，主要负责生物分析和项目管理的工作。著有相关参考书籍中的7个章节，先后发表专题论文40余篇，是《美国医药生物医学分析杂志》的审稿人。

罗江，2005年毕业于华东理工大学分析化学专业，获硕士学位。曾任上海药明康德生物分析服务部副主任。负责客户的项目管理和协调工作，有近10年的GLP生物分析从业经验，熟悉生物分析方法开发和生物分析实验室流程。

周信，华中科技大学博士后，主要从事中药代谢研究工作。2006年毕业于武汉大学药学系，2008年进入中国科学院上海药物研究所随钟大放教授从事药物代谢研究工作，主要致力于放射性标记同位素的ADME研究。先后参与《药物设计和开发中药物代谢——基本原理和实践》和《类药性质：概念、结构设计与方法——从ADME到安全性优化》等药物代谢相关书籍的翻译工作。

屈兰金，江西丰城人。中国药科大学中药学专业学士、药物分析专业硕士。在校期间，主要从事药物质量控制、生物等效性研究及药代动力学研究工作。曾任上海药明康德新药开发有限公司生物分析服务部组长，主要从事GLP阶段的国内外药厂的Ⅰ～Ⅳ期及仿制药的生物分析及药代动力学研究工作。

钟大放，中国科学院上海药物研究所研究员，药物代谢研究中心主任。1982年毕业于沈阳药学院化学制药专业，1985年获药物分析硕士学位，1989年在德国波恩大学获药物化学博士学位，1990～1994年在Eschborn德国药师中心实验室从事博士后研究。自1994年6月起，任沈阳药科大学教授，2005年调入中国科学院上海药物研究所。主要从事生物分析方法、药物代谢和药代动力学研究。发表中、英文论文各200余篇，专著和译著5部。

侯健萌，现任上海药明康德新药开发有限公司生物分析部副高级研究员、组长。2008年毕业于郑州大学外国语言文学系，获学士学位，同年加入药明康德生物分析部。主要负责国内外客户的GLP项目的报告撰写，并对提交CFDA的英文报告进行翻译、校对。作为QC负责人，对GLP项目的操作规程、实验数据等进行质量控制，使其符合GLP标准并保证实验结果准确、真实、可靠。

訾斌，安徽池州人。2007年毕业于沈阳药科大学药学系，2010年获上海中医药大学药理学硕士。2010年进入工业界从事药代动力学研究工作。2014年进入中国科学院上海药物研究所药物代谢研究中心，主要从事临床前和临床药代动力学研究工作。已发表学术论文数篇。

姜宏梁，博士，华中科技大学教授、博士生导师。主要从事药物分析与代谢研究工作。2005年于美国亚利桑那大学获博士学位，攻读博士学位期间主要从事植物药化学成分的LC-MS/MS和GC-MS分析研究。2005～2006年在美国西北太平洋国家实验室从事博士后研究工作，主要从事基于LC-MS/MS技术的代谢组和蛋白质组学研究。2006～2011年任职于美国Covance Inc.公司生物分析部，主要从事生物分析方法开发、验证及应用方面的工作。

姜金方，2013年获沈阳药科大学制药工程学士学位。目前在中国科学院上海药物研究所攻读药物分析硕士学位，师从药物代谢领域专家钟大放研究员，专业方向是药物代谢及药代动力学。学习期间，参与完成了新药的体外及动物和人体生物样品的分析工作。

袁苏苏，2001年毕业于南京大学化学系，2004年获南京大学分析化学硕士，主攻电化学分析，发表了学术论文数篇，并申请专利"基于电化学溶出方法的血液中重金属离子检测方法及装置"。2005年前往美国凯斯西储大学就读，于2010年获得化学博士学位，主要从事活体内胆固醇在线检测研究。2011 年加入苏州药明康德生物分析服务部，从事 GLP生物样品分析工作。

夏元庆，现为Sciex公司资深科学家，负责培训指导北美洲制药公司和CRO使用各种液相质谱进行小分子和多肽的生物定量及定性分析工作，曾在施贵宝及默克从事长达16年的新药研发的药代动力学及液相质谱生物定量和定性分析工作。已在SCI期刊上发表了40余篇专业文章及为两本生物分析书籍编写章节。毕业于美国北卡罗来纳大学及山东医科大学药学专业。

顾琦，睿智化学药代动力学高级研究员。主要从事小分子药物、小分子生物标志物及代谢组学、单抗类大分子药物的药代动力学研究。毕业于沈阳药科大学药代动力学研究中心。毕业后任职于重庆市食品药品检验所。2004～2008年加入爱博才思分析仪器有限公司（ABSciex），担任质谱高级应用工程师。2008～2010 年加入科文斯医药研发有限公司，担任高级研究员。2011～2012年前往美国杜兰大学癌症中心担任研究员，研究与癌症相关的生物标志物。

顾哲明，1986年在北京医科大学获得生药学博士学位。曾任南京美新诺医药科技有限公司（药明康德LTD南京分部）总经理。曾任日本富山医科药科大学WHO客座研究员，1992年被破格提拔为成都中医药大学教授，现任江西中医药大学客座教授和四川中医药科学院客座研究员。1991～1994 年在普渡大学药学院从事博士后研究。1994 年受聘于 XBL公司，协助公司创建了生物分析部门，主持并参与了上百个生物分析方法的验证和临床前或临床样品的分析工作。为《中国药典》2015版生物样品定量分析方法验证指导原则（草案）主要撰写人员之一。

陶怡，云南昆明人。南开大学化学学士，2005年获美国伊利诺伊大学芝加哥分校药学院药物化学博士学位。主要从事LC-MS技术在天然活性化合物筛选、代谢和药代动力学中的应用研究。在加入药明康德之前，曾就职于美国著名制药公司百时美施贵宝（Bristol-Myers Squibb）和葛兰素史克上海研发中心，负责生物分析方面的工作。现为上海药明康德生物分析部主任，为non-GLP生物分析负责人。

黄建耿，博士，华中科技大学副教授、硕士生导师。主要从事药物体内转运与代谢方面的研究工作。2008年于华中科技大学获得博士学位。2008年10月～2010年7月在美国内布拉斯加州大学医学中心药学院和2010年8月～2012年3月在美国爱荷华大学药学院从事博士后研究工作，主要研究方向为药物代谢与转运。

曹化川，北京大学化学系本科毕业，于 2004 年获美国佐治亚理工学院有机化学博士，并在加州大学河滨分校完成生物化学和分析博士后研究工作。2009～2012 年先后在美国科文斯和百时美施贵宝（Bristol-Myers Squibb）从事生物分析工作，现为美国礼来（Eli Lilly）中国研发中心主任研究员 II。目前他的团队主要负责基于 LC-MS 的生物分析方法开发和验证工作。长期从事药代动力学、靶向代谢组学和生物标志物分析的研发工作，并在国际期刊上发表 20 余篇论文。

梁文忠，西北大学化学学士、硕士，2004 年获美国伊利诺伊大学芝加哥分校药学院生药学博士学位。主要从事 LC-MS 技术在天然活性化合物生物分析、代谢和药代动力学中的应用研究。毕业后在美国 PPD Inc.和 XenoBiotics Inc.两家公司从事法规依从的 LC-MS 生物分析研究。现任上海药明康德生物分析服务部高级主任。

蒋华芳，上海第二军医大学药物分析博士。现任上海药明康德新药开发有限公司生物分析服务部副主任。负责使用 LC-MS 技术建立分析方法，测定化合物在生物基质中的浓度等工作，以支持药物的筛选和开发。曾负责小分子活性多肽在临床前的代谢研究和药代动力学和毒代动力学研究。先后在国内外学术期刊上发表学术论文数篇。

温冰，2008 年毕业于沈阳药科大学药学院药物制剂专业，获药学硕士学位。曾任上海药明康德生物分析服务部项目负责人及 GLP 质量保证部组长。主要从事运用 LC-MS/MS 进行小分子化合物的生物分析工作。期间多次参与 CFDA、FDA、OECD 及 EMA 有关生物分析实验室的 GLP 质量体系现场检查。曾参与药明康德美国费城生物分析实验室质量体系的建立。2014 年加入赛诺菲（Sanofi）中国研发中心，担任质量运营经理。为中国毒理学会会员、美国 QA 协会（SQA）会员，并取得 SQA 协会注册质量保证专员资质（RQAP-GLP）认证。

谢励诚，浙江绍兴人。于香港苏浙小学及皇仁书院毕业，美国威斯康星大学药剂学学士、硕士、博士。前罗格斯大学药学系助理教授，现为诺华药品公司药物代谢部副总裁。著有相关参考书籍 6 部，专题论文 120 余篇。为美国药剂科学家协会（AAPS）、药剂科研学院（APRS）及美国临床药理学院（ACCP）院士，现为国际医药开发联盟（IQC）董事局成员。2006 年获“全美 50 杰出亚裔”奖。

蒙敏，1984 年毕业于北京师范大学化学系。1987 年在该校获放射药物化学专业理学硕士学位。1987～1992 年在中国科学院高能物理所工作，任助理研究员，期间曾获得国家青年科学家基金。1992 年赴美国马里兰州立大学药学院攻读生物医学化学专业，并于 1997 年获博士学位。继而进入 American Health Foundation 任博士后研究员。从 1998 年起到现在，一直工作于 Tandem Labs，现任职技术总监。

詹燕，2006 年毕业于沈阳药科大学药学理科基地班。2011 年毕业于中国科学院上海药物研究所药物分析专业，获得理学博士学位。留所从事临床前和临床生物样品的药代动力学研究，主要从事 LC-MS/MS 生物分析方法的建立，作为专题负责人，已经先后完成十多个一类新药的生物样品分析测试工作。在国内外期刊发表科研论文近 10 篇。

熊茵，2007 年毕业于华中科技大学，获生化与分子生物学理学硕士学位。同年加入上海药明康德生物分析服务部，从事 GLP 临床及非临床生物样品分析方法的开发、验证及样品分析工作。现任上海药明康德新药开发有限公司生物分析服务部主任。熟悉不同国家及组织机构的相关 GLP 法规，了解行业中全球领先的多家制药公司对生物分析方法验证及样品分析的要求。负责多个客户的项目管理工作，参与部门操作规程的制定、修改及执行。作为主要负责人，多次参与客户审计。作为 CFDA 的培训讲师，对国内一些 GLP 实验室负责人及工作人员进行 GLP 法规及操作培训。

译 者 序

开发新药，任重道远，动辄耗资上百亿，费时逾十载，期间必须反复验证两个首要因素：一为是否有疗效，二为是否安全。为了彻底明白新药的药理和毒理，业者会通过各种动物和临床试验来进行研究，尤其是该药在体内的吸收、分布、代谢及排泄，由于直接关系到药物是否能发挥作用，需要仔细鉴定、详加阐述。为了准确地测量药物及其代谢产物在体液和组织里的含量，生物分析成了研发新药不可或缺的且又是要求最严格的一环，备受全球各医药监管机构注目。

《液相色谱-质谱生物分析手册》（*Handbook of LC-MS Bioanalysis*）乃李文魁博士、张杰博士和谢励诚博士3位编者有感于业界需求而促成的，该书英文原著于2013年出版，面世后极获好评，广为欧美等地同行采用作为工作指南或培训工具，也有大专院校选为参考教材。书中有关监管检查的部分，更为读者提供了许多真实的案例，弥足珍贵。

在一个偶然的场合里，我们谈到了这本书，几位国内的友人都表示好书难求，可惜英文原版对不少中国读者来说阅读有点困难，若能译成中文，介绍给更多读者，岂非善哉？我们深有同感，但考虑到原书逾百万字，由近百位专家合力编写而成，若要把它妥善地翻译成中文，除非有相当的人力、物力，恐非易事。再三斟酌后，我们决定还是分工合作，在美国，征得在诺华公司（Novartis）及其他药厂、机构工作的朋友的鼎力相助；在中国，幸与药明康德生物分析部（BAS, WuXiAppTec）大力合作，集数十人之力，共襄盛举。

说起诺华与药明康德之间的工作伙伴关系，已有近10年历史了。从生物分析这片领域开始，本着平等、互信、互助、互惠的原则，双方的工作人员合作无间，努力不懈，共同创造出良好的业绩。如今诺华是全球最大的制药公司，而药明康德是国际上首屈一指的一体化医药研发平台。两家再度携手，为了本书的翻译工作能顺利进行而做出贡献。同事尽心尽力，废寝忘食，既快又好地完成了任务。作为这项工作的发起人，我们固然深表谢意，更分享到一分光荣和骄傲。

当然，我们也要衷心感谢来自中国国家药品监督管理局（药监局）和所有有关机构的合作译者，他们只问耕耘、不问收获的敬业精神值得大家敬佩。同时也要感谢诺华的李文魁博士和张杰博士及药明康德的刘釜均博士与顾凯先生，他们积极参与协调本书的翻译出版。最后我们要谢谢科学出版社，没有他们的支持，本书是无法面世的。还有美国 Wiley 出版社，他们为版权的转让提供了方便，在此一并致谢。

谢励诚博士　　赵宁博士

诺华生物医学研究所　　药明康德新药开发有限公司

美国，新泽西　　中国，上海

2015年8月

前　言

药物代谢和药代动力学乃研发新药必攻的学科，其中生物分析则是最受严格监管的领域。美国卫生当局对生物分析结果的质量和完整性有非常特定的要求，而不同的用户对生物分析的性能通常还会有额外的期望。

近年来业界在更快、更便宜、更好地提供优质的生物分析结果方面取得了不少进展。欧洲药品管理局（EMA）和美国食品和药物监督管理局（FDA）已经更新或正在更新他们的生物分析方法验证指导原则（例如，21July2011/EMEA//CHMP/EWP/192217/2009），最终目标就是要提高生物分析结果的质量。新的生物分析方法及先进的液相色谱（LC）技术和质谱（MS）仪器，加上各种全自动实验室程序、电子实验室笔记本和数据管理系统等，应有尽有，显著改善了生物分析工作的质量、速度和成本效益，为患者的利益做出贡献。

生物分析领域特别是药物开发大范围内的快速变化，启发了我们应及时对此学科做一全面概述。本书是第一部全面的液相色谱-质谱（LC-MS）生物分析手册，并提供了小分子和大分子 LC-MS 生物分析的所有重要方面的最新情况。它不仅满足了生物分析科学家在关键项目中的需求，而且还表述了对一些先进的、新兴的技术，包括高分辨质谱和干血斑（DBS）微量取样的观点。

本书共 51 章，分为 4 个部分。

第一部分全面概述了 LC-MS 生物分析在药物研发和治疗药物监测中所起的作用（第 1 章）、受监管的生物分析实验室的基础要素（第 2 章）和目前国际上有关生物分析的法规和质量标准（第 3 章）。

第二部分对 LC-MS 生物分析的全球法规和质量标准做了综述和比较。第 4 章重点介绍了来自多个国家和地区，包括巴西（ANVISA）、加拿大、中国、欧盟（EMA）、印度、日本和美国（FDA）关于监管部门的生物分析方法验证的现行法规。接着是两章关于检测重复性（第 5 章）和方法转移（第 6 章）的深入探讨。第 7 章介绍了代谢产物的安全性测试（MIST）的现行做法和监管要求。第 8 章对全球各监管机构有关生物等效性（BE）/生物利用度（BA）研究中的生物分析指导原则做了比较。第 9 章的主题是良好实验室规范（GLP）在不同的机构、国家和地区的解释和应用。第 10 章讨论了生物分析数据管理法规的飞快演进。第 11 章乃第二部分的终结篇，对监管检查包括卫生当局的期望、检查趋势、大小案例及后续监管等做了详细分析，并对最近美国 FDA 483 表的注意事项及其他影响到数据质量、生物分析合规性方面的热门话题进行了综述。

第三部分叙述了 LC-MS 生物分析中适用的最佳实践。在这一部分，读者可以找到评估全血稳定性和全血/血浆分布（第 12 章）及有关生物样品采集、处理和存储（第 13 章）的精辟的科学原理和有助的实用说明。第 14 章介绍了 LC-MS 生物分析所用的各种样品的准备技术，第 15、16 章分别讨论了液相色谱分离和质谱检测的最佳实践。一个良好的生物分析方法必须具有高敏感度、特定性、选择性、重现性、高通量，并且耐用。本书综述了各种有助于分析方法成功的因素，包括内标的选择（第 17 章）、系统适用性的评估（第 18 章）、分析物衍生化用以提高灵敏度（第 19 章）、评估和消除基质效应（第 20 章）、评估和消除系统残留和样品污染（第 21 章）、机器人自动化（第 22 章）。第 23～29 章描述了体液和组织里的药物、生物标志物和其他分析物的生物分析。第 30 章的专题是 DBS 取样和相关的生物分析问题。第 31 章是为了提高质谱检测的灵敏度而提供的一些有用策略。第 32 章阐述了正确使用统计数据作为确保 LC-MS 生物分析方法能充分表现的工具。第 33 章讨论了对药物和代谢产物同时进行定量和定性的 LC-MS 生物分析。

第四部分旨在对当今生物分析实验室经常接触到的各类型药物分子进行 LC-MS 生物分析提供代表性指导说明，并附上代表性实验方案（第 34～49 章）。第 50 章描述了使用低流速 LC-MS 做定量药物分析来支持微量取样的典型方案。最后第 51 章提供了一个在缺乏真实空白基质的情况下分析内源性生物样品的方案。

我们投入这个项目的目的是按照目前卫生部门的规章条例及行业惯例，为在工业界、学术界和监管机构工作的科学家提供对各种分子进行 LC-MS 生物分析时所有必须考虑的重点和应该采用的实用技巧，透过此书我们相信已经达到了目的。编写这本书任务艰巨，若非承蒙所有作者的参与及其家人的耐心支持，绝无可能实现。我们也感谢 John Wiley & Sons 出版社优秀的编辑部同仁，尤其是 Michael Leventhal 总编辑及 Robert Esposito 副社长的鼎力支持。

李文魁博士
张杰博士
谢励诚博士

缩写词总表

AAPS	American Association of Pharmaceutical Scientists	美国药学科学家协会
AAS	atomic absorption spectroscopy	原子吸收光谱
AC	absolute carryover	绝对残留
Ach	acetylcholine	乙酰胆碱
ACUP	animal care and use protocol	动物护理和使用方案
ADC	antibody-drug conjugate	抗体-药物偶联物
ADME	absorption, distribution, metabolism, and excretion	吸收、分布、代谢和排泄
AFA	adaptive focused acoustic	自适应聚焦声波
ANDA	abbreviated new drug application	美国简略新药申请
ANVISA	National Health Surveillance Agency (in Portuguese, Agencia Nacional dê Vigilancia Sanitâria)	巴西国家卫生监督局
AP	analytical procedure	分析步骤
APCI	atmospheric pressure chemical ionization	大气压化学离子化
API	atmospheric pressure ionization	大气压离子化
APPI	atmospheric pressure photoionization	大气压光离子化
ASE	accelerated solvent extraction	加速溶剂提取
ASEAN	Association of Southeast Asian Nations	东南亚国家联盟
AUC	area under the curve	曲线下面积
BA	bioavailability	生物利用度
BDMA	butyldimethylamine	丁基二甲基胺
BDMAB	butyldimethylammonium bicarbonate	丁基二甲基碳酸氢铵
BE	bioequivalence	生物等效性
BGS	background subtraction	本底扣除
BIMO	bioresearch monitoring program	美国 FDA 生物研究监管计划
BLQ/BLLOQ	below the lower limit of quantification	低于定量下限
BNPP	bis(4-nitrophenyl)-phosphate	2-(4-硝基苯基)-磷酸酯
BSA	bovine serum albumin	牛血清白蛋白
CAD	charged aerosol detection	带电气溶胶检测
CAD	collision-activated disassociation	碰撞激活解离
CAPA	corrective and preventive action	纠正和预防措施
CD	concentration difference	浓度差
CDC	Centers for Disease Control and Prevention	美国疾病控制与预防中心
CDSCO	Central Drugs Standard Control Organization	印度中央药品标准控制组织
CE	collision energy	碰撞能量
CFR	code of federal regulation	美国联邦法规
CID	collision-induced dissociation	碰撞诱导解离
CL	clearance	清除率
CNS	central nervous system	中枢神经系统
CoA	certificate of analysis	分析证书

续表

COV	compensation voltage	补偿电压
CPGM	Compliance Program Guidance Manual	美国 FDA 合规程序指导手册
CR	concentration ratio	浓度比
CRO	contract research organization	合同研究组织
CSF	cerebrospinal fluid	脑脊液
CSI	captive spray ionization	捕获喷雾离子化
CV	coefficient of variation	变异系数
CXP	collision exit potential	碰撞出口电压
CZE	capillary zone electrophoresis	毛细管区带电泳
DBS	dried blood spot	干血斑
DDI	drug-drug interaction	药物相互作用
DDTC	diethyldithiocarbamate	二乙基二硫代氨基甲酸酯
DHEA	dehydroepiandrosterone	脱氢表雄酮
DHT	dihydrotestosterone	二氢睾酮
DFP	diisopropylfluorophosphate	氟磷酸二异丙酯
DM	drug metabolism	药物代谢
DMF	*N,N*-Dimethyl for mamide	*N,N*-二甲基甲酰胺
DMPK	drug metabolism and pharmacokinetics	药物代谢与药代动力学
DMS	differential mobility spectrometry	离子差分迁移谱
DMS	dried matrix spot	干基质斑
DNA	deoxyribonucleic acid	脱氧核糖核酸
Dns-Cl	dansyl chloride	丹磺酰氯
Dns-Hz	dansyl hydrazine	丹磺酰肼
DP	declustering potential	去簇电压
DPS	dried plasma spot	干血浆斑
DPX	disposable pipette extraction	可拆卸移液管提取
DQ	design qualification	设计认证
DTNB	5,5'-dithiobis-(2-nitrobenzoic acid)	5,5'-二硫双(2-硝基苯甲酸)
DTT	dithiothreitol	二硫苏糖醇
EB	endogenous baseline	内源性本底
EBF	European Bioanalysis Forum	欧洲生物分析论坛
EDMS	electronic data management system	电子数据管理系统
EDTA	ethylenediaminetetraacetic acid	乙二胺四乙酸
EFPIA	European Federation of Pharmaceutical Industries Association	欧洲制药行业协会
EHNA	erythro-9-(2-hydroxy-3-nonyl) adenine	赤-9-(2-羟基-3-壬基)腺嘌呤
ELISA	enzyme-linked immunosorbent assay	酶联免疾吸附分析
ELN	electronic laboratory notebook	电子实验室记录本
EMA	European Medicines Agency	欧洲药品管理局
EP	entrance potential	入口电压
EPA	Environmental Protection Agency	美国环境保护署
ESI	electrospray ionization	电喷雾离子化
FAIMS	field-asymmetric waveform ion mobility spectrometry	高电场不对称波形离子迁移谱

续表

FDA	Food and Drug Administration	食品药品监督管理局
FIH	first-in-human	首次人体试验
FOIA	Freedom of Information Act	美国信息自由法案
FP	focusing potential	聚焦电压
FTICR	Fourier transform ion cyclotron resonance	傅里叶变换离子回旋共振
FWHM	full width at half maximum	半峰宽
GAMP	good automated manufacturing practice	良好自动化生产规范
GBC	Global Bioanalytical Consortium	全球生物分析联盟
GC-MS	gas chromatography-mass spectrometry	气相色谱-质谱
GCP	good clinical practice	良好临床试验规范
GLP	good laboratory practice	良好实验室规范
GMP	good manufacturing practice	良好生产规范
GPhA	Generic Pharmaceutical Association	美国仿制药协会
HAA	hexylammonium acetate	己基乙酸铵
HCD	higher energy collisionally activated dissociation	高能碰撞激活解离
HCT	hematocrit	血细胞比容
HETP	height equivalent of a theoretical plate	理论塔板高度
HFIP	hexafluoroisopropanol	六氟异丙醇
hGH	human growth hormone	人生长激素
HILIC	hydrophilic interaction liquid chromatography	亲水相互作用液相色谱
HMP	2-hydrazino-1-methyl-pyridine	2-肼基-1-甲基吡啶
HP	2-hydrazinopyridine	2-肼基吡啶
HPFB	Health Products and Food Branch	加拿大卫生部健康产品与食品部
HPLC	high pressure liquid chromatography or high performance liquid chromatography	高效液相色谱
HRMS	high resolution mass spectrometry	高分辨质谱
HSA	human serum albumin	人血清白蛋白
HTLC	high-turbulence liquid chromatography	高湍流液相色谱
IA	immunoaffinity	免疫亲和
IACUC	Institutional Animal Care and Use Committee	实验动物护理和使用委员会
ICH	International Conference on Harmonization	人用药物注册技术要求国际协调会
ICP-MS	inductively coupled plasma-mass spectrometry	电感耦合等离子体质谱
ID	inner diameter	内径
IDMS	isotope dilution mass spectrometry	同位素稀释质谱
IEC	ion-exchange chromatography	离子交换色谱
IMS	ion mobility spectrometry	离子迁移谱
IND	investigational new drug	新药临床研究
IP	ion-pairing	离子对
IPF	isotope pattern filtering	同位素类型过滤
IQ	installation qualification	安装认证
ISA	incurred sample accuracy	已测样品准确性
ISR	incurred sample reanalysis (or incurred sample reproducibility)	已测样品再分析

续表

ISS	incurred sample stability	已测样品稳定性
IV	intravenous	静脉注射
KFDA	Korea Food and Drug Administration	韩国食品药品监督管理局
LBA	ligand-binding assay	配体结合分析
LC-MS	liquid chromatography-mass spectrometry	液相色谱-质谱
LC-MS/MS	liquid chromatography-tandem mass spectrometry	液相色谱-串联质谱
LIMS	laboratory information management system	实验室信息管理系统
LLE	liquid-liquid extraction	液-液萃取法
LLOQ	lower limit of quantification	定量下限
LOD	limit of detection	检测限
LRMS	low-resolution mass spectrometry	低分辨质谱
LOQ	limit of quantification	定量限
LUV	large unilamellar vesicle	大单层脂质体
MAD	multiple ascending dose	多剂量递增
MCD	maximum concentration difference	最大浓度差
MD	method development	方法开发
MDF	mass defect filter	质量亏损过滤
MEPS	microextraction by packed sorbent	填充吸附剂微萃取
MF	matrix factor	基质因子
MFC	microfluidic flow control	微流体控制
MHFW	Ministry of Health and Family Welfare	印度卫生与家庭福利部
MHLW	Ministry of Health, Labour and Welfare	日本卫生、劳动与福利省
MHRA	Medicines and Healthcare Products Regulatory Agency	英国药品和健康产品管理局
MIP	molecularly imprinted polymer	分子印迹聚合物
MIST	metabolites in safety testing	代谢产物安全性测试
MLV	multilamellar vesicle	多层脂质体
MRM	multiple reaction monitoring	多反应监测
MS	mass spectrometry	质谱法
MTBE	methyl tert-butyl ether	甲基叔丁基醚
MTD	maximum tolerated dose	最大耐受剂量
MV	method validation	方法验证
MVS	multichannel verification system	多通道验证系统
MWCO	molecular weight cutoff	分子质量筛截
NCCLS	National Committee for Clinical Laboratory Standard	美国国家临床实验室标准委员会
NDA	new drug application	新药申请
NHS	National Health Service	英国国家医疗服务体系
NIH	National Institutes of Health	美国国立卫生研究院
NL	neutral loss	中性丢失
NME	new molecular entity	新分子实体
NMR	nuclear magnetic resonance	核磁共振
NOAEL	no observed adverse effect level	无可见有害作用水平
NP	normal phase	正相

续表

NPLC	normal phase liquid chromatography	正相液相色谱
NRTI	nucleoside reverse transcriptase inhibitor	核苷类逆转录酶抑制剂
NSB	nonspecific binding	非特异性结合
NSI	nanospray ionization	纳米喷雾离子化
OC	oral contraceptive	口服避孕药
OECD	Organization for Economic Cooperation and Development	经济合作与发展组织
OEM	original equipment manufacturer	原始设备制造商
OOS	out-of-specification	不合格结果
OQ	operational qualification	操作认证
ORA	Office of Regulatory Affair	美国 FDA 监管事务办公室
OSI	Office of Scientific Investigation	美国 FDA 科学调查办公室
PBMC	peripheral blood mononuclear cell	外周血单核细胞
PBS	phosphate buffered saline	磷酸缓冲液
PCT	pressure cycling technology	压力循环技术
PCV	packed cell volume	堆积的细胞体积
PD	pharmacodynamics	药效学
PDA	photodiode array	光电二极管阵列
PDF	portable document format	便携文件格式
PEEK	polyether ether ketone	聚醚醚酮
PEG	polyethylene glycol	聚乙二醇
PGC	porous graphitic carbon	多孔石墨碳色谱
PK	pharmacokinetics	药代动力学
PK-PD	pharmacokinetic-pharmacodynamic	药代动力学-药效学
PM	preventive maintenance	预防性维护
PMP	pressure monitoring pipetting	压力检测移液
PMSF	phenylmethylsulfonyl fluoride	苯甲基磺酰氟
PNPA	p-nitrophenyl acetate	对硝基苯酚乙酸酯
PoC	proof of concept	药物临床概念验证
PPE	protein precipitation extraction	蛋白质沉淀提取
PPT	protein precipitation	蛋白质沉淀
PQ	performance qualification	性能认证
QA	quality assurance	质量保证
QAS	quality assurance statement	质量保证声明
QAU	quality assurance unit	质量保证部门
QC	quality control	质量控制
QqQ	triple quadrupole	三重四极杆
QqQ_{LIT}	hybrid triple quadrupole-linear ion trap	混合三重四极杆线性离子阱质谱
QqTOF	hybrid quadrupole time-of-flight	混合四极杆飞行时间质谱
Q-TOF	quadrupole time-of-flight	四极杆飞行时间质谱
QWBA	quantitative whole body autoradiography	定量全身放射自显影
RAD	radioactivity detection	放射性检测

续表

RBC	red blood cell	红细胞
RC	relative carryover	相对残留
RE	recovery	回收率
RED	rapid equilibrium dialysis	快速平衡透析
RFID	radiofrequency identifier	射频识别
RIA	radioimmunoassay	放射免疫测定
RNA	ribonucleic acid	核糖核酸
RP	reverse phase	反相
RPLC	reverse phase liquid chromatography	反相液相色谱
RT	retention time	保留时间
RT	room temperature	室温
RT-qPCR	real-time reverse transcription polymerase chain reaction	实时逆转录聚合酶链反应
SAD	single ascending dose	单剂量递增
SAX	strong anion ion exchange	强阴离子交换
SBSE	stir bar sorptive extraction	搅拌棒吸附萃取
SCX	strong cation ion exchange	强阳离子交换
SDMS	scientific data management system	科学数据管理系统
SFC	supercritical fluid chromatography	超临界流体色谱法
SFDA (CFDA)	State Food and Drug Administration (China Food and Drug Administration)	中国国家食品药品监督管理总局
SIL-IS	stable isotope labeled internal standard	稳定同位素标记内标
SIM	selected ion monitoring	选择性离子监测
siRNA	small interfering RNA	小干扰 RNA
SLE	supported liquid extraction	载体液-液萃取
S/N	signal-to-noise	信噪比
SOP	standard operating procedure	标准操作规程
SPE	solid phase extraction	固相萃取
SPME	solid phase microextraction	固相微萃取
SRM	selected reaction monitoring	选择反应监测
SSBG	sex steroid binding globulin	性类固醇结合球蛋白
STD	standard	校正标样
SUV	small unilamellar vesicle	小单层脂质体
SV	separation voltage	分离电压
TADM	total aspirate and dispense monitoring	总吸液和排液监控
TDM	therapeutic drug monitoring	治疗药物监测
TEA	triethylamine	三乙胺
TEAA	triethylammonium acetate	三乙胺乙酸盐
TEAB	triethylammonium bicarbonate	三乙胺碳酸氢盐
TFA	trifluoroacetic acid	三氟乙酸
TGA	Therapeutic Goods Administration	澳大利亚药品管理局
THU	tetrahydrouridine	四氢尿苷
TIC	total ion chromatogram	总离子色谱图
TK	toxicokinetics	毒代动力学

续表

TOF	time-of-flight	飞行时间
TPD	Therapeutic Products Directorate	加拿大治疗产品委员会
TSCA	Toxic Substance Control Act	美国有毒物质控制法案
TTFA	thenoyltrifluoroacetone	噻吩甲酰三氟丙酮
UHPLC	ultra high performance liquid chromatography	超高效液相色谱
ULOQ	upper limit of quantification	定量上限
URS	user requirement specification	用户需求说明书
UV	ultraviolet	紫外线
WAX	weak anion exchange	弱阴离子交换
WBC	white blood cell	白细胞
WHO	World Health Organization	世界卫生组织

目　录

第一部分　液相色谱-质谱（LC-MS）生物分析概述

第二部分　解读目前关于液相色谱-质谱（LC-MS）生物分析的相关法规

第三部分　液相色谱-质谱（LC-MS）生物分析的最佳实践

第四部分 液相色谱-质谱（LC-MS）生物分析的代表性指导说明及实验方案

第一部分

液相色谱-质谱（LC-MS）
生物分析概述

1

液相色谱-质谱（LC-MS）生物分析技术在药物发现、药物开发及治疗药物监测中的作用

作者：Steve Unger、Wenkui Li、Jimmy Flarakos 和 Francis L. S. Tse
译者：杜英华、顾琦、马飞、史律
审校：李文魁、张杰

1.1 引　言

生物分析是分析化学的一个分支，应用于外源性物质（化学合成或天然提取的候选药物，基因改造的生物分子及它们的代谢产物或转化后再修饰的产物）和生物系统中生物大分子（蛋白质、DNA、大分子药物和代谢产物）的定量测定。许多有关药物开发的科学决策依赖于生物样品中药物和内源性成分的准确定量。不像它的姐妹学科化学分析，如原料药和制剂的分析。现代生物分析的一个非常独有的特征就是其测量的目标物通常浓度非常低，常低于纳克每毫升的浓度范围，有些高效药物甚至达到皮克每毫升的水平。这是非常低的浓度，而与分析物共存的是更高浓度的化学结构类似的内源性或外源性化合物（通常为微克每毫升至毫克每毫升），这对想要准确测量目标分析物的生物分析科学家来说是个极大的挑战。

自 20 世纪 80 年代液相色谱-质谱（LC-MS）分析仪面市以来，液相色谱-串联质谱（LC-MS/MS）分析仪已经快速成为装备精良的生物分析实验室的标准配置。LC-MS 结合了液相色谱（LC）的分离能力和质谱（MS 或 MS/MS）的质量分离/检测能力。在 LC-MS 的生物分析中，分析方法的选择性可通过三个阶段实现目标分析物与生物基质中杂质成分之间的分离：①样品提取［蛋白质沉淀、液-液萃取、固相萃取（SPE）等］，②色谱分离，③选择反应监测（SRM）/多反应监测（MRM）模式下的串联质谱检测。然而许多因素，包括基质效应、离子抑制和不稳定代谢产物的源内裂解等都可能使 LC-MS 生物分析法的可靠性降低。这些因素在方法开发（MD）时都应该仔细评估。

在制药行业，应用 LC-MS 生物分析法的核心目的就是为了提供针对活性药物及其代谢产物的定量方法，以准确评估药代动力学（PK）、毒代动力学（TK）、生物等效性（BE）和暴露-响应［药代动力学-药效学（PK-PD）］关系（图 1.1）。这些经常被用来作为药物申报和其他监管评估文件的质量标准，与生物分析的质量息息相关。因此，在生物分析方法开发、验证和相应的样品分析中，生物分析方法的最优化是有效药物发现和开发的关键，这将最终保证药品成功注册和商业化。

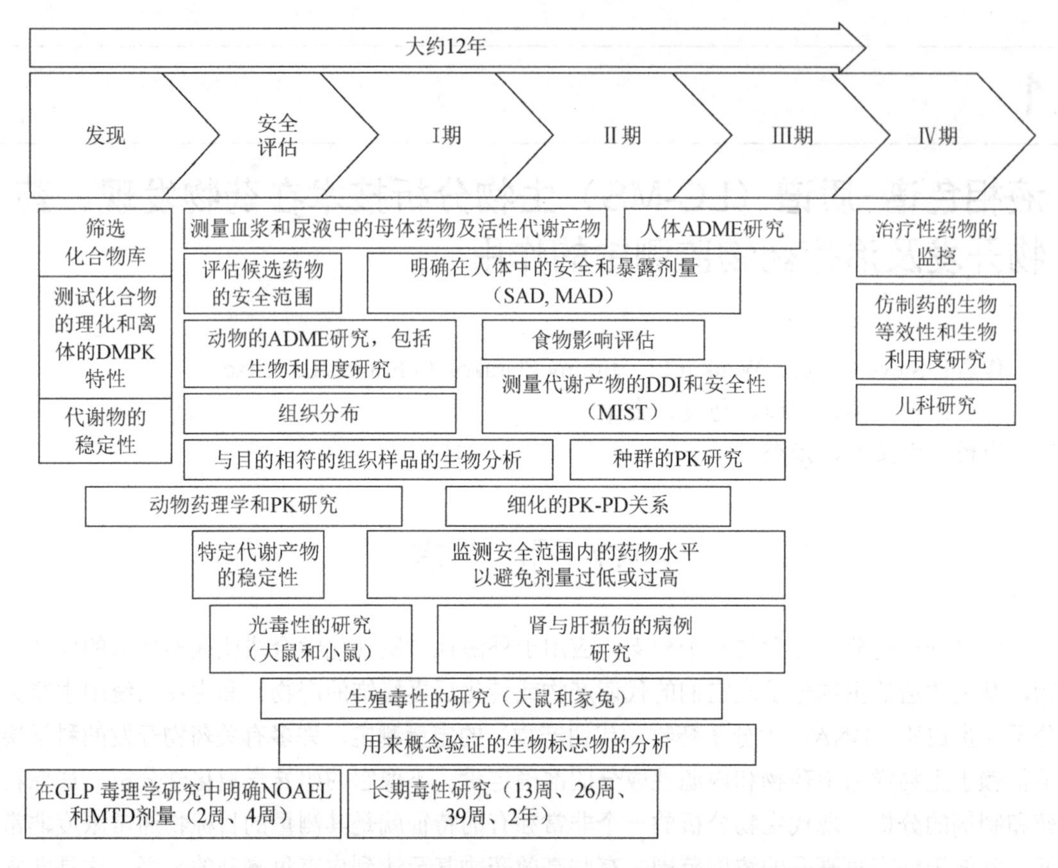

图 1.1 LC-MS 生物分析在药物研发及批准后起到重要作用的流程图

1.2 LC-MS 生物分析法在药物发现中的作用

在组合化学引入之前，许多候选药物来自于天然产物，活性化合物被提取分离，它们的化学结构用核磁共振（NMR）、质谱、红外，以及衍生化或选择性化学降解进行解析。在药物筛选时，需要与已知的数据库进行比对，来评估生物活性和理化数据。高分辨质谱能提供精确质量信息，这在化合物结构解析过程中发挥了关键作用。同样，谱图库可以帮助确定化合物结构和分类，这个过程有助于确认选择新的化合物。自 20 年前引入组合化学以来，早期药物发现中生物分析的工作重心是要开发高效的 LC-MS 分析方法来支持定量分析。药物发现的过程起始于化合物库的开发，结束于候选药物被选上做临床前安全性评估。LC-MS 生物分析技术在整个过程中都扮演着非常重要的角色。

1.2.1 高通量筛选

高通量的 LC-MS 分析可用于对那些已经被确定为“苗头（hit）”的大量化合物进行溶解度、膜通透性或转运、蛋白质结合率、化学和代谢稳定性测试（Janiszewski et al., 2008）。每年成千上万的化合物都经过部分或全部的上述筛选程序。这些体外实验不仅可检验合成前虚拟筛选（in silico assessment）的可靠性，而且成为选择值得进一步开发的化合物的重要依据。

1.2.2 结构与 PK-PD 的关系

用高通量筛选所选择的化合物随后要用药理模型进行药效评估。如果将靶标生物化学运用到 LC-MS 分析，就可以在药理学研究中通过任何靶向途径（targeted pathway）或代谢组学（metabolomic）方法来高通量筛选潜在生物标志物。如果成功的话，所发现的生物标志物将在临床前和临床研究中发挥极大的作用。简单的例子包括类固醇的生物标志物，如睾酮或双氢睾酮对于 5α-还原酶抑制剂的研究，或雌激素对于选择性雌激素受体调节剂的研究。

药物代谢与药代动力学（DMPK）、药理学和药物发现中的生物学研究的整合，可以大大加快对先导化合物 PK-PD 关系的理解。对靶点位置药物和活性代谢产物水平的了解及结合体外药效学的比较可以验证在药理模型中观察到的最低有效剂量。有体外活性但没有体内活性的化合物常常可能是因为其生物利用度（BA）差或其他 DMPK 特性（如转运到靶标位置、快速清除等）不佳。然而，如果化合物有意想不到的体内高活性，其原因可能是其到达了作用位点的特异性或形成了活性代谢产物。

LC-MS 分析在许多药物发现的成功案例中起着根本性的作用。如果设计恰当，早期的体外研究就能确定化合物在多个物种的固有清除率（CL）。体外评估提高了我们用固有清除率来预测系统清除效率。然而，预测药物的组织浓度和分布容量则困难得多。运用组合方法如盒式给药（cassette，即多种化合物同时给药），是一种快速评估药物渗透至靶标位置的手段之一。通常大约 20 个化合物可被同时给药，但也有人尝试过用多达 100 种的化合物同时给药（Berman et al., 1997）。质谱检测的特异性允许同时测量体液和组织中的许多化合物，进而快速筛选能够渗透至作用位点的候选药物（Wu et al., 2000）。

1.2.3 候选药物的选择

在开发针对任一疾病的新药时，要对数量有限的临床前候选药物进行更深入的研究。这些研究包括啮齿类和非啮齿类动物在服用不同剂量药物后的毒理学评估。这个阶段的目标是界定系统和局部暴露，完善 PK-PD 模型，以及探索剂量与暴露的相关性。通过单个和多个递增剂量的研究，可以评估与候选药物相关的生物蓄积、诱导和毒性。尽管一个“通用”的 LC-MS 分析可以满足对这些候选药物特性的非 GLP 评估，但必须注意潜在的风险，包括母药和代谢产物的不稳定性，以及因未知代谢产物、内源性成分和给药载体（如聚乙二醇，一种常用于临床Ⅳ期的制剂）带来的基质效应。

随着对候选药物研究的推进，在转化医学（translational medicine）的角度，需要明确临床试验中与药理学或代谢组学相关的生物标志物。在过去的 15 年，运用 LC-MS 测量小的生化分子和多肽已取得了相当大的进展。使用生物标志物的数据作为替代手段用于最终的药效评价以确保得到可靠的 PK-PD 关系，这对于大多数药物开发项目来说，已是一种常规的策略。

1.3 LC-MS 生物分析在药物临床前开发中的作用

1.3.1 毒代动力学（TK）

良好实验室规范（GLP）监管下的药物安全性评价研究是临床前药物开发活动的重要

一环。在典型的毒理学研究中，对 TK 的评估，可确定候选药物在研究动物中的暴露量。为了支持 GLP TK 样品的生物分析，在药物发现阶段使用通用的 LC-MS 法可能不再合适。对通用方法的修改和方法的重建往往是必需的，随后必须根据目前的监管指导原则及行业实践对方法进行完整验证（EMA, 2011; FDA 2001; Viswanathan et al., 2007），以确保方法有足够的灵敏度、选择性、准确度、精密度、可重复性和其他性能指标。

临床前药物毒性研究通常采用宽的剂量范围，这会导致测试化合物在体内循环的浓度范围很宽。如果测试样品中分析物浓度超过了定量上限（ULOQ），样品需要稀释后再测试，这一步有可能会引入误差。另外，必须建立定量下限（LLOQ），使得该方法灵敏至足以测量最低剂量组底谷样品中药物的浓度，但不要太过灵敏，避免检测到空白对照样品的背景噪声（假阳性结果）。经典的做法是将 LLOQ 设为低剂量组给药后预计峰浓度值的 5%左右，这样就可以保证准确测定待测物在体内 4 个半衰期内的浓度值。

不同品系的大鼠如 SD、Wistar 和 Fischer 都能用在毒理学研究中。但 LC-MS 分析法应使用同一品系动物的基质来验证。小猎犬通常是默认的非啮齿类实验物种。非人类灵长类动物，如猕猴、恒河猴或狨猴偶尔会被用到。非人类灵长类动物常用来评估大分子药物的免疫原性，当狗的药物代谢（DM）特征明显不同于人类时也会使用它们。药物代谢酶如乙醛氧化酶，在物种间可能有明显的差异。匹配实验动物与人类的代谢特征，可确保所有代谢产物安全性的良好覆盖。当不同物种的代谢特征不同时，代谢介导的毒性可导致一个物种相对于其他物种对药物更敏感。

基于这些原因，在临床前 GLP 实验中有时候也要同时定量药物代谢产物。由于多种原因，如缺乏代谢产物标样的纯度鉴定，定量代谢产物的 LC-MS/MS 方法没法完整验证等，代谢产物定量可以不按 GLP TK 样品分析的要求进行，但必须小心谨慎，以确保数据结果真实、完整。除母药的测定外，有时候还要单独建立一个方法来专门定量代谢产物。根据新的指导原则，必须评估所有实验动物在连续给药情况下明显的代谢产物暴露量（Anderson et al., 2010）。对于这些测试，用非 GLP 方法或分层次的（tiered）方法即可（Viswanathan et al., 2007）。

在进入临床药物研发阶段后，临床前动物毒理研究还将会继续。这些研究包括用主要毒理动物进行更长周期的安全性评价。在用小鼠和大鼠进行两年致癌可能性实验之前，一般要先用它们进行小型实验以选择合适剂量。光毒性实验一般是用小鼠进行，而生殖毒性实验是用大鼠和兔子来完成的。生物分析方法也要根据这些种属的不同而做新的验证，同时也要考虑定量这些种属基质中的特殊代谢产物。

一些药物研发项目需要分析组织样品。对母药，有时候包括其代谢产物，需要进行烦琐的生物分析方法验证和稳定性评估。使用稳定同位素标记内标（SIL-IS），不仅可以帮助避免因提取回收率（RE）波动而带来的问题，还可抵消因样品处理、样品转移及组织样品分析中出现的波动而产生的误差。组织样品要先匀浆后冻存。无论如何，为组织样品分析而配制的质量控制（QC）样品很难模仿真正的组织样品，因此确保组织样品分析结果的准确性会很困难。目前，最确切的做法就是将用 LC-MS/MS 方法测定的组织样品的结果与放射性同位素标记实验的液相分析结果相比较。

1.3.2　临床前动物的 ADME 及组织分布研究

药物在实验动物体内吸收、分布、代谢和排泄（ADME）的研究通常可在临床前和临床实验期间进行。尽管用不含放射性同位素标记的化合物进行 LC-MS/MS 分析可得到很多信息，动物的 ADME 和组织分布研究（定量全身放射自显影，QWBA）通常还是用放射性同位素标记的化合物进行。在这些实验中，母药的吸收和清除可用 LC-MS/MS 方法测定。代谢产物的定量也可用 LC-MS/MS 来测定，质谱的分辨率可以是单位分辨率或高分辨率。药物在全血中与血浆中的分配率、蛋白质结合率测定曾经是用放射性同位素标记方法来完成的，现均可用 LC-MS/MS 方法测定。关于是否必须用放射性同位素标记化合物来进行临床前动物质量平衡实验，讨论仍然很激烈（Obach et al., 2012; White et al., 2013），LC-MS 技术的先进性加剧了这一讨论。

1.4 LC-MS 生物分析在药物临床研究中的应用

1.4.1 首次人体试验

当成功地完成了新药临床前安全评价后，就要准备新药临床研究申请（IND）。通常首次人体试验（FIH）包括单剂量递增和多剂量递增（SAD 和 MAD）实验。现今，多将上述两个试验合并为一个。为确保安全，要选择足够低的起始剂量。相应的生物分析方法也应建立，该方法的 LLOQ 要远远低于毒理实验中的 LLOQ。对于一个安全范围较宽的药物，生物分析方法通常应有一个宽的校正范围。在起初的剂量递增给药试验中，通常很难得到一组完整的 PK 数据。但当给药剂量达到有效剂量时，就必须获取完整的 PK 数据。除界定最大耐受剂量（MTD）和可能的生物效应外，DMPK 在 FIH 中的任务还应包括确定药物剂量与系统暴露量的关系是否为线性，以及系统清除率。代谢产物谱和代谢产物测定也要进行，以确定是否存在独特的人类代谢产物，对于暴露量占药物相关暴露量 10%或更多的主要循环代谢产物，至少应该在一种主要临床前毒理学动物中观察到相似或更高的暴露量（FDA, 2008）。

在完成临床研究计划书之前，必须建立临床样品的 LC-MS 生物分析方法且进行验证。很多重要信息，如全血样品的收集步骤、血浆的获取、样品的储存和运输等都要明确下来。如果样品中被测物或其代谢产物不稳定，就要设法稳定它们，所有这些信息都需要与临床人员沟通，如有需要，要对临床人员就生物样品的采集和储存等进行适当的培训。

在一次或多次递增给药临床试验中，可能需要设计一个试验用于研究食物（空腹的对应给食的）对药物吸收的影响。有些药物可能因为食物的存在而吸收率低。相反地，食物可以刺激胆酸排泄而帮助低溶解度药物的溶解，从而提高该药物的生物利用度。因此，应该用正常和高脂质血浆对 LC-MS 方法评估验证。该分析方法必须不受血浆中磷酸酯浓度变化的影响，因为磷酸酯是电喷雾离子化（ESI）生物分析方法开发和验证中经常关注的一个问题。

为了评估药物的肾排除率，通常要测定尿液中药物的浓度。不像血浆、全血和血清，尿样通常不含有大量的蛋白质和脂类物质。由于没有这些蛋白质和脂类物质，就有可能发生被测物的非特定结合或与容器壁吸附的现象，特别是一些非极性且蛋白质结合率高的化合物，因此尿液样品定量分析时要注意这些问题。如果有这些问题存在，通常会造成回收率低、校正曲线不线性或 QC 样品结果误差较大等。在分析方法建立时，必须及时发现并合理解决非特异性结合（NSB）、容器表面吸附等所造成的分析物丢失问题，并在临床试验开始前建立对样品采集和储存的正确指导（Li et al., 2010）。

1.4.2 人体中药物 ADME 研究

药物在人体中 ADME 等复杂信息可以用放射性同位素标记的化合物来进行质量平衡试验而获取，这个试验应该安排在临床药物开发的前期进行（Pellegatti, 2012）。在策划临床 ADME 试验前，必须掌握药物在动物（如大鼠）组织中的分布和其临床药效剂量的信息。一些药物在体外和动物体内的代谢信息可以帮助选择放射性同位素标记的位置和放射性强度。QWBA 分析是研究药物组织分布的常用工具。每一个特定器官的放射性强度都可被准确定量，并量化到人。但是必须仔细计算给人服用的放射性强度，以确保其在安全放射性暴露极限之内。通常最大放射性暴露极限是 1 mSv（ICRP103, 2007）。传统的 ADME 研究通常用液体闪烁计数法，所给剂量一般为 100 μCi 放射性（^{14}C）标记的药物与未被标记药物的混合。LC-MS 定量未标记物的方法通常用于人体 ADME 研究，以区分母药与其代谢产物。对于微量给药研究（＜100 μg）或低于 1 μCi 放射性剂量的研究，可能需要用加速质谱来测量 ^{14}C 标志物（Garner, 2005），但高灵敏的 LC-MS 方法也可用来定量非标记的药物浓度（Balani et al., 2005）。

尽管 ADME 研究局限于一次性给药，但该研究可清楚无疑地揭示在毒理和临床试验中需要重点关注的代谢产物，以使研究项目符合监管机构对安全测试中代谢产物的有关要求（Anderson et al., 2010）。Obach 等（2012）建议把这一耗资不菲的研究推迟到药物临床概念验证（PoC）以后进行，他认为早期单次和多次给药试验中所获取的非放射性标记药物的 PK 信息足以支持项目的进行。但是，延迟人体 ADME 研究有风险，特别是在 PoC 之后才发现人类特有的代谢产物的时候。在药物临床开发后期才发现显著的代谢产物会令人惊愕不已。因为这可能涉及药物的安全性问题，如果该代谢产物有生物活性，专利保护也是个问题。高分辨质谱在代谢产物鉴定方面的优势及其在早期研究阶段的应用可以帮助降低该风险。

1.4.3 人体药物相互作用研究

药物相互作用（DDI）通常是指当两种药物同时给药时，一个药物对另一个药物的药效或毒性方面的影响。相互作用表现在一个药物对另一个药物的代谢酶或转运体的抑制或诱导，从而影响药物的 ADME。相互作用可以增加或降低药效，或产生新的作用，而这新的作用往往是药物单独给药时是不存在的。当研发药物与其他药物、食物、中草药或其他药用植物同时服用时，这种相互作用便可能发生。在药物临床开发阶段通常要做 DDI 人体试验，试验可以在健康人群或患者身上进行。试验的结果可以核实早期药物研发时体外 DDI 试验的结果。

从 LC-MS 生物分析的角度来看，有必要充分评估并验证方法在同服药物及其代谢产物存在时的专属性。如果代谢产物不易获取，用质谱（例如，不同的分子质量或多级反应检测）进行的基质干扰评估结果就要打折扣。另外，候选药物及其代谢产物也可能对 DDI 化合物及其代谢产物的定量分析有干扰，也必须检查评估，以确保 DDI LC-MS 生物分析结果的质量。

1.4.4 药物在肝肾损伤患者中试验

肾（或泌尿系统）衰竭的临床表现是肾不能将血液中的有毒废物正常地过滤出去。同理，肝（或肝代谢）衰竭是指肝无法履行其正常生理功能进行合成和代谢。无论肾或肝衰竭，急性的或慢性的，如果药物是通过肾过滤或肝代谢被清除，由于肝病或肾病的影响，药物不能及时被清除而蓄积致毒。因此，应根据研发药物的代谢及清除特性，对肾损伤或肝损伤患者进行相应的临床试验研究。在试验中，通常采集血浆样品，也收集尿液进行分析。一些药物可能因代谢产物激活致肝毒。因此，应该同时搞清楚肝损伤对正常药物 PK 的影响和药物对人肝功能的影响，两者都很重要。

LC-MS 生物分析方法的校正范围应尽量覆盖样品的浓度。在肝肾功能损伤时，患者样品中药物的浓度可能会高于预期。如果样品需要稀释，则应该评估样品稀释后检测结果的可靠性，确保由于肝或肾受损而导致的出乎预料的高分析物浓度数据的完整性。

1.4.5 Ⅱ期和Ⅲ期临床试验

从早期安全评价到 PoC 的研究是药物研究开发的一个里程碑。一般在Ⅱ期临床试验结束前就应知道 PoC 成功与否。因此，从健康受试者到病患群体是一个非常重要的过渡。然而，患者可能要服用多种药物，或者进行联合用药治疗。在这种情况下，LC-MS 生物分析方法的耐用性就十分重要，需要验证该方法不受联合用药和它们代谢产物的干扰。

Ⅱ期和Ⅲ期临床试验规模大，费用高。为了支持这种来自多个临床中心的大量样品的分析，最好能分析自动化。对长期多中心的临床研究，分析方法必须耐用且验证分析物的长期稳定性。因此，需要有一个好的实验设计来评估候选药物及其代谢产物的长期稳定性，以确保样品从采集到分析均在所建立的稳定性期限之内。任何明显的分析偏差都需详尽考察。整个生物分析工作，包括临床前及临床生物分析验证的相关表格和文字总结，将是新药评审材料的一部分。鉴于新药研发的过程可能延续 10 年以上，保留详细且完整的原始实验记录和发现十分重要，从而避免出现申报时材料不完整的问题。

1.4.6 按需定制的临床生物标志物的 LC-MS 分析

候选药物一旦进入 PoC 阶段，往往需要应用 LC-MS 技术测定临床样品中的生物标志物。适合用 LC-MS 直接测定的生物标志物包括甾体、脂类、核苷酸、多肽等。由于生物标志物都是内源性的，其生物分析通常有一系列的困难，这些困难包括在样品分析前如何保持被测物的稳定性、方法专属性问题、灵敏度问题（尤其是在低浓度时）等。应对之道则在于方法开发、方法验证和样品分析时的特殊考量与精心的实验设计。生物标志物校正标样的制备主要有 4 种方式（后 3 种较常用）：①真实被测物添加到真实基质中；②真实被测物添加到替代基质中；③替代被测物添加到真实基质中；④真实被测物添加到用活性炭或化学萃取或免疫除去法处理过的基质中。

目前各监管机构尚未颁布针对生物标志物生物分析的指导原则。生物分析界的共识是：生物标志物的 LC-MS 分析方法应根据项目需要“按需定制（fit-for-purpose）”。所谓“按需定制”是指在方法验证、实验设计和接受标准的选择上有一定的灵活度。因此，在进行方法验证时，一般应验证方法的准确度、精密度和被测物的稳定性，而对基质效应与回收率的验证应根据具体情况而定，特别是在使用 SIL-IS 时更是如此。

生物分析领域的一个最新趋势是用 LC-MS 定量分析多肽或蛋白质生物标志物。虽然配体结合分析（LBA）如酶联免疫吸附分析（ELISA）等，仍是分析多肽或蛋白质的主流技术，但用 LC-MS 无需制备抗体，方法开发时间较短。更重要的是，在分析蛋白质生物标志物时，通过测定其代表性肽段（surrogate peptide），LC-MS 的灵敏度和特异性已经可以和免疫分析法媲美。不过，制备蛋白质的 SIL-IS 仍然颇具挑战且花费不菲。

1.4.7　新药临床开发所需的其他 LC-MS 生物分析方法

在新药临床开发研究进程中，可能需要用到其他 LC-MS 生物分析方法。药物代谢产物介导的毒性和不良反应往往会导致这类需求。在毒理研究中，可以直接测定原型药物及其代谢产物在最敏感动物体内各种组织中的浓度。而在临床试验中，评价人体内的药物穿透与分布则较为困难。在临床试验中评价受试药物穿透血脑屏障的能力时，只能以脊髓液中的药物浓度作为脑内浓度的替代。

抗感染药物的穿透性研究有助于设计给药方案，维持其谷浓度高于 IC_{50} 以免产生耐药性。对候选抗病毒药物而言，需要通过测定给药后其在外周血单核细胞（PBMC）中的浓度来评价其对细胞膜的穿透。由于此类化合物往往需在细胞内经多步且个体差异大的酶促反应由核苷形式活化为三磷酸核苷，其原型的血浆浓度难以用来作为此类化合物在细胞内的药效指标。胞内三磷酸核苷与血浆中核苷的 PK 属性也大相径庭。例如，胞内恩曲他滨（emtricitabine）三磷酸代谢产物的半衰期就比血浆中的恩曲他滨长得多（Wang et al., 2004）。测定靶点部位的药物浓度是确认药物与胞内靶点结合（target engagement）的重要手段，这也对构建临床 PK-PD 模型大有裨益。例如，核苷类逆转录酶抑制剂（NRTI）需经穿透细胞膜和磷酸化两步活化。因此，测定其活化形式在 PBMC 内的浓度可用来评价此类候选药物（Shi et al., 2002）。

有协同效应的药物，如抗肿瘤和抗病毒药物，常常用于联合治疗。建立高效的 LC-MS 方法以同时监测联用药物，这对临床药物开发及之后的治疗药物监测（TDM）大有益处（Taylor et al., 2011）。例如，在高效抗逆转录病毒治疗中，有人建立了对多达 17 种抗逆转录酶病毒药物在人体血浆中的分析方法（Jung et al., 2007）。采用经济而高效的 LC-MS 方法监测联合用药，用以保障每一药物均在其治疗窗内。当然，药物之间可能的相互干扰是个要注意的问题。抑制药物清除率将减少代谢而升高母药浓度，反之促进系统代谢会降低母药的浓度，不管是哪种情况，都要求分析方法有更宽的校正范围或高倍数样品稀释后结果的完整性。与此同时，还需要考察联合药物之间及其所产生的代谢产物之间是否存在生物分析上的相互干扰。在方法验证时，评估化合物之间是否相互干扰比较容易。然而，评估复杂的生物样品中代谢产物对方法的干扰则比较困难。所以，用采自联合用药受试者的血浆进行生物分析开发应是最佳。

1.4.8　LC-MS 生物分析方法在被批准后新药监视期（Ⅳ期临床试验）中的应用

药物通过审批投入市场后，依照法规，仍需进行一系列的研究和监控。儿科用药的研究就需要减少样品用量并降低方法 LLOQ。抗感染药物在被批准之前可能会被要求测试特殊液体，如对用于耳部感染的药物要测试耳炎液。此外，监管机构可能会要求对一些治疗窗较窄的药物，如治疗癌症或免疫疾病的药物进行常规的 TDM。

1.4.9 LC-MS 生物分析方法在生物等效性及生物利用度中的应用

当某一原创药专利到期时，仿制药只需提供与原创药生物等效的数据，通过美国简略新药申请（ANDA）程序获批后即可上市。在美国，首次向 FDA 提交上市申请的仿制药生产商将拥有 6 个月除原创药生产商外的市场独销权。为了证明仿制药与原创药生物等效，就需要考察两种专有制剂中相同药物成分的吸收程度和速度有无统计学差异。速度通常用血浆达峰时间及达峰浓度来衡量，而程度依据药时曲线下面积来表述。一个精密、准确且耐用的生物分析方法，对 BE 实验至关重要，而 LC-MS 技术由于在这方面的出色性能，目前已很大程度上取代了气相色谱-质谱（GC-MS）和高效液相色谱（HPLC）（Marzoand Dal Bo, 2007）。

在原料药、药物制剂或者工厂变更的时候，也需要进行 BE 实验。在交叉设计的实验中，必须在两次给药期间安排足够长的清洗期。为了消除分析批的批间误差，同一受试者的所有样品必须安排在同一分析批中进行分析。为了尽量避免样品稀释，应调整方法的校正范围以涵盖待测样品的浓度。实验中，QC 样品应尽量模拟真实样品的浓度，而且其数目及在分析批中的摆放位置应合适。针对药物剂型评价时对生物分析方法准确度和精密度的要求严格，许多国家出台了专门的生物利用度和 BE 评价指导原则，这些法规也涵盖了近 20 年来颁布的生物分析方法验证指南（FDA, 2001; Viswanathan et al., 2007; EMA, 2011）。

1.4.10 LC-MS 生物分析方法在治疗药物监测中的应用

TDM 是指对于治疗指数窄、毒性作用强、个体差异大的药物，以及针对某些功能受损的患者服药时，测定其血液或其他体液中的药物浓度，根据 PK 原理制定个体给药方案。TDM 的目的主要是用于防止用药过量，偶尔也用来监测患者是否服药。TDM 目前已广泛地应用到各种治疗领域，从抗感染到免疫抑制（Adaway and Keevil, 2012）。对很多抗生素而言，尽管这类药物安全系数较高，但人们常常会担心给药剂量不足。另外，一些抗生素如氨基糖苷类、万古霉素、黏菌素，通常伴有肾毒性和神经毒性，需要防止用药过量。

机体对抗感染药物能够迅速产生耐药性，因此仅靠一种药物治疗艾滋病是不可行的。人们通常采用联合用药或者用高效抗逆转录病毒药物治疗（鸡尾酒疗法）。在联合用药中可能会有较强的 DDI。例如，利托那韦是艾滋病蛋白酶抑制剂，同时也是很强的细胞色素 P450 CYP3A4 的抑制剂，用药后可提高其他药物的暴露水平。因此，测定联合用药中每个药物的血浆浓度可以指导治疗。有文献报道，采用 LC-MS 方法可同时分析人体血浆中 4 类共 21 种抗病毒药物（Gehrig et al., 2007）。沉淀蛋白质法回收率较高，可同时适用于不同性质药物的分析，是同时分析多种化合物的首选样品预处理方法。另外，监测作用部位药物的浓度可以改善用药并保障药物的有效暴露水平。目前已可用 LC-MS 测定十种抗逆转录病毒药物在人 PBMC 中的浓度（Elens et al., 2009）。细胞内逆转录酶抑制剂的胞内激活是在磷酸酯酶作用下生成其一磷酸酯、二磷酸酯及有活性的三磷酸酯。该过程对前体药物的疗效起着至关重要的作用。

与药物的总浓度（游离的和与蛋白质结合的）相比，游离药物的浓度和药效更具相关性。为了检测游离药物的浓度，血浆样品可以采取超滤和透析的预处理方法，另外一个简单的方法就是直接分析唾液。唾液可在无创伤情况下轻松采集。与蛋白质结合的药物无法进入唾液，因此唾液中的药物浓度能够直接代表游离药物的浓度。头发同样也可在无创伤的情况下采集，这种无创伤的手段可以帮助监测患者是否服药。相对而言，从指尖采血会有轻微不适，这类样品一般血样量很少，因此对分析方法的灵敏度是个挑战。然而，对于儿科患者及血管受损的患者如老人及吸毒人员而言，指尖采血非常有用。

在 TDM 中，采用 LC-MS 分析干血斑（DBS）中的药物浓度得到了广泛应用。由于 DBS 样品易于采集，患者或他们的监护人只需经过简单的培训即可进行采样，这使得临床 PK 样品不仅可以从住院患者身上采集，还可从非住院患者身上采集，尤其是采集那些偏远地区患者的样品（Burhenne et al., 2008）。这对监测那些治疗指数狭窄的药物的用药尤其重要，如他克莫司和环孢霉素 A，这两个药物在患者自身及患者间的 PK 行为差异很大。一旦发现与浓度相关的不良反应，即可采集 DBS 样品进行分析（Li and Tse, 2010）。

TDM 往往受限于难以获得代表性的样品，而且样品分析成本较高。免疫分析在很多情况下性能价格比较高，然而针对不同人群的联合用药，因为要监测多个分析物，免疫分析的成本及效率就要大打折扣，再加上免疫分析方法难以分辨母药及非活性代谢产物和内源性物质，常有偏差。LC-MS 拥有高度的专属性和灵敏度，目前已成为抗癌药物、抗感染药物，以及免疫抑制剂等治疗药物监测最主要的分析手段（Saint-Marcoux et al., 2007）。由于 LC-MS 可以同时分析多种化合物，因此其分析成本也可与免疫分析抗衡。在免疫抑制剂的分析中，LC-MS 可用于分析作用于西罗莫司靶蛋白的相关药物，如坦西莫司和依维莫斯。该方法经常可同时定量联合治疗的不同药物，包括环孢霉素 A、霉酚酸、依维莫斯、西罗莫司、坦西莫司，以及它们的代谢产物（Saint-Marcoux et al., 2007）。液相色谱-紫外线（LC-UV）检测分析也能用于一些药物的分析，然而其专属性、分析通量及同时分析多个药物的能力均无法和 LC-MS 技术相比，因此 LC-MS 技术已成为 TDM 的首选。由于在血红细胞（RBC）中的分布较高，环孢霉素 A 和西罗莫司靶蛋白抑制剂依维莫斯、西罗莫司均采用全血进行监测。霉酚酸与白蛋白结合率很高，因此采用血浆样品分析。监测霉酚酸的同时可能也需要监测其代谢产物霉酚酸酰基葡萄糖苷酸（Yang and Wang, 2008）。可采用不同的提取方法从血浆和全血中提取样品，而后用同一 LC-MS 方法进行分析。通常，TDM 是在最后一次给药结束几小时后（血药浓度达峰时），以及血药浓度较低时采样，因此需要方法具有较宽的校正范围（Sallustio, 2010）。西罗莫司靶蛋白抑制剂在质谱中的碎片很有限，在负离子模式下监测去质子化的化合物，通常会选择掉了一个甲醇分子的碎片离子。在正离子模式下，常常需选择化合物与 Na^+、K^+或 NH_4^+的加合离子，其碎片离子的选择不那么有专属性，如选择掉了一个氨基的碎片离子，好在这些化合物分子质量较大，样品中分子质量大的干扰物较少，分析方法仍然具有较好的选择性。使用同位素内标可以提高分析的性能，尤其是在测定全血及采用加合离子进行分析的时候。

器官移植排异反应的高风险需要 TDM 来护航。临床实验室越来越多地使用了 LC-MS 分析方法，而放弃了传统的免疫分析法。在分析方法的验证中，美国病理学家学会或英国国家外部质量评估中心（UK NEQAS）还要求定期用患者的混合样品进行专业水平测试，比较从数以百计的不同实验室测得的结果，以确保结果的规范化。

1.5 生物大分子药物的LC-MS生物分析

多肽和寡核苷酸药物的生物分析有其特殊之处（Nowatzke et al., 2011）。这两类药物通常不是细胞色素P450（CYP）的底物，但易被蛋白酶或核酸酶降解。提高多肽药物稳定性以延长其体内半衰期的手段包括：使用氨基酸的非天然对映体，使用空间位阻氨基酸，使用脂肪酸修饰，使用聚乙二醇（PEG）修饰（同时有助于降低其免疫原性）等。对此类药物进行LC-MS生物分析的主要困难在于它们容易被吸附，容易被降解，以及特征性质谱裂解少等。PEG化的多肽的分析因其产物多样化加上分子质量大增颇具挑战性。和蛋白质药物一样，较大的多肽需要先经选择性降解降低分子质量后进行LC-MS分析。

蛋白质分子质量一般很大（>10 kDa），直接进行LC-MS定量较为困难。蛋白质通常会形成多种同位素峰及多种多电荷离子，从而稀释了其特征信号的强度。飞行时间（TOF）和轨道阱（orbitrap）等高分辨质谱仪有助于更特异地测定完整蛋白质。数据处理算法可以将各种同位素峰及多电荷离子叠加作图。但每种离子形式均需不受干扰物质影响以保持分析的特异性。此外，许多蛋白质的翻译修饰可导致各修饰形式间的异质性。酶解蛋白质并使用SIL-IS或替代物内标进行LC-MS分析，是日趋常见的定量方法。值得注意的是，由于此法不易区分原型蛋白质和翻译修饰的蛋白质，分析方法的选择性可能会低。对于那些易被翻译修饰的蛋白质药物而言，对其各种修饰形式均有响应的免疫分析法可能更适合于总暴露量的评估。

LC-MS也可用于分析抗体-药物偶联物（ADC）中的毒素。样品前处理步骤为先免疫捕获ADC，再水解释放毒素（多肽毒素应使用酶法水解）。抗体浓度则可用具有不同特异性的免疫分析法进行测定（Xu et al., 2011）。ADC的开发正在实现业界长久以来利用抗体特异性来进行药物靶向运输的梦想。LC-MS技术在表征ADC载荷方面正发挥着重要作用。

1.6 与LC-MS生物分析相关的法规与指导原则

提交给美国食品药品监督管理局（FDA）的新药临床前安全评价的申报材料中的LC-MS生物分析方法必须遵循1978年12月22日颁布的《第43号联邦公报》（Fed. Reg., Vol.43）的GLP［美国联邦法规21章58条（21CFR 58）］及其后续修正案；若用于向欧洲药品管理局（EMA）申报，则需符合经济合作与发展组织（OECD）的GLP原则［ENV/MC/CHEM（98）17］及后续的OECD共识文件。其他相关法规，包括欧洲议会和理事会在2004年2月11日发布的刊载于《2004年L50号欧盟公报》（OJ No. L 50 of 20.2.2004）中的“关于协调统一化学品测试GLP原则实施与认证相关法律、条例和规定的指令”（2004/10/EC），以及其他各国监管当局如中国国家食品药品监督管理总局（CFDA）的GLP法规。

FDA 2001版《生物分析验证指导原则》、EMA 2011版《生物分析验证指导原则》及历届水晶城研讨会（AAPS/FDA Crystal City Workshop）白皮书中有关生物分析的规范与要求已为世界各国生物分析工作者所熟知。FDA与EMA的指导原则涵盖了从非临床研究到临床研究，从方法验证到样品分析的方方面面。

1.7　对可靠耐用的LC-MS生物分析方法的一般要求

根据FDA和EMA的指导原则，对于用于支持临床前和临床研究的LC-MS生物分析方法，其方法学验证至少应包含以下项目：①选择性与特异性，②灵敏度，③线性，④日内和日间精密度与准确度，⑤稳定性（包括储备液或添加液的稳定性、QC样品冻融后和在室温下的稳定性、样品处理后溶液在自动进样器中的稳定性、样品在正常储存条件下的长期稳定性，以及待测物在血液中的稳定性），⑥稀释可靠性（dilution integrity），⑦残留（carryover），⑧分析批大小。

方法验证中应对校正曲线回归模型的敏感性（即校正曲线的斜率）和加权方式进行评估。一旦确立后，后续分析均需使用该模型。校正标样与QC样品应尽可能用与待测实际样品相同的生物基质制备。分析批的接受标准是：3/4的校正标样和2/3的QC样品的回算浓度应在标示浓度的±15%（在LLOQ处为±20%）内，并且同一浓度水平的QC样品中至少应有一半在上述范围内。特异性与选择性实验应选用来自大量个体的生物基质，分别在空白基质与LLOQ水平进行。此外，应在高脂质浑浊血浆和溶血血浆中进行实验，以确保检测方法不受这些特殊样品的影响。定量范围应根据LLOQ和高、中、低3个浓度的测试结果确定：每批每个浓度水平至少应测试5个样品，并且至少测试3批。以上这些测试对方法验证非常重要。

建立分析方法所需的大量稳定性实验应使用一定浓度范围的储备液或QC样品（至少包括高浓度和低浓度QC样品），并涵盖从样品采集到储存过程的每个步骤。血液稳定性实验可以通过在不同时间点（如0min、60min、120min）取样分离血浆并分析血浆样品进行。方法验证中应测试样品多步稀释的可靠性，以确保对稀释倍数最大的待测样品仍能获得重现性好的分析结果。需要强调的是，验证完成后，在每个实际分析批中仍应包含稀释QC样品，以证明待测样品稀释的可靠性。在建立分析方法时，应注意尽量减少残留，以保证在方法验证和实际样品分析过程中残留低于LLOQ的20%。方法验证过程中，应测试实际样品分析中可能用到的最大分析批，以评估其耐用性。

在实际样品分析过程中，应通过抽取部分已测样品再分析（ISR）来验证方法重现性。实际样品的组成远比QC样品复杂得多，实际样品往往含有不存在于后者的各种药物代谢产物（浓度可能比原型药物高10倍以上）、药物的异构体（包括差向异构体）、同服药物及其代谢产物、制剂辅料等。生物分析工作者应充分认识这些不同，以减少样品分析的失败率（Li et al., 2011）。样品本身的问题，如发生溶血的血浆和不均匀的尿液，也会影响分析结果。因此，近年发布的EMA指导原则和水晶城研讨会白皮书明确提出，在测定QC样品之外还需进行ISR。被抽取用于ISR的样品，应有2/3以上再分析所得的浓度与两次（首次分析和再分析）分析所得浓度平均值的差在±20%以内。ISR样品既可以加入到首次分析的下一个分析批中（early rolling ISR，早期滚动式ISR），又可以在项目终结时单独组织为一个分析批（later batch ISR，晚期批次ISR）。后一方式可以同时评价稳定性和检测的不精密性，并且更能反映所有ISR样品的全貌，也更便于理解不稳定的同服药物或其代谢产物造成的干扰问题。而前一方式的优点在于其在评价重现性的同时，可以及早发现各种可能的问题。因此，有些分析实验室同时使用这两种方式。由于不同的受试群体和不同的临床实验中心可能会引入新的问题，每个临床实验都应测试 ISR。如果需要将正在进行的生物分析项目转移至另一个实验室，如从申办者自有实验室转移至合同研究组织（CRO）实验室，就必须同时用 QC 样品和 ISR 样品进行交叉验证。LC-MS 生物分析方法转移成功与否对获取可靠的 PK-PD 数据甚为关键。

1.8 结 束 语

LC-MS 生物分析已经成为药物发现、药物开发，以及上市后治疗药物监测的基本手段。它不仅有助于甄选候选药物，而且还可增进我们对药物安全和 PK 的理解。毫无疑问，对毒理学生物标志物的 LC-MS 生物分析将有助于避免挑选无法通过长期毒性试验的候选药物。LC-MS 正越来越多地被用来测定临床生物标志物，以确保在动物模型中观察到的药效可以支持 PoC 研究的成功。

参 考 文 献

Adaway JE, Keevil BG. Therapeutic drug monitoring and LC-MS/MS. J Chromatogr B 2012;883–884:33–49.

Anderson S, Kanadler MP, Luffer-Atlas D. Overview of metabolite safety testing from an industry perspective. Bioanalysis 2010;2(7):1249–1261.

Balani SK, Nagaraja NV, Qian MG, et al. Evaluation of microdosing to assess pharmacokinetic linearity in rats using liquid chromatography-tandem mass spectrometry. Drug Metab Dispos 2005;34:384–388.

Berman J, Halm K, Adkison K, Shaffer J. Simultaneous pharmacokinetic screening of a mixture of compounds in the dog using API LC/MS/MS analysis for increased throughput. J Med Chem 1997;40: 827–829.

Burhenne J, Riedel K-D, Rengelshausen J, et al. Quantification of cationic anti-malaria agent methylene blue in different human biological matrices using cation exchange chromatography coupled to tandem mass spectrometry. J Chromatogr B 2008;863(2):273–282.

Elens L, Veriter S, Yombi JC, et al. Validation and clinical application of a high performance liquid chromatography tandem mass spectrometry (LC-MS/MS) method for the quantitative determination of 10 anti-retrovirals in human peripheral blood mononuclear cells. J Chromatogr B 2009;877:1805–1814.

European Medicines Agency. Guideline on bioanalytical method validation. Jul 2011. CHMP/EWP/192217/2009. Available at http://www.ema.europa.eu/docs/en_GB/document_library/Scientific_guideline/2011/08/WC500109686.pdf. Accessed Mar 1, 2013.

Fast, DM, Kelly M, Viswanathan CT, et al. Workshop report and follow-up–AAPS workshop on current topics in GLP bioanalysis: assay reproducibility for incurred samples–Implications of Crystal City recommendations. AAPS J 2009;11:238–241.

FDA. Guidance for industry: safety testing of drug metabolites. Feb 2008. Available at http://www.fda.gov/OHRMS/DOCKETS/98fr/FDA-2008-D-0065-GDL.pdf. Accessed Mar 1, 2013.

FDA. Guidance for industry: bioanalytical method validation. May 2001. Available at http://www.fda.gov/downloads/Drugs/GuidanceComplianceRegulatoryInformation/Guidances/ucm070107.pdf. Accessed Mar 1, 2013.

Garner RC. Less is more: the human microdosing concept. Drug Discovery Today 2005;10:449–451.

Gehrig A, Mikus G, Haefeli W, Burhenne J. Electrospray tandem mass spectroscopic characterisation of 18 antiretrovirals drugs and simultaneous quantification of 12 antiretrovirals in plasma. Rapid Commun Mass Spectrom 2007;21:2704–2716.

ICH Guidance M3(R2) Nonclinical safety studies for the conduct of human clinical trials and marketing authorization for pharmaceuticals. Jun 2009. CPMP/ICH/286/95. Available at http://www.emea.europa.eu/docs/en_GB/document_library/Scientific_guideline/2009/09/WC500002720.pdf. Accessed Mar 1, 2013.

International Commission on Radiological Protection (ICRP). The 2007 Recommendations of the International Commission on Radiological Protection 2007, volume 103, Elsevier.

Janiszewski JS, Liston TE, Cole MJ. Perspectives in bioanalytical mass spectrometry and automation in drug discovery. Curr Drug Metabol 2008;9:986–994.

Jung BH, Rezk NL, Bridges AS, Corbett AH, Kashuba AD. Simultaneous determination of 17 antiretroviral drugs in human plasma for quantitative analysis with liquid chromatography-tandem mass spectrometry. Biomed Chromatogr 2007;21:1095–1104.

Li W, Luo S, Smith HT, Tse FL. Quantitative determination of BAF312, a S1P-R modulator, in human urine by LC-MS/MS: prevention and recovery of lost analyte due to container surface adsorption. J Chromatogr B Analyt Technol Biomed Life Sci 2010;878(5–6):583–589.

Li W, Tse FL. Dried blood spot sampling in combination with LC-MS/MS for quantitative analysis of small molecules. Biomed Chromatogr 2010;24(1):49–65.

Li W, Zhang J, Tse FL. Strategies in quantitative LC-MS/MS analysis of unstable small molecules in biological matrices. Biomed Chromatogr 2011;25(1–2):258–277.

Marzo A, Dal Bo L. Tandem mass spectrometry (LC-MS-MS): a predominant role in bioassays for pharmacokinetic studies. Arzneim.-Forsch 2007;57(2):122–128.

Nowatzke W, Rogers K, Wells E, Bowsher R, Ray C, Unger S. Unique challenges of providing bioanalytical support for biological therapeutic pharmacokinetic programs. Bioanalysis 2011;3:509–521.

Obach RS, Nedderman AN, Smith DA. Radiolabelled mass-balance excretion and metabolism studies in laboratory animals: are they still necessary? Xenobiotica 2012;42(1):46–56.

Pellegatti M. Preclinical *in vivo* ADME studies in drug development: a critical review. Expert Opin Drug Metab Toxicol 2012; 8(2):161–172.

Rodman JH, Robbins B, Flynn PM, Fridland A. A systemic and cellular model for zidovudine plasma concentrations and intracellular phosphorylation in patients. J Infect Dis 1996;174:490–499.

Saint-Marcoux F, Sauvage F-L, Marquet P. Current role of LC-MS in therapeutic drug monitoring. Anal Bioanal Chem 2007;388:1327–1349.

Sallustio BC. LC-MS/MS for immunosuppressant therapeutic drug monitoring. Bioanalysis 2010;2(6):1141–1153.

Shah VP, Bansal S. Historical perspective on the development and evolution of bioanalytical guidance and technology. Bioanalysis 2011;3(8):823–827.

Shi G, Wu JT, Li Y, et al. Novel direct detection method for quantitative determination of intracellular nucleoside triphosphates using weak anion exchange liquid chromatography/tandem mass spectrometry. Rapid Commun Mass Spectrom 2002;16:1092–1099.

Taylor PJ, Tai C-H, Franklin ME, Pillans PI. The current role of liquid chromatography-tandem mass spectrometry in therapeutic drug monitoring of immunosuppressant and antiretroviral drugs. Clin Biochem 2011;44:14–20.

Viswanathan CT, Bansal S, Booth B, et al. Workshop/Conference Report – Quantitative Bioanalytical Methods Validation and Implementation: Best Practices for Chromatographic and Ligand Binding Assays. AAPS J 2007;9:E30–E42.

Wang LH, Begley J, St Claire III RLS, Harris J, Wakeford C, Rousseau FS. Pharmacokinetic and pharmacodynamic characteristics of emtricitabine support its once daily dosing for the treatment of HIV infection. AIDS Res Hum Retroviruses 2004;20:1173–1182.

White RE, Evans DC, Hop CE, Moore DJ, Prakash C, Surapaneni S, Tse FLS. Radiolabelled mass-balance excretion and metabolism studies in laboratory animals: a commentary on why they are still necessary. Xenobiotica 2013;43: 219–225.

Wu JT, Zeng H, Qian M, Brogdon BL, Unger SE. Direct plasma sample injection in multiple-component LC-MS-MS assays for high-throughput pharmacokinetic screening. Anal Chem 2000;72:61–67.

Xu K, Liu L, Saad OM, et al. Characterization of intact antibody–drug conjugates from plasma/serum in vivo by affinity capture capillary liquid chromatography–mass spectrometry. Anal Biochem 2011;412(1):56–66.

Yang Z, Wang S. Recent development in application of high performance liquid chromatography-tandem mass spectrometry in therapeutic drug monitoring of immunosuppressants. J Immunological Methods 2008;336:98–103.

2

综述：生物分析实验室的基础要素

作者：Shefali Patel、Qiangtao (Mike) Huang、Wenying Jian、Richard Edom 和 Naidong Weng
译者：顾哲明、刘迪、杨兴烨
审校：张杰、李文魁

2.1 引 言

新药从其研发到上市需要大量的科研和资金投入。过去 10 年，虽然制药企业持续增加对新药研发的投入，但得到美国食品药品监督管理局（FDA）批准的新药数量却较以往有所下降。由于准入门槛的提高，新药研发的风险也达到了历史新高。同系药（me-too）获得批准上市的难度越来越大，仅那些能表现出卓越药效和安全性的同系药才具有进入市场的可能。因此，新药研发人员需要在临床前和临床研究阶段对候选药物的毒性和有效性进行研究，筛选出最佳候选药物，从而有效地利用药物研发资源。图 2.1 总结了在新药研发前期至临床研究过程中可用于药物筛选的主要研究类型。

图 2.1 生物分析实验室支持的研究类型

在药物研发的整个过程中，提供及时有效的生物分析支持是至关重要的。根据生物分析提供的数据，可以对某些药物进行结构修饰以改变它们的性质，或者在某些情况下可能根据数据决定终止对某些药物的开发。诸如此类根据准确生物分析数据而作出的可靠结论，可以为制药企业节省大笔资金（Lee and Kerns, 1999）。虽然生物分析涵盖了整个药物研发过程，但在研发的各个阶段对其有着不同的要求。早期药物筛选过程中的生物分析属于非良好实验室规范（GLP）范畴，常使用某种通用方法进行分析，并用 Excel 进行计算，以便于实现自动化，尽快产生数据，并据此对候选药物进行筛选。当进入到药物优选过程时，许多临床前的生物分析需要严格遵循 GLP，其产生的数据也需要经过监管部门严格的审核，因此对生物分析的要求更偏重于对相关法规的遵循。同时，在此阶段对新技术的应用更加谨慎，只有当新技术经过了严格的验证后方可加以应用。此外，对临床前生物分析来说，基于多种动物种系（大鼠、犬、猴、兔和小鼠等）和多种基质（血浆、组织等）的生物分析方法的开发、验证及样品分析的快速周转也是一项重要要求。临床生物分析相对于临床前生物分析具有其独特的挑战性，如应用于首次人体试验（FIH）要求有更快的项目周转周期，而在多中心进行的长期Ⅲ期临床研究，其样品的物流管理则极其复杂。鉴于从早期候选药物筛选到临床研究后期对生物分析要求的多样性，生物分析实验室相应地应具有人员和操作流程上的灵活性。对于应用于临床前研究的生物分析，要求在应对繁重的分析方法开发（MD）和验证工作的同时快速完成样品分析，因此较少进行方法的转移。对于应用于临床研究的生物分析，通常需要有一组研究人员专门从事分析方法的开发和验证，然后将经验证的方法转移给另一组研究人员用于常规生物样品分析。临床研究的生物样品分析通常需要持续进行数个月甚至数年。总体上来说，GLP 生物分析相较于非 GLP 生物分析要求有更多的分析方法开发和验证的专业知识。另外，在临床研究中与临床工作人员进行工作交流，与不同临床中心进行样品运输的协调也是生物分析实验室的一项重要工作。此外，项目管理团队在准备新药申请（NDA）材料时也需要生物分析实验室的大力协助。

在目前的市场环境下，生物分析实验室持续面临降低成本和提高效率的压力，以便保持竞争力。在降低成本的同时，必须注重的是保证产生高质量的数据。因此，现在的生物分析实验室需要达到以下目标：①对当前和未来的市场需要作出适时响应；②拥有合格的研究团队；③鼓励不同部门之间的研究人员相互交流；④促进合作伙伴之间的沟通合作。

2.2 生物分析实验室的基本要素

生物样品分析涉及各种研究人员、部门、操作仪器和流程。生物分析实验室通常使用多种现代技术包括现代化的仪器、智能机器人、高速电脑等，以确保样品处理过程准确高效，且能及时提供真实可靠的数据结果。在生物样品分析过程中，其基本要素包括了高效的方法开发和验证，快速的样品分析，流畅的仪器设备交互，详尽的样品跟踪，迅捷的结果报告等。图 2.2 列出了生物分析实验室的典型工作流程。任何 GLP 生物分析实验室要成功运行，其必须具备以下 4 个组成部分：

（1）设施；

（2）基础构建；

（3）遵循法规；

（4）文档记录。

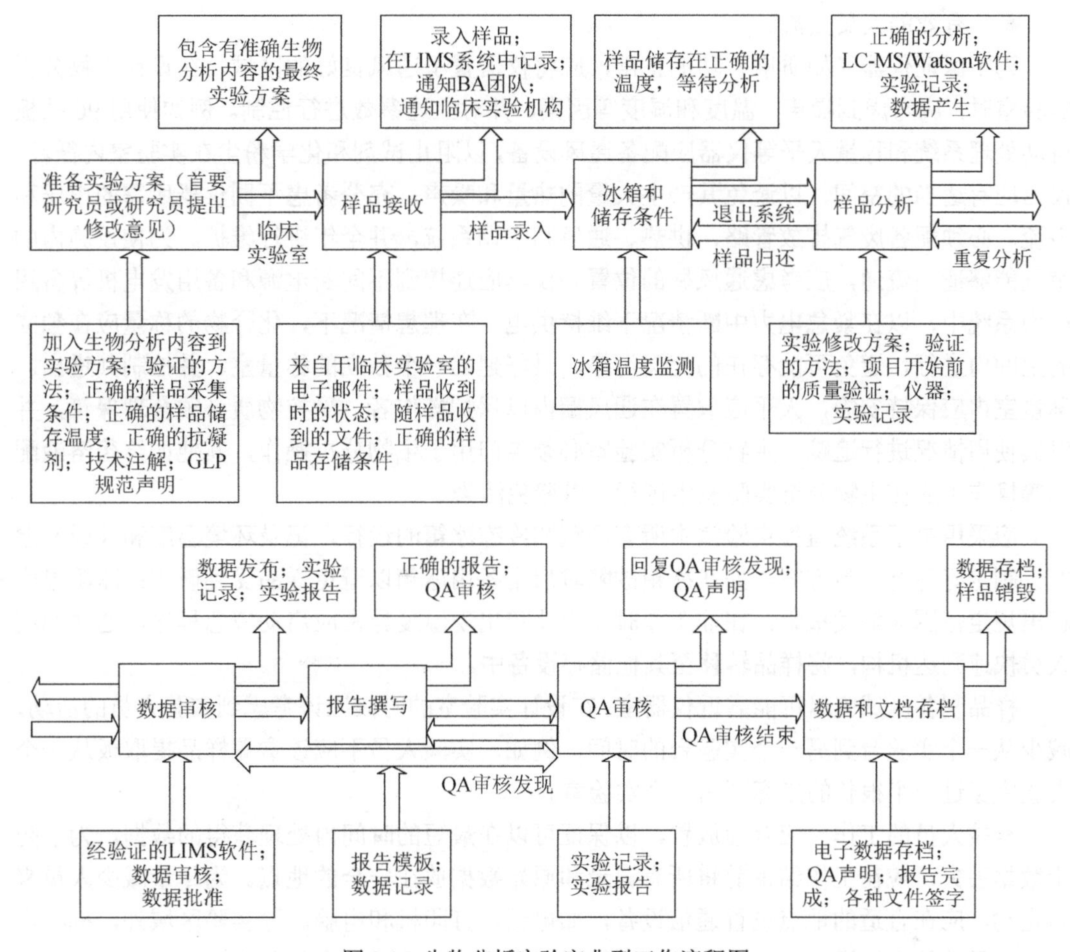

图 2.2 生物分析实验室典型工作流程图

在本章中，我们将集中讨论上述 4 个组成部分的关键作用。此外，质量保证（QA）和其他辅助功能如质量控制（QC）、样品管理、档案管理、技术支持、项目规划和报告准备也都非常重要。本章也将对以上内容进行介绍。

生物分析实验室的管理非常复杂，因此如何在一个机构中协调和沟通上述所有功能从而实现有效合作至关重要。

2.2.1 设施

2.2.1.1 空间

对一个组织良好的生物分析实验室来说，足够的空间和清洁的环境是非常重要的。为保证实验室工作过程中的高效操作和有效交流，应着重考虑以下几个方面。

- 仪器的有效安排。
- 方便的样品制备地点。
- 流畅的分析工作流程。
- 合理的文字记录和非实验室工作地点。
- 便利的通信设备（语音、数据和网络）。

- 有效的人员交流。

为了保证仪器（如质谱）功能正常，应将仪器置于通风良好的区域。在设计生物分析实验室时，应考虑到噪声、温度和湿度等因素，并对上述参数进行控制。例如使用 96 孔板自动处理系统和称量天平等仪器应配备通风设备，以阻止试剂和化学粉尘在实验室内循环。仪器应有适当的空间，以避免其产生大量的热量和噪声。充分考虑不同仪器所需的电压和电流。必须配备废气排放管路，供热、通风和空调系统，并全年进行维护。为使设施内的空气能够适当流通，应考虑通风橱的位置。仪器应连接到不间断电源和备用发电机等备用电力系统中，以在紧急电力中断情况下维持供电。在理想情况下，化合物的称量应在独立的空间内进行，避免可能存在的交叉污染。最好建立一个独立的称量室，并控制其进出。称量室内应保持安静，天平应放置在通风橱内以保护操作者。受控物质必须合理保管，并对其使用情况进行追踪。生物分析实验室必须专门用于生物分析操作，其他如给药溶液配制等操作不应在生物分析实验室中进行，以避免污染。

应采用电子系统监控实验室中所有冷藏和冷冻冰箱的运行，记录环境温度和（或）湿度。制定好各种应急方案，如在冰箱故障时启用备用冰箱以避免样品受到破坏；冰箱温度超出规定范围应触发报警；在非工作时间内冰箱出现温度异常应启动应急程序，通知相应人员快速到达机构，将样品转移至其他储存设备中。

样品制备区域应尽可能靠近仪器室。在设计实验室的时候应该考虑到实验人员的活动，减少从一个实验台到另一个实验台的时间。例如，实验人员不应该拿着样品提取板从一个实验室穿过一个很长的走廊到另一个实验室。

科技人员的工作台应合理放置，以保证可以在最短的时间内处理获得的数据。为了防止数据丢失，应在工作结束前将所有记录和原始数据放在安全的地点。为尽量减少人员来回走动，应在合适的地点设置通信设备，如电话、打印机和电脑。除实验区域外，机构内应配备足够的支持设施，如办公室、工作区、餐厅、洗手间和停车场。

2.2.1.2 安全

生物分析机构所在的场所必须保证安全，未经授权的人员不允许进入，经过授权的人员可进入实验室等非公共区域。对于档案室或 IT 机房等区域需设置更严格的安全规定，仅少数相关人员可以常规进出上述区域，并记录和保存人员与文件的进出记录以备检查。

生物分析机构应该配备报警和烟雾感应系统。在有非法侵入或自然灾害发生时，应能自动向公安和消防机构及机构的高级管理人员报告，当然也应进行适当的投保。

2.2.1.3 仪器认证和软件验证

表 2.1 中列举了生物分析实验室的典型仪器，以及其所需的认证类别。分析仪器必须根据标准操作规程（SOP）在适当的时间间隔内进行校正。对于应用于 GLP 项目的仪器，需进行安装认证（IQ）、操作认证（OQ）和性能认证（PQ），同时也需验证操作软件。IQ 确认仪器被正确安装，并处于良好的工作状态中。OQ 确认仪器安装以后其工作性能达到了生产商的标准。PQ 确认仪器可以在分析实验室正常使用且达到预期要求。在开始 GLP 研究前，应对下列仪器进行 IQ/OQ/PQ 认证。

表 2.1 生物分析实验室常用仪器分类表

仪器名称	仪器类别
天平	B
离心机	B
液相色谱（LC）	C
质谱（MS）	C
液体自动处理系统	C
移液器	B
柱温箱	A
组织匀浆机	B
涡旋仪	A
pH 计	B
蒸发仪	A
温孵箱	A
冷藏和冷冻冰箱	B
净化水系统	B

注：类别 A，无需认证；类别 B，需认证，用户无法进行配置；类别 C，需认证，控制软件可由用户进行配置。

- 色谱数据系统：应进行性能认证和软件验证。
- 检测器如质谱：应进行性能认证和软件验证。
- 实验室信息管理系统（LIMS）：应进行软件验证。
- 电子实验室记录本（ELN）：应进行软件验证。
- 数据归档系统：应进行软件验证。

应至少在下列时间点进行 IQ/OQ/PQ 认证。

- 仪器安装时（IQ/OQ/PQ）。
- 仪器使用地点改变时（IQ/OQ/PQ）。
- 重大的仪器维修后（OQ/PQ）。

除仪器认证和软件验证外，还应对变更控制加以记录，以表明已有系统的所有改变均受到控制。系统改变包括但不限于以下内容。

- 软件或硬件升级。
- 增加新的部件，如高效液相色谱（HPLC）系统增加额外的泵。
- 由于损坏或需要维修而移除仪器系统的某一部分。

应根据仪器的使用情况或 SOP 的要求，制定一个预防性的维护计划（PM），每 6～12 个月对相应的仪器进行维护。通过 PM 保证仪器的性能符合要求。除常规的 PM 外，还应该对仪器进行常规的性能测试，以确认是否具有由日常磨损及不恰当的维护带来的潜在问题。所有 IQ/OQ/PQ 及 PM 均应记录在仪器日志中，并定期归档。所有重大维修、常规或非常规维护也应记录在相应的仪器日志中，应简要描述发现问题的时间、维修方法、维修人员等信息。上述情形下，仪器日志必须有维修人员的签名和日期。此外，应及时对各类软件的新版本，尤其是对其补丁程序进行评估并执行升级。

2.2.1.4 档案室

研究资料的安全对所有分析机构来说都是极其关键的。对于临时储存的纸质原始数据，建议在每天工作结束时将纸质原始数据放入办公室的防火柜中，长期存档则需要放置在特定的具有防火、防水和湿度控制设施的档案室内。档案室必须具有恰当的安全措施，未经授权人员允许不得进入。纸质和电子数据通常需要储存多年，因此在理想情况下应在分析机构外对其进行长期储存。

电子数据的管理和纸质版数据类似，但有几点特殊的地方，分析机构内应配备安全且出入受控的服务器机房，以对电子数据进行存档。根据数据的重要性，应对其每天、每周或每月进行备份，并在 SOP 中加以规定。同时，建议在分析机构场所外也建立一套备份系统，以防灾难性事故发生。此外，备份数据在未来的可读性也是很重要的。随着新仪器的不断出现和软件的迅速更新，对分析机构来说，电子数据存档的压力将越来越大。保证文件的持续兼容性或者旧版本软件的持续可用性都是分析机构所面临的挑战。可以考虑保留能够运行旧版本软件的电脑，并给予员工适当的培训来使用这些软件。

对于各专题研究来说，可用于重建该专题研究的重要资料，如专题负责人的通信资料、实验计划书及其变更、各种报告、QA 检查记录和分析证书（CoA）等均需进行存档。QA 应对档案室进行常规检查。除专题资料外，其他和机构运行相关的记录（如培训记录、仪器日志、计算机系统验证记录、SOP、温度记录和主计划表）也应存档。

2.2.1.5　安全

保护人员的健康和生命是至关重要的，始终要将安全放在第一位。实验室中应使用适当的个人防护设施（PPE），如安全眼镜、手套、实验服等。分析实验室必须装备安全淋浴设施和洗眼器，并对实验人员进行相应的使用培训。实验人员还需熟知灭火器和防泄漏设施的使用，以及安全出口的位置。应该妥善配备生物安全柜和通风橱等设备，并保证其通风良好。对人体有害的实验必须在通风橱内进行操作。实验室废物（如纸张、玻璃、利器、化学品、放射性废物和生物有害废物）的处理应按照制定的操作规程进行。所有的化学品都应标明其成分、危害程度和过期日期。易燃化学品应储存在防火柜或防爆冰箱中。生物有害废物、化学废物、废液和放射性废物（如有）应定期按国家和地方法规进行处理，以避免累积。如使用放射性物质，使用区域应同其他区域分隔开并具有明确的标识，操作人员应通过适当的辐射安全培训。在所有的实验区域中，工作台和通风橱应保持整洁，灭火器应易于取用，且通往逃生通道的途径必须畅通。实验区域应具有两个逃生通道。应制定应对火灾、医疗事故、化学品泄漏、放射性泼溅和自然灾害的紧急撤离方案。为了保证实验室的安全和确保实验室符合 GLP 法规的规定，建议每两周或每月对实验室进行安全检查。

2.2.2　基础建设

对生物分析实验室来说，人员必须经过适当的培训，具有一定的经验。另外，在 GLP 环境下，机构管理人员需要对此进行监管。因此，必须建立一个合格的管理团队，以保证对各项工作进行足够的监督和审核。管理人员应该对日常操作和项目的执行进行监督。

生物分析实验室应具有能够反映当前人员结构的组织结构图。法规部门现场审核时常会首先要求审阅此组织结构图。通常，组织结构图按照上下层级将员工按功能或部门进行分组。组织结构图应显示员工的姓名和职位（或功能）。通常用实线连接具有直接汇报关系的员工，虚线表示非直接汇报关系。必须对组织结构图进行阶段性审阅，以便其能反映当前的组织关系，并且在审核人员要求时能够立即提供。图 2.3 描述了常见的生物分析实验室组织结构图。一个生物分析实验室通常包括方法验证人员、样品分析人员、样品管理人员、其他参与人员和首要研究员等。根据上述人员的经验和技能授予他们不同的级别。对于规模较大的分析实验室，各岗位可更加的专业化和分散化；对于规模较小的实验室，可将多个岗位进行合并。此外，还需有辅助岗位完成如样品管理、质量控制、资源规划和报告撰写等工作。应对实验室的规模、员工的能力和经验进行综合考虑。

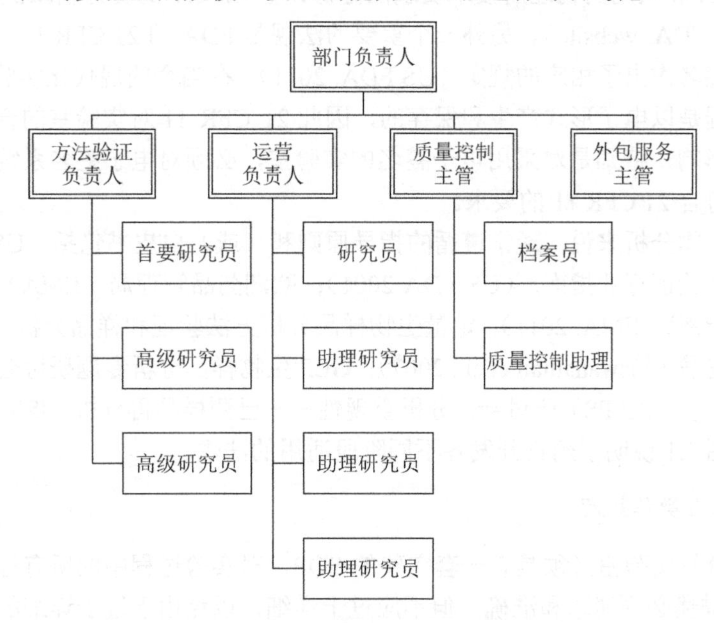

图 2.3 生物分析实验室组织结构图示例

员工必须经过良好的培训以完成实验室工作。新、老员工均应接受适当的、涉及工作各个方面的培训，并定期对全体员工进行再培训。所有培训均应有记录以证明相应人员已经通过培训，可以承担其所负责的工作。

生物分析实验室中的每个职位或功能均应有相应的职位描述。职位描述应该列举出某一主要类型工作的主要内容和职位要求，并说明该职位同组织结构中的其他职位或功能间的管理和汇报关系。应定期对员工的职位描述进行审阅以确保其内容准确。职位描述应由机构负责人批准，并能够随时提供以供检查。

生物分析实验室应保留每一名员工的培训记录，且应及时更新。培训记录应包括员工的简历、教育背景、之前的工作经验和学术活动（例如，发表的科技文章和所做的学术报告）。除简历外，员工的培训文档应说明他们所完成的培训项目和在工作中所获得的经验。实验室负责人应阶段性地审阅员工培训记录，以保证其完整和准确。培训记录需妥善保管（例如，保存在档案室或具有适当防护的柜子内）。法规部门在现场核查时通常会对员工的培训记录进行检查，以核实员工是否经过足够的培训并具有一定的经验来完成他们的工作。这是所有法规部门现场检查中的一个重要部分。

2.2.3 合规性

2.2.3.1 工业界法规

US FDA 颁布的 GLP 法规从组织、程序和工作条件等层面规定了临床前研究的准备、进行、监管、记录和报告程序。GLP法规和指导原则对生物分析实验室的日常操作有着重要的影响，一个实验室的GLP合规性已成为衡量其操作和数据质量的重要工具。GLP法规主要是FDA的美国联邦法规21章58条（21 CFR 58）（US FDA, 2011）和经济合作与发展组织（OECD）的GLP原则与一致性文件（OECD, 1998）。对于临床研究的生物分析部分，则必须遵循FDA和人用药物注册技术要求国际协调会（ICH）的良好临床试验规范（GCP）（ICH, 1996; US FDA, website）。另外一个重要的法规是FDA的21 CFR 11，它主要针对电子记录和电子签名作出了相应的规定（US FDA, 2011）。在当今的现代化实验室内，越来越多的信息和数据是以电子形式产生和保存的，因此21 CFR 11对实验室的合规性方面将产生更加重要的影响，特别是对采用电子签名的实验室，必须对电子签名系统进行完整的验证，以表明其符合21 CFR 11的要求。

对工业界生物分析来说，通常遵循的指导原则和（或）白皮书包括：US FDA的《生物样品分析方法验证行业指南》（US FDA 2001）；欧洲药品管理局（EMA）的《生物样品分析方法验证指南》（EMA, 2011）；定量生物样品分析方法验证和样品分析：色谱方法和受体结合方法白皮书（Viswanathan et al., 2007）；GLP生物样品分析专题研讨会报告和相关美国药学科学家协会（AAPS）研讨会：分析重现性——已测样品再分析（ISR）重现性（Fast et al., 2009）。图2.1说明了药物开发各不同阶段适用的法规。

2.2.3.2　标准操作规程

生物样品分析实验室必须具有一套完整的SOP，对实验过程中的所有程序进行统一的描述。SOP的描述必须清晰和准确，但不应过于详细，以免由于过于详细的细节或步骤使SOP难以被完全遵循从而引起合规性方面的问题。在清晰和简洁之间一定要寻找一个平衡点。表2.2给出了生物样品分析实验室SOP的一个范例。通常，在第一个SOP（如SOP-001）中描述SOP的制定、审阅、发布和保管程序，同时也包括更新、替换和废止某个SOP的程序。此SOP给予特定人员发布SOP的权利，并要求相关人员接受适当的培训。SOP应该包括目的、范围、适用人员、程序等内容。一个实验室或一个机构内的所有SOP应采用相同的格式以保持一致性。SOP应由在此类工作中已经经过考核的人员来审核批准。还需对SOP进行阶段性的审阅，以保证SOP能反映出实验室的现行操作，并与法规要求和行业内的普遍做法保持一致。应保存员工的SOP培训记录，并在新SOP发布、老SOP更新和废止时对上述记录及时进行更新。

表2.2　生物分析实验室的典型SOP

SOP编号	SOP
1	关于SOPs的SOP
2	原始数据
3	实验记录本
4	样品处理和跟踪
5	色谱分析方法验证
6	采用色谱分析进行样品分析
7	色谱分析的方法确认
8	色谱仪器
9	Watson用户和支持程序

续表

SOP 编号	SOP
10	分析软件用户和支持程序
11	生物分析数据处理
12	样品重复分析
13	分析标准品
14	试剂和溶液标签
15	自动移液器
16	报告
17	天平和砝码
18	pH 计
19	冷藏和冷冻冰箱
20	仪器日志
21	自动液体处理系统
22	离心机
23	组织机构图
24	多中心研究标准操作规程
25	实验室仪器性能确认
26	经确认的仪器的变更控制
27	计算机化系统的验证
28	计算机化系统的变更控制
29	生物分析的质量控制
30	外包研究
31	主计划表

同时，还需建立记录 SOP 的遵守情况的系统。例如，SOP 规定应对仪器进行年度校正，则必须保存相关记录证明确实每年进行了此校正操作。对 SOP 的任何偏离必须记录并得到批准。如经常发生对某 SOP 的偏离，则提示对此程序缺乏系统控制或培训。记录 SOP 遵守情况的文档的保存时间通常由 SOP 来规定，也可以由公司政策来规定。某些情况下，可以将 SOP 符合性的记录同专题资料一起保存。

虽然 SOP 是权威性的操作规程，但在实验计划书中可以制定超越相应 SOP 规定的项目。从法规符合性的角度来说，实验计划书中的要求最为优先。对于多中心研究项目，各不同机构所需完成的不同部分的程序也应在 SOP 中加以说明。另外，对于一个 GLP 机构，应该制定总计划表说明在机构内进行的专题及其状态。

2.2.4 记录

2.2.4.1 如何记录

为了使专题研究能够完全重现，必须对所有数据进行适当的记录（例如，完成了什么操作、如何完成、在哪里完成、由谁在何时完成）。在法规规定下进行的研究，必须实时进行记录，以保证符合法规的规定。在不同的公司，可以以不同的形式记录数据。例如，纸质的实验记录本可以是装订好的记录本或者是事先编码的活页文件夹，或者是未事先编码的活页文件夹在完成之后再进行编码。如果采用 ELN，则此系统应能保留所有的审核跟踪日志，且必须根据 21 CFR 11（US FDA, 2011）的要求通过完全验证。

数据记录应做到直接、迅速、清晰、准确和不易消除。每一份记录必须包括记录者的签名和日期，不允许回签日期。记录需要修改时应保持原记录清楚可辨，并必须说明修改理由。

甚至对于非法规规范下的专题，也应该采用规范记录和符合法规的操作，以此来保证数据的清晰、准确和可重现。

2.2.4.2 实验记录

应在实验记录本中记录每天的工作内容。实验室应制定 SOP，规定如何进行记录和应记录的内容。预先设计的表格是保证记录完整性和一致性的便捷工具。实验记录本中的所有记录均应清晰和合理，记录人必须签署姓名和日期，并由另外一名实验人员审阅后签署姓名和日期。建议每个专题使用一个专门的实验记录本进行记录，比一个专题的几个部分分别记录在不同的实验记录本中更具优势。实验中使用的材料，如化合物的分析报告，试剂、溶液配制等，应记录在实验记录本中。对一些关键步骤，如化合物称量、校正曲线和 QC 样品的配制等，应尽快由另一名实验人员对其进行审阅，以保证及时纠正可能存在的错误，使其不会影响整个专题的研究质量。

2.2.4.3 电子数据

实验室中所有计算机化系统的安全设置均应开启，用户账号应一人一号并设有密码保护。由系统管理员对账户进行管理，并采取严格的变更控制程序。

电子跟踪日志（软件程序、仪器、LIMS 等）记录了相应计算机的操作人和操作内容，是重建电子数据的必需要素。电子跟踪日志必须始终处于开启状态且只有系统管理员有权关闭。跟踪日志审核应作为 QC 和 QA 审核内容的一部分，以保证数据的完整性。

通常，数据必须从直接采集的电脑中转移至数据处理电脑和 LIMS 系统中进行处理，有时上述过程会涉及产生中间文件，因此数据转移的过程必须是安全的，并且应该对数据转移过程进行额外的审核以保证数据的完整性。

2.2.4.4 偏离

实验过程中如发生 SOP 偏离或实验计划书偏离，专题负责人（GLP 专题）或生物样品分析负责人必须对偏离进行记录，并对其可能产生的影响进行评估。应有专门的 SOP 规定如何对偏离进行记录。偏离必须由相关实验人员/首要研究员、生物分析负责人和专题负责人签字。偏离必须更正并做相应的记录。偏离日志是实验室管理的一种有效工具。例如，某个特定 SOP 经常发生偏离，则说明此 SOP 的描述不清楚或缺乏相关的培训，因此可采取适当的措施来改变此种状况。

2.2.4.5 失败原因调查

在方法验证和常规样品分析过程中，如出现分析批失败或分析批存在问题，应记录在原始记录中。如专题质量可能受到影响，或者出现未预期的情况，则应对其展开全面的调查。在原始记录中记录所进行的调查、得出的结论和采取的更正措施，并在报告中进行描述，使整个事件可以在专题审核时具有可重建性。建议保存整个实验室的事件调查日志，并保证此日志可以在将来进行检索和追踪。对事件调查日志进行阶段性审核，有利于管理人员作出正确的结论。例如，判断某种仪器或方法与其他相比可靠性更佳或更差。

2.2.4.6 通信记录

应保存所有同专题相关的通信记录，并在专题结束时将其归档。同专题负责人（GLP）和管理人员之间的通信记录包括实验计划书及其变更的接收、首要研究员声明、样品接收、数据或偏离的发布等。要求对样品进行重新分析的记录也是很重要的通信记录，应保存在专题资料内。

2.3 质量保证

所有开展 GLP 研究的实验室，必须拟定 QA 计划，以保证实验过程中产生的数据的质量，增强生物分析实验结果的可靠性。QA 审核的目的是确保合格的实验员严格遵循实验室的 SOP 和实验计划书的要求开展实验。尽管 QA 必须保持独立，不归实验室负责人管辖，但是以下部分我们仍将讨论 QA 在生物样品分析实验室所扮演的角色。

生物样品分析实验室的 QA 参与到所有与数据质量相关的一切活动中，确保实验测试和分析的准确性。合格的 QA 人员不仅需要有尽早指出问题所在的能力，还需要扮演好合作伙伴的角色，目的都是为了保证数据的可靠性。对于任何一个生物分析实验室来说，都可以由实验员、管理者及客户共同参与制定特定的 QA 计划。

在理想情况下，QA 人员应对法规知识和生物分析专业知识都有所了解。生物样品分析实验需要 QA 审核的内容包括：计算机系统、LIMS、仪器认证、原始数据、仪器审核追踪记录、试剂制备、培训记录及现场检查等。除专题审核外，QA 还要定期对整个生物分析实验室进行系统审核。审核完成，实验人员针对 QA 发现的问题采取适当的更正和预防措施，由 QA 人员出具一份 QA 申明，证明数据质量可靠，专题研究结果可以发布。

除 GLP 专题外，有些公司也会将临床研究纳入法规规范下，要求 QA 对其进行审核。但是临床专题通常不需要出具 QA 申明。我们认为，QA 还应该对 GLP 专题和临床专题的生物样品分析方法验证部分进行审核，因为分析数据是否可靠依赖于方法的质量和稳健性。

2.4 支持部门

生物分析实验室需要多个部门的辅助才能快速有效开展工作，这些部门包括：质量控制、样品管理、档案管理、技术支持、规划和报告撰写等。不同的公司根据其业务需要在每个岗位配备一个或多个人员来行使职能。多部门的共同合作使生物分析机构可以持续成功地完成生物样品分析操作。

2.4.1 质量控制

QC 的主要职能是复核实验操作及分析方法验证/样品分析产生的数据，保证结果的准确性和完整性，目的是保证数据的高质量和可靠性。与 QA 职能的独立性不同，QC 团队更像一个内部的合作伙伴，但是为 QC 团队建立特有的报告机制也非常重要。例如，QC 不应直接向项目经理报告发现的问题，以避免不必要的利益冲突。

包括如何保存 QC 审核记录等的 QC 流程应在特定的 SOP 中进行规定。QC 程序包括详细的数据、仪器系统及实验流程的检查等。建议将 QC 记录同专题资料一同归档。除 SOP 外，QC 检查清单（见如下表单）也是一个非常有用的工具，可以用它来记录哪些项目经过了 QC 审核。

- 复核专题计划书/变更。
- 复核仪器/日志。
- 核实对照品分析证书。
- 核实方法版本及采集方法。
- 核实系列储备液、校正标样和 QC 溶液的计算公式和标签。
- 核实储备液和生物样品的稳定性要求。
- 复核色谱图，确保积分参数合适，没有残留或干扰。
- 确保分析批满足接受标准。
- 复核进样序列的仪器电子跟踪日志和进样时间。
- 复核失败的分析批调查报告和方法/计划书/SOP 偏离报告。
- 核实仪器数据与 LIMS 系统输入数据是否一致。
- 复核实验记录本，保证通用文件的完整性。

2.4.2　样品管理

样品管理部门是生物样品分析实验室不可缺少的一个重要支持部门。他们的主要工作是借助 LIMS 系统接收、安排和管理生物样品，但是样品管理部门通常也会参与更多有价值的工作，如以下内容。

- 在 LIMS 系统中建立一个专题。
- 为样品储存容器加上条形码并运送至样品采集机构，通常将已经贴好标签的采集容器运送至样品采集机构。
- 保存冰箱库存单，追踪样品的储存位置。
- 保存冰箱的温度记录，追踪样品储存条件，这包括对冰箱工作状态的监控，并在需要时启动非日常维护工作。
- 检查样品运输期间的温度条件是否合适及通知样品采集机构样品已经在良好状态下被接收。
- 专题完成后根据 SOP 的要求处理样品。基于以下两点，需要及时处理样品：①分析物在某特定基质中的稳定性有限，已经建立的冰箱长期储存条件无法满足要求；②在任何公司，存放样品的冰箱都是有限的。样品管理部门在专题报告签署后需要与首要研究员、专题负责人和（或）项目组共同沟通来决定样品的去留。服务外包专题的处置方法相同。
- 保存化合物信息清单，追踪信息包括储存条件和保管链，通常也包括标准品分析证书及有效期等信息。样品管理人员也负责处理过期的化合物。
- 在一些实验室，样品管理部门也负责保存 QC 样品，并追踪它们在每个专题中的使用情况。如果专题外包给其他的实验室来完成，样品管理部门通常会负责将样品运送至合同研究组织（CRO）。
- 在某些情况下，内部的储存能力不足，样品管理部门需要联系外包储存公司来储存样品，并负责管理储存流程、相关费用和因此产生的记录。

2.4.3 档案管理

专题资料和研究机构资料的归档是遵循 GLP 法规的重要内容。原始记录的良好组织和保存是重建专题，并使最终报告中的信息得以复核的唯一方法。开展 GLP 研究的实验室，必须配备一名专职的档案管理员。档案管理员经过适当培训后，负责依据公司政策、SOP 和 GLP 原则对档案室进行日常管理。档案管理员应能够在法规部门检查时迅速有效地取出数据。档案管理员的职责包括以下内容。

- 保证归档资料的适当存入和取出。
- 控制和记录档案的存入和取出。
- 保存提交的档案资料保管文件链。

档案室必须是限制进入的，只有档案管理员和其他指定人员可以进入，特殊情况下其他人员可以进入档案室，但必须由档案管理员陪同，并记录进入原因、进入时间和进入期间审核的资料等信息。

2.4.4 技术支持

技术支持部门在多种层面对生物样品分析实验室提供协助，如实验室和科学软件的应用、实验室仪器、科学仪器的联用、计算机和服务器网络及其他各种 IT 应用。典型的工作内容包括以下方面。

- LIMS 支持（如 Watson），作为管理员建立专题、进行电子数据的归档及故障排除。
- 软件验证和仪器的 IQ/OQ/PQ 认证。
- 软件培训和故障排除。
- 维护监控系统（如冰箱监控）。
- 为个人电脑及仪器控制电脑提供支持。

2.4.5 规划

近年来，实验机构倾向于建立一个专门的规划部门。预测未来工作量和规划资源利用是有效运营必不可少的工作。规划部门可以帮助管理如下领域。

- 对实验室的历史运行情况进行分析以提高工作效率。
- 为新项目审核可用资源。
- 追踪研究支出和费用。
- 协助管理部门调研业务发展前景。

2.4.6 报告撰写

因为业务发展的需要，越来越多的生物样品分析实验室成立了专门的报告撰写部门。虽然专题负责人全权负责报告的准确性和完整性，但是聘请和培训专门的报告撰写人员可以提高生物样品分析实验室的效率。

针对开展 GLP 研究的实验室，现行 FDA 指导原则（USFDA, 2001）、EMA 指导原则（EMA, 2011）和 FDA-工业界白皮书（Viswanathan et al., 2007）都对生物样品分析报告的内容给予了建议。上述指导原则对向各法规部门的申报来讲均是很重要的一部分，因此生物样品分析报告中应包括上述指导原则要求的各项内容。

支持 GLP 专题的生物样品分析报告，其最终报告必须包含 GLP 原则要求的重要内容，必须经过 QA 审核并签署一份 QA 申明。根据 GLP 法规要求，生物样品分析首要研究员负责撰写生物样品分析报告，报告中需要详细描述在其监督下完成的工作，并发送报告给专题负责人。报告中还需附有首要研究员签署的申明，证明该报告准确地反映了已进行的工作和获取的数据，并且严格遵循相关 GLP 法规的要求。如果这部分工作由 CRO 完成，那么 CRO 的 QA 必须出具一份 QA 申明。

2.5　合同研究组织的监督

过去 10 年，制药公司和生物技术公司的外包业务量显著增加。尤其是在过去的几年，制药/生物科技行业的许多挑战和变化进一步加剧了这种趋势。在降低研发成本和加快研发速度的双重压力下，制药公司和生物技术公司越来越需要 CRO 为他们提供专业的服务。CRO 了解作为制药和生物技术行业的研究合作者的益处，已经成为药物研发各阶段有价值的合作伙伴。委托机构和 CRO 能否形成一个紧密的合作伙伴关系，对保证外包项目的成功是至关重要的。下面我们将重点讨论 CRO 监督人的角色和责任，以及 CRO 监督人如何在生物分析过程中成为一个关键的合作伙伴。

2.5.1　人员

参与监督 CRO 工作的人员通常会对以下工作进行监督：合同/购买订单的建立和发票的核准、分析方法开发/验证（包括方法转移）、样品分析、数据转移和数据/报告审阅等。根据生物分析部门的组织结构和可用资源，以上这些工作可以由一名或多名工作人员承担。对于有些公司，合同和购买订单的建立和发票的核准工作是由非生物分析部的人员来完成的（例如，公司的规划部或财务部）。负责外包项目的人员必须具有适当的经验且经过培训。

2.5.2　外包程序

基本的外包程序包括但不限于以下步骤：①决定哪些项目需要外包；②选择合格的 CRO；③签订合同和购买订单；④根据双方同意的时间表和关键点批准发票；⑤监督分析方法开发/验证和样品分析过程；⑥同 CRO 一起解决出现的问题（如有的话）；⑦数据转移；⑧审核数据和报告。以下章节中对上述步骤中的细节做了详细说明。

2.5.2.1　CRO 的选择

需要外包的项目范围决定于委托机构的外包策略和他们当前的工作量及可用的资源。一些委托机构可能仅将 FIH 完成后的临床研究项目外包给 CRO 来完成，其他一些机构可能会将各个研究阶段（早期筛选和优化、临床前 GLP 和非 GLP 部分、临床研究）均外包给 CRO，甚至一些机构会将整个开发项目外包出去。在委托机构决定了外包项目后，将开始选择 CRO 来完成相应的工作。不同的公司可能具有不同的 CRO 筛选程序，但选择 CRO 的几个关键因素是相似的，包括：科研能力、对法规的符合性、按时递送高质量数据的能力及是否具有有竞争力的报价。CRO 筛选小组通常由生物分析部人员、质量保证部门

（QAU）人员和采购部人员（或其他财务/外包相关部门）组成。CRO 筛选小组会访问候选 CRO，对他们在上述几个关键方面的能力作出评估。经过全面的评估，委托机构选择一个或几个 CRO 作为首选的供应商。在正式外包服务开始之前，需要签订保密协议以保证委托机构的知识产权受到保护，同时签订一个总的服务协议以保证一个合理的外包服务价格。外包服务的费用可以按照研究项目来计算，也可以按照花费的时间来计算。

2.5.2.2 CRO 现场审核和访问

为保证选定的 CRO 能够按照现行的法规和委托机构的要求进行操作，应对 CRO 进行常规的现场审核和访问。现场审核和访问的频率可根据 CRO 承担的外包服务工作量和某些研究的特定要求而定。通常情况下，委托机构的 QAU 会对 CRO 进行年度审核，以确保 CRO 的 SOP、数据、实验机构、人员、日常操作和规程均符合当前的法规及指导原则或相关标准的要求。委托机构的生物分析专题监督人也可以对 CRO 进行常规的访问（或根据特定的需要进行访问），访问过程中可以对 CRO 的某个特定方面或方法验证/样品分析进行审核，以保证 CRO 能够递送符合法规要求的高质量科学数据。

2.5.2.3 SOP

没有法规明确要求 CRO 在进行委托机构的项目时应遵循自己的 SOP 还是委托机构的 SOP。在正式开始进行外包服务之前，最好明确应该遵循哪个 SOP。如果需要遵循委托机构的 SOP，则委托机构必须提供相关 SOP 给 CRO，且在项目开始前 CRO 的员工必须接受相关 SOP 的培训。如果需要遵循 CRO 自己的 SOP，则委托机构的生物分析专题监督人通常会要求 CRO 提供相关 SOP，并根据这些 SOP 的要求对 CRO 的数据和报告进行审核。

2.5.2.4 沟通

CRO 和委托机构间有效的沟通是对 CRO 监督成功的关键。CRO 和委托机构间除邮件和电话外，还可以根据工作量和项目的需要进行常规的每周、两周或每月一次的电话会议，以讨论项目进展和问题（如有的话）的解决方案，也可以举行一些特别会议来解决一些特殊的或紧急的问题。以上会议均要有会议记录，以对需要跟进的项目进行追踪。

2.5.2.5 分析方法开发/验证和样品分析

如委托机构没有对外包项目做过前期研究，则 CRO 可以从最初的方法开发开始进行此项目；如委托机构的实验室已经开发了此项目所需的分析方法，并做过方法验证，则 CRO 仅需要进行方法转移即可。在分析方法开发/验证或转移工作开始之前，通常需要 CRO 和委托机构共同起草、审核并批准验证计划书（描述将要进行的实验和相应接受的标准等）。但是，并不是所有的 CRO 和委托机构都使用正式的验证计划书，验证工作的范围和接受标准也可以通过其他方式进行沟通和建立（例如，包括在合同内或根据 SOP 的规定）。

按时递交高质量的数据是将生物样品分析项目外包的主要目的。委托机构的专题监督人需要确保在样品分析专题开始前，CRO 已经对相应的分析方法进行了适当的验证或确认（例如，对于 GLP 和临床专题，方法需经过验证；对于非 GLP 专题或临床生物标志物、代谢产物和尿液样品，方法需经过确认）。在样品分析开始前，应根据委托机构的要求制定明确的数据递交时间表。委托机构的专题监督人应确保在样品分析开始前实验方案，包括随机表（临床的盲法实验）已经提供给CRO，如有方案变更也应及时提供给CRO。样品分析期间，负责进行样品分析和数据审核的CRO人员应阅读、理解并遵循实验方案及其变更（如有的话）的要求，并遵循相关SOP和法规指南的要求。

委托机构的专题监督人需要同CRO保持紧密的联系，以保证分析方法验证和样品分析工作能够及时完成，并符合科学和法规方面的要求。专题监督人需要同CRO一起解决可能出现的问题。尤其是对于进行方法转移的项目，因委托机构已经熟悉了已有的分析方法，他们应将此分析方法的特点、化合物或代谢产物相关信息同CRO一起分享，或者如有需要，可以派遣开发和验证此分析方法的研究人员到CRO的实验室帮助解决一些问题。

2.5.2.6 数据/报告审核和转移

不同的委托机构和CRO有不同的方法验证和样品分析数据/报告审核和转移的程序。CRO通常会在初步的数据和报告草案产生后先对其进行审核（包括审核跟踪日志），之后将其以草稿的形式递交给委托机构的专题监督人进行首次审阅。根据专题类型的不同［例如，非临床（GLP与非GLP）和临床研究］，数据审核的过程和报告格式均可能会有所区别。通常，对于GLP和临床研究，最终的数据和报告必须经过CRO的QA部门审核后才能够发送给委托机构。对于非GLP（非临床）专题，通常不需要QA审核。委托机构的专题监督人需要对数据和报告（包括草案和最终版本）进行仔细审阅，以进一步保证数据和报告的质量。

不同委托机构和CRO的数据转移程序也不同。通常需要以一种安全的方式（例如，通过邮件发送加密文件或者通过联网服务进行数据交换）将数据递交给委托机构。一般原始数据（包括纸质和电子版）会根据CRO的SOP要求保存在CRO的设施内。关于CRO的档案储存，SOP应该清晰地规定档案保存时间、保存地点和如果超出规定的储存时间后将如何处理（例如，将原始资料返还给委托机构）等程序。

2.5.2.7 制药公司生物样品分析实验室与CRO生物样品分析实验室对比

制药公司和CRO的生物样品分析实验室具有许多相似之处，也有许多不同。主要的相似之处是：①遵循相同的FDA、EMA和其他法规部门有关生物样品分析方法验证的指导原则；②应用科学的判断来指导日常工作和解决问题；③使用类似的仪器设备［例如，自动液体处理系统和液相色谱-串联质谱（LC-MS/MS）］进行样品处理和分析；④执行质量管理体系以保证数据的完整性和可重现性；⑤在预定的时间内递送高质量的数据。

主要的区别是：①制药公司生物样品分析实验室同CRO和委托机构的项目团队有着较多交流，但是CRO的实验室通常仅同委托机构的专题监督人、专题负责人和QA部门有交流，CRO通常不会同委托机构的项目团队进行直接的交流；②制药公司生物样品分析实验室通常会对化合物开发的整个过程（从早期发现到研发，再到最终报批的整个流程）有着更深入的了解，但CRO生物样品分析实验室对该化合物的了解通常仅限于整个开发流程的某一特定阶段；③CRO的科研人员可能会对医药领域的多种不同化合物有所了解，但是制药公司的生物分析人员可能对本项目的其他重要方面，如代谢产物和生物标志物等有着更深入的了解。

制药公司和 CRO 的科研人员之间的合作应该是互相尊重的而不是竞争性的。制药公司生物样品分析实验室倾向于将已经建立的方法及用于支持药物相互作用（DDI）和比较研究的非专有性分析方法外包出去。目前制药公司有缩减内部生物样品分析部门资源的趋势，而 CRO 正在稳步扩张它们的业务，并有能力吸引和稳住人才。大量一流的生物分析科研人员目前正在 CRO 内应用最前沿的技术开展工作。制药公司和 CRO 之间的关系正从节省开支的纯商业关系逐步发展成为风险共担的伙伴关系。

2.6 结 束 语

生物样品分析是很少的几个覆盖了药物开发全过程的学科之一，即从药物的早期发现到临床前研究，再到临床开发的各个阶段。生物样品分析在目标化合物鉴定、先导化合物优化、生物利用度（BA）估算、患者风险评估和治疗药物监控等方面扮演着至关重要的角色。由于生物样品分析可以为从早期发现到后期临床研究的药物开发全过程提供支持，因此生物分析实验室的操作流程和人员均需要符合科学和法规的要求。为了实现资源的优化，达到项目目标并符合法规要求，需要对实验室和工作流程进行优化，建立符合当前法规和科学进步要求的策略，并执行最佳的操作规程。

对生物样品分析实验室的要求，不仅仅是要提高工作效率和降低成本，在复杂的法规环境中使各项操作符合法规的要求也是生物样品分析实验室的一项必须实现的指标。不允许为降低成本而使法规符合性作出让步。生物样品分析实验室也需要跟进当前法规和工业标准的变化，使得实验室可以及时采取适当的措施降低违规的风险。生物样品分析实验室应建立适当的数据记录程序，包括纸质数据和电子数据，以保证数据的完整性。需要对所有的偏离进行记录，并及时对其进行调查研究。

生物分析实验室应不断地改进 SOP，并采用最佳的操作规程来优化自己的工作。它们也需要参照当前工业界的操作规范。为了实现高效的工作流程，应该对实验室的空间和仪器的位置进行适当的设计，同时需要保证实验机构和人员的安全。为满足 GLP 法规的要求，需要及时地将纸质和电子原始数据进行归档，并在需要时能够迅速取阅。对仪器和软件给予足够的投入和维护是非常重要的。在进行法规规范下的研究前，应对仪器和软件进行充分的测试，使其符合法规的规定。

随着制药和生物技术公司外包业务量的显著增加，一个已建立合作伙伴关系的 CRO 对生物样品分析程序来说是非常必要的。从外包程序到 CRO 的选择，包括 CRO 的现场审核、访问和沟通等，所有环节的顺利完成都建立在双方密切合作的基础上，只有这样才能使各项程序符合科学和法规的要求。

对于生物样品分析管理来说，在人才上面的投入是最重要的。聘用、培训和保留各个职位上的人才应该是生物分析实验室的第一要务。应该为科技和管理人员提供职业发展的机会，并帮助他们实现个人理想，尽量满足他们经济上的需要。应该鼓励员工做科技报告并且发表科技文章。对新兴技术的探索和对工业界最佳操作规范的应用可以增强生物分析机构在当前充满竞争的环境中的生存能力。

参考文献

European Medicines Agency, Guideline on bioanalytical method validation, EMEA/CHMP/EWP/192217/2009. 2011.

Fast DM, Kelley M, Viswanathan CT, O'Shaughnessy J, King SP, Chaudhary A, Weiner R, DeStefano AJ, Tang D. Workshop report and follow-up—AAPS Workshop on current topics in GLP Bioanalysis: assay reproducibility for incurred samples—implications of Crystal City recommendations. AAPS J 2009;11(2):238–241.

ICH. Guidance for Industry E6 Good Clinical Practice: Consolidated Guidance. 1996.

Lee MS, Kerns EH. LC/MS applications in drug development. Mass Spectrom Rev 1999;18 (3–4):187–279.

OECD. OECD Principles on Good Laboratory Practice. 1998.

USFDA. Available at http://www.fda.gov/ScienceResearch/SpecialTopics/RunningClinicalTrials/default.htm. Accessed Feb 25, 2013.

USFDA. CFR—Code of Federal Regulations Title 21, Part 11 Electronic Records; Electronic Signatures. 2011.

USFDA. CFR—Code of Federal Regulations Title 21, Part 58 Good Laboratory Practice for Nonclinical Laboratory Studies. Last Updated 2011.

USFDA. Guidance for Drug Evaluation and Research. Guidance for Industry: Bioanalytical Method Validation. May, 2001.

Viswanathan CT, Bansal S, Booth B, et al. Quantitative bioanalytical methods validation and implementation: best practices for chromatographic and ligand binding assays. Pharm Res 2007;24(10):1962–1973.

3

生物分析的国际法规与质量标准

作者：Surendra K. Bansal
译者：张永文
审校：李文魁、张杰

3.1 引　言

1986 年，当我还在当时一个领先的合同研究组织（CRO）工作时，我到一家制药公司洽谈生物分析方面的项目。当我提出要对方法验证收费时，客户颇为困惑："为什么要增加验证？不过是分析样品而已"。我礼貌地拒绝了单单只做样品分析，因为我认为在样品分析之前必须进行方法验证以确定其可行。我当时没有得到这个项目，却在有关生物分析的法规方面给自己上了一课。在 20 世纪 90 年代以前，尚无适用于生物分析的标准章程。委托机构会提出自己用于评估生物分析方法灵敏度、准确度和精密度的标准——以其所要求的参数为例，均来自于美国联邦法规 21 章 320.29 条（21 CFR 320.29）。自 20 世纪 80 年代以后，生物分析的规范变化不大，但是监管生物分析的指南则明显得到了加强。生物分析指南可追溯到 20 世纪 90 年代，当时生物分析的先驱者在美国弗吉尼亚州阿灵顿水晶城会聚一堂，召开了有关规范性生物分析方面的全球研讨会。这次研讨会后来变成了一系列，即后来被称为"水晶城生物分析研讨会"，详见 Shah 和 Bansal 在 2011 年有关的历史性展望。这次研讨会发表了第一份关于生物分析方法验证和样品分析程序及相关要求的白皮书（Shah et al., 1992），其所述的程序和要求对生物分析从业人员和监管机构（主要是美国）二者均适用。水晶城研讨会所发表的白皮书促成了美国食品药品监督管理局（FDA）向全世界发布的第一个生物分析方法验证工业指导原则（US FDA guidance, 2001）。虽然第一个正式的指导原则（US FDA guidance, 2001）是由 FDA 为业界提供的，但它与第一份水晶城白皮书（Shah et al., 1992）没有太多不同。因此，对生物分析人员来说，使用这部指南并没有多大困难。

3.2 全球生物分析指南

在 20 多年后的今天，世界上大多数生物分析人员均熟悉 FDA 的指导原则（US FDA guidance, 2001）和水晶城白皮书（Shah et al., 1992, 2000; Viswanathan et al., 2007）规定的生物分析程序和要求。在同一时期，世界各地的监管机构也发布了有关生物利用度（BA）/生物等效性（BE）研究中生物样品分析方面的衍生指南。大多数这些用于 BA/BE 研究的生物分析指南在实质上与 FDA 的指南没有太大区别，如表 3.1 所示，它们仅反映世界各个不同地区在一些具体程序上对 BA/BE 研究中生物样品分析的要求。在生物分析的验证和分析方面，另一个主要的监管机构——欧洲药品管理局（EMA）（EMA draft, 2009）也起草了详细的指南，其最终版本于 2011 年（EMA guidance, 2011）发布。EMA 尊重世界上现有的生物分析经验，其最终发布的指南（EMA guidance, 2011）并不与现行生物分析指南和经验冲突，而只是做了补充。FDA 已宣布在 2013 年前后将发布其 2001 版指南的修订版。希望 FDA 的修订版指南在生物分析指导原则方面，原则上不会有大的变化，而是将原指南中不完善的地方进一步完善和扩充。

表 3.1 有关生物等效性/生物利用度（BA/BE）研究中生物样品分析的全球和区域性指南

监管机构	文件	年份	备注
全面指南			
美国食品药品监督管理局（FDA）	生物分析方法验证行业指南	2001	全面指南
欧洲药品管理局（EMA）、欧盟（EU）	生物分析方法验证指南	2011	全面指南
非全面的、专门用于 BA/BE 研究的指南			
巴西国家卫生监督局（ANVISA）	第 899 号决议，2003 年 5 月 23 日：关于分析和生物分析方法验证的指南	2003	在 BA/BE 研究领域应用的色谱方法的验证步骤
	良好的生物利用度的生物等效性实践手册	2002	专门用于 BA/BE 研究领域的生物分析操作的详细说明
	RDC 第 27 号决议，2012 年 5 月 17 日	2012	巴西药品注册中关于生物分析方法验证研究应用指南
FDA，美国	对口服药物产品生物利用度和生物等效性研究——一般事项	2003	参照 2001 年 FDA 的生物分析方法验证行业指南
EMA，欧盟	生物等效性研究指南	2002（新版），2010（第一修订版）	用于生物分析的质量法则使用的简明指引
加拿大治疗产品委员会（TPD），加拿大卫生部健康产品与食品部（HPFB）	生物利用度和生物等效性研究的实施与分析	2002	参照水晶城 I（Shah et al., 1992）报告并提供生物分析要求的简明纪要
加拿大治疗产品委员会（TPD），加拿大卫生部健康产品与食品部（HPFB）	比较生物利用度研究的实施与分析（草案）	2009	参照水晶城 I（Shah et al., 1992）和 III（Viswanathan et al., 2007）报告并提供生物分析要求的简明纪要；现正在修订采用 EMA 的关于生物分析方法验证的指南（Ormsby, 2012）
澳大利亚药品管理局（TGA）	关于生物利用度和生物等效性研究的指南说明	2002	采用了 EMA 指南
新西兰医药安全局（Medsafe）	新西兰监管指南	2001	ICH、EMA 或 FDA 的指南均予以承认
中国国家食品药品监督管理总局（CFDA）	人用化学药物产品生物利用度和生物等效性研究技术要求	2004	参照 FDA 生物分析方法验证行业指南（美国 FDA 指南，2001）并提供关于生物分析要求的简要概述
日本卫生、劳动与福利省（MHLW）	医药产品的临床药代动力学研究	2001	关于生物分析要求的简要概述

续表

监管机构	文件	年份	备注
印度卫生与家庭福利部（MHFW），印度中央药品标准控制组织（CDSCO）	关于生物利用度和生物等效性研究指南	2005	关于生物分析要求的简要概述
东南亚国家联盟（10国）（ASEAN）	ASEAN 实施生物利用度和生物等效性研究指南	2001	改编自 CPMP（EMA）关于 BA/BE 研究的指南
沙特阿拉伯 FDA	生物等效性要求指南	2005	参照 FDA 生物分析方法验证行业指南（美国 FDA 指南，2001 年）
埃及药物监督局（Egyptian Drug Authority）	关于仿制药上市许可的生物等效性研究指南	2010	关于生物分析要求的简要概述
韩国食品药品监督管理局（KFDA）	用于生物等效性研究的指南文件	2008	关于生物分析要求的简要概述

不同国家和地区的监管机构制定的生物分析技术指导文件大致可分类为“综合型”或“有限型”两种（表 3.1）。由 FDA（US FDA guidance, 2001）和 EMA（EMA guidance, 2011）发布的指南属综合型。它们涵盖了非临床和临床研究中从生物分析方法验证到生物样品分析的所有方面。而其他监管机构发布的生物分析技术指导文件属有限型，它们在不同层面为 BA/BE 研究中的生物分析提供了技术指导细节——从参考样品到综合指南再到有关样品分析全过程的具体指导。表 3.1 列举了有关 BA/BE 研究中生物样品分析的全球和区域性指南。这些地方性指南有一定的局限性（表 3.1），不足以全面支持生物分析工作。因此，必须用美国 FDA 和 EMA 发布的综合指导文件作为在世界各地运用地方性指南的补充。

在当今的经济环境下，全球范围内执行和提交生物分析工作的边界正在缩小。因此，在生物分析方面存在多个指南和法规（表 3.1）只会给高质量的生物分析工作造成额外的负担（Bansal et al., 2010; Timmerman et al., 2010）。而生物分析行业已全球化，EMA 在 2009 年继美国 FDA 2001 年发布第一个行业指南后发布了第二个综合性生物分析指南草案（EMA 草案，2009），随即引发了全球生物分析业界的数次讨论（Bansal et al., 2010; Timmerman et al., 2010; van Amsterdam et al., 2010）。这些讨论促成了“全球生物分析联盟”（GBC）的成立，该联盟主要由来自于全球制药行业和合同研究组织（CRO）的生物分析学家组成。该联盟的使命就是要产生一个有关生物分析程序和要求的全球性统一文件，以呈现给世界各个国家和地区的监管机构。期望这样一个文件能影响全球监管机构，并在其生物分析指南中被采纳（van Amsterdam et al., 2010）。这样将最终导致一个全球统一的生物分析指南的产生，它是当今业界所需所盼的。如此一个统一的指南将使生物分析从业人员和监管机构双双受益，并有助于提高科学素质和操守。

3.3 生物分析的质量

现有的监管指南适用于生物分析验证及样品分析，并涵盖了色谱分析和配体生物分析两个方面。用于评估确定药效的生物标志物浓度的测量则不在现有指南的覆盖范围内，将来的监管指南也可能覆盖生物标志物的定量分析。严格遵循生物分析指南和适用的法规，可确保所提交数据的高质量。但什么是生物分析数据的高质量呢？是否全球范围内的生物分析从业人员和监管人员对“高质量”了解相同？对如何实现“高质量”观点都一样呢？在下面的段落中，我们要进一步在战略上探讨生物分析的质量。

3.3.1 生物分析的质量策略

生物分析是一种系统性比较技术。在生物分析中，检测样品的浓度是通过与参照标准进行比较而获得的。生物样品浓度一般是未知的，而且浓度范围可能很宽。在大多数情况下，生物分析人员会对浓度进行粗略估计。尽管存在这些挑战，当生物分析工作遵循前瞻性的高质量策略和原则时，就会获得准确、精确且可重复性好的结果。对生物分析的质量评估包括定量和定性两个方面。

3.3.2 定量评估

在定量方面，质量评估是通过确定测试结果的准确度、精密度及重现性来进行的（图 3.1）。测试样品中的真实浓度是个量化目标，但它是未知的，因此质量控制（QC）样品就被用来替代真实样品，以评估生物分析的准确度和精密度。监管指南规定了 QC 样品允许的精密度和准确度，图 3.1 中描述了针对色谱方法的可接受的精密度和准确度。通过对已测样品再分析（ISR），可以定量评估测试结果的重现性。

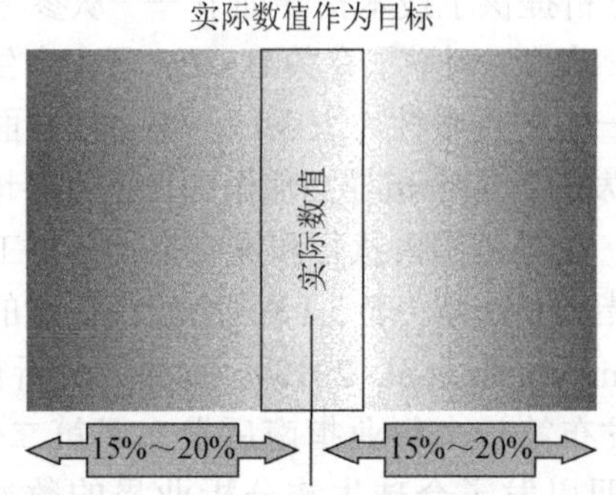

- 在缺少已知检验样品实际值的情况下，通过QC 样品来评估生物分析的准确度和精密度
- 通过已测样品再分析（ISR）评估结果的重现性

图 3.1 质量保证（QA）的定量手段

3.3.3 定性评估

在定性方面，生物分析的高质量应积极通过贯彻监管指南、遵循标准操作规程（SOP）和实施优良生物分析方法等来构建。为确保高质量，应当建立合适的质量检查和控制，并对生物分析的全过程进行监控。根据这些要求，可将生物分析过程分为 4 个阶段，表 3.2 中列出了在每个阶段所需的检查和控制。生物分析过程的所有阶段都应进行检查和控制——从生物分析方法的撰写到生物分析报告的撰写。若观察到错误或异常，内部的质量检查和控制程序应允许一个不带偏差的调查和诊断。这种检查和控制应成为遵循全球生物分析法规和指南而进行常规生物分析工作过程的一部分。在以下段落的描述中提到，在生物分析中为取得高质量而主动进行检查和控制非常重要。我们要突出质量原则，但这并不是说我们要求各生物分析实验室在生物分析过程中的每一步要如何做。各实验室应遵照其 SOP 和全

球管理指南进行分析。对生物分析各环节中进行适用的质量检查和控制，这样做不仅可以提高质量，而且有助于诊断和解决分析过程中的任何突发问题。

表 3.2　实现高质量生物分析时的主动质量检查和控制

表 3.2a：书面指引	
质量检验或控制	注释
标准操作规程（SOP） ● 提供操作规程 ● 定义实验室中的文化	符合监管指南的策略性 SOP 是首选的规范化 SOP
生物分析方法 ● 标准对照品和试剂的描述 ● 仪器设定 ● 校正标样和质量控制（QC）样品准备 ● 样品提取步骤 ● 计算步骤 ● 分析说明和注意事项	应有书面方法作为独立的方法报告（首选），或 SOP
表 3.2b：书面方法→分析批	
质量检验或控制	回顾或执行
标准对照品	● 纯度鉴定 ● 稳定性
储备液	● 准确的计算 ● 通过重复称重和储备液比较来保证备制的均一性和准确性
校正标样和 QC 样品	● 准确的准备计划 ● 准确的计算和配制 ● 校正标样和 QC 样品是质量生物分析的中心支柱
样品处理	● 准确、均一的取样 ● 精密加入内标 ● 防止混淆和污染
仪器设定	● 在书面方法中描述仪器设定 ● 只允许在指定的方法中对原设定进行改变以获得最佳性能 　○ 充分保留与设定变更相关的文件和（或）审查线索
系统适用性	● 在开始分析运行前执行和检查
表 3.2c：分析批→报告数据	
质量检验或控制	审查或执行
色谱积分与审查	● 均一化积分所有色谱图（校正标样、QC 和样品）；审查色谱的合适积分
数据计算	● 按方法中设定的方式对数据进行计算
已测样品再分析	● 执行并对全程分析捕获进行审查 　○ 意外错误 　○ 取样前样品不均一 　○ 方法问题（新方法）
没有预计的问题的解决	● 无偏差独立审查 ● 仪器、方法、分析人员
表 3.2d：报告数据→最终报告	
质量检验或控制	审查或执行
报告	● 创建准确和易于遵循的表格并将表格转换为报告 　○ 确保正确的表格转换 　○ 自动报告撰写已有使用，但不广泛
报告审阅	● 审查报告中的错误 ● 质量保证部门（QAU）对报告独立审查
归档数据	● 归档电子数据 　○ 可用于日后数据再处理的需要

3.3.3.1 书面指引

（1）标准操作规程：生物分析实验室应具备一整套遵从全球法规和指南的策略性书面SOP。这些SOP应能提供完成高质量工作的策略和规程。除提供生物分析的操作步骤外，SOP还要定义实验室的文化。因此，各实验室均应该有自己的一套SOP，并且应对所有分析人员进行SOP培训，以使他们能按照SOP及实验室的其他相关工作步骤进行工作。

（2）生物分析方法：在分析样品之前，应将生物分析方法写成一个方法文件（首选）或SOP。这种方法文件为分析人员提供所有应遵循的操作说明，以使得该方法在整个样品分析过程中可重复。

3.3.3.2 书面方法→分析批

（1）对照标准品：对照标准品只有其纯度获得特别认证并且在其稳定期内，方可用于规范性生物分析，对照标准品还必须根据其特别规定的方式储存。

（2）储备液：配制储备液的计算必须准确并仔细核实，以避免任何误差。在核实标准对照品游离形式的正确质量时，应考虑标准对照品的纯度及与盐相关的校正因子。在制备标准对照品储备液时，必须进行两次单独称量并相互比较以保证其均匀性和准确性，两储备液的响应系数差应在较小范围（例如，用LC-MS测定时不超过5%）。只有这样，储备液才能用来配制校正标样和QC样品。若储备液已储存了较长时间，在使用前应仔细考察储备液的储存状况，因为即使标准对照品在储备液中是稳定的，但在储存和操作过程中由于溶剂的挥发也可能使储备液的浓度发生变化。

（3）校正标样和QC样品：将适量的储备液添加到生物基质中，可制备校正标样和QC样品，注意计算和准备这些样品时必须格外小心。校正标样和QC样品是生物分析过程中获取高质量结果的中心支柱，因此必须准确无误地制备。为避免计算错误，建议使用验证电子表格或软件进行计算。如果是手动计算，应由另一名同行仔细核实结果，以避免出现任何可能的错误。

（4）样品处理：为了生物样品分析结果的可重复性，分析样品在取样前的均一性和取样的准确性十分重要。为确保取样前样品的均一性，冷冻试验样品应完全解冻并在取样前彻底混匀。在加内标时，必须准确地使用精密移液管准确加样。分析人员应格外注意避免样品混淆或样品处理过程中的污染。

（5）仪器设定：应在方法描述的公差范围内设定仪器。如果设定发生变更，设定后全部文件的修订均应保留。

（6）系统适用性：生物分析中色谱法的系统适用性是非常重要的，它应在分析批开始之前进行测试。对所用系统进行必要的灵敏度测试和专属性检查。如果系统本身重现性不好，则在系统适用性检查过程中检查其重现性。例如，如果色谱生物分析是在没有内标的情况下进行的，并且系统适用性不通过，分析批就不应开始。对于分析批，应用校正标样和QC样品的结果，而不是用系统适用性的结果来评估分析批的结果。

3.3.3.3 分析批→报告数据

（1）色谱的积分和审查：从校正标样、QC样品和待测样品所得的全部色谱图均应统一积分，最好不用任何手动积分。在使用峰值响应数据计算浓度之前，应先对色谱图合适峰积分进行审查，以避免任何偏差。

（2）浓度计算：必须使用在方法中指定的校正曲线回归和加权因子对数据进行计算。在样品分析过程中不允许改变计算方法。

（3）已测样品再分析：ISR 的最大价值在于通过它来跟踪样品分析的全过程。ISR 不仅可以帮助捕捉不经意的实验操作错误和样品不均匀性问题，还可以帮助发现与方法有关的问题，尤其是对新方法。然而，在研究结束时进行 ISR 往往会无法捕捉这些问题以便及时纠正错误。

（4）意想不到的问题的解决：当观察到意想不到的问题或结果异常时，应采用在生物分析过程中建立的检查和控制程序进行不带任何偏差的独立审查。独立无偏差的审查应包括对仪器、方法和分析人员行为的审查。这些检查和控制也应该用于问题的早期观察，如果问题发现得早，解决起来更容易。

3.3.3.4 报告数据→最终报告

（1）报告：应建立准确且易于遵循的生物分析报告。冗长的生物分析报告通常没有益处，罗列额外的原始数据只会使报告难以理解。此外，如在报告中列举不必要的信息，则有隐藏生物分析工作中实际问题的嫌疑。报告必须简明，通过提供明确的结果和易于理解的表格，以及简短的文字来解释实验方法和程序。若使用实验室信息管理系统（LIMS），则很容易从数据库中提取所有表格，但是必须注意要选择合适的表格。现在已有用软件进行生物分析自动报告，但使用并不普遍。

（2）报告审查：应由一个独立的评审人员审查报告可能的错误。与新药申报有关的生物分析报告也应由独立的质量保证部门（QAU）进行审核。

（3）数据归档：无论电子数据还是纸质文件均要归档。如果以后要对生物分析的数据进行再处理，那么应该有电子数据。随着电子笔记本和电子归档系统越来越多地应用，在不久的将来纸质档案可能会成为生物分析世界过时的东西。

3.4 科学、质量和法规

现代生物分析科学早已不同于 1990 年之前的法规指南。近年来，生物分析在多个方面如快捷性、专属性和灵敏性等取得了卓越的进步。人们可以常规性地在很短的时间内开发出复杂基质中多种分析物的高灵敏和特异性生物分析方法。对生物样品体积的要求也已经减少到只需几微升。在生物分析科学上的不断进步则要求增补或修订现行的监管指南和质量措施。当然，对规章的修改也需要一个过程。令人欣慰的是，监管机构也愿意与生物分析从业人员合作。随着科学的不断进步，监管机构也愿意修改它们的指南。受此鼓舞，数以百计的生物分析人员在 GBC 的大旗之下审查协调生物分析的最佳程序和要求，这些程序和要求有可能成为未来法规指南的基础。监管机构和生物分析人员一起工作，可以提高生物分析数据的质量和全球一致性。生物分析在科学、质量和法规三方面确实是既合理又和谐、一环扣一环的。这个循环中没有任何一个部分高于其他，任何一个部分均应启动有逻辑的互动（图 3.2）。在开始的时候，可能是科学会启动这个循环，但在成熟的生物分析领域，高质量已深入从业人员和监管机构的心坎，以质量或法规作为起点的循环互动很正常。

努力保持生物分析的科学常识和最高质量应该是生物分析领域每个人的责任。只有这样，每个人才能从生物分析的高质量中受益。生物分析从业人员会从监管机构收到明确一致的监管指南，而监管机构将收到高品质的申报文件。因为申报文件的高品质，监管机构得以快速结束审查并批准新药。最终，使用新药的患者将从这个全球性的和谐的生物分析中受益。

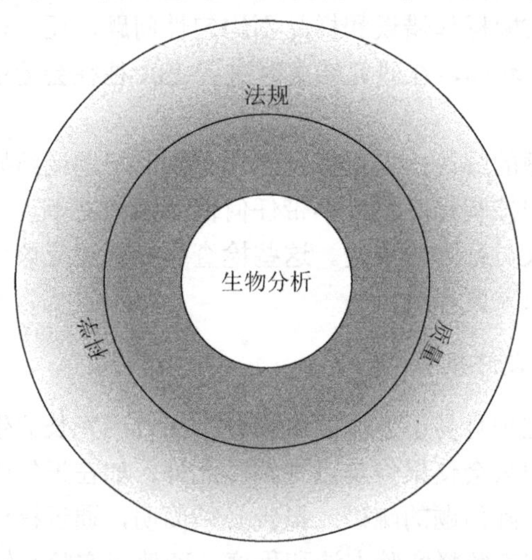

图 3.2　有逻辑与和谐的生物分析周期

致谢

作者十分感谢 Lisa Benincosa、Faye Vazvaei 和 Sarika Bansal 提出的宝贵修改和建议，以及 Bhavna Malholtra 在画图方面的帮助。

参 考 文 献

Bansal SK, Arnold M, Garofolo F. International harmonization of bioanalytical guidance. *Bioanalysis* 2010; 2(4): 685–687.

EMA: European Medicines Agency, Committee for Medicinal Products for Human Use. Guideline on Validation of Bioanalytical Methods (Draft) [EMEA/CHMP/EWP/192217/2009]. 2009. Available at http://www.ema.europa.eu/pdfs/human/ewp/19221709en.pdf.

EMA: European Medicines Agency, Committee for Medicinal Products for Human Use. Guideline on Validation of Bioanalytical Methods [EMEA/CHMP/EWP/192217/2009]. 2011. Available at http://www.ema.europa.eu/docs/en_GB/document_library/Scientific_guideline/2011/08/WC500109686.pdf.

Ormsby, E. Canada's New Bioequivalence Guidances, presented at 6th Workshop on Recent Issues in Bioanalysis, San Antonio, TX, 2012.

Shah VP, Bansal, S. Historical perspective on the development and evolution of bioanalytical guidance and technology. *Bioanalysis* 2011;3(8):823–827.

Shah VP, Midha KK, Dighe SV, et al. Analytical methods validation: bioavailability, bioequivalence and pharmacokinetic studies. *Pharm Res* 1992;9(4):588–592.

Shah VP, Midha KK, Findlay JW, et al. Bioanalytical method validation—a revisit with a decade of progress. *Pharm Res* 2000; 17(12):1551–1557.

Timmerman P, Lowes S, Fast DM, Garofolo F. Request for global harmonization of the guidance for bioanalytical method validation and sample analysis. *Bioanalysis* 2010;2(4): 683.

US 21 CFR 320.29 (Code of Federal Regulations), Food and Drug Administration. Analytical methods for an in vivo bioavailability study. 42 FR 1648, January 7, 1977, as amended at 67 FR 77674, December 19, 2002. Available at http://www.accessdata.fda.gov/scripts/cdrh/cfdocs/cfcfr/CFRSearch.cfm?fr=320.29.

US FDA: US Department of Health and Human Services, Center for Drug Evaluation and Research. Guidance for Industry: Bioanalytical Method Validation. 2001. Available at www.fda.gov/downloads/Drugs/GuidanceComplianceRegulatoryInformation/Guidances/UCM070107.pdf.

van Amsterdam P, Arnold M, Bansal S, et al. Building the Global Bioanalysis Consortium – working towards a functional globally acceptable and harmonized guideline on bioanalytical method validation. *Bioanalysis* 2010;2(11):1801–1803.

Viswanathan CT, Bansal S, Booth B, et al. Quantitative bioanalytical methods validation and implementation: best practices for chromatographic and ligand binding assays. *Pharm Res* 2007;24(10):1962–1973.

第二部分

解读目前关于液相色谱-质谱（LC-MS）生物分析的相关法规

4

现行生物分析方法验证的法规

作者：Mark E. Arnold、Rafael E. Barrientos-Astigarraga、Fabio Garofolo、Shinobu Kudoh、Shrinivas S. Savale、Daniel Tang、Philip Timmerman 和 Peter van Amsterdam

译者：屈兰金

审校：罗江、侯健萌、李文魁

4.1 引　言

确保患者的健康及用药安全是制药行业及其合同研究伙伴的共同目标。可以肯定，这也是监管这二者的卫生当局的目标。在以往的30年中，药物剂量越来越少而作用越来越强，只有随着技术的进步，人们才可以检测到较低循环浓度的药物及其代谢产物。与此同时，使用药物浓度数据的药代动力学家，要求提高实验数据的准确度和精密度，以便建立更好的药物模型来支持药物申报注册。随着新药申报文件中药代动力学（PK）数据重要性的增加，卫生监管当局加强了评审的力度，并实施了新的法规和指导原则以确保生物分析方法的验证，非临床及临床试验样品中药物及其代谢产物生物分析的科学性和数据的质量。生物分析研究人员在这种科学全面、讲究质量、合乎法规、技术先进的氛围中开展工作。过去10年中，制药行业在开拓全球市场的同时，面临降低运营成本的压力，也面临其他的压力。通过运用适当的技术，许多生物分析实验室的运营成本被明显降低。但药物申报的全球化要求生物分析人员在生物分析时，不仅要满足当地的法规要求，还要符合多个国家和地区的法规要求。尽管不同国家和地区卫生监管当局颁布的法规和建议的核心部分相同，但也存在差异。为了帮助生物分析人员应对各种各样的国际法规，本章旨在探讨不同国家和地区包括巴西、加拿大、中国、欧盟、印度、日本和美国等关于液相色谱-串联质谱（LC-MS/MS）生物分析的现行法规。

4.2 监管环境的背景

生物分析所涉及的法规有多个方面，其核心是要保证方法及使用该方法产生的实验数据的科学性和可靠性。要实现这一目标可通过许多途径。20多年来，监管部门一直在应对现场检查和新药申报中所发现的问题，与此同时，科学界已经实施了新技术，并寻求途径来证明其有效性。

对于采用LC-MS/MS进行生物分析的研究人员来说，他们所面临的一个巨大挑战是理解各国的专业术语。就像任何一个新兴科学领域一样，生物分析方法验证和规范生物分析一开始并没有一致明确的术语，因而关于如何保证数据的科学性和高质量，生物分析人员各执一词。如今科学界已经公布了方法，并在会议中讨论，随后发表了白皮书，加上与法规部门的交流沟通，生物分析人员已经接受并使用统一的定义，这样便使得大家的沟通更加明确有效。

在从第一届到第三届 AAPS-FDA 水晶城生物分析方法验证研讨会的 16 年里，学术界对生物分析方法验证、部分验证和交叉验证都分别进行了定义，从这里可以看到生物分析的演变。在第一届 AAPS-FDA 水晶城研讨会上，人们提出了生物分析实验的基本原则和常规操作流程，并要求使用已知准确度和精密度的可靠、灵敏、专属的生物分析方法（Shah, 1992）来测定非临床/临床样品中稳定的药物及其代谢产物。1992 年，加拿大卫生部立即意识到这些验证原则的重要性而快速将其引入指导原则中（Health Canada, 1992）。然而，会议报告中有关部分验证和交叉验证的解释有些不一致。这种困惑在第二届水晶城（Crystal City Ⅱ）会议的报告里得以澄清（Shah, 2000），于 2001 年编入 FDA 生物分析方法验证指导原则（FDA, 2001）里。之后这些定义和术语迅速成为许多国家的标准。因此，在第三届水晶城研讨会上，生物分析工作者看到许多国家在药物审评时要求审查有关生物分析方法交叉验证的数据。类似的术语和有关验证及部分验证的概念也被录入巴西 2003 决议 899 号（ANVISA, 2003），该决议的大幅更新版就是 RDC 27（ANVISA, 2012）。欧洲药品管理局（EMA）在 2011 年发布生物分析方法验证指导原则（EMA, 2011），该原则的基本概念与前面提到的一致，但有改进。加拿大当局为了避免额外的指导原则，决定直接采用 EMA 的指导原则（Health Canada, 2012）。与此相反，在本章写作时，日本决定颁布自己的法规草案，并正在征集意见。

技术进步不仅推动了法规的演变，事实上还催生了对现今法规文件中要求的具体化。20 世纪 90 年代，大多数药物的浓度都是采用高效液相色谱（HPLC）、气相色谱-质谱（GC-MS）或酶联免疫吸附分析（ELISA）来进行测定。从那时起，小分子药物的分析已转变为采用灵敏度高、特异性好、分析时间短的 LC-MS/MS 技术。如今，人们很少采用 ELISA 测定小分子化合物。对于那些作用强而剂量小的药物的生物分析，HPLC 方法无法达到要求的灵敏度。然而即使通过简化操作流程和提高方法耐用性，LC-MS/MS 技术也不是没有问题。当人们试图尽可能提高仪器利用率以抵消其高成本时，使用 LC-MS/MS 会遇到化合物源内裂解（degradation）、离子化效率的抑制或增强（ionization issue, suppression or enhancement）、离子加合物形成（adduct formation）等问题。稳定同位素标记内标（SIL-IS）在很大程度上可帮助识别和减少这些问题的影响，因此现在规范生物分析中 SIL-IS 的应用非常普遍。可以说，SIL-IS 是生物分析工作者的灵丹妙药，具有非常高的价值。即便如此，生物分析人员仍需是出色的科技人员和色谱专家。如今，运用 LC-MS/MS 来测定大型生物分子经特定酶消解而产生的分子片段就是对生物分析人员的新挑战：大型生物分子经特定酶消解后，酶解液中有许多分子大小相近且色谱特征相似的分子片段，生物分析方法的验证谈何容易。

4.3 方法验证

为了证明在特定生物基质，如血液、血浆、血清或尿液中测定分析物含量的特定方法是可靠的和可重复的，就需要进行包含众多步骤和程序的生物分析方法验证。生物分析方法验证的主要参数包括：①准确度；②精密度；③选择性/专属性；④灵敏度；⑤重现性；⑥稳定性。要完成以上方法验证，必须做大量的实验以全面考察这些特定参数。虽然以前没有特别规定，但依据 EMA 2011 版指导原则（EMA's 2011 guideline），一些额外的参数也需在方法验证中进行评估，这些参数包括回归线性、回收率（RE）和内标正常化后的基质效应。参考文献原文中记载了完成每项实验的多种方法，此处不再重复。然而值得注意的是，一些实验尽管科学合理，但因其实验设计与众不同且不符常规标准，就可能会遭到并不太熟悉其科学性或合理性的监管部门的质疑。最好的做法就是在验证方案中明确规定必须进行的能使该方法满足所需目的的实验。如何进行方法验证不是 FDA 对良好实验室规范（GLP）要求的一部分，大多数机构均按照经济合作与发展组织（OECD）（OECD，1998）的要求来拟定方法验证方案，并指派项目负责人对方法验证方案负责。对于已经验证的方法，如果有较大变更，可能需要重新验证，这会包括许多实验，而对于较小的变更，可能只需要部分（方法）验证。

当对一个方法略加变更或者将方法转移到其他实验室时，只需要部分方法验证。与根据方法的用途来判定在方法验证时需要做哪些实验类似，部分方法验证时需要做些什么实验必须基于对方法本身及方法变更的内涵的科学理解。例如，改变提取溶剂可能会带来色谱柱内及质谱离子源电离过程中背景干扰的变化，而不同溶剂制造商生产的同种溶剂，只要纯度相同，其色谱行为应该相同。因此，用来证明干扰因素对某方法没有影响的实验必须设计合理。如果要改用不同的提取溶剂，需要做更多的实验来评估，而用不同溶剂制造商的同种溶剂可能不需要做评估实验。EMA的指导原则对部分方法验证的范围有很充分的表述："部分验证的内容可以少到只需批内精密度和准确度的测定，也可多到需要进行一个几乎完整的方法验证"。大多数国家都同意，部分方法验证应至少包括一个准确度和精密度的测试。

以下两种情况需要进行交叉（方法）验证：①当把两个或两个以上独立的方法用于同一项目；②在同一申报文件中有两个或两个以上的方法。在这两种情况下，交叉（方法）验证的目的就是向审查数据的监管当局证明，不论何种方法，其产生的数据都是可靠的。经验表明，即使在两个实验室采用同一个方法，如不进行交叉验证，也无法保证两个实验室能产生一致的结果。究其主要原因，可能包括对书面程序理解的不同、设备和技术人员的差异等，这些差异很容易在交叉（方法）验证中发现并加以纠正，以防给项目带来风险。交叉（方法）验证可以通过多种方式进行，如使用质量控制（QC）样品、已测样品（incurred sample）或已测样品的混合（incurred sample pool）。当两个不同的实验室采用相同的方法时，使用 QC 样品进行交叉验证可能就足够了。当比较两种不同的方法时，通常用 QC 样品和已测样品或已测样品的混合来进行交叉验证。当然，必须考虑是否使用单个已测样品或已测样品的混合。对前者，样品量可能不够，无法满足在每个实验室进行重复检测，而后者虽然可以通过重复检测获得方法的准确度和精密度信息，但某些样品中所含的高浓度干扰组分可能因稀释而不易发现。总之，交叉方法验证方案设计必须科学合理。标准操作规程（SOP）或已有的（方法）验证方案也是一种很好的凭借，以确保交叉验证的可接受性。最后，如果使用已测临床样品（incurred clinical sample）进行交叉验证，必须征得患者或受试者的同意。只有 EMA 颁布了交叉验证的接受标准：QC 样品的平均浓度应不超过其理论浓度的 15%，如果采用已测样品，那么 2/3 的已测样品两次所测得值的偏差应不超过两值平均值的 20%。

4.3.1 对基质的要求

大多数国家均赞同（方法）验证中使用的基质应与未知样品的基质一致。在实践中，巴西（ANVISA）和日本均同意替代基质可用于内源性物质的分析。对于罕见或难以获得的基质（如眼球液），ANVISA、FDA和EMA的要求比较灵活。人们普遍认为，用于方法验证和用于样品分析的校正标样和QC样品中的抗凝剂应与未知样品一致。但对于方法验证时是否需要采用与未知样品中相同盐形的抗凝剂，行业内有许多讨论，但未见任何法规规定。因为抗凝剂会抑制酶对药物和代谢产物的代谢能力，所以改变抗凝剂时需要进行部分（方法）验证，同时还应考虑验证室温和冷冻条件下的稳定性。

4.3.2 标准物质

大多数国家都同意，对待测药物的标准品，必须有分析证书（CoA）。对于代谢产物或内标标准品的CoA，没有具体要求或者要求较少。一般情况下，待测药物的CoA应包含物质的名称、批号、有效期、纯度、储存条件和制造商。在巴西，对于非药典所列的标准物质，制造商必须提供详细的CoA。而EMA和FDA指出，对于内标标准品，只要证明它们适合于预期的目的，可以不需要CoA。相反，巴西则需要内标标准品的CoA。对于代谢产物，通常制备或分离得到的量有限，但我们应尽可能地多做代谢产物标准品的鉴定工作，这就需要分析机构在进行鉴定时尽可能消耗少的代谢产物标准品。

4.3.3 耐用性测试

此前，ANVISA（决议RE899）是唯一要求进行方法耐用性测试的机构，然而他们最近删除了这一要求（ANVISA, 2012）。近年来，方法耐用性测试可通过在方法开发（MD）过程中设计特定的实验来完成。不管如何，理解提取缓冲液（extraction buffer）或流动相（mobile phase）pH的微妙变化，或有机相的含量，或混合时间等因素对方法的影响，对确保方法的耐用性并让更多的人能成功使用该方法是非常重要的。

4.3.4 灵敏度

在实行上，生物分析方法必须有足够的灵敏度来检测待测化合物的含量，以表征其PK参数，来回答研究设计所提出的问题。EMA提供了一个生物等效性（BE）研究范例，即定量下限（LLOQ）应不高于预期峰浓度（C_{max}）的5%。在实际应用中，各监管机构一致要求在LLOQ时，方法的准确度误差和精密度偏差必须在20%内。EMA和FDA均要求LLOQ的信噪比（S/N）≥5∶1。第三届水晶城研讨会（Crystal City Ⅲ conference）的报告提供了一些与检测内源性化合物方法相关的指导原则，同时要求生物分析科学家建立适当的程序来解决空白基质中内源性化合物浓度超过LLOQ 20%所衍生的问题。

4.3.5 选择性（专属性）

方法的选择性最简单的表达方式即“在可能存在众多组分的未知样品中，该方法能准确无误地测定和区分待测化合物（FDA, 2001）的能力”。这意味着，该方法必须能够区分待测化合物（药物或代谢产物）和内源性成分、联合给药药物及与其他药物相关化合物（如其他代谢产物及异构体）。

区分待测化合物与为数众多的内源性成分在方法开发过程中可轻松完成。所有地区的监管部门都希望看到分析方法区分待测化合物与内源性成分的证据。日本要求测试来自三名男性和三名女性志愿者的空白基质，而EMA和巴西ANVIS要求在方法验证时不仅要测试至少来自4名正常志愿者或患者的空白基质，还要求测试溶血和高脂质的空白基质。在这些测试中，在相同批号的空白基质中添加化合物或不加化合物，比较二者在待测分析物保留时间处的响应。当用高脂质血浆和溶血血浆进行测试时，还可以检测这些因素对方法耐用性的影响。ANVISA、FDA和EMA均规定，同一批号空白基质内的内源性成分的响应值不得大于该方法LLOQ的20%。

对于联合给药的药物，许多实验室继续使用HPLC-UV（紫外线）中的鸡尾酒法，即在QC样品中添加联合给药的药物以证明其不影响化合物的测定。在群体药代动力学（population PK）研究中，患者可能服用各式各样的同服药物。考虑到LC-MS/MS技术优良的选择性，进行上述鸡尾酒式的选择性测试不仅不切实际，而且也没有必要。当然，只有了解了药物预期的体内特性，才能够科学地说明联合给药对生物分析方法选择性并不造成麻烦。这些体内特性包括蛋白质结合和蛋白质的结合量，当分析物高度结合到低结合力的蛋白质时，可能会被其他化合物取代，因此在样品提取时的行为可能不同。

在药物开发的早期，药物的特异性对方法验证是个挑战。我们都知道，一些药物的代谢产物、化学降解物或代谢产物的立体异构体可能就是药物分子本身的同量异构体，它们在质谱中的碎片与药物本身相似。此外，人们已知知道*N*-葡萄糖苷会降解成苷元，如果不经过色谱分离，*N*-葡萄糖苷就会干扰分析。在方法开发过程中，如果没用体外样品（空白及QC样品）来测试方法的选择性，建议采用不同的色谱方法来测试提取的样品，以证明方法的特异性。这样的测试结果应作为附录记录在方法验证报告中。

4.3.6 回收率

回收率是生物分析方法的一个重要参数，大多数卫生监管当局均要求提供方法的回收率。各个国家对测定回收率的做法及对回收率结果的解释也不太一样。印度要求测试低、中、高浓度水平的回收率，如果回收率太低就必须重新开发方法以提高回收率。巴西政府对回收率没有绝对的要求，但要求变异系数（CV）值小于20%以证明该方法的重现性。FDA只要求回收率是一致的、精确的并可重现。EMA和ANVISA不太关注回收率，它们更关注基质效应，认为其对数据可靠性的影响较大。

4.3.7 基质效应

在编写此书时，只有2011年EMA和2012年ANVISA的指导原则中有测试基质效应的要求。在2007年，第三届AAPS-FDA水晶城生物分析研讨会的会议报告里第一次正式建议测试基质效应。因为该研讨会有FDA和工业界的参与，该建议可以认为是工业界和FDA的一个约定，也是双方同意的常规做法的延伸。因此，测试基质效应成了从那时直到EMA指南发布前的标准。在2011年EMA和2012年ANVISA的指导原则中，基质效应均按照基质中内标正常化后化合物的响应值除以非基质（如缓冲溶液、水或者溶剂）中内标正常化后化合物的响应值来计算。在基质效应测试中，通常应该使用6批基质，分别测定待测化合物在低浓度和高浓度时的基质效应，所得%CV必须≤15%。有趣的是，AAPS-FDA的报告指出，使用SIL-IS时没必要测试基质效应。而EMA要求在任何情况下都要测试基质效应。EMA还要求评估可能进入循环系统的辅料［如聚乙二醇（PEG）或聚山梨酯］的影响。此外，EMA的指导原则还要求测试可能影响分析结果的基质的基质效应，这些基质包括溶血、高脂质和来自特殊人群、肝或肾功能受损的患者的基质。ANVISA法规要求测试8个批次的基质，包括4批次正常的基质，2批次高脂质基质和2批次溶血基质。不管如何测试，成功的关键因素是所有样品的基质效应一致。

4.3.8 校正曲线

在第一届AAPS-FDA水晶城研讨会上，人们确定了校正曲线的基本要求，该基本要求这些年没有改变，而且目前为大多数国家的法规所引用：校正曲线应包括至少6个非零浓度的样品，并涵盖待测样品预期的浓度范围或仪器响应范围。许多国家对校正曲线浓度数量的要求曾经降至5个，但在2011年EMA强制要求6个浓度点。在过去的20年里，不同机构加强并扩充这一基本要求。当发现研究样品的浓度范围明显比方法验证时的浓度范围小时，FDA要求适当地缩小校正范围或增加额外的QC样品，而对于宽的校正曲线浓度范围或者校正曲线非线性（即二次回归模型），FDA要求增加校正曲线浓度点，以确保所测值能正确反映浓度-响应的关系。EMA 也提出了类似的指导原则。所有国家都对校正曲线浓度的选择给出了明确的要求。当认识到早期的LC-MS/MS仪器在长时间运行后响应会发生漂移（shift）时，业内在分析批开始和结束时均放置一套校正曲线样品以平均漂移的影响。支持者和反对者均对此存在争论，但到目前为止，还没有一个地区将此做法编入法规。所有地区都要求每分析批中至少应包括一个零浓度（空白）样品，但该零浓度（空白）样品并不包含在回归分析中。

所有国家都赞同使用最简单的回归模型和加权方案校正数据，但何为最简单，不同国家之间的解释不尽相同。在水晶城第二届（Crystal CityⅡ）会议上，对线性模型或二次平方回归模型以外的模型的使用有相当多的讨论。FDA指导原则允许使用更复杂的（回归）模型，但该模型必须是合理的。随着时间的推移，对回归的复杂定义不断更新。巴西则对此有更严格的限制，对于使用任何直线线性模型$y=mx+b$（二次平方回归模型也被认为是线性的）以外的回归模型的（Massart, 1988），都必须提供该模型适用性的统计数据依据。同样，日本倾向于在小分子分析时用纯线性模型，但在其草案条例中也保留了一定的灵活性。考虑到许多LC-MS/MS系统的性质和在很宽的校正范围内所显示的二次平方回归线性，企业应当制定和实施适当的统计测试作为验证工作的一部分，以支持回归模型的选择。在这一点上，EMA的规则与FDA一致。

所有国家都同意回归时不应包含空白样品。除此之外，各国有关回归的规则就较为复杂。美国、日本、巴西、中国和印度要求至少75%的校正曲线样品应在其理论浓度的15%内，对于LLOQ样品，则要求其在理论浓度的20%内。巴西要求至少6个校正曲线浓度符合该接受标准。EMA就如何处理回归提供了一些额外的指导，该指导清晰界定了如何剔除每个分析批中差的校正曲线点，以使每个分析批有最佳回归：如果使用重复样品，对于每个浓度的校正曲线样品，至少50%的样品的测得值需在其理论浓度的±15%内（对于LLOQ，在±20%内）。如果某校正曲线样品的测得值不符合这些标准，该校正曲线样品应该被剔除，然后应该对除该样品外的校正曲线进行重新评估和回归。

4.3.9 质量控制样品

所有监管机构都认同每个样品的分析批（run）均需包含代表待测样品浓度的 QC 样品，但对 QC 样品浓度的具体要求并不相同。大多数国家都认为低浓度 QC 样品的浓度应该小于或等于 LLOQ 的 3 倍，而高浓度 QC 样品的浓度应高于校正范围的 75%。对中浓度或中间浓度 QC 样品的设置，目前尚存争议，因为其设置需满足多种要求：其浓度应接近校正曲线的中间（约 50%），能代表未知样品的预期浓度但又不能与校正曲线的浓度相同，而后者正是印度中央药品标准控制组织所要求的（CDSCO, 2005）。对于何谓中点也存在诸多争议——中点（中间浓度点）应该是靠近校正曲线的线性平均数还是校正曲线的对数中位？无论如何，我们应科学判断，以确保 QC 样品的浓度能代表未知样品的预期浓度。在制备 QC 样品时，FDA 和 EMA 均要求采用两份不同的储备溶液，一份用来制备校正曲线样品，而另一份用来制备 QC 样品，只有一份储备溶液用另一份储备溶液校验过后，该储备溶液才可同时用来制备校正曲线样品和 QC 样品。

除这些 QC 样品外，方法验证时可能需要验证额外的 QC 样品。当校正曲线范围较宽或在样品分析时正常 QC 样品不能充分反映未知样品的浓度时，大多数国家允许或要求使用额外浓度的 QC 样品。人们普遍认为在方法验证时，需要测试 LLOQ QC 样品，因这可以充分反映该方法在 LLOQ 的准确度和精密度。而在样品分析中，不使用 LLOQ QC 样品。此外，在样品分析时需要一个或者多个稀释的 QC 样品，该 QC 样品的浓度应高过校正曲线的上限，用与稀释那些预计要被稀释的未知样品的相同方式进行稀释。但对于稀释 QC 样品是否必须反映预期的未知样品浓度及在样品分析过程中必须有稀释 QC 样品，目前共识不多。然而二者都是最佳的做法，因为这么做能提供潜在问题的证据，如高浓度未知样品的溶解度问题及样品制备过程中样品稀释的错误。

QC 样品结果的接受标准为 2/3 的 QC 样品结果的准确度必须在其理论浓度的±15%内；对于 LLOQ QC 样品，其结果必须在其理论浓度的±20%内，且每个浓度至少有 50%的 QC 样品需达到该标准。精密度遵循类似的接受标准，要求每个浓度的 CV 值≤15%（对于 LLOQ，≤20%）。与此同时，大多数监管机构还要求批内和批间精密度符合该要求。

有趣的是，FDA 要求方法验证时的总体 CV 值≤15%（对于 LLOQ，≤20%），而对样品分析无此要求；而 EMA 要求在样品分析时，所有接受的样品分析批的总体平均准确度和精密度均≤15%，而在方法验证时不要求如此。通常情况下，达到上述两个接受标准都不是问题，但对这两种情况，都需要在方法验证和项目结束前进行相应的检查核实。此外，FDA 还提供了一个选项，来识别统计离群值及报告包含与不包含这些统计离群值的 QC 样品准确度和精密度的数据。

4.3.10 在基质中的稳定性

用 QC 样品代替未知样品来考察分析物的稳定性是行之有效的做法。稳定性测试应该模拟未知样品可能经历的条件，如抗凝剂、容器材料、稳定剂的加入及储存条件等。监管机构经常审查各种稳定性实验的数据，如果未知样品发生意外（例如，样品在运输过程中融化），就要求提供额外的稳定性文件。在方法验证中，常规稳定性实验包括 4～24 h 室温稳定性；至少 3 次冻融周期的稳定性，初次冷冻时间至少 24 h，之后每次融化后再冷冻时间至少12 h；至少24 h的自动进样器稳定性，为此需采用新鲜制备的校正曲线点和QC样品对原始校正曲线进行再分析；一个或一个以上储存温度下的长期稳定性（如－20℃和－70℃）。目前尚不清楚为什么监管机构不认可根据阿伦尼乌斯方程（the Arrhenius equation）确定的化合物的化学稳定性来推断其在基质中的稳定性，但大多数监管机构都认为，化合物在－20℃的稳定性不足以证明它在－70℃条件下是稳定的，反之亦然。但当化合物在－20℃和－70℃条件下都稳定时，可以认为它在两个温度之间也是稳定的。

对稳定性测试，大多数监管当局要求测试低浓度和高浓度QC样品的稳定性，在操作时，至少要三次重复测定低浓度和高浓度的QC样品。虽然大多数法规没有明文要求测试稀释QC样品的稳定性，但用和其他QC样品同样的方式测试其稳定性是最佳的实践。2012年以前，在稳定性的计算方面，巴西要求与第0天的测量结果进行比较。然而在2012年，其决议RDC 27向其他国家看齐，要求稳定性的计算需与理论浓度进行比较。大多数国家都认识到，稳定性实验需采用新配制的校正曲线，而不允许使用冷冻的校正曲线。在稳定性测试当天的分析批中，应包含QC样品用于监测，大多数国家也认可使用稳定性周期内的QC样品。在第三届水晶城（Crystal City Ⅲ）的会议报告里，建议测试第0天或第1天的稳定性样品，以确保稳定性样品配制准确无误。

至于样品采集和处理过程中待测物稳定性的评估，在FDA和EMA的指导原则中均有提及，但二者都没有对实验和接受标准做详细规定，这完全由生物分析人员自己来拟定适当的实验程序和接受标准。有人建议接受标准应不得超出±15%，以便数据可变性的最小化。

4.3.11 在储备液中的稳定性

所有的国家都认可需要测试分析物在储备溶液和工作溶液中的稳定性，但对于测试的类型及是否要测试内标的稳定性却存在一些争议。通常情况下，要测试6～8 h的室温稳定性，并根据预期的使用周期测试其他存储条件下（如冰箱冷藏、－20℃或－70℃）的稳定性。大家一致同意如果储备溶液和工作溶液的溶剂不同，需要分别测试它们的稳定性。此外，在测试储备溶液中待测物的稳定性时，必须与新鲜储备溶液进行比较；在第三届水晶城（Crystal City Ⅲ）的会议报告里，FDA同意赋予“新鲜”更宽泛的定义。EMA具体指出，在某特定溶剂体系中，待测物在最高浓度和最低浓度溶液的稳定性可以证明其在两个浓度间溶液的稳定性。随着时间的推移，待测物的稳定性周期会延长，这些信息应增编在验证报告里。

与EMA一样，巴西建议测试类似物的稳定性。而对于SIL-IS，只要证明不存在同位素交换，则不需要测试其稳定性。这样剩下要做的就是类似物内标稳定性的测试了。FDA对内标稳定性测试没有清晰的要求，但要求内标或其他降解产物不干扰分析物的分析。

4.3.12 系统适用性

大多数国家的法规中未提及系统适用性，但FDA建议通过测试系统适用性来表明仪器的最佳性能。系统适用性通常是通过测试系统适用性样品来展示不同实验室里不同LC-MS/MS的特性，这些特性包括但不限于：灵敏度、峰形和保留时间。

4.3.13 残留

中国和印度的法规中未提及残留（carryover）。EMA 的指导原则中提及的残留多指来自于自动移液系统的残留。巴西讨论的是残留效应。FDA 在 2001 年的指导原则中没有提及残留，但在第三届水晶城（Crystal City Ⅲ）的会议报告中提到，有关残留的问题可能来自如下诸多方面：进样器残留，保留在色谱系统中由下一个或多次进样洗脱的成分等。日本的要求是在定量上限（ULOQ）后分析三个空白样品，所有三个空白样品进样后在分析物保留时间处的信号均应小于或等于 LLOQ 信号的 20%。因此，日本的这一做法可以把进样器残留与化合物因保留在系统中而后洗脱导致的残留区分开来。在这一点上，FDA 和 EMA 与日本的标准相同。巴西有类似的标准，同时还要求这三个空白样品进样时，在内标保留时间处的响应必须小于或等于正常内标响应的 5%。

4.3.14 代谢产物的测定

EMA（EMA, 2011）和 FDA（FDA, 2001）均支持在药物研发过程中以层次渐进（tiered）的方式来验证药物代谢产物的分析方法，该方式始于科学合理的方法，进而过渡到像对待药物分子一样的完全验证的方法。在与药物安全（动物毒理学）和临床药理学同事探讨药物代谢产物时，都认为有必要从不同方面来保证代谢产物数据的可靠性。问题的关键是什么是重要的人体代谢产物（Baillie, 2002; Smith, 2005; FDA, 2008; ICH, 2009）。毒理学家和临床药理学家均认为对于人体重要的代谢产物，分析方法需非常可靠（如按更严要求进行方法验证），以便确立药物的安全剂量范围。当代谢产物具活性或有毒性而导致药物安全性系数（safety multiple）变小时，可靠的分析方法非常重要。除重要的人体代谢产物外，毒理学家也常会对其他许多代谢产物的可靠数据感兴趣，因为如有可能，他们想把在某一毒理物种中观察到的毒性与某特定代谢产物关联起来。如果能够得知代谢产物具种群特异性，而且是导致毒性的直接原因，那么就可以设法排除可能与人类相关的毒性，从而减少药物潜在的毒性和增加药物获得批准的机会。

在新药发现阶段，各公司对药物及其代谢产物特性的研究有浅有深且方法不一，这种情况会延续到新药开发阶段，在这一阶段，企业在应对代谢产物分析的问题时，都会评估风险以决定如何做。在新药的毒性研究和首次人体试验（FIH）中，一些公司更倾向于用稳健的完全验证过的方法来分析在药物发现阶段鉴定的药物的主要动物代谢产物，而有些公司更倾向于把代谢产物的鉴定表征研究推迟到吸收、分布、代谢和排泄（ADME）研究完成之后，以便集中有限的人力、物力来对重要的人体代谢产物进行定性定量。在这种模式下，应该用完全验证的分析方法来测定代谢产物。尽管每个公司在何阶段用何种方法测定药物代谢产物的做法都不一样，但随着新的代谢产物鉴定方法（如质量缺失过滤器）的出现（Zhu, 2006），在药物发现阶段用简化的层次渐进（tiered）方法进行代谢产物分析是可能而可行的。

4.3.15 已测样品再分析

6 年多来，已测样品再分析（ISR）已经引起了科研人员、质量保证部门（QAU）及法规部门的高度重视。本书的其他部分会对此进行详细说明，在这里只想说，像许多概念一样，它已经从最初的讨论演变为FDA和EMA所支持的作为考察方法质量和其在实验室实际应用的重要指标，后者也许更能反映研究数据的问题。加拿大卫生部以前有过对ISR相关的规定，但在2003年取消了该规定（Health Canada, 2003）。巴西、印度、中国和日本没有法规要求进行ISR测试，但根据作者经验，许多国家现在正关注或要求做ISR实验。

4.3.16 分析批大小

FDA和EMA同意在（方法）验证过程中需要建立一个样品数量与研究样品分析批相等的分析批。通常而言，分析批大小的测试是为了证明在所测的样品数量范围内色谱图和质谱信号均稳定。

4.3.17 报告

监管机构尚未提供有关生物分析方法验证报告格式的具体指导原则。大多数法规和水晶城（Crystal City）会议报告都已提供了报告内容的指导原则，第三届水晶城会议（Crystal City Ⅲ conference）的报告包含了具体细节列表。EMA的指导原则提供了最新的标准，该标准要求提供每个实验的单个数值和浓度。这种细化简化了审查过程，因为审查人员能够关注更多细节进而确认和评估方法的根本质量。然而，这样要求科研人员在报告中包含详细的实验结果。

4.3.18 其他议题

过去几年中，在生物分析实验或生物分析数据审查中的发现引发了各种议题，这些议题一方面增加了生物分析和药物监管领域内业者的担忧，另一方面增进了他们的对话。例如，人们曾激烈争论过化合物在－20℃和－70℃时稳定性的关系，这种争论在监管机构的指导原则出台后就停止了。另一些议题，如使用不同离子类型的相同抗凝剂来验证基质的问题，以及当基质中存在同服药物时待测物的稳定性验证等，虽然在会议上有过讨论，也有文章发表，但尚无共识。

4.4 结 束 语

可靠的药物及其代谢产物在生物样品中浓度的测定始于科学的方法开发，所开发的方法需经过方法验证，并最终用于临床前和临床生物样品的分析。方法验证就是通过测试方法的一些关键参数来鉴定表征该方法，以保证其在用于人或动物样品分析时所测结果不受个体差异的影响。对大多数药物而言，在其开发阶段可能会涉及几个生物分析方法，各方法的运用都是为了增加对药物分子的了解。根据情况，有时要把代谢产物加到分析方法里，但有时则要把代谢产物从方法中剔除。在药物开发阶段，无论优化药物剂量，或开发复方药物，或把生物分析方法转移到其他实验室（包括合同研究实验室），在这一系列的运作中，生物分析方法的验证和交叉验证非常重要，它为监管当局接受各种研究数据的可靠性和可比性提供证据。

参 考 文 献

ANVISA. *Resolution 895, Guidelines for elaborating a relative bioavailability/ bioequivalence study's technical report*. Brazil; 2003.

ANVISA. Resolution RDC 27, Minimum requirements for Bioanalytical Method Validation used in studies with the purpose of registration and post-registration of medicines. Brazil; 2012.

Baillie TA, Cayen MN, Fouda H, et al. Drug metabolites in safety testing. Toxicol Appl Pharmacol 2002;182(3):188–196.

CDSCO, Guidelines for Bioavailability and Bioequivalence Studies. Directorate General of Health Services, Ministry of Health and Family Welfare, Government of India, New Delhi, India; 2005.

EMA. Guideline on Bioanalytical Method Validation. Available at http://www.ema.europa.eu/docs/en_GB/document_library/Scientific_guideline/2011/08/WC500109686.pdf. Accessed Feb 25, 2013. London: European Medicines Agency; 2011.

FDA. Guidance for Industry: Bioanalytical Method Validation. Food and Drug Administration. Rockville, MD, USA; 2001.

FDA. Guidance for Industry—Safety Testing of Drug Metabolites. Food and Drug Administration. Rockville, MD, USA; 2008.

Health Canada. *Conduct and Analysis of Bioavailability and Bioequivalence Studies – Part A: Oral Dosage Formulations*. Ministry of Health, Heath Products and Food Branch. Canada; 1992.

Health Canada Guidance Document: Conduct and Analysis of Comparative Bioavailability Studies, Health Products and Food Branch; 2012.

Health Canada. Notice to Industry: Removal of Requirement for 15% Random Replicate Samples. Canada: Ministry of Health, Heath Products and Food Branch; 2003.

ICH. M3(R2): Guidance on Non-Clinical Safety Studies for the Conduct of Human Clinical Trials and Marketing Authorization for Pharmaceuticals. International Committee on Harmonization; 2009.

Japan Ministry of Health, Labour and Welfare. Draft Guideline on Bioanalytical Method Validation in Pharmaceutical Development, Japan; 2013.

Massart DL.*Chemometrics a Textbook*. Amsterdam: Elsevier; 1988.

OECD. Principles for Good Laboratory Practice (GLP). Available at http://www.oecd.org/document/63/0,3746,en_2649_37465_2346175_1_1_1_37465,00.html. Accessed Feb 25, 2013. A Paris, France: Organisation for Economic Co-operation and Development, 1998.

Shah VP, Midha KK, Dighe S, et al. Analytical methods validation: bioavailability, bioequivalence and pharmacokinetic studies. Pharm Res 1992;9:588–592.

Shah VP, Midha KK, Findlay JW, et al. Bioanalytical method validation—a revisit with a decade of progress. Pharm Res 2000;17(12):1551–1557.

Smith DA, Obach RS. Seeing through the mist: abundance versus percentage. Commentary on metabolites in safety testing. Drug Metab Dispos 2005;33(10):1409–1417.

Zhu M, Ma L, Zhang D, et al. Detection and characterization of metabolites in biological matrices using mass defect filtering of liquid chromatography/high resolution mass spectrometry data. Drug Metab Dispos 2006;34(10):1722–1733.

Viswanathan CT, Bansal S, Booth B, et al. Quantitative bioanalytical methods validation and implementation: best practices for chromatographic and ligand binding assays. Workshop/Conference Report. AAPS J 2007;9(1): E30–E42.

5

当前对生物分析方法重现性的理解：已测样品的再分析、稳定性和准确性

作者：Manish S. Yadav、Pranav S. Shrivastav、Theo de Boer、Jaap Wieling 和 Puran Singhal
译者：沈晓航
审校：谢梦莹、侯健萌、李文魁

5.1 引　　言

对方法重现性的要求源自 1990 年，当时加拿大药监局为了确保生物分析方法的可靠性建议对实际研究样品进行再分析。这主要是因为配制的校正标样和真实研究样品之间存在差别，这种差别主要是由于真实样品经历了体内循环及代谢转化途径。再分析的主要原因是分析物的不稳定性，以及样品中不稳定的代谢产物和生物样品中的相关基质组分。已测样品再分析（ISR）是通过选择部分样品进行重新分析，所测值与最初的测试结果比对，从而证实方法的可信度。已测样品稳定性（ISS）是另外一种监测分析物和代谢产物在储存期间稳定性的方式。ISS 与 ISR 密切相关。ISR 和 ISS 目前已成为生物分析不可缺少的一部分。相对来说，已测样品准确性（ISA）是一种评估方法重现性的新方法，它主要是通过对 ISR 和 ISS 结果的系统分析来实现的。因此，ISA 被视为评估方法重现性的辅助手段。

本章节基于以上 3 项影响方法重现性的指标，总结和阐述相关的原理。通过这些原理及案例分析，来帮助理解其在生物分析领域的重要性。

5.2 已测样品再分析

ISR 是生物分析领域最基本的概念，可用来考察药代动力学（PK）、生物等效性（BE）和临床前安全性研究中所采用的生物分析方法的重现性和准确性。它可以作为一种有效的工具来评估用配制样品建立的方法是否适用于实际样品的分析。ISR 在临床和临床前研究中的重要性可想而知。实际样品的组分与方法验证中所用到的校正标样和质量控制（QC）样品相比有着很大差别。因此，ISR 的结果可以帮助再验证已验证过的方法的重现性和可靠性。来自不同基质和不同剂型的复杂性使得 ISR 测试变得必不可少，这也是评估生物分析方法准确性和有效性的关键。ISR 测试目前在世界范围内已被制药企业和合同研究组织（CRO）广泛采用。

加拿大药监局（Health Canada, 1992）在 1992 年首先提出在研究项目中任意选择 15% 已测样品进行再分析。1990 年举行的第一届生物分析研讨会（Shah et al., 1992）奠定了 ISR

在生物分析中的里程碑。这个讨论会是由美国药学科学家学会（AAPS）、美国食品药品监督管理局（US FDA）、国际医药联盟健康保护分会和分析化学家学会共同主办。这是第一次为了研究和统一生物分析方法验证流程举办的研讨会。会议主要侧重于对方法验证的要求，建立可靠方法学的步骤，在样品分析前设定方法验证的接受标准，以及项目内方法验证（Shah et al., 2000; Shah, 2007）。这次研讨会的成果为美国 FDA 生物分析方法验证指导原则的形成奠定了基础（US FDA, 2001）。

在过去几年中，ISR 已成为各种会议讨论的主题（Health Canada, 2003; Bansal, 2006a, 2006b, 2008, 2010; European Medical Agency, 2012）。通过这些讨论，产生并出版了一些重要文件（Bryan, 2008; Smith, 2010; Garofolo, 2011; Kelley, 2011; Viswanathan, 2011）和白皮书（Timmerman et al., 2009; Savoie et al., 2010; Lowes et al., 2011），用以强化 ISR 测试的理念。从出版的报告中看出，ISR 已普遍为大家接受, 并已成为生物分析方法开发（MD）与验证的标准操作规程（SOP）的一部分（Gupta et al., 2011; Parehk et al., 2010; Patel et al., 2011a, 2011b; Yadav et al., 2009, 2010a, 2010b, 2010c, 2010d, 2012）。

在规范化生物分析中引入 ISR 的紧迫性主要来自药监系统对研究项目的审查，在对有些药厂和 CRO 提供的报告进行审查后，发现最初的测定结果和重分析的结果存在显著差异。因此，药监部门在过去 20 年一直建议对已测样品进行再分析。然而，这个建议直到 2006 年才被采纳，这主要是由于相关的机构没有达成一致。2006 年 5 月，第三届 AAPS-FDA 生物分析研讨会在美国水晶城举行，这次会议强调了 ISR 测试的必要性。同时还建议 ISR 应该在常规方法验证中考察。虽然对 ISR 的接受标准仍然有争议，但这次会议还是提供了 ISR 测试的总体架构和理由。接下来的一年，出版了几篇关于方法验证和样品分析的指导性报告（Bansal and DeStefano, 2007; James and Hill, 2007; Kelley and Desilva, 2007; Nowatzke and Woolf, 2007）。此后，在每个物种的药物毒理学测试中都建议进行 ISR 测试，如有必要，也要在临床项目中进行（Viswanathan et al., 2007）。另外，在更具体的报告中（Rocci et al., 2007）还提到对样品类型和数量的要求及对结果的考察方式。这些建议在科学和实际操作的层面上对 ISR 测试做了总结。包括哪些类型的项目需要进行 ISR 测试，需要挑选多少样品、哪些样品进行 ISR 测试，重现性测试的接受标准，获得有效结论的方式及在项目完成后的整改及预防措施。2008 年 AAPS 关于良好实验室规范（GLP）生物分析的 ISR 研讨会正式奠定了 ISR 在生物分析中的基石地位（AAPS, 2008）。这次研讨会讨论了在临床和临床前研究中进行大小分子 ISR 测试的规范性和意义。在这次研讨会之后，2009 年出版了有关具体实施 ISR 的报告（Fast et al., 2009），报告中阐述了 ISR 的基础、总体实施原则、测试时间、样品选择和接受标准。

5.2.1 ISR 的原则和实践

ISR 的目的是在首次样品分析之后通过重新分析选定的部分样品来评估方法的重现性。一个设计良好的包括了 ISR 测试的方法验证计划可以不断地帮助检讨方法并改进方法。良好的技术实践为建立准确可靠的方法提供了保证。总之，ISR 测试增加了生物分析方法的可信度。经典的 ISR 测试通常采用与首次样品分析相同的验证过的方法重分析至少 20 个已测试的样品。

下面列出了会引起样品分析结果不重现的一种或多种可能的原因。

（1）原药或代谢产物在采集或贮藏的样品中不稳定，发生内部转化。

（2）由样品采集、转运和贮藏引起的样品不均一。

（3）实验中的人为错误，如标签错误，样品涡旋和融化不彻底，样品在采集、贮藏、处理和分析过程中被污染。

（4）不同供样者样品中的药物蛋白质结合率不同。

（5）基质干扰，特别是在反相色谱中后洗脱的磷脂。

（6）回收率（RE）差异。

（7）存在典型的共同给药。

（8）药物赋形剂的影响。

（9）分析方法的稳健性不足。

（10）内标不能有效反映分析物液相色谱-串联质谱（LC-MS/MS）响应值的变化。

（11）所使用溶液、试剂和耗材的纯度不同。

（12）来自异构体的干扰。

以下是 AAPS 研讨会总结的 ISR 的实施和接受标准。

（1）有必要制定关于 ISR 的 SOP。

（2）ISR 测试应该在项目的开始阶段进行，而不是在最终阶段，除非是小的毒代动力学项目。

（3）对于临床前实验，只需要在一个实验室使用一个方法对一个物种进行 ISR 测试，因为动物的遗传、饮食和生活环境与人类相比更均一。应该从第一个亚慢性毒理研究中选取 ISR 的样品。

（4）对于临床试验，所有 BE 试验都必须进行 ISR 测试。另外，所有药物相互作用（DDI）的试验和不同疾病状态的试验都应进行 ISR 测试。对于肿瘤药物的 I 期临床研究，ISR 也是不可或缺的，因为肿瘤药物受试者通常会服用多种药物，这就使得患者的体内代谢和内源性物质组成发生变化。

（5）必须选择单个的样品而不是混合的样品进行 ISR 测试。

（6）为了有效地鉴别出可能有问题的样品或受试者，尽可能选择多个受试者，每个受试者可以选择较少样品。

（7）ISR 应当从已经产生有效浓度的样品中选择。

（8）应该在最高浓度点附近和药物清除期（elimination phase）各选择一个样品。

（9）对于单分析物方法，如果可能，应该避免选择浓度小于 3 倍定量下限（LLOQ）的样品。对于多分析物方法，ISR 样品的选择应该根据主要分析物的浓度来决定。

（10）对于含有 2 种或更多主要活性成分的多分析物方法（如共同给药），应该根据多个分析物的浓度分布选择 ISR 样品。

（11）ISR 应该包括在实验报告中，此外 ISR 数据也应该包括在方法验证报告中。

（12）如果 ISR 测试失败，应该进行相应的调查并采取必要的措施（如不接受 ISR 结果，或拒绝接受整个实验的结果）。

（13）除以上的要点外，在进行 ISR 测试时，良好的科学判断和经验也是必不可少的。

（14）小分子方法的 ISR 接受标准是 2/3 的再分析结果和二者的平均值的偏差在±20%内；大分子方法的 ISR 的接受标准是 2/3 的再分析结果和二者的平均值的偏差在±30%内。

欧洲生物分析论坛（EBF）已经提出了关于怎样把 ISR 并到生物分析流程中的建议

（Timmerman et al., 2009）。这些建议的目的是为实验人员提供从方法验证到应用该方法进行样品分析的整个周期的详尽指导。为了保证方法的耐用性，有必要在实验的早期进行 ISR 测试。这种包含 ISR 测试的方法验证可以保证方法的耐用性，从而避免频繁的调查和重新调查。作为例行测试，ISR 测试可以保证 SOP 被严格遵循。基于这些理解，在新的基质（如临床前物种或人类）中或涉及新的目标群体的实验中要进行 ISR 测试。这就包括了第一个毒理研究的物种，首次人体试验（FIH）（单剂量、多剂量），第一个在患者身上做的试验，在特殊人群（婴幼儿，肾损伤、肝损伤患者）及针对新病种的人体试验。另外，如果某实验室第一次使用验证过的方法，而在方法转移和交叉验证中又没有进行过 ISR，则应该进行 ISR 测试。此外，在 DDI 实验中，应例行检查方法的选择性并检查共同给药产生的潜在基质效应。按照 EBF 的建议，ISR 接受标准为：①对于色谱学方法，2/3 的再分析结果应在两次分析结果的平均值的 80%～120%内；②对于配体结合分析（LBA）方法，2/3 的再分析结果应在两次分析结果的平均值的 70%～130%内。样品数目的选择取决于受试者数目和每个受试者的样品数，通常会选取 20～50 个 ISR 样品。另外，应该选择单个样品而不是混合样品进行 ISR 测试。对于超限稀释的样品，ISR 的稀释倍数要与首次的稀释倍数一致。再分析样品选择应保证样品浓度在方法校正范围之内。最后，任何失败的 ISR 都必须做原因调查以寻找根源，同时样品分析应该停止直到调查结束。

以下是基于目前的理解对 ISR 测试所做的总结（Viswanathan, 2011; EMA, 2012）。

（1）严格遵循 SOP。

（2）必须应用于所有 BE 项目（健康受试者或相应的患者）。

（3）小分子 DDI 项目。

（4）对于 PK 项目，ISR 可以根据具体情况而定。

（5）对于临床前项目，对每一实验物种，应该用一种方法在一个实验室进行 ISR 测试。

（6）对于样品总数小于或等于 1000 的项目，ISR 样品数应该选择总样品的 10%；对于超过 1000 样品的大项目，ISR 样品除选择最初 1000 个样品的 10%外，还应选择多出部分的 5%。

（7）ISR 接受标准为 67%的再分析结果和两次分析结果平均值的偏差对于小分子在±20%内，对于大分子在±30%内。

（8）ISR 结果应表示为百分偏差：百分偏差（%）=（再测值－原测值）/再测值和原测值的平均值×100%。

（9）对于失败的 ISR，必须进行充分调查以寻找根源，并记录相应的预防和改正措施。

（10）ISR 结果必须包括在研究报告中。

良好的 ISR 评估会大大增强已验证的方法的可信度，然而 ISR 测试不应该作为接受或拒绝样品分析结果的唯一标准。ISR 只是评判生物分析方法的综合表现的标准之一，还应根据良好的科学判断和经验得出最终的结论。应该对失败的 ISR 测试进行全面检查，而且要采取相应的改正措施。

5.2.2 ISR 评估的统计学分析

ISR 可以被认为是比较两个方法或者来自两个实验室的结果的方法学交叉验证的特殊形式。为了评价方法重现性，数据处理流程必须能够评估准确度和精密度，同时能够正确鉴别落在规定范围之外的数值。下列是不同的统计处理方法。

（1）Bland-Altman 统计处理，可以把得到的 ISR 数据做成直观的图表来评估结果。当评价来自同一样品的两组数据时，采用交叉验证时常用的回归方法会有明显的局限。

（2）对每对数据的差值和平均值作图并建立针对平均值的接受区间，这可包括特定百分比的测量值。

（3）当变异系数（CV）在平均值区间恒定时，用 log 差来做图表处理会更合适。这种方法已经用于对重复实验的有效性分析，从而获得相关的统计参数（Eastwood et al., 2006）。

前面已经提到了使用 Bland-Altman 作图法来处理 LC-MS/MS 法及酶联免疫吸附分析（ELISA）产生的 ISR 数据（Rocci et al., 2007）。人们认为，这种方法有助于评估重现性，包括评估结果的系统偏差和分析结果的拟合程度。此外，也可用来验证 67%的“接受界限”（即在此范围内 2/3 的样品结果应在可接受的范围之内）。在 Bland-Altman 作图法中公差限度的具体应用也已讨论过（Petersen et al., 1997）。Bland-Altman 作图法与公差区间分析的组合可用来评价方法的性能，以确定最小的样品数目（Lytle et al., 2009）。两相组合的方法对所得数据进行了详尽分析，对 ISR 结果的分析提出了很有意义的见解。已有报道用多个数据处理方式对螺内酯和它的活性代谢产物的 ISR 数据进行分析（Voicu et al., 2011）。在一个有关螺内酯制剂研究的 BE 项目中进行了两次样品再分析，一次是在项目刚结束时，另一次是在方法验证中完成了 9 个月的长期稳定性测试之后。Bland-Altman 图表被用来分析这两次再分析的结果。虽然在相隔较短的时间内进行 ISR 测试时原药和代谢产物的结果都通过了接受标准，但代谢产物的 ISR 结果存在系统性正偏差而原药的结果存在明显的系统性负偏差。这是由于原药在血浆样品中不断转化成代谢产物。然而，通过对原测值和再测值的 t-检验，Wilcoxon 排列检验及线性回归分析，可以认为方法的重现性是可以接受的。大分子 ISR 测试的统计分析在 5 个有代表性的案例中进行了阐释，其中每个案例都可以从以下 4 种模式中找到一种关联：人源单克隆抗体、多肽抗体、重组蛋白或全人抗体（Thway et al., 2010）。这些案例分析涵盖了从药物研发的临床前研究到临床研究的各个阶段。改进过的 Bland-Altman 方法和±30%的接受标准被用来检验生物分析方法的重现性。模拟研究表明，ISR 接受标准和 Bland-Altman 方法之间的一致性很高。

5.2.3 ISR 案例分析

自 2006 年 5 月的第三届 AAPS-FDA 生物分析研讨会以来，不论大分子项目还是小分子项目，都有很多关于 ISR 测试失败的案例报道，这些报道也包括了详尽的失败根源调查及处理办法（Cote et al., 2011; Dicaire et al., 2011; Fu et al., 2011; Meng et al., 2011; Rocci et al., 2011; Yodav and Shrivastav, 2011; Sailstad et al., 2011）。

虽然 ISR 测试在规范化生物分析实验室中的成功率很高（约 95%），但是失败的案例值得全面深入的分析以找到问题的根源。在汇总 EBF 成员公司的数据后，EBF 的报告显示，临床前和临床样品分析中 ISR 的失败率分别为 3.6%和 4.1%（Timmerman et al., 2009）。与此相似，将从 CRO 得到的数据分析，ISR 的失败率分别为 5%和 4%（Meng et al., 2011; Tan et al., 2011）。在过去的 3 年里，本实验室（MY）对 10 209 个 ISR 样品的分析成功率为 96.7%。尽管 ISR 测试的成功率很高，但对生物分析实验室的真正挑战是探索那 33%不尽如人意的结果的根源（基于 67%的接受标准），而这 33%里面，有些样品的再测值与原值差别可能很大。对这些不吻合的再测结果，需要进行严谨深入的分析以查找到底发生了什么（Tan et al., 2011）。尽管如此，ISR 失败并不意味着整个研究项目立刻作废，但它确实要求生物分析工作必须暂停，直到调查结束并有调查报告及后续改正措施（Fast et al., 2009）。

根据过去5～6年报道的案例，导致ISR失败的主要因素可分为以下几种。

（1）原药或者代谢产物的不稳定性。

（2）人为错误。

（3）与样品处理流程相关的问题。

（4）方法问题。

图5.1比较了不同因素所占的比例。一些调查被选来进行详细的归纳总结，这些总结可用来指导建立更耐用、更稳健、重现性更好的生物分析方法。

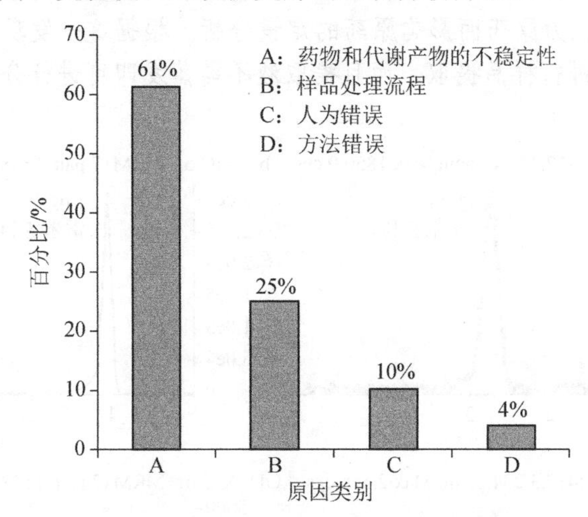

图5.1　文献报道的案例中ISR失败的各种原因

5.2.3.1　原药或者代谢产物的不稳定性

案例1．酰基葡萄糖苷甲基化的影响（Cote et al., 2011）

在生物分析方法开发过程中，要关注酰基葡萄糖苷发生源内转化变为原药的现象。采用氘代内标建立了生物分析方法，用以检测人血浆中雷米普利（ramipril）和它的活性代谢产物雷米普利拉（ramiprilat）的含量。在方法开发阶段，由于不能得到糖苷代谢产物标准品，因此选择实际样品进行分析，以确定雷米普利和雷米普利拉能与它们的糖苷代谢产物色谱分离。样品的色谱图中在雷米普利和雷米普利拉处有肩峰（共同洗脱），然后样品被重新进样，但雷米普利拉的结果与最初结果的偏差超过20%，因此需要进行深入的调查。雷米普利和雷米普利拉的校正标样色谱图列在图5.2a和图5.2b中。样品在用起初的方法提取进样后，在雷米普利的质谱通道处出现3个色谱峰（图5.2c），雷米普利的保留时间为2.70 min，而另外两个未知物的保留时间为1.72 min和3.66 min。实际样品中雷米普利拉的质谱通道处有两个色谱峰，一个是在1.08 min的雷米普利拉，另一个是在0.74 min的未知物（图5.2d）。酰基糖苷代谢产物发生源内转化变为原药可以解释实际样品中雷米普利和雷米普利拉色谱图中第一个色谱峰的来源（图5.2c，图5.2d）。这可以通过监测真实样品的酰基糖苷代谢产物的色谱图来证实。图5.2e和图5.2f分别是雷米普利和雷米普利拉的酰基糖苷代谢产物在各自离子通道的色谱图。因此可以说，源内雷米普利拉酰基糖苷代谢产物向原药的转化并不是引起复测结果不匹配的原因，因为它们在色谱上是分开的。引人注目的是在雷米普利拉的质谱通道不出现第三个峰，而雷米普利质谱通道的第三个峰在 3.66 min 出现，而且和雷米普利是完全分开的。扩展的色谱分离可以通过降低起始有机相比例来达到，从而改善了对化合物潜在干扰的分离。图 5.3a 和图 5.3b 分别是扩展后的雷米普利和雷米普利拉色谱图及相应的实际样品色谱图（图 5.3c，图 5.3d）。很明显，雷米普利拉质谱通道里的第三个峰在 3.12 min 位置显现出来，而在最初的色谱条件下没有这个峰。通过进一步的质谱全扫描，实际样品中的未知色谱峰被鉴定为甲基化的酰基糖苷代谢产物（对雷米普利拉和雷米普利而言）。它们的形成是由酰基糖苷代谢产物的羧酸和固相萃取（SPE）填料反应而产生。如果甲基化的代谢产物和原药没有足够的色谱分离，那么这个甲基化的代谢产物就会在源内转化为原药而影响原药的定量分析。根据这一发现，使用蛋白质沉淀提取（PPE）取代 SPE 进行样品提取，而且提取液不需蒸发即可进样分析，方法变得准确且重现。

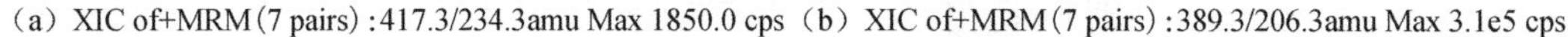

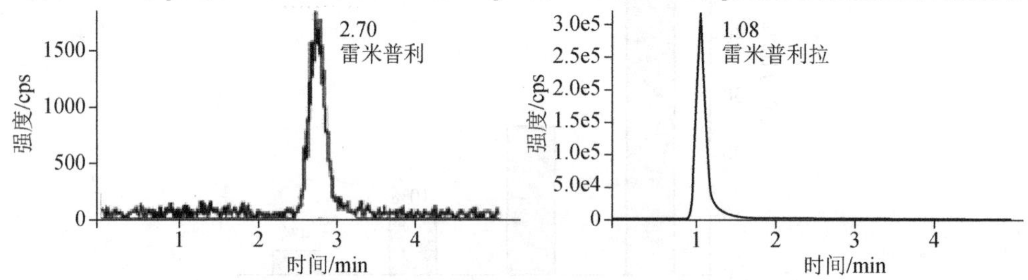

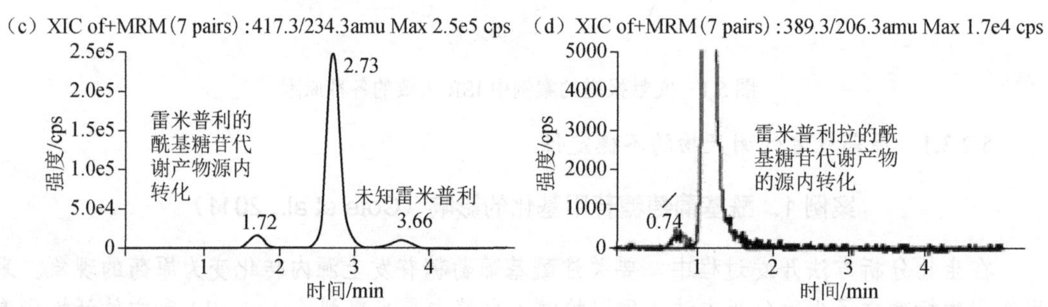

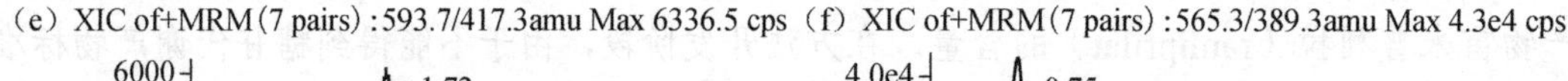

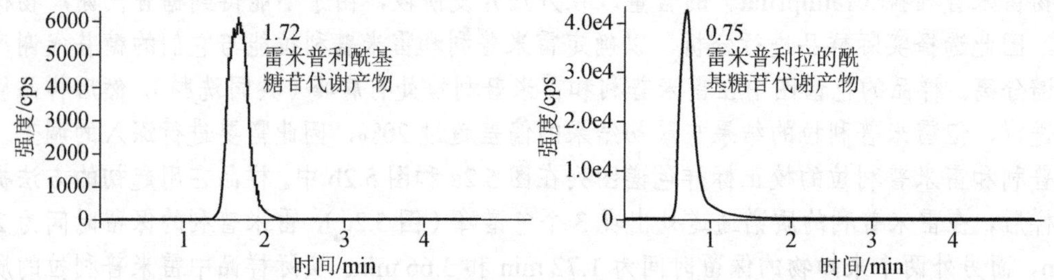

图 5.2　在最初的色谱条件下获得的色谱图：雷米普利（a）和雷米普利拉（b）校正标样，实际样品在雷米普利（c）和雷米普利拉（d）离子通道，实际样品在雷米普利糖苷（e）和雷米普利拉糖苷（f）离子通道（De Boer et al., 2011。复制经允许）

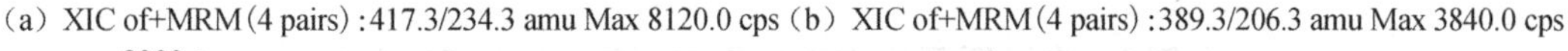

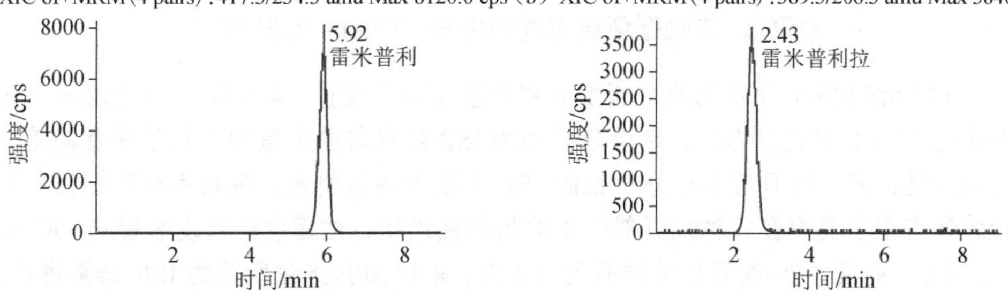

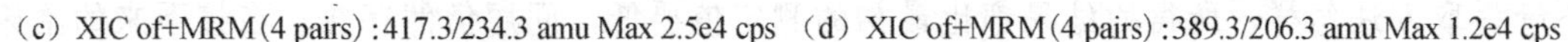

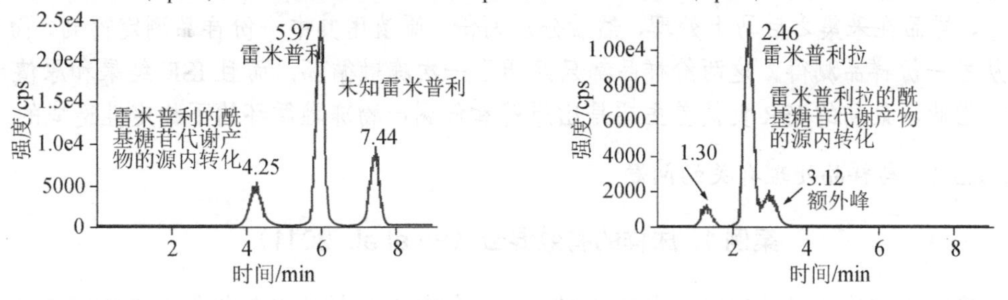

图 5.3　雷米普利（a）和雷米普利拉（b）校正标样，实际样品在雷米普利（c）和雷米普利拉（d）离子通道的色谱图；色谱条件改变为缓慢分离（De Boer et al., 2011。复制经允许）

案例 2. 奥卡西平硫酸盐（oxcarbazepine sulphate）代谢产物的源内裂解（Dicaire et al., 2011）

该案例强调了奥卡西平硫酸盐代谢产物（OCN 硫酸盐）对奥卡西平（OCN）ISR 定量分析的影响。该方法被用于同时测定人血浆中 OCN 和它的 10-羟基代谢产物的含量。在样品 ISR 中，OCN 和 10-羟基代谢产物分别有 9 个和 3 个样品的再测值的偏差超过 20%，其中有 3 个样品的原药和代谢产物的浓度偏差相似，说明误差不是由于方法而可能是由于实验过程。在随后的样品分析中，发现一些受试者 3.5 ~ 12.0 h 样品的 OCN 色谱峰附近间歇性地出现肩峰。这个肩峰的保留时间飘忽不定，有时会影响 OCN 的定量，而有时完全与 OCN 分离对其定量没有影响。为了找到原因，仔细地分析研究了 OCN 的代谢途径。虽然观察到 10，11-二氢卡马西平会在源内转化为 OCN，但其色谱保留时间和未知色谱峰不一样。同时，OCN 的糖苷代谢产物发生源内转化的可能性也被排除了，因为在大气压化学离子化（APCI）检测模式下用 OCN 糖苷参照物没有发现源内 OCN 的形成。此外，用验证的方法对有问题的样品进行母离子扫描，仍然不能得出任何结论。最后，在电喷雾离子化（ESI）模式下重复同样的实验。用 ESI 取代 APCI 可以看到 OCN 的离子 *m/z* 253 和 OCN 的子离子 *m/z* 208 及它们的前体离子 *m/z* 333。80 相对分子质量的差别显示有硫酸代谢产物的存在。如果硫酸代谢产物没有和 OCN 一起从色谱柱上洗脱，那它对 OCN 的定量几乎没有影响。在用多个 Zorbax SB-Phenyl 柱分析 OCN 硫酸代谢产物时，发现其保留时间和色谱柱有关，而其他分析物和内标不受色谱柱的影响。这也证明 OCN 分析中不规律的色谱峰和 OCN 定量中的问题是由源内转化造成的。

案例 3. 冻融循环稳定性的影响（Rocci Jr, 2011）

一个 LC-MS/MS 方法被用来分析血浆中药物（分子质量～450 Da）和它的一个代谢产物。方法使用 SPE 和氘代内标。两个分析物的 ISR 结果与原测值相比均呈现负偏差，这说明存在稳定性问题，而且后半个分析批的 ISR 失败率明显偏高。最初用校正标样和 QC 样品进行的调查主要集中在各种抗凝剂和不同的储藏温度，然而它们都没有影响 QC 样品的重现性。而后，验证了液-液萃取的样品处理方法，并和 SPE 方法所获的 ISR 结果进行比较。不管提取方法怎样，所得的结果都比最初的测定值要低，问题仍然存在。在接下来的临床试验中，样品在采集之后马上处理，然后分成两份。原值用其中一份样品测定得到，而 ISR 结果从另一份样品测得。这两份样品都只经历了一次冻融循环，而且 ISR 结果和原值十分接近。因此，最初的 ISR 负偏差主要是由原药和代谢产物冻融循环的不稳定性造成的。

5.2.3.2 与样品处理有关的问题

案例 1. 尿样的有效混合（Fu et al., 2011）

这篇文章描述了对尿样中化合物 A 的 ISR。含有 A 的尿样首先收集在大的容器中，然后转移到 15 ml 聚丙烯管中，虽然发现在管子上面大约有 14%的非特异性结合（NSB），但为了准确测定尿样中化合物 A 的含量，采用了与实际样品相同的方法制备校正标样和 QC 样品。表面活性剂吐温-80 被加在校正标样、QC 样品及实际样品中，用来避免化合物的吸附或使已被吸附在管壁上的化合物解吸附。在完成了方法验证和样品分析之后，从已测样品中任意抽取 21 个样品进行 ISR。然而，在 21 个样品中有 14 个 ISR 结果不符合接受标准。通过对同一样品的进一步再分析，发现其偏差仍超出±20%。仔细检查色谱（峰形和响应值）和稳定性后未发现任何异常。最后重新检查了样品混匀过程，发现尿样样品管在加入吐温-80 后几乎全满，只剩很小的空间（<5%）。这种情况下，即使涡旋，效率也会很差，其后果是样品不均匀，也不能有效地对吸附在管壁上的分析物解吸附。因此，样品混合过程改为旋转混合后再涡旋。用新的处理条件，成功地对 11 个随机选择的样品进行了验证分析。

案例 2. 样品处理过程中的不均一性（Yadav and Shrivastav, 2011）

有一个高灵敏度的方法用来检测人血浆中的马沙拉嗪。该方法被用于一个重要的 BE 试验，该试验要求 36 名健康受试者在禁食情况下口服 750 mg 马沙拉嗪（片剂，3 次）。从全部 1440 个样品中选择了 145 个做 ISR 测试。第一次 ISR 结果与原值的偏差为 9.2%～96.8%。在对校正标样、QC 样品、色谱图及样品处理步骤进行初步调查后，对所有 ISR 样品又进行了重测（ISR-2），但结果和原值相比都在接受范围之外，但与第一次的 ISR 结果相近。为了进一步评估日间偏差，所有 ISR 样品再被重测（ISR-3）。所有的 ISR 结果（表示为偏差百分比）间都是可比的，并在接受范围之内，但是它们和最初的原值都不同（表 5.1）。因此所有的试验步骤又被重新审核，发现在最初分析之前，样品占据了 5 ml 样品管 75%的空间。所以在初次分析时，样品混合不充分导致样品在管内分布不均匀。当 ISR 重测时，样品体积减小，混合更充分。由于管内额外的空间有利于样品混合，因此以后 3 次的 ISR 结果都很一致。该案例说明对可靠方法的无效执行会造成结果的不可重现。

表 5.1 实际样品中马沙拉嗪的再分析数据

序号	样品号	偏差百分比/%		
		ISR-1 对初次分析	ISR-2 对 ISR-1	ISR-3 对 ISR-2
1	01106	50.0	0.0	1.2
2	01117	32.5	−7.8	3.2
3	02105	52.5	−6.2	−4.0
4	02118	90.7	0.9	−4.7
5	03106	15.9	−6.7	0.0
6	03118	96.8	−8.9	3.1
7	04107	77.0	−8.4	−0.3
8	04119	69.1	−10.2	3.3
9	05108	9.2	−12.6	−3.0
10	05118	66.3	−8.8	2.0
11	06107	84.3	−9.8	−3.9
12	06119	54.2	−8.5	1.6

注：经 Future Science 许可，转载自 Yadav 和 Shrivastav（2011）。

5.2.3.3 与人为错误有关的问题

案例 1. 随机的人为错误（Tan et al., 2011）

（1）在这个典型的案例中，原药和代谢产物的 ISR 成功率分别为 94%和 97%，但其中一个样品的代谢产物的 ISR 值（389.63 pg/ml）几乎是原测值（800.16 pg/ml）的一半，而原药的结果没有如此大的偏差。出现这种错误最可能的原因就是样品加了两次或内标加了两次。通常在这种情况下，这种错误对两个化合物的影响应该是一样的，但在这里不是。通过对第一次分析和再分析批内标响应的比较发现，第一次分析批中的这个样品的内标加入有误，因为相比同一批里的校正标样和 QC 样品，这个样品内标响应只有其平均值的一半，而其他样品都和平均值接近。类似的响应也存在于原药内标中，但符合 ± 50%内标平均值的接受标准。而代谢产物的内标响应接近被拒绝的边缘。基于这个调查，这个样品的最初测定值被认定是不正确的，最终报告的值是 416.71 pg/ml。

（2）在另一个涉及 106 个受试者的研究项目中，只有两个受试者的样品结果不符合接受标准，且这些样品的分析都是由同一个实验人员完成的。重测结果高于初值。在对实验人员的调查中，发现该实验人员在吸取样品之前没有颠倒样品管以完全混匀样品。

5.2.3.4 与方法有关的错误

案例 1. 在样品处理过程中缓冲液 pH 的影响（Yadav and Shrivastav, 2011）

这个生物分析方法是利用 LC-MS/MS 技术以氯吡格雷-d_3 为氘代内标测定人血浆中氯吡格雷的含量的方法。在人血浆样品中加入 10%乙酸（pH 3）酸化，然后使用乙酸乙酯进行液-液萃取。该方法被用于一个重要的 BE 试验，该试验要求 80 名健康受试者（4 人退出）在禁食情况下口服 75 mg 氯吡格雷（片剂）。在总共 3192 个样品中，挑选 320 个样品做 ISR。

在第一次的 ISR 结果中，发现 4 个样品的结果在接受范围之外，其中 3 个存在很大的负偏差（≪－51%）。在确定校正标样、QC 样品及色谱图和样品处理过程没有错误之后，对有问题的样品进行了第二次 ISR，其结果仍然在接受范围之外，偏差范围为－55%～－32%。接下来，这些样品又被重分析（ISR-3），偏差甚至更大（<－60%）。由此怀疑在现有实验条件下，血浆中的分析物逐渐降解为代谢产物。接着，对酰基糖苷代谢产物（484.9/308.1）和它的羧酸代谢产物（308.0/198.0）的色谱和质谱进行了细致研究，发现这两个代谢产物和分析物完全色谱分离并且没有相互转化（图 5.4）。因此选择了 3 个 C_{max} 附近的样品（样品 04107、04208 和 10207），利用新鲜配制的校正标样和 QC 样品考察实际样品中氯吡格雷的室温稳定性。分别在 0 h、2.0 h 和 6.0 h 分析这些样品，氯吡格雷的浓度在这三个时间点都没有明显差别。因而进一步分析了缓冲液（pH 3）对实际样品的影响，分别在室温和低于 10℃条件下考察缓冲液在 0 h、2.0 h 和 6.0 h 对校正标样和 QC 样品的影响，结果发现从 0 h 到 6 h 氯吡格雷的响应发生了很大变化。因此，设计了一个试验以判断酸性缓冲液（pH 3）的有无对任意选择的实际样品（偏差在接受范围之内和之外）、校正标样和 QC 样品的影响。在不同的时间分析这些样品并与初次分析的结果相比较，结果发现经酸性缓冲液处理的样品，其再测值与原值存在显著差别（表 5.2）；而未经缓冲液处理的样品，其结果都在接受标准之内（－8.5%～12.1%）。因此，酸性缓冲液是造成 ISR 失败的祸首。由于样品受酸性萃取条件的显著影响，因此方法被重新开发，pH 改为 6.0，保留了原有的回收率和方法灵敏度。

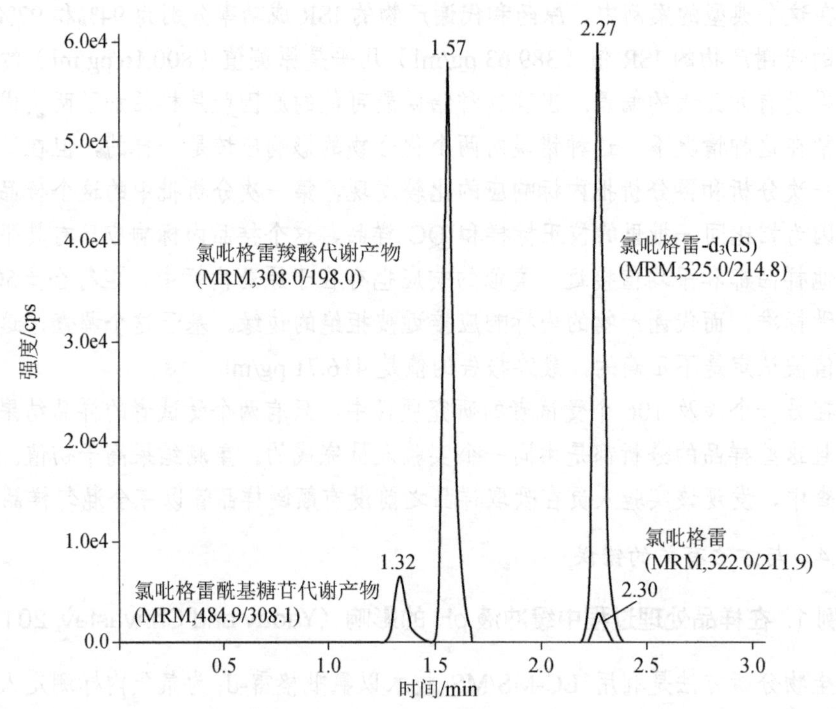

图 5.4 氯吡格雷、氯吡格雷羧酸代谢产物、氯吡格雷酰基糖苷代谢产物和氯吡格雷-d_3（内标）在实际样品中的典型色谱图（De Boer et al., 2011。复制经允许）

表 5.2 在含或不含 pH 3.0 缓冲液的情况下实际样品中马沙拉嗪的再分析数据（6.0 h 对 0.0 h）

序号	样品号	0.0 h/(ng/ml)	6.0 h/(ng/ml)，含缓冲液	偏差百分比/%	6.0 h/(ng/ml)，不含缓冲液	偏差百分比/%
1	15106	0.98	9.67	162.5	0.9	−8.5
2	15107	1.04	11.6	141.2	0.97	−7.0
3	15209	1.31	11.3	116.1	1.23	−6.3
4	15210	1.29	11.7	98.1	1.4	8.2
5	20107	0.293	2.89	−53.5	0.281	−4.2
6	20108	0.246	2.77	−73.7	0.27	9.3
7	20205	0.407	4.19	−50.2	0.41	0.7
8	20206	0.377	4.28	−60.6	0.42	10.8
9	21106	2.49	12.4	31.8	2.8	12.1
10	21107	2.72	13.0	26.1	2.9	5.0
11	21207	1.45	9.8	−11.2	1.6	9.8
12	21208	1.28	9.7	−21.2	1.5	12.5
13	44104	2.16	12.0	−8.0	2.0	−7.7
14	44105	1.76	14.6	4.2	1.9	8.7
15	45206	1.05	10.3	−37.2	1.11	5.6
16	45207	1.09	10.5	−41.5	1.14	4.5
17	52107	0.402	4.87	−110.9	0.44	9.0
18	52108	0.557	6.09	−98.9	0.61	9.1

注：经 Future Science 许可，转载自 Yadav 和 Shrivastav（2011）。

5.2.4 干血斑 ISR

干血斑（DBS）技术创造了生物分析的新模式。与传统采血方式相比，DBS 有多种优点，因此 DBS 目前越来越流行。这一方法的流行基于对动物、患者、伦理、实用性、科学性和成本的考虑。伦理方面的优势在于临床前期研究中可减少实验动物（Timmerman et al., 2011）。DBS 包括在纤维纸板上收集血样、运输、储藏和分析样品。它已经在毒理和药代分析中显示出下列的优点。

（1）样品取样体积的显著下降（约 50 μl）。

（2）相比传统的采血方式，对身体的损伤更少（扎手指），尤其对新生儿和孩子。

（3）取血后几乎不需要任何处理。

（4）降低生物危害。

（5）由于运输储藏 DBS 卡只需在室温条件进行，与冷链运输储藏相比，可减少费用和管理成本，也简化了整个监管链。

（6）为有少量或没有生物分析实验室的地区进行临床试验提供方便。

（7）以上因素带来的很大费用上的节省。

根据生物分析业内和科学峰会的讨论，EBF 提出了一系列建议，这些建议可以被用作 DBS 方法验证的指导原则（Timmerman et al., 2011）。EBF 认为，作为微量取样的 DBS 技术具有两个优点，不仅降低了样品取样量，而且避免了样品稳定性问题及在发展中国家进行Ⅲ期临床试验存在的问题。DBS 和液态基质相比物理性质有着明显不同，这将造成样品间的差别并影响整个方法的性能。对于 DBS 技术，影响分析方法的重要因素包括：血细胞密度变化、溶血和抗凝剂（Sennbro et al., 2011）。血细胞密度或血红细胞（RBC）比例就是血红细胞在全血中的百分比，是影响方法重现性的主要因素，因为它直接影响血斑的形成、大小、样品的一致性和干燥时间。当用打孔取样，而不是使用整个 DBS 进行分析时，这些因素显得尤其重要。尽管 DBS（打孔取样或整个 DBS）ISR 的原理和血浆样品的相似，但根据 EBF 的建议、已报道的案例和现行的实践，还是要注意 DBS ISR 的大体原则。比较 DBS 技术和血浆分析技术的基本差别，可更好地了解对前者的 ISR 测试（Barfield et al., 2011）。

（1）DBS 采样有两种，血浆只有一种。

（2）血浆样品均一性好，而 DBS 通常有 3 个独立的样品点。

（3）血浆样品体积的准确性取决于移液器，而 DBS 样品的准确性取决于打孔位置。

（4）DBS 被污染的可能性更大，因为 DBS 卡通常需要 2 h 干燥时间。

（5）对于再分析，血浆样品体积会受到限制，特别是对新生儿和儿童，而 DBS 相对来说很容易获得 3 个样品（每个样品大约 15 μl）。

DBS ISR 可以用同一样品的第二个血斑，或在同一个血斑打第二个孔来获取。Glaxo Smith Kline（GSK）已经通过不同的研究项目和化合物，创建了一个很大的 DBS 样品 ISR 数据库（Barfield et al., 2011）。根据 GSK 的报告，可以通过下面的案例来说明 DBS ISR 失败的可能原因。

案例 1. 取样技术的差别

通常有两种取样方式，一种是把全血取到管子中混匀，然后用移液器点样；另一种方式是将全血收集在涂有乙二胺四乙酸（EDTA）的毛细管中，然后用毛细管直接点样。对于毛细管点样方式，每个时间点将使用 3 支独立的毛细管取样点样，每个样品相隔很短时间，这种方式有时会产生不重现性，而第一种方式没有这类问题。

案例 2. DBS 卡污染

在一个代表性项目中，通过审查数据，发现 ISR 失败结果的幅度很大，有的偏差超过 150%。通过对空白卡及样品卡的仔细检查，发现卡上有痕量的动物毛。而对卡上没有点样的部分取样分析，发现存在被测物质。整改措施包括使用实验室的不同区域取样、点样和干燥样品。另外，更换不同的实验人员来取样和点样。

除这些案例外，卡间的差异也被认为是可能造成 ISR 失败的原因。虽然 DBS 技术还在初期发展阶段，但随着业界越来越多的案例出现，ISR 测试应该能够增强大家对这项技术的信心。

5.2.5 有效地进行 ISR 测试

基于已经积累的经验和出版的文献，为减少规范化生物分析实验室 ISR 的失败，以下是一些不可或缺的注意事项。

（1）谨慎使用相关的法规指南，包括 GLP、良好临床试验规范（GCP）和良好文件记录规范（GDP）。

（2）熟知分析物，在方法开发前充分考察分析物的物理化学特性、质谱行为、稳定性、代谢机制及生物转化。

（3）知道潜在的不稳定代谢产物和同分异构代谢产物及它们的浓度。

（4）掌握详细的样品管理和储藏信息（在溶液和生物基质中）。

（5）由于从 QC 样品得到的稳定性数据并不能完全模拟化合物在实际样品中的稳定性，因此在一些特定情况下，有必要确定化合物在实际样品中的稳定性（Rocci et al., 2011）。

（6）当存在不稳定性问题时，需要进行分步骤的全血稳定性测试。

5.2.6　进行 ISR 调查的建议

（1）必须对失败的数据进行调查以找到根本原因。

（2）对于找不到原因的情况，可以采取下列的措施。

- 所有 ISR 样品需和额外的样品一起在 2 个（或以上）分析批中重测。
- 评估所有相关分析批的数据，取得日间 ISR 数据。

（3）调查应该清晰明确，包括目的、实验和有效的结果。

（4）结论必须包括结果不相符的原因，对方法有效性的评估，原值的可靠性，是否需要用原方法或改进的方法再分析所有样品。

（5）必须书面记录调查结论并经实验室的领导批准。

（6）对样品管理员、技术员、实验室主管、管理层及其他相关人员进行定期的培训并组织研讨会。

（7）任何在调查中的科学发现应该与生物分析实验室人员、临床人员、质量监控人员、质量保证（QA）人员和其他相关人员分享。

5.3　已测样品稳定性

对于事事仔细的规范性生物分析来说，ISS 是一关键因素。但至关重要的是要了解导致药物及其代谢产物在生物基质中不稳定的因素。ISS 不同于 ISR，因为 ISS 只和样品储藏和管理期间化合物的稳定性有关。为了避免已测样品可能出现的稳定性问题，在早期的方法验证阶段应确保化合物及其代谢产物的稳定性。影响药物和其代谢产物在生物基质中稳定性的因素包括氧化反应、酶降解、温度、光照和 pH（Briscoe and Hage, 2009）。由于在正常生理 pH 条件下 R 构型和 S 构型之间会在某些情况下快速转换，因此手性药物的稳定性也显得很重要。此外，在方法开发时还要考察溶血对稳定性的影响（Berube et al., 2011）。最近，在 EBF 论坛讨论越来越多的是在方法开发和验证阶段进行全血稳定性测试（Freisleben et al., 2011）。EBF 建议为了避免实验漏洞，应使用验证过的方法评估全血稳定性。

用空白基质加入分析物的方法评估稳定性并不能真实反映 ISS，因为实际样品中含有代谢产物和其他相关的化合物，而空白基质中没有这些。作为典型的例子，不稳定代谢产物在分析的任何阶段可能会降解或转化为原药，如在样品采集、样品储藏、样品处理，在自动进样器中，在分析柱内，甚至在质谱离子源内。然而在大多数情况下，直到方法验证后才可能全面了解代谢产物。因此，在没有进行 ISR 测试前，很难预估 ISS 的作用。有两份法规文件（EMA, 2012；US FDA, 2001）和一份白皮书（AAPS, 2006）提到了在方法验证阶段使用实际样品，包括利用实际样品测试药物稳定性。其目的是为了改进方法的完整性和可靠性。然而，这些文件都没有详细描述怎样进行 ISS 测试。对于稳定性已确定的药物，可以选择给药之后一定时间点（在 T_{max} 和清除期附近）的样品进行 ISS 测试。对于多剂量给药实验，由于代谢产物的积累，ISS 可用来更好地评估代谢产物的稳定性。基于这些假设，在实验开始阶段并不需要马上进行 ISS 评估，除非代谢产物非常不稳定。作为 ISS 实验的起步，生物分析的 3 个阶段都要被调查，包括样品制备、色谱分离和质谱检测，以此确定代谢产物是否向原药转化或前体药是否向其活性形式转化。在样品制备中，可以通过大幅改变实验条件来测试提取方法的稳健性，如改变添加剂的浓度、pH 和温度。同样，通过拉长色谱分离可以确定是否存在可转化为原药的同分异构代谢产物。稳定性实验时间的长短应根据实际情况而定。选择在 MS 中丰度相对低但可重现的色谱峰，或（和）使用紫外线（UV）检测器也有助于确定共洗脱的代谢产物。突出 ISS 在生物分析中重要性的研究案例不多。

案例 1. 由实验室环境变化引起的不稳定性（Yadav and Shrivastav, 2011）

建立了一种利用 LC-MS/MS 技术测定人血浆中雷贝拉唑的方法。该方法使用 SPE 技术，以奥美拉唑为内标，并且已经被成功验证。该方法被用于一个重要的 BE 试验，该试验要求 50 名健康受试者两次重复（4 个周期）在禁食情况下口服 20 mg 雷贝拉唑（片剂）。在总共 4800 个样品中，选择了 490 个做 ISR 测试（ISR-1）。ISR-1 的结果与初测值的偏差为－69.8%～－20.7%（表 5.3）。最初调查的对象包括校正标样、QC 样品、色谱和每步样品处理过程，但没有发现异常。因此又重新分析了 ISR 样品（ISR-2），结果还是和初测值有较大偏差。但两次 ISR 的值基本重复（偏差值为－3.7%～10.9%）。为了评估日间偏差，所有 ISR 样品再次被重新分析（ISR-3），其结果（ISR-3）和初测值还是不符，而和第二次 ISR 结果（ISR-2）的偏差都在接受范围之内（－2.3%～11.8%）。这说明最初的测定可能有问题。通过对每一试验步骤进行仔细检查，发现最初的试验是在炎热的夏季（40～45℃）且相对干燥的条件下（～50%）进行的。由于内部原因耽误了分析，在 3 个月后才进行了第一次 ISR 测试。而此时正是雨季，湿度高达～85%，而且所有 3 次 ISR 测试都是在雨季完成的，其结果完全一致，且都不同于初测值。为此，在控制温度（22℃±3℃）和湿度（50%～70%）的条件下，又进行了第四次 ISR 测定，其结果和前 3 次的 ISR 测定值（ISR-1～3）相符。综上所述，环境条件的改变导致了雷贝拉唑的降解，产生了与初次分析不一致的结果。

表 5.3 实际样品中雷贝拉唑的再分析数据

序号	样品号	偏差百分比/%		
		ISR-1 对初始分析	ISR-2 对 ISR-1	ISR-3 对 ISR-2
1	02108	−31.4	−0.7	0.0
2	02218	−26.7	−3.7	4.9
3	03106	−27.4	1.2	9.7
4	03219	−69.8	−1.6	2.1
5	04105	−30.1	1.3	6.6
6	04220	−25.8	6.5	−0.5
7	07105	−25.6	7.1	11.8
8	07219	−27.6	4.5	−1.3
9	10106	−32.7	7.1	0.5

续表

序号	样品号	偏差百分比/%		
		ISR-1 对初始分析	ISR-2 对 ISR-1	ISR-3 对 ISR-2
10	10221	−24.8	2.7	0.0
11	11104	−23.3	10.1	−2.3
12	11219	−44.1	4.1	5.6
13	12104	−35.8	4.7	8.6
14	12219	−20.7	3.7	5.4
15	14105	−27.6	10.9	0.4
16	14221	−26.8	5.2	3.8
17	15105	−29.4	2.6	11.3
18	15219	−21.3	4.7	3.4
19	16108	−21.4	5.0	−1.4
20	16221	−34.8	7.0	−0.5

注：经 Future Science 许可，转载自 Yadav 和 Shrivastav（2011）。

案例 2. 在储藏期间发生的不稳定性（Meng et al., 2011）

在一个测定单个化合物的项目中，使用了 APCI 作为离子源的 LC-MS/MS 和稳定同位素标记内标（SIL-IS）。利用蛋白质沉淀处理 50 μl 猴血浆样品。在失败的 53 个 ISR 样品中（来自 3 个分析批），52 个样品的再分析结果存在系统性负偏差（−40%～−20%）。初始调查显示，校正标样没有异常，整个样品分析也是在长期储藏稳定性时限之内完成的，所有分析过程没有超出已知的冻融循环、室温稳定性或提取液稳定性的范围。然而，在实际样品的分析物色谱峰前出现了一个小的色谱峰，这个肩峰在校正标样、QC 样品和空白样品中都没有。由于这个干扰峰很小，而且和分析物完全分开，因此它并没有引起足够的注意。但是当比较 ISR 批和最初的分析批时，发现这个干扰峰在 ISR 样品中显著增加。通过比较失败的 ISR 和成功的 ISR 样品色谱图，干扰峰的影响尤为明显。同样的现象在大鼠样品分析中也有发现，但由于干扰峰太小，其对 ISR 结果的影响可以忽略不计。因此怀疑 ISR 失败的原因是在样品储藏期间，在基质中形成了一个未知的但和分析物有关的化合物。进而进行了第二次 ISR 测试以确定 2 次 ISR 测定和最初测定中干扰峰和分析物的峰面积是否存在相关性。因此，从第一次 ISR 样品中挑选了 72 个进行第二次测试，其结果和第一次 ISR 相比偏差都在平均值的 20%之内。最后，随意选择了几个 ISR 样品，来比较分析物和干扰物的色谱峰面积。有趣的是，如果积分不包括干扰峰，与第一次的 ISR 值相比偏差较大。因此，ISR 失败确实是由分析物在储藏期间不稳定造成的。

5.4 已测样品测定的准确性

人们普遍认为，随机误差和系统误差（总误差）直接影响数据质量，进一步产生不精确和不准确的 TK 和 PK 参数。随机误差（表示为标准偏差）可以是由仪器和样品的不稳定性、不纯的化学品、环境的变化、样品采集和样品储藏产生的。系统误差（表示为偏差）是由较差的专属性、基质效应、方法校验过程不佳、空白校正不充分、残留、人为偏差和仪器性能的不稳定产生的。为了调查 GLP 生物分析实验的随机误差，现在普遍的做法是重新分析部分已测样品来评估方法的重现性（Fast et al., 2009; EMA, 2012）。最近有人提出，虽然通过 ISR 测试可以得知方法的精密度（变异性），但它并不能反映方法的准确度（Larsson and Han, 2007；Hill, 2009；De Boer and Wieling, 2011），实际上 ISR 只是在预设的接受范围内反映随机误差，并不能反映是否存在影响初测值准确度的系统误差。因此，即使 ISR 测试没有发现已测样品的不稳定性，（相对）系统误差也可能已经影响了初测值。

为了获得既精确又准确的实验数据，作者建议通过标样加入法进行补充实验，以计算（相对）系统误差来评估已测样品准确性（ISA）。

5.4.1 ISA 评估方法

为了说明 ISA 在 GLP 生物分析中的实用性，De Boer 和 Wieling（2011）使用了阿仑唑奈（Alendronate）BE 试验中的人尿样。他们在加入（ISA）和不加入（正常 ISR）两个浓度的阿仑唑奈标准溶液的条件下，利用验证过的方法对 30 个样品同时进行了两次重分析。按照前述的标准选择样品（Fast et al., 2009; EMA, 2012）。考虑到人员间的操作偏差，由两个实验人员来完成两次分析以评估重现性。两次结果的平均值被用来计算。为了避免额外的稀释误差（保持平行的实验操作），所有样品中额外加入的溶液量都一样，也就是说，在 ISR 测试和样品初次分析实验中，加入相同体积的含有 IS 的有机溶剂；而在 ISA 测试中，加入的是同样体积的含有 IS 和阿仑唑奈的有机溶剂。

5.4.2 ISA 数据分析

De Boer 和 Wieling（2011）对获得的数据进行了分析：通过计算两组数据（ISR 和 ISA）的相关性，比较两者的正态分布，以此表征两者的相似性（图 5.5）。通过计算两组数据的相关性可以计算出随机误差（相关系数）、相对系统误差（斜率）和恒定系统误差（截距）（Massart et al., 1988）。

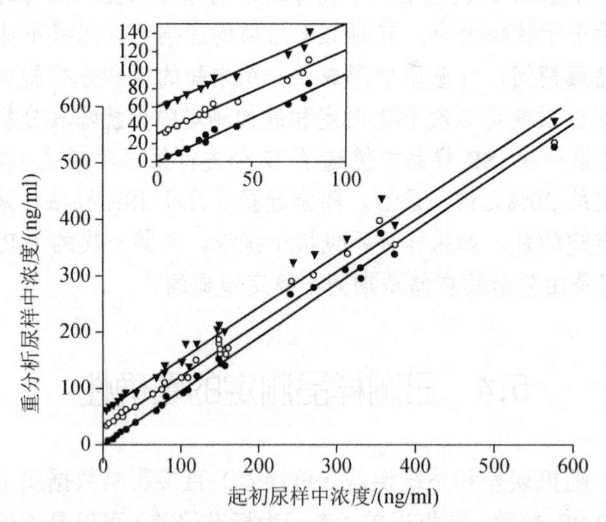

图 5.5　起初尿样中浓度与加/不加阿仑唑奈后重分析尿样中浓度的相关性

(● = ISR [Y=0.945X + 2.34]; ○ =ISA [30.0 ng/ml; Y=0.915X + 32.4];
▼= ISA [60.0 ng/ml; Y= 0.923X + 60.2])（De Boer et al., 2011。复制经允许）

计算得出的相关系数（r）分别为 0.9947（ISR）、0.9926（加入 30 ng/ml 阿仑唑奈的 ISA）和 0.9894（加入 60 ng/ml 阿仑唑奈的 ISA）。计算得出的斜率分别为 0.95±0.02（ISR）、0.92±0.02（ISA, 30）和 0.92±0.03（ISA, 60）。直线的截距分别代表阿仑唑奈的加入量：（32±4）ng/ml 和（60±5）ng/ml。作者根据这些数据得出以下结论：①根据回归系数，没有影响数据的随机差错。②根据斜率，数值都在一个数量级上并接近 1，说明只有很小的相对系统误差影响数据的准确性。③根据截距数据，不存在影响数据准确性的恒定系统误差。

通过计算两组数据的相关性可以判断报告浓度的准确性。表 5.4 显示了 ISR 结果和 ISA 结果。从校正标样添加后所测定的浓度值中减去外加的浓度（30 ng/ml 或 60 ng/ml）可以得到标准化的 ISA 结果。用于衡量准确度的偏差列在表 5.4 中。与 ISR 的计算方式不同（初测值和再测值之差除以两值的平均值）（EMA, 2012），ISA 是两值的差值与初测值相除，因为 ISA 代表的是和初测值的实际偏差而不是变异性。从表 5.4 中可以很容易看到 ISR 结果没有异常值。对于 30 ng/ml ISA，有 3 个异常值，而对于 60 ng/ml ISA，有 8 个异常值。按照 ISR 的接受标准，数据的准确性都是有保障的，因为对于小分子而言，2/3 的再测值与原测值的偏差都在±20%的接受范围内（EMA, 2012）。然而从结果中也可清晰看到，低浓度样品存在更高的不准确性。作者也得出结论，在低浓度实际样品中加入高浓度标样得到 ISA 样品的方式会导致 ISA 测试产生统计误差。因此，作者建议在 ISA 测试中应仔细选择加入标样的浓度，如低浓度 ISA 大约为最低浓度的 3 倍，高浓度 ISA 大约为最高浓度的 50%。对这些样品而言，可以加入相当于 50%初测浓度的量，只要最终的浓度不超过定量上限（ULOQ）。

表 5.4 ISR 和标准化的 ISA 结果一览

N	X	$\overline{X}_{R1,R2}$	ISR/%	$\overline{X}_R$[xo]$-X_0$ 其中，X_0=30 ng/ml	ISA/%	$\overline{X}_R$[xo]$-X_0$ 其中，X_0=60 ng/ml	ISA/%
1	4.94	4.26	−14.8	2.95	−39.3	0.45	−89.9
2	5.83	5.14	−12.6	4.00	−31.4	3.50	−40.0
3	5.91	6.16	4.1	4.65	−20.5	2.90	−50.9
4	10.50	9.96	−5.3	8.55	−18.1	7.45	−28.6
5	15.20	14.20	−6.8	13.20	−13.2	12.50	−17.8
6	22.40	22.60	0.7	21.80	−2.7	21.10	−5.8
7	25.80	23.40	−10.0	22.50	−12.8	22.00	−14.7
8	26.10	28.90	10.2	27.90	6.9	26.10	0.0
9	30.10	34.00	12.0	32.60	8.3	32.20	7.0
10	42.20	37.70	−11.3	35.70	−15.4	33.60	−20.4
11	68.90	62.60	−9.7	58.40	−15.2	58.00	−15.8
12	77.30	69.10	−11.3	66.6	−13.8	65.00	−15.9
13	80.30	84.20	4.7	81.0	0.9	81.00	0.9
14	101.00	90.40	−11.1	88.50	−11.9	87.50	−12.9
15	106.00	120.00	12.4	118.00	11.3	118.00	11.3
16	108.00	95.30	−12.5	87.50	−18.5	81.00	−25.0
17	120.00	120.00	0.0	118.00	−1.7	119.00	−0.8

续表

N	X	$\overline{X}_{R1,R2}$	ISR/%	$\overline{X}_R$[xo]−X_0 其中，X_0=30 ng/ml	ISA/%	$\overline{X}_R$[xo]−X_0 其中，X_0=60 ng/ml	ISA/%
18	149.00	154.00	3.0	153.00	2.7	154.00	3.4
19	150.00	146.00	−2.7	144.00	−4.0	144.00	−4.0
20	151.00	142.00	−6.5	140.00	−7.3	138.00	−8.6
21	156.00	138.00	−12.2	130.00	−16.7	114.00	−26.9
22	157.00	140.00	−11.4	136.00	−13.4	138.00	−12.1
23	159.00	141.00	−12.0	143.00	−10.1	142.00	−10.7
24	242.00	266.00	9.3	258.00	6.6	263.00	8.7
25	270.00	279.00	3.3	271.00	0.4	276.00	2.2
26	313.00	310.00	−1.1	308.00	−1.6	304.00	−2.9
27	330.00	294.00	−11.5	276.00	−16.4	254.00	−23.0
28	356.00	373.00	4.7	368.00	3.4	375.00	5.3
29	373.00	338.00	−9.8	326.00	−12.6	329.00	−11.8
30	575.00	524.00	−9.3	502.00	−12.7	513.00	−10.8

注：N=样品数量；X=初次浓度；$\overline{X}_{R1,R2}$=再分析浓度的平均值；$\overline{X}_R$[xo]−X_0=标准添加 X_0（ng/ml）阿仑唑奈后的标准化浓度平均值（经 Future Science 许可，根据 De Boer 文献调整图表）。

5.4.3 ISA 在生物分析方法验证中的应用

目前，各国法规机构并没有规定做 ISA 测试，因为 ISR 已被用于评估方法的准确性，虽然 ISR 实际上只反映方法对已测样品的精确性。全球 CRO 理事会建议一般情况下无需进行 ISA 测试，除非有清楚的理由说明该实验是调查的一部分（Lowes et al., 2011）。无论怎样，与分析批 QC 样品（并不能说明实际样品浓度的准确性）同步进行的 ISA 测试和 ISR 测试能够对影响数据精确度和准确度的所有分析误差给出一个整体评判，而这些信息在只进行 ISR 测试的情况下是得不到的。

5.5 结 束 语

方法的整体表现是药物研究中生物分析方法开发和验证成功的关键。对于建立耐用、科学合理和高质量的生物分析方法而言，ISR、ISS 和 ISA 都是极其重要的因素。最新的欧洲药品管理局（EMA）指导原则将 ISR 作为一个完整的概念提出，以确保方法的重现性。ISR 不仅可以证明方法的重现性，而且还可以作为一种调查手段，特别是在样品分析后，ISR 可使分析人员能够验证分析方法的完整性。通过仔细研究已有案例，加上良好的科学实践和判断，人们完全能够开发出符合法规要求的可靠的生物分析方法。

参考文献

AAPS. Third Bioanalytical Workshop: Quantitative Bioanalytical Methods Validation and Implementation. Crystal City, VA, 2006.

AAPS Workshop on Topics in GLP Bioanalysis: Assay Reproducibility for Incurred Samples. Crystal City, VA, 2008.

Bansal S. AAPS Bioanalytical Survey. Presented at: The AAPS Third Bioanalytical Workshop: Quantitative Bioanalytical Methods Validation and Implementation. Crystal City, VA, 2006a.

Bansal S. Repeat Bioanalysis selection and reporting. AAPSWorkshop: quantitative bioanalytical methods validation and implementation: best practices for chromatographic and ligand binding assays, 2006b.

Bansal S, DeStefano A. Key Elements of bioanalytical method validation for small molecules. AAPS J 2007;9(2):E109–E114.

Bansal S. Did incurred sample reanalysis raise confidence in bioanalytical results? Presented at: The AAPSWorkshop on Topics in GLP Bioanalysis: Assay Reproducibility for Incurred Samples. Crystal City, VA, 2008.

Bansal S, Arnold M, Garofolo F. International harmonization of bioanalytical guidance. Bioanalysis 2010;2(4):685–687.

Barfield M, Ahmed S, Busz M. GlaxoSmithKline's experience of incurred sample reanalysis for dried blood spot samples. Bioanalysis 2011;3(9):1025–1030.

Bérubé ER, Taillon MP, Milton Furtado M, Garofolo F. Impact of sample hemolysis on drug stability in regulated bioanalysis. Bioanalysis 2011;3(18):2097–2105.

Bland JM, Altman DG. Comparing methods of measurement: why plotting difference against standard method is misleading. Lancet 1995;346:1085–1087.

Bland JM, Altman DG. Measuring agreement in method comparison studies. Stat Methods Med Res 1999;8:135–160.

Briscoe CJ, Hage DS. Factors affecting the stability of drug and drug metabolites in biological matrices. Bioanalysis 2009;1(1):205–220.

Bryan PD. What is incurred sample analysis and why is it important? AAPS Newsmagazine 2008;11(9):18–22.

Cote C, Lahaie M, Latour S, et al. Impact of methylation of acyl glucuronide metabolites on incurred sample reanalysis evaluation: ramiprilat case study. Bioanalysis 2011;3(9):951–965.

De Boer T, Wieling J. Incurred sample accuracy assessment: design of experiments based on standard addition. Bioanalysis 2011;3(9):983–992.

Dicaire C, Berube E-R, Dumont I, Furtado M, Garofolo F. Impact of oxcarbazepine sulphate metabolite on incurred sample reanalysis and quantification of oxcarbazepine. Bioanalysis 2011;3(9):973–982.

Eastwood BJ, Farmen MW, Iversen PW, et al. The minimum significant ratio: a statistical parameter to characterize the reproducibility of potency estimates from concentration-response assays and estimation by replicate-experiment studies. J Biomol Screen 2006;11(3):253–261.

European Medicines Agency (EMA). Committee for medicinal products for human use, guidelines on validation of bioanalytical methods (draft), EMA/CMP/EWP/192217/2011. Available at www.ema. europa.eu/ema. Accessed Apr 10, 2013.

Fast DM, Kelley M, Viswanathan CT, et al. AAPS workshop on current topics in GLP bioanalysis: assay reproducibility for incurred samples—implications of Crystal City recommendations. AAPS J 2009;11(2):238–241.

Freisleben A, Brudny-Koppel M, Mulder H, de Vries R, de Zwart M, Timmerman P. Blood stability testing: European Bioanalysis Forum view on current challenges for regulated bioanalysis. Bioanalysis 2011;3(12):1333–1336.

Fu Y, Li W, Smith HT, Tse FLS. An investigation of incurred human urine sample reanalysis failure. Bioanalysis 2011;3(9):967–972.

Garofolo F. How to manage having no incurred sample reanalysis evaluation failures. Bioanalysis 2011;3(9):935–938.

Gupta A, Singhal P, Shrivastav PS, Sanyal M. Application of a validated ultra performance liquid chromatography—tandem mass spectrometry method for the quantification of darunavir in human plasma for a bioequivalence study in Indian subjects. J Chromatogr B 2011;879(24):2443–2453.

Health Canada. Guidance to Industry. Conduct and Analysis of Bioavailability and Bioequivalence Studies—Part A: Oral Dosage Formulations Used for Systemic Effects, 1992. Available at www.hc-sc.gc.ca/dhp-mps/prodpharma/applic-demande/guide-ld/bio/bio-a-eng.php. Accessed Mar 1, 2013.

Health Canada. Notice to industry-removal of requirement for 15% random replicate sample notice affecting guideline A and guideline B requirements, 2003. Available at www.hc-sc.gc.ca/dhp-mps/alt_formats/hpfb-dgpsa/pdf/prodpharma/15rep-eng.pdf. Accessed Mar 1, 2013.

Hill H. Developing trends in bioanalysis. Bioanalysis 2009;1(8):1359–1364.

James CA, Hill HM. Procedural elements involved in maintaining bioanalytical data integrity for good laboratory practices studies and regulated clinical studies. AAPS J 2007;9(2):E123–E127.

Kelley M, DeSilva B. Key elements of bioanalytical method validation for macromolecules. AAPS J 2007;9(2):E156–E163.

Kelley M. Incurred sample reanalysis: it is just a matter of good scientific practice. Bioanalysis 2011;3(9):931–932.

Larsson M, Han F. Determination of rifalazil in dog plasma by liquid-liquid extraction and LC-MS/MS: Quality assessment by incurred samples. J Pharm Biomed Anal 2007;45(4):616–624.

Lowes S, Jersey J, Shoup R, et al. Recommendations on: internal standard criteria, stability, incurred sample reanalysis and recent 483s by the Global CRO council for bioanalysis. Bioanalysis 2011;3(12):1323–1332.

Lytle FE, Julian RK, Tabert AM. Incurred sample reanalysis: enhancing the Bland-Altman approach with tolerance intervals. Bioanalysis 2009;1(4):705–714.

Massart DL, Vandeginste BGM, Deming SN, Michotte Y, Kaufman L. Chemometrics: A Textbook, 1st ed. Amsterdam, The Netherlands: Elsevier; 1988.

Meng M, Reuschel S, Bennett P. Identifying trends and developing solutions for incurred sample reanalysis failure investigations in a bioanalytical CRO. Bioanalysis 2011;3(4):449–465.

Nowatzke W, Woolf E. Best practices during bioanalytical method validation for the characterization of assay reagents and the evaluation of analyte stability in assay standards, quality controls and study samples. AAPS J 2007;9(2):E117–E122.

Parekh JM, Vaghela RN, Sutariya DK, Sanyal M, Yadav M, Shrivastav PS. Chromatographic separation and sensitive determination of teriflunomide, an active metabolite of leflunomide in human plasma by liquid chromatography tandem mass spectrometry. J Chromatogr B 2010;878(24):2217–2225.

Patel DS, Sharma N, Patel MC, Patel BN, Shrivastav PS, Sanyal M. Analysis of a second-generation tetracycline antibiotic minocycline in human plasma by LC–MS/MS. Bioanalysis 2011a;3(19):2177–2194.

Patel DS, Sharma N, Patel MC, Patel BN, Shrivastav PS, Sanyal M. Development and validation of a selective and sensitive LC–MS/MS method for determination of cycloserine in human plasma: Application to bioequivalence study. J Chromatogr B 2011b;879(23):2265–2273.

Petersen PH, Stöckl D, Blaabjerg O, et al. Graphical interpretation of statistical data from comparison of a field method with reference method by use of difference plots. Clin Chem 1997;43(11):2039–2046.

Rocci ML Jr., Collins E, Wagner-Caruso KE, Gibbs AD, Fellows DG. Investigation and resolution of incurred sample reanalysis failures: two case studies. Bioanalysis 2011;3(9):993–1000.

Rocci ML, Devanarayan V, Haughey DB, Jardieu P. Confirmatory reanalysis of incurred bioanalytical sample. AAPS J 2007;9(3):E336–E343.

Sailstad JM, Salfen BE, Bowsher RR. Incurred sample reanalysis: failures in macromolecules analysis-insight into possible causes. Bioanalysis 2011;3(9):1001–1006.

Savoie N, Garofolo F, van Amsterdam P, et al. White paper on recent issues in regulated bioanalysis & global harmonization of bioanalytical guidance. Bioanalysis 2010;2(12):1945–1960.

Sennbro CJ, Knutsson M, Timmerman P, van Amsterdam P. Anticoagulant counter ion impact on bioanalytical LC-MS/MS assay performance: additional validation required? Bioanalysis 2011;3(21):2389–2391.

Shah VP. The history of bioanalytical method validation and regulation: Evolution of a guidance document on bioanalytical methods validation. AAPS J 2007;9(1):E43–E47.

Shah VP, Midha KK, Dighe S, et al. Analytical methods validation: bioavailability, bioequivalence, and pharmacokinetic studies. Pharm Res 1992;9(4):588–592.

Shah VP, Midha KK, Findlay JW, et al. Bioanalytical method validation- a revisit with a decade of progress. Pharm Res 2000;17(12):1551–1557.

Smith G. Bioanalytical method validation: notable points in the 2009 draft EMA guideline and differences with the 2001 FDA guidance. Bioanalysis 2010;2(5):929–935.

Tan A, Gagnon-Carignan S, Lachance S, Boudreau N, Levesque A, Masse R. Beyond successful ISR: case-by-case investigations for unmatched reassay results when ISR passed. Bioanalysis 2011;3(9):1031–1038.

Thway TM, Macaraeg CR, Calamba D, et al. Bioanalytical method requirements and statistical considerations in incurred sample reanalysis for macromolecules. Bioanalysis 2010;2(9):1587–1596.

Timmerman P, Luedtke S, van Amsterdam P, Brudny-Kloeppel M, Lausecker B. Incurred sample reproducibility: views and recommendations by the European Bioanalysis Forum. Bioanalysis 2009;1(6):1049–1056.

Timmerman P, White S, Globig S, Ludtke S, Brunet L, Smeraglia J. EBF recommendation on the validation of bioanalytical methods for dried blood spots. Bioanalysis 2011;3(14):1567–1575.

US FDA. Guidance for industry bioanalytical method validation. US Department of Health and Human Services, FDA Centre for Drug Evaluation and Research, MD, 2001.

Viswanathan CT, Bansal S, Booth B, et al. Quantitative bioanalytical methods validation and implementation: best practices for chromatographic and ligand binding assays. AAPS J 2007;9(1):E30–E42.

Viswanathan CT. Incurred sample reanalysis: a global transformation. Bioanalysis 2011;3(23):2601–2602.

Voicu V, Gheorghe MC, Sora ID, Sârbu C, Medvedovici A. Incurred sample reanalysis: different evaluation approaches on data obtained for spironolactone and its active metabolite canrenone. Bioanalysis 2011;3(12):1343–1356.

Yadav M, Gupta A, Singhal P, Shrivastav PS. Development and validation of a selective and rapid liquid chromatography tandem mass spectrometry method for the quantification of abacavir in human plasma. J Chromatogr Sci 2010a;48(8):654–662.

Yadav M, Rao R, Kurani H, et al. Validated ultra high performance liquid chromatography-tandem mass spectrometry method for the determination of pramipexole in human plasma. J Chromatogr Sci 2010b;48(10):811–818.

Yadav M, Shrivastav PS. Incurred sample reanalysis (ISR): a decisive tool in bioanalytical research. Bioanalysis 2011;3(9):1007–1024.

Yadav M, Singhal P, Goswami S, Pande UC, Sanyal M, Shrivastav PS. Selective determination of antiretroviral agents tenofovir, emtricitabine and lamivudine in human plasma by a validated liquid chromatography tandem mass spectrometry method for bioequivalence study in healthy Indian subjects. J Chromatogr Sci 2010c;48(9):704–713.

Yadav M, Trivedi V, Upadhyay V, et al. Comparison of extraction procedures for assessment of matrix effect for selective and reliable determination of atazanavir in human plasma by LC-ESI-MS/MS. J Chromatogr B 2012. Forthcoming. DOI: 10.1016/j.jchromb.2011.12.031.

Yadav M, Upadhyay V, Chauhan V, et al. Chromatographic separation and simultaneous determination of tolterodine and its active metabolite, 5-hydroxymethyl tolterodine in human plasma by LC-ESI-MS/MS. Chromatographia 2010d;72(3–4):255–264.

Yadav M, Upadhyay V, Singhal P, Goswami S, Shrivastav PS. Stability evaluation and sensitive determination of antiviral drug, valacyclovir and its metabolite acyclovir in human plasma by a rapid liquid chromatography–tandem mass spectrometry method. J Chromatogr B 2009;877(8–9):680–688.

6

液相色谱-质谱（LC-MS）生物分析方法的转移

作者：Zhongping (John) Lin、Wenkui Li 和 Naidong Weng
译者：陈牧、王凯、林仲平
审校：李文魁、张杰

6.1 引　言

在区域性或者世界范围内的新药研发与申报过程中，生物分析方法对候选药物的毒代动力学（TK）和药代动力学（PK）评估至关重要。在药物研发全球化的背景下，生物分析方法常常需要在医药公司的不同分部之间进行转移，或从医药公司转移到合同研究组织（CRO），尤其是新兴市场（如中国和印度）的 CRO。

生物分析方法的转移过程存在一些挑战。这些挑战可能涉及方法本身，方法转移过程，实验室之间的沟通，以及实验室之间不同的工作习惯等。如果不做好充分准备，在生物分析方法转移过程中的一些疏忽可能会导致整个研究项目的延误。那么，为了保证生物分析方法转移的顺利进行，需要做好哪些准备工作？转移过程需要达到哪些合乎监管部门期望的标准？如何处理转移失败的情况？关于这些问题，已公开的信息资料不多。Rozet 等讨论了转移生物分析方法的具体过程。他们讨论的重点集中在项目的设计，样品数量，以及统计方法（Rozet, 2009）。Dewe 回顾了将（生物）样品分析进行相互比较时所使用到的统计方法（Dewe, 2009）。这些方法可用于对质量控制（QC）样品（Gansser, 2002; Rozet et al., 2008）和已测样品（Gilbert et al., 1995）数据组的评估。另外，Shah 和 Karnes 为生物分析方法的转移提出了一种“固定”范围的验收标准（Shah and Karnes, 2009）。在这一章中，在作者之前所发表的综述文章（Lin et al., 2011）的基础上，将对生物分析方法从制药公司转移到 CRO 的常用步骤进行总结，重点放在那些支持良好实验室规范（GLP）的临床前期研究和临床研究的生物分析方法转移上，并就方法转移的预先准备、步骤、成功条件、转移失败的根本原因及相关的调查方法进行讨论。

6.2 生物分析方法转移的准备

生物分析方法的转移应该视作制药行业药物开发项目中生物分析策略有机整体的一部分。将部分生物分析工作外包给一个或者多个 CRO，可以让有限的内部资源更好地支持那些高附加值和优先的项目。作为分析方法转移准备工作的一部分，一旦某候选药物的研究进行到需要将分析方法转移到 CRO 时，这个分析方法应该被全面地验证或者重新测试，以评估它的稳健性。所有新发现的问题都应该解决。

从实际操作的角度看，如果接收方法的 CRO（接收方实验室）和发送单位（发送方实验室）是初次合作，那么在签订合同之前就应该对 CRO 的设施和整个实验室的资质进行审查，同时进行其他常规的程序（包括法律层面的）。发起单位的质量保证（QA）和生物分析部门都应该参与审查工作，以判断 CRO 的整体合格性，尤其是涉及 CRO 对 GxP 监管标准［GLP、良好临床试验规范（GCP）等］的合规程度及其科学业务能力。对于那些已经和发起单位合作过的 CRO，也需定期审查其设施和实验室的合格性。

在进行合同前审查或者合同后周期性地对设施及实验室检查的过程中，需考虑如下几个要点。

- 之前完成过的研究项目和服务质量。
- 生物分析部门是否具有合适的规模，实验室是否配备充分的安保设施。
- 合规性［例如，是否符合经济合作与发展组织（OECD）或美国食品药品监督管理局（FDA）的 GLP 标准]：应查看所有国家或区域性监管部门审查的历史纪录及相关的违规纪录（如收到 FDA 483 表）及改正措施。
- 科学业务能力和技术专业性。包括但不限于以下方面：生物分析方法的开发与验证，研究项目样品分析，是否具有足够数量的最先进的仪器设备，电脑和经过验证的电子化设备及数据管理系统。
- 能够在规定时间内给出所需结果；能够遵守研究协议/计划及标准操作规程（SOP）。
- 能够对包括电子数据在内的数据进行存档和调用。对与现场检查和数据转移有关的数据能够妥善存档，包括将材料在同一 CRO 的不同实验室之间进行转移和长期保存。
- 业务延续性，包括在业务中断情况下如何保存纪录与材料的书面程序。

在选择 CRO 时也需考虑如下后勤要素。

- 生物样品的运输是否会成为一个障碍。这一点对于在不同地点或者不同国家进行的临床研究尤其重要。
- 备选的 CRO 向政府部门申请样品进口许可需要哪些文件。备选 CRO 获得许可的大致周期是多长。

6.3 现阶段药物监管部门对生物分析方法转移的大致要求

从定义上说，一个方法的转移是指对在一个实验室已经验证的方法在不同的实验室进行交叉验证。在 2001 年 FDA 的指导原则中，交叉验证被定义为“当两个或两个以上的生物分析方法被用于同一个或者不同的研究项目中产生数据时，对它们的验证参数进行的比较”(FDA, 2001)。在 2007 年的第三届 AAPS-FDA 生物分析研讨会及一些后续的会议上，与会者讨论了关于方法交叉验证的更多细节（Viswanathan et al., 2007）。在 2011 年欧洲药品管理局（EMA）的指导原则中，明确地说明了分析方法在以下情况下需要进行部分验证：将生物分析方法向另一个实验室转移，更换仪器，改变校正浓度范围，有限的样品体积，使用不同的生物基质或其他物种的基质，抗凝试剂的改变，改变样品处理方法，改变存贮条件等。当同一个研究项目的数据需要从不同的实验室获得时，需对这些数据进行比较并对所使用的分析方法进行交叉验证。样品准备方法的不同或者使用修改过的分析方法（方法修改）可能使不同实验室的实验结果有差异。在可能的情况下，交叉验证应当在样品分析之前进行。在交叉验证中，应当用同一组 QC 样品或已测样品对两种方法同时进行验证。对于 QC 样品，由两种方法获得的平均准确度应在±15%内，该范围在证明合理的情况下可大于±15%。对于已测样品，至少应有 67%的样品由两种方法所测值的差值在平均值的±20%内（EMA, 2011）。

6.4 方法转移

一个生物分析方法的转移可以被视作不同分析人员使用不同的实验室系统（电脑系统、软件、冷藏室、天平、移液枪、溶剂、自动化系统、质量检测系统等）在不同的仪器上进行的交叉验证。就步骤而言，一个实验室一旦被选为接收方法的实验室，发送和接收方实验室的科学人员应当讨论方法的所有细节，尤其是方法的专属性和分析物的稳定性。需要强调的是，漏过任何书面方法步骤中没被提及的微小细节都有可能导致方法转移的失败，尤其是对于那些有难度的方法。在可能的情况下，应当为方法转移进行面对面的会议或者实地培训。

一个成功的方法转移不仅在于发送方和接收方实验室的科学能力，而且还取决于他们之间的良好沟通。理解方法转移的共同目标及尊重实验室之间文化的不同会帮助两个实验室建立稳固的联系，从而使方法转移得以顺利进行。在转移之前，在发送方实验室开发并验证的方法需就其稳健性认真地进行测试。接收方实验室也承担着关键角色，他们应完全理解方法并在有疑问时寻求答案，这些问题可能关于仪器、参考标准物、储存稳定性等。

在与发送方实验室进行讨论之后，接收方实验室应当为方法的转移起草一份协议。该协议可作为双方实验室沟通的凭借，双方实验室都应当审阅这份协议并达成一致。

6.4.1 部分/交叉验证与全面验证的比较

根据将要转移方法所服务项目的性质，生物分析方法的转移可以是简单的部分或交叉验证，但也可能依据“按需定制（fit-for-purpose）”的原则进行复杂的全面验证（full validation）。

生物分析方法的部分或交叉验证可以小到只做一个批间准确度和精密度的测量，加上对基质效应和回收率（RE）的必要确认。与通常的全面方法验证相似，在部分或交叉验证中，应与校正标样一起分析定量下限（LLOQ）和低、中、高浓度的 QC 样品（每个浓度做 6 次重复）。然而，目前工业界关于方法转移的趋势是在接收方实验室进行方法的全面验证。在这种情况下，方法的专属性及选择性，基质效应与回收率，LLOQ，低、中、高浓度 QC 样品的批内与批间准确度和精密度，稀释可信度，批量大小可信度与稳定性（储备与工作溶液的稳定性、冻融稳定性、实验台存放稳定性、自动进样器存放稳定性及长期存放稳定性等）都必须按照当前的指导原则（FDA, 2001; EMA, 2011）来进行完全验证。

一旦接收方实验室能够重复出方法的准确度和精密度，在发送方实验室配制并测试过的 QC 样品（低、中、高浓度）及（或者）在发送方实验室已测的实际样品应当在接收方实验室进行重新分析。这些 QC 样品或者已测样品及其中分析物的浓度可以是公开的或非公开的。和其他验证数据一样，这些在接收方实验室测得的 QC 样品或已测样品中分析物的浓度要和在发送方实验室测得的值相比较。

6.4.2 方法的修改

不同的制药公司和 CRO 对生物分析的操作是不同的。尽管在理论上，一个需要转移的方法应该在发送方实验室经过全面的验证并且在一定程度上被应用过，但是一些公司仍可能提供不成型的生物分析方法以供转移。在这种情况下，可能需要对方法进行修改。其他一些原因也会导致对方法的修改，这些原因包括但不局限于：①仪器类型的不同，②处理方式的不同，③发送方和接收方实验室的设置不同。例如，室温这一术语在中国和美国的实验室可能会有不同的理解。又如一个在最初的方法验证两年以后购买的高效液相色谱（HPLC）柱，与原使用的色谱柱相比会表现不同。在对发送方实验室所递交的文件和材料（对照物和内标物等）进行核查之后，接收方实验室应该测试方法的可转移性。根据测试的结果并结合内部的经验，接收方实验室可以请求对原方法进行修改或者重新开发方法。在这两种情况下，修改后方法的基本特征（如样品的准备）和原方法应该越接近越好，这对于一个已经使用过原方法的项目尤其重要。

6.4.3 验收标准

不管方法转移是一批次的交叉验证还是全面验证，验收标准应和监管部门的要求（FDA, 2001; EMA, 2011）及发送方实验室的期望值保持一致。双方实验室应当就验收标准进行讨论，达成一致，并且在方法转移协议中清楚说明。

对已知分析物含量的 QC 样品进行重复分析，用来确定方法的准确度。批内（交叉/全面验证）准确度应当用至少 4 个浓度水平（LLOQ、低、中、高）的 6 次重复测定来进行测试。除 LLOQ 的偏差（%）应当在±20%范围内，其余 QC 样品浓度水平测得的平均偏差应该在标示浓度的±15%内。对于批间（全面验证）准确度，来自于至少两天的至少三批次分析的 LLOQ、低、中、高浓度样品应当被测试。除 LLOQ 样品的偏差应该在标示浓度的±20%内，对所有其他 QC 样品，平均浓度应该在标示值的±15%内。

批内（交叉/全面验证）精密度应当用至少 4 个浓度水平（如 LLOQ、低、中、高）的 6 次重复测定来进行测试。除 LLOQ 浓度样品的变异系数（CV）不应超过 20%，其余浓度水平 QC 样品的 CV 不应超过 15%。对于批间（全面验证）精密度，来自于至少两天的至少三批次分析的 LLOQ、低、中、高 QC 浓度样品应被测试。除 LLOQ 浓度样品的 CV 不应超过 20%，所有 QC 样品的批间 CV 不应该超过 15%。

除以上在接收方实验室进行的使用接收方实验室制备的 QC 样品进行的批内（交叉/全面验证）及批间（全面验证）实验外，一组由发送方实验室制备并且验证过的 QC 样品（低、中、高）应当被安排在接收方实验室的至少一个验证实验中，并且至少每个浓度水平重复一次。对所有被测试的浓度水平而言，这些 QC 样品在发送方和接收方测得结果的差异应当在±15%以内。

作为方法转移的一部分，至少 20 个已测样品应在接收方实验室重新分析。对于至少 67%的已测样品，在发送方实验室的原分析中得到的浓度数据和在接收方实验室重新分析中得到的浓度数据应在两者平均值的±20%内。两组结果之间较大的差别可能暗示分析方法存在问题并应当进行调查。

6.5　生物分析方法转移失败的常见原因

毫无疑问，一个成功的方法转移能够增加发送方和接收方实验室的信心。相反，一个失败的方法转移可能是由于一个或者多个方面的原因。造成方法转移失败的常见原因如下。

- 发送方和接收方实验室设置的不同：一个成功的方法转移不仅取决于发送和接收双方实验室在规范生物分析方面的经验与知识，而且还取决于对被转移方法特性的理解和沟通。两个实验室在 HPLC 系统、质谱、移液方法、自动移液系统、试剂、试剂储存、洗板器、玻璃管硅化方法、特殊设备的使用、漩涡混合器，甚至通风橱的气流量等方面的微小不同，都可能导致方法转移验证的失败。因此，对于发送和接收双方实验室而言，在方法转移之前应就方法的细节进行清楚沟通，这至关重要。
- 稳定性原因：被分析物或其代谢产物的稳定性也能影响样品分析的重复性和准确性。造成待测化合物或其代谢产物不稳定的因素有许多，包括酶催化降解（如含酯药物或者药物前体）、化学反应（如硫醇化合物）、儿茶酚类的自动氧化、内脂和羟基羧酸的互相转化（如他汀类化合物）、氮氧化物的降解及Ⅱ相代谢产物降解、手性/差向异构/互变异构/同分异构互相转化等。在以上原因中，以Ⅱ相结合物（如酰基葡萄糖醛酸）的代谢产物在样品储存、处理或色谱分析过程中降解为母体被测物的过程最为常见。不稳定的Ⅱ相结合物的降解无疑会导致对母体化合物浓度的高估及已分析样品在接收方实验室重新分析时明显的正向偏差。复审被测物和代谢产物的稳定性并测试相关稳定性是至关重要的。如果被测物确实包含不稳定的代谢产物，应当对液相色谱-质谱（LC-MS）分析之前的样品收集和处理有些额外的稳定措施。任何发现都应当向接收方实验室交代清楚。
- 不合适的方法选择性：分析方法选择性的评估应当用 6 组不同基质配制的 LLOQ 浓度样品。在这 6 个 LLOQ 浓度样品中，5 个分析结果的偏差值应在标示浓度的±20%内。对于一些难以获得的基质，可以用少于 6 组的基质来进行选择性测试；在转移之前，甚至可用一组合并的基质来进行测试。测试单组基质会掩盖不同组基质间的区别，这会在样品分析选择性不佳的情况下导致方法转移的失败。除一些常见的内源性组分（如磷脂）外，已知或者未知的代谢产物，给量媒介，以及同时服用的药物，都会导致分析选择性的不足。

  对分析物进行色谱分离的主要依据是分析物和基质组分相对于移动相和 HPLC 柱上固定相的物理化学性质的不同。当质谱在单反应监测或者多反应监测（MRM）模式下工作时，干扰会比较少。大气压离子化技术[如电喷雾离子化（ESI）和大气压化学离子化（APCI）] 被普遍认为是“软性”的分析技术。然而，任何有弱键的分子都能够在进入串联质谱 Q1 室之前的电离过程中裂解（源内裂解）。如果生物样品提取物中存在分析物的氮氧化、硫氧化、葡萄糖醛酸或者硫酸共轭等代谢产物时，这一“源内裂解”尤其明显。这些代谢产物的源内裂解可产生和母体化合物前体离子相同的离子。在高通量液相色谱-串联质谱（LC-MS/MS）分析中，色谱分离效果往往因为大大缩短的液相色谱分离时间而受到影响。如果发送方和接收方实验室的色谱条件有所不同，代谢产物的源内裂解可能造成发送和接受方实验室测得的已测样品浓度明显不同。在这种情况下，常常需要在一方或双方实验室对色谱方法进行修改以便重新进行方法验证。

- 常见实验操作差错：对已测样品再分析（ISR）的失败可能并不是由分析方法本身的问题（选择性或者稳定性问题）引起的，而是由实验操作的差错引起的。这些差错包括但不局限于：①样品没有充分融化，②在取样之前样品不均匀，③样品稀释不当，④样品标识不清。鉴于此，应该确保对实验室人员的正确训练。

6.6　方法转移失败的调查

对任何方法转移的失败，都应进行必要的调查。对此，发送方和接收方实验室必须有一个双方认可的书面程序（如方法转移协议或者协议修正案）。一般而言，调查会包括两个阶段：阶段Ⅰ，对现存的数据和文件进行审阅；阶段Ⅱ，实验室调查，发送方和接收方实验室可能都需进行。

在阶段Ⅰ的调查中，文件审阅应当集中在样品标识、准备、数据处理、计算过程中的错误，或者 LC-MS 系统中可能的错误设置等方面。在结束阶段Ⅰ的调查时，应有以下 3 项可能的结果：①找到了明确的原因，即确认了方法转移失败的根本原因，②找到了可能的原因，即方法转移失败的原因有可能被确认，或者被缩小到几个可能的原因，③没有找到明确的原因，即无法确认直接的原因。如果找到了可以归咎的原因，应马上进行改正。有时对数据处理和计算上的一个简单改正便可能结束调查。当然，应当进行必要的相关培训以防类似情况再次发生。在找到一个或者多个可能的实验室操作或者仪器错误的情况下，应当进行阶段Ⅱ实验室调查，以确认根本的原因。基于测试的结果，可以作出以下判断：①可归咎的原因被确认，②没有找到可以归咎的原因。对于前一点，应马上开始多方面的工作，包括但不限于对样品的重新分析。对于后者，应当进行更深入的调查，如果可能，发送方实验室也应进行相应的调查。在对方法进行仔细审查时，应当评估以下因素的可能影响：不合适的样品准备，未知不稳定代谢产物，分析物和内源性化合物不理想的色谱分离，方法选择性不理想等。应当进行一个或多个实验，以确认可能的根本原因。这种调查可能导致一个简单的步骤修正和样品重新分析，也可导致对生物分析方法的重新开发和重新验证。

6.7　结 束 语

根据目的的不同，一个生物分析方法的转移可能简单到单批次交叉验证，也可能是一个全面验证。在目前制药行业将越来越多地将药物后期研发工作外包给 CRO（尤其是新兴市场的 CRO）的趋势下，方法全面验证可能成为必要。无论如何，方法转移的结果都应符合药物监管部门（FDA、EMA 等）的要求。因此，发送方和接受方实验室都应该协力合作。所有技术方面的挑战都应当通过合适的渠道进行讨论，包括实地访问或培训。接受方实验室不应惧怕质疑方法的可转移性。最后，一个成功的方法转移不但可以降低药物开发的成本，而且有助于双方实验室建立长期的合作关系，实现双赢。

参考文献

Dewe W. Review of statistical methodologies used to compare (bio) assays. J Chromatogr B 2009;877:2208–2213.

European Medicines Agency. Committee for Medicinal Products for Human Use Guideline on bioanalytical method validation. 21 July 2011 EMEA/CHMP/EWP/192217 /2009. Available at http://www.ema.europa.eu/docs/en_GB/document_library/Scientific_guideline/2011/08/WC500109686.pdf. Accessed Mar 1, 2013.

Gansser D. Chromatographia 2002;55:S–S71.

Gilbert MT, Barinov-Colligon I, Miksic JR. Cross-validation of bioanalytical methods between laboratories. J Pharm Biomed Anal 1995;13:385–394.

Lin ZJ, Li W, Weng N. Capsule review on bioanalytical method transfer: opportunities and challenges for chromatographic methods. Bioanalysis 2011;3(1):57–66.

Rozet E, Dewe W, Boukloze A, Boulanger B, Hubert Ph. Methodologies for the transfer of analytical methods: a review. J Chromatogr B 2009;877:2214–2223.

Rozet E, Dewe W, Morello R, et al. J Chromatogr A 2008;1189: 32–43.

Shah KA, Karnes HT. A proposed “fixed” range decision Criteria for transfer of bioanalytical methods. J Chromatogr B 2009;877:2270–2274.

US FDA. Guidance for Industry: Bioanalytical Method Validation. US Department of Health and Human Services, FDA, Center for Drug Evaluation and Research, Rockville, MD. 2001. Available at www.fda.gov/downloads/drugs/guidance compliance regulatory information/guidance/ucm070107.pdf. Accessed Mar 1, 2013.

Viswanathan CT, Bansal S, Booth B, et al. Quantitative bioanalytical methods validation and implementation: best practices for chromatographic and ligand binding assays. Workshop/Conference Report. AAPS J 2007;9:E30–E42.

7

代谢产物安全性测试

作者：Ragu Ramanathan 和 Dil M. Ramanathan
译者：李黎、侯健萌
审校：罗江、谢励诚

7.1 引　言

药物的疗效数据及对疗效的预测可用来推动一个新分子实体（NME）进入临床阶段。各种因素包括 NME 在不同物种间的吸收、分布、代谢和排泄（ADME）的差异，都可能会导致在临床前研究中物种和人之间产生不同的疗效或者毒性（Lin et al., 2003; Bussiere, 2008; Gomase and Tagore, 2008）。因为代谢过程影响到许多 ADME 参数，诸如备选药物的生物利用度（BA）、循环系统清除率（CL）和毒理学，所以药物代谢（DM）研究的结果对筛选药物用作开发十分重要（Cheng et al., 2008）。为了提高患者的用药安全性并降低众多 NME 后期研究的失误率，大家普遍认为在人体中出现的药物代谢产物也必须在用于安全性评价的物种体内出现。直到 2008 年 2 月美国食品药品监督管理局（FDA）（FDA, 2008）及 2009 年 7 月人用药物注册技术要求国际协调会（ICH）（Harmonization, 2009）先后颁布了关于药物代谢产物安全性测试（MIST）的指导原则后才有了达到这一目标的框架或标准。如图 7.1 所示，两份指导原则都鼓励出资方评估人体和动物体内代谢产物在稳态时的暴露量，并建议在研发阶段尽早实施（Frederick and Obach, 2010）。MIST 的建议对制药企业提出了众多挑战，包括使用放射性标记物开展的 ADME 项目该在何时进行，如何更好地在早期临床项目中进行代谢谱分析及在进行早期代谢谱分析时生物分析方法的选择。本章节归纳了目前制药企业在开展 MIST 相关试验时所采用的思路及方案。

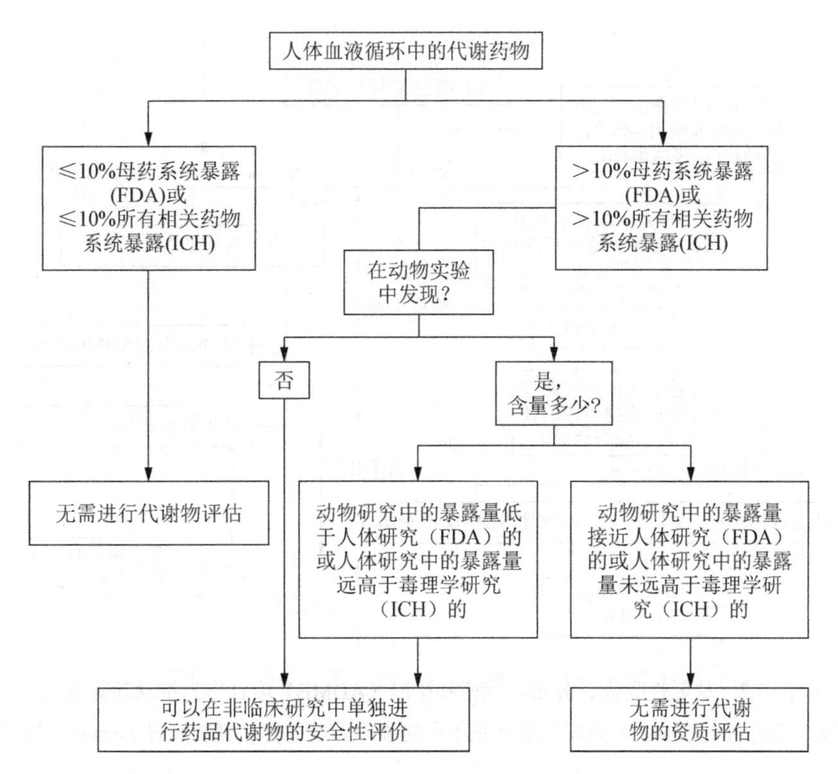

图 7.1 依据 2008 年 FDA 及 2009 年 ICH 的指导原则制作的代谢产物安全性评估决定树；ICH 的指导原则通常可以取代美国 FDA 的指导原则（复制得到 Frederick 和 Obach 授权，2010）

7.2 使用放射性标记物开展的 ADME 项目的时效性

近来众多药物学家曾详细论述了放射性标记 ADME 项目的优点、难度及应该何时进行（Penner et al., 2009; Obach et al., 2012; Penner et al., 2012; White et al., 2013）。图 7.2 比较了利用放射性标记物进行 ADME 研究的众多方式中的两种。第一种方式是在完成了首次人体试验（FIH）并掌握了人体药代动力学（PK）及代谢信息后才进行放射性标记项目，而第二种方式是在开始 FIH 试验之前就进行临床前的放射性标记 ADME 研究。这两种方式都建议在完成临床前的放射性标记 ADME 研究后才开始大规模的临床试验。两种方式都要求在进行 FIH 研究前必须建立一种可表征在血液中循环的代谢产物的方法，该方法应以体外代谢系统为基础预测可能的代谢产物。虽然这些体外系统对预测总体代谢清除率颇具影响（Malinowski, 1997; O'Hara et al., 2001），但是在预测循环代谢产物方面却表现欠佳。以往的研究表明，利用体外代谢系统预测Ⅰ相和Ⅱ相人体循环代谢产物的成功率分别是 41%～70%和 12%～56%（Anderson et al., 2009; Dalvie et al., 2009）。而对这种用体外系统预测到的代谢产物进行定性、合成和定量都需要花费大量的资源，且仍可能遗漏与人类有关的代谢产物。

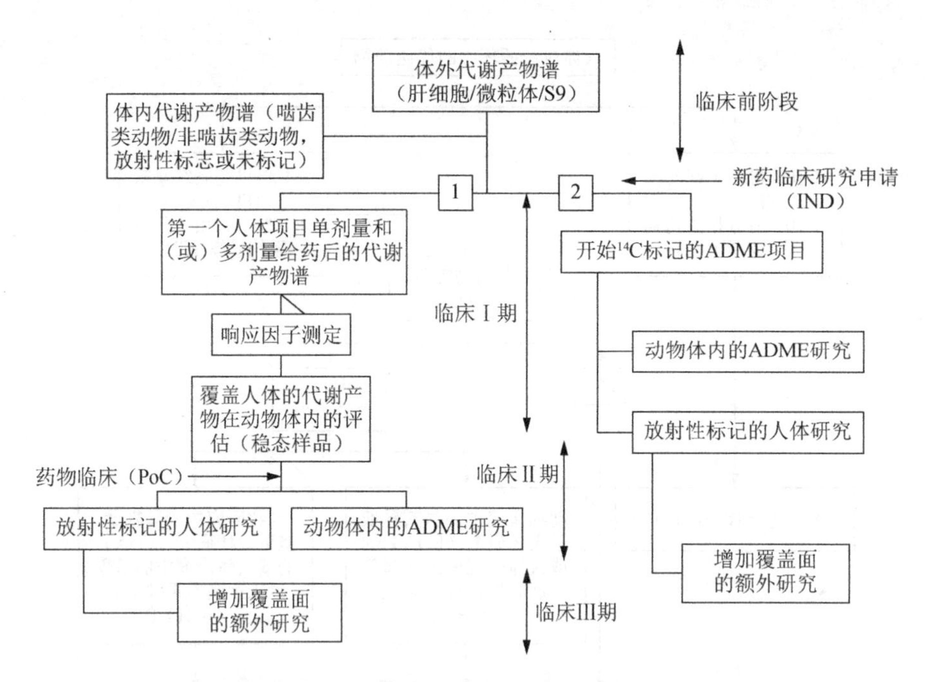

图 7.2　放射性吸收、分布、代谢和排泄（ADME）项目作为推动新药进入市场的研发一部分可根据 MIST 的规范选择在不同的临床阶段进行（复制经过 Penner 等同意，2012）

7.3　FIH 研究

由于预测人体内代谢产物循环十分困难，许多企业都投入资源在 FIH 项目中进行代谢产物谱分析，即图 7.2 里的第一种选择。FIH 研究作为 I 期临床试验的一部分，从单剂量递增（SAD）给药开始，继而进行多剂量递增（MAD）给药。SAD 和 MAD 研究的目的是为了判断一个 NME 药物的安全性和耐受性及根据少数（20～100）健康成年受试者给药试验确定安全剂量范围（治疗指数窄的药物可直接在患者体内进行试检）（Ramanathan et al., 2010）。这些研究的另一个重要目的是根据母药在体内的暴露量来制定完整的 PK 谱。

如果要从 FIH 研究中获知代谢产物的信息，可以选择以质谱技术为基础的方法来检测和表征代谢产物。在众多的文献和参考书中都探讨了利用液相色谱-质谱（LC-MS）联用技术来检测和表征代谢产物的方法（Ramanathan and LeLacheur, 2008; Wright, 2011; Zhu et al., 2011）。各种高分辨质谱（HRMS）配上质量亏损过滤（MDF）、同位素类型过滤（IPF）和本底扣除（BGS）等数据采集过滤技术，更加扩充了 LC-MS 方法的应用。最近已有文章报道过将这些智能的数据采集工具用于 MIST 研究的流程上（Ma and Chowdhury, 2011, 2012; Zhu et al., 2011）。但如果只有先进的软件工具而缺少量化的方法，还是很难辨别出主要和次要或微量的代谢产物。

7.4　无标准品定量技术及其局限性

采用电喷雾离子化（ESI）技术产生的 LC-MS 响应值对由内源性基质离子干扰引起的

离子化效率变化很敏感。如图 7.3 所示（Timmerman et al., 2010），不同基质产生的离子抑制/增强效应会引起葡萄糖醛酸代谢产物不同的 LC-MS 响应。在这个示例中，尿液中葡萄糖醛酸代谢产物的 ESI-MS 响应值很可能由于尿液中的非挥发性物质和盐的影响而被完全抑制了。虽然能够通过预处理尿液或用溶剂稀释尿液减小基质效应，但却无法从 LC-MS 的数据中反映出葡萄糖醛酸代谢产物的相对丰度。这个示例说明有必要找到一种标准品用于代谢产物的定量。换言之，有了目标代谢产物的标准品及其稳定同位素标记内标（SIL-IS），用 LC-MS 定量代谢产物就变得轻而易举。但实际上，在早期的研发阶段，通常都无法得到代谢产物的标准品及其内标。

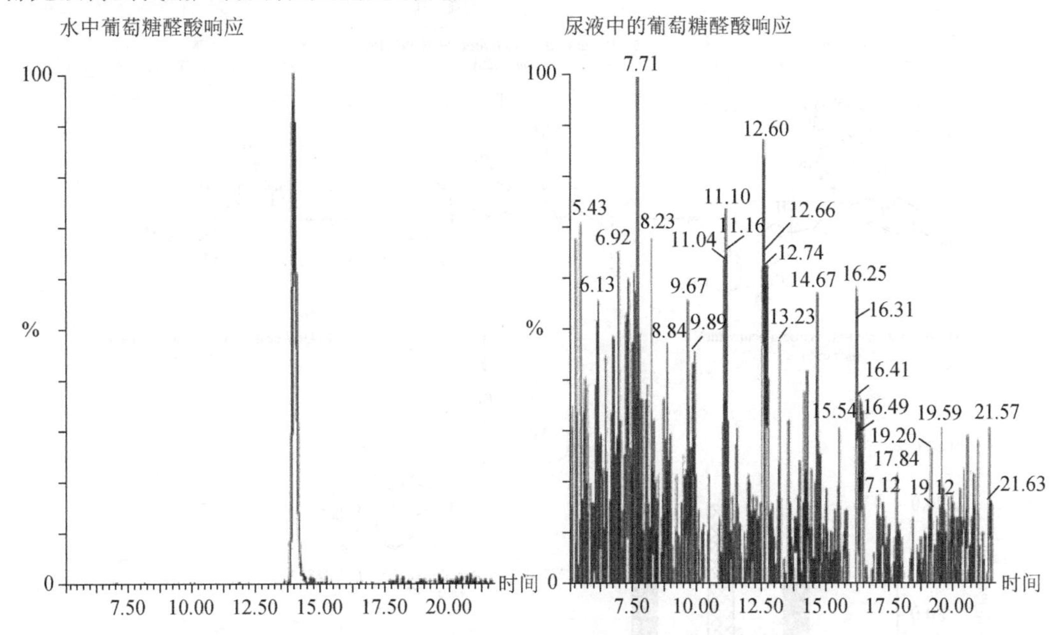

图 7.3 基质效应导致葡萄糖醛酸代谢产物在水和尿液中的 LC-MS 响应值不同（Timmerman et al., 2010。复制经同意）

有一种代替标准品的方式就是采用液相色谱-放射性检测（LC-RAD）技术。RAD 不能用于确定分子质量和化学结构，但基本不受大部分基质效应的影响。在最近一个抗艾滋病药 vicriviroc（VCV）的代谢机制研究中（Ramanathan et al., 2007），比较了该化合物和代谢产物的 LC-ESI-MS 离子色谱响应及放射性色谱响应，如图 7.4 所示。根据 LC-RAD 放射性图谱，M35 或 VCV-*O*-去甲基葡糖苷酸（desmethyl-glucuronide）是主要的人体内代谢产物。与 LC-RAD 联用技术相比，利用 LC-ESI-MS 联用技术检测的 VCV 及其代谢产物的信号变化较大。如果利用非放射性标记的药物进行研究，并且在没有合适的校正曲线的情况下使用 LC-ESI-MS 技术，那么就无法准确测定在人尿液或血浆样品中原药（VCV）的含量。主要的代谢产物 M35 的含量会被低估而其他代谢产物（M2/M3、M15 及 M41）的含量却会被高估。由图 7.3 和图 7.4 可知，有必要通过放射性标记的 ADME 研究或者利用标准品定量的方法来准确测定代谢产物含量。然而在 FIH 研究阶段，通常都无法获得合成的代谢产物标准品及放射性标记的原药。在这种情况下，就只能依靠某些新的技术方法来进行代谢产物谱分析（Wright et al., 2009; Ramanathan et al., 2010）。如果标准品和放射性标记药物两者具备，鉴于其 LC-MS 响应的差异，可通过逐层分析方法估测药物代谢产物的暴露量范围。逐层分析方法可分为4类，包括：①代谢产物谱分析；②无标准品定量方法/响应因子测定；③合格的分析方法；④经验证的分析方法。总而言之，逐层分析方法是被法规部门和生物分析学界都认可的既符合研究目的，又能控制成本，同时兼顾患者安全的方法（Timmerman et al., 2010）。

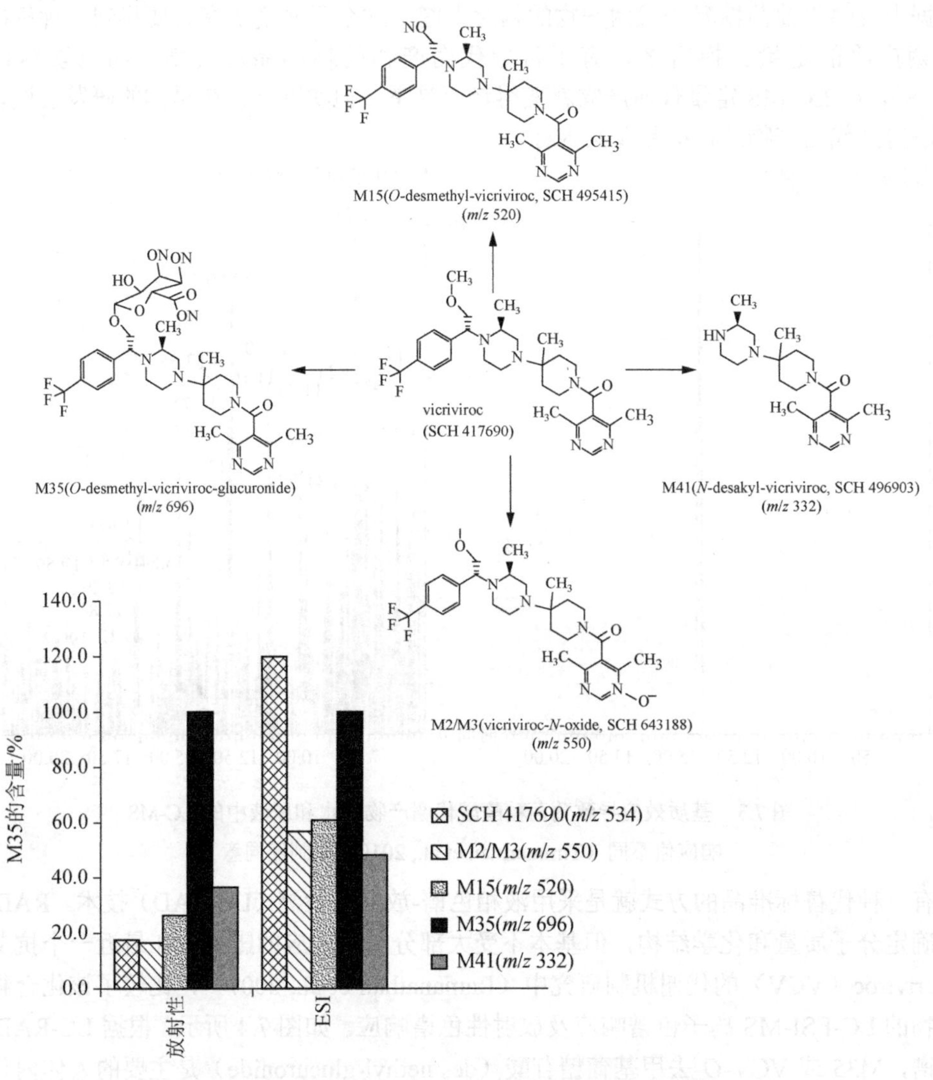

图7.4　vicriviroc及其Ⅰ级和Ⅱ级代谢产物的LC-RAD和LC-MS响应对比（Ramanathan et al., 2010。复制经同意）

7.5　用以测定人体内代谢产物暴露量的多种逐层分析方法及各自的局限性

所有与MIST相关的研究都可以按照图7.5的步骤进行（Ramanathan et al., 2010）。随着一个NME迈向新药申请（NDA）阶段，就需要采用更严格的方法来测定代谢产物的浓度。详情参见下节和表7.1的总结。归根结底，用逐层分析方法来测定人体内代谢产物的暴露量是合乎科学的、“按需定制”的、定义清晰的，也可以按需要在使用前予以认证或验证。

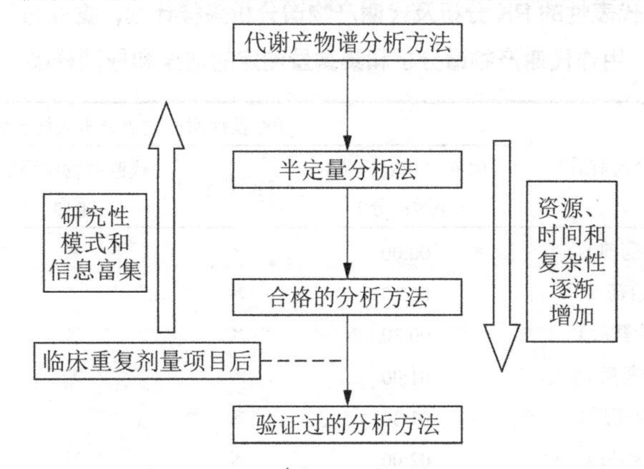

图 7.5　用于临床研究中代谢产物检测、定性和含量测定的多层次分析方法（Ramanathan et al., 2010。复制经同意）

表 7.1　在临床及临床前研究中可用于测定代谢产物含量的 LC-MS 方法

方法类型	代谢产物信息	代谢产物定量方式	混合样品提高通量	是否需要代谢产物标准品	时间或成本
代谢产物谱分析	通过 MDF、IPF 和 BGS 技术全扫描能检测到的代谢产物	无需或无法定量；全面对比人体和动物的代谢产物谱	可以混合样品；但仅能得到 AUC 资料	否	$
无标准品定量方法	通过 MDF、IPF 和 BGS 技术全扫描能检测到的代谢产物	UV、放射性、NMR 等方式校正 LC-MS 的响应差异	可以混合样品；但仅能得到 AUC 资料	否	$$
合格的分析方法	SRM，针对目标	校正曲线	能免则免；可获其他 PK 资料	是	$$$$
经验证的分析方法	SRM，针对目标	校正曲线	能免则免；可获其他 PK 资料	是	$$$$$$

注：MDF. 质量亏损过滤；IPF. 同位素类型过滤；BGS. 本底扣除；SRM. 选择反应监测（也称 MRM，多反应监测）；UV. 紫外检测器；NMR. 核磁共振；AUC. 曲线下面积；$. 美元。

7.5.1　第一层——代谢产物谱分析

在确定代谢产物谱的工作中，最重要的一步就是临床方案和临床前方案中恰当的文字表述和样品采集安排。大致上，方案中恰当的文字表述可以避免方案需要修正、无效的受试者同意书及伦理审查委员会额外的讨论。有了合适的方案描述，完成母药的生物分析后剩余的药代动力学/毒代动力学（PK/TK）样品可以用于代谢产物谱分析。使用这些剩余的 PK/TK 样品的唯一顾虑就是样品的完整性（冻融循环次数、代谢产物稳定性等）和时效性（完成母药生物分析所需的时间）。在如表 7.2 所示的 SAD 研究中，可以分别从安慰剂和所有 NME 剂量组别的健康志愿者身上采集给药后 6 个时间点的血液样品。通常采用一到两个高剂量组中的样品进行代谢产物谱分析。与此类似，在猴和狗的 TK 研究中采集单独的样品（用于代谢产物谱分析的所有 TK 时间点）并不困难。但由大鼠和小鼠血容量的限制，不易在 TK 项目里采集额外的样品用于代谢产物分析。因此，唯有设法利用剩余的 TK 样品。

表 7.2　具代表性的 PK 分析及代谢产物谱分析采样计划，据此方法分别采集用作代谢产物谱分析和暴露量测定的血浆和尿液样品

采样时间/天	时间点（给药前后）	PK 及代谢产物谱分析采样计划			
		时间（相对给药）（小时：分）	PK 采血	代谢产物谱分析采血	尿样采集
1	0 h（给药前）	00:00	×	×	×（给药前）
	0.25 h（给药后）	00:15	×		×（0～12 h 累积）
	0.5 h（给药后）	00:30	×	×	
	1 h（给药后）	01:00	×	×	
	1.5 h（给药后）	01:30	×		
	2 h（给药后）	02:00	×	×	
	3 h（给药后）	03:00	×		
	4 h（给药后）	04:00	×	×	
	6 h（给药后）	06:00	×		
	8 h（给药后）	08:00	×	×	
	10 h（给药后）	10:00	×		
	12 h（给药后）	12:00	×		
	18 h（给药后）	18:00	×		×（12～24 h 累积）
2	24 h（给药后）	24:00	×	×	
	36 h（给药后）	36:00	×		×（24～36 h 累积）
3	48 h（给药后）	48:00	×	×	×（36～48 h 累积）
样品数			16	8	5

确定了研究方案里的文字恰当后，下一步就是决定采样时间和用哪些样品进行代谢产物谱分析。大部分的制药企业都会在开始人体 SAD 项目之前进行为期 1 个月的 TK 研究。由于 MIST 的指导原则要求评估人体和动物体内在稳态下的代谢产物暴露量，因此 1 个月长的 TK 研究可以获得用于临床前研究的物种体内的稳态代谢产物暴露量，这是 SAD 研究无法提供的。尽管人体的 SAD 研究提供了首次认识人体循环代谢产物的机会，但是从人体 SAD 和 1 个月的 TK 研究得到的样品仍被用来启动代谢产物谱分析的相关研究。

由于临床及临床前研究的血浆样品体积有限，有一种解决方法就是将不同受试者和受试者自身的血浆样品进行如图 7.6 所示的混合（分别混合给药组和安慰剂组内不同人类受试者或动物的血浆样品）。这类混合血浆的方法通称为“曲线下面积（AUC）混合法”或“时间-比例混合法（time-proportional pooling）”或“汉米尔顿混合法（Hamilton pooling）”，早已有学者详细论述过（Hop et al., 1998; Hamilton et al., 1981）。如表 7.3 所示，AUC 混合法可使同一个受试者单独的血浆时间点样品按时间比例整合成一个样品，无需通过分析每个单独时间点的样品来产生一个浓度-时间曲线。在每个受试者都采集了样品后，把所有 NME 给药组受试者相同体积的血浆混合产生一个复合样品。与此类似，把等量的源于安慰剂组受试者的血浆相混合产生一个复合安慰剂样品。

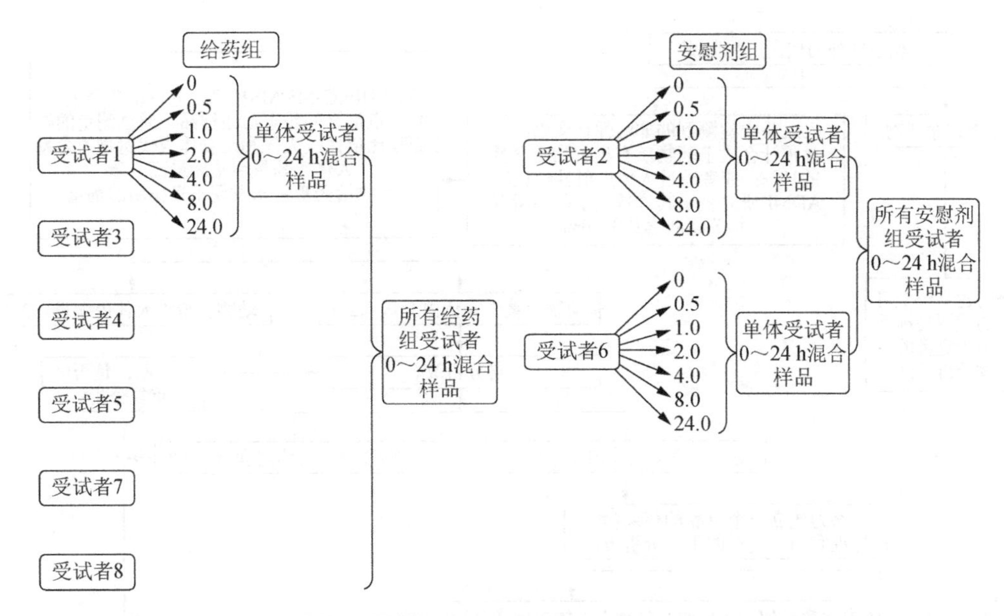

图 7.6 用 MAD 和 SAD 血浆样品混合法简化研究人体代谢产物谱的分析流程（Ramanathan et al., 2010。复制经同意）

表 7.3 一个代表性的计划显示血浆样品体积和相对应的 0～24 h 时间点，用来产生一个时间成比例的混合样品，用作暴露量估计

时间/h	0	0.5	1	2	4	8	24
Δt_j	0.5	1	1.5	3	6	20	16
Vol= $\Delta t_j\,k$ / μl	5	10	15	30	60	200	160

注：k=比例常数，通常在定义 t=0 后获得；$\Delta t_j = t_{j+1} - t_{j-1}$。

代谢产物谱分析接下来的步骤就是建立一个合适的 LC-MS 方法，用来直接比较从临床前和临床试验中得到的样品，通过如图 7.7 和（或）图 7.8 所示的步骤来完成。第一种方式是利用特定的液相色谱-串联质谱（LC-MS/MS）方法分析临床前和临床样品（Gao and Obach, 2011）。第二种方式是利用 Ma 和 Chowdhury（2011）所提出的 LC-HRMS 方法分析临床前和临床样品。与第一种 LC-MS/MS 方法相比，LC-HRMS 方法可以在液相分析时间内同时获得全扫描和串联质谱数据，并保存所有相关代谢产物的信息。把全扫描 LC-HRMS 方法与串联质谱分析相结合用于药物代谢产物研究是最近才兴起的（Fung et al., 2011; Ramanathan et al., 2011; Campbell and Le Blanc, 2012; Ranasinghe et al., 2012）。采用 HRMS 全扫描方法进行点对点代谢产物谱分析的另一个好处就是可以应用诸如 MDF、IPF 和 BGS 等数据后处理过滤技术。除此之外，获取 HRMS 全扫描数据的其他好处是可以提供其他化合物的信息和待测化合物的同位素类型及背景离子。如今，MDF 技术已经被用于每一个 HRMS 平台的数据后处理，同时也被选择性地用于某些平台的实时数据采集（Campbell and Le Blanc, 2012）。对这两种方式而言，在探索阶段用于产生候选药物数据的串联质谱方法或代谢产物谱分析，都可能作为评估代谢产物浓度的起点。

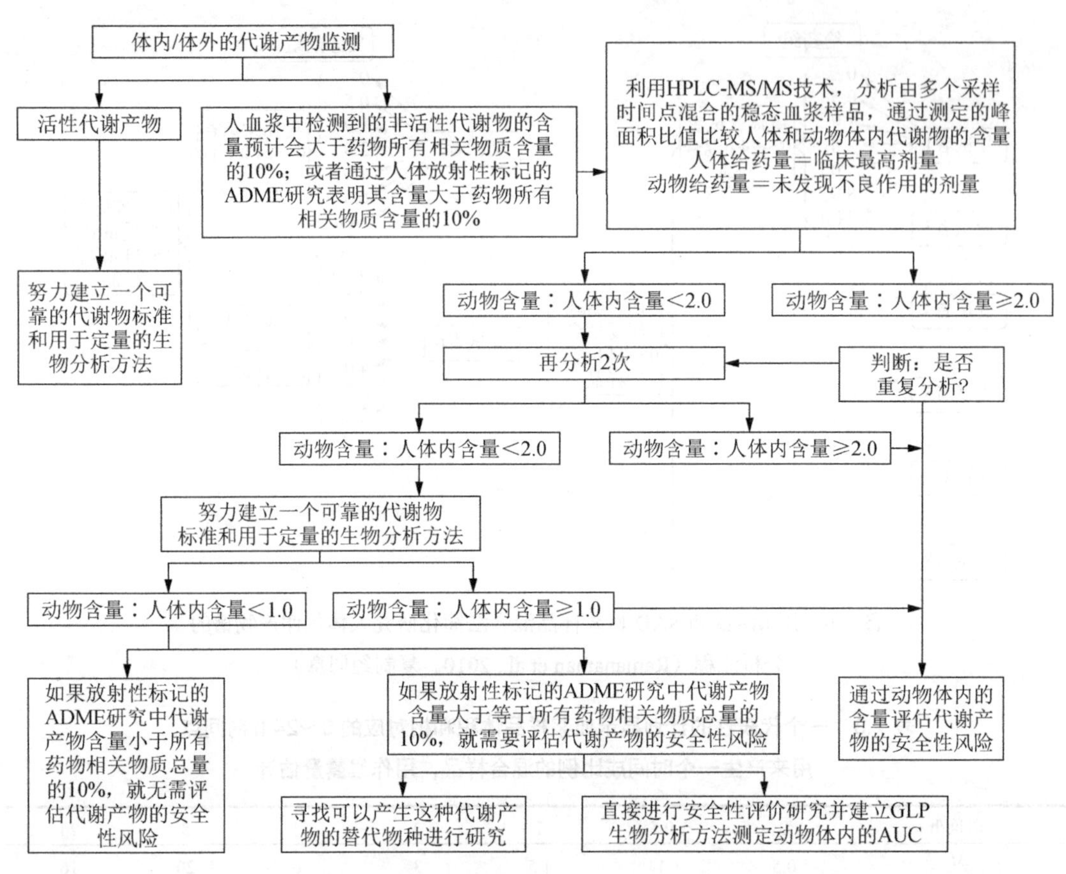

图 7.7　用以在临床前动物种属中评估覆盖人体药物代谢产物的 LC-MS/MS 生物分析策略（Gao and Obach, 2011。复制经同意）

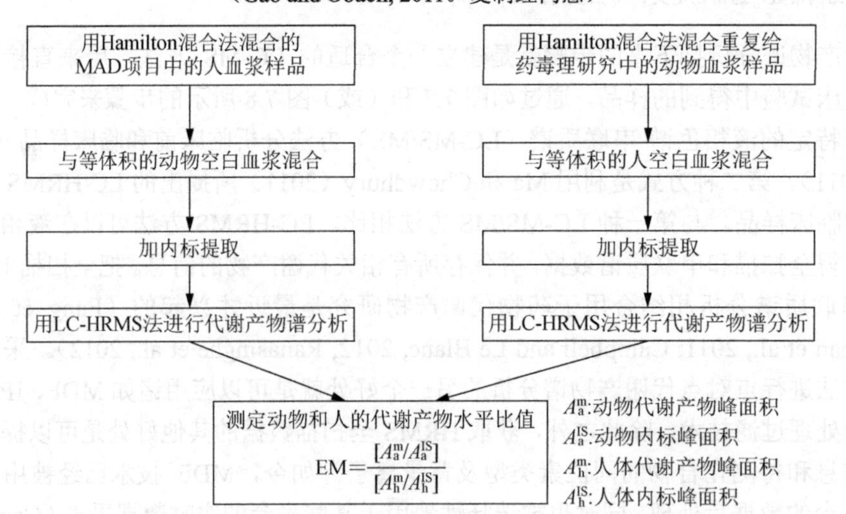

图 7.8　用以评估在临床前动物种属中覆盖人体药物代谢产物的液相色谱-高分辨质谱（LC-HRMS）生物分析策略（Ma and Chowdhury，2011。复制经同意）

样品的提取和重构对估计总体暴露量至关重要（Chang et al., 2007）。通常，样品制备的目的不仅要去除大部分的基质成分，而且要以对药物和代谢产物影响最小的修饰或破坏方式取得较好的回收率（RE）用于质谱分析（Ramanathan et al., 2010）。在缺乏代谢产物标准品的药品研发早期阶段，代谢产物的提取回收率通常被假设为与 NME 的相似，在这个阶段是一个重要的但也难免的假设。直到完成了 ^{14}C-ADME 研究或合成了代谢产物的标准品后才能准确测定代谢产物的提取回收率。

在图 7.9 所示例子中，把分别从安慰剂用后、给药第 1 天和给药第 19 天后取得的样品利用低分辨质谱（LRMS）全扫描获取了离子色谱图（Ramanathan et al., 2010），然后做了比较。NME 和安慰剂给药后得到的血浆图谱，被同时用来查证已在体内外研究中报道过的所有代谢产物。用 HRMS 技术来做非目标代谢产物谱分析具有能够比较多种色谱图的优点。总体来说，HRMS 技术减少了浪费在基质色谱峰分析的时间而专注于相关药物的色谱峰。当使用 HRMS 技术进行第二轮查证时，MDF、IPF 和 BGS 等技术能有效地探测和表征之前未能从提取离子谱图中获知的代谢产物。通常这些色谱图用于生物转化相关代谢产物的分析。一旦有了人体 MAD 研究中血浆样品的代谢产物信息，接下来就是分析临床前毒理学研究中的血浆样品。仔细选择动物血浆样品以便验证不同物种间的 LC-MS 图谱的点对点对比分析。要实现有效的对比分析，通过多次 NME 给药后，临床前动物体内 NME 暴露量应该和人体内的 NME 暴露量大致相同（Ramanathan et al., 2010）。然后比对人体和临床前动物血浆样品的图谱，来判断是否存在有不成比例或是人体特有的代谢产物。在此之后，开始进行代谢产物结构鉴定的实验。全面的代谢产物定性需要探讨合适的体内和（或）体外方法，以便产生较大量的人体代谢产物，以满足其他 LC-MS、LC-MS/MS 和（或）核磁共振（NMR）的定性工作所需（Ramanathan et al., 2010）。

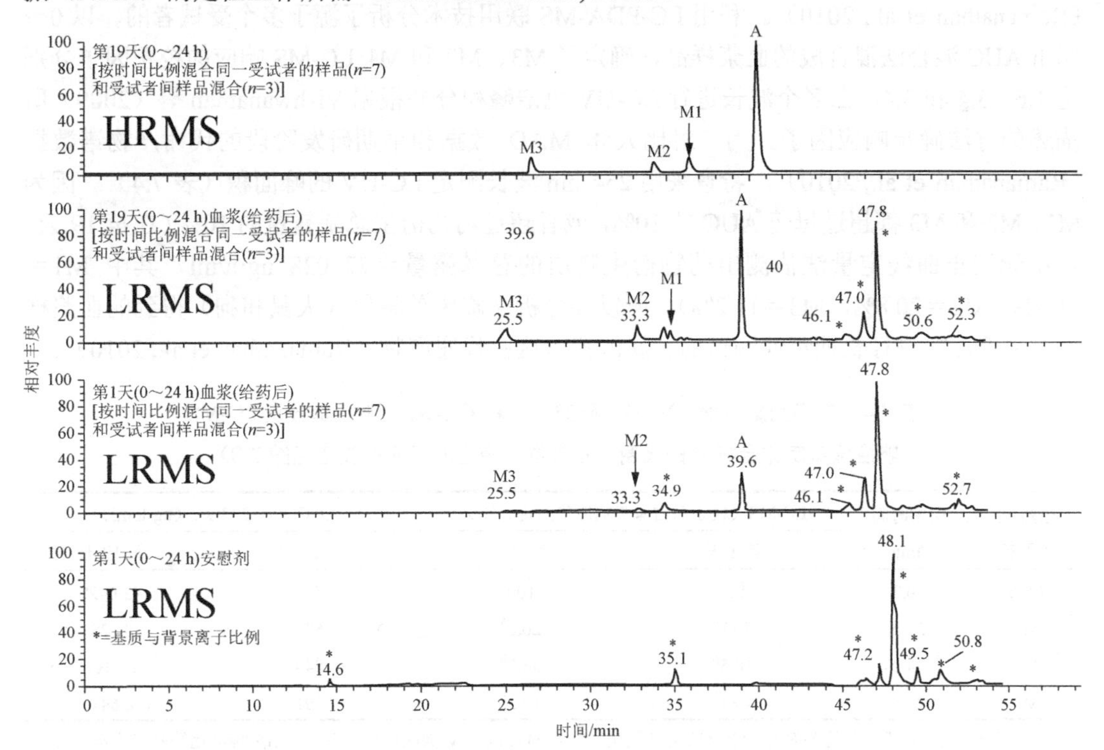

图 7.9 给受试者药物 A 后，测定的血浆样品中原药 A 及其代谢产物（M1、M2 和 M3）的离子色谱图；从上到下：高分辨质谱（HRMS），低分辨质谱（LRMS）稳定状态，给药第 1 天后的 LRMS 和安慰剂给药的 LRMS

7.5.2 第二层——无标准品定量方法/响应因子测定

虽然点对点的对比分析可以免去响应校正和（或）无标准品定量的必要，但图 7.3 和图 7.4 所示的色谱图却突显了响应因子校正对准确测定代谢产物暴露量的重要性。图 7.4 清楚地表明结构上相关的化合物的 LC-MS 响应是截然不同的。这就限制了将 LC-MS 响应直接用于生物基质中 NME 及其相关代谢产物的定量。为了解决 FIH 代谢产物谱分析中的定量问题，人们建立了若干无标准品定量方法和响应因子校正方法。这些方法涉及传统 LC-MS 所测定的代谢产物响应与非 LC-MS 或 LC-MS 结合纳米喷雾技术所测定代谢产物响应的相关性。非 LC-MS 的方法包括紫外线（UV）检测、带电气溶胶检测（CAD）、NMR 和 RAD（Yu et al., 2007; Zhang et al., 2007; Wright et al., 2009）。

在这些非 LC-MS 方法当中，UV 技术被广泛用于早期药物研发阶段中不同 LC-MS 响应的校正。要成功使用 UV 技术必须配备以下 4 个条件：①原药 NME 及其代谢产物必须具有紫外生色团；②分析控制（安慰剂组或给药前）样品用以消除内源物质的紫外吸收峰；③药物吸收峰必须与基质或内源物质的吸收峰色谱分离；④提取的样品必须进行适当的浓缩以获得较高的有别于基质背景的 UV 响应。以上某些要求导致 UV 技术仅适用于高剂量范围的研究。对于药性强、剂量低的药物研究，此技术无法提供任何有用的信息。最近有报道详细论述了利用 UV 响应值校正不同的 LC-MS 响应值（Vishwanathan et al., 2009;Yang et al., 2011）。如图 7.8 和表 7.4 所示，在经过对 NME 及其代谢产物 M1、M2 和 M3 的不同 LC-MS 响应进行适当校正后，3 个代谢产物（M1、M2 和 M3）的浓度都得以测定（Ramanathan et al., 2010）。利用 LC-PDA-MS 联用技术分析了源于多个受试者的、以 0～24 h AUC 混合法混合成的血浆样品，确定了 M3、M2 和 M1 LC-MS 响应的校正因子分别是 1.6、3.4 和 3.4。在多个波长进行 LC-UV 色谱峰积分并根据 Vishwanathan 等（2009）所描述的方法确定响应因子。为了对比人体 MAD 数据和早期研发阶段的代谢产物谱数据（Ramanathan et al., 2010），特意采用 254 nm 波长测定 LC-UV 的峰面积（表 7.4）。因为 M1、M2 和 M3 都超过母药 AUC 的 10%，或者超过药物衍生总暴露量的 10%（在第 19 天，仅用无校正曲线定量法估测出药物衍生物质的总暴露量＝77 028 ng·h/ml，其中 M1＝11.3%，M2＝20.8%，M3＝11.2%），所以要分析从临床前种属（大鼠和狗）得到的血浆样品，来保证在进行长期毒性测试的种属能覆盖这些代谢产物（Ramanathan et al., 2010）。

表 7.4 在多剂量递增（MAD）研究中，利用 LC-UV 响应值校正 LC-MS 响应值测定化合物 A 的代谢产物含量（相应的代谢产物谱见图 7.9）

原药/代谢产物	保留时间/min	LC-MS（校正后占原药响应值的百分比）		AUC（0～24 h）/（ng·h/ml）	
		第 1 天	第 19 天	第 1 天	第 19 天
原药	40.2	100	100	8 087[a]	43 642[a]
M1	36.1	7.18[b]	20.0[b]	581	8 728
M2	34.2	10.5[b]	36.7[b]	849	16 017
M3	25.1	4.84[b]	19.8[b]	391	8 641

[a] 利用验证过的用于原药检测的 LC-MS/MS 方法测定；[b] LC-MS: LC-UV 响应值校正系数，用来标准化等摩尔的响应值，M3＝1.6，M2＝3.4，M1＝3.4。

在没有标准品或放射性标记物的情况下，另一种用于代谢产物定量的新颖方法就是采用低流速技术（Ramanathan et al., 2007, 2011; Nugent et al., 2009）。如 Ramanathan 等（2007）的文章中所述，利用纳米喷雾离子化（NSI）（Nanomate^{TM}）、2 台高效液相色谱（HPLC）仪和 1 台串联四极杆飞行时间质谱（Q-TOF）仪测定药物及其代谢产物的标准化 LC-MS 响应。分析数据表明，在 HPLC 分析中保持了溶剂组分的一致，可以减少溶剂对离子化效率的影响。与放射色谱相比，传统的 LC-ESI-MS 技术把原药的响应高估了 6～20 倍。响应值标准化修正的结果是导致所有待评估的化合物产生几乎一致的 LC-NSI-MS 响应值。在新药开发的过程中，如果一个代谢产物的 AUC 必须依据新的 FDA 或 ICH-M3 的指导原则测定，那么可以利用汉密尔顿混合法分析混合血浆样品，通过响应值标准化与否，便可估计出响应校正因子和代谢产物的含量。一旦确定了响应校正因子，那么就可以依据利用验证过的定量方法所测定的原药 AUC 大致估算出其代谢产物 AUC（Ramanathan et al., 2010）。

最近面世的捕获喷雾离子化（CSI）技术（Ramanathan et al., 2011）与 NSI 技术不同。总体来说，与 NSI 或类似的低流速离子化技术相比，CSI 技术的长处是无需为了合适的离子传输进行 X、Y、Z 的优化，也不需要单独的电脑控制离子源的条件。由 ESI 到 CSI 来回转换并不难。通过离子传输管可以输送近乎 100%的离子，使得该技术更具实用性。尽管如此，这些代谢产物暴露量测定技术的日常应用仍有赖于毛细管色谱、毛细管柱、离子源设计和快速扫描质谱各方面技术的进展。

7.5.3　第三层——合格的分析方法

如图 7.5 所示，合格的分析方法也就是按需定制的方法，并且能作为第三层方法用于 FIH 和 TK 研究中的代谢产物定量。建立一个合格的分析方法（表 7.1），需要鉴别和合成目标代谢产物，用于制备可定量的校正曲线（Ramanathan et al., 2010）。然而可能无需合成同位素标记的代谢产物内标。如果原药 NME 和代谢产物的结构差异并不明显（羟基化、去甲基化等），并且原药和代谢产物具有相似的提取回收率和离子化效率，那么原药 NME 的同位素标记化合物可用作内标（Penner et al., 2010）。对于校正曲线样品和质量控制（QC）样品的精密度和准确度，接受标准的设置通常与非良好实验室规范（non-GLP）的方法类似，即定量下限（LLOQ）的接受标准是与理论值的偏差在 25%以内，而对于其他校正曲线样品和 QC 样品的接受标准是与理论值的偏差在 20%以内（Korfmacher, 2005）。

合格的分析方法通常用于启动临床研究申请（IND）的临床前物种毒理学研究以监测代谢产物，特别是主要的具活性成分和（或）安全隐患的代谢产物。如果用合格的分析方法测定的 FIH 样品中（尤其是在稳态下）的目标代谢产物浓度偏高而且（或）代谢产物有药理活性，那么就应该在后续的长期毒理学和临床研究中利用验证过的分析方法测定该代谢产物。反之，如果用合格的分析方法测定的 FIH 样品中（尤其是在稳态下）的目标代谢产物浓度很低或者不存在，那么就不必在后续的毒理学和临床研究中继续监测它。

7.5.4　第四层——经验证的分析方法

生物分析方法验证需要完成一系列的规定实验，以证明预期方法能够满足或超过药物监管机构指导规范中所规定的线性、LLOQ、基质效应、回收率、准确度、精密度、选择性、特异性、灵敏度、重现性、稀释完整性、系统残留和稳定性的最低接受标准（Ramanathan et al., 2010）。

如图 7.5 所示，验证过的方法是最后一层用以测定代谢产物的方法。与合格的分析方法类似，建立一个经验证的分析方法需要能鉴别、表征和合成目标代谢产物，用于制备校正曲线样品。为了保证LC-MS/MS分析方法的稳固耐用，通常使用代谢产物的SIL-IS。依据FDA和EMEA的指导原则，对于一个验证过的分析方法，校正曲线样品和QC样品的精密度和准确度的接受标准被设为15%或20%；进一步来说就是QC样品浓度与理论浓度的偏差在±15%以内（准确度），日内和日间相对标准偏差为变异系数（CV）≤15%（精密度），而LLOQ准确度和精密度的接受标准分别是±20%和CV≤20%。

7.6 结 束 语

众多因素使人们对在早期评估动物与人体间稳态代谢产物暴露量的差异愈发有兴趣，其中一个很重要的因素是确保患者安全。近来颁布的有关MIST的指导原则为早期评估稳态代谢产物在动物与人体间的暴露量提供了研究框架。随着更有效的样品处理、分离技术和比以往强大的计算机系统的诞生，液相色谱与多种质谱相结合的检测方式被认为是进行这项工作最重要的工具。

然而，原药与其代谢产物之间质谱响应的显著差异限制了传统的LC-MS或LC-HRMS用作定量方式以建立物种间代谢产物暴露量的比例性或非比例性。因此，UV检测、RAD、NMR技术，以及微流量（<20 μl/min）液相色谱结合纳米和微喷雾技术等方法提供了更好的选择。如文献（Wright et al., 2009; Ramanathan et al., 2010）所述，经过响应差异的修正，可以获知众多NME及其代谢产物的传统LC-MS校正响应值，从而可以在没有合适标准品的情况下进行代谢产物的LC-MS定量分析。鉴于此，众多按需定制的并且成本可控的生物分析方法被引入制药企业，用以克服在早期药物研发阶段无法获得代谢产物标准品的困难。总之，用于代谢产物探测、表征和暴露量测定的生物分析方法可分层为：①代谢产物谱分析；②无标准品定量方法/响应因子测定；③合格的分析方法；④经验证的分析方法。

参 考 文 献

Anderson S, Luffer-Atlas D, Knadler MP. Predicting circulating human metabolites: how good are we? Chem Res Toxicol 2009;22(2):243–256.

Bussiere JL. Species selection considerations for preclinical toxicology studies for biotherapeutics. Expert Opin Drug Metab Toxicol 2008;4(7):871–877.

Campbell JL, Le Blanc JC. Using high-resolution quadrupole TOF technology in DMPK analyses. Bioanalyis 2012;4(5):528–544.

Chang MS, Ji Q, Zhang J, El-Shourbagy TA. Historical review of sample preparation for chromatographic bioanalysis: pros and cons. Drug Dev Res 2007;68:107–133.

Cheng KC, Li C, Uss AS. Prediction of oral drug absorption in humans–from cultured cell lines and experimental animals. Expert Opin Drug Metab Toxicol 2008;4(5):581–590.

Dalvie D, Obach RS, Kang P, et al. Assessment of three human in vitro systems in the generation of major human excretory and circulating metabolites. Chem Res Toxicol 2009;22(2):357–368.

FDA, U. S. F. a. D. A. (2008). Guidance for industry: safety testing of drug metabolites. Available at http://www.fda.gov/cder/guidance/6897fnl.pdf, 1–25. Accessed March 4, 2013.

Frederick CB, Obach RS. Metabolites in safety testing: "MIST" for the clinical pharmacologist. Clin Pharmacol Ther 2010;87(3):345–350.

Fung EN, Xia YQ, Aubry AF, Zeng J, Olah T, Jemal M. Full-scan high resolution accurate mass spectrometry (HRMS) in regulated bioanalysis: LC-HRMS for the quantitation of prednisone and prednisolone in human plasma. J Chromatogr B Analyt Technol Biomed Life Sci 2011;879(27):2919–2927.

Gao H, Obach RS. Addressing MIST (metabolites in safety testing): bioanalytical approaches to address metabolite exposures in humans and animals. Curr Drug Metab 2011;12(6):578–586.

Gomase VS, Tagore S. Species scaling and extrapolation. Curr Drug Metab 2008;9(3):193–198.

Hamilton RA, Garnett WR, Kline BJ. Determination of mean valproic acid serum level by assay of a single pooled sample. Clin Pharmacol Ther 1981;29(3):408–413.

Harmonization ICO. (2009). Non-Clinical Safety Studies for the Conduct of Human Clinical Trials and Marketing Authorization for Pharmaceuticals. Available at http://www.fda.gov/downloads/Drugs/GuidanceComplianceRegulatoryInformation/Guidances/ucm073246.pdf. Accessed March 4, 2013.

Hop CE, Wang Z, Chen Q, Kwei G. Plasma-pooling methods to increase throughput for in vivo pharmacokinetic screening. J Pharm Sci 1998;87(7):901–903.

Korfmacher W. Bioanalytical assays in a drug discovery environment. In: W. Korfmacher, editor. *Using Mass Spectrometry for Drug Metabolism Studies*. Boca Raton, FL: CRC Press; 2005. p 1–34.

Lin J, Sahakian DC, de Morais SM, Xu JJ, Polzer RJ, Winter SM. The role of absorption, distribution, metabolism, excretion and toxicity in drug discovery. Curr Top Med Chem 2003; 3(10):1125–1154.

Ma S, Chowdhury SK. Analytical strategies for assessment of human metabolites in preclinical safety testing. Anal Chem 2011; 83(13):5028–5036.

Ma S, Chowdhury SK. Application of LC-high-resolution MS with 'intelligent' data mining tools for screening reactive drug metabolites. Bioanalysis 2012;4(5):501–510.

Ma S, Li Z, Lee KJ, Chowdhury SK. Determination of exposure multiples of human metabolites for MIST assessment in preclinical safety species without using reference standards or radiolabeled compounds. Chem Res Toxicol 2011;23(12):1871–1873.

Malinowski HJ (1997). The role of in vitro-in vivo correlations (IVIVC) to regulatory agencies. Adv Exp Med Biol 423:261–268.

Nugent K, Zhu Y, Kent P, Phinney B, Alvarado R. CaptiveSpray: A New Ionization Technique to Maximizing Speed, Sensitivity, Resolution and Robustness for LCMS Protein Biomarker Quantitation *Proceedings of the 57th ASMS Conference on Mass Spectrometry and Allied Topics*. Philadelphia, PA, ASMS, 2009.

O'Hara T, Hayes S, Davis J, Devane J, Smart T, Dunne A. In vivo-in vitro correlation (IVIVC) modeling incorporating a convolution step. J Pharmacokinet Pharmacodyn 2001;28(3):277–298.

Obach RS, Nedderman AN, Smith DA. Radiolabelled mass-balance excretion and metabolism studies in laboratory animals: are they still necessary? Xenobiotica 2012;42(1):46–56.

Penner N, Klunk LJ, Prakash C. Human radiolabeled mass balance studies: objectives, utilities and limitations. Biopharm Drug Dispos 2009;30(4):185–203.

Penner N, Ramanathan R, Zgoda-Pols J, Chowdhury S. Quantitative determination of hippuric and benzoic acids in urine by LC-MS/MS using surrogate standards. J Pharm Biomed Anal 2010;52(4):534–543.

Penner N, Xu L, Prakash C. Radiolabeled absorption, distribution, metabolism, and excretion studies in drug development: why, when, and how?. Chem Res Toxicol 2012;25(3):513–531.

Ramanathan, D, LeLacheur RM. Evolving role of mass spectrometry in drug discovery and development. In: R Ramanatha, editor. *Mass Spectrometry in Drug Metabolism and Pharmacokinetics*. Hoboken, NJ: John Wiley & Sons, Inc.; 2008. p 1–85.

Ramanathan R, Jemal M, Ramagiri S, et al. It is time for a paradigm shift in drug discovery bioanalysis: from SRM to HRMS. J Mass Spectrom 2011;46(6):595–601.

Ramanathan R, Josephs JL, Jemal M, Arnold M, Humphreys WG. Novel MS solutions inspired by MIST. Bioanalysis 2010;2(7):1291–1313.

Ramanathan R, Raghavan N, Comezoglu SN, Humphreys WG. A low flow ionization technique to integrate quantitative and qualitative small molecule bioanalysis. Int J Mass Spectrom 2011;301(7):127–135.

Ramanathan R, Zhong R, Blumenkrantz N, Chowdhury SK, and Alton KB. Response normalized liquid chromatography nanospray ionization mass spectrometry. J Am Soc Mass Spectrom 2007;18(10):1891–1899.

Ranasinghe A, Ramanathan R, Jemal M, D'Arienzo CJ, Humphreys WG, Olah T. Integrated quantitative and qualitative workflow for in-vivo bioanalytical support in drug discovery using hybrid Q-TOF MS. Bioanalyis 2012;4(5):511–528.

Timmerman P, Anders Kall M, Gordon B, Laakso S, Freisleben A, and Hucker R. Best practices in a tiered approach to metabolite quantification: views and recommendations of the European Bioanalysis Forum. Bioanalysis 2010;2(7):1185–1194.

Vishwanathan K, Babalola K, Wang J, et al. Obtaining exposures of metabolites in preclinical species through plasma pooling and quantitative NMR: addressing metabolites in safety testing (MIST) guidance without using radiolabeled compounds and chemically synthesized metabolite standards. Chem Res Toxicol 2009;22(2):311–322.

White RE, Evans DC, Hop CE, et al. Radiolabeled mass-balance excretion and metabolism studies in laboratory animals: a commentary on why they are still necessary. Xenobiotica 2013;43(2):219–225.

Wright P. Metabolite identification by mass spectrometry: forty years of evolution. Xenobiotica 2011;41(8):670–686.

Wright P, Miao Z, Shilliday B. Metabolite quantitation: detector technology and MIST implications. Bioanalyis 2009;1(4):831–845.

Yang Y, Grubb MF, Luk CE, Humphreys WG, Josephs JL. Quantitative estimation of circulating metabolites without synthetic standards by ultra-high-performance liquid chromatography/high resolution accurate mass spectrometry in combination with UV correction. Rapid Commun Mass Spectrom 2011;25(21):3245–3251.

Yu C, Chen CL, Gorycki FL, Neiss TG. A rapid method for quantitatively estimating metabolites in human plasma in the absence of synthetic standards using a combination of liquid chromatography/mass spectrometry and radiometric detection. Rapid Commun Mass Spectrom 2007;21(4):497–502.

Zhang D, Raghavan N, Chando T, et al. LC-MS/MS-based approach for obtaining exposure estimates of metabolites in early clinical trials using radioactive metabolites as reference standards. Drug Metab Lett 2007;1:293–298.

Zhu M, Zhang H, Humphreys WG. Drug metabolite profiling and identification by high-resolution mass spectrometry. J Biol Chem 2011;286(29):25419–25425.

8

美国食品药品监督管理局（FDA）、欧洲药品管理局（EMA）、巴西国家卫生监督局（ANVISA）和其他监管机构在生物等效性/生物利用度研究中对生物分析要求的比较

作者：Bradley Nash
译者：汤文艳
审校：刘佳、张杰

8.1 生物利用度/生物等效性研究简介

在讨论不同的国际法规及指南在生物利用度（BA）和生物等效性（BE）研究中对生物分析的要求之前，有必要先简要陈述一下这两项研究的目的。BE 是药代动力学（PK）术语，用于评估两种不同的药物制剂（或配方）在体内是否能够达到生物等效。根据美国食品药品监督管理局（FDA）的定义，BE 是指：

在设计合理的研究中，相似条件下服用相同剂量的等效药物制剂或其他可替代药物，其活性成分到达作用部位的速度和程度无明显差异。

——摘自药物评价和研究中心，2003

BA 是 PK 研究的一部分。BA 是指一定剂量的药物被机体吸收进入体循环的相对量和速率。当药物静脉注射（IV）给药，其 BA 是 100%。但是当药物通过非静脉注射方式给药后（如口服），一般来说其 BA 会由于不完全吸收及首过效应而降低。绝对 BA 研究是比较非静脉注射方式给药（如口服、直肠给药、皮肤给药、皮下注射或舌下含服）相对于同剂量药物在静脉注射给药后的 BA。与此相反，相对 BA 是以某种药物的制剂（A）和同一药物的其他制剂（B）或不同给药途径比较 BA［通过药时曲线下面积（AUC）进行评估］，制剂（B）通常是已上市药物。相对 BA 是评估两个药物产品之间 BE 差异的一种常用方式。

为了证明同一药物的 2 种不同配方（制剂）之间没有差异，BE 或 BA 研究必不可少。根据 FDA 规定，仿制药物与已上市药物之间的 PK 主要参数的均值（通常比较药时 AUC 和达峰浓度）差异必须在 80%～125%内（置信区间 90%）。一般来说，药时 AUC 用于评估药物 BA 的高低，达峰浓度用于评估 BA 的速率。

近年来，国际法规机构和行业组织已经发布了关于 BA/BE 研究的新的指导方针和规定。采用液相色谱-质谱（LC-MS）技术的生物分析法已经在这些研究中发挥重要作用而且还将继续下去。本章将概述各个不同法规机构在 BA/BE 研究中的法规要求和指导原则。

8.2 美国食品药品监督管理局法规

8.2.1 历史和验证

自 20 世纪 80 年代美国国会通过了根据 BE 试验批准药物上市的法律后，FDA 在 BE 指导原则中一直处于国际领先地位。BA/BE 研究的实施细则已经在美国联邦法规 21 章 320 条（21 CFR 320）中进行了详细的规定。然而，法规只简要涉及了试验样本的生物分析。它仅仅提及在研究试验中用于测定药物或代谢产物浓度的生物分析方法必须准确、精密及灵敏。另外，还提到生物分析方法灵敏度不够时如何操作整体研究。但是没有详细地描述生物分析部分。虽然 21 CFR 320 并不直接指导生物分析实验室如何去开发和验证一个适用的方法，但以 483 表和警告函作为指南，为生物分析团队提供了关于生物分析方法开发（MD）和验证的一些启迪。2001 年 5 月，FDA 发布了第一个关于生物分析方法验证的行业指导原则（*Guidance for Industry on Bioanalytical Method Validation*）。这个指导原则既适用于方法验证，又适用于样品分析。《口服制剂的生物利用度和生物等效性研究：一般性考虑》（*BA and BE Studies for Orally Administered Drug Products–General Considerations*）这份指导原则在 2003 年由政府机构颁布，根据 FDA 的原则直接指导用于 BA/BE 研究的生物分析方法的验证，生物分析方法验证在本书第 4 章详细讨论，这里不再重复。

8.2.2 生物分析方法的实施

BA/BE 试验中生物样品的分析，基本上绝大多数是遵循 FDA 的良好实验室规范（GLP）要求的，这在其他章节中已有详细讨论。事实上，在生物分析研究中声明“这项研究是遵循 FDA 的 GLP 要求的”已经是生物分析领域的一项惯例。然而，人体 BE 研究在技术上属于良好临床试验规范（GCP）的范围，必须遵循所有相关的规定。特别要注意 2001 年 5 月颁布的《生物分析方法验证》（*Bioanalytical Method Validation*）指导原则和 2003 年 3 月颁布的《关于口服药物的 BA/BE 试验》的指导原则。后者规定生物分析方法必须是可重现的。当前的要求是所有的 BE 试验必须做已测样品再分析（ISR），以证明该方法的重现性。一般要求在 BA/BE 试验中重新分析大约 10%的样品，以体现测试方法的重现性。关于样品重分析参见本书中其他章节的介绍。

为了保证数据的完整性，在 BA/BE 试验中一般需要遵循 GLP 原则，然而，人体的 BE 试验在技术上不属于 GLP 范畴，因此有些 GLP 原则并不适用于这类试验。在现代色谱实验室每天分析大量样品的环境下，仪器验证通常更倾向于良好生产规范（GMP）的要求。为了维持仪器能够日常分析大量样品，增加仪器的验证要求和日常维护是必需的。这可以减少由仪器故障引起的样本结果不可靠性，以及减少实验室样品重分析带来的高成本。尽管 BA/BE 不是 21 CFR 58 或 21 CFR 211 原则中的内容，还是有很多实验室决定在 BA/BE 试验中的生物分析方面遵循 GMP 和 GLP 原则。因此，在生物分析实验室中必须注意，避免在不经意间以 21 CFR 58 和 21 CFR 211 原则取代 21 CFR 320 原则。

8.3 欧洲药品管理局法规

欧洲药品管理局（EMA）发布的关于 BE 试验的指南，与 FDA 的相关规定一致，都规定 BE 试验的生物样品分析应该遵循 GLP 原则。根据本章 8.2.2 的讨论，需要注意 BE 试验在技术上并不属于 EMA GLP 范畴。所以当实验室参与遵循 EMA 指导原则的 GLP 项目时，需要根据 GLP 原则来监管试验，但对于一般支持临床 BE 试验的生物样品分析实验室来说，遵循 GLP 规范并不是强制的要求。然而，将 GLP 规范应用于临床研究，对开展方法验证和样品分析试验有着非常重要的意义。

8.3.1 生物分析方法

和 FDA 的要求一致，EMA 也要求分析方法是准确的，精确的，有良好的选择性，稳定，并且有足够的灵敏度。EMA 指南更明确地定义了一个适合方法的灵敏度，就是定量下限（LLOQ）至少要达到峰浓度的 1/20。此外，虽然在《BE 项目调查研究的指导原则》（*Guideline on the Investigation of BE*）中没有明确地说明重现性或 ISR，但在 2011 年发布的《生物分析方法的验证准则》（*Guideline on Bioanalytical Method Validation*）中表明，在所有关键的 BE 试验中必须做 ISR。FDA 虽然只是在例行检查时指出在方法验证中需要验证高脂含量样本和发生溶血样本的选择性，而 EMA 在最近发布的生物分析方法验证指导原则中正式地包括了这些要求。

由于改变 BE 试验的测试结果会影响药物的 PK 参数，EMA 极不赞成用 PK 的结果决定样品重分析的做法。因此，所有样品重分析的原因应该在预先确定的试验方法、分析方案或标准操作规程（SOP）中明确定义。同时，所有研究样品的分析应该采用盲法试验以避免人为的潜在偏差。

8.3.2 对映异构体的生物分析

通常可以用非手性生物分析方法测试样本中的手性化合物，然而，在某些情况下必须建立单一对映体的分析方法。如果对映异构体药物两种结构的动力学参数或药效不一致，或者在体内消化吸收的速率有差异，那么这些对映体必须单独分析。同样地，如果只有一个对映体结构存在活性，那么 BE 试验只需要单独分析活性结构异构体。

8.4 巴西国家卫生监督局法规

与 FDA 及 EMA 不同，巴西国家卫生监督局（ANVISA）要求所有参与 BE 试验的临床机构、生物分析实验室、数据统计机构必须被 ANVISA 认证。生物分析实验室的认证不仅包括开展研究的设施是否合适，还要求实验室有能力进行方法验证和样品分析。为了让巴西和其他国际机构满足这些要求，并帮助越来越多的制药企业在巴西实现标准化，ANVISA 发表了一份详细指南来描述 BE 试验中各方面的要求。指南的第 1 卷第 2 章专门描述了生物分析试验应该如何进行（Brazilian Sanitany Surveillance Agency, 2002）。它比现行的任何其他法规或准则更为详细。虽然其中大部分的政策和流程与一般生物分析实验室的 SOP 一样，但指南描述了很多生物分析实验室日常操作必须遵守的要求，从如何正确地选择标准品到如何清洗玻璃器皿及日常维护。重要的是，对于提交到 ANVISA 的 BE 试验研究，这些意见必须遵循。如果生物分析实验室已经遵循了 EMA 或 FDA 的法规，只需按照 ANVISA 的额外规定，对所遵循的 GLP 略加补充。

8.4.1 方法验证

用于生物样品分析的方法必须进行多方面的验证，包括选择性、回收率（RE）、LLOQ、精密度、准确度、线性范围和稳定性。与前面讨论的 BE 试验参考一般方法验证指导方针不同，ANVISA 明确定义了每个参数的验证准则。表 8.1 中所描述的参数是每一个分析方法必须验证的。

表 8.1 巴西国家卫生监督局（ANVISA）对用于生物利用度/生物等效性（BA/BE）试验的方法验证的简介

验证参数	试验要求	接受标准
选择性	标准品分别加入到正常的、高脂含量的、溶血的血浆中，配制成低、中、高浓度样品，每个样品至少 3 个重复	确保标准品，内标没有可能的干扰物
回收率（RE）	经过处理的低、中、高浓度样品和同浓度标准溶液之间的比较	不要求回收率达到100%，但不同浓度之间的回收率必须保持一致且可重现
定量下限（LLOQ）	整个方法验证中都要监测	一般定义为校正曲线的最低点，信噪比（S/N）至少大于5，要求测得的浓度与标准浓度之间的偏差在20%以内
线性（校正曲线）	至少配制6个不同浓度的和适量空白的样品	选择最简单的回归模型 最终的校正曲线至少含5个不同浓度（不应排除连续的点） 要求测得的浓度与标准浓度之间的偏差在15%以内（最低点在20%以内）
精密度	包括批间和批内精密度，至少检测3个不同浓度，每个浓度5次重复	变异系数（CV）在15%以内（最低点可以在20%以内）
准确度	至少检测3个不同浓度，每个浓度5次重复	测得的平均浓度与配置浓度之间的偏差在15%以内（最低点在20%以内）

8.4.2 生物分析的实施

在分析 BE 试验的样品时，必须按照已经经过全面验证的分析方法操作，严格参照稳定性数据。每个批次应该包含一套校正曲线和 3 个不同浓度的质量控制（QC）样品，QC 样品的浓度应在校正曲线范围之内，并且在方法验证中经过了精密度和准确度考察。根据 QC 样品的结果来决定这个批次是否接受。样品如果需要重分析，在体积足够的情况下这个样品重新分析 3 次，所有的结果都必须进行记录。

8.5 其他国际指导原则

大多数国家政府发布的指导原则一般和 FDA 及 EMA 的指导原则相似。虽然存在细微的差别，但这通常是由各国对目前科学与技术理解的差异造成的。本节简要概述其中一些新兴市场中的规定和指导原则。

8.5.1 印度卫生部

2005 年印度国家药品监督管理局发布的《生物利用度/生物等效性试验指导原则》（*Guidelines for BA and BE Studies*）和之前讨论的 EMA 原则非常相似。主要原则和 FDA 及 EMA 一样，要求全面的方法验证。验证内容包括药物及其代谢产物在基质中的稳定性、特异性和选择性、灵敏度、回收率、定量范围、精密度及准确度。除此之外还描述了系统稳定性，就是在方法验证中每个批次要求有 2 套校正曲线样品，一套在分析批次的开始，另一套在结尾。

样品分析的接受标准和EMA一样，由QC样品的结果来判断这个批次的样品是否接受。另外，正如前面所讨论的，样品重分析非常关键，重分析的理由必须清楚记录，所有重分析的样品都要求明确标记并且可以追踪。

8.5.2 加拿大卫生部

加拿大卫生部在 1992 年和 1996 年发布了《生物利用度/生物等效性试验指导原则》，和其他主要国际准则一样，要求生物分析方法必须可重现，有选择性，精确，准确，有足够的灵敏度去测定整个项目预估的浓度范围。为了确保生物分析方法达到这些要求，应根据 1992 年的指导原则（Shah et al., 1992）进行方法验证。与其他国际性的生物分析指导原则一样，应根据 GLP 原则来记录试验，并要预先规定好样品重分析的接受标准。

8.5.3 中国国家食品药品监督管理总局

中国国家食品药品监督管理总局（CFDA）正在积极努力制定和实施国家法规与相关试验指导原则，用来规范中国国内药物的开发、分析和审批。目前，中国还没有给出仿制药、品牌药物（受商标保护），以及专利药物之间的区别。由于大部分中国仿制药都会得到批准（2010 年 73%的药物通过审批），中国制药产业迅速增长，最近实施的法规和指导原则对药品的安全性及有效性评估至关重要。2009 年《生物利用度/生物等效性试验指导原则》发布，这套法规遵循 FDA 和 EMA 的指导原则，规定 BE 试验必须遵循《药品临床试验管理规范》。此外，还规定方法验证应包括精密度、准确性、选择性、基质效应、样品稳定性及 LLOQ。

8.6 结 束 语

在 BA/BE 试验研究中，一个可靠的生物分析是让药物被国家监管机构认可的重要条件。尽管所有国家和国际法规与指南在某些方面不同，但都有两个重要的原则。首先，一个经过完整验证的可重现的生物分析方法是样品分析成功的可靠基础。没有一个完整的方法验证，整个生物分析研究都可能被质疑。其次，为了生物分析研究的成功，应在包括方法验证和样本分析在内的各个方面遵循 GLP 原则。

随着科学技术不断进步，这些准则和法规将不断更新。由于存在大量不同的监管机构，这些不断更新可能造成一些混乱。这需要整个行业群体和政府部门共同努力去协调理解这些国际法规和指南。例如，2005 年人用药物注册技术要求国际协调会（ICH）提出 ICH Q10 的目标是提供一个 BE 试验统一的临床试验流程。尽管有很多加强全球沟通协调的会议及白皮书，但监管机构之间存在的差异依然是这个行业的挑战。在创建一个公认的准则之前，全球制药业将继续不断地调整各种指导方针和法规。

参考文献

Brazilian Sanitary Surveillance Agency. Manual for Good Bioavailability and Bioequivalence Practices—Volume 1. 2002.

Center for Drug Evaluation, State Food and Drug Administration, People's Republic of China. Guideline on BA/BE Studies—0980316268. 2009. Available at www.cde.org.tw/English/Regulations/SubLink/Document%2004.pdf. Accessed Mar 5, 2013.

Center for Drug Evaluation and Research. "Guidance for Industry: Bioavailability and Bioequivalence Studies for Orally Administered Drug Products—General Considerations." United States Food and Drug Administration. 2003. Available at http://www.fda.gov/downloads/Drugs/GuidanceCompliance RegulatoryInformation/Guidances/ucm070124.pdf. Accessed Mar 5, 2013.

Central Dugs Standard Control Organization, Directorate General of Health Services, Ministry of Health & Family Welfare, Government of India. Guidelines for Bioavailability & Bioequivalence Studies. 2005. Available at betest.kfda.go.kr/world/docu/%28etc%29india.pdf. Accessed Mar 5, 2013.

European Medicines Agency, Committee for Medicinal Products for Human Use (CHMP). Guideline on the Investigation of Bioequivalence. 2010. Available at www.emea.europa.eu/docs/en_GB/document_library/Scientific_guideline/2010/01/WC500070039.pdf. Accessed Mar 5, 2013.

European Medicines Agency, Committee for Medicinal Products for Human Use (CHMP). Guideline on Bioanalytical Method Validation. 2011. Available at www.ema.europa.eu/docs/en_GB/document_library/Scientific_guideline/2011/08/WC500109686.pdf. Accessed Mar 5, 2013.

Minister of Health, Health Canada, Health Products and Food Branch. Guidance for Industry: Conduct and Analysis of Bioavailability and Bioequivalence Studies—Part A: Oral Dosage Formulations Used for Systemic Effects. 1992. Available at www.hc-sc.gc.ca/dhp-mps/alt_formats/hpfb-dgpsa/pdf/prodpharma/bio-a-eng.pdf. Accessed Mar 5, 2013.

Minister of Health, Health Canada, Health Products and Food Branch. Guidance for Industry: Conduct and Analysis of Bioavailability and Bioequivalence Studies – Part B: Oral Modified Release Formulations. 1996. Available at www.hc-sc.gc.ca/dhp-mps/alt_formats/hpfb-dgpsa/pdf/prodpharma/bio-b-eng.pdf. Accessed Mar 5, 2013.

US Department of Health and Human Services, Food and Drug Administration. Center for Drug Evaluation and Research (CDER). Guidance for Industry: Bioanalytical Method Validation. 2001. Available at www.fda.gov/downloads/Drugs/GuidanceComplianceRegulatoryInformation/Guidances/ucm070107.pdf. Accessed Mar 5, 2013.

US Department of Health and Human Services, Food and Drug Administration. Center for Drug Evaluation and Research (CDER). Guidance for Industry: Bioavailability and Bioequivalence Studies for Orally Administered Drug Products—General Considerations. 2003. Available at www.fda.gov/downloads/Drugs/GuidanceComplianceRegulatoryInformation/Guidances/ucm070124.pdf. Accessed Mar 5, 2013.

US Department of Health and Human Services, Food and Drug Administration, Bioavailability and Bioequivalence Requirements. 2010. 21 C.F.R. § 320.

9

经济合作与发展组织（OECD）、美国食品药品监督管理局（FDA）、美国环境保护署（EPA）和其他监管机构有关良好实验室规范（GLP）原则的比较

作者：J. Kirk Smith
译者：熊茵
审校：罗江、侯健萌、谢励诚

9.1 引　言

严格来说，良好实验室规范（GLP）专指用于管理研究实验室和研究机构的一套质量控制（QC）体系，从生化性能到短期及长期毒理实验，该体系用以确保化学品（包括药品）非临床安全性实验的均一性、一致性、可靠性、可重复性、高质量性和完整性。最初的GLP法规由美国食品药物监督管理局（FDA）于1978年颁布。几年后，美国环境保护署（EPA）颁布了类似法规，经济合作与发展组织（OECD）也在1992年制定了相似的法规。GLP法规适用于所有评价化合物（包括药物）对人、动物及环境的安全性和有效性的非临床试验。在英国药品和保健产品监管署（MHRA）的网站上可以找到国际公认的GLP定义。

GLP法规为实验室项目如何计划、实施、监控、记录、汇报及归档提供了一系列指导原则。这些项目可以提供数据用作评估药品（临床前实验）、农药、化妆品、食品添加剂、饲料添加剂、污染物、新型食品、杀虫剂及清洁剂等可能对用户、消费者或者是第三方机构（包括环境）造成的危害。由于GLP法规有助于确保向法规部门提供的数据是真实可靠反映实验结果的，因此可被用于风险/安全性评估，尽管有些利用液相色谱-质谱（LC-MS）技术的生物分析工作严格来说并不属于GLP法规［欧洲药品管理局（EMA）良好临床试验规范（GCP）］范畴。

通常，所有新药临床研究申请（IND）中毒代动力学（TK）（临床前）用的LC-MS生物分析都应遵循GLP法规。临床样品分析［包括生物利用度（BA）及生物等效性（BE）项目］虽然隶属GCP，但是也必须遵循GLP的基本原则（FDA）。在FDA颁布的关于生物分析方法验证的法规中并没有明确规定非临床试验的方法验证需要遵循GLP法规，但是在EMA关于生物分析方法验证的指导原则中却明确要求非临床试验方法验证需遵循GLP法规（EMA）。在前面的章节中也有提到，如果研究项目是用于递交产品注册或市场销售时，必须遵循当地的法规要求，即如果是同时递交给美国和欧盟，那么这两个地方的法规都必须遵循。因此了解不同国家的GLP法规要求，可以更有效地进行项目计划、开发和实施。本章节对比了不同地方GLP法规的不同之处，并阐述了如何将它们运用于生物分析实验室。

在撰写本文时，主要从事药物研究及开发的国家集中在美国、日本、欧盟和金砖四国（巴西、俄罗斯、印度及中国），因此本章节对法规的比较也仅限于上述国家。先从美国 GLP 法规（FDA 和 EPA）介绍起，然后再讨论 OECD 及其他国家的法规。

9.2 FDA 和 EPA 在 GLP 法规上的比较

就作者经验来看，遵循 EPA GLP 指导原则进行的 LC-MS 生物分析项目通常是残留分析类项目，但是即便如此，了解 EPA 和 FDA 在 GLP 法规上的区别还是很有益的。实际上，EPA 颁布了两套法规，它们分布在美国联邦法规 40 章 160 条（40 CFR 160）（联邦杀虫剂、杀菌剂和灭鼠剂法令，Federal Insecticide, Fungicide, and Rodenticide Act, FIFRA）和第 792 节（美国有毒物质量控制法案 TSCA）。这两套法规几乎完全相同，唯一的明显不同之处在于对归档保存时间的长度要求上，在第 160.195 节要求所有记录保存的时间必须涵盖“在出资方持有与项目有关的任何研究或市场营销许可的期间”，通常来说就是要涵盖整个市场注册时间。由于这条规定，许多机构早在 1983 年 FIFRA 法规颁布后就已经开始无限期的保存记录了。

EPA 和 FDA 的 GLP 法规之间的差异稍较明显，然而现在的工业界和法规部门对规范的应用分歧却似乎越来越大。造成这种分歧的原因有很多，但是就作者看来，其中一个主要的原因是 FDA 通过推广其指导原则和现行的工业操作标准将很多药品良好生产规范（GMP）的指导原则引入到了 GLP 法规里。

2004 年监管事务办公室（ORA）发表了一篇关于 FDA、EPA（TSCA）及 OECD GLP 法规之间比较的文件（US FDA-ORA）。从广义上来说，FDA 和 EPA 的 GLP 最主要的不同在于 EPA 法规对 EPA 项目（植物、无脊椎动物、水生生物），田间实验和物理及化学特性实验中用到的不同检测系统进行了规定。FDA GLP 仅关注受 FDA 法规管理的材料（如药品、食品、食品添加剂、生物制剂及医疗器械），其余均归 EPA 管辖。两者之间最显著的区别之一是 EPA 的合规性声明，如果不能提供完整的合规性声明（由项目负责人、出资方及递交方三方共同签字），将有可能导致项目被 EPA 立即拒绝。近期 EPA 修订并发布了详细的合规性声明的要求。本章节后面还将通过对 FDA 法规（21 CFR 58）及 EPA 法规（40 CFR 160 或 40 CFR 792）的逐条比较来阐述它们的不同。EPA GLP 定义的项目范围较广（参考 40 CFR 160.3），包括“在人及其他生物或介质中的功效、代谢、性能（40 CFR 158.640）、环境及化学归趋、持久性、残留及其他特性”，而 FDA GLP 定义的项目仅限于不包括人类、临床或者田间动物实验的安全性评估项目。EPA 对与项目相关的材料也有更广泛的要求，因此有必要了解测试品、对照品、标准品、给药载体和媒介物的定义。此外，EPA 对实验开始和结束的时间有严格的定义，这两个时间必须体现在 EPA 的主计划表里来显示项目的当前状态。

除在 EPA 里明确规定质量保证部门（QAU）必须要对项目进行检查并且保存项目相关的记录外，这两个标准中对参与项目的人员角色和责任的定义是完全一致的。

EPA 和 FDA 的 GLP 法规有 3 个最显著的差别，第一个是 EPA 法规使用范围更广泛，它包括植物实验、水生生物（植物和动物）实验、田间实验（农残实验），因此在 EPA GLP 法规里有关设施的章节涉及面更广（附件 C，包括第 41、43 和 45 节）。这两个美国法规的第二个显著差别在于对存档时间的要求上，FDA 要求的存档时间是数据用于提交申请后保存不超过 5 年，但是 EPA 对存档时间要求更长，即出资方持有与项目有关的任何研究或市场营销许可的期间（40 CFR 160.195）。最后一个显著的差别在于 EPA GLP 第 135 节提到了物理和化学性质实验，而在 FDA 的法规里面没有相应的章节描述。这一点对绝大多数的 LC-MS 生物分析工作并无影响，但是有趣的是它却给需同时遵循 OECD 和 EPA GLP 法规要求的项目带来帮助，关于这点会在稍后做更为详尽的描述。

此外，另一个不是太显著的区别在于对实验材料验证的时效性要求上。EPA 要求该验证必须在用于测试前完成，而 FDA 并没有类似的规定。材料验证不仅包括实验耗材，还包括溶液的溶解度和稳定性验证。

美国 FDA 和 EPA 的法规最显著的区别不在法规本身，而在于它们对法规的诠释和强制执行的方式上。对 FDA GLP 法规的诠释和执行起到关键影响的文件包括：21 CFR 58 在 1987 版的序言，GCP 法规条例，以及 BA/BE 要求的相关法规条例［21 CFR 320，具体在 320.29（a）］。作者认为，这些影响因素使得生物分析实验室在应用这些标准时产生了巨大分歧，在 320.29（a）章节中提出的一项简单要求："用于体内 BA 或者 BE 试验项目中测量体液或排泄物中药物活性成分、药效部分或活性代谢产物浓度的方法，或用于测量急性药理作用的分析方法, 应该具备足够的准确度、灵敏度和精确性，以获得药物活性成分、药效部分或活性代谢产物的正确体内浓度"。就这个声明开展了 AAPS-FDA 水晶城生物分析研讨会，并出版了生物分析方法验证的指导方针，包括了一些生物分析实验常用的方法和采用生物分析方法的研究项目（Viswanathan et al., 2007）。最新出版的欧盟指导方针提出，计划用于 GLP 项目的生物分析方法必须先按照 EMA 的 GLP 指导原则进行方法验证后才能使用。更详细的关于生物分析方法开发（MD）和验证的讨论在本章的其他地方会提到。由于 GCP 法规并没有对项目中实验室工作部分进行专门的规定，大多数临床样品的生物分析都还是按照 GLP 原则开展，这样就导致在制药行业内对 GLP 的理解有所改变，一种理解将其等同于 cGLP（现行良好实验室规范），而有时又参照 cGMP（现行良好生产规范）的要求。FDA 和 EPA 另一个在诠释和合规监管方面的分歧是关于 GLP 项目的阶段性报告，两个机构都要求项目负责人在阶段性报告上签字，但是对在报告上签名的时间的要求有所不同。

在 1987 年出版的 *Final Rule* 序言中，FDA 认定签字后的病理学报告也是原始数据，因此提出了这样一条观点：在把项目报告的草稿递交给出资方审核前必须要有已经签字并生效的病理学报告，道理是，在获得所有原始数据前就呈交报告草案是不能被接受的（US FDA，联邦公报）。此前，利用病理学报告草案来起草项目报告草案的现象相当普遍，FDA 为此给 CRO 出具了警告信，信上指出，项目草案在还未获得正式的病理学报告前就呈交给了出资方（美国 FDA，警告信）。目前业界仍然在讨论试图将这两个报告平行推进的可能性。相对来说，EPA 没有上述的限制。

9.3　FDA GLP 与 OECD GLP 原则的比较

有趣的是，FDA 在 2010 年 12 月发布了一个文件声称他们正在考虑更新 GLP 法规（US FDA，联邦公报）。声明要求业界考虑 9 个贴切问题，包括 GLP 质量体系、多中心实验、电子/计算机系统、出资方责任、动物福利、质量保证（QA）审查结果的信息、流程系统的检查、待测物和对照品信息及样品储存容器的保存。以上所有的问题如果都按照FDA的建议解决，那么OECD和FDA在GLP方面将会更加一致。目前，EPA还没有类似的倡议，然而从以往的经验来看，EPA会修订并出台法规来保持与FDA条例的一致性。虽然这些改革将有利于在不同国家进行药品申报和注册，但美国的立法耗时冗长，恐难一蹴而就。

FDA和OECD GLP之间最显著的差异在于法规所规定的范围及性质上。OECD有关良好实验室操作及合规监控的系列专著有15部（表9.1），这些单独的文件为解决美国GLP法规颁布时未能涵盖的问题提供了指导。例如，专著13对出资方外包的临床前和临床检测的多中心研究进行了论述，又如专著11论述了出资方在GLP项目中的角色和责任。尽管目前并没有针对临床样品分析制定单独的法规或要求（包括美国在内），但是EMA指出在进行临床样品分析时应该遵循GLP原则。例如，最近由GCP检查人员工作组提供的一份反思报告指出："迄今为止，还没有监管部门提出具体的指导原则规范临床样品的分析和评估，在缺乏指导原则的情况下，一些实验室遵循GLP原则进行临床分析（EMA-GCP检查工作小组）"。EMA关于生物等效性的法规（CPMP/EWP/QWP/1401/98 Rev.1）规定："生物等效性试验的生物分析部分应按照GLP原则进行，然而由于临床试验的生物分析研究并不属于GLP规定的范畴，因此并不需要按照国家GLP实验项目的要求对这些研究机构进行监督和管理（EMA生物等效性）"。

表9.1 OECD关于GLP各专项的指导原则

编号	名称	是否适用于LC-MS生物分析项目
1	经合组织关于良好实验室规范的指导原则（OECD principles on good laboratory practice）	是
2	关于良好实验室规范合规监控程序的修订指南（revised guides for compliance monitoring procedures for good laboratory practice）	是
3	关于进行实验室检查和研究项目审核的修订指南（pevised guidance for the conduct of laboratory inspections and study audit）	是
4	质量保证与良好实验室规范（quality assurance and GLP）	是
5	实验室供应商的GLP合规性（compliance of laboratory suppliers with GLP principles）	是
6	在现场实验项目中贯彻GLP指导原则（the application of the GLP principles to field studies）	否
7	在短期实验项目中贯彻GLP指导原则（the application of the GLP principles to short term studies）	否
8	研究主任在GLP项目中的角色和责任（the role and responsibilities of the study director in GLP studies）	是
9	关于准备GLP检查报告的指南（guidance for the preparation of GLP inspection reports）	是
10	在计算机化系统中贯彻GLP指导原则（the application of the principles of GLP to computerized systems）	是
11	项目发起人在贯彻GLP指导原则中的角色和责任（the role and responsibility of the sponsor in the application of the principles of GLP）	是
12	如何在另一个国家进行研究项目检查与审核（requesting and carrying out inspections and study audits in another country）	是

续表

编号	名称	是否适用于LC-MS生物分析项目
13	在多站点研究项目的组织和管理上贯彻 OECD GLP 指导原则（the application of the OECD principles of GLP to the organization and management of multi-site studies）	是
14	在体外研究项目中贯彻 GLP 指导原则（the application of the principles of GLP to in vitro studies）	是
15	符合 GLP 指导原则的档案建立和档案控制（establishment and control of archives that operate in compliance with the principles of GLP）	是

美国和OECD的GLP法规存在的显著差异还包括对多中心研究项目的考虑及任命主要研究者（principal investigator）在多中心实验的某些环节进行研究（如临床前样品分析），并向项目总监（study director）负责。其他的一些显著差异包括对“短期项目”的相关考虑，这与 EPA GLP 里面规定的理化实验部分相似，还有就是检查评估注重流程，而非针对某个项目。和美国 GLP 法规对 QAU 的要求一样，OECD 法规要求对实验机构负责人的职责要有一定的描述。同时，OECD GLP 法规还对计算机系统验证提出了详细的要求，包括审计跟踪、对输入数据的更改缘由等方面（FDA 21 CFR 11，关于电子数据和电子签名的相关法规要求）。

美国和 OECD 的 GLP 法规还有一些比较细微的差异反映在对一些术语的定义上，如项目开始日期［项目相关数据的首次采集日期，还是首次投药（测试品）日期）］或 QAU 有关主计划表的职责（QAU 可以查阅主计划表，但是不能保存主计划表的复印件）。最后一个显著的差异是档案保存的时间期限。在一般情况下，项目记录的保存时间应该保证至少有做一次周期审查的时间，行业标准里一般长达 10 年（瑞士关于 GLP 的条例要求，归档文件至少保存 10 年），大多数机构对归档 2～3 年后还要继续保存的项目会收取一定的费用（瑞士联邦当局）。

截至 2012 年 1 月，OECD 已经有 34 个成员国（表 9.2）加入国际数据互认（Mutual Acceptance of Data，MAD）。也就是说，任何一个成员国根据 OECD 的 GLP 原则产生并递交的数据在其他成员国家也必须被接受，另外有 7 个非成员国也遵守以上条件的全部或部分。大多数发展中国家的监管机构通常选择完全遵守 OECD 的 GLP 条例，而不会单独开发一套或者并行使用另一套监管非临床项目的法规。因此，至少有 41 个国家都在实施 OECD 的 GLP 法规。其中 7 个非成员国国家名称见表 9.3。

表 9.2 OECD 34 个成员国的名单（截至 2012 年 1 月）

爱尔兰（Ireland）	爱沙尼亚（Estonia）	奥地利（Austria）	澳大利亚（Australia）	比利时（Belgium）
冰岛（Iceland）	波兰（Poland）	丹麦（Denmark）	德国（Germany）	法国（France）
芬兰（Finland）	韩国（Korea）	荷兰（Netherlands）	加拿大（Canada）	捷克共和国（Czech Republic）
卢森堡（Luxembourg）	美国（United State）	墨西哥（Mexico）	挪威（Norway）	葡萄牙（Portugal）
日本（Japan）	瑞典（Sweden）	瑞士（Switzerland）	斯洛伐克共和国（Slovak Republic）	斯洛文尼亚（Slovenia）
土耳其（Turkey）	西班牙（Spain）	希腊（Greece）	新西兰（New Zealand）	匈牙利（Hungary）
以色列（Israel）	意大利（Italy）	英国（United Kingdom）	智利（Chile）	

表 9.3 与 OECD 相互接纳数据（Mutual Acceptance of Data, MAD）的非成员国[a]

全部参与国	部分参与国
阿根廷[b]（Argentina）	马来西亚（Malaysia）
巴西[b]（Brazil）	泰国（Thailand）
南非（South Africa）	
新加坡（Singapore）	
印度（India）	

[a]截至 2012 年 1 月；[b]仅限于非临床环境的，杀虫剂、生物农药和工业化学品的健康和安全数据；中国和俄罗斯尚未加入 OECD，但是与两国相关的讨论正在进行。

除美国外，所有参与 OECD GLP MAD 项目的国家都要求研究机构必须在通过 GLP 验证后才能合法地进行合乎 GLP 要求的研究项目。例如，在英国需向英国 GLP 监管当局递交准会员资格申请，然后由英国 GLP 监督管理局（GLP Monitoring Authority, GLPMA）对该实验设施进行检查并出具检查报告。如果在检查过程中发现有需要整改的地方（假设没有重大问题），申请机构需要递交一份整改方案，由英国 GLPMA 对该方案进行审核，如果方案被接受，则会颁发一份“GLP 合规声明”文件。此后会对被审查机构按时做风险评估，包括最近检查结果的严重性、当前开展工作的类型［如药物代谢与药代动力学（DMPK）、毒性或者安全性评估］、检测产品的类型（无菌注射或外敷用）、检测机构的重大变动（新的管理层或者新的设施）等。一般来说，OECD 至少每两年检查一次实验设施，而在美国这个检查会相隔较长时间，虽然美国 FDA 和 EPA 都试图把这个检查周期保持在 3 年内。

9.4 某些国家 GLP 法规方面的特殊要求

虽然日本是 OECD 的正式成员国，并且参与了 MAD，但还是制定了独立于 OECD GLP 法规外的 GLP 法规。日本 GLP 法规最新修订版于 2008 年 8 月正式生效，题为《药物非临床安全性研究的 GLP 标准条例》。该条例仅适用于药物，对除草剂、杀虫剂、化学品及家常用品并不适用（类似于美国，日本将商业产品的审批权进行了分离，卫生和福利部门负责药品审批，农业、林业和渔业部负责非药品的申请审批）（Ertz and Preu, 2008）。日本的 GLP 法规与 OECD GLP 法规极其相似，包括对出资方的责任（第四条）和多中心研究项目（第八章）方面的规定。OECD GLP 要求和日本 GLP 法规的不同之处总结如下。

- 需要制定对参与项目人员进行健康维护的标准操作规程（SOP）。
- 项目负责人必须审批不可避免的 SOP 偏离。
- 实验方案必须由检测机构负责人和出资方审批（在适用的情况下），虽然这一要求在很多遵循 OECD GLP 的地区法规中都有提及（Ertz and Preu, 2008）。

最后，中国这个世界上最大的国家也颁布了自己的 GLP 法规，最新版从 2003 年 9 月起生效。中国 GLP 法规的很多方面都与 OECD GLP 的要求一致，但有某些相同或相异之处需要注意。与 OECD 的要求相同，中国的 GLP 法规也要求有一套“完整的管理体系”，而美国 GLP 法规里却没有这个特殊要求。有趣的是，在这套管理体系中，对机构负责人（各种不同职位的工作人员）有最低学历的要求。与 OECD 和美国 GLP 法规相比，中国 GLP 法规规定机构负责人对每一个项目有更直接的责任；机构负责人对研究方案和最终的报告有主要的审批责任（方案审批日期是实验开始日期或者“生效日期”，报告审批日期是项目“完成日期”）。同时，机构负责人也需要对研究方案的任何更改进行审批。中国 GLP 项目中的其他参与角色也与 OECD 的要求略有不同，如中国 GLP 法规要求在机构负责人审批之前，QAU 必须审查和签字认可相关的 SOP 与研究方案及对研究方案进行的更改。而根据美国 GLP 法规的要求，质量部门必须完全独立于项目部门；质量部门在研究方案和 SOP 上的签字必须清楚仔细地注明是仅用作确保操作流程与法规是一致性的。中国的 GLP 要求专人负责待测样品和标准品的保管，专人负责档案的管理。中国的 GLP 法规不仅要求建立专门的关于实验室人员健康体检系统的 SOP，还要求实验人员定期进行健康检查（与日本的 GLP 条例较为一致）。同时中国 GLP 法规还要求药物上市后档案至少保存 5 年。值得注意的是，尽管出资方必须签署外包项目及多中心项目的研究方案，但是中国 GLP 法规对出资方的责任并没有规定（例如，确保出资方明白哪些项目必须按照 GLP 法规进行，以及外包实验机构能够满足 GLP 法规要求，如通过 GLP 认证），可以预计，这些内容会在今后被列入中国 GLP 法规中。

中国政府要求以药物上市为目的进行非临床试验研究的实验室必须通过 GLP 认证。自 2007 年以来，该认证由中国国家食品药品监督管理总局（CFDA）颁发，认证审计包括 280 项，审计结果被分为关键、主要和次要 3 类（类似于 OECD），执行检查的审计小组由通过 CFDA GLP 认证的实验室的相关人员组成（检测机构负责人、QAU 人员、项目负责人等）。迄今为止，还没有一家外资实验室获得 CFDA GLP 认证。在中国，现有经欧洲国家验证并通过了 OECD GLP 认证的外资 GLP 实验室。它们可以按照 OECD 的要求进行 GLP 项目（满足所有 OECD 成员国及参与 MAD 计划国家的要求），但是这样并不足以在中国申请药品审批。实验室必须通过 CFDA 的 GLP 认证后才能从事药品的非临床研究，而后递交给中国当局审批（中国此时并没有参与 MAD 或成为 OECD 成员国）。在过去的几十年中，由于经济原因，大量的 GLP 项目已经从西方进入到了中国。上述的贸易壁垒明显给外国的监察机构增加了很大的负担。

9.5 GLP 审查

美国 FDA、EPA 和 OECD 的 GLP 法规之间最大的区别在各机构对法规的执行方式上。美国 EPA 和 OECD 监管部门采用了一些相似的监管程序。例如，监管部门在检查前会提前通知待检机构，提前通知的时间并不固定，但通常是数周或者数月。检查范围一般也会预先通知，包括检查过程中会涉及的具体项目。如果出资方和检测设施不是同一家机构的话，EPA 会同时通知两者。检查过程一般是宽松的，但是丝毫不减其仔细程度及管辖权威，如果被检机构不能及时充分地解决检查过程中发现的问题，将会面临严重的后果，包括项目的驳回，甚至被从合格的实验室名单中除名。OECD 的检查结果分为关键、主要和不足，审计人员通常会提出一些建议。他们会参与关于法规重要问题的讨论，但不会就如何使其合规化提出意见，唯鼓励研究机构在采取非传统的合规化方法之前应先与法规部门沟通。EPA 并不会将审计结果分级，但审计报告会给出一个声明，表明调查结果是否合规。审计结果回复必须要在审计报告发出 28 天内完成。

FDA 的审查与 EPA 和 OECD 的很不一样。一般来说，FDA 会在检测机构毫无准备的情况下出现。在检查开始前的准备会议上 FDA 会表明要检查的项目，或者从主计划表里筛选项目。调查结果会在检查结束时罗列在“#483—缺陷观察通知”表中，且所有发现的问题都同等重要。对 FDA 483 所列问题的回复要在表格发出后 15 天内完成，否则被检机构将有可能收到 FDA 的警告信。目前业界似乎对 483 表过于重视，而 FDA 也曾通过 483 表施加影响来建立监管标准，而略去正确的过程：提出建议、公众评论及最终颁发。这一点在最近关于组织病理学草案和项目报告草案的 FD A483 表或警告信中清晰可见。

9.6 结 束 语

总而言之，在今后的几年内，遵循 GLP 规范进行生物分析以支持在多国递交的项目还将面临诸多挑战。在美国进行的项目既要符合美国 FDA 和 EPA GLP 法规的要求，又需要满足 OECD 的要求。而在美国以外进行的这类项目，根据 41 个 MAD 参与国的协议可能只需要符合 OECD GLP 法规（会有一些地区性要求的微小调整）的要求。在中国以外进行的 GLP 工作，在近期内不可能被中国接受。目前大家正在讨论制定一些既能满足美国和 OECD 要求又不受项目递交国家限制的质量体系，以及如何有效快捷地把它做好。建议中，美国 FDA GLP 法规的修订可以大幅减少全球统一化的困难。假如 FDA 的努力见效，美国 EPA 肯定会跟进。虽然国际间法规的统一仍然有很多挑战，但是随着世界在缩小，这个问题也会慢慢变得越来越容易解决。

参 考 文 献

Environmental Protection Agency. Pesticides, Regulating Pesticides. Pesticide Registration (PR) Notices 2011-3. Jan 6, 2012. Available at www.epa.gov/PR_Notices/#2011. Accessed Apr 11, 2013.

Ertz K, Preu M. Ann. Ist. Super Sanita 2008. Vol. 44, No. 4, 390–394 provides a very comprehensive comparison of the Japanese MAFF GLP with US and OECD GLP requirements.

European Medicines Agency. Scientific Guidelines. Guideline on Bioanalytical Method Validation. Jul 21, 2011. Available at www.ema.europa.eu/docs/en_GB/document_library/Scientific_guideline/2011/08/WC500109686.pdf. Accessed Apr 11, 2013.

European Medicines Agency. Good Clinical Practices Inspectors Working Group. Feb 28, 2012. Reflection paper for laboratories that perform the analysis or evaluation of clinical trial samples. Available at www.ema.europa.eu/ema/index.jsp?curl=pages/regulation/document_listing/document_listing_000136.jsp&midamp;=WC0b01ac05800296c4. Accessed Apr 11, 2013.

European Medicines Agency. Committee for Medicinal Products for Human Use. Guideline on the Investigation of Bioequivalence. Jan 20, 2010. Available at www.emea.europa.eu/docs/en_GB/document_library/Scientific_guideline/2010/01/WC500070039.pdf. Accessed Apr 11, 2013.

Federal Authorities of the Swiss Confederation. SR 813.112.1 Ordinance on Good Laboratory Practice (OGLP). May 18, 2005. Available at http://www.admin.ch/ch/e/rs/813_112_1/index.html. Accessed Apr 11, 2013.

Nonclinical Laboratory Studies; Good Laboratory Practice Regulations, 43 Federal Register 247 (Dec 22, 1978) 59985-60020.

1987 Final Rule—Good Laboratory Practice Regulations, 52 Federal Register (Sept 4, 1987) 33768. Available at www.fda.gov/ICECI/EnforcementActions/BioresearchMonitoring/NonclinicalLaboratoriesInspectedunderGoodLaboratoryPractices/ucm072706.htm. Accessed Apr 11, 2013.

Good Laboratory Practice for Nonclinical Laboratory Studies, 75 Federal Register, 244 (Dec 21, 2010) 80011–80013. Available atwww.gpo.gov/fdsys/pkg/FR-2010-12-21/pdf/2010-31888.pdf. Accessed Apr 11, 2013.

Medicines and Healthcare products Regulatory Agency-UK. Good Laboratory Practices: Background and Structure. Jul 6, 2012. Available at www.mhra.gov.uk/Howweregulate/Medicines/Inspectionandstandards/GoodLaboratoryPractice/Structure/index.htm. Accessed Apr 11, 2013.

US Food and Drug Administration, Office of Regulatory Affairs. Comparison Chart of FDA and EPA Good Laboratory Practice (GLP) Regulations and the OECD Principles of GLP. Mar 2004. Available at www.fda.gov/ICECI/EnforcementActions/BioresearchMonitoring/ucm135197.htm. Accessed Apr 11, 2013.

US Food and Drug Administration. Inspections, Compliance, Enforcement and Criminal Investigations: SNBL USA LTD. 8/9/10. Feb 17, 2011. Available at www.fda.gov/ICECI/EnforcementActions/WarningLetters/ucm222775.htm. Accessed Apr 11, 2013.

US Food and Drug Administration. Good clinical practices (GCP) is comprised of numerous federal regulations, a complete list can be found on the web site: Selected FDA GCP/Clinical Trial Guidance Documents. Mar 5, 2012. Available at www.fda.gov/ScienceResearch/SpecialTopics/RunningClinicalTrials/GuidancesInformationSheetsandNotices/ucm219433.htm. Accessed Apr 11, 2013.

Viswanathan CT, Bansal S, Booth B, et al. Workshop/Conference Report—Quantitative Bioanalytical Methods Validation and Implementation: Best Practices for Chromatographic and Ligand Binding Assays. *AAPS Journal* 2007;9(1):E30–E42. DOI: 10.1208/aapsj0901004.

10

目前生物分析数据管理的法规和趋势

作者：Zhongping (John) Lin、Michael Moyer、Jianing Zeng、Joe Rajarao 和 Michael Hayes
译者：王凯、陈牧、林仲平
审校：张杰、李文魁

10.1 引 言

10.1.1 历史概述

整个医药界创新和发展的核心是数据。在生物分析领域，实验室会持续性地产生大量的数据，而这些数据的整理、保护、处理及存档是至关重要的。对于临床前实验和临床试验，生物分析方法验证及样品定量分析的数据和相关的记录是制药公司向美国食品药品监督管理局（FDA）或欧洲药品管理局（EMA）等管理机构进行新药申请（NDA）、简略新药申请（ANDA）及生物制品许可申请提交过程中不可或缺的一部分。在目前大多数生物分析机构中，数据管理仍主要采取纸质的或者纸质与电子混合的方式，而这种时常零散而且前后不一致的管理数据方式往往会对药物开发效率造成影响甚至带来潜在的风险。以往的经验告诉大家，纸质与混合的数据管理方式经常对药物开发公司、研究人员和机构及合同研究组织（CRO）之间迅速有效的数据交流造成负面影响。图 10.1 给出了典型的办公室（a）、档案室（b）和电子数据储藏室（c）的范例。这些传统的数据管理方式与电子数据管理方式相比，管理费用平均要高出 30%～40%，而且在安全性、检索方便性及在同一机构互相传递交流方面大打折扣。

(a)

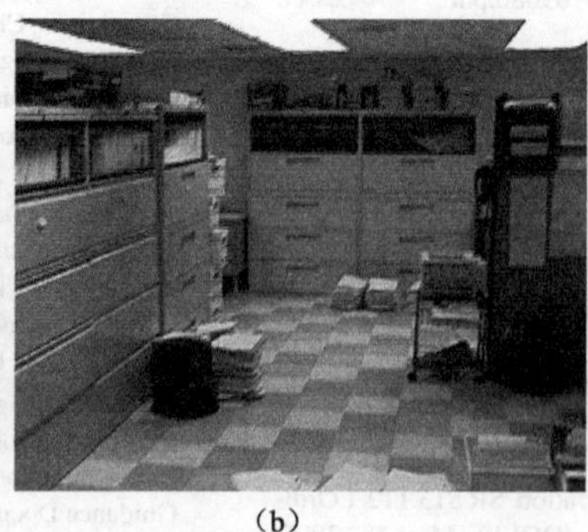
(b)

(c)

图 10.1 传统纸质媒介或纸质电子混合媒介的信息管理系统

因此，这种目前常用的传统数据管理模式对日益发展的业务需求越来越显得落后和不足，如果不加以改进，将与公司及整个产业“最优化实践”的理念背道而驰。在当前的大环境下，仍缺少对研究数据提取及保护的统一规范，缺少对原始数据进行管理的行业标准，更无法在数据管理方面对行业的业绩提升起到积极推动作用。传统的数据管理方法在数据提取、数据计算及原始数据验证方面要消耗大量的人力资源并且浪费严重，同时不能确保数据的完整性。对纸质数据的管理，效率尤其低下且成本昂贵，除此之外，也不能有效地对公司其他先进的技术加以利用。因此，在努力严格遵守良好实验室规范（GLP）方面，往往要消耗大量的时间和经济资源。长期以来，很多公司对高新技术的启用采取一种“孤岛”方式，这无疑增加了运营的成本和程序的复杂性，不能充分地利用日益先进的技术来提高生物分析实验室的效率。

10.1.2 合规生物分析数据的管理需要

当今，社会上的各行各业，包括制药工业，电子工具的应用和发展变得越来越普遍并成为一种趋势。按照标准化程序（或行业规则）的无纸化数据管理和即时的数据采集及获取一直以来都是生物分析领域梦寐以求的。当前许多医药公司已经着手成立相关的业务部门或职能机构，目的就是加强对电子数据的处理和应用，从而将公司推向新的高度。一些CRO的生物分析部门也审时度势，将传统的纸质数据管理改变成完全的无纸化数据管理。究其原因，就是电子数据管理的巨大优势：它能够带来高效率和高产出且质量更好的数据，且又使其更加符合法规。图10.2展示了生物分析实验机构数据管理的发展趋势。综合实验室在日益复杂的全球化环境中为数据产生、数据管理和数据共享提供了一个可升级的、可综合管理协调的平台。

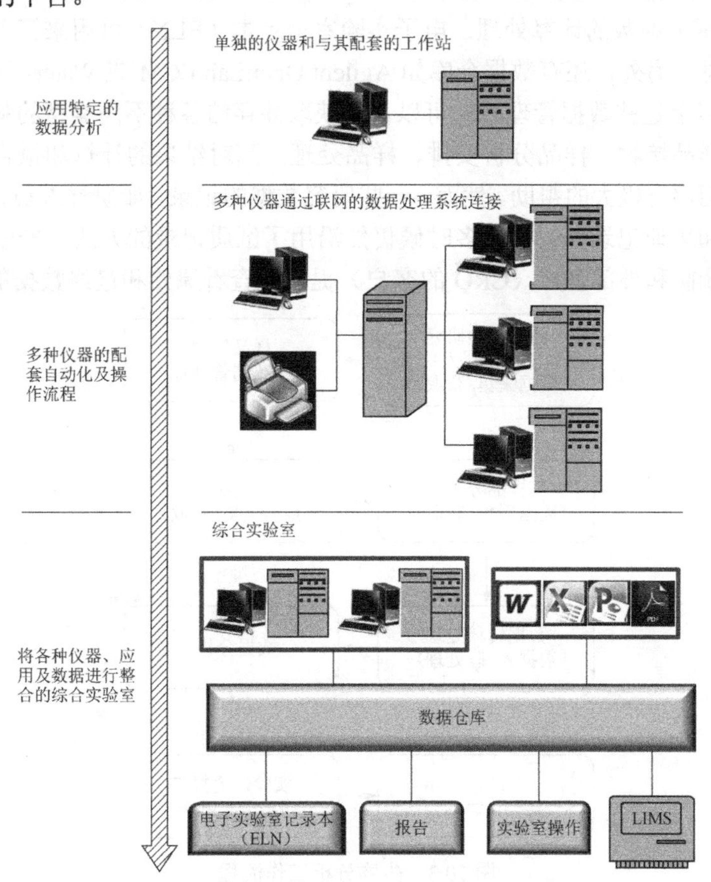

图 10.2 分析实验室数据管理系统的发展趋势

这种在大多数医药公司和 CRO 中寻求“最佳”的方式能将彼此孤立的信息系统进行整合，继而将数据管理带进一个综合协调的混合型环境。整个行业最终会通过拥有一套普遍、质量高且非常便利的商业信息系统来更加高效地处理“电子记录”，当今流行的“纸质”记录将落伍。

10.2　生物分析流程和数据管理

10.2.1　生物分析流程和数据流

生物分析是对药物及其代谢产物和其他生物分子在生物样品中的含量进行定量分析。将这个过程通过对软件和硬件进行自动化则可以节省整个分析过程的时间（提高效率），并且减少人为误差（因而提高数据的质量）。

图 10.3 和图 10.4 描述了整个生物分析的流程及相关的从生物样品接收到最终数据归档的数据流。

当今生物分析实验室典型的数据管理软件包括赛默飞世尔公司（Thermo Fisher Scientific, Inc.）开发的 Watson 实验室信息管理系统（LIMS），此软件可用于生物分析方案设计、样品管理、数据处理和数据统计等；Pharsights 公司的 WinNonlin 软件则可用来进行药代动力学（PK）参数的计算处理；电子实验室记录本（ELN）可用来管理和样品相关的数据及其他信息。另外，还有数据仓库如 Agilent OpenLab ECM 或 Waters 科学数据管理系统（SDMS）。以上这些数据管理软件可以自动获取并存储各种不同类型的科研数据，对生物分析流程从样品接收、样品分析安排、样品处理，到对结果的计算和报告及数据备份与归档等方方面面都有极大的帮助。然而，一些研究数据的记录，如研究人员自身的记录（简历、职位描述和培训记录等）在很多时候仍然沿用了纸质记录的方式。安全的网络服务平台给内部项目团队和外部客户（CRO 的客户）提供了查看原始和最终数据的手段。

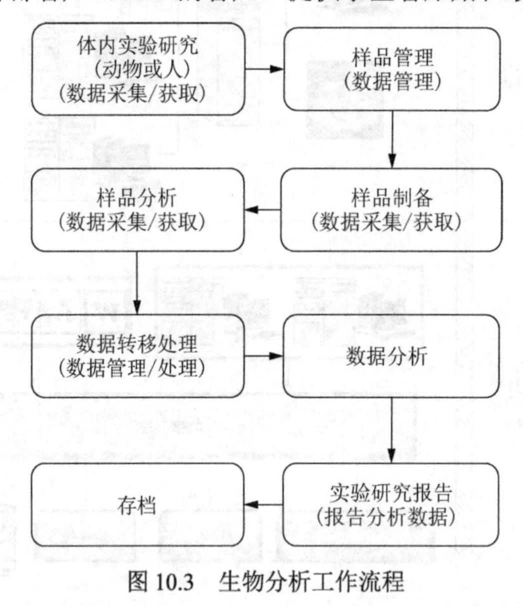

图 10.3　生物分析工作流程

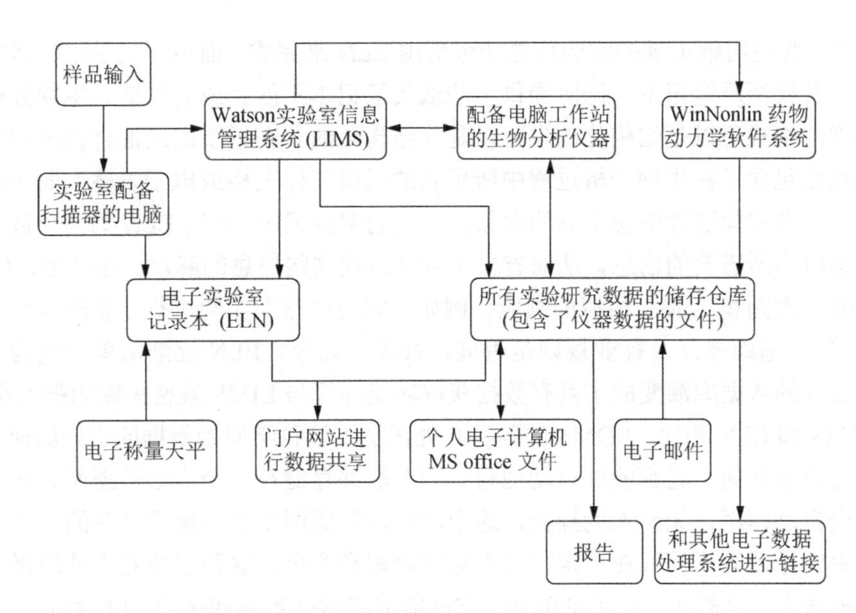

图 10.4 生物分析数据流动的电子解决方案

10.2.2 高质量的数据管理软件系统

一个常规的生物分析实验机构往往会在短时间内产生极其大量的数据。同时实验机构又时常增加仪器配置，用以引进新的、更灵敏的和更可靠的先进机器。由此看来，保证并且维持数据的质量和完整性变得至关重要。在现今极其复杂的实验室环境中，各种各样的电子系统被用于采集、分析、报告及存储数据。因此，现代实验室在设计这个以数据为中心的“生态系统”时要考虑周到。其中一些非常重要的需要考虑的因素包括降低成本、提高产出、提供高质量的数据，并严格遵守各种法规。

在实验机构里，除用仪器产生的数据外，非结构化数据也同时大量产生。这些数据包括实验记录本，纸质装订数据里的手写记录，实验准备和对实验室仪器及试剂的使用记录，此外还包括其他各种零散又纷杂的文本文档和电子表格记录。尽管一般公司的标准操作规程（SOP）或分析方法对这些细节都有详细的解释和规定，然而监控这些操作是否被正确执行是一项被动的、极其消耗劳力的且冗长的过程。

生物分析实验室的正常运转离不开一系列系统的互相配合。尽管每一个单独系统的设计多是为了完成其特定的任务，如数据采集、统计分析、样品管理或报告产生。然而在当前的形势下，不同软件的功能已经逐渐开始超出其本身特定的职能而变得多元化。这个章节将主要讨论一些生物实验室所配备的应用型关键软件，同时对不同软件之间的功能重叠进行评估。

LIMS 是生物分析实验室不可或缺的组成部分。生物分析过程中的关键步骤都在这个管理系统的管辖框架之内。通常而言，LIMS 就是生物分析实验室中管理样品分析和数据的核心。它还能配合既定的操作程序追踪工作效率和表现。此外，因为 LIMS 是一个专门设计的软件，利用它还可以进行实验设计和数据分析。在业界，LIMS 通常被用于从仪器中提取数据，编辑总结结果并且帮助产生研究报告。

ELN 最基本的功能是在实验数据被 LIMS 捕捉获取的同时对实验过程中的各种活动细

节进行记录。曾经用纸记录的实验信息如今可由 ELN 来完成。而电子记录本的派生就是为了从根本上替代纸质笔记本，同时提供一些纸质笔记本不能完成的功能。生物分析实验室产生的数据的格式可以是结构化的也可以是非结构化的。在纸质的或混合记录的环境中，结构化的数据包含了在生物分析过程中所用到的纸质工作表格或电子表格；而非结构化数据包含了所有在实验过程中观察到的现象及相关的零散记录。运用 ELN 的一个最大优势就是能够迅速检索所需要的信息，从而省去了到处查找这些信息的麻烦。逐渐地，ELN 的一些功能也被扩大到和 LIMS 相似的领域。例如，它可以帮助实验进行，管理样品存储（位置和温度等），追踪样品及行业规则是否被执行等。如今，ELN 逐渐从单一地为了保护知识产权而设计的数据库演变成了具有数据获取功能并可与 LIMS 紧密关联的强大系统。

与 LIMS 和 ELN 相比，SDMS 的独特之处在于不管科学原始数据的出处如何、格式及原始的存储位置如何，它都能够自动地将它们获取并存储在一个中心数据库。它的这项功能运用了全自动程序，无需人为操控，这个功能是前面两个系统所不具备的，同时使生物分析实验室的原始数据获取在一定程度上更加合规和安全。这种系统对于处理极大量的数据文件格外适用。只需建立简单的链接，它就能够将这些数据转化成 ELN 兼容的数据。另外，SDMS 还可以作为一个装置，用以长期储存生物分析实验室生成的数据。

电子数据管理系统（EDMS）可以为数据的存储、追踪和电子文件的检索提供支持。生物分析实验室可以用 EDMS 代替纸质文件：只要将纸质文件进行扫描并存入系统，或对不同文件附加的一些指定数据标签进行归档和追踪。EDMS 还可以帮助管理生物分析方法和 SOP，它能够设立访问限制，进行版本控制，管理文件的签入签出及批准和签字流程。除对科研数据的管理外，EDMS 还可以作为 SDMS 的一部分管理文件。

在了解以上生物分析相关软件的概要时要特别注意两种情况，一是不同软件之间有功能交叉，二是潜在的生物分析数据“封闭（silo）”现象。如今，有关生物分析的系统软件在发展过程中功能逐渐被拓展，各软件系统之间的区别和界限越来越模糊。例如，LIMS 拥有 ELN 的功能，而 ELN 拥有可靠的文件管理功能，这些都不稀奇。但是如果生物分析实验室不协调地同时使用多种软件，会造成潜在的数据遗漏或封闭现象。为了避免这种情况发生，可以启用更完善的软件系统或对各软件使用最大化，以最终交付给客户（对于 CRO 而言）或监管机构完整的生物分析报告。

10.3 计算机系统的验证

10.3.1 概述

随着生物分析行业的数据从纸质媒介向电子媒介过渡，计算机系统的验证变得越来越重要。在生物分析实验室中，计算机软件已经在各个角落被使用。当这些软件用于规范性研究时，它们必须先经过验证。优良实验室规范［美国联邦法规 21 章 58 条（21 CFR 58）］、药物临床实验质量管理规范（计算机系统运用于临床实验研究，2007, 21 CFR 11），以及良好自动化生产规范（GAMP5）等明确了对计算机软件的管理和规范。除此之外，生物分析实验室在提交数据时，需要根据具体情况考虑其他一些机构的法规条例，如经济合作与发展组织（OECD）及日本的优良实验室规范。

软件开发商也逐渐认识到这些法规的重要性，因而将一些法规要求引入软件系统，如符合 21 CFR 11 的电子签名、审计跟踪、用户权限设定及数据安全存储。随着电子数据成为生物分析数据的主体，“线上”归档不仅可以将数据安全存档，同时还可以让用户安全地进行浏览（通过将文件设置为只读格式）。当然，软件附带的这些合规功能不能代替公司自己对软件系统的验证，而是让公司更加轻松地按照法规对软件进行验证。

由于生物分析实验室的许多仪器都是由计算机控制的［如气相色谱（GC）、高效液相色谱（HPLC）、液相色谱-质谱（LC-MS）］，因此需要进行仪器的认证和计算机系统的验证。如果将两者结合起来成为一个系统验证则可以提高认证和验证的效率。一些在安装认证/操作认证（IQ/OQ）完成的测试也可以作为软件系统验证的一部分，在做软件验证时不必进行重复。

在策划计算机及软件验证时，生物分析实验室首先要将需要验证的软件归类。GAMP5 提供了一个将不同软件分类的标准。大多数需要验证的生物分析软件一般可以分成以下两个类别。第 3 类：现成的但不能改动设置的。第 4 类：直接购买但可以进行设置改动的。色谱仪器控制软件、数据采集和处理软件、LIMS 及 ELN 大致上归为第 4 类，它们都是从仪器或软件公司直接购买，同时可以根据具体业务需求进行设置。第 5 类：公司内部自己开发的软件。以上 3 类软件的验证需要花费的资源从第 3 类到第 5 类逐类递增，对软件改动的越多，所需要的验证程序越复杂。

在制定计算机系统验证计划时应当考虑以下几点。

（1）账户管理：专有用户名及账户密码，以保证规范化的系统登陆并记录。

（2）电子记录的产生：在优良管理规范下重要的电子记录是否可由系统产生、修改、维持和归档？

（3）审计跟踪能力：可以对研究中的各种事件回溯重组，同时可以记录跟踪对数据的修改。

（4）数据安全性：能够防范主观及偶然所造成的电子记录的删除。

（5）数据备份和归档：保证系统瘫痪后数据还可进行恢复，以及最终的数据得到安全保护并同时可以将来的复取。

10.3.2 验证程序概述

表 10.1 列出了验证现成的但不能改动设置的软件的主要组成部分，这个过程需要包含以下几个步骤。

表 10.1 对现成的可设定软件进行验证的主要组成部分

风险评估	明确定义了验证程序的重点和范围；所产生的 GXP 数据记录越重要，则验证的程序越烦琐；验证测试可以侧重于用户所需要的软件功能；差距分析也可以包含在内（通过将软件和 21 CFR 11 法规进行对比评估）
用户要求规范	提供企业及监管机构对软件的要求；要准备测试脚本以测试程序是否符合规范
追踪模式	它将每一个用户要求与执行的测试相连接，以确定具体需求是否被满足；通常会包括在验证总结报告中

续表

验证计划	描述整个验证的策略，验证团队的职能、责任及验证结果的交付；它还应当对系统数据流进行描述
供应商审查	对软件供应商进行审查以确保相关软件符合相关法规，并有质量保证；供应商完成的某些测试可以当作整个系统验证的一个组成部分，因而减少了验证的工作量
系统配置规范	如果系统是可设定的（也就是对不同的用户设置不同的软件使用权限），这个规范将用于记录系统是如何设定的
标准操作规程（SOP）	开发新的 SOP 用以定义系统的使用、管理、校正和维护
用户培训	用来保证进行系统验证的成员经过相关培训，同时定义未来系统用户在使用此软件之前如何进行培训
仪器及部件的安装认证和操作认证	对于一个系统（LC-MS），是供应商对液相色谱仪和质谱仪的安装和验证
用户验收测试	（通常也被称作性能认证）是对系统进行检验以确保其满足用户说明书中规定的要求
验证报告	对验证过程和交付结果进行总结；报告中需包含所有的偏差和发生的事故及相应的解决办法；它还可以包含一个跟踪矩阵（跟踪矩阵是一个索引表格，用以保证验证的完整和审查的方便）
系统发布备忘录	系统在经过成功验证后发布的备忘录，以通知用户系统已经符合相关法规，可以投入使用
变更控制	对系统的任何变更都需要根据变更控制 SOP 规定的步骤来进行
系统生命周期	它明确了系统从初始验证、生产使用、定期审核、升级到最终终止使用的全过程

验证程序的第一步是需要建立一个验证团队。最基本的团队成员应包括：为系统负责的系统拥有者，一个系统用户，一个信息技术（IT）代表和一个质量保证（QA）代表。在验证计划中，团队成员及他们的职能应当明确规定。验证团队的成员将要进行软件系统验证并且审核和批准验证的数据文件。

在明确了验证团队成员及他们的职能后，接下来的步骤是进行 21 CFR 11 所规定的差距分析和风险评估。差距分析是通过 21 CFR 11 规则对计算机系统进行对比分析。风险评估则是对启用计算机系统软件所带来的商业层面和法规层面的风险进行评估，同时在必要时明确风险转移。将风险评估作为软件验证的一个组成部分可以使软件验证更加集中在验证有用的重要功能上，同时尽可能地减少验证过程中不必进行的实验并且减少花费。例如，Part 11 对不经常使用的软件记录和功能可以在风险评估中进行相应记录，从而可免于验证。

验证过程中最重要的文件之一是用户需求说明书（URS）。它定义了关于这个系统在使用过程中所涉及的业务经营及法令法规对软件的所有要求。说明书具体包含了对软件系统各种功能的阐述及 IT 部门在软件中设定的安全标准。另外，它还需要包括数据管理中从数据的获取到处理、存储、归档和复原等的各个环节。用户脚本测试需要根据 URS 进行测试，而 URS 中每个具体的测试都需要连接到跟踪矩阵（索引表格）。

验证计划要描述整个验证的策略、作用和职责，以及验证成果的交付。风险评估、URS、用户脚本测试可以分别作为验证计划的一部分，也可以作为单独的文件发布。验证计划还要列出所有相关的 SOP 和验证完成所需的文件。任何供应商的 IQ/OQ 也需要包含在验证计划中。

一旦验证测试完成，验证团队就应起草一份验证报告，报告中应包含所有验证进行的过程和成果交付。任何验证的失败及相应的解决方案和结果需要在验证报告中进行记录。跟踪矩阵通常应包含在验证报告中，以记录验证过程中对 URS 里各种要求的成功验证。还要额外准备一份关于系统发布的备忘录，以通知潜在用户仪器可以使用，备忘录还应附上系统中可能出现问题的解决方法。

10.3.3　未来计算机系统验证的走向

随着越来越多的计算机程序涌现，计算机系统验证会逐渐从对单个程序的验证演变为几个系统共同作为一个整体进行成套验证。

10.3.4　数据管理法规的走向

计算机系统的验证可以保证这个计算机系统稳定顺利地进行包括数据获取、处理、报告及归档等在内的数据管理工作。对软件系统验证的管理法规虽然很多，然而它们往往不一致也不完整。表 10.2 总结了 GLP、良好生产规范（GMP）和良好临床试验规范（GCP）等一些相关的法规。

表 10.2　软件系统验证和数据管理的法规和标准的总结

良好实验室规范（GLP）	US GLP 21 CFR 58, 58.61 仪器设计和 58.63 仪器的维护和校正，发布于 1978 年	侧重于仪器的维护和校正
	OECD GLP—第四章—仪器，材料和试剂，发布于 1992 年	
	日本 GLP—文章 10—仪器，发布于 1997 年	
	OECD—GLP 的准则在计算机系统的应用，发布于 1995 年	没有对用户需求作出解释；对系统生命周期的描述不足
	药物信息协会，计算机化的系统在非临床安全评估中的应用，发布于 1988 年，并于 2008 年更新	脱离实际，对用户要求讨论极少
良好临床试验规范（GCP）	FDA—21 CFR 11，发布于 1997 年	对电子记录和电子签名作出解释
	FDA—临床试验中应用的计算机化系统，发布于 1999 年	提出了对计算机系统进行验证所推荐的步骤和相关的记录，且包含了对用户的要求
	FDA—21 CFR 11，电子记录：电子签名—范围和应用，发布于 2003 年	缩小了 21 CFR 11 中关于系统验证的范围
	FDA—临床研究中应用的计算机化系统，发布于 2007 年	增加了对验证过程的风险评估
	欧盟—药品生产检查互相承认公约—良好规范（GXP）下的计算机化系统，发布于 2007 年	为调查人员提供了指导，讨论了少量关于风险管理的内容
良好生产规范（GMP）	良好自动化生产规范 4（GAMP 4），发布于 2001 年	注重于生产过程；将仪器分为 5 类，包含系统生命周期
	良好自动化生产规范 5（GAMP 5），发布于 2008 年	更加灵活的系统验证，将生物分析实验室第 2 类仪器排除在外

对于生物分析实验室中的规范性生物分析，GLP（涉及动物样品）或者 GCP（涉及人体样品）的法规起到了规范作用。除此之外，根据公司地点的不同、药物申报国家和地区的不同，其他一些法规也需要考虑在内。美国、欧洲及日本的标准实验规范主要针对仪器的使用、维护和校正，然而却鲜有针对计算机系统验证和电子数据管理的法规。

在这种环境下，一些额外出台的规则致力于将计算机系统的验证合并到标准实验规范的范围里，但是这些规则并没有很好地解决用户的需求问题，同时也难免过于官僚。因此，许多生物分析实验室目前采取将 FDA 的临床试验规定和 GMP、GAMP4 及 GAMP5 指导相结合，用来进行 GLP 和 GCP 的实验分析。

随着越来越多的生物分析实验机构在进行与 GLP 和 GCP 相关的实验，同时药物需要在美国本土之外申报上市，因此迫切需要一套标准化的清晰的全球性规则，以使系统的验证在每一家生物分析实验机构都能顺利进行。

10.4　对生物分析数据完整性和安全性的挑战

保证数据的完整性、数据的自由分享及数据的安全性，对生物分析实验室在各种法规管制下进行与临床及非临床相关的实验研究至关重要。除此之外，维护这些重要数据的效率和成本也同样重要。这里所指的数据包含了不同仪器产生的数据，各种电子或纸质笔记本/装订本的原始记录，以及 LIMS 所储存的记录。这些数据同样还包含了一些有关仪器维护校正的数据，以及个人信息资料如个人简历、工作描述和培训记录等。

为了保证数据的完整性，仪器软件、电子笔记本及 LIMS 在应用之前需要先进行验证，以确保软件符合相关的规定和要求（详见 10.3 节）。电子系统还需要定期进行合格验证、校正、维护及变更控制管理。因此，最重要的一点是在宏观调控、具体流程及技术领域层面有一个管控的数据环境。当数据记录是在纸质媒介上进行时，业务流程需要在 SOP 中详细记录，以保证正确的记录规则能够被执行。

在数据被采集后，对生物分析实验室对于所有产生的原始数据及其他相关数据的维护、归档是至关重要的。另外，信息的存储归档和检索也相当有挑战性，这个过程包含了数据备份、归档和检索。公司应当对分析数据的备份和归档如何进行，在哪里进行及进行的频率做详细规定。研究人员、管理层、质量控制（QC）、QA 团队应当对官方数据的存储地点有明确了解。作为灾难恢复计划的一部分，数据应当在短时间频率内进行备份，用以应对可能发生的数据丢失状况。数据备份需要在特定研究的整个过程中进行，同时还需要提供相应的数据使用安全级别。一旦数据归档，归档方案应当包含它特有的独立的备份及灾难恢复计划。大多数备份数据会被存储 6～12 个月。对于长期的数据存储，Agilent Open Lab ECM 或者 Waters SDMS 等软件可以履行相应的职责，同时保证数据的安全性。在某些软件的设计中，数据的备份和归档功能可以由一个整体的系统来履行。

一般来说，纸质笔记本和其他相关的笔记本会在发布后一两年内用微缩胶卷进行拍摄，编入清单，并归档，而后会在特定地点长期存储。在存储中心，只有档案管理员或被特别指派相关职责的人员才能对笔记本进行检索。维护一个拥有防火和防水的存储中心成本十分昂贵。如果应用电子笔记本或者其他实验数据管理系统，大多数的公司都不再使用纸质存档方式，而是应用这些软件所拥有的“线上”归档功能。在使用电子记录本时，每次进行数据记录时所用的电子签名或“发表”步骤，以及 Watson 软件拥有的对研究数据的锁定功能，保证了相关研究数据不能被随意改动。只有拥有相应归档权利的用户才能够重新开启或解锁相应的已完成的研究或文件夹。因为大多数的研究包含了纸质在内的各种记录，上面提到的各种活动应当由拥有管理责任的存档人员进行管理或协调。这样做的优势是所有已经结束的研究项目仍然可以在只读情况下由相关人员进行检索，在提高安全性的同时降低了检索成本。

如果仪器校正和维护的记录［如安装认证/操作认证（IQ/OQ）记录文件、定时维护维修报告、软件硬件升级及问题修复、离休管理文件等］是以纸质介质存储于文件夹中，那么这些记录会根据企业政策进行正常归档。如果使用电子笔记本，则这些仪器的相关记录可以非常容易维护，同时这些记录的审查、批准、存储也更加容易。

任何与软件系统验证相关的文件，软件启用的文件和变更控制都需要相应的管理和存储。其他的一些文件如 SOP、培训记录、雇员简历及工作职责描述等可以用同样的方法进行归档。在卫生部门的审查中，这些文件常被抽查。相应地越来越多的软件也被开发出来履行以上这些职责。例如，Hewlett Packard HPQC 就可以用作计算机系统验证的软件。其他一些电子系统如 PRISM 或 EPIC Star 可以进行记录管理（如文档的电子批准和存储）。

值得提到的是，Agilent Open LAB ECM 或者 Waters SDMS 已经成功实现了在已定的时间框架内自动获取分析仪器产生的实验数据。一旦启用，所有被软件获取的数据会从仪器中清除而存档为其本身的格式。这个系统不仅能够获取和存储原始数据，同时还可以存储相关的方法文件。这套系统提供了对于项目、文件基于角色的访问及基于网络的检索功能。结果文件、总结性文件、经过处理的数据一般在产生后会储存在一个网盘，然后通过其他方式如 LIMS 进行归档。数据适配器被用作元数据的提取，因此数据检索时的命名原则很重要。

已经归档的文件需定期审查以确保完整性和正确性。任何被检索的文档都应该有相应的检索记录，检索阅读完毕需及时归还，以保证文件的安全性。在生物分析实验室中，数据归档及检索最具挑战性的是对计算机系统的维护，以确保文件自由地被检索从而做成报告。这在医药界格外重要，因为新药的开发需要很长的时间，而人类临床试验一旦开启，相关数据需要被无限期保存。因此这个过程成本非常昂贵，潜在的由文件损坏及其他原因所造成数据丢失的可能性相对较高。所以，一些公司选择将这些文件打印成 PDF 格式的文档而免于对计算机系统进行长期维护。在某些特定情况下，还可以将这些文件存储为非电子媒介格式，如微型胶片或者纸质媒介。在这些情况下，在销毁电子记录之前，需要对数据转移是否完全进行验证，以确保数据的完整性。

最后，数据备份和归档的具体步骤还需要由具体系统类型及数据对业务的重要性来决定。例如，数据可以通过原始应用程序进行“线上”存储，在这种情况下，数据会一直维护保存在线上直到原始应用程序停止使用；数据还可以进行“线下”存储，这样电子数据就会和原始应用程序分开保存。在一些个例中，数据还可以存储于纸质或微型胶片中。无论哪种存储方法，都需要对这些存储方法进行验证，以确保数据在存储阶段的可读性和可检索性。

10.5 对未来的展望

生物分析实验室面临提高生产力、减少成本，并严格遵守相关法规诸方面越来越多的压力。但是，这些压力可以成为动力，以促使生物分析实验室对计算机软件更有效的利用，因为这样可以极大地提高研究人员的工作效率，以使他们在专业上精益求精。纵然计算机软件不能代替人对分析实验研究的重大问题进行决策，但它们却可以使工作人员的时间得到更合理的分配，同时使他们的技能得到更充分的利用。计算机系统的优势还在于，它能够保证在进行持续性高质量工作的同时对潜在问题进行监测。

生物分析实验机构能够应用各种软件对时常更新的法规及资金限制作出及时相应的反应。尽管不同的软件有它们专有的功能，但软件开发商倾向于将其他相关功能并入到自己的软件中以增强自己软件的竞争力。因此，许多软件可能有一系列的功能，但潜在的缺点是不能保证所有功能的严格性和竞争力。现在许多新的软件也逐渐走进生物分析实验室去解决各种各样以前不能解决的问题。例如，ELN 试图提供和 LIMS 及 EDMS 相同的功能，但却不能提供同等质量的功能。这个目前可以看作是此软件的劣势，但从长远来看可能会很有前景。软件功能多元化的趋势正在迅速的发展，每一家软件开发商都在积极开发拥有一系列混合功能的软件，有的通过公司的合并，也有的通过自主研发。这些软件的功能越多元化，越完善，研究人员在生物研究分析的过程中面临的问题就会越少。目前分析实验室通常会有 4～5 个软件同时帮助完成生物分析研究工作，研究人员将数据在不同软件平台之间进行人为转换及干预是不可避免的。如图 10.5 所示，在生物分析实验室中，核心系统和其他一些补充系统相互配合在一起组成了一套多元化的信息技术系统，用以进行数据获取和处理。

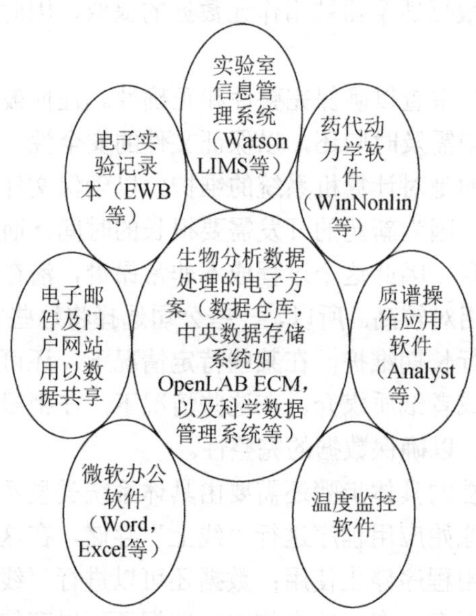

图 10.5 无纸化生物分析实验室所应用的多种不同的信息技术系统

理想的软件应当拥有以下几个特点。

（1）对非结构化或自由形式数据的获取和挖掘能力，这既包括数据直接进入系统，又包含了一些人为的简易操作如“拖放”功能。

（2）对各种关于数据获取及存储法规的严格遵从（如 CFR 21 11）。

（3）可以和实验室现有的各种系统有机结合，同时可以从容应对未来建立在 SOP 管理下的新型系统（LIMS、CD、EDMS、SDMS 等）。

（4）拥有进行长期存储的机制，而不依赖于特定的平台。

- 安捷伦公司的 Agilent OpenLAB ECM 或者沃特世公司的 Waters SDMS 等数据仓库

系统，能够对原始数据及人为可读的各种类型的文件进行管理，并且能够从分析数据及各种文本处理数据中提取元数据（中介数据），集中进行数据存储，并和 MS Office 数据进行综合，同时对包含 21 CFR 11 在内的主要管理法规积极进行合规支持，提供完整的归档、记录保留方法。所有关于特定研究的生物分析数据，如样品信息、样品准备和分析数据、电子数据，以及经过处理的数据都应该能够转换成为人类可读的文件形式并且记录在数据仓库中，主要内容有以下几点。

- 相关责任人员。
- 经过签名批准的研究方案和所有的修正。
- 所有相关交流（包括相关的外来报告和电子邮件）及备忘录所制成的文件。
- 样品接收的相关记录文件。
- 生物分析方法、方法验证报告和稳定性结论报告。
- 方法培训文件。
- 品质分析证书（CoA）和使用记录。
- 分析运行的相关准备文件。
- 分析样品和 QC 样品的储存日期、存储冰箱的位置及相应温度的记录文件。
- 数据表格（校正样品和 QC 样品的表现，以及对化合物浓度和 PK 分析结果的总结）。
- 分析流程总结（分析运行的日期，被分析的样品及被接受和拒绝的总结表格等）。
- 每个生物分析运行的相关数据：分析运行的数据（包含了首页覆盖页、验收准则表格、样品目录清单、原始数据表格、校正样品、QC 样品、回归曲线的实验结果表格、Watson 软件产生的结果表格，以及以 PDF 格式存储的色谱图）。

- 通过将各个电子系统结合在同一地点——电子文件夹（e-binder），可以帮助自动产生报告及对电子数据进行归档。因此，电子文件夹可以使生物分析研究机构在对报告进行电子提交的同时帮助满足 FDA 及 EMA 的规范。
- 在不远的将来，技术的发展走向将会使大多数的研究和原始数据集中在一个特定的电子存储系统当中。这么做的优势是可以使各个单独的研究机构的研究数据及其他的补充数据、元数据，甚至其他研究机构内部的一些有用数据（如 LIMS、ELN 所存储的数据）统一存储于同一个地点，因而带来交流上的极大便利。同时不同机构拥有相同的操作流程，那么内部之间及内外之间的交流能够更加简单、有效、现代化。
- 通过使用高度完整且专一的软件，实验室的效率和产出会大大提高，违规风险会降低，整个操作成本也会减少，同时提高了电子数据获取、分享、组织、归档和检索的效率。报告的产生、电子提交、审核及电子签名会更加有效，同时也可以帮助管理机构和赞助商进行工作审查。

因此，未来整个行业的焦点就是给各种数据仓库建立一个普遍的数据模型，同时对整个生物分析行业启用相同的标准，如对于临床数据仓库、不同实验之间、不同化合物之间、不同行业方面，当然也包括公司间及各种规范机构间都可以进行数据交换。然而，建立这样一个复杂的电子分析环境是一个极其浩大的工程，因为它需要将目前分散的计算机软件整合为一个完整系统，在这个系统中各个有机组成部分和谐地履行各个特定的职责。而任何一个软件开发商在合理时间范围内独自去开发这样一个生物分析电子平台都是极其困难的。

现如今，不同系统间进行数据的有效交换需要大量的编程才能够达到理想的效果。单单开发一套完整协调的软件系统是很困难的，另外一种方法就是建立一个共同的软件库，从而帮助数据在各个专门的系统间进行交换。过去有大量的工作试图建立一种通用的数据格式，以帮助不同系统间的数据交换，然而都没有得到应有的效果。Foundation for Laboratory Data Standards 等组织正在开发一套标准，其拥有一套开放的源代码，因而能够使软件的开发升级和修改更加自由，因此很有可能建立一套更加通用的数据交换机制。这些软件库可以识别出需要进行交换的关键数据，同时又不依赖原始系统数据的格式。这样软件供应商既可以保持他们独特的数据格式，又可以为他们的数据进入软件库建立一条路径。这种方法不仅能够绕过建立工业界通用的数据格式这个巨大障碍，同时还能够省去实验室在每次面对不同软件系统组合时都需要重新建立自定界面的这个负担。越是能够将数据在不同系统间轻松进行协调交换组合，这款软件系统就越有核心竞争力。

只有软件开发商与整个医药界共同努力合作，理想中完整且和谐的生物分析工作环境才能够实现。只有将生物分析工作的各个核心环节有机结合，才能对生物分析研究产生革命性的改进。

10.6 结 束 语

为了新药的申报和批准，规范化生物分析实验室要产生大量的高质量数据。尽管大家越来越认识到纸质或者混合媒介的数据管理方式在效率方面及合规性方面有不足，但是它们在当今的生物分析行业中仍然很普遍。SOP 下的无纸化操作过程，实时数据获取和存储，数据检索，逐渐成为生物分析实验室进行日常操作的趋势。在规范化环境中，对计算机系统的验证也越来越重要。在本章中着重阐述了对计算机系统进行验证的具体操作，并展望了数据管理法规的未来趋势。在无纸化的生物分析实验机构中，数据的安全性和完整性极其重要。本章同时推荐了对保持数据完整性、安全性，数据分享和归档的最佳操作。另外，还讨论了未来全球一体化大形势下生物分析实验机构的数据管理系统。随着数据管理系统从之前的表格处理方式迈向一套完整的，可以将不同公司的不同操作过程进行有机结合的处理方式，不同部门、机构之间的合作会越来越紧密，同时可以在遵法保质和高效率两方面齐头并进。

参考文献

Computerized systems used in non-clinical safety assessment. Drug Information Association, Maple Glen, PA, 1988.

Computerized Systems used in non-clinical safety assessment—current concepts in validation and compliance, Drug Information Association, Horsham, PA, 2008.

GAMP 5: A Risk-Based Approach to Compliant GxP Computerized Systems, International Society for Pharmaceutical Engineering. Available at http://www.ispe.org/gamp5. Accessed Mar 7, 2013. Retrieved Feb 28, 2012.

Guidelines for the Archiving of Electronic Raw Data in a GLP Environment, version 01. 2003. Available at http://www.bag.admin.ch/anmeldestelle/12828/12832/index.html? Accessed Mar 7, 2013.

Guidelines for the Acquisition and Processing of Electronic Raw Data in a GLP Environment, version 01. 2005. Available at http://www.bag.admin.ch/anmeldestelle/12828/12832/index.html? Accessed Mar 7, 2013.

International Society for Pharmaceutical Engineering. Good Automated Manufacturing Practice guidelines (GAMP 4). ISPE, Tampa, FL, 2001.

International Society for Pharmaceutical Engineering. Good Automated Manufacturing Practice guidelines (GAMP 5). ISPE, Tampa, FL, 2008.

Ministry of Health and Welfare. Ordinance 21, GLP standard ordinance for nonclinical laboratory studies on safety of drugs. Tokyo, 1997.

Organisation of Economic Co-operation and Development. OECD series on principles of good laboratory practice and compliance 10. The application of the principles of GLP to computerized systems. OECD, Paris, 1995.

Organisation of Economic Co-operation and Development, OECD Series on Principles of Good Laboratory Practice and Compliance 1. OECD Principles of Good Laboratory Practice, 1999.

US Food and Drug Administration. 21 Code of Federal Regualtions 58, Good Laboratory Practice for Non-clinical Laboratory Studies. Office of the Federal Register, National Archives and Records Administration, Washington, DC, 1978.

US Food and Drug Administration. 21 Code of Federal Regulations 11, Electronic Records; Electronic Signatures Final Rule. Office of the Federal Register, National Archives and Records Administration, Washington, DC, 1997.

US Food and Drug Administration. Guidance for Industry: Computerized Systems in Clinical Trials. US FDA, Silver Spring, MD, 1999.

US Food and Drug Administration. Guidance for Industry: Part 11, Electronic Records; Electronic Signatures—Scope and Application. US FDA, Silver Spring, MD, 2003.

US Food and Drug Administration. Guidance for Industry: Computerized Systems in Clinical Investigations. US FDA, Silver Spring, MD,2007.

11

监管部门检查生物分析实验室的趋势及发现的问题

作者：Frank Chow、Martin Yau 和 Leon Lachman
译者：温冰
审校：侯健萌、罗江、刘佳、李文魁

11.1 引 言

生物分析在药物研发中发挥着非常重要的作用，它支持从药物发现阶段的研究到药物临床前［遵守良好实验室规范（GLP）］的研究，再到药物临床［遵守良好临床试验规范（GCP）］的研究。虽然有了相关的 GLP 和 GCP 法规[如美国联邦法规 21 章 320 条（21 CFR 320）、21 CFR 58、21 CFR 11、21 CFR 50、21 CFR 56、21 CFR 312]，但这些法规并不是全部直接用于生物分析实验室的管理及运作（Ocampo et al., 2007; Timmerman, 2010）。为了解决这个显著的问题，各监管机构先后颁发了相关的指导原则，如美国食品药品监督管理局(FDA)和欧洲药品管理局(EMA)(FDA CPGM 7348.001, 1999; FDA Guidance for Industry: Bioanalytical Method Validation, 2001; EMA Guideline on Bioanalytical Method Validation, 2011)。这些法规文件提供了大体原则，在生物分析的合规标准及检测要求方面所给出的重要细节并不多。受监管的生物分析实验室在过去几十年里经历了一个质量标准不断提高的动态过程。业界[美国药学科学家协会（AAPS）]与 FDA 先后于 1990 年、2000 年、2006 年及 2008 年在华盛顿特区附近的水晶城（Crystal City）举行研讨会，讨论各种不断变化的生物分析监管和合规方面的问题，以及标准和规范的建立。来自多国的监管机构、合同研究组织（CRO）和制药企业的专家参加了研讨会，发表了研讨会白皮书（又名：共识文件）(Shah et al., 1992, 2000, 2007; Miller et al., 2001; Desilva et al., 2003; Viswanathan et al., 2007; Fast et al., 2009; Savoie et al., 2010)。这些白皮书被 FDA 和其他监管部门用来修订及更新他们的指导原则，也被 CRO 及制药企业用于进一步改善管理流程，以避免被监管部门质询或被强制整改。

2001 年 5 月美国 FDA 颁发了《生物分析方法验证工业指导原则（草案）》。该文件提出了对生物分析实验室合规性及质量控制（QC）的基本要求。下面引用 FDA 现行指导原则的一个章节。

从事药理学、毒理学和其他临床前研究并向监管部门递交申报材料的分析实验室，应当在整个过程中恪守美国 FDA 的 GLP（即 21 CFR 58）和合适的质量保证（QA）原则。对于人体生物利用度（BA）、生物等效性（BE）、药代动力学（PK）和药物相互作用（DDI）的研究，必须符合 21 CFR 320.29 的要求。分析实验室必须有书面的标准操作规程（SOP），以确保有一套完整的 QC 和 QA 体系。SOP 应涵盖分析工作的各个方面，包括从样品采集、运达实验室，直至报告分析结果。SOP 也应该包括记录保管、安全和样品保管链（保证供试品完整性的问责系统）、样品制备、分析工具（如分析方法）、试剂、设备、仪器、QC及结果验证的流程……

应当注意的是，在准备本章节的时候，为了包括2007年和2009年发表的AAPS-FDA水晶城生物分析研讨会白皮书中的新共识，FDA/OSI（科学调查办公室）正着手更新上述指导原则。指导原则的更新版本将更深入地阐释在水晶城会议上讨论的各种新需求。

2011年，EMA颁发了题为《生物分析方法验证指导原则》的欧洲版本，并提出了他们对生物分析实验室遵循GLP法规的看法，EMA有如下说明。

生物分析方法验证和样品分析应遵循药品非临床研究的GLP原则。然而，根据2004/10/EC法案，临床样品生物分析研究不属于GLP的范畴，因此进行此类项目的机构，没有必要按GLP进行监管。另外，对于药物临床研究，应遵循药物临床试验的GCP。

最近，其他监管机构如巴西国家卫生监督局（ANVISA）、中国食品药品监督管理总局（CFDA）、日本卫生、劳动与福利省（MHLW）和加拿大卫生部健康产品与食品部（HPFB）也颁发了或正在起草其生物分析的指导原则。

从这些指导原则可以看出，美国FDA和其他监管机构的期望是：所有参与支持临床前和临床研究的生物分析实验室均需具备适当的运作系统、SOP和QC，以保证数据的准确性、有效性和完整性。在美国FDA和其他监管部门没有出台更具体规定的情况下，应当执行GLP和良好生产规范（GMP）法规中所适用的部分，以保证合规性和QC得当。

在贯彻实施具体合规标准时，不同机构或不同人员对相关法规和指南的理解与执行的水平可能参差不齐。这便导致在监管检查时发现许多严重问题，最终导致强制整改。本章基于已发表的监管检查趋势、监管检查质询和监管检查整改追踪信等，详细分析了当前的监管指导原则与监管部门的要求。另外，还讨论了监管检查质询的合规和科学基础。此外，本章还要深入讨论近期美国FDA检查发现的问题（FDA 483表）和当前生物分析领域几个涉及数据准确性和合规性的“热点话题”。这些“热点话题”包括：①用真实样本来充当“准备分析批”或“预平衡分析批”，②在分析批顺序进样结束后，重新进样以换掉不合格的QC样品或校正标样，③事件调查的做法，④有关已测样品再分析（ISR）的要求。

11.2 近期监管检查的趋势

根据综合分析近期FDA和其他监管机构的检查报告、FDA无标题信函/警告信（FDA untitled/warning letter）和在检查制药企业及CRO实验室或帮助这些机构评估和解答监管检查质询及应对监管强制整改时所积累的经验，总结了如下几个基本主题（Chow et al., 2008）。基于近期FDA的检查结果和其他监管机构检查的关注点，大部分生物分析实验室都更新了管理程序，以避免严重的合规问题。

- 数据完整性（电子记录）：2010年7月，FDA宣布要进行与21 CFR 11相关的检查。检查的重点是人用药品的研发是否符合该指导原则中有关“电子记录，电子签名，范围和应用”的要求。当今生物分析实验室中大部分仪器和数据系统都已计算机化，因此应当遵守FDA 21 CFR 11有关“电子记录与电子签名”的规定。在使用这些计算机化的仪器和数据系统时，缺乏适当的管控已导致多家生物分析实验室被FDA严重质询（FDA 483表）并被强制整改。本章将讨论FDA 483表中常列举的有关数据完整性问题的实例。结果的完整性、准确性和有效性极其重要。监管人员在评审新药申请（NDA）或简略新药申请（ANDA）时会从很多角度提出质疑，如果结果的完整性、准确性和有效性有问题，NDA 或 ANDA 的批准会被延迟或被拒绝。11.5 部分将详细讨论近期 FDA 强制执行的案例中有关可能影响数据可靠性和电子记录方面的问题。

- 已测样品再分析（ISR）：在 2006 年于水晶城举办的 AAPS-FDA 研讨会上，与会者重点讨论了在项目中除使用随行 QC 样品外，还需用受试者的样品来证明生物分析方法的重现性，以佐证结果的有效性，这些讨论可见于 2007 年发表的白皮书（Viswanathan et al., 2007）。有关 ISR 的讨论，起初是由 FDA/OSI 在检查一些生物分析实验室时所产生的疑虑引发的，理论上初值结果与复测结果应该一致，但实际上他们发现重现性并不如预计的好。在 2006 年美国仿制药协会（GPhA）秋季大会上，Viswanathan 博士（时任 DSI 的副总监）报告了 FDA 对生物分析方法重现性问题的担忧。他列举了 3 个所谓“合格”的 BE 研究，发现 C_{max}、T_{max} 和曲线下面积（AUC）值差别甚大。在后续的 2008 年水晶城 AAPS-FDA 研讨会上，实施 ISR 成了首要议题。2009 年发表的白皮书正式提出了有关 ISR 的建议及要求（Fast et al., 2009）。增加这个新要求基于如下事实：即使通过使用配制的 QC 样品已证明了某方法的适用性和重现性，但在分析真实受试者的样品时，该方法仍可能表现不同。真实样品（即采自受试者的样品）与配制的 QC 样品在许多方面不一样，真实样品可能含有代谢产物，而这些代谢产物可能会转化成母体化合物，导致分析结果不重现。其他因素如基质效应、样本均一性问题、与真实样品有关的蛋白质结合等，都可能是导致分析结果重现性不好的重要因素。ISR 的目的就是要提供直接的证据，以证明分析方法适合在实际条件下使用，在分析真实样品时有重现性。合格的 ISR 结果，为所报告结果的准确性和可靠性提供了额外的保证，进而可加快审查或检查的结束。在从 2007 年到 2009 年 AAPS-FDA 发表有关 ISR 白皮书的几年间，不同实验室实施 ISR 的做法千差万别。由于监管机构没有就 ISR 发布细则，因此实验室各行其是，操作水平也良莠不齐，这导致了大量的 FDA 483 表问题。2011 年，EMA 颁发了生物分析方法验证的指导原则，其中 EMA 加入了有关对 ISR 的具体要求。FDA 也正在着手更新其指导原则以涵盖 ISR。
- 不正常趋势和事件调查：2006～2007 年，FDA 广泛深入地调查了 MDS 公司（MDS Pharma Services，MDS 制药服务公司）位于加拿大蒙特利尔（Montreal）圣劳伦特（Saint Laurent）的生物分析实验室，鉴于观察到的数据不可靠问题，FDA 采取了严厉的强制措施。数以百计的在 MDS 圣劳伦斯实验室进行的并已通过的 BE/BA/PK 研究的结果可接受性及有效性被 FDA 质疑。为了避免类似的合规性问题，大部分生物分析实验室开始意识到，对于在方法验证或样品分析批中出现的任何不正常偏离趋势和非正常事件，都应该进行正式并有书面记录的调查。实验室应起草 SOP 以指导事件调查流程。然而，由于 FDA 和其他监管机构并没有颁发任何相应的指导原则，仍然有一些生物分析实验室因为没有进行必需的调查或所进行的调查不充分而被质询。下面列举了 FDA/OSI 和其他监管机构关于事件调查的顾虑（Chow et al., 2008）。
- 对于严重的复发事件、异常结果和用来支持不使用/不报告/不采用数据的偏离报告，没有进行有记录的、系统的、彻底的和科学合理的调查。

- 未能查明问题的根源，未评估对数据的影响，或未实施得当的纠正和预防措施（CAPA）。
- 由于在2007年以后ISR成为FDA/OSI的硬性要求，生物分析实验室开始面临另外一个重大挑战，即有关ISR失败的调查。根据FDA/OSI的要求，如ISR失败，生物分析实验室需要进行完整的调查，并评估ISR失败所造成的影响，以支持其分析结果的可靠性。然而，由于缺乏经验并缺少公开发表的详细指导原则，监管机构发现很多生物分析实验室对ISR失败进行的调查并不充分。
- FDA/OSI认为，如某个特定群体的数据组在被调查后认定是不准确的或无效的，那么整个数据组（包括由相同的分析批产生的“合格数据”，或由确定根源所影响的相关数据）都会被质疑。实验室需要开展完整的调查，以确定“合格数据”是可接受的。当确定问题的根源涉及所有样本时，实验室不能简单地按照SOP中分析批的接受标准来拒绝那些明显“坏结果”，或接受那些明显“好结果”。
- 分析批的可接受性：对每一个分析而言，其结果的有效性或可接受性都应根据在方法验证中所获的生物分析方法的性能特征进行评判。如果分析批的方法性能与在方法验证时观察到的相差甚远，而所做的调查又无法进一步支持其结果的可靠性时，BA/BE研究数据的可靠性就会被质疑。使用太少的受试者样品来进行ISR，不足以证明方法的重现性和报告结果的准确性（21 CFR 320.29）。例如，对于样品数量大于或等于1000的项目，应选取总样品数的5%进行ISR；当样品数目小于1000时，应选取总样品数的10%进行ISR。很多涉及FDA 483表的问题，都是分析批QC不当或不遵守规程任意接受分析批的结果。

11.3 调查不得当——MDS公司案例

MDS公司的合规问题是在2003年FDA对其圣劳伦特分部的一次常规检查后发现的。FDA对其生物分析实验室控制规程和做法的诸多不足表示了密切关注。FDA的关键疑虑之一是MDS公司对一个由于使用自动化96孔板仪器（Tom-Tec）处理样品时出现的一例明显样品污染事件的不当处理。MDS公司对因样品污染而造成的异常结果没有进行系统且彻底的调查，也没有去寻找问题的根源，更没有采取适当的纠正措施。MDS公司根据其内部的SOP拒绝了由于“污染”造成的明显“坏结果”，而接受其他明显的“结果合格”的结果。FDA/OSI的监管官员反对这种做法。MSD公司在其回复中试图证明他们的做法是妥当的，并在与FDA的会议上试图为其做法辩护。FDA/OSI认为，当调查发现某特定数据组是不准确的或无效的，整个数据组（包括那些由相同的分析批产生的“合格数据”）可能由于受到了确定因素的潜在影响而被认为是可疑的。实验室理应开展全面调查，以证明接受“合格数据”的正当性，而不能简单照搬SOP中对分析批的接受标准，有选择性而且机械性地接受“合格的数据”及拒绝“不合格的数据”。FDA拒绝了MDS公司的回复，并且在2004年签发了两封“无标题信函”，要求MSD公司审查过去5年在其圣劳伦特分部做过的所有已通过的BE/BA/PK研究项目，以保证研究数据和研究结论的准确性与可靠性，这样就牵连了数百个用以支持产品批准的研究项目。在2006年的跟踪检查中，FDA对MDS公司内部审查的有效性不满意，并于 2007 年 1 月在 FDA 的网站上公开了一封信函，要求所有 ANDA 持有者自行审查并实施整改措施，以支持其基于在 MDS 公司圣劳伦特分部的 BE 研究而获批的产品。信函概括了 FDA 的担忧，下面是信函的摘录。

> 尊敬的 ANDA 持有者/申请者：
>
> 作为美国简略新药申请（ANDA）的资助人，我们书面通知您关于加拿大 MDS 制药服务公司位于魁北克省圣蒂伦特（蒙特利尔）和布兰维尔的生物分析部门进行的用于支持您的 ANDA 的生物等效性（BE）研究项目的相关事宜。
>
> FDA 针对 MDS 公司自 2000 年以来所开展的 BE 研究项目进行了多次深入的检查。这些检查中发现的问题令人严重担忧用于药物上市申请的生物分析数据的可靠性。我们的这些检查所发现的问题包括但不限于以下内容。
>
> - 未能开展系统、彻底的评估，以明确污染的来源并加以改正。
> - 未能调查异常结果。
> - 初测值与复测值之间缺乏重现性。
> - 现行样品预处理过程无法保证方法的准确性。
> - 刻意篡改实验数据，用以接受失败的分析批。
> - 没有用适当的方法验证实验和文件记录来证明分析方法的准确性。
>
> 因此，鉴于这些项目属于您递交的申请的一部分，我们建议您在本信发表的 6 个月内采取下列措施中的一种。FDA 推荐的顺序如下。
>
> 1．重新进行 BE 研究。
>
> 2．在不同的生物分析机构重新分析所有样品。如果这样，必须证明冷冻保存期间原始样品的可靠性。
>
> 3．委任独立的有资质的专家进行科学性审计，该专家需由贵公司指派，而不能由 MDS 公司选择，并且需要熟知 BE 研究领域和生物分析数据，以复审由 MDS 公司产生的报告结果。
>
> 另外，因为 FDA 检查 MDS 公司项目时所发现的严重问题之一就是结果异常，所以对于上述选项，我们推荐将研究中获得的全血或血浆药物浓度与任何公开发表的文献或其他可以公开获得的相关信息进行比较。如果您无法在 6 个月的时间内完成以上任一选项，请告知我们原因及预计的完成时间。

显而易见，在这封信中 FDA/OSI 表达了对 MDS 公司生物分析实验室管理与运作上的做法的密切关注。关键问题之一就是没有对异常结果进行系统、彻底的调查以明确造成异常结果的根源。在那段时间，这似乎是 OSI 的一个新的检查重点，而这重点看上去与 FDA 监管的 GMP 分析实验室对不合格结果（OOS）进行调查的要求很相似。MDS 公司的案例立即引起了其他几乎所有生物分析实验室的反应。这期间，基本上每个生物分析实验室都起草了新的 SOP，以确保在有异常结果出现时立即进行系统彻底的调查。现在，该做法已经成为行业的标准。

11.4　关注数据完整性——CETERO 案例

近期看到了多起 FDA/OSI 向多家 CRO 签发的警告信、无标题信函（Miller et al., 2001; Savoie et al., 2010）的事件。在经历了 20 世纪 80 年代末至 90 年代初“仿制药丑闻”的混乱年代后，对不端科学行为的关注又再次浮现。在那个时候，几个生物分析实验室如 Pharmacokinetics 和 Biodecision 实验室，都因数据完整性问题而名誉扫地。最近的一起事件与检查 Cetero Research 在得克萨斯州（Texas）休斯敦（Houston）的生物分析实验室（Cetero-Houston）有关，这次检查导致 FDA 质疑该实验室生物分析结果的完整性。与 MDS 公司案例相似，FDA 在 2011 年 7 月 26 日的“无标题信函”中，要求所有于 2005 年 4 月 1 日至 2009 年 8 月 31 日在 Cetero-Houston 开展的所有 BE/BA/PK 研究都需要采取整改措施。下面是 Cetero-Houston 案例。

作为FDA生物研究监管计划（BIMO）的一部分，2010年5月，FDA达拉斯地区办事处和OSI检查了Cetero-Houston实验室。FDA BIMO旨在确认递交给FDA以支持NDA或ANDA的数据可靠性，并审查是否符合CFR 21 320中有关BE/BA的要求。这也是一次“有因检查”，源于Cetero-Houston前雇员的投诉。该投诉人向FDA举报，Cetero-Houston生物分析实验室的一些分析技术员没有遵守SOP，并且经常篡改和伪造实验室记录。在向FDA投诉举报前，举报人也通知了Cetero-Houston管理层关于实验室存在的违规和行为不端问题。作为对投诉的回应，Cetero-Houston告知FDA，已经开展了针对这起投诉的内部调查，同时聘用了外部顾问公司进行独立评估。在Cetero-Houston内部调查中发现的一个重要问题就是伪造生物样本提取时间/日期。具体而言，在查看员工进出实验室大楼的电子门卡记录后，Cetero-Houston发现，一些从事生物样品提取的员工在其所“记录的样品提取时间内”，要么不在实验室大楼内，要么比记录的时间晚1h以上才进入大楼。因为这种明显的出入，Cetero-Houston主动向FDA汇报，在为多个客户的多个项目所做的生物分析中，有员工伪造了样品提取的日期或时间，究其原因，是因为员工如果周末或节假日加班可以获得奖金。在进行内部调查的那段时间里，Cetero-Houston周期性地向FDA递交了调查进展报告。因此，在2010年5月的检查前，FDA收到了Cetero-Houston内部调查进展报告、最终调查报告和第三方调查报告。

很显然，根据上述背景资料，FDA是等所有Cetero-Houston的内部调查和第三方调查结束后才安排了2010年5月的检查，以判断：①Cetero-Houston内部调查的范围和结论是否可以能够圆满地解答举报的问题；②在Cetero-Houston产生的用于NDA的生物分析数据是否可靠。然而，在结束2010年5月的检查后，FDA决定推迟签发“无标题信函”给Cetero-Houston。相反，FDA安排了2010年12月的第二次“有因检查”，以便进一步调查2010年5月检查时发现的严重问题，并且检查更多的正在等待FDA批准的项目。2011年7月26日，FDA最终正式向Cetero-Houston签发了“无标题信函”。此时情况是：①FDA完成了所有与投诉有关的调查；②Cetero-Houston完成了内部调查报告；③第三方调查报告也已完成；④Cetero-Houston向FDA递交了FDA 483表的书面回复。在“无标题信函”中，FDA得出的结论是在2010年5月和12月两次FDA的检查中和第三方在2009年7月的调查中都发现Cetero-Houston的操作流程存在大量严重的问题，而且其内部调查是不充分的。以下是FDA关注的几点。

第一，FDA发现，Cetero-Houston对有关样品预处理实验记录造假的调查不充分。因为该调查仅局限于在分析步骤（AP）中日期和时间上的造假，并未考虑到该造假行为对整个项目的影响，也没有评估该造假行为对分析步骤中其他数据的影响。FDA的结论是，实验记录上的任何造假都会让人怀疑其他数据的可靠性。所以，无法估量伪造数据的真正程度。FDA也拒绝接受Cetero-Houston有关日期/时间上的造假是因为在周末或节假日工作能获得奖金的解释。因为后来发现，提取时间/日期上的造假在正常工作日也有发生。此外，“无标题信函”中还用例子说明，由Cetero-Houston质量保证部门（QAU）进行的例行审计，不能有效地保证实验记录的可靠性。

第二，FDA对Cetero-Houston通过进行预平衡实验或“预分析批”来改变分析批中分析样品的结果使其符合接受标准的行为表示了关注。在给FDA 483表的回复中，Cetero-Houston解释道，预平衡实验或“预分析批”是用来优化、平衡仪器。然而FDA指出，他们并不反对在运行正式分析批前预平衡液相色谱-串联质谱（LC-MS/MS）系统，但反对 Cetero-Houston 在日常操作中使用未被正式分析的校正标样、QC 样品、空白样品及受试者样品进行预平衡实验或“预分析批”。在“无标题信函”中 FDA 还提到，所谓的预平衡或“预分析批”测试在一台 LC-MS/MS 系统上进行，然而正式的分析批却在另外一台 LC-MS/MS 系统上进行。因此，所谓预平衡或“预分析批”的真正目的令人生疑。

第三，FDA 得出结论，Cetero-Houston 没有能力进行有关预平衡或“预分析批”的充分调查，因为缺乏有关“预分析批”的记录。“无标题信函”中指出，Cetero-Houston 在 2009 年 12 月之前没有一个有关 LC-MS/MS 系统预平衡的 SOP。由于缺乏相关的 SOP 和任何与预平衡或“预分析批”相关的原始记录，这些因素使 Cetero-Houston 和 FDA 无法评估和重构“预分析批”是如何进行的，真正进样的是哪些样品，以及对实验结果的影响如何。此外，不能排除在正式分析批前替换不合格的校正标样、QC 样品或空白样品的可能性。总而言之，无法评估预平衡或“预分析批”违规的影响程度。

第四，值得注意的是 FDA“无标题信函”中也引用了独立第三方调查中所发现并关注的问题。下面的段落总结了独立第三方的顾虑，这一点 FDA 也很认同。

尽管色谱图可能被接受，QC 样品的结果可能符合标准，ISR 数据可能也很好，但记录的不规范让人怀疑分析过程中基本要素的完整性。如果实验室的根基已经腐烂，其产生的数据也必定如此。调查中发现的一些做法让人无法接受。最大的担心是已产生的数据所造成的最终影响，但这无法获知。

Cetero-Houston 案例的教训是，生物分析实验室的关键是优良的实验记录和遵守 SOP。保存在实验室的原始记录应该可以让审查员重构生物分析过程中的重要事件或步骤。缺乏合适的原始记录，使调查无法彻底进行，也妨碍了生物分析实验室问题根本原因的发现和解决。另外，如果实验室不保存合适的原始记录，再加上员工不按照 SOP 操作，QAU 确保实验室记录的可靠性，发现任何数据造假、数据篡改或记录不规范的职能就受到了影响。尽管 Cetero-Houston 公司很显然想以一种适合的方式来处理这起投诉，如与 FDA 沟通、开展内部调查和请外部独立第三方机构来调查，但他们无法克服实验室已经存在的根本障碍（如多个分析员被确认在过去的 3～4 年有数据造假行为，用预平衡或“预分析批”来预先检测样品而没有相应的 SOP，没有保存适当的记录）。最终，他们无法消除 FDA 对数据完整性的顾虑。

11.5　监管检查中一些具体问题的讨论与分析

基于既往对全世界几百家生物分析实验室检查的经验，以及根据美国信息自由法案（FOIA）获取的公开的 FDA 483 表问题报告，笔者课题组发现，近期 FDA 483 表最常见问题涉及以下几个方面。

- 数据完整性/电子记录。
- 方法验证。
- 分析批可接受性。
- 事件/偏离的调查和解决。
- 测试样本的可衡量性。

下面列举了一些 FDA 可能有针对性的问题及其科学基础和合规基础。这些信息有助于生物分析实验室的管理层进行适当的风险评估，以适当改进现有的系统、流程和管理。这些信息大部分来自本篇作者之一在 2008 年发表的一篇文章（Chow et al., 2008）。同时，为保证内容的时效性添加了一些近期监管检查中发现的新的热点问题。

11.5.1　数据完整性/电子记录问题

以下列举了有关数据完整性/电子记录方面的常见问题。

（1）未能记录所进行实验的所有内容，尤其是未能归档或报告样品分析中被定义为“非正式”的结果。对涉及多分析物的研究，未能提供样品分析或重分析中把有些结果定义为“非正式”结果的正当理由。另外，在高效液相色谱（HPLC）和 LC-MS/MS 仪器的使用日志中，也没有记录非正式分析批或测试分析批序列的文件。

（2）对于没有报告的样本再分析“测试”，未能保存相应的记录和审查追踪报告。尤其是有公司选择那些浓度异常的样品进行重新分析，直至获得满意的结果为止。这些“测试”的分析批结果都存在于单独的“R&D”文件夹内。因此，无法保证生物分析数据的完整性。

（3）未能记录所开展项目的所有内容。

整个分析批被重新分析了，然而在最终报告中仅报告了重新分析的结果，没有提供重新分析的理由及初始结果。

（4）缺乏确保研究实施完整性的原始文件。

- 没有研究样品和 QC 样品取还的冰箱日志。
- 未能保管所有与客户沟通的邮件（质量体系）。
- 未能在 SOP 中定义系统管理员、实验室主任和行政管理负责人的角色。因此，实验室主任被允许充当有权限设定和开启审计追踪功能的系统管理员，但 SOP 没有清晰地描述实验室主任是否能关闭系统的审计追踪功能。
- 未能给电子记录提供足够的安全保障［例如，只要从计算机账户登录，就可以进入用于采集数据的计算机工作站和软件（如“Analyst”）；没有参与样品分析的人员被允许进入数据采集软件］。

（5）缺少 SOP 来描述用于平衡 LC-MS/MS 仪而进行的预平衡或“预分析”的测试样品和相应规程。

（6）在预平衡或“预分析批”中使用未被正式分析的校正标样、QC 样品、空白样品和从受试者身上采集的生物样品。

合规/科学基础：如前面所讨论的，良好的记录和遵循 SOP 是生物分析实验室的基石，只有这样才能保证所报告生物分析数据的准确性和完整性。任何与研究项目有关的原始记录、数据（包括电子记录）都应该在实验室中完整的、安全的保管，以支持任何内部 QA 人员和第三方及监管部门的检查。完整的记录可以让检查人员重构生物分析过程中的重大事件和关键步骤。缺少适当的原始数据，会使开展彻底调查受到限制，这也妨碍了实验室对生物分析问题相关的调查，也就无法找到根本原因以加以解决。另外，如果实验室中没有保存适当的原始数据，加上分析技术员不遵循 SOP，也会限制 QA 部门在保证实验结果可靠性和发现数据造假、数据篡改或违规记录等方面的职能。

11.5.2　方法验证的问题

临床 BA/BE/PK 研究需要生物分析的支持，而对生物分析方法验证的要求，一直是生物分析实验室和 FDA 之间讨论的话题。FDA 在 2001 年 5 月发表了有关生物分析方法验证的指导原则文件，该文件源于由工业界与 FDA 在 1992 年和 2000 年共同发起的两个研讨会（Shah et al., 1992, 2000）。在本章作者之一近期发表的文章里，重点讨论了几个与生物分析方法验证有关的严重的合规性问题（Chow et al., 2009）。在近期 FDA 签发给生物分析实验室的 483 质询中，与方法验证有关的问题占据了很高的比例，下面列举了一些 FDA 发现的问题。

问题 1：很多生物分析实验室因为没有汇报所有用来确定方法适应性、准确度和精密度的分析批结果而被质询。下面列举了与这个问题有关的 FDA 483 表问题。

（1）因为省略了很多在方法验证前进行的且准确度和精密度又不好的分析批，方法验证报告不能正确地反映方法的准确度和精密度。

（2）未能报告所有产生有效数据的方法验证实验。未能在方法验证报告中对所有数据进行统计。如以下内容。

- 在计算批内准确度和精密度时，未包括 2 个低浓度水平 QC 样品。
- 溶血效应数据被排除在外，但又没有给出原因。

（3）只报告通过的长期稳定性结果。

（4）方法学验证报告没有准确地列举拒绝分析批的理由。由于污染而拒绝的分析批，在报告中却被描述成“QC 样品和校正标样不合格”及“没有报告的分析批”。

合规/科学基础：在 2001 年 5 月 FDA 发表的业界指导原则——生物分析方法验证里，明确地规定了确定方法准确度和精密度的要求，即应包括“所有报告的方法验证数据，测定准确度和精密度时应包括所有离群值”。同样，在 FDA 1999 年 5 月 1 日颁发的标题为“生物研发监管-体内生物等效性”CPGM 7348.001（合规程序指导手册）中，明确规定“在确定分析方法的精密度、灵敏度和准确性时，应包括所有的数据点，除了那些有记录的、用科学合理的理由拒绝的数据”。

然而在方法验证中，在确定方法的准确度和精密度时排除失败的分析批，这是过去生物分析实验室普遍存在的问题，这也导致了很多近期的 FDA 483 表质询，尤其是当没有记录来说明排除的理由时。在很多生物分析实验室，人们常常按照色谱分析批的接受标准排除那些因为校正标样或 QC 样品不符合 SOP 规定的接受标准而失败的方法验证分析批。然而，如果这些用于方法验证的分析批是因为方法本身的变异而造成其结果不符接受标准，那么根据上面引用的 FDA 文件，在确定方法的“真实的”准确度和精密度时，这些数据应该包括在内。因此，生物分析实验室需要检查所有的方法验证分析批，无论通过或未通过的，以确保有正当的理由来支持任何被排除的数据。除非未通过的分析批是由个别的与方法本身无关的因素造成的，否则所有数据都应包括在内。应当记录排除分析批（数据）的理由，并经适当的审批，用以支持公司的决定及在需要时供客户和监管部门参考。

问题 2：在过去的几年里，很多生物分析实验室因为使用冰冻的校正样品收集稳定性数据而受到质询。下面列举了几个与此问题有关的案例。

（1）在化合物稳定性（包括冻融循环稳定性、预处理后的稳定性等）的考察中，未使用新鲜配制的校正标样。

(2)没有用新鲜配制的校正样品来验证预处理后的样品稳定性(如自动进样器稳定性)。

合规/科学基础：2001 年 FDA 在其生物分析方法验证的业界指导原则中指出，“在所有稳定性的测定中，都应将新鲜配制的待测物储备液加到合适的不含待测物的且无干扰的生物基质中配制一套样品进行测定”。尽管 FDA 的指导原则已颁布多年，仍有很多生物分析实验室使用储存的冰冻校正标样来获得稳定性数据。这种操作的理由是公司只需要证明“相对稳定性”，因而他们的做法是配制大量的校正标样和 QC 样品，并且将这些样品与待测生物标本保存在相同的条件下。这样的观点是，尽管冰冻校正样品中待测物在储存期间会降解，但这并不能影响产生结果的准确度和精密度，因为测试样品中的待测物也会以相同速率降解。然而，FDA 的指导原则要求证明“绝对稳定性”，以全面了解方法的性能和适用性。结果，很多 FDA 483 表质询是因为生物分析实验室在建立稳定性时使用了冰冻的校正样品。

尽管 FDA 指导原则推荐使用比较储存的校正标样与新鲜配制的校正标样的分析结果这种传统方式来测定稳定性，FDA 也允许其他有效的统计学方法，如使用置信限来评估待测物的稳定性（Timm et al.,1985; Kringle et al., 2001）。

问题 3：很多生物分析实验室在过去的一段时间里，经常使用部分验证来支持对方法的修改。但 FDA 并没有提供明确的指导原则来定义部分验证的要求，这样在监管检查时就会遇到问题，下面列举有关实例。

（1）没有正当的理由使用从其他方法/项目（如 HPLC/UV）中获得的稳定性数据来支持更新或新建立方法（如 LC-MS/MS）的稳定性。

（2）当分析过程和分析仪器有重大改变时，未能补充稳定性数据。

（3）当使用的 LC-MS/MS 系统（如用 API 5000 来替换 API 4000）发生变化时，未能重新验证方法的准确度和精密度。

合规/科学基础：大部分由商业性外包生物分析实验室开发和验证的生物分析方法会用很多年，以支持普通的 BA/BE/PK 研究。在最初的验证后，方法可能会进一步被优化或修改。根据 FDA 的指导原则，需要部分验证来支持这些更改。然而，FDA 的指导原则并没有说明在各种条件下的部分验证的具体要求。FDA 的指导原则仅提及“部分验证涵盖从小到一个批内精密度和准确度的测试，至大到几乎完整验证”。结果发现，对于相似的方法更改，不同实验室所进行的部分验证差别甚大。很多生物分析实验室曾认为，待测物的稳定性不受所使用的分析方法所影响，因此不需要重复稳定性实验。然而，尽管待测物的化学稳定性可能不会变化，但每个分析方法的复杂程度和固有变异性［如不同的回收率（RE）］不同，因此用不同生物分析方法所建立的稳定性时间跨度可能会不一样。所以，在想用原方法的稳定性数据来支持新方法前，需要有真凭实据的科学判断。

问题 4：很多生物分析实验室由于存在与验证方法的偏离而收到 FDA 483 表质询，举例如下。

（1）没有严格使用验证过的方法，使用了手动移取而不是自动化移取，对方法进行了改变，而没有用方法验证数据来证明这些更改不影响数据的精密度和准确性。

（2）当质谱仪的扫描时间从 150 ms 改至 50 ms 时，没有适当地重新验证方法的批间精密度和准确性。

（3）当使用更长的离心时间及在固相萃取器中使用推杆来推血浆时，没有证明该方法的准确性。

合规/科学基础：在问题 3 中有讨论过，从方法确立起，随着时间的推移，它可能会被优化或被修改。很多生物分析实验室试图辩解，称微小的方法修改没有必要进行部分验证。在方法验证后的立即修改当然需要部分验证，但在评估是否需要对方法进行重新验证时，必须考虑所有以前的微小改动和它们的累积效应，这是非常重要的。用修改过的方法产生的数据其准确性和有效性可能会被 FDA 质疑，除非有适当的验证数据支持。为了避免潜在的合规性问题，应该有一个书面的变更控制规程，该规程由 QAU 管理，以确保在决定方法重新验证时对前一次完全验证后的所有方法改动进行全面评估。

根据以往审查生物分析实验室的经验，变更控制和变更管理通常是整个质量系统中的薄弱环节。但在 GMP 条件下，变更控制是非常重要的控制元素。从当前的趋势来看，生物分析领域现在越来越重视这个要求。

问题 5：很多生物分析实验室都收到了关于方法验证不充分的质询（citation），如以下内容。

（1）当用 LC-MS/MS 生物分析方法来支持临床 BA/BE 研究时，未能证明基质效应不存在。

（2）未能在方法验证中评估基质效应，尤其是没有评估基质效应对提取回收率和检测器响应信号的影响。

合规/科学基础：基质效应是一个科学术语，用来描述提取后的生物基质对待测物在质谱仪上产生的信号的影响。由于生物基质的复杂性和样品间固有的不同，提取后基质中的物质可能会影响待测物的离子化，其结果可能是抑制离子化或增强离子化，这将影响 LC-MS/MS 检测结果的准确度和精密度（King et al., 2000; Weng and Halls, 2002; James et al., 2004）。应该注意的是，基质效应是 LC-MS/MS 所特有的，是方法开发（MD）和方法验证中需要评估的重要未知参数之一，以确定方法真正“适合其预期的使用目的”。这个问题在 FDA 的指导原则和很多其他著作中都有讨论。

生物分析实验室常常只在方法开发时评估基质效应，而没在方法验证时进一步证明基质效应的不存在。然而在方法开发期间，实验记录往往不全，并不是所有的数据都被记录下来，支持基质效应不存在的证据就可能不全。结果因为没有这些相关记录，任何回收率显著变化或灵敏度丧失的情况或趋势都可能在 FDA 检查时被质疑。

问题 5（继续）：所配制的 QC 样品和校正标样的组成与测试样品明显不同（例如，在最终配制的 QC 样品和校正标样中有过量的水和有机溶剂）。

合规/科学性基础：尽管 FDA 的指导原则没有指明，但出于科学考虑，在方法验证中应将待测物配制在与待测样品相同的基质中，以确保所获的方法验证数据对真实待测样品有代表性。理想情况下，所配制的 QC 样品和校正标样不应含有任何额外加入的溶剂或水。然而，由于很多分析物在生物液体中的直接溶解度有限，在很多情况下无法直接配制。因此，通常用有机溶剂和水的混合物来配制储备液和稀释工作溶液。生物分析实验室需要有 SOP 来规定如何配制方法验证用的 QC 样品和校正标样，并规定有机溶剂和水的组成限度。通常情况下，配制样品中溶剂的比例一般为 2%，在任何情况下都不应该超过 5%。

问题 5（继续）：在分析血浆中药物含量的方法验证中，校正标样和 QC 样品的配制使用了以乙二胺四乙酸（EDTA）为抗凝剂的血浆，而正式研究样品含有不同的抗凝剂（例如，在 FFO-新鲜的冰冻样品中，使用了柠檬酸-磷酸-葡萄糖为抗凝剂）。

合规/科学基础：经常发现，在很多印度的生物分析实验室中，QC 样品与受试者样品含不同的抗凝剂，这种现象很常见，因而导致很多与前述相似的问题。

问题 5（继续）：所开展的稳定性实验不能反映从受试者采集的血浆样品的真实情况。尤其是稳定性数据是从仅含一种药物而不含另一种药物的样品中获得的，然而受试者的样品中含这两种药物。未能证明当基质中存在另一种药物时分析药物的方法的专属性。

合规/科学基础：对于联合用药，从受试者采集的生物样品（如血浆）通常含有两种或多种分析物。稳定性数据是为了证明受试者血浆样品在预处理过程（如冻/融循环稳定性）和样品长期储存（如长期冰冻储存稳定性）条件下数据的可靠性，FDA 的立场是，由于可能存在的化合物之间的相互作用，稳定性实验中所使用的血浆样品应当和研究样品含有相同的分析物。出于类似的原因，分析单个化合物方法的专属性，也应当在生物样品中存在其他分析物的条件下来证明。

问题 6：监管质询指出：对分析批大小的验证不合适。

（1）在方法验证中，分析批样品数目远小于实际样品的分析批样品数目。

（2）接受的分析批的分析时间超过了方法验证时的分析批分析时间。

合规/科学基础：作为工业界的普遍做法，同时也是 FDA 所期望的，在验证方法准确度和精密度的分析批中，应当包含足够多的测试样品以模拟正式分析批的规模和分析时间（这通常会在 BE/BA 项目测试方案中规定下来）。这样，进一步证明了方法的耐用性。然而，在过去这种做法并不普遍，这方面的不足会受到 FDA 在特定项目检查时的质疑，尤其是在项目样品分析时发现方法耐用性有问题的时候。为了模仿项目样品分析批的运行时间，通常在方法验证的分析批中加入用空白基质样品提取的“模拟样本”来延长分析批的运行时间。

11.5.3 有关分析批接受标准的问题

关于分析批的接受标准，一直都是 FDA 和业界各种研讨会讨论的重要话题，并且已有许多相关的监管指导原则发表。然而，不同实验室之间对监管部门要求的解读及他们的实际操作大有不同，这也导致了很多监管质询，下面举例说明。

问题 1：当超过 50%相同浓度水平的 QC 样品的结果不符合接受标准时，该分析批仍然被接受了。

合规/科学基础：这是在几个生物分析实验室中常见的 FDA 483 表问题。因为在 2001 年 5 月颁发的指导原则没有明确规定每个 QC 样品浓度水平必须有 50%的结果符合接受标准，所以很多实验室并没有遵循这个要求。尽管如此，这个问题在科学上非常合理，因为如果满足了这个要求，将进一步确保在整个浓度范围内使用该方法所产生的数据的准确度和精确度。为了避免将来 FDA 的质询，很多生物分析实验室都在其校正曲线、QC 样品和分析批的接受标准里加上了这个要求。

问题 2：①分析批最初由于 QC 样品的结果不符合接受标准而失败。然而，实验室有选择性地剔除了一些校正标样后，重新处理直至 QC 样品通过标准为止。②剔除校正标样的顺序不一致。如果按照正确的剔除顺序处理，该校正曲线不能通过接受标准。

合规/科学基础：FDA 的指导原则和各种已发表的文章中都已说明，如果一些校正标样的结果不符合事先设立的接受标准，可以将其从回归曲线中剔除。然而，FDA 的指导原则并未提供有关剔除校正标样顺序的细节。结果，一些生物分析实验室的不当操作成为近期 FDA 483 表质询的主要议题。作为改进，很多生物分析实验室更新了其 SOP，就剔除校正标样的顺序做了详细的规定。

问题 3：经查阅近期 FDA 签发给生物分析实验室的 483 质询，作者在下面列举了一些有关分析批接受标准的其他问题，这些问题有些是源于质量系统和管控不当，有些是由于实验室操作不当。在 FDA 审查数据时，这些问题的存在可能会招致质疑。

（1）未能使用足够数量的受试者样品来评估 ISR。

- 未能用已测样品来评估分析方法的重现性。只有不足 5%的已测样品被重分析。
- 在评估 ISR 结果时，使用了±30%而不是±20%作为接受标准。

（2）在样品分析中使用了与方法验证时不同的质谱检测仪，这导致需要改变方法中内标的量和质谱的操作参数。

（3）重新测定样品，但没有记录拒绝原始结果的理由（怀疑样本被替换）。

（4）未能保存实验的完整记录。没有记录样品预处理时负责移取样品的技术员的姓名。

方法 SOP 中没有明确规定必须由一个分析员来完成分析过程中的某个特定步骤，包括分析批中所有校正标样、QC 样品和待测样品。

（5）没有完整的准备大量空白基质的记录（如血浆来源、抗凝剂、体积、日期、操作者等），这些基质用于配制样品分析或方法验证时使用的校正标样和 QC 样品。

（6）制备固相萃取的校正标样的技术员与制备 QC 样品的技术员不同。在样品分析时，校正标样与 QC 样品和待测样品被分别萃取。

（7）在每个单独提取的分析批中，只有两个不同浓度水平的单个 QC 样品。有两个分析批，每批提取了同一受试者在同一周期的样品和 4 个不同浓度水平的单个 QC 样品。没有记录与待测样品共同提取的 QC 样品的浓度。

（8）QC 样品浓度水平无法代表真实样品的浓度，如 C_{max} 浓度从 2645ng/ml 到 8045ng/ml，而 QC 样品浓度为 300 ng/ml、8500 ng/ml 和 20 000 ng/ml。

（9）在方法验证中，没有使用单独称量的校正样品来制备校正标样和 QC 样品。

（10）未能记录实验中如下方面的信息。

- 未能记录所使用的稀释剂；样品处理清单不能清楚地区分特定分析批所使用的校正标样。
- 未能归档或报告“非正式”分析样品的结果。
- 整个分析批被重新分析，但仅报告了重分析的结果，而没有提供重分析的理由，或报告分析初始值。
- 没有记录配制校正标样用的空白基质的批号。
- 样本处理步骤要求一次最多只提取 4～6 个样品，但没有相关记录，以：①证明遵守了该规程；②识别一个分析批中的每个子批次中的样品。
- 方法验证实验证明记录与实际的实验步骤不同步。
- 没有记录确认自动进样器进样顺序被复核过。

（11）没有调查分析批中出现异常浓度结果的根本原因。例如，对某一受试者其浓度“低于定量下限（BLQ）”样品的前后两个样品均可测到（药物）浓度；反之，能测到浓度值的样品的前后两个样品浓度均为“BLQ”。

（12）尽管在分析批中内标响应值出现了明显的波动，该分析批仍被接受。

（13）某些样品在提取后有残留。但没有数据表明样品分析的准确度没有被样品残留影响。

（14）未能审核样品是否按照事先打印的加样顺序加到 96 孔板；但加样错误导致大量

样品浓度异常。

（15）当空白样品中测得的待测物浓度超过 LLOQ 的 20%，没有拒绝该分析批。而是通过选择性地剔除最低的校正标样 1 而接受了该分析批。

（16）样品由于初测值超过了校正曲线的上限而需稀释后重分析。然而，重分析的结果与原始结果不匹配（可能是分析方法对该受试者样品的分析不具重现性）。

（17）分析批在中断了相当长的一段时间后重新进样，没有 QC 数据证明该分析批被中断后重新进样所产生的数据是准确的，但是该分析批的结果仍被接受。

（18）当观察到不正常趋势时，仍然接受了实验数据。例如，被拒绝的分析批、QC 样品和校正标样的百分比（%）远远超过了在方法验证时的百分比（%）。没有证据证明被接受的实验数据的准确性。

（19）异常结果被标示为 PK 离群值而代之重新分析的结果，分析批被接受，但没有合适的理由来证明这些异常结果的确是 PK 离群值。

（20）在接受的分析批中，大量的空白样品、零点标样和受试者给药前样品中观察到明显的干扰。

（21）在接受的分析批中，有大量应客户要求进行重新分析而得的结果，但没有给出适当的理由。

（22）样品分析过程中更改了（校正曲线的）回归类型，但没有适当的交叉验证，该分析批仍被接受。

（23）在接受的分析批中，大部分重分析的结果都与原始结果明显不同。

- 例如，样品初测值超出了定量上限（ULOQ），重新分析整个分析批。样品稀释后重分析的结果与初测值明显不同（所报告数据的有效性值得质疑）。
- 在接受的分析批中，很多数据是用前后不一致的手动积分而获得的。
  - 手动积分色谱图的不一致，对峰型一致的校正标样和 QC 样品采用了不同的积分方法。但如果在一个分析批中对所有样品采用一致的手动积分，有些分析批的结果将不符合接受标准。

合规/科学基础：从上述列举的很多负面问题可以看出，生物分析实验室不仅需要产生原始数据用来支持其项目报告，还要提供合适的原始记录，以科学合理地解释那些被删除的不用的数据。实验室还必须证明，那些被删除的不使用的数据不会影响所报告数据的精密度和准确性。不仅如此，生物分析实验室还应当有适当的记录来避免任何“选择汇报数据”的嫌疑。

由于 LC-MS/MS 方法自身的特点和生物基质的复杂性，上述描述的问题可能发生在任何常规样品分析中，即使所使用的方法被适当的验证过。然而，如果这些问题频繁出现而且比较严重（如出现不正常趋势），这就可能成为 FDA 检查的一个潜在目标。因此，为了减少这种可能性，强烈推荐生物分析实验室使用“质量指标”，对 BA/BE/PK 数据开展充分的内部审计，以消除对有关要报告数据的准确性和可靠性的潜在质疑。“质量指标”可以针对上面提及的那些不利因素而起草以保证数据不受它们的影响。表 11.1 列举了一份“质量指标”清单，它可以有效辅助审计 LC-MS/MS 方法的性能表现，进一步的讨论详见 11.6 节。

表 11.1　评估 LC-MS/MS 色谱数据常用的“质量指标”汇总

分析批接受标准：确定是否接受或拒绝分析批都有正当而有效的理由；确定分析批、质量控制（QC）样品和（或）校正标样（STD）的失败率是否过高，并确定是否有任何不正常趋势等

QC&STD 的可接受性：确定是否按照 SOP 所规定的正确顺序剔除 STD；当 QC 样品和 STD 的结果勉强符合接受标准时，观察是否存在整体偏离标示值的趋势等；确定是否有重新进样不合格的 QC 样品来使其结果符合接受标准的情况

校正曲线：确定项目中所产生的所有校正曲线是否都具有相似的斜率、截距和相关系数

内标变异性：确定内标响应的改变是否表明有潜在的系统灵敏度降低、仪器故障、样品预处理问题、回收率问题、基质效应等现象

系统适用性：确定系统适用性是否符合接受标准；确定是否有记录在案的稳定性数据来支持所完成分析批的系统适用性等；确定在已接受的分析批中是否存在失败的系统适用性

中断的分析批：评估数据，确保没有一个分析批所用分析时间超过了 SOP 所规定的范围等；如果发现分析批时间跨度过长，确定在重新启动分析批前，系统重新测试合格

潜在干扰：评估在空白样品、零点标样和给药前样品等样品中观察到的干扰的程度和频率

不良色谱图：确定合并峰、裂分峰、噪声尖峰、保留时间漂移、基线漂移的程度及其对所产生数据准确性和精密度的影响

峰缺失：确定峰缺失事件的频率，因为这可能表明潜在的系统性样品预处理问题，而这可能导致整个分析批不可信

报告数据的一致性：检查是否存在任何可能被解释为选择性汇报数据、前后不一致的手动积分和剔除STD的方式等的系统性做法

汇报低于定量下限（BLQ）的结果：确定BLQ样品结果的频率和程度，因为这可能表明分析方法或样品预处理方法有潜在的问题

值得注意的是，在上述列举的例子中，根据已往审计的经验，用前后不一致的手动积分是 FDA 检查最常见的问题之一。由于需要分析拓展的浓度范围，在校正曲线低端的背景噪声的影响可能比对高端的要严重。其结果，为了提高分析的准确度，需要采取手动积分。然而，如果这些手动积分前后不一致，则会导致潜在的合规问题。

11.5.4　事件或偏离的调查和解决

前面讨论的 MSD 案例，触发了几乎所有其他生物分析实验室的迅速反应。这期间，几乎每个生物分析实验室都起草了新的 SOP，以保证能对事件或偏离进行系统而彻底的调查。开展充分的有记录的调查现已成为业界的标准。然而，由于 FDA 和其他法规部门没有就事件或偏离的调查发布具体要求，很多生物分析实验室仍然因为未能开展必要的调查，或调查不得当而被质询。

问题 1：当不正常趋势或重大的偏离事件重复发生时，仍然接受了分析批的数据。为了支持这些数据的准确性和有效性，查明问题的根源是必需的，但并没有这么做。举例如下。

（1）除一个分析批外，连续 10 个分析批因为大量 QC 样品的结果不符合接受标准而被拒绝。

（2）同时，对一个“合格”分析批，其 QC 样品的结果勉强符合接受标准。在分析批中，有选择地接受一些数据，而在后续的调查中，发现所使用的自动化前处理仪器在使用中出现了故障。

（3）当出现重大不正常趋势时，仍接受分析批的数据。

（4）在一个研究专题中，未能针对分析批的高失败率展开调查（33%的失败率）。

（5）在对样品进行重新分析时，仪器响应波动甚大，但未能开展相应的调查。究其结果，原测值和复测值之间差异显著，但没有给出适当的解释。

合规/科学基础：从上述列举的有争议的实验室操作中可以看出，生物分析实验室应该对那些显著事件或偏离开展彻底和有记录的调查。在2005年前后，这曾经是一个合规方面问题的"热点"话题。如今，已成为业界的标准。在生物分析实验室对显著事件或偏离展开正式调查，与cGMP中要求制剂分析实验室在发生OOS或结果异常时必须做的相似。在没有依照SOP进行正式调查并得出适当解释前，不能用复测结果来替换原数据。然而，基于既往审计的经验，在过去，很多生物分析实验室都未能对这些类似的问题开展正式且严格的调查。由于生物基质的复杂性和样品间固有的不同，很多生物分析实验室允许用复测的结果替换"异常"结果。他们还把这种做法写进了书面规程，通常不需要正式的、有记录的调查。由于FDA的关注，很多生物分析实验室现已开始审核和修订其有关事件调查、解决和管理的SOP。有效的调查程序应当涵盖一些控制要素，表11.2将这些要素进行了总结。

表 11.2 事件或偏离调查程序中关键控制要素的汇总

由质量保证（QA）牵头实施一个标准操作规程（SOP）系统。该系统旨在记录和追踪所有相关的事件或偏离，并在接受BA/BE研究项目结果之前对相关的事件或偏离进行评估，该系统应包括如下要素

i. 事件定义
ii. 开展有记录的科学合理的调查
iii. 查明根本原因或最可能的原因
iv. 评估事件对其他已报告数据的可能影响
v. 制定适当的纠正和预防措施（CAPA）并进行合适的实施和追踪
vi. 受影响数据的最终处理，并且决定其对生物利用度和生物等效性（BA/BE）研究的准确性和有效性的影响
vii. 在项目结束前，结束单个和多个事件调查的程序

由于BA/BE研究的结论不是基于单点数据，而是基于对所产生的所有数据的统计学评估。因此，在没有结束对所有单个事件评估之前，不能简单地结束对总的事件的评估。只有这样，才能保证所有汇报的数据不受这些事件的影响，合理而且可靠。

11.5.5 待测样品的可衡量性问题

问题1：

（1）未能保存合适而且准确的样品记录。例如，在记录系统中没有从冰冻储存区域领取和归还测试样品的记录，而且未能记录领取和归还样品的操作者的名字，时间和日期。

（2）缺乏原始数据来保证研究过程的完整性（例如，没有冰箱日志来复核样品标识，没有记录来记载从冰箱中领取和归还用于冻融循环和长期冷冻稳定性测试的QC样品，以及在分析批中测定的血浆样品）。

合规/科学基础：根据GLP要求，必须记录所有使用的供试品的保管链信息。相似的要求也适用于生物分析实验室，以保证测试样品和QC样品的储存和操作均符合方法验证时所获稳定性允许的条件。因此，实验记录的格式设计应有助于追踪审计。

11.6　有关支持有效的 FDA 检查的建议——如何准备就绪

从近期 FDA 给生物分析实验室签发的 FDA 483 表质询的趋势可以看出，公司应当彻底评估现今的管理和操作现状，以保证测试数据和结论的准确度和可靠性。作为迎接检查的准备工作的一部分，公司应当进行有针对性的“模拟检查”，并且使用“质量指标（quality indicator）”进行 100%的数据审核，以保证所有的系统、操作、数据和记录文档都能无误地支持成功的 FDA 针对项目的审查。在问题 3“分析批接受标准”的讨论中，所列的“质量指标”都是根据最近 FDA 483 表质询来制定的，以保证所有常见的可争议的问题能在 FDA 审查前发现并加以改正。表 11.1 总结了“质量指标”的例子。

为了支持有效地模拟 FDA 针对项目的检查，需要制定一份良好的检查策略，以保证“模拟检查”的范围既涵盖研究数据方面又涵盖质量体系方面。表 11.3 总结了检查计划的一些重要元素。

表 11.3　典型的模拟 FDA 针对项目检查的审查计划

针对项目的文件和记录：
1．生物分析实验室的组织架构、职责和人员配置，包括支持方法验证，以及生物等效性、生物利用度和药代动力学（BE/BA/PK）研究项目的质量保证（QA）和质量控制（QC）人员
2．生物分析实验室与被检查项目的控制和流程的简述
3．所有相关的方法验证报告、实验方案及纸质和电子原始数据
4．所有支持BE/BA/PK研究项目的相关生物分析方法、方法验证和相关的变更控制记录
5．所有支持 BE/BA/PK 研究项目的相关生物分析报告及其相关的原始数据，包括电子数据
6．所有“预分析批”和（或）“系统平衡分析批”的记录
7．所有其他相关的支持性记录和信息，如引用的数据、偏离报告、调查报告、未报告的/被拒绝的/失败的数据、重分析数据、仪器/设备校正记录、培训记录、内部或外部与分析研究项目有关的通信记录等
8．制备和评估QC样品、校正标样和稳定性样品（支持方法验证及BE/BA/PK研究）的相关记录
9．标准品适用性测试（包括所使用的空白对照血浆和血清样品）的相关记录
10．相关的支持方法验证和 BE/BA/PK 研究的仪器校正记录、仪器认证记录和仪器使用日志
11．所有用于支持方法学验证和 BE/BA/PK 研究使用的计算机验证记录和原始数据
12．所有参与被检查项目的有关分析员和 QA 人员的培训和资质认证记录
13．有关样品接收、处置、储存和管理的记录/日志，这些都是为了确保样品链（包括校正标样和QC样品）管理得当
14．样品的冰箱管控/日志——盘库、校正、认证和监控
15．有关记录保管及文件和记录保存的操作
一般 GLP 记录、SOP 和文档：
1．查阅既往 FDA 或其他监管机构的检查报告及回复，确保没有任何悬而未决的问题
2．与方法验证和 BE/BA/PK 研究相关的 SOP 的目录索引
3．有关样品接收、处置和管理的规程（冰箱日志、样品链记录）
4．样品的冰箱管控/日志——盘库、校正、认证和监控
5．制备与管理QC样品、校正标样和支持方法验证与样品测定的分析批的稳定性样品的规程
6．系统适用性测试规程
7．记录保管及文件和记录保存的操作—电子实验室记录本和表格管理
8．处理、记录和报告重分析结果的规程

续表

9．已测样品测定的规程
10．处理和记录有计划的和非计划性的偏离的规程，以及对“显著事件”开展合适调查的规程
11．转移电子原始记录的规程
12．审阅和批准分析原始数据的规程——实验室检查和 QA 检查
13．处理 PK 异常值的规程
14．项目前方法验证、项目中方法验证、方法重新验证、方法交叉验证和方法部分验证的规程和要求，包括自动化仪器的验证和认证的要求
15．接受校正曲线、QC 样品和分析批结果的规程和接受标准
16．标准品的管理和质量认证规程
17．评估药物在生物基质和储备工作溶液中稳定性的规程
18．生物分析数据和报告质量审计的规程
19．仪器校正、预防性维护（PM）和认证的规程
20．计算机和实验室数据系统验证的规程
21．分析员培训和资质认证的规程
22．管控分析样品和分析批重处理及重积分的规程
23．仪器校正和认证规程
24．项目前方法验证报告的要求
25．BE/BA/PK 研究项目报告中有关生物分析部分的要求

除查看纸质原始数据外，也应当查看电子数据，以便发现和妥善评估潜在的色谱问题（如峰拖尾、峰裂分、基线漂移和重积分等）和在打印数据中没有反映的未报告数据。

生物分析实验室应当定期审查其质量体系、操作和控制规程，进行基准演练，以保证其能符合当前的标准、法规和期望。如发现任何明显的差距，应及时处理和纠正。为了确保成功的 FDA/OSI 检查，充分的准备是个关键。下面列举了一些需要额外考虑的要点。

（1）近年来，FDA 经常在没有事先通知的情况下检查生物分析实验室，或仅仅提前 1～3 天通知。因此，实验室应当在其参与的 NDA 或 ANDA 递交后，随时准备迎接 FDA 的检查。对于 NDA，有一个优势，就是可以从委托方那里获知“用户收费”的截止日期。因为在大多数情况下，FDA 的检查会在该截止日期前的 1～3 个月内进行。当“仿制药费用法案”实施后，这也适用于 ANDA。

（2）为了避免因不必要的误解而可能导致的 FDA 483 表问题，直接参与生物分析工作的 QA 人员、技术员和主管，应当在检查中出席并回答有关技术方面的问题。如果上述员工已经离职，实验室应当未雨绸缪，提前确定有资格出席检查的工作人员。

（3）如果实验室倒闭或搬家，应当获知保管所有原始数据的地点，并保证所有记录在检查时可以随时检索查阅。如果在生物分析方法中使用的仪器（如 LC-MS/MS 系统）不复存在，实验室应当事先计划，以便及时进行额外实验来回答在 FDA 检查中提出的问题。

（4）事先进行额外的实验或展开额外的调查，以解决在模拟检查中发现的问题，这样可以避免在 FDA 检查中收到 FDA 483 表质询（FDA 483）。任何已确定会影响数据完整性和准确度的缺陷，都应当在 FDA 检查前被仔细评估并加以解决。不然，这些缺陷可能会危及或延缓药物申请的批准。

参考文献

Chow F, Lum S, Ocampo A, Vogel P. Current challenges for FDA-Regulated bioanalytical laboratories for human (BE/BA) studies. Part II: recent FDA inspection trends for bioanalytical laboratories using LC/MS/MS methods and FDA inspection readiness preparation. Qual Assur J 2008;11:111–122.

Chow F, Ocampo A, Vogel P, Lum S, Tran N. Current challenges for FDA-regulated bioanalytical laboratories performing human BA/BE studies. Part III: selected discussion topics in bioanalytical LC/MS/MS method validation. Qual Assur J 2009;12(1): 22–30.

21 CFR Part 11, Electronic Records, Electronic Signatures. Available at http://www.accessdata.fda.gov/scripts/cdrh/cfdocs/cfCFR/CFRSearch.cfm?CFRPart=11. Accessed Jan 30, 2012.

21 CFR Part 50, Protection of Human Subjects. Available at http://www.accessdata.fda.gov/scripts/cdrh/cfdocs/cfCFR/CFRSearch.cfm?CFRPart=50. Accessed Jan 30, 2012.

21 CFR Part 54, Financial Disclosure by Clinical Investigators. Available at http://www.accessdata.fda.gov/scripts/cdrh/cfdocs/cfCFR/CFRSearch.cfm?CFRPart=54. Accessed Jan 30, 2012.

21 CFR Part 56, Institutional Review Boards. Available at http://www.accessdata.fda.gov/scripts/cdrh/cfdocs/cfCFR/CFRSearch.cfm?CFRPart=56. Accessed Jan 30, 2012.

21 CFR Part 58: Good Laboratory Practice for Nonclinical Laboratory Studies. Available at http://www.accessdata.fda.gov/scripts/cdrh/cfdocs/cfCFR/CFRSearch.cfm?CFRPart=58. Accessed Jan 30, 2012.

21 CFR Part 312, Investigational New Drug Application. Available at http://www.accessdata.fda.gov/scripts/cdrh/cfdocs/cfCFR/CFRSearch.cfm?CFRPart=312. Accessed Jan 30, 2012.

21 CFR Part 320: Bioavailability and Bioequivalence Requirements. Available at http://www.accessdata.fda.gov/scripts/cdrh/cfdocs/cfCFR/CFRSearch.cfm?CFRPart=320. Accessed Jan 30, 2012.

Desilva B, Smith W, Weiner R, et al. Recommendation for the bioanalytical method validation of ligand-binding assays to support pharmacokinetic assessments of macromolecules. Pharm Res 2003;20(11):1885–1900.

EMA Guideline on bioanalytical method validation. 2011. Available at http://www.ema.europa.eu/docs/en_GB/document_library/Scientific_guideline/2011/08/WC500109686.pdf. Accessed Jan 30, 2012.

Fast DM, Kelley M, Viswanathan CT, et al. Workshop report and follow-up—AAPS Workshop on current topics in GLP bioanalysis: assay reproducibility for incurred samples—implication of Crystal City recommendations. AAPS J 2009;11(2):238–241.

FDA Compliance Program Guidance Manual (CPGM): CPGM 7348.001 Bioresearch Monitoring—In-vivo Bioequivalence (October 1, 1999). Available at http://www.fda.gov/downloads/ICECI/EnforcementActions/BioresearchMonitoring/ucm133760.pdf. Accessed Jan 30, 2012.

FDA Guidance for Industry: Bioanalytical Method Validation. 2001. Available at http://www.fda.gov/downloads/Drugs/GuidanceComplianceRegulatoryInformation/Guidances/UCM070107.pdf. Accessed Jan 30, 2012.

FDA Guidance for Industry: Part 11, Electronic Records; Electronic Signatures-Scope and Application. 2003. Available at http://www.fda.gov/downloads/RegulatoryInformation/Guidances/ucm125125.pdf. Accessed Jan 30, 2012.

James CA, Breda M, Frigerio E. Bioanalytical method validation: a risk-based approach? J Pharm Biomed Anal 2004;35(4): 887–893.

King R, Bonfiglio R, Fernandez-Metzler C, Miller-Stein C, Olah T. Mechanistic investigation of ionization suppression in electrospray ionization. J Am Soc Mass Spec 2000;11(11): 942–950.

Kringle R, Hoffman D, Newton J, Burton R. Statistical methods for assessing stability of compounds in whole blood for clinical bioanalysis. Drug Info J 2001;35: 1261–1270.

Miller KJ, Bowsher RR, Celniker A, et al. Workshop on bioanalytical methods validation for macromolecules: Summary report. Pharm Res 2001;18(9):1373–1383.

Ocampo A, Lum S, Chow F. Current challenges for FDA-regulated bioanalytical laboratories for human (BE/BA) studies. Part I: defining the appropriate compliance standards—application of the principles of FDA GLP and FDA GMP to bioanalytical laboratories. Qual Assu J 2007;11:3–15.

Savoie N, Garofolo F, van Amsterdam P, et al. 2009 White Paper on recent issues in regulated bioanalysis from the 3rd Calibration and Validation Group Workshop. Bioanalysis 2010;2(1): 53–68.

Shah VP, Midha KK, Findlay JWA, et al. Bioanalytical method validation: a revisit with a decade of progress. Pharm Res 2000;17(12):1551–1557.

Shah VP. The history of bioanalytical method validation and regulation: evolution of a guidance document on bioanalytical methods validation. AAPS J 2007;9(1):E43-E47.

Timm U, Wall M, Dell D. A new approach for dealing with the stability of drugs in biological fluids. J Pharm Sci 1985;74 972–977.

Timmerman P. Regulated or GLP Bioanalysis? Proceedings of the EBF & EUFEPS Workshop, April 15–16, 2010; Brussels, Belgium.

Viswanathan CT, Cook CE, McDowall RD, et al. Analytical method validation: bioavailability, bioequivalency, and pharmacokinetics studies. Int J Pharmaceutics 1992;82(1–2):1–7.

Viswanathan CT, Bansal S, Booth B, et al. Workshop/Conference Report—Quantitative bioanalytical methods validation and implementation: best practices for chromatographic and ligand binding assays. AAPS J 2007;9(1):E30–E42.

Weng N, Halls TDJ. Systematic troubleshooting for LC/MS/MS. Pharm Tech 2002;102–120.

第三部分

液相色谱-质谱（LC-MS）生物分析的最佳实践

12

评估药物全血稳定性和全血/血浆分布的最佳实践

作者：Iain Love、Graeme T. Smith 和 Howard M. Hill
译者：罗江
审校：刘佳、罗江、张杰

12.1 药物全血稳定性评估

为了可靠地测定药物在生物基质里的浓度，合理解释相关毒代动力学（TK）和药代动力学（PK）参数，确定药物或感兴趣的药物代谢产物在需要测定的基质中的稳定性非常关键。

分析物在基质及工作溶液里的稳定性，在理解生物分析产生的数据时至关重要。美国食品药品监督管理局（FDA）生物分析方法验证规范（FDA Guideline，2001）和相关白皮书（Viswanathandt et al., 2007）及欧洲药品管理局（EMA）生物分析方法验证规范（EMA Guideline，2011）都用大量的篇幅讨论了稳定性。

FDA 规范要求评估分析物在样品采集和处理过程中的稳定性。最近发布的 EMA 规范（EMA Guideline，2011）进一步强调分析物在采血之后的基质里的稳定性要引起足够重视。另外，FDA 规范指出储存样品的容器可能会以某些方式影响药物的稳定性，也就是药物在生物液体里的稳定性与储存条件、化学性质、基质和储存容器系统有关。但分析物在特定基质和特定容器中的稳定性只和该基质和容器系统相关，不应该被延伸到其他的系统中。

在最近的生物分析业界讨论中，专家建议用血浆或血清做主要分析基质时，需要考察药物在全血中的稳定性，以满足法规部门的要求。另外，因为药物和血中成分的关系是重要因素，很明显药物全血稳定性是在解释 PK 参数时的一个补充因素。在最近的欧洲生物分析论坛（EBF）对其成员的一次调查中发现，全血稳定性测试已经引起足够的重视，但是还没有被一致接受，其中的原因有多方面，例如，如果不与动物中心或临床中心联系，生物分析实验室很难获得符合需要的全血来进行必要的稳定性评估。有些实验室认为在血浆里做过的稳定性评估可以足够证明全血里的稳定性。事实上，在发表的文献中，血浆和全血稳定性不一致的情况主要限定在某些类别化合物，如羟基酸（Sugihara et al., 2000）和氮氧化物（Kitamura et al., 1998）。但是，大规模推广接受全血稳定性评估的主要障碍是缺乏一个标准的实验设计。

评估药物在全血里的稳定性的科学理由是为了给动物或临床中心提供相关指导，以保证药物在整个采集过程中稳定。稳定性考察应该能囊括所有的全血样品采集和血浆、血清样品产生的步骤。这包括如何从受试者采集全血样品（如有需要）及冷冻储存和运输前的血浆、血清制备步骤。有关采血和生物液体储存在本书的另外章节专门讨论。

药物全血稳定性评估是法规所要求的，它应该在要验证的方法所使用的种属基质中进行。但是在实验之前，建议查询现有的关于该目标药物全血稳定性的文献，此外也可以参考该药物在生产控制开发阶段已经建立的化学稳定性及其他结构类似化合物包括已知杂质的稳定性。它们可以给生物分析实验室提供重要的信息，以至于能在方法开发（MD）中得到相应的关注。然而，一个新开发的化合物虽然可以在公司内部的 CMC 数据找到有价值的数据，但不太可能在科学文献上找到发表的稳定性数据。

为了解决和全血相关的某些技术问题，可以选择用干血斑（DBS）作为基质。这个技术在本书的另外章节中讨论。然而尽管它最近受到很多关注，但单一使用 DBS 还没有被法规监管部门接受。请参考 Kissinger（2011）论文中描述的它的一些缺点。

12.1.1 影响药物全血稳定性的因素

一些环境和化学因素能影响药物在全血里的稳定性。例如，取样基质的天然 pH 或者通过加入一些抗凝剂后改变 pH 能影响药物的稳定性。光氧化也会影响药物的稳定性。全血中含有的具清除氧气属性的血红蛋白有光氧化稳定化效果，因此和血浆样品相比，全血不容易有光氧化稳定性问题。

在某种程度上，这些化学和环境方面的因素比较容易控制。但是，生物因素会对药物在基质里的不稳定性有显著的贡献。已知在很多情况下，存在于红细胞（RBC）和血浆中的有些酶能影响药物的稳定性。这些例子包括酶催化的降解，某些偶联代谢产物的水解和分子间转化，如内酯和羧酸的转化（Briscoe and Hage, 2009）。同时必须注意到任何的稳定性评估都受到实验设计的影响，如标记内标物上质子和氘的交换。

当一个药物在全血中不稳定时，可以想办法开发出稳定方案。一个办法是在样品采集时使用酶抑制剂。例如，氟化钠是一个广谱的脂酶抑制剂，而且含有氟化钠的采血管容易得到。这些采血管里氟化钠的浓度有时可能不够抑制所有存在于血浆里的脂酶，所以要考虑使用更强的抑制剂。本书的另外一个章节有关于稳定方案的详细讨论。然而，如果找不到稳定性方案，可以采取一些简单、可行的步骤来减小或减轻不稳定性的影响。例如，样品采集后马上加入有机溶剂（如乙腈）或者把全血样品马上放在冰上来停止或减慢降解的速率。

12.1.2 药物全血稳定性评估的实验设计考虑

体外全血稳定性考察使用的全血应该越新鲜越好。业界还在讨论新鲜全血含有哪些成分会导致全血在放置 4 h 后一些诊断参数发生浓度变化及红细胞代谢显著降低。对一些特定指标的测定，如葡萄糖浓度变化会在采样后很短的时间内发生。通常认为，在 4℃储存全血会降低或停止所有的体外变化，但这不是事实（Richterich and Colombo, 1981）。对生物分析应用来说，一般都在使用前把全血储存在冰箱数天。不管储存周期多长，应该注意全血样品在使用前要很小心地处理和摇匀。可以通过轻柔颠倒全血样品或在一个自动摇床上混合来做到。在任何时候都不能把用于稳定性测试的全血剧烈振荡。

为了尽可能地模拟一个全血样品在采血时的状态，用于任何稳定性测试的新鲜对照全血必须和真实临床样品含同样的抗凝剂。如果可能，应该测定血细胞比容（HCT）或其他合适的血参数来定性检查确认全血是否符合用途。在做评估前，需要事先给出规定的接受标准。

评估的周期要能够反映采样过程。例如，很可能一个中心从采血到进一步的处理需要

2 h。这段时间的稳定性应该被评估。一个有效的办法是评估若干个时间点以覆盖采样周期。

准备适合做药物稳定性评估的全血样品时，需要把目标分析物的工作溶液加入到空白全血中。然而，这些溶液可能会改变全血的组成，因此任何加入溶液的体积都需要控制在最小。另外，可以考虑的是在样品管里蒸干已知体积的分析物溶液，然后加入空白全血。当用这种方式的时候，要考虑干的化合物可能会有潜在的较差溶解性。例如，通常认为，由于干化合物的溶解度问题，多肽稳定性的分析方法要避免使用蒸干步骤。有机相改性剂在添加溶液里应该控制在最小，因为血细胞会被迅速溶解，导致全血样品的完整性受影响。在血浆或蛋白质（如白蛋白）溶液中准备工作溶液是一个有效办法。添加化合物到全血里可以在室温条件下，但是为了更接近采样流程，这个过程应该在生理学温度进行。因为从受试者采全血到样品处理，最初是在较高的温度下。在室温进行稳定性实验也是反映了真实情况。给药辅料的影响也需要考虑，如静脉注射（IV）的辅料会有基质效应，使得到的稳定性数据很难解释。

12.1.3 全血稳定性评估的分析基质选择

通常，验证过的基于血浆或血清的生物分析方法不能直接用于测定全血中的药物，这也是对最好的全血评估方式缺乏共识的原因。从广义的角度讲，有两种主要的方式来测定药物全血稳定性。第一个是用从全血获得的血浆，第二个是简单地用全血作为分析基质。每个方式都有相关的优势和劣势。

12.1.3.1 从全血获得血浆的稳定性评估

有关标示稳定性的考虑。为支持药物研发进行的稳定性评估是法规所要求的，通常在血浆或血清中进行。分析基质中加入已知的低和高浓度化合物后与校正曲线、质量控制（QC）样品一起处理。如果能达到预先制定的接受标准，分析结果就可确认目标分析物的稳定性。然而，如果用血浆作为分析基质，用来做稳定性实验的含有分析物的全血样品需要被处理成血浆并用在后续的分析里。由于这个原因，不可能给出分析的血浆样品准确的标示浓度。因此，在血浆或血清生物分析方法验证中最常用的方式不太适于全血稳定性评估。但是，用得到的血浆作为分析基质来评估全血的稳定性有很多优势。因为多数生物分析方法是以血浆和血清为基质的，所以可以假设在做全血稳定性评估时，已经有验证过的可靠血浆方法。得到一个可靠的全血基质的分析方法的可能性会较小。由于这个原因，生物分析实验室可选择用已有的血浆分析方法来分析全血派生的血浆或者考虑开发一个新的全血分析方法来分析全血里的药物。在大多数情况下，用已有的血浆方法比较适合。另外，相对于用两种不同基质，在生物分析验证中用单一的分析基质支持法规监管的样品分析，可以使项目的报告更简单。

有关实验的考虑。在前面的段落中，已经讨论了在全血稳定性评估中用衍生的血浆作为分析基质的主要优势。衍生血浆的方式依靠测定药物在血浆（时间零点）中的初始浓度，稳定性是比较它与后续测定得到的数值。在这种实验中，全血要在最开始就加入药物。在测定零点时间值前，分析物必须要在血液成分中平衡，因此药物在血浆中的标示浓度是未知的。虽然看起来与业界指导及规范阐述的一般的稳定性评价途径相违背，这种做法还是被广泛接受，因为它保持了足够的科学性。

一般来说，稳定性评估会选择多个时间点（如 0 h、1 h、2 h、3 h）测量衍生的血浆样品。测试的样品会储存在室温条件下以代表采血中心的条件。时间零点的全血样品的血浆部分会在血和血浆分离完成后得到，放置的全血的血浆会在预定的时间制取。血浆样品会在－20℃储存（如果冻融和冷冻稳定性已经建立），所有样品会在一个分析批次里完成用以防止批间差异，并且和校正标样、6个QC样品一起分析。每个时间点与零时间点测定的药物浓度做比较，接受标准是常规的±15%。另外的选择是简单地比较每个时间点与零时间点测定的检测器响应值（峰面积或使用内标时为峰面积比），接受标准是±15%，这种做法的优点是不使用校正曲线。

做这个实验的时候必须小心准备和处理血浆样品。每一个时间点都必须离心稳定性样品。离心的过程会影响全血样品中红细胞受到的压力。在这种压力下，细胞的完整性可能会出问题，释放出细胞里的生物组分和药物。这个问题可以通过对所有的样品使用统一的离心实验方案得到缓解。

用衍生血浆办法评估全血稳定性的主要缺点是这种方法主要依赖零时间点样品。当药物加入到全血样品中后，药物分配到全血，不同的组分达到平衡的时间是未知的。这个现象的动力学一般是很快的，但是有例子报道达到分配平衡需要很长时间（Hinderling, 1997）。而且分配平衡受环境因素影响，如温度变化和多个生物学因素（Bieri et al., 1977）。试图获得平衡时间数据一般不包括在支持药物开发项目的常规生物分析范围内。因此，零时间点也只能是随机设定。达到分配平衡前设定的零时间点会导致失败和短的稳定性周期。而如果选全血作为分析基质，这种平衡分配的现象就不是一个主要的问题。

12.1.3.2 全血作为稳定性评估的分析基质

大家通常认为在全血而不是衍生的血浆中评估药物的稳定性更合适。优势有两个，第一个优势是它给生物分析科学家在实验设计上一定的自由度，因而可以进行类同于法规部门生物分析规范、法规文档规定的稳定性评估。

用全血基质的常规实验设计被认为是黄金标准方案，然而这会导致问题复杂，因为血浆或血清的方法可能不适于分析全血样品。在这种情况下，为分析全血稳定性，可以使用简单的不包括在方法验证程序里的但专为全血稳定性评估使用的蛋白质沉淀方法（Freisleben et al., 2011）。用这种方式，全血稳定性样品可以通过延用一个认证过的方法并结合在全血中准备的校正标样（STD）和QC样品来进行评估，并用常规的接受标准来定量。但是，直接简单地比较零时间点和在合适存放周期后的样品响应值概率可能会更直接。如果响应值概率在±15%内，稳定性就可以确定。

第二个优势是平衡分配的时间不会影响到稳定性评估的结果。因为全血样品在提取和分析药物前没有被处理（没有离心得到血浆），血细胞或全血与血浆的联系是无关紧要的。

一个虽然在很多情况下不容易实现却更深入的方式是用真实样品来做全血稳定性评估。这种方式不需要假设加入分析物的全血样品，类同于从受试者采到全血样品，也不依赖知道平衡时间。实际上，这是最好的用于测定试验样品稳定性的方法，但因为药物在全血中的初始浓度是未知的，可能不会被法规部门接受。

12.1.4 代谢产物的稳定性

关于药物代谢（DM）的考虑应该包括药物不稳定代谢产物在体外有可能转化成母药（de Loor et al., 2008, Sivestro et al., 2011）。这就带来了关于用加入药物的全血样品做稳定性评估可能不能真实反映全血样品的担心。可以想象根据这样的稳定性评估得到的数据来制定的采血方案可能是不正确的。由于这个原因，需要考虑用真实的含有已知代谢产物的全血样品来评估稳定性。假如能得到代谢产物的标准品，也可以同时用它做稳定性评估来考察代谢产物转化的影响。

12.1.5 全血稳定性评估的统计方法

应用在生物分析稳定性评估的接受标准是熟悉的 4-6-15 规则。就是说，在一系列的 6 个重复稳定性样品中至少 4 个样品的结果必须落在理论值或零时间点值的 15%内。Kringle 等（2001）报道了一个统计学模型，当用 4-6-15 规则作为决策手段时，此模型会导致错误的稳定性结论的可能性。这个统计评估方法类似于用在生物等效性（BE）测定和量化错误稳定性结论可能性评估中的真实百分比降解率和不同重复间的精密度。Kringle 表明实际上 15%的降解测定结果包含 8%的分析精密度偏差时，那么得到稳定性结论会有 36%的错误风险。一个替代的方法是在 0 h、3 h、6 h 和 24 h 分析在每个浓度水平上的 9 个重复样品。得到的观察结果假设了大量的统计事实并用线性回归来研究（趋势分析）。然后对每个时间点用 90%的置信区间来做稳定性评估。Kringle 结论道，用来评估全血稳定性的推荐方法是采用回归方式的应用等效性检验（也就是用趋势分析方式来比较每个稳定性时间点和零时间点的值）。这个方式主要的劣势在于在每个浓度水平需用大量的重复来进行评估，而且它增加了与数据解释和统计软件包需求相关的难度。

当药物被发现在全血里不稳定时，必须要做不稳定影响程度的评估。可以设想目标分析物在采样的基质里仅仅在很短的时间内是稳定的，并在主要基质里表现出可接受的稳定性特征。在这种情况下，可能有必要在采样后非常短的时间内处理采样的基质，以保证生物分析数据的完整性。然而，在很多情况下还可能需要改进采样方案或稳定剂。在本书的其他章节里有有关采样的全面讨论。

12.2 药物血液血浆分布

了解药物如何与循环血液中不同组分相互作用对支持 TK、PK 或者药效学（PD）研究的生物分析非常重要。了解这些相互作用可能帮助解释游离和总的药物浓度的 TK/PK 参数及合理地选择用作生物分析调查的主要基质。

考虑到目前对用血（如 DBS）作为主要基质的兴趣较大，理解这些药物作用的重要性不应该被忽视，而是应该被仔细考虑。决定选择用哪种基质来测定药物浓度是很重要的，但是在很多情况下不是决定性的。要考虑的重要因素是血浆中非结合的药物组分、全血血细胞的比容常数及与红细胞上结合的药物。这些参数一般都是相当恒定的，但是如果它们改变，从 PK 的角度看基质的选择会变得非常重要（Emmons and Rowland, 2010）。

血液血浆浓度比（blood to plasma ratio）是感兴趣的分析物在全血的血细胞中与血浆组分中浓度的比值。与血结合的程度直接影响药物在组织的分布。因为结合态的循环药物不能通过膜，如血脑屏障或内皮心脏屏障，通常只有游离非结合部分的药物是能够发挥药理学作用的（Musteata, 2011）。因此，高度结合的药物被认为有低的生物利用度（BA）和分布。可以折中地认为全血是血细胞悬浮在血浆中。当药物给予受试者后，药物与血浆蛋白和红细胞之间会发生相互结合作用。这可降低能发挥药理学作用的游离药物的浓度。然而，游离药物经常被忽略，而是用从常规生物分析得到的总的浓度数据去代替更合适于收集PK信息的游离药物浓度。一个例子是由 Mazoit 和 Sammi（1999）报道的关于镇静剂异丙酚（profopol）和不同的血液组分间的结合关系的详尽体外研究，总结见图 12.1。他们发现，48%的异丙酚结合在血浆蛋白，16%结合在红细胞膜，35%结合在细胞内的组分，1.4%的是非结合状态。

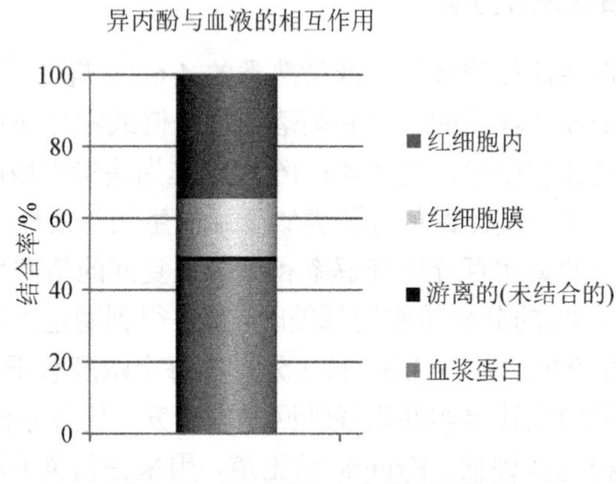

图 12.1 异丙酚在全血的分布比例

12.2.1 药物血液血浆分布分配机制

药物在血细胞和血浆中分配的程度在很大程度上由它的亲脂性决定，但是与红细胞的结合机制比较复杂，一般与血红蛋白、蛋白质或细胞膜产生可逆性结合。经常被引用的文献 Hinderling（1997）恰当地总结了很多结合红细胞的机制及相关的动力学。见表 12.1。

表 12.1 药物在红细胞结合的位点

化合物	结合位点	参考文献
氯丙嗪（chlorpromazine）		Bickel, 1975
可待因（codeine）		Mohammed et al., 1993
丙咪嗪（imipramine）	血浆膜*	Bickel, 1975
甲氟喹（mefloquine）		San George et al., 1984
乙胺嘧啶（pyrimethamine）		Rudy and Poynor, 1990
曲氟嗪（draflazine）	核苷转运载体	Snoek et al., 1996
乙酰唑胺（acetazolamide）		Wallace and Riegelman, 1977
氯噻酮（chlorthalidone）		Collste et al., 1976
多佐胺（dorzolamide）	碳酸酐酶	Biollaz, 1995
甲醇胺（methazolamine）		Bayne et al., 1981
MK-927		Lin et al., 1992
环胞素A （cyclosporine A）	亲环蛋白	Agarwal et al.,1986
他克莫司 （tacrolimus）	他克莫司结合蛋白	Hooks, 1994
氨基比林 （aminophenzone）		Hilzenbecher, 1972
巴比土酸盐（barbiturates）		Hilzenbecher, 1972
氯氮卓（chlordiazepoxide）		Hilzenbecher, 1972
地高辛和衍生物（digoxin and derivatives）		Hinderling, 1984

续表

化合物	结合位点	参考文献
丙咪嗪及其衍生物（imipramine and derivatives）		Hilzenbecher, 1972
甲氟喹（mefloquine）		San George et al.,1984
呋喃妥英（nitrofurantoin）		Hilzenbecher, 1972
羟基保泰松（oxyphenbutazone）		Hilzenbecher, 1972
酚噻嗪系（phenothiazines）	血红蛋白	Hilzenbecher, 1972
保泰松（phenylbutazone）		Hilzenbecher, 1972
苯妥英（phenytoin）		Hilzenbecher, 1972
丙喹酮（proquazone）		Ross and Hinderling, 1981
乙胺嘧啶（pyrimaethamine）		Rudy and Poynor, 1990
水杨酸和同系物（salicylic acid and congeners）		Hilzenbecher, 1972
苯磺吡酮（sulfinpyrazone）		Hilzenbecher, 1972
磺胺类药（sulfonamides）		Berneis and Boguth, 1976

*血浆膜等同于细胞膜；从 Hinderling（1997）复制，经 American Society for Pharmacology and Experimental Therapeutics 允许。

这种相互作用的动力学对前面提到的血液血浆浓度比有显著的影响。通常药物都能很快达到平衡分配稳态。例如，环孢霉素（cyclosporine）和相关的化合物在几分钟就达到平衡分配（Kawai et al., 1994）。但是，某些药物如氯噻酮（chlorthalidone）却需要很多小时才达到分配平衡（Fleuren and van Rossum, 1977）。还有很多文献报道药物分配与浓度相关（Rosse et al., 1981; Lin et al., 1991; Wong et al., 1994）。药物分配与剂量呈非线性关系，当一个给定机制的结合能力被超过时就会发生饱和。现在已知的更复杂情况是代谢产物会竞争取代结合的药物（Wong et al., 1996），表现为由于快速的血浆母药清除导致与剂量有关的全血曲线下面积（AUC）降低。另外，当结合较弱的药物被内源组分或者一起给药的外源化合物取代时，类似的影响也可能会被观察到（Querol-Ferrer et al., 1991）。

12.2.2 测定血液血浆浓度比

传统上，测定血液血浆浓度比（CR）是把加入药物的血在 37℃孵化一段设定的时间。然后把全血样品的一部分处理成血浆，剩余部分冻融 3 次以使血细胞膜破坏分解。通过比较溶血的全血样品与血浆样品二者的浓度就能得到血液血浆浓度比（Mullersman and Derendorf, 1986）。最近，Yu 等发表了一个更容易的方法，此方法只需要用一个控制样品来取代校正标样和 QC 样品并测定药物在血浆里的浓度。这个流程包括在全血和血浆样品里加入等量浓度的药物。两个基质都孵育一个指定的周期。然后从全血里获取血浆。Yu 等（2005）是这样计算的分配系数：

$$K_{\mathrm{RBC/PL}}=\frac{1}{H}x\left(\frac{I_{\mathrm{PL}}^{\mathrm{REF}}}{I_{\mathrm{PL}}}-1\right)+1 \tag{12.1}$$

式中，$K_{\mathrm{RBC/PL}}$ 为分配系数；H 为细胞容量；$I_{\mathrm{PL}}^{\mathrm{REF}}$ 为血浆控制样品的仪器响应值；I_{PL} 为全血获取后的血浆的仪器响应值。

高的 $K_{\mathrm{RBC/PL}}$ 值表示药物在血细胞里有潜在的累积和后续的血液毒性风险，这会对想要长期使用的药物开发有影响。因此，最好在药物的早期开发阶段做这个简单的评估。实验所用药物浓度对实验设计和后来得到的结果的解释可能会有影响。高浓度会超出药物与血的结合能力，从而观察到 $K_{EBC/PL}$ 会被抑制。

12.2.3 药物血液血浆分配评估要考虑的因素

12.2.3.1 血细胞比容

全面的血细胞比容（HCT）不在此章讨论。简单地说，HCT 是血细胞［红细胞、白细胞（WBC）］在全血中的分数，用百分比表示（Richterich and Columbo, 1981）。HCT 测定通常是全血通过离心毛细管直到细胞堆积成一个最小的体积，即堆积的细胞体积（PCV）。堆积的细胞高度表示为总管子高度的百分比。用离心技术（如 PCV）会发现在堆积的细胞中有小部分会影响终值的血浆间隙，所以现代的 HCT 测定一般是由自动分析仪来进行（Scott et al., 1995）。自动分析仪用包括血电导率或红细胞计数在内的一些原理来测定 HCT。

HCT 在解释 PK 数据时是一个重要的因素。随着 HCT 值增加或减少，能和药物相互作用（DDI）的红细胞数量会按比例变化。这接下来会影响给定药物的分配系数和从生物分析得来的浓度。这个因素对评估高红细胞结合类药物非常重要。例如，免疫抑制剂他克莫司（tacrolimus）与红细胞结合高于与血浆蛋白结合。在升高了 HCT 的全血样品中，更多的他克莫司被升高数量的红细胞结合（Chow et al., 1997）。这样，在血浆部分会有较少的游离药物，从而导致血浆清除率（CL）增加及低的药物血浆测定浓度。因此，原始的全血样品 HCT 测定对评估血浆的 PK 结果很重要。

12.2.3.2 溶血

溶血是红细胞细胞膜的溶解，释放血红素和其他细胞组分到血浆里。如果血浆里血红素浓度大于 200 μg/ml，样品变成粉色到红色。在有些情况下，这个外观检测的浓度限制可能需要升高（如从黄疸病受试者采的血浆），因为增加的血浆胆红素水平会使和溶血血浆相关的颜色变化难于检测（Richterich and Colombo, 1981）。

溶血有两个来源：体内溶血或者体外溶血。体内溶血可能是因为病理，如溶血性贫血或微生物作用。但是，体外溶血是最主要的。典型的情况是长期使用止血带、不合适的全血采集技术（如采血太快或用太细的针）、非生理学液体的污染，或者全血样品的过度加热或冷却。

在溶血的样品中，溶解的血细胞会污染血浆。对于与红细胞高度结合的药物，分析溶血样品可能会得到超高药物浓度。当液相色谱-质谱（LC-MS）作为生物分析测定技术时，溶血可能会导致血浆里生物组分增加，从而影响目标分析物的离子化效率。特别是，磷脂这一系列化合物被认为是 LC-MS 生物分析中基质效应的原因（Ismaiel et al., 2010）。因为磷脂是细胞膜的主要成分，所以溶血的血浆样品会含有高浓度的这些成分。目前规范（EMA Guideline, 2011）要求在任何生物分析方法的开发和验证阶段都需要进行溶血血浆的基质效应评估。对于药物与血浆结合度高的药物，细胞间液体的释放可能导致血浆样品的稀释，从而导致低于预计值的测定浓度。一些生物分析科学家提出由于潜在的不可靠测定数据，溶血样品应该不被分析，至少生物分析报告中应该标明那些从溶血血浆样品产生的数据点。在本书的另外一章，有综合的关于溶血样品分析的讨论。

12.2.3.3 血浆蛋白结合率

除测定药物血液血浆分配外，蛋白质结合率在药物的研发中也是一个非常重要的参数。当药物与血浆蛋白结合，能起作用的非结合的游离药物就会减少。这个结合过程既可以饱和又是可逆的。一般来说，非结合部分的药物才有药理活性，测定蛋白质结合率有助于从PK和PD角度解释生物分析的浓度数据。而且，在候选药物的设计和优化阶段，为找到血浆蛋白结合率低的化合物作为候选药物最好尽早获得结合率数据。

高水平的蛋白质结合会对药物疗效产生影响。蛋白质结合率的微小变化会显著影响发挥药理作用的游离药物浓度。药物蛋白质结合水平的变化可能是由于环境改变了血浆蛋白量或者药物被内源性或外源性化合物取代（Lindup and Orme, 1981）。一个好的研究例子是抗癫痫药苯妥英（phenytoin）。苯妥英的治疗范围窄，BA较低（Neuvonen et al., 1977），这在部分程度上是因为高的血清白蛋白结合率。当和抗惊厥药和情绪稳定剂丙戊酸（valproic acid）一起给药后，发现丙戊酸会取代苯妥英，从而显著地提高游离的苯妥英浓度（Tsanaclis et al., 1984）。血浆蛋白的结合率被认为是一个药物物理化学性质的函数，以它与总血浆浓度的百分比表示。血浆里最丰富的蛋白质是白蛋白，含有最大的结合位点，其次是糖蛋白、脂蛋白和球蛋白。蛋白质结合率的体外测定一般用下面3个实验步骤之一来进行：超滤、超速离心、平衡透析。还有其他一些不常用的测定药物蛋白质结合率及游离药物的技术如亲和色谱法（Hage, 2002）或固相萃取（SPE）（Musteata et al., 2006）。有关游离药物浓度测定和前面讨论过的技术应用会在本书的其他章节详细讨论。

超滤。由于操作简单，超滤被广泛用来测定血浆蛋白结合。它基于流体压力驱使非结合部分的药物通过一个分子质量拦截膜。加入了与预期治疗剂量浓度接近的药物的血浆被放到超滤装置并离心。低于膜截止分子质量的化合物很容易穿过膜而进入超滤液（图12.2）。超过膜截止分子质量的化合物如蛋白质和蛋白质结合的药物会被截住。超滤液会被分析，然后和加入的浓度进行比较。由于药物和超滤的容器可以相互作用特别是非特异性结合（NSB）影响（Dow, 2006），所以它（NSB影响）应该包括在超滤实验中。

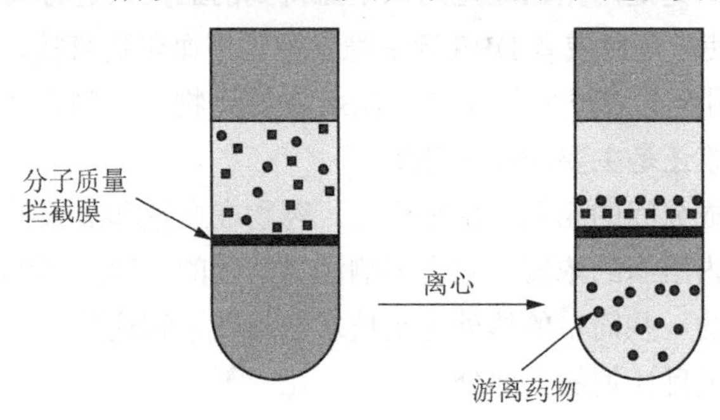

图12.2 分子质量拦截膜超滤图解

超速离心。血浆蛋白结合率可以通过用高离心力长时间离心的血浆样品来评估。离心以后，分析上清液里游离的药物浓度，并和所加入的药物浓度比较（结合在血浆的部分药物会被离心时形成的小球捕获）。但因为仪器价格高、低样品通量及能供分析的上清液体积很有限，这个技术没有被广泛使用。

平衡透析。平衡透析被认为是测定血浆蛋白结合率的黄金标准方式，通常用于研发实验室。平衡透析技术使用两个由膜分隔的室，游离的药物可以透过膜但是蛋白质或蛋白质结合的药物不能通过（图 12.3）。加入药物的血浆和缓冲溶液被分别放到两个隔室，然后在37℃摇动孵育。非结合的测试药物会在两个室间达到平衡分配。通过每个室里测得的药物浓度就能获得蛋白质结合率。这个方法也可以用来测定药物的血液结合率。测定时一般会用生理盐水稀释过的全血，以解决与全血相关的技术问题。

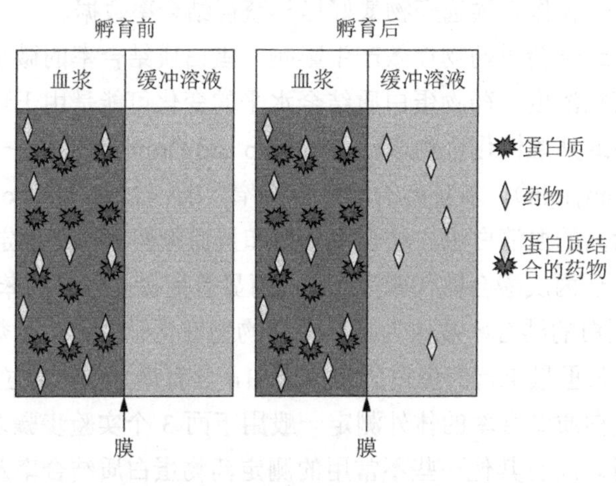

图 12.3 图解 2 个室的平衡透析

12.3 结 束 语

为了保证测定药物在血浆或血清里浓度的可靠性，有必要进行药物稳定性评估。这不仅包括使用血浆或血清作为主要基质，而且包括全血。因为在制成血浆或血清前从受试者采集到的是全血，所以制定一个严谨的采样方案用来保证药物在采样周期全血里的稳定性是非常重要的。必须决定是用全血还是用从全血得到的血浆来进行药物在全血的稳定性评估。从理论上来说，使用全血或者 DBS 评估稳定性比用血浆更直接，因为不需要考虑药物分配效应。但是，使用全血的技术及目前用 DBS 支持生物分析测定药物还包括法规方面在内的不确定因素，血浆还是主要选择的基质。

理解药物和血液成分间的相互作用很重要。药物在血液和血浆的分配及天然的结合机制会影响它分布到体内组织的浓度。它会影响游离药物的浓度及药物发挥的药理作用、代谢和排泄。本章描述的一些简单的体外测定技术能帮助了解这些关系，而且这些研究应该作为详细的药物开发项目计划的一部分。

致谢

作者感谢 Patricia Naylor 在准备本章内容时给予的帮助。

参考文献

Bieri JG, Evarts RP, Thorpe S. Factors affecting the exchange of tocopherol between red blood cells and plasma. The Am J Clin Nutrition 1977;30(5):686–690.

Briscoe CJ, Hage DS. Factors affecting the stability of drugs and drug metabolites in biological matrices. Bioanalysis 2009;1(1):205–220.

Chow FS, Piekoszewski W, Jusko WJ. Effect of hematocrit and albumin concentration on hepatic clearance of tacrolimus (FK506) during rabbit liver perfusion. Drug Metab Dispos 1997;25(5):610–616.

de Loor H, Naesens M, Verbeke K, Vanrenterghem Y, Kuypers DR. Stability of mycophenolic acid and glucuronide metabolites in human plasma and the impact of deproteinization methodology. Clin Chim Acta 2008;389(1-2):87–92.

Dow N. Determination of compound binding to plasma proteins. Curr Protoc Psychopharmacol 2006;34:7.5–7.5.15.

Emmons G, Rowland M. Pharmacokinetic considerations as to when to use dried blood spot sampling. Bioanalysis 2010; 2(11):1791–1796.

European Medicines Agency. Guideline on the Validation of Bioanalytical Methods. Committee for Propietary medicinal Products for Human Use (CHPMP), London. 2011. Available at http://www.ema.europa.eu/docs/en_GB/document_library/Scientific_guideline/2011/08/WC500109686.pdf. Accessed Mar 14, 2013.

Fleuren HLJ, van Rossum JM. Pharmacokinet. Biopharm 1977, 5. Nonlinear relationship between plasma and red blood cell pharmacokinetics of chlorthalidone in man. J Pharmacokinet Pharmacodyn 1977;5(4):359–375.

Freisleben A, Brundy-Klöppel M, Mulder H, de Vries R, de Zwart M, Timmerman P. Blood stability testing: European bioanalysis forum view on current challenges for regulated bioanalysis. Bioanalysis 2011;3(12):1333–1336.

Hage DS. High performance affinity chromatography: A powerful tool for studying serum protein binding. J Chromatogr B 2002;768(1):3–30.

Hinderling PH. Red blood cells: A neglected compartment in pharmacokinetics and pharmacodynamics. Pharmacol Rev 1997;49(3):279–295.

Ismaiel OA, Zhang T, Jenkins RG, Karnes HT. Investigation of endogenous blood plasma phospholipids, cholesterol and glycerides that contribute to matrix effects in bioanalysis by liquid chromatography/mass spectrometry. J Chromatogr B Analyt Technol Biomed Life Sci 2010;878(31):3303–3316.

Kawai R, Lemaire M, Steimer JL, Bruelisauer A, Niederberger W, Rowland M. Physiologically-based pharmacokinetic study on a cyclosporine derivative, SDZ IMM 125. J Pharmacokinet Biopharm 1994;22(5):327–365.

Kissinger PT. Thinking about dried blood spots for pharmacokinetic assays and therapeutic drug monitoring. Bioanalysis 2011;3(20):2263–2266.

Kitamura S, Terada A, Inoue N, Kamio H, Ohta S, Tatsumi K. Quinone-dependent tertiary amine N-oxide reduction in rat blood. Biol Pharm Bull 1998;21(12):1344–1347.

Kringle R, Hoffman D, Newton J, Burton R. Statistical methods for assessing stability of compounds in whole blood for clinical bioanalysis. Drug Inf J 2001;35(4):1261–1270.

Lin J, Ulm EH, Los LE. Dose-dependent Stereopharmacokinetics of 5,6-dihydo-4H-4(isobutylamino)thieno(2,3-B)thiopyran-2-sulfonamide-7,7-dioxide, a Potent Carbonic Anhydrase Inhibitor, in Rats. Drug Metab Dipos 1991;19(1):233–238.

Lindup WE, Orme MC. Plasma protein binding of drugs. Br Med J (Clin Res Ed). 1981;282(6259):212–214.

Mazoit JX, Sammi K. Binding of profopol to blood components: Implications for pharmacokinetics and for pharmacodynamics. Br J Clin Pharmacol 1999;47(1):35–42.

Mullersman G, Derendorf H. Rapid analysis of ranitidine in biological fluids and determination of erythrocyte partitioning. J Chromatogr 1986; 381(2):385–391.

Musteata FM. Monitoring free drug concentrations: Challenges. Bioanalysis 2011;3(15):1753–1768

Musteata FM, Pawliszyn J, Qian MG, Wu JT, Miwa GT. Determination of drug plasma protein binding by solid phase microextraction. J Pharm Sci 2006;95(8):1712–1722.

Neuvonen PJ, Pentikäinen PJ, Elfving SM. Factors affecting the bioavailability of phenytoin. Int J Clin Pharmacol Biopharm 1977;15(2):84–89.

Querol-Ferrer V, Zini R, Tillement JP. The blood binding of cefotiam and cyclohexanol, metabolites of the prodrug cefotiam hexetil, In-Vitro. J Pharm Pharmacol 1991;43(12):863–866.

Richterich JPR, Colombo JP. *Clinical Chemistry: Theory, Practice and Interpretation*. Translated edition. Chichester: John Wiley & Sons, Ltd; 1981.

Rose JQ, Yurchak AM, Jusko WJ. Dose dependent pharmacokinetics of prednisone and prednisolone in man. J Pharmacokinet Biopharm 1981;9(4):389–417.

Silvestro L, Gheorghe M, Iordachescu A, et al. Development and validation of an HPLC-MS/MS method to quantify clopidrogel acyl glucuronide, clopidrogel acid metabolite and clopidrogel in plasma samples avoiding analyte back-conversion. Anal Bioanal Chem 2011;401(3):1023–1034.

Stott RA, Hortin GL, Wilhite TR, Miller SB, Smith CH, Landt M. Analytical artifacts in hematocrit measurements by whole-blood chemistry analyzers. Clin Chem 1995;41(2):306–311.

Sugihara K, Kitamura S, Ohta S, Tatsumi K. Reduction of hydroxamic acids to the corresponding amides catalyzed by rabbit blood. Xenobiotica 2000;30(5):457–467.

Tsanaclis LM, Allen J, Perucca E, Routledge PA, Richens A. Effect of valproate on free plasma phenytoin concentrations. Br J Clin Pharmacol 1984;18(1):17–20.

US FDA. Guidance for Drug Evaluation and Research. Guidance for Industry: Bioanalytical Method Validation. May 2001. Available at: www.fda.gov/downloads/Drugs/Guidance ComplianceRegulatoryInformation/Guidances/UCM070107 .pdf.

Viswanathan CT, Bansal S, Booth B, et al. Quantitative bioanalytical methods validation and implementation: Best practices for chromatographic and ligand binding assays. Pharm Res 2007;24(10):1962–1973.

Wong BK, Bruhin PJ, Barrish A, Lin JH. Non-Linear dorzolamide pharmacokinetics in rats: Concentration dependent erythrocyte distribution and drug-metabolite displacement interaction. Drug Metab Dispos. 1996;24(6):659–663.

Wong BK, Bruhin PJ, Lin JH. Dose-dependent pharmacokinetics of L-693,612, a carbonic anhydrase inhibitor, following oral administration in rats. Pharm Res. 1994;11(3):438–441

Yu S, Li S, Yang H, Lee F, Wu J-T, Qian MG. A novel liquid chromatography/tandem mass spectrometry based depletion method for measuring red blood cell partitioning of pharmaceutical compounds in drug discovery. Rapid Commun in Mass Spectrom 2005;19(2):250–254.

13

液相色谱-质谱（LC-MS）生物分析中生物样品采集、处理和储存的最佳方法

作者：Maria Pawula、Glen Hawthorne、Graeme T. Smith 和 Howard M. Hill
译者：熊茵
审校：刘佳、侯健萌、谢励诚

13.1 引 言

良好的生物分析始于良好的样品采集程序。因此，从样品采集到样品分析，必须保持样品的完整性，这样实验测定的浓度才能更真实地反映药物在体内的实际浓度。全球性的药物研发意味着对某种特定药物或化合物的生物分析极有可能在全球多个不同实验室或机构同时开展。为了使获得的实验数据具有可比性，需要制定详细的实验方案用于规范样品采集程序。

样品如何采集、处理及储存是从实验一开始就保证其质量的极其重要的步骤。尽管在样品采集的时候有些问题是能立刻被发现的，如溶血，但是有些却要等到所有样品分析完后才能发现。例如，检测结果与之前的实验数据或者与随机样品重现性实验得到的结果不一致，因而需要进一步的调查研究，最坏的是有可能导致一个或一系列项目被拒，从而需要投入额外的资金进行重复实验，并且耽误了整个药物的研发进程。

在起草一份需要采集生物样品进行分析检测的临床方案时，应该先与相关的生物分析人员联系沟通，以确定合适的样品采集、处理和储存方案。但是，在药物研发的早期，通常很难获得完整的相关信息。只有正确的储存样品，才能获得准确的样品浓度。由于在方法验证时校正标样（STD）和质量控制（QC）样品并不能完全反映真实样品的复杂性（真实样品里面会含有原药和一些代谢产物，某些可能不太稳定），为了全面评估样品采集和储存过程，在生物分析过程中还应该考察随机样品的重现性。通常情况下，生物分析人员应该收集利用尽可能多的信息，如化合物的结构式，药物的种类，方法验证过程中得到的各种稳定性数据，以及结合自身的工作经验来作出决定。

不恰当的样品采集、处理及储存会导致很多问题。但是大致可以归为两类：物理因素和化学因素，而后者包括影响药物稳定性的大部分因素（如 pH、酶活性、氧化反应、药物同分异构体的相互转化及母药和代谢产物间的相互转化）。由于很多因素之间是相互作用联系的，这两类因素通常也会同时发生。

物理因素对样品采集造成的影响包括使用了不恰当的样品采集设备或容器。例如，在体内样品采集过程中，如果使用了不合适的针规可能会导致血细胞破碎从而引起溶血，进而在样品分析时引起基质效应或其他问题，因此需要对分析方法进行更多方面的验证。选

择合适的样品采集容器也十分重要，如果使用玻璃容器，在样品运输的过程中容易破碎。有些化合物容易吸附在玻璃上，而有些可能会吸附在不同的塑料材料上。如果化合物吸附在样品采集容器上，那么实际测定的样品浓度会低于真实值，从而导致药代动力学（PK）参数计算不准确，给药剂量设计错误，或者带来一些其他问题。如果样品采集管或容器太小，有可能会导致在样品分析时因为采集管空间不够，样品不能很好混合均匀。相反，如果样品采集管或容器太大，则有可能导致样品蒸发从而使样品分析取样时更困难，同时也会增加样品运输的成本。不恰当的样品储存方式，如样品储存温度过高（见 13.2.5 节），则有可能导致在血浆样品中形成絮状的纤维沉淀，从而增加了样品分析取样的难度。诸多琐事有可能对样品分析造成影响，如在样品的反复冻融过程中有些样品标签会变得模糊不可辨。如果出现样品信息不清晰的情况，应该记录及汇报在样品分析报告里，该样品则不应该被分析。

影响样品采集的化学因素特别多。例如，如果使用塑料的样品采集管，则有可能会溶解出一些化学添加剂，从而造成样品的某些基质效应。大多数由化学因素造成的影响还是和化合物的稳定性有关。如果让对紫外线敏感的某化合物暴露在日光下，那么该化合物会降解。如果某化合物具有酶催化代谢反应，那么在全血样品采集后，该反应并不会立即停止，在这种情况下为了能准确地定量原药和代谢产物的浓度，应该考虑如何尽快地将该酶促反应停止。在样品采集过程中，由于化合物的 pH 有可能造成化合物降解或氧化，从而影响样品的稳定性，因此还应该考虑化合物的化学性质。通常稳定性因素会导致样品分析检测浓度低于实际浓度，但是由于有时会发生代谢产物向原药转化的情况，因此某些稳定性问题也有可能导致原药的分析检测浓度高于实际浓度。

如果在样品分析过程中发现药物浓度有所降低，不应该立即归结为稳定性的问题。有时在生物分析中，样品的稳定性会与较低的样品提取回收率（RE）及化合物在样品采集管上的吸附相混淆。如果在方法开发（MD）时发现化合物有减少的现象，应该进行更进一步的调查研究以找到化合物减少的原因，而不是随便在样品里加入稳定剂。

美国食品药品监督管理局（FDA）及欧洲药品管理局（EMA）都在各自的指导原则中提到了在样品采集及处理过程中保证样品稳定性的重要性。在 FDA 的指导原则中指出："样品稳定性考察应该包括样品在采集及处理过程中的稳定性"（FDA Guidance, 2011）。随后，在 EMA 近期的指导原则中又进一步强调了该观点："对样品在生物基质中的稳定性的重视应该从采集到全血样品开始"（EMA Guideline, 2011）。因此，为了保证样品在采集和处理过程中的稳定性，在生物分析方法验证中还应该评估化合物在全血中的稳定性。越早发现样品的稳定性问题，就越容易在样品分析前（样品采集、处理和储存）采取相应的措施保证样品的稳定性。尽管随机样品的重现性评估目前已经作为标准化生物分析中的一部分，但是该项评估也只有在有随机化样品的前提下才能进行。

在样品采集、处理及储存过程中，良好详细的记录也是十分重要的。详细准确的记录应该包括样品如何采集，用什么样的容器进行采集及由谁采集等，并且要求有相关的跟踪记录以确保整个样品采集过程的可追溯性。同时作为良好的实验室操作规范，这些记录也会为今后的实验问题分析提供一定的参考。

本章节将详细阐述在生物分析前，样品采集前及采集、处理和储存过程中应该考虑到的问题。

13.2 样品采集

各种不同的基质在采样后都可用液相色谱-串联质谱（LC-MS/MS）分析法进行浓度分析。最常见的基质是血浆，然而基于药物特性和其代谢表现，有时采用全血或者血清作为基质会更合适。有时候为了进一步地理解所观察的药物特性，尤其是当大量的特定药物通过尿液进行排泄时，也会选用尿液作为基质用于检测其中药物的浓度含量。

总的来说，药物的研发过程受经费限制，因此科学家需要在有限的资源下从预期的研究中获取最大量的信息。目前，药物研发有一个新的趋势，要求分析更多的器官组织和（或）其他基质中药物的浓度。由于在药物研发阶段对药物代谢产物的定性及定量的要求越来越高，对各种生物学基质中的药物浓度进行检测的需求也相应不断增加。利用LC-MS/MS对无标记的化合物进行分析检测能够较早得到药物是否到达靶器官、组织（分配），以及如何排泄（尿液或粪便）等结论，而不用通过利用放射性标记药物进行物料平衡等来进行评估。

除传统的血浆、血清或全血外，其他运用于生物分析的基质包括组织（人体任何药物可能扩散到的组织、器官）、粪便、其他体液如脑脊液（CSF）、唾液、痰、肺泡灌洗液、阴道分泌物、精液、玻璃体液、眼泪和汗液等。对上述样品进行分析得到的结果可以为药物研发过程中出现的某些具体问题提供答案。

总体而言，生物样品采集的关键在于尽快采样并保存在合适的温度下，使不稳定药物在基质中保持稳定，以及确保样品标签正确。

13.2.1 体内样品采集

在设计需要进行生物样品采集和分析的项目时，需要作出很多决定。一般生物分析人员不会介入体内实验设计，但是他们往往对样品的采集起到很重要的影响。如果化合物有稳定性或者其他问题，生物分析学家和项目负责人就需要共同协作以保证获取的生物样品的质量。

研究之始，应当采用恰当的生物样品采集方法来提取最佳品质的样品以供分析。例如，在抽血时应选择粗细合适的针头。如果针头过粗，抽血时血液流速过快会造成血细胞破裂，引起溶血，进而在分析过程中引发基质效应；而如果针头过细，血液流速过慢则会造成凝结（WHO Guidelines, 2010）。

有一些会影响到采集样品质量的临床试验操作也必须顾及。在采集全血样品时，被采样者采样时的身体姿势一般不会影响药物的浓度，然而如果药物与蛋白质结合率高，则有可能会造成一定的影响。从仰卧位姿势换成坐姿或者站姿会使体内的水分从血管内分布到细胞间质。这样会使某些大分子如白蛋白的浓度提高5%～15%，造成游离药物浓度降低。同样地，从站姿换成仰卧姿势，血浆量的增加则会造成轻微的稀释效应（Guder et al., 1996）。以上这些只对游离药物浓度而不对总药物浓度造成影响。由于血管收缩会提高血液中蛋白质和脂质的含量，如果药物与蛋白质的结合率高，将影响药物的自由度分布，因此在静脉穿刺采血时应避免过度使用止血带，同样也要避免从刚刚测过血压的手臂上采血（Narayanan, 1996）。因此如果采血时使用了止血带，则应在针头刺入血管后马上将止血带松开。如果临床试验中需要采用静脉注射（IV），则采血时不能选取注射部位附近的血管进行采血，而应从另一只手臂上进行采集。关于静脉采血流程的详细指导说明可以在世界卫生组织网站（www.who.int/publications）或者英国国家医疗服务体系（NHS）上找到。

在过去的几年里，很多研究都使用了干血斑（DBS）作为一种替代基质用以进行生物学分析（见第 31 章）。使用 DBS 的主要优点之一就是对样品需求量很小，一般为 30～100 μl（每片可精确到 10～35 μl）。尽管也可以通过静脉采样或者利用毛细管进行采样，但因为样品需求量小，这就给其他的微创采样技术提供了利用空间。指尖采血或足跟采血已经证实有效，而且患者、志愿者多反映该采样技术比静脉采血痛楚小，医护人员也觉得利用该技术进行采样更快捷简单。同样地在对动物如小鼠进行采样时，只需少许甚至不需要热身就可以用微毛细管对尾部进行采血。有报道显示，静脉采血取样和利用毛细管取样的测试结果并没有显著的差异。

对于动物实验，为避免交叉污染，并确保得到最佳品质的样品，动物房及样品采集人员需要遵守一些操作规范。对照组的动物应尽可能安置在单独的房间。给药组动物的取样应当在隔离房间内进行，或者首先对对照组动物进行采样，然后按照给药量由低到高的顺序对其他组的动物进行采样。取样应使用一次性器械以降低交叉污染的可能性。同样，在对照组和给药组动物间走动时，应更换手套、实验服。如果有任何全血、血浆或血清泼洒出来，需按照标准卫生措施进行处理（EC Guidance Document, 2006）。

在进行动物实验或者临床样品采集的关键步骤时，如果相关的分析人员能够在场，可以确保操作的正确性。例如，某些样品可能需要在采样的时候就立刻加入稳定剂、溶剂或其他试剂，并且在采样后马上进行处理。生物分析人员在现场进行指导可以省去对临床医护人员或者动物实验操作人员的培训工作，同时可以更好地确保所取得样品的质量。

13.2.2 抗凝剂的选择

体内凝血反应是一个重要的机体平衡反应，可在血管受伤部位形成纤维蛋白和血小板凝块以阻止失血。如图 13.1 所示，凝血反应通过凝血酶将纤维蛋白原转化为纤维蛋白（Rang and Dale, 1991），凝血酶本身由凝血酶原裂解产生。在血液凝结过程中需要一些重要的辅酶因子及钙的参与。当钙与抗凝剂发生螯合反应后，凝血过程会被终止，纤维蛋白凝块也不会形成，这样保证了在全血样品采集后全血样品及其制备产生的血浆样品处于液态且不会形成大的血块。

抗凝剂通常会以一定浓度的溶液添加到样品采集管里，但是量不会太大，以免对生物分析产生不良影响。之后会在适当的温度下使抗凝剂溶液挥发，以免分解样品中的盐。

各种含有不同抗凝剂和拮抗离子的采血管在市场上都可以买到。这种情况的出现是因为大部分的采血管均是针对特定的临床化学实验开发的。由于在临床化学检验中对不同电解质的定量非常重要，不能因为某个拮抗离子的加入对测定结果造成偏差，因此对临床化学检验来说拮抗离子的选择比抗凝剂的选择更为重要。例如，要测定血液中钠离子的含量时就不能选择含有钠离子的抗凝剂。

近年来，生物分析界在使用不同拮抗离子造成的区别和更换拮抗离子是否需要进一步的方法验证的问题上有所争论。欧洲生物分析论坛（EBF）已经对抗凝剂中拮抗离子的影响进行了讨论和调查，他们在报告中建议“在对血浆样品进行生物分析的项目中，如果抗凝剂种类一样只是拮抗离子不同，可以视为等同。不需要进行额外的部分验证”（Sennbro et al., 2011）。

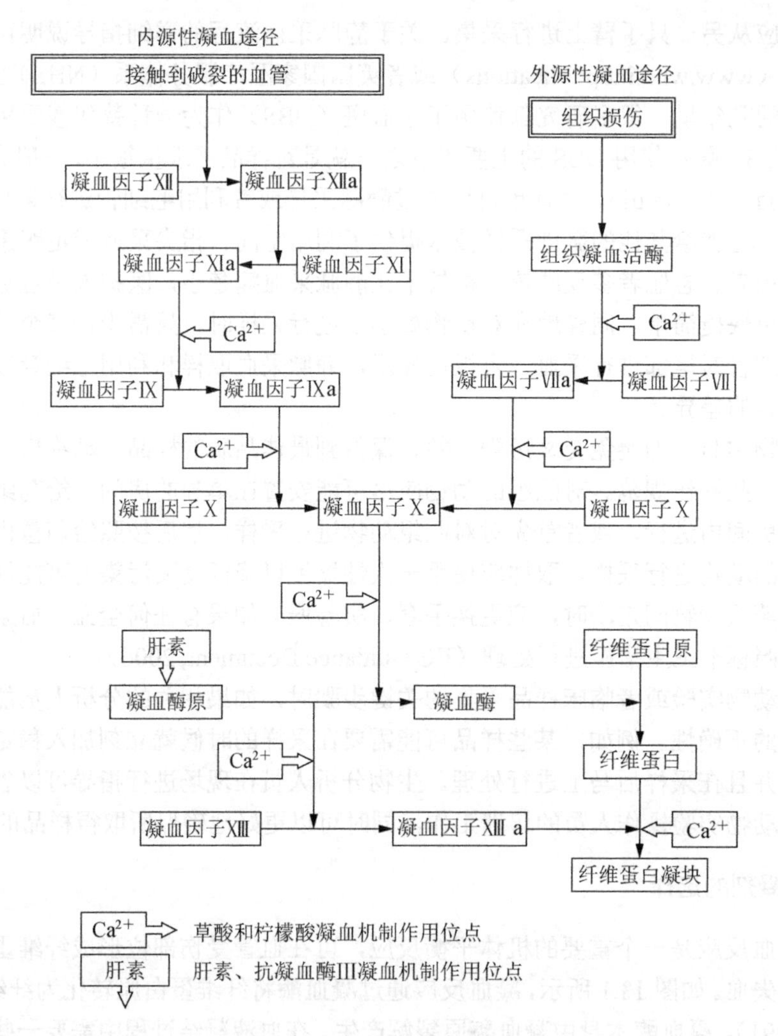

图 13.1　抗凝剂及凝血过程

生物分析中抗凝剂的选择往往被忽视，仅仅参考在动物实验室使用过的类型。其实选择正确的抗凝血剂对检测来说有很多好处，可以最大限度减少干扰，有利于药物及（或）其代谢产物的稳定，以及减轻实验操作设备的压力（最大化防止形成纤维蛋白原栓堵塞移液枪枪头）。

以下列出了常见的几种抗凝剂及其特性，更详细的抗凝剂汇总见本书末附录 2。

13.2.2.1　乙二胺四乙酸

乙二胺四乙酸（EDTA）是一种可以和钠、二钾或者三钾等很多种不同的拮抗离子来组合制备抗凝剂的人工合成小分子（图 13.2）。EDTA 通过与任何形式的钙络合来防止血液凝结，进而通过抑制凝血反应来抑制纤维蛋白的产生。

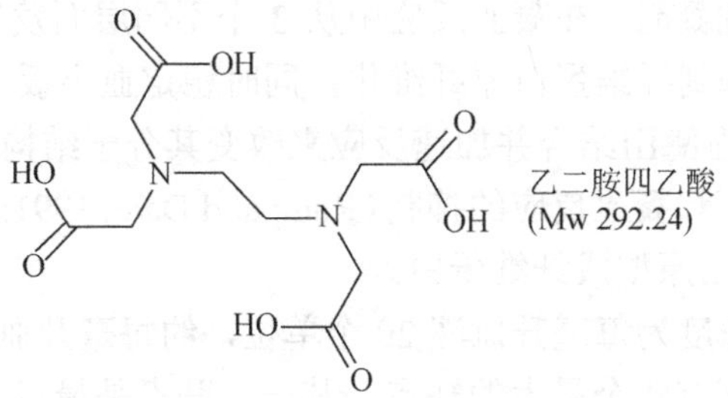

乙二胺四乙酸
(Mw 292.24)

图 13.2 EDTA 的结构式

钾盐和钠盐都作为拮抗离子被应用于血样采集中，但是由于钾盐在血液中溶解性更好而被更多采用。盐的形式也会影响 EDTA 的 pH，在血浆中 K_2EDTA 和 K_3EDTA 的 pH 会略微不同。报道显示使用 K_2EDTA 的血浆 pH 为 7.1，而使用 K_3EDTA 的血浆 pH 为 7.3。其水溶液的 pH 差异则大得多：1% K_2EDTA 水溶液的 pH 是 4.8，而 1% K_3EDTA 水溶液的 pH 是 7.5。要注意的是，K_3EDTA 的物理形态是液态，而 K_2EDTA 的优点在于可以通过喷雾干燥法使其附着在采血管表面，因而不会对采集到的血样产生稀释效应（Narayanan, 1996）。EDTA 作为抗凝剂的最佳浓度是每毫升血液含有 1.5mg EDTA。

用 EDTA 采血管采集的血样会比用肝素采血管采集的血样在冻融后产生的凝块少，这有利于后续的自动化操作（Sadagopan et al., 2003）。

13.2.2.2 肝素

肝素（heparin）是一种天然的抗凝剂，由肝脏、肠和少量其他组织中的肥大细胞产生。在商业上，肝素主要从猪肠或牛肺中分离，在临床治疗中可用来防止血栓形成。

肝素是一种高硫酸糖胺聚糖，被作为抗凝剂广泛用于生物分析的血样采集中。这种分子由很多可被硫酸化的双糖基团组成。商业生产的肝素的分子质量通常为 12～15 kDa。主要的双糖单元见图 13.3。在全血或血浆中，脂和硫酸酰胺基被去质子化，然后吸引带正电的拮抗离子形成肝素盐（Linhardt and Gunay, 1999）。在抗凝剂中最常使用的盐是锂或者钠，钾盐和铵盐也能用。

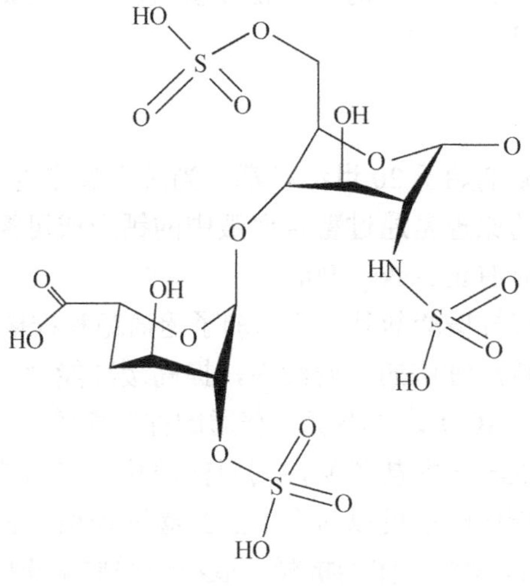

图 13.3 肝素的结构式

肝素是非常有效的抗凝剂，在凝血反应中从 3 个不同层面发挥作用。肝素可以抑制凝血酶原转化为凝血酶，抑制纤维蛋白原纤维化，同时稳定血小板（Richterich and Columbo, 1981）。肝素通过和抗凝血酶Ⅲ结合并加速反应来改变其分子结构，起到抗凝血的作用，同时增强对凝血因子Ⅹa、Ⅸ和凝血反应的抑制（Rang and Dale, 1991; Narayanan and Hamasaki, 1998），以此防止纤维蛋白原型成纤维蛋白。

通常情况下肝素的浓度为每毫升血液 20 个单位，约每毫升血液 0.2 mg。

使用肝素作为抗凝剂有两个最大的缺点。其一，肝素是最贵的抗凝剂；其二，肝素只能延缓凝血过程而不能阻止凝血。加入了肝素的全血常温下 8～12 h 就会开始逐渐凝结（Bush, 2003）。另外，如果要测定三碘甲腺原氨酸（triiodothyronine）和甲状腺素（thyroxine）的游离浓度，则应避免使用肝素作为抗凝剂，因为肝素会影响它们和载体蛋白的结合（Burtis et al., 2001）。

13.2.2.3　草酸盐

草酸盐的作用机制是和钙离子结合形成不溶性的化合物从而抑制凝血（Narayanan and Hamasaki, 1998）。铵、锂、钾、钠等草酸盐都可以作为抗凝剂使用。通常情况下草酸铵和草酸钾会以 3∶2 的比例混合使用（被称为保罗海勒双草酸盐，Paul & Heller's double oxalate）。事实显示，草酸钾可以使红细胞（RBC）脱水萎缩，细胞溶胶从红细胞中排出从而导致血浆被稀释。血浆样品的稀释会造成药品浓度测定不准确。为了使血浆的稀释效应最小化，通常使用浓度为 1～2 mg/ml 的草酸钾，若高于此浓度（3 mg/ml 及以上）会引发溶血现象或者红细胞过度萎缩。相反，根据观察，草酸铵会导致红细胞膨胀。因此，使用草酸铵和草酸钾的混合物作为抗凝剂可以减少红细胞变形，从而使生物样品在取样后的 1 h 内保持稳定浓度。

与使用肝素作为抗凝剂的全血样品相比，使用草酸盐作为抗凝剂会降低红细胞压积，因此在测定样品浓度时可能出错。

此外，草酸盐会改变血浆的 pH，这有助于稳定一些药物，但是也会造成其他药物的不稳定。同时草酸盐对酸性和碱性磷酸酶有抑制作用，可以降低磷酸基团的水解程度，这有助于稳定某些对磷酸酶敏感的药物［前体药物如膦氟康唑（fosfluconazole）和磷酸氟达拉滨（fludarabine phosphate）］。

13.2.2.4　柠檬酸盐

使用柠檬酸钠作为抗凝剂始于 20 世纪早期，当时它被作为一种添加剂用于输血中。

柠檬酸盐作为抗凝剂的原理是通过螯合血液中的钙形成可溶性的柠檬酸钙，达到防止凝血的目的（Narayanan and Hamasaki, 1998）。

新研发的采血管里除有柠檬酸盐外，还添加了葡萄糖和柠檬酸，因此通常被称为 ACD 管。这些添加剂有助于维持红细胞的代谢活性，提高缓冲能力，从而延长血液的保质期。然而在生物分析应用方面，ACD 管并不优于普通的柠檬酸管。

由于柠檬酸盐抗凝原理与草酸盐类似，利用柠檬酸盐作为抗凝剂和利用草酸盐作为抗凝剂具有相似的优缺点。柠檬酸盐可以对全血起到缓冲作用，但同时它也可能会改变全血的 pH，因此是否适合使用柠檬酸盐作为抗凝剂取决于需要采集的药物的本身性质。使用柠檬酸盐的主要缺点是与草酸盐相比它会使红细胞萎缩得更严重，导致血浆稀释，测定出的全血中的药物浓度低于真实值。

柠檬酸盐在作为抗凝剂使用时通常使用 3.2%或 3.8%的柠檬酸钠（二水化合物）与全血 1∶9 混合。在采血过程中至关重要的是每一次采样时样品管里的血量必须适量（不能多或少），以免出现因为红细胞萎缩引起血浆样品被稀释，从而导致测得的样品浓度低于实际样品浓度。这点在计算血浆样品浓度时应该考虑在内（Narayanan, 1996）。

13.2.2.5 氟化物

氟化钠的抗凝能力较弱，除非使用较高的浓度。它是通过与钙结合来阻止凝血发生的。尽管氟化钠抗凝血的作用比较微弱，但由于它是一种强力的酶抑制剂，作为稳定剂使用时则非常有效。氟化钠可以抑制磷酸酯酶和可逆地抑制乙酰胆碱酯酶和丁酰胆碱酯酶（Heilbronn, 1965），且研究证实 pH 越低抑制效果越好。氟化钠还可以抑制红细胞中的糖酵解，因此可以用于血糖的测定。

氟化钠作为抗凝剂使用的推荐起始浓度为 2 mg/ml，根据药物性质及基质的不同，其浓度可以进行调整。向全血中添加氟化钠时，可以使用氟化钠粉末或者用 2%的氟化钠溶液（氟化钠溶解性较差）。如果使用氟化钠溶液，则通常采用 2%溶液与全血配比为 1∶9 进行添加。在这种情况下，与使用柠檬酸钠作为抗凝剂一样，在计算血药浓度的时候需要考虑稀释效应，通常采血的时候需要采集满管。

在采血管中，氟化钠通常与草酸钾混合后使用。这种组合可以确保更有效的抗凝作用，同时也能抑制更多的酶。Lindegardh 等（2007）发现，利用氟化钠-草酸钾采血管进行采样能够有效抑制奥司他韦（oseltamivir）前药的水解，效果和加入酯酶抑制剂敌敌畏（dichlorvos）一样，而且毒性更小，使用更安全。

13.2.3 其他采血管添加剂

根据不同的实验目的，还有很多种添加剂可以与上文提到的抗凝剂一起加入采血管中。一般来说，使用添加剂的目的是通过抑制酶或一些不希望发生的化学反应如氧化或其他类型的降解反应，来稳定待测化合物。

通常使用的添加剂是抗氧化剂如维生素 C、焦亚硫酸钠和 2,6-二叔丁基-4-甲基苯酚（BHT）及酶抑制剂，具体实例在本章 13.6 节及本书其他章节都有讨论。其他类型的添加剂有调节 pH 的缓冲溶液，稳定分析物的衍生化试剂，终止进一步化学或酶促反应的有机溶剂，或帮助溶解尿液中药物的有机溶剂。

如果确定需要在实验中使用添加剂，则应该在研究的计划阶段统筹安排以下事宜：①确定向样品管中添加化学药剂的人员；②确定是否需要生物分析实验室提前准备好样品采集管供取样点使用；或者采样中心有经过培训的人员可以按要求在采样时加入相应溶液；或者如果距离允许，是否可以指派生物分析实验员到样品采集点协助样品采集，这样可以节约时间，避免因为对采样流程不了解而造成的偏差，同时省去培训其他人员的工作，有利于保证样品的质量。

不论谁负责制备采样管，都应该在实验方案里对行为准则和操作流程进行规定。注明何时添加稳定剂，是一开始加入到采血管中还是加入随后存放血浆或血清的样品管中。这同样也适用于往尿样采集容器里添加合适的溶液来防止化合物吸附在容器壁上，或者保证化合物在尿样里完全溶解。应明确指定添加剂是在采样前还是采样后进行添加。

13.2.4 从全血中制备血浆样品

药品在全血中的稳定性评估和血液生理性质的讨论请见本书第12章。尽管全血是最主流的生物基质，但是只有很少的药物研发项目会使用全血作为生物基质进行药物分析检测。近年来大家对应用DBS进行生物样品分析的兴趣越来越大，最近，另一个新的趋势是使用微采样技术将血液提取到玻璃毛细管中用来分析稀释的血液或血浆。但就目前来看，血浆或血清仍旧是最常用的用于生物分析的基质。表13.1列出了全血样品采集及制备血浆样品的标准操作规程（SOP）。

表 13.1　血浆样品制备方案举例

步骤	描述
1	选择含有合适抗凝剂的采血管
2	吸取足量的（即不要装得太多或太少）全血加入到采血管中，以保证抗凝剂与全血按照正常比例混合
3	轻轻反复颠倒管子5～8次，以确保全血和抗凝剂充分混匀
4	在1500～2500 *g* 条件下离心10～15 min
5	离心后取出血浆样品转移到新的样品管中存放
6	分装成更小体积（如果有需要复样）
7	储存在指定温度条件下（一般是－20℃或者－80℃）

除非已经有验证过的在室温下的全血中化合物的稳定性数据支持，一般情况下在样品采集完和离心制备血浆样品前，应将全血样品放在冰浴上保存。业界对离心温度也做了相关的研究（Lippi et al., 2006），但是没有明显的数据显示离心温度对获得的血浆或血清样品量有很大影响。因此，是否使用低温离心还得取决于被测化合物的稳定性。

13.2.5 减少凝血形成

减少凝血块的形成是血浆样品分析的重要部分。如果样品中存在凝血块，无论采用手动还是自动（凝块的存在会导致更大的不利影响）移液器吸取血浆样品都会导致移液器堵塞。在血浆样品的采集和储存过程中可以采取合适的措施减少凝血块形成。

一般来说，如果可以使用不同抗凝剂采血管，应首选可以减少发生任何潜在问题的抗凝管，依次为柠檬酸、肝素、EDTA、氟化物、血清管。

减少凝血块产生的一个技巧就是立即将样品冷冻和储存到－80℃。根据Watt等的结论，如果样品是冷冻在－20℃，然后经过冷冻-解冻这个过程，就会增加凝血的可能性（Watt et al., 2000）。

抗凝剂的选择是另一个必须考虑的因素。一般来说，比起肝素，EDTA 作为抗凝剂可以减少凝血块形成。根据调查，要将手动操作的方式改为自动化工作站，采用肝素作为抗凝剂的血浆样品的失败率远远大于使用 EDTA 作为抗凝剂的血浆样品 （Sadagopan et al., 2003）。

13.2.6 血浆与血清之间的差异

血浆与血清之间最大的差异就是血清采集不加抗凝剂，在凝血过程中，所有的纤维蛋白原和相关的蛋白质都通过沉降和血清分离。相对来说，血清比血浆含有更少的蛋白质，样品更为干净。一般而言，用于分析血浆样品的方法用来分析血清样品是完全可行的。反之用于分析血清样品的方法用来分析血浆样品就可能产生问题。

血浆与血清都是通过采集全血（但采集在不同的采血管中）来取得的。两者都是从全血中通过离心分离其他部分如红细胞、白细胞（WBC）和血小板而得到的。选取血浆样品用于生物分析的好处是全血采集后可以立刻离心，可减少溶血现象的发生。如果分析物欠稳定，用血浆也较血清为佳就是因为可以快速得到血浆样品，立刻进行冷冻保存。

表 13.2 简单地概括了从全血采集到得到血清样品的标准过程。

表 13.2 血清样品制备方案举例

步骤	描述
1	抽取约所需血清量体积2.5倍的全血样品（例如，2.0 ml全血可得到0.8 ml血清）
2	将全血样品加入到不含抗凝剂的样品管内
3	如果使用含促凝剂样品管，则应在孵育前颠倒样品管5～6次，以确保全血与促凝剂充分混匀
4	放置在室温（18～24℃）30～60 min（时间足够即可），让全血凝集
5	在 1500～2500 *g* 条件下离心 10 min
6	将血清样品取出存放在干净的样品管保存
7	分装成更小体积（如有需要）
8	储存在指定温度条件下（一般是－20℃或者－80℃）

13.2.7 尿液样品的采集

当候选药物首次用于人体试验时，尿液是常用的生物分析基质。由于尿液黏度低，样品量大，且经过健康肾脏的过滤，因此尿液通常被认为是比血浆、血清和全血更简单方便的生物基质。健康的尿液含有 95%的水，其余部分为电解质（各种离子如 Na^+、K^+、Mg^{2+}、Ca^{2+}和 Cl^-）及代谢产物（尿素、尿酸、肌酐及微量的激素、氨基酸等）(Green, 1978)。尿液中缺少蛋白质和脂类（血浆中含 6%～8%的蛋白质），由于蛋白质和脂类可以阻止小分子对容器表面的吸附（见第 13.4.1 节），并且与小分子结合使其增溶（Ji et al., 2010），因此尿液的前处理是生物分析过程中的一个难题。

在样品的采集和储存方面，尿液与全血也有很多不同，这也给尿液样品的分析带来了更多的挑战。

首先，全血样品通常是在服用药物之后的若干时间点进行采集，而尿液是在一定的时间间隔内进行采集。药代动力学研究中，典型的采样时间为服药前（－6～0 h），以及服药后 0～6 h、6～12 h、12～24 h 和 24～48 h，如此尿液样品在分析前有可能已被搁置 24 h，这就需要验证待测物在尿液中至少 24 h 的稳定性。验证多在室温下进行，以避免可能的大体积样品的冻存。

其次，尿液样品被分装到标记有时间点的采样管之前，通常先被收集到一个过渡的容器中。由于尿液中的蛋白质和脂类含量极其少，分析物对容器表面的非特异性结合（NSB）

十分常见。为了避免耗费资源来评估分析物对不同材质容器的吸附程度，过渡容器与采样管的材质应该保持一致。为了避免浸洗带来的交叉污染，最好不使用不锈钢材质的收集器。

与血浆比，尿液样品较易取且体积较大，因此生物分析实验室多倾向于要求采集大体积的尿液样品进行分析。然而由于以下几点原因，这种做法通常不值得推荐：①大体积样品需要更长的时间冻融，②大体积样品在冰箱内占据的空间更多，③如果样品管太满则不利于样品的混匀，如果发生这种情况，建议上下颠倒样品 6 次以上使样品混匀。很多随机样品重现性实验（ISR）的失败都是由样品未混匀所致。

尿液样品的冻融可能引起细胞碎片及盐类的析出，导致样品异质化。为了避免样品的反复冻融，可以将样品分装到若干平行的采集管中（在样品混匀的前提下），这样可保证每次分析的样品只经过一次冻融。

作为药物排泄的重要途径之一，尿液中的代谢产物含量有可能高于血浆。为了保证样品分析的重现性，需要提前评估各种代谢产物在尿液中的稳定性。另外，尿液中各种代谢产物的存在使得尿液成为研究药物代谢（DM）的重要生物基质。在需要同时对药物代谢产物进行定性和定量的情况下，尿液样品可被分装为两份，仅在定量分析的那一份中加入稳定剂。

13.2.8 组织样品的采集

在药物开发过程中，了解药物在组织中的分布状况非常重要，一般可利用放射性标记的药物来观察。然而，在药物开发的早期，放射性标记的药物通常不容易获得。因此，在药物临床前开发阶段，可采集组织样品对药物进行定性和定量。对组织样品中的药物进行定量虽有一定的难度，但有一些方法可帮助减小组织样品分析的误差。

当组织或器官从机体移除后，需要立刻浸入含盐溶液中，以洗去组织表面和血管中的残渣和血液。然而，组织器官中的血液不可能完全被清除，残留是不可避免的。

随后，组织可被匀浆处理或冻存。使用液氮速冻是保持样品完整性的好方法，它同时也有利于坚硬组织样品的匀浆。目前，尚无法对整体组织样品进行定量分析，必须先进行匀浆处理。对组织样品进行分析前必须进行匀浆处理，无损分析是无法实现的。组织样品的采集可使用质量已知的容器，从而可精确获知样品的质量。机械匀浆是常用的匀浆方式，此外若分析物稳定性允许，酶解法和酸解法也是可以采用的。例如，对肝组织进行酶解，实现对苯并二氮类碱性药物（benzodiazepine）的分离（Osselton, 1977）。

13.2.9 粪便样品的采集

粪便样品通常只在必要的情况下才需要采集，如当胆汁排泄是某种药物的主要排泄途径，或者当药物主要被运输到肠道，以致粪便中的药物浓度能反映出药物释放的程度时。根据 FDA 颁布的代谢产物安全性测试（MIST）指导原则（FDA Guidance, 2008），在稳态下，如果代谢产物的量占母药 10%以上，必须确认该代谢产物的质量［相关的 ICHM3（R2）指引（ICH Guidelines, 2009）则把条件定在所有与药物有关的成分（即母药＋代谢产物药）的总和的 10%以上］。FDA 的指导原则称：稳态时药物的暴露量可通过测定母药在血清或血浆中的浓度来反映。但如果由于某种原因而取不到被研究物种的血浆样品时，则可利用其他类型的生物基质，如尿液、粪便、胆汁等来证实（FDA Guidance, 2008）。

对人粪便的采集有很多种方案，大部分是以诊断病症而非以研究药物排泄为目的。然而，这些方案对药物开发过程中的粪便采集、处理和储存有着指导作用。

NHS 网站（nhs.uk/chq/Pages/how-should-I-collect-and-store-a-stool-faeces-samples.aspx?CatergoryID=69&SubCategoryID=692, accessed March 20, 2013）提供了样品采集的建议和禁忌。

- 佩戴一次性手套。
- 厕所内放置一些便于受试者采集样品的设施。
- 采集粪便样品时不要沾及尿液。
- 避免粪便样品接触便池内壁（为了诊断目的）。
- 确保采集容器盖牢固。
- 容器上做好相关的标记。

本章主要介绍了样品的处理和储存，除此之外，在具体实施过程中还有一些额外的建议，如在样品中加入稳定剂时必须搅匀。采集动物粪便后要注意笼舍的清洗，以减少粪便污染。样品集中后，一般需要加入缓冲液，利用 Waring Blendor、Ultra Turraxhomogeniser 或 Stomachers 等仪器进行匀浆处理。

13.2.10 离心机使用操作规范

13.2.10.1 温度控制

如果在样品处理过程中需要控制离心机温度，最好一开始就作出规定（如是否能在室温下操作离心机以简化实验方案），这点在后期临床试验时尤其重要，因为有些实验室或者临床中心可能缺乏具低温离心功能的设备。

如果由于稳定性因素样品必须在采集过程中保持低温状态，则应将离心机温度在进行样品离心前提前降到指定温度，使用完离心机后应将离心机盖打开，以免冷凝水腐蚀离心机内壁。

13.2.10.2 离心力/离心速度

离心可以使血细胞（如红细胞和白细胞）从血浆或血清中分离出来。其原理是：离心时产生的离心力使密度大的物质（细胞）移动速度较快，而密度小的物质（血浆或血清）较慢，从而实现分离。离心力的单位用“g”来表示，$1\ g=9.81\ m/s^2$。

最好将离心力的单位统一用“g”来表示，而不是用每分钟多少转（r/min），因为不同实验室离心机型号不一样，转子的长度也不一样，这都可能导致利用 rpm 换算得到的离心力不一致。

相对离心力（RCF）可以用以下的方程进行计算（Richterich and Columbo, 1981）：$RCF=(1.118\times10^{-5})\times r\times(r/min)^2$，式中，RCF 是离心加速度，$1.118\times10^{-5}$ 是角速度常数，r 代表离心机转子半径，用厘米（cm）表示（离心机中轴到离心管间的距离），r/min 是转速（每分钟转动次数）。

同样地，如果离心机转子半径已知，可以通过已知 RCF 计算出离心转速，或者通过已知的离心转速计算出 RCF。

在离心过程中，离心时间应该控制在 15 min 以内。离心时间过长（或者速度过快或温度过低）有可能导致血细胞中脂肪分离或引起其他问题（如溶血）。此外，在离心过程中每批离心样品的操作必须保持一致。

13.2.11　时间因素

样品的采集和处理方法应以在分析方法验证时获得的不同储存条件下化合物的稳定性数据为指导。如果没有相关的稳定性信息，最好将化合物视为在全血里面不稳定来进行处理，如此样品在采集后应该立即放在冰浴上，且随后的操作也应该在冰浴上进行。

动物实验技术人员及临床试验采样人员可能认识不到采样失误会对生物分析的影响。因此应该尽可能简化样品采集条件，以保证样品采集的速度和质量，从而确保在后续实验中获得可靠的分析数据。

在样品采集和处理时还应考虑样品采集的时间及从全血样品制备血浆样品所需的时间。例如，如果血浆样品的制备时间为 15 min，而下一个采血点是 5 min 以后，那么是否能够在有限的时间里完成所有血浆样品的制备？该动物中心是否有能力遵守采样时间表？

13.2.12　冰上操作

在一个较深的托盘里放上湿冰并密切关注其融化速度，及时补充湿冰。样品管上应有用不褪色笔标注的样品标签，且应保证该样品标签在浸湿情况下不会脱落或变得模糊不清。尽量避免手写标签。样品采集后应直立放置在样品管架上。

13.3　文　件

随着药物研发的进展，有关采集样品的资料也越来越多。在早期研发通用的方法在进入到非临床试验阶段时会在实验方案里规定得更加细致。如果该药物的研发还能进一步进展到临床试验阶段，则样品采集步骤在不同的实验室操作手册里规定得更为详细，分别用在单中心临床试验和多中心临床试验上。之所以会对样品采集和处理步骤的描述要求得如此详细，是因为样品的采集和分析往往不是在同一个实验室进行的，工作指引手册应该尽可能清晰明了，以确保所有参与样品采集和处理的人员能够明确他们的职责，同时应尽量保证工作手册的简单、易读及让所有有关人员均容易得到。为避免分发大量纸质文件，所有的文档、指南、模板及其他相关文件都可以刻录成 CD 或储存在移动盘或其他电子储存设备里，电子文档有利于索引和参考，能很快查询到需要的信息。有些机构甚至采用了更为先进的办法，如葛兰素史克录制了如何采集和处理 DBS 样品的视频并分发给临床 I 期实验的相关操作人员，从而成功地把在英国实验开发的技术传递到澳大利亚和韩国的临床中心，省去了培训人员飞来飞去的不便（Evans, 2010）。

13.3.1　非临床样品采集程序

典型的毒代动力学（TK）非临床试验方案中关于血浆样品采集的规定应包含表 13.3 中内容。然而，详细的样品采集方法一般会记载在有关动物处理的 SOP 中。

实验方案应该包括表 13.3 所列出的信息。

表 13.3　非临床试验方案所需的基本信息（取自大鼠研究项目）

信息项	范例
采样位点	断尾静脉取血（Lateral tail vein）
麻醉剂类型（如需）	异氟醚（Isoflurane）
抗凝剂类型（如需）	肝素锂（Lithium heparin）
取血量	0.5 ml
特殊程序/注意事项	离心前置于湿冰
血浆体积（如需分装）	0.2 ml（2×0.1 ml）
储存条件（运输和分析前）	−80℃

13.3.2　临床样品采集程序

临床样品采集也需要和非临床样品采集相同的资料，但因为情况较复杂和规范要求更多，所以需要更多详细的信息。当某种药物随着研发进入到后期临床阶段，其样品物流复杂性也会增加。例如，多中心实验项目需要一个中心实验室提供样品采集管，并对样品从临床中心到样品整理中心再到分析实验室的整个过程进行管理。

表 13.4 列举了临床方案中关于采集、处理及储存血浆样品所需的信息。如果能提供所需的标签类型例子或可预先准备好送至临床中心，则相当有用。

表 13.4　临床试验方案所需基本信息

所需信息	范例
机构所在地：	
样品采集和分析机构所在地	样品在美国ABC实验室采集，而在英国XYZ实验室分析
分析需求：	
所需分析的种类	测定血浆中“待测物质”，用于药代动力学分析
所需材料：	
采血管信息（材料、容积）和抗凝剂（采血管型号）	BD 3 ml塑料采血管（编号367856），含K_2EDTA抗凝剂
血浆样品储存管和添加剂信息：材料、容积、型号、特殊处理方式	3个血浆样品储存管：NUNC公司生产的1.8 ml聚丙烯材料，编号375418，包含x.xx mg维生素C
血浆样品转移移液器	一次性塑料吸管
其他实验器材	针、导管、蝴蝶夹等
材料提供方	XYZ 实验室提供采血管
采样体积：	
要获取的血液的体积和类型	3 ml 的静脉血放入采血管
需要体积：	
样品类型和体积详细信息	3 个 0.4 ml 血浆
处理过程：	
混匀	缓缓地将全血管颠倒 8 次
离心	收集后 30 min 内离心
	离心条件（1500 *g*，10 min，4℃）
	至少转移1.2 ml至血浆管，然后用新移液管将其分成3等份，每份0.4 ml（见本节末）
	样品垂直放置在−80℃冰箱（防止样品管盖沾染样品，以免在样品解冻分析时移液造成污染）

续表

所需信息	范例
储存：	
储存条件	储存在具有温度监控设备的－80℃冰箱中
样品标识：	
说明	标签只可用于指定样品
	个人信息，如患者名字缩写、性别、生日不可出现在标签上（见GCP）
	使用不褪色防水墨水，标签胶应可承受冻融
药代动力学（PK）样品标签所需信息	项目代码
	随机码（如有需要）
	样品号（唯一的编号）
	样品采集日期
	方案上服药前或后的采样时间 HH：MM（如 02：30）
	化合物名称（或其他药物标识）
包装和运输：	
运输温度	冷冻
特殊包装说明	样品采用双层包装后置于样品运输箱内，防止泄漏，放入足量的干冰以保证72 h冷冻
	遵循所有运输规定（如IATA 的危险品运输规则）
文件：	
所需文件	样品运输信息在样品寄出前通知接收实验室
	样品清单中所有必填区域需要填完整，提供样品入库单
	在备注栏注释丢失样品，或任何方案偏差等信息

为采集及处理样品的人员提供一个样品标签的示例，可以保证收集到所有需要的资料。在寄送生物样品前应先通知接收样品实验室做好接收准备，并要在办公时间到达。样品最好安排在每周早些时候送出（避免周末），这样可以保证样品在工作日内到达接收方。如果药品存在稳定性问题，运送延迟可能会导致样品作废，或者为了验证在运输过程中样品的稳定性而花费额外的时间和经费。

如果已知目标分析物不稳定且没有特定的稳定剂可以使用（因此，稳定性取决于温度控制），最好将收集的样品分装成两份或更多份，这样可以避免在重复分析过程中将样品反复冻融。

在样品运输前也可以考虑将样品分装成多份，这样可以将备份样品保存在样品采集处，如果原始样品在运送过程中出现问题，还有备份样品可以寄到分析实验室。

13.3.3　样品编号及随机化

在样品保存及分析产生数据的全过程中，必须保持样品信息的同一性。例如，某位受试者在通过筛选后入组到临床项目中并获得一个受试者编号，临床中心根据该受试者编号所在组对应的给药方式对受试者进行给药后，按照实验方案将定时样品采集到由中心实验室提供的具有特定编号的样品采集管内。这个样品编号会和样品一起转送到样品接收实验室，而样品接收实验室可能会根据自己实验室的信息管理系统要求对该样品进行重新编号。一旦确认样品信息正确后，样品分析数据会发送给数据管理员，并由他将数据整理后递交给药代动力学参数分析人员进行数据分析。在整个流程中，对临床中心、受试者及临床研究员来说，给药方式都应该严格保密（临床试验中的双盲试验）。在这种烦琐复杂的过程中，受试者的所有相关机构/个人都需要及时参与策划和积极沟通，以便尽可能少涉及人工转录方式而能达到预期的实验目的。

13.4 减少分析物在收集容器上的吸附性

用于储存样品的容器材质可能会对样品分析结果造成影响。容器对分析物的吸附常见于分析蛋白质或脂类含量较少的液态基质，尤其是尿液。通常这种情况发现较晚，常是在利用已验证过的血浆方法分析尿液样品时观察到较低的提取回收率或者校正曲线不成线性时。与低浓度的血浆样品相比，这种现象在低浓度的尿样中更为明显。

分析物吸附到容器表面的一个可能原因是 NSB。容器表面容易带负电荷（如玻璃或聚丙烯），而分析物可能带正电荷，两者由于所带电荷极性相反而结合。而且与血浆相比，尿液中没有蛋白质和脂肪（如血浆中含有 6%～8%的蛋白质），不能与分析物结合起到防止分析物吸附到容器壁上的作用，或者起到增溶的作用。NSB 更多见于亲脂性和能与蛋白质高度结合的药物。

通过简单的实验可以判定所选的容器是否会对被测化合物产生吸附，从而采取一定的预防措施。图 13.4 是判定容器是否会产生吸附的一个实验示例，表 13.5 是相应的实验方案。

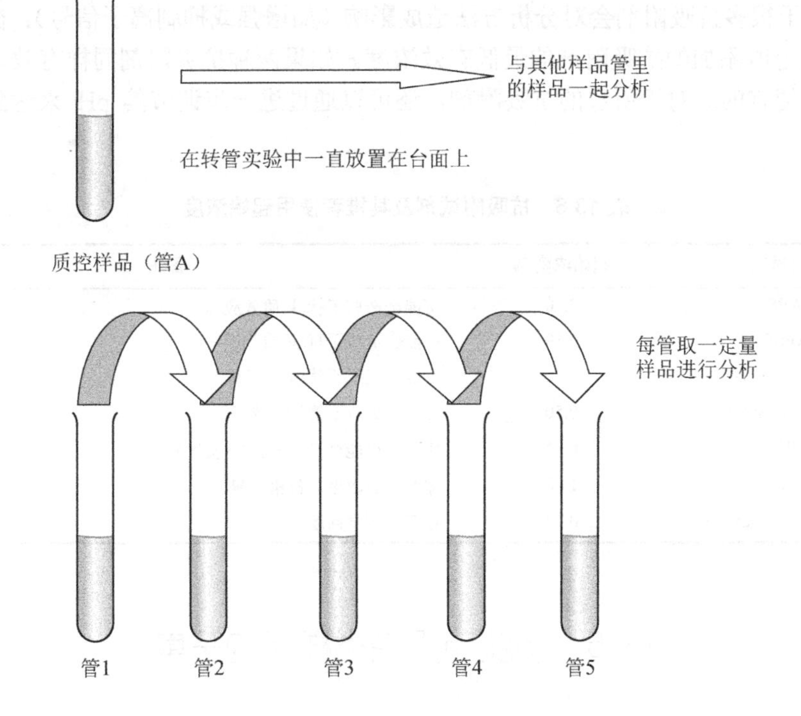

配置低浓度的质控尿液样品；将该样品分成两份，一份置于台面（管A），另一份则经过一系列的转管实验；在转管实验过程中应保证每管都留有足够量的样品进行分析；将每管里的样品进行浓度分析

图 13.4 非特异性结合（NSB）实验

表 13.5　检测样品储存容器对尿样中化合物是否有吸附的操作流程

步骤	描述
1	在尿样中配置一个低浓度的质量控制（QC）样品
2	立刻转移部分样品至选定的储存管（如玻璃、聚乙烯、聚丙烯材料管）
3	静止一段时间（如20 min）
4	将大部分样品转移至一个新的相同材质的储存管内，保证剩余样品体积足够用于分析使用
5	重复步骤3和4三次
6	每种待测材质的样品储存管共有5个（图13.4）
7	每管中取一定体积的样品（正常取样量），用生物分析方法进行分析

如果发现样品浓度从管 1 到管 5 在逐渐降低，可以得出在容器表面发生了 NSB 的结论（假设这里不存在样品稳定性问题）。

一旦确认了容器表面存在吸附或 NSB，可以采用添加抗吸附剂的方式减少或控制这种情况。最常用的抗吸附剂是两性离子表面活性剂如 CHAPS、CHAPSO、吐温-20、吐温-80、十二烷基苯磺酸钠（SDBS）、牛血清白蛋白（BSA）及其他试剂（如 DMSO）（Xu et al., 2005; Chen et al., 2009; Ji et al., 2010; Li et al., 2010）。实验证明磷脂[特别是溶血磷脂酰胆碱（lysoPC）]对减少人尿液样品的吸附也有一定的作用（Silvester, 2011）。

表 13.6 概括了在方法开发中使用各种抗吸附剂的推荐浓度。较好的测试这些抗吸附剂效果的方法是在样品中添加抗吸附剂后进行序列转管实验，根据实验结果判定抗吸附剂是否有效。由于很多抗吸附剂会对分析方法造成影响（如增强或抑制离子信号），在方法开发中还应该确定所添加的抗吸附剂的最低有效浓度。如果两种抗吸附剂同样有效，自然是选择价格相对便宜的。对于所选的抗吸附剂，还可以通过进一步调节其 pH 来达到最好的抗吸附效果。

表 13.6　抗吸附试剂及其推荐使用起始浓度

抗吸附试剂	起始浓度/%	备注
CHAPS	2.00	可能会造成干扰/基质效应
CHAPSO	0.19	可能会造成干扰/基质效应
吐温-20（Tween 20）	0.20	可能会造成干扰/基质效应
吐温-80（Tween 80）	0.50	可能会造成干扰/基质效应
SDBS	0.14	便宜，可能会造成干扰/基质效应
BSA	1.00	需要较高浓度，价格较贵
β-环糊精（*β*-cyclodextrin）	0.20	存在溶解度问题

13.5　多肽与蛋白类样品的采集

近年来，每年研发及审批通过的生物药品数目有明显增长，生物分析中多肽及蛋白类药物的比例也在不断增加。因此，有关这类药物的采集和储存问题必须予以重视。

通常多肽与蛋白质之间的区分并不明显，目前划分的界限为：含 2 个到约 50 个氨基酸的肽段被归类于多肽。例如，*β*-淀粉样肽（beta amyloid peptide）被认为是一种蛋白质片段，而胰岛素（含 51 个氨基酸单体）通常被认为属于大的多肽。本章的目的主要是研究多肽，但其中很多观点也同样适用于蛋白质（由于蛋白质的分析和定量是通过将其切成多肽后完成的）。再者，这些观点也适用于模拟肽，模拟肽是一类人工设计合成的用以模拟具有生物活性多肽的物质，但由于对其结构进行了修饰，其性能有所改善，如增加了生物利用度（BA）及对酶的抵抗力。

容器壁对多肽的吸附是一个常见的现象。基于蛋白质组学的研究，在分析蛋白类样品前应先将其水解成多肽，Kraut 等（2009）指出最适合储存多肽的材料是低吸附性的塑料，然后是玻璃，而普通塑料管是最差的。疏水性多肽通常最容易被吸附（回收率最低）。

为了提高多肽类药物的提取回收率，可以使用各种不同的“保护”试剂。从生物分析学角度来看，在“标准”溶液及样品处理过程中产生吸附现象造成“药物丢失”的情况可能是最严重的。在这些“保护”试剂中，使用 1% BSA 可以降低在给药时玻璃和塑料容器对某些多肽药物的吸附。

然而，很难找到证据判断某些多肽在生物基质（主要是血浆、血清或全血）中的低回收率是由容器吸附造成的，因为样品的处理过程也会使情况混淆。已知蛋白质与蛋白质、蛋白质与多肽及多肽与多肽之间的相互作用可以防止多肽的吸附，但也使从生物基质中分离出多肽变得困难。

通常当生物基质中存在酶时，多肽会不稳定。这种酶是体内代谢蛋白质的蛋白酶，主要有五类，包括丝氨酸、金属蛋白、半胱氨酸、天冬氨酸及苏氨酸蛋白酶，这些酶存在于血液及其他组织器官中（例如，在红细胞中发现有胰岛素蛋白酶）。如果排除其他影响因素（如溶解性、吸附性、聚合及低回收率）后仍怀疑多肽具有不稳定性，则可以按照 13.6 节所述的稳定小分子药物的方式进行处理，即有效的控制温度（在冰上处理），调节 pH（如用甲酸或盐酸使样品酸化），采用合适的抗凝剂（如使用 EDTA 抑制金属蛋白酶），以及添加一些添加剂，如蛋白酶抑制剂等。目前已经开发了多种标准的蛋白酶抑制剂，但有些并不适用于 LC-MS/MS 分析。抑制丝氨酸蛋白酶的稳定剂包括氟磷酸二异丙酯（DFP）和苯甲基磺酰氟（PMSF）。Pefabloc®，4-(2-氨乙基)氟化苯磺酰氯化物（AEBSF）是另一种有效的丝氨酸蛋白酶抑制物，相比 DFP 或者 PMSF，它的可溶性更高，更安全（低毒性），此外在低 pH 下更加稳定。

在处理多肽样品时另一个值得注意的地方是，无论在生物基质还是溶液中，多肽都易形成聚合物。聚合是多肽通过共价或非共价方式自身相互结合（例如，在多肽的储备原液中）或与其他的多肽及蛋白质相结合。当有二硫键或者酯-酰胺键存在时会发生共价结合，而非共价结合发生于多肽由于电荷作用产生的复合物。聚合物可以较小，如两个或三个多肽结合形成二聚体或三聚体，这种较小的聚合物溶解度更好且不受冷冻的影响。大一些的聚合物溶解度较低，且一旦形成，通常不能复溶。由于这种特性，它们被认为是导致某些疾病的病因，如阿尔茨海默病（Parker and Reitz, 2000; Itkin et al., 2011）。

聚合物通常形成于高浓度的多肽溶液中，或者在外界因素的影响下，如加热、pH 环境、冷冻及搅拌。后两者尤其明显，因为在生物样品采集、处理及储存时会经常遇到。例如，人生长激素（hGH）在冷冻时既能产生可溶性聚合物，又能产生不溶性聚合物，但如果样品被快速冷冻则会产生更多的不溶性聚合物。当样品在 pH 7.8 条件下冷冻时比在 pH 7.4 条件下冷冻时产生的聚合物少。另外，搅拌也会促使 hGH 分子聚集（Pearlman and Bewley, 1993）。

为了能够成功地对生物基质中的多肽样品进行分析，在方法开发和验证时必须建立标准的样品采集、处理及储存规范。尤其需要对样品冷冻条件进行评估和优化，如≤−20℃可能比≤−80℃更有利于减少聚集。同时还可以考虑其他的优化条件，如加入表面活性剂，如聚山梨醇酯可以减少 hGH 和胰岛素的聚集；人血清清蛋白和蔗糖在某些情况下可以改善人白细胞介素-1β 的溶解性；保持 pH 中性及添加锌离子可以增加胰岛素的稳定性（锌离子可以稳定胰岛素的六聚体结构，从而减少聚集）（Wang and Pearlman, 1993）。一旦确定了最佳条件，具体的样品采集和储存程序就可以实现标准化并应用于样品采集中。

13.6 保持生物样品稳定

正如在本书其他章节讨论的，在生物样品分析方法的设计及开发过程中，药物及其代谢产物的稳定性是需要考虑的关键因素之一。正确的生物样品采集及处理方法是保证分析数据有效的第一步。然而保证生物样品的稳定性有时十分困难，如某些前体药物由于需要在体内迅速转化成具有活性结构的药物，其不稳定结构的设计是必然的。目前许多学者都已关注到分析前样品的稳定性对生物分析的重要性（Dell, 2004; Chen and Hsieh, 2005; Briscoe and Hage, 2009; Li et al., 2011）。

通常导致化合物不稳定的因素可以分为两类：物理因素及结构/化学因素（Briscoe and Hage, 2009）。物理因素包括光照和温度；而化学因素与药物及其代谢产物的化学结构有关，如化合物的 pH、氧化性及酶的作用等，这些都有可能导致药物不稳定。由化学因素导致药物不稳定的例子有：前药、酸和酯之间的转化、酰基葡萄糖醛酸化、硫醇基反应、*N*-氧化物的分解和手性异构物间的相互转化。

造成药物不稳定的因素可以通过不同的方法来解决。通过对药物分子结构的研究，从某种程度上来说可以初步对其稳定性加以判断，从而采取相应的预防措施。一般药物的不稳定不是由某个单一的因素造成的，而是由多种因素共同影响。因此，需要逐一研究和解决。本章节概括了生物样品采集过程中应注意的总体事项，但更详尽的资料及各种化合物的实验则纳入本书的第四部分。

13.6.1 物理因素

13.6.1.1 光敏性

光化学不稳定性药物常见于含有不饱和碳碳双键的分子（例如，可能会发生 E/Z 异构化的链烯烃）和（或）含有杂环双键，如羰基、硝基芳香族基团和芳基氯化物基团（其中可能发生脱氯反应）的分子。有些分子如氟喹诺酮（fluoroquinilone）、洛美沙星（lomefloxacin）、尼索地平（nisoldipine）、视黄醇（retinoid）、维生素 D_3（vitamin D_3）对紫外照射有不同程度的敏感（Moore, 2004）。对于光敏感的样品，在样品采集时可采用棕色样品采集管，或者在采集管外包裹锡箔，在只能透过特定波长（如滤过黄色光）的灯光下进行操作，以及将样品储存在避光箱内。如果化合物对光极其敏感，可以使用测光表测定出保持样品稳定的最大照明等级。

13.6.1.2 热稳性

升高温度会加速化合物在指定基质中的降解速率或者导致一些不良的化学反应。对于此类药物，最好的办法是将全血样品采集后立即冷冻保存（如果生物基质是全血），或者立即将全血样品进行处理，如在 4℃及以下温度离心获得血浆样品后迅速放入－70℃冰箱保存。辛伐他汀（simvastatin）和阿司匹林（aspirin）是众所周知的在生物基质中对温度敏感的化合物（Buskin et al., 1982; Zhao et al., 2000; Chung et al., 2001）。

药物的不稳定性有时不会立刻表现出来，因此建立长期的样品冻存稳定性用以监测样品的降解十分必要，尤其是对于临床后期的项目。这些项目因为要招募更多受试者，生物样品通常在进行分析检测前会储存较长的时间。阿司匹林（aspirin）在－20℃存放 11 天后降解了 20%，因此该生物样品需要在－80℃的冰箱里储存（Buskin et al., 1982）。再如在一项测定全血中 4 种苯二氮类药物的实验中，生物样品在－20℃存放一年后降解了 10%～20%，但是在－80℃存放相同时间时却没有看到明显的降解（El Mahjoub and Staub, 2000）。

13.6.1.3 酸碱度不稳定

由于某些化学反应需要在特定的 pH 条件下才能被催化，某些酶只有在特定的 pH 范围内才能起作用，因此对于对化学及酶不稳定的化合物，控制 pH 非常重要。研究显示，血浆和尿样的 pH 会随时间的变化从正常生理值 7.4 升至 8.8（Fura et al., 2003），因此对于对 pH 敏感的化合物，严格控制缓冲液的 pH 很重要。

典型的受 pH 影响的不稳定化合物包括易形成酰基葡萄糖醛酸代谢产物、酯类、酰胺类、内酯类、内酰胺类的酸性化合物。一个众所周知的 pH 控制很重要的例子是他汀类药物转化（内酯环水解）为β羟基他汀酸。在较高 pH 环境如生理 pH 下，这种转化会增强。严格控制 pH 在 4.5，并且在低温环境下能减少这种转化（Jemal et al., 1999; Jemal and Xia, 2000; Zhang et al., 2004）。通常控制 pH 的方法是加酸，如在样品采集时加入柠檬酸（含有 3.2%～3.8%柠檬酸盐的样品采集管可以商业购买）（Narayanan, 1996）。

酰基葡糖苷酸是含羧基[如氯吡格雷（clopidogrel）、水杨酸（salicylic acid）、双氯芬酸（diclofenac）、布洛芬（ibuprofen）、丙戊酸（valproic acid）、呋塞米（furosemide）、替米沙坦（telmisartan）和甲芬那酸（mefenamic acid）]化合物的常见代谢产物，该类化合物在生理 pH 条件下不稳定，在 pH 7.4 时易水解。更复杂的是，酰基葡糖苷酸也可进行分子内酰基转移，从而产生葡糖苷酸代谢产物的不同异构体。β1-氧-酰基葡糖苷酸最容易发生酰基迁移，但其产生的异构体却更加稳定。最精确的测定酰基葡糖苷酸代谢产物浓度的方法是在样品采集时通过加入磷酸将 pH 调节到酸性（pH 2～4）来抑制分子内酰基转移（Shipkova et al., 2003; Dell, 2004; Srinivasan et al., 2010）。由于强酸性容易导致化合物水解，如非必要情况，应尽量避免将 pH 调节到过酸。

13.6.1.4 酶作用导致的不稳定

在确定样品不稳定是由于酶的作用前，首先应排除不稳定不是因为化合物水解造成的，否则即使添加酶抑制剂也不能起到稳定化合物的作用。虽然目前有很多种酶抑制剂，但是有些是有特殊毒性的（如对氧磷是一种强力的神经毒性剂），因此在选用酶抑制剂时应优先考虑低毒性的物质。

通常会在样品采集管里添加氟化钠用来测定葡萄糖含量，它能够抑制葡萄糖代谢，并且是一种蛋白质变性剂。另一种阻止因为酶作用使化合物不稳定的方法是直接将样品采集到有机溶剂中，因为有机溶剂能使蛋白质和酶变性。

酯酶是导致化合物不稳定的最普遍的酶。酯酶又可以分为胆碱酯酶、羧酸酯酶、丝氨酸酯酶和芳基酯酶。这些酶在全血、血浆、血清及生物组织（如肝脏）等生物基质里有不同的含量。这些酶在啮齿类动物中大量存在，但是在人体中含量较少（这对于完成复杂的临床样品采集是有利的）。人血中只含有丁酰胆碱酯酶、乙酰胆碱酯酶、白蛋白酯酶和对氧磷酶这 4 种酯酶（Lindegardh et al., 2006）。

由于许多酶抑制剂具备一定的专属性，通常很难找到一个通用的酶抑制剂。建议对这些酶抑制剂先进行筛选，最终确定能够稳定化合物的酶抑制剂浓度（Fung et al., 2010）。表 13.7 列举了一些在全血和血浆中常见的酶的种类（这些酶都有可能造成化合物不稳定）及它们的酶抑制剂和需要添加这些酶抑制剂的化合物。在对添加过酶抑制剂的生物样品进行分析时，切记应该注意，所有用于配制校正标样、QC 样品及对超过最高检测上限样品进行稀释时用到的空白基质都应该加入与样品中添加量相等的酶抑制剂。

表 13.7　酶的类别及其对应的酶抑制剂及其应用的分析物举例

酶类型	酶抑制剂	分析物举例
胆碱酯酶（cholinesterase）	氟化钠（sodium fluoride）	头孢他美酯（cefetametpivoxil）[a]、可卡因（cocaine）[b]
	苯甲基磺酰氟（phenylmethylsulfonyl fluoride，PMSF）	阿司匹林（aspirin）[c]
	毒扁豆碱（physostigmine）	吡啶的明（pyridostigmine）[d]
	新斯的明（neostigmine）	毒扁豆碱（physostigmine）[e]、班布特罗（bambuterol）[f]
	对氧磷（paraoxon）	普鲁卡因（procaine）[g]
	敌敌畏（dichlorvos）	奥司他韦（oseltamivir）[h]
羧酸酯酶（carboxylesterase）	氟化钠（sodium fluoride）	硫氮酮（diltiazem）[i]、咖啡酸（caffeic acid）[j]
	苯甲基磺酰氟（phenylmethylsulfonyl fluoride，PMSF）	非那西丁（phenacetin）[k]
	2-(4 硝基苯基)-磷酸酯[Bis-(4-nitrophenyl)-phosphate，BNPP]	萘莫司他（nafamostat）[l]、非那西丁（phenacetin）[k]
	噻吩甲酰三氟丙酮（thenoyltrifluoroacetone，TTFA）	琥珀酸生育酚（tocopheryl succinate）[m]
	哌唑嗪（prazosin）	非那西丁（phenacetin）[k]
丝氨酸酯酶（serine esterases）	氟磷酸二异丙酯（diisopropylfluorophosphate，DFP）	萘莫司他（nafamostat）[l]
芳香酯酶（arylesterase）	5,5'-二硫代双-2-硝基苯甲酸（5,5'-dithiobis-2-nitrobenzoic acid，DTNB）	萘莫司他（nafamostat）[n]、二萜内酯（salvinorin A）[o]
胞苷脱氨酶（cytidine deaminase）	四氢尿苷（tetrahydrouridine，THU）	吉西他滨（gemcitabine）[p]

[a]Wyss et al.,1988; [b]Skopp et al.,2001; [c]Liang et al.,2008; [d]Zhao et al.,2006; [e]Elsayed et al.,1989; [f]Luo et al.,2010; [g]Jewell et al.,2007; [h]Chang et al.,2009、Lindegardh et al.,2006; [i]Kale et al.,2010; [j]Wang et al.,2007; [k]Kudo et al.,2000; [l]Cao et al.,2008; [m]Zhang and Fariss, 2002; [n]Yamouri et al.,2006; [o]Tsujikawa et al.,2009; [p]Xu et al.,2004。

13.6.2　化学因素

13.6.2.1　由于氧化原因导致的不稳定

这种不稳定通常存在于含有苯基或羟基的化合物中。最常用的抗氧化剂是维生素 C，它对米托蒽醌（mitozantrone）、脱磷酸裸盖菇素（psilocin）和利福平（rifampin）能起到很好的稳定效果（Priston and Sewell, 1994; Chung et al., 2001）。而左旋多巴可以通过加入EDTA和焦亚硫酸钠起到稳定作用（Saxer et al., 2004）。另一种广泛用来稳定亲脂性化合物如维生素A、维生素E的抗氧化剂是BHT，该抗氧化剂的浓度依据其稀释剂的种类有所不同（Chow and Omeye, 1983）。

另一类容易被氧化的化合物是硫醇类化合物。硫醇类化合物可形成二聚体，或在分子内形成二硫键，如半胱氨酸等含硫基团的化合物。为了稳定这类分子，可以选择在样品采集时将其衍生化。甲基丙烯酸酯作为一个好的衍生化试剂，运用很广泛，且经其衍生化后的化合物并不产生新的手性中心。在奥马曲拉（omapatrilat）及其代谢产物的生物分析中，样品采样时会在K_3EDTA的采血管里加入一定量甲基丙烯酸酯，使其最终浓度为每毫升全血样品含有10 μl甲基丙烯酸酯（Jemal et al., 2001）。更多关于衍生化试剂及易被氧化的化合物资料散见于本书的其他章节。

13.6.2.2 *N*-氧化物相互转换

N-氧化物是众所周知的在生物样品中不稳定的一类代谢产物。这类化合物通常在还未从全血中制备成血浆时就已经不稳定了。同时，在样品中加入某些稳定原药的试剂（如维生素C）也有可能导致*N*-氧化物发生还原反应。因此，在分析此类化合物时，无论在样品采集阶段还是样品分析处理阶段都应该小心谨慎。如果*N*-氧化物可溶于血浆里，但是原药却不分布在血浆中，如氯丙嗪（chlorpromazineascorbic acid），那么在生物分析时最好将这两种化合物分开测定，即测定原药在全血中的浓度，以及代谢产物在血浆中的浓度（Dell, 2004）。

13.6.2.3 手性化合物相互转换

所有的手性化合物在特定条件下都会相互转化，但是通常只有在生理pH或正常生物体温下的转化才会对生物分析造成一定的影响。在这种情况下，可以选择加入某种缓冲试剂改变其pH，或者将样品储存在−80℃下。例如，如果在沙利度胺（thalidomide）的血浆样品中加入0.2 mol/L、pH 2的柠檬酸盐缓冲液，该血浆样品可以在−80℃下保存一年以上（Murphy-Poulton et al., 2006）。

13.6.3 干血斑样品的稳定性

目前，业界对DBS技术的关注度越来越高。它除具有样品体积少，容易采集、储存、运输等优点外，还能够有效地稳定住某些不稳定化合物。其稳定性原理主要是当样品处于干燥脱水状态时，一些酶由于失去了三级结构，从而失去了酶活力。尽管干燥时间及环境湿度都能影响该技术的效果，但是DBS样品还是明显地改善了某些化合物[如奥司他韦（oseltamivir）和麦考酚酯（mycophenolate）代谢产物]的稳定性问题（D'Arienzo, 2010; Gataye Perez, 2010; Yapa et al., 2006）。

13.7 生物样品危害性

通常而言，所有的生物样品都应视为具有潜在的危害性，尤其是从非人类的灵长类动物实验或人类临床试验中获得的生物样品。因此，在对这些样品进行运输、交接、储存及实验室样品处理时都应该具有这种意识。实验人员在进行生物样品分析操作时应该穿着实验服，佩戴好手套和防护镜。为了避免因接触生物样品对人体造成危害（如在打开样品盖或移取样品时产生样品气雾），任何生物样品的处理操作都应在通风橱或生物安全柜中进行。利用自动化程序来处理生物样品能最大程度地降低人体与有毒试剂或生物危害样品的接触。

在定期分析具有生物危害的样品的情况下，可以考虑在样品处理时将病毒进行灭活。许多病毒表面都被蛋白质或脂肪包膜，而这些蛋白质或脂肪的结构可以通过物理或化学技术进行改变，从而使病毒丧失活性。针对不同的病毒应采用不同的灭活方法，如非包膜病毒（单链 DNA 及单链和双链 RNA 病毒）或者包膜病毒（单链 RNA 和双链 DNA 病毒）（Sofer et al., 2003）。

在生物分析中广泛使用的灭活病毒的方法包括利用溶剂或表面活性剂对病毒进行灭活，在酸性或碱性条件下处理样品，以及利用 DBS 技术采集样品（Sofer et al., 2003; Hersberger et al., 2004; WHO technical report, 2004; Pelletier et al., 2006; Lakshmy, 2008）。

利用表面活性剂进行灭活的方法主要用于处理全血或血浆样品，但是该灭活方式仅对脂肪包膜病毒有效。大多数包膜病毒在没有脂肪壁的条件下无法存活，因此可用合适的表面活性剂对其进行处理。目前最常用的灭活病毒的表面活性剂是 Triton-X 100。

巴氏消毒法是一个不依赖于特殊仪器设备就能同时作用于包膜和非包膜病毒的一个简单的病毒灭活技术。该技术是将样品在 60℃条件下孵化 10 h（对某些特殊病毒，可能需要更长的时间）以达到灭菌效果，因此在利用该技术的同时必须确保药物及其代谢产物在孵化条件下稳定。

某些病毒在低或高的 pH 条件下会变性，但是在利用调节 pH 使病毒灭活时，同样要考虑化合物及其代谢产物在酸性或碱性条件下是否稳定。

血液里很多病毒的包膜在干燥条件下会变性，从而导致该病毒失去感染能力，因此用 DBS 技术采集全血样品能够降低被病毒感染的概率（Lakshmy, 2008）。

生物样品病毒灭活的方法很多，应该根据实际情况选择合适的方法。尤其是在定期分析具有生物危害性的样品时，更应该考虑将病毒灭活。但是不论采用什么灭毒方式（高温灭活、控制 pH，或者使用表面活性剂），都应该在方法开发及方法验证时对使用该灭菌方法对样品造成的影响进行评估，确保可以准确地测定药物和（或）代谢产物的浓度。

13.8 样品储存

13.8.1 样品储存容器类型

容器（样品管）的大小需要与实际收集的样品体积相匹配。样品管应当有足够大的顶端空间以保证样品能够充分混匀。有很多文献例子表明样品混合不均是导致 ISR 失败的原因之一，尤其是一些以尿液为基质的实验（Fu et al., 2011）。同时在样品储存时还应考虑到液体在凝固时的体积扩张。反之，如果样品管体积太大会导致蒸发，对样品体积造成影响。

为了满足对低剂量的临床前和临床项目的药物或其代谢产物的定量分析，LC-MS 的灵敏度正在不断提升。所以在采集的样品中被检测出有污染物的可能性也随之增大，也正因如此，在样品处理过程中尽可能地减少气雾的产生，微型离心管在开盖的时候有可能会形成气溶胶，在操作时应该谨慎处理。

手工取样的时候，合适的样品管管口应当有足够的宽度让移液枪枪头插入到样品管内，同时样品管不能太深以免移液枪枪头不能插入到样品管底部。一些一次性移液枪枪头因为过宽或是不够长而不能到达样品管底部吸取样品。利用自动化工作站取样可以解决样品吸取的问题，在生物分析实验室使用的样品管无论大小如何，像 Hamilton Star 和 Tecan Freedom EVO 这样的自动化工作站的取样探头长度都足以吸取到样品，因此有了自动化工作站，移液枪的高度可以根据实际需要去调整。

在理想状况下，校正标样（如果不是每天新鲜配制）、QC 样品和测试样品应该储存在相同类型的样品管里，如果可能的话，分装 QC 样品的体积应该和待测样品的体积相仿。但是，冷冻分析方法需要的准确体积的样品会增加在管壁和管盖上损失的可能（尤其当把样品转移到另一个样品管中提取时）。

对于样品量很小的研究项目，如小鼠的 PK 和 TK 项目，可以采用“U”形或者“V”形底的样品管，以便于小体积样品的取样。底部突出、外径和普通样品管相同的小体积样品管目前市面上可以买到。值得注意的是，在对这些样品进行涡旋时应保证样品的充分混匀。

储存样品的样品架的设计也应该考虑周到，以求提取样品简易方便。在理想条件下，每个样品都应该有一定的标识，从 Matrix、Micronics 和 AbGene 购买的 96 孔管架，可以用二维码对每个样品管进行编码，这样可以在很短的时间内对架子上的样品进行识别。再配合一个自动化的样品管分拣机如 Bohdan，样品可以根据需要按批次、受试者顺序等进行排列，从而避免烦琐的手工操作带来的潜在失误。

在生物分析实验室里，一些配件的使用能够明显改进工作流程。自动开盖和关盖设备可以快速地打开、关上样品管盖，也可以防止因为反复的手工操作而导致的盖错管盖的问题。刺穿隔膜能够在不取下样品盖的情况下吸取样品，这对于使用像 Symbiosis system 和 Turbulent flow 这样的在线提取技术时尤其适用。在使用刺穿隔膜进行取样时，必须保证在取样时有空气能进入到样品管内，以防因为气压原因造成移液器中产生一小段真空，使得吸取的样品体积偏低。当采用手动取样时，应确保样品盖始终与样品管配套，以避免因为盖错管盖造成的交叉污染。由于这个原因，最好使用带有外螺纹的样品管盖，可以有效避免管盖与操作台接触带来的污染。

13.8.2　材料

对生物分析人员来说，选用不合适的容器、样品管或进样针可能引起很多预想不到的后果。一般来说，目前用于收集样品的大多数容器主要由下面几种类型的塑料制作：聚丙烯、聚乙烯和聚苯乙烯。如果在使用某种类型塑料时出现问题（如 NSB），可能换一种类型的塑料就可以解决（Stout et al., 2000）。玻璃管如今很少被用于样品收集，因为其具有在运输过程中易碎及因冷冻而易破裂等缺点。同时，玻璃管价格比较昂贵且运费也很高，且实验发现很多药物会吸附在玻璃管上（因为玻璃管表面呈弱酸性）。有趣的是，据说在玻璃制品的制备过程中，冷却热玻璃会影响玻璃的吸附性。正常情况下，逐渐冷却需要至少 24 h，但是如果玻璃管被迅速冷却（为了加速生产），则会产生更多的结合位点（Hill HM，私人通信）。因此，为了避免玻璃制品在制备过程中造成的这种吸附性差异对样品的影响，可以考虑使用硅烷化玻璃管对样品进行储存（尤其是在药物与塑料也存在 NSB 的情况下）。

对于一些塑料制品，在制造过程中加入了许多化学添加剂（如增塑剂邻苯二甲酸酯、增滑剂和润滑剂）。生产过程中的差异可能非常重要，并会引起一些难以调查的问题。在制造“U”形管和 96“U”形孔板的时候，按照设计，模具很容易从最终产品中移除，而对“V”形底的塑料管或者 96 孔板而言，由于模具较难被移除，需要使用更多的润滑剂才行，由于这个过程可能并没有进行严格的监控，就算是同一厂商生产的不同批次的产品也会有差异，不同供应商之间的差异自然也就在所难免。有时候这些微量的化学添加剂可能会在样品储存过程中渗入样品，偶尔会对LC-MS/MS检测的背景离子造成干扰，或者增强基质效应。这些离子和它们的来源化合物的表单在互联网上可以找到（Waters' list of ESI＋common background Ions），方便有疑问时查询。

在选择样品储存容器时应该进行全面的考虑，包括它们可能会遇到的问题。样品储存管的管盖或管帽通常情况下与储存管的材料略有不同（例如，如果一个样品管的管盖是聚四氟乙烯材料制成的螺纹卡口，而样品需要储存在液氮中，那么该管盖是否能够承受－196℃的温度？）。同样地，如果样品管需要离心，如何保证它们在离心状态下不变形？

聚丙烯和聚乙烯是在采集和储存全血、血浆及血液过程中最常用的材料，它们与分析物之间的相互作用也最少。而用于收集和储存尿液的样品管的范围较广，聚苯乙烯材料的塑料管经常被用于临床试验的尿样采集，但是在使用时必须小心，因为与聚丙烯和聚乙烯材料的样品采集管相比，聚苯乙烯材料对样品更容易产生NSB。

13.8.3　样品储存温度

FDA和EMA在关于生物分析方法验证的指导文件里都频繁提到了对样品采集及储存过程中稳定性的评估。EMA指导文件指出如果样品在－20℃和－70℃/－80℃条件下都储存过一段时间，那么需要对这两个温度下的稳定性都进行评估：

> QC样品应当与测试样品储存在相同的温度条件下，并且储存时间至少相同。对于小分子药物，如果已经验证了样品在－70℃和－20℃的稳定性，那么就没有必要对这两个温度之间的其他温度的稳定性进行评估。但是对于大分子（如多肽和蛋白质），样品可能储存的各个温度条件的稳定性都需要进行评估。

从样品接受开始，样品在任何冰箱间的转移，冻融循环，直到它们最终被销毁都需要有相关的转移记录。同时样品储存过程中的温度变化也应该有专门的电子温度监控设备进行持续监控。当样品储存温度超出设定温度时应该有相应的报警系统通知相关人员。如果在某些重要项目［如生物等效性（BE）试验］中缺少以上记录或没有相应的温度监控或报警设备，则有可能导致项目递交时被拒。

13.8.4　灾难恢复计划

生物分析实验室如要参与用来递交给相关监管部门的项目应该配备有合适的具有温度监控功能的样品储存室。一旦发生影响样品性质的情况，随后产生的分析结果将受到质疑，并有可能导致重复实验，从而造成时间和经济损失，这会对药物的研发进展造成严重的影响。因此，生物分析实验室应该有相应的关于样品储存的灾难恢复计划。这个计划规定了在事故［如断电、仪器故障（如冰箱损坏），或者是其他环境因素（如洪水）］发生以后应该采取的相应措施，明确定义负责人和温度报警后的紧急联系人（包括工作和非工作时间）。同时该计划还应包括对事件的评估（该事件是突发事件还是长期存在的问题）及解决方案。应对措施包括将样品转移到备份冰箱中，或者往冰箱里加入干冰（固体二氧化碳）来解决眼前问题，直到冰箱得以修复或者更新。从监管的角度看，整个事故过程应该有完整全面的流程记录。

13.9　样品的运输

13.9.1　样品运输的实际问题

样品采集体积应适量，这样既便于运输又能节约成本。另外，为了防止冷冻后样品体积增大，样品管应该留有一定的空余空间。尿液样品则应该分装成合适的体积，不需要运输大体积样品。

对于人的粪便和组织样品，最好是在运输之前对样品进行处理（如 13.2.8 节中所描述的，样品在处理前要做精确称量）以节约运输成本。样品可以分装出一部分运送给分析实验室，而剩余部分可以存放在研究中心。为了保证整个操作过程正确，分析实验室需要提供详细的样品处理程序。对于大种属类动物样品的研究项目，也可遵循相同的方法，因为其中可能涉及同样的运输问题。而对于大鼠、小鼠、豚鼠等小种属动物样品的研究项目，可以将在指定时间点采集的完整器官冻存在－20℃/－80℃条件下，然后置其于干冰里运输。

13.9.2　样品包装

在生物样品从动物中心或者临床中心运往分析实验室，或者是从一个实验室转运到另一个实验室的过程中，应该保证样品的完整性，且应遵循所有的相关法规（IATA 准则，2005 年起）。样品在运输前需要加入足够量的干冰，以保证干冰的持续作用时间长于样品的运输时间，样品最好能选在周一寄出，这样如果在运输过程中出现某些问题（如因为天气原因航班被取消或者样品被海关扣押），也可以在周末前解决。

如果样品是越洲或国际运输，应遵循相应的 IATA（International Air Transport Association）准则以保证生物样品的运输安全。IATA 准则陈述了对样品包装的要求，包括内包装和外包装，以及可能需要的一些具有吸附能力的包装材料，以满足与危险品运输相关的法规的要求。

13.9.3　文件记录

应当注意，在有正确包装的基础上还应有正确的文件记录。这一步对于国内样品的运输来说比较简单。但对于国际运输，则需要提供完整的样品进出口许可证。由于缺少某个许可证而导致发货延迟的情况并不少见。有时，发货延迟可能是由于样品运输没有向当局登记，或者是关键文件没有正确签署。样品运输需要的文件包括：危险品申报单、海关发票（目的地海关的通关）、进口许可、出口证书、样品信息和样品运单（AWB）。负责样品寄出的实验室或者临床机构应向快递公司或货运代理索取运单号，并将其及时通知给样品的接受方，以确保整个运输过程的可追踪性。

国际范围内运输灵长类动物或是其他野生动物的生物样品时，相关的文件记录非常重要。国际濒危物种贸易公约（CITES）对濒危物种的样品（血浆、血液或组织样品）运输作出了相关规定。CITES 进出口许可证的申请需要交纳一定的费用，没有该许可证，样品无法在国际间进行运输，样品接收国也会拒绝进口。因此，在计划进行此类样品分析的时候，应当预留充分的时间来申请这些许可证。

13.9.4　样品运输过程中的监控

对生物样品在样品采集点的处理和储存可以小心监管和控制。对样品在运输过程中的持续监控也非常重要，直到安全抵达接收方为止。为了对样品运输过程的温度进行监控，可以在样品包装盒内放置一些数据监控设备，当样品运送到分析实验室后，可以读取出样品在运送途中的温度变化，或者将数据记录仪送回样品寄出方做进一步处理，以判断样品在运送途中温度是否一直维持在指定范围内。如果运送过程中的温度超出指定范围，则需要用 QC 样品模拟运输过程中的实际情况，对样品的稳定性进行重新评估。

还有很多其他的方法可以用来监测样品运输过程中的条件变化。例如，可以在运送样品的包装盒内放置一管处于冰冻状态的冷凝水，在管内冰上放一个小钢球，如果在运输过程中样品融化了，那么样品到达后，即使干冰被重新添加而让样品重新冷冻起来，小钢球也会掉到样品管的底部。类似的方法还有倾斜或倒放一管冷冻的水并让其结冰。这管水跟样品一起直立放于样品盒中，如果样品在任何时候融化了，即使后来重新冷冻起来，最终冷冻水都将平置在管的底部。然而，在物流水平显著改善的今天，加上运输者不愿反复开盒补充干冰，上述技术已不常用。

13.9.5　样品的接收

在接收样品时，需要准确记录样品当时的状态。通常会采用相应的样品追踪记录模板对其进行记录，包括接收样品的人及样品的储存信息。该模板必须要及时进行记录，样品发送人、接收人及中间进行过交接的相关人员的资料都应记录在该模板里，以便得到样品在整个运送途中的状态信息。

样品到达后，接收实验室的人员应当及时对样品进行接收、检查、入库，并将样品储存在正确的条件下。如果样品在非工作时间内寄送到接收方（如周末），接收方需要有一个基本指引以保证样品在被正式检查、入库前能储存在正确的环境下。最后，完整的样品追踪记录单的复印件需要寄回给样品采集方，正式确认样品已被接收。

13.10　合规检查表

从合规的角度来看，一个监管项目的质量和完整性有赖于准确地记录实验的每一步骤，包括分析前样品的采集和保存。必须有证据证明所有样品的处理都一致并遵循一定的 SOP，以保证获得数据的可靠性及项目之间的可比性（包括在不同中心完成的同一个项目），从而获得正确的实验结论。

以下是一个从 FDA 合规方案指导手册关于 BE 检查报告中剪辑出来的一个问题清单（FDA, 2000）。这个清单总结了在临床生物样品采集，尤其是在分析实验室进行样品处理时的一些注意事项。

- 是否有样品的接收记录单？
- 是否有完整详细的样品历史记录（如在运输前样品的储存时间和条件）？
- 在样品运输过程中的防护措施是否得当？
- 是否记录了样品到达分析实验室时的状态及样品接收人？
- 在样品分析前储存样品的设备。

- 样品的储存条件是否恰当（如是否避紫外线）？
- 样品储存容量、数量。
- 是否有温度报警设备，温度记录设备是否正常工作？
- 样品融化证据。
- 发生断电或其他紧急情况时是否有应急措施？
- 为了避免样品的丢失和不同项目之间样品的混淆，样品是否都有清晰的标签并分开存放？
- 在样品转移过程中如何保持样品辨认？
- 样品冻融过程是否有记录，包括一些意外的冻融循环？

在 FDA 及其他检查机构对 BE 试验的检查过程中，经常会发现一些在样品采集、运输、处理和储存中的不足之处（FDA presentation UCM 182564）。因此，如何将 PK 样品信息和受试者信息准确清晰地对应起来，保证整个实验流程中不会出现样品信息不明确的现象是十分重要的。同时，在检查过程中还发现了样品采集时间和样品处理时间记录不全的现象。

样品的处理时间必须控制在已经验证过的样品稳定性时间范围之内。例如，样品的冻融次数是否小于或等于已经验证过的冻融循环稳定性次数？在样品分析时样品是否还处于稳定期？

以上提出的几条都可以作为核查在样品采集和储存时保证样品完整性及保证在随后的生物样品分析中产生的数据是否能够被监管机构接受的核对条目。如果能做到以上几条，该项目研究应该会被 FDA 或其他的法规部门接受。

13.11 结 束 语

本章节阐述了在生物分析项目中样品采集、处理、转移及储存的重要性。为了获得精确的数据，一个好的方法不仅限于校正标样和 QC 样品能够满足接受标准，同时应更多地考虑该方法存在的潜在问题，以及如何优化方法开发以避免在之后的方法应用中出现问题。一旦方法开发好并通过验证，就应严格遵循科学的操作，以确保样品从采集到分析前所有信息的完整性。

由于不同基质在样品采集时的要求不一样，在实验设计时就应该考虑到需要对哪种基质进行分析。根据样品采集、处理及储存的要求，选用合适大小及材料的样品采集管。

大多数用 LC-MS/MS 进行生物分析的样品都是全血、血浆或血清。在采集血液的过程中有很多因素需要考虑，其中抗凝剂的选择尤其重要。血液采集后需要按要求制备成血浆或血清。尿液由于是以水为介质，可能造成分析物在容器表面的吸附，因此为样品采集带来了难度。对于组织或粪便一类的固体样品，则有另外的挑战，如是否需要在储存前对样品进行均质处理。此外，样品的采集和储存条件也会受分析物本身性质的影响，如多肽和蛋白质需要注意避免吸附和聚集。

在样品的采集、处理和储存过程中，确保分析物在样品基质中的稳定性非常重要。在分析方法开发中必须顾及潜在的稳定性问题并予以解决。目前有很多方法可使样品稳定，如控制物理因素（温度、光照等）及控制化学因素（调节 pH、加入酶抑制剂或抗氧化剂等）。

由于样品在分析之前通常需要储存很长时间，因此在样品采集和处理之后必须有最好的储存条件。同时需要制定一些灾后恢复方案，用于解决冰箱故障、水灾或断电后的恢复问题。

通常，样品的采集和分析不是在同一个实验室完成的，因此样品的运输也需要仔细地策划和实施。不仅需要保证样品在合适的温度下从采集地运往分析实验室，而且需要附带各种相关文件，包括样品清单、保管记录、进出口许可证及各种必要的监控记录（如数据记录仪）等。

纵观样品采集、处理、储存及运输的全过程，充分的记录对确保研究数据的完整性至关重要，这一点在官方的法规中已有强调。法规同时还提供了一份清单，引导分析人员记录所有必要信息，确保样品从采集到分析的过程中的完整性。这样随后产生的数据才会被监管当局认可。

致谢

感谢 Iain Love 在审稿方面的帮助及 Patricia Naylor 秘书的协助。

参 考 文 献

Briscoe CJ, Hage DS. Factors affecting the stability of drugs and drug metabolites in biological matrices. Bioanalysis 2009; 1(1):205–220.

Burtis CA, Ashwood RE, Bruns DE. *Tietz Fundamentals of Clinical Chemistry*. 5th ed. Philadelphia, PA: Saunders; 2001.

Bush V. Why doesn't my heparinized plasma specimen remain anticoagulated?: A discussion on latent fibrin formation in heparinized plasma. LabNotes 2003;13(2):9–14

Buskin JN, Upton RA, Williams RL. Improved liquid chromatography of aspirin, salicylate, and salicylic acid in plasma, with a modification for determining aspirin metabolites in urine. Clin Chem 1982;28:1200–1203.

Cao YG, Zhang M, Yu D, Shao JP, Chen YC, Liu XQ. A method for quantifying the unstable and highly polar drug nafamostat mesilate in human plasma with optimised solid-phase extraction and ESI-MS detection: more accurate evaluation for pharmacokinetic study. Anal Bioanal Chem 2008;391(3): 1063–1071.

Chang Q, Chow MS, Zuo Z. Studies on the influence of esterase inhibitor to the pharmacokinetic profiles of oseltamivir and oseltamivir carboxylate in rats using an improved LC/MS/MS method. Biomed Chromatogr 2009;23(8):852–857.

Chen C, Bajpai L, Mollova N, Leung K. Sensitive and cost-effective LC-MS/MS method for quantitation of CVT-6883 in human urine using sodium dodecylbezenesulfonate additive to eliminate adsorptive losses. J Chromatogr B 2009;877:943–947.

Chen J, Hsieh Y. Stabilizing drug molecules in biological samples. Ther Drug Monit 2005;27:617–624.

Chow FI, Omeye ST. Use of antioxidants in the analysis of vitamins A and E in mammalian plasma by high performance liquid chromatography. Lipids 1983;18(11):837–841.

Chung WY, Chung JK, Szeto YT, Tomlinson B, Benzie IF. Plasma ascorbic acid: measurement, stability and clinical utility revisited. Clin Biochem 2001;34(8):623–627.

D'Arienzo CJ, Ji QC, Discenza L, et al. DBS sampling can be used to stabilize prodrugs in drug discovery rodent studies without the addition of esterase inhibitors. Bioanalysis 2010;2(8):1415–1422.

Dell D. Labile metabolites. Chromatographia 2004;59:S139–S148.

EC 2006 Guidance document for GLP inspectors and GLP test facilities: Cross-contamination of control samples with test item in animal studies. Available at http://ec.europa.eu/enterprise/sectors/chemicals/files/glp/guidance_xcont_final_18_01_2006.en.pdf. Accessed Mar 14, 2013.

EMA Guideline on bioanalytical method Validation. Adopted July 2011, Effective February 2012. Available at www.ema.europa.eu/docs/en_GB/document_library/Scientific_guideline/2011/08/WC500109686.pdf. Accessed Mar 14, 2013.

El Mahjoub A, Staub C. Stability of benzodiazepines in whole blood samples stored at varying temperatures. J Pharm Biomed Anal 2000;23:1057–1063.

Elsayed NM, Ryabik JR, Ferraris S, Wheeler CR, Korte DW. Determination of physostigmine in plasma by high-performance liquid chromatography and fluorescence detection. Anal Biochem 1989;177(1):207–211.

Evans C. The application of Dried Blood Spots for quantitation of xenobiotics—a paradigm shift within Pre-clinical DMPK. Presentation given on Feb 11, 2010, at Delaware Valley, Drug Metabolism Discussion Group meeting.

FDA presentation by J.A. O'Shaughnessy. Bioequivalence and Good Laboratory Practice. Available at www.fda.gov/downloads/Drugs/NewsEvents/ucm182564.pdf. Accessed Mar 14, 2013.

FDA. Guidance for Industry: Safety Testing of Drug Metabolites. February 2008. Available at www.fda.gov/downloads/drugs/GuidanceComplianceRegulatoryInformation/Guidances/ucm079266.pdf. Accessed Mar 14, 2013.

Fu Y, Li W, Smith HT, Tse FLS. An investigation of incurred human urine sample analysis failure. Bioanalysis 2011;3(9):967–972.

Fung EN, Zheng N, Arnold ME, Zeng J. Effective screening approach to select esterase inhibitors used for stabilizing ester-containing prodrugs analyzed by LC-MS/MS. Bioanalysis 2010;2(4):733–743.

Fura A, Harper TW, Zhang H, Fung L, Shyu WC. Shift in pH of biological fluids during storage and processing: effect on Bioanalysis. J Pharm Biomed Anal 2003;32(3):513–522.

Gataye Perez A. Can dried blood spot technique be used to stabilize pro-drugs and glucuronides metabolites? EBF workshop: Connecting Strategies on Dried Blood Spots, June 17–18, 2010, Brussels, Belgium.

Green JH. *Basic Clinical Physiology*. 3rd ed. Oxford: Oxford University Press; 1978.

Guder WG, Narayanan S, Wisser H. et al. *Samples: From the Patient to the Laboratory: The Impact of Preanalytical Variables on the Quality of Laboratory Results*. Darmstadt: GIT; 1996. p 1–149.

Heilbronn E. Action of fluoride on cholinesterases. I on the mechanism of inhibition. Acta Chem Scand 1965;19:1333–1346.

Hersberger M, Nusbaumer C, Scholer A, Knopfli V, Von Eckardstein A. Influence of practicable virus inactivation procedures on tests for frequently measured analytes in plasma. Clinical Chemistry 2004;50(5):944–946.

IATA. First published in 2005. Guidelines for shipment of samples. Available at www.iata.org. Accessed Mar 14, 2013.

Itkin A, Dupres V, Dufrêne YF, et al. Calcium ions promote formation of amyloid β-peptide (1–40) oligomers causally implicated in neuronal toxicity of Alzheimer's disease. PLoS 2011;6(3):e18250. doi.10.1371/journal.pone.0018250

International conference on Harmonisation of technical requirements for registration of Pharmaceuticals for Human Use. ICH Topic M3 (R2) Guidance on Non-Clinical Safety Studies for the Conduct of Human Clinical Trials and Marketing Authorisation for Pharmaceuticals. 2009. Available at www.ichorg/LOB/media/MEDIA5544.pdf. Accessed Mar 14, 2013.

Jemal M, Ouyang Z, Chen BC, Teitz D. Quantitation of the acid and lactone forms of atorvastatin and its biotransformation products in human serum by high performance liquid chromatography with electrospray tandem mass spectrometry. Rapid comm. Mass Spec 1999;13(11):1003–1011.

Jemal M, Xia YQ. Bioanalytical method validation design for the simultaneous quantitation of analytes that may undergo interconversion during analysis. J Pharm Biomed Anal 2000;22(5):813–827.

Jemal M, Khan S, Teitz DS, McCafferty JA, Hawthorne DJ. LC-MS/MS determination of omapatrilat, a sulfhydryl-containing vasopeptidase inhibitor, and its sulfhydryl- and thioether-containing metabolites in human plasma. Analytical Chemistry 2001;73(22):5450–5456.

Jewell C, Ackermann C, Payne NA, Fate G, Voormann R, Williams FM. Specificity of procaine and ester hydrolysis by human, minipig, and rat skin and liver. Drug Metab Dispos 2007;35(11):2015–2022.

Ji JA, Jiang Z, Livson Y, Davis JA, Chu JX, Weng N. Challenges in urine bioanalytical assays: overcoming nonspecific binding. Bioanalysis 2010;2(9):1573–1586.

Kale P, Sharma R, Gupta RK, Modi S, Patidar K, Hussain S. Stability study of Diltiazem and its major metabolite in human plasma. Poster at the 2010 AAPS Annual Meeting on November 14–18, 2010, New Orleans, USA. Abstract. Available at www.AAPSJ.org/abstracts/AM_2010/T2278.pdf. Accessed Mar 14, 2013.

Kraut A, Marcellin M, Adrait A, Kuhn L, Louwagle M, Keifer-Jaquinod S, et al. Peptide storage: are you getting the best return on your investment? Defining optimal storage conditions for proteomics samples. J Proteome Res 2009;8:3778–3785

Kudo S, Umehara K, Hosokawa M, Miyamot G, Chiba K, Satouh T. Phenacetin deacetylase activity in human liver microsomes: distribution, kinetics, and chemical inhibition and stimulation. J Pharmacol Exp Ther 2000;294(1):80–87

Lakshmy R. Analysis of the use of Dried Blood Spot Measurements in Disease Screening. J Diabetes Sci Technol 2008;2(2);242–243

Liang H, Vahid M, Zhu Y, et al. Determination of Acetylsalicylic acid in Human Plasma by LC-MS/MS. Proceedings of the 57th ASMS Conference of Mass Spectrometry 1–4 June 2009 Philadelphia, PA.

Lindegardh N, Davies G, Hien TT, et al. Rapid degradation of oseltamivir phosphate in clinical samples by plasma esterases. Antimicrob Agents Chemother 2006;50(9):3197–3199.

Lindegardh N, Davies G, Hien TT, et al. Importance of collection tube during clinical studies of Oseltamivir. Antimicrob Agents Chemother 2007;51(5):1835–1836.

Linhardt RJ, Gunay NS. Production and chemical processing of low molecular weight heparins. Sem Thromb Hem 1999;3:5–16.

Lippi G, Salvangno GL, Montagnana M, Poli G, Giudi GC. Influence of centrifuge temperature on routine coagulation testing. Clin Chem 2006;52(3):537–538.

Li W, Luo S, Smith HT, Tse FLS. Quantitative determination of BAF312, a S1P-R modulator, in human urine by LC-MS/MS: Prevention and recovery of lost analyte due to container surface adsorption. J Chromatogr B 2010;878:583–589.

Luo W, Zhu L, Deng J, Lui A, Guo B, Tan W, Dai R. Simultaneous analysis of bambuterol and its active metabolite terbutaline enantiomers in rat plasma by chiral liquid chromatographyomatographs spectrometry. J Pharm Biomed Anal 2010;52(2):227–231.

Li W, Zhang J, Tse FLS. Strategies in quantitative LC-MS/MS analysis of unstable small molecules in biological matrices. Biomed Chromatogr 2011;25:258–277.

Moore DE. Photophysical and photochemical aspects of drug stability. In: Tonnesen HH, editor. *Photostability of Drugs and Drug Formulations*. Boca Raton, FL: CRC Press; 2004. Chapter 2, p 9–40.

Murphy-Poulton SF, Boyle F, Gu XQ, Mather LE. Thalidomide enantiomers: determination in biological samples by HPLC and vancomycin-CSP. J Chromatogr B 2006;831(1–2):48–56.

Narayanan S. Effect of anticoagulants used for blood collection on laboratory tests. Jpn J Clin Pathol 1996;103:73–80.

Narayanan S, Hamasaki N. Current concepts of coagulation and fibrinolysis. Adv Clin Chem 1998;33:133–168.

NHS guidance and best practice documents. Available at www.nhs.uk.

Osselton MD. The release of basic drugs by the enzymic digestion of tissues in cases of Poisoning. J Forens Sci Soc1977;17(2):189–194.

Parker MH, Reitz AB. Assembly of β-Amyloid aggregates at the molecular level. Chemtracts—Organic Chemistry 2000; 13(1):51–56.

Pearlman R, Bewley TA. Stability and characterisation of human growth hormone, Chapter 1. In: Wang YJ, Pearlman R, editors. *Stabilisation and Characterisation of Protein and Peptide Drugs. Pharmaceutical Biotechnology*. Volume 5. New York: Plenum Press; 1993.

Pelletier JPR, Transue S, Snyder EL. Pathogen inactivation techniques best practice and research. Clin Haematol 2006;19(1):205–242.

Priston MJ, Sewell GJ. Improved LC assay for the determination of mitozantrone in plasma: analytical considerations. J Pharm Biomed Anal 1994;12:1153–1162.

Rang HP, Dale MM. Haemostasis and thrombosis. Chapter 16. In: *Pharmacology*. 2nd ed. Edingburgh: Churchill Livingstone; 1991.

Richterich R, Columbo JP. *Clinical Chemistry: Theory, Practice and Interpretation*. Translated edition. Chichester: John Wiley & Sons Ltd; 1981.

Sadagopan NP, Li W, Cook JA, et al. Investigation of EDTA anticoagulant in plasma to improve the throughput of liquid chromatography/tandem mass spectrometric assays. Rapid Comm Mass Spec 2003;17(10):1065–1070.

Saxer C, Niina M, Nakashima A, Nagae Y, Masuda N. Simultaneous determination of levodopa and 3-O-methyldopa in human plasma by liquid chromatography with electrochemicaldetection. J Chromatogr B 2004;802(2):299–305.

Sennbro CJ, Knutsson M, Amsterdam P, Timmermann P. Anticoagulant counter ion impact on bioanalytical LC-MS/MS assays: results from discussion and experiments within the European Bioanalytical Forum. Bioanalysis 2011;3(21):2393–2399.

Shipkova M, Armstrong VW, Oellerich M, Wieland E. Acyl glucuronide drug metabolites: toxicological and analytical implications. Ther Drug Monit 2003;25(1):1–16.

Silvester S. Strategy for over-coming non-specific analyte adsorption issues in clinical urine samples: Consideration of bioanalysis and metabolite identification. Oral presentation at 6th Bioanalysis in Clinical Research event Feb 15–16, 2011.

Skopp G, Klingman A, Pötsch L, Mattern R. In vitro stability of cocaine in whole blood and plasma including ecgonine as a target analyte. Ther Drug Monit 2001;23(2):174–181.

Sofer G, Lister DC, Boose JA. Virus inactivation in the 1990s—and into the 21st century: Part 6, inactivation methods grouped by virus. BioPharm International 2003; 16(4), 42–52, 68.

Srinivasan K, Nouri P, Kavetskala O. Challenges in the indirect quantitation of acyl-glucuronide metabolites of a cardiovascular drug from complex biological mixtures in the absence of reference standards. Biomed Chromatogr 2010;24(7):759–767.

Stout PR, Horn CK, Lesser DR. Loss of THCCOOH from urine specimens stored in polypropylene and polyethylene containers at different temperatures. J Anal Toxicol 2000;24(7):567–571.

Tsujikawa K, Kuwayama K, Miyaguchi H, Kanamori T, Iwata YT, Inoue H. In vitro stability and metabolism of salvinorin A in rat plasma. Xenobiotica 2009;39(5):391–398.

US FDA 2000. Compliance Program Guidance Manual. Attachment A Bioequivalence Inspection Report. Available at www.fda.gov/downloads/Drugs/GuidanceComplianceRegulatory Information/guidances. Accessed Mar 14, 2013.

US FDA. 2001. Guidance for Drug Evaluation and Research. Guidance for Industry: Bioanalytical Method Validation. Available at www.fda.gov/downloads/Drugs/GuidanceCompliance RegulatoryInformation/Guidances/UCM070107.pdf. Accessed Mar 14, 2013.

Wang X, Bowman PD, Kerwin SM, Stavchansky S. Stability of caffeic acid phenethyl ester and its fluronated derivative in rat plasma. Biomed Chromatogr 2007;21(4):434–350.

Wang YJ, Pearlman R, editors. *Stabilisation and Characterisation of Protein and Peptide Drugs. Pharmaceutical Biotechnology Volume 5*. New York: Plenum Press; 1993.

Waters. ESI + Common Background Ions. Available at www.waters.com/webassets/cms/support/docs/bkgrnd_ion_mstr_list.pdf. Accessed Mar 14, 2013.

Watt AP, Morrison D, Locker KL, Evans DC. Higher throughput bioanalysis by automation of a protein precipitation assay using a 96-well plate format with detection by LC-MS/MS. Anal Chem 2000;72(5):979–984.

WHO. Guidelines on viral inactivation and removal procedures intended to assure the viral safety of human blood plasma products. WHO Technical Report, Series No. 924, 2004.

WHO. Guidelines on drawing blood: best practices in phlebotomy. Geneva: WHO Press. 2010.

Wyss R, Bucheli F. Determination of of cefetamet and its orally active ester, cefetamet pivoxil, in biological fluids by high performance liquid chromatography. J Chromatogr B 1988;430:81–92.

Xu Y, Keith B, Grem JL. Measurement of the anticancer agent gemcitabine and its deaminated metabolite at low concentrations in human plasma by liquid chromatography-mass spectrometry. J Chromatogr B 2004;802(2):263–270.

Xu Y, Du L, Rose MJ, Fu I, Woolf EJ, Musson DG. Concerns in the development of an assay for determination of a highly conjugated adsorption-prone compound in human urine. J Chromatogr B 2005;818(2):241–248.

Yamouri S, Fujiyama N, Kushihara M, et al. Involvement of human blood arylesterases and liver microsomal carboxylesterase in nafamostat hydrolysis. Drug Metab Pharmacokinet 2006;21(2):147–155.

Yapa U, Ionita I, Steenwyk RC. Improve the stability of unstable compounds in blood using dry blood spotting (DBS) technique followed by LC-MS/MS analysis. Proceedings of the 58th ASMS Conference on Mass spectrometry and allied Topics, May 23–27, 2010, Salt Lake City, UT.

Zhang JG, Fariss MW. Thenoylfluoroacetone, a potent inhibitor of carboxylesterase activity. Biochem Pharmacol 2002;63:751–754.

Zhang N, Yang A, Rogers JD, Zhao JJ. Quantitation of simvastatin and its β-hydroxy acid in human plasma by using automated liquid-liquid extraction based on 96-well plate format and liquid chromatography/tandem mass spectrometry. J Pharm Biomed Anal 2004;34(1):175–187.

Zhao B, Moochhala SM, Lu J, Tan D, Lai MH. Determination of pyridostigmine bromide and its metabolites in biological samples. J Pharm Pharmacet Sci 2006;9(1):71–81.

Zhao JJ, Xie JH, Yang AY, Roadcap BA, Rodgers JD. Quantitation of simvastatin and its β-hydroxy acid in human plasma by liquid-liquid cartridge extraction and liquid chromatography/tandem mass spectrometry. J Mass Spectrometr 2000;35:1133–1143.

14

液相色谱-质谱（LC-MS）生物分析中样品预处理的最佳方法

作者：Guowen Liu 和 Anne-Françoise Aubry
译者：李辰、钟大放
审校：李文魁、张杰

14.1 为什么要进行样品预处理？

过去几十年，液相色谱-质谱（LC-MS）或液相色谱-串联质谱（LC-MS/MS）技术已经成为小分子生物样品分析的标准检测手段（Watt et al., 2000; Jemal and Xia, 2006; Aubry, 2011）。如今，LC-MS/MS 也正在成为生物基质中大分子化合物（多肽类、核苷酸类及蛋白质类）定量分析的重要工具之一（Ewles and Goodwin, 2011; Li et al., 2011）。LC-MS 系统作为功能强大且精细复杂的分析工具，其分析效果可能受待分析样品特性的影响。所以，对进行 LC-MS 分析的样品有某些物理或化学性质的要求。大部分生物样品在没有预处理的情况下，不能直接进行 LC-MS 分析。不管采用何种质谱检测器（单级、三重四极杆、其他的质谱串联技术或者高分辨质谱）进行分析，样品预处理的原则是相同的。本章旨在总结在制药和生物制药领域，运用 LC-MS、LC-MS/MS 技术（为了简便，以下都用 LC-MS 来做介绍）进行分析时最常用的样品预处理技术。虽然本章主要讨论的是小分子，但也会提及适用于大分子分析的某些预处理技术。

作为一种混合型分析仪器，LC-MS 需要满足其两个组成部分的要求。液相色谱部分是用来分析液态样品的，流动相从溶剂瓶流出，经过高效液相色谱（HPLC）泵和进样阀，再通过色谱柱，这是一个很长且精细的系统。进入色谱系统的样品应该是液态的，重要的是要没有颗粒。因此，如果样品不是液态，如组织样品（固态）、全血样品（混悬态），则必须在注入色谱系统前将其处理转换成液态。质谱部分用来产生气态离子，并且在高真空条件下检测。电喷雾离子化（ESI）和大气压化学离子化（APCI）是 LC-MS 系统中最常见的两种离子源。为确保良好的离子化效率，不能将非挥发性酸、碱或盐导入 ESI 离子源或 APCI 离子源。另外，蛋白质也不能注入液相色谱仪，除非采用特定的色谱柱和流动相。因为蛋白质在柱头很可能会析出，并且导致色谱柱柱效迅速降低。另外，在离子化过程中基质成分对目标分析物的基质效应，即干扰效应（离子增强或者离子抑制）也是在 ESI/APCI MS 分析时广受关注的现象（Fu et al., 1998; King et al., 2000; Dams et al., 2003; Wu et al., 2008b; Liu et al., 2009）。基质效应经常很难预测，如果处理不当会导致定量的不准确（Wang et al., 2007; Liu et al., 2010a）。在大多数情况下，使用稳定同位素标记内标（SIL-IS）可以矫正基质效应的影响。但是，如果各个样品的基质效应大不相同（Liu et al., 2010a），或者 SIL-IS

在色谱系统中不能和分析物同时洗脱（Jemal et al., 2003; Wang et al., 2007），那么 SIL-IS 也不能矫正所有基质效应的影响。很多基质成分是亲水性的，因此在分析中等极性至疏水性化合物时可以通过简单的样品提取去除这些亲水性基质。磷脂类化合物易对药物产生基质效应（Liu et al., 2009; Xia and Jemal, 2009），因而很多文献都有关于如何消除血浆中磷脂类化合物基质效应影响的方法（Liu et al., 2009; Pucci et al., 2009; Xia and Jemal, 2009; Jiang et al., 2012）。提高灵敏度是样品需要预处理的另一个理由。在复杂体系（如生物基质）中检测痕量样品，需要富集目标分析物来达到所需的检测限（LOD）。在这些情况下，可在进行 LC-MS 分析前，通过提取来预浓缩分析样品。总之，样品预处理的目的是改变样品的形态（如将固态或者非均相的样品转变为澄清的溶液），简化样品组成（如减少基质背景），或者富集分析物（如预浓缩样品）。样品预处理也是生物分析过程中最关键的并且最耗时的步骤之一。一个成功的分析方法不仅需要达到样品预处理的目的，而且还要保证分析物的完整性（如避免目标分析物的降解）。图 14.1 是生物分析科学家通常采用的策略图，该图阐述了最初样本通过特定的提取，转变为可以进行 LC-MS 分析样本的过程。

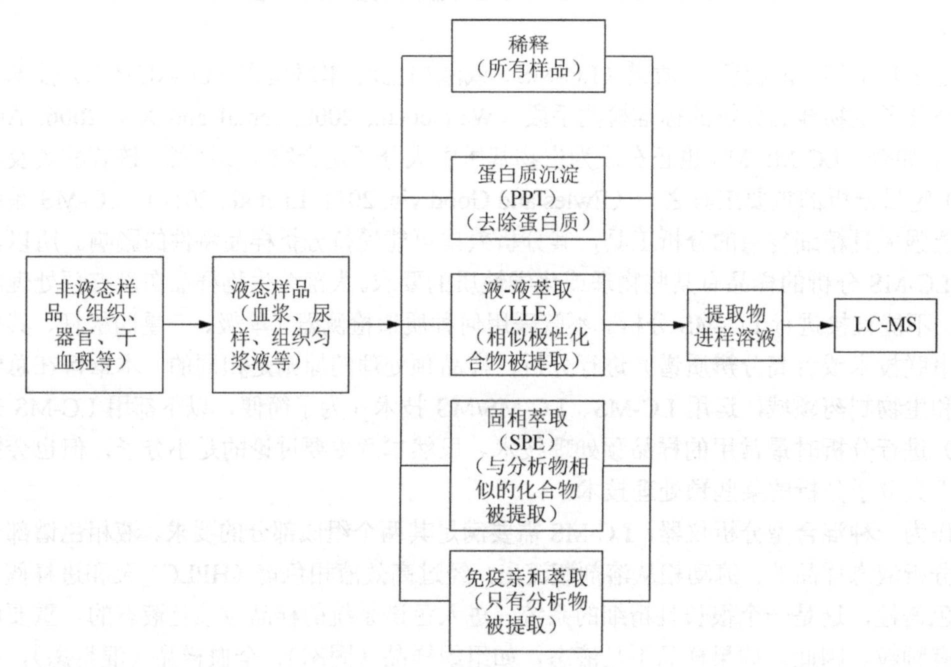

图 14.1　生物样品预处理流程图

到目前为止，人们已经发表了很多关于 LC-MS 分析生物样品时样品预处理原则和进展的综述（Chang et al., 2007; Novakova and Vlckova, 2009; Ashri and Abdel-Rehim, 2011; Kole et al., 2011）。也有针对特定技术或应用导向的文章：Moreno-Bondi 等（2009）综述了关于运用 LC-MS 分析环境和食品样品中抗生素类化合物的样品预处理；Samanidou 等（2011）综述了法医毒理学领域样品预处理的新策略；Rudewicz（2011）综述了药物代谢和药代动力学（DMPK）中回流技术（TFC）的应用；Vuckovic 等（2010）综述了在生物样品分析中固相微萃取（SPME）的新进展；Chen 等（2009）总结了液相色谱在线固相萃取的应用。

本章将阐述在制药和生物制药领域常用的样品预处理技术，即蛋白质沉淀（PPT）、液-液萃取（LLE）和固相萃取（SPE）。在阐述这些方法时，会重点叙述如何同时兼顾回收率

（RE）和灵敏度，以及各项技术的操作细节。一个科学合理的生物分析方法必须有恰当的样品预处理。许多看似不起眼的细节往往是定量分析过程中至关重要的步骤，如塑料制品上的非特异性结合（NSB）（Ji et al., 2010; Li et al., 2010）、移液之前的样品混合不充分（Fu et al., 2011）、样品处理和液体转移时的交叉污染、移液装置的液体残留等。在笔者看来，样品预处理过程是整个实验操作的关键细节，尤其是对刚从事这一行业的新人来说。许多生物样品预处理方法在不同实验室间转移时，会因为未详细写明样品预处理的细节而失败。因此，本章会重点解释各种样品预处理技术的特点，以及在运用过程中各自的优缺点，也会简要讨论近年来样品预处理技术的变化。在讨论各方法前，先来回顾一下样品预处理的基本化学原理。

14.2 了解你的样品

14.2.1 目标分析物

在开发一个样品预处理方法之前，应该尽可能了解目标化合物的相关理化性质。了解它们的性质（如 log*P*、log*D*、pK_a、溶解度、蛋白质结合率、稳定性等），对掌握多种样品预处理技术的适用性及选择实验条件是至关重要的。因此，强烈建议在做实验之前花点时间去关注这些性质，并将所有计划实验的选项写在纸上。

14.2.1.1 pK_a

许多有机化合物有酸性（H^+供体）或者碱性（H^+受体）官能团。在给定 pH 的前提下，知道化合物的 pK_a 就能知道它的电荷态。根据定义，当 pH＝pK_a 时，50%的分子处于碱性（质子化）形式，50%的分子处于酸性（去质子化）形式；当 pH<<pK_a 时，几乎 100%的化合物将呈未电离的酸和电离的碱基；当 pH>>pK_a 时，几乎 100%的化合物将呈电离的酸根和未电离的碱。因此，根据公式 $\log[AH]/[A^-]=pK_a-pH$，可以绘制出分子在不同 pH 下的电荷态图。例如，假设一个酸（AH_2）有两个 pK_a（$pK_{a1}=3$，$pK_{a2}=7$），如图 14.2 所示，在不同 pH 条件下不同形式电荷态的比例（AH_2、AH^-和 A^{2-}）是不一样的。提取已电离或能电离的化合物时，pH 是一个关键参数。LLE 时，只有在使分析物不带电荷的 pH 时其回收率才会最高；然而，当使用离子交换 SPE 时，分析物必须电离才能与固定相相互作用。对于同时含有酸性和碱性基团的化合物，若 pH 介于两 pK_a 之间，它们则形成两性离子，而两性离子相当难提取。但是，这些关于 pH 的基本原则在方法开发（MD）的早期阶段经常被忽视。

14.2.1.2 log*P* 和 log*D*

分配系数（*P*）是一个描述化合物亲水-亲脂性平衡的参数，是化合物的中性形式在互不相溶的两种溶剂（一般是水和辛醇）间达到平衡时的浓度比（CR）。测定一个可电离化合物的 *P* 值时，需要调节 pH 使化合物在水相呈未电离的形式。log*P* 值常用来表述化合物的亲脂性，即溶剂中未电离化合物的浓度比的对数（以下列出 log*P* 的计算公式）：

$$\log P=\log_{10}[C_0/C_{aq}] \tag{14.1}$$

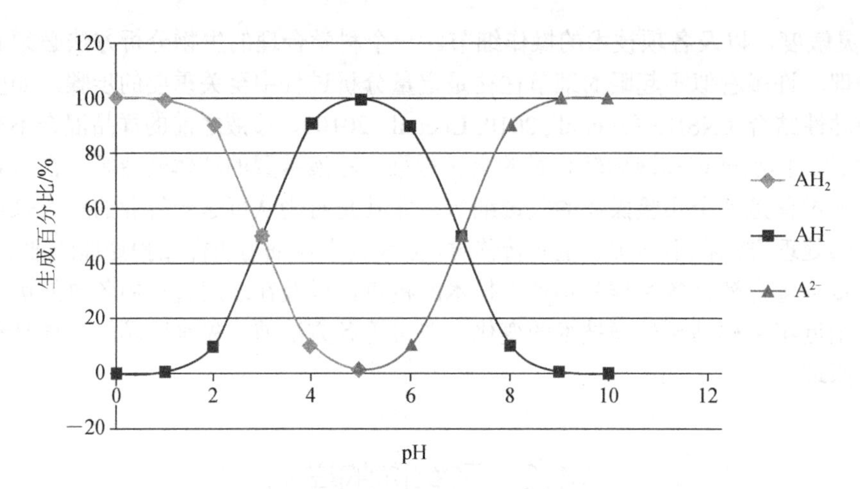

图 14.2　不同形式离子在不同 pH 所占比例

式中，C_0 是中性化合物在与水不互溶的溶剂中的浓度，C_{aq} 是化合物在水相中的浓度。

分布系数（D）是描述化合物亲脂性的另一个参数，定义为化合物的所有形态在与水互不相溶的有机溶剂和水相中的浓度的比值。对于可电离的化合物，其 log$D$ 值依赖于溶剂和 pH。对于一个特定的化合物，常用 log$D$ 值衡量其亲脂性，计算公式如下：

$$\log D=\log_{10} C_0/[C_{aq\ ion}+C_{aq\ neu}] \tag{14.2}$$

式中，C_0 是化合物在与水不互溶的有机溶剂中的浓度，$C_{aq\ ion}$ 是已电离的化合物在水中的浓度，$C_{aq\ neu}$ 是中性化合物在水相中的浓度。

对于不能电离的化合物，在任意 pH 条件下 log$P$=log$D$。对于可电离的化合物，如果带电分子不进入有机相，则在给定 pH 和已知 pK_a 后，可根据公式 14.3 进行折算：

$$\text{酸：}\log D=\log P-\log[1+10^{(\mathrm{pH}-\mathrm{p}K_a)}]$$
$$\text{碱：}\log D=\log P-\log[1+10^{(\mathrm{p}K_a-\mathrm{pH})}] \tag{14.3}$$

关于 log$D$ 和 log$P$ 更详细的描述可以关注网站 http://en.wikipedia.org/wiki/Partition_coefficient（2013 年 3 月 19 日登录）。除非特殊说明，log$D$ 值和 log$P$ 值默认使用辛醇作为非极性分配溶剂。

知道化合物的 pH、有机溶剂、水和有机溶剂的体积比等条件，结合它们的 pK_a、log$D$ 值和 log$P$ 值，就可以在一定程度上预测 LLE 及反相（RP）SPE 方法的回收率。结合分析物的一些其他属性，如化学稳定性、蛋白质结合率、溶解度等，可以帮助排除一些明显不合适的样品预处理方法。通常，目标分析物有不止一种样品预处理方法可选，可根据个人喜好进行选择。然而，对于那些有特殊理化性质的分析物，可以肯定，一些预处理技术和实验参数不是个好的选择。例如，当 log$D$<0 时，就不该选择 LLE；因 pH 调节而导致化合物不稳定；选择沉淀蛋白质法沉淀蛋白质时分析物也沉淀。总的来说，充分了解分析物是建立样品预处理方法的第一步。另外，在选择提取方法时，也应该考虑分析物在基质中预期的浓度。

14.2.2　基质

生物分析方法的挑战之一就是处理复杂的生物基质：血浆、血清、全血、尿液、脑脊液（CSF）、组织等。不同基质的组成和复杂程度明显不一样。了解样品的基质是选择样品预处理方法的关键因素之一。通常基质的 pH、蛋白质和脂质的性质和浓度、盐的含量等因素都会潜在地影响提取。了解分析物和它所在基质之间的相互作用也有助于选择合适的样品预处理方法。例如，在处理全血样品时，化合物在血浆和红细胞（RBC）之间的分布（Brockman et al., 2007），化合物在全血中的酶稳定性（Li et al., 2011），血浆蛋白结合等都需要考虑。当分析物明显分布于红细胞中时，样品预处理方法就需要将分析物从红细胞中释放出来（Brockman et al., 2007）。对于组织样品，必须确保分析物从固体组织中释放出来（Cheng et al., 2010）。对于尿液和脑脊液样品，由于不含蛋白质，化合物常易发生 NSB，因此预处理方法必须使分析物从结合表面释放出来（Gu et al., 2010; Ji et al., 2010）。最后，LC-MS 检测时的基质效应（在 14.1 节中已经讨论过）是一个重要因素，它可左右提取方法的选择。值得一提的是，什么样的基质背景组分被提取出来，并不取决于化合物本身，而是取决于样品预处理方法，对此将在 14.3.3 节进一步讨论。

14.3 了解你的工具

处理液体是样品预处理的一个主要部分。移取生物样品、加入萃取溶剂、转移中间溶液等步骤可以手动使用移液器，也可以使用自动化工具（自动化液体处理器）。自动化处理具备更好的精密度，它减轻了重复操作给人带来的压力和疲劳，自动化已成为液体样品预处理时的趋势和首选。目前涌现出了许多复杂的液体处理工作站，如 Tecan 公司的 Freedom EVO®（http://www.tecan.com, 2013 年 3 月 19 日登录），Hamilton 公司的 MICROLAB® STAR 液体处理工作站（http://www.hamiltoncompany.com, 2013 年 3 月 19 日登录），以及 PerkinElmer 公司的 JANUS®自动化工作站（http://www.perkinelmer.com, 2013 年 3 月 19 日登录）。Vogeser 和 Kirchhoff（2011）最近发表了一篇关于 LC-MS 生物分析自动化进程的很好的综述。本书中也有一章讲述自动化设备的使用。

14.3.1 稀释

稀释是最简单的样品预处理技术（Casetta et al., 2000; Dams et al., 2003; Rashed et al., 2005），也常被称作“稀释和进样”（McCauley-Myers et al., 2000; Xue et al., 2007）。它是一种兼容性很强的方法，几乎所有的分析物均有 100%的回收率，缺点是没有选择性。使用该方法时，样品只需用 LC-MS 兼容的溶剂稀释，但样品中所有的组分均进入 LC-MS 系统（Wood et al., 2004; Raffaelli et al., 2006; Bishop et al., 2007; Gray et al., 2011）。稀释只适用于基质效应影响不大且不存在灵敏度问题的情形下。该方法的优势在于样品处理操作少，能很好地保持样品的完整性，而且成本低。缺点是样品稀释后信号显著降低，且基质效应比较明显。鉴于这些原因，稀释法仅适用于不含或仅含很少大分子的简单液体基质，如尿液、泪液、脑脊液等，并用于不需要高灵敏度的项目上。事实上，随着越来越多高灵敏度仪器的出现及 SIL-IS 的应用，稀释法已成为生物分析时样品预处理的一种可行方法。加上其简单易行，已经成为样品预处理时首选方法。但在大多数情况下，简单稀释不适用于含蛋白质或者脂质的复杂生物样品分析。

14.3.2 沉淀蛋白质

生物样品如血浆和血清，含有丰富的可溶性蛋白，需要更复杂的预处理。通过沉淀析出蛋白质而去除生物样品中大部分蛋白质的过程在生物分析领域被称为蛋白质沉淀（PPT）。这是一个简单、快速和方便的样品预处理技术，支持高通量、非 GLP 应用。尽管许多方法（Polson et al., 2003）可以使蛋白质变性，如加入水溶性有机溶剂、酸、盐和金属离子，但使用有机溶剂（甲醇、乙腈或乙醇）的 PPT 法似乎在生物分析中占主导（Dams et al., 2003; Flaherty et al., 2005; Xue et al., 2006b; Ma et al., 2008; Cheng et al., 2010）。Polson 等（2003）报道了一篇关于使用酸（三氯乙酸）、金属离子（硫酸锌）、盐（硫酸铵）、有机溶剂（乙腈、乙醇、甲醇）作为沉淀剂去除蛋白质效率的综合研究。基于研究结果，当沉淀剂和血浆的比值分别为 0.5（10%的三氯乙酸，*V*/*V*）、2（10%硫酸锌，*W*/*V*）、3（室温下饱和硫酸铵溶液）、1.5（乙腈）、3（乙醇）、2.5（甲醇）时，可以从大鼠、犬、小鼠和人血浆中去除超过 90%的蛋白质。下面通过一个典型实例来阐述使用有机溶剂沉淀蛋白质在实际操作过程中的细节和注意事项。鉴于 96 孔板是制药工业生物分析中最受欢迎的样品预处理工具，本章中除非特殊说明，所有的例子均采用 96 孔板完成。

14.3.2.1 蛋白质沉淀的典型实例

典型的血浆样品 PPT 采用乙腈作为有机溶剂，一个批次用时 1～3 h（取决于是否需要吹干和复溶），包括如下步骤。

（1）向 96 孔板中转移 50 μl 校正标样（STD）、质量控制（QC）样品和试验样品。

这一步骤可以手动操作或者使用自动化液体处理器。每次样品转移的体积不需要特别准确但自始至终必须精密。96 孔板必须严格封板，防止溶剂漏出或者孔与孔之间的交叉污染。

（2）每一个样品孔中加入 50 μl 内标工作溶液。

内标需要在加有机溶剂之前加入。内标也可以直接用有机溶剂配制，这样下一步和这一步可以合并。此时，操作者必须警惕内标不能准确跟踪校正分析物的情形，特别是当分析物有高蛋白结合时。这一步操作可以使用自动化液体处理器来完成。加样体积同样不需要准确但必须要精密。

（3）每一个样品孔中加入 600 μl 乙腈，封板，涡流 1 min。

这一步是向水相中加入水溶性的有机溶剂。有机溶剂使水溶性蛋白变性，使其从溶液中沉淀出来。为了去除样品中大部分的（如至少 90%）蛋白质，使用乙腈作为沉淀剂时需要保证有机溶剂/水相的最小值为 1.5。这一步同样可以实现自动化。必须严格封板，防止孔间污染。尽管现在自动化封板和涡流技术已经可行，但这些仍不是生物分析领域的主流。这一步不需要很好的体积精密度和准确度。

（4）样品在 3000 r/min 离心 5 min。

这一步通常需要手动操作，如需要手动将 96 孔板转移至离心机离心，之后再放回全自动工作站中。

（5）离心后转移 500 μl 上清液至另一 96 孔收集板中。

根据灵敏度要求，转移出不同体积的上清液。上清液主要是有机溶剂。虽然这一步很容易实现自动化，但是在转移过程中也必须防止液体滴漏导致孔间污染。由于有内标的校正，这一步不需要很高的精密度或准确度。

（6）氮气流吹干样品后，以 200 μl 复溶液复溶。

这一步有两个目的：首先，通过将样品复溶至很小的体积，可以使样品尽可能浓缩（如本例中可以浓缩至 2.5 倍）；其次，进样时的溶液可以匹配液相色谱起始条件。如果对样品灵敏度要求不高，或者高含量有机相可以直接注入液相色谱系统［如使用亲水相互作用液相色谱（HILIC）柱时］，这一步可以省去。因为需要将水蒸发，这一步通常占用了样品预处理的大部分时间。

（7）涡流 2 min，离心 2 min 后上样，用于 LC-MS 分析。

这一步是为了确保每个样品孔吹干的残渣均被复溶液溶解，并且使孔壁上的液滴落至孔底。对于一些样品，并不是所有吹干后的残渣均能被复溶液溶解。但只要目标化合物和内标完全溶于最终的溶液中，并且没有悬浮的固体颗粒，就可能不影响最后的测定。

14.3.2.2　优势和局限

选用 PPT 作为样品预处理时有很多优势：①几乎适用于任何极性的小分子化合物；②一个标准操作规程（SOP）适用于所有的化合物；③快速，适用于自动化和半自动化操作（Ma et al., 2008; Tweed et al., 2010）；④回收率 100%，几乎所有的小分子均能保留，因此特别适合于代谢谱研究（Wilson, 2011）。相应的不足是：PPT 处理后的样品含有全部内源性小分子（无选择性），因而质谱离子化可能受干扰，液相色谱柱的柱效可能会降低。概而言之，PPT 方法的基质效应明显（Dams et al., 2003）。这也警示大家，如果不妥善处理，数据质量将受严重影响（Wang et al., 2007）。但是，PPT 在药物发现阶段很受欢迎，因为在这个阶段样品分析时间必须跟上药物发现的快节奏。ESI-LC-MS 被广泛认为是药物开发阶段生物分析中最好的工具，在与 PPT 相关的基质效应成为大家所担心的问题之前，PPT 也曾是最受欢迎的预处理方法。尽管如此，PPT 至今仍然十分常用，特别是在有 SIL-IS 时，而且现在新仪器的灵敏度越来越高，降低进样量有效地降低了基质效应的影响。

14.3.2.3　其他形式的蛋白质沉淀

为了简化处理过程、改善样品通量，一些基于膜的 PPT 过滤板（如 Whatman 公司的 Unifilter®，Phenomenex 公司的 Strata® Impact™，Biotage 公司的 Isolute® PPT+，Waters 公司的 Sirocco™）应运而生，它们能从血浆和血清中去除蛋白质。近年来出现了一些更高端的用特殊材料做成的 PPT 板，这些材料通过键合来保留磷脂，从而能够去除血浆和血清中的蛋白质和磷脂（如 Agilent 公司的 Captiva™ NDLipids，Waters 公司的 Ostro™，Phenomenex 公司的 Phree™，Sigma 公司的 HybridSPE®）。使用这些预处理板，在进行 LC-MS 分析前可很容易地去除样品中的蛋白质和大量磷脂。全套的 PPT 操作均可以在 96 孔板上进行，不需要离心和转移上清液等步骤，从而缩短了样品预处理时间，同时还提高了回收率。这一方法适用于体积较小的样品，并且可以进行自动化操作。每一个商品化的 PPT 板均有 SOP，如果需要详细比较不同的 PPT 板或管，可以参考 Kole 等（2011）发表的综述。

14.3.3　液-液萃取

液-液萃取（LLE）是生物分析中另一种常用的样品预处理技术。LLE 的原理是基于目标分析物在互不相溶的溶剂之间分配不同，将化合物从水相中萃取至与水不相溶的溶剂中。分析物在两相之间的分布和它的 log*P* 值和 log*D* 值有关。使用 LLE 时通常需要将分析物和水相缓冲液（调节基质 pH 至合适范围，从而使目标分析物能顺利地从水相萃取至有机相）混合。该缓冲液中也可以含有内标。之后，向已经加入缓冲液的样品中加入一定量与水不相溶的有机溶剂。常用的有机溶剂有甲基叔丁基醚（MTBE）（Pin et al., 2012）、乙酸乙酯（Kosovec et al., 2008; Cai et al., 2012）、正己烷（Cai et al., 2012）、1-氯代正丁烷（Saar et al., 2010），或者是两种溶剂的混合。根据分析物的极性和溶解度选用合适的有机溶剂。改变有机溶剂、调节 pH 或者缓冲液的离子强度，可以有效地将目标化合物从水相萃取至有机相中，而将大部分基质组分（如磷脂、蛋白质、无机盐）留在水相中。提取出的样品比原来生物样品更干净，成分更简单。和 PPT 甚至是 SPE 比，LLE 是一种选择性更强的样品净化技术。下面列出 LLE 法在 96 孔板中应用的典型操作步骤。使用自动化操作时，整个过程可以在 2 h 内完成。

14.3.3.1　LLE 法的典型操作步骤

（1）向 96 孔板中加入 50 μl 血浆样品（标样、QC 样品和试验样品）。

和 PPT 相同。

（2）向每个样品中加入 50 μl 内标工作溶液。

操作时，这一步和 PPT 相同。但是，在配制内标工作溶液时应该尽量少使用与水互溶的有机溶剂，因为这些有机溶剂会严重影响 LLE 萃取的干净程度。这一步操作需要很高的精密度，但是不必有很好的准确度。

（3）10 min 后，向每个样品中加入 100 μl 提取缓冲液（含 2%甲酸的 0.5 mol/L 乙酸铵）。

10 min 的平衡时间足以使内标工作溶液和基质特别是蛋白质充分平衡，使内标能更好地跟踪校正目标分析物的提取回收率。好的提取缓冲液应该使目标分析物处于中性形态，从而使其更好地被萃取到有机溶剂中。这一步容易实现自动化。同时因为有内标校正，这一步及下一步移液操作不需要很高的精密度和准确度。

（4）向每个样品中加入 600 μl MTBE。

加入水不相溶的有机溶剂。尽管有些有机溶剂很难移取，并且容易滴落，如能根据不同的溶剂类型调整液体处理器设置，这一步仍然容易实现自动化。

（5）振摇样品孔板 15 min。

振摇孔板这一步可以实现自动化，但是难度较大。有研究表明可以通过反复吸放来代替这个步骤（Wang et al., 2006）。在振摇之前很好地封板是避免孔间污染的关键。研究表明分析物的回收率、基质效应和振摇时间之间也存在一个最佳平衡点（Aubry, 2011）。

（6）4000 r/min 离心样品孔板 5 min。

这一步可以自动化完成，但是自动化并不常用。

（7）离心后转移每个样品 500 μl 上层有机层至另一个收集板中。

手动转移有机层可能会导致液体滴漏，因此完成此步时推荐使用液体处理器，这很容易实现。

（8）氮气流吹干孔板中样品。

这一步在操作上与 PPT 相似，但是蒸发耗时更短，因为有机溶剂比水更容易吹干。

（9）以 200 μl 溶液重新溶解样品。

这一步操作与 PPT 相似。这一步通常是必需的，因为萃取用的有机溶剂很少能和反相 LC 流动相兼容。但是，有文献（Song and Naidong, 2006; Xue et al., 2006b）报道，如果使用 HILIC 柱，萃取后的有机相能直接进样。

由于 LLE 是一种具有初步选择性的样品预处理方法，因此可根据分析的需要调节样品预处理过程来平衡回收率和选择性（消除基质背景）。当基质效应成为主要困扰时，提取回收率可能要给选择性让步。一般来说，如果使用 SIL-IS，整个提取过程会被内标很好地校正。因此，不需要接近 100%的回收率，甚至也不需要样品间一致的回收率。但是，一般仍然希望回收率一致，这是方法稳定性的良好指标。另外，样品预处理总是需要同时关注绝对回收率（越高越好）和样品间回收率的一致性。只要可能，强烈推荐使用 SIL-IS 或者将分析物的结构类似物来作为内标。

在实际应用过程中，LLE 非常适用于非极性至中等极性的分析物，它们能很好地分布于与水不溶的有机溶剂中，从而可以从水相中萃取出来。事实上，很多候选药物都是非极性或者中等极性化合物，都可以建立合适的 LLE 方法进行提取。然而，当要分析不止一个目标化合物时，如药物及其代谢产物，就需要精细调整 LLE 的条件，使得所有分析物的提取回收率均可接受（Patel et al., 2008）。

14.3.3.2 优势和局限

LLE 的优点之一在于其可以放大，如可以加大样品体积来提高分析灵敏度。由于提取后样品比较干净，增加样品体积后信号增强一般会超过基质效应带来的抑制作用。LLE 的另一个优点是通过测定提取条件下的 pH（如乙酸乙酯在 pH 7 时），可以预测生物基质（如血浆或者血清）提取后的基质背景。掌握一个化合物经 LLE 提取后的基质背景信息，将有助于其他化合物的方法开发。在使用 ESI-MS 时，主要问题是从血浆或血清中提取出的磷脂产生的基质抑制（Wu et al., 2008b; Lahaie et al., 2010）。本实验室研究表明，建立一套不同提取条件下提取磷脂的数据库非常重要。如图 14.3（Liu et al., 2009）所示，在不同提取条件下提取出的磷脂量差异显著。正己烷和乙酸乙酯比例不同时，特定分析物的回收率也差异显著，具体结果如图 14.4 所示。综合考虑回收率和选择性（基质背景），可以指导优化预处理方法。利用现有的关于消除基质背景（磷脂）的数据，可以大大缩短新化合物的类似 LLE 方法的开发时间（Liu et al., 2009）。LLE 其他的优点有：低成本、直接、重现性好、方法易转移、方法的开发时间相对较短。

LLE 常用于候选化合物开发后期阶段的规范性生物样品分析。在这一阶段，常有大量的样品需要分析，自动化样品预处理可以提高样品分析通量。LLE 常被误认为不利于自动化。事实上，随着自动化设备及商品化样品提取板的新发展，以上操作规程中提到的大部分步骤都可以实现自动化，这大大提高了样品分析通量，但是完全自动化仍然很难实现。LLE 不适用于亲水性化合物。同时，如果多个分析物具有不同的亲脂性，LLE 方法开发时的难度就大大增加了。

14.3.3.3 其他形式的 LLE

除传统的 LLE 外，盐析辅助 LLE 和载体 LLE 也是生物分析科学家常使用的两种衍生的 LLE 方法。盐析辅助 LLE 基于“盐诱导相分离”现象来提高 LLE 的效率，它使用水溶性有机溶剂（如乙腈）萃取目标分析物，然后用高浓度的盐，如硫酸镁（Zhang et al., 2009）、碳酸钾（Rustum, 1989）、氯化钠（Yoshida et al., 2004）或乙酸铵（Wu et al., 2008）来诱导水溶性有机相的分离。盐析辅助 LLE 使得 LLE 不再局限于使用水不相溶的有机溶剂。和传统 LLE 相比，盐析辅助 LLE 有更宽的应用范围（适用于从低亲脂性到高亲脂性的分析物），具有更好的回收率，比反相和 HILIC 系统兼容性更强。但是提取物含有更多的内源性物质，并且伴随更高的基质效应。载体液-液萃取（SLE）类似于传统 LLE，借助 96 孔板实现了高通量。它利用高表面积的惰性固体来提高水溶性样品与水不相溶的有机溶剂之间的接触面。简单地说，生物样品混合水相缓冲液后上样，随后加入与水不相溶的试剂，从固相载体表面萃取目标分析物。其中的萃取机制是分析物在有机溶剂和吸附于固相载体上的水相之间的分配平衡。SLE 的优点有：不会形成乳化液、易于自动化操作、提取效率高（Jiang et al., 2009, 2012）。

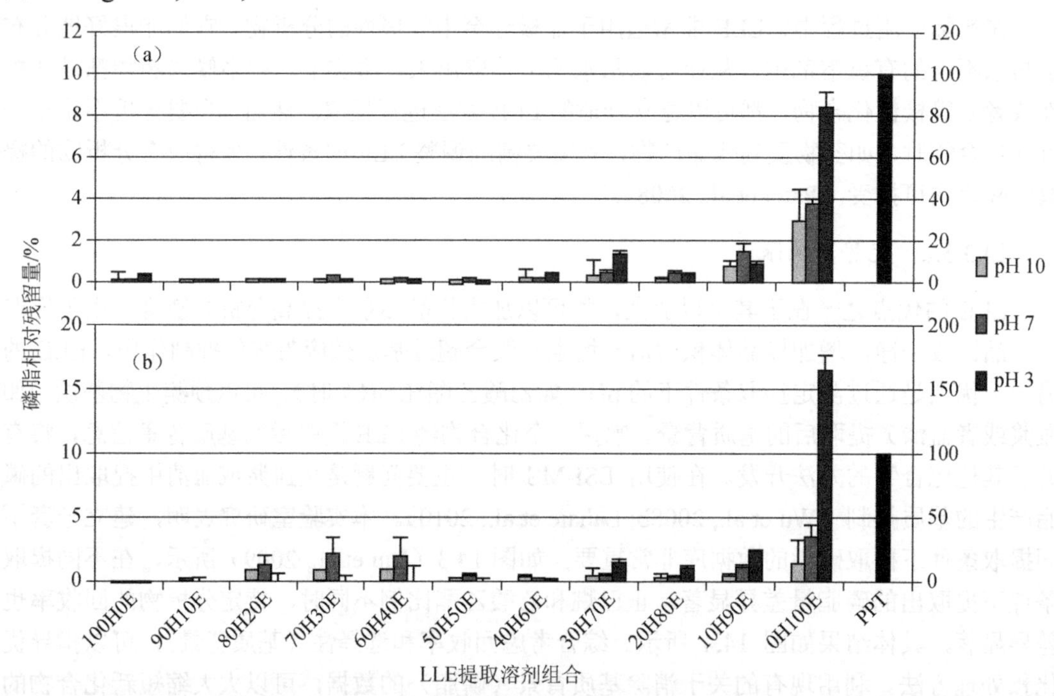

图 14.3 两批不同人血浆在不同 LLE 提取溶剂提取后的磷脂含量差异：（a）正常人血浆和（b）高脂人血浆；阴影下是将相对磷脂响应乘以 10 后的数值；溶剂组成 100H0E 表示正己烷/乙酸乙酯体积比为 100/0；PPT 表示血浆样品经蛋白质沉淀处理后的上清液，其中 PPT 处理样品时没有调节 pH（Liu et al., 2009。复制经允许）

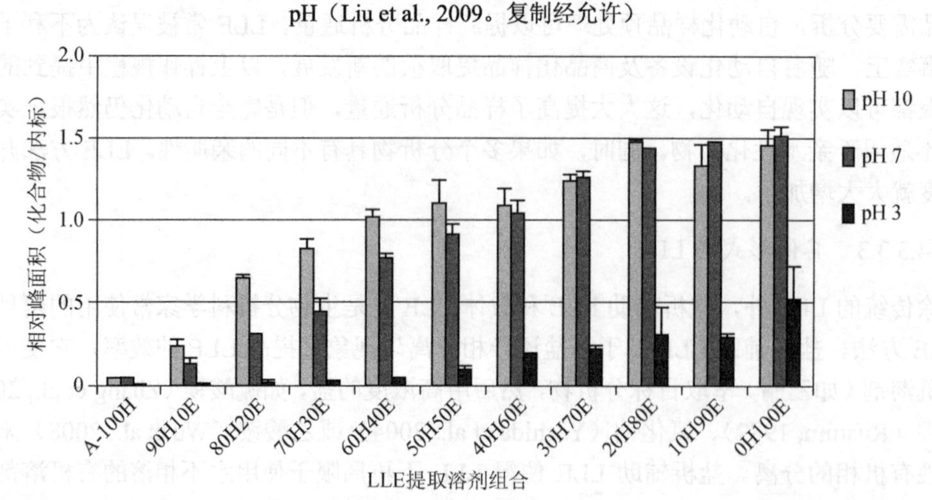

图 14.4 酮康唑（ketoconazole）在不同 pH 和提取溶剂条件下的回收率；相对峰面积是用内标归一校正后的结果（溶剂组成 100H0E 表示正己烷/乙酸乙酯体积比为 100/0）（Liu et al., 2009。复制经允许）

14.3.4 固相萃取

数十年来研究者一直采用固相萃取（SPE）的方法从生物和环境样品中萃取和富集痕量分析物（Lee and Esnaud, 1988; Peng et al., 2000; Mornar et al., 2012）。SPE 是将生物样品上样至键合固相吸附剂的 SPE 小柱/提取板/提取柱上。目标分析物通过不同的作用机制与键合相发生相互作用而被保留。干扰基质可能在上样过程中直接流过吸附剂，在淋洗时被洗脱，或者在淋洗后仍保留在固定相中。而目标化合物被保留在固定相中，然后用合适的洗脱液洗脱出来进行 LC-MS 分析。SPE 从技术上讲其实是一种低压色谱。和液相色谱柱一样，现在出现了不同模式的 SPE 小柱和越来越多的商品化键合相。开发 SPE 分析方法时，吸附剂的类型和填料量，在不影响回收率的前提下的样品体积，最佳上样、淋洗和洗脱条件（时间、体积、组分）等参数都需要考虑。SPE 可以离线（Peng et al., 2000）也可在线（Chen et al., 2009）。由于每个 SPE 小柱或提取板的孔都是一个独立的色谱柱，因此每个 SPE 小柱或提取板每个孔之间的一致性，以及每个分析批之间的变异都会影响 SPE 方法的性能。

根据填料的不同，SPE 主要分为 3 种类型。反相 SPE，采用类似烷基或者芳香基键合硅烷的非极性固定相；正相（NP）SPE，采用键合极性官能团（Si-CN、Si-NH、Si-二醇和纯硅胶）硅烷的极性固定相；离子交换 SPE，采用离子型官能团（将强或弱有机酸或碱键合于担体表面）。表 14.1 列出了主要的 SPE 类型、保留和洗脱机制及应用。厂家通常会提供 SPE 小柱或者 SPE 提取板的 SOP，这些条件可能为方法开发奠定很好的基础。但是和其他色谱分析方法一样，SPE 生物分析还是要结合具体化合物来选择最优的条件。只有针对不同化合物精细调整实验条件，才能获得最好的结果。各大厂家均推出了多种 SPE 小柱和 SPE 提取板，如 Waters 公司的 Oasis®系列（www.waters.com, 2013 年 3 月 19 日登录），Thermo Fisher Scientific 公司的 HyperSep 系列（www.thermofisher.com，2013 年 3 月 19 日登录），Agilent 公司的 Bond Elut 系列（www.agilent.com, 2013 年 3 月 19 日登录），Biotage 公司的 EVOLUTE®系列（www.biotage.com, 2013 年 3 月 19 日登录），Phenomenex 公司的 Strata®系列（www.phenomenex.com, 2013 年 3 月 19 日登录），Sigma-Aldrich 公司的 Discovery®和 Empore™ 系列（www.sigma-aldrich.com, 2013 年 3 月 19 日登录）。同时，各大供应商也推出了混合模式（结合多种保留机制）的 SPE 产品，如 Waters 公司的 Oasis® MCX/MAX，Biotage 公司的 ISOLUTE® HCX/HAX 等。最常用的混合模式 SPE 是反相和离子交换机制相结合，利用疏水和静电作用力两种保留机制，保留酸性、碱性、中性和两性化合物。由于混合模式 SPE 适用于多种化合物，因此其应用广泛（Shou et al., 2001; Muller et al., 2002; Jenkins et al., 2004; Ge et al., 2005; Xu et al., 2005; Yue et al., 2005; Xue et al., 2006a），然而其样品净化能力却不如其他更具选择性的 SPE 固定相。

表 14.1 常用 SPE 类型、保留机制和应用

	反相固相萃取（RP-SPE）	正相固相萃取（NP-SPE）	离子交换固相萃取
固定相官能团	烷基或芳基键合硅烷（Si-C4、Si-C8、Si-C18、Si-Ph 等）	Si-CN、Si-NH_2、Si-二醇、纯硅胶等	季铵键合硅烷（强阴离子交换）、磺酸键合硅烷（强阳离子交换）、羧酸键合硅烷（弱阳离子交换）、中性胺键合硅烷［弱阴离子交换（WAX)］

续表

	反相固相萃取（RP-SPE）	正相固相萃取（NP-SPE）	离子交换固相萃取
保留机制	非极性分子间相互作用、范德华力、分散力	极性分子间相互作用、氢键、偶极-偶极相互作用、偶极-诱导偶极相互作用	分析物和填料之间带有相反电荷的官能团的静电吸引
上样	样品加入水相缓冲液调节pH，确保分析物不被电离，再上样	样品加入非极性溶剂（如正己烷、二氯甲烷等），再上样	样品加入水或者有机溶剂、低盐溶液，调节pH使分析物和固定相上官能团电荷相反，如低pH用于碱性化合物和强阳离子交换柱
洗脱	极性有机溶剂，如甲醇、乙腈等；调节pH至和上样时条件相反	极性有机溶剂，如甲醇、乙腈、丙酮、异丙醇等	利用pH、离子强度、溶剂改变来破坏相反电荷之间的作用或者用选择性更强的反离子竞争离子交换作用
应用	非极性至中等极性化合物，如含有烷基、芳香基或者脂环基的有机化合物	极性化合物，如含羟基、羰基、杂原子的小分子有机化合物	阳离子交换：碱性化合物，如伯、仲、叔胺和季铵盐等；阴离子交换：酸性化合物，如羧酸、磺酸等

SPE 产品形式多样化，有单个的 SPE 小柱、多孔 SPE 板（96 孔、384 孔）或者在线 SPE 柱。在早期，SPE 只能以单个小柱形式手动完成（Khan et al., 1999; van der Heeft et al., 2000; Cavaliere et al., 2003）。制药工业对高通量的需求，促使全自动 96 孔板迅速成为生物分析的主导平台（Kaye et al., 1996; Shou et al., 2001; Shou et al., 2002; Mallet et al., 2003; Xu et al., 2007; Helle et al., 2011）。不管选用哪种模式的 SPE，其原则都相同。下面就 96 孔 SPE 提取板列举一般性操作规程。

14.3.4.1 使用 Waters 公司 HLB 96 孔 SPE 提取板进行样品预处理的典型实例

（1）向 96 孔板中加入 50 μl 空白样品、标样、QC 样品和试验样品。

同 PPT 和 LLE。

（2）向每个样品中加入 50 μl 内标工作溶液。

内标工作溶液应在水溶液中配制。加入内标溶液并混合后，需要一段时间让内标与生物基质相互作用，来充分模拟分析物在样品中的蛋白质结合过程。

（3）向每个样品中加入 10 mmol/L 乙酸铵水溶液 400 μl。

这一步是为了调节样品至某一 pH，给分析物营造一个适宜的溶剂强度，可以和填料更好地结合。这一步需要考虑蛋白质的结合。向缓冲液中加入修饰剂可以破坏药物与蛋白质的结合，从而保证药物与填料结合。

（4）向 96 孔 SPE 提取板加入 450 μl 甲醇，随后加入 10 mmol/L 乙酸铵水溶液 450 μl。

这一步是为了给 SPE 提取板在上样前做清洁和活化。真空通常有助于保证提取效率和一致性。

（5）将样品混合溶液加入事先活化的 SPE 提取板。

这一步是将样品加入 96 孔板，通常需要保持真空。大部分蛋白质、其他大分子和盐会直接通过板而进入废液。上样前必须保证每一个孔中之前加入的溶液都已流干。

（6）以 450 μl 水淋洗 SPE 提取板。

这一步是为了进一步去除残余的蛋白质、盐和强极性化合物。有时也可以向淋洗液中加入有机溶剂来去除一些极性相对较小的化合物。需要在回收率和选择性之间找到平衡，用较强的溶剂淋洗会使样品更干净，但是相应地会降低回收率。这一步同样需要保持真空。

（7）以 250 μl 甲醇洗脱 SPE 板两次。

这一步是用强有机溶剂将目标化合物从 SPE 填充物中释放。整个过程需要真空。而且在洗脱液加入之前，必须保证每一个孔中之前加入的溶液均已流干。96 孔 SPE 板和收集板之间必须保持一定的距离来防止交叉污染。并不是所有情况下都需要洗脱两次，但是洗脱两次可以带来更好的回收率。

（8）氮气流吹干样品，用 200 μl 复溶液复溶样品。

这一步是为了改变样品的溶剂体系来匹配 LC 进样。也可以通过减少复溶液的体积来浓缩样品。如果样品浓度和溶剂均适于 LC-MS 分析，此步可以略去。

上述所有液体转移步骤均可以使用自动化液体处理器来完成。整个过程很容易用商业化的工作站全自动完成。然而，96 孔 SPE 提取板的孔与孔之间或者每块板之间存在一定的差异。例如，常会观察到液体通过各个孔的速度不一致。因此，在加入下一步溶剂之前必须确保先前的溶剂流尽。不尽如人意的是，这一步骤通常只能通过操作者的肉眼观察来完成，这也使得这种完全的自动化不怎么尽人意。

14.3.4.2 优势和局限

SPE 具有从中等到高等的选择性、用途广泛、适合自动化操作等特点。填料的多样性使得 SPE 适合各种类型的化合物（极性或非极性化合物、酸或碱、小分子或大分子、多种样品基质）。通过优化后可以获得回收率高、选择性强并且重现性好的方法。SPE 的局限主要有成本高、依赖供货质量（如不同批次的 SPE 小柱和提取板之间的差异）、方法开发时间长。SPE 操作步骤烦琐，需要很高的操作技能和丰富的分离科学知识才能充分利用并发挥其优势。开发好的 SPE 方法时，需要了解目标分析物和 SPE 填料的化学性质及保留机制。一个未优化的 SPE 方法不一定比 PPT 好。

14.3.4.3 其他形式的 SPE

SPE 还可以和其他分离机制相结合，如免疫亲和（IA）SPE（Delaunay-Bertoncini and Hennion, 2004）、分子印迹聚合物（MIP）SPE（Lasakova and Jandera, 2009）、分子排阻材料 SPE（Souverain et al., 2004）。14.3.5.1 和 14.3.5.2 节将分别简单介绍 IA-SPE 和 MIP-SPE。分子排阻材料这一术语是在 1991 年由 Desilet 等（1991）首次提出，和普通材料的固相载体不同，它是一类只允许小分子进入小孔的载体。分子排阻材料的外表面由亲水官能团覆盖，而小孔的内表面可由不同类型的官能团覆盖，如疏水官能团（Amini and Crescenzi, 2003）、离子交换官能团（Chiap et al., 2002）。分子排阻材料 SPE 兼有传统 SPE 和分子排阻色谱法的优点。生物蛋白质可以轻易地与基质分离，而小的有机分析物进入小孔中和官能团发生相互作用。分子排阻材料 SPE 可以允许未处理的血浆样品直接进样，因此常和在线 SPE 模式联用。文献中可以查到在线分子排阻材料 SPE 技术的全面综述（Souverain et al., 2004）。

除常用的 SPE 小柱和 SPE 提取板外，还有其他特殊用途的 SPE 形式，如在线 SPE、基质分散 SPE（dSPE，也称 QuEChERS，代表快速、容易、廉价、高效、耐用和安全）、可拆卸移液管提取（DPX）、微萃取 SPE 技术［填充吸附剂微萃取（MEPS）、固相微萃取（SPME）、搅拌棒吸附萃取（SBSE）］。在线 SPE 类似二维色谱，是将 SPE 小柱和色谱柱用切换阀连接。当然，需要两套不同的泵，分别用于 SPE 小柱和液相色谱柱。具体硬件配制的细节在综述中有详细介绍（Chang et al., 2007）。在线 SPE 由于其操作上的优势很受欢迎，特别是它在进行 LC-MS 分析前只需要很少的样品预处理。一旦方法建立，整个预处理过程只需要有限的监管。关于 LC-MS 在线 SPE 的发展历程、优点和局限在一些综述中均有提及（Xu et al., 2007; Chen et al., 2009; Novakova and Vlckova, 2009; Kole et al., 2011）。对于 QuEChERS，首先用有机溶剂将目标分析物从基质中提取出来，再加入吸附剂从有机相中移除基质组分。它可广泛应用于测定食品和环境样品中的农药和药物残留（Anastassiades et al., 2003; Lehotay et al., 2005; Posyniak et al., 2005）。近年来，其应用也拓展到分析诸如组织（Fagerquist et al., 2005）、牛奶（Whelan et al., 2010）、全血（Plossl et al., 2006）等生物样品中的药物及代谢产物。DPX 是传统 SPE 的一种衍生形式，是将吸附剂疏松地装填于标准移液管尖端的两层之间而形成，上样时直接用移液管从底部移取样品。DPX 最大的优势在于操作简便，目前已经有很多不同类型吸附剂的商品化 DPX 移液管出售。

现在样品预处理的趋势是逐渐小型化，微萃取 SPE 应运而生，如 SPME、MEPS 和 SBSE。这类新技术的一个共性是提取时使用吸附剂少，进而洗脱分析物时使用的洗脱液体积小，洗脱液可以全部进入 LC-MS 系统直接分析。有关这些技术的细节、优缺点，在一些综述文献中可以查到（Novakova and Vlckova, 2009; Ashri and Abdel-Rehim, 2011; Kole et al., 2011），还有一篇就 SPME 进行了专门的综述（Vuckovic et al., 2010）。不管使用哪种形式的 SPE，原理都相同：目标分析物选择性或半选择性地保留于固体吸附剂上，淋洗去除干扰化合物，最后洗脱目标化合物进行分析。尽管人们对这些新形式的 SPE 越来越感兴趣，但是传统 96 孔提取板 SPE 仍然是生物分析的主流。

14.3.5 利用分析物专属性的提取技术

先前提及的样品预处理技术若以选择性递增排序，从简单的样品稀释到常规的 SPE，都不是根据某一化合物的专属性。虽然这些方法能满足大部分生物分析需求，但在一些特殊的情形下，需要用选择性更高的技术，以获得更高的灵敏度或者去除顽固的干扰。最容易干扰 LC-MS 分析的基质组分大都是那些和目标分析物理化性质相似的化合物。采用上述方法，基质组分很可能和分析物同时被提取出来。正交或者混合样品预处理技术，如 LLE/SPE、PPT/SPE、PPT/LLE 有时能缓解这一困扰。但利用分析物专属性进行提取的方法，如 IA-SPE、MIP-SPE 是解决这一问题更有效的方法。这一节，就这些预处理方法的优势、应用和局限做详细的讨论。

14.3.5.1 免疫亲和提取

免疫吸附剂是将分析物专属抗体固定于固相载体的一种选择性提取材料。当免疫吸附剂暴露于含有目标分析物（抗原）的样品中时，分析物和固定的抗体之间会发生具选择性的可逆的抗原-抗体结合。利用免疫吸附剂提取目标分析物的方法称为免疫亲和（IA）提取。该方法用于提取和富集复杂基质中的目标分析物（Farjam et al., 1988; Haasnoot et al., 1989; Medina-Casanellas et al., 2012）已经有数十年的历史。将免疫吸附剂填充于 SPE 提取板或小柱上进行样品预处理的方法称 IA-SPE，该方法既可以在线进行（Farjam et al., 1988），又可以离线进行（Aranda-Rodriguez et al., 2003）。关于 IA-SPE 技术在制药工业和生物医学领域的应用，已经有了综述报道（Delaunay-Bertoncini and Hennion, 2004）。

免疫提取 SPE 的操作步骤。免疫提取过程可分为 4 步：活化、样品渗透、淋洗和洗脱。每一步操作的具体细节可以参考一篇综述（Delaunay-Bertoncini and Hennion, 2004）。以下是对免疫提取步骤的简要描述。

活化：活化这一步是为了建立适合分析物和抗体作用的环境。免疫吸附剂一般储存于含有少量叠氮化物的磷酸缓冲液（PBS）中，以保持抗体活性。需要用能使目标分析物和抗体发生相互作用的溶液替换该缓冲液。

上样：将预处理后的生物样品上样或者和免疫吸附剂一起温孵。这一步必须充分考虑免疫吸附剂的容量以避免吸附剂过载。免疫吸附剂的容量定义为，使最多分析物吸附于吸附剂表面而需要固定在固相载体的抗体数量。

淋洗：这一步是为了除去通过 NSB 吸附于吸附剂上的干扰化合物，这些 NSB 有疏水性的和离子间的相互作用。类似常规 SPE 的操作，淋洗液需要有效去除干扰物质，但同时不破坏抗原-抗体的相互作用。

洗脱：任何能有效破坏分析物和抗体间作用力的溶液，如置换剂、离液剂、pH 调节剂、有机溶剂等，均能用来洗脱分析物和内标。有机溶剂是最常用的洗脱剂。

IA 提取最大的优点是选择性高。固定于担体上的抗体和特异性的抗原（分析物）发生免疫反应。因此，抗体和抗原（分析物）之间的相互作用是特异性的。虽然可以培养对小分子化合物的抗体，但是培养针对蛋白质的抗体更加容易。IA 提取是生物分析领域强大且高效的工具。在线或离线免疫提取与色谱分离及质谱检测器（Berna et al., 2007）或在线（Dufield and Radabaugh, 2012）联合用于对药物进行定量分析，具有高灵敏度、高选择性、重现性好等特点。然而，和其他样品预处理方法（如 PPT、LLE、常规 SPE）相比，免疫吸附剂的制备常常不易。制备目标分析物专属的抗体，并将抗体固定于固相载体上是一个烦琐而且非常昂贵的过程。因此，只有在不得已时，生物分析科学家才会选择免疫提取方法。人们利用 LC-MS 定量生物样品中候选蛋白质药物的兴趣越来越高（Li et al., 2011），从生物基质中通过 IA 纯化目标蛋白质（Dubois et al., 2007）或经酶消解后的代表性多肽（Neubert et al., 2010），是获得与配体结合分析（LBA）类似灵敏度所必需的步骤。当然，LBA 仍然是蛋白质药物定量的最佳标准。当技术发展到一定程度时，抗体生成可能变得很容易，分析物特殊的免疫吸附剂可能变得物美价廉，或者对某分析物的测试已成常规（如临床诊断的生物标志物），那时，用标准化的 IA 提取步骤（试剂盒）提取生物样品才是经济合理的。

14.3.5.2 分子印迹聚合物 SPE

分子印迹聚合物（MIP）是一种聚合于模板分子的高度交联的聚合物。聚合后去掉模板分子，留下能识别分子的互补空腔。MIP 的空腔能和模板分子或与模板分子大小、功能相似的分子发生特异性结合。在特异性方面和抗原-抗体的相互作用很相似。因此，类似蛋白质抗体，MIP 也被称作“合成的抗体”。这种分子识别特性可以用于复杂生物基质中分析物的专属性提取。将 MIP 用作 SPE 填料可追溯到 1994 年（Sellergren, 1994）。从那以后，许多 MIP-SPE 方法被应用于生物分析的样品预处理，包括环境样品分析（Guan et al., 2012）、食品污染物分析（Baggiani et al., 2007; Piletska et al., 2012）、药物生物分析（Mullett and Lai, 1999; Yang et al., 2006; Mirmahdieh et al., 2011）。关于 MIP-SPE 用于生物分析的样品预处理有一些综述发表（Lasakova and Jandera, 2009; Tse Sum Bui and Haupt, 2010）。

MIP 较蛋白质抗体有很多优势。蛋白质纯化难度大而且昂贵，容易变性（pH、受热、水解），难以固定于固相载体，不能重复利用。针对小分子的抗体很难制备，因为小分子自身不能产生免疫原性。相比之下，MIP 易于合成，它能耐受严酷的环境（升高温度和压力、极端的 pH、有机溶剂等），且上样容量大，在相当长的时间内可以使用。类似 IA-SPE，MIP-SPE 可以从复杂样品中选择性地提取目标分析物。因此，MIP-SPE 是从大体积样品中浓缩目标分析物而不保留大量基质干扰组分的一种实用方法，特别适合从复杂系统中超高灵敏度地测定痕量化合物。该方法同样也有局限，如模板分子的渗出、键合点的不均一性（NSB）。已有很多有关解决这些困扰的报道，这些使得 MIP-SPE 成为了一种强大的分析工具。和其他所有 SPE 方法一样，MIP-SPE 也能在线或离线进行。

从技术上讲，MIP 可以根据任何类型的模板分子进行制备。虽然很多报道的 MIP-SPE 方法都是使用自制的 MIP 材料，但对某些专属化合物或某一类化合物，还是可以买到商品化的 MIP-SPE 小柱。一些供应商也可以提供用户定制的 MIP 材料。

总之，IA-SPE 和 MIP-SPE 都是使用和目标分析物发生专属性相互作用的填料。和其他样品预处理方法相比，它们的选择性更高，能最大程度富集目标分析物。当然，相应地成本也高。一般来说，IA-SPE 和 MIP-SPE 最初的成本较高，且需要付出巨大的努力才能得以开发和运行。因此，对大部分生物分析实验室，它们仅仅是最后的选择。但近年来，在生物分析领域对运用这两种技术的兴趣越来越高。一方面，如将这些化合物专属的样品提取技术和高灵敏度的仪器联合使用，之前不能用 LC-MS 解决的问题（如生物标志物的痕量分析）将变成可能。另一方面，虽然定制 MIP 或者免疫吸附剂的初始成本可能很高，但需要分析大批量样品时，它们的总成本和其他技术还是有可比性的。因此，定制 MIP 或免疫吸附剂开始付出的努力和成本可以通过提高样品分析效率和数据质量得到回报。

14.3.6　一些特殊样品的预处理技术

血浆、血清和尿液是生物分析科学家常见的样品，然而 LC-MS 生物分析并不局限于这些常规基质。LC-MS 生物分析实验室可能需要测定各种样品［如组织、唾液、泪液、胆汁或干血斑（DBS）样品］中的药物、代谢产物或生物标志物的浓度。例如，蛋白质、多肽、寡核苷酸等新类型的化合物现在均能用 LC-MS 进行分析。这一节，就 DBS、组织样品和血浆或血清中的蛋白质药物的样品预处理做一简单讨论。

14.3.6.1　干血斑

干血斑（DBS）是多年来临床诊断中常用的一种样品采集技术，目前已经成为制药行业微量采样技术的一种选择（Li and Tse, 2010）。作为一种新的样品类型，DBS 样品的处理有着其自身的挑战，这些挑战吸引了很多生物分析科学家的兴趣。一些样品预处理的手段（Deglon et al., 2009; Liu et al., 2010b; Abu-Rabie and Spooner, 2011）也已经见刊。有一种两步策略（Liu et al., 2010b）使 DBS 样品转为适合于常规液体样品的处理方法。首先用水相缓冲液浸湿 DBS 样品，使全血样品中的分析物更容易被提取。重构的液体样品可以用其他液体样品类似的方法进行处理，如 PPT、LLE 和 SPE。DBS 样品预处理的关键一步是如何高效且完全地将分析物从 DBS 卡片中转移至液相中。人们提出了“洗脱效率”这一术语，来表示从固态 DBS 样品中转移分析物的回收率。这一步通常不能被内标校正，所以高效且一致地将分析物从 DBS 样品中转移至液相溶液中尤其重要。同时，也出现了一些直接洗脱法（Deglon et al., 2009; Thomas et al., 2010; Abu-Rabie and Spooner, 2011），可直接将目标分析物从 DBS 卡片洗脱至检测系统中。

14.3.6.2 组织和器官

人们经常需要测定组织样品中的候选化合物，用来更好地了解它们的分布，或用作药效学评价。和液体样品相比，组织样品的预处理难度更大。固态组织样品要通过匀浆来转变成液体状的样品（Liang et al., 2011）。用有机溶剂沉淀组织匀浆（Gurav et al., 2012），获得上清液后进行 LC-MS 分析。上清液也能用 LLE 或 SPE 进一步提取。也有文献（Jiang et al., 2011）报道用血浆稀释组织匀浆液，之后把组织匀浆当作血浆样品处理，用血浆校正标样进行定量（Jiang et al., 2011）。本书有一章专门讲述 LC-MS 分析组织样品。

14.3.6.3 蛋白质

利用 LC-MS 定量监测生物制剂（蛋白质）近年来备受关注。已经有很多报道是关于用 LC-MS 检测酶消解后的一个或多个代表性肽来定量蛋白质的方法（Yang et al., 2007; Heudi et al., 2008; Ewles and Goodwin, 2011; Li et al., 2011; Mesmin et al., 2011; Wu et al., 2011）。和小分子不同，蛋白质药物通常需要消解成小肽才能用 LC-MS 灵敏定量。用 LC-MS 测定血浆或血清中的蛋白质，通常需要在酶消解前将蛋白质药物提取出来（如采用 IA 技术纯化目标蛋白质）或在酶消解后提取代表性肽。也有文献（Ouyang et al., 2012）报道是直接分析被消解的血浆或血清样品。不管采用哪种预处理方法，酶消解是用 LC-MS 进行蛋白质生物分析的关键步骤之一。有许多新颖的方法能快速、高效并且一致性地进行消解，如微波辅助消解（Vaezzadeh et al., 2010）、有机溶剂消解（Strader et al., 2006）、颗粒消解（Ouyang et al., 2012）。消解后的血浆或血清包含几万种肽，是相当复杂的样品。尽管用 LC-MS 分析原始被消解的血浆样品来定量蛋白质被证明是可行的，但还是强烈推荐利用现有的技术简化样品组成，如 IA 纯化、MIP-SPE 或其他 SPE 技术。

14.4 了解你的需求

作为一名生物分析科学家，在了解了样品和分析物的所有基本信息并检查了所有可用工具后，接下来要做的就是决定使用什么方法。大多数情况下，研究者会首先选择他们最熟悉的，或者最容易实现的方法。通常情况下，人们可以根据个人的喜好选择样品预处理的方法，但进入实验室进行实验前，需思考各种选项并避免一些明显错误的选项。这是一个良好的习惯。方法开发前，需要自问两个问题："我们可以做什么？"及"我们需要做什么？"一个良好的生物分析策略来自对待测物和基质的性质、可选的样品预处理方法及项目需要和成本的综合评估。如图 14.5 所示，最终的生物分析策略应该是项目所需要的技术能力和实验成本（时间、金钱和其他资源）之间的平衡。例如，一个不要求高灵敏度的分析项目，往往可以通过简单的"稀释"过程来执行；一次性的小实验可以用 PPT；但如果待建立的分析方法要用来支持多个研究项目而且样品量大时，该方法必须非常耐用。只要最终每个样品的分析成本可以接受，不必太在意最初分析方法开发和验证时的成本，尤其是对生物等效性（BE）研究，这些项目需要最高的精密度。综上，最好的生物分析策略是能满足项目需求的最经济的策略。这就是人们经常讨论的“按需定制”或“风险平衡”。

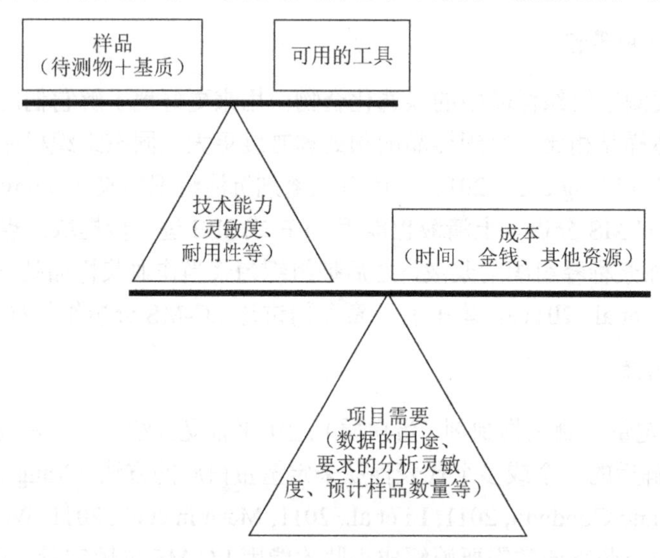

图 14.5　生物分析策略选择图示

14.5　结束语和展望

随着技术的发展及对基质效应的进一步认识，常规基质（如血浆、尿液、血清及全血）中小分子候选药物生物分析的预处理在大部分情况下已经变得很简单。如今，更灵敏的质谱仪不断问世，所以在很多应用中，如果只需要少量基质（如每次进样少于 1 μl 血浆）注入 LC-MS 系统就能达到所需的灵敏度，就可以用简单的样品稀释技术进行预处理。同时，运用 SIL-IS，可以在生物分析方法中很好地抵偿基质效应，那么稀释或者简单的 PPT 就更有吸引力。总之，样品预处理应首选对原始样品改变少而信息保存多的方法。

随着 LC-MS 生物分析范围的扩大，尤其是在生物标志物和生物制剂领域，还在继续追求新型的更有效的样品预处理方法。对于常规样品分析，人们更关注真正的自动化。样品预处理的另一个趋势是尽量减小样品体积。随着仪器检测限的不断提高，以致每次进样只需要 1 μl 或 2 μl 的样品量，因此微量采样技术就越来越流行。如今，常规的样品处理技术似乎已经落后于检测技术发展的步伐。在传统的样品预处理中，大部分采集的样品并没有被最终分析，而是浪费掉了。人们推测更有效地利用珍贵的生物样品将是个大趋势，高效处理 1 μl 或 2 μl 样品的预处理技术将会在生物分析领域流行起来。

最终，随着生物分析相关技术的发展，用 IA-SPE 或 MIP-SPE 等技术为待测分析物量身定制的“标准化”样品预处理试剂盒将成为既经济又实用的生物分析常规手段。

参 考 文 献

Abu-Rabie P, Spooner N. Dried matrix spot direct analysis: evaluating the robustness of a direct elution technique for use in quantitative bioanalysis. Bioanalysis 2011;3:2769–2781.

Amini N, Crescenzi C. Feasibility of an on-line restricted access material/liquid chromatography/tandem mass spectrometry method in the rapid and sensitive determination of organophosphorus triesters in human blood plasma. J Chromatogr B Analyt Technol Biomed Life Sci 2003;795:245–256.

Anastassiades M, Lehotay SJ, Stajnbaher D, Schenck FJ. Fast and easy multiresidue method employing acetonitrile extraction/partitioning and "dispersive solid-phase extraction" for the determination of pesticide residues in produce. J AOAC Int 2003;86:412–431.

Aranda-Rodriguez R, Kubwabo C, Benoit FM. Extraction of 15 microcystins and nodularin using immunoaffinity columns. Toxicon 2003;42:587–599.

Ashri NY, Abdel-Rehim M. Sample treatment based on extraction techniques in biological matrices. Bioanalysis 2011;3:2003–2018.

Aubry AF. LC-MS/MS bioanalytical challenge: ultra-high sensitivity assays. Bioanalysis 2011;3:1819–1825.

Baggiani C, Anfossi L, Giovannoli C. Solid phase extraction of food contaminants using molecular imprinted polymers. Anal Chim Acta 2007;591:29–39.

Berna MJ, Zhen Y, Watson DE, Hale JE, Ackermann BL. Strategic use of immunoprecipitation and LC/MS/MS for trace-level protein quantification: myosin light chain 1, a biomarker of cardiac necrosis. Anal Chem 2007;79:4199–4205.

Bishop MJ, Crow BS, Kovalcik KD, George J, Bralley JA. Quantification of urinary zwitterionic organic acids using weak-anion exchange chromatography with tandem MS detection. J Chromatogr B Analyt Technol Biomed Life Sci 2007;848:303–310.

Brockman AH, Hatsis P, Paton M, Wu JT. Impact of differential recovery in bioanalysis: the example of bortezomib in whole blood. Anal Chem 2007;79:1599–1603.

Cai X, Zhong B, Su B, Xu S, Guo B. Development and validation of a rapid LC-MS/MS method for the determination of JCC76, a novel antitumor agent for breast cancer, in rat plasma and its application to a pharmacokinetics study. Biomed Chromatogr 2012;26:1118–1124.

Casetta B, Romanello M, Moro L. A rapid and simple method for quantitation of urinary hydroxylysyl glycosides, indicators of collagen turnover, using liquid chromatography/tandem mass spectrometry. Rapid Commun Mass Spectrom 2000;14:2238–2241.

Cavaliere C, Curini R, Di Corcia A, Nazzari M, Samperi R. A simple and sensitive liquid chromatography-mass spectrometry confirmatory method for analyzing sulfonamide antibacterials in milk and egg. J Agric Food Chem 2003;51:558–566.

Chang M, Ji Q, Zhang J, El-Shourbagy T. Historical review of sample preparation for chromatographic bioanalysis: pros and cons. Drug Development Research 2007;68:107–133.

Chen L, Wang H, Zeng Q, et al. On-line coupling of solid-phase extraction to liquid chromatography–a review. J Chromatogr Sci 2009;47:614–623.

Chiap P, Rbeida O, Christiaens B, et al. Use of a novel cation-exchange restricted-access material for automated sample clean-up prior to the determination of basic drugs in plasma by liquid chromatography. J Chromatogr A 2002;975:145–155.

Chng HT, New LS, Neo AH, Goh CW, Browne ER, Chan EC. A sensitive LC/MS/MS bioanalysis assay of orally administered lipoic acid in rat blood and brain tissue. J Pharm Biomed Anal 2010;51:754–757.

Dams R, Huestis MA, Lambert WE, Murphy CM. Matrix effect in bio-analysis of illicit drugs with LC-MS/MS: influence of ionization type, sample preparation, and biofluid. J Am Soc Mass Spectrom 2003;14:1290–1294.

Deglon J, Thomas A, Cataldo A, Mangin P, Staub C. On-line desorption of dried blood spot: a novel approach for the direct LC/MS analysis of micro-whole blood samples. J Pharm Biomed Anal 2009;49:1034–1039.

Delaunay-Bertoncini N, Hennion MC. Immunoaffinity solid-phase extraction for pharmaceutical and biomedical trace-analysis-coupling with HPLC and CE-perspectives. J Pharm Biomed Anal 2004;34:717–736.

Desilets CP, Rounds MA, Regnier FE. Semipermeable-surface reversed-phase media for high-performance liquid chromatography. J Chromatogr 1991;544:25–39.

Dotsikas Y, Kousoulos C, Tsatsou G, Loukas YL. Development and validation of a rapid 96-well format based liquid-liquid extraction and liquid chromatography-tandem mass spectrometry analysis method for ondansetron in human plasma. J Chromatogr B Analyt Technol Biomed Life Sci 2006;836:79–82.

Dubois M, Becher F, Herbet A, Ezan E. Immuno-mass spectrometry assay of EPI-HNE4, a recombinant protein inhibitor of human elastase. Rapid Commun Mass Spectrom 2007;21:352–358.

Dufield DR, Radabaugh MR. Online immunoaffinity LC/MS/MS. A general method to increase sensitivity and specificity: how do you do it and what do you need? Methods 2012;56:236–245.

Ewles M, Goodwin L. Bioanalytical approaches to analyzing peptides and proteins by LC–MS/MS. Bioanalysis 2011;3:1379–1397.

Fagerquist CK, Lightfield AR, Lehotay SJ. Confirmatory and quantitative analysis of beta-lactam antibiotics in bovine kidney tissue by dispersive solid-phase extraction and liquid chromatography-tandem mass spectrometry. Anal Chem 2005;77:1473–1482.

Farjam A, de Jong GJ, Frei RW, et al. Immunoaffinity pre-column for selective on-line sample pre-treatment in high-performance liquid chromatography determination of 19-nortestosterone. J Chromatogr 1988;452:419–433.

Flaherty JM, Connolly PD, Decker ER, et al. Quantitative determination of perfluorooctanoic acid in serum and plasma by liquid chromatography tandem mass spectrometry. J Chromatogr B Analyt Technol Biomed Life Sci 2005;819:329–338.

Fu I, Woolf EJ, Matuszewski BK. Effect of the sample matrix on the determination of indinavir in human urine by HPLC with turbo ion spray tandem mass spectrometric detection. J Pharm Biomed Anal 1998;18:347–357.

Fu Y, Li W, Smith HT, Tse FL. An investigation of incurred human urine sample reanalysis failure. Bioanalysis 2011;3:967–972.

Ge L, Yong JW, Tan SN, Yang XH, Ong ES. Analysis of positional isomers of hydroxylated aromatic cytokinins by micellar electrokinetic chromatography. Electrophoresis 2005;26:1768–1777.

Gray N, Musenga A, Cowan DA, Plumb R, Smith NW. A simple high pH liquid chromatography-tandem mass spectrometry method for basic compounds: application to ephedrines in doping control analysis. J Chromatogr A 2011;1218:2098–2105.

Gu H, Deng Y, Wang J, Aubry AF, Arnold ME. Development and validation of sensitive and selective LC-MS/MS methods for the determination of BMS-708163, a gamma-secretase inhibitor, in plasma and cerebrospinal fluid using deprotonated or formate adduct ions as precursor ions. J Chromatogr B Analyt Technol

Biomed Life Sci 2010;878:2319–2326.

Guan W, Han C, Wang X, et al. Molecularly imprinted polymer surfaces as solid-phase extraction sorbents for the extraction of 2-nitrophenol and isomers from environmental water. J Sep Sci 2012;35:490–497.

Gurav SD, Jeniffer S, Punde R, et al. A strategy for extending the applicability of a validated plasma calibration curve to quantitative measurements in multiple tissue homogenate samples: a case study from a rat tissue distribution study of JI-101, a triple kinase inhibitor. Biomed Chromatogr 2012;26:419–424.

Haasnoot W, Schilt R, Hamers AR, et al. Determination of beta-19-nortestosterone and its metabolite alpha-19-nortestosterone in biological samples at the sub parts per billion level by high-performance liquid chromatography with on-line immunoaffinity sample pretreatment. J Chromatogr 1989;489:157–171.

Helle N, Baden M, Petersen K. Automated solid phase extraction. Methods Mol Biol 2011;747:93–129.

Heudi O, Barteau S, Zimmer D, et al. Towards absolute quantification of therapeutic monoclonal antibody in serum by LC-MS/MS using isotope-labeled antibody standard and protein cleavage isotope dilution mass spectrometry. Anal Chem 2008;80:4200–4207.

Hussain S, Patel H, Tan A. Automated liquid-liquid extraction method for high-throughput analysis of rosuvastatin in human EDTA K2 plasma by LC-MS/MS. Bioanalysis 2009;1:529–535.

Jemal M, Schuster A, Whigan DB. Liquid chromatography/tandem mass spectrometry methods for quantitation of mevalonic acid in human plasma and urine: method validation, demonstration of using a surrogate analyte, and demonstration of unacceptable matrix effect in spite of use of a stable isotope analog internal standard. Rapid Commun Mass Spectrom 2003;17:1723–1734.

Jemal M, Xia YQ. LC-MS Development strategies for quantitative bioanalysis. Curr Drug Metab 2006;7:491–502.

Jenkins KM, Young MS, Mallet CR, Elian AA. Mixed-mode solid-phase extraction procedures for the determination of MDMA and metabolites in urine using LC-MS, LC-UV, or GC-NPD. J Anal Toxicol 2004;28:50–58.

Ji AJ, Jiang Z, Livson Y, Davis JA, Chu JX, Weng N. Challenges in urine bioanalytical assays: overcoming nonspecific binding. Bioanalysis 2010;2:1573–1586.

Jiang H, Cao H, Zhang Y, Fast DM. Systematic evaluation of supported liquid extraction in reducing matrix effect and improving extraction efficiency in LC-MS/MS based bioanalysis for 10 model pharmaceutical compounds. J Chromatogr B Analyt Technol Biomed Life Sci 2012;891–892:71–80

Jiang H, Randlett C, Junga H, Jiang X, Ji QC. Using supported liquid extraction together with cellobiohydrolase chiral stationary phases-based liquid chromatography with tandem mass spectrometry for enantioselective determination of acebutolol and its active metabolite diacetolol in spiked human plasma. J Chromatogr B Analyt Technol Biomed Life Sci 2009;877:173–180.

Jiang H, Zeng J, Zheng N, et al. A convenient strategy for quantitative determination of drug concentrations in tissue homogenates using a liquid chromatography/tandem mass spectrometry assay for plasma samples. Anal Chem 2011;83:6237–6244.

Kaye B, Herron WJ, Macrae PV, et al. Rapid, solid phase extraction technique for the high-throughput assay of darifenacin in human plasma. Anal Chem 1996;68:1658–1660.

Khan JK, Bu HZ, Samarendra ZZ, Maiti N, Micetich RG. A rapid and reliable solid-phase extraction–LC/MS/MS assay for the determination of two novel human leukocyte elastase inhibitors, SYN-1390 and SYN-1396, in rat plasma. J Pharm Biomed Anal 1999;20:697–703.

King R, Bonfiglio R, Fernandez-Metzler C, Miller-Stein C, Olah T. Mechanistic investigation of ionization suppression in electrospray ionization. J Am Soc Mass Spectrom 2000;11:942–950.

Kole PL, Venkatesh G, Kotecha J, Sheshala R. Recent advances in sample preparation techniques for effective bioanalytical methods. Biomed Chromatogr 2011;25:199–217.

Kosovec JE, Egorin MJ, Gjurich S, Beumer JH. Quantitation of 5-fluorouracil (5-FU) in human plasma by liquid chromatography/electrospray ionization tandem mass spectrometry. Rapid Commun Mass Spectrom 2008;22:224–230.

Lahaie M, Mess JN, Furtado M, Garofolo F. Elimination of LC-MS/MS matrix effect due to phospholipids using specific solid-phase extraction elution conditions. Bioanalysis 2010;2(6):1011–1021.

Lasakova M, Jandera P. Molecularly imprinted polymers and their application in solid phase extraction. J Sep Sci 2009;32:799–812.

Lee CR, Esnaud H. Determination of melatonin by GC-MS: problems with solid phase extraction (SPE) columns. Biomed Environ Mass Spectrom 1988;15:677–679.

Lehotay SJ, de Kok A, Hiemstra M, Van Bodegraven P. Validation of a fast and easy method for the determination of residues from 229 pesticides in fruits and vegetables using gas and liquid chromatography and mass spectrometric detection. J AOAC Int 2005;88:595–614.

Li F, Fast D, Michael S. Absolute quantitation of protein therapeutics in biological matrices by enzymatic digestion and LC-MS. Bioanalysis 2011;3:2459–2480.

Li W, Luo S, Smith HT, Tse FL. Quantitative determination of BAF312, a S1P-R modulator, in human urine by LC-MS/MS: prevention and recovery of lost analyte due to container surface adsorption. J Chromatogr B Analyt Technol Biomed Life Sci 2010;878:583–589.

Li W, Tse FL. Dried blood spot sampling in combination with LC-MS/MS for quantitative analysis of small molecules. Biomed Chromatogr 2010;24:49–65.

Li W, Zhang J, Tse FL. Strategies in quantitative LC-MS/MS analysis of unstable small molecules in biological matrices. Biomed Chromatogr 2011;25:258–277.

Liang X, Ubhayakar S, Liederer BM, et al. Evaluation of homogenization techniques for the preparation of mouse tissue samples to support drug discovery. Bioanalysis 2011;3:1923–1933.

Liu G, Ji QC, Arnold ME. Identifying, evaluating, and controlling bioanalytical risks resulting from nonuniform matrix ion suppression/enhancement and nonlinear liquid chromatography-mass spectrometry assay response. Anal Chem 2010a;82:9671–9677.

Liu G, Patrone L, Snapp HM, et al. Evaluating and defining sample preparation procedures for DBS LC-MS/MS assays. Bioanalysis 2010b;2:1405–1414.

Liu G, Snapp HM, Ji QC, Arnold ME. Strategy of accelerated method development for high-throughput bioanalytical assays using ultra high-performance liquid chromatography coupled with mass spectrometry. Anal Chem 2009;81:9225–9232.

Ma J, Shi J, Le H, et al. A fully automated plasma protein precipitation sample preparation method for LC-MS/MS bioanalysis. J Chromatogr B Analyt Technol Biomed Life Sci 2008;862:219–226.

Mallet CR, Lu Z, Fisk R, Mazzeo JR, Neue UD. Performance of an ultra-low elution-volume 96-well plate: drug discovery and development applications. Rapid Commun Mass Spectrom 2003;17:163–170.

McCauley-Myers DL, Eichhold TH, Bailey RE, et al. Rapid bioanalytical determination of dextromethorphan in canine plasma by dilute-and-shoot preparation combined with one minute per sample LC-MS/MS analysis to optimize formulations for drug delivery. J Pharm Biomed Anal 2000;23:825–835.

Medina-Casanellas S, Benavente F, Barbosa J, Sanz-Nebot V. Preparation and evaluation of an immunoaffinity sorbent for the analysis of opioid peptides by on-line immunoaffinity solid-phase extraction capillary electrophoresis-mass spectrometry. Anal Chim Acta 2012;717:134–142.

Mesmin C, Fenaille F, Ezan E, Becher F. MS-based approaches for studying the pharmacokinetics of protein drugs. Bioanalysis 2011;3:477–480.

Mirmahdieh S, Mardihallaj A, Hashemian Z, Razavizadeh J, Ghazi-askar H, Khayamian T. Analysis of testosterone in human urine using molecularly imprinted solid-phase extraction and corona discharge ion mobility spectrometry. J Sep Sci 2011;34:107–112.

Moreno-Bondi MC, Marazuela MD, Herranz S, Rodriguez E. An overview of sample preparation procedures for LC-MS multi-class antibiotic determination in environmental and food samples. Anal Bioanal Chem 2009;395:921–946.

Mornar A, Sertic M, Turk N, Nigovic B, Korsic M. Simultaneous analysis of mitotane and its main metabolites in human blood and urine samples by SPE-HPLC technique. Biomed Chromatogr 2012.

Muller C, Schafer P, Stortzel M, Vogt S, Weinmann W. Ion suppression effects in liquid chromatography-electrospray-ionisation transport-region collision induced dissociation mass spectrometry with different serum extraction methods for systematic toxicological analysis with mass spectra libraries. J Chromatogr B Analyt Technol Biomed Life Sci 2002;773:47–52.

Mullett WM, Lai EP. Rapid determination of theophylline in serum by selective extraction using a heated molecularly imprinted polymer micro-column with differential pulsed elution. J Pharm Biomed Anal 1999;21:835–843.

Neubert H, Gale J, Muirhead D. Online high-flow peptide immunoaffinity enrichment and nanoflow LC-MS/MS: assay development for total salivary pepsin/pepsinogen. Clin Chem 2010;56:1413–1423.

Novakova L, Vlckova H. A review of current trends and advances in modern bio-analytical methods: chromatography and sample preparation. Anal Chim Acta 2009;656:8–35.

Ouyang Z, Furlong MT, Wu S, et al. Pellet digestion: a simple and efficient sample preparation technique for LC-MS/MS quantification of large therapeutic proteins in plasma. Bioanalysis 2012;4:17–28.

Patel BN, Sharma N, Sanyal M, Shrivastav PS. Simultaneous determination of simvastatin and simvastatin acid in human plasma by LC-MS/MS without polarity switch: application to a bioequivalence study. J Sep Sci 2008;31:301–313.

Peng SX, King SL, Bornes DM, Foltz DJ, Baker TR, Natchus MG. Automated 96-well SPE and LC-MS-MS for determination of protease inhibitors in plasma and cartilage tissues. Anal Chem 2000;72:1913–1917.

Piletska EV, Burns R, Terry LA, Piletsky SA. Application of a molecularly imprinted polymer for the extraction of kukoamine a from potato peels. J Agric Food Chem 2012;60:95–99.

Pin H, Hong-Min L, Ming Y, Qin L. A validated LC-MS/MS method for the determination of vinflunine in plasma and its application to pharmacokinetic studies. Biomed Chromatogr 2012; 26:797–801.

Plossl F, Giera M, Bracher F. Multiresidue analytical method using dispersive solid-phase extraction and gas chromatography/ion trap mass spectrometry to determine pharmaceuticals in whole blood. J Chromatogr A 2006;1135:19–26.

Polson C, Sarkar P, Incledon B, Raguvaran V, Grant R. Optimization of protein precipitation based upon effectiveness of protein removal and ionization effect in liquid chromatography-tandem mass spectrometry. J Chromatogr B Analyt Technol Biomed Life Sci 2003;785:263–275.

Posyniak A, Zmudzki J, Mitrowska K. Dispersive solid-phase extraction for the determination of sulfonamides in chicken muscle by liquid chromatography. J Chromatogr A 2005;1087:259–264.

Pucci V, Di Palma S, Alfieri A, Bonelli F, Monteagudo E. A novel strategy for reducing phospholipids-based matrix effect in LC-ESI-MS bioanalysis by means of HybridSPE. J Pharm Biomed Anal 2009;50:867–871.

Raffaelli A, Saba A, Vignali E, Marcocci C, Salvadori P. Direct determination of the ratio of tetrahydrocortisol + allo-tetrahydrocortisol to tetrahydrocortisone in urine by LC-MS-MS. J Chromatogr B Analyt Technol Biomed Life Sci 2006;830:278–285.

Rashed MS, Saadallah AA, Rahbeeni Z, et al. Determination of urinary S-sulphocysteine, xanthine and hypoxanthine by liquid chromatography-electrospray tandem mass spectrometry. Biomed Chromatogr 2005;19:223–230.

Rudewicz PJ. Turbulent flow bioanalysis in drug metabolism and pharmacokinetics. Bioanalysis 2011;3:1663–1671.

Rustum AM. Determination of cadralazine in human whole blood using reversed-phase high-performance liquid chromatography: utilizing a salting-out extraction procedure. J Chromatogr 1989;489:345–352.

Saar E, Gerostamoulos D, Drummer OH, Beyer J. Identification and quantification of 30 antipsychotics in blood using LC-MS/MS. J Mass Spectrom 2010;45:915–925.

Samanidou V, Kovatsi L, Fragou D, Rentifis K. Novel strategies for sample preparation in forensic toxicology. Bioanalysis 2011;3:2019–2046.

Sellergren B. Direct Drug Determination by Selective Sample Enrichment on an Imprinted Polymer. Anal Chem 1994;66: 1578–1582.

Shou WZ, Jiang X, Beato BD, Naidong W. A highly automated 96-well solid phase extraction and liquid chromatography/tandem mass spectrometry method for the determination of fentanyl in human plasma. Rapid Commun Mass Spectrom 2001;15: 466–476.

Shou WZ, Pelzer M, Addison T, Jiang X, Naidong W. An automatic 96-well solid phase extraction and liquid chromatography-tandem mass spectrometry method for the analysis of morphine, morphine-3-glucuronide and morphine-6-glucuronide in human plasma. J Pharm Biomed Anal 2002;27:143–152.

Song Q, Naidong W. Analysis of omeprazole and 5-OH omeprazole in human plasma using hydrophilic interaction chromatography with tandem mass spectrometry (HILIC-MS/MS)–eliminating evaporation and reconstitution steps in 96-well liquid/liquid extraction. J Chromatogr B Analyt Technol Biomed Life Sci 2006;830:135–142.

Souverain S, Rudaz S, Veuthey JL. Restricted access materials and large particle supports for on-line sample preparation: an attractive approach for biological fluids analysis. J Chromatogr B Analyt Technol Biomed Life Sci 2004;801:141–156.

Strader MB, Tabb DL, Hervey WJ, Pan C, Hurst GB. Efficient and specific trypsin digestion of microgram to nanogram quantities of proteins in organic-aqueous solvent systems. Anal Chem 2006;78:125–134.

Thomas A, Deglon J, Steimer T, Mangin P, Daali Y, Staub C. On-line desorption of dried blood spots coupled to hydrophilic interaction/reversed-phase LC/MS/MS system for the simultaneous analysis of drugs and their polar metabolites. J Sep Sci 2010;33:873–879.

Tse Sum Bui B, Haupt K. Molecularly imprinted polymers: synthetic receptors in bioanalysis. Anal Bioanal Chem 2010; 398:2481–2492.

Tweed JA, Gu Z, Xu H, et al. Automated sample preparation for regulated bioanalysis: an integrated multiple assay extraction platform using robotic liquid handling. Bioanalysis 2010;2:1023–1040.

Vaezzadeh AR, Deshusses JM, Waridel P, et al. Accelerated digestion for high-throughput proteomics analysis of whole bacterial proteomes. J Microbiol Methods 2010;80:56–62.

van der Heeft E, Dijkman E, Baumann RA, Hogendoorn EA. Comparison of various liquid chromatographic methods involving UV and atmospheric pressure chemical ionization mass spectrometric detection for the efficient trace analysis of phenylurea herbicides in various types of water samples. J Chromatogr A 2000;879:39–50.

Vogeser M, Kirchhoff F. Progress in automation of LC-MS in laboratory medicine. Clin Biochem 2011;44:4–13.

Vuckovic D, Zhang X, Cudjoe E, Pawliszyn J. Solid-phase microextraction in bioanalysis: New devices and directions. J Chromatogr A 2010;1217:4041–4060.

Wang PG, Zhang J, Gage EM, et al. A high-throughput liquid chromatography/tandem mass spectrometry method for simultaneous quantification of a hydrophobic drug candidate and its hydrophilic metabolite in human urine with a fully automated liquid/liquid extraction. Rapid Commun Mass Spectrom 2006;20:3456–3464.

Wang S, Cyronak M, Yang E. Does a stable isotopically labeled internal standard always correct analyte response? A matrix effect study on a LC/MS/MS method for the determination of carvedilol enantiomers in human plasma. J Pharm Biomed Anal 2007;43:701–707.

Watt AP, Morrison D, Locker KL, Evans DC. Higher throughput bioanalysis by automation of a protein precipitation assay using a 96-well format with detection by LC-MS/MS. Anal Chem 2000;72:979–984.

Whelan M, Kinsella B, Furey A, et al. Determination of anthelmintic drug residues in milk using ultra high performance liquid chromatography-tandem mass spectrometry with rapid polarity switching. J Chromatogr A 2010;1217:4612–4622.

Wilson ID. High-performance liquid chromatography-mass spectrometry (HPLC-MS)-based drug metabolite profiling. Methods Mol Biol 2011;708:173–190.

Wood M, Laloup M, Samyn N, et al. Simultaneous analysis of gamma-hydroxybutyric acid and its precursors in urine using liquid chromatography-tandem mass spectrometry. J Chromatogr A 2004;1056:83–90.

Wu H, Zhang J, Norem K, El-Shourbagy TA. Simultaneous determination of a hydrophobic drug candidate and its metabolite in human plasma with salting-out assisted liquid/liquid extraction using a mass spectrometry friendly salt. J Pharm Biomed Anal 2008a;48:1243–1248.

Wu ST, Ouyang Z, Olah TV, Jemal M. A strategy for liquid chromatography/tandem mass spectrometry based quantitation of pegylated protein drugs in plasma using plasma protein precipitation with water-miscible organic solvents and subsequent trypsin digestion to generate surrogate peptides for detection. Rapid Commun Mass Spectrom 2011;25:281–290.

Wu ST, Schoener D, Jemal M. Plasma phospholipids implicated in the matrix effect observed in liquid chromatography/tandem mass spectrometry bioanalysis: evaluation of the use of colloidal silica in combination with divalent or trivalent cations for the selective removal of phospholipids from plasma. Rapid Commun Mass Spectrom 2008b;22:2873–2881.

Xia YQ, Jemal M. Phospholipids in liquid chromatography/mass spectrometry bioanalysis: comparison of three tandem mass spectrometric techniques for monitoring plasma phospholipids, the effect of mobile phase composition on phospholipids elution and the association of phospholipids with matrix effects. Rapid Commun Mass Spectrom 2009;23:2125–2138.

Xu RN, Fan L, Rieser MJ, El-Shourbagy TA. Recent advances in high-throughput quantitative bioanalysis by LC-MS/MS. J Pharm Biomed Anal 2007;44:342–355.

Xu Y, Du L, Rose MJ, Fu I, Woolf EJ, Musson DG. Concerns in the development of an assay for determination of a highly conjugated adsorption-prone compound in human urine. J Chromatogr B Analyt Technol Biomed Life Sci 2005;818:241–248.

Xue YJ, Akinsanya JB, Liu J, Unger SE. A simplified protein precipitation/mixed-mode cation-exchange solid-phase extraction, followed by high-speed liquid chromatography/mass spectrometry, for the determination of a basic drug in human plasma. Rapid Commun Mass Spectrom 2006a;20:2660–2668.

Xue YJ, Liu J, Pursley J, Unger S. A 96-well single-pot protein precipitation, liquid chromatography/tandem mass spectrometry (LC/MS/MS) method for the determination of muraglitazar, a novel diabetes drug, in human plasma. J Chromatogr B Analyt Technol Biomed Life Sci 2006b;831:213–222.

Xue YJ, Yan JH, Arnold M, Grasela D, Unger S. Quantitative determination of BMS-378806 in human plasma and urine by high-performance liquid chromatography/tandem mass spectrometry. J Sep Sci 2007;30:1267–1275.

Yang J, Hu Y, Cai JB, Zhu XL, Su QD. A new molecularly imprinted polymer for selective extraction of cotinine from urine samples by solid-phase extraction. Anal Bioanal Chem 2006;384:761–768.

Yang Z, Hayes M, Fang X, Daley MP, Ettenberg S, Tse FL. LC-MS/MS approach for quantification of therapeutic proteins in plasma using a protein internal standard and 2D-solid-phase extraction cleanup. Anal Chem 2007;79:9294–9301.

Yoshida M, Akane A, Nishikawa M, Watabiki T, Tsuchihashi H. Extraction of thiamylal in serum using hydrophilic acetonitrile with subzero-temperature and salting-out methods. Anal Chem 2004;76:4672–4675.

Yue H, Borenstein MR, Jansen SA, Raffa RB. Liquid chromatography-mass spectrometric analysis of buprenorphine and its N-dealkylated metabolite norbuprenorphine in rat brain tissue and plasma. J Pharmacol Toxicol Methods 2005;52:314–322.

Zhang J, Wu H, Kim E, El-Shourbagy TA. Salting-out assisted liquid/liquid extraction with acetonitrile: a new high throughput sample preparation technique for good laboratory practice bioanalysis using liquid chromatography-mass spectrometry. Biomed Chromatogr 2009;23:419–425.

15

液相色谱-质谱（LC-MS）生物分析中液相色谱条件优化的策略

作者：Steve Unger 和 Naidong Weng
译者：周信、黄建耿、姜宏梁
审校：李文魁、张杰

15.1 引　言

本章讨论采用液相色谱-质谱（LC-MS）技术进行生物分析时液相色谱条件优化的策略。色谱分离在建立基于 LC-MS 的生物分析方法时起着非常关键的作用。生物分析中的新需求促使现有方法不断改进（图 15.1）。典型的 LC-MS 生物分析可以划分为 4 个阶段：方法开发（MD）、方法验证、样品分析和方法改进。在早期候选药物开发阶段，由于受到成药性和样本量的限制，一些在临床大量样本分析中期望达到最佳通量时需要重点考虑的色谱因素如高速分析、自动化和多仪器联合使用等可能显得并不那么重要。例如，自动进样器残留对大样本量临床分析非常不利，然而在临床前小样本量分析时，该问题可以通过在每个试验样品后面插入额外空白样品得到解决。此外，由于生物基质中分析物和代谢产物的稳定性信息在开发早期不够全面或仍处于获取阶段，因此在色谱条件开发时需要考虑这些因素。为保证目标分析物能和代谢产物、易源内裂解的结合型代谢产物及可能导致基质效应的内源性化合物等实现色谱分离，可能需要延长梯度洗脱及色谱分析时间。当采用选择性不高的样品处理方法时（如蛋白质沉淀，其可用于非临床不同种属样本处理），好的色谱分离是提高分析方法选择性的一种较佳选择。如果候选药物能够进入到临床研究阶段，方法验证和样品分析过程中发现的隐患可能会促使分析方法再优化和再验证，这将有助于后续的研究。

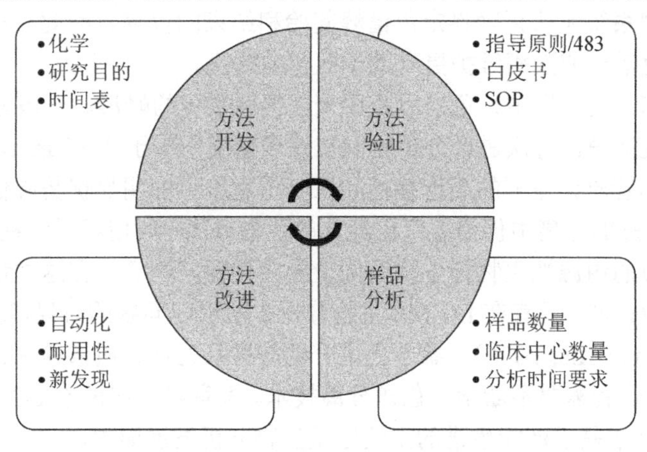

图 15.1　生物分析方法的发展阶段

因此，对于生物分析领域的入门者来说，一个简单常见的问题就是“什么是好的色谱条件？”而回答通常是以差的色谱条件做反面教材，包括峰分叉或拖尾及目标分析物没有足够的色谱保留时间等。尽管这些发现能很好地说明色谱系统是否在可控范围之内，但很多其他因素仍可能影响 LC-MS 的分析结果。本章将主要概述 LC-MS 生物分析中色谱的工作原理及可能存在的问题。在规范性生物分析中，接受标准需要预先设定以保证方法能准确一致地用于所有样品和分析批（Briscoe et al., 2007）。分析人员因某种特定原因对样品进行重新分析，差的色谱行为通常是其中一个重要原因。如果处理后样品仍稳定，最直接的方法是在一台正常工作的仪器上重新进样分析。当在多样本分析或分析批持续出现差的色谱行为时，在继续样品分析前需要调查并解决问题。

良好的分离可以通过一系列的色谱性能参数来描述，包括峰对称性、分析物之间的分离度、保留容量因子、理论塔板数及其他定量参数（Snyder et al., 2009）。分析方法的分离、检测和定量分析能力取决于色谱分离和检测器响应（Williams, 1991）。色谱性能可以通过用对照品和系统适用性样品的分析来确定分离和检测器响应是否在可接受标准范围内来衡量。因此，只有好的色谱条件才可以满足这些预设的要求。

在 LC-MS 问世之前，色谱在生物分析中起着重要的作用，并且常常是获得理想选择性的唯一可能手段。但是，紫外线（UV）或荧光检测器一般不足以区分不同的分析物，特别是具有相似结构的分析物，如母药和代谢产物。随着 20 世纪 80 年代质谱与液相色谱实现联用后，质谱优良的灵敏度和选择性为生物分析工作者在实现选择性、灵敏度和高通量分析方面提供了新的途径。例如，使用几乎相同的样品处理和色谱条件对人血浆中华法林（warfarin）对映异构体进行生物分析，LC-MS 方法的灵敏度至少是 LC-UV 方法的 25 倍（Naidong and Lee, 1993；Naidong et al., 2001b）。LC-MS 已被充分证明可大大改善检测灵敏度和选择性。因为 LC-MS 分析没有干扰峰，使人们开始对液相色谱分离的目的产生疑惑（van de Merbel，2001）。通常情况下，在正常血浆的特异性检测中，需要分离的干扰组分较为少见，这就大大降低了以减少内源性或代谢产物干扰为目的的方法开发的负担。质谱响应通常受电子噪声限制，而色谱图上几乎没有其他峰。因此，在明确是什么因素决定一个进样分析或分析批的可接受性方面，检测器条件的优化起着更为关键的作用。液相色谱-串联质谱（LC-MS/MS）方法在开始进样分析前和分析过程中都需要准确地评价峰响应。进样分析或分析批失败的原因通常是色谱行为差，而实际上就是质谱响应差，即基线噪声的增加或数据处理系统无法正确界定色谱峰起始和结束的位置。因此，离子源的清洗或质谱条件的优化比色谱柱或液相维护更有助于问题的解决。

在早期 LC-MS 的应用中，色谱只是用来获得可接受的峰形。一般方法是在短的 C18 柱上采用急变梯度洗脱。每次进样分析时间在许多情况下小于 1～2 min，保留一般很弱或几乎没有保留。尽管质谱检测的高选择性和在分析速度上的明显优势降低了色谱分离的重要性，但在一些特殊的分离中仍需要采用经典的色谱分离，如使用手性柱分离对映异构体、检测结构高度相似的内源性生物标志物及同量异序代谢产物等。在这些情况下，分析工作者仍需要色谱专业技能。只有在 LC-MS 生物分析方法出现问题的时候，色谱分离才体现出其重要性（Jemal and Xia, 2006）。鉴于色谱分离与样品处理、质谱检测都起到同等重要的作用，生物分析工作者需要不断学习色谱分离技术。本章将系统讨论 LC-MS 的理论和实践应用，表 15.1 总结了基于液相色谱的主流定量生物分析发展简史。

表 15.1 基于液相色谱的主流定量生物分析发展简史

	LC-UV/FLU/EC	LC-MS/MS
主导时间	20 世纪 70 年代至 1995 年	1990 年至今
通量	每两天24～48个样品	每天96～192个样品
典型的样品体积	1 ml	＜0.2 ml
典型的提取方式	试管—手动	96 孔液体处理装置
典型的提取方法	液-液萃取（LLE）、固相萃取（SPE）及复杂的清洗和洗脱策略的整合 衍生化通常被用于提高选择性，PPT很少使用或整合到总体分离及分析物富集过程中	蛋白质沉淀（PPT）、SPE、LLE通常使用单个步骤很少联合使用或衍生化
典型的色谱柱大小	250 mm×4.6 mm，5 μm及100 mm×4.6 mm，3 μm	50 mm×3 mm，3 μm及50 mm×2 mm，亚2 μm
典型保留因子（k′）和分析时间	＞5 min 和＞20 min	＞2 min 和＜5 min
典型流动相	可以使用挥发性和非挥发性流动相，但不能干扰检测	挥发性（钠盐与钾盐不能使用）
典型检测方法及其灵敏度［定量下限（LLOQ）］	UV/Vis（约0.1 μg/ml） FLU（约低至纳克每毫升） 灵敏度通常被内源性干扰限制	约皮克每毫升至较低的纳克每毫升 灵敏度通常被离子化效率和检测器噪声限制
影响选择性的主要因素	样品处理和色谱	MS/MS检测
内标的选择	结构类似物以用于提取过程分析物的跟踪	稳定同位素标记（SIL，主要用在质谱检测中追踪分析物的响应）
定量	峰高	峰面积

15.2 色谱的理论考虑

因为代谢产物、内源性干扰物或任何其他组分如磷脂和药物辅料等均可能影响定量分析的结果，所以生物分析中色谱分离的主要目标是将目标分析物与上述组分实现有效分离。虽然一些化合物可以在色谱图上被观察到（例如，同量异序代谢产物或Ⅱ相代谢产物的源内裂解），但是大多数化合物在监测的离子对（IP）通道里都是观察不到的（例如，产生离子化抑制作用的磷脂及共同流出的代谢产物）。在理想情况下，目标分析物最好能和除内标（IS）外的其他所有化合物在色谱上完全分离。色谱分离可以通过提高柱效（高的塔板数或低的塔板高度）和改善色谱分离度（高的峰容量）得以实现。

15.2.1 影响柱效的参数

为了进一步理解色谱分离原理，有必要回顾基本色谱理论——范德姆特方程（图 15.2）。从图 15.2 可以看出，在最佳流动相速度时可以实现色谱柱的最高柱效。虽然 A 项在每根色谱柱中是固定的，但 B 项和 C 项对柱效有着显著的影响。对于给定的色谱柱，由于纵向扩散的影响，如果采用较低的流速会造成极大的柱效损失，因此在纳流色谱时需要注意。此外，由于涡流扩散，在纳流色谱中通常使用细口径色谱柱以减少柱效损失。C 项和分析物的性质有很大关系。虽然低流速对 C 项有利，但对 B 项不利。在较高的流速下，纵向扩散的影响被最小化，但传质（质量传递）阻抗成为主要影响因素。尤其是高分子质量分析物如蛋白质和多肽在高的流速时可能会有相当不利的传质。对这些大分子分析物，通常采用低的流动相速度、大的孔径（300 Å 或更大，而小分子常用 80～100 Å）、小粒径及提高柱温（加速传质）等方法来提高柱效。大孔径和小粒径具有短的扩散路径，使得溶质更快地进出色谱固定相。因此，待测物在固定相中滞留的时间更短而不容易发生峰展宽。装有小粒径填料的色谱柱，特别是装有＜1.7 μm 填料的色谱柱，需要能够承受高柱压的泵系统。

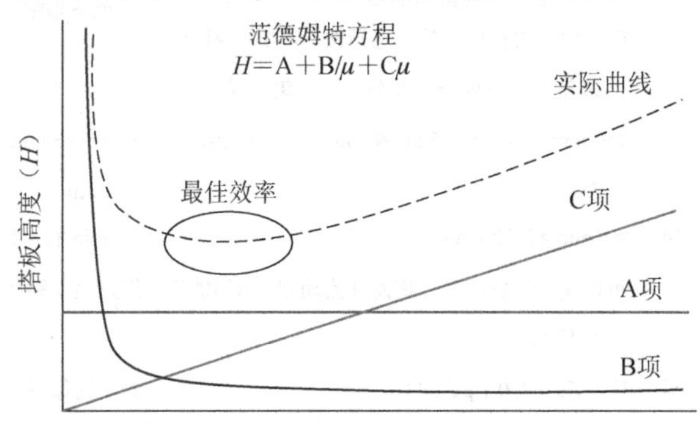

- A 代表涡流扩散的贡献；涡流扩散是由于通过填充床的径向流不平衡造成
- B（B/μ）代表纵向扩散的贡献
- C（$C\mu$）代表固定相和流动相传质阻抗的贡献
- μ是流动相速度（mm/s）

图 15.2 色谱柱的流动相速度与柱间的关系

15.2.2 峰容量和二维色谱

另一个影响总体色谱选择性和柱效的参数就是峰容量。峰容量被定义为在给定色谱条件下，色谱柱理论上能够分离的色谱峰的最大数目。优化选择性和柱效可以实现在一维分离时的最大峰容量。如果所有的峰均匀分布并且柱效保持不变，则可以达到最高峰容量。选择性优化可以通过改变流动相组成、柱温或固定相组成来实现。这种方法代表了经典的色谱优化方法，并且仍然是色谱中分离多个同量异序干扰物或代谢产物的优选方法。如果两个完全分离的色谱峰具有很宽的峰形，即便有足够的选择性也不能保证良好的柱效。因此，互补的做法就是优化柱效，该法可以通过使用更小粒径的色谱柱并尽量减少系统死体积来实现。虽然这种方法可以简单、快速地使待测物彼此分离或与基质组分分离，但是研究者仍然需要注意的是小粒径并不能改善选择性，也就是色谱峰之间的间隔。单纯通过降低塔板高度而实现的分离改善可能会由于色谱柱上多次进样分析生物样品提取物而弱化。有文献报道当柱粒径从 3.5 μm 降低至 1.8 μm 时，峰容量只提高 80%，而柱压增加 5 倍（Gilar et al., 2004）。因此，为达到最佳的色谱分离，不仅需要有好的选择性，而且还要有高的柱效。

在二维色谱中，峰容量是一维峰容量的乘积。通过采用二维色谱可以显著提高色谱的整体性能。虽然这些技术在其他领域如代谢组学和蛋白质组学中是常规手段，但其潜能在 LC-MS 生物分析中还未得到充分利用。由于大多数分析方法都采用稳定同位素标记（SIL）分析物作为内标（IS），二维色谱的另一个优点就是只需转移一维色谱中非常小的一部分（截取中心部分）流份至第二维色谱中。第一维色谱的流动相组成限制较少，即使非挥发性的流动相也可以使用，这为方法优化创造了更多机会。对于生物分析方法而言，即使不采用二维色谱分离，但其双重分离能力的策略仍然可在一维色谱分离和样品处理中加以考虑。例如，当使用反相液相色谱（RPLC）时，反相固相萃取（RP-SPE）可能不是实现最大选择性的最佳选择。RP-SPE 可能与亲水相互作用液相色谱（HILIC）或离子交换色谱（IEC）是更好的组合，因为它们的分离原理不同。

15.2.3 色谱中的次级相互作用

为实现良好的分离，有必要理解反相（RP）色谱中的次级相互作用（secondary interaction）。次级相互作用是指除预期的主要相互作用外的溶质-固定相之间的相互作用。在反相柱上，次级相互作用通常由溶质和固定相上残余的硅醇基的短暂结合而引起（图 15.3）。当流动相中有机溶剂的比例增加到一定程度时，这种次级相互作用可能变为主要作用力，从而导致溶质的保留和流动相中有机溶剂比例呈现“U”形曲线（Naidong et al., 2001a）。该曲线的形状取决于固定相、流动相的组成及分析物的性质。

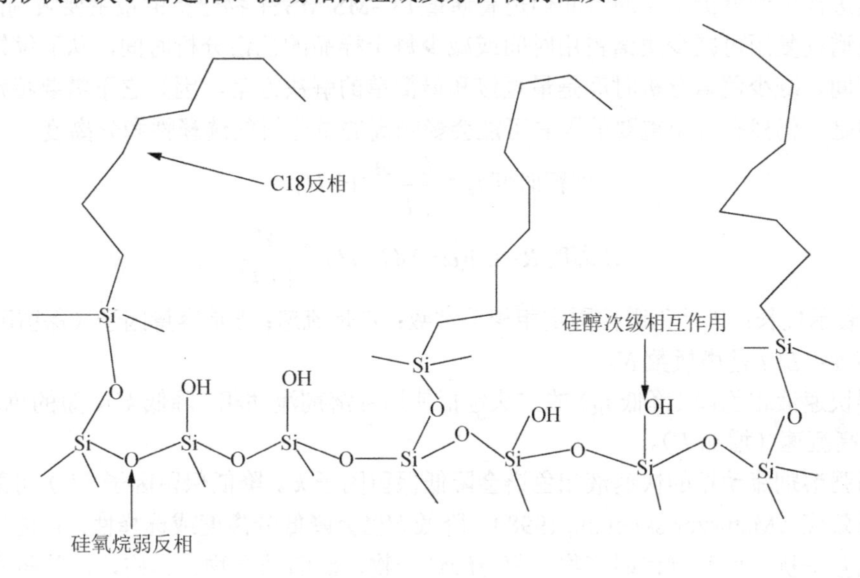

图 15.3 键合反相 C18 表面和次级相互作用

15.2.4 等度和梯度色谱

等度和梯度洗脱均常用于 LC-MS 生物分析。在等度洗脱中，流动相组成保持不变。梯度洗脱中流动相的组成则是变化的。在反相色谱中流动相中有机溶剂的含量通常是从低到高的线性变化。等度或梯度洗脱的选择取决于化合物和样品的处理方法。一般情况下，采用蛋白质沉淀进行样品处理则需要梯度洗脱以达到更充分的色谱分离，而采用更具选择性的样品处理方法，如液-液萃取（LLE）或混合模式的固相萃取（SPE），可能只需要等度洗脱。虽然梯度洗脱可以使保留时间长的分析物有更佳的峰形，但是可能有更多的残留。此外，由于流动相组成在不断变化，理想的内标如 SIL 分析物，可用于抵消 MS 信号波动的影响。

15.2.5 进样溶液

进样溶液（复溶溶液）的选择在 LC-MS 中常常是一个被忽略的参数。进样溶液在色谱效能上有着重要的影响，特别是在等度洗脱时。进样溶液应该比初始流动相的洗脱强度略弱，从而使分析物在色谱柱上聚集并保留，否则会引起峰变形和展宽（Naidong et al., 2001a）。此外，用太弱的进样溶液会导致残留，特别是在梯度洗脱时。在梯度洗脱条件下，进样溶液倾向于选择等于或略高于初始流动相的洗脱强度。在考虑复溶溶液的溶剂强度时，进样体积也很重要。进样体积过大或溶剂强度过强会导致峰变宽和分离度变差。当分析人员既想进样量大又不愿意浓缩样品时，特别需要注意进样溶液对峰形的影响。

15.2.6　保留因子

当优化柱效、选择性、进样溶液及洗脱模式后，还需要解决的问题就是分析物在色谱柱上要有足够的保留。保留因子 k'可通过$(t'-t_0)/t_0$计算得到，t'是分析物的保留时间，而 t_0 是等度洗脱时的死时间。对 LC-MS 定量生物分析来说，保留因子至少要求＞2。

15.2.7　高速 LC-MS

连续进样色谱分析所需的时间仍是高通量 LC-MS/MS 生物分析的最主要限制因素。采用多根色谱柱复用可减少质谱占用时间或减少每个样品的色谱分析时间，从而缩短总的进样分析时间。减少色谱分析时间是最直接和最简单的解决方案，因为它不需要特殊的仪器设备。但是，仍然有几个重要的因素可能会影响高通量分析的选择性和分离度。

$$\text{保留时间}\ t_R=\frac{L\times A}{F}(1+k') \tag{15.1}$$

$$\text{分离度}\ R=1/4(\alpha-1)(L/H)^{1/2}\frac{k'}{1+k'} \tag{15.2}$$

式中，L 表示柱长；A 是色谱柱固定相相关常数；F 是流速；k'是容量因子（保留因子）；H 是塔板高度；L/H 是塔板数 N。

获得快速液相色谱（降低 t_R）的方法包括使用强溶剂流动相（降低 k'）、短的色谱柱（减少 L）或高流速（增加 F）。

采用强溶剂流动相的快速液相色谱会降低保留因子 k'。降低保留因子（k'）可能导致潜在的基质效应（Matuszewski et al., 1998）。降低 k'也会降低分离度或选择性，可能导致分析物间的相互干扰（如药物代谢产物：葡醛酸结合物、硫酸结合物、异构体、前药/药物）。

采用短柱（$L\downarrow$）的快速液相色谱会减少色谱分析时间而不会改变 k'，但会降低分离度（R），这可能导致潜在的干扰或基质效应。

采用高流速（$F\uparrow$）的快速液相色谱会减少色谱分析时间但对 k'没有影响。高流速会增加系统压力，同时也可能增加塔板高度（H）而降低柱效（N）。能成功地应用于高速 LC-MS/MS 分析的色谱柱通常要求在范德姆特曲线中高的流速下有最小的柱效损失并保持低的柱背压。一般建议使用可以承受高系统压力的液相色谱系统。

装有小粒径（＜2 μm）填料的色谱柱、整体柱、熔融芯颗粒柱及硅胶柱已被成功应用于高速 LC-MS 分析。

15.2.8　固定相的主要种类

15.2.8.1　反相

反相液相色谱（RPLC）是 LC-MS 生物分析中最常用的液相色谱法。RPLC 采用非极性的固定相和中等极性的流动相。流动相由水、有机溶剂如乙腈或甲醇及少量的挥发性酸、碱或缓冲液组成。有机溶剂的洗脱能力比水强，在梯度洗脱时，通常线性增加有机溶剂的百分比以提高洗脱强度。固定相通常由有机碳链组成，分析物主要通过与其发生疏水性相互作用而得到保留。最常用的固定相是用有机硅烷[$R(CH_3)_2SiCl$]处理的硅胶，其中 R 代表不同的键合相（如 C18、苯基等），以实现不同的选择性。对于一个好的 RPLC 条件来说，目标分析物应该在流动相中以单一形式存在。当流动相的 pH 和分析物 pK_a（酸性化合物）或 pK_b（碱性化合物）相近时，同一化合物会以带电（离子）和不带电（中性分子）的形式存在而有不同的保留时间。因为带电形式的极性强于不带电形式，将会在反相色谱中较快洗脱，并将导致峰分裂。一个好的经验法则就是使流动相的 pH 与分析物 pK_a 或 pK_b 至少差两个单位。此外，控制好次级相互作用也可以提高色谱选择性，但其前提是不和主要相互作用发生竞争导致峰变形、拖尾或分裂。当次级相互作用影响主要相互作用时，可以采用以下一种或几种策略来克服。

调整流动相 pH 中和分析物：由于大多数次级相互作用是由固定相和带电分析物之间的离子相互作用引起的，一种最有效的方法就是改变流动相的 pH。对于碱性化合物，碱性流动相可以使分析物以中性分子形式存在，并使色谱保留和峰形得到改善。尽管电喷雾离子化（ESI）响应可以通过检测溶液中可电离或带电的分析物得到改善，即碱性化合物与酸性流动相形成质子化分子，但是洗脱弱极性不带电的化合物时增加流动相中有机溶剂的比例也可提高离子化效率。应当注意的是，分析物在 ESI 离子源中的离子化通常不需要分析物的预电离（Zhou et al., 2002）。

采用离子对试剂中和分析物：离子对试剂常用于 LC-UV 分析，但较少用于 LC-MS 分析，因为它们会降低分析物的离子化效率。最近，已经开发了用于 LC-MS 的挥发性离子对试剂，但它们还没有被广泛使用（Gao et al., 2005）。流动相中添加离子对试剂对两性化合物在 RPLC 中的色谱保留可能特别有用。由于两性化合物同时含有酸性和碱性官能团，因此流动相的改变不会使其不带电。研究者可以改变流动相的 pH 以使两性离子分析物只携带正或负电荷，然后用离子对试剂中和剩余电荷。

采用三氟乙酸（TFA）抑制残留硅醇基的活性：TFA 通常可以在其他方法不奏效时用来改善碱性化合物的峰形。TFA 可以抑制残留硅醇基的离子化并阻止它们和分析物相互作用。然而，TFA 同时也会抑制分析物的离子化。TFA 的加入方法包括柱后添加或直接将其添加到流动相中（Shou and Naidong，2005）。硅醇基的 pK_a 约为 2.0，所以采用强酸性流动相改性剂如 TFA 可以将 $Si\text{-}O^-$ 转变为 SiOH，并克服质子化的胺和硅醇基之间强的离子结合。此外，乙酸铵可通过结合和掩蔽 $Si\text{-}O^-$ 位点而改善质子化的胺和硅醇基之间的相互作用。

15.2.8.2 亲水相互作用液相色谱

由于其对极性化合物的极佳保留能力，亲水相互作用液相色谱（HILIC）已成为分离药物或其代谢产物备受青睐的选择（Jian et al., 2011；Naidong, 2003）。在 HILIC 模式下，分析物和亲水性固定相相互作用并被相对疏水的流动相洗脱。没有键合相的硅胶是最常用的固定相。流动相采用与水混溶的极性有机溶剂如乙腈，而水是强的洗脱溶剂。梯度洗脱通常从含 5%～10%水的流动相起始，然后增加到含 50%～60%水以洗脱分析物。在 HILIC 模式下，极性化合物比非极性化合物有更好的保留，洗脱顺序通常和 RPLC 相反。除对极性化合物有好的保留外，灵敏度也因流动相中的高比例有机溶剂使电喷雾响应得到提高（Naidong, 2003）。高比例有机溶剂流动相导致的低柱压及固定相不含键合链的特点，赋予这种色谱模式在非超高效液相色谱（non-UHPLC）系统中耐受高流速的优势（Shou et al., 2002）。典型的有机溶剂如甲基叔丁基醚（MTBE）和乙酸乙酯比 HILIC 流动相的洗脱能力弱，因此可以直接将 SPE 洗脱液进样到 HILIC-MS/MS 系统中进行分析，这样做不仅消除了烦琐的浓缩和复溶步骤，提高了分析通量，而且还避免了由吸附和挥发造成的分析物损失（Li et al., 2004；Naidong et al., 2004）。

15.2.8.3　正相

正相液相色谱（NPLC）采用极性固定相和非极性、非水的流动相。由于其操作较难且离子化效率较差，NPLC 不常用于 LC-MS 生物分析。手性 LC-MS/MS 分析是一种例外，手性化合物经常采用正相色谱条件（第 41 章）。因为在 NPLC 模式下，水是非常强的洗脱溶剂，即使流动相中含有微量的水分也会显著改变色谱行为（保留时间、峰形、分离度等）。由于在典型的 NPLC 流动相中不含水，而分析物在非水环境中离子化效率非常差，通常需要柱后灌注水溶液以增强离子化并提高灵敏度。

15.2.8.4　离子交换

离子交换色谱（IEC）是分离生物大分子的重要模式，如多肽、蛋白质或寡核苷酸等治疗药物。IEC 根据分析物所带电荷的不同而保留和分离离子或极性化合物。分析物（阴离子或阳离子）通过与带相反电荷的官能团吸附而保留在固定相上，洗脱则是通过增加与该分析物相似电荷物质的浓度从而置换与固定相结合的该分析物离子。色谱洗脱可通过增加流动相的离子强度使分析物从固定相游离出来，或通过改变流动相的 pH 逐步使分析物不带电而实现。不带电荷的分析物将不再和带相反电荷的官能团发生离子-离子相互作用。IEC-MS/MS 是寡核苷酸分析和代谢产物鉴定的一个有用的工具（Lin et al., 2007）。

15.2.9　正确地选择色谱柱的大小

窄径色谱柱可以降低涡流扩散，但同时可能增加纵向扩散，然而整体柱效是增加的。在进样量相同的情况下，窄径柱具有更高的峰浓度。当色谱柱的宽度或内径（ID）减少 50%，在理论上可以增加 400%的峰浓度和灵敏度。窄径柱还可以增加 ESI 效率。在蛋白质和多肽的定量生物分析中也有使用窄径柱的趋势。许多供应商在芯片上预制窄径柱以减少死体积，并使得窄径柱的使用更加容易。由于色谱柱的载样量和柱宽成正比，窄径柱相对于填充毛细管柱（约 0.15～0.5 mm）或小微径柱（1 mm 内径）而言，其在常规生物分析仍较少使用（Li et al., 2009; Pan et al., 2011）。柱宽增加 1 倍会导致载样量增加 400%，这对常规生物分析非常重要。较小内径的色谱柱可以获得更好的灵敏度，但同时会因为柱承载能力的下降而降低灵敏度。系统堵塞是窄径柱的另一个问题，但供应商正在逐步解决该问题。

15.3　方法开发的实际考量

15.3.1　LC-MS 生物分析方法开发概述

从整体上考虑，方法开发会遇到 3 个方面的挑战：样品处理、色谱分离和质谱检测（图 15.4）。为了开发一个耐用的方法，需要考虑所有技术并取得一个平衡，以保证分析方法的适用性。合理地选择提取方法应该与色谱分离和质谱检测条件相关。通常，样品处理方法的优化只是针对分析物而不是基质。色谱条件是样品处理和质谱检测的重要纽带。样品净化不充分需要通过优化柱效和选择性来获得更有效的色谱分离，而这需要较长的色谱分析时间。一个好的样品净化方法，特别是当其分离机制与液相色谱的分离机制互补时，色谱分析时间可以较短。同理，采用高分辨质谱可降低同位素干扰峰色谱分离的需求。

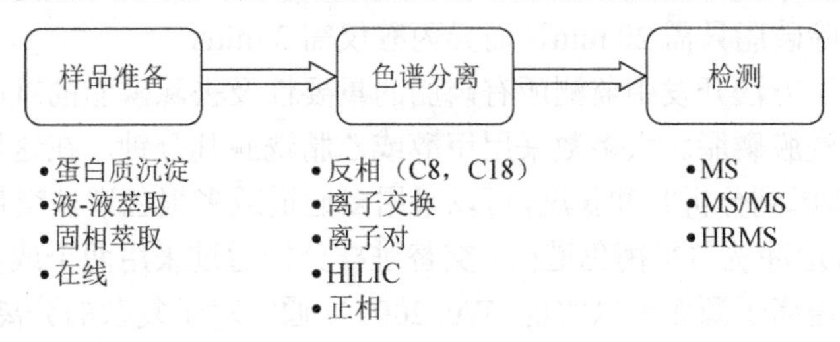

图 15.4　方法开发的整体观

15.3.2　基质效应

在理想情况下，人们更愿意通过样品处理将分析物从基质中分离。在血浆中，高浓度的磷脂是 ESI 模式下产生基质效应的主要原因（Pulfer and Murphy, 2003）。使用磷脂去除萃取板，如 Varian Captiva、Waters Ostro 和 Supelco Hybrid SPE 产品，往往依赖镧系金属吸附剂保留并除去磷脂（Wu et al., 2008）。这样就在很大程度上取决于分析物和基质成分与吸附剂之间的吸附选择性。SPE 是一种低分离度的分离纯化形式，分析物在吸附（剂）床或保留或洗脱。分析物在萃取介质和洗脱溶剂里的亲和力决定其在洗脱液中的纯度。混合模式 SPE 是获得更纯提取物的另一种手段（Chambers et al., 2007）。混合模式 SPE 与很多药物具有高亲和力，可以在分析物被洗脱之前将磷脂完全洗脱。如果 SPE 和色谱柱分离具有相同的化学原理，那么采用 SPE 样品处理方法对分析方法进行性能改进作用不大。如果采用与色谱柱分离机制互补的样品处理方法，整体分离效果则较佳。当磷脂在血浆中含量高，即便采用最好的样品处理方法也不可能完全去除所有的磷脂。

采用捕获柱可以进一步减少磷脂和其他内源性物质进入分析柱。这些成分一旦进入到分析柱，生物分析人员就必须意识到它们的存在并在方法开发中采取合适的措施。在方法开发阶段通常采用质谱监测基质效应，这也适用于样品分析阶段。如果在分析方法验证和样品分析中对磷脂进行了监控，分析人员就必须制定标准并用其判断进样分析是否达标。

在进行高效液相色谱（HPLC）分析的过程中，分析人员确定有基质效应时就需要在质谱检测前用色谱把磷脂分开（Buhrman et al., 1996）。不同的分析物，基质和离子源对基质效应的影响或敏感度不尽相同，大气压化学离子化（APCI）不容易产生基质效应，因为分析物在离子化之前已通过气化方式和内源性组分分离（Huang et al., 1990）。ESI 则要用液相色谱将分析物与导致基质效应的成分分离。采用稳定同位素标记内标（SIL-IS）是抵消基质效应影响的另一种方式。在方法开发阶段，可间接检测以鉴定未知的基质效应（成分）或直接监测已知的基质效应（成分）。间接检测多采用在进样空白基质提取物的同时柱后恒速灌注分析物纯溶液（King et al., 2000）。从色谱图中识别离子抑制或增强的色谱保留时间区域，从而尽量避免分析物在基质效应区域出峰。此外，更灵敏的方法就是直接监测已知组分如血浆提取物中的磷脂（Little et al., 2006）。

在反相色谱条件下采用 Waters XBridge C18 柱（2.1 mm×50 mm，3.5 μm）进行等度洗脱的实例中，流动相为含 5 mmol/L 甲酸铵/5 mmol/L 甲酸的水及不同比例的乙腈，比较磷脂的洗脱轮廓谱，结果表明磷脂有很强的保留（Xia and Jemal，2009）。为了去除所有的磷脂，使用65%乙腈时需要80 min（240个柱体积），75%乙腈时需要20 min，85%乙腈时需要10 min，95%乙腈时需要5 min。比较采用乙腈、甲醇和异丙醇的磷脂洗脱情况，其结果令人意外。当使用甲醇时，主要磷脂酰胆碱离子 *m/z* 758 直到220 min才被洗脱。然而，当采用乙腈时完全去除磷脂只需20 min，而异丙醇仅需3 min。

上述发现突出了方法开发中监测所有磷脂的重要性及去除磷脂的难度。许多研究者采用梯度洗脱步骤来洗脱磷脂。大多数采用甲醇或乙腈洗脱几分钟，在这里看来并不能完全有效地去除磷脂。考虑到分析时间长度，可以采用多通道或多根色谱柱交替使用（Deng et al., 2002），以保证充分地冲洗与平衡色谱柱。交替进样分析通过采用两个或多个液相色谱液流交替流入同一个质谱离子源而得以实现（Wu, 2001）。通常对于复杂的分离度要求高的组分，并且需要高速或高通量分析时，可以采用多通道分析技术。此外，更好的方法就是避免磷脂在色谱柱中积累。在涡流色谱条件下（Wu et al., 2001），采用在线提取可在LC-MS分析前去除血浆蛋白，然而其对降低磷脂几乎无效。在另一个二维液相色谱方法中，采用保护柱捕获磷脂并在前部切割分析物组分，以减少蛋白质沉淀样品中的磷脂（Van Eechhault et al., 2009）。

解决基质效应需要考虑分离磷脂（Remane et al., 2001）。含聚乙二醇（PEG）的静脉制剂更需要分离磷脂，因为它可能在色谱分离的多个区域产生离子抑制（Tiller and Romanyshyn, 2001）。此外，采用SIL-IS的分析方法时也需要考虑是否必须去除磷脂。磷脂蓄积的潜在风险是当其累积到一个程度达到饱和后，这些磷脂会在随后多个样品分析过程中大量流出。因此，建议冲洗色谱柱以避免磷脂蓄积。

15.3.3 代谢产物

监管机构深知反应性代谢产物介导毒性的问题。有关代谢产物安全性测试（MIST）的指导原则要求对人体和主要毒理学种属中药物的主要代谢产物（≥10%）进行测定（FDA, 2008）。最近，人用药物注册技术要求国际协调会（ICH）制定了关于进行药物人体临床试验和获得上市许可前的非临床安全性研究的指导原则（ICH M3[R2]）。按照该指导原则，如代谢产物的暴露量为总药物相关暴露量的10%，则应检测该代谢产物。尽管两份指导原则有不同，但ICH指导原则取代了CDER（FDA）的指导原则（Robison and Jacobs, 2009）。对于药物的药代动力学-药效学（PK-PD）研究，通常要测定人体和药理学模型中的原型和活性代谢产物。准确测定不同种属间活性或毒性代谢产物的暴露量非常有助于药物的PK-PD评估。一个可靠的且可同时测定原型药物和所有代谢产物的LC-MS方法具有很大的优势。但这在生物分析上颇具挑战性，特别是在代谢产物数量多且结构多样的情况下。生物分析人员需要考虑是否能够开发和验证同时测定分析物和代谢产物的联合分析方法，此时色谱分离非常重要。针对单个分析物或代谢产物进行单独的LC-MS分析是一种替代方法，然而对于有许多代谢产物的药物的研究来说，费用可能会很高。

色谱条件优化策略同时也包括配制代谢产物系统适用性样品及实现代谢产物与其他干扰成分的分离。由于氧化是一种常见的生物转化，常常需要测定多种异构体中的某一代谢产物。为了确保分离，需要评价同分异构体或同量异序代谢产物间的色谱分离效果。由于代谢种属特异性，系统适用性样品配制时需考虑代谢种属差异性。关键分析物或同分异构体间的分离度要求需要预先设定。分离度下降可能影响分析方法的效能，因此在分析批结束和开始时都需要进行分离度评价。

关于代谢特异性的第二个实例就是待分析的原型药物发生异构化或Ⅱ相结合反应。异构化的实例包括哺乳动物靶标性药物西罗莫司（rapamycin）在体内经历内酯开环和脱水生成开环异构体，或选择性雌激素受体调节药物经历Z到E构型的转化（Cai et al., 2007; Kieser et al., 2010）。更常见是母体药物的葡糖醛酸化和硫酸化。人们一般认为可将任何Ⅱ相结合物和其母体药物在色谱上分开。但如果化合物在色谱柱上的保留是由母体药物部分的化学性质决定，那么母体药物和其Ⅱ相结合物在色谱保留上就没有选择性。此外，同量异序代谢产物很少对母体药物产生干扰的原因在于两者通常产生不同的子离子。

如果要测定所有的异构体，相应的校正标样（STD）和质量控制（QC）样品必须含有这些异构体。如果不是，这些异构体必须包括在一个系统适用性样品中，该样品应该在分析批开始和结束时测定。仅观察试验样品中单一的色谱峰而不验证色谱条件是否具备将该异构体和其他异构体实现分离的能力是不够的。

乙酰葡糖醛酸化代谢产物是一个与色谱分离度有关的很好例子。酸性药物可以共价结合形成1-β乙酰葡糖醛酸结合物，该结合物可能与特异质毒性相关（Ojingwa et al., 1994）。因为结构重排与反应性及毒性密切相关，所以只需测定1-β异构体（Xue et al., 2006）。那么此时就要求色谱能够将1-β端基异构体和7个其他重排产物分开，但不要求将7个重排异构体逐一分开。然而，由于每个重排异构体具有不同的多反应监测（MRM）响应，因此要求必须确保每个重排异构体的稳定性。

当代谢特异性不确定时，可以购买含药的受试者血浆来测定，此血浆同样含有生理相关浓度的代谢产物。此外，在体外代谢反应来源或胆管插管收集样品中加入代谢产物是另一种替代方法。

当需要同时测定大量结构迥异的代谢产物时，可能需要使用分段扫描。例如，硫酸结合物采用负离子模式测定，而母药和Ⅰ相代谢产物采用正离子模式测定。为了满足规范性要求，分析人员需要决定何种情况下可以采用联合分析或多层次分析方法进行有效测定。

15.3.4　生物标志物

内源性组分如生物标志物的分析需要特别注意检测的特异性。对生物标志物分析而言，样品中常存在相似的生物化学组分，因此特别要求有良好的色谱分离。例如，脂质组学领域的类固醇、前列腺素和维生素A，蛋白质组学的多肽及中枢神经系统（CNS）的生物胺等成分的测定。生物标志物分析的挑战在于用生物基质准确配制校正标样且需保证在不同受试者的样品中都有良好分离。为了准确描述临床研究中总体人群的预期基线浓度水平，需测定大量批次的生物基质样品。指导原则要求评价分析方法的检测特异性，以及在定量下限（LLOQ）浓度水平准确测定分析物的能力效能。在方法开发阶段发现干扰远比在临床样品分析阶段发现干扰要好得多。分析人员需要充分意识到这种可能性，因此标准操作规程（SOP）必须规定当色谱分离发生某种改变时需要进行何种程度的分析方法再验证。

15.3.5　同服药物

当需要联合给药时，就可能需要采用组合分析方法。在肿瘤或病毒感染情况下，通常采用同服药物治疗来获得可能的药物协同作用或控制耐药性。通常，同服药物的理化性质不同，因此分析方法需要能够应对这种复杂情况。这时分析方法要保证该组同服药物的最佳回收率（RE）和分离度。因此，基质效应可能需要通过液相色谱分离及使用 SIL-IS 来解决，而不是通过采用选择性更好的样品处理方法。

药物研发机构在进行药代动力学（PK）研究时常常联合给药（Berman et al., 1997）。通常情况下会把 10～25 个候选药物配制在一起给药，然后对它们的 PK 进行评价。这种实验设计可以快速测定候选药物的清除率（CL）、分布容积和作用位点，但缺点是由于药物相互作用（DDI）使结果往往不理想。研究临床 DDI 的方法也较多，如 Pittsburgh、Cooperstown、Karolinska 或 Glaxo 鸡尾酒法等（Chen et al., 2003；Palmer et al., 2001）。例如，P450 鸡尾酒方法包括咖啡因（caffeine, 1A2）、甲苯磺丁脲（tolbutamide, 2C9）、奥美拉唑（omeprazole, 2C19）、右美沙芬（dextromethorphan, 2D6）和咪达唑仑（midazolam, 3A4）。但是，这种方法的问题在于选择最佳探针底物比较困难。但为了减少生物分析方面的压力，采用鸡尾酒方法仍不失是个好的途径。不过现在鸡尾酒方法已越来越少使用，因为在体外评价时用单独底物能更好地研究药物的相互作用。

当药物与其他药物合用时，需要测试干扰以保证方法的特异性。在分析方法开发阶段筛选合用药物的干扰，并在方法验证时测定相应的干扰。通常采用治疗剂量浓度（低至微克每毫升）的非处方混合药物进行干扰测试。方法开发过程中可根据分析物分子质量和理化性质来预测并考虑干扰发生的可能性。当观察到干扰时，就需要决定是改变液相色谱分离条件还是采用更具有选择性的 MRM 方法。

分析人员必须确保内源性和外源性的高度相关组分得到良好分离。背景差异在非临床研究一般不会产生什么问题，因为实验用动物在繁殖与饮食方面都是控制严格的。人类个体之间则有很大的差异，所以筛选不同批次的生物基质至关重要。

15.4 样品分析

15.4.1 分析批

一旦分析人员设定了分离要求，就可以比较直接地回答“什么是好的色谱”和“什么是可以接受的分析批”的问题。对一个生物分析批最简单的要求就是分析物具有适当保留时间、信噪比（*S/N*）及线性范围。一个可接受的分析批还需考虑在分析批开始之前和分析过程中的仪器漂移。系统适用性评价通常要求在分析批开始之前对 LLOQ 样品进行多次的进样分析以评价精密度。精密度由变异系数（CV）决定，要求其 CV 值在 10%以内。此外，还需要通过内标响应的一致性来判断分析批内的仪器响应。

为保证分析批之间分析方法效能的一致性，分析人员应避免改变影响检测的关键参数。可以允许调整离子光学系统以最大限度提高离子传输。然而，不应该改变碰撞能量（CE）、质谱分辨率或样品的进样体积。改变碰撞能量（或气体流速）会影响干扰离子的响应。降低质谱分辨率也是如此。改变碰撞能量或降低质谱分辨率都可能影响检测方法的特异性。对于易受电子噪声限制的分析方法，增加进样体积可提高响应但也可能限制分析批容量。欧盟指导原则要求对分析批大小进行验证（EMA, 2011）。进样分析更大体积的样品提取物可能导致更强的基质效应，更短的色谱柱寿命及降低后期样品的进样分析的柱性能（Heller, 2007）。

15.4.2 残留

样品分析也应当考虑满足其他条件。例如，分析过程中要评价残留对定量的影响。残留是由前面残存的样品产生的污染。自动进样器残留为最常见原因之一（Vallano et al., 2005）。然而，残留也可能存在于其他设备组件中，如液体管路顶端。残留往往不是高通量吸收、分布、代谢和排泄（ADME）筛选或早期药物发现研究中要考虑的关键因素，但在规范性研究中对残留的要求非常严格。因此，色谱分离条件在规范性生物分析中非常关键，必须尽量消除残留对色谱定量分析的影响。

测定残留的方法如下：连续进样一系列空白样品（只含有内标），然后进样定量上限（ULOQ）样品及另一个空白样品。当在空白样品色谱图中观察到残留超过 LLOQ 响应的20%时，分析人员需在设法降低残留后才能开始分析批的进样。如果在分析批的进样分析过程中残留不断增加，需要重新判断数据的可接受性。当在方法开发阶段发生这种情况时，则方法的定量范围要缩小才行。当分析多次给药的样品时，残留问题会因单次或多次剂量递增实验中宽的线性范围而变得更加突出。在分析试验样品时，可以通过合理的样品放置顺序来减少浓度变化或采用在试验样品前后插入空白样品以避免样品分析受残留的影响。但后者会增加总的进样分析时间而往往不推荐使用。降低残留至可接受的标准以下是目前最认可的方法。如果不能降低或控制残留，就需要舍弃个别样品或整个分析批的分析数据，然后在分析批中穿插空白样品并阐明其对研究结果潜在的影响。

由于上述原因，对自动进样器的改良显得十分重要。改良主要涉及使用更惰性的材料、最大限度地减少样品和注射器针头的接触及增加洗针溶剂体积和洗针次数。如果无法控制残留，将会影响分析效率。选择自动进样器时，应当把残留测试和洗针选项作为性能测试的一部分。

为减少残留，分析人员需要考虑吸附发生的位置和程度，采用替代材料来降低残留或增强溶剂相互作用来克服残留。优化洗针或清洗溶剂有利于提高分析速度，并在多种自动进样器系统中广泛应用。首先，可以增加清洗步骤中的洗针次数、洗针溶剂体积和类型［通过添加甲酸或三乙胺来改变洗针溶剂如包括乙腈、异丙醇和丙酮或金属螯合剂乙二胺四乙酸（EDTA）在内的酸碱性］。最大限度地减少静电作用、亲硅醇效应、亲金属效应及疏水性相互作用是洗针溶剂选择的依据。为了更好地解决残留，可以考虑升级到带有单独泵清洗功能的进样阀和进样针的自动进样器。

还可通过以下几种方式确定残留产生的位置。通过更换一根没有污染的色谱柱来检测是否存在色谱柱残留。测定自动进样器阀或针残留的程度，必要时考虑更换为没有污染的进样阀和针。此外，还需确定是否可以通过更换自动进样器或其材料来降低背景噪声。如果可能的话，更换为带有非吸附材料的过滤器滤芯或色谱柱。

在方法开发中，自动进样器类型对残留影响很大。一旦选定，在未做等效测试的情况下，不建议更换另一种类型的自动进样器。自动进样器的清洗程序参数设置与优化是方法开发的一个重要组成部分。分析人员必须确保在下一个进样之前完成自动进样器的清洗程序且不会影响分离效果。

涡流采用大颗粒色谱柱在线捕获分析物（Wu et al., 2000）。血浆蛋白不会在捕获柱上保留，通过反向冲洗捕获柱将分析物洗脱至另一分析色谱柱中再进行分离。然而，规范性生物分析的残留接受标准要求采用基质样品直接进样，这使得涡流分析不被采用。血浆中可吸附组分的积累常使残留远超过 LLOQ 响应的 20%。

15.4.3　峰拖尾

因为具有高亲和力的分析物易与进样器或固定相产生亲和作用，导致峰拖尾和残留。流动相添加剂可以克服这些强的亲和作用，但是要谨慎添加以免影响质谱响应。在通常情况下，采用对硅醇基保护更好的固定相。但是，基于次级相互作用的反相分离的选择性可能会受到影响。若分析物是强的螯合剂，则可能和进样针产生亲和作用，从而导致高的残留和峰拖尾。简单的测试是去掉色谱柱并直接观察分析物纯溶液进样后的色谱图。如不加以抵消，拖尾可能降低色谱分离度或使色谱峰积分变得困难。

15.4.4　色谱柱老化（或调理）

由于吸附性化合物易与液相色谱柱中填料发生吸附作用，不能从色谱柱上被完全洗脱，从而导致分析物的响应降低，这种现象在低浓度时尤为明显。在方法开发阶段，应该评价和解决吸附所带来的问题。如果从分析物 LLOQ 样品浓度的纯溶液所测得的响应因子比预期值要低，则表明可能有吸附作用。当分析提取样品时，因为共提取组分也会结合到活性位点上，所以从液相色谱上洗脱的回收率差异变得复杂。因此，采用分析物纯溶液得到的实验结果并不一定能模拟样品中分析物的实际行为。以蛋白质沉淀提取为例，蛋白质沉淀提取与其他选择性更好的提取方法不同，使用该方法提取的样品中有较高含量的磷脂。磷脂在提取过程和液相色谱过程中可充当载体，但同时也可能产生基质效应。鉴于蛋白质沉淀提取可能会导致基质效应，因此分析人员需要决定是否采用蛋白质沉淀提取。对于药物发现阶段的研究，蛋白质沉淀是一种常用的处理方法。但对于规范性生物分析，特别是临床研究，应该用条件（载体）合适且更具选择性的样品处理方法。

当分析较低浓度的吸附性化合物时，需要对液相系统洗脱回收率的一致性进行考察。当采用放射性标记技术对代谢产物进行定量分析时，通过比较色谱柱上单个化合物响应的总和与柱后放射性总响应来计算洗脱回收率。对于 LC-MS 分析，不能采用以上方法测定，然而洗脱回收率可以通过测试分析物纯溶液来获得。如标准曲线低浓度端的校正标样的灵敏度或质谱响应因子偏低，表明可能有由吸附带来的损失。由于高浓度的内标可以通过掩蔽吸附材料的表面活性位点而抵消分析物的响应，因此分析物的绝对和相对响应均需要考虑。加入更多的内标是一种解决方法，然而寻找一种避免吸附损失的固定相或流动相则是更可取的途径。

色谱柱上的活性位点可以被分析物“掩盖”以减少吸附，这个过程被称为色谱柱“老化”(或调理)。通常要在试验样品进样分析之前反复进样含分析物的样品以平衡色谱系统，从而使色谱柱“老化”。为了使其更快“老化”，应选含高浓度分析物的样品进样。在规范性生物分析中，用于“老化”的样品不得与任何先前或目前的分析批相混，但允许同一样品多次进样。一旦获得稳定的信号响应，并且低浓度分析物的响应也被系统适用性评价确定，便可以开始分析批的进样分析。在理想情况下，应该在方法开发过程中规定“老化”样品的进样次数，并在书面 SOP 或分析方法步骤中详细说明。在实践中，色谱柱的重复使用或液相色谱的进样次数会影响吸附。在进行系统适用性评价时，对进样分析的具体次数的规定应当成为 SOP，并必须在 SOP 中明确规定。

液相色谱中色谱柱的“老化”与气相色谱（GC）系统中采用硅烷化试剂掩盖气相色谱

系统内的活性位点类似。但与气相色谱不同的是，液相色谱中的“老化”通常不是以共价键结合形式进行，易被流动相溶剂逆转。因此，需要确定色谱系统运行多久之后对其进行重新“老化”。对于规范性生物分析，这个时间需要在 SOP 中进行定义。只要进样分析在规定的时间间隔进行，那么进样的一部分分析物就可用来覆盖活性位点。

15.4.5 液相色谱流路切换

生物分析实验室有时会使用柱后切换阀，该阀控制着流动相到质谱仪的流路。当分析物不需要被检测时，可以通过切换流动相的流向来减少离子源的污染，将色谱柱上没有保留的组分和后流出组分切换至废液。除非采用其他补充路径让液流进入离子源，否则在流动相重新切换回到离子源之前可能使离子源内离子化接口短时间过热并导致物质堆积。一旦阀门重新切换到质谱仪的离子源接口，可能需要一些时间冲洗接口堆积的干扰物并恢复稳定的基线。因此，最好的做法是保证在分析物出峰至少 30 s 前重新让流动相进入离子源。分析人员还需确保分流阀所致的额外系统死体积导致的峰展宽不会影响色谱分离，这对于 UHPLC 或微孔液相色谱尤为重要。如果进样量太大，在采用阀切换时由于色谱柱过载而不能检测到分析物。样品中其他组分使色谱柱过载时这种情况也可能发生。如果打算使用切换阀，最好的方法就是在方法开发时对使用和不使用切换阀两种方法均进行测试。欧盟指导原则要求在方法验证过程中评价分析批容量，而使用分流阀避免离子源污染可能会影响该评价的结果。如果在方法验证的任何阶段使用了切换阀，则要求在样品分析时也必须同样使用切换阀。

15.4.6 样品分析中色谱柱的使用

当进行复杂分离或分析大批量样品时，需要考虑柱寿命。柱压过大或色谱行为差都将降低色谱柱的效能，因此评价分析批容量非常有必要。“鬼峰”是上一个进样周期中残留的干扰物在当前进样的色谱中流出，这可能对分离有负面的影响。当样品提取物中含有不溶性颗粒时，需要使用保护柱并及时查看滤芯是否被堵塞。在进样过程中使用保护柱，不仅是因为分析色谱柱价格昂贵，而且是为了保持色谱柱的效能。

温度对分离有着至关重要的影响，所以需要采用柱温箱来控制分离温度（Hao et al., 2008）。分析物的构象会影响分离，因此需要提高温度来克服峰拖尾或分叉。以二肽卡托普利（captopril）为例，由于其 C 端含有脯氨酸，在色谱柱上可以经历顺-反异构化（Henderson and Horvath, 1986）。提高温度还可以减少流动相黏度并提高柱效，但也会导致色谱柱固定相降解加快，因此必须权衡分离效率和色谱柱寿命。

由于缺乏能够识别不同厂家色谱柱标签或记录芯片的软件，因此记录色谱柱进样历史非常困难。鉴于用纸记录色谱柱进样历史烦琐且耗时，供应商可以在这方面进一步改进。不同的分析方法采用不同的色谱柱非常重要。多个不同方法采用同一根色谱柱时，由于某一方法可能导致色谱柱效降低，因此影响另一方法的分析结果。为确保色谱柱寿命和分析批容量，不同的方法应采用不同的色谱柱。

当更换色谱柱时，必须确保柱性能的一致性，这也是系统适用性考察的一部分。如果不同批次色谱柱的性能发生变化，则色谱分离的选择性可能会下降。胺类可以通过与暴露的硅醇基发生次级相互作用而得到分离，因此采用改进的端基封尾的色谱柱（暴露的硅醇基与其他基团发生共价键合反应）可能会影响胺类成分的分离效果。如果色谱柱分离效能对分析方法非常关键，就需要采用原来批次的色谱柱或找到并验证另一种等效的色谱柱，而后者难度较大。因此，最好在方法开发时确保该方法在多个批次的色谱柱上均能达到预期的分离效果。如果对色谱柱的性能有疑问，采用色谱柱产品质量检验报告中推荐的测试混合物进行色谱柱效评价，以确认其是否达到出厂标准。

15.4.7 仪器通信

自动进样器和液相色谱系统与质谱仪数据系统之间通过触点式连接而实现信号传递或通信的方式容易造成通信故障。在这种情况下，当进样分析被打断，就会导致样品进样和数据采集出现关联错误。系统间采用直接信号传递或通信可以避免进样失序问题或关联错误。当液相色谱系统和质谱系统来自不同厂家时，这一问题尤为突出。对于一个规范性管理的实验室来说，液相色谱和质谱仪之间的直接通信功能应是采购的基本考虑之一。

15.4.8 数据处理

质谱数据处理系统采用多种算法处理获得的数据。由于电子噪声信号常对数据处理有干扰，因此一般会采用色谱峰平滑功能处理。然而，采用动态平均平滑将会使色谱峰积分和数据处理变得复杂。在理想情况下，应该确定每个色谱峰的最佳数据点数目。12～16 个数据点可以避免混叠（色谱峰呈现锯齿化），而且保证了最大的质谱扫描滞留时间，用来积累信号和降低噪声。数据点过多时，色谱峰边缘容易成锯齿状或分叉太多，需要较大程度或多次采用峰平滑功能来改善峰形。数据后处理可能会使色谱峰积分出现偏差。动态平均平滑会影响积分结果，因此，在规范性生物分析中必须确保同一分析批样品采用相同色谱峰平滑参数。由于不同日期及不同仪器的质谱性能会不一样，因此要对在不同日期获取的数据采用完全相同的数据处理参数可能不切实际。然而，许多实验室设定了平滑处理参数上限值。需要记录色谱峰积分参数改动的原因并对偏差进行说明。此外，其他算法不太容易导致色谱峰积分偏差。

在规范性生物分析中，使用自动数据处理进行前后一致的峰积分是好的色谱实践的重要组成部分。手动积分的偏差较大，是未让分析人员选择使用的理由。因此，在规范性生物分析中手动积分已被弃用。自动数据处理方法是否可行主要受两个因素制约：首先，能否恰当地识别斜率的变化以确定色谱峰起点和结束点；其次，确定未实现分离的化学组分是否对色谱峰高斯分布造成干扰。色谱峰识别与自动积分失败也是色谱条件不佳的表现之一。

15.5 耐用方法的开发

方法开发首先要确定所有组分通过色谱分离优化后可实现分离。首要目的是要确认峰的纯度并与对照物质的色谱行为比较。然后，在不同实验条件下进行反复测试直到实现最优分离。

15.5.1 色谱柱的选择

在选择色谱柱和流动相方面，多通道液相色谱系统有很多的优势。首先，它允许多种流动相进行有序洗脱，这就使得在多种液相色谱条件下可以比较酸性、中性和碱性流动相对色谱和质谱响应的影响。其次，可以在相同条件下对多根色谱柱逐个测试。再次，系统运行和数据处理可以实现自动化。大多数供应商都提供色谱柱选择系统，特别是那些市售的多通道液相色谱泵。选择合适的色谱柱要根据分离的要求，但要达到预计的分离效果可能要花不少时间。因此，使用自动化过程可以在最短的时间内对色谱柱和流动相进行筛选（Wang et al., 2010）。

15.5.2 分离的优化

选定色谱柱之后，等度或梯度条件的优化就相对简单了（Snyder et al., 1988）。对于梯度条件下的多组分分析，运用实验设计软件如 ChromSword 或 DryLab 可以大大缩短方法开发的时间。通过这些软件，仅需少数几次进样就可找出关键分析物分离所需的梯度和柱温等最佳色谱参数。最终的优化结果就是内源性组分、代谢产物、产生基质效应的组分及任何其他同服药物均不干扰目标分析物的测定。

15.5.3 种属和基质的改变

色谱分析方法在多个种属基质中的应用对毒理学研究至关重要。生物体液和组织匀浆液的样品组分是相当复杂的。由于哺乳动物之间的生物化学过程是高度近似的，因此对同一种生物基质而言，尽管各个组分的丰度会有所不同，但基本组成还是一致的。所以，对一种基质适用的分析方法通常也适用于所有其他种属的同种基质，大多数分析方法可以适用于所有毒理学种属和人。但对于某些种属，有些化合物可能会遇到稳定性问题，如啮齿类动物酯酶活性较高，而犬体内氧化酶活性较高等（Li et al., 2011）。因为药物的药效、安全剂量范围、PK 及实验设计方面的不同，分析方法线性范围或灵敏度可能也不一样，但色谱分离条件还是可以基本保持不变。一旦明确药物在不同种属的代谢差异，在不影响方法特异性的前提下，可以适当放宽对同量异序代谢产物或同分异构代谢产物的分离要求。

当考虑药物的组织分布或毒理作用部位时，分析人员可能需要将血浆分析方法转移到另一种基质［如脑或肝组织、尿液、脑脊液（CSF）、滑液、眼泪及其他生物体液或组织］中测定药物浓度。尿液是最常见的基质之一，因为它容易获取且可用于测定肾脏清除率。尿液中药物暴露量通常和肾毒性有关，而尿中某些药物的含量也可能与其药理作用位点有关。此外，尿液中药物暴露量也在一定程度上反映出口服给药的生物利用度（BA）。然而，尿液中药物分析也有其自身的挑战性，包括均一性问题、基质效应、内源性干扰的差异及药物的非特异性结合（NSB）等（Ji et al., 2010）。

由于基质间存在明显差异，相同的分离条件对一种基质有效但可能对另一种基质的效果不好。由于药物暴露量、回收率及稳定性的不同，在不同生物基质中转移生物分析方法会有些复杂。药物研发机构为了快速建立 PK-PD 模型，常常间接测定药物暴露量。如要测定药物在作用位点的浓度，就需要对作用位点进行穿刺，因此制药公司每年进行大量的研究用来测定药物在体循环及作用靶点的浓度。这些研究可采用通用的分析方法，如蛋白质沉淀提取、常规色谱柱的快速梯度洗脱、混合基质校正标样、加入通用的稳定剂并最大限度地减少方法开发中的任何步骤。当化合物有望进行新药临床研究申请（IND）时，受到的关注会多起来。在规范性生物分析中，生物分析方法的开发与验证对临床前研究显得尤为重要。毒理学研究负责人和生物分析人员需要明确良好实验室规范（GLP）项目评价中使用的基质。

15.5.4 色谱柱寿命

色谱柱寿命可在方法开发阶段通过多次重复进样一定数量的校正标样进行测试。在一定柱容量范围内，通过进样较大体积的提取物也可使色谱柱性能很快变差或毁坏。在不同条件下连续大量进样是测试色谱柱寿命的一种方法。在方法验证阶段，仅重复进样确定分析批是不够的，最好还应包括不同的提取样品。在分析方法开发阶段需确定何种情况下需要更换新的色谱柱，这样可减少方法验证或样品分析阶段的失败率。

15.6 少即是多

15.6.1 微分离

当流速和粒径不变，降低柱内径可以提高灵敏度。由于 ESI 响应与浓度相关，当色谱柱内径从 4.6 mm 降低到 1.0 mm 时，在柱浓度可以提高 20 倍。但同时柱容量会降低，在不增加峰宽的前提下进样量也会受到限制。这对分析微量体积的样品来说不成问题。微分离对小体积样品的生物分析影响很大。适当减小死体积、采用小内径色谱柱可以增加分析灵敏度。小体积流动相洗脱相对增加了分析物的浓度，从而使 ESI 响应增加（Moseley et al., 1992）。因此，微分离对小体积样品分析有着重大的影响。

微分离的优化策略在于避免高倍的稀释和大规模的分离。当它和填充毛细管一起使用时，色谱柱可以直接接入到毛细管金属接口内部以最大程度地减少柱外死体积。液相流速和气流条件及色谱柱的排列都对保证信号的稳定性非常重要。等度分离时，进样体积受到限制。对于溶剂强度较弱的样品，可以通过增加进样体积来进行痕量富集以提高灵敏度。然而值得注意的是，当进样大体积样品时通常需要梯度分离，这样在低流速条件下会比较耗时。

15.6.2 微量采样

微量采样同样符合“少即是多”的原则。微量取样具有很多优点，主要体现在以下几方面：①通过连续取样（而不是零散取样）分析可减少小鼠 PK 研究的误差；②无需毒理学卫星组；③减少收集临床样品时的创伤；④当需要进行多个单独分析检测时，如儿科或复杂生物标志物研究，可降低样品消耗（Rainville, 2011）。采用微分离，与干血斑（DBS）采样相关的分析的问题都可迎刃而解。在通常情况下，DBS 纸片的打孔点或片上的样品量只有 3～5 μl，远低于常规的 100 μl 取样量。对于受电子噪声影响的分析方法，这种样品量的差别使 LLOQ 增加了 25 倍。因此，在样品提取和分析过程中不将样品稀释非常关键。ESI 的信号响应与浓度相关，因此使样品浓度尽可能大。微分离在 DBS 采样技术用于强效药物的分析中发挥着重要的作用（Hooff et al., 2011）。如果没有微分离技术的应用，就很难检测到血浆中皮克每毫升浓度水平的强效能药物。

除 DBS 外，很多其他基质的样品体积也是有限的。对于眼部疾病，泪液是一种特别可靠的生物基质。又如滑膜液中的关节炎药物，微透析液中的 CNS 药物，活肿瘤组织中的抗肿瘤药物，小儿内耳液中的抗感染药物及外周血单核细胞（PBMC）中的抗病毒药物的分析都要借助于微量采样技术。然而，对抗病毒药物如逆转录酶抑制剂来说，PBMC 是一种非常好但同时又极具挑战性的基质。通常来说，从 1 ml 血液样品中只能分离得到 1×10^6 个细胞溶解物（约 0.5 μl）。药物浓度是以一定数量细胞来计算的，因此细胞计数和 LC-MS 分析同样重要。

微透析取样可以将神经递质的作用（直接测定生物胺如 5-羟色胺或间接测定受体占有率）和大脑中游离药物的浓度关联起来。Kennedy 利用苯甲酰氯进行衍生化，在单次 LC-MS 分析中测定多个常见的神经递质和代谢产物，该方法取样只需 5 μl，17 个分析物在 8 min 内得到了良好的分离（Song et al., 2012）。

鉴于高分辨分离和高灵敏度分析的要求，很多蛋白质组学研究逐步采用填充毛细管液相色谱。20 年前，填充毛细管液相色谱与平衡缓慢的注射泵联用的定量分析既困难通量又低。目前，仪器设备的性能有显著提高，在规范性研究中通常采用 LC-MS 对肽和蛋白质进行分析。随着蛋白质药物和生物标志物成功地从药理学发现阶段推进到临床研究，标志性多肽分析将被用于生物标志物分析或被用于规范性研究中生物药物的 PK 评价。

15.7 高分辨和快速分析

15.7.1 超高效液相色谱

分离是由色谱柱的化学选择性来决定的，然而，粒径对柱效也有着重要的影响。虽然小粒径会导致高柱压，但它能提供更高的柱效和更大的柱容量。范德姆特方程中理论塔板高度（HETP）为涡流扩散、纵向扩散和传质阻抗 3 项之和。C 项（传质）与颗粒直径的平方成正比。因此，粒径的小幅下降也大幅增加传质阻抗和 HETP。高分辨分离可能会转化为高速分离，因为增加塔板数可以直接改善分离（Churchwell et al., 2005; Xiang et al., 2006）。另有报道，采用亚 2 μm 粒径的色谱柱和超高压的色谱柱系统快速分离手性药物（Guillarme et al., 2010）。

25 年前，5 μm 粒径的柱子是非常常见的。在 20 世纪 90 年代人们制造了 3.5 μm 的填料。目前已生产出了优良均一和稳定性好的亚 2 μm 填料（Wu et al., 2006）。装有熔融核（core®）填料的色谱柱可以在更高的温度下工作，以减少流动相黏度和传质阻抗，从而实现更快的分离（Brice et al., 2009）。在 HPLC 系统正常压力承受范围内，虽然可以在常规泵系统下使用装有更小粒径填料的色谱柱以获得一些 UHPLC 的性能特征，但只有当把亚 2 μm 色谱柱和超高压泵（15000psi）联合使用时，才可以进一步提高分析速度和分离度。

对于装备有大量现成 HPLC 分析方法的实验室来说，根据现有的 HPLC 方法建立相应的 UHPLC 方法显得至关重要。由于早期的质谱接口不兼容高流速，因此 LC-MS 分析采用填充毛细管柱或 1 mm 内径的色谱柱。所以，对于原来的非质谱检测分析而言，将传统 HPLC 分析的 250 mm×4.6 mm（5 μm）色谱柱更换为 100 mm×2.1 mm（3 μm）色谱柱是最迫切需要的。目前，1 mm 内径的微径柱已经广泛用于 LC-MS 分析。近年来，可承受更快、更高流速的 50 mm×2.1 mm 色谱柱逐步替代 150 mm×1.0 mm 色谱柱。

随着亚 2 μm 粒径 UHPLC 色谱柱的商业化，越来越多的实验室正在考虑如何将 HPLC 微径柱的分析方法转换成 50 mm×2.1 mm（1.7 μm 粒径）色谱柱的方法。色谱柱供应商在各自的官网提供了基于粒径、柱长和进样体积等因素的换算方法。在相同的流速下，分析物的浓度和柱内径的平方成反比。粒径减小 2 倍会导致柱压升高 4 倍，而柱长增加 2 倍只简单地使柱压升高 2 倍。因此，将 3.0 μm 颗粒转变为 1.7 μm 颗粒，会使柱压增加 3.1 倍。UHPLC 系统可承受的压力范围为 12 000（822 bar）～20 000 psi（1370 bar）。这与实验室研制的 1.0 μm 粒径的色谱柱柱压相比仍有很大差距（MacNair et al., 1999）。鉴于这些操作的复杂性，大多数实验室都乐于将 HPLC 分析方法转换为 UHPLC 分析方法。这就需要开发耐高压的泵系统和组件，还要求增加小粒径填料的稳定性和均一性。

颗粒大小和分布、填充的均匀性、线性流速、传质和柱体积都可能导致色谱峰展宽。为保持柱效，分析人员必须确保不引入额外的柱外死体积。死体积的来源包括进样器、管路（直径和长度）、连接头及离子源。为了尽量减少死体积，如同连接填充毛细管柱或 1 mm 内径色谱柱的分离系统到质谱仪一样，连接 UHPLC 系统与质谱仪也应该非常谨慎。此外，系统还必须使用小体积的混合器。不同型号 UHPLC 系统的死时间差异可能影响流动相梯度组成。因此，采用不同型号的 UHPLC 系统时，分析物的保留时间可能不同。当在不同 UHPLC 系统间转移分析方法时，必须测试这些系统的性能，不能想当然地认为两者性能一致。

15.7.2 整体柱

与 UHPLC 条件下降低粒径并增加流速相似，HPLC 整体柱采用同样的方法也可改善色谱性能。整体柱含有中孔隙和大孔隙组成的多孔结构（Jiang et al., 2011; Wu, 2001）。这些多孔结构具有高渗透性、大表面积及多孔道，有利于分析物向流动相或固定相中扩散。与 UHPLC 不同，整体柱通常在常压下应用且对死体积和柱压的要求没那么高。然而，目前具有不同化学性能的整体柱的商业化产品还很有限。

整体柱非常适用于大分子化合物的分析。当采用较小粒径色谱柱分离生物大分子时，大的分子结构会导致高柱压。整体柱柱压则较低，其动态结合能力与颗粒填料相比要高出 10 倍（Ali et al., 2009; Altmaier and Cabrera, 2008）。不同于填料柱，整体柱的切变力和涡流效应可降到最低。中孔隙结构可以为对流扩散提供多条途径，因此流速不会影响色谱柱上的质量传递。然而，当整体柱的涂层被剥离，整体柱的性能会受到一定的影响。随着柱构造技术的进步，涂层剥离现象已经减少。

15.7.3 熔融核填料（表面多孔硅胶微球）

熔融核填料技术主要使用均匀的多孔硅胶层，该层包裹在球状硅胶核的周围。这种特殊的结构可以通过减少扩散来增加传质速率及通过采用几乎呈单层分散的亚 2 μm 填料来降低柱效损失，从而提高色谱性能。熔融核填料技术概念起源于 20 世纪 90 年代，当时 Kirkland 采用＞5 μm 粒径的此类色谱柱分离大分子化合物（Kirkland, 1992）。目前，一些供应商推出了各种表面带有多孔硅胶填料的固定相。熔融核填料技术测定生物体液中分析物的优点已在许多实验室被确认（Badman et al., 2010；Cunliffe et al., 2009；Cunliffe, 2012; Hsieh et al., 2007; Song et al., 2009）。该技术一个独特的优点就是较低的流动阻力，因此可在没有采用可承受高柱压系统的情况下达到与 UHPLC 相似的分离效率。

15.7.4 多通道技术

液相色谱分离是一项耗时的工作。当使用更昂贵的质谱检测时，多通道技术有显著的优势。它通过同时采用多个液流进入多通道接口而实现。但离子源的设计较为复杂并且灵敏度可能降低。常见的做法是交替循环进样（Wu, 2001）。当第一根色谱柱在进行样品分离时，第二根色谱柱已将分离过的分析物带入到质谱仪。当分析物从第二个色谱柱被洗脱后，质谱切换到第一个色谱柱继续检测分析物。该过程交替进行，允许两次进样同时进行色谱分析。

该配置系统比较简单，只需另加一个泵和切换阀。但是，协调进样循环及正确记录进样分析时间对规范性生物分析实验室来说则非常关键。Cohesive（现已被 Thermo Scientific 收购）首次开发了可将两个或多个泵整合在一起的系统并商业化，该系统用相关软件进行控制以保证正确地记录分析时间。目前，其他供应商也开发了交替进样系统。对分析人员来说，需要证明从交叉进样系统获得的各色谱柱的分析结果的一致性，因此，压力和流速的控制显得至关重要。方法验证中的进样操作与实际样品测试应一致。因此，在采用多通道分析方法之前需要对其进行系统评估。分析人员需要考虑如何确定一个分析批，可能需要将一个提取分析批样品在一根单独的色谱柱上进行分析。交替进样有导致整个分析批失败的风险。

15.8 特殊的机遇与挑战

15.8.1 对映异构体

药物可能以外消旋体给药或给药后手性中心发生反转，因此在 PK 研究中需要有针对对映异构体的分析方法。在通常情况下，氧化代谢会引入手性中心，这时需要针对 R 和 S 构型代谢产物进行色谱分离。常用的手性分离固定相包括β-环糊精或以共价形式结合的蛋白柱，如卵类黏蛋白或α1-酸性糖蛋白（Zhou et al., 2010; Xiao et al., 2003; Ward and Ward, 2010）。另外，色谱柱供应商会在其官网上提供有关用其手性色谱柱进行分析方法开发的原理及适用范围等。开发一个适用的手性药物生物分析方法是很有挑战性的。除非该提取物足够干净，否则对映异构体之间的分离度也会迅速降低。Chiralpak®AGP 色谱柱（α1-酸性糖蛋白）应用比较广泛，但其受柱压（2000 psi）、流动相中有机溶剂的比例（20%）、pH（4～7）及温度（40℃）等方面的限制。此外，手性分离常使用正相色谱，这就要求样品提取物或复溶液不能含水且必须妥当密封，以防止挥发。手性分离要求其中一个异构体与手性固定相或流动相中的手性添加剂发生三点接触式的相互作用，从而导致其在色谱柱中有更强的保留而与另外一个异构体分离。采用手性固定相方法实现对映异构体分离可以避免在流动相中添加手性改性剂，从而避免手性改性剂导致的质谱响应下降。

15.8.2 极性分析物和亲水相互作用液相色谱

大多数生物分析方法采用反相色谱分离技术。然而反相分离用于极性高的化合物 LC-MS 分析时会受到限制，这主要是由于在一般情况下需要添加离子对试剂以增强高极性化合物的色谱保留，而离子对试剂会影响质谱响应。在 Alpert 报道 HILIC 之前（Adamovics, 1986; Alpert, 1990），应用硅胶柱在含水流动相的条件下进行色谱分离几乎没有引起注意。与正相分离不同，HILIC 分离需要在流动相中含较高比例的水。供应商提供了很多选择，如纯硅胶柱、氨基柱及氰基柱，这些柱子都可以在HILIC模式下使用。由于水是强洗脱溶剂，因此进样较大体积的有机溶剂提取物也不会导致色谱峰展宽。这就可以在不牺牲检测灵敏度的前提下，避免浓缩样品所花的时间及因样品浓缩而导致的样品损失（Nguyen and Schug, 2008）。然而，HILIC分离模式仍存在一些缺点，如HILIC柱容易过载并造成色谱峰分裂或变形。表面吸附作用是HILIC的主要色谱保留机制，它比分配作用更易受到柱容量限制。纯硅胶的HILIC柱与很多反相色谱柱相比，在高pH条件下更易发生水解，而聚合物填料的HILIC柱的稳定性更好。

简单增加一根（串联）具有相同保留机制的色谱柱往往不能显著改善分离的选择性。当HILIC柱与反相或弱阴离子交换（WAX）色谱柱联合使用时，二者可以互补，从而改善选择性（Jandera, 2011; Jian et al., 2010）。复杂样品分析如蛋白质组或代谢组研究样品分析通常都需要采用具有互补分离机制的整合分离方式。运用适当的切换，对各组分的中心切割及对切割组分进行后续LC-MS分析，这不失为一种提高检测特异性和分析方法选择性的方式。但是在二维液相色谱方法中，需要关注如何避免在第二根色谱柱上样品过载。

目前，超高压HILIC柱也已商业化。BEH硅胶柱（1.7 μm）的范德姆特曲线显示，即使在较高流速条件下，其HETP基本没有增加。由于柱压较低，亚2 μm填料的HILIC柱可以在常规HPLC系统中使用，并获得类似于UHPLC的分离效果。在这种情况下，色谱分离可以在几秒钟内完成。显然，色谱分离中的很多技术都在不断发展，用于实现高速分析的目标。

15.9　结　束　语

全面掌握色谱的理论与实际应用，以及对样品处理、色谱分离和质谱检测的全面理解，非常有助于生物分析工作者开发一个适用性好的方法。对任何生物分析方法而言，有很多因素可导致失败。其中一些最需要考虑并解决的因素包括：基质效应，Ⅱ相代谢产物的源内裂解，同量异序代谢产物的分离、残留、NSB及稳定性。除掌握LC-MS/MS分析原理外，生物分析工作者还应该清楚当前有关生物分析的规范性要求，因为世界各地的新药申报均需满足当地的规范性要求。在依从科学性和规范性的前提下，也要考虑样品分析通量和降低成本。

总之，良好的色谱分离条件不仅是任何生物分析方法的关键，还是顺利完成整个分析批样品分析的保障。因此，良好的色谱分离表示达到了方法所要求的特异性。有时，高效的分离只需很短的分析时间就能够满足所有分析方法及规范的要求。分离技术是一个成功的生物分析方法的基础，并且在不断发展。当然，应当预先制定接受标准，在分析批的开始与结束时采用系统适用性样品进行测试，以评估分离检测系统的性能。此外，经恰当清洗、调谐和校正的质谱系统有助于保证检测器的响应，使其能够对色谱峰进行正确识别和积分。综上，上述这些因素均有助于分析批的成功运行。

参考文献

Adamovics J, Unger SE. Preparative liquid chromatography of pharmaceuticals using silical gel with aqueous eluents. J Liq Chrom 1986;9:141–155.

Ali I, Gaitonde VD, Aboul-Enein HY. Monolithic silica stationary phases in liquid chromatography. J Chromatogr Sci 2009;47(6):432–442.

Alpert AJ. Hydrophilic-interaction chromatography for the separation of peptides, nucleic acids and other polar compounds. J Chromatogr A 1990;499:177–196.

Altmaier S, Cabrera K. Structure and performance of silica-based monolithic HPLC columns. J Sep Sci 2008;31(14):2551–2559.

Badman ER, Beardsley RL, Liang Z, Bansal S. Accelerating high quality bioanalytical LC/MS/MS assays using fused-core columns. J Chromatogr B 2010;878(25):2307–2313.

Berman J, Halm K, Adkison K, Shaffer J. Simultaneous pharmacokinetic screening of a mixture of compounds in the dog using API LC/MS/MS analysis for increased throughput. J Med Chem 1997;40:827–829.

Brice RW, Zhang X, Colon LA. Fused-core, sub-2 μm packings, and monolithic HPLC columns: a comparative evaluation. J Sep Sci 2009;32(15-16):2723–2731.

Briscoe CJ, Stiles MR, Hage DS. System suitability in bioanalytical LC/MS/MS J. Pharm Biomed Anal 2007;44(2):484–491.

Buhrman D, Price P, Rudewicz P. Quantitation of SR 27417 in human plasma using electrospray liquid chromatography-tandem mass spectrometry: a study of ion suppression. J Am Soc Mass Spectrom 1996;7:1099–1105.

Cai P, Tsao R, Ruppen ME. In Vitro metabolic study of temsirolimus: Preparation, isolation, and identification of the metabolites. Drug Metab Dispos 2007;35(9):1554–1563.

Chambers E, Wagrowski-Diehl DM, Lu Z, Mazzeo JR. Systematic and comprehensive strategy for reducing matrix effects in LC/MS/MS analyses. J Chromatogr B 2007;852(102):22–34.

Chen Y-L, Junga H, Jiang X, Weng N. Simultaneous determination of theophylline, tolbutamide, mephenytoin, debrisoquin, and dapsone in human plasma using high-speed gradient liquid chromatography/tandem mass spectrometry on a silica-based monolithic column. J Sep Sci 2003;26(17):1509–1519.

Churchwell MI, Twaddle NC, Meeker LR, Doerge DR. Improving LC-MS sensitivity through increases in chromatographic performance: comparisons of UPLC-ES/MS/MS to HPLC-ES/MS/MS. J Chromatogr B 2005;825(2):134–43.

Cunliffe JM. Fast chromatography in the regulated bioanalytical environment: sub-2-μm versus fused-core particles. Bioanalysis 2012;4(8):861–863.

Cunliffe JM, Noren CF, Hayes RN, Clement RP, Shen JX. A high-throughput LC–MS/MS method for the quantitation of posaconazole in human plasma: implementing fused core silica liquid chromatography. J Pharm Biomed Anal 2009;50(1): 46–52.

Deng Y, Wu J-T, Lloyd TL, Chi, CL, Olah, TV, Unger SE. High-speed gradient parallel liquid chromatography/tandem mass spectrometry with fully automated sample preparation for bioanalysis: 30 seconds per sample from plasma. Rapid Commun Mass Spectrom 2002;16:1116–1123.

European Medicines Agency. *Guideline on bioanalytical method validation. 2011. EMEA/CHMP/EWP/192217/2009*. Available at http://www.ema.europa.eu/docs/en_GB/document_library/Scientific_guideline/2011/08/WC500109686.pdf. Accessed Mar 20, 2013.

European Medicines Agency. ICH Topic M 3 (R2). Non-Clinical Safety Studies for the Conduct of Human Clinical Trials and Marketing Authorization for Pharmaceuticals. Note for Guidance on Non-Clinical Safety Studies for the Conduct of Human Clinical Trials and Marketing Authorization for Pharmaceuticals (CPMP/ICH/286/95). 2009. Available at http://www.emea.europa.eu/docs/en_GB/document_library/Scientific_guideline/2009/09/WC500002720.pdf. Accessed Mar 20, 2013.

FDA. Guidance for Industry, Safety Testing of Drug Metabolites. 2008. Available at http://www.fda.gov/OHRMS/DOCKETS/98fr/FDA-2008-D-0065-GDL.pdf. Accessed Mar 20, 2013.

Gao S, Zhang Z-P, Karnes HT. Sensitivity enhancement in liquid chromatography/atmospheric pressure ionization mass spectrometry using derivatization and mobile phase additives. J Chromatogr B 2005;825: 98–110.

Gilar M, Daly AE, Kele M, Neue UD, Gebler JC. Implications of column peak capacity on the separation of complex peptide mixtures in single- and two-dimensional high-performance liquid chromatography. J Chromatogr A 2004;1061(2): 183–192.

Grumbach ES, Diehl DM, Neue UD. The application of novel 1.7 μm ethylene bridged hybrid particles for hydrophilic interaction chromatography. J Sep Sci 2008;31(9):1511–1518.

Guillarme D, Bonvin G, Badoud F, Schappler J, Rudaz S, Veuthey JL. Fast chiral separation of drugs using columns packed with sub-2 microm particles and ultra-high pressure. Chirality 2010;22(3):320–30.

Hao Z, Xiao B, Weng N. Impact of column temperature and mobile phase components on selectivity of hydrophilic interaction chromatography (HILIC). J Sep Sci 2008;31(9):1449–1464.

Heller D. Ruggedness testing of quantitative atmospheric pressure ionization mass spectrometry methods: the effect of co-injected matrix on matrix effects. Rapid Commun Mass Spectrom 2007;21:644–652.

Henderson DE, Horvath C. Low temperature high-performance liquid chromatography of cis-trans proline dipeptides. J. Chromatogr. 1986;368(2):203–213.

Hooff GP, Meesters RJW, van Kampen JJA, et al. Dried blood spot UHPLC-MS/MS analysis of oseltamivir and oseltamivircarboxylate–a validated assay for the clinic. Anal Bioanal Chem 2011;400(10):3473–3479.

Hsieh Y, Duncan CJ, Brisson JM. Fused-core silica column high-performance liquid chromatography/tandem mass spectrometric determination of rimonabant in mouse plasma. Anal Chem 2007;79(15):5668–5673.

Huang EC, Wachs T, Conboy JJ, Henion JD. Atmospheric pressure ionization mass spectrometry. Detection for the separation sciences. Anal Chem 1990;62(13):713A–725A.

Jandera P. Stationary and mobile phases in hydrophilic interaction chromatography: a review. Anal Chim Acta 2011;692(1-2): 1–25.

Jemal M, Xia Y-Q. LC-MS Development Strategies for Quantitative Bioanalysis. Current Drug Metabolism 2006;7:491–502.

Ji AJ, Jiang Z-P, Livson Y, Davis JA, Chu JX-G, Weng, N. Challenges in urine bioanalytical assays: overcoming nonspecific binding. Bioanalysis 2010;2(9):1573–1586.

Jian W, Edom RW, Xu Y, Weng N. Recent advances in application of hydrophilic interaction chromatography for quantitative bioanalysis. J Sep Sci 2010;33: 1–17.

Jian W, Xu Y, Edom RW, Weng N. Analysis of polar metabolites by hydrophilic interaction chromatography–MS/MS. Bioanalysis 2011 3(8):899–912.

Jiang Z, Smith NW, Liu Z. Preparation and application of hydrophilic monolithic columns. J Chromatogr A 2011;1218(17):2350–2361.

Kieser KJ, Dong WK, Carlson KE, Katzenellenbogen BS, Katzenellenbogen JA. Characterization of the Pharmacophore Properties of Novel Selective Estrogen Receptor Downregulators (SERDs). J Med Chem 2010;53(8):3320–3329.

King R, Bonfiglio R, Fernandez-Metzler C, Miller-Stein C, Olah T. Mechanistic investigation of ionization suppression in electrospray ionization. J Am Soc Mass Spectrom 2000;11:942–950.

Kirkland JJ. Superficially porous silica microspheres for the fast high-performance liquid chromatography of macromolecules. Anal Chem 1992;64(11):1239–1245.

Li AC, Junga H, Shou WZ, Bryant MS, Jiang XY, Naidong W. Direct injection of solid-phase extraction eluents onto silica columns for the analysis of polar compounds isoniazid and cetirizine in plasma using hydrophilic interaction chromatography with tandem mass spectrometry. Rapid Commun Mass Spectrom 2004;18(19):2343–2350.

Li W, Zhang J, Tse FLS. Strategies in quantitative LC-MS/MS analysis of unstable small molecules in biological matrices. Biomed Chromatogr 2011;25:258–277.

Li Z, Yao J, Zhang Z, Zhang L. Simultaneous determination of omeprazole and domperidone in dog plasma by LC-MS method. J Chromatogr Sci 2009;47(10):881–884.

Lin ZJ, Li W, Dai G. Application of LC-MS for quantitative analysis and metabolite identification of therapeutic oligonucleotides. J Pharm Biomed Anal 2007;44(2):330–341.

Little J, Wempe M, Buchanan C. Liquid chromatography-mass spectrometry/mass spectrometry method development for drug metabolism studies: Examining lipid matrix ionization effects in plasma. J Chromatogr B 2006;833:219–230.

MacNair JE, Patel KD, Jorgenson JW. Ultrahigh-pressure reversed-phase capillary liquid chromatography: Isocratic and gradient elution using columns packed with 1.0-μm particles. Anal Chem 1999;71(3):700–708.

Matuszewski BK, Constanzer ML, Chavez-Eng CM. Matrix effect in quantitative LC/MS/MS analyses of biological fluids: A method for determination of finasteride in human plasma at picogram per milliliter concentrations. Anal Chem 1998;70:882–889.

Moseley MA, Unger SE. Packed column liquid chromatography/electrospray ionization/ mass spectrometry in the pharmaceutical sciences: Characterization of protein mixtures. J Microcolumn Sep 1992;4:393–398.

Naidong W. Bioanalytical liquid chromatography tandem mass spectrometry methods on underivatized silica columns with aqueous/organic mobile phases. J Chromatogr B Analyt Technol Biomed Life Sci 2003;796(2):209–224.

Naidong W, Chen YL, Shou W, Jiang X. Importance of injection solution composition for LC-MS-MS methods. J Pharm Biomed Anal 2001a;26(5-6):753–767.

Naidong W, Lee JW. Development and validation of a high-performance liquid chromatographic method for the quantitation of warfarin enantiomers in human plasma. J Pharm & Biomed Anal 1993;11:785–792.

Naidong W, Ring PR, Midtlien C, Jiang X. Development and validation of a sensitive and robust LC-tandem MS method for the analysis of warfarin enantiomers in human plasma. J Pharm Biomed Anal 2001b;25(2):219–226.

Naidong W, Zhou W, Song Q, Zhou S. Direct injection of 96-well organic extracts onto a hydrophilic interaction chromatography/tandem mass spectrometry system using a silica stationary phase and an aqueous/organic mobile phase. Rapid Commun Mass Spectrom 2004;18(23):2963–2968.

Nguyen HP, Schug KA. The advantages of ESI-MS detection in conjunction with HILIC mode separations: fundamentals and applications. J Sep Sci 2008;31(9):1465–1480.

Ojingwa JC, Spahn-Langguth H, Benet LZ. Reversible binding of tolmetin, zomepirac, and their glucuronide conjugates to human serum albumin and plasma. J Pharmacokinet Biopharm 1994;22(1):19–40.

Palmer JL, Scott RJ, Gibson A, Dickins M, Pleasance S. An interaction between the cytochrome P450 probe substrates chlorzoxazone (CYP2E1) and midazolam (CYP3A). Br J Clin Pharmacol 2001;52:555–561.

Pan J, Fair SJ, Mao D. Quantitative analysis of skeletal symmetric chlorhexidine in rat plasma using doubly charged molecular ions in LC-MS/MS detection. Bioanalysis 2011;3(12):1357–1368.

Pulfer M, Murphy R. Electrospray mass spectrometry of phospholipids. Mass Spectrom Rev 2003;22:332–364.

Rainville P. Microfluidic LC–MS for analysis of small-volume biofluid samples: where we have been and where we need to go. Bioanalysis. 2011;3(1):1–3.

Remane D, Meyer MR, Wissenbach DK, Maurer HH. Ion suppression and enhancement effects of co-eluting analytes in multi-analyte approaches: systematic investigation using ultra-high-performance liquid chromatography/mass spectrometry with atmospheric-pressure chemical ionization or electrospray ionization. Rapid Commun Mass Spectrom 2010;24(21):3103–3108.

Robison TW, Jacobs A. Metabolites in safety testing. Bioanalysis 2009;1(7):1193–1200.

Shi G, Wu JT Li Y, Geleziunas R, Gallagher K, Emm T, Unger S. Novel direct detection method for quantitative determination of intracellular nucleoside triphosphates using weak anion exchange liquid chromatography/tandem mass spectrometry. Rapid Commun Mass Spectrom 2002;16:1092–1099.

Shou WZ, Chen YL, Eerkes A, Tang YQ, Magis L, Jiang X, Naidong W. Ultrafast liquid chromatography/tandem mass spectrometry bioanalysis of polar analytes using packed silica columns. Rapid Commun Mass Spectrom 2002;16(17):1613–1621.

Shou WZ, Naidong W. Simple means to alleviate sensitivity loss by trifluoroacetic acid (TFA) mobile phases in the hydrophilic interaction chromatography-electrospray tandem mass spectrometric (HILIC-ESI/MS/MS) bioanalysis of basic compounds. J Chromatogr B Analyt Technol Biomed Life Sci 2005;825(2):186–192.

Snyder LR, Glajch JL, Kirkland JJ. *Practical HPLC Method Development*. New York: John Wiley & Sons, Inc.; 1988.

Snyder LR, Kirkland JJ, Dolan JW. *Introduction to Modern Liquid Chromatography*. New York: John Wiley & Sons, Inc.; 2009.

Song P, Mabrouk OS, Hershey ND, Kennedy RT. In Vivo neurochemical monitoring using benzoyl chloride derivatization and liquid chromatography-mass spectrometry. Anal Chem 2012;84(1):412–419.

Song W, Pabbisetty D, Groeber EA, Steenwyk RC, Fast DM. Comparison of fused-core and conventional particle size columns by LC–MS/MS and UV: application to pharmacokinetic study. J Pharm Biomed Anal 2009;50(3):491–500.

Tiller PR, Romanyshyn LA. Implications of matrix effects in ultra-fast gradient or fast isocratic liquid chromatography with mass spectrometry in drug discovery Rapid Commun. Mass Spectrom 2001;16(2):92–98.

Vallano PT, Shugarts SB, Woolf EJ, Matuszewski BK. Elimination of autosampler carryover in a bioanalytical HPLC-MS/MS method: a case study. J Pharm Biomed Anal 2005;36(5):1073–1078.

van de Merbel NC. Is HPLC becoming obsolete for bioanalysis? Chromatographia 2001;55(1): S53-S57.

Van Eeckhaut A, Lanckmans KS, Smolders I, Michotte Y. Validation of bioanalytical LC-MS/MS assays: Evaluation of matrix effects. J Chromatogr B 2009;877:2198–2207.

Wang J, Aubry A-F, Cornelius G, et al. Importance of mobile phase and injection solvent selection during rapid method development and sample analysis in drug discovery bioanalysis illustrated using convenient multiplexed LC-MS/MS. Anal. Methods 2010;2(4):375–381.

Ward TJ, Ward KD. Chiral separations: A review of current topics and trends. Anal Chem 2010;84(2):626–635.

Williams RR. Fundamental limitations on the use and comparison of signal-to-noise ratios. Anal Chem 1991;63(15): 1638–1643.

Wu J-T. The development of a staggered parallel separation LC/MS/MS system with on-line extraction for high-throughput screening of drug candidates in biological fluids. Rapid Commun Mass Spectrom 2001;15(2):73–81.

Wu J-T, Zeng H, Deng Y, Unger SE. High-speed liquid chromatography/tandem mass spectrometry using a monolithic column for high-throughput bioanalysis. Rapid Commun Mass Spectrom 2001;15:1113–1119.

Wu J-T, Zeng H, Qian M, Brogdon BL, Unger SE. Direct plasma sample injection in multiple-component LC-MS-MS assays for high-throughput pharmacokinetic screening. Anal Chem 2000;72:61–67.

Wu N, Liu Y, Lee ML. Sub-2μm porous and nonporous particles for fast separation in reversed-phase high performance liquid chromatography. J Chromatogr A 2006;1131(1-2):142–150.

Wu S, Schoener D, Jemal M. Plasma phospholipids implicated in the matrix effect observed in liquid chromatography/tandem mass spectrometry bioanalysis: evaluation of the use of colloidal silica in combination with divalent or trivalent cations for the selective removal of phospholipds from plasma. Rapid Commun Mass Spectrom 2008;22:2873–2881.

Xia Y-Q, Jemal M. Phospholipids in liquid chromatography/mass spectrometry bioanalysis: comparison of three tandem mass spectrometric techniques for monitoring plasma phospholipids, the effect of mobile phase composition on phospholipids elution and the association of phospholipids with matrix effects. Rapid Commun Mass Spectrom 2009;23:2125–38.

Xiang Y, Liu Y, Lee ML. Ultrahigh pressure liquid chromatography using elevated temperature. J Chromatogr A 2006; 1104(1-2):198–202.

Xiao TL, Rozhkov RV, Larock RC, Armstrong DW. Separation of the enantiomers of substituted dihydrofurocoumarins by HPLC using macrocyclic glycopeptide chiral stationary phases. Anal Bioanal Chem 2003;377(4):639–654.

Xue Y-J, Liu J, Simmons NJ, Unger S, Anderson DF, Jenkins RG. Separation of a BMS drug candidate and acyl glucuronide from seven glucuronide positional isomers in rat plasma via HPLC with MS/MS detection. Rapid Commun Mass Spectrom 2006;20:1776–1786.

Zhou S, Prebyl BS, Cook KD. Profiling pH changes in the electrospray plume. Anal Chem 2002;74(19):4885–4888.

Zhou Z-M, Li X, Chen X-P, Fang M, Dong X. Separation performance and recognition mechanism of mono(6-deoxy-imino)-β-cyclodextrins chiral stationary phases in high-performance liquid chromatography. Talanta 2010;82(2):775–784.

16

液相色谱-质谱（LC-MS）生物分析中的最佳质谱实践

作者：Richard B. van Breemen 和 Elizabeth M. Martnez
译者：吴伟
审校：兰静、刘佳、谢励诚

16.1 引　　言

虽然气相色谱-质谱（GC-MS）技术在20世纪60年代后期已成为常规的分析技术，然而在几十年之后，液相色谱-质谱（LC-MS）技术才达到了与GC-MS同水平的可靠性、重现性及稳健性。LC-MS 技术将高效液相色谱（HPLC）的流动相选择性去除，然后将样品转换成气态离子传输到高真空的质谱仪中分析。如今，无论化合物的挥发性如何，LC-MS已可用于多种药物及生物医学中易溶性化合物的常规定性和定量分析。大气压离子化（API）技术使得这些分析成为现实，而这一技术可与各种质谱仪连接。

16.2 生物分析中最常用到的LC-MS和LC-MS/MS分析器

在用LC-MS分析时，质谱的采样频率需要和液相色谱产生的峰宽匹配。虽然模拟信号转数字信号曾经是一个限制因素，但如今电子技术飞速发展，数据采集速度仅取决于分析器本身。质谱仪的类型、质荷比的记录范围及扫描类型决定了数据采集的速度。表16.1列出了不同分析器类型及它们作为单个及串联分析器使用的典型扫描速率。

表16.1　LC-MS和LC-MS/MS中最常用的质谱类型

质量分析器	扫描速度/（扫描数/s）	解析强度	质荷比（m/z）范围	串联质谱
四极杆	5	<4 000	4 000	不是
三重四极杆	5	<4 000	4000	低分辨率
飞行时间（TOF）	>1000	≥15 000	>200 000	不是
傅里叶变换离子回旋共振（FTICR）	<1	>200 000	<10 000	高分辨质谱 MS^n
轨道阱	≤10	>60 000	<6 000	高分辨质谱 MS^n
离子阱（IT）	≤5	<4 000	<4 000	低分辨质谱 MS^n
四极杆飞行时间质谱（Q-TOF）	5	≥14 000	4 000	高分辨质谱
离子阱飞行时间质谱（IT-TOF）	≤5	≥14 000	4 000	高分辨质谱

理想情况下，一个色谱峰最少需要采集20个数据点，这样才能保证色谱的分辨率在样

品采集过程中没有丢失。尽管传统的 HPLC 峰宽在 10～20 s，但超高效液相色谱（UHPLC）峰宽仅在 1～3 s。飞行时间（TOF）质谱是仅有的每秒能记录超过 20 个数据的质谱仪，因此 TOF 质谱是最适合和 UHPLC 联用的，而扫描速度比较慢的如四极杆质谱、轨道阱质谱及离子阱（IT）质谱更适合和 HPLC 联用。图 16.1 列出了质谱的采样频率对色谱分辨率影响的例子。

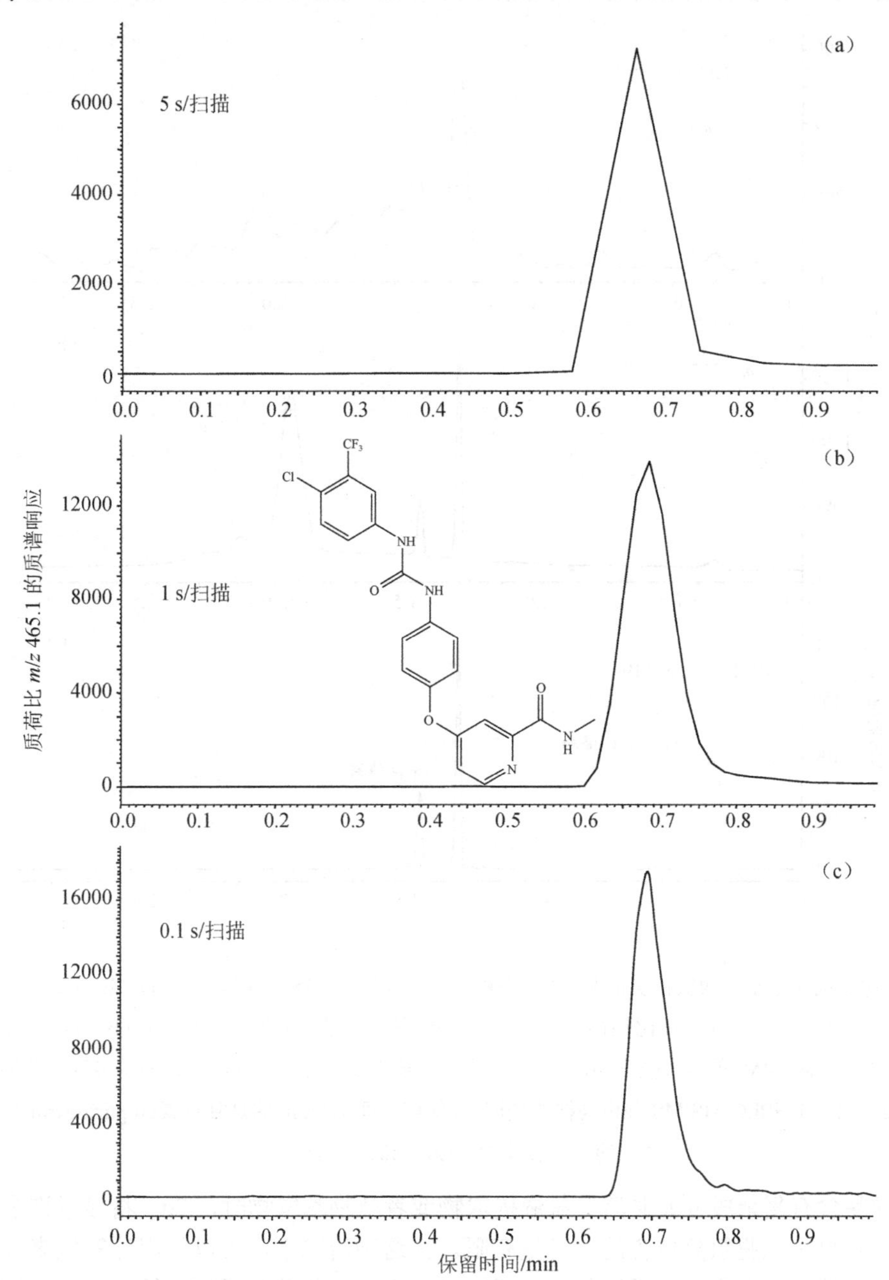

图 16.1 计算机重建用三重四极杆质谱获得的正离子电喷雾 UHPLC-MS 质谱图；图中显示了不同检测器扫描频率对质子化的索拉非尼（sorafenib）检测的影响；（a）为 5 s 一个扫描周期；（b）为 1 s 一个扫描周期；（c）为 0.1 s 一个扫描周期；随着扫描频率增加，色谱图的峰形及信噪比（*S/N*）得到了改善；扫描质荷比范围为 50～500

在LC-MS分析过程中，洗脱出来的化合物的质谱信号通常是连续记录的。总离子流色谱图（TIC）可用来记录从HPLC系统洗脱出来的化合物被质谱检测到的信号。TIC是把质谱棒状图上的所有信号加和到一起，然后通过每一个点的信号强度和扫描点数或者洗脱时间作出色谱图。图16.2a中显示甘草糖（*Glycyrrhiza uralensis*）提取物采用电喷雾负离子四极杆质谱（关于四极杆质谱的更多信息请参阅16.2.1节）UHPLC-MS的TIC图。

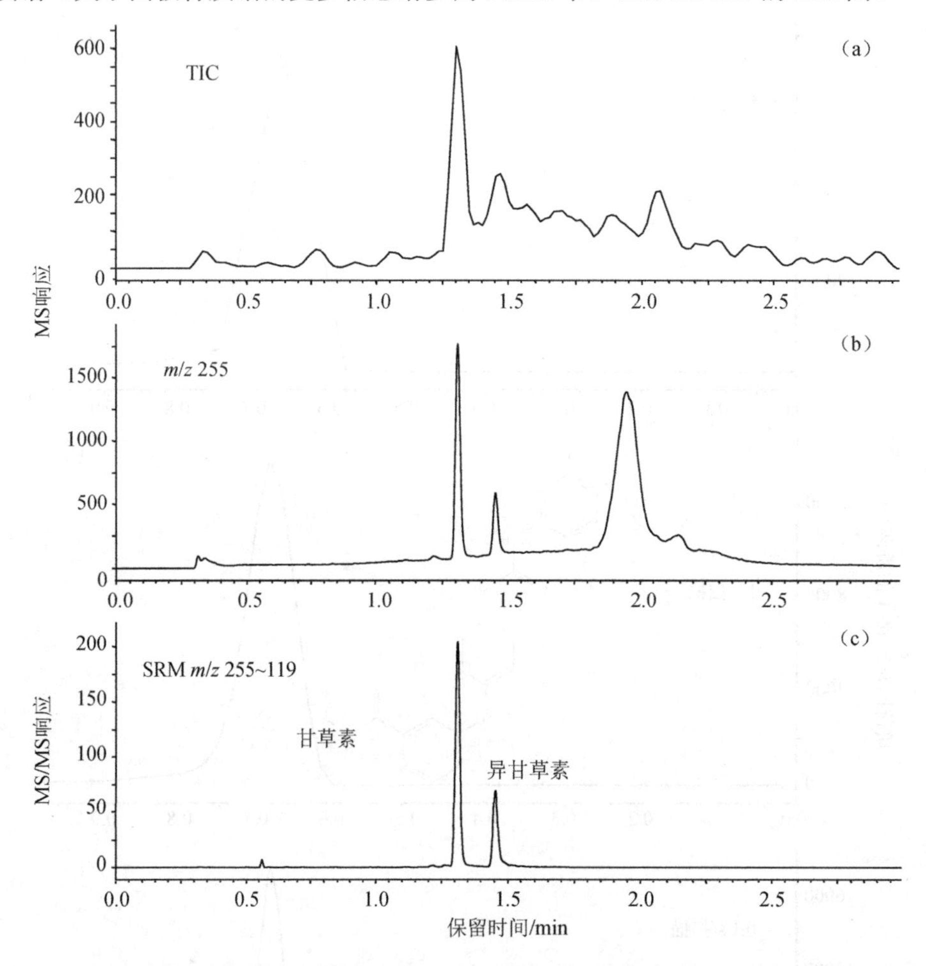

图16.2　用负离子电喷雾四极杆质谱及反相UHPLC-MS分析甘草糖（甘草皂苷G）（licorice, *Glycyrrhiza uralensis*）提取物；（a）是质荷比扫描范围为100～500的总离子流质谱图（TIC）；（b）是质荷比为255的选择性离子监测（SIM）的信号强度图，这是电子化的甘草素及异甘草素的响应；（c）用多反应监测（MRM）质荷比255～119 UHPLC-MS/MS分析同样的提取物；保留时间1.3 min的是甘草素（liquiritigenin），1.45 min的是异甘草素（isoliquiritigenin）

当样品含有复杂成分如血清、尿液提取物或者植物萃取物时，TIC将显示许多重叠的色谱峰，且每个洗脱组分包含的信息量有限。在这种情况下，可以使用计算机来寻找相应的离子，如特征分子离子、质子化的分子离子、去质子化的分子离子等，然后计算机系统重建的质谱图将给出这些质谱信号。在LC-MS和液相色谱-串联质谱（LC-MS/MS）分析过程中，通常并不需要扫描型质谱图，相反，使用更加广泛的是选择性离子监测（SIM）或者选择反应监测（SRM）。

如果已知特定分析物的分子离子、质子化的分子离子和去质子化的分子离子，那么就可以用 SIM 模式只检测这些离子。在 SIM 过程中，很少一部分离子在毫秒时间内被采样并被记录成色谱图的数据点。因为 SIM 的采样频率很快（10～25 ms/离子），这和色谱的出峰时间（峰宽在 1～20 s）比，在用单个 LC-MS 或者 UHPLC-MS 分析中，SIM 可以用于多个离子的连续记录。图 16.2b 为甘草化合物洗脱物在 UHPLC-MS 质荷比 255 的 SIM 模式下，甘草素（liquiritigenin）和异甘草素（isoliquiritigenin）的去质子化离子峰。注意，用 SIM 采集数据时峰会更窄一些，这是由于 SIM 模式相对于四极杆质谱的其他扫描模式来说采样周期有所改进。

尽管色谱对分析物进行了一级分离，SIM 模式以分子质量进行另一级分离，但许多离子有着相同的理论质量，它们仍然会被 LC-MS 或者 UHPLC-MS 同时检出。例如，用 UHPLC-MS 分析时，用质荷比 255 做 SIM 检测甘草提取物，除甘草素和异甘草素分别在 1.30 min 和 1.45 min 出峰外，在 1.90 min 和 2.10 min 还显示有其他峰。为了避免出现这些情况，需要额外增加一级选择性，它基于串联质谱技术，称作选择反应监测（SRM），如图 16.2c 所示。

在 LC-MS/MS SRM 模式下，一个或者多个分析物的分子离子峰在质谱的第一级被选作母离子，在碰撞诱导解离（CID）作用下把母离子打碎，然后记录一个或者多个在二级质谱 CID 过程中产生的子离子。在图 16.2c 中，UHPLC-MS/MS 在 SRM 模式下可区分甘草素及与其结构非常类似的同分异构体异甘草素。质荷比 255 被选为三重四极杆质谱第一级的母离子（关于三重四极杆质谱的更多信息，请参阅 16.2.1 节），在下一级用 CID 模式打碎，然后在最后一级质谱中选择质荷比为 119 的离子作为子离子。通过记录传输质荷比 255 到质荷比 119 的 SRM 信号响应，结果甘草提取物中只有甘草素和异甘草素的峰被检测出来（图 16.2c）。

SIM 模式可以在任何种类的质谱上使用，但由于四极杆质谱可以设置一次只传输一个质荷比的离子，因此最常用。因为 TOF 质谱记录了色谱分离过程中每一秒的多个质谱信息，SIM 的色谱图是在计算机的帮助下重建这些质谱信息的。LC-MS/MS 分析中使用 SRM 模式时，三重四极杆质谱是最常用的。事实上，三重四极杆质谱使用 SRM 模式的效率非常高，因此用作定量分析时，它是最常用的质谱。离子阱质谱也可以使用 SIM 或者 SRM，但是离子捕获和选择的多级过程相对于四极杆类型的 SIM 或者 SRM 来说较慢，效率也比较低。混合四极杆飞行时间质谱（QqTOF）是一种可用于 SRM 的串联质谱，在 QqTOF 中，母离子由四级杆选择出来，之后用 CID 把离子打碎，最后产生的子离子由串联的 TOF 质量分析器记录下来。SRM 色谱图可以由 QqTOF 记录下来的质谱图通过计算机重建获得。

总的来说，SRM 和 SIM 的速度是一样的（通常是 10～20 ms/离子），故都可以获得出色的色谱图。因此，应用于 HPLC 或者 UHPLC，SIM 和 SRM 都是理想的选择。另外，SIM 和 SRM 不包含完整的质谱图，所以它们无法进行结构鉴定。在 LC-MS 或者 LC-MS/MS 的定量分析中常用到 SIM 和 SRM，详见 16.4 节。如果需要额外的结构信息，那么一般需要采集质谱图和串联质谱图。

在 TIC 或者计算机重新构建的质谱图上观察到一个峰，如图 16.2a 1.3 min 洗脱出来的峰，然后再去看储存在相关质谱图中的数据文件时，从中可以获得这个洗脱物的很多额外信息（注意，质谱只能通过全扫描模式和 SIM 或者 SRM 获得数据）。质谱图将包含以下信息：分析物的分子离子、共洗脱化合物的分子离子、质谱离子源的污染离子及可能在离子源部位产生的碎片离子等。图 16.3a 为 1.3 min 相应峰的质谱图，获得的质荷比为 255 的棒状图与甘草素的去质子分子一致。但是，一些和甘草素可能不相关的离子也显示在图 16.3a 上，这些可能源于流动相背景或者甘草提取物的共洗脱化合物的污染。这些背景离子不能提供检测物的结构信息，甚至会对结构鉴定造成干扰。

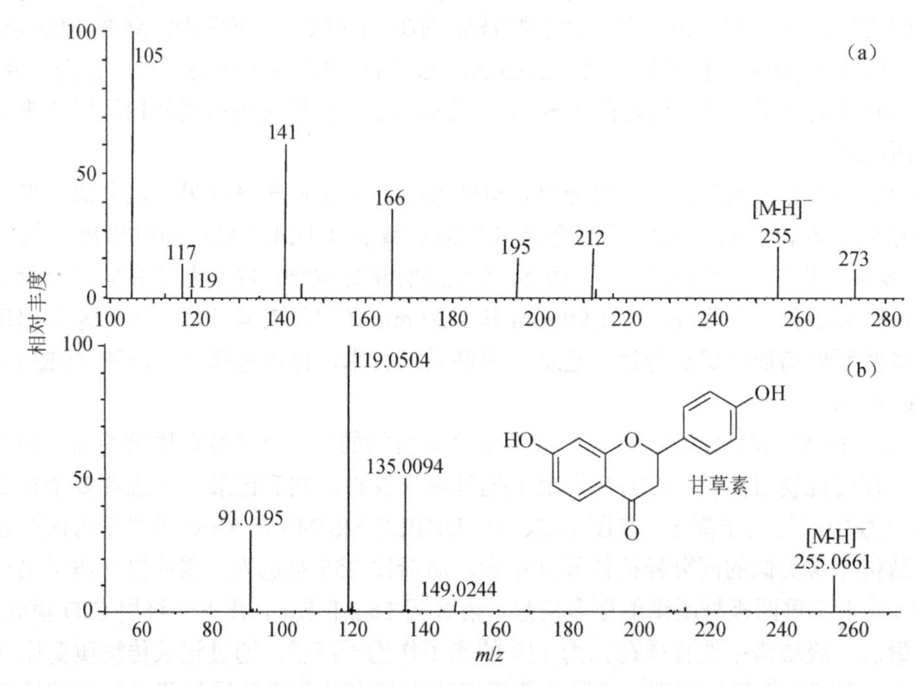

图 16.3 甘草素的负离子电喷雾质谱图；（a）为 UHPLC-MS 分析过程中图 16.2a 的质谱图；（b）为去质子化甘草素（liquiritigenin）质荷比 255 的串联质谱的子离子图；质荷比 119 的是串联质谱丰度最高的子离子，同时也可能是 UHPLC-MS 的源内甘草素的碎片

一种鉴定分析物的方法是用高分辨精确质谱测量（将在后面详细论述高分辨质量分析器）来检测质荷比为 255 的离子构成的化学元素。另一种方法是采用数据依赖的串联质谱来获得具有结构特征的碎片子离子。还有一种方法需要联合使用串联高分辨质谱，图 16.3b 为 QqTOF 质量分析器（在 16.2.2 节处讨论）获得的质荷比为 255 的母离子的串联质谱图。在这个例子中，精确质量分析提供了元素构成为 $C_{15}H_{11}O_4$，和甘草素的理论分子质量有 -4.9×10^{-6} 的差值（检测出的质荷比为 255.0661；理论值为 255.0673）。检查串联质谱图提供了额外的关于分析物的结构信息，如质荷比为 119 和 135 是甘草素中心环碎裂的特征碎片。

16.2.1 低分辨质谱仪和串联质谱仪（四极杆、三重四极杆、离子阱和四极杆串联离子阱）

四极杆、三重四极杆、离子阱和四极杆串联离子阱（Q-trap）是扫描型仪器中获得低分辨质谱图的质量分析器。同时，三重四极杆、离子阱和 Q-trap 可以采集低分辨串联质谱图。因为三重四极杆质量分析器实际上包括几个仪器串联在一起，它们是空间串联的质量分析器。与此相反，离子阱质量分析器是时间串联质量分析器。因为 Q-trap 仪器结合了一个线性离子阱来取代了三重四极杆质量分析器后面的那个四极杆，这个质量分析器就同时具备了空间串联和时间串联的功能。

四极杆质量分析器发挥了质量过滤器的作用，它通过建立一个振荡电磁场，使离子束中只有特定质荷比的离子可以从离子源稳定地、螺旋状地通过四极杆到达检测器。四极杆中每一相对的杆是电气相连的，每一个相邻的杆具有相反电性。通过控制每一对杆上的电流电压和电流翻转频率，就控制了能通过四极杆的离子的质荷比。马修方程可以描述离子在四极杆质量分析器中稳定的飞行轨迹，关于这些仪器的离子物理学已有学者详细描述过（Dawson, 1997）。

在串联质谱中，三重四极杆仪器是两个四极杆装置通过一个只加载射频电压的四极杆连接。中间的四极杆起到离子碰撞室和离子传输作用，作为 CID 时中间需要充盈如氦气、氮气或氩气等碰撞气，气压要足够使从第一级四极杆导入的离子和碰撞气发生多次碰撞。这些碰撞得到的碎片可以提供结构上重要的子离子，然后继续导入最后的四极杆中分析。如果 CID 碰撞气压力太高，离子束就淬灭或分散了，然后信号就丢失了。如果 CID 碰撞气压力太低，将不足以生成足够的碎片。

和其他种类的串联质量分析器一样，三重四极杆质量分析器可以用来获得子离子串联质谱图。在这一模式下，第一级四极杆被设置在只传输特定质荷比的离子到碰撞室，最后的四极杆设置在扫描模式来记录串联质谱图。子离子的串联质谱图可提供在最小背景噪声下选定母离子的裂解模式信息。

如果三重四极杆质量分析器的第一级四极杆设置为扫描模式，最后的四极杆设置为只能传输某个特定质荷比的离子，这就是母离子扫描方式。母离子扫描质谱图可以协助鉴定混合物中有特定子离子碎片的（母）离子。这种类型的 MS/MS 扫描有助于检测混合物中共同的具有相关结构特征的碎片离子的化合物，如硫酸基团或者半谷胱甘肽。如果第一级和最后一级四极杆质量分析器都在扫描，然而偏差了一个特定值的质荷比，那么将产生恒定的中性丢失（NL）串联质谱图。对于在混合物中鉴别丢失一个共同结构单元的离子，恒定 NL 串联质谱图特别有帮助，这种 NL 可以是小分子的如水、二氧化碳单元，或是大的分子如葡萄糖醛酸、棕榈酸等。如上文中所示，三重四极杆质量分析器在 SRM 研究中同样有用，这时第一级和最后一级四极杆不是设置在扫描模式，相反是分别设置在传输特定的母离子和子离子。因为在扫描所有离子时无数据丢失，三重四极杆质量分析器在 SRM 实验中效率特别高。尽管扫描模式的灵敏度比 SRM 模式低，三重四极杆仪器在恒定 NL 扫描和母离子扫描中仍然非常有帮助。

离子阱质量分析器在设计上可以是圆柱形的（3D）或者是线性的（2D）形状。除离子束不直接穿过仪器外，离子阱和四极杆还是有很多相似之处的。在离子阱中，离子被储存（捕获）在离子阱内螺旋飞行，而离子阱内环绕的杆子上的电压、电极振荡和四极杆质量分析器的是一样的。阱集的过程可预设一段时间，使得阱内捕获一定数量的离子来优化质谱的精确度。此外，也可以积累并储存最大数量的离子来用作分析，这可以帮助放大弱的粒子流并且增加灵敏度，但由于空间电荷效应（Qiao et al., 2011），会令质谱图的质量分配效果略差。在圆柱形的离子阱中，离子被聚焦成球状体积，相对地，在线性离子阱中，离子被储存成圆柱中，由于空间电荷效应不明显，可提供更大的存储能力。当离子被连续地从阱内抛射到碰撞检测器时，储存在阱内的离子被分析，产生相应的质谱图。如果想了解更多的关于离子阱质量分析器的设计及功能的信息，请参阅 March 和 Todd（2005）的文献。

在时间串联分析中，期望质荷比的母离子被保留在阱中，而比这个质荷比高和低的离子都会被抛射出阱，当需要实施 CID 的时候，先让低气压的氦气进入阱内。CID 过程形成的碎片质子会被保留在阱内直到被抛射出去检测。离子阱质量分析器不仅可以用作 MS/MS（MS^2）子离子检测，还可能用来检测更多级（MS^n）的串联质谱。在每一级中，把除母离子外的离子抛射出阱外，然后实施 CID，碎片离子保留在阱内。子离子可以被抛射出去并被检测出二级串联质谱（MS^2），特定的子离子可以被选择出来实施下一轮的 CID（MS^3），并依此类推。MS^n 检测对获得非常稳定的子离子的结构信息特别有用，但是不适用于 NL 扫描和母离子扫描。

三重四极杆质量分析器的串联质谱图比离子阱获得更多断裂方式的碎片和更高丰度的子离子（特别是在低质量端）。有两个原因导致了这些差异，第一，三重四极杆质量分析器的 CID 能量比离子阱的略微高一些［尽管两种系统的 CID 都被认为比较低（＜50 eV）］，所以可产生更多的碎片及更多化学键断裂类型。第二，离子阱对低质量离子的捕获能力没有对高质量离子的效率高，所以离子阱质谱中低质荷比的离子和三重四极杆质谱相比明显低很多。已有的 Q-trap 可以像三重四极杆质量分析器一样，在第一个四极杆中选择离子，然后像三重四极杆 CID 一样打碎离子。在这些串接质谱的最后阶段，Q-trap 可以在线性离子阱中捕获并储存离子，从而获得多级质谱分析。另外，线性离子阱还可以当作单个四极杆、三重四极杆或者离子阱质量分析器使用。

16.2.2 高分辨质谱仪（TOF、Q-TOF、TOF-TOF、Ion Trap-TOF、FTICR、Orbitrap）

在质谱中，分辨能力是用 $M/\Delta M$ 定义的（分辨率是这个计算结果的倒数，$\Delta M/M$），这个 M 就是单电荷离子的质荷比数值，ΔM 就是 M 和紧挨着的最高离子的偏差值（以质荷比衡量）。或者，ΔM 也可以被定义为该离子峰的峰宽。高分辨通常被认为分辨能力最少需要 10 000，那样大部分药物类似分子（如化合物的相对分子质量小于 500 的）的分子离子可被分辨出来。在质谱图的离子中把样品离子分辨出来后，通过将未知离子的质荷比与标准物质比较，便可进行精确质量测量。测量到的精确质量如果与理论元素组成的偏差在 1×10^{-5} 内，通常被确认为低分子质量化合物（相对分子质量＜1000）。可以用来测定精确质量的质量分析器类型包括反射式 TOF、串接的 QqTOF、串接的离子阱飞行时间质谱（IT-TOF）、轨道阱质谱、傅里叶变换离子回旋共振（FTICR）质谱等（表 16.1）。

反射式 TOF 质量分析器可以提供质量精确度在 5×10^{-6} 以内的高分辨质谱（表 16.1）。TOF 质量分析器在色谱峰极窄的 UHPLC 上特别有用，这是因为仪器有能力在毫秒时间段内获得完整的质谱图而不需要常规扫描。这个特点又提高了仪器数据采集时的速度。TOF 质量分析器的另一个非凡特点是理论上没有质量范围的测定限制，这只取决于检测器对高质量端离子的灵敏度。

TOF 质量分析器的操作过程是通过几千伏特的电压加速一小部分被聚焦的离子，然后这些离子从离子源内导入无场的漂移管中飞向碰撞检测器。理想情况下，所有离开离子源的离子都具有相同的能量，但可惜目前还没有实现。因此，在漂移管末端装上反射装置可帮助减少离子的能量扩散并消除在离开离子源后衰减形成的中性碎片。反射装置把能量聚焦的离子重新导回到漂移管中，使其到达检测器检测。

因为所有离开离子源的离子有着相似的动量，而这个动量是质量和速率的乘积（$p=mv$）结果，所以每一个离子的速率和它的质量成反比。因此，低质量的离子先通过漂移管并击打在检测器上，高质量的离子后达到。每一个离子的TOF被记录下来并且通过方程转换出质荷比，方程为$m=(2E/d^2)t^2$，t是飞行时间，d是飞行管的长度，E是设定的离子加速能力。关于TOF质量分析器更多的设计与操作内容，请参考Cotter的文献（1997）。

串联TOF（TOF-TOF）质量分析器已经面世，它可以提供高能CID后信息丰富的离子串联质谱。但是，这些仪器通常被设计成和基质辅助激光解析电离源配合使用，这种脉冲离子源可以完美地和TOF质量分析器的脉冲性质匹配。尽管连续离子流离子源比如电喷雾对LC-MS更理想，但它们和TOF质量分析器很难匹配，因为TOF需要一组相同能量的离子。但这一问题随着串接质量分析器的使用而被克服，如QqTOF MS（Chernushevich et al., 2001）和IT-TOF MS（Douglas et al., 2005），这些是与四极杆或者离子阱结合TOF分析器的。在这些串接仪器中，LC-MS的离子源，如电喷雾离子化（ESI）、大气压化学离子化（APCI）离子源，或者大气压光离子化（APPI）离子源（详细描述请参阅LC-MS离子源部分，16.3节）和四极杆或离子阱质量分析器衔接起来，然后和TOF质量分析器联起来获得高分辨测量（表16.1）。对于高分辨串联质谱，如QqTOF质量分析器，CID可以在第二级进行，那里的四极杆只加载交流电压（RF电压，这和串联四极杆仪器是一样的），TOF分析器提供子离子的高分辨测试。和离子阱一样，IT-TOF质量分析器可以获得子离子的多级质谱（MS^n）测试，和离子阱不一样的是，TOF质量分析器可以提供子离子的高分辨精确质量测试。TOF-TOF串联质量分析器可以做高能量CID，而QqTOF和IT-TOF仪器只可以进行低能量CID，这意味着碎片可能会更少，不是所有的碎片离子类型都可以观察到。

FTICR质量分析器可以提供所有质量分析器中最高的解析度和质量准确度，其解析度可以超过200 000（表16.1）（Marshall et al., 1998）。在FTICR质量分析器中，离子被捕获在一个圆形的螺旋轨道上，这和离子阱相同，但是这一轨道是由超导磁体提供的外加强磁场实现的。每一个轨道的周期是由离子的质荷比决定的。四极杆、离子阱及TOF检测离子是通过离子击打到碰撞检测器上，FTICR质量分析器与它们不一样，离子是在轨道上被检测的。当离子围绕着FTICR中离子池的电导墙做轨道飞行的时候，离子产生了自己的磁场，这个磁场的频率和离子的质荷比成正比，而振动的幅度和离子的数量成正比。这个复杂的信号，即不同质荷比离子产生的不同频率的多重信号的总和，通过傅里叶转换，接着对信号去卷积后可以获得质谱图。和离子阱仪器一样，FTICR质量分析器可以进行多重质谱测量，不过用FTICR时每一阶段的质谱都可以实施超高分辨能力测试。

因为每次扫描的时间都＞1 s（表16.1），FTICR质量分析器不适合和快速色谱或与UHPLC联合使用。但FTICR质量分析器在色谱峰宽有数秒的毛细管LC-MS实验中很有用。串接IT-FTICR质量分析器的LC-MS对药物代谢（DM）和蛋白质组学的应用特别有帮助。因为在购买和维护上，FTICR质量分析器都是最贵的仪器，很多需要超高分辨质谱（HRMS）的实验室都转向轨道阱质谱作为替代选择。

最早描述轨道阱质量分析器的是Makarov（2000）。仪器捕获离子并在类似于FTICR的方式下测量而不需要淬灭它们，不同的是轨道阱无需超导体磁场（Hu et al., 2005; Makarov and Scigelova, 2010）。在一个加载四级对数静电场的电极内部和外部捕获离子，离子在电极中央旋转并且沿电极的轴振荡，振荡频率与离子的质荷比相关。这些振荡的电流信号图像通过傅里叶转换成频率，这和在 FTICR 中的应用类似。轨道阱质量分析器同时具备高分辨能力和高质量准确度（表 16.1）。

轨道阱具备多级高精确度质量质谱测试的能力，但轨道阱的分辨能力比 FTICR 质量分析器稍低（表 16.1）。轨道阱的扫描速度比 FTICR 要快 10 倍多（每秒大于 10 个扫描），这使得轨道阱可以与在线 HPLC 相配合。然而这个扫描速度与大部分的快速色谱法和 UHPLC 应用相比仍然太慢。和 IT-FTICR 一样，离子阱-轨道阱串接质量分析器在药物代谢和蛋白质组学中的应用已经越来越普遍了。

16.3　UHPLC-MS 的离子化技术

ESI（图 16.4）和 APCI（图 16.5）在药物研发的质谱应用里已成为最广为采纳的离子源及与 HPLC 的接口。这与早期 LC-MS 的接口与离子源不一样，如热喷雾、离子束流、连续快速原子撞击等，ESI 和 APCI 是在大气压力下操作的，不依赖真空泵去除溶剂蒸汽，可以与更宽范围内的 HPLC 流动相、流速等兼容。与所有的 LC-MS 系统一样，ESI 与 APCI 的溶剂系统只能包含可挥发性溶剂、缓冲盐或者离子对试剂来减少对质量分析器离子源的污染。总的来说，ESI 和 APCI 可以形成大量的分子离子，至于碎片离子的出现，通常是 APCI 中出现的量比电喷雾质谱更多。

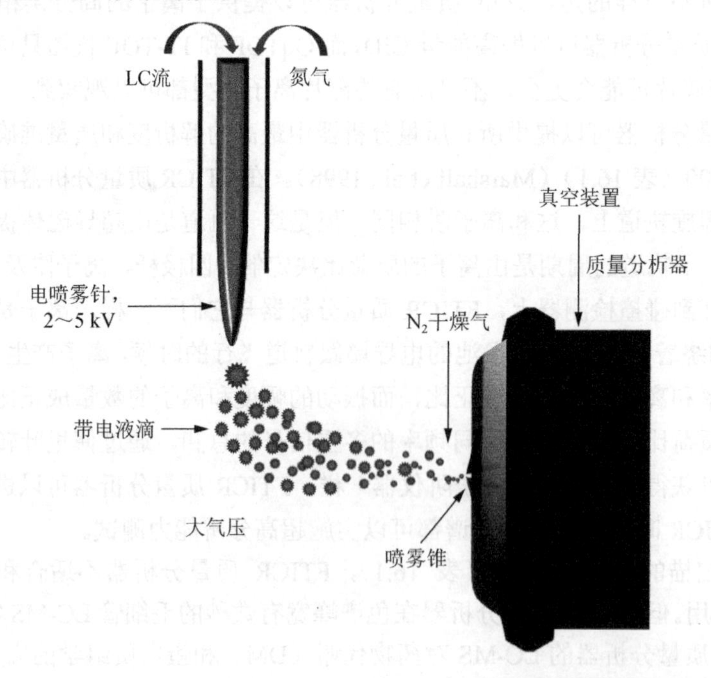

图 16.4　电喷雾离子化（ESI）离子源的概要图；在电喷雾 LC-MS 过程中，在喷雾针的高电势下，氮气用来协助泰勒锥形成带点微小液滴并助其雾化及干燥。随着溶剂蒸发，分析物形成了气态离子，从而在电势梯度下被加速导入质量分析器；在某些设计中，加热的氮气被当作帘气直接从质量分析器的入口处吹出，从而进一步提供额外的去溶剂化及防止溶剂进入质量分析器

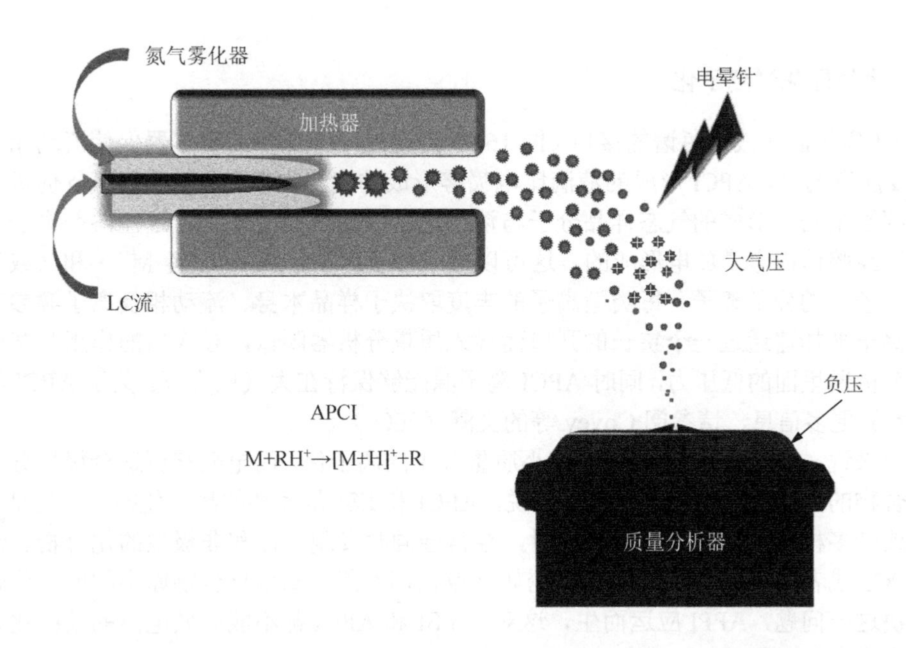

图 16.5 在大气压化学离子化（APCI）过程中，超高效液相色谱（UHPLC）系统的洗脱液从加热的毛细管中喷射出来，然后被加热的氮气去溶剂化；溶剂的分子被电晕放电电离，从而充当化学电离反应气，通过质子转移或者电荷转移来离子化样品分子

16.3.1 电喷雾

在电喷雾过程中，HPLC 的洗脱液在大气压下被带高电势（通常在 2000～7000 V）的毛细管喷射出来，形成薄雾状的带电微小液滴（图 16.4）。带电液滴在静电吸引的作用下朝着质量分析器的开口处移动，液滴遇到了横流式的加热氮气，这增大了溶剂蒸发，从而阻止溶剂分子进入质量分析器，形成了分子离子、质子化或者去质子化的分子，以及如$[M+Na]^+$和$[M+K]^+$等加合离子。每一种离子的相对丰度取决于分析物的化学性质、pH、存在的质子给出或者接受的种类，以及流动相中微量的钠盐、钾盐的浓度水平。关于 ESI 的更多信息，请参阅 Cole 的文献（1997）。图 16.2 和图 16.3 是用 C18 反相 UHPLC-负离子电喷雾质谱法从 G 甘草（*G.uralensis*）[甘草糖（licorice）]中分析天然产物甘草素的举例。在这个例子里，电喷雾 UHPLC-MS（图 16.3a）过程中，在最小碎裂条件下检测出了甘草素去质子的分子。在用 CID MS/MS 获得的子离子中，观察到了大量的碎片离子（图 16.3b）。

除产生单电荷离子外，电喷雾是唯一可以产生多电荷离子的离子化技术，而且这些多电荷离子通常占了样品离子的大部分。相对地，大部分其他离子化技术（包含 APCI、基质辅助激光解析离子化技术和 APPI）只能产生单电荷离子。形成多电荷离子的后果之一是它们比单电荷离子更能在较低的质荷比范围（m/z value, $z>1$）被检测出。这点有益于让质荷比范围不大的质量分析器检测极高质量的分子。举例来说，电喷雾已经用在质谱上来检测几十万甚至几百万道尔顿的分子，而所用质谱的实际质荷比范围却只有几千。关于电喷雾原理和应用的更多信息，请参阅 Cole 的文献（1997）。

16.3.2　大气压化学离子化

APCI 离子源和液相色谱的接口（图 16.5）是通过一个加热的喷雾器促使流动相形成喷雾。需要注意的是，APCI 形成的液滴比电喷雾形成的液滴大很多。加热的氮气促进溶剂从液滴中挥发出去，形成的气态样品分子与溶剂离子碰撞而被离子化，这些溶剂离子是在大气压力下经腔体内电晕放电形成的。这可以形成分子离子、M^{+}·或者 M^{-}·和（或）质子化或去质子化的分子离子。每类型离子的丰度取决于样品本身、流动相及离子源参数。紧接着，离子被加速通过一个狭长的开口而导入质量分析器测试，导入口的作用是帮助真空泵维持分析器里面的低压力，同时 APCI 离子源能够保持在大气压力下。关于 APCI 和其他 API 技术的更多信息，请参阅 Covey 等的文献（2009）。

总的来说，APCI 适用于非极性和小质量分子的离子化，而电喷雾更适合极性分子及大质量化合物的离子化。从这层意义上来说，APCI 和 ESI 是互补的离子化技术。但是，在分析大的或者多样的组合化学化合物库时，经常会同时发现极性和非极性的化合物。结果是不管 APCI 或者 ESI 的离子化条件无论如何设置都不能检测出化合物库中的所有化合物。为了解决这一问题，APPI 应运而生，这对于 ESI 和 APCI 都不能有效电离的某些化合物库中的化合物有很大帮助。

16.3.3　大气压光离子化

为了解决 ESI 和 APCI 都不能有效离子化的化合物的分析，一种被称为大气压光离子化（APPI）的紫外线（UV）离子化技术被研制出来用于 LC-MS 和 UHPLC-MS（Raffaelli and Saba, 2003）。在 APPI 过程中，就像 APCI 一样，HPLC 的洗脱液在大气压下被喷射出来。APPI 中用强烈的 UV 光源替换了 APCI 中的电晕放电，分析物分子被 UV 辐射的时候发生离子化（图 16.6）。因为分析物是通过吸收一个 UV 光子而变成离子的，载体溶剂就一定不能吸收相同波长的 UV，否则会产生干扰，从而阻止样品离子化及检测。因此，当使用 LC-MS 分析时，APPI 流动相的选择比使用 ESI 和 APCI 更有限。如果分析物不吸收 UV，可以在流动相中加入一种含有 UV 发色团的试剂作为助剂，通常加在色谱柱后面。助剂在 APPI 离子源被 UV 辐射后变成离子，然后通过化学离子化过程使分析物被电离。

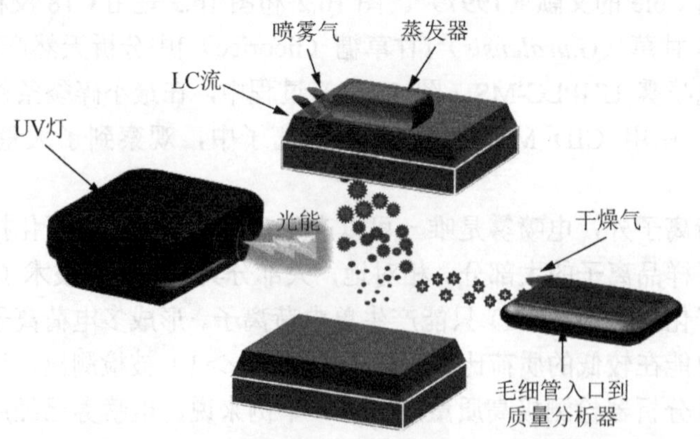

图 16.6　大气压光离子化（APPI）离子源的概要图；在 APPI LC-MS 过程中，氮气的作用和大气压化学离子化（APCI）一样，用于雾化气及协助形成小液滴的加热气；随着溶剂挥发，分析物变成气态分子，然后吸收紫外线（UV）光子电离；如果分析物不吸收 UV，有 UV 发色团的溶剂可以被加入流动相用作助剂；助剂在 APPI 离子源内经过 UV 辐射形成离子，然后可以通过化学电离来电离分析物

16.4 定量分析中的 LC-MS

治疗药物监测（TDM）、药代动力学（PK）研究、药物滥用测试等需要定量分析复杂生物体液，如血清、血浆和尿液中药物和（或）药物代谢产物。因为大部分治疗药物的挥发性有限，故不能使用 GC-MS 来分析，HPLC 和 UHPLC 是治疗药物定量分析的主要工具。和 UV 或荧光作为液相的检测器相比，质谱对分析物检测的选择性更好，由于质谱可以提供质量信息的额外表征。在 ESI、APCI 或 APPI（参阅 16.3 节）离子化技术可选的情况下，几乎所有类型的药物、药物代谢产物、生物分子都可以用 LC-MS/MS 测试。因此，LC-MS（及 UHPLC-MS）可以被认为是治疗药物定量分析的通用方法。

通过结合色谱法的选择性、质量选择性（MS）及子离子选择性（MS/MS），LC-MS/MS 是一种可供选择的最特异的定量分析方法。这个特异性是指分析物在测试过程不会受到其他化合物的干扰。如图 16.2 所示，UHPLC-MS/MS 在 SRM 模式下的选择性明显优于 UHPLC-MS。串联质谱不仅消除了潜在干扰化合物的峰，而且它还可以减少背景噪声从而提高信噪比，这点对于血清、尿液及组织样品中痕量药物及药物代谢产物的定量分析至关重要。

即便分析物经过液-液萃取（LLE）或者固相萃取（SPE）等步骤纯化后，这些复杂的样品通常仍然需要色谱在定量分析前从基质中分离出分析物。当串联质谱最初用于生物医学分析时，人们希望通过 MS/MS 的选择性来避免对色谱分离的依赖。可惜的是，混合物中的所有化学组分的离子化效率并不一样，同时有一些化合物可能抑制或者增强混合物中其他化合物的离子化，这个过程被称为基质效应。因此，色谱对治疗药物、天然产物及生物定量分析中是不可或缺的。在使用 LC-MS/MS 进行定量分析时消除基质效应是非常重要的，所以大部分指导原则对使用这一技术的分析方法开发（MD）和验证都要求考虑和消除基质效应的影响（US Department of Health and Human Services, 2001; European Medicines Agency, 2011）。

尽管 MS 和 MS/MS 提供了优异的选择性，但 MS 并不总能区分出化合物的同分异构体，在这种情况下，色谱就必不可少了。举例来说，图 16.7 是分析小鼠骨髓巨噬细胞提取出的前列腺素 PGD_2 和 PGE_2 的 HPLC-MS/MS 图谱。PGD_2 和 PGE_2 在电喷雾负离子模式下主要形成了质荷比为 351 的去质子化的分子离子，而在 CID 后主要都是质荷比为 271 的子离子，在 HPLC-MS/MS SRM 过程中监测了质荷比 351/271 通道。HPLC 的使用使得这些同分异构的前列腺素在电喷雾 MS/MS SRM 定量分析时达到了基线分离（图 16.7a）。

用于 SRM 的离子选择是基于离子丰度和选择性的。举例来说，分子离子，包括质子化的分子或者去质子化的分子（取决于哪一个响应最高）是典型的母离子，丰度最高的碎片离子或者一个可以提供结构信息的高丰度离子可被选作 SRM 的子离子。这对 SRM 离子称作定量离子对（IP）。第二对 SRM 离子常常被用于同一个分析物的定性。对于特定化合物的分析，定量离子对的信号与定性离子对的信号比应该恒定，无论标准品还是生物医学样品。如果在分析某一样品时发现二者的比例明显偏离，就应该拒绝该分析结果并重新分析这个样品。如果这种偏离在重分析时还是存在，表明该分析方法有问题，必须进行改进并重新验证。

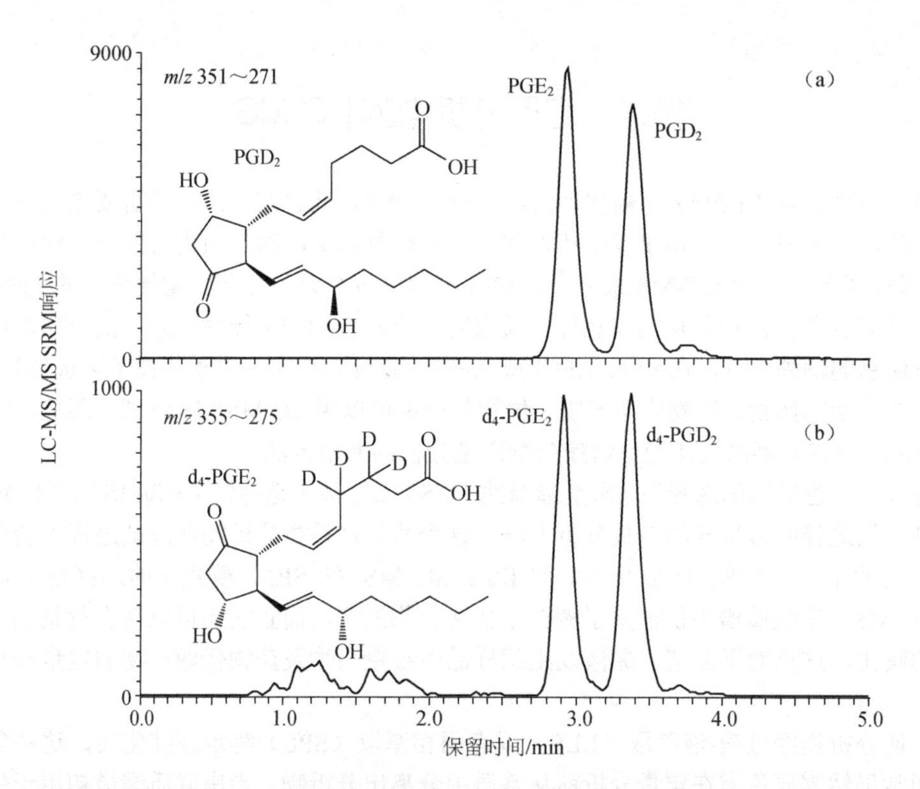

图 16.7　前列腺素 PGE_2 和 PGD_2 的碰撞诱导解离（CID）和选择反应监测（SRM）电喷雾负离子 HPLC-MS/MS 图谱。样品是从老鼠骨髓细胞源性巨噬细胞经细胞培养孵化得到。PGE_2 及 PGD_2 的氘类似物被加入到样品中作为标准品代替物被定量分析

使用 LC-MS/MS 定量分析与大部分其他定量方法一样需要建立校正曲线（图 16.8）。如同前面已经讨论过的基质效应，标准品需要配置在与未知样品一样的基质中，如空白血清或尿液当中。和气相火焰离子化、HPLC-UV 检测器检测时一样，可以在 LC-MS/MS 分析前往样品中加入内标来控制检测器响应或进样体积的变化。只有质谱法可以使用一种称为代用标准品的特殊内标，可以在样品前处理时就加入。

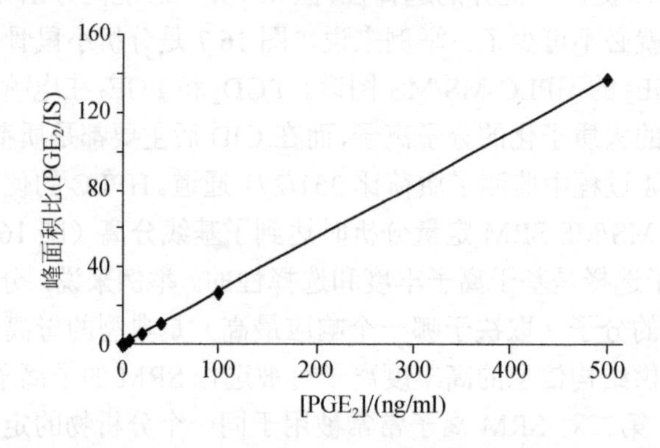

图 16.8　用 HPLC-MS/MS 的碰撞诱导解离（CID）和选择反应监测（SRM）定量分析前列腺素 PGE_2 的标准曲线；恒定浓度的 d_4-PGE_2 被用作 PEG_2 的替代标准品，在液-液萃取空白溶剂前加入介质中；PGE_2 及 d_4-PGE_2 SRM 的传输离子对显示在图 16.7 中；PGE_2 的信号将和 d_4-PGE_2 替代标准品做归一化后成恒定信号，来纠正样品处理过程中的样品丢失及质量分析器响应的变化

用稳定同位素如 ^{13}C、^{15}N、^{18}O 和（或）氘标记的替代标准品与分析物有着相同的化学性质、稳定性、溶解度和色谱性质。尽管替代标准品和它们对应的化合物一起被洗脱出来，在质谱上因为它们有更高的质量而被区分出来（图 16.7b）。举例来说，用 LC-MS/MS 分析前列腺素中的 PGD_2 和 PGE_2 及替代标准品 d_4-PGD_2 和 d_4-PGE_2，如图 16.7 所示。注意未标记的前列腺素及它们相应的氘替代标准品在 HPLC 分离后共洗脱出来。LC-MS/MS 分析 PGE_2 的校正曲线如图 16.8 所示，y 轴是 PGE_2 信号与替代物内标信号归一化的数值。归一化不仅可以校正在分析时仪器的响应及进样的变化（和常规内标一样），还可以校正样品在提取或者取样等样品转移过程中的丢失或降解。

16.5 展 望

展望未来，LC-MS/MS 分析将继续受益于色谱分离技术的增强。在过去的 10 年，多家制造商都推出了UHPLC 系统并被许多实验室使用。因为UHPLC 系统需要和质谱联合使用，UHPLC-MS/MS 方法的速度与色谱分离和 HPLC-MS/MS 相比有显著的提升。这个趋势将随着越来越多的实验室使用 UHPLC 系统及 UHPLC 色谱柱的性能提升而延续下去。

在本章中，大部分可以用作 LC-MS 及 LC-MS/MS 的质量分析器都讨论过了。在列表上没有讨论的只有磁场偏转质量分析器，因为使用这种高分辨仪器连接成为 LC-MS 变得越来越少，而且已经逐步被 QqTOF、IT-TOF、FTICR 及轨道阱等高性能质量分析器代替。在接下来的 10 年里，由于 FTICR 中超导磁场使用成本的上升及氦气的短缺，以及轨道阱技术的改进，轨道阱质量分析器在高分辨多级质谱的应用上将逐步取代 FTICR 仪器。

除轨道阱在分辨力、速度和灵敏度上的提升外，三重四极杆质量分析器的扫描速度和灵敏度也将继续提升。灵敏度的增加对三重四极杆的所有工作模式皆适用。扫描速度的提升对母离子扫描和 NL 扫描尤为有益，这些功能是三重四极杆尤其擅长的。

参 考 文 献

Chernushevich IV, Loboda AV, Thomson BA. An introduction to quadrupole-time-of-flight mass spectrometry. J Mass Spectrom 2001;36:849–865.

Cole RB, editor. *Electrospray Ionization Mass Spectrometry, Fundamentals, Instrumentation and Applications*. John Wiley & Sons, Inc.; 1997.

Cotter RJ. *Time-of-flight Mass Spectrometry: Instrumentation and Applications in Biological Research*. American Chemical Society; 1997.

Covey RT, Thomson BA, Schneider BB. Atmospheric pressure ion sources. Mass Spectrom Rev 2009;28:870–897.

Dawson PH, editor. *Quadrupole Mass Spectrometry and Its Applications*. Springer-Verlag; 1997.

Douglas DJ, Frank AJ, Mao D. Linear ion traps in mass spectrometry. Mass Spectrom Rev 2005;24:1-29.

European Medicines Agency, Committee for Medicinal Products for Human Use (CHMP): Guideline on Bioanalytical Method Validation, London, United Kingdom, Jul 21, 2011 (Doc. Ref. EMEA/CHMP/EWP/192217/2009).

Hu Q, Noll RJ, Li H, Makarov A, Hardman M, Graham Cooks R. The Orbitrap: a new mass spectrometer. J Mass Spectrom 2005;40:430–443.

Makarov A. Electrostatic axially harmonic orbital trapping: a high-performance technique of mass analysis. Anal Chem 2000;72:1156–1162.

March RE, Todd JFJ. *Quadrupole Ion Trap Mass Spectrometry*. 2nd ed. Wiley-Interscience; 2005.

Marshall AG, Hendrickson CL, Jackson GS. Fourier transform ion cyclotron resonance mass spectrometry: a primer. Mass Spectrom Rev 1998;17:1–35.

Makarov A, Scigelova M. Coupling liquid chromatography to Orbitrap mass spectrometry. J Chromatogr A 2010;1217:3938-3945.

Qiao H, Gao C, Mao D, Konenkov N, Douglas DJ. Space-charge effects with mass-selective axial ejection from a linear quadrupole ion trap. Rapid Commun Mass Spectrom 2011;25:3509-3520.

Raffaelli A, Saba A. Atmospheric pressure photoionization mass spectrometry. Mass Spectrom Rev 2003;22:318-331.

US Department of Health and Human Services, Food and Drug Administration, Center for Drug Evaluation and Research (CDER). *Guidance for Industry: Bioanalytical Method Validation*, 2001. Available at http://www.fda.gov/cder/guidance/index.htm. Accessed Mar 18, 2013.

17

内标在液相色谱-质谱（LC-MS）生物分析中的应用

作者：Aimin Tan 和 Kayode Awaiye
译者：张天谊、古珑、马丽丽
审校：张杰、李文魁

17.1 引　言

内标（IS）在液相色谱-质谱（LC-MS）生物分析中有广泛的使用（Wieling, 2002; Stokvis et al., 2005; Bakhtiar and Majumdar，2007; Tan et al., 2012a）。使用内标能够提高定量分析的准确度和精密度及方法的稳健性。在处理和分析生物样品时（如血浆、血清、全血、尿液和组织），经常会发生分析物的损失和信号的波动，这些情况可发生在样品转移、吸附、蒸发、进样体积变化等过程中，尤其在质谱检测时，来自基质的离子化抑制或增强可引起质谱检测信号的变化（基质效应）。通过向同一分析批的所有样品中加入等量的跟分析物具有相似物理化学性质的内标，并用分析物与内标的响应值比进行定量计算，绝大部分分析物信号的波动和量上的损失都可以得到矫正。使用一个好的内标可以极大地提高生物分析结果的准确度、精密度和分析方法的可靠性。

什么是好的内标？内标浓度如何确定？何时及如何加入内标？使用稳定同位素标记内标（SIL-IS）时的注意事项是什么？在已测样品分析时是否需要监测内标响应的变化？引起内标响应变化的根源是什么？它们对测得的分析物浓度结果有何影响？本章将以小分子药物（分子质量小于 1000 Da）的生物分析为重点来解答这些问题。

17.2 内标的选择和使用

17.2.1 内标的选择

一般来说，有两种类型的内标，即结构类似物内标和 SIL-IS。如有可能，应尽量使用 SIL-IS，因它们的效果更好（Viswanathan et al., 2007）。

SIL-IS 在 LC-MS 和气相色谱-质谱（GC-MS）定量分析中的应用有时也被称为同位素稀释质谱（IDMS）（Moore and Machlan, 1972）。为降低同位素干扰的影响，SIL-IS 的分子质量最好比未标记的分析物高出 4～5 个质量单位（Bakhtiar and Majumdar, 2007）。当然，这也不是那么绝对，很多其他因素也得考虑，如化合物的纯度和检测的浓度范围。例如，炔诺酮-$^{13}C_2$ 就被作为内标成功地应用于在 0.05～10 ng/ml 浓度内测定炔诺酮（Li et al., 2005）。在同位素内标当中，^{13}C 或 ^{15}N 标记的内标通常优于氘（^{2}H、D 或 d）标记的内标

（Berg and Strand, 2011; GCC, 2011a），尽管氘标记的内标易合成也更便宜。在合成氘标记的内标时，应注意氘原子的取代位置，以确保在样品制备过程中不发生氘-氢交换（Chavez-Eng et al., 2002; Savard et al., 2010）。

尽管 SIL-IS 的性能很好，但它们往往昂贵且不易得到。在这种情况下也可以使用结构类似物内标。结构类似物内标最好与分析物具有相同的关键化学结构和官能团（如—COOH、—SO_2、—NH_2、卤素和杂原子），差别仅限于 C—H 部分（长度或位置）。如果关键化学结构或官能团不同，这将导致离子化效率和提取回收率（RE）的差异（Stokvis et al., 2005）。此外，结构类似物内标不应与药物在体内生物转化产生的任何产物（如羟基化代谢产物和 *N*-脱烷基化代谢产物）相同，否则会产生干扰。结构类似物内标可从与分析物同类的治疗药物中寻找或通过关键化学结构来搜寻。一旦找到了结构类似物，在做实验之前，可使用计算机软件程序（如 Pallas）来评估它们的物理化学性质，如 log$D$ 值（疏水性）与 pK_a 等，并与分析物做比较（Tan et al., 2012a）来确定所选的内标是否合适。

在 LC-MS 生物分析中，内标可以在 3 个不同的阶段跟踪分析物，即样品制备（提取）、色谱分离和质谱检测。从选择内标的角度看，这些阶段的重要性是不一样的。上述 3 个阶段的相对重要性会因方法开发（MD）策略的不同而变化。另外，这 3 个阶段都会影响内标选择且相互影响，所以应综合考虑。例如，如果样品提取物中含有共洗脱的基质组分会导致离子化抑制或增强，此时内标跟踪分析物的质谱响应能力就变得尤为重要，以便减少或消除基质效应的影响。另外，不同的样品提取方法对内标的要求也不相同。例如，相对于液-液萃取（LLE）或固相萃取（SPE）方法，一个简单的“稀释后进样”方法对内标在样品制备中跟踪分析物的要求就没那么严格。

当无法找到合适的内标时，还可采用其他方法。例如，早期药物发现阶段对生物分析的要求比较宽松（Timmerman et al., 2010），或者当样品提取物很纯并且样本提取和 LC-MS 分析中的各种变异已优化至最小，就可以建立一个不使用内标的分析方法（Wieling, 2002）。另一种可能性是采用 ECHO 回峰技术（Zrostlikova et al., 2002; Alder et al., 2004）。在这种方法中，分析物被用作其自身的内标，在注射未知样品后的极短时间内（通常 30～50 s），紧跟着注射标准溶液样品。这样，分析物就出现两个峰，一个来自未知样品而另一个来自标准溶液（回声峰）。因为两峰相距较近，共洗脱基质成分（峰形通常很宽）对两峰的影响相似，通过比较两峰的响应值比进行定量分析，可以抵偿基质效应的影响。

17.2.2 内标浓度的确定

尽管内标在 LC-MS 生物分析中的重要性无可争议，但在内标浓度（与样品混合后的浓度）的确定或每个样品的内标加入量方面尚无共识。有些人喜欢使用较低浓度并推荐用 1/3 定量上限（ULOQ）的浓度（Ansermot et al., 2009），其他人则推荐用一半 ULOQ 的浓度（Sojo et al., 2003; Bakhtiar and Majumdar, 2007）或甚至高于 ULOQ 的浓度（Cuadros-Rodrıguez et al., 2007）。而另外还有很多人简单地认为浓度并不重要，只需要将等量的内标加入到一个分析批中的所有样品即可。然而近来的研究表明，当内标浓度不足时，分析结果的精密度和线性会受到显著影响（Tan et al., 2011）。图 17.1 表明，如果分析物对内标的信号有交叉贡献

（由于标准品中的化学杂质或同位素干扰），当内标浓度降低时，标准曲线变得越来越非线性。不适当的内标浓度可以导致在分析未知样品时出现显著的系统误差，尽管质量控制（QC）样品的结果没有问题。这是因为 QC 样品和未知样品分析物的来源不同（前者来自标准品而后者来自服用的药物），它们可能含有不同数量的内标杂质。因此，确定合适的内标浓度并不简单。不幸的是，很难对内标浓度制定一个明确的指导。根据经验，下列所有因素都应该考虑。

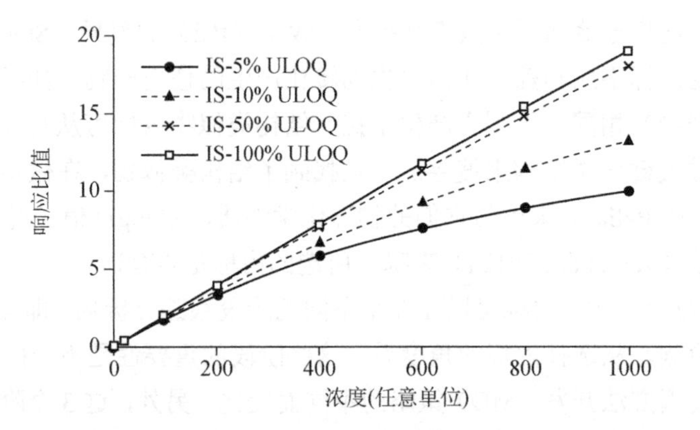

图 17.1　模拟结果显示当内标浓度降低时，标准曲线变得越来越非线性（分析物对内标的交叉信号相当于 5%的分析物浓度）；IS：内标，ULOQ：定量上限（Tan et al., 2011。复制经允许）

第一个要考虑的因素是分析物和内标之间交叉信号的大小，这通常是源于化学杂质或同位素干扰的交叉贡献。虽然并不是绝对的（Tan et al., 2011），通常的接受标准为：内标对分析物的信号贡献不超过定量下限（LLOQ）响应的 20%，分析物对内标的信号贡献不超过内标响应的 5%。这些接受标准与法规指南中对方法的选择性或特异性的要求是一致的（ANVISA, 2003; EMA, 2011）。根据这些接受标准和交叉贡献的信号大小，所需要的最小内标浓度（$C_{\text{IS-min}}$）和最大内标浓度（$C_{\text{IS-max}}$）可用公式 17.1 和公式 17.2 来分别计算（Tan et al., 2012a）。

$$C_{\text{IS-min}}=m\times\text{ULOQ}/5 \tag{17.1}$$

$$C_{\text{IS-max}}=20\times\text{LLOQ}/n \tag{17.2}$$

式中，m 和 n 分别表示分析物对内标和内标对分析物的交叉信号贡献的百分比。此外，如图 17.1 所示，当内标浓度降低时，标准曲线逐渐变得非线性。根据标准曲线范围、校正回归的加权因子和分析物对内标交叉贡献的程度，每个不同组合均有不同的最低内标浓度要求（表 17.1）。如低于该值，当该组合使用线性标准曲线时，标准曲线的标准偏差难以达到 LLOQ±20%和其他浓度点±15%的接受标准。幸运的是，除了非加权线性回归的情形，当使用公式 17.1 来确定最低内标浓度时，表 17.1 中列出的最低内标浓度通常是能够自动得到满足的。例如，当分析物对内标的交叉信号贡献是 2.5%，根据公式 17.1 计算得到的最低内标浓度为 ULOQ 的 50%，高于表 17.1 中相应交叉信号 2.5%标题下所列的最低内标浓度（非加权回归的情形除外）。如果使用非加权线性回归，应使用更高的内标浓度，表 17.1 中所列的最小内标浓度必须得到满足。而且，如果分析未知样品时存在前面所述的系统误差，使用高浓度内标通常有助于降低误差（Tan et al., 2011）。

表 17.1 在 LC-MS 中当分析物对内标有交叉信号贡献时所要求的最低内标浓度

分析物浓度范围	回归加权因子	分析物对内标的交叉贡献/%和推荐的最小内标浓度（相对于定量上限的百分比）					
		0%	0.5%	1%	2.5%	5%	10%
1000 倍（如 1～1000 ng/ml）	$1/X^2$	＞0	1.6	3.2	7.9	16	32
	1/X	＞0	3.5	6.9	18.0	35	69
	无	＞0	168.0	339.0	840.0	1679	3358
500 倍	$1/X^2$	＞0	1.6	3.1	7.7	16	31
	1/X	＞0	3.3	6.6	17.0	33	66
	无	＞0	84.0	168.0	418.0	836	1671
250 倍	$1/X^2$	＞0	1.5	3.0	7.4	15	30
	1/X	＞0	3.0	5.9	15.0	30	59
	无	＞0	42.0	83.0	207.0	414	828
100 倍	$1/X^2$	＞0	1.5	2.9	7.2	15	29
	1/X	＞0	2.8	5.6	14.0	28	56
	无	＞0	18.0	36.0	88.0	176	352

注：摘自 Tan 等（2011），得到 Elsevier 许可。

第二个因素是质谱对分析物和内标的检测灵敏度。当内标的灵敏度较高时，其浓度可以降低。否则，应使用高内标浓度以保证足够的信噪比（*S/N*）来减少内标响应中随机噪声的影响。

第三个因素是离子化抑制或增强的基质效应。如果有基质效应，内标与分析物的色谱峰越接近，基质效应的影响就越能更好地被抵消。因为每个未知样品中分析物的浓度是不同的，而各个样品中加入的内标量是一定的，所以必须对内标浓度与标准曲线的哪部分匹配作出选择。一般而言，标准曲线上从 1/3 到 1/2 ULOQ 的区间段是很重要的，因为它可覆盖大多数药物和其代谢产物的平均最高浓度（C_{max}）。这可以解释为什么一些人推荐使用内标浓度在大约 1/3 或 1/2 ULOQ 浓度。在分析物的信号会被共洗脱的内标所抑制时，应使用低浓度内标以保持分析物的检测灵敏度。另外，当内标信号会被分析物抑制时，使用高内标浓度可以帮助获得好的重现性（Liang et al., 2003; Sojo et al., 2003）。

第四个因素是经常被忽视的，是内标在预期浓度范围内的线性响应（Hewavitharana, 2011）。常用的响应值比校正方法是基于单点校正内标的，其中假定了在所有样品预期的内标浓度范围内，内标响应是线性的。在有离子化抑制/增强或回收率变异的情况时，内标响应的变化范围可能很宽。因此，确保内标在一个高于和低于所选内标浓度的较宽范围内保持线性响应，对获得准确的结果是很重要的。

除上述因素外，还有其他因素也需要考虑，如溶解度、载荷能力和回归计算的精密度。例如，内标浓度不宜太高以致引起溶解度问题或超过 SPE 板或类似产品的承载能力。分析物与内标的响应值比也要合适。例如，低浓度端响应概率不能太小。否则，当使用一个不合适的回归方法或计算精度时，会得到不可靠的甚至是错误的回归结果。

作为总结，简单地向一个分析批的所有样品加入等量的内标还不足以保证好的准确度。内标的浓度也要适当选择。不适当的内标浓度会影响线性、准确度和精确度。另外，没有明确的内标浓度准则可以遵循。如前所述，许多不同的因素都需要考虑。这些因素中，有些有明确具体的标准，如交叉信号的贡献，而另一些则不是。一般情况下，建议使用较高的内标浓度，以改善标准曲线的线性，并与高浓度的样品相匹配（更为重要），以减少分析未知样品时潜在的系统误差，或保证内标有足够的信噪比响应。然而在某些情况下，需要使用较低浓度的内标。例如，当共洗脱的内标可引起离子化抑制或质谱对内标有很高的检测灵敏度时。因此，最重要的是要了解各种不同的因素及它们是如何影响内标浓度的选择和检测，也要知道如何调整内标浓度以获得所需的结果。

17.2.3 内标的加入

一般而言，内标加入越早，就越能抵消 LC-MS 分析过程中由于信号波动或分析物损失而带来的影响。这就是为什么内标通常是在样品提取之前加入。例如，在 LLE 时，应在加入缓冲溶液和有机溶剂之前加入内标。这样，内标可以与分析物一起经历大部分样品提取和 LC-MS 分析的步骤，可以抵消在这些过程中（即使不是全部）由于分析物量的波动而带来的影响。这也可能是为什么内标在最初被称为“过程内标”的原因（Wieling, 2002; Stokvis et al., 2005）。

有时，可能难以在样品处理的早期阶段加入内标。例如，在定量分析生物样品中药物自由形式和脂质体包封形式的含量时，内标是在分析物的两个形式经过 SPE 分离以后才加入的，以降低内标的加入（及溶剂）对脆弱的脂质体的潜在影响（Lee et al., 2001；Viel et al., 2010）。

有时甚至在色谱分离之后再引入内标，这时主要是为了消除质谱检测时离子化抑制或增强（Choi et al., 1999）的影响。这种方法很有用，可以避免多组分分析时使用多个内标的需要，还可以因为分析物和内标（即便是结构类似物内标）共流出而校正基质效应。然而使用这种方法时，必须确保在样品制备和液相色谱分离过程中没有变异或分析物损失，如果有的话，应已优化到最小。

在分析干血斑（DBS）或干基质斑（DMS）试样时，由于这些样品“干”的性质，内标的添加变得更为复杂（Abu-Rabie et al., 2011; Meesters et al., 2011）。可能的内标加入方法包括：①将内标首先与液体样品混合，然后点样；②先点样内标，再点样液体样品（二者单独点样）；③先点样液体样品，再点样或喷涂内标；④在样品提取时，将内标加到溶剂里（目前最常用的方法）。然而，本节开始时提到的原理（越早加入内标，就越能更好地抵消变异和损失的影响）对 DBS/DMS 分析同样适用。换句话说，在点样之前将内标加到液体样品里可以在回收率和准确度方面得到最好的结果（Meesters et al., 2011）。

17.2.4 内标的色谱分离和质谱检测

在液相色谱分离中，通常希望内标与分析物共流出，以便降低质谱检测中基质效应对分析物定量的影响或延伸线性范围，这在使用类似物内标时尤为重要（Kitamura et al., 2001; Shi, 2003）。分析物和内标的质谱检测应使用相同类型的离子化和多反应监测（MRM）。在使用 SIL-IS 时，最好产物离子带有一些（如果不是全部）稳定同位素，以避免 MS/MS 检测中可能发生的交叉污染，尽管交叉污染在现代质谱仪器检测中已不多见（Morin et al., 2011）。

17.3 内标的性能

17.3.1 稳定同位素标记内标和结构类似物内标的比较

在相似的样品处理和液相色谱（LC）分离条件下，SIL-IS 可以比结构类似物内标带来更好的分析精密度和准确度，这在许多文献中已有报道（Jemal et al., 2003；Stokvis et al., 2005；Taylor et al., 2005; Lanckmans et al., 2007; O’Halloran and Ilett, 2008）。而且，稳定同位素标记内标（SIL-IS）可以拓宽分析方法的线性范围，有助于测定 MS/MS 中较不稳定的前体离子与产物离子（如失水），并延长样品在处理过程中和处理后的稳定性（Stokvis et al., 2005; Lanckmans et al., 2007）。

17.3.2 使用稳定同位素标记内标的注意事项

因为 SIL-IS 的良好性能及其与分析物几乎相同的物理化学性质，导致一些人误以为它能解决生物分析中面临的所有问题。事实上，由于生物样本的复杂性，使用 SIL-IS 尤其是在使用氘代内标时也要小心。下面讨论 SIL-IS 的一些可能缺陷或注意事项。需要指出的是，在下面一些情形里使用结构类似物内标也会面临同样问题，而且结果可能更糟。

第一是当分析物和氘代内标的保留时间有差别（尽管小）时。如果分析物和内标的流出与基质组分的快速上升或下降边缘相重叠，质谱检测时会受到离子化增强或抑制的基质效应的影响（图 17.2），因基质效应的影响程度不同就会造成显著的定量误差（Wang et al., 2007; Lindegardh et al., 2008; Zhang and Wujcik, 2009）。这种不同程度的离子化抑制或增强还可造成初始浓度和在不同 LC-MS 仪器上再次进样所测得的结果之间的显著差异，尽管校正标样和 QC 样品在两次进样中都可以达到接受标准（Tan et al., 2009a）。应该注意，当氘原子数增加或液相色谱的分辨能力提高，如使用超高效液相色谱（UHPLC）（Berg and Strand, 2011），分析物和氘代内标的保留时间的差别可能更大。

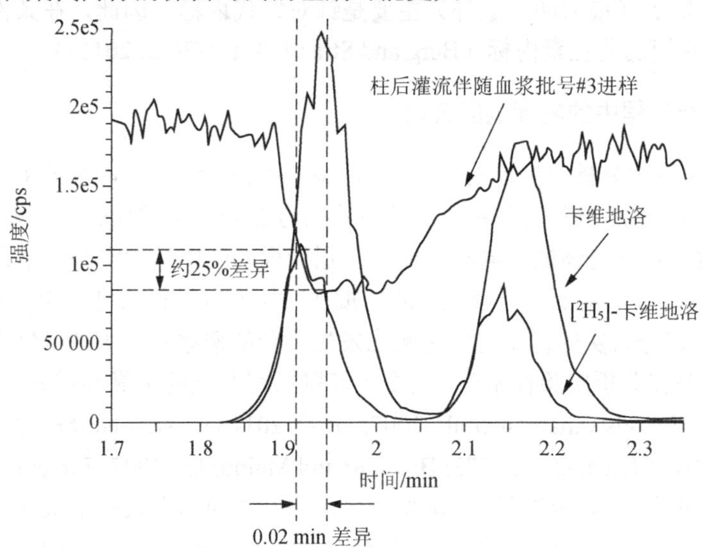

图 17.2 卡维地洛（carvedilol）的柱后灌流伴随空白血浆提取物（有问题的批号#3）进样的谱图，并与卡维地洛及其氘代内标（D5-卡维地洛）的 LC-MS/MS 色谱图重叠比较；卡维地洛（1.93 min）与其同位素内标（1.91 min）在保留时间上的微小差别（0.02 min）可以引起离子化抑制的显著差别（～25%）（Wang et al., 2007。复制经允许）

第二是在样品处理时，如在含水的溶剂或人血浆里，氘和氢原子之间发生交换（Chavez-Eng et al., 2002）。氘原子在内标分子结构中的位置对这种交换发生的概率有影响。例如，已有报道只有在氘原子邻近酮基官能团时才能观察到大量的氘原子流失。这显然是源自可能发生在酮基和烯基形式之间的转换（Savard et al., 2010）。

第三是分析物和氘代内标在提取回收率上可能存在显著差别。例如，氟哌啶醇和氟哌啶醇-d_4萃取回收率分别为72%和44%（Wieling, 2002）。它们的回收率差别被归因于物理化学性质方面的差异，如pK_a，或者由于在样品处理过程中发生前述的氘-氢交换。

第四是由于在校正标样的各个浓度点和QC样品及未知样品之间存在不均匀的基质效应而引起的定量误差（Liu et al., 2010）。例如，当校正标样浓度点受到显著的离子化增强基质效应影响时，标准曲线可能是非线性的，故需使用二次方回归模型。然而，在未知样品和QC样品中离子化增强基质效应也许不明显，或甚至相反，是离子化抑制，因而在QC样品或未知样品基质中，分析物的质谱响应跟浓度的关系可能是线性的。这样，在用二次方标准曲线对QC样品或未知样品定量时，就会发生偏差。Liu等提出了用诊断因子Q[Q＝ULOQ（$-A/B$）]来评估这种情况下的潜在偏差风险，其中A和B分别是二次方$Y=AX^2+BX+C$中X^2和X之前的参数。作为更广泛的应用，这个Q因子被修改为Q＝ULOQ/LLOQ（$-A/B$），即无单位LLOQ的情形。当其超过给定浓度范围和校正计划的阀值时，在标准曲线浓度范围内的一些实验样本会存在显著的定量误差（Tan et al., 2012b）。

第五，当一个SIL-IS应用于多个分析物时。例如，一个同位素标记的药物作为内标用于分析母药和它的代谢产物时，对代谢产物的定量就可能存在显著偏差。这是因为LC-MS中导致离子化抑制或增强的基质效应对于代谢产物和内标很可能是不同的。后者也可能受到来自母药的离子化抑制或增强效应影响（Jian et al., 2010; Remane et al., 2010）。因此，同位素内标的响应可能会随着实验样本中母药浓度的不同而变化。换句话说，代谢产物与内标的响应值比会因为实验样本中母药的浓度而发生偏差。然而应该指出，母药的同位素内标实际上是代谢产物的结构类似物内标。

以上提到的缺点（最后两个除外）主要是针对氘代内标。因此，在条件允许时，推荐使用^{13}C或^{15}N标记的同位素内标（Berg and Strand, 2011; GCC, 2011a）。

17.3.3 样本分析过程中的内标响应波动

对于LC-MS生物分析中内标响应的波动，有多重期待。使用内标的主要目的是为了抵消在样品处理和LC-MS分析过程中由于分析物信号波动或量的损失而带来的影响。因此，内标响应发生波动是不奇怪的。同时，由于校正标样/QC样品和实验样本之间存在各种差异（表17.2），以及方法验证时所测试基质的批次（如6批）和项目实验中受试者批次（如40例）的不同，在分析实验样本时内标响应发生波动的概率是很大的。然而，内标响应过大的波动，特别是在分析实验样本时，会令人怀疑所得结果的可靠性或分析方法的有效性。尽管目前尚无共识（Viswanathan et al., 2007; GCC, 2011b），在样品分析时监控内标响应的波动方面已有建议（Jemal et al., 2003; Bakhtiar and Majumdar, 2007; Tan et al., 2009a）。这些建议包括：①设定分析未知样品时可接受的内标响应波动的上限和下限（例如，已知样品的内标响应均值的50%～150%）；②进行趋势分析，也就是说用已知样品（校正标样和QC样品）内标响应的波动来确定未知样品中内标响应波动的可接受范围。这些方法各有优缺点。尽管人们在采用何种方法和接受标准等方面仍存在分歧，但在样品分析开始之前应进行科学合理的判断和建立内标响应波动的接受标准方面已有共识。

表 17.2　校正标样/质量控制样品和实验样品在生物分析方面的区别

条目	校正标样/质量控制（CS/QC）样品	实验样品
基质来源筛选标准	通常宽松	通常具体和严格，如年龄40～50岁和不吸烟者及其他，取决于实验的目的
批次数/来源	通常超过 1 个来源（合并）	单个来源
pH	平均（基质合并）	可变
伴随研究药物的额外组分	无或少（尤其经过基质筛选后）	含有各种代谢产物、联合给药、及来自于药物制剂的非活性成分，与受试者的健康状况有关
采集量	通常大，如每次 200 ml	通常小，如每个时间点 7 ml
冻融循环次数	通常2次或更多（配制的CS/QC样品用于样品分析时）	通常1次（初始分析）或2次（再分析或ISR）
储存管和使用前储存	通常储存在－20℃，无需特殊保护，直到用于某特定实验项目	有可能在钠光下采集，采集后立刻储存在－80℃冷冻冰箱
抗凝剂量	可能随采集量而不同	

注：摘编自 Tan 等（2009a），得到 Elsevier 许可。

引起内标响应波动的根源有很多（Tan et al., 2009a, 2009b; Jian et al., 2010）。表 17.3 中总结了一些内标响应波动的常见特征/趋势、可能的根源及对定量分析准确度的潜在影响。在大多数情况下，分析结果的准确度是否受到影响不能用简单的“是”或“不是”来回答。然而通过预设标准，如 50%～150%的已知样品（校正标样和 QC 样品）内标响应的平均值，就可以很容易发现内标加入时的错误并挑选出相应的样本进行重新分析。对于其他的内标变化特征或趋势，如表 17.3 所示，如果在方法验证时没有发现，在样品分析时应进行评估和调查。

表 17.3　内标响应变化的常见模式/趋势和起因及对分析准确度的潜在影响

内标响应变化的特征/趋势	主要原因	对分析准确度的潜在影响
批次之间的差异，即不同批次之间标准曲线斜率的变化	LC-MS仪器优化及条件上的差异；内标加入量上的差别；内标工作溶液不稳定；方法耐受性差	通常无，如果批次结果在其他方面可接受
个别样品无或加倍的内标响应	内标或其他试剂添加量的错误	通常有
同一批次内标响应持续增加或减少	质谱仪故障或质谱条件适应性不够；样品混合不充分	具体问题具体分析
所有样品内标响应突然降低	自动进样器或质谱仪故障	通常无，如果信噪比（S/N）足够和使用线性标准曲线
未知样品和校正标样/质量控制（CS/QC）样品的内标响应都有变异	方法问题，如冗长的样品处理过程，不完全的衍生化，不当的处理方法	具体问题具体分析
从某一个或一批受试者采集的样本（包括给药前样本）的内标响应持续偏高或低	受试者个体间基质差异导致个体间提取回收率及离子化抑制或信号增强的基质效应上的差异	具体问题具体分析，可能有必要修改方法
内标响应的变化仅发生在给药后样品	由分析物和（或）代谢产物，配药和（或）代谢产物，以及制剂材料等引起的离子化抑制或增强	通常无，因为校正标样和 QC 样品也同样受到分析物影响；如是因为其他原因，如配药引起，则对结果有影响

如果在调查中已经排除了样品处理和分析过程中可能发生的错误，以下一系列提问会对进一步调查有帮助：①是否整个分析批都受到影响。例如，系统适用性样品，提取和未经过提取的样品（纯溶液或空白基质提取后再加纯溶液复溶）？②校正标样/QC 样品和未知样品之间，提取和未提取过的样品及同一批中开始和最后进样的样品之间的内标响应是

否存在差异？③是否同一批中所有受试者样本的结果都受到影响？④异常的内标响应是否只发生在某些特定患者群的样本上？⑤给药前样本和给药后样本的内标响应是否存在差别？⑥是否有复合给药，但在方法开发和验证中没有考查配药？

以上的问题可以帮助找出内标信号波动的根源，后文将举例说明。在这个例子里，当用液相色谱-串联质谱（LC-MS/MS）分析瑞格列奈的实验样本时，发现一些受试者的内标响应持续高于校正标样和 QC 样品的内标响应（图 17.3a）。系统适用性样品及整个序列的校正标样/QC 样品的内标响应都在可接受的范围内，因此所出现的问题显然不是因为自动进样器和质谱仪的故障。这种差异也发生在给药前样品，因此这种波动与药物的代谢产物可能无关。而且，在该实验中其他大多数受试者样品的内标响应都很正常。所以，所观察到的异常内标响应很可能源于特定受试者的特殊基质效应。用空白基质（用于制备校正标样和 QC 样品的基质）（图 17.3b）和显示高内标响应的受试者样本（图 17.3c）所做的 LC-MS/MS 柱后灌流实验证实了这一推断。通过比较两个柱后灌流实验的结果可以发现，“有问题”的受试者样本与校正标样/QC 样品之间的离子化抑制存在显著差异（Tan et al., 2009a）。这个例子也表明，在调查时必须持开放的思维，因为最初认为是受试者样本的离子化增强导致内标响应偏高，而调查的结果却发现是离子化抑制（该受试者样品没有发生离子化抑制而校正标样/QC 样品有离子化抑制基质效应）。

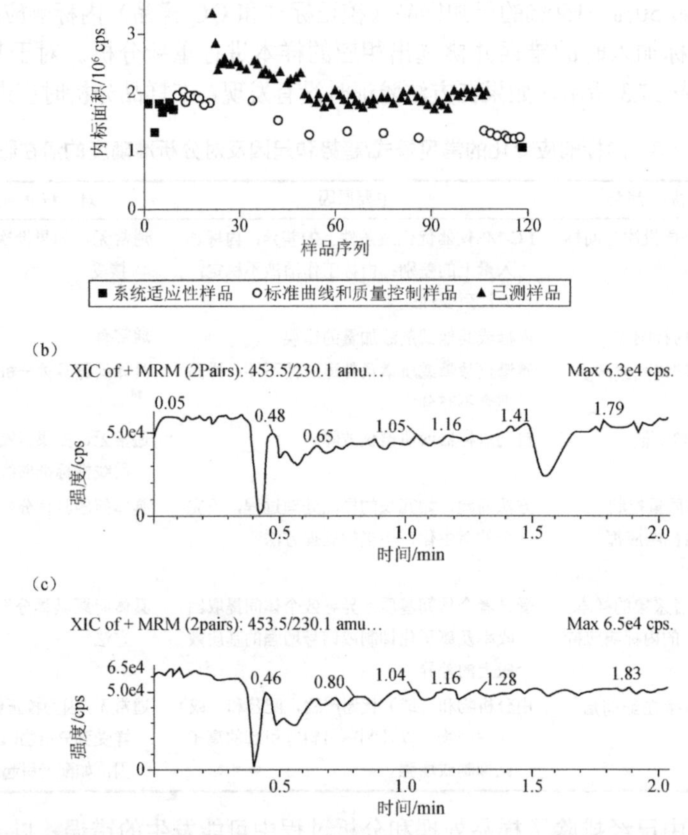

图 17.3　（a）已测样品显示较高的内标响应，分析物是瑞格列奈（repaglinide），提取方法是自动液-液萃取（LLE）；（b）柱后灌流实验表明空白基质在分析物保留时间（1.57 min）附近存在离子化抑制，该基质用于配制校正标样和质量控制（QC）样品；（c）受试者给药前样品在分析物保留时间附近不产生离子化抑制（Tan et al., 2009a。复制经允许）

根据调查的结果，受影响的实验样本要重新进样，或重新分析。如果有科学根据，也可接受原来的结果。基于科学论据而报告原来的结果不仅可节约时间和成本，而且在某些情况下也可能是唯一的选择。在上面的例子里，由于批次间的基质效应不同，来自同一受试者的所有样品的内标响应都比校正标样或 QC 样品的内标响应更高或更低。如样品再分析使用相同的液相色谱-串联质谱（LC-MS/MS）方法，还会见到相同或相似的内标响应。如果没有充分的理由，就不能报告这些显示异常内标响应的受试者样本的浓度结果。就科学解释而言，不仅要判断内标跟踪分析物的能力有没有受到影响，而且要看分析物浓度和分析物/内标响应值比之间的关系有没有被改变。例如，从线性到二次方，或反之。否则，尽管再分析重现性可能很好，但也不能报告所得到的浓度。就上面的例子而言，有几种方法可用来提供科学论据。首先，如果能够从“有问题”的受试者收集到足够的基质，或通过混合给药前样品和其他低浓度样品得到足够的基质，就可将 QC 样品配制在该受试者的基质中来确认分析结果的准确性。其次，可以选几个受试者样本并用标准加入法来测试，以确认分析物在这些受试者基质中的回收率。最后，一些需要再分析的样本可用空白基质稀释后进行重新分析。用于稀释的空白基质应与配制校正标样和QC样品所用的基质相同，稀释后样本的内标响应与校正标样和QC样品的内标响应相似。比较未稀释样品和稀释后样品所得到的分析结果，确认是否一致。无论选用哪种方法测试，都应包括低浓度和高浓度水平的 QC 样品，这是很重要的。

17.4　结　束　语

内标在保证 LC-MS 定量分析的准确度和方法稳健性方面起着关键作用。内标的物理化学性质，特别是疏水性和电离特性，应尽可能与分析物相近，这样内标就能够很好地抵消在生物分析过程中（包括样品制备、液相色谱分离及质谱检测）所发生的分析物信号波动和量的损失。为此，应尽可能使用 SIL-IS，尤其是用 ^{13}C 和（或）^{15}N 标记的。在使用 SIL-IS 特别是氘代内标时也有一些注意事项。

在 LC-MS 生物分析中，内标应尽可能在样品处理的早期阶段加入。内标的加入量，即内标的浓度必须要适当。选择内标浓度时要考虑几个因素，如分析物和内标之间交叉干扰的大小、方法浓度范围、回归权重因子、检测灵敏度、内标的线性范围及分析物和内标之间的离子化抑制/增强。如内标浓度不合适，LC-MS 方法的线性及精密度和准确度就会受到影响。

尽管样品分析时内标响应的波动是可以理解的，但应密切监控内标响应波动的程度。引起内标响应变化的根源是多样的，包括：内标加入量的差异，LC-MS 仪器故障，方法使用不当，方法耐用性差，受试者之间基质的差异，分析物/代谢产物产生的离子化抑制或增强等。在这些原因当中，一旦查明是内标加入错误，应立刻挑出受影响的样品进行重新分析。在样品分析过程中，如果观察到之前在方法验证时未遇到过的内标响应模式或趋势，应立刻调查原因。例如，来自某一个受试者的所有样品的内标响应普遍偏高。同样的内标响应模式或趋势可能由很多不同的因素引起，因此在调查时应分析所有的可能性。调查后，如果有充分理由，可以对相应的样品重新进样或进行重新分析。有时即使内标响应异常，如有证据表明内标仍能够跟踪分析物，并且分析物浓度和分析物/内标响应值比之间的关系没有受到影响，原始结果也是可以接收的。否则，就要对生物分析方法进行修改并重新验证，然后对试验样品进行重新分析。

致谢

第一作者感谢他的家人（Cailin 和 Joyce）在准备这一章节时给予的支持。

参考文献

Abu-Rabie P, Denniff P, Spooner N, Brynjolffssen J, Galluzzo P, Sanders G. Method of applying internal standard to dried matrix spot samples for use in quantitative bioanalysis. Anal Chem 2011;83:8779–8786.

Alder L, Lüderitz S, Lindtner K, Stan HJ. The ECHO technique-the more effective way of data evaluation in liquid chromatography-tandem mass spectrometry analysis. J Chromatogr A 2004;1058:67–79.

Ansermot N, Rudaz S, Brawand-Amey M, Fleury-Souverain S, Veuthey JL, Eap CB. Validation and long-term evaluation of a modified on-line chiral analytical method for therapeutic drug monitoring of (R,S)-methadone in clinical samples. J Chromatogr B Analyt Technol Biomed Life Sci 2009;877:2301–2307.

ANVISA (Brazilian Sanitary Surveillance Agency). Guide for validation of analytical and bioanalytical methods. Resolution RE no. 899, 2003.

Bakhtiar R, Majumdar TK. Tracking problems and possible solutions in the quantitative determination of small molecule drugs and metabolites in biological fluids using liquid chromatography-mass spectrometry. J Pharmacol Toxicol Methods 2007;55:227–243.

Berg T, Strand DH. ^{13}C labelled internal standards—a solution to minimize ion suppression effects in liquid chromatography-tandem mass spectrometry analyses of drugs in biological samples? J Chromatogr A 2011;1218:9366–9374.

Chavez-Eng CM, Constanzer ML, Matuszewski BK. High-performance liquid chromatographic-tandem mass spectrometric evaluation and determination of stable isotope labeled analogs of rofecoxib in human plasma samples from oral bioavailability studies. J Chromatogr B Analyt Technol Biomed Life Sci 2002;767:117–129.

Choi BK, Gusev AI, Hercules DM. Postcolumn introduction of an internal standard for quantitative LC-MS analysis. Anal Chem 1999;71:4107–4110.

Cuadros-Rodríguez L, Bagur-González MG, Sánchez-Viñas M, González-Casado A, Gómez-Sáez AM. Principles of analytical calibration/quantification for the separation sciences. J Chromatogr A 2007;1158:33–46.

European Medicines Agency (EMA). Guideline on bioanalytical method validation, 2011.

GCC (Global CRO Council). The 3rd global CRO council for bioanalysis at the International Reid Bioanalytical Forum. Bioanalysis 2011a; 3:2721–2727.

GCC (Global CRO Council). Recommendations on: internal standard criteria, stability, incurred sample reanalysis and recent 483s by the Global CRO Council for Bioanalysis. Bioanalysis 2011b; 3:1323–1332.

Hewavitharana AK. Matrix matching in liquid chromatography-mass spectrometry with stable isotope labelled internal standards—is it necessary? J Chromatogr A 2011;1218:359–361.

Jemal M, Schuster A, Whigan DB. Liquid chromatography/tandem mass spectrometry methods for quantitation of mevalonic acid in human plasma and urine: method validation, demonstration of using a surrogate analyte, and demonstration of unacceptable matrix effect in spite of use of a stable isotope analog internal standard. Rapid Commun Mass Spectrom 2003;17:1723–1734.

Jian W, Edom RW, Xu Y, Gallagher J, Weng N. Potential bias and mitigations when using stable isotope labeled parent drug as internal standard for LC-MS/MS quantitation of metabolites. J Chromatogr B Analyt Technol Biomed Life Sci 2010;878:3267–3276.

Kitamura R, Matsuoka K, Matsushima E, Kawaguchi Y. Improvement in precision of the liquid chromatographic-electrospray ionization tandem mass spectrometric analysis of 3′-C-ethynylcytidine in rat plasma. J Chromatogr B Analyt Technol Biomed Life Sci 2001;754:113–119.

Lanckmans K, Sarre S, Smolders I, Michotte Y. Use of a structural analogue versus a stable isotope labeled internal standard for the quantification of angiotensin IV in rat brain dialysates using nano-liquid chromatography/tandem mass spectrometry. Rapid Commun Mass Spectrom 2007;21:1187–1195.

Lee JW, Petersen ME, Lin P, Dressler D, Bekersky I. Quantitation of free and total amphotericin B in human biologic matrices by a liquid chromatography tandem mass spectrometry method. Ther Drug Monit 2001;23:268–276.

Li W, Li YH, Li AC, Zhou S, Naidong W. Simultaneous determination of norethindrone and ethinyl estradiol in human plasma by high performance liquid chromatography with tandem mass spectrometry—experiences on developing a highly selective method using derivatization reagent for enhancing sensitivity. J Chromatogr B Analyt Technol Biomed Life Sci 2005;825: 223–232.

Liang HR, Foltz RL, Meng M, Bennett P. Ionization enhancement in atmospheric pressure chemical ionization and suppression in electrospray ionization between target drugs and stable-isotope-labeled internal standards in quantitative liquid chromatography/tandem mass spectrometry. Rapid Commun Mass Spectrom 2003;17:2815–2821.

Lindegardh N, Annerberg A, White NJ, Day NPJ. Development and validation of a liquid chromatographic-tandem mass spectrometric method for determination of piperaquine in plasma: stable isotope labeled internal standard does not always compensate for matrix effects. J Chromatogr B Analyt Technol Biomed Life Sci 2008;862:227–236.

Liu G, Ji QC, Arnold ME. Identifying, evaluating, and controlling bioanalytical risks resulting from nonuniform matrix ion suppression/enhancement and nonlinear liquid chromatography-mass spectrometry assay response. Anal Chem 2010;82:9671–9677.

Meesters R, Hooff G, van Huizen N, Gruters R, Luider T. Impact of internal standard addition on dried blood spot analysis in bioanalytical method development. Bioanalysis 2011;3:2357–2364.

Moore LJ, Machlan LA. High accuracy determination of calcium in blood serum by isotope dilution mass spectrometry. Anal Chem 1972;44:2291–2296.

Morin LP, Mess JN, Furtado M, Garofolo F. Reliable procedures to evaluate and repair crosstalk for bioanalytical MS/MS assays. Bioanalysis 2011;3:275–283.

O'Halloran S, Ilett KF. Evaluation of a deuterium-labeled internal standard for the measurement of sirolimus by high-throughput HPLC electrospray ionization tandem mass spectrometry. Clin Chem 2008;54:1386–1389.

Remane D, Wissenbach DK, Meyer MR, Maurer HH. Systematic investigation of ion suppression and enhancement effects of fourteen stable-isotope-labeled internal standards by their native analogues using atmospheric-pressure chemical ionization and electrospray ionization and the relevance for multi-analyte liquid chromatographic/mass spectrometric procedures. Rapid Commun Mass Spectrom 2010;24:859–867.

Savard C, Pelletier N, Boudreau N, Lachance S, Lévesque A, Massé R. Relative instability of deuterated internal standard under different pH conditions and according to deuterium atoms location. Proceedings of the 58th ASMS Conference on Mass Spectrometry and Allied Topics, 2010 May 23–27; Salt Lake City, UT, USA.

Shi G. Application of co-eluting structural analog internal standards for expanded linear dynamic range in liquid chromatography/electrospray mass spectrometry. Rapid Commun Mass Spectrom 2003;17:202–206.

Sojo LE, Lum G, Chee P. Internal standard signal suppression by co-eluting analyte in isotope dilution LC-ESI-MS. Analyst 2003;128:51–54.

Stokvis E, Rosing H, Beijnen JH. Stable isotopically labeled internal standards in quantitative bioanalysis using liquid chromatography/mass spectrometry: necessity or not? Rapid Commun Mass Spectrom 2005;19:401–407.

Tan A, Boudreau N, Lévesque A. Internal standards for quantitative LC-MS bioanalysis. In: Xu QA, Madden TL, editors. *LC-MS in Drug Bioanalysis*. New York: Springer; 2012a. p 1–32.

Tan A, Awaiye K, Jose B, Joshi P, Trabelsi F. Comparison of different linear calibration approaches for LC-MS bioanalysis. J Chromatogr B Analyt Technol Biomed Life Sci. 2012b; 911:192–202.

Tan A, Hussain S, Musuku A, Massé R. Internal standard response variations during incurred sample analysis by LC-MS/MS: case by case trouble-shooting. J Chromatogr B Analyt Technol Biomed Life Sci 2009a; 877:3201–3209.

Tan A, Lévesque IA, Lévesque IM, Viel F, Boudreau N, Lévesque A. Analyte and internal standard cross signal contributions and their impact on quantitation in LC-MS based bioanalysis. J Chromatogr B Analyt Technol Biomed Life Sci 2011;879 1954–1960.

Tan A, Montminy V, Gagné S, Musuku A, Massé R. Troubleshooting of least-expected causes in bioanalytical method development and application. Proceedings of 2009 AAPS Annual Meeting and Exposition, 2009b; Nov. 8–12; Los Angeles, CA, USA.

Taylor PJ, Brown SR, Cooper DP, et al. Evaluation of 3 internal standards for the measurement of cyclosporine by HPLC-mass spectrometry. Clin Chem 2005;51:1890–1893.

Timmerman P, Kall MA, Gordon B, Laakso S, Freisleben A, Hucker R. Best practices in a tiered approach to metabolite quantification: views and recommendations of the European Bioanalysis Forum. Bioanalysis 2010;2:1185–1194.

Viel F, Santos N, Tan A, et al. Simultaneous quantitation of free and liposomal drug forms in human serum by evaporation-free extraction. Proceedings of the 58th ASMS Conference on Mass Spectrometry and Allied Topics, May 23–27, 2010; Salt Lake City, UT, USA.

Viswanathan CT, Bansal S, Booth B, et al. Workshop/conference report—Quantitative bioanalytical methods validation and implementation: best practices for chromatographic and ligand binding assays. AAPS J 2007;9(1):E30–E42.

Wang S, Cyronak M, Yang E. Does a stable isotopically labeled internal standard always correct analyte response? A matrix effect study on a LC/MS/MS method for the determination of carvedilol enantiomers in human plasma. J Pharm Biomed Anal 2007;43:701–707.

Wieling J. LC-MS-MS experiences with internal standards. Chromatographia 2002;55:S107–S113.

Zhang G, Wujcik CE. Overcoming ionization effects through chromatography: a case study for the ESI-LC-MS/MS quantitation of a hydrophobic therapeutic agent in human serum using a stable-label internal standard. J Chromatogr B Analyt Technol Biomed Life Sci 2009;877:2003–2010.

Zrostlíková J, Hajšlová J, Poustka J, Begany P. Alternative calibration approaches to compensate the effect of co-extracted matrix components in liquid chromatography-electrospray ionization tandem mass spectrometry analysis of pesticide residues in plant materials. J Chromatogr A 2002;973:13–26.

18

液相色谱-质谱（LC-MS）生物分析中的系统适用性

作者：Chad Briscoe
译者：田春玲
审校：梁文忠、侯健萌、谢励诚

18.1 引　言

如果你的仪器在几个月或几年前是合格的，最近你验证了一个新的液相色谱-串联质谱（LC-MS/MS）方法，用于即将开始的临床研究。时间和临床样本都是极其宝贵的。那么你打算如何填补仪器的资质确认和方法实施之间的缺口？通常采用的方式是通过所谓的系统适用性测试。无论什么类型的分析测试或任何正在进行的测试，系统适用性是一个关键的过程，可以确认你的仪器或设备已经准备好运行。

系统适用性测试是一个确保用于分析的仪器已经准备好并可以在分析中正常运行的过程。传统来说，系统适用性测试包括在分析一批样品前进样几个样品来保证系统是处于良好的状态，从而可以进行样品分析。而实际上系统适用性测试远远不止于此。它是一台合格的仪器和生物分析测试样品进样之间的桥梁。系统适用性测试的程度取决于在样品进样时你愿意承担多大的风险。简单地讲，对于一个稳定的检测方法，不需要很多的系统适用性测试，而对于一些样本量有限且具有挑战性的检测方法，可能要求少承担风险而需要更广泛的系统适用性测试。因此评价系统适用性实验是否成功，涉及实验设计，对仪器的正确验证，以及正确地开发稳定的分析方法几个方面。因为这些都是系统适用性测试成功的关键，所以本章将逐一讨论。

系统适用性的概念通常比它的实际应用复杂得多。系统适用性测试是一个简单的方法，来确保仪器和设备运行正常并随时可以用于开展特定分析工作。这就是系统适用性测试与IQ/OQ/PQ的区别所在。有时可以认为系统适用性测试是PQ的结尾部分，但有时它又是一个与之完全不相关的活动（对系统适用性的理解很关键的一点是，总的来讲，它是整个过程中针对单独一个方法的唯一部分）。如果你认同仪器的应用是按照如图18.1所示的层次排列，那么仪器验证就是该模型的基础。安装认证（IQ）是第一步。无论出于什么目的，安装具有相似设计的仪器，其IQ过程都应是一样的。随后是操作认证（OQ），是针对仪器安装环境的验证，因而更具体一些。通常IQ和OQ测试由制造商完成。性能认证（PQ）则包含针对客户目的用途的更具体的测试。其中测定的参数是针对仪器独特的使用环境设定的。有很多关于IQ、OQ、PQ过程的文献（Burgess et al., 1998; Bansal et al., 2004）可供参考。生物分析方法必须在验证合格的仪器上进行开发与验证。定义系统适用性的过程应该作为验证的一部分。对于一个特定的分析方法，系统适用性测试是验证仪器的下一步。在数据质量三角形的顶点，可以看到仪器最具体的用途是使用质谱（MS）进行带有质量控制（QC）监察的样品分析。

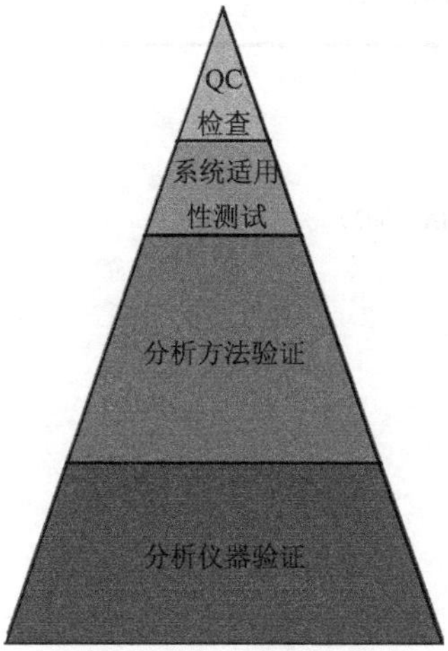

QC检查
系统适用性测试
分析方法验证
分析仪器验证

仪器还是方法？	什么时候做？	控制什么？
方法	• 分析批进行的时候	• 分析批次内和之间系统漂移 • 可以识别系统与系统间的偏差
方法	• 分析的当天 • 提交样品做分析之前	• 确认系统（仪器与方法相结合）功能在预设范围内
方法	• 使用方法之前	• 方法运行参数确认 • 样品准备 • 不同操作者之间的偏差 • 不同仪器之间的偏差 • 不同实验室之间的方法转换
仪器	• 初始仪器设置的时候 • 定期间隔之后 • 后续的主要维护	• 仪器的性能 • 不受方法或操作者制约的仪器校正并随时都可以参照国家标准

图 18.1 数据质量三角图（来源于 USP<1058>；McDowall, 2010）

本章将主要集中在数据质量三角形的系统适用性层面。正是由于这样的功能，系统适用性对将一个仪器从一个复杂的电子设备转变为支持研究的分析仪器非常的关键。系统适用性可以使研究人员完成两项简单但是关键的任务。

（1）一次成功：研究的费用非常贵，而且时间有限。此外，在当代许多 LC-MS/MS 应用中，如合同研究组织（CRO）中的 LC-MS/MS 应用，人们都希望是盈利的。因此，当研究人员需要分析一个批次的样品，做一系列实验或进行一天的方法开发（MD）时，他们必须确定仪器能够如期运行。

（2）保证仪器没有故障：在研究过程中会有很多未知情况。对于研究人员来说，仪器的性能稳定是非常重要的。同理，当进行常规的生物分析时，常会出现意想不到的结果。设计恰当的系统适用性测试可以减小或排除液相质谱的问题，或有助于识别存在故障的液相色谱-质谱系统。

18.2 法规对系统适用性的要求

历史上，美国食品药品监督管理局（FDA）推动了全球范围内对从良好实验室规范（GLP）项目到临床研究过程中生物分析监管的要求。这些期望是从美国药学科学家协会（AAPS）和 FDA 联合发起的几个会议发展而来的。由于是在弗吉尼亚州阿林顿的水晶城地区举行会议，因此这些会议通常被称作“水晶城会议”。2001 年 5 月发布的 FDA 生物分析方法验证指导原则（FDA, 2001）是 4 个会议中第二个会议的副产物。然而，此指导原则仅仅简略提到系统适用性，叙述了系统适用性是“基于待测物和技术之上的，应该有一个具体的标准操作规程（SOP）（或样品）确保使用操作系统的最佳状态”。由于缺少具体的系统适用性规章或指导原则而引起了一些关于在生物分析中哪个规章适用于系统适用性的困扰。表 18.1 提供了一些包括系统适用性的各国法规及指导原则。

表 18.1　一些具体讨论系统适用性和仪器验证的全球性法规

GLP

- 瑞士公共卫生局（SFOPH, 2007）
- 经济合作与发展组织良好实验室规范在电脑化系统中的应用（OECD, 1995）
- 巴西国家卫生监督局（2002）良好生物利用度及生物等效性实施手册 Vol. 2（ANVISA, 2002）

GMP

- USP＜621＞（USP, 2006）
- USP＜1058＞（USP, 2006）
- FDA 21 CFR Part 11（FDA, 2008）
- EMA GMP Annex 11（EMA, 2011）
- FDA 软件验证普通原理（FDA, 2002）

临床

- FDA 临床研究中的计算机系统指导原则（FDA, 1999）
- 日本电磁记录在制药中应用的纲领（MLHW, 2005）

工程

- ISPE GAMP 5（ISPE, 2008）
- NIST IT 系统风险管理指导原则（NIST, 2002）

2012 年 2 月欧洲药品管理局（EMA）也发布了一个生物分析方法验证指导原则（EMA, 2011）。虽然该指导原则没有具体提到系统适用性，但是它对系统适用性的重要性提出了非常好的依据。该指导原则中提到："在未查明分析原因之前，仅仅因为校正标样或 QC 样品未达到接受标准而重新进样整个分析批次或单独的校正标样或 QC 样品是不可接受的"。因此，进行系统适用性测试以确保仪器工作正常是非常重要的，因为在没有证据证明仪器状态不好的情况下重新进样是不被接受的。这也是设计系统适用性测试时必须同时顾及一个分析批开始和结束时系统状态的论据之一（Briscoe et al., 2007）。简单地说，本章中描述的系统适用性是在整个分析批中将仪器的性能与校正标样（STD）和 QC 样品的结果区分开。因此，如果一个分析批失败，可以用数据证明失败的原因是分析批进行中的仪器漂移、进样残留或灵敏度不佳，那么可根据明显的仪器问题重新进样该分析批。在分析批失败是由仪器而不是校正标样和 QC 样品引起的原则下，可以省去重新提取样品，节省体积有限的临床样品。这将在本章后面进一步讨论。

早在 2005 年的几次 LC-MS/MS 生物样品分析项目的检查中，FDA 就强调了系统适用性的重要性。在一个 483 表中，FDA 质疑被检查公司使用的系统适用性测试过程没有预先定义规范过。系统适用性测试的过程本身并无问题，FDA 关注的是没有预先定义好书面程序。最近 FDA 在 2010 年（FDA, 2010, 2006）的多个检查中对某实验室的系统适用性测试执行情况提出质疑。在这些问题中，发现该实验室进行"预先运行的分析批"而没有"书面记录选择、评估和报告的流程"。这与 5 年前关于需要有一个 SOP 来定义系统适用性测试过程的调查结果非常相似。但是在这个例子里，FDA 反对的是实际过程。FDA 提出在系统适用性测试中"不建议"使用正式分析批中的受试者样品、校正标样、QC 样品和空白样品。FDA 非常关注如果将这类样品用于预分析或系统适用性测试，可能予人机会篡改最终结果。如果怀疑有欺骗行为，这样的担心是合理的。还有一个重要的与本章节相关的 FDA 观点，他们意识到系统适用性测试是一个值得审查和正确执行的关键活动。他们同时认为它是生物分析过程中独特的一部分。总而言之，从FDA的这些调查结果中可以总结出许多重要的经验。系统适用性评估应该是：①生物分析过程中一个独特的步骤；在最终分析批次中进样的样品不应该作为系统适用性进样样品。②写在预先制定的书面流程里。③有完整地记录下来及可追溯性的结果。

18.3　仪器性能监测

18.3.1　设备安装

系统适用性是一个整体的方案，来确保仪器正常运行以便分析临床样品。这从样品进样前就保证仪器状态良好可以分析样品开始，进样前的准备工作包括正确安装、维护、校正，以及针对分析批次的设置。只有当所有的这些步骤都正确操作完后，仪器才能开始进样系统适用性样品及最后进行生物分析的样品。

系统正确的安装需要遵循某种事先确定好的仪器资质验证流程。在文献和法规中描述了各种流程（Bansal et al., 2004; USP, 2008; ISPE, 2011），而且仪器验证还在不断发展中（Burgess and McDowall, 2012）。虽然该主题的详尽描述不在本章的范围内，但是这个流程中有几个重要因素需要强调。首先，用户必须切实投入过程中以确保验证流程符合应用的需要。系统制造商或安装者应在用户事先批准的前提下进行IQ和OQ。然后，用户根据他们仪器使用或配置的要求进行其他额外的测试，这就是PQ。如果是第一次安装这种仪器，应该撰写定义其使用、维护及校正的SOP。

仪器安装好后必须有恰当的维护。根据每个系统是属于高效液相色谱（HPLC）还是质谱的一个组成部分，其需要进行的维护不同。然而，关键是要计划好充足的时间和资金上的投入，用于仪器的正确维护，以确保系统长期的高质量运作。常规维护应该由一个有资质的人根据确定的时间表来执行。通常情况下，维护需要由一个培训过的厂家技术人员及一个经过培训的有较基本维修技能的人一起进行。常规维护应当包括校正。校正的方法应该由生产厂家的说明书改编而来，以保持仪器与其最初的性能规格尽可能相近。当仪器出现意外故障时，需要进行计划外的维修。应对这种不顺利的情况可以通过各种方法来未雨绸缪，包括和供应商签订维护合同，储备额外的部件，或为正在使用的方法验证多个仪器。

另外一个确保正常系统性能的关键因素是在方法开发过程中确保方法的稳定性。有很多办法可以实现该目标，包括使用高质量的试剂、零部件及消耗品，制备干净的样品，用多根色谱柱和多台仪器评估性能及测试分析批的最大进样数。谈到利用高质量的材料来开发方法和维护仪器，毫无疑问付出和回报通常成正比。对于生物分析而言，可以一开始付出较多把事情做好，否则会因为出错要重复而付出更多。有分析质量证书的高纯度试剂非常重要，不论溶剂还是校正标样。如果供应商不能连同分析证书（CoA）一起提供生产及测试细节，那么其产品质量或产品重现性就无法保障。对方法开发所用的材料也一样，无论固相萃取（SPE）或HPLC柱或HPLC和质谱的配件。与试剂相似，供应商应该证明该材料是遵循良好生产规范（GMP）生产的，并提供一些材料质量和重现性的细节。应该要求所有供应商都提供这类信息，以确保他们有一个适当的质量系统来生产高质量的材料。

即便最好的材料，若用于未经正确测试的方法中也无法避免方法的不可重现性和不稳定性。有很多因素可以使实验发生错误，这些因素本书的其他章节中已有详尽的描述。为了保障仪器性能，最好的样品是最干净的样品。一个看起来干净并且经过优化减少基质效应的方法将会在仪器上产生最好的结果。基于这个原因，液-液萃取（LLE）和 SPE 都优于蛋白质沉淀方法，因为前两种方法通常可以产生较干净的样品。一旦设计好最佳的样品纯化过程，有一些测试可以用来确保系统适合用开发好的方法来分析样品。如果可能的话，应该用多种不同批号的试剂、样品制备材料和 HPLC 柱测试该方法。这样做很有必要，因为即使是高质量的耗材也会出现一些可变因素，需要多花点工夫来测试以确保选择材料的可变因素不会影响分析方法的操作。该原则同样适用于所使用的 HPLC 及质谱。妥善保养的设备应该性能稳定，现实往往却并非如此，如当质谱的定量下限（LLOQ）很低时。不同仪器间质谱的响应值不同，这取决于分析的化合物或化合物种类。某一个仪器也许对一个方法有足够的响应，对另一个仪器却没有。一个对方法稳定性至关重要的测试是确定仪器所能进样的最大分析批样品数。这点通常在方法开发中评估并在方法验证时验证。当进样数超过经过测试的最大分析批样品数时，仪器的性能并不清楚，其可靠性无法确保。

如果 LC-MS/MS 系统最近刚刚设置好准备使用，或者许久没有进样任何分析批次，最好在 LC-MS/MS 系统中进行一系列初始进样以平衡色谱柱、梯度及离子化过程。进样的数目从几个（2～3）到 50 个，对于不寻常的有难度的方法进样数应更多。用于初始进样的样品通常都是特意制备的提取物或混合之前批次中的提取物以减少偏差的可能。应该在实验方案或 SOP 中记录这类初始进样操作的接受标准，通常都包括某一定量的连续进样的精密度要求。正如前面讨论的，任何情况下都不能预先使用即将进样批次中的样品。因为如果预先进样的结果不符合预期，那么分析批中的样品可能会被其他样品替换，从而提供了潜在的篡改实验结果的可能。一些实验室就采取过这种被称为“预进样”（US FDA, 2011）的手段，技术员进样了分析批中校正标样，如果不能得到预期的结果，他们就不进样该分析批。但是在某些情况下，他们会用之前进样过的分析批中确认是好的校正标样替换那些“坏”的校正标样，以便让该分析批符合接受标准。

18.3.2　色谱系统

系统适用性的评估常用于监控色谱系统的性能。虽然在生物分析中对一些参数的严格控制没有像 GMP 那样关键，如峰形和保留时间，但在某些应用中，这还是非常重要的。系统适用性在 HPLC 中的应用已有广泛的描述，特别是在 GMP 中，可以将这些原理应用在 LC-MS/MS 生物分析中。

有很多参数用来评估系统适用性，以监控 HPLC 的性能（图 18.2）。这些参数用于监控峰形（不对称因子，A_s，或拖尾因子，T）、保留时间/容量因子（k'）、理论塔板数（N）/塔板高度（H）和分辨率（R_s）。这些参数可以以各种不同的方式应用在生物分析中。《美国药典》621 章色谱理论（USP, 2006）概述了其中几个参数在 GMP 中的应用。在生物分析中，这些参数的不必要测试却可能有帮助，视其方法性能和色谱类型而定。根据 FDA 对色谱分析方法验证（FDA, 1994）的指导原则，需要 $k'>2$，$N>2000$，$A_s>2$，$R_s>2$。当这些参数用于系统适用性测试时，其性能特征在样品分析与方法验证中应该是非常相似的。

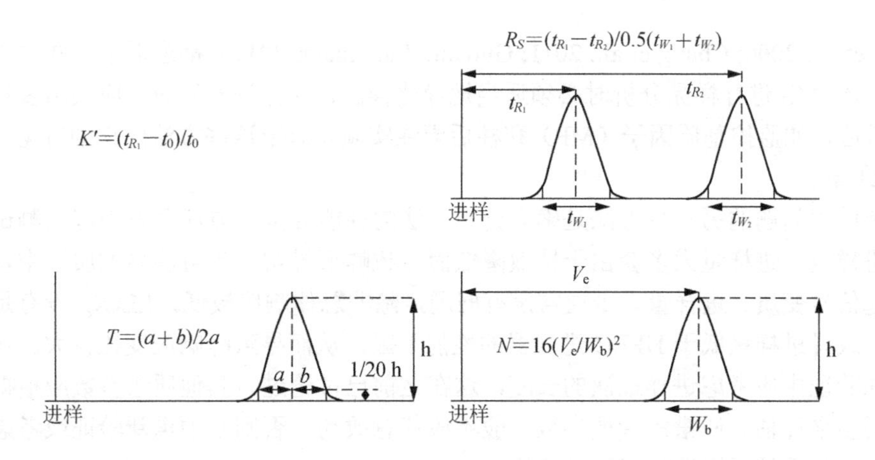

图 18.2 色谱系统适用性评估的常用参数（Phenomenex）

分辨率的应用的一个例子是测定咖啡因代谢产物副黄嘌呤（Havel, 2012）。在这个例子中，色谱有一个干扰峰（图 18.3），需要将其分离。在这个应用中，在分析批次的开始和结束时使用监控干扰峰分离情况的系统适用性样品，以确保在整个分析批过程中色谱峰与干扰峰分离。在这种情况下，干扰峰的分离关系到结果是否可以接受，尤其是对低浓度样品。必须在整个分析过程中确保分辨率。因此，在批次的开始和结束位置均需放置系统适用性样品。如果在分析过程中某阶段分辨率下降，而在批次结束位置没有放置系统适用性样品就无法检测出该问题，因而该批次低浓度样品的结果是不可靠的。

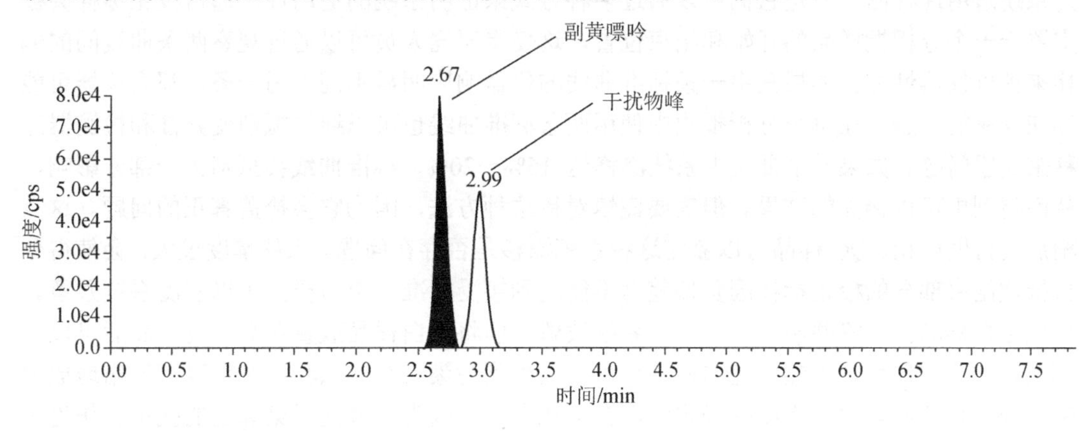

图 18.3 分辨率作为系统适用性参数的示例；副黄嘌呤（paraxanthine）与未知干扰峰的分离（Havel, 2012）

18.3.3 质谱问题

在液相色谱-质谱（LC-MS）生物分析中进行系统适用性测试，必须确保质谱仪的性能。监控系统适用性时通常会发现两个质谱问题：灵敏度和响应重现性。出于各种原因，不同批次和不同项目间的质谱响应可能不同，所以在分析前检查系统尤为重要。可能是因为仪器在之前的分析中受到污染，也可能是系统平衡时间不够。需要更长的时间来进一步加热以获得最有效的离子化。类似地，未经适当平衡的质谱仪可能会有仪器响应不一致或响应随时间漂移的问题。如何监控这些性能特征将在本章的其他部分中论述。

虽然系统平衡是避免质谱出现问题的办法之一，但还有其他的因素可以发挥重要作用。其中一种是去除磷脂和其他基质组分，进样干净的样品提取物。文献中列举的很多实例

（Bennett et al., 2006; Chang et al., 2011; Guo and Lankmayr, 2011）都遵循了一些通用原则。利用 LC-MS/MS 进行样品分析时必须适当地净化样品，在方法开发时，应采用多种方法监测基质效应，如监控基质因子（MF）和柱后灌注实验。对于这些方法的详细讨论，请参阅本书第 21 章。

避免质谱问题的另一种方法是确立分析方法的性能界限。方法开发中应该测试最大和最小的进样量。进样量太多会由于柱效降低而导致峰形异常，也可能导致质谱中基质的累积而引起信号变质。进样量太少通常没有问题，除非总体响应较低，LLOQ 没有足够的信号响应，或者进样量低于 HPLC 进样器的性能下限，从而导致峰响应变化较大。在方法开发和方法验证中应考虑进样批次的长度，这在之前已讨论过。其他质谱参数应根据质谱的应用和类型来评估。质谱的谐调参数一般不应任意改动，否则必须重新验证或考虑到其影响，并用某些系统适用性测试予以评估。

18.3.4 在 LC-MS/MS 生物分析法中的应用

当使用 LC-MS/MS 系统进行方法验证和样本分析时，必须有各种工具来确保系统运行正常。其中包括之前讨论过的平衡样品、系统适用性样品和在各个生物分析方法指导原则中规定正确使用的校正标样、QC 样品及空白样品。

系统适用性设计需满足 FDA 法规对校正标样、QC 样品和空白样品放置位置的要求，并贯穿于所有 LC-MS/MS 批次中。虽然校正标样、QC 样品、内标和空白样品一般不被视为系统适用性样品，但是它们可以通过多种方式来证明系统的适用性。通常校正标样会被安置于一个分析批样品的开始和结束位置，这使得研究人员可以通过观察两条曲线间的偏移来评价仪器性能。如果其中一条标准曲线的仪器响应明显不同于另一条，那么仪器可能存在漂移的问题。在单个分析批次中使用两条标准曲线也可以通过抵消变异性和检测器漂移来克服问题。如果一个批次中系统漂移达 15%～20%，标准曲线会抵消掉一部分影响，从而得到更可以接受的结果。但需要谨慎对待这种方法，因为它会掩盖真正的问题。这点稍后会再做讨论。QC 样品可以监测这种系统漂移是否存在问题。漂移幅度过大，会使得分析批次结束部分的校正标样因负偏差而不能达到接受标准。空白样品可以监测系统残留。虽然空白样品中出峰并不一定代表有系统残留，但将空白样品放置在高浓度样品后可以起到很好的监测作用。当然，空白样品也可能是受到污染。在方法验证时可以有策略地放置空白样品来证明自动化系统的稳定性。自动化有时会因为滴液而污染邻近的孔位。作为每个分析批次的标准组成部分，内标使用是最好的监测系统适用性的方法之一。内标的响应趋势可以用来检测同一批样品中的漂移。对于单个样品，内标响应也可以监测由于自动进样器故障而造成的系统问题。举个例子，如果一个样品的内标响应明显低于大多数的样本，则表明自动进样器对这个样品的进样出现异常。虽然 FDA 和 EMA 法规中没有明文规定，但一般都会使用某种内标接受标准。通过比较已知样品（校正标样和 QC 样品）的内标平均响应值与单个样品的响应值来确定异常响应。如果检测到内标响应过高或过低的样品，其结果均应被拒绝。这种情况可能是由样品处理错误或进样器错误引起的，但无论哪种原因，其结果都是不可接受的。

当使用专门处理过的样品来进行系统适用性测试时，应该考虑关键的仪器相关参数来评估所有批次。这包括 LLOQ 的仪器响应、残留和信号稳定性（Briscoe et al., 2007）。这些参数是至关重要的，因为它们与校正标样和 QC 样品的表现直接相关，而校正标样和 QC

样品决定分析批次是否被接受。此外，它们也直接与仪器是否能准确定量相关。还有，系统适用性可以作为贯穿从方法开发到方法验证再到支持项目的生物样品分析过程中评价仪器性能的桥梁。在生物分析研究的各个阶段，仪器性能应该是一致的，直到最终在多项支持临床项目的研究中也是如此。验证过的仪器性能基于特定方法下的仪器状态。对于一些有难度的方法，如非常低的 LLOQ，方法中需进行柱切换或其他方面具有难度，从而使其稳定性不理想，选用这些性能参数设计系统适用性测试会有助于确保仪器性能良好。

在对分析批进行监测时，另外一个需要考虑的因素是 LC-MS/MS 的分析批是动态变化的。当分析较大批次的生物基质样品时，即使处理过程非常细致小心，样品中还是会有一些基质组分存在。在整个批次运行过程中这些基质组分会使系统发生变化。通常利用分布于整个分析批次中的校正标样、QC 样品及空白样品对仪器的性能进行监控。但是使用校正标样、QC 样品、空白样品及内标响应监控仪器性能时存在一个显著的缺陷。那就是这些样品都是不同的，均各自经过独立的提取处理。因此，更好的办法是制备一个单独的系统适用性样品应用在一个项目或一系列项目中。这样，样品的提取不会引入其他问题，也无需使用标准溶液作为替代物。仪器正常启动运行很重要，但了解仪器在结束时有同样的性能也是至关重要的。系统适用性样品会被放置于分析批次的开始和结束位置。这些样品是与该分析批内的其他样品使用同样方法提取的，但是要合并在一起后再分装，以确保在整个分析批中的一致性。例如，应用两条标准曲线可以监测仪器漂移的问题，但可能会发生像 Briscoe 等（2007）提出的隐藏数据准确性的问题。他们列举出了一个案例，将系统适用性样品放置于分析批次开始和结束的位置，检测出漂移大于 15%。在该实验中，如果漂移大于 15%则需要重新进样，因为这显示仪器的性能不稳定。由于漂移 15%，分析批被重新进样，该分析批中的 112 个临床样品中 33 个样品的结果改变 15%以上。如果在该分析批次结尾处没有进行系统适用性测试，那么超过 1/3 的样品汇报值是不准确的。如果使用两套校正标样，一部分漂移会被整个批次样品从开始到结束时的仪器响应值所平均。但在这种情况下，更多的结果被不准确汇报，只是其不准确的程度比较小而已。依据系统适用性监测前后分布的观念，在批次开始和结束位置放置 LLOQ 样品也是很关键的，这样可以确保整个批次运行过程中有足够的仪器响应，批次结束时的信号损失不会降到不可接受的低水平[通常信噪比（*S/N*）低于 5 或 10]。需要再次强调的是，需要将与低浓度校正标样浓度相同的样品合并后再分装，以保证最初和最后的样品是相同的，从而使提取过程的差异不会产生影响。

在使用 LC-MS/MS 分析时另一个非常常见的问题是系统残留。在分析开始时一般都会确保系统不存在残留的问题。然而，在一个较长的分析批运行过程中，当分析某个黏附性强的化合物时，有时会在该批次分析过程中逐渐开始出现残留。有时可以通过观察空白样品确定该现象。但是，如果在一个和该批次中的其他样品一起进行提取的空白中出现一个峰，也可能是在提取过程中发生了污染。FDA 最近表达了对一些实验室在分析批次中放置预测试过的空白样品，而不选用该批次内的样品用于系统适用性测试的质疑（FDA, 2006, 2010），所以，最好还是使用专门为检查残留而设计的样品来验证这一重要参数。

18.3.5 重新开始和重新进样

如果在分析批次中途出现仪器故障，有必要在再次运行前重新验证仪器。重新验证不需要太长的过程，但对该验证过程需预先定义。通常会把该流程写进有关系统适用性的 SOP

中。应根据仪器故障的类型绘制流程图（图 18.4），用以指导重新验证。以下是其中一种流程。

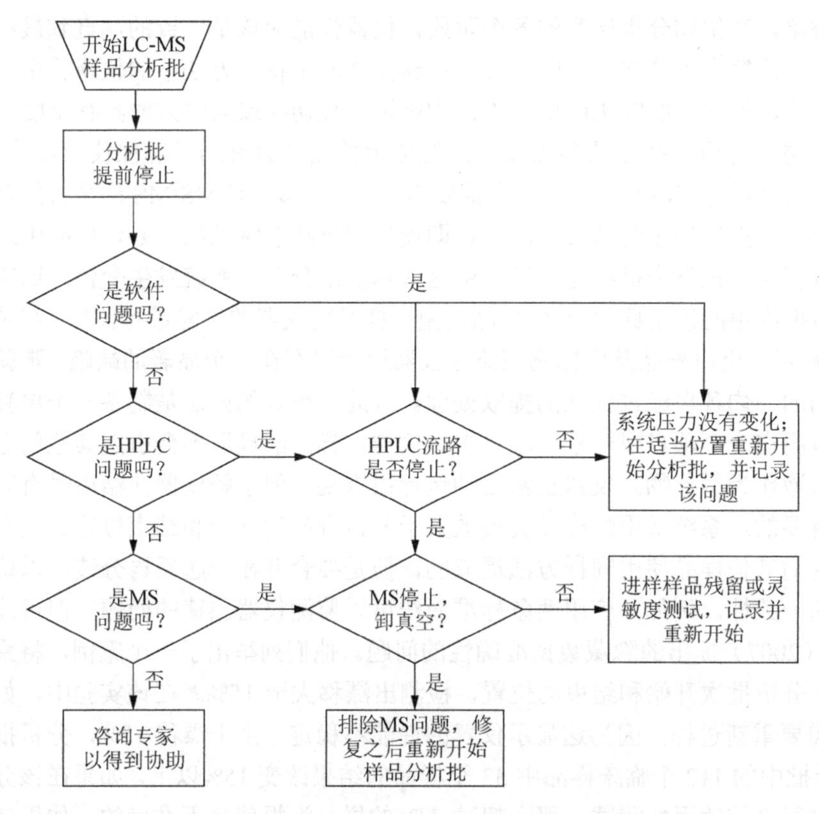

图 18.4　对于意外分析停止应采取的操作流程图

（1）没有系统中断：如发生该类故障，如不采取任何措施将会影响分析批次的完整性，但不会影响仪器的运行。例如，因偶发的软件故障可引起漏进样或进样过程中样品进样顺序错误。如果发生该错误的地方可以确定并且进样仍然在进行，可以纠正该错误并如实记录。如果不能确定故障所在，也未必需要重新进行系统适用性测试，但是此批次需要从头进样分析并对事故做好记录。

（2）HPLC 系统而非质谱故障：有时候问题会发生在 HPLC 系统而不是质谱。出现这种情况可能有各种原因。这些故障分为两大类：故障导致仪器停止进样（如注射针断裂）和故障导致液流停止（如流动相用尽、滤片破裂或泵故障）。如果进样停止，通常只需遵循简单的流程以确保仪器重新进样后响应和性能与之前相似。通常可以从批次中最后一个可接受的 QC 样品重新进样，以确保该 QC 样品的峰面积和峰面积比与首次进样的值相近。如果两者中任何一个发生明显变化，应当采取额外的措施。如果 HPLC 的液流停止，则必须采取较长的流程。当流经质谱的液流中断时，离子源会显著过热而且喷雾条件会受到影响。过热也会导致喷雾电极出现问题。因此，一般需要多次进样，以确保该系统适合重新进样。这些额外的进样可能包括灵敏度测试或系统残留检查。有些自动进样器在液流停止后仍继续进样，这会导致化合物累积在进样器上从而容易产生残留。如果置于色谱柱前的滤片破裂，这通常是由于色谱柱内化合物的过度积聚，这时应更换色谱柱。这样就需要重新进样并重复所有的系统适用性测试。

（3）导致 HPLC 和质谱完全停止的故障：包括各种严重的质谱故障，如失真空、断电或 HPLC 报错使得质谱回复为“待机”模式。在这些情况下，需要对仪器系统进行许多额外的重新验证，可能包括系统重新校正，如果需要大修则甚至要重复某些 OQ 过程。在这些情况下，可能有必要从头运行该分析批次。

无论分析批次是在暂停后继续运行还是在停止后从头开始运行，都有必要在 SOP 中尽可能详尽地预先定义这个过程，并保存所有数据和记录所有操作。

18.4 结 束 语

确保一台仪器能够适用于一个特定的分析方法，并通过该方法产生浓度结果用以支持一个研究项目是一个广泛的过程。从正确的 IQ/OQ/PQ 开始，到维护程序的建立，另外还包括通常称为系统适用性的特定样品的制备。校正标样、QC 样品和空白样品也能作为系统适用性的指标。进样顺序中断后系统的重新校验过程也需要某种系统适用性，且需要在 SOP 中预先定义。

需制定适合公司及项目应用的系统适用性过程以满足公司及分析的需要。如果一开始就从系统适用性的设立目的、预期结果和系统适用性测试的记录过程出发周详地计划这个流程，那么生物分析研究人员就能够确定仪器可以按照预期的那样产生正确的生物分析结果。

参 考 文 献

ANVISA. *Manual for Good Bioavailability and Bioequivalence Practices*. Volume 2(21). 2002.

Bansal SK, Layloff T, Bush ED, et al. Qualification of analytical instruments for use in the pharmaceutical industry: a scientific approach. AAPSPharmSciTech 2004;5(Article 22). Available at http://www.aaps.org/PharmSciTech/. Accessed Apr 11, 2013.

Bennett PK, Meng M, Čápka V. Managing phospholipid-based matrix effects In bioanalysis. Proceedings of the 17th International Mass Spectrometry Conference, Aug 27–Sep 1, 2006; Prague, Czech Republic.

Briscoe CJ, Stiles MR, Hage DS. System suitability in bioanalytical LC/MS/MS. J Pharm Biomed Anal 2007;44:484–491.

Burgess C, McDowall RD. Stimuli to the Revision Process. An Integrated and Harmonized Approach to Analytical Instrument Qualification and Computerized System Validation—A Proposal for an Extension of Analytical Instrument Qualification 1058. Mar 9, 2012.

Burgess C, Jones D, McDowall RD. Equipment qualification for demonstrating the fitness for purpose of analytical instrumentation. Analyst 1998;123:1879–1886.

Chang M, Li Y, Angeles R, et al. Development of methods to monitor ionization modification from dosing vehicles and phospholipids in study samples. Bioanalysis 2011;3(15):1719–1739

European Medicines Agency (EMA). Guideline on Bioanalytical Method Validation, 21 July 2011.

EMA. Volume 4 Good Manufacturing Practice Medicinal Products for Human and Veterinary Use Annex 11: Computerised Systems. Jun 30, 2011.

Guo X, Lankmayr E. Phospholipid-based matrix effects in LC–MS bioanalysis. Bioanalysis 2011;3(4):349–352.

Havel J. Validation of Caffeine in Human Plasma by LC/MS/MS. Unpublished work. 2012. PRA International.

ISPE. Gamp 5: Compliant GxP Computerized Systems. Feb 2008.

ISPE. A Risk-Based Approach to GxP Process Control Systems (2nd ed.) (Gamp® Good Practice Guide). 2011.

McDowall RD, Smith P, Vosloo N. System Suitability Tests and AIQ. 2010; Available at http://www.perkinelmer.com/CMSResources/Images/44-74522WTP_WhySSTisnosubstituteforAIQ.pdf. Accessed Mar 21, 2013.

OECD. OECD Series on Principles of Good Laboratory Practice and Compliance Monitoring Number 10. GLP Consensus Document. The Application of GLP to Computerised Systems Environment Monograph. 1995. Available at http://www.oecd.org/officialdocuments/displaydocumentpdf/?cote=ocde/gd(95)115&doclanguage=en. Accessed Mar 21, 2013.

Phenomenex HPLC Calculations. Available at http://freedownload.is/pdf/hplc-calculation. Accessed Mar 21, 2013.

Swiss Federal Office of Public Health. Working Group on Information Technology. Guidelines for the Validation of Computerised Systems v02, 2007.

Stoneburner G, Goguen A, Feringa A. NIST Risk Management Guide for Information Technology Systems. Jul 2002.

US FDA. General Principles of Software Validation; Final Guidance for Industry and Staff. Jan 11, 2002.

US FDA. Guidance for Industry: Computerized Systems Used in Clinical Trials. Apr 1999.

US FDA Form 483, Inspection Report. Dec 2010.

US FDA Form 483, Inspection Report. May 2010.

US FDA Form 483, Inspection Report. Aug 2006.

US FDA Untitled Letter addressed to Dr. Roger Hayes, Cetero Research. Reference No.: 11-HFD-45-07-02. Jul 26, 2011.

US FDA Center for Drug Evaluation and Research. Guidance for Industry, Bioanalytical Method Validation. May 2001. Available at http://www.fda.gov/downloads/Drugs/GuidanceComplianceRegulatoryInformation/Guidances/ucm070107.pdf. Accessed Mar 21, 2013.

US FDA Center for Drug Evaluation and Research. Reviewer Guidance; Validation of Chromatographic Methods. 1994. Available at http://www.fda.gov/downloads/Drugs/GuidanceComplianceRegulatoryInformation/Guidances/UCM134409.pdf. Accessed Mar 21, 2013.

US FDA Title 21 Code of Federal Regulations Part 11. Apr 1, 2008.

US FDA 21 CFR Guidance for Industry Part 11, Electronic Records; Electronic Signatures—Scope and Application. Aug 2003.

US Pharmacopeia Chapter <621> Chromatography–System Suitability. Feb 20, 2006.

US Pharmacopeia Chapter <1058> Analytical Instrument Qualification. 2008.

19

化学衍生化在液相色谱-质谱（LC-MS）生物分析中的应用

作者：Tomofumi Santa
译者：兰静
审校：梁文忠、刘佳、李文魁

19.1 引　言

液相色谱-质谱（LC-MS）和液相色谱-串联质谱（LC-MS/MS）可灵敏地并有选择性地测定生物样品中的痕量化合物。特别常用的是配备大气压化学离子化（APCI）离子源或电喷雾离子化（ESI）离子源的 LC-MS/MS。

这些电离方法会产生分析物的气态离子。在 APCI 模式下，溶剂分子通过电晕放电，反应产生气态分析物离子。在 ESI 模式下，气态离子主要是通过含分析物的溶液被转移到一个高电场时产生。因此一般来说，APCI 有助于低中极性化合物的分析，它们多带高质子亲和力的氧和氮等；相反地，ESI 更适用于分析可以形成离子的化合物。ESI 方法常用于生物分子的分析，因为它适用范围较广，包括极性化合物和大分子化合物。此外，与 APCI 相比，ESI 只需较低温度，可用于热不稳定化合物的分析。

LC-ESI-MS（/MS）分析的灵敏度与分析物的属性有关。首先，分析物必须以离子形式存在于溶液中或者在气化过程中带上电荷（Cech and Enke, 2001）。其次，分析物应有合适的挥发性疏水结构，疏水性离子由于其液滴-空气界面的倾向性而更易待在由电喷雾产生的液滴表面。液滴表面的离子比液滴内的离子更容易气化并产生强的信号（Cech and Enke, 2000, 2001; Cech et al., 2001; Zhou and Cook, 2001）。因此，分析物的带电性和疏水性是其离子化效率的关键因素（Okamoto et al., 1995; Nordstrom et al., 2004; Henriksen et al., 2005; Ehrmann et al., 2008）。此外，疏水性化合物可以很好地与盐和其他干扰化合物在反相（RP）柱上分离，而这些成分常常抑制 ESI 效应（Nordstrom et al., 2004）。相反，疏水性化合物可由含高比例有机相的流动相洗脱。高比例的有机溶剂更有助于电喷雾产生带电液滴，从而提高信号强度（Cech and Enke, 2001; Zhou and Hamburger, 1995）。

然而，并不是所有化合物都可以顺利地用 LC-ESI-MS（/MS）来进行分析。因此，常常要借助分析物的化学衍生化来提高检测灵敏度。到目前为止，有很多衍生化试剂的报道，这些报道也可见于一些综述文章（Higashi and Shimada, 2004; Gao et al., 2005; Johnson, 2005; Iwasaki et al., 2011; Santa, 2011）。用于多肽和蛋白质的衍生化试剂也有综述报道（Leitner and Lindner, 2004; Toyo'oka, 2012）。读者可参考这些文章。本章主要概述在用 LC-ESI-MS（/MS）测定小分子化合物时常用的衍生化试剂。

19.2　衍生化试剂提高 LC-ESI-MS 的离子化效率

ESI 的原理是在高电场的作用下将溶液中的离子转化成气相离子。因此，易带电和易气化的化合物很容易被 ESI-MS 灵敏地检测。最初，人们使用衍生化试剂主要是为了改善化合物的带电性，化合物经衍生化所产生的结构能容易离子化或者在溶液中带电，也就是说，衍生化试剂永久性地将可带电的基团或者容易在溶液中带电的基团引入到化合物。前者有时也被称作“带电衍生化”，而后者被称作“离子衍生化”。

在衍生化技术用于 ESI-MS 的早期阶段，“带电衍生化”的方法常被采用。据 Quirke 等（1994）报道：某些试剂可用来衍生化烷基卤化物、醇类、酚类、硫醇类和胺类以达到增强信号强度的目的。一个典型的例子是用 2-氟-1-甲基吡啶-*p*-甲基苯磺酸（2-fluoro-1-methylpiridinium *p*-toluenesulfonate）来衍生化醇类（图 19.1a）。例如，胆固醇可转化为 *N*-甲基吡啶醚（methylpyiridyl），该衍生物在 ESI-MS 中能检测到强的[M^+]离子。

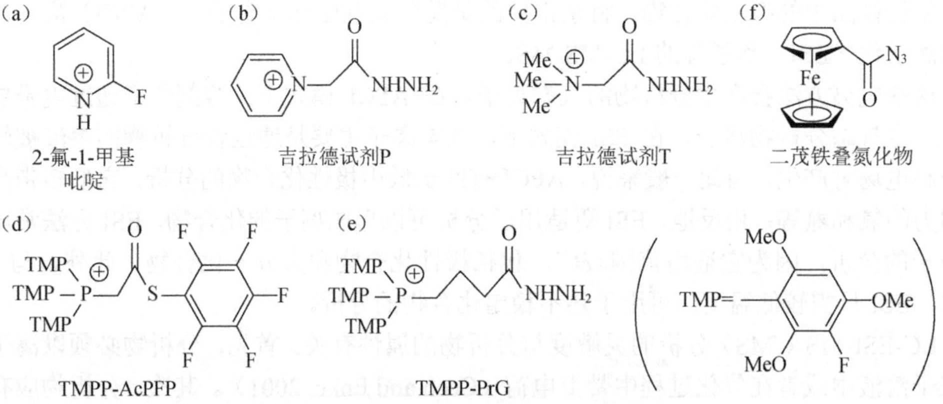

(a) 2-氟-1-甲基吡啶　(b) 吉拉德试剂P　(c) 吉拉德试剂T　(f) 二茂铁叠氮化物

(d) TMPP-AcPFP　(e) TMPP-PrG

图 19.1　增强化合物离子化效率的衍生化试剂的化学结构

吉拉德试剂 P［1-(羧甲基)马洛芬氯酰肼］［1-(carboxymethyl) pyridium chloridehydrazide, Gir P］和吉拉德试剂 T［(羧甲基)三甲胺氯酰肼］［(carboxymethyl) trimethylammonium chloride hydrazide, GirT］是衍生化羰基化合物的试剂（图 19.1b 和图 19.1c）。它们最初是用来将酮基类固醇的酮基衍生化成水溶性的腙，以便将酮基类固醇与其他类固醇分离。这些试剂具有季氨基，因此衍生化能提高分析物的离子化效率。Shackleton 等（1997）在分析类固醇——睾丸激素 17*β*-脂肪酸酯时用到了 Gir P。在该实验中，非极性的固醇被衍生化为水溶性的腙，而后者便于 LC-ESI-MS 分析。Gir P 和 Gir T 有时也被用于羰基化合物的分析。

鏻基也可用于带电衍生化。据 Barry 等（2003）报道，*S*-五氟苯基三(2,4,6-三甲氧基苯基)鏻乙酸盐溴化物［*S*-pentafluorophenyltris (2,4,6-trimethoxy- phenyl) phosphonium acetate bromide, TMPP-AcPFP］可衍生化醇类化合物，(4-肼基-4-氧代丁基)［三(2,4,6-三甲氧基苯基)氨基］鏻溴{(4-hydrazino-4-oxobutyl)-［tris (2,4,6-trimethoxyphenyl)］phosphonium bromide, TMPP-PrG}可衍生化醛和酮类化合物（图 19.1d 和图 19.1e）。这些试剂可用于糖类和类固醇的衍生化。TMPP-PrG 可增强羰基化合物的检测信号，但 TMPP-AcPFP 并不总是可以

提高醇类的检测响应。也有报道称含有 TMPP 的试剂可用于胺和羧酸的衍生化（Leavens et al., 2002）。

Van Berkel 等（1998）报道了基于二茂铁电化学电离的衍生化方法。二茂铁叠氮化物被用于醇类和酚类的衍生化（图 19.1f）。所生成的二茂铁氨基甲酸盐在电子喷雾离子化过程中经单电子氧化形成自由基阳离子。该方法可灵敏地检测胆固醇。

与“离子衍生化”相比，“带电衍生化”的产物能在 ESI-MS 中产生更强的信号，然而衍生化后的化合物有时过于亲水而用反相色谱柱来分离效果不好。

19.3 LC-ESI-MS/MS 的衍生化试剂

由于串联质谱（MS/MS）能降低噪声提高信噪比（*S/N*），与 MS 相比，MS/MS 具有更高的化合物检测灵敏度。为了能用 LC-ESI-MS/MS 灵敏地检测化合物，目标化合物应具有可被 MS/MS 检测的结构，即经有效的碰撞诱导解离（CID）产生一定强度的子离子。最近，已有不少关于 LC-ESI-MS/MS 衍生化试剂的相关报道。这些试剂能帮助产生适合 MS/MS 检测的衍生化产物并提高离子化效率。因此，大多数试剂都带有离子化基团、疏水基团及适合 MS/MS 检测的结构。通常，酯、腙、脲或硫脲、芳香族磺酰化合物及烷基季铵化合物可由 CID 裂解。下面的一些例子描述了与每个官能团衍生化有关的常用试剂。

19.3.1 酮类和醛类

酮类和醛类都是中性的官能团。酮类和醛类化合物的 ESI 效率有时会比较低。因此，常常需要引入易带电的基团来增强离子化效率。早期，有人用羟胺来衍生化羰基化合物（Lampinen-Salomonsson et al., 2006）。虽然检测灵敏度有大幅度提高，但有些经 CID 产生的子离子并不太适合 MS/MS 检测。用于羰基化合物衍生化的优良试剂之一是 2-肼基-1-甲基吡啶（HMP）（图 19.2a）。HMP 具有季胺基作为离子化基团和疏水性的芳香族结构。Higashi 等（2005）使用 HMP 作为氧代-类固醇如睾酮、孕烯醇酮、黄体酮的衍生化试剂。HMP 在含有 0.5%三氟乙酸（TFA）的乙醇中与氧代-类固醇在 60℃条件下反应 1h 进行衍生化。在质谱分析时，单氧代-类固醇化合物的衍生产物只产生[M^+]离子。在 MS/MS 分析 HMP 衍生物时，会检测到子离子 *m/z* 108，这是由腙经 CID 产生 *N-N* 键断裂所致。HMP 氧代-类固醇可通过反相色谱柱分离后用 MS（/MS）来检测。与未经衍生化的氧代-类固醇的检测限（LOD）相比，氧代-类固醇的 HMP 衍生物的检测限要好 70～1600 倍。相反地，氧代-类固醇的 Gir P 衍生物在 MS/MS 谱中给出的子离子含许多结构信息。丰度最高的产物离子为$[M-79]^+$，该离子是由[M^+]裂解吡啶部分而形成的，但信号强度相当低。选择反应监测（SRM）模式下的检测限与选择性离子监测（SIM）模式下的几乎没有差别。此外，Gir P 衍生物在色谱分离时有明显的拖尾（Higashi et al., 2005）。因此，Gir P 不太适用于氧代-类固醇衍生化后的 LC-ESI-MS/MS 分析。

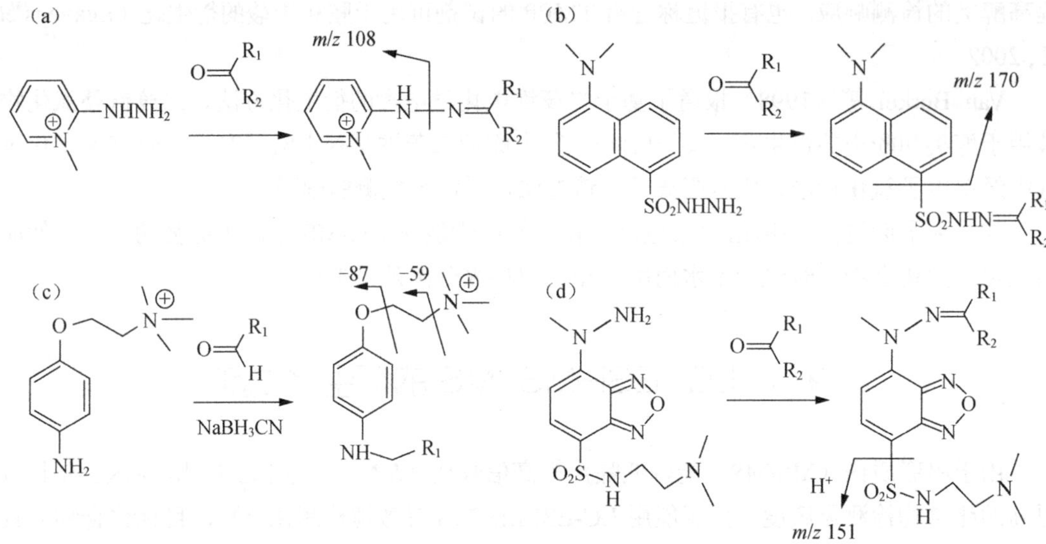

图 19.2　酮类和醛类的衍生化反应；衍生化的子离子为（a）HMP，（b）Dns-Hz，（c）4-APC 和（d）DAABD-MHz

然而对于二氧代-类固醇，由于其 HMP 衍生物带多电荷，在质谱气相状态下又不稳定，因此无法有效提高质谱检测响应。为了克服这些问题，有人用 2-肼基吡啶（HP）来衍生化。这些二氧代-类固醇化合物包括雄甾酮（androsterone）和黄体酮（progesterone）等。雄甾酮和黄体酮的衍生物能分别生成信号强烈的子离子 *m/z* 322 和 *m/z* 348（Higashi et al., 2007a）。尽管这些离子的结构尚未确定，但可推断它们是由丢失一个 HP 基团及 A 环的一部分所生成。可以说，HP 适合用于二氧代-类固醇化合物的分析（Shibayama et al., 2008; Hala et al., 2011）。

丹磺酰基团也适合于 MS/MS 检测（图 19.2b）。丹磺酰肼（5-二甲基氨基萘-1-磺酰肼，Dns-Hz）用于分析干血斑（DBS）样品中的琥珀酰丙酮（succinylacetone）（Al-Dirbashi et al., 2006）。所生成的琥珀酰丙酮丹磺酰腙经 CID 在二甲基氨基萘基部分选择性地裂解产生子离子 *m/z* 170。衍生物的子离子图谱既简单又清楚。由母离子 *m/z* 462（$[M+H]^+$）至子离子 *m/z* 170 的转换用于 SRM 检测。

4-[2-(三甲基铵基)乙氧基]苯铵卤化物{4-[2-(trimethylammonio) ethoxy]benzenaminium halide, 4-APC}在有 $NaBH_3CN$ 存在时可与醛反应生成胺。4-APC 拥有可与脂肪醛发生化学反应的苯胺基，还带有季铵基团以提高检测灵敏度。其衍生物经 CID 丢失三甲胺基团和三甲基氨基乙基基团而生成子离子 *m/z* $[M-59]^+$和 *m/z* $[M-87]^+$（Eggink et al., 2008）（图 19.2c）。类似地，也有使用 4-{2-[(4-溴苯乙基)二甲基铵基]乙氧基}苯铵溴化物（4-{2-[(4-bromophenethyl) dimethylammonio]ethoxy} benzenaminium dibromide, 4-APEBA）的报道。该试剂含溴苯基，通过观察 ^{79}Br 和 ^{81}Br 同位素的同位素特征（100∶98），能证实衍生产物中溴的存在（Eggink et al., 2010）。4-[2-(*N*, *N*-二甲氨基)-乙氨磺酰基]-7-*N*-甲基肼-2,1,3-苯并恶（4-[2-(*N*,*N*-dimethylamino)ethylaminosulfonyl] 7-nmethylhydrazino-2,1,3-benzoxadiazole, DAABDMHz）（Santa et al., 2008）在 50℃含 0.5% TFA 的乙腈中与醛发生反应 10 min 进行衍生化。经 CID 该衍生物所产生的主要子离子是 *m/z* 151。该离子是质子化的试剂部分，即

(*N, N*-二甲氨基)乙氨磺酰（图 19.2d）。4-肼基-*N, N, N*-三甲基-4-氧丁铵碘化物（4-hydrazino-*N, N, N*-trimethyl-4-oxobutanaminium iodide, HTMOB）试剂是一个改良的 Girard's 试剂。其衍生物通过中性丢失（NL）59 Da（三甲胺基团）产生简单的碎片产物离子图谱。在无色谱分离的情况下，HTMOB 可用于儿童尿液样品中酮类、酮酸和酮二酸的 ESI-MS/MS 分析检测（Johnson, 2007）。

19.3.2 酚类和醇类

醇类和酚类化合物多是中性的，有时也有亲水性。因此，衍生化通常被用来增强离子化效率和增加疏水性。最广泛使用的试剂之一是丹磺酰氯（Dns-Cl）（图 19.3a）。典型的例子之一是合成雌激素炔雌醇（ethinyl-estradiol, EE）的分析（Anari et al., 2002）。类固醇的离子化效率通常较低，因此 LC-ESI-MS/MS 检测的灵敏度较差。EE 具有疏水性芳香结构并带两个羟基。酚基和羟基的解离常数（pK_a）分别为 10.4 和 13.3。因此，EE 应该很难在酸性到中性的适合色谱分离的溶液中离子化。例如，在含 0.1%甲酸（pH 3）的流动相中，估计只有不到 0.001%的 EE 被离子化。因为溶液中待测物的离子化程度直接影响其气态下的离子化程度，这或许可以解释为何 EE 的 ESI 效率低。此外，EE 的 CID 并不产生信号强度合适的子离子。与母离子的信号强相比，子离子的信号强度不到其 0.1%。这些结果表明，EE 不适合用 SRM 分析监测。Anari 等（2002）使用 Dns-Cl 对 EE 进行衍生化。Dns-Cl 可在 60℃的丙酮和碳酸氢钠缓冲液（pH 10.5）中与 EE 反应数分钟进行衍生化。因为引入了含有氮的丹磺酰官能团，衍生物的 pK_a变成大约 3.3，估计有 67%的分子在 pH 3 的溶液中能离子化。正如预期的那样，在质谱中质子化的衍生物（3-丹酰-EE）（$[M+H]^+$）出现在 *m/z* 530，衍生物的分子离子经 CID 产生了信号很强的子离子 *m/z* 171。该子离子相当于质子化的 5-(二甲胺基)-伸萘基部分（图 19.4）。通过 SRM 监测从质子化的衍生物（*m/z* 530）到其子离子（*m/z* 171），衍生物的 MS/MS 检测相当敏感，EE 的检测下限可达 0.2 fg/ml。如今，Dns-Cl 被广泛用于分析带有苯酚结构的类固醇类化合物。

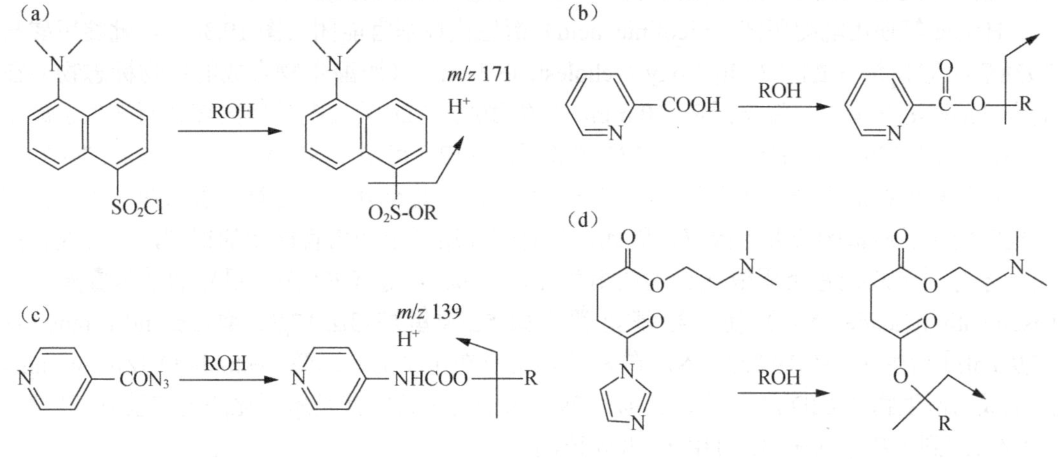

图 19.3 酚类和醇类的衍生化反应；衍生化的子离子为（a）Dns-C1，（b）picolynic acid，（c）NA 和（d）MDMAES imidazole

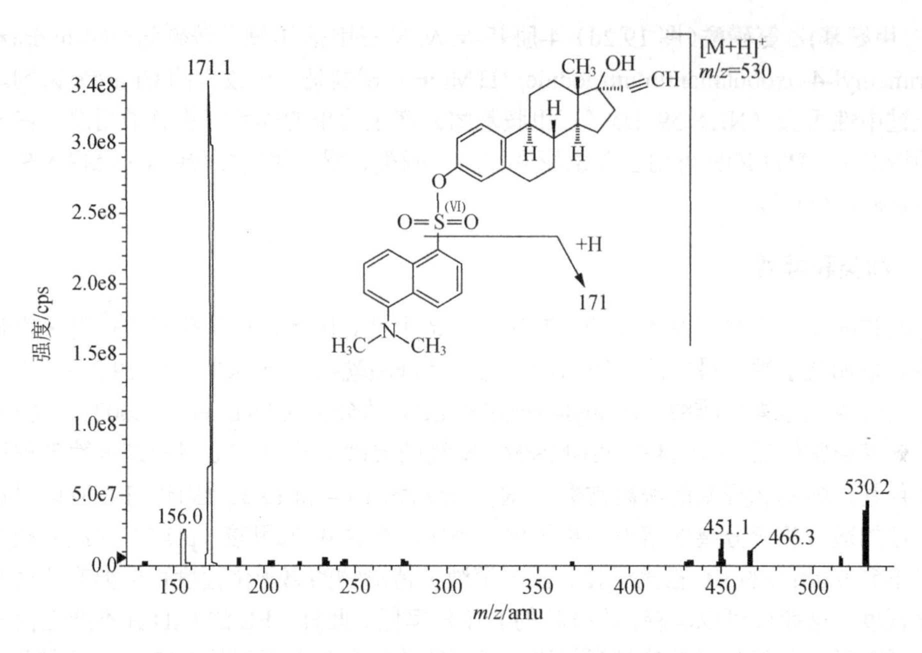

图 19.4　*m/z* 530（3-dansyl-ethinylestradiol 的$[M+H]^+$）的子离子扫描图［复制经 Anari 等（2002）同意；版权 2002 American Chemical Society］

Dns-Cl 也可用于醇类如睾酮、胆固醇、维生素 A、维生素 D_3 等的测定（Tang and Gengerich, 2010）。Dns-Cl 与醇类在 65℃含 4-(二甲胺基)吡啶［4-(dimethylamino)-pyridine］和 *N, N*-二异丙基乙胺（*N, N*-diisopropylethylamine）的二氯甲烷中反应 1 h。所产生的丹酰化醇的质子化分子（$[M+H]^+$）信号很强，经 CID 产生的子离子信号在 *m/z* 171 和 *m/z* 252。在 SRM 监测中，从衍生物的质子化分子（$[M+H]^+$）到子离子 *m/z*171 或子离子 *m/z* 251 的质子传递均有很高的检测灵敏度。与未经衍生化的相比，衍生化后的检测灵敏度增加了 17～1000 倍。该方法可用于人肝脏提取物中 P450 氧化产物的表征分析。

Honda 等使用吡啶甲酸（picolinic acid）衍生化羟基官能团（图 19.3b）。吡啶甲酸与 7*α*羟基-4-胆甾烯-3-酮（7*α*-hydroxy-4-cholestene-3-one）（胆酸生物合成的生物标志物）在缩合试剂四氢呋喃中室温下反应 30 min。衍生物经 CID 丢失吡啶甲酸部分而产生子离子 *m/z* 383。*m/z* 506（$[M+H]^+$）到 *m/z* 383 的离子对（IP）可用于 SRM（Honda et al., 2007）。

由于多电荷的小分子化合物在气态下不稳定，因此小分子化合物在引入两个永久性的带电官能团后质谱响应并未改善。因此，具有带高质子亲和力官能团的试剂，如吡啶官能团，才有利于双羟基类固醇化合物的衍生化。Higashi 等（2007b）用异烟酰基叠氮化物（isonicotinoylazide, NA）使二羟基甾类［如 5*α*雄甾烷-3*α*, 17*β*二醇(5*α*-androstane-3*α*, 17*β*-diol)］衍生化（图 19.3c）。NA 在 80℃与溶解在苯中的雌二醇（estradiol）反应 30 min。所生成的衍生物经 CID 产生子离子 *m/z* 139，该子离子其实就是质子化的吡啶基氨基甲酸。从$[M+H]^+$到子离子 *m/z* 139 可用于 SRM 监测。

Johnson 等(2001)合成了单-(二甲基氨基乙基)琥珀酰基咪唑［mono-(dimethylaminoethyl) succinyl (MDMAES) imidazole］（图 19.3d）。该试剂在 70℃含 1%三乙胺的二氯甲烷中与羟基反应 10 min。所生成的 MDMAES 酯经 CID 丢失 MDMAES 基团（189 Da）产生子离子 *m/z* 369。运用此方法，可直接用 ESI-MS/MS 对 DBS 中的胆固醇和脱氢胆甾醇进行分析而无需色谱分离。

有时分析物的简单酯化反应可用于亲水的醇类分析。丙酰酐和苯甲酰酐可用于碱、细胞分裂素、核苷和完整的核苷酸（如腺苷单磷酸、腺苷二磷酸、腺苷三磷酸）的衍生化（Nordstrom et al., 2004）。通过形成了疏水性衍生物，ESI 的响应有所增强。不仅如此，衍生物在反相色谱柱上的保留也大大改善，而没有必要用到离子对试剂，用离子对试剂会带来离子化抑制。

19.3.3 羧酸类

羧酸可以用负离子 ESI-MS 来检测，然而其灵敏度相当差。此外，用于羧酸分离的流动相经常与 ESI-MS 不兼容。因此，通常要把羧酸转化为疏水性和可离子化的衍生物。丁醇盐酸衍生化方法有时用于羧酸的检测。所生成的丁酯具有疏水性，在 ESI 条件下易离子化，该酯经 CID 丢失 C_4H_8（56 Da）生成子离子 *m/z*（$[M+H-56]^+$）。其中的一个例子是甲基丙二酸（methylmalonic acid）的分析，该酸是甲基丙二酰辅酶 A 变位酶缺乏或维生素 B_{12} 代谢谢紊乱的标志物。其酯衍生物的二叔丁基酯部分会丢失两个 C_4H_8 而产生子离子 *m/z* 119。因此，可用 SRM 来监测从 *m/z* 231（$[M+H]^+$）到 *m/z* 119 的转换（Magera et al., 2000）。羧酸丁醇盐酸衍生化的另外一个例子是新生儿筛查中同时分析 DBS 中的氨基酸和酰基肉毒碱（Chace et al., 2003; Chace and Kalas, 2005; Li and Tse, 2010）。所生成的氨基酸丁酯可不经色谱分离而直接进行 ESI-MS/MS 分析。大多数α-氨基酸丁酯经过 CID 丢失 $HCOOC_4H_8$（102 Da）产生强信号的子离子。因此，生物样品中的氨基酸图谱可通过 102 Da 的 NL 扫描来获取。酰基肉毒碱是与有机酸和脂肪酸代谢有关的遗传性疾病的代谢标志物。酰基肉毒碱有季铵官能团和一个羧基官能团。其丁基酯在 ESI-MS/MS 经 CID 产生常见的子离子 *m/z* 85。因此，酰基肉毒碱图谱可通过扫描 *m/z* 85 的前体离子来获得。这些方法被广泛用于分析尿液、血浆、血清或血液（DBS）中的氨基酸和酰基肉毒碱（Millington et al., 1990; Rashed et al., 1994）。

Higashi 等报道了简单而实用的用 HP 和氨甲基吡啶（2-picolylamine, PA）来分析羧酸的方法（图 19.5a 和图 19.5b）。几种重要的与生物有关的羧酸化合物，如鹅去氧胆酸（chenodeoxycholic acid）可在 60℃有缩合试剂存在时与这些试剂反应 10 min，即进行衍生化。所产生的 HP-和 PA-衍生物在 ESI-MS 中的信号很强。HP 衍生物经 CID 产生来自质子化 HP 部分的强信号子离子 *m/z* 110，而 PA 衍生物经 CID 产生来自质子化 2-吡啶甲基胺部分的强信号子离子 *m/z* 109。PA 衍生物$[M+H]^+$与 *m/z* 109 的离子对可用于 SRM 监测。PA-衍生化法已被成功地应用于生物样品分析。临床上重要的羧酸类化合物，如胆汁酸和人唾液中的高香草酸均可通过衍生化后再用 LC-ESI-MS/MS 来进行微量分析。与未衍生化相比，PA-衍生化可将检测响应提高 9～158 倍（Higashi et al., 2010）。同样，3-吡啶甲基胺（3-picolylamine）和 3-吡啶甲醇（3-picolylcarbinol）可用于脂肪酸的分析检测（Li and Frank, 2011），3-羟基-1-甲基哌啶（3-hydroxy-1-methyl-piperidine）可用于丙二酸的分析检测（Honda et al., 2009），3-(羟甲基)吡啶可用于植物提取物中极性分子的分析检测（Kallenbach et al., 2009），以及 4-二甲基氨基苄基胺（4-dimethylaminobenzylamine）可用于丙戊酸及其代谢产物的分析检测（Cheng et al., 2007）。

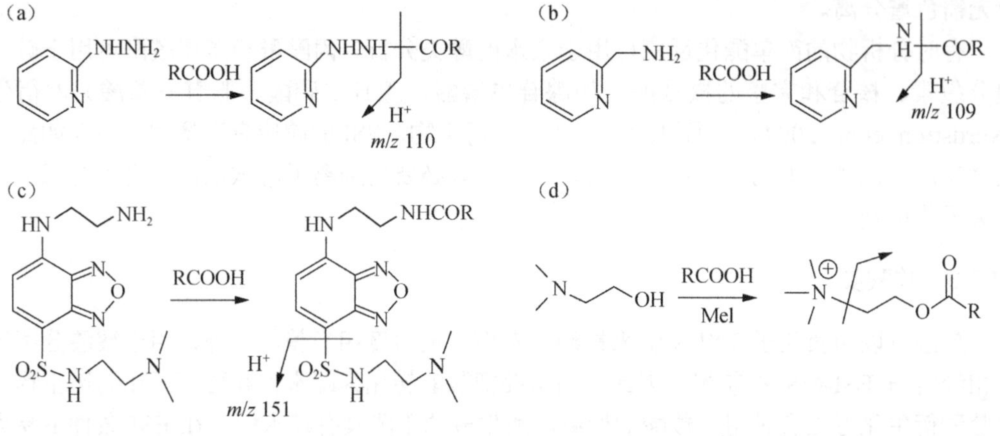

图 19.5 羧酸的衍生化反应；衍生化的子离子为(a) HP, (b) PA, (c) DAABD-AE 和(d) TAME alcohol

DAABD-AE（4-［2-(*N*, *N*-二甲基氨基)乙基氨基磺酰基］-7-(2-氨基乙基氨基)-2,1,3-苯并恶（4-［2-(*N*,*N*-dimethylamino) ethylaminosulfonyl］7-(2-aminoethylamino)2,1,3-benzoxadiazole）（Santa et al.，2007）是合成的用来分析与过氧化物酶有关的疾病标志物的长链脂肪酸（图 19.5c）。DAABD-AE 在 60℃与缩合试剂中脂肪酸反应 45 min。所生成的酰胺衍生物经 CID 几乎只产生 *m/z* 151 的单一子离子，其来源于试剂质子化的（*N*, *N*-二甲基氨基）乙基氨基部分。$[M+H]^+$与 *m/z* 151 的离子对可用于 SRM 监测。与标准的气相色谱法（GC）相比，LC-ESI-MS/MS 方法更简单，可节约 75%的仪器使用时间且只需 1/10 的生物样品体积（Al-Dirbashi et al., 2008）。

三甲基氨基-乙基（trimethylaminoethyl, TMAE）酯类衍生物也可用于长链脂肪酸的分析（Johnson et al., 2003）（图 19.5d）。脂肪酸先与草酰氯反应，然后和二甲氨基乙醇反应，最后经碘甲烷甲基化。这些衍生物经 CID 丢失衍生试剂部分的$(CH_3)_3N$ 基团（59 Da）而产生子离子，每个脂肪酸所生成的衍生产物都可用 MS/MS 进行检测。然而，三步衍生化反应对常规检测来说既费时又费力。有报道称，脂肪酸的 TMAE 或二甲氨基乙醇（dimethylaminoethyl, DMAE）酯类衍生物可不需色谱分离而直接用 ESI-MS/MS 进行分析。

19.3.4 胺类

带有氨基的化合物在酸性条件下容易质子化而适合 ESI-MS 分析。然而，胺的分析往往因为它们的高极性、碱性和高水溶性而麻烦多多。化学衍生化可使胺更加疏水，而生成的衍生物可以更容易地与干扰组分在反相色谱柱上分离，并有较好的 ESI-MS 检测灵敏度。此外，因衍生化而导致的分子质量增加可减少来自基质的背景干扰。这是因为背景在高质量范围内比较低。

对-*N*,*N*,*N*-三甲基氨氨基吡啶-*N'*-羟基琥珀酰亚胺氨基甲酸酯碘盐（*p*-*N*,*N*,*N*-trimethylammonioanilyl-*N'*-hydroxysuccinimidyl carbamate iodide, THAS）是专为 LC-ESI-MS/MS 设计的试剂。在 60℃它与硼酸缓冲液（pH 8.8）中的氨基酸反应 10 min，即生成脲化合物。衍生物的 CID 裂解正好发生于原试剂部分的脲键，产生的特色离子在 *m/z* 177。因此，用于氨基酸的分析时其检测限可达阿托摩尔水平（Shimbo et al., 2009b）（图 19.6a）。3-氨基吡啶-*N*-羟基琥珀酰亚胺基氨基甲酸酯（3-aminopyridyl-*N*-hydroxysuccimidyl carbamate, APDS）也是专为 LC-ESI-MS/MS 设计的试剂，并已用于分析超过 100 种生物体液中具有氨基官能团的化合物。与 THAS 衍生化相比，APDS 衍生物更具疏水性，因此更适合在反相色谱柱上进行分离。所有质子化的分子都产生共同子离子 *m/z* 121，以利于检测（Shimbo et al., 2009a）（图 19.6b）。

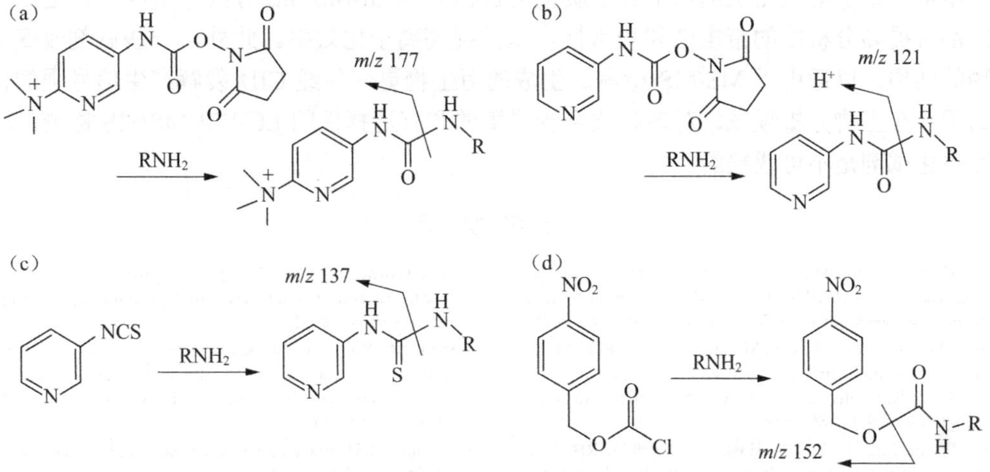

图 19.6 胺的衍生化反应；衍生化的子离子为(a) THAS, (b) APDS, (c) Py-NCS 和(d) 4-nitrobenzyl chloroformate

如前所述，脲和硫脲基团很容易经 CID 裂解而用于 MS/MS 分析。6-氨基喹啉基-*N*-羟基琥珀酰亚胺基氨基甲酸酯（6-aminoquinolyl-*N*-hydroxysuccinimidyl carbamate, AQC）是分析氨基酸的常用荧光衍生化试剂。AQC 可用于分析一种强的人类神经毒素*β*-*N*-甲基氨基-1-丙氨酸和它的异构体 2,3-二氨基丁酸。衍生物脲部分经 CID 裂解，能观察到子离子 *m/z* 145 和 *m/z* 171（Spacil et al.，2010）。AQC 也可用于氨基酸分析（Fiechter and Mayer, 2011）。萘基-异硫氰酸酯（naphthylisothiocyanate, NIT）可用于测定空气样品中 18 种不同的伯胺和仲胺化合物。伯胺衍生物经 CID 裂解产生 *m/z* 144 的基峰和 *m/z* 127 的子离子峰，而仲胺经 CID 裂解产生 *m/z* 186 的基峰和 *m/z* 128 的子离子峰（Claeson et al., 2004）。传统的异硫氰酸酯、3-吡啶基异硫氰酸（Py-NCS）（图 19.6c）、*p*-(二甲胺基)苯基异硫氰酸酯（DMAP-NCS）和 *m*-硝基苯基异硫氰酸酯（NP-NCS）均可用于胺类的衍生化。生成的衍生物具硫脲结构，可经 CID 裂解分别生成一定强度的子离子 *m/z* 137、*m/z* 179 和 *m/z* 137（Santa, 2010）。

在蛋白质组学的研究中，所开发的试剂 iTRAQ（同分异构标记用于相对和绝对定量）也可用于氨基酸的 LC-ESI-MS/MS 分析。用 iTRAQ 衍生化法来进行 LC-MS/MS、气相色谱-质谱（GC-MS）和氨基酸分析的比较也见报道（Kaspar et al., 2009）。

Dns-Cl 也可用于胺类的分析。所生成的衍生物产生 *m/z* 171 的子离子，该子离子来自质子化的二甲基氨基萘基部分。有报道称 Dns-Cl 用于蝇蕈醇、鹅膏蕈氨酸和蘑菇中活性化合物的分析。可用于 SRM 的离子对是上述化合物衍生物的分子离子和相同的子离子 *m/z* 171（Tsujikawa et al., 2007）。氯甲酸酯如氯甲酸对硝基苄酯（Blum et al., 2000）（图 19.6d）、丙基氯甲酸酯（PrCl）和氯甲酸（FMOC）（Uutela et al., 2009）也用于胺类的分析。所生成的衍生物经 CID 裂解产生适用于 MS/MS 检测的离子。

19.4 结束语

本章总结了衍生化试剂在小分子质量化合物 LC-ESI-MS/MS 分析中的应用。运用衍生化试剂可提高分析物的带电性和疏水性，从而提高离子化效率。此外，一些试剂改变了分析物的结构，以适用于 MS/MS 检测。生成的衍生物更容易经 CID 裂解产生信号强的特征子离子。在生物分析领域，对各种化合物灵敏的和有选择性的 LC-ESI-MS/MS 检测，卓越的衍生化试剂是不可或缺的。

参考文献

Al-Dirbashi OY, Rashed MS, Ten Brink HJ, et al. Determination of succinylacetone in dried blood spots and liquid chromatography tandem mass spectrometry. J Chromatogr B 2006;831:274–280.

Al-Dirbashi OY, Santa T, Rashed MS, et al. Rapid UPLC-MS/MS method for routine analysis of plasma pristanic, phytanic, and very long chain fatty acid markers of peroxisomal disorders. J Lipid Res 2008;49:1855–1862.

Anari MR, Bakhtiar R, Zhu B, Huskey S, Franklin RB, Evans DC. Derivatization of ethinylestradiol with dansyl chloride to enhance electrospray ionization: application in trace analysis of ethinylestradiol in rhesus monkey plasma. Anal Chem 2002;74:4136–4144.

Barry SJ, Carr RM, Lane SJ, et al. Use of S-pentafluorophenyl tris(2,4,6-trimethoxyphenyl)phosphonium acetate bromide and (4-hydrazino-4-oxobutyl)[tris(2,4,6-trimethoxyphenyl)] phosphonium bromide for the derivatization of alcohols, aldehydes and ketones for detection by liquid chromatography/electrospray mass spectrometry. Rapid Commun Mass Spectrom 2003;17:484–497.

Blum W, Aichholz R, Ramstein P, Kuhnol J, Froestl W, Desrayaud S. Determination of the $GABA_B$ receptor agonist CGP 44532 (3-amino-2-hydroxypropylmethylphosphinic acid) in rat plasma after pre-column derivatization by micro-high-performance liquid chromatography combined with negative electrospray tandem mass spectrometry. J Chromatogr B 2000;748:349–359.

Cech NB, Enke CG. Relating electrospray ionization response to nonpolar character of small peptides. Anal Chem 2000;72:2717–2723.

Cech NB, Enke CG. Practical implications of some recent studies in electrospray ionization fundamentals. Mass Spectrome Rev 2001;20:362–387.

Cech NB, Krone JR, Enke CG. Predicting electrospray response from chromatographic retention time. Anal Chem 2001;73:208–213.

Chace DH, Kalas TA. A biochemical perspective on the use of tandem mass spectrometry for new born screening and clinical testing. Clin Biochem 2005;38:296–309.

Chace DH, Kalas TA, Naylor EW. Use of tandem mass spectrometry for multianalyte screening of dried blood specimens from newborns. Clin Chem 2003;49:1797–1817.

Cheng H, Liu Z, Blum W, et al. Quantification of valproic acid and its metabolite 2-propyl-4-pentenoic acid in human plasma using HPLC-MS/MS. J Chromatogr B 2007;850:206–212.

Claeson AS, Ostin A, Sunesson AL. Development of a LC-MS/MS method for the analysis of volatile primary and secondary amines as NIT (naphthylisothiocyanate) derivatives. Anal Bioanal Chem 2004;378:932–939.

Eggink M, Wijtmans M, Ekkebus R, et al. Development of a selective ESI-MS derivatization reagent: synthesis and optimization for the analysis of aldehydes in biological mixtures. Anal Chem 2008;80:9042–9051.

Eggink M, Wijtmans M, Kretschmer A, et al. Targeted LC-MS derivatization for aldehydes and carboxylic acids with a new derivatization agent 4-APEBA. Anal Bioanal Chem 2010;397:665–675.

Ehrmann BM, Henriksen T, Cech NB. Relative importance of basicity in the gas phase and in solution for determining selectivity in electrospray ionization mass spectrometry. J Am Mass Spectrom 2008;19:719–728.

Fiechter G, Mayer HK. Characterization of amino acid profiles of culture media pre-column 6-aminoquinolyl-N-hydroxysuccinimidyl carbamate derivatization and ultra performance liquid chromatography. J Chromatogr B. 2011;879:1353–1360.

Gao S, Zhang ZP, Karnes HT. Sensitivity enhancement in liquid chromatography/atmospheric pressure ionization mass spectrometry using derivatization and mobile phase additives. J Chromatogr B 2005;825:98–110.

Hala D, Overturf MD, Peterson LH, Huggett DB. Quantification of 2-hydrazinopyridine derivatized steroid hormones in fathead minnow (Pimephales promelas) blood using LC-ESI + /MS/MS. J Chromatogr B 2011;879:591–598.

Henriksen T, Juhler RK, Svensmark B, Cech N. The relative influence of acidity and polarity on responsiveness of small organic molecules to analysis with negative ion electrospray ionization mass spectrometry (ESI-MS). J Am Mass Spectrom 2005;16:446–455.

Higashi T, Ichikawa T, Inagaki S, Min JZ, Fukushima T, Toyo'oka T. Simple and practical derivatization procedure for enhanced detection of carboxylic acids in liquid chromatography-electrospray ionization-tandem mass spectrometry. J Pharm Bioamed Anal 2010;52:809–818.

Higashi T, Nishio T, Hayashi N, Shimada K. Alternative procedure for charged derivatization to enhance detection responses of steroids in electrospray ionization-MS. Chem Pharm Bull 2007a;55:662-665.2288;

Higashi T, Nishio T, Yokoi H, Ninomiya Y, Shimada K. Studies on neurosteroids XXI. An improved liquid chromatography-tandem mass spectrometric method for determination of 5α-androstane-$3\alpha,17\beta$-diol in rat brains. Anal Sci 2007b;23:1015–1019.

Higashi T, Shimada K. Derivatization of neutral steroids to enhance their detection characteristics in liquid chromatography. Anal Bioanal Chem 2004;378:875–882.

Higashi T, Yamauchi A, Shimada K. 2-Hydrazino-1-methylpyridine: a highly sensitive derivatization reagent for oxosteroids in liquid chromatography-electrospray ionization mass spectrometry. J Chromatogr B 2005;825:214–222.

Honda A, Yamashita K, Ikegami T, et al. Highly sensitive quantification of serum malonate, a possible marker for de novo lipogenesis, by LC-ESI-MS/MS. J Lipid Res 2009;50:2124–2130.

Honda A, Yamashita K, Numazawa M, et al. Highly sensitive quantification of 7α-hydroxy-4-cholesten-3-one in human serum by LC-ESI-MS/MS. J Lipid Res 2007;48:458–464.

Iwasaki Y, Nakano Y, Mochizuki K, et al. A new strategy for ionization enhancement by derivatization for mass spectrometry. J Chromatogr B 2011;879:1159–1165.

Johnson DW. Contemporary clinical usage of LC/MS: analysis of biologically important carboxylic acids. Clin Biochem 2005;38:351–361.

Johnson DW. A modified Girard derivatizing reagent for universal profiling and trace analysis of aldehydes and ketones by electrospray ionization tandem mass spectrometry. Rapid Commun Mass Spectrom 2007;21:2926–2932.

Johnson DW, ten Brink HJ, Jakobs C. A rapid screening procedure for cholesterol and dehydrocholesterol by electrospray ionization tandem mass spectrometry. J Lipid Res 2001;42:1699–1705.

Johnson DW, Trinh MU, Oe T. Measurement of plasma pristanic, phytanic and very long chain fatty acids by liquid chromatography-electrospray tandem mass spectrometry for the diagnosis of peroxisomal disorders. J Chromatogr B, 2003;798:159–162.

Kallenbach M, Baldwin I, Bonaventure G. A rapid and sensitive method for the simultaneous analysis of a aliphatic and polar molecules containing free carboxyl groups in plant extract by LC-MS/MS. Plant methods 2009;5:17–27.

Kaspar H, Dettmer K, Chan Q, et al. Urinary amino acid analysis: A comparison of iTRAQ-LC-MS/MS, GC-MS, and amino acid analyzer. J Chromatogr B 2009;877:1838–1846.

Lampinen-Salomonsson M, Beckman E, Bondesson U, Hedeland M. Detection of altrenogest and its metabolites in post administration horse urine using liquid chromatography tandem mass spectrometry-increased sensitivity by chemical derivatization of glucuronic acid conjugate. J Chromatogr B 2006;833: 245–256.

Leavens WJ, Lane SJ, Carr RM, Lockie AM, Waterhous I. Derivatization for liquid chromatography/electrospray mass spectrometry: synthesis of tris(trimethoxyphenyl)phosphonium compounds and their derivatives of amine and carboxylic acids. Rapid Commun Mass Spectrom 2002;16:433–441.

Leitner A, Lindner W. Current chemical tagging strategies for proteome analysis by mass spectrometry. J Chromatogr B-Anal Technol Biomed Life Sci, 2004;813:1–26.

Li W, Tse FLS. Dried blood spots sampling in combination with LC-MS/MS for quantitative analysis of small molecules. Biomed Chromatogr 2010;24:49–65.

Li X, Frank A. Improved LC-MS method for the determination of fatty acids in red blood cells by LC-Orbitrap MS. Anal Chem 2011;83:3192–3198.

Magera MJ, Helgeson JK, Matern D, Rinaldo P. Methylmalonic acid measured in plasma and urine by stable-isotope dilution and electrospray tandem mass spectrometry. Clin Chem 2000;46:1804–1810.

Millington DS, Kodo N, Norwood DL, Roe CR. Tandem mass spectrometry: a new method for acylcarnitine profiling with potential for neonatal screening for inborn errors of metabolism. J Inherit Metab Dis 1990;13:321–324.

Nordstrom A, Tarkowski P, Tarkowska D, et al. Derivatization for LC—electrospray ionization—MS: a tool for improving reversed-phase separation and ESI response of bases, ribosides, and intact nucleotides. Anal Chem 2004:76:2869–2877.

Okamoto K, Takahashi K, Doi T. Sensitive detection and structural characterization of trimethyl(p-aminophenyl)-ammonium-derivatized oligosaccharides by electrospray ionization-mass spectrometry and tandem mass spectrometry. Rapid Commun Mass Spectrom 1995;9:641–643.

Quirke JME, Adams CL, Van Berkel GJ. Chemical derivatization for electrospray ionization mass spectrometry. 1. Alkyl halides, alcohols, phenols, thiols, and amines. Anal Chem 1994;66:1302–1315.

Rashed MS, Ozand PT, Harrison ME, Watkins PJF, Evans S. Electrospray tandem mass spectrometry in the diagnosis of organic acidemias. Rapid Commun Mass Spectrom 1994;8:129–133.

Ross PL, Huang YLN, Marchese JN, et al. Multiplexed protein quantitation in *Saccharomyces cerevisiae* using amine-reactive isobaric tagging reagents. Mol Cell Proteomics 2004;3:1154–1169.

Santa T, Al-Dirbashi OY, Ichibangase T, et al. Synthesis of benzofurazan derivatization reagents for carboxylic acids in liquid chromatography/electrospray ionization-tandem mass spectrometry (LC/ESI-MS/MS). Biomed Chromatogr 2007;21: 1207–1213.

Santa T, Al-Dirbashi OY, Ichibangase T, Rashed MS, Fukushima T, Imai K. Synthesis of 4-[2-(*N,N*-dimethylamino)ethylaminosulfonyl]-7-*N*-methylhydrazino-2,1,3-benzoxadiazole (DAABD-MHz) as a derivatization reagent for aldehydes in liquid chromatography/electrospray ionization-tandem mass spectrometry. Biomed Chromatogr 2008;22:115-118.

Santa T. Isothiocyanates as derivatization reagents for amines in liquid chromatography/electrospray ionization-tandem mass spectrometry (LC/ESI-MS/MS). Biomed Chromatogr 2010;24:915–918.

Santa T. Derivatization reagents in liquid chromatography/electrospray ionization tandem mass spectrometry. Biomed Chromatogr 2011;25:1–10.

Shackleton CHL, Chuang H, Kim J, de la Torre X, Segura J. Electrospray mass spectrometry of testosterone esters: Potential for use in doping control. Steroids 1997;62:523–529.

Shibayama Y, Higashi T, Shimada K, et al. Liquid chromatography-tandem mass spectrometric method for determination of salivary 17a-hydroxyprogesterone: A noninvasive tool for evaluating efficacy of hormone replacement therapy in congenital adrenal hyperplasia. J Chromatogr B 2008;867:49–56.

Shimbo K, Oonuki T, Yahashi A, Hirayama K, Miyano H. Precolumn derivatization reagents for high-speed analysis of amines and amino acids in biological fluid using liquid chromatography/electrospray ionization tandem mass spectrometry. Rapid Commun Mass Spectrom 2009a;23:1483–1492.

Shimbo K, Yahashi A, Hirayama K, Nakazawa M, Miyano H. Multifunctional and highly sensitive precolumn reagents for amino acids in liquid chromatography/tandem mass spectrometry. Anal Chem 2009b;81:5172–5179.

Spacil Z, Eriksson J, Honasson S, Rasmussen U, Ilag LL, Bergman B. Analytical protocol for identification of BMAA and DAB in biological samples. Analyst 2010;135:127–132.

Tang Z, Gegerich FP. Dansylation of unactivated alcohols for improved mass spectral sensitivity and application to analysis of cytochrome P450 oxidation products in tissue extracts. Anal Chem 2010;82:7706–7712.

Toyo'oka T. LC-MS determination of bioactive molecules based upon stable isotope-coded derivatization method. J Pharm Biomed Anal 2012;69:174–184.

Tsujikawa K, Kuwayama K, Miyaguchi H, et al. Determination of muscimol and ibotenic acid in Amanita mushrooms by high-performance liquid chromatography and liquid chromatography-tandem mass spectrometry. J Chromatogr B 2007;852:430–435.

Uutela P, Ketola RA, Piepponen P, Kostianinen R. Comparison of different amino acid derivatives and analysis of rat brain microdialysates by liquid chromatography tandem mass spectrometry.

Anal Chim Acta 2009;633:223–231.

Van Berkel GJ, Quirke JME, Tigani RA, Dilley AS, Covey TR. Derivatization for electrospray ionization mass spectrometry. 3. Electrochemically ionizable derivatives. Anal Chem 1998;70:1544–1554.

Zhou S, Cook KD. A mechanistic study of elecrospray mass spectrometry: charge gradients within electrospray droplets and their influence on ion response. J Am Soc Mass Spectrom 2001;12:206–211.

Zhou S, Hamburger M. Effects of solvent composition on molecular ion response in electrospray mass spectrometry: investigation of the ionization process. Rapid Commun Mass Spectrom 1995;9:1516–1521.

20

液相色谱-质谱（LC-MS）生物分析中基质效应的评价与消除

作者：Bernd A. Bruenner 和 Christopher A. James
译者：刘佳
审校：侯健萌、谢励诚

20.1 引 言

采用基于液相色谱-质谱（LC-MS）的方法分析生物样品中的药物时，样品中的一些共同提取物质可能会对目标化合物的离子化效率产生影响。这个影响可以从仪器响应上观察到，化合物的信号会增强或更常见的是被抑制，通常这种现象被称为基质效应，现已有不少以此为主题的文献综述（Bakhtiar and Majumdar, 2007; Cote et al., 2009; Trufelli et al., 2011）。在同一项目中，基质效应对校正标样、质量控制（QC）样品及其他样品信号的影响可能会不同，需要特别关注的是只影响待测样品的离子化而不影响校正标样或者 QC 样品的情况。这种情况会使整个分析方法在满足所有接受标准的前提下，测得的未知样品浓度与其实际浓度之间存在偏差。现已知多种类型化合物会引起基质效应，包括生物内源性化合物如血浆中的磷脂和来源于药物制剂、药物代谢产物和抗凝剂的外源性物质。即使干扰物来源看似无所不在，但只有在干扰物从生物样品中提取出来并在离子化过程中与目标化合物一起被洗脱时才会对分析结果产生影响。认识到这个必要条件，便可通过改变样品提取过程、改变色谱与离子化条件及使用稳定同位素标记内标（SIL-IS）来控制基质效应。本章将讨论 LC-MS 定量方法中产生基质效应的一些已知原因、机制及如何评价和减少基质效应的方法。

20.2 基质效应的潜在影响

在药代动力学（PK）筛选的早期阶段，液相色谱-串联质谱（LC-MS/MS）方法一般使用普通的提取方法和色谱条件及非最佳的内标，也未进行广泛的验证，因此，药物的早期研发方法相对于后续开发阶段更易受到基质效应的影响。然而，药物发现阶段采用的筛选方式通常必须既保证方法质量，又能筛选大量化合物，因此，在药物发现阶段一些基质效应方面的风险可以被接受，而经过验证的方法因基质效应所引起的结果偏差则是不可接受的。举例说明基质效应在药物发现阶段的影响，静脉注射（IV）给药后所测得的大鼠血浆中药物的浓度因离子抑制而低了 5 倍多（Schuhmacher et al., 2003），这些差异导致最初低估了药时曲线下面积（AUC）而高估了清除率（CL）和生物利用度（BA）。文献作者把基质效应归咎于静脉给药的辅料［聚乙二醇（PEG）-400］，并改进了分析方法使药物含量能够被精确定量。如果没有认识到这一点并加以改正，不精确的结果可能会误导药物筛选。

基质效应并不只是出现在临床前的 PK 筛选中，从大量例子中可以看到，基质效应在方法开发（MD）及验证阶段对分析方法的灵敏度、准确度和精密度的影响（Buhrman et al., 1996; Matuszewski et al., 1998; Matuszewski et al., 2003）。在 2008 年上半年发表的刊物里，LC-MS/MS 方法验证中基质效应的范围为 0%～50%（Van Eeckhaut et al., 2009）。不过，其中绝大多数方法都可以通过使用内标来校正离子抑制或增强的现象。因此，只要精密度、准确度和基质效应能满足一定的接受标准，基质效应的存在并不碍方法验证的成功。除影响小分子药物的分析外，基质效应也会对多肽类治疗药物产生影响。例如，在用 LC-MS/MS 方法分析奥曲肽（octreotide）的验证中（奥曲肽用来抑制肿瘤中荷尔蒙分泌过多），需要通过多种途径包括使用混合型固相萃取（SPE）方法、超高效液相色谱（UHPLC）和在线去除磷脂来建立稳固、灵敏的方法（Ismaiel et al., 2011）。

20.3　基质效应的常见原因

在 LC-MS/MS 分析过程中，生物样本中的很多物质都可能导致基质效应。这些能引起基质效应的物质一定存在于最终提取完成的样品中（如未能在样品制备过程去除的物质），并且在色谱系统中与化合物或（和）内标一起洗脱下来。然而，即使出现这些共同提取洗脱的物质，基质效应也并不一定会影响到分析方法，因为基质效应的大小取决于方法中使用的大气压离子化（API）类型、干扰物的相对浓度及校正标样或同位素内标的抵消作用。引起基质效应的物质根据其来源可被分为内源性和外源性两大类（Antignac et al., 2005），内源性干扰物通常是存在于生物样本中的一些有机和无机物，可能还包括体内形成的一些代谢产物。由于生物组织和体液［如血浆、尿液或者脑脊液（CSF）］中的成分有很大的不同，而且相同种属和不同种属间差别很大，因此遇到的干扰程度也可能不同（Dams et al., 2003），另外同一个体内的某一特定基质成分，如血脂也可能因为疾病或者饮食的改变发生显著变化。

目前，血浆是制药行业用来进行样本分析最常见的生物液体，一般含有高浓度的盐、蛋白质、脂肪和磷脂，还有少量碳水化合物、多肽及其他有机化合物（Antignac et al., 2005）。所有这些组分都有可能导致基质效应。通过下面所描述的一些样本处理过程，可以在一定程度上去除这些成分。许多文献报道都在关注磷脂，它可能是引起基质效应的主要原因之一，特别是通过一般的蛋白质沉淀（PPT）方法不能有效去除磷脂（Little et al., 2006; Ismaiel et al., 2007, 2010）。此外，由于脂类长链的疏水性，这些化合物一般在反相（RP）色谱条件下会比较晚地被洗脱出来，因此更容易与化合物一起被洗脱，成为干扰的来源。与此相对的是高极性的盐类，其在液相色谱（LC）中无法保留，一般会在化合物洗脱之前的死时间被洗脱下来。导致基质效应的外源性物质也必须列入考虑范围，外源性物质的干扰可能来自于样品制备过程或者给药时或后续样本处理过程。已知能引起基质效应的物质包括抗凝剂如肝素锂，用于样品采集和储存的容器中的增塑剂（Mei et al., 2003），缓冲液，离子对试剂（Gustavsson et al., 2001）及静脉给药制剂中加入的辅料。特别是吐温-80 和 PEG-400，用于静脉制剂及某些口服制剂中都可能引起基质效应（Weaver and Riley, 2006）。虽然肝素锂可引起基质效应，但乙二胺四乙酸（EDTA）作为抗凝剂时，不同的耦合离子（NaEDTA、

K_2EDTA 或 K_3EDTA）却不会产生基质效应（Bergeron et al., 2009; Sennbro et al., 2011b）。另外，联合给药或者非处方药也可能出现在临床血浆样品中，它们可能导致基质效应从而影响待测物的定量（Leverence et al., 2007）。

20.4 基质效应的机制

有几种机制被提出来解释基质效应，但是真正的答案尚未确定（Cech and Enke, 2000; King et al., 2000）。例如，离子抑制的机制是有赖于离子化方式的。一般认为，使用电喷雾离子化（ESI）离子源比大气压化学离子化（APCI）离子源更易受到基质效应的影响（Matuszewski et al., 2003）。对于 ESI，离子形成需要多个步骤，与待测物一起洗脱的化合物可能在液化和汽化阶段影响离子化效率。用 ESI 离子源时，随着液体从带有高电压的毛细管中流出，离子便首先在液相中形成了（Cole, 2000）。在高压电场下，液相形成大量带电小液滴（Kebarle, 2000; Kebarle and Verkerk, 2009），它们会进一步裂变和溶剂蒸发，这时基质中的干扰化合物可能会与待测物竞争小液滴中有限的电荷，从而导致信号抑制（Enke, 1997）。使用 ESI 离子源时，待测物在高浓度范围（高于 10^{-5} mol/L）（Ikonomou et al., 1990）不呈线性是符合电荷竞争机制的（Constantopoulos et al., 2000）。接下来就是将离子转移到气相中，首先要求离子到达液滴的表面。高浓度的基质组分可以限制待测物到达液滴表面。而且一些有疏水基团的物质如脂类及药物添加剂如吐温-80 和 PEG-400 有很高的表面活性，从而限制了到达液滴表面的待测物离子数量，进而抑制待测物的离子化效率（Xu et al., 2005）。这些基质组分还可以影响液滴的黏稠度和表面张力，减少了液滴的生成和接下来的溶剂蒸发，使到达气相的离子减少。由于表面活性对离子化的影响很大，基质效应也可能取决于化合物的类别和待测物的极性。较高极性的化合物会集中在液滴的水相内部而不会留在表面，因此具有较低表面张力及倾向于产生更多的离子抑制（Bonfiglio et al., 1999）。流动相添加剂或基质本身产生的离子对试剂会形成中性结合物而产生信号抑制（Apffel et al., 1995）。即使在气相中，待测物离子仍然易受同时进入气相的基质组分的影响。中性基质组分可能会通过气相中的质子传递反应与带电的待测物竞争电荷。那些带有较高碱度的气相将会去除掉待测物中的质子，中和它的电荷，造成信号下降（Amad et al., 2000）。来源于基质或流动相中的非挥发性组分也可能是有害的，它会在带电液滴挥发过程中与待测物形成共沉淀物固态颗粒，从而导致信号抑制（King et al., 2000）。相对于 ESI 来说，APCI 的离子化过程是通过电晕针放电直接使气相中的中性组分形成离子的。APCI 液相中所出现的基质干扰组分一般不会像 ESI 那样直接产生抑制，因此 APCI 不容易受基质效应影响。但是，由于 APCI 更高的温度和更快的溶剂挥发速率，待测物与非挥发性物质产生的沉淀所引起的抑制要比 ESI 更强（King et al., 2000），而且一旦转变为气相，各种基质组分可能会与待测物竞争气相中溶剂离子的质子，进而抑制化合物的离子化，这与 ESI 在气相中产生离子抑制的原理是类似的。

虽然真正的离子抑制机制可能尚未完全明确，但一般来说基质效应是由竞争电荷或中和离子化过程引起的。相反地，当基质中含有增强离子化效率或气相转移的成分时会增强离子化过程。因此，可以通过各种方法如减少基质组分来改善待测物与干扰物的分离，甚至于稀释样品以降低待测物和共提取物浓度来降低基质效应（Schuhmacher et al., 2003; Larger et al., 2005）。

20.5 鉴别和评价基质效应的方法

有几种方法可以用在 LC-MS/MS 定量中来评价基质效应程度及影响。一个被广泛采用的定性评价基质效应的方法是柱后灌流方式（Bonfiglio et al., 1999; Muller et al., 2002; Mallet et al., 2004; Souverain et al., 2004）。这项技术可以鉴别出色谱图中化合物响应容易受到基质效应影响的特定区域，可用来评价为降低基质效应而对分析方法所做的修改。在柱后灌流中，采用 T 型三通和针泵注入液相色谱柱恒定量的待测物，从而在质谱中形成持续的信号（图 20.1），之后进样空白溶剂和空白基质提取物，再比较两个进样样品的洗脱色谱图。所进样样品中的基质组分应与常规的样品分析一样得到色谱分离。色谱图中信号下降的区域表明了基质组分在抑制待测物信号，响应增加部分意味着离子增强（图 20.2）。这项技术的缺点是较为费时，尤其是在评价多个待测物时，且一般所灌流的待测物浓度较高，无法体现定量下限（LLOQ）附近基质效应的情况。此外，这项技术无法定量地监测基质效应，仅能表明色谱图的哪些区域有干扰组分被洗脱出来而导致潜在的离子抑制效应。除柱后灌流外，利用不含制剂辅料的血浆稀释样品，与未稀释的样品浓度做比较也可鉴定基质效应（Larger et al., 2005）。

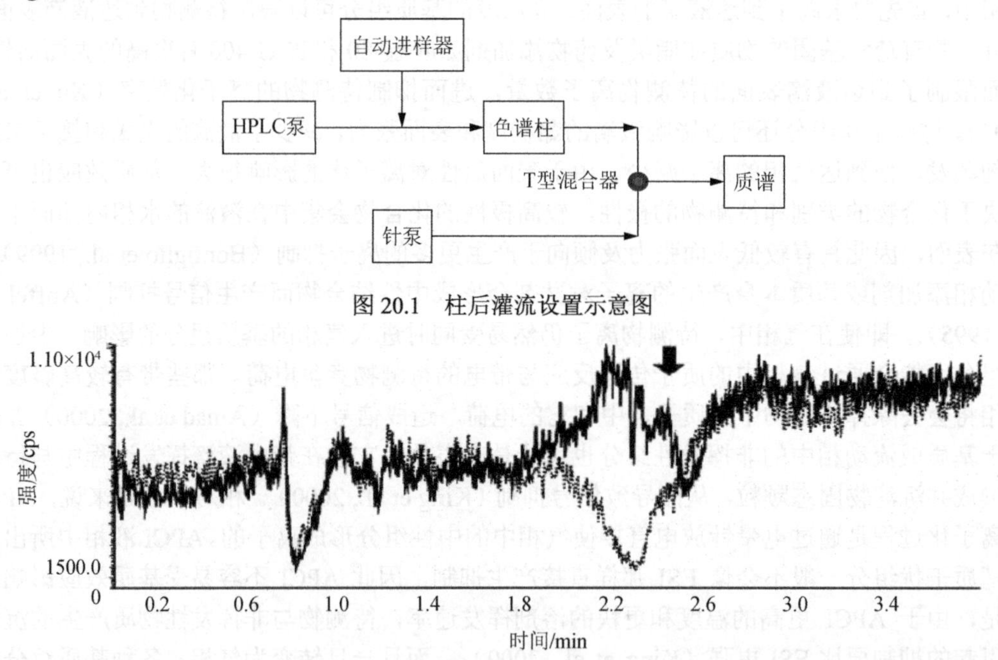

图 20.1 柱后灌流设置示意图

图 20.2 柱后灌流实验的一个例子；实线代表进样空白血浆提取物后的结果，虚线是动物给辅料聚山梨醇酯 80（polysorbate）之后血浆提取物的进样结果；灌流化合物之后色谱图中信号的下降代表了离子抑制区域；两个样品的第一个信号抑制区域都在死体积附近（0.8 min），这是由不保留的基质组分引起的；第二个在 2.2 min 的抑制区域仅存在于包含有制剂辅料的血浆样品中，它出现在化合物保留时间附近（箭头所指）（Larger et al., 2005。复制经 Elsevier 允许）

一般更常用的定量评价基质效应的方法是在标准分析方法中比较提取样品与纯溶液的

响应。绝对的基质效应可以定义为基质因子（MF）。MF 的计算方式为：在不考虑回收率的情况下，比较待测物在基质离子存在和不含基质离子条件下的响应（Matuszewski et al., 2003）。实际上，MF 是由提取后的空白基质加入待测物之后的响应比上在纯溶液中相同浓度待测物的响应：MF＝提取后的空白基质加入待测物的响应/纯溶液中待测物的响应。

当待测物在纯溶液中的响应与空白基质提取后加入待测物的响应相等时，MF 等于 1，这说明没有基质效应。MF 小于 1 代表离子抑制，MF 大于 1 表明离子增强（Viswanathan et al., 2007）。

内标归一化的 MF 可以由待测物的 MF 除以内标的 MF 得到，如下所示，或者在前述的公式里利用待测物与内标的比值计算（Bansal and DeStefano, 2007）：内标归一化 MF＝待测物 MF/内标 MF。

内标归一化的 MF 为 1 时表明待测物和内标受到离子抑制或增强的程度相同。一般认为内标归一化的 MF 范围在 0.80～1.20 时是可以接受的（Kollipara et al., 2011）。如果是同位素标记内标，基质效应对待测物与内标的影响程度是相同的，一般测得的内标归一化 MF 都在 1 左右。采用同位素标记内标的一个主要优点就是可以抵消基质效应的影响。

另一个确定存在基质效应的方法是利用不同批次的基质。例如，利用 5 批不同的基质来制备标准曲线，然后比较标准曲线的斜率。作为方法适用性的指导，文献作者根据其实验室的结果建议 5 个不同批次的变异系数（CV）应小于 3%～4%（Matuszewski, 2006）。

在方法开发阶段，检测如磷脂这样特殊基质组分的质谱响应是另一种有效的定性基质效应的工具（表 20.1）。可以通过质谱离子对（IP）监测不同磷脂类型，以保证待测物与磷脂从色谱上得以分离，进而尽可能减少潜在的基质效应（Chambers et al., 2007）。人血浆中的脂类可分为磷脂、胆固醇脂、游离胆固醇和三酰甘油。在磷脂当中，大多数以卵磷脂形式存在，它们占到了磷脂中的 70%（Ismaiel et al., 2010）。一种更加常用的方法是监测所有甘油磷脂都含有的三甲胺乙烯磷酸碎片离子 *m/z* 184，这些甘油磷脂包括卵磷脂、溶血磷脂和神经磷脂酶。这个技术是利用源内碰撞诱导解离（CID）形成 *m/z* 为 184 的离子并利用 *m/z* 184 →184 的单选择反应离子监测来实现的（Little et al., 2006）。另一种思路是利用扫描 *m/z* 184 的母离子来鉴定含三甲胺乙烯磷酸的脂类或采用中性丢失（NL）扫描鉴定其他的脂类，这种监测具有可鉴定母离子的优点，因此可以鉴别单个色谱峰所属的特定磷脂（Xia and Jemal, 2009）。

表 20.1　正离子模式下监测与基质效应有关的一般脂类

脂类	技术	离子对（*m/z*）	注释	参考文献
所有的甘油磷酰胆碱（包括溶血磷脂胆碱和神经磷脂）	源内裂解碰撞诱导解离-多反应离子监测（CID-MRM）	184→184（三甲胺乙基磷酸离子）	单通道MRM可以尽可能减少灵敏度损失	Little et al., 2006
溶血磷脂胆碱		104→104	*m/z* 184离子对是所有脂类结构胆碱磷酸的端基团	

续表

脂类	技术	离子对（m/z）	注释	参考文献
溶血磷脂胆碱	多反应离子监测（MRM）	496→184 524→184	监测多个MRM通道，每一个通道针对特定的磷脂	Ghosh et al., 2011; Ismaiel et al., 2010; Cote et al., 2009; Pucci et al., 2009; Chambers et al., 2007
甘油磷酰胆碱		704→184 758→184 786→184 806→184		
所有的胆固醇和胆固醇脂类		369→369 [M＋H-H_2O]	m/z 369离子对通常适用于胆固醇和脂类	
所有的甘油磷酰胆碱（包括溶血磷脂胆碱和神经磷脂）	母离子扫描 m/z 184	N/A	不同于MRM的扫描方式	Ghosh et al., 2011; Xia et al., 2009; Little et al., 2006
甘油磷酰胆碱	中性丢失（NL）扫描141	N/A		
磷脂酰丝氨酸	NL扫描185	N/A		

20.6　评价与避免基质效应的法规指导

用以支持法规依从项目的生物分析方法验证中，基质效应被认为是可能对 LC-MS/MS 分析的准确度和精密度造成负面影响的一个关键因素。虽然在生物分析方法验证中评价基质效应的话题已经在许多研讨会中讨论过，但尚未达成统一的评价方法。目前美国食品药品监督管理局（FDA）的生物分析方法验证指导原则中提到“应考察基质效应以保证精密度、选择性和灵敏度不受其影响”，却没有指出该如何进行这些实验（FDA, 2001）。事实上，很多生物分析实验室通过比较在 6 个不同批次的基质中加入待测物配制的低浓度与高浓度 QC 样品后的准确度与精密度差异是否在一定范围内（±15%）来考查基质效应对定量的影响（Kollipara et al., 2011）。最近批准的欧洲药品管理局（EMA）关于生物分析方法的指导原则中列出了对待测物和内标的测定要求（EMA, 2011），这其中包括在至少 6 个单独来源的基质中计算高、低浓度的 MF 和内标归一化 MF。内标归一化 MF 的 CV 应小于 15%。另外，如果已知制剂辅料会导致基质效应，这些测试也应在服用过辅料的个体基质中进行。EMA 的指导原则中还指明，要进行溶血或高脂血浆的测试。对于采用同样抗凝剂但耦合离子不同的方法，法规中仍未明确是否需要进行交叉验证（Sennbro et al., 2011a）。无论采取哪种思路，在法规依从的实验室中，对基质效应的接受标准和要求需在方法验证时根据标准操作规程（SOP）制定。

20.7　避免或消除基质效应的方法

有几种方法可以降低和消除基质效应。由于待测物与干扰组分的共同洗脱是发生基质效应的前提，因此通常可以修改色谱条件来降低基质效应的影响（Trufelli et al., 2011）。通过改变梯度条件、流动相洗脱强度和 pH 都能有效改变待测物的保留时间，使其远离离子抑制的区域（Chambers et al., 2007）。磷脂的亲脂性特点可使它们在反相柱上有很强的保留。当梯度条件不足以移除这些干扰物时，它们可能会在色谱柱上累积或在后续的进样中被洗脱出来，从而导致基质效应不一致。在文献作者采用 PPT 法进行高通量应用项目时，通过优化流动相条件降低了基质效应，揭示了当用 C18 色谱柱时乙腈在流动相中浓度≤90%时对磷脂的洗脱能力比甲醇强，但是当甲醇在流动相中的浓度＞95%时，其对磷脂的洗脱更有效（Ye et al., 2011）。这是由于磷脂在乙腈中的溶解度降低。但是，采用 1∶1 的甲醇∶乙腈混合物作为流动相进行梯度洗脱时，对于各种化合物包括中性、酸性和碱性化合物的洗脱，都能得到最佳的待测物分辨率、峰形和与磷脂的分离。采用亚 2 μm 粒径色谱柱时，利用 UHPLC 可对分离进一步改善并减少分析时间（Guillarme et al., 2010; Remane et al., 2010）。针对 10 种不同化合物引入 UHPLC，并采用不同样品制备方法和色谱条件，都能改善待测物和共洗脱物的分离，进而减少了基质效应（Chambers et al., 2007）。

样品制备是另一项可以选择性地去除干扰物进而减少基质效应的策略。在常见的样品制备技术中，PPT 方法由于其过程简单，适用待测物广泛，成本低廉而最为常用。但是，从对样品净化方面来说，PPT 技术最易产生基质效应，因为这种技术产生相对较脏的样品，其中仍然包括了很多基质组分如盐类和磷脂。SPE 和液-液萃取（LLE）技术在这方面则效果较好，但方法开发更复杂，对于某些类别的化合物来说可能不适用。LLE 技术一般可以制备干净的样品提取物，但它的应用仅限于那些可以分配到与水不互溶的溶剂中的化合物，因此 LLE 技术不适用于离子型或者高极性化合物。对提取溶剂的选择更受到环境与安全因素的制约，且 LLE 技术一般要求在进样之前进行溶剂挥干和重溶解步骤。采用 SPE 进行样品制备也可有效降低基质效应，并且各种类型的 SPE 使得该技术适用于绝大多数的药物分子（Li et al., 2006）。

最近出版的文献比较了人血浆中奈韦拉平（nevirapine）的不同提取技术，包括 PPT、LLE 和 SPE，并且描述了这些方法可以改进的地方（Ghosh et al., 2011）。在这个研究中，当采用 PPT 时观察到了最大的基质效应，MF 为 0.30。在监测磷脂的前提下分别比较了采用甲醇和乙腈为提取溶剂的情况，乙腈产生了较干净的提取物，比甲醇包含较少的共提取脂类，这与先前的报道一致（Chambers et al., 2007），采用乙酸乙酯或甲基叔丁基醚（MTBE）作为提取剂的 LLE 方法，与 PPT 相比基质效应明显降低，平均 MF 为 0.80。与 PPT 类似，不同提取剂提取磷脂的量也不同，当采用极性较小的溶剂时（MTBE），提取的磷脂要比乙酸乙酯少。在这个例子中，研究发现反相 SPE（Oasis® HLB）无论在降低基质效应方面（MF＝0.99），还是在减少共提取物磷脂方面都要优于 LLE。在另一个项目中，采用了多种 SPE 模式，包括阳离子交换、反相及混合模式，并将它们进行评价和比较（Chambers et al., 2007）。结果表明混合模式的 SPE 得到最干净的提取物，该 SPE 是阳离子与反相机制的混合模式。近期有一种采用过滤板的样品制备新技术，它可以在过滤时从血浆样品沉淀中直接除去磷脂。这些产品包括安捷伦的 Captiva ND®Lipids 和 Sigma-Aldrich 的 Hybrid®SPE-磷脂蛋白沉淀板，已证明它们都能减少基质效应并改善方法灵敏度（Pucci et al., 2009; Kole et al., 2011）。

API 离子源的选择和离子化极性也可以影响到基质效应。ESI 一般用于对灵敏度要求高的方法，但是 ESI 具有如前所述与 APCI 不同的离子化机制，使其更易受到基质效应的影响（Dams et al., 2003; Remane et al., 2010）。因此，如果灵敏度不是问题并且待测物热稳定性好，那么从 ESI 转到 APCI 是有效降低基质效应的办法。在一个测定人血浆氯苯那敏（chlorpheniramine）的例子当中，APCI 代替 ESI 之后基质效应降低了 75%。这个项目也证明了与离子抑制相关的磷脂（包括卵磷脂和溶血磷脂胆碱）在 APCI 下有更低的离子化效率，这或许可以解释 APCI 为什么不易受到基质效应的影响（Ismaiel et al., 2008）。但是，如一些文献所述（Sangster et al., 2004），APCI 并不是对基质效应完全免疫的。还有，当使用 APCI 时，热不稳定的代谢产物降解回原药的风险更大。离子极性模式的选择也能减弱基质效应的程度（Antignac et al., 2005）。一般认为，负离子模式选择性更好，有更少的离子抑制。但是，许多待测物无法在负离子模式下分析，而且离子化模式的选择经常受制于方法灵敏度。

在样品分析过程中使用内标抵消基质效应的影响是最常见的思路。如果内标和待测物受到同样程度的抑制或增强的话，任何离子化条件的变化只会影响到绝对的峰面积，而不会影响到待测物与内标的比值，因而抵消基质效应的影响。为了最大程度地抵消离子化条件变化的影响和降低基质效应，内标应该具有与待测物类似的物理化学性质、离子化效率和色谱保留时间。结构类似物内标不应含有作为杂质的待测物，也不能是待测物的代谢产物，并且最好是与待测物的 C—H 基团不同，而不是含杂原子的化合物（—SO_2、—NO_2、—NH_2 或者卤素），以尽可能减少与待测物在回收率（RE）和离子化效率上的不同（Bakhtiar and Majumdar, 2007）。由于 SIL-IS 具有与待测物相同的化学性质，一般被认为是最理想的内标。类似的化学性质使它可以抵消提取过程中的变异，SIL-IS 一般会在色谱上与待测物一起洗脱出来，因此具有与待测物相同的基质抑制或增强程度。不幸的是，由于成本与合成的复杂程度，并不是所有化合物都有 SIL-IS，尤其是在方法的早期开发阶段和一些研究性的生物分析项目当中。另外，有报道指出待测物的响应与其 SIL-IS 响应不同的例子，例如，根据取代的数量与位置不同，氘取代氢后可能会造成分子亲脂性的细微差别，而且这个同位素效应可能会造成色谱保留的轻微变化（Iyer et al., 2004）。即使待测物和内标保留仅有细微变化，仍可观察到因基质效应所产生的不同响应。有例子表明，SPE 过程中残留的三乙胺使得哌喹(piperaquine)的响应比其 D6 标记的内标响应低了 50%(Lindegardh et al., 2008)。还有一个关于卡维地洛（carvedilol）与其 D5 内标的例子，在某一批次的血浆中，由于它们微小的保留时间变化，造成了内标的抑制比化合物多大约 20%，最终导致 QC 样品的正偏差（Wang et al., 2007）。待测物与内标的共同洗脱还会造成 ESI 下的互相抑制和 APCI 下的共同增强，虽然可通过选择合适的内标浓度减小这种影响（Liang et al., 2003）。

另一个降低基质效应的方法是减少进入 LC-MS/MS 系统的样品和与其共洗脱物的量。通常在这些条件下基质抑制都会随着待测物浓度的增加而增加。只要灵敏度不是问题，就可以很简单地通过减少进样量或者在进样前稀释样品而降低基质效应（Schuhmacher et al., 2003），或者在提取前用基质稀释也可以。这个方法成功地应用于调查基质效应的研究分析中，静脉给药后最早的时间点（5 min）分别用血浆稀释 5 倍和 10 倍，然后与未稀释的样品一起分析。如果观察到稀释与未稀释样品之间的浓度差异大，则说明存在基质抑制。相反，如果没有基质效应，那么稀释和未稀释的样品应具有相似的分析结果（浓度）。通常采用 15%偏差的接受标准来决定是否报告适当的结果（Larger et al., 2005）。

20.8 前景展望

随着对支持规范化项目生物分析方法法规的要求越来越多，可能将来还会有额外的验证要求。对溶血血浆进行测试已是许多生物分析实验室的常规做法，这项测试内容被认为是评价基质效应的一种特别的方式。全血采集和处理过程中破碎的红细胞（RBC）可造成溶血，进而释放亚铁血红素和其他细胞内的基质，导致血浆变红并潜在影响定量（Hughes et al., 2009）。对高效液相色谱（HPLC）梯度的修改可以改善内标与干扰组分的分离并消除基质效应。

即使没有直接影响定量，基质效应也可能对常规分析产生其他的影响。内标响应的重现性是生物分析法规领域浮现出的另一问题，对于由基质效应造成的内标响应低于预先定义好的接受标准的情况，需要进行额外的调查（Lowes et al., 2011），至少需要额外的资源来进行重分析，最坏的情况就是如果结果被拒绝，会导致浓度值无效。这都说明了在方法验证之前的方法开发阶段降低基质效应的重要性。

近期干血斑（DBS）采样技术的发展预示着未来这种技术可能变得更加普遍（Li and Tse, 2010）。虽然 DBS 作为样品采集技术有很多优点，但是来源于样品采集纸卡片上的潜在基质效应却没有被彻底考查过。为了更好灭活生物危害病原体，DBS 样品采集卡可能被各种物质预先处理过，当这些物质与样品被共同提取出来时可能会产生基质效应。例如，FTA Elute^{TM}卡应用到 PK 筛选研究项目，当采用通用内标时有一些化合物观察到了基质效应。当采用 2D-HPLC-MS/MS 并优化复溶液及其体积之后，基质效应减少到了可接受的范围，最终形成了一个 PK 筛选研究的通用方法（Clark and Haynes, 2011）。

由于 LC-MS/MS 分析包含许多不同的处理过程和步骤，因此也有许多避免或减少基质效应风险的机会。仪器灵敏度的提升和设计的进步都会增强 LC-MS/MS 生物分析定量方法的稳健性。质谱灵敏度的增强使方法可以进一步稀释样品，消除潜在的基质效应，同时在待测物低回收率的情况下可以提取到更干净的提取物。对离子源的优化配置还能提升对基质共洗脱物的宽容度。在现阶段，虽然任何一种单一的改进或新技术都不可能消除 API 离子源潜在的基质效应，但逐步的改进还是会继续下去的。

致谢

作者感谢 Philip Wong 博士为书稿提供关键审核和帮助性的建议。

参考文献

Amad MH, Cech NB, Jackson GS, Enke CG. Importance of gas-phase proton affinities in determining the electrospray ionization response for analytes and solvents. J Mass Spectrom 2000;35:784–789.

Antignac JP, de Wasch K, Monteau F, De Brabander H, Andre F, Le Bizec B. The ion suppression phenomenon in liquid chromatography-mass spectrometry and its consequences in the field of residue analysis. Anal Chim Acta 2005;529:129–136.

Apffel A, Fischer S, Goldberg G, Goodley PC, Kuhlmann FE. Enhanced sensitivity for peptide mapping with electrospray liquid chromatography mass spectrometry in the presence of signal suppression due to trifluoroacetic acid-containing mobile phases. J Chromatogr A 1995;712:177–190.

Bakhtiar R, Majumdar TK. Tracking problems and possible solutions in the quantitative determination of small molecule drugs and metabolites in biological fluids using liquid chromatography-mass spectrometry. J Pharmacol Toxicol Methods 2007;55:227–243.

Bansal S, DeStefano A. Key elements of bioanalytical method validation for small molecules. AAPS J 2007;9:E109–E114.

Bergeron M, Bergeron A, Furtado M, Garofolo F. Impact of plasma and whole-blood anticoagulant counter ion choice on drug stability and matrix effects during bioanalysis. Bioanalysis 2009;1:537–548.

Bonfiglio R, King RC, Olah TV, Merkle K. The effects of sample preparation methods on the variability of the electrospray ionization response for model drug compounds. Rapid Commun Mass Spectrom 1999;13:1175–1185.

Buhrman DL, Price PI, Rudewicz PJ. Quantitation of sr 27417 in human plasma using electrospray liquid chromatography tandem mass spectrometry—a study of ion suppression. J Am Soc Mass Spectrom 1996;7:1099–1105.

Cech NB, Enke CG. Relating electrospray ionization response to nonpolar character of small peptides. Anal Chem 2000;72:2717–2723.

Chambers E, Wagrowski-Diehl DM, Lu Z, Mazzeo JR. Systematic and comprehensive strategy for reducing matrix effects in LC/MS/MS analyses. J Chromatogr B Analyt Technol Biomed Life Sci 2007;852:22–34.

Clark GT, Haynes JJ. Utilization of DBS within drug discovery: a simple 2D-LC-MS/MS system to minimize blood- and paper-based matrix effects from FTA elute DBS. Bioanalysis 2011;3:1253–1270.

Cole RB. Some tenets pertaining to electrospray ionization mass spectrometry. J Mass Spectrom 2000;35:763–772.

Constantopoulos TL, Jackson GS, Enke CG. Challenges in achieving a fundamental model for ESI. Anal Chim Acta 2000;406: 37–52.

Cote C, Bergeron A, Mess JN, Furtado M, Garofolo F. Matrix effect elimination during LC-MS/MS bioanalytical method development. Bioanalysis 2009;1:1243–1257.

Dams R, Huestis MA, Lambert WE, Murphy CM. Matrix effect in bio-analysis of illicit drugs with LC-MS/MS: influence of ionization type, sample preparation, and biofluid. J Am Soc Mass Spectrom 2003;14:1290–1294.

EMA. 2011. Guideline on Bioanalytical Method Validation. Available at http://www.ema.europa.eu/docs/en_GB/document_library/Scientific_guideline/2011/08/WC500109686.pdf.

Enke CG. A predictive model for matrix and analyte effects in electrospray ionization of singly-charged ionic analytes. Anal Chem 1997;69:4885–4893.

FDA. 2001. Center for Drug Evaluation and Research. Guidance for Industry: Bioanalytical Method Validation. Available at http://www.fda.gov/downloads/Drugs/GuidanceCompliance RegulatoryInformation/Guidances/ucm070107.pdf.

Ghosh C, Shashank G, Shinde CP, Chakraborty B. A systematic approach to overcome the matrix effect during LC-ESI-MS/MS analysis by different sample extraction techniques. J Bioequiv Bioavail 2011;3:122–127.

Guillarme D, Schappler J, Rudaz S, Veuthey JL. Coupling ultra-high-pressure liquid chromatography with mass spectrometry. Trends Anal Chem 2010;29:15–27.

Gustavsson SA, Samskog J, Markides KE, Langstrom B. Studies of signal suppression in liquid chromatography-electrospray ionization mass spectrometry using volatile ion-pairing reagents. J Chromatogr A 2001;937:41–47.

Hughes NC, Bajaj N, Fan J, Wong EY. Assessing the matrix effects of hemolyzed samples in bioanalysis. Bioanalysis 2009;1:1057–1066.

Ikonomou MG, Blades AT, Kebarle P. Investigations of the Electrospray interface for liquid chromatography/mass spectrometry. Anal Chem 1990;62:957–967.

Ismaiel OA, Halquist MS, Elmamly MY, Shalaby A, Karnes HT. Monitoring phospholipids for assessment of matrix effects in a liquid chromatography-tandem mass spectrometry method for hydrocodone and pseudoephedrine in human plasma. J Chromatogr B Analyt Technol Biomed Life Sci 2007;859:84–93.

Ismaiel OA, Halquist MS, Elmamly MY, Shalaby A, Thomas Karnes H. Monitoring phospholipids for assessment of ion enhancement and ion suppression in ESI and APCI LC/MS/MS for chlorpheniramine in human plasma and the importance of multiple source matrix effect evaluations. J Chromatogr B Analyt Technol Biomed Life Sci 2008;875:333–343.

Ismaiel OA, Zhang T, Jenkins R, Karnes HT. Determination of octreotide and assessment of matrix effects in human plasma using ultra high performance liquid chromatography-tandem mass spectrometry. J Chromatogr B Analyt Technol Biomed Life Sci 2011;879:2081–2088.

Ismaiel OA, Zhang T, Jenkins RG, Karnes HT. Investigation of endogenous blood plasma phospholipids, cholesterol and glycerides that contribute to matrix effects in bioanalysis by liquid chromatography/mass spectrometry. J Chromatogr B Analyt Technol Biomed Life Sci 2010;878: 3303–3316.

Iyer SS, Zhang ZP, Kellogg GE, Karnes HT. Evaluation of deuterium isotope effects in normal-phase LC-MS-MS separations using a molecular modeling approach. J Chromatogr Sci 2004;42:383–387.

Kebarle P. A brief overview of the present status of the mechanisms involved in electrospray mass spectrometry. J Mass Spectrom 2000;35:804–817.

Kebarle P, Verkerk UH. Electrospray: from ions in solution to ions in the gas phase, what we know now. Mass Spectrom Rev 2009;28:898–917.

King R, Bonfiglio R, Fernandez-Metzler C, Miller-Stein C, Olah T. Mechanistic investigation of ionization suppression in electrospray ionization. J Am Soc Mass Spectrom 2000;11:942–950.

Kole PL, Venkatesh G, Kotecha J, Sheshala R. Recent advances in sample preparation techniques for effective bioanalytical methods. Biomed Chromatogr 2011;25:199–217.

Kollipara S, Bende G, Agarwal N, Varshney B, Paliwal J. International guidelines for bioanalytical method validation: a comparison and discussion on current scenario. Chromatographia 2011;73:201–217.

Larger PJ, Breda M, Fraier D, Hughes H, James CA. Ion-suppression effects in liquid chromatography-tandem mass spectrometry due to a formulation agent, a case study in drug discovery bioanalysis. J Pharm Biomed Anal 2005;39:206–216.

Leverence R, Avery MJ, Kavetskaia O, Bi H, Hop C, Gusev AI. Signal suppression/enhancement in HPLC-ESI-MS/MS from concomitant medications. Biomed Chromatogr 2007;21:1143–1150.

Li KM, Rivory LP, Clarke SJ. Solid-phase extraction (SPE) techniques for sample preparation in clinical and pharmaceutical analysis: a brief overview. Curr Pharm Anal 2006;2:95–102.

Li W, Tse FLS. Dried blood spot sampling in combination with LC-MS/MS for quantitative analysis of small molecules. Biomed Chromatogr 2010;24:49–65.

Liang HR, Foltz RL, Meng M, Bennett P. Ionization enhancement in atmospheric pressure chemical ionization and suppression in electrospray ionization between target drugs and stable-isotope-labeled internal standards in quantitative liquid chromatography/tandem mass spectrometry. Rapid Commun Mass Spectrom 2003;17:2815–2821.

Lindegardh N, Annerberg A, White NJ, Day NPJ. Development and validation of a liquid chromatographic-tandem mass spectrometric method for determination of piperaquine in plasma. Stable isotope labeled internal standard does not always compensate for matrix effects. J Chromatogr B Analyt Technol Biomed Life Sci 2008;862:227–236.

Little JL, Wempe MF, Buchanan CM. Liquid chromatography-mass spectrometry/mass spectrometry method development for drug metabolism studies: examining lipid matrix ionization effects in plasma. J Chromatogr B Analyt Technol Biomed Life Sci 2006;833:219–230.

Lowes S, Jersey J, Shoup R, et al. Recommendations on: Internal standard criteria, stability, incurred sample reanalysis and recent 483s by the Global CRO Council for Bioanalysis. Bioanalysis

2011;3:1323–1332.

Mallet CR, Lu ZL, Mazzeo JR. A study of ion suppression effects in electrospray ionization from mobile phase additives and solid-phase extracts. Rapid Commun Mass Spectrom 2004;18:49–58.

Matuszewski BK. Standard line slopes as a measure of a relative matrix effect in quantitative HPLC-MS bioanalysis. J Chromatogr B Analyt Technol Biomed Life Sci 2006;830:293–300.

Matuszewski BK, Constanzer ML, Chavez-Eng CM. Matrix effect in quantitative LC/MS/MS analyses of biological fluids: a method for determination of finasteride in human plasma at picogram per milliliter concentrations. Anal Chem 1998;70:882–889.

Matuszewski BK, Constanzer ML, Chavez-Eng CM. Strategies for the assessment of matrix effect in quantitative bioanalytical methods based on HPLC-MS/MS. Anal Chem 2003;75:3019–3030.

Mei H, Hsieh Y, Nardo C, et al. Investigation of matrix effects in bioanalytical high-performance liquid chromatography/tandem mass spectrometric assays: Application to drug discovery. Rapid Commun Mass Spectrom 2003;17:97–103.

Muller C, Schafer P, Stortzel M, Vogt S, Weinmann W. Ion suppression effects in liquid chromatography-electrospray-ionisation transport-region collision induced dissociation mass spectrometry with different serum extraction methods for systematic toxicological analysis with mass spectra libraries. J Chromatogr B 2002;773:47–52.

Pucci V, Di Palma S, Alfieri A, Bonelli F, Monteagudo E. A novel strategy for reducing phospholipids-based matrix effect in LC-ESI-MS bioanalysis by means of HybridSPE. J Pharm Biomed Anal 2009;50:867–871.

Remane D, Meyer MR, Wissenbach DK, Maurer HH. Ion suppression and enhancement effects of co-eluting analytes in multi-analyte approaches: systematic investigation using ultra-high-performance liquid chromatography/mass spectrometry with atmospheric-pressure chemical ionization or electrospray ionization. Rapid Commun Mass Spectrom 2010;24:3103–3108.

Sangster T, Spence M, Sinclair P, Payne R, Smith C. Unexpected observation of ion suppression in a liquid chromatography/atmospheric pressure chemical ionization mass spectrometric bioanalytical method. Rapid Commun Mass Spectrom 2004;18:1361–1364.

Schuhmacher J, Zimmer D, Tesche F, Pickard V. Matrix effects during analysis of plasma samples by electrospray and atmospheric pressure chemical ionization mass spectrometry: Practical approaches to their elimination. Rapid Commun Mass Spectrom 2003;17:1950–1957.

Sennbro CJ, Knutsson M, Timmerman P, Van Amsterdam P. Anticoagulant counter ion impact on bioanalytical LC-MS/MS assay performance: Additional validation required? Bioanalysis 2011a;3:2389–2391.

Sennbro CJ, Knutsson M, Van Amsterdam P, Timmerman P. Anticoagulant counter ion impact on bioanalytical LC-MS/MS assays: Results from discussions and experiments within the European Bioanalysis Forum. Bioanalysis 2011b;3:2393–2399.

Souverain S, Rudaz S, Veuthey JL. Matrix effect in LC-ESI-MS and LC-APCI-MS with off-line and on-line extraction procedures. J Chromatogr A 2004;1058:61–66.

Trufelli H, Palma P, Famiglini G, Cappiello A. An overview of matrix effects in liquid chromatography-mass spectrometry. Mass Spectrom Rev 2011;30:491–509.

Van Eeckhaut A, Lanckmans K, Sarre S, Smolders I, Michotte Y. Validation of bioanalytical LC-MS/MS assays: evaluation of matrix effects. J Chromatogr B 2009;877:2198–2207.

Viswanathan CT, Bansal S, Booth B, et al. Quantitative bioanalytical methods validation and implementation: Best practices for chromatographic and ligand binding assays. Pharm Res 2007;24:1962–1973.

Wang S, Cyronak M, Yang E. Does a stable isotopically labeled internal standard always correct analyte response? A matrix effect study on a LC/MS/MS method for the determination of carvedilol enantiomers in human plasma. J Pharm Biomed Anal 2007;43:701–707.

Weaver R, Riley RJ. Identification and reduction of ion suppression effects on pharmacokinetic parameters by polyethylene glycol 400. Rapid Commun Mass Spectrom 2006;20:2559–2564.

Xia YQ, Jemal M. Phospholipids in liquid chromatography/mass spectrometry bioanalysis: comparison of three tandem mass spectrometric techniques for monitoring plasma phospholipids, the effect of mobile phase composition on phospholipids elution and the association of phospholipids with matrix effects. Rapid Commun Mass Spectrom 2009;23:2125–2138.

Xu X, Mei H, Wang S, et al. A study of common discovery dosing formulation components and their potential for causing time-dependent matrix effects in high-performance liquid chromatography tandem mass spectrometry assays. Rapid Commun Mass Spectrom 2005;19:2643–2650.

Ye Z, Tsao H, Gao H, Brummel CL. Minimizing matrix effects while preserving throughput in LC-MS/MS bioanalysis. Bioanalysis 2011;3:1587–1601.

21

液相色谱-质谱（LC-MS）生物分析方法中残留和污染的评估及消除

作者：Howard M. Hill 和 Graeme T. Smith
译者：张渡溪
审校：胡国清、罗江、张杰

21.1 概　　述

基于不同的文献作者及应用，残留（carryover）和污染（contamination）有多种不同的定义。在色谱分析中，残留经常被仪器生产厂家用来表示仪器质量。当所有的死体积都已经被考虑了，残留主要是工程设计和进样系统相关的函数。它是由于前一个样品中的被测物少量滞留于系统“死”体积中并被引入到下一个进样的样品，或者是由被测物在进样系统中的吸附而造成的现象。对于后者，残留更可能和化合物或溶剂相关，并会随着药物不同而变化。在大部分情况下，残留在各次的进样中是一个大小一致的信号峰。然而在某些情形中，这个信号峰会随着每次的进样而变大。

污染可被定义为分析监控样品（如空白基质）及实验对照组，给药前及安慰组样品中出现待测物的峰。污染也可能出现于校正标样（STD）、质量控制（QC）样品及实际样品中，但由于这些样品中含有待测物，使得污染较难被检测。污染也可能由和待测物在保留时间及质谱特性上极其相似的不明来源的其他物质产生的“峰”造成。

任何形式的残留都可视作是一种污染，但为了方便讨论及定义，本章节中残留和污染将被视作不同的参数。至于残留的各种拼写方式（carry-over、carryover 和 carry over），在科学意义上是等同的。监管机构似乎偏好 carry-over，生产厂家则偏好 carryover。

样品进样间药物的残留量通常很小，然而它可能会显著影响方法定量下限（LLOQ）的可靠性并影响到那些药物浓度接近 LLOQ 的试验样品。医药行业倾向于开发单一的液相色谱-质谱（LC-MS）生物分析方法来支持在相同物种及基质中进行的所有研究。这意味着测定方法的定量范围需要涵盖从低剂量早期临床研究［例如，首次人体试验（FIH）研究］直到后期临床的固定剂量阶段研究样品中的浓度范围。因此，校正曲线范围可能至少有 3 个数量级，那就是 1～1000 unit/ml，尽管 1～100 unit/ml 更适合生物等效性（BE）研究。校正曲线范围越宽，越可能发生残留的问题。

相对于残留，污染具有更多的随机性和多源性，这使它更难以被诊断和纠正。

残留和污染会影响方法的精密度和准确度，因此二者都必须被仔细监视和控制。

21.2 对于目前监管部门有关残留和污染观点的理解

监管机构一直关心残留和污染对实验数据的影响。在毒代动力学（TK）指导原则人用药物注册技术要求国际协调会（ICH）S3A 中的全身暴露毒理评估（1995）内容中指出："一般情形下不需要分析对照组的样品。这类样品可采集并在必要时加以分析以便于帮助解释毒性结果或方法验证"。然而，在欧洲药品管理局（EMA）的非临床安全实验中对照样品评估指导原则关于待测物污染的检查（2005）内容则指出："欧洲制药行业协会（EFPIA）的一项调查显示在各种给药方式、剂量及用药周期的毒理学研究中，对照组的污染经常发生"。

在21世纪初期所做的包括30个欧美国家的大调查报道了有关对照组样品分析的情况。最近 Olejniczak（2011）和更早的 Tse（2006）对此调查做了详细的讨论。在 Tse 的报道中，只有67%的公司采集了对照组的样品，其中20%的公司没有做对照组的样品分析，这些与1995年 ICH S3A 中指明的情形相似，也与 Hill 在2004年做的独立观察和推荐相吻合。EMA 在2005年提供的建议中要求对照组样品的采集和分析程序应成为关键 TK 评价研究的一部分。当时尚有一些有关哪些是关键性研究的指导，尽管最终未被纳入 EMA 的指导原则。这些建议列入表21.1中，只做指导而非监管机构的意见。

表 21.1 监管机构所要求的在毒理实验中对照组样品的采集和分析

研究类别	需要对照组样品的采集和分析情况
单次给药毒理实验	不是必需的
重复给药毒理实验	所有含毒代动力学评价的实验应采集对照组样品保留以便于后续必要的分析
基因毒理实验	如对照组污染，应考虑分析对照组动物的样品
生殖毒理实验	应分析主实验的对照组样品
致癌性毒理实验	需要对照组样品的采集和分析
安全药理学实验	如含毒代动力学评价，需要对照组样品的采集和分析
不同的给药方式	需要对照组样品的采集和分析

注：以上建议仅适用监管机构要求的毒理实验，仅作为指导未纳入监管机构的指导原则。

21.2.1 美国食品药品监督管理局的观点

美国食品药品监督管理局（FDA）的生物分析方法工业指南（2001）没有在此问题上多做文章。以下援引其中的相关章节并对其做进一步的说明。FDA 关于污染的总体定义在指南中是如此表述的。

分析方法的选择性是方法从样品的其他成分中区分和定量特定分析物的能力。对生物基质（血浆、尿液或其他生物基质）而言，证明分析方法的选择性应分析至少6个不同源的基质。每一个都应被检查是否存在干扰，而且选择性应在定量下限（LLOQ）也要满足要求。

生物基质中潜在的干扰物质包括内源性物质、代谢产物、降解产物；在实际研究中，

还包括同服药物和其他的外源性物质。如果方法同时分析多个分析物，则需保证每一个都不受干扰。

尽管这个流程指明了潜在干扰的来源，方法验证中不存在干扰峰并不能保证样品分析中就没有污染。事实上，基质、外源性物质、降解、代谢的变化可能只表现在每个分析批的层面。此外，待测物的污染可能发生在试剂和空白基质中（处理过的和未经处理的）。

在上述的内容中，FDA 关注的是污染对 LLOQ 的影响。

根据指导原则，校正曲线的最低浓度作为 LLOQ 应满足以下条件。

（1）分析物在 LLOQ 的响应值是空白样品响应值的 5 倍以上。

（2）分析峰（响应值）可辨、清晰、可重复、精密度 20%以内、准确度 80%～120%。

（3）方法的准确性、精密度、重现性、响应函数及选择性应被建立在生物基质中。对于选择性而言，应有证据证明测定的物质是指定的分析物。

（4）方法的特异性应用至少 6 个独立的同种基质来建立。对串联质谱方法，这一要求可能并不重要。如使用 LC-MS 或液相色谱-串联质谱（LC-MS/MS），必须研究基质效应以保证方法的精密度、准确性和灵敏度不受影响。方法选择性应在方法开发（MD）过程、验证过程中评估，也可在样品分析中继续评估。

指导原则中关于质谱检测能提供足够的特异性而无需在多个基质中评估应审慎对待。事实上，血浆中基质效应评估的必需性反映了这种必要。指导原则中“可能”这一词可以视作一种警示，要确保方法的特异性通过了实验验证。真正要传达的信息是，即便是对于高特异性的 LC-MS 方法，警惕是必要的，不可臆想。

因为任何影响到 20% LLOQ 以上的干扰信号都会影响到已验证方法的可靠性，因此，应在分析中自始至终地严格监视这个潜在的问题。

进一步的“指导”或建议可见生物研究检测合规项目文件“体内等效研究合规要求 7348.001”（1999）。该文件要求检察员“保证分析实验室用科学的数据来支持所用方法的特异性。验证实验室对方法测定分析物（药物代谢产物等）无干扰的判定，无论源自体内或体外（如代谢产物及溶剂污染）（32 页）”。对样品分析，要求检察员评估空白基质的来源（是否每个受试者的零点样品用作空白基质、混合的基质等）。对这些样品的干扰是否记录到分析的源数据中？空白基质的要求应保证其与样品的生物基质尽量相似（34 页）。分析报告中需用溶剂空白、样品空白、内标、一个分析批、一个 QC 批和一个分析对象的一系列图谱来证实无干扰存在（35 页）。

尽管 2001 版的生物分析方法验证指南极少提及残留，但在 Viswanathan（2007）的白皮书中有近半页的有关残留和污染的讨论。此外，白皮书提及“验证中分析人员应评估空白基质中分析物的响应并同时消除或减小其他污染。分析物在 LLOQ 的响应至少是空白基质响应的 5 倍。”

21.2.2　欧洲药品管理局的观点

EMA 在 2011 年的生物分析方法验证指南中表明其对残留的观点。有趣的是没有提及污染。

（1）“残留应在方法开发过程中被设法解决和减小。在验证过程中，其评估可通过在一个高浓度样品或定量上限（ULOQ）校正曲线点后分析空白样品来获得。在这个空白样品中，残留的响应值应不超过 LLOQ 的 20%，内标残留的响应值不超过 5%的常规内标响应。如果残留完全不可避免，样品分析的次序则不可随机排列。具体的措施是需要在方法验证中被验证并应用于样品分析，以保证残留不影响分析的准确性和精密度，如在预期的高浓度样品后加空白样品来减少其对后续样品的影响”。

（2）尽管该指南没有专门提及污染，但它对选择性的处理与 FDA 的立场相似。指南指出“分析方法应能够从基质成分中或样品的其他成分中区分待测分析物和内标。选择性需要使用 6 个独立基质来验证，每个基质需单独分析和评估干扰的影响。如果遇到罕见的基质，可使用少于 6 个独立基质来评估。正常情形下，如果分析物残留响应值小于 20%的 LLOQ，内标小于 5%的常规内标响应，则可认为干扰不存在”。

（3）对样品分析的分析批，EMA 要求包括“空白样品（处理过的不含分析物和内标的基质）和零样品（处理过的仅含内标的基质）”。根据分析方法，如果空白样品和零样品适当地置于分析批中，它们可在样品分析中起到监测残留及污染的作用。

21.3 残　　留

最早的完整的关于残留的定义可回朔到十几年前 Dolan 的文章（2001a）。较近的比较实用的关于残留的综述是 Fluler（2006）在特拉华谷药物代谢论坛中提出的。他将残留定义为“由于进样而保留于色谱系统中并表现在下一个空白或未知样品中的分析物”。Fluhler 指出，残留会导致“系统误差并能够影响样品的测量值”。另外，有一些残留是累积性的（Dolan, 2001b）。

Snyder 和 Dolan（2007）将残留划分为三类：①传统意义上的或真正的残留，主要来自于系统的设计，②由吸附导致的残留，③由不完全洗脱形成的残留。

传统意义上的或真正的残留，总体上说与前一样品成正比。如果所有样品浓度一致的话，残留对每个样品则是一致的。Fluhler 采用 Dolan 文章（2001a, 2001b）中的例子，用 5%的残留作为假设阐明这一现象。如表 21.2 所示，如果将校正标样从高到低依序进样的话，残留大约是 20%。比较而言，如果将校正标样从低到高依序进样的话，残留降至大约 2%（表 21.3）。

表 21.2 虚拟校正曲线按从高到低进样时 5%残留造成的误差（%）

浓度	响应	误差/%
1000	1000.0	0
300	350.0	17
100	117.5	18
30	35.9	20
10	11.8	18
3	3.6	20
1	1.2	18
0	0.06	—

表 21.3　虚拟校正曲线按从低到高进样时 5%残留造成的误差（%）

浓度	响应	误差/%
0	1.0	—
1	1.0	0.0
3	3.1	1.7
10	10.2	1.5
30	30.5	1.7
100	101.5	1.5
300	305.1	1.7
1000	1015.3	1.5

然而，当样品随机进样时，5%的残留就成了问题。如表 21.4 所示，在 1000 ng/ml 样品后进样的空白将会有 50 ng/ml 的信号，而其后的空白将有 5%的信号值，即 2.5 ng/ml。这种残留可能严重扭曲样品的测量值（取决于样品实际浓度的大小）。使用 Zeng（2006）文章中的例子，Fluhler 进一步演示了残留的危险。Zeng 在其文章中提出了如下公式来估算前行样品对后续样品的残留的影响。

对固定的残留：

残留影响百分比（ECI%）＝RC×CR×100

相对残留（RC）＝空白中峰面积/前行样品峰面积×100

浓度比（CR）＝前行样品浓度/后续样品浓度×100

表 21.4　样品随机进样时 5%残留造成的样品到样品的误差（%）

浓度	响应	误差/%
1	1.0	0.0
1000	100.0	0.0
0	50.0	—
3	5.5	83.3
100	100.3	0.3
30	35.0	16.7
300	301.8	0.6
10	15.1	50.9

表 21.5（Zeng, 2006）显示了在恒定的浓度比 100 情形下，当前行样品浓度从 1000 ng/ml 到 20 000 ng/ml 同时后续样品浓度从 10 ng/ml 到 200 ng/ml 时残留的影响。结果是尽管绝对误差增加了，相对误差大致不变。结果同时显示相对误差受相对残留和浓度比的影响。Zeng 使用这组数据并结合实验证实在相对残留不变的情形下，浓度比越大其残留的影响也越大。这些作者认为如果方法的相对误差＜10%时，残留（ECI＜5%）不会对准确度造成明显的影响。尽管这些为验证提供了有效的标准，但实际样品分析中不一定能保持 ECI＜5%，所以分析人员应在方法开发及验证中证实无残留的影响。

非传统意义上的残留如果由吸附造成，仅会在数个或多个样品进样后出现。Waters 公司（2011）详细讨论了 LC-MS 系统前端部件污染的可能性及其导致的残留。这些部件包括电喷雾接口探头，特别是探头的顶端及毛细管；此外，采样锥、质量锁定电离探头的切换板、离子源、电离室、从色谱柱到离子源的连线、内置的分流阀/进样阀的部件、节流阀、聚醚醚酮（PEEK）材质的支持部件都可能成为吸附的部位。尽管以上列举的是与 Waters 仪器相关，仪器的使用者应了解所用仪器的材料及构架以便于从 Waters 的建议中获益。

表 21.5 在固定浓度比为 100 时，5%残留造成的前行样品对后续样品浓度的影响

样品 N 的浓度	样品 $N+1$ 的浓度	平均浓度/（ng/ml）（$n=5$）	准确度[a]/%	绝对偏差[b]/（ng/ml）	相对偏差[c]/%	估算的残留[d]/（ng/ml）	估算的残留影响[e]/%
1 000	10	10.5	105	0.48	4.8	0.05	5
5 000	50	51.0	102	1.00	2.00	2.60	5
10 000	100	104	104	4.20	4.2	5.00	5
20 000	200	209	105	9.10	4.6	10.0	5

[a] 平均浓度/理论浓度×100%；[b] 平均浓度－理论浓度；[c] 绝对偏差/后续样品浓度×100%；[d] 前行样品制备浓度×相对残留（0.05%）；[e] 相对残留×浓度比；数据文献见 Zeng（2006）。

仪器磨损比较复杂，在安装认证（IQ）和性能认证（PQ）时要确认这些因素不导致残留。可以采用在一个高浓度样品后进样一个空白样品或者在高浓度样品后进样一系列空白样品来进行残留的评估。

比较日常分析的残留和安装时的残留能提供对磨损的评估。然而，磨损最大的问题在于其提供了更多的表面活性位置或从而导致吸附增加。所有生产厂家都认为这是个大问题。随进样数的增加被吸附的药物量也在增加。因为吸附的量需达到一定量才会出现可测定的残留，所以这个问题较难发现。样品不按浓度顺序进样会使问题更加复杂。

质谱检测器本身也可能由一种被称作“串扰”的现象而导致残留。这种现象由离子不能及时从碰撞室中移走而产生。当在“旧”的质谱仪器上使用选择反应监测（SRM）检测多个分析物且停留时间过短时，可能会产生这个现象。由于还有很多“旧”的仪器存在，这仍然是一个问题（Hughes, 2007）。即便使用新型的“无串扰”仪器，仍然有证据显示有串扰现象的发生（Morin, 2011）。

21.4 污 染

污染可分为三大类。

（1）样品在储存中和样本制备前被分析物污染。它与从人体/动物取样到样品转移至样品管的过程有关。

（2）样品在准备过程中被分析物污染。是指样品在分析前的处理中如提取及在进样器上放置时产生的。

（3）由表现像待测物的未知化合物造成。这些污染物可能导致 LC-MS/MS 离子化的抑制或者偶尔增强。此外，前面分析样品中保留长物质也会造成污染。

无论临床前或临床样品，污染可由空气因素、采样失误、转移和运输、不干净的容器和试剂、内标同位素纯度不足造成。从实验的操作来看，污染可产生于样品的采集过程中，如在临床或动物房及生物分析实验室。

21.4.1 空气中的污染

空气中的污染可由很多因素导致。样品制备过程的溶剂挥发会产生迸溅及气溶胶，其程度与 96 孔板的形状和挥发温度有关。

使用手动和自动的液体工作站时，气流可影响转移的过程。许多因素，包括通风橱和空调气流力度与方向的影响都可在实验室设计时予以解决（CLSI 实验室设计）。如果控制不好会造成各类污染，特别是待测化合物。

21.4.2 给药、样品采集及储存过程的污染

污染可能发生在生物分析实验室之外，如动物房和临床中心，由于给药或采集操作失误。

给药失误有许多可能性。例如，待测药物给了对照组的动物或安慰剂组的人，或者对照组的药剂被待测药物污染或高剂量被当低剂量使用。环境因素也会导致污染，如喂食在不同笼中小鼠时产生失误。同样地，对照组和给药组的动物接触时由于互相舐黏有食物的皮毛而污染。

临床前样品和临床样品的污染可发生在样品采集和储存的任何环节。例如，样品会被错误的标示（对照组与给药组互换）或在红细胞（RBC）分离血浆时重复使用一次性的滴管。

冻存前不正确放置血浆样品造成交叉污染（例如，由水平而不是垂直放置造成的样品管泄漏）。

21.4.3 样品准备中的污染

如果没有认真对待，以下的样品准备及分析步骤（AP）会出现污染问题。

（1）样品弄混：分析了错误的样品。

（2）样品转移/取样：样品放入错误的管孔。

（3）仪器污染：待测物吸附到分析仪器的表面。

（4）重复使用一次性实验器皿：在 LC-MS 分析中，理想的状态是使用一次性的实验器皿，移液器的枪头和容器用后应扔掉。有时因为某些原因这些会被重复使用。

（5）飞溅及溶液爬壁：这和广为使用的自动化仪器及系统有关。它们在 LC-MS 生物分析中用来在样品板上转移样品（Lab Manager, 2011）。这些仪器由 Tecan、Hamilton、Gilson、Tomtec、Thermo Scientific 等生产（Caldwell, 2008）。如果软件程序有误，这些仪器会错误地转移试剂、溶剂、样品，导致交叉污染（Hughes, 2007）。常见的“飞溅”问题是由枪头和液体表面的远距离造成。尽管程序编入的枪头前空气泡可以降低液体样品的泄漏，但它依然还是个常见的问题，尤其是对低黏度的液体。如果吹干用的氮气探针与液体表面太近或氮气的压力太大，迸溅也会发生在 96 孔板干燥的过程中。另外一个在溶剂吹干过程中常见的问题是，如果氮气流速和温度不合适，易挥发溶剂会产生爬壁现象（Cheng, 2007）。

21.4.4 试剂污染

有时候待测化合物意外加入到试剂中也会造成污染。当这种情况发生时，待测化合物会出现在一个特定分析批的所有样品中（即空白、校正标样、QC 及实际样品），导致分析批结果无效。

在样品制备和色谱中使用最广泛的试剂应是水。纯水的制备有许多技术：蒸馏、去离子、反向渗透，或者其他组合方式。

水质不一定是水能否在 LC-MS 中使用的指标，然而定义水的纯度对数据记录及追溯是

必需的。这些纯度指标大致包括了以下参数：电导率、pH、固体总量、含硅量、颗粒、有机物及微生物含量。它们的范围在 ASTM（2009）、ISO 3696、美国国家临床实验室标准委员会（NCCLS）和 Pharmacopeia 标准中有所不同。

从储存容器、采样管、流路中产生的有机提取物是另一个污染源。这些干扰物质包括增塑剂、洗涤剂、润滑剂和用于校正质谱的聚乙二醇（PEG）。

无论用于清洗还是作为方法中使用的试剂，其应使用最高纯度的，尽管最高纯度的定义不是十分明确。因此，检查溶剂是否“适合使用”十分重要。常见的术语“或相当于（纯度）”不可作为使用看起相似的溶剂的原因。替代试剂需证明它是一个有效的替代品。

21.4.5　内标污染源

化学同系物依然是内标的传统选择，但是鉴于 EMA 的推荐（EMA, 2011），稳定同位素标记（SIL）的化合物作为内标则更加流行。化学同系物内极少会含有与待测物相似或同时出峰的杂质。然而，如需在同一分析批次中同时分析代谢产物的话，这些内标因其合成过程中会产生一些与代谢产物相似的杂质而经常会引起问题。Hughes（2007）指出同位素标记的化合物可能因制备过程的不完善而含有大量未标记的化合物。彻底去除这些未标记的化合物并不容易，因此方法的使用者应设法保证任何新一批的同位素标记内标不会影响到 LLOQ。

21.5　生产厂家如何看待残留？

因工程设计造成残留的因素已广为人知，且已清晰地在 Leap Technologies 文献里得到阐述（Leap Technologies, 2005）。进样系统的设计是控制一般残留的主要着眼点。例如，进样针是否从指定的样品管取样并注射到进样阀或进样针是否与液相色谱流路串接，这样液相流动相能从中通过。生产厂家致力于减轻残留的做法之一是减小系统的死体积，同时会考虑控制吸附和开发合适的淋洗液。

超高效液相色谱（UHPLC）、在线萃取管及芯片的流行都意味着液相管路部分及连接可由实验人员转给生产厂家达到标准化。

然而依靠生产厂家解决所有类型化合物的吸附是不可能的。事实上，尽管不锈钢系统对一些化合物的吸附甚少，应用中依然需要使用聚合物管线和进样阀来减小其他化合物的吸附。虽然大多数的残留与进样系统相关，柱材料上（如填充材料、柱头滤芯）的吸附可能会很严重。生产厂家对这些问题的解决详述如下。

21.5.1　Shimadzu（岛津）

作为新一代的液相系统，Nexera/SIL-30ACMP 号称是“比同类系统的残留更小且进样周期更短”。新的系统减小了接触面积，使用了特殊涂层和表面处理加上新的密封圈。

21.5.2　LEAP technologie

LEAP 在其技术文件“A Primer for Reducing Carryover in PAL Autosampler Systems”中讨论了使用 PAL 时减少和消除残留的做法（Leap Technologies, 2005）。

LEAP 将残留定义为“当下一个（空白）进样中出现由上一样品产生的可检测的（可定量的?）响应值”。尽管测定乙酰氨基酚的残留相当于 ULOQ 的是 0.0004%，LEAP 阐述“这个结果虽好但我们对客户的样品在本仪器上的表现仍无法作出预期”。与其他公司相似，LEAP 指出死体积和吸附是残留的主要因素。LEAP 的原则是使用“相似相溶”清洗（也就是如果溶剂分子和溶质分子是结构类似的，那么溶质会溶解在溶剂里）。有时可能需要加入 0.1%～1.0%的溶剂修饰剂。

对死体积有贡献的其他部件包括不合适的进样针或接线。尽管 PTFE 涂层的不锈钢或玻璃会减小吸附，待测物在进样器中的累积依然是常见问题。阀和接线（特别是不合适的配件和接头）会增加死体积。虽然 PEEK 材质的管线吸附较少，流路常因接头压得太紧而阻塞。

本章提供了 PAL 系统残留减小和消除的技巧。其中的许多建议也适用于其他的仪器。此外，它建议使用进样环部分上样和夹心填充来减小待测物与转子和阀的接触。在后者，样品在进样环夹在溶剂-空气-样品-空气-溶剂的中间。需要注意的是，进样溶剂的洗脱能力应弱于色谱的起始溶剂强度。这一点十分重要，因为生物分析经常使用梯度洗脱来分离干扰物质和后洗脱的成分，而后者可能影响到“未来”样品的分析。

21.5.3 Waters（沃特世）

Waters 提供了消除液相及质谱系统中污染的综述。即使不是针对 Waters 系统，其所提供的需考虑的常规要点依然可圈可点。虽然最新的手册中（Waters, 2011）未提及残留这个词，它的技术简报“Low Sample Carryover for Sticky Analytes with the Acquity UPLC H-Class System”（Jenkins T, Application Note P/N 720003616en）讨论了为特非那定（terfenadine）而简化的清洗系统。系统使用单个溶剂来清洗进样器针的外部——不与样品和流动相接触，同时针的内部由流动相清洗。这个设计成功地将残留减至 0.004%，这归功于流过进样针的设计。例如，在简报中指出溶剂的选择至关重要，它应与分析物匹配，即溶剂可溶解分析物但不会影响色谱。因为这两个原因，溶剂的选择是与分析物相关的，所以使用常规溶剂未必可行。

在本书出版时，Waters 最新的超高压液仪型号是 Acquity UPLC I-class。该系统号称比其先前系统的残留低，因而会增加质谱的灵敏度及校正范围。另外一款新开发的仪器是 H-Class Bio，它的超钝化系统为生物大分子分析中污染及残留的问题提供了选择。

21.5.4 Agilent（安捷伦）

以下的评论主要针对安捷伦 1290 Infinity LC 及 LC-MS 系统（Naegele, 2010）。评论着重于安捷伦的“可变可控盒（flexible cube）”。它是利用进样针座反向冲洗来消除系统相关残留的技术。厂方用几个例子展示了这个盒子的功能。他们将液相部分残留的来源剖析如下。

（1）针与毛细管材料的吸附。

（2）针的设计、密封或磨损部件（死体积和吸附）。

（3）阀上转子、设计、磨损（死体积主导的吸附）。

（4）毛细接口失调（所有节点都会被污染，增加死体积）。

（5）样品柱上死体积与接口和节点的吸附及固定相与样品的结合。

21.5.5 Thermo Scientific（赛默飞）

以 Thermo Surveyor 为例，Elmashni（2007）特别指出需增加淋洗体积以减少黏在壁上或管子近壁上由于平流层流速太慢而不易清洗的化合物。同时他也指出化合物也有可能“黏”在聚合物材质的转子上。为此，他建议“洗针的同时旋转阀来清洗阀质上的残留”。在本例中，400 μl 清洗的残留是 0.0089%；当淋洗体积增加 10 倍时，残留也降低了一个数量级。然而，这个流程不太可能会降低色谱系统的吸附。

Thermo 近来开发了 Accela Open 自动进样器（2010）。根据系统的设计，样品可以保存在进样针和进样孔之间。利用软件可控制两个溶剂来清洗整个流路。实际测量中，氯已定（chlorhexidine）的残留是 0.003%。

21.6 生物分析中残留和污染的控制

为了避免造成对临床前和临床研究结果的不良影响，残留和污染必须及早发现和减小。建议生物分析人员应接受必要的培训以达到解决这类问题的能力，同时建立相应的囊括工业界最好做法的标准操作规程（SOP）。尽管解决问题的想法和具体的做法会因组织而变化，重要的是应制定相应的政策。以下的建议和观察仅供参考。

21.6.1 残留和污染的识别及确认

残留可以通过在高浓度的标准或 QC 样品之后分析基质空白来评估。另外，可在分析批的起始分析数个基质空白来确认样品分析之前系统干净无污染。同时也将基质空白置于分析批的其他位置（ULOQ 校正标样或高浓度 QC 样品之后）来监控分析过程的残留影响。试剂空白和溶剂空白也可用来监控分析过程的残留。如果最高浓度校正标样后的空白信号超过了 LLOQ 的 20%或其内标超过了常规内标相应的 5%，则可确定有严重的残留问题。

同样地，污染的存在也可通过监测基质空白、试剂空白和溶剂空白中化合物或内标的存在来判断。分析批中给药前、对照组或安慰剂组的样品需检查化合物存在与否。如果这组样品中任何一个出现超过 LLOQ 的峰，分析中可能出现了污染。尽管起因未必一目了然，但检查空白的数据可以帮助判断问题的起因。例如，基质空白中出现了化合物峰，则污染可能是在样品制备中出现的。然而，如果化合物峰出现在试剂或溶剂中，可能是其中有溶剂被污染。污染仅出现在给药前、对照组或安慰剂组样品而不是基质空白、试剂或溶剂中，则表明污染可能发生在生物分析实验室之外，可能是错误给药或样品采集后体外污染。

以下例子可以帮助理解上述的讨论。

案例1

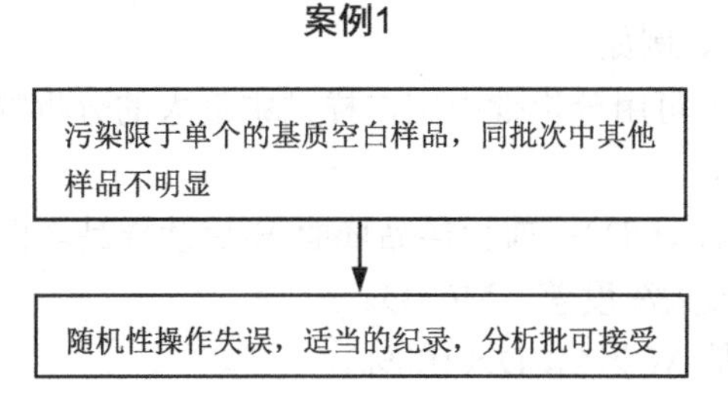

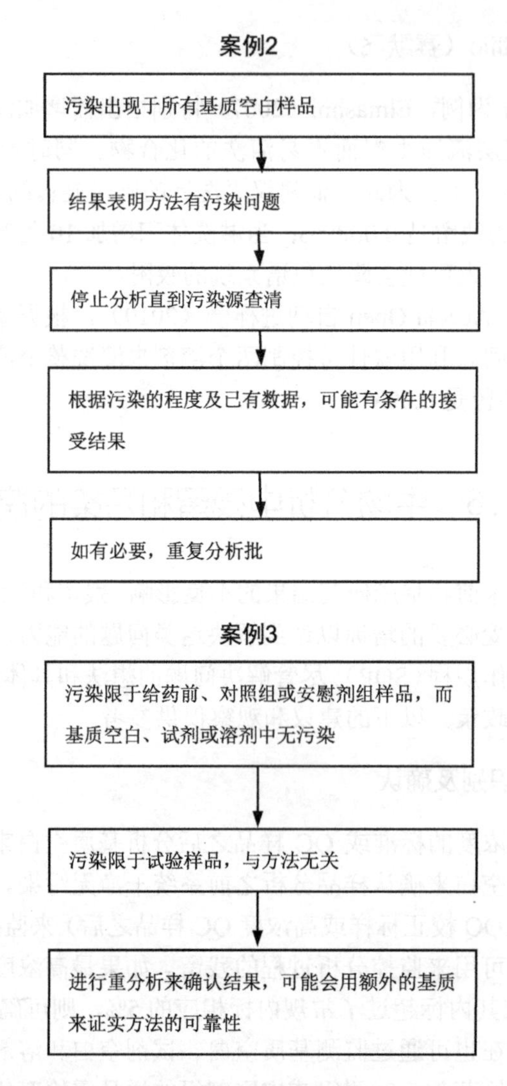

污染可能影响分析批中所有样品而不仅限于各类用于诊断的空白。因此，检查整个分析批特别是重现性样品中的异常现象是非常重要的。

21.6.2 残留和污染对研究结果影响的评估

系统的残留应该由分析 ULOQ 校正标样后分析空白基质样品来评价。这个空白样品中的最大残留对分析物而言应小于等于 20% LLOQ 的样品响应；对内标而言应小于等于 5% 的同一序列的 LLOQ 标准品的内标响应。如果残留超出这个标准，则需评估残留对未知样品的影响（Zeng, 2006）。例如，

- 绝对残留（AC）可用分析批中空白样品中最大的分析物残留来计算：残留峰面积/ULOQ 峰面积。
- 未知样品浓度差（CD）：前行样品峰面积/后续样品峰面积。
- 计算分析批的最大浓度差（MCD）。

分析批的最大残留是 AC×MCD×100%。

在评估残留的影响后，决定是否进行样品重分析。

由于系统设计的问题，很多时候不可能消除残留。尽管可以通过合理安排样品或增加空白样品来减小残留，但残留总可能存在。Clouser-Roche（2008）建议了一个更实际的解决方案。该方法的核心是综合考虑风险和目标要求的标准来判断残留是否影响到了实验的目的。

尽管在标准分析批中加入空白样品可以监控和测定污染的存在，但依然不可就此忽视污染的问题，因为污染可能影响到任何一个样品（校正标样、QC 和试验样品）。所以，在监控空白样品的同时，也应认真审阅 TK/PK 数据。

在 TK 研究中，如果浓度-时间曲线是通过稀疏采样得来（常见于小鼠和大鼠），结果通常不足以区分一个样品是否与浓度-时间曲线一致。通常情况下只有分析批不达接受标准才需重分析（也就是当空白污染、残留的问题或标准/QC 样品等未满足接受要求）。

对于系列性采样的临床研究或 TK 研究，如果样品浓度超过根据其周围样品浓度预期的浓度值的两倍或小于一半，则该样品可做重分析的考虑。然而靠近 C_{max} 的样品结果难以用此方法判断。

推荐使用以下方法解决由污染或其他原因造成的超出预期的浓度结果。

- 在同一分析批中将样品重复取样分析产生两个独立的浓度结果。
  - 如果重复结果在各自的 20%以内，取 3 个结果的中值。
  - 如果重复结果不在各自的 20%以内，则无结果（无值）。
- 如果样品量仅满足一次分析的量，则按单次重分析进行。
  - 如果重复结果与原始结果相差 20%以内，取原始结果。
  - 如果重复结果与原始结果相差 20%～30%，取二者均值。
  - 如果重复结果与原始结果相差大于 30%，则无结果（无值）。
- 如果样品量不满足一次分析的量。
  - 样品量不足时，汇报原始结果但在报告中指出该数据的问题（样品量不足而不能重分析核实结果）。

对谷样品（即稳态给药中给药前采集的样品）的分析，仅基于相邻的谷样品值和给药方案（一日两次或三次），有时无法确定是否需要对有些样品进行重分析。以上的推荐从总体上并不适合对这些样品做重分析决定。

对临床研究，是否分析安慰剂组的样品应由药代动力学（PK）专家在分析开始前决定。除非实验方案另行指明，所有 TK 实验中对照组的样品分析是必须的。如果对照组/安慰剂组的样品或给药前样品的结果高出 LLOQ（谷样品除外），这个样品则需要重分析。

如果有足够的样品，需遵循以下流程。

- 对样品进行单样重分析，使用同一种属的相同空白基质作为对照。
  - 如果重分析样品和空白的结果均是负结果（<LLOQ），则结果为零（低于定量下限，BLQ）。
  - 如果重分析样品的结果是正结果而空白的结果是负结果（<LLOQ），则取初始分析结果。
  - 如果重分析样品和空白的结果均是正结果，则重分析结果无效。分析人员应在下一次重分析之前尽可能找到并消除“明显”的污染。

如果样品量不够重分析时，应汇报原始结果但在报告中指出该数据的特殊性（样品量不足而不能重分析核实结果）。

如果证实了对照组/安慰剂组的样品或给药前的样品中有化合物存在，则应调查并评估结果对 TK 或临床研究的总体影响。这些信息应传达给与项目有关的科学家（实验负责人、主要研究人员、药代动力学家）。调查评估应按以下步骤进行。

- 评估污染是否由动物房或临床研究场所的流程错误（给药失误、采样中的污染等）或分析实验室的错误造成。根据化合物及其代谢产物正结果发生的频率、大小及给药后的时间，有可能判断污染是由给药失误还是体外污染造成的。分析批中空白样品的结果可帮助确认污染发生在生物分析实验室之内或之外。
- 如果无法找出确定的生物分析原因，实验室应帮助鉴定动物房或临床研究场所中可能出现的问题。
- 根据这些正结果的潜在影响程度，进一步的生物分析调查可包括检测额外方法的选择性，如用多组多反应监测（MRM）来确认化合物。任何正结果的观察、结果调查及对 TK/PK 的潜在影响都应详细记录在生物分析报告中。

如果确认在给药前/对照/安慰剂组样品中观察到的信号峰不是源于生物实验室，那么问题很可能发生在动物房或临床中心。这可能是一个给药失误或收集样品过程中发生错误的后果（例如，样本标记错误或重复使用一次性移液管来分离血浆和红细胞）。不管原因如何，需在动物房或临床中心展开调查来确定发生了什么问题，从而才能合理地评估其造成的影响。

如果证实是给药失误，需重新定义使用过的剂量，同时需要出具评估的书面记录和一份详尽的调查报告，其中包括对所有参与药剂制备到样品采集和储存的实验人员的调查。在调查的最后，可能需要 PK 或 TK 专家来确定数据的关联。从合规的角度看，任何涉及数据间选择的事件都需详实地记录和判断，有时需要重复整个实验。

21.6.3 减小及消除残留和污染

本节只讨论有关方法验证后的残留和污染控制，前提是残留和污染在方法开发及验证中达到了要求并且仪器的性能指标正常。

尽管样品分析中出现的很多问题是随机性的，但根据以前对相似问题的解决方案，依然可能找到减小残留和污染的方法。这也称提前解决问题的方案或更正式的名字：纠正和预防措施（CAPA）。有些问题可能在方法开发时出现过并被解决，但是如果没有适当详细地记录到方法步骤里，同样的问题可能会再次出现。

最有争议的一个方法是使用同一分析系统，但不同的仪器在不同批次中分别分析对照组和给药组样品。

应该意识到样品转移过程可能发生滴溅。当问题发生时，应立即记录并妥善处理。只要有可能，避免重复利用样品管、盖衬类的材料。确保所有实验室设备被适当清洗。依顺序注入样品（例如，从最低到最高浓度）以减少残留对最低浓度样品的影响。校正标样应同样处理，尽管有些分析人员采取校正曲线在分析批前部从低到高浓度排列而在后部顺序相反的方法，用以评估残留可能造成的影响。当试剂用于样品提取和浓缩过程时，使用前应做检查排除可能的污染。校正曲线定量范围与预期研究样本浓度范围相一致可减少残留。

对残留和污染源的理解可以帮助决定分析批的格式和大小。一个完全随机的方法是将校正标样、QC 及研究样品随机分布在一个分析批中。虽然这在统计上有效地“最小化”了由样品在分析批位置的变化造成的影响，但它可能使由残留而导致的变异变得难以评估，因此如果在有残留的情形下，监管机构不推荐这种做法。以下列举了降低残留和污染的主要举措。

21.6.3.1 玻璃容器和塑料的清洗

玻璃容器仍然是配制试剂、标准品及流动相的首选，但由于对碱性药物的吸附性使其流行程度下降。

玻璃器皿的污染可在制造和储存过程中发生。因此，新的玻璃器皿应该被清洗或使用前清洗，最好是用纯甲醇，然后用去离子水冲洗。然而，具体的清洁程序可能取决于污染物的性质。至关重要的是，清洁用的溶剂必须是干净的。俗语说“垃圾进垃圾出”。清洗流程应该不影响重要实验中玻璃器皿的测量刻度。好的清洗技术很容易找到。在众多的资料来源中，实验仪器世界（www.laboratoryequipmentworld.com/caring-cleaning-lab-glass-ware.html, 2012）有这方面的最新综述。所有的实验室都有自己清洗玻璃器皿的 SOP，这些应被定期审核。实验室的玻璃器皿洗涤过程有 3 个主要组成部分，即预洗、洗涤及最后的干燥和储存。主要点是要确保不与测试物质发生交叉污染和去除任何潜在的干扰。在预洗阶段，使用与测试物质溶解性相容的溶剂是很重要的，随后用去离子水冲洗。

如果这种“软”的过程不解决问题，可能有必要用“铬”酸浸泡玻璃器皿，尽管这可能会蚀刻玻璃表面。洗涤过程可手动，但更常见的是使用一个适当的商业洗涤机中定制的洗涤周期，结束时用去离子水冲洗并用文火烘干或手动转移到烘干箱中进行。一旦干燥（冷却），玻璃器皿应远离实验物质和任何潜在的污染，并应加塞或覆盖后储存。

一次性使用的替代品是解决污染的理想方案。虽然这可能昂贵，但它可以是一个最有效（经济）快速的解决交叉污染问题的办法。因此，塑料正在代替玻璃容器和不锈钢管。然而，这种材料并不是没有它的问题。在现实中，引起污染问题的不是塑料本身而是用于制造塑料的添加剂。Kattas 等（2004）对不同塑料及生产制造中使用的添加剂进行了细致的综述。添加剂的类型众多并具有许多不同的功能，甚至有多个功能。包括抗氧化剂（如苯甲酮和苯并三氮唑）、光稳定剂（如苯甲酮）、抗静电剂、增塑剂（如邻苯二甲酸酯、脂肪族酯和苯三酸酯）、润滑油（有时称为滑剂或脱模剂，如脂肪酸、酰胺、脂肪酸酯）、防粘连剂和热稳定剂。虽然它们可能以低浓度（约 0.1%）存在，但仍然可以对高灵敏度的检测造成影响。虽然质谱检测器可以排除与化学成分无关的化合物的干扰，但也并非总是这样，尤其是当质谱检测器在选择性离子监测（SIM）模式操作时。

21.6.3.2 LC-MS 系统中污染的消除

清洗分析仪器系统的程序可以在 Waters 的文档（Bergvall, 2011）“Controlling Contamination in Ultra Performance LC-MS and HPLC-MS systems（Waters 715001307 Rev D)”和其他厂商的类似文件中找到。虽然许多质谱检测器的部件在常见的系统中是一样的，但用户依然需要了解仪器的结构以能够适当地清洁所有部件。作者认为，在“理想”的情况下，各部件应被依次拆除、清洗或更换和测试。如果“污染仍然存在，可能是部分部件在清洗后又被污染。如果污染在所有其他可能的污染源都已经被排除的情况下仍然存在，清洁或更换所有可疑的部件应是明智和合算的选择。”

重要的是，在“拆除”质谱组件进行清洗时，操作者应知道他们所能清洗的范围限制。部件应在适当的溶剂中超声处理 15～60 min。手册中有详细地说明如何选择溶剂。

一个更加简单的用于清洗液相色谱（LC）系统和质谱（MS）检测系统的程序可以在安捷伦科技简报“What Issteam Cleaning in LC/MS?—General LC/MS”（2010）中找到。在这一流程中特定的溶剂，即异丙醇、甲醇蒸气、乙腈和水通过液相色谱系统泵入并在热界面蒸发后进入检测器。使用这种隔夜清洗方法大大降低了仪器检测器的背景。推荐使用混合溶剂（25∶25∶50，环己烷：乙腈：异丙醇）作为液相色谱系统的清洗剂。要知道环己烷会降低泵的密封装置，所以不能长期使用。无论使用 Waters 还是安捷伦的清洗程序，需确保分析柱不与系统连接。

21.6.3.3 清洁色谱柱

液相色谱柱历来是非常昂贵的消耗品，因此分析人员做了很多努力照顾它们，以确保其寿命和性能。如今，色谱柱由技术上成熟的柱填料制备且其 QC 精密，其购买价格变得相对便宜。作为一般规则，如果色谱柱有过问题，就应丢弃不用。如果启动一项新的研究，应尽量采用新的色谱柱。如果要清洁色谱柱以除去干扰/污染物，可参照 Majors（2003）的建议。该文章主要针对反相高效液相色谱（RP-HPLC）柱。由于污染物/干扰可能与待测化合物有类似的理化性质（污染物可能是待测化合物本身），以对待测化合物适合的溶剂来做柱清洗最为理想。通常建议使用强溶剂等度模式冲洗 20 个柱体积。然而，从弱溶剂跳到极强的溶剂可使柱中的缓冲盐沉淀。因此，先将盐用水冲洗出来（含较低的有机比例）较合适。Majors 还建议使用一系列溶剂冲洗，每个至少 10 个柱体积。为了保证溶剂的相容性，建议如下顺序：甲醇、乙腈、75%乙腈/25%异丙醇混合后接纯异丙醇、二氯甲烷和己烷。然而在回到正常的流动相前必须用乙腈冲洗。

安捷伦（www.chem.agilent.com/cag/cabu/ccleaning.htm，2013 年 3 月 23 日登陆）提出了类似的方法，但认为用 *N,N* 二甲基甲酰胺（DMF）清洗反相（RP）色谱柱可能比二氯甲烷和己烷更好。安捷伦还提出了一种清洁正相（NP）色谱柱的方法。这个方法包括以 50∶50（*V/V*）甲醇：氯仿反方向冲洗色谱柱，然后用乙酸乙酯冲洗，随后再换柱向，用初始流动相平衡。

另一种方法是在化合物出峰后使用强溶剂比例高的等度流动相冲洗色谱柱。这是现在常用的去除后期洗脱峰的方法。如果这种方法无法消除后期洗脱峰，可能就需要采用前面所描述的更复杂和漫长的方法，或者使用新的色谱柱（Dolan, 2011）。然而，连续的高有机相柱洗由于需要高、低有机流动相循环而可能不利于进样周期（Williams, 2012）。相反，一个 4 周期锯齿洗涤程序可能更实际。总而言之，需要根据具体的案例和情况来评估和确定最佳方法。

21.6.3.4 样品制备和 LC-MS 进样中的注意事项

目前的趋势是使用蛋白质沉淀（PPT）和固相萃取（SPE）在多孔系统中进行样品制备。虽然可以使用液-液萃取（LLE）的方法，但水和有机层两相间可能的污染仍需要仔细监测。因此，在使用多孔板时，载体液-液萃取（SLE）可能是一个更好的选择。在许多情况下，LLE 依旧使用玻璃或塑料管。虽然已实现自动化，但许多实验室仍然使用手动系统，它有助于样本数量有限、自动化方法效益不高时的分析。用手操作，快速有效地减少污染的方法是冻结（干冰和丙酮）水层然后倒出有机层。另外，减少样品转移步骤的次数会减少交叉污染的机会。这是 PPT 作为样品制备最常用方法的一个重要原因。

只要有可能，在自动化设备上应进行评估和使用最佳的参数（如枪头的高度），以防止液体传输中的飞溅。另外，采用96孔板蒸发样品提取物时应使用适当的氮气流速（压力）和温度。

对于样品制备过程中交叉污染和LC-MS进样过程中残留的监测，用空白样品穿插于分析批中是非常有用的。在某些情况下，特别是当进样器残留是由吸附造成时，在每个样品（校正标样、QC和实际样品）之后增加额外的空白样品，可能是减少残留的唯一途径。从这方面考虑，溶剂空白也可以执行这个任务。使用上述空白或者清洗［监控和（或）消除污染/残留］步骤可以作为权宜之计来解决紧急或棘手的问题，但是它不应该被视为一种实际的解决方法来替代在方法开发和验证过程中评估和消除残留与污染的需要。

21.6.3.5 培训

就培训而言，至关重要的是应使生物分析研究人员理解和识别残留和污染及其对生物分析数据的影响的重要性。因此，一个全面的培训要到位，并需涵盖在LC-MS分析中与污染和残留相关的所有关键方面。这些内容至少应包括样品处理和制备，LC-MS/MS系统和相关的SOP及对生物分析监管部门观点的认识。培训计划应该包括如何评估残留和污染对研究数据的影响，如何进行根本原因调查，如何确保那些负责管理毒性和临床研究的人员意识到潜在的问题。

培训计划应有一套清晰简明的SOP作为支持，在其中要勾勒出行业最佳实践方案和最新的监管机构对生物分析研究的要求。

21.7 结 束 语

综上所述，残留可以既是真实或经典的分析物残留，又可以是由吸附或污染引起的残留。前者在很大程度上取决于进样系统的硬件设计。后者通常需要不断监测。

吸附于系统而造成的残留可以在进样器和检测器之间的任何一处。一旦残留出现，每次洗出的量一般是恒定的。为了解决这个问题，被吸附的药物必须被清洗出系统。这就需要了解药物吸附在何处和什么样的溶剂或溶剂混合物可以用来清洗系统。在一般情况下，残留是可预见及定量的。

很明显，作为产品开发的一部分，仪器制造商将继续提高进样器质量和样品转移与准备系统的质量。随着材料科学的进步，即使不能完全消除，由非经典或吸附造成的残留都将会有更加有效的解决方案。经典的残留问题，基于芯片或模块更换系统的使用，也将可以被进一步减少。

污染可分为三种类型。①发生在从采样到储存的样品处理过程中的污染，②在实验室的样品制备中出现的污染，③非实验物质干扰待测物而造成的污染。这些形式的污染往往是随机出现的并可能很难解决。因此，预先使用适当的程序或采用适当的洗涤液来确保不发生污染是非常重要的。

交叉污染和体外污染的控制仍然是分析科学家的责任。良好实验室规范（GLP）和常规的检测必不可少。无论原因会是什么，如果定量的待测物出现在对照组动物样品中、单剂量递增（SAD）的FIH给药前的样品中或服用安慰剂的个体样品中时，必要的调查和项目影响评估必不可缺。

致谢

作者感谢 Patricia Naylor 为本章成文所做的文秘工作。

参考文献

Agilent Technologies, What is Steam Cleaning in LC/MS 2010—General LC/MS. Available at www.chem.agilent.com/en-US/Technical-Support/Instrument-systems/Mass-Spectrometry/FAQ/Pages/kb002010.aspx. Accessible Apr 11, 2013.

Agilent, How to Regenerate Heavily Fouled Columns. Available at www.chem.agilent.com/cag/cabu/ccleaning.htm. Accessed Mar 23, 2013.

Bergvall S. How to maintain the performance of your MS system. Based on Brochure 715001307 Revision D Controlling Contamination in Ultraperformance LC/MS and HPLC/MS systems. Presentation Nov 9, 2011, Bastad Sweden. Available at www.waters.com/webassets/cms/support/docs/715001307d_cntrl_cntm.pdf. Accessible Apr 11, 2013.

Caldwell E. Technical Note: 07005, A wash Protocol to Determine and Eliminate Liquid Carry Over Using the Thermo Scientific Matrix PlateMate 2 x 2 with Stainless Steel Syringe. Thermo Scientific. 2008.

Chang MS, Kim EJ, El-Shourbagy TA. Evaluation of 384 well formatted sample preparation technologies for regulated bioanalysis. *Rapid Commun Mass Spectrom* 2007;21:64–72.

Clouser-Roche A, Johnson K, Fast D, Tang D. Beyond pass/fail: A procedure for evaluating the effect of carryover in bioanalytical LC/MS/MS methods. *J Pharm Biomed Anal* 2008;47:146–155.

CLSI Laboratory Design; Approved Guideline Second Edition—GP18 A2, Vol. 27, No. 7.

Dolan JW. Autosampler carry over. *LCGC* 2001a;19(2) (1):164–168.

Dolan JW. Attacking carryover problems. *LCGC* 2001b;19(10) (2):1050–1054.

Dolan JW. "Column Triage" LCGC Europe, Oct 1, 2011. Available at http://www.chromatographyonline.com/lcgc/Column%3A+LC+Troubleshooting/Column-Triage/ArticleStandard/Article/detail/747882. Accessed Mar 23, 2013.

Elmashni D. HPLC Carryover-Decreased Sample Carryover Using the Surveyor Autosampler. Application Note No. 330-2007. Available at www.thermo.com/eThermo/CMA/PDFs/Articles/articlesFile_4266pdf. Accessed Mar 23, 2013.

EMA. Note for guidance on toxicokinetics: a guidance for assessing systemic exposure in toxicology studies (CPMP/ICH/384/95) (ICH Topic S3A), June 1995.

EMA Guideline on the Evaluation of Control Samples in Non-Clinical Safety Studies: Checking for Contamination with the Test Substance. *CPMP/SWP/1094/04. 2005. Available* at www.ema.europa.eu. Accessed Mar 23, 2013.

European Medicines Agency. Guideline on Validation of Bioanalytical Methods EMEA/CHMP/EWP/192217/2009. 2011. Available at www.ema.europa.eu. Accessed Mar 23, 2013.

Fluhler E. In a presentation Dealing with Carryover During Validations and Beyond at the Delaware Valley Drug Metabolism Discussion Group (DVDMDG) Sheraton, Bucks County, Feb 22, 2006.

Hill HM. Contamination of Control Samples in Regulatory Toxicology Studies. PSWC-Poster, May/June 2004, Kyoto, Japan.

Hughes NC, Wong EYK, Fan J, Bajaj N. Determination of carryover and contamination for mass spectrometric-based chromatographic assays. *AAPS J* 2007;9(3): E353–E360. Article 42. Available at http: // www.aapsj.org. Accessed Mar 23, 2013.

Jenkins T. Waters Technology Brief Low Sample Carryover for Sticky Analytes with the ACQUITY UPLC H-Class system. Application Note P/N 720003616en.

Kattas L, Gastrock F, Levin I, Caccatore A. Plastic Additives Chapter 4 in Modern Plastic Handbook, Digital Engineering Library @McGraw-Hill Copyright, 2004. Available at www.digitalengineeringlibrary.com. Accessed Mar 23, 2013.

Lab Equipment World. 2012. Available at www.laboratory equipment world.com/caring-cleaning-lab-glassware.html.

Lab Manager's Independent Guide to Purchasing an Automated Liquid Handler by John Buie, May 5, 2011.

Leap Technologies, A Primer for Reducing Carryover in PAL Autosampler Systems Rev 1.1. 2005. Available at www.leaptec.com. Accessed Mar 23, 2013.

Majors RE. The Cleaning and Regeneration of Reversed Phase HPLC Columns. LC-GC Europe, p 2–6, July 2003.

Morin L-P, Mess J-N, Furtado M, Garofolo F. Reliable procedures to evaluate and repair crosstalk for bioanalytical MS/MS assays. *Bioanalysis* 2011;3(3):275–283

Naegele E, Buckenmaier S, Frank M. 2010. Achieving lowest carry-over with Agilent 1290 Infinity LC and LC/MS systems. Available at www.chem.agilent.com/Library/eseminars/Public/Achieving%20Lowest%20Carryover%20w1290_051810.pdf. Accessible Apr 11, 2013.

Olejniczak K. European guideline for evaluation of control samples from non-clinical safety evaluation studies. *Historical Perspective and Suggestions on Implementation* 2011;204, 200, 215.84/5. Available at www.ema.europa.eu/docs/en_GB/document_library/Presentation/2009/10/WC500004191.pdf. Accessible Apr 11, 2013.

Snyder LR, Dolan JW. *High Performance Gradient Elution: The practical Application of the Linear Solvent Strength Model.* John *Wiley & Sons Inc.; 2007. p 203.*

Standard Test Methods for Operating Performance of Continuous Electrodeionization Systems on Reverse Osmosis Permeates from 2 to 100S/cm see also for other water related standards. ASTM D6807-02. 2009.

Tse FLS. Analysis of Plasma from Control Animals in Safety Studies, Bioanalytical Considerations, Feb 2, 2006. Presented at The Toxicology Forum, 31st Winter Meeting, Washington, DC.

US FDA, Bioresearch Monitoring Program (BIMO) Compliance Programs, 7348.001 *In Vivo* Bioequivalence, Chapter 48 Bioresearch Monitoring: Human Drugs. 1999.

US FDA. Guidance for Industry: Bioanalytical Methods Validation. US Department of Health and Human Services, FDA, Center for Drug Evaluation and Research, Rockville, MD, May 2001. Available at www.fda.gov/downloads/drugs/guidancecomplianceregulatoryinformation/guidances/ucm070107.pdf. Accessible Apr 11, 2013.

Viswanathan CT, Bansal S, Booth B, et al. Quantitative bioanalytical methods validation: best practices for chromatographic and ligand binding assays. *AAPS J* 2007;9(1):E30–E42.

Waters. 2011. Controlling contamination in Ultra performance LC/MS and HPLC/MS Systems. 7150001307 Rev. D. Available at http://www.waters.com/webassets/cms/support/docs/715001307d_cntrl_cntm.pdf. Accessed Mar 23, 2013.

Williams JS, Donahue SH, Gao H, Brummel CL. Universal LC-MS method for minimized carryover in a discovery bioanalytical setting. *Bioanalysis* 2012;4(9):1025–1037.

Zeng W, Musson DG, Fisher AL, Quang AQ. A new approach for evaluating carryover and its influence on quantitation in high-performance liquid chromatography and tandem mass spectrometry. *Rapid Commun Mass Spectrom* 2006;20:635–640.

22

液相色谱-质谱（LC-MS）生物分析中的自动化

作者：Joseph A. Tweed
译者：蒋华芳
审校：梁文忠、兰静、谢励诚

22.1 引　言

目前，在定量生物分析中用于支持药物开发的药代动力学（PK）、毒代动力学（TK）、治疗药物监测和生物标志物评估中应用最为广泛的技术之一是液相色谱-质谱（LC-MS）。液相色谱-串联质谱（LC-MS/MS）技术在这里也称为 LC-MS 技术，已经在许多方面为生物分析的工作带来革命性的变化，包括显著缩短了药物开发的周期（Lee and Kerns, 1999; Ackermann et al., 2002）。由于不同生物基质复杂的天然特性，在用 LC-MS 分析前，生物样品需要进行正确的处理从而降低生物基质中会在质谱检测中增强或抑制目标化合物（药物、代谢产物、生物标志物）信号的干扰成分的影响（Kebarle and Tang, 1993; Buhrman et al., 1996; Matuszewski et al., 1998）。对于在 LC-MS 生物分析中生物样品的处理方法已经有大量全面的总结（Jemal and Xia, 2006; Chang et al., 2007a; Xu et al., 2007a）。值得注意的是，Chang 等提供了关于常规 LC-MS 分析的样品制备和检测技术的简要总结（表 22.1）。

表 22.1　用于 LC-MS 生物分析中样品制备和检测技术的简史

年代	PK 要求	检测技术	样品制备目的	主要样品制备技术
1950～1975	检测代谢产物、估计暴露量	比色法、放射免疫测定（RIA）、气相色谱（GC）	把分析物浓度调整到能测定的范围、排除干扰、使分析物挥发	稀释、液-液萃取（LLE）、蛋白质沉淀（PPE）、TLC、柱色谱法（正相和离子交换）、衍生化
1975～1985	测定暴露量	RIA、酶联免疫吸附分析（ELISA）、高效液相色谱（HPLC）加紫外检测	把分析物浓度调整到能测定的范围，排除干扰，去除蛋白质	稀释、使用内标、液-液反萃取、二氧化硅基反相层析、商品化SPE柱
1985～1995	GLP 生物分析	RIA、ELISA、HPLC、GC、GC-MS、毛细管区带电泳	增加定量数据的可靠性、在方法验证里证明样品的可追溯性和稳定性	自动化、SPE在线洗脱、在线SPE分析、使用同系物内标
1995～2000	生物分析行业指南的讨论和形成	ELISA、HPLC、GC、GC-MS、HPLC-MS	在方法验证里证明方法的特异性、降低成本以与合同研究组织（CRO）竞争	商业自动化、高通量（高密度）的基于96孔板的SBS分析、基于96孔板的SBS提取前和提取后技术
2000至今	生物标志物和大分子的生物分析	HPLC-MS/MS、HPLC＋多级 MS、Biacore 抗体测定仪、小型样品制备和检测装置	降低基质效应、提高已测样品再分析成功率、减少手工操作与离岸外包竞争	集成 SBS（搅拌吸附）模式、用一台质谱仪支持多台 HPLC 或多个在线 SPE

这些总结表明样品制备是生物分析中最耗时、最耗人力的步骤。在这方面，在过去的几十年中，人们已经开发并改进了各种自动化系统可用于辅助生物分析实验人员能够及时报告定量结果（Wells, 2003; Laycock et al., 2005; Vogeser et al., 2011）。

在自动化辅助的 LC-MS 分析实践中，自动化系统，即自动液体工作站能够用于许多样品处理步骤，包括校正标样和质量控制（QC）样品的制备、样品分装、样品转移、溶剂传输和其他任务。现在，这些工作站在平行样品制备时，已经在很大程度上取代了手动液体转移操作（如 96 孔板）。这产生了更高的样品制备通量并且大大减少了生物分析人员单调而重复的工作。本章的目的旨在为读者提供关于多种自动化液体处理平台在自动化辅助的 LC-MS 生物分析中应用的全面回顾。进一步讨论在 LC-MS 生物分析中，如何建立可靠且耐用的自动化液体处理方法，以及新兴的自动化趋势和技术。

22.2　LC-MS 生物分析中自动化样品制备的综述

样品制备技术已经从用管子处理大体积样品的低通量方法进化到基于微孔板如 24 孔板、48 孔板和 96 孔板的小体积样品高通量方法。96 孔板的应用已经极大地提高了实验室通量，能够使 96 个样品在一个处理批中同时处理和制备，也称为平行处理。这种新的形式已经变成了经过合适的仪器设计、多通道排枪和多种基于 96 孔板的实验室耗材的自动化工业标准（Majors, 2004）。从 20 世纪 80 年代开始，许多生物分析实验室已经采用自动化技术以支持药物开发中的高通量分析。自动化液体处理工作站的生产厂家，如 Packard、Biomek、Tecan、Zymark、Hamilton 和其他少数几家，提供单通道和多通道液体处理工作站用于常规的生物分析。目前用于常规 LC-MS 生物分析的液体处理工作站和它们的特点总结在表 22.2。

表 22.2　常用于 LC-MS 生物分析中自动样品制备的液体处理工作站

特点		制造商						
		Tecan	Perkin Elmer	Hamilton	Beckman Coulter	Tomtec	Gilson	Zinsser
总的情况	最新型号	Freedom EVO	Janus	STAR AT Plus2	Biomek FX^P	Quadra 4 Quadra-PLUS	Quad-Z 215	SPEEDY LISSY
	可定制性	√	√	√	√			√
	可扩展性	√	√	√	√			√
	移液枪头配置	1,2,4,8,96,384	4,8,96,384	8,12,16,96,384	1,8,96,384	96	4	4,8
	探头间距可调	√	√		√		√	√
移液特点	移液模式	空气和液体-空气	液体-空气	空气	液体-空气	空气	液体-空气	液体-空气
	通道移液	√	√	√	√		√	√
	96 孔移液	√	√	√	√	√		
	384 孔移液	√	√	√	√			
	纳升移液	√	√	√	√			
	固定式移液枪头	√	√		√		√	√

续表

特点		制造商						
		Tecan	Perkin Elmer	Hamilton	Beckman Coulter	Tomtec	Gilson	Zinsser
移液特点	导电式一次性移液枪头	√	√	√	√			
	非导电式一次性移液枪头	√	√	√	√	√	√	√
	正压置换移液：一次性移液枪头			√				√
技术特点	电容	√	√	√	√			√
	压力检测	√	√	√				
	1-维条形码扫描	√	√	√	√			√
	2-维条形码扫描	√	√	√				
	温度控制	√	√	√	√			√
	涡漩/搅拌	√	√	√	√			√
	夹/操纵臂	√	√	√	√			√
	SPE 真空装置	√	√	√	√	√		√
	SPE 负压洗脱	√	√	√	√	√		√
	SPE 正压洗脱					√		√

自动化的实施能够有效帮助 LC-MS 生物分析，尤其是在样品制备和萃取的三个主要方面：蛋白质沉淀（PPT）、固相萃取（SPE）和液-液萃取（LLE）。自动化辅助 LC-MS 生物分析已经广泛用于生物分析的各个领域，包括从药物开发到批准上市后治疗药物的监测。Wells 详细全面地描述了使用自动化液体处理系统、在线硬件或耗材技术的多种自动化样品制备方法（Wells, 2003）。后来，Vogeser 也发表了该方面的综述（Vogeser et al., 2011）。这些自动化样品制备和提取技术及它们在 LC-MS 生物分析应用中质量上的考虑，将在后面的章节中详细讨论。

22.3 自动化仪器液体处理移液模式和相关技术

目前有许多商业化的自动化液体处理系统能够满足 LC-MS 生物分析中样品制备的许多需要。为了正确解释如何通过自动化液体处理系统对溶液、溶剂或液体进行常规处理，将重点介绍一些关键的自动化液体处理系统平台。

自动化液体处理系统中有三个常规的移液模式：①液体-空气置换模式；②空气置换模式；③正压置换模式。液体-空气置换模式是通过专用通道排枪管系统里液体的移动（最常用的是脱气后的水）和每个移液通道的分离注射器去吸取和排出所需的液体。一些采用液体-空气置换模式的常规液体自动化处理平台有 Freedom EVO（Tecan）、BiomekFX^{p}（BeckmanCoulter）和 Janus（PerkinElmer）。空气置换模式是通过活塞运动将所需的液体使用一次性的枪头吸进或排出，类似于一个标准的实验室空气手动移液枪。MicroLab STAR（Hamilton）就是这种使用空气置换模式的自动化移液系统。液体-空气置换和空气置换模式的基本原理在本质上是一样的。无论空气置换的模式如何，都是改变通道的气压从而移动固定枪头或者一次性枪头中的一定量液体。负压差（部分真空）导致吸液，而负压力的释放（或使用正压）导致排液。然而，液体-空气置换系统是使用一个注射器-阀的装置去排除系统液体的体积，液体的体积等于排出气体的体积。空气置换模式则使用一个活塞，移动等于需要转移液体体积的空气柱。因为移动空气柱（缝隙体积）使得在固定枪头或一次性枪头里的液体产生了一定程度的静态压力，在常规移液过程中出现空化。在用空气置换模式移液过程中，如何防止这些情况出现及相关的排液的技术问题，将在本章后面部分具体阐述。

与自动化液体工作站相关的制造商更加清楚液体-空气置换系统和空气置换系统技术的优点和缺陷，故本章中将不予讨论。无论使用何种空气置换模式，目前用于自动化液体处理平台的技术使得液体转移达到很高的准确度和精密度。例如，用 Tecan Freedom EVO 平台，厂商保证用一次性枪头移取 10 μl 水的精密度（%CV）＜3.5%（Tecan, 1999）。类似地，Hamilton 在 Microlab STAR 平台上用 10 μl 一次性枪头移取 10 μl 验证溶液（硼酸缓冲液）的精密度（%CV）和准确度（相对偏差）分别为 0.5%和 1.5%（Hamilton, 2011）。

正压模式是使用一种特殊类型的枪头，包含活塞或毛细管活塞式。使用 Hamilton AT Plus2 作为实例来说明正压模式的自动化液体处理工作站。与手动正压置换移液类似，所需的液体吸移过程中没有空气的干预。因此在移液过程中，活塞总是与液体直接接触，这显著限制了在常规移液中空化的出现。无论样品液体的物理性质（如黏度、挥发性、密度）如何，均匀施加在毛细管内活塞上的压力防止了气零的产生或枪头顶端液体的滴下。

现代自动化液体工作站提供了多种技术和性能用于提高产率和操作性能。为了阐述这点，DiLorenzo 提供了 Hamilton STAR 用到的技术和性能的总结，如压缩引起的“O”形环膨胀（CO-RE），基于电容/压力的液体检测，空气置换监控（MAD），目的是提高自动化液体处理性能（Dilorenzo et al., 2001）。几乎所有生产厂商均提供一些基本性能指标，如液体传感器、一次性枪头、能够在同一移液系统平台内兼容的排枪通道（不同数量的通道：1、4、8、12 或 16）和 96 孔通道。Halmilton Microlab STAR 的开发及近来引进的技术，允许低至 50 nl 的纳升级别的液体操作，并且可以达到精密度（%CV）≤13%（Perkin Elmer, 2004）。其他技术可以在液体转移过程中提供压力监控，这在用于某些容易凝结的液体，如基质样品（如血浆）时特别有用。例如，Tecan 团队在 Tecan Freedom EVO 平台使用提供压力检测移液（PMP）的工具，在液体吸液和排液过程中监控和记录压力变化。与此类似，Hamilton 仪器为 Hamilton STAR 液体处理系统提供总吸液和排液监控（TADM）（图 22.1）。广泛来说，PMP 和 TADM 是通过将实时吸液和排液的图形与模拟的或者模型化的图形进行对比来实现的。假如吸液或者排液过程在接受标准之外，软件会启动一些错误处理程序予以修正。例如，MAD、PMP 和 TADM 工具能够在常规的吸液和排液过程中，尤其是在基质的转移过程中，更加确保正确转移所需要的液体体积。在常规吸液和排液中，最重要的是要考虑血浆样品的凝结问题（如凝血酶、纤维蛋白原和黏性脂类）。抗凝剂的选择可能显著影响自动化样品的通量、质量和分析的整体可行性（Sadagopan et al., 2003）。这主要是由于血浆样品在常规样品处理中，通过冷冻和溶解会产生一定程度的凝结和混浊（Zhang et al., 2000b）。假如乙二胺四乙酸（EDTA）血浆样品不能用于自动化样品前处理，必须要注意在吸液和排液过程中减轻“凝结”的影响。除之前提到的更加智能的工具（TADM、MAD、PMP）外，离心、实验配件选择（簇管、96 孔板）和配件的尺寸（如平底、圆底和尖底）都对自动化分析成功与否起到重要作用，更多关于这方面的信息将在之后关于 PPT 板部分进行讨论。

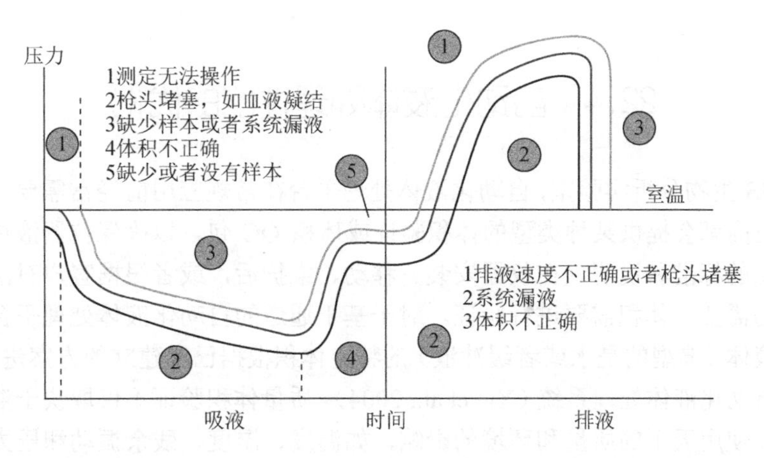

图 22.1 监控单个移液通道的压力，Hamilton Microlab STAR 自动移液处理平台使用总吸液和排液监控（TADM）技术在移液系统吸液和排液过程中（TADM 图像、TADM 版权和 TADM 知识产权属于 Hamilton Bonaduz AG，经授权使用）

几乎所有自动化液体操作厂商都提供了模块化平台设计或原始设备制造商（OEM）自动化处理方案，来帮助各种各样的实验室应用。这种灵活性提高了自动化液体处理平台在支持常规 LC-MS 生物分析中的应用。模块化设计利用单一的液体处理平台提供了实验室执行许多不同类型样品制备方案的能力，或常规的液体处理能力。Gu 首先报道了这个概念，在 Tecan Genesis RSP 仪器上使用定制软件接口用于 3 种不同的样品制备技术（PPT、SPE、LLE）(Gu et al., 2006)。最近有人描述了将 Hamilton Microlab STAR 用于上述三种样品提取技术，在多个分析样品制备和提取中的开发应用（Tweed et al., 2010)。例如，在后者的参考文献中，用 OEM 仪器和模块化平台设计通过组合成摇板机来实现自动样品稀释；用组合 SPE 平台来实现自动 SPE 的能力。自动化液体处理硬件和软件已经证明能够在常规生物分析方面优化全面的工作流程。许多厂家提供组合条形码扫描仪，从板或者样品管直接读取样品条形码。在 LC-MS 生物分析中，一维（1D）或二维（2D）条形码能够用于常规样品管理和之后的样品处理。近来有文章报道使用二维条形码技术（图 22.2）用于法规依从下的常规生物样品分析支持（Zhang et al., 2010; Tweed et al., 2012)。使用二维码处理的优点包括：样品管理链的延长，减少了样品整理和分类的手动操作，减少了常规样品分析和复测准备的时间。也有报道二维码已经用于药物发现环境下的样品储存和采集（Laycock et al., 2005)。这项工作也提出了利用射频识别（RFID）技术用于样品后勤管理解决方案中的可能性。相对而言，RFID 技术用于生物样品管理似乎是可行的，因为 RFID 样品管已经申请专利用于药物临床试验（Veitch and Biddlecombe, 2002)。然而，在 LC-MS 生物分析里找不到任何关于 RFID 技术在样品管理和样品制备中应用的报道。

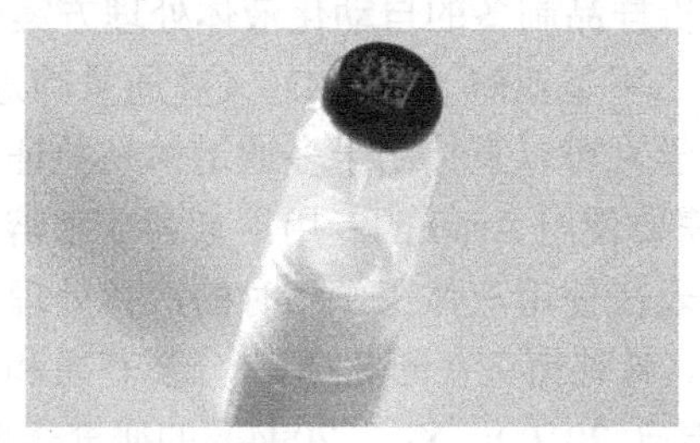

图 22.2 聚丙烯 96 孔板二维条形码样品追踪冻存管的图像［图像来自 Nova Biostorage 公司，McMurray, PA（前 Micronic，美国），经授权使用］

22.4 自动化液体处理性能的优化

在 LC-MS 生物分析实验室，自动化液体处理平台在常规应用前经常需要一定程度的优化。所有供应商都会提供某种类型的体积验证或体积 QC 包，以确保仪器液体实际操作符合供应商建立的标准和说明。在仪器安装、移动、维护后，或者根据客户对法规依从和常规仪器使用的需要，体积需要进行验证。对于基于通道的自动化液体处理平台，体积验证通常需要对液体（典型的是水或者缓冲液）的特定体积根据已经建立的方案进行质量评估，连接天平及自动化液体处理系统（Xie et al., 2004）。质量体积验证不仅取决于液体操作的性能，也取决于使用天平的质量和环境的影响，如温度、湿度、残余振动和压力。通过重复操作，液体处理软件可以内部校正对使用液体的校正参数。体积验证和精确液体分装的方法优化会有所不同，这取决于内部软件设计，这些软件用来控制用于液体操作（校正曲线、调整流量范围、液体类型等）的移液模式的实际衰减。应当指出的是，通常由供应商或一个训练有素的实验人员操作时，在常规的体积验证中，得到的数据往往符合或者好过供应商制定的要求。

类似地，Artel 公司（Estbrook, ME）已经证明了多通道验证系统（MVS）成功用于特定多通道自动化液体处理系统转移液体的性能（Bradshaw et al., 2005; Artel, 2011）。广泛来讲，MVS 在控制的实验方案中用 96 孔板和 384 孔板使用读板器去测定相应溶液的吸收值（用于特定体积范围）（Knaide et al., 2006）。在几分钟内，实验人员能判断相应自动化液体处理方案的质量和反复校正后液体处理的校正参数。Artel 的工作说明，在评价自动化液体处理系统稀释的准确性和精密度时使用双波长吸收方案的好处（Bradshaw et al., 2007）。这对实验室确定生物分析实验中的稀释问题直接与自动化液体处理相关时特别有用（Kim et al., 2007）。必须十分注意常规的体积校正技术，以确保优化的液体处理性能，从而避免因为中断工作流程而付出的代价（Albert and Bradshaw, 2007）。Stangegaard 使用了一个常规的、低成本和简单的方案，通过使用不同体积的 Orange G 母液去测量吸光度，用于评价手动排枪或基于通道的自动化仪器的准确度和精密度（Stangegaard et al., 2011）。尽管技术、方案和体积验证工具为科学家提供方法证明了使用自动化液体操作系统的高精密度和高准确度，实际上，为了优化自动化液体操作平台用于 LC-MS 生物分析进行常规的样品制备和萃取分析，还需要额外的工作。

质量法或者 Artel 的多通道体积验证方案使用水性溶液通常在常规的预防性维护（PM）中能得到高质量和重现性的数据。但是有可能在体积验证过程中得到的同样的性能数据不一定能够相应转化到生物分析样品制备的自动化液体处理方案中。Artel 的多通道体积验证系统曾经证明非水性溶剂如二甲基亚砜（DMSO）（高通量筛选）、血清（生物分析）和非水性溶剂洗涤剂（分子生物学）可以直接用于多通道体积验证系统来评价液体处理的性能（Albert et al., 2006）。方案需要使用 Artel 的专用溶剂和非水溶剂混合，产生定制的校正溶液，从而能够更加准确地代表在使用液体工作站时的液体处理性能。尽管许多因素对自动化液体操作整体质量有影响，转移溶剂（图 22.3）、分装基质和溶剂的准确度与精密度是至关重要的（Bradshaw and Albert, 2010）。Xie（2004）的研究表明，使用 Tecan Genesis 自动化液体处理系统，用非优化校正标样在转移狗血浆时，会出现准确度方面悬殊的偏差。在基质转移中得到了高精密度（<3% CV）；然而，由于狗血浆与水的黏度不同，导致基质转移的不准确性比较高［15%的回收率（RE）］。在用便携式密度计测量密度时，用内部 Tecan Genesis 校正文件校正密度后，基质转移的不准确性减至大约 0.1%的回收率。

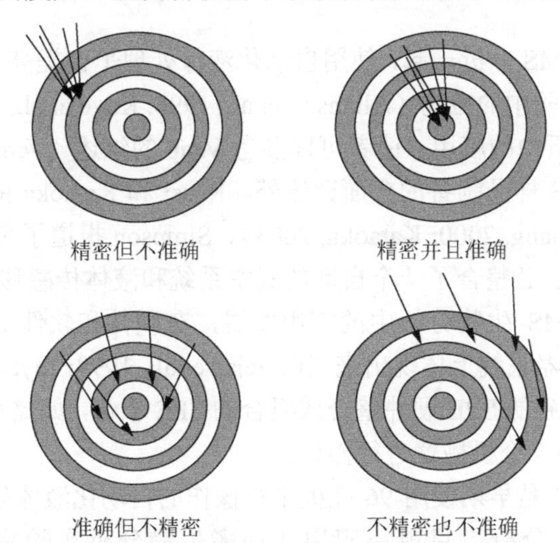

图 22.3 用示意图形象地表示手动移液枪或者自动移液器产生的数据的精密度和准确度（Bradshaw 和 Albert，2010）（经 John Wiley & Son 授权）

一些用于自动化 LC-MS 生物分析的常见样品处理和提取技术是 PPT、SPE、LLE 及载体液-液萃取（SLE）。因为用这些技术要处理不同基质、溶液和溶剂，可能在液体处理平台上需要一定程度的优化，确保最好的分析性能。为了说明这点，假如采用之前提到的液体-空气或者空气置换模型去验证体积的溶液被替换成血浆，那么要符合供应商制定的标准就变得相对困难。这些移液模式会受到液体密度和黏度的影响，从而影响整体精密度和每次液体处理取样的准确性。而且，对液体-空气置换模式来讲，假如内部移液参数不进行校正的话，会导致整体质量受到影响并产生误导的结果（Dong et al., 2006）。在生物分析样品制备中，已经证明液体通道中很薄的一层系统液体已经影响了校正标样和 QC 样品的序列稀释（Gu and Deng, 2007）。不同的补救措施在前面的文献中已经提出过，Ouyang 则建议在液体-空气置换自动化液体处理系统中使用固定或者一次性枪头（Ouyang et al., 2008）。

除之前提到的稀释影响外，还需要小心优化用于任何基于 LC-MS 生物分析的样品制备中的基质、溶剂和溶液，尤其是定量转移（校正标样、QC 样品、常规样品分装或者内标溶液转移）。Xie 首次非常详细地阐述了这种优化方法在 Tecan Genesis 自动化液体处理系统（液体-空气置换模式）上的应用（Xie et al., 2004）。另一个非常好的例子是描述用这种方法对不同种类液体的优化，如血浆、有机溶剂母液和组织匀浆液样品，移液范围 5～300 μl，用于典型的自动 PPT（Palandra et al., 2007）。基质如组织匀浆液（心脏、肌肉、肺、肝脏等）、血液样品（全血、血清、血浆）和体液（尿液、胆汁、唾液等）及有机溶剂和其他溶液［磷酸缓冲液（PBS）、洗涤剂］应该被验证；然而，因为有些基质黏度、密度、挥发性等相似，并不是所有基质都需要优化。其他研究小组也将这种方法应用于空气置换模式的液体处理系统（Hamilton STAR），去确保优化的样品前处理性能（Tweed et al., 2010; Zhang et al., 2011）。

22.5 固相萃取

与大量增加的 LC-MS 分析一起，使用自动化液体处理平台提高了通量，显著地推进了 SPE 分析及其在临床试验中的应用（Allanson et al., 1996; Kaye et al., 1996）。对于 SPE 的发展和在 LC-MS 生物分析中的应用，读者可以参考 Venn 的综述（Venn et al., 2005）。除早前提到过的高通量 LC-MS 样品制备的全面评述外，Rossi 和 Kataoka 的综述重点介绍在线和离线 SPE（Rossi and Zhang, 2000; Kataoka, 2003）。Simpson 报道了全套自动化 SPE 平台，使用 Packard Multiprobe Ⅱ整合了一个自动的真空系统和液体传感移液通道（Simpson et al., 1998）。自动化在 LC-MS 生物分析中的应用发展，在硬件和软件上功能的增加，可以在 Zymark 96 孔板 SPE 仪器系统上体现出来（Callejas et al., 1998; Joyce et al., 1998）。这个自动化平台首次将几个单独的 SPE 硬件整合成组合的 SPE 平台，如储存转盘、自动化液体处理器和 SPE 装置全部用一个机械臂进行操作。

Tomtec Quadra96™ 是早期使用 96 孔板平行操作的自动化液体处理平台的例子，该平台影响了 SPE LC-MS 分析，目前还应用在许多生物分析实验室（图 22.4）。Tomtec Quadra96™ 整合了 6 个可自动往返的板位和一个带有可拆卸枪头的固定 96 孔板移液器。这个平台显著增加了 96 孔板 SPE 的通量（Janiszewski et al., 1997; Zhang and Henion, 1999; McMahon et al., 2000）。Tomtec Quadra96™ 常规的程序可以由面板或者相应的计算机软件控制。Tomtec Quadra96™ 是一个在设计、功能和可操作性（易于常规操作方面）方面都很优秀的仪器，使得 Tomtec Quadra96™ 成为在 LC-MS 生物分析领域中实验室内一个承担大量工作的仪器。

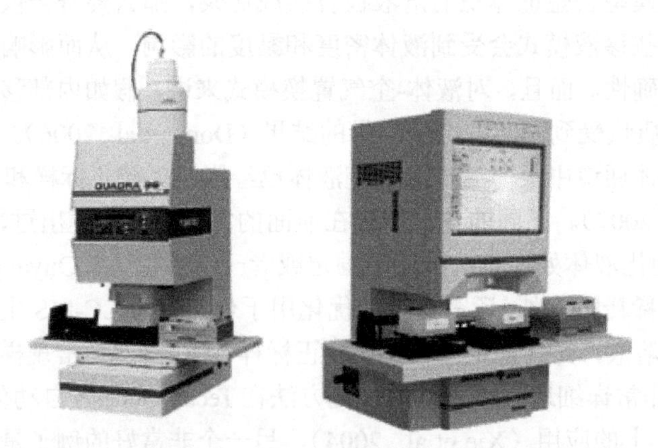

图 22.4 Tomtec Quadra96 自动移液系统（左）和自动移液系统平台 Tomtec Quadra 4 的最新版本（图像来自 Tomtec 公司，Hamden, CT，得到使用许可）

在液体处理平台技术和性能改进的同时，实验人员也希望在常规的 SPE 分析中加入额外的自动化能力。多个自动化液体处理工作站可串联或者配对，以用于常规生物分析 SPE 方案的不同阶段（Shou et al., 2001; Shou et al., 2002; Song et al., 2005）。在这些应用中，基于通道的自动化液体处理平台被用于制备样品或者将分散在样品管中的样品转移到 96 孔板中，再加入内标。基质样品然后被转移到另一个 96 孔板自动化液体操作系统（典型的是

Tomtec Quadra96）再进行 SPE。Deng 提出了另一个 SPE 通量极佳的具体方案（Deng et al., 2002）。在这个设置中，Zymark 仪器与 Tecan Genesis 自动化液体处理系统整合成为完全自动化的 SPE 设备，整合自动移液、离心和冷冻操作配合 LC-MS 检测。

提高通量也可以通过采用同时平行处理 384 孔板的 SPE 装置来实现。384 孔板与 96 孔板的尺寸一样，但是增加了孔密度，对标准 SPE 程序进行稍微改变就能增加通量。在这方面的早期工作证明了 384 孔 SPE 板在自动化 LC-MS 生物分析中的应用（Biddlecombe et al., 2001; Rule et al., 2001）。Nevanen 等也描述了一个更加具体的基于抗体免疫填料的 384 孔板的 SPE 在非自动化平台的应用（Nevanen et al., 2005）。384 孔板的 SPE 从来没有达到类似于 96 孔板在 LC-MS 生物分析中的应用水平。Chang 重新回顾了 384 孔板在 LC-MS 生物分析中的手动 SPE 方案和自动 LLE 方案中的设计（Chang et al., 2007b）。这两种提取技术都提供了高质量结果；然而，384 孔板的常规操作需要小心优化，要整体考虑方法的质量，要考虑到样本制备孔间污染的可能性及 LC-MS 方法在进行长分析批分析时的耐用性。

典型的 SPE 方案与反相液体色谱配套通常需要分析物洗脱溶液的挥干（吹干）。通常是在加热氮气流下操作，吹干的提取物用弱于保留化合物流动相极性的溶剂复溶。这些步骤大大增加了 SPE 时间并极大地降低了自动化 SPE 的通量。一些团队设计定制的 SPE 洗脱技术和新颖的色谱分离方法避免了这些烦琐和耗时的步骤，以达到高通量，或者在 SPE 过程的挥发和复溶阶段避开化合物不稳定或非特异性结合（NSB）的问题（Naidong et al., 2002; Yang et al., 2003）。采用具有针对性的 SPE 洗脱步骤，洗脱溶剂中的高水相含量最终将影响回收率，因此采用这些办法在可以牺牲灵敏度的常规分析支持中会有好处。再者，如直接进样，含有高有机相比例的 SPE 洗脱液需要分析物有足够的极性，从而可以用正相或者假正相色谱分离[silica、亲水相互作用液相色谱（HILIC）]。

另一个在自动化 SPE 操作时避免溶剂蒸发和样本复溶的方案是由 Mallet 首先提出的微萃取板（Mallet et al., 2003）。通过使用微萃取板上的大载样量（375 μl）和用小至 25 μl 体积的复溶液，微萃取板允许 15 倍的样本浓缩。这个提高是通过采用新颖的球形筛板和锥形尖端设计，而不是标准的圆盘形筛板和圆柱形尖端设计来实现的（图 22.5）。Yang 等用该技术同时测定了人血浆中的辛伐他汀（Simvastatin）和辛伐他汀羧酸（Simvastatin carboxylic acid），已经证明这种应用的可能性（Yang et al., 2005）。另外还测定了人血浆中的氢化可的松（Cortisol）（Yang et al., 2006），在研究中采用低洗脱体积，因而避免 SPE 后吹干和复溶的步骤。所有这些方法通过避免吹干和复溶步骤增加了通量，提供了可靠的 LC-MS 生物分析数据，证明它们可实际应用于可靠且耐用的生物样本分析。

近来，基于枪头的 SPE 方案已经选择性地用在 LC-MS 生物分析中的高通量样本制备。Shen 的研究表明了基于枪头的 SPE 方案在 Tomtec Quadra96™ 自动化液体处理平台中的应用（Shen et al., 2006, 2007）。与传统的基于板的 SPE 方法相比，基于枪头设计的 SPE 增加了通量，因为它不需要使用真空装置并具有由整体柱技术带来的优良的液体流动性能。Saunders 综述了整体柱固定相在 LC-MS 生物分析中在线和离线 SPE 技术中的应用，值得一读（Saunders et al., 2009）。基于枪头的 SPE，商品名为 OMIX™，有许多不同的吸附剂化学材料可供选择。这些材料可充填在一个 Tomtec，450 μl 聚丙烯枪头中，最近也有报道被使用在 Hamilton Microlab STAR 绝缘的聚丙烯枪头中（Luckwell and Beal, 2011）。根据这些发表的文献，与传统基于板的 SPE 的回收率和选择性比较，基于枪头的 SPE 是可靠和耐用的提取方法。再者，类似于早先提到的微萃取板，基于枪头的 SPE 板允许小体积洗脱，避免了吹干和复溶步骤，进一步提高了通量。

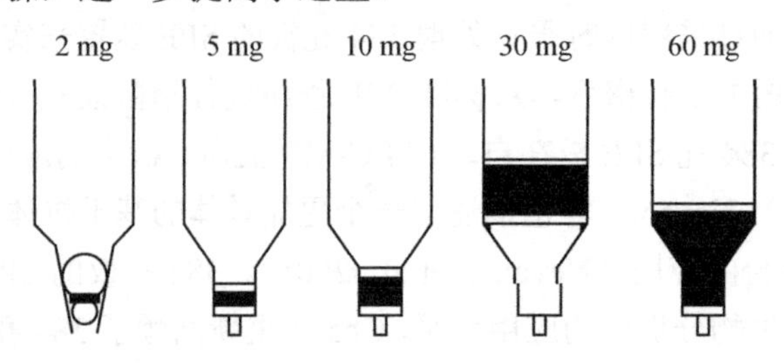

图 22.5　与其他标准圆柱形枪头和填装体积相比较，Waters μ-Elution 板（2 mg）新颖的设计了使用球形玻璃筛和圆锥形状的尖端（Mallet et al., 2003。复制经 John Wiley & Son 允许）

22.6　蛋白质沉淀

一份早期的新型自动化平台的报告展示了在液相色谱-紫外光谱检测条件下，PPT 样品处理的高度可定制性与可操作性（Fouda and Schneider, 1987）。96 孔板的引入极大地提高了 PPT 的通量，导致了 96 孔过滤板使用的增加（Biddlecombe and Pleasance, 1999）。过滤板 PPT 法是一种手动 PPT 法的替代，它不需要离心操作（Rouan et al., 2001）。与类似的手动操作方法相比，蛋白质过滤板通过减少手动操作提高了操作效率与数据的质量（Walter et al., 2001）。另外，过滤板 PPT 法与自动化样品稀释联用则进一步提高了通量（Watt et al., 2000; O'Connor et al., 2002）。

PPT 过滤板同时也有其本身“破坏”基质中蛋白质功能之外的应用。在自动化液体处理系统进行常规样品移液过程中，为了减少基质样品凝集（如凝血酶与纤维蛋白原），Berna 建议在收集与储存样品时使用 PPT 过滤板来减少凝集的形成（Berna et al., 2002）。这项工作（及其他工作）提供了一种减少自动移液系统在吸液操作中基质样品凝集的潜在解决方案。（Sadagopan et al., 2003; Villa et al., 2004; Peng et al., 2005）。尽管提出的样品收集方法不相同，但这些研究调查了有关待测化合物与收集和制备样品的材料（如 PPT 过滤板）间的 NSB 的潜在问题。此外，值得注意的是，自动移液系统用于控制活塞或针管吸液和排液参数的程序文件，如液体转移性能文件（MultiprobeⅡ）、液体分类（Tecan, Hamilton）与移液性能（精密度和准确度）相关，并最终影响自动化样品处理技术的质量（Xie et al., 2004; Pucci et al., 2005; Palandra et al., 2007）。像这些问题在用自动化液体处理平台处理常规液体时应当关注。这在 LC-MS 生物分析领域中至关重要，在本文 22.4 节有详细的介绍。

类似于自动 SPE 方法，单通道串联与多通道自动化移液系统应用于基质样品分装或 96 孔板平行操作（Kitchen et al., 2003）。同时，多通道自动化移液系统（典型的如 Tomtec Quadra96）也应用于自动 PPT 法中，有的使用 PPT 过滤板（Pereira and Chang, 2004），有的则不使用 PPT 过滤板（Yang et al., 2004; Xu et al., 2005）。一种使用 Tecan Genesis 平台的新型单点 PPT 法提高了 PPT 的效率，这种方法直接从含有沉淀蛋白质的孔中移取上清液进样（Xue et al., 2006）。通过控制自动进样器中针的位置，只有上清液被进样而不会触碰到下层的沉淀。

自动 PPT 法被证明也可应用于组织匀浆液的处理。Xu 的研究介绍了一种自动的、程序化的组织匀浆系统，名为 Tomtec Autogizer 匀浆机，与 Packard Multiprobe Ⅱ自动移液器连续使用（Xu et al., 2007b）。这套自动系统从在试管中的预称重鼠脑组织开始，随后在自动匀浆机 Tomtec Autogizer 中匀浆。匀浆后的样品被转入 96 孔板进行 PPT 处理。由于脑组织匀浆液独特的物理性质（增加的黏性、表面张力等），需要在 Multiprobe Ⅱ移液器上使用广口枪头，避免吸取匀浆液时堵塞枪口。尽管没有提到移液程序文件的更改，自动处理方法也表现出了与传统手动方法相当的可靠性与精确度。

先进的自动化平台与定制的软件相结合，增强了液体处理工作站在 PPT 中的功能。Palandra 使用 PPT 过滤板，开发了一套全自动的 PPT 方法与定制化的软件工具（Palandra et al., 2007）用于药物开发。Gu 则研究了定制化的软件与实验室信息管理系统（LIMS）的结合（Gu et al., 2006）。在 Palandra 提供的图形用户界面应用中（图 22.6），研究人员设计了一套 PPT 方法，从配制校正标样（STD）与 QC 样品开始，到过滤沉淀后，可直接用于 LC-MS 进样的基质提取物。与之前提到的 Deng 的高通量 SPE 方法类似，Ma 将多种设备（离心机、封板器、打孔器、摇板机、机械臂）与 Tecan Freedom EVO200 液体处理器整合，组成了一套全自动无人操作的 PPT 系统，用于 LC-MS 生物分析（图 22.7）（Ma et al., 2008）。

一种新颖的技术，即将 PPT 的简单性与 SPE 的选择性相结合，已经用于常规的 LC-MS 样品处理，这个方法是在 PPT 过滤板中除去磷脂。众所周知，磷脂是生物分析中提取后样品的主要成分，这在文献中已经有全面的综述（Van Eackhaut et al., 2009; Jemal et al., 2010）。电喷雾离子化（ESI）的效率会由于所制备的样品提取液中的残余基质成分，如盐和磷脂的数量而降低或者增强（Cote et al., 2009）。离子化效应是 LC-MS 生物分析中的常见问题，尤其是使用选择性较低的样品处理技术如 PPT（Ye et al., 2011）时会更加明显。现在，至少有两家供应商能够提供在样品处理过程中选择性吸附磷脂的 96 孔板，如 Sigma-Aldrich 的 Hybrid-SPE 与 Agilent 的 Captiva ND Lipids（Agilent, 2011; Sigma-Aldrich, 2002）。这些去磷脂板已在最近的 LC-MS 应用中有报道（Ismaiel et al., 2010; Ardjomand-Woelkart et al., 2011），并可以在自动移液系统中使用（Pucci et al., 2009; Jiang et al., 2011）。未来有望将这项去磷脂技术与自动样品处理技术结合，从而提高整个 LC-MS 生物样品处理技术的通量与质量。

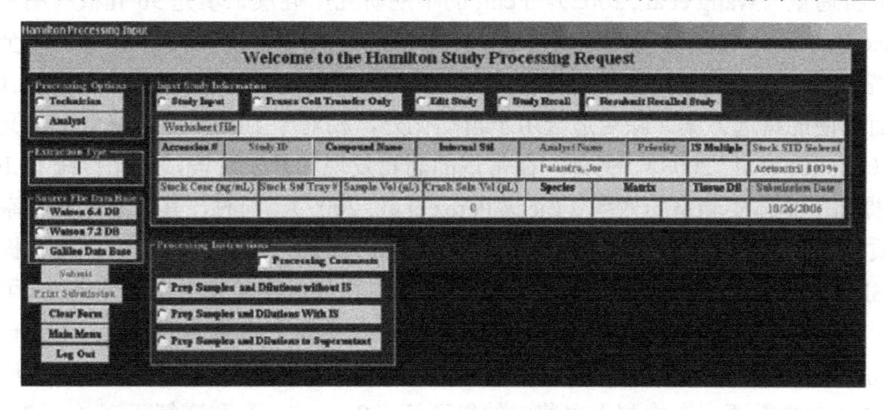

图 22.6 定制的图形用户界面（GUI）将与项目/研究相关的信息及蛋白沉淀样品制备参数输入到 Hamilton STAR 自动液体处理工作站（Palandra et al., 2007。复制经允许版权©2007，美国化学协会）

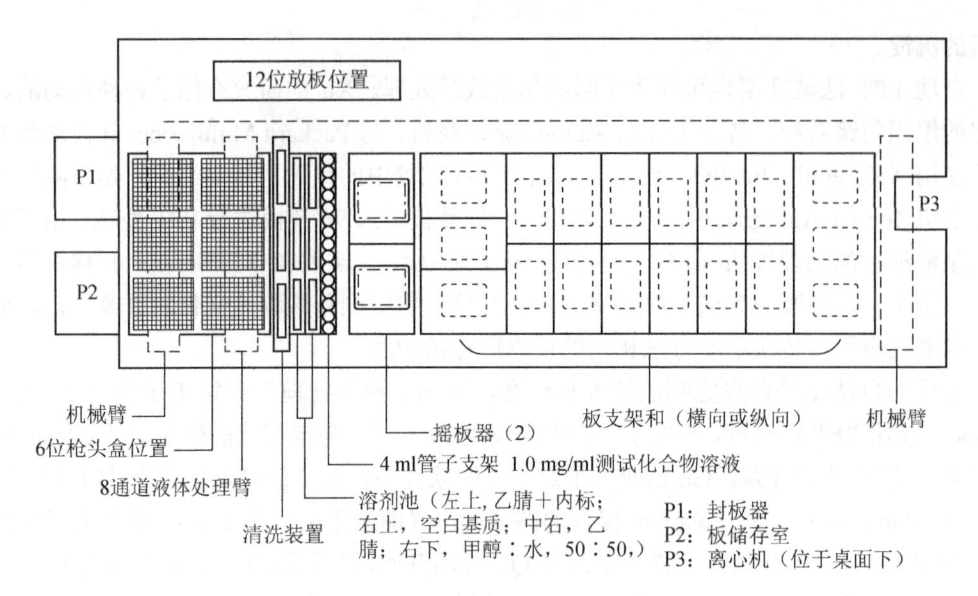

图 22.7　Tecan Freedom EVO® 200 的完全自动化蛋白质沉淀（PPT）工作平台的示意图（得到使用允许，摘自 Ma et al., 2008，Elsevier 版权）

22.7　液-液萃取

LLE 是另一种广泛用于 LC-MS 生物分析的提取技术，经常通过自动化仪器液体处理平台自动化。最早关于 96 孔板 LLE 处理的报道是使用通道式（Jemal et al., 1999）或 96 孔板（Steinborner and Henion, 1999; Zweigenbaum et al., 1999; Ramos et al., 2000）的多通道液体处理系统进行样品处理：离线样品混合和有机相分离之后萃取。Varian 对传统 LLE 进行了改良，用改性硅藻土作填充材料，商业名为 ChemElute™。这种新型 LLE 提供了 LLE 的选择性，不需要用速冻或离心法进行相分离前对样品进行混合、振荡摇匀或者超声。该技术已经用于临床试验的生物分析（Burton et al., 1997; Zhao et al., 2000）。这种改良 LLE 技术也用于 48 孔分析，相比于单个分析显著提高了通量（Wang et al., 2001）。若用 96 孔板能够得到更高的分析通量（Wang et al., 2002）。Peng 的早期研究用硅藻土填充 96 孔板（图 22.8）用于 Tomtec Quadra96 自动化液体处理系统，据报道是首次用于 LC-MS 生物分析的全自动化 LLE 系统（Peng et al., 2000）。在该章节中所称的 SLE 技术，是相对基于 96 孔的 LLE 提供了简单而方便的待选方案。除更适合用于自动化外，相对于 LLE，SLE 降低了交叉污染的可能性（Basileo et al., 2003）。另外，在常规的药物发现和开发阶段，相比传统 LLE，自动化 SLE 提高了整体实验室的效率（Licea-Perez et al., 2007）。同时，其在萃取回收率和选择性（基质效应）上可与传统 LLE 相比（Nguyen et al., 2010; Wu et al., 2010）。SLE 板的耗材价格与 SPE 板相当（每块$180～290），从而导致了生物分析实验室成本的伸缩性（可变性），这取决于进行的实验或者提取样品的数量。对于 SLE 实验方案整体的质量，不论自动化的或非自动化的，在用于亲水样品的加样和溶剂在真空下洗脱时，压力的控制（正压或者负压）对 SLE 非常重要。在检测人血浆中的氟西汀（fluoxetine）和诺氟西汀（norfluoxetine）时，在自动化 SLE 的加样和洗脱步骤使用负压（Li et al., 2011）。Li 研究证明了使用 SLE

可以得到高通量，每 10 min 96 个样品。与负压不一样，无论样品的黏性如何，正压使得 96 孔板的每个孔有一致的压力，使得样品有更好的流动性。Jiang 和 Pan 详细全面地介绍了使用正压的自动化 SLE 方案（Jiang et al., 2008a，2008b, 2009; Pan et al., 2010 , 2011）。然而，使用正压仪器如 Speedisk®96（J.T. Baker, Inc.），由于是离线操作，相对于自动化液体处理平台，需要人工干预，从而降低了通量，这些对生物分析过程来说是个无可非议的限速步骤。为了解决这个问题，Tomtec 近期在它的 Quadra4 自动化液体处理平台上加了一个正压装置，可用于基于过滤板/SPE/液相萃取的正压力洗脱的分析（图 22.4）（Tomtec, 1999）。

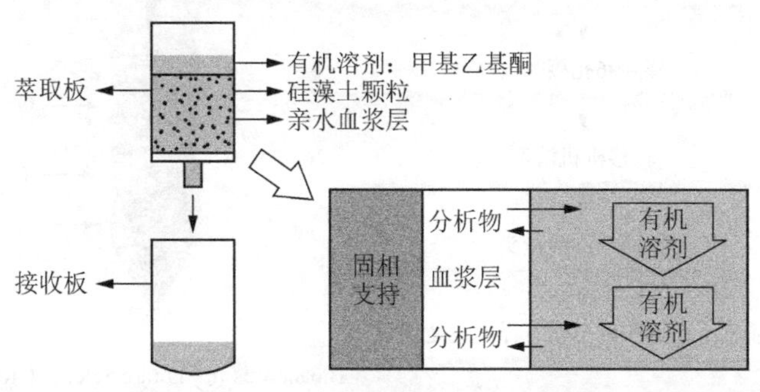

图 22.8 使用装填硅藻土颗粒的 96 孔板进行固相支持的液-液萃取（LLE）中单个小孔示意图
［得到使用允许，摘自 Peng et al., 2000，版权（2001）美国化学协会］

在高通量药物开发和临床研究的 LLE 应用中，已经有使用 Tomtec Quadra96 和固定高度移液的报道（Brignol et al., 2001; Shen et al., 2002; Dotsikas et al., 2006; Li et al., 2007; Yadav et al., 2008）。在 LLE 中所用的典型的溶剂是易挥发、绝缘的溶剂（如叔丁基正丁醇、乙酸乙酯、三氯甲烷等）。因此，就不能使用带有传导性能枪头的自动液面监测。在用自动化液体处理系统处理这些溶剂时，要注意吸液和排液的步骤，确保 LLE 的性能。在 96 孔板自动化液体处理系统如 Tomtec 中，调节转移液体时的高度（Zhang et al., 2000a），或者在基于通道的自动化液体处理（Tecan, Hamilton, Biomek）中调节枪头的位置，对高质量的 LLE 至关重要。Hussain 等使用了 Multiprobe EX HT II 在预先设定的位置（图 22.9），用离心后分离样品去平衡（压力状况）一次性枪头的部分前端（Hussain et al., 2009）。这就使得在样品处理时能将样品中的有机相转移到另一块板中去进行接下来的吹干步骤，同时阻止了在转移有机溶剂时，有机相由于顶端溶剂蒸发产生不受控制的膨胀冷缩等因素造成的液体滴落。

另外一种在自动化 LLE 中可以提高整体质量的方法是使用正压模式枪头（Hamilton Micro Lab AT Plus2），用于液-液反萃取人血浆中美沙芬（dextromethorphan）和右啡烷（dextrorphan）（Bolden et al., 2002）。在实行自动化 LLE 的过程中，正压置换枪头可以改善高黏度溶剂处理操作，并通过阻止溶剂滴落及不需要对一次性枪头顶部进行平衡来提高通量。在另一种自动液-液反萃取的方法中，使用连续两个自动化液体处理系统加上枪头，通过重复吸打上清液和萃取溶剂进行液-液混合（Xu et al., 2004）。雅培实验室（Abbott Laboratories）的生物分析团队证明了 Hamilton AT Plus2 是一个实用的自动液体处理平台，通过半自动（Ji et al., 2004; Wang et al., 2006b; Zhang et al., 2006）和全自动（Rodila et al., 2006; Wang et al., 2006a）LLE 分析，能够得到高质量的结果。

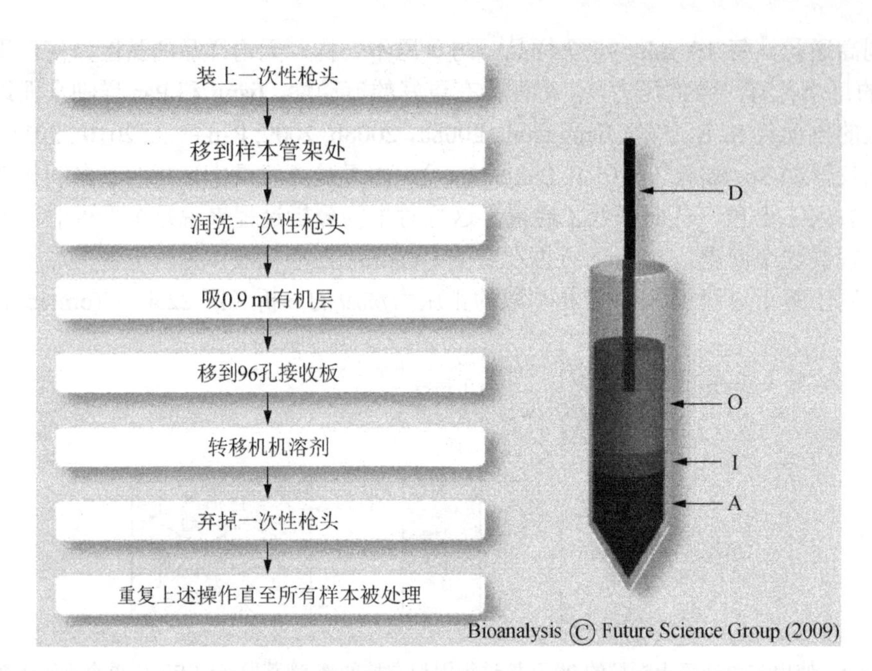

图 22.9　Multiprobe Ⅱ自动移液系统使用一次性枪头（D）在转移液-液萃取（LLE）过程中转移有机层（O）的示意图；在一次性枪头压力平衡过程中，要注意有机相转移不能碰到中间层（I）水相（A）和有机相的相分离层（得到使用允许，摘自 Hussain et al., 2009，Future Science Ltd）

对于用空气置换模式的自动化液体处理系统而言，使用高度挥发性、绝缘的 LLE 溶剂在进行自动化 LLE 的质量和通量上存在一定的困难，混合前后存在溶剂滴液的风险，自动化液面层感应技术不能用于固定或者一次性枪头，从而需要替代的方法。为了得到更高的通量和提高自动化LLE分析的质量，有报道指出(Eerkes et al., 2003; Zhang, 2004; Riffel et al., 2005; Apostolou et al., 2007）可在同一自动化 LLE 方案中对某些特定步骤（如基质样品分装、LLE 溶剂转移和相混合）串联几个自动化液体处理平台（如 MultiprobeⅡ串联 Tomtec Quadra96）。

96 孔板在混匀过程中有孔间交叉污染的风险，对自动 LLE 方案的质量有很大影响。自动 LLE 装置在相萃取/样品在线混匀（吸打）或者离线混匀（摇扳机混匀、超声、旋转）过程中是既有优点又有缺点的。显而易见的优点是，在吸打混匀时减短了循环次数，也减小了孔间污染的可能性。但是，如果吸打混匀不够充分，那么有机相和水相混匀不充分，会影响化合物的回收率。相反，离线混匀（加上手动封板）能够充分地将有机相和水相混匀，但同时也可能增加了由已经密封的孔内漏出来溶液而引起孔间污染的机会。因此，为了保证自动 LLE 顺利进行，必须采取一系列的实验措施，将造成孔间污染的源头控制住。已经优化的热熔封板（Ji et al., 2004）及通过特殊的板材提供更好的封板效果（Eichhold et al., 2007）均已被报道过。Wang 描述了通过直接穿刺热熔封板防止在相分离（接触到有机层）后污染的设计（Wang et al., 2006）。在自动 LLE 中，当使用 384 孔板时，避免孔间污染成了一个更大的挑战。然而，通过精密的实验设计和优化过的相混匀及相分离步骤，自动化的 384 孔 LLE 有望应用于常规的 LC-MS 生物分析（Chang et al., 2007b）。

22.8 实际的考虑：策略、质量与合规

自动化的 LC-MS 生物分析样品处理方法的复杂性视样品处理要达到的目标及自动化程度的需求而定。只有通过权衡常规 LC-MS 中的自动化技巧和技术，方能实现成本与复杂程度的最佳平衡。药物研发的最佳策略是，必须区分在早期药物研发中“按需定制”的样品制备与在后期法规依从的临床前和临床药物发展中常常需要的更可靠、选择性更高的样品制备和萃取技术。相应地，必须有合理的资源分配来成功实现从安装到日常使用的策略。

实验室的自动化策略并不是一个新概念（McDowall, 1992; Vogelsanger, 1992; Mole et al., 1993）。关于“什么要自动化”、“如何实现这种步骤/技术”、“相关技术（硬件、软件、程序等）需要什么样的导向”都需要做许多决定（Kozlowski, 1996）。对于自动化成本和经济上的影响的理解将有助于做硬件配置和资源的决定，特别是在如今紧缩的经济环境下（Gurevitch, 2004）。在理想情况下，这些观念应该都包含在支持自动化技术执行的验证或认证计划中，这在本章的后头会加以讨论。

在发展与实现自动化移液系统中有一个常见的误解，就是仪器使用、供应商支持及合适的功能培训是为常规的生物分析提供自动化解决方案所需要的全部条件。虽然这种思路在某些情况下是合适的，但它当然不能解决在常规操作和维护中需要的策略、时间、后勤和硬件与软件（方法）资源，尤其是在法规依从的环境下。在利益相关者的组合中（管理者、用户、自动化专家、信息组等），实现自动化平台必须有一致的关于自动化工具/技术应用的具体目标与明确的责任关系（McDowall, 1994）。因此，对自动化平台的投资应予适当监控，基于使用情况来决定是否继续投资或改变方向（Schultz et al., 2003; Benn et al., 2006）。

幸运的是，供应商通常都会提供培训与服务来达到在生产环境下实现自动化系统的最终目的。然而由于自动化移液系统日趋繁复，对实验人员技术与能力的要求也相应提高。随着用于 LC-MS 生物分析的现代自动化移液系统的应用范围与复杂程度的增加，它需求的能力范围也随之扩大，如分析化学、自动化、计算机科学与法规依从（硬件、软件与特定分析）。这其中的某些概念已经在各种定制的自动化操作平台中（Deng et al., 2002; Ma et al., 2008），或定制的软件界面与自动化液体处理器联用的系统中（Gu et al., 2006; Palandra et al., 2007; Tweed et al., 2010）被讨论并展示过。

自动化液体处理仪器一般用于 LC-MS 生物分析的样品制备和提取步骤中，以支持非法规依从（non-GxP）的药物研究及法规依从（GxP）的药物发展项目。与自动液体处理平台的实施和使用有关的法规依从的程度取决于几个因素。总体来讲，自动化液体处理仪器的安装、维护，以及常规使用的法规依从程度与对实验室的法规要求相称。一个法规依从的生物分析实验室，有严格的与生物分析方法验证及样品分析有关由 FDA 和 EMA 制定的法规标准（US-FDA, 2001; EMEA, 2011）。因此，在法规依从的实验室，将自动化仪器的安装和使用应用于常规生产环境，比前期药物发现中方法开发（MD）环境下的需要更多的资源和努力。对硬件维护，软件依从性及总的实验要求（分析接受标准、方法验证等）的用户需求在法规依从与非法规依从的实验室之间大不相同。因此，在生物分析实验室内使用自

动化液体处理器前，必须先考虑一些关键的依从性问题。

对于任何法规依从的LC-MS生物分析实验室来讲，自动化液体处理系统的使用，依从性最终是由该机构所愿意承担的风险水平决定的。在该目的的讨论中，风险范围包括科学方面和商业方面的风险并且是对自动液体处理硬件、软件，以及随后的用于常规使用的自动化样品处理和提取技术作出策略和决定的出发点。因此，在使用自动化液体处理仪器时，在商业需求与生物分析实验室法规依从性方面需要达到适当的平衡。

对于任何法规依从的实验室来讲，仪器硬件必须服从美国食品药品监督管理局（FDA）设置的标准（US FDA 21 CFR 58.63, 2001; US FDA 21 CFR 211.68, 2001）。Chan等具体阐述了硬件验证和认证资格概念，并推荐方案以达到符合基于风险评估的法规的目的（Chan et al., 2010）。硬件认证和认证的概念用图来解释为4Q：设计认证（DQ）、安装认证（IQ）、操作认证（OQ）及性能认证（PQ）（图22.10）。这些概念应该应用到LC-MS生物分析实验室的自动化液体处理平台的验证和认证中，这将在后面详细阐述。

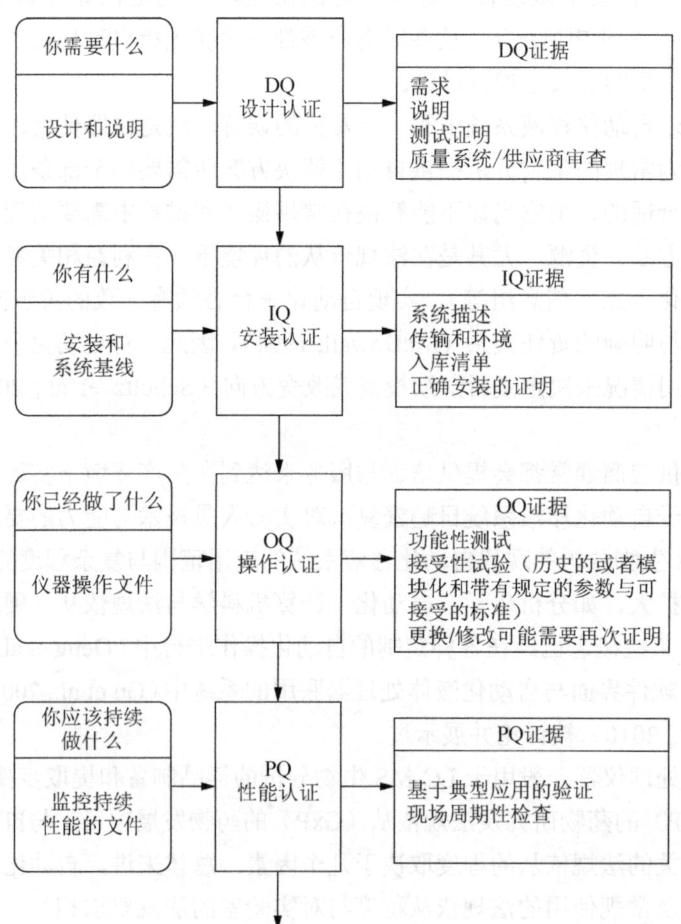

图22.10　仪器验证和关键认证结果的4Q模型（得到John Wiley & Sons的使用允许，摘自Chan et al., 2010）

DQ有时候指设计阶段，建立可行的实施方案和支持策略为成功奠定基础。DQ的建立提供了一个基础，以便决定目标、硬件、标准操作规程（SOP）、内外部资源及其他任何对自动化液体处理系统成功与否相关的关键元素。

在多数情况下，自动化液体处理平台供应商在出售仪器的时候会提供一些IQ/OQ服务。IQ是指仪器已经按照供应商的具体要求被安装好并进行了正确的配制。安装资格文件信息包括但不限于：硬件/软件的制作和模型、电压、场所要求及固件版本。然而，OQ是指仪器能够正常运行，而且OQ必须在IQ完成并且达标之后进行。在OQ过程中，完成一系列功能测试并记录，为仪器达到供应商设定的操作标准提供依据。例如，在一个典型的自动化液体处理器进行OQ过程中，执行一些步骤将测试位置的移动、移液功能（体积验证）、功能性平台整合（振荡器、条形码阅读器、真空装置等），以及日常维护流程。

为了解决计算机软件法规依从性的缺口，FDA建立了对电子记录和签名的规定，即众所周知的美国联邦法规21章11条法规（US FDA 21 CFR 11, 2003）。21 CFR 11法规对用于LC-MS生物分析领域的多种软件的多个用途有显著的影响。在IQ/OQ期间，必须要满足21 CFR 11法规。有人质疑：因为许多自动化液体处理平台不能产生或者收集“原始数据”，它们可能免于遵守CFR第11部分法规。这种决定多半是基于实验室在法规依从性风险评估上建立的，因此不在本综述范围之内。通常来讲，实验室或者机构必须按照21 CFR 11法规和自动化仪器平台的使用，制定实际的风险程度。理想情况下，应该在DQ阶段就要决定这些方案，在OQ阶段后续的资源和固件支持下执行，从而达到预先决定好的依从性水平。无论21 CFR 11法规的依从性怎么样，计算机验证的基本结构和文件必须要遵守。对于常规的规范化实验室使用，至关重要的一点是确保用在自动化液体处理平台的样品制备和提取方法是安全的，并在没有正式批准和记录情况下不会改变。

PQ的责任完全在于使用机构，而且是针对于特定的在实施的硬件、软件，以及自动化液体处理平台的目标。对于LC-MS生物分析应用来讲，PQ的实际考虑包括：特别的自动化液体处理技术是否能够满足常规样品的制备和提取？怎样评估其一致性和可预测的性能？上述的技术将有什么程度的测试和什么水平的控制？

在PQ过程中，电脑验证框架可以在很大程度上提高自动化液体处理方案执行的依从性及科学有效性。一个典型的电脑验证设置包括验证计划（测试计划）、验证过程（测试脚本）及验证报告（测试报告）。这个措施途径提供了结构，更重要的是提供了自动化液体处理仪器PQ过程的文件。测试方案需要确认验证范围及建立需要测试的实验。验证测试计划应该通过测试脚本说明在方案执行中需要完成的具体步骤及方法的接受标准。验证报告记录某种自动化样品制备方法的结果，一旦批准，可用于常规方法的应用。幸运的是，FDA生物分析指导原则提供了一个测试自动样品制备及提取技术的框架。一个公司的SOP及之前提到的法规指导原则，为自动液体样品制备及提取技术提供了实际目标。校正标样和QC样品数据为自动液体处理仪器的总体质量提供了合理的评估。进一步的，有些已发表的报道对人工样品制备和自动化技术进行逐一对比，这实际上消除了由自动化实验方案引入的任何可能存在的系统性错误（偏差）。从根本上讲，PQ让生物分析科学家产生一定的信心，即在自动液体处理仪器上建立样品处理技术与人工处理没有区别。要达到这个目的需要付出的劳动是非常枯燥并且费时的，然而，如果实验方案恰当的话，进行自动化带来的长远利益将会弥补最初的投资。

22.9 结　论

自动化液体处理仪器是LC-MS生物分析中高质量样品处理技术发展的重要组成部分。可以采用自动化液体处理平台的实验分析包括：①SPE、②PPT、③LLE，同时每个都有相应的变化。这些实验可以用高密度96孔板以高通量方法平行完成。在LC-MS生物分析中，使用自动化液体处理平台使得生物分析实验室的通量和质量有了很大的提高。一些影响自动化液体处理平台样品前处理技术质量的重要因素包括：①自动化液体处理硬件的选择；②移液模式（空气置换、液体-空气置换、正压置换）；③用于液体吸液和排液的设置。常规系统认证不管是质量分析或者是吸光度实验都是非常关键的。随着自动化技术的进步，更多精密的成品将预计上市，会允许更多实验室硬件和软件能够无缝地整合，用于LC-MS生物分析的自动化。

参考文献

Ackermann BL, Berna MJ, Murphy AT. Recent advances in use of LC/MS/MS for quantitative high-throughput bioanalytical support of drug discovery. Curr Top Med Chem 2002;2(1):53–66.

Agilent. 2011. Available at http://www.chem.agilent.com/en-US/Products/columns-supplies/samplepreparation/spe/captivand lipids/Pages/default.aspx. Accessed Mar 24, 2013.

Albert KJ, Bradshaw JT. Importance of integrating a volume verification method for liquid handlers: applications in learning performance behavior. J Assoc Lab Autom 2007;12(3):172–180.

Albert KJ, Bradshaw JT, Knaide TR, Rogers AL. Verifying liquid-handler performance for complex or nonaqueous reagents: a new approach. J Assoc Lab Autom 2006;11(4):172–180.

Allanson JP, Biddlecombe RA, Jones AE, Pleasance S. The use of automated solid phase extraction in the'96 well'format for high throughput bioanalysis using liquid chromatography coupled to tandem mass spectrometry. Rapid Commun Mass Spectrom 1996;10(7):811–816.

Apostolou C, Dotsikas Y, Kousoulos C, Loukas YL. Quantitative determination of donepezil in human plasma by liquid chromatography/tandem mass spectrometry employing an automated liquid–liquid extraction based on 96-well format plates: Application to a bioequivalence study. J Chromatogr B 2007;848(2):239–244.

Ardjomand-Woelkart K, Kollroser M, Li L, Derendorf H, Butterweck V, Bauer R. Development and validation of a LC-MS/MS method based on a new 96-well Hybrid-SPE™-precipitation technique for quantification of CYP450 substrates/metabolites in rat plasma. Analytical and Bioanalytical Chemistry 2011;400(8):2371–2381.

Artel. 2011. MVS Multichannel verification system. Available at http://www.artel-usa.com/products/mvs_advanced.aspx. Accessed Mar 24, 2013.

Basileo G, Breda M, Fonte G, Pisano R, James CA. Quantitative determination of paclitaxel in human plasma using semi-automated liquid–liquid extraction in conjunction with liquid chromatography/tandem mass spectrometry. J Pharm Biomed Anal 2003;32(4–5):591–600.

Benn N, Turlais F, Clark V, Jones M, Clulow S. An automated metrics system to measure and improve the success of laboratory automation implementation. J Assoc Lab Autom 2006;11(1):16–22.

Berna M, Murphy AT, Wilken B, Ackermann B. Collection, storage, and filtration of in vivo study samples using 96-well filter plates to facilitate automated sample preparation and LC/MS/MS analysis. Anal Chem 2002;74(5):1197–1201.

Biddlecombe RA, Benevides C, Pleasance S. A clinical trial on a plate? The potential of 384-well format solid phase extraction for high throughput bioanalysis using liquid chromatography tandem mass spectrometry. Rapid Commun Mass Spectrom 2001;15(1):33–40.

Biddlecombe RA, Pleasance S. Automated protein precipitation by filtration in the 96-well format. J Chromatogr B 1999;734(2):257–265.

Bolden RD, Hoke li SH, Eichhold TH, McCauley-Myers DL, Wehmeyer KR. Semi-automated liquid–liquid back-extraction in a 96-well format to decrease sample preparation time for the determination of dextromethorphan and dextrorphan in human plasma. J Chromatogr B 2002;772(1):1–10.

Bradshaw JT, Curtis RH, Knaide TR, Spaulding BW. Determining dilution accuracy in microtiter plate assays using a quantitative dual-wavelength absorbance method. J Assoc Lab Autom 2007;12(5):260–266.

Bradshaw JT, Albert KJ. Chapter 15: Instrument qualification and performance verification for automated liquid-handling systems. In: Chan CC, Lam H, Zhang XM, editors. Practical Approaches to Method Validation and Essential Instrument Qualification. John Wiley & Sons; 2010. p. 347–375

Bradshaw JT, Knaide T, Rogers A, Curtis R. Multichannel verification system (MVS): a dual-dye ratiometric photometry system for performance verification of multichannel liquid delivery devices. J Assoc Lab Autom 2005;10(1):35–42.

Brignol N, McMahon LM, Luo S, Tse FLS. High-throughput semi-automated 96-well liquid/liquid extraction and liquid chromatography/mass spectrometric analysis of everolimus (RAD 001) and cyclosporin a (CsA) in whole blood. Rapid Commun Mass Spectrom 2001;15(12):898–907.

Buhrman DL, Price PI, Rudewicz PJ. Quantitation of SR 27417 in human plasma using electrospray liquid chromatography-tandem mass spectrometry: a study of ion suppression. J Am Soc Mass Spectrom 1996;7(11):1099–1105.

Burton R, Mummert M, Newton J, Brouard R, Wu D. Determination of SR 49059 in human plasma and urine by LC-APCI/MS/MS. J Pharm Biomed Anal 1997;15(12):1913–1922.

Callejas SL, Biddlecombe RA, Jones AE, Joyce KB, Pereira AI, Pleasance S. Determination of the glucocorticoid fluticasone propionate in plasma by automated solid-phase extraction and liquid chromatography–tandem mass spectrometry. J Chromatogr B 1998;718(2):243–250.

Chan CC, Lam H, Zhang XM, editors. Practical Approaches to Method Validation and Essential Instrument Qualification. Hoboken, NJ: John Wiley & Sons; 2010.

Chang MS, Ji Q, Zhang J, El-Shourbagy TA. Historical review of sample preparation for chromatographic bioanalysis: pros and cons. Drug Dev Res 2007a;68(3):107–133.

Chang MS, Kim EJ, El-Shourbagy TA. Evaluation of 384-well formatted sample preparation technologies for regulated bioanalysis. Rapid Commun Mass Spectrom 2007b;21(1):64–72.

Côté C, Bergeron A, Mess JN, Furtado M, Garofolo F. Matrix effect elimination during LC–MS/MS bioanalytical method development. Matrix 2009;1(7):1243–1257.

Deng Y, Wu JT, Lloyd TL, Chi CL, Olah TV, Unger SE. High-speed gradient parallel liquid chromatography/tandem mass spectrometry with fully automated sample preparation for bioanalysis: 30 seconds per sample from plasma. Rapid Commun Mass Spectrom 2002;16(11):1116–1123.

Dilorenzo ME, Timoney C, Felder RA. Technological advancements in liquid handling robotics. J Assoc Lab Autom 2001;6(2):36–40.

Dong H, Ouyang Z, Liu J, Jemal M. The use of a dual dye photometric calibration method to identify possible sample dilution from an automated multichannel liquid-handling system. J Assoc Lab Autom 2006;11(2):60–64.

Dotsikas Y, Kousoulos C, Tsatsou G, Loukas YL. Development and validation of a rapid 96-well format based liquid–liquid extraction and liquid chromatography–tandem mass spectrometry analysis method for ondansetron in human plasma. J Chromatogr B 2006;836(1–2):79–82.

Eerkes A, Shou WZ, Naidong W. Liquid/liquid extraction using 96-well plate format in conjunction with hydrophilic interaction liquid chromatography–tandem mass spectrometry method for the analysis of fluconazole in human plasma. J Pharm Biomed Anal 2003;31(5):917–928.

Eichhold TH, McCauley-Myers DL, Khambe DA, Thompson GA, Hoke SH. Simultaneous determination of dextromethorphan, dextrorphan, and guaifenesin in human plasma using semi-automated liquid/liquid extraction and gradient liquid chromatography tandem mass spectrometry. J Pharm Biomed Anal 2007;43(2):586–600.

EMEA. Guideline on Bioanalytical Method Validation. 2011.

Fouda HG, Schneider RP. Robotics for the bioanalytical laboratory a flexible system for the analysis of drugs in biological fluids. TrAC, Trends Anal Chem 1987;6(6):139–147.

Gu H, Deng Y. Dilution effect in multichannel liquid-handling system equipped with fixed tips: problems and solutions for bioanalytical sample preparation. J Assoc Lab Autom 2007;12(6):355–362.

Gu H, Unger S, Deng Y. Automated Tecan programming for bioanalytical sample preparation with EZTecan. ASSAY Drug Dev Technol. 2006;4(6):721–733.

Gurevitch D. Economic justification of laboratory automation. J Assoc Lab Autom 2004;9(1):33–43.

Hamilton. 2011. Microlab STAR Line. Available at http://www.hamiltonrobotics.com/fileadmin/user_upload/products/startour/MR-0805-03_STAR_LINE_web.pdf. Accessed Mar 24, 2013.

Hussain S, Patel H, Tan A. Automated liquid–liquid extraction method for high-throughput analysis of rosuvastatin in human EDTA K2 plasma by LC–MS/MS. Bioanalysis 2009;1(3):529–535.

Ismaiel OA, Zhang T, Jenkins RG, Karnes HT. Investigation of endogenous blood plasma phospholipids, cholesterol and glycerides that contribute to matrix effects in bioanalysis by liquid chromatography/mass spectrometry. J Chromatogr B 2010;878(31):3303–3316.

Janiszewski J, Schneider RP, Hoffmaster K, Swyden M, Wells D, Fouda H. Automated sample preparation using membrane microtiter extraction for bioanalytical mass spectrometry. Rapid Commun Mass Spectrom 1997;11(9):1033–1037.

Jemal M, Ouyang Z, Xia Y-Q. Systematic LC-MS/MS bioanalytical method development that incorporates plasma phospholipids risk avoidance, usage of incurred sample and well thought-out chromatography. Biomed Chromatogr 2010;24(1):2–19.

Jemal M, Teitz D, Ouyang Z, Khan S. Comparison of plasma sample purification by manual liquid–liquid extraction, automated 96-well liquid–liquid extraction and automated 96-well solid-phase extraction for analysis by high-performance liquid chromatography with tandem mass spectrometry. J Chromatogr B 1999;732(2):501–508.

Jemal M, Xia Y-Q. LC-MS development strategies for quantitative bioanalysis. Curr Drug Metabol 2006;7(5):491–502.

Ji QC, Todd Reimer M, El-Shourbagy TA. 96-Well liquid–liquid extraction liquid chromatography-tandem mass spectrometry method for the quantitative determination of ABT-578 in human blood samples. J Chromatogr B 2004;805(1):67–75.

Jiang H, Jiang X, Ji QC. Enantioselective determination of alprenolol in human plasma by liquid chromatography with tandem mass spectrometry using cellobiohydrolase chiral stationary phases. J Chromatogr B 2008a;872(1–2):121–127.

Jiang H, Li Y, Pelzer M, et al. Determination of molindone enantiomers in human plasma by high-performance liquid chromatography–tandem mass spectrometry using macrocyclic antibiotic chiral stationary phases. J Chromatogr A 2008b;1192(2):230–238.

Jiang H, Randlett C, Junga H, Jiang X, Ji QC. Using supported liquid extraction together with cellobiohydrolase chiral stationary phases-based liquid chromatography with tandem mass spectrometry for enantioselective determination of acebutolol and its active metabolite diacetolol in spiked human plasma. J Chromatogr B 2009;877(3):173–180.

Jiang H, Zhang Y, Ida M, LaFayette A, Fast DM. Determination of carboplatin in human plasma using hybrid SPE-precipitation along with liquid chromatography–tandem mass spectrometry. J Chromatogr B 2011;879(22):2162–2170.

Joyce KB, Jones AE, Scott RJ, Biddlecombe RA, Pleasance S. Determination of the enantiomers of salbutamol and its 4-O-sulphate metabolites in biological matrices by chiral liquid chromatography tandem mass spectrometry. Rapid Commun Mass Spectrom 1998;12(23):1899–1910.

Kataoka, H. New trends in sample preparation for clinical and pharmaceutical analysis. TrAC, Trends Anal Chem 2003;22(4):232–244.

Kaye, B, Herron WJ, Macrae PV, et al. Rapid, solid phase extraction technique for the high-throughput assay of darifenacin in human plasma. Anal Chem 1996;68(9):1658–1660.

Kebarle P, Tang L. From ions in solution to ions in the gas phase—the mechanism of electrospray mass spectrometry. Anal Chem 1993;65(22):972A–986A.

Kim J, Flick J, Reimer MT, *et al.* LC-MS/MS determination of 2-(4-((2-(2S,5R)-2-Cyano-5-ethynyl-1-pyrrolidinyl)-2-oxoethylamino)-4-methyl-1-piperidinyl)-4-pyridinecarboxylic acid (ABT-279) in dog plasma with high-throughput protein precipitation sample preparation. Biomed Chromatogr 2007;21(11):1118–1126.

Kitchen CJ, Wang AQ, Musson DG, Yang AY, Fisher AL. A semi-automated 96-well protein precipitation method for the determination of montelukast in human plasma using high performance liquid chromatography/fluorescence detection. J Pharm Biomed Anal 2003;31(4):647–654.

Knaide TR, Bradshaw JT, Rogers A, McNally C, Curtis RH, Spaulding BW. Rapid volume verification in high-density microtiter plates using dual-dye photometry. J Assoc Lab Autom 2006;11(5):319–322.

Kozlowski, MR. Problem-solving in laboratory automation. Drug Discov Today 1996;1(11):481–488.

Laycock JD, Hartmann T. Automation. Integrated Strategies for Drug Discovery Using Mass Spectrometry. John Wiley & Sons, Inc.; 2005. p 511–542.

Lee MS, Kerns EH. LC/MS applications in drug development. Mass Spectrom Rev 1999;18(3–4):187–279.

Li W, Luo S, Smith HT, Tse FLS. Simultaneous determination of midazolam and 1′-hydroxymidazolam in human plasma by liquid chromatography with tandem mass spectrometry. Biomed Chromatogr 2007;21(8):841–851.

Li Y, Emm T, Yeleswaram S. Simultaneous determination of fluoxetine and its major active metabolite norfluoxetine in human plasma by LC-MS/MS using supported liquid extraction. Biomed Chromatogr 2011;25:1245–1251.

Licea-Perez H, Wang S, Bowen CL, Yang E. A semi-automated 96-well plate method for the simultaneous determination of oral contraceptives concentrations in human plasma using ultra performance liquid chromatography coupled with tandem mass spectrometry. J Chromatogr B 2007;852(1–2): 69–76.

Luckwell J, Beal A. Automated micropipette tip-based SPE in quantitative bioanalysis. Bioanalysis 2011;3(11):1227–1239.

Ma J, Shi J, Le H, Cho R, Huang JC-J, Miao S, Wong BK. A fully automated plasma protein precipitation sample preparation method for LC–MS/MS bioanalysis. J Chromatogr B 2008;862(1–2):219–226.

Majors RE. New developments in microplates for biological assays and automated sample preparation. LC GC Mag-North Am-Solut Separat Sci 2004;22(11):1062–1072.

Mallet CR, Lu Z, Fisk R, Mazzeo JR, Neue UD. Performance of an ultra-low elution-volume 96-well plate: drug discovery and development applications. Rapid Commun Mass Spectrom 2003;17(2):163–170.

Matuszewski BK, Constanzer ML, Chavez-Eng CM. Matrix effect in quantitative LC/MS/MS analyses of biological fluids: a method for determination of finasteride in human plasma at picogram per milliliter concentrations. Anal Chem 1998;70(5):882–889.

McDowall RD. Strategic approaches to laboratory automation. Chemometr Intell Lab 1992;17(3):259–264.

McDowall RD. Laboratory automation: quo vadis? Chemometr Intell Lab 1994;26(1):37–42.

McMahon LM, Luo S, Hayes M, Tse FLS. High throughput analysis of everolimus (RAD001) and cyclosporin A (CsA) in whole blood by liquid chromatography/mass spectrometry using a semi-automated 96-well solid-phase extraction system. Rapid Commun Mass Spectrom 2000;14(21):1965–1971.

Mole D, Mason RJ, McDowall RD. The development of a strategy for the implementation of automation in a bioanalytical laboratory. J Pharm Biomed Anal 1993;11(3):183–190.

Naidong W, Shou WZ, Addison T, Maleki S, Jiang X. Liquid chromatography/tandem mass spectrometric bioanalysis using normal-phase columns with aqueous/organic mobile phases-a novel approach of eliminating evaporation and reconstitution steps in 96-well SPE. Rapid Commun Mass Spectrom 2002;16(20):1965–1975.

Nevanen TK, Simolin H, Suortti T, Koivula A, Söderlund H. Development of a high-throughput format for solid-phase extraction of enantiomers using an immunosorbent in 384-well plates. Anal Chem 2005;77(10):3038–3044.

Nguyen L, Zhong W-Z, Painter CL, Zhang C, Rahavendran SV, Shen Z. Quantitative analysis of PD 0332991 in xenograft mouse tumor tissue by a 96-well supported liquid extraction format and liquid chromatography/mass spectrometry. J Pharm Biomed Anal 2010;53(3):228–234.

O'Connor, D, Clarke DE, Morrison D, Watt AP. Determination of drug concentrations in plasma by a highly automated, generic and flexible protein precipitation and liquid chromatography/tandem mass spectrometry method applicable to the drug discovery environment. Rapid Commun Mass Spectrom 2002;16(11):1065–1071.

Ouyang Z, Federer S, Porter G, Kaufmann C, Jemal M. Strategies to maintain sample integrity using a liquid-filled automated liquid-handling system with fixed pipetting tips. J Assoc Lab Autom 2008;13(1):24–32.

Palandra J, Weller D, Hudson G, et al. Flexible automated approach for quantitative liquid handling of complex biological samples. Anal Chem 2007;79(21):8010–8015.

Pan J, Fair SJ, Mao D. Quantitative analysis of skeletal symmetric chlorhexidine in rat plasma using doubly charged molecular ions in LC–MS/MS detection. Bioanalysis 2011;3(12):1357–1368.

Pan J, Jiang X, Chen Y-L. Automatic supported liquid extraction (SLE) coupled with HILIC-MS/MS: an application to method development and validation of erlotinib in human plasma. Pharmaceutics 2010;2(2):105–118.

Peng SX, Branch TM, King SL. Fully automated 96-well liquid−liquid extraction for analysis of biological samples by liquid chromatography with tandem mass spectrometry. Anal Chem 2000;73(3):708–714.

Peng SX, Cousineau M, Juzwin SJ, Ritchie DM. A 96-well screen filter plate for high-throughput biological sample preparation and LC−MS/MS analysis. Anal Chem 2005;78(1): 343–348.

Pereira T, Chang SW. Semi-automated quantification of ivermectin in rat and human plasma using protein precipitation and filtration with liquid chromatography/tandem mass spectrometry. Rapid Commun Mass Spectrom 2004;18(12):1265–1276.

PerkinElmer. 2011. Available at: http://www.perkinelmer.com/Catalog/Category/ID/Janus.

Pucci V, Di Palma S, Alfieri A, Bonelli F, Monteagudo E. A novel strategy for reducing phospholipids-based matrix effect in LC–ESI-MS bioanalysis by means of HybridSPE. J Pharm Biomed Anal 2009;50(5):867–871.

Pucci V, Monteagudo E, Bonelli F. High sensitivity determination of valproic acid in mouse plasma using semi-automated sample preparation and liquid chromatography with tandem mass spectrometric detection. Rapid Commun Mass Spectrom 2005;19(24):3713–3718.

Ramos, L, Bakhtiar R, Tse FLS. Liquid-liquid extraction using 96-well plate format in conjunction with liquid chromatography/tandem mass spectrometry for quantitative determination of methylphenidate (Ritalin®) in human plasma. Rapid Commun Mass Spectrom 2000;14(9):740–745.

Riffel KA, Groff MA, Wenning L, Song H, Lo M-W. Fully automated liquid–liquid extraction for the determination of a novel insulin sensitizer in human plasma by heated nebulizer and turbo ionspray liquid chromatography-tandem mass spectrometry. J Chromatogr B 2005;819(2):293–300.

Rodila RC, Kim JC, Ji QC, El-Shourbagy TA. A high-throughput, fully automated liquid/liquid extraction liquid chromatography/mass spectrometry method for the quantitation of a new investigational drug ABT-869 and its metabolite A-849529 in human plasma samples. Rapid Commun Mass Spectrom 2006;20(20):3067–3075.

Rossi DT, Zhang N. Automating solid-phase extraction: current aspecs and future prospekts. J Chromatogr A 2000;885(1–2):97–113.

Rouan MC, Buffet C, Marfil F, Humbert H, Maurer G. Plasma deproteinization by precipitation and filtration in the 96-well format. J Pharm Biomed Anal 2001;25(5–6):995–1000.

Rule G, Chapple M, Henion J. A 384-well solid-phase extraction for LC/MS/MS determination of methotrexate and its 7-hydroxy metabolite in human urine and plasma. Anal Chem 2001;73(3):439–443.

Sadagopan NP, Li W, Cook JA, et al. Investigation of EDTA anticoagulant in plasma to improve the throughput of liquid chromatography/tandem mass spectrometric assays. Rapid Commun Mass Spectrom 2003;17(10):1065–1070.

Saunders KC, Ghanem A, Boon Hon W, Hilder EF, Haddad PR. Separation and sample pre-treatment in bioanalysis using monolithic phases: a review. Anal Chim Acta 2009;652(1–2):22–31.

Schultz H, Alexander J, Petersen J, et al. The automatic metric monitoring program. J Assoc Lab Autom 2003;8(1):24–27.

Shen JX, Tama CI, Hayes RN. Evaluation of automated micro solid phase extraction tips (μ-SPE) for the validation of a LC–MS/MS bioanalytical method. J Chromatogr B 2006;843(2):275–282.

Shen JX, Xu Y, Tama CI, Merka EA, Clement RP, Hayes RN. Simultaneous determination of desloratadine and pseudoephedrine in human plasma using micro solid-phase extraction tips and aqueous normal-phase liquid chromatography/tandem mass spectrometry. Rapid Commun Mass Spectrom 2007;21(18):3145–3155.

Shen Z, Wang S, Bakhtiar R. Enantiomeric separation and quantification of fluoxetine (Prozac®) in human plasma by liquid chromatography/tandem mass spectrometry using liquid-liquid extraction in 96-well plate format. Rapid Commun Mass Spectrom 2002;16(5):332–338.

Shou WZ, Jiang X, Beato BD, Naidong W. A highly automated 96-well solid phase extraction and liquid chromatography/tandem mass spectrometry method for the determination of fentanyl in human plasma. Rapid Commun Mass Spectrom 2001;15(7):466–476.

Shou WZ, Pelzer M, Addison T, Jiang X, Naidong W. An automatic 96-well solid phase extraction and liquid chromatography—tandem mass spectrometry method for the analysis of morphine, morphine-3-glucuronide and morphine-6-glucuronide in human plasma. J Pharm Biomed Anal 2002;27(1–2):143–152.

Sigma-Aldrich. 2011. Available at http://www.sigmaaldrich.com/analytical-chromatography/sample-preparation/spe/hybridspe-ppt.html. Accessed Mar 24, 2013.

Simpson H, Berthemy A, Buhrman D, et al. High throughput liquid chromatography/mass spectrometry bioanalysis using 96-well disk solid phase extraction plate for the sample preparation. Rapid Commun Mass Spectrom 1998;12(2):75–82.

Song Q, Junga H, Tang Y, et al. Automated 96-well solid phase extraction and hydrophilic interaction liquid chromatography–tandem mass spectrometric method for the analysis of cetirizine (ZYRTEC®) in human plasma—with emphasis on method ruggedness. J Chromatogr B 2005;814(1):105–114.

Stangegaard M, Hansen AJ, Frøslev TG, Morling N. A simple method for validation and verification of pipettes mounted on automated liquid handlers. J Lab Autom 2011;16(5):381–386.

Steinborner S, Henion J. Liquid–liquid extraction in the 96-well plate format with SRM LC/MS quantitative determination of methotrexate and its major metabolite in human plasma. Anal Chem 1999;71(13):2340–2345.

Tecan. 2011. Freedom EVO®—Specifications. Available at http://www.tecan.com/platform/apps/product/index.asp?MenuID=2696&ID=5273&Menu=1&Item=21.1.8.2. Accessed Mar 24, 2013.

Tomtec. 2011. Available at http://www.tomtec.com/index.htm. Accessed Mar 23, 2013.

Tweed JA, Gu Z, Xu H, et al. Automated sample preparation for regulated bioanalysis: an integrated multiple assay extraction platform using robotic liquid handling. Bioanalysis 2010;2(6):1023–1040.

Tweed JA, Walton J, Gu Z. Automated supported liquid extraction using 2D barcode processing for routine toxicokinetic portfolio support. Bioanalysis 2012;4(3):249–262.

US-FDA. 2001. Guidance for Industry: Bioanalytical Method Validation. Available at http://www.fda.gov/downloads/Drugs/GuidanceComplianceRegulatoryInformation/Guidances/ucm070107.pdf. Accessed Mar 24, 2013.

USFDA-21CFR11. Guidance for Industry Part 11, Electronic Records; Electronic Signatures—Scope and Application. Available at http://www.fda.gov/downloads/Regulatory Information/Guidances/ucm125125.pdf. Accessed Mar 24, 2013.

USFDA-21CFR58.63. PART 58 GOOD LABORATORY PRACTICE FOR NONCLINICAL LABORATORY STUDIES Available at: http://www.accessdata.fda.gov/scripts/cdrh/cfdocs/cfcfr/CFRSearch.cfm?CFRPart=58&showFR=1&subpartNode=21:1.0.1.1.22.4. Accessed Mar 24, 2013.

USFDA-21CFR211.68. PART 211 – CURRENT GOOD MANUFACTURING PRACTICE FOR FINISHED PHARMACEUTICALS, Subpart D–Equipment, Sec. 211.68 Automatic, mechanical, and electronic equipment. Available at http://www.accessdata.fda.gov/scripts/cdrh/cfdocs/cfcfr/CFRSearch.cfm?fr=211.68. Accessed Mar 24, 2013.

Van Eeckhaut A, Lanckmans K, Sarre S, Smolders I, Michotte Y. Validation of bioanalytical LC–MS/MS assays: evaluation of matrix effects. J Chromatogr B 2009;877(23):2198–2207.

Veitch JD, Biddlecombe RA. Sample container with radiofrequency identifier tag, Google Patents. 2002.

Venn RF, Merson J, Cole S, Macrae P. 96-Well solid-phase extraction: a brief history of its development. J Chromatogr B *2005;817(1):77–80.*

Villa JS, Cass RT, Karr DE, Adams SM, Shaw JP, Schmidt DE. Increasing the efficiency of pharmacokinetic sample procurement, preparation and analysis by liquid chromatography/tandem mass spectrometry. Rapid Commun Mass Spectrom 2004;18(10):1066–1072.

Vogelsanger M. Robots: future key elements in laboratory automation. Chemometr Intell Lab 1992;17(1):107–109.

Vogeser M, Kirchhoff F. Progress in automation of LC-MS in laboratory medicine. Clin Biochem 2011;44(1):4–13.

Walter RE, Cramer JA, Tse FLS. Comparison of manual protein precipitation (PPT) versus a new small volume PPT 96-well filter plate to decrease sample preparation time. J Pharm Biomed Anal 2001;25(2):331–337.

Wang, AQ, Fisher AL, Hsieh J, Cairns AM, Rogers JD, Musson DG. Determination of a β3-agonist in human plasma by LC/MS/MS with semi-automated 48-well diatomaceous earth plate. J Pharm Biomed Anal 2001;26(3):357–365.

Wang AQ, Zeng W, Musson DG, Rogers JD, Fisher AL. A rapid and sensitive liquid chromatography/negative ion tandem mass spectrometry method for the determination of an indolocarbazole in human plasma using internal standard (IS) 96-well diatomaceous earth plates for solid-liquid extraction. Rapid Commun Mass Spectrom 2002;16(10):975–981.

Wang, PG, Jun Z, Eric MG, et al. A high-throughput liquid chromatography/tandem mass spectrometry method for simultaneous quantification of a hydrophobic drug candidate and its hydrophilic metabolite in human urine with a fully automated liquid/liquid extraction. Rapid Commun Mass Spectrom 2006a;20(22):3456–3464.

Wang PG, Wei JS, Kim G, Chang M, El-Shourbagy T. Validation and application of a high-performance liquid chromatography–tandem mass spectrometric method for simultaneous quantification of lopinavir and ritonavir in human plasma using semi-automated 96-well liquid–liquid extraction. J Chromatogr A 2006b;1130(2):302–307.

Watt AP, Morrison D, Locker KL, Evans DC. Higher throughput bioanalysis by automation of a protein precipitation assay using a 96-well format with detection by LC–MS/MS. Anal Chem 2000;72(5):979–984.

Wells DA. High Throughput Bioanalytical Sample Preparation Methods and Automation Strategies. Amsterdam: Elsevier Science; 2003.

Wu S, Li W, Mujamdar T, Smith T, Bryant M, Tse FLS. Supported liquid extraction in combination with LC-MS/MS for high-throughput quantitative analysis of hydrocortisone in mouse serum. Biomedical Chromatography 2010;24(6):632–638.

Xie IH, Wang MH, Carpenter R, Wu HY. Automated calibration of TECAN genesis liquid handling workstation utilizing an online balance and density meter. ASSAY Drug Dev Technol 2004;2(1):71–80.

Xu N, Kim GE, Gregg H, et al. Automated 96-well liquid–liquid back extraction liquid chromatography–tandem mass spectrometry method for the determination of ABT-202 in human plasma. J Pharm Biomed Anal 2004;36(1):189–195.

Xu RN, Fan L, Rieser MJ, El-Shourbagy TA. Recent advances in high-throughput quantitative bioanalysis by LC–MS/MS. J Pharm Biomed Anal 2007a;44(2):342–355.

Xu S, Zheng S, Shen X, Yao Z, Pivnichny J, Tong X. Automated sample preparation and purification of homogenized brain tissues. J Pharm Biomed Anal 2007b;44(2):581–585.

Xu X, Zhou Q, Korfmacher WA. Development of a low volume plasma sample precipitation procedure for liquid chromatography/tandem mass spectrometry assays used for drug discovery applications. Rapid Commun Mass Spectrom 2005;19(15):2131–2136.

Xue YJ, Liu J, Pursley J, Unger S. A 96-well single-pot protein precipitation, liquid chromatography/tandem mass spectrometry (LC/MS/MS) method for the determination of muraglitazar, a novel diabetes drug, in human plasma. J Chromatogr B 2006;831(1–2):213–222.

Yadav M, Contractor P, Upadhyay V, et al. Automated liquid–liquid extraction based on 96-well plate format in conjunction with ultra-performance liquid chromatography tandem mass spectrometry (UPLC–MS/MS) for the quantitation of methoxsalen in human plasma. J Chromatogr B 2008;872(1–2):167–171.

Yang, AY, Sun L, Musson DG, Zhao JJ. Application of a novel ultra-low elution volume 96-well solid-phase extraction method to the LC/MS/MS determination of simvastatin and simvastatin acid in human plasma. J Pharm Biomed Anal 2005;38(3): 521–527.

Yang AY, Sun L, Musson DG, Zhao JJ. Determination of M + 4 stable isotope labeled cortisone and cortisol in human plasma by μElution solid-phase extraction and liquid chromatography/tandem mass spectrometry. Rapid Commun Mass Spectrom 2006;20(2):233–240.

Yang L, Clement RP, Kantesaria B, et al. Validation of a sensitive and automated 96-well solid-phase extraction liquid chromatography–tandem mass spectrometry method for the determination of desloratadine and 3-hydroxydesloratadine in human plasma. J Chromatogr B 2003;792(2):229–240.

Yang L, Wu N, Clement RP, Rudewicz PJ. Validation and application of a liquid chromatography–tandem mass spectrometric method for the determination of SCH 211803 in rat and monkey plasma using automated 96-well protein precipitation. J Chromatogr B 2004;799(2):271–280.

Ye Z, Tsao H, Gao H, Brummel CL. Minimizing matrix effects while preserving throughput in LC–MS/MS bioanalysis. Bioanalysis 2011;3(14):1587–1601.

Zhang H, Henion J. Quantitative and qualitative determination of estrogen sulfates in human urine by liquid chromatography/tandem mass spectrometry using 96-well technology. Anal Chem 1999;71(18):3955–3964.

Zhang J, Reimer MT, Nicholas EA, Qin CJ, Tawakol AE-S. Method development and validation for zotarolimus concentration determination in stented swine arteries by liquid chromatography/tandem mass spectrometry detection. Rapid Commun Mass Spectrom 2006;20(22):3427–3434.

Zhang J, Wei S, Ayres DW, Smith HT, Tse FLS. An automation-assisted generic approach for biological sample preparation and LC–MS/MS method validation. Bioanalysis 2011;3(17):1975–1986.

Zhang N, Hoffman KL, Li W, Rossi DT. Semi-automated 96-well liquid–liquid extraction for quantitation of drugs in biological fluids. J Pharm Biomed Anal 2000a;22(1):131–138.

Zhang N, Rogers K, Gajda K, Kagel JR, Rossi DT. Integrated sample collection and handling for drug discovery bioanalysis. J Pharm Biomed Anal 2000b;23(2):551–560.

Zhang N. Quantitative analysis of simvastatin and its β-hydroxy acid in human plasma using automated liquid–liquid extraction based on 96-well plate format and liquid chromatography-tandem mass spectrometry. J Pharm Biomed Anal 2004;34(1):175–187.

Zhang Y, Gu Z, Tweed JA. The automated analysis of 2-dimensional barcode toxicokinetic study samples via protein precipitation. Int Drug Discov 2010;(October/November 2010):66–73.

Zhao JJ, Xie IH, Yang AY, Roadcap BA, Rogers JD. Quantitation of simvastatin and its β-hydroxy acid in human plasma by liquid–liquid cartridge extraction and liquid chromatography/tandem mass spectrometry. J Mass Spectrom 2000;35(9):1133–1143.

Zweigenbaum J, Heinig K, Steinborner S, Wachs T, Henion J. High-throughput bioanalytical LC/MS/MS determination of benzodiazepines in human urine: 1000 samples per 12 hours. Anal Chem 1999;71(13):2294–2300.

23

组织样品的液相色谱-质谱（LC-MS）生物分析

作者：Hong Gao、Stacy Ho 和 John Williams
译者：杜英华、顾琦、马飞、史律
审校：张杰、高红、李文魁

23.1 引　言

组织中的药物及其代谢产物的分析（通常称为组织样品生物分析），在医药工业界里从新药的发现与开发直至上市后的治疗监测的各个环节中都起着至关重要的作用。组织样品生物分析的结果对确认候选药物与靶点的结合，了解其有效性、安全性与体内分布，以及建立药代动力学（PK）-药效学（PD）关系都至关重要。在治疗药物的监测中，人体组织样品的生物分析可以为患者在服用治疗窗窄的药物时，提供个体化给药及靶向给药的安全剂量依据（Noll et al., 2011）。

液相色谱-串联质谱（LC-MS/MS）因其出色的灵敏度和选择性，通常用于组织和其他生物体液中药物及代谢产物的分析。然而，为了提取被测物来进行 LC-MS/MS 分析，样品必须首先加工成液体形式。尽管对血浆、尿液和其他体液的生物分析来说这不是一个问题，但对于固体组织的分析则颇具挑战性。组织分析的一个主要障碍就是要制备组织匀浆，它是将固体样品转化成液体形式以供提取被测物。制备组织匀浆是一个烦琐而费时的过程。如果条件控制不够严格的话，可能会影响到定量准确度和被测物的稳定性。另一个主要的挑战是，制备能够尽量接近实际样品的校正标样和质量控制（QC）样品很困难，因为这些加标样品中药物与组织的结合及其在组织细胞内外的分布均不可能与实际样品相同。此外，样品内残留血液中的药物及其代谢产物的含量也很可能与组织中的相应浓度大相径庭，从而会影响组织样品定量分析的准确度、精密度和重现性。由于组织生物分析的独特性，开发和优选一个组织分析方法可能相当耗时。为了平衡效率和数据质量，在建立 LC-MS/MS 方法来进行组织生物分析的时候，建议使用“按需定制”（fit-for-purpose）的策略。

23.2 组织的分类

组织由相互协作完成特定功能的不同类型的细胞组成。动物组织可分为四大基本类型，即上皮、结缔、肌肉和神经组织（William, 1972）。上皮组织通常由单层到多层细胞组成，它们形成皮肤的表面、管腔内衬（lining of cavities and tube）及许多腺体和体内器官的表面。结缔组织主要由纤维细胞构成，它们形成了肌腱、皮肤内层及在肌肉、被膜和关节、软骨组织与骨骼周围韧带中的纤维连接架构。结缔纤维组织富有弹性并具有一定的强度。肌肉组织又分为 3 种类型：骨骼肌、平滑肌、心肌。骨骼肌由横纹长肌纤维组成，它被结缔组织连接在一起。平滑肌是血管内壁、淋巴管、膀胱、子宫、生殖道、胃肠道、呼吸道、皮肤的竖毛肌、睫状肌和眼睛虹膜的主要成分。心肌在心脏，具有耐疲劳的特性。神经组织包括脑、脊髓和神经等重要组织。当几个不同类型的组织一起工作来完成某个特定功能时，该功能单元被称为一个器官。根据物理性质，大部分的组织和器官可以分为软质、坚韧（能抵抗外力，灵活而多韧）或硬质（能抵抗外力，不灵活或易脆）3 种类型（表 23.1）。组织的物理特性分类往往决定了其选择适合的 LC-MS/MS 生物分析及组织匀浆的策略。

表 23.1 基于物理特性的组织分类

分类	组织和器官
软质	脂肪、肾上腺、脑、肾脏、肝脏、肺、眼组织（眼睛、眼房水、脉络膜、结膜、角膜、虹膜/睫状体、视网膜、巩膜、玻璃体）、胰腺、甲状旁腺、脑垂体、前列腺、唾液腺、脊髓、脾、胸腺、甲状腺、扁桃体
坚韧	动脉、膀胱、结肠、血管内皮、食道、输卵管、心脏、肠、淋巴结、乳腺、卵巢、胎盘、血管支架、胃、骨骼肌、睾丸、肿瘤、输尿管、子宫
硬质	骨骼、骨髓、软骨、头发、硬皮、指甲

23.3 工作流程

图 23.1 概述了应用 LC-MS/MS 检测分析组织中药物的工作流程。在下面的章节中，将具体讨论现行方法、科学原理及面临的挑战。

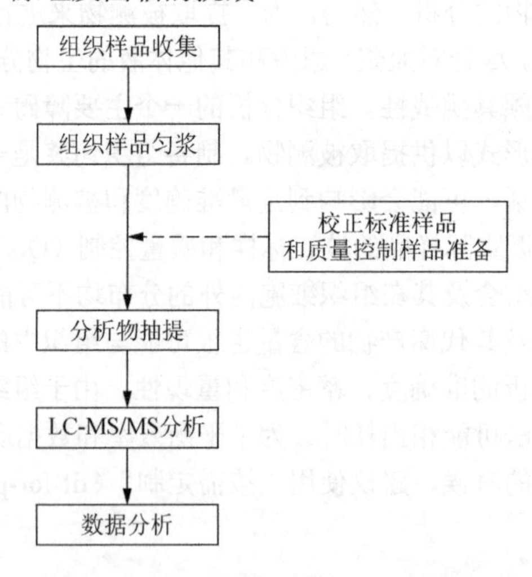

图 23.1 组织样品中药物的分析流程

23.4 组织样品的收集

组织样品的收集是生物分析的关键。组织必须妥善并及时处理，以避免污染和防止被测物的化学、光学或酶促降解（Espina et al., 2009）。处理不当可导致代谢产物的变化（如脂肪酰肉毒碱）（Petucci et al., 2011）和被测物浓度的改变。

组织样品收集的流程和收集后的操作应预先在实验方案中拟定。一些重要的问题，如收集什么组织，应该在什么时间收集组织（时间点）及是否收集整体或局部组织以供分析之用，这些都应该在计划中阐明。如果要收集局部组织，采样的位置（边缘或中心）和采集局部组织的大小都应明确说明。如果样品收集后需要进一步处理，也应在此流程中详述。与预定的组织样品收集流程不同而导致的任何偏差都应记录在案。

常见的收集组织样品的方法有两种：一是在动物死亡之后采集组织样品，二是活体组织采集。死亡之后的样品采集是将安乐死亡个体的组织予以摘除、分离而获得。这种方法通常被用来进行临床前的动物研究。对较小的组织和器官，如小型动物（大鼠和小鼠）的脑、心脏、肝脏、肺、肾脏、脾、胃和淋巴结，通常要完整采集；对较大的组织，如皮肤、肌肉和头发，通常只进行部分收集。局部组织的采集也常见于大型动物（狗和猴）。活体切片检查是一种对活体组织进行侵入式取样的方法，它被广泛用于临床诊断。

组织灌注（tissue perfusion）能提示毛细血管与组织血管之间的血流水平。灌注量在不同的器官之间差异很大。脂肪和大脑的灌注量就很低，而心脏、肾脏和肝脏被认为是高灌注量的器官。在组织采集之前，常采用生理盐水灌洗的方法来去除内部残留的血液（Fenyk-Melody et al., 2004）。灌洗后组织中的药物浓度能更精确地反映药物在不含血液的组织中的真实浓度。对所有组织进行灌洗在药物发现的早期阶段并非必需，但这可能有助于分析后期先导物优化阶段的化合物，特别是组织渗透性低的候选化合物（Fenyk-Melody et al., 2004）。灌洗前后组织浓度的差异程度取决于该组织的灌注量与被测物的分布。高灌注量的器官如心脏，其灌洗前后的药物浓度差异是所有器官组织中最大的（Gao, 2012; Ho, 2012）。

组织从动物上采集之后应用冷的生理盐水冲洗来去除其表面残存的血液，并用无尘纸将水分吸干（Jia et al., 2010; Oliveira et al., 2011）。组织的质量是决定匀浆或消化时所需溶剂量，以及计算组织内药物及代谢产物含量的重要依据。因此，在储存组织前应记录其质量。组织样品应储存在适当的容器（如匀浆管）中并做好标记。标签信息通常应包括研究项目编号、实验动物编号、组织类型、采集时间等。

若被测物化学性质不稳定或易被酶代谢，则应在采集后立即处理组织样品。在液氮或干冰中进行超低温速冻（snap freeze）后转移到－80℃保存是常用的降低酶活以减少被测物降解的措施。其他减少降解的方法包括在 pH 适宜的缓冲液中立即匀浆及添加酶抑制剂等。

23.5　组织样品的预处理

组织样品中的药物和代谢产物不论分布在细胞内还是细胞外，都只有在与提取溶剂接触后才会被提取。固体组织样品可经机械匀浆、声学破碎、化学或酶法消解（表 23.2）达到此目的。其中定转子匀浆、珠磨和超声破碎是生物分析实验室广泛采用的技术。

表 23.2　组织样品匀浆技术概览

类别	技术	仪器举例（含生产厂家）	作用原理
匀浆法	研磨	Dounce 匀浆器（Fisher），Potter-Elvehjem 匀浆器（Corning）	以机械力破碎组织
	冷冻研磨	Freezer Mill 冷冻研磨机（SPEX CertiPrep），CryoPrep 速冻粉碎提取系统（Covaris）	粉碎冷冻的组织样品

续表

类别	技术	仪器举例（含生产厂家）	作用原理
匀浆法	定转子匀浆	Waring 搅拌机（Waring），Polytron 匀浆机（Polytron），Tomtec 匀浆机和全自动匀浆器（Tomtec）	通过旋转刀头研磨来切割组织
	珠磨	Precellys-24（Precellys），FastPrep-24（MP Biomedicals），Omni Bead Ruptor-24 微珠组织匀浆机（Omni）	通过剧烈振动搅拌的微珠来破碎组织
	声能细胞破碎	Covaris E 系列（Covaris）	以高频高能声波的剪切力进行破碎
消解法	化学消解	酸消解瓶（Parr Instrument）	以酸、碱降解组织
	酶法消解	酶试剂盒（Worthington Biochemical Corporation）	用酶消解组织
直接提取法	加速溶剂提取	ASE200 和 ASE350 提取仪（DIONEX 和 Applied Separations）	在受控压力及温度下提取待测物
	压力循环技术	Barocycler NEP3229 压力循环机与 PULSE™ Tubes 样品制备管（Boston Biomedica）	在受控压力及温度下提取待测物

注：本表经 Future Science Ltd.授权，引自 Xue YJ, Gao H, Ji QC, et al. 2012. Bioanalysis of drug in tissue: current status and challenges. Bioanalysis, 4(21):2637-2653。

23.5.1 定转子匀浆

定转子匀浆器通过固定不动的圆筒（定子）和位于前者内部高速旋转的刀刃（转子）来切碎组织。定转子匀浆机通常可以在 30 s 内处理完样品，并可以使用许多种不同类型的转子来满足不同的需要。定转子匀浆机是处理心脏、骨骼肌等坚韧组织的理想工具（Yu et al., 2011）。常见的品牌包括 Waring 出品的 Waring 搅拌机，Polytron 出品的 Polytron 匀浆机，Tomtec 出品的 Tomtec 匀浆机和 Autogizer 全自动匀浆器，TekMar 出品的 Tissumizer 匀浆器，BioSpec 出品的 Tissue Tearor 匀浆器，以及 Fisher 出品的 Powergen 匀浆机等。不同尺寸的手持型匀浆机可以适用于各种不同体积的样品，但每次只能处理一个样品，而且在两个样品间需要进行彻底清洗，因此效率偏低。某些手持匀浆机（如 Omni International 出品的 Omni Tip 匀浆 Kit）配有一次性使用的转子匀浆探头（如 Omni Tip 塑料探头）以克服这一缺点。自动匀浆机可以同时处理多个样品，它们或者配有一次性使用探头（如 Omni Prep 多样品匀浆机），或者有探头自清洗功能（如 Tomtec 出品的 Autogizer 全自动匀浆器）。但残留在转子探头上的纤维状物有时无法通过自清洗去除，仍需手工清理（Yu and Cohen, 2004）。因匀浆过程产热，最好将样品置于冰浴中处理以减少被测物的受热降解。

23.5.2 珠磨

珠磨法是通过在珠磨机中高速振荡装有组织样品和硬质微珠的密封珠磨管来进行匀浆的。珠磨机可以使微珠以特定的方式高速运动和碰撞，从而有效地研磨处理绝大多数组织，如像通常难以处理的肿瘤、肌肉、心脏、骨骼、皮肤、头发、软骨等。珠磨机也可以对超低温速冻组织样品进行干磨。软质组织样品用珠磨法匀浆所需时间通常不超过 30 s。由于时间很短，处理过程中产生的热量通常不会引起样品温度的明显升高。微珠的材质通常为陶瓷或金属。可以根据组织特点在处理实际样品前进行预处理方法研发，以选定微珠材质并确定振荡程序中的时间和速度（Gao et al., 2007; Germann and Powell, 2011）。珠磨管有不同尺寸（2 ml、7 ml、15 ml 和 50 ml），需根据样品的大小和数量进行选择。当样品小于 500 mg

时，可选用 2 ml 珠磨管，这时珠磨机可以自动化处理多达 24 个样品（如 Precellys-24、Omni Bead Ruptor-24 和 Fastprep-24）。当样品大于 500 mg 时，应选用较大的珠磨管（如 7ml），但可同时处理样品的数量会相应少些。有些型号的珠磨机（如 Precellys-24 和 Fastprep-24）带有冷却系统，可以维持珠磨管的样品温度，从而防止被测物受热而降解。使用珠磨管的优势之一是可将组织样品直接收集到预先去皮重的装有微珠的管中，从而省去样品转移的步骤。使用一次性珠磨管还可避免样品的交叉污染。

23.5.3 声能破碎

将高能声波定向作用于组织可以造成带压搅动和强烈振动，从而搅动和裂解浸没在混悬液中的组织细胞。根据声能类型及其定向方式，常用的声能破碎装置可分为 3 类：声波破碎、超声破碎、自适应聚焦声波（AFA）破碎。声波破碎（频率约为 1 kHz）最适合于处理软质组织如脑和眼组织（Lehner et al., 2011; Jiang et al., 2009）。由于能量时常无法调整到最适合，声波破碎有可能在样品中形成热点，从而导致热不稳定化合物的降解。超声破碎装置产生频率 20 kHz 左右的振动，有些型号可同时处理几个样品。不同大小的超声探头可以用于处理不同体积的样品。超声破碎一般是利用多次短促超声处理浸在冷水浴中的样品以防止过热。AFA 法则是利用波长可控的高频超声（频率约为 500 kHz）来避免热点形成与化合物降解，从而很方便地同时处理一整块 96 孔板上的样品。AFA 法可保持样品温度不变并在程序控制下进行能量聚焦。通过使用更短的波长和可控的波束，此技术可使声能在达到其能量密度峰值之前就已穿过了整个样品管（如 Covaris E 系列）。这一等温处理技术避免了热损伤，从而提高了被测物回收率（RE）（Oliveira et al., 2011）。得益于精确控制的能量传递，此技术具易标准化、重现性高的优点。由于处理过程中不直接接触样品，仪器不需要进行清洗，而且不会生成气溶胶，样品交叉污染也可得以避免。用大鼠心脏、肝脏及肌肉样品对 AFA 系统进行的评测表明，其处理效果与 Polytron 定转子匀浆机相当（Takach et al., 2004）。

23.5.4 其他技术

23.5.4.1 研磨

用研钵和研杵进行研磨是最简单的组织匀浆技术。有各种不同尺寸和材质的研钵和研杵可供选用。手工研磨费时费力，但仍不失为一种处理少量样品的简单廉价的选项。对于热不稳定化合物而言，冷冻研磨则是手工研磨的最佳替代。SPEX CertiPrep 出品的 Freezer Mill 冷冻研磨机是将样品瓶浸入液氮中，在－196℃的低温下以磁力棒粉碎样品。冷冻研磨也是处理骨骼、牙齿、头发、肿瘤、软骨、心脏、皮肤等坚硬或纤维状组织的理想工具。该机在处理较小样品时效率更高，因而可以将样品预先切割成大小均匀的小块（如对骨骼样品建议切成直径约 5 mm 的小块）再放入（Ji et al., 2008），或增加研磨次数来提高其处理效果。由于样品瓶的清洗颇为烦琐，最好使用一次性使用的样品瓶。

23.5.4.2 消解

硬质组织与纤维状组织如骨骼、软骨、头发等很难用机械方式匀浆。化学和酶法消解是破坏纤维状结构的常用手段。无机酸（HCl、HNO_3、HF、H_2SO_4）、碱（KOH、NaOH）

及过氧化氢是化学消解的常用试剂。应当根据组织类型及被测物在消解条件下的稳定性来选择化学试剂（Henderson et al., 1995）。骨骼的消解常使用浓硝酸和硝酸-高氯酸（AOAC, 1990），并加热至不同温度。头发可用 NaOH（Favretto et al., 2006; Marchei et al., 2005）或 HCl（Girod and Staub, 2000; Heimbuck and Bower, 2002）消解。近年来酶法消解正越来越多地用于组织中的药物分析（Yu et al., 2004）。有多种消解性能和效率不同的酶类可用于组织消解，常用的有胶原酶、蛋白酶 K、DNAse、弹性蛋白酶、葡萄糖苷酸酶/芳基硫酸酯酶、透明质酸酶、木瓜蛋白酶、脂肪酶等。处理样品时具体选用何种酶取决于待消解组织的类型。

23.5.4.3　直接提取

加速溶剂提取（ASE）和压力循环技术（PCT）最早是为与食品工业相关的环境样品与动物组织样品预处理而开发的两项直接提取技术，近年来也开始用于大动物组织中的药物含量分析（DIONEX Application Note 358）。处理软质组织时，可将 50～150 mg 样品放入 PULSE 样品制备管中，选用适当的参数在 Barocycler 压力循环机上进行提取。对于坚韧或纤维状组织样品如肌肉、皮肤等，则需要在样品管中用 PCT 低能量机械切碎机（PCT shredder）进行预处理。此外，PCT 可以选择性地破坏组织样品中特定的生物膜。

23.6　校正标样与 QC 样品的制备

校正标样（STD）与 QC 样品可以使用对应空白组织基质或替代基质进行制备。对应空白组织基质是指来自同种实验动物与实际样品相同而不含药物的组织基质，有时也被称为“真实”空白基质。

23.6.1　空白组织基质

为了更好地模拟实际样品，制备校正标样与 QC 样品应尽量选用对应的空白组织基质。饲养于相同环境下的对照组实验动物是空白基质的理想来源。在组织样品分析方法确认和验证时，建议对空白基质进行预先筛查以确保其中不含内源性的被测物（Xue et al., 2012a）。为减少实验动物的使用，建议根据分析批量的大小及校正标样与 QC 样品的数量仅收集必需用量的空白组织。当然，也可从专门的供应商处购买所需空白组织。

23.6.2　替代基质

在以下两种情况下可以使用替代基质制备校正标样与 QC 样品。

（1）无法获得对应空白基质或量不足。

（2）需分析多种组织，但每种组织的样品都很少。

对于第二种情况，可以用替代基质制备校正标样与 QC 样品，对来自不同组织的样品统一进行定量，从而避免制备多套标准曲线。需要提醒的是，在使用替代基质制备校正标样时，QC 样品应尽可能同时用替代基质和对应空白基质制备。用替代基质制备的 QC 样品可以提供被测物在替代基质中分析准确度与精密度的信息，而用对应空白基质制备的 QC 样品可以模拟实际样品分析的准确度与精密度。来自同种动物的空白血浆经常被用作组织样品生物分析的替代基质。此外，生理 pH 缓冲液也可作为替代基质。在使用替代基质时应确认整个分析批中的内标响应水平一致，若内标响应水平不一致，则说明所选用的替代基质不适合用该分析方法。

23.6.3 校正标样与 QC 样品

制备校正标样与 QC 样品时，通常是将被测物添加到预先筛查过的空白基质中。为尽可能模拟实际样品，被测物添加液占组织匀浆总体积的比例应尽可能小，不超过 5%。被测物添加液常用乙腈、甲醇或 50%甲醇水溶液配制。被测物（药物和代谢产物）既可以先添加到完整组织中再进行匀浆（Jimenez-Diaz et al., 2010），又可直接添加到组织匀浆中（Scheidweiler et al., 2008）。

23.7 被测物的提取

组织样品经过匀浆或消解后，即可进行被测物的提取。其他章节中介绍的生物样品提取方法也同样适用于组织样品。与其他液态基质如血清和血浆不同的是，生物组织样品中含有大量的细胞膜微粒，在组织样品提取方法开发（MD）的过程中，要考虑到这一因素可能对提取造成的影响。

使用有机试剂如甲醇、乙腈或者甲醇-乙腈的混合溶液的蛋白质沉淀（PPT）被广泛地用于生物样品的提取（Wang et al., 2011）。有时，可以根据化合物不同的 pK_a 调节沉淀剂的 pH，来提高沉淀效率或者样品的稳定性。液-液萃取（LLE）（Blum et al., 2008）和固相萃取（SPE）（Xu et al., 2011）是组织样品提取常见的两种方法。辅助去盐（salting-out-assisted）LLE（Xiong et al., 2011）和载体液-液萃取（SLE）（Nguyen et al., 2010）也是组织样品提取的有效手段，与 PPT 相比，这些方法提取后的组织样品通常更干净。采用酸/碱或者酶消解处理组织样品时要特别小心。因为化学消解是在强酸或强碱的条件下进行的，最终通过中和 pH 来终止反应。因此样品中残留了大量的盐，如果不进一步除盐，将可能会在接下来的 LC-MS 分析中影响质谱的离子化效率。另外，可以采用多种提取方法相互配合，有效去除干扰物质。常见的有 PPT 与 LLE（Ahmadkhaniha et al., 2009）或者 SPE（Korecka et al., 2010）的联用。一些其他提取方式如基质固相分散法（matrix solid phase dispersion）（Priyanthi et al., 2009）和固相微萃取（SPME）技术（solid-phase microextraction）（Poli et al., 2009）由于其独特的原理，使得组织样品的生物提取变得更加容易。然而，有些样品依然需要进一步的净化以消除基质效应，如鱼组织中毒枝菌素的测定（Laganà et al., 2003）所采用的净化方法就是一例。

如果样品不经过蛋白质变性处理而直接进行分析，组织匀浆样品中药物与蛋白质的结合也会影响样品中游离药物的浓度，因而在组织样品中药物浓度计算时需要考虑药物-蛋白质结合的因素（Spoto et al., 2006; Wang et al., 2008）。因此，组织匀浆样品最好经过有机试剂沉淀，使蛋白质变性后进一步提取或直接测定药物浓度，这时和蛋白质结合的药物已被释放出来，样品中的药物浓度为组织中药物的总浓度。

23.8 液质分析

前面的章节已详细介绍和讨论了 LC-MS 技术在生物样品定量分析中的应用。在大多数情况下，可以在血浆样品测定方法的基础上进一步优化某一特定组织样品的分析方法。然而值得一提的是，在多种组织分析的实例中，如药物的组织分布实验，由于不同组织样品之间的组织构成和内源性干扰物不同，液相条件和质谱参数也可能需要随之优化并调整。

相对血浆样品而言，组织匀浆样品中含有多种细胞组织和不同含量的各类磷脂，导致其基质影响复杂而多变。在 LBH589 的小鼠 PK 研究中，LBH589 在肝脏组织中的基质影响为 16.96%，在肺中为 16.92%，在肾脏中为 13.56%，然而 LBH589 在血浆中的基质影响仅为 9.92%（Estella-Hermoso de Mendoza et al., 2011）。仅通过 PPT 处理组织样品通常会导致较高的基质影响，通常来说 LLE 和 SPE 处理的样品比 PPT 后的样品相对而言要干净一些。在某些情况下，需要多种提取方法的联合运用以获得满意的提取效果。例如，多溴联苯醚在人胎盘中的浓度测定，胎盘组织匀浆液首先通过乙腈：正己烷（7：3，*V*/*V*）和正己烷：甲基叔丁基醚（MTBE）（9：1，*V*/*V*）两步提取以降低基质影响（Priyanthi et al., 2009）。

在采用转子-定子式匀浆器和反复珠磨法进行样品匀浆时容易产生泡沫，泡沫的产生容易导致样品不均而影响分析结果的重现性。加入防沫剂可避免这一问题（Gao, 2012）。虽然这些泡沫会随着时间慢慢消失，但是这种方法的可操作性太低。高速离心也可以轻松地去除泡沫，但这样可能产生由匀浆液的非均质特性而造成数据偏差和重现性低的问题。

23.9 按需定制的 LC-MS/MS 方法验证

在组织样品分析过程中，由于校正标样和 QC 样品不能很好地模拟真正的组织样品，组织样品的生物分析方法通常不能被完全验证，而只能采用“按需定制”的方法来进行。

23.9.1 提取回收率

提取回收率是指待测物从样品基质中提取出来的百分比。提取回收率直接影响着 LC-MS/MS 生物分析方法的质量。大多数情况下，低的回收率会影响方法灵敏度。组织样品的提取回收率测定通常是将已知量的被测物加到空白组织匀浆液中提取测定。然而这并不能真正模拟被测物在组织中的分布情况。因此，不同方法的互用可以帮助获得更真实的回收率。有方法将待测物加入到空白组织或者注射到空白组织后进行组织匀浆和提取分析，以测定方法的提取回收率。也有方法先测定匀浆前真实样品中待测物的同位素标记物的放射性，然后与匀浆和提取后的放射性水平进行比较，这一方法得到的回收率最接近真实值，然而也是最难执行的方法。

对于液态的生物基质如血浆和尿液，样品回收率可以简单地通过加入已知量的待测物到生物基质中，与提取测定的结果进行比较得出。对于组织样品，如果待测物能均一地分布在组织匀浆液中，可以采取这种加入已知量的待测物到组织匀浆液中的方法得到较为准确的回收率值。然而，这并非能事前知晓，因此采用此法存在一定风险（Xue et al., 2012b）。

有方法将待测物加入到空白组织中后进行匀浆提取分析（Ji et al., 2004; Zhang et al., 2006, 2007），但这一方法不能用于坚硬组织，如头发和骨组织样品，与此同时还面临着一问题，就是待测物在这类组织中的分布并不均一。测定匀浆前真实样品中待测物同位素标记物的放射性水平，然后与匀浆和提取后的放射性水平进行比较，这一方法得到的回收率更接近真实值（Safarpour et al., 2009），但这一方法的缺点在于样品中的放射性水平是来源于待测物及其代谢产物的总和。因此，需要对组织中的代谢产物水平有足够的了解。组织样品中潜在的分布不均，为组织样品中提取回收率的测定带来了挑战，分析人员需要判断选择合适的方法进行回收率的分析。

23.9.2 稳定性

在建立和验证组织分析方法的过程中，需要考察待测物在储备液及标准溶液中的稳定性。待测物在组织匀浆中稳定性的考察是通过加入已知量的待测物到组织匀浆中，然后检测其在室温下或样品处理温度下的稳定性、短期稳定性［在−20℃和（或）−80℃］，同时还需检测提取后的待分析样品在自动进样器中的稳定性。尽管这种稳定性样品不能很好地模拟真正的组织样品，但是这一方法足以为组织样品的采集、处理和储存提供相应的信息，同时还可以避免分析方法开发中不必要的时间浪费。在一些特殊情况下，校正标样不是配制在组织匀浆液中而是在一些替代基质中，这时待测物在替代基质中的稳定性（室温或样品处理温度稳定性、短期稳定性、冻融稳定性、长期稳定性）也需要予以测定。

实际上，待测物在真正组织样品中的稳定性考察十分重要，然而由于技术上的困难，很多时候都无法提供其组织样品中的稳定性数据。比较常见的准备待测物稳定性样品的方法是将待测物加入到空白组织或者注射到空白组织中。这些样品最终通过匀浆和提取分析得到稳定性的数据。需要考察的稳定性条件是根据从样品采集到样品分析过程中的实际需要来设定的。室温稳定性需要覆盖样品从采集到冷冻，以及样品匀浆所需的时间。多数情况下，组织样品采集后会迅速冷冻保存，样品冷冻储存过一段时间后才会进行组织匀浆。因此，冻融稳定性至少需要考察一个循环，与此同时还需要测定样品在冷冻条件下的长期稳定性。实际操作中，样品在组织样品中的储存稳定性很难考察，因为较难提供待测物在组织中的绝对量及其在组织样品中的提取回收率。采用真实样品考察待测物的储存稳定性是一个不错的选择，然而仍然需要考虑到待测物在组织样品中的不均一性。

23.9.3 线性、灵敏度、准确性、精密度

在分析真实样品前，所建立的生物分析方法的线性、灵敏度、准确度和精密度都必须达到预先制定好的、可以接受的认证标准。对临床前的研究项目，可采用“一日分析法”（one-day qualification run）来予以认证（Zhang et al., 2006; Sakurada and Ohta, 2010; Zhou and Gallo, 2010）。对于一些要求更加严格的项目，则可以使用“三日分析法”或者“三日以上分析法”予以验证。在之前的章节曾经讨论过，在组织空白基质十分珍贵或者极难获得的情况下，可以采用替代基质配制标准和 QC 样品，这种时候方法验证需要同时考察 QC 样品配制在替代基质和真实的组织空白基质中的准确度和精密度。如配制在替代基质中的 QC 样品结果不好，说明校正标样的分析存在问题，导致实验数据不可信。另外，如果配制在替代基质中的 QC 样品结果很好，而配制在真实基质中的 QC 样品不能达到标准，说明选择的替代基质不能真实地代表组织样品（低的准确度），或者待测物的提取有问题［低准确

度和（或）低重现性]。

23.9.4 方法验证及接受标准

目前包括美国FDA及欧盟EMA在内的法规机构均没有专门针对组织样品生物分析的指导原则。鉴于组织样品的多样性和复杂性，组织样品分析方法验证时可以按照生物标志物分析的“按需定制”（fit-for-purpose）方式进行“方法验证”（Lee et al., 2006），可采用更宽松的接受准则（Breda et al., 2011; DeMuth et al., 2010; Garofolo et al., 2011; Savoie et al., 2010）。通常来说，一个经过验证的方法能胜任大部分情况下的组织样品分析，但用于安全性评价（Xue et al., 2012a）的组织样品分析，要求要严格些。在药物的发现阶段，组织样品生物分析方法中需要确认的项目不多，随着项目的推进，可以增加方法验证的内容。当某一特殊组织的药代动力学-药效学（PK-PD）关系有助于决策判断时，相应的组织分析方法可能需要进行完整验证。为了指导目前这种“按需定制”的方法验证，表23.3列出了3个不同标准的方法建立及接受标准（Xue et al., 2012a）。

表23.3 层次不同的组织样品中药物的生物分析方法

	探索型方法	认可的方法	验证的方法
对照标准物质	无需COA	可能需要COA	需要COA
内标	是或否	是	是
准确度和精密度分析批	1	1～3	3
选择性	否	是	是
空白基质	替代基质	真实基质或替代基质	最好能是真实基质
QC层次	1	2～3	3～4
基质影响	否	是	是
回收率	否	匀浆液回收率	匀浆液及组织样品回收率
稳定性	否	匀浆液稳定性	匀浆液及组织样品稳定性
已测样品再分析	否	否	是
接受标准（可基于实验目的进行调整）	4-6-30（6个QC样品中至少4个的准确度值应该在标示值的±30%内）	4-6-20（6个QC样品中至少4个的准确度值应该在标示值的±20%内）	4-6-15（6个QC样品中至少4个的准确度值应该在标示值的±15%内）

注：COA.分析证书。本表经Future Science Ltd. 授权，引自Xue et al. (2012)。

23.10 数据分析和报告

LC-MS/MS分析后即可进行数据分析，在计算药物和代谢产物在组织中的浓度时需要考虑到在样品预处理时的稀释倍数。对于固体组织样品（如脑组织），测得的浓度单位为质量/质量，如ng/g或μg/g。某一组织所含药物总量则为其药物浓度乘以该组织的质量。

23.11 结 束 语

采用LC-MS/MS方法测定生物组织中药物及代谢产物的浓度被广泛应用于药物研发的各个阶段。与液态样品不一样的是，组织样品的生物分析首先需要将固态的组织基质转换为液态，以便从中提取待测物。基于组织样品的大小、数目和类型，可采用不同的处理手段，如机器匀浆、化学/酶消解等。鉴于组织样品的成分较为复杂，需要在方法开发上花费更多的时间和精力以保障数据的可靠性。多种提取方式的联合运用，替代的空白基质配制标准品等，均常常运用于组织样品的生物分析。组织样品的自然特性使得药物在组织中的分布难以探知，这也直接导致方法开发中提取回收率及样品稳定性的测定十分困难。针对组织样品生物分析方法的应用而进行按需定制的“方法验证”对生物分析人员来说是一个很有价值的工具，它可以帮助科研人员根据实验项目的情况来选择不同等级的分析方法和验证标准以满足实验的要求。

致谢

诚挚感谢 Weng Naidong 博士、Li Wenkui 博士和 Zhang Jie 博士的建议和讨论。

参 考 文 献

Ahmadkhaniha R, Shafiee A, Rastkari N, Kobarfard F. Accurate quantification of endogenous androgenic steroids in cattle's meat by gas chromatography mass spectrometry using a surrogate analyte approach. Analytica Chimica Acta 2009;631(1):80–86.

AOAC. AOAC Official Methods of Analysis. 15th ed., Arlington, Virginia: Association of Official Analytical Chemists, 1990; p 84–85.

Blum M, Dolnikowski G, Seyoum E, et al. Vitamin D-3 in fat tissue. Endocrine 2008;33(1):90–94.

Breda M, Garofolo F, Caturla MC, et al. The 3rd global CRO council for bioanalysis at the international reid bioanalytical forum. Bioanalysis 2011;3(24):2721–2727.

DeMuth JE, Hayes MJ, Amaravadi L, et al. Summary of the eleventh annual university of wisconsin land O'Lakes bioanalytical conference. Bioanalysis 2010;2(10):1677–1681.

DIONEX. Extraction of contaminants, pollutants, and poisons from animal tissue using accelerated solvent extraction (ASE). Application Note 359. On web http://www.dionex.com/en-us/events/market/2008/lp-75513.html.

Espina V, Mueller C, Edmiston K, Sciro M, Petricoin E, Liotta L. Tissue is alive: new technologies are needed to address the problems of protein biomarker pre-analytical variability Proteomics Clin Appl 2009;3(8):874–882.

Estella-Hermoso de Mendoza A, Imbuluzqueta I, Campanero MA, et al. Development and validation of ultrahigh performance liquid chromatography—mass spectrometry method for LBH589 in mouse plasma and tissues. J Chromatogr B 2011;879:3490–3496.

Favretto D, Frison G, Vogliardi S, Ferrara SD. Potentials of ion trap collisional spectrometry for liquid chromatography/electrospray ionization tandem mass spectrometry determination of buprenorphine and nor-buprenorphine in urine, blood and hair samples. Rapid Commun Mass Spectrom 2006;20:1257–1265.

Fenyk-Melody J, Shen X, Peng Q, et al. Comparison of the effects of perfusion in determining brain penetration (brain-to-plasma ratios) of small molecules in rats. Comp Med 2004;54(4):378–381.

Gao H, Thompson S, Verollet R, Duval A. New tool refines tissue homogenization. Genet Eng Biotechnol 2007;27(19):28.

Gao H. Tissue sample LC-MS/MS bioanalysis: method development and considerations. Presentation at 13th Annual Land O'Lakes Bioanalytical Conference. Madison, WI, July 16–20, 2012.

Garofolo F, Rocci ML Jr, Dumont I, et al. Recent issues in bioanalysis and regulatory findings from audits and inspections. Bioanalysis 2011;3(18):2081–2096.

Germann M, Powell KD. Fast quantitation of biomarkers N-acetylaspartate and N-acetylaspartylglutamate in mouse brain homogenates using HILIC and tandem mass spectrometry. Presented at The 59th ASMS Conference on Mass Spectrometry and Allied Topics. Denver, CO, June 5–9, 2011.

Girod C, Staub C. Analysis of drugs of abuse in hair by automated solid-phase extraction, GC/EI/MS and GC ion trap/CI/MS. Forensic Sci Int 2000;107(1–3):261–271.

Heimbuck CA, Bower NW. Teaching experimental design using a GC-MS analysis of cocaine on money: a cross-disciplinary laboratory. J Chem Educ 2002;79(10):1254

Henderson GL, Harkey MR, Jones RT. Analysis of hair for cocaine. International Research on Standards and Technology 1995; NIH Publication No. 95-3727:91–120.

Ho S. Overview on quantitative of drugs in tissue. Presentation at 13th Annual Land O'Lakes Bioanalytical Conference, Madison, WI, July 16–20, 2012.

Ji AJ, Saunders JP, Amorusi P, et al. A sensitive human bone assay for quantitation of tigecycline using LC/MS/MS. J Pharm Biomed Anal 2008;48(3):866–875.

Ji QC, Zhang J, Reimer MT, Watson P, El-Shourbagy T. Method development for the quantitation of ABT-578 in rabbit artery tissue by 96-well liquid-liquid extraction and liquid chromatography/tandem mass spectrometric detection. Rapid Commun Mass Spectrom 2004;18:2293–2298.

Jia Y, Xie H, Wang G, et al. Quantitative determination of helicid in rat biosamples by liquid chromatography electrospray ionization mass spectrometry. J Chromatogr B Analyt Technol Biomed Life Sci 2010;878(9–10):791–797.

Jiang S, Chappa AK, Proksch JW. A rapid and sensitive LC/MS/MS assay for the quantitation of brimonidine in ocular fluids and tissues. J Chromatogr B 2009;877:107–114.

Jimenez-Diaz I, Zafra-Gomez A, Ballesteros O et al. Determination of bisphenol a and its chlorinated derivatives in placental tissue samples by liquid chromatography-tandem mass spectrometry. J Chromatogr B Analyt Technol Biomed Life Sci 2010;878(32):3363–3369.

Korecka M, Clark CM, Lee VMY, Trojanowski JQ, Shaw LM. Simultaneous HPLCMS-MS quantification of 8-iso-PGF (2 alpha) and 8,12-iso-iPF(2 alpha) in CSF and brain tissue samples with on-line cleanup. J Chromatogr B Analyt Technol Biomed Life Sci 2010;878(24):2209–2216.

Laganà A, Bacaloni A, Castellano M, et al. Sample preparation for determination of macrocyclic lactone mycotoxins in fish tissue, based on on-line matrix solid-phase dispersion and solid-phase extraction cleanup followed by liquid chromatography/tandem mass spectrometry. J AOAC Int 2003;86(4):729–736.

Lee JW, Devanarayan V, Barrett YC, et al. Fit-for-purpose method development and validation for successful biomarker measurement. Pharm Res 2006;23(2):312–328.

Lehner A, Johnson M, Simkins T et al. Liquid chromatographic-electrospray mass spectrometric determination of 1-methyl-4-phenylpyridine (MPP(+)) in discrete regions of murine brain. Toxicol Mech Methods 2011;21(3):171–182.

Marchei E, Durgbanshi A, Rossi S, Garcia-Algar O, Zuccaro P, Pichini S. Determination of arecoline (areca nut alkaloid) and nicotine in hair by high-performance liquid chromatography quadrupole mass spectrometry. Rapid Commun Mass Spectrom 2005;19:3416–3418.

Nguyen L, Zhong WZ, Painter CL, Zhang C, Rahavendran SV, Shen ZZ. Quantitative analysis of PD 0332991 in xenograft mouse tumor tissue by a 96-well supported liquid extraction format and liquid chromatography/mass spectrometry. J Pharm Biomed Anal 2010;53(3):228–234.

Noll BD, Coller JK, Somogyi AA, et al. Measurement of cyclosporine A in rat tissues and human kidney transplant biopsies—A method suitable for small (<1 mg) samples. Ther Drug Monit 2011;33(6):688-693.

Oliveira LT, Garcia GM, Kano EK, Tedesco AC, Mosqueira VCF. HPLC-FLD methods to quantify chloroaluminum phthalocyanine in nanoparticles, plasma and tissue: application in pharmacokinetic and biodistribution studies. J Pharm Biomed Anal 2011;56(1):70–77.

Petucci C, Rojas-Betancourt S, Gardell SJ. Comparison of tissue harvest protocols for the quantitation of acylcarnitines in mouse heart and liver by mass spectrometry. Presented at The 59th ASMS Conference on Mass Spectrometry and Allied Topics, Denver, CO, June 5–9, 2011.

Poli D, Caglieri A, Goldoni M, Coccini T, Roda E, Vitalone A. Single step determination of PCB 126 and 153 in rat tissues by using solid phase microextraction/gas chromatography—mass spectrometry: comparison with solid phase extraction and liquid/liquid extraction. J Chromatogr B 2009;877:773–783.

Priyanthi RA, Dassanayake S, Wei H, Chen RC, Li A. Optimization of the matrix solid phase dispersion extraction procedure for the analysis of polybrominated diphenyl ethers in human placenta. Anal Chem 2009;81:9795–9801.

Safarpour H, Connolly P, Tong X, Bielawski M, Wilcox E. Overcoming extractability hurdles of a 14C labeled taxane analogue milataxel and its metabolite from xenograft mouse tumor and brain tissues. J Pharm Biomed Anal 2009;49:774–779.

Sakurada K, Ohta H. Liquid chromatography-tandem mass spectrometry method for determination of the pyridinium aldoxime 4-PAO in brain, liver, lung, and kidney. J Chromatogr B Analyt Technol Biomed Life Sci 2010;878(17–18):1414–1419.

Savoie N, Garofolo F, van Amsterdam P, et al. Recent issues in regulated bioanalysis & global harmonization of bioanalytical guidance. Bioanalysis 2010;2(12):1945–1960.

Scheidweiler KB, Barnes AJ, Huestis MA. A validated gas chromatographic electron impact ionization mass spectrometric method for methamphetamine, methylenedioxymethamphetamine (MDMA), and metabolites in mouse plasma and brain. J Chromatogr B Analyt Technol Biomed Life Sci 2008;876(2):266–276.

Spoto B, Fezza F, Parlongo G, et al. Human adipose tissue binds and metabolizes the endocannabinoids anandamide and 2-arachidonoylglycerol. Biochimie 2006;88(12):1889–1897.

Takach EJ, Zhu Q, Yu S, Qian M, Hsieh F. New Technology in tissue homogenization: using focused acoustic energy to improve extraction efficiency of drug compounds prior to LC/MS/MS analysis (poster). 52nd ASMS Conference on Mass Spectrometry, May 26, 2004. Poster: WPJ 143.

Wang C, Wang S, Chen Q, He L. A capillary gas chromatography-selected ion monitoring mass spectrometry method for the analysis of atractylenolide I in rat plasma and tissues, and application in a pharmacokinetic study. J Chromatogr B Analyt Technol Biomed Life Sci 2008;863(2):215–222.

Wang LL, Liu ZH, Liu DH, Liu CX, Juan Z, Zhang N. Docetaxel-loaded-lipid-based nano suspensions (DTX-LNS): preparation, pharmacokinetics, tissue distribution and antitumor activity. Int J Pharm 2011;413(1-2):194–201.

William T. Keeton, Biological Science. 2nd ed. W.W. Norton & Company Inc.; 1972. p 85.

Xiong H, Bi H, Wen Y, et al. Determination of SYUIQ-F5, a novel telomerase inhibitor and anti-tumor lead-compound, in tissues and plasma samples by LCMS-MS: application to a tissue distribution study in rat. Chromatographia 2011;73(11–12):1073–1080.

Xu N, Qiu C, Wang W, et al. HPLC/MS/MS for quantification of two types of neurotransmitters in rat brain and application: Myocardial ischemia and protection of Sheng-Mai-San. J Pharm Biomed Anal 2011;55(1):101–108.

Xue YJ, Gao H, Ji QC, et al. Bioanalysis of drug in tissue: current status and challenges. Bioanalysis 2012a;4(21):2637-2653.

Xue YJ, Melo B, Vallejo M, et al. An integrated bioanalytical method development and validation approach: case studies. Biomed Chrom 2012b; Doi:10.1002/bmc.2682.

Yu C, Cohen LH. Tissue sample preparation — not the same old grind. LCGC Europe 2004;17(2):96–101.

Yu C, Penn LD, Hollembaek J, Li W, Cohen LH. Enzymatic tissue digestion as an alternative sample preparation approach for quantitative analysis using liquid chromatography-tandem mass spectrometry. Analytical Chem 2004;76(6):1761–1767.

Yu D, Rummel N, Shaikh B. Development of a method to determine albendazole and its metabolites in the muscle tissue of yellow perch using high-performance liquid chromatography with fluorescence detection. J AOAC Int 2011;94(2):446–452.

Zhang J, Reimer MT, Alexander NE, et al. Method development and validation for zotarolimus concentration determination in stented swine arteries by liquid chromatography/tandem mass spectrometry detection. Rapid Commun Mass Spectrom 2006;20:3427–3434.

Zhang J, Reimer MT, Ji QC, et al. Accurate determination of an immunosuppressant in stented swine tissues with LC–MS/MS. Anal Bioanal Chem 2007;387:2745–2756.

Zhou Q, Gallo JM. Quantification of sunitinib in mouse plasma, brain tumor and normal brain using liquid chromatography-electrospray ionization-tandem mass spectrometry and pharmacokinetic application. J Pharm Biomed Anal 2010;51(4):958–964.

24

尿中药物的液相色谱-质谱（LC-MS）生物分析

作者：Allena J. Ji
译者：马智宇、钟大放
审校：李文魁、张杰

24.1 引　言

药物排泄在尿中的情况对了解药物代谢（DM）和排泄很重要。大部分临床前尿样定量方法都采用测定放射性标记化合物的放射活性，而大多数临床尿样的定量分析都基于液相色谱-质谱（LC-MS）法。作为当前制药工业的一个惯例，如果尿中候选药物或其代谢产物超过给药剂量的 10%，就应该测定它们在尿中的浓度。在大多数情况下，尿样的生物分析常常在血浆（或全血、血清）分析结束之后进行。用于尿样的处理方法与血浆样品处理方法相同或相似。然而，尿样分析方法的开发却有其特有的困难。不同尿样在 pH、盐浓度（离子强度）、缓冲能力方面差异很大，尿中内源性物质在结构和极性方面大都与目标分析物类似。此外，由分析物和容器表面的非专属性结合而导致的分析物损失现象也极可能发生。一般来说，尿液样品的采集方法比其他生物基质更复杂。因此，在临床试验地点收集尿样之前，需要进行一些必要的评估以建立一个合适的尿样采集规程。本章将阐述在尿样生物分析方法开发（MD）中常遇到的分析物非专属性结合的鉴别和解决方法，以及相关的尿样分析方法问题的排除。

24.2 开发耐用的尿样 LC-MS 定量方法的最佳实践

尿液是一种水溶液，其组成中超过 95%是水，其他剩余的组分按浓度递减排列分别为：9.3 g/L 尿素、1.87 g/L 氯、1.17 g/L 钠、0.750 g/L 钾和 0.670 g/L 肌酐及其他无机物和有机物。尿的 pH 在 4.6～8，常态下是中性的（Wikipedia，2012）。尿中盐的浓度个体差异较大。尿中一般不含存在于全血、血浆和其他基质中的蛋白质和脂类。在定量分析尿液样品时，没有蛋白质和脂类可能造成的问题是药物分子的非专属性结合及容器表面吸附，尤其对于那些亲脂性和高蛋白结合率的药物。下文将讨论方法开发中鉴别非专属性结合及建立耐用的尿样生物分析方法的实用途径。

24.2.1 鉴别和解决由尿液中非专属性结合造成的分析物损失

（1）认识临床试验地点通常的尿样采集流程：临床试验地点通常的尿样采集流程很重要，因为如果存在吸附的话，采集尿样用的容器的表面积和收集过程中尿样的转移次数都会影响吸附而造成严重的损失。通常的临床试验地点尿样采集流程见图 24.1。女性、老年人和残疾人通常使用采集帽，而健康男性通常使用采集瓶。根据具体研究方案，采集尿液后的瓶子可能要在冰箱里面保存 1～3 天。当在一个时间间隔内多次排尿时，每次单独的尿样都被收集在单独的瓶子里，然后将所有规定区间内所采集的尿样合并和混匀。转移一部分混合的尿样到一个更小的容器中（20 ml 或者 5 ml 带有螺旋帽的聚丙烯小瓶）。这些尿样将被冷冻并运送到分析测试地进行分析。由于整个尿样收集过程包括了多次尿液与容器内壁的接触，最终测得的分析物浓度可能要受到其与容器内壁表面吸附的严重影响，这就是通常所说的非专属性结合。非专属性结合会造成 QC 样品结果不准确及校正曲线响应不线性，其原因是非专属性结合，分析物在样品多次被转移后浓度降低。因此，在尿样分析方法开发中，生物分析家要通过模拟临床尿液样品采集时用的最大容器表面积暴露量来鉴别分析物的非专属性结合，这很重要。

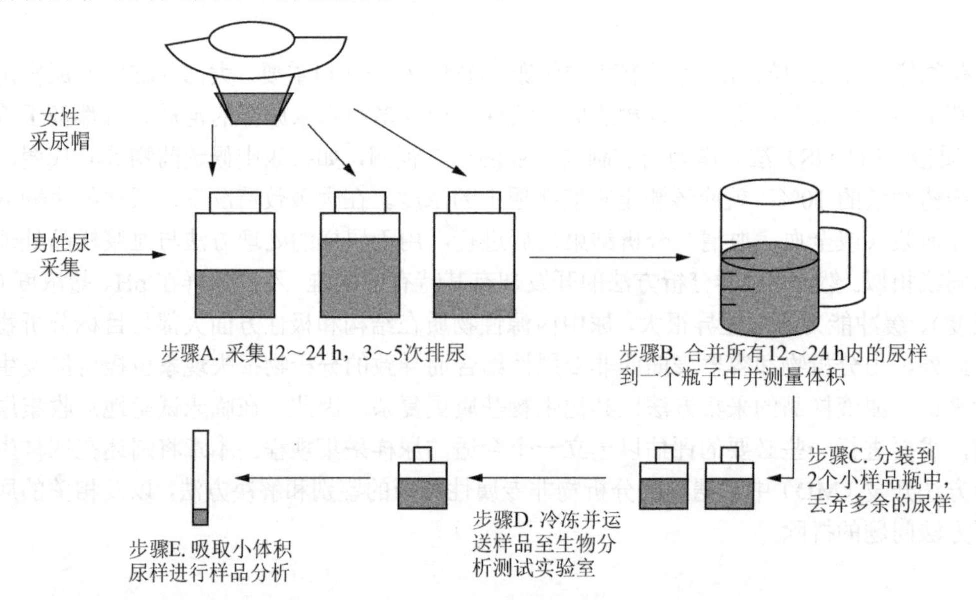

图 24.1　通常用于研究给药后回收率的尿样采集过程（摘自 Ji et al., 2010。经 Future Science Ltd.许可）

（2）鉴别非专属性结合：为了确定分析物的非专属性结合，图 24.2 描述了在尿样分析方法开发中克服非专属性结合的流程图。有很多种方法可用来鉴别非专属性结合（Ji et al., 2010），其中最简单的方法就是如图 24.3 所示的连续转移法。这个测试通过配制药物浓度为 3 倍于定量下限（LLOQ）的水溶液或尿液，用 4 或 5 个干燥、干净且大小和组成（如聚丙烯或者聚苯乙烯）都和拟用收集容器近似的试管来进行连续转移实验。一部分溶液被转移到第一个试管中，接着又转移到第二个中。这个相同的步骤在剩余试管中重复进行。在每一次转移中，溶液在前一个试管中应该在室温放置 5～10 min，以便让可能存在的分析物吸附发生。同时在每一次转移中，每一个前试管中要留下适量体积的尿液，以便用液相色谱-串联质谱（LC-MS/MS）法测定分析物的响应。如果分析物浓度（或响应）从试管 1 到试管 5 快速下降，那么可认定分析物在试管表面被强烈吸附。

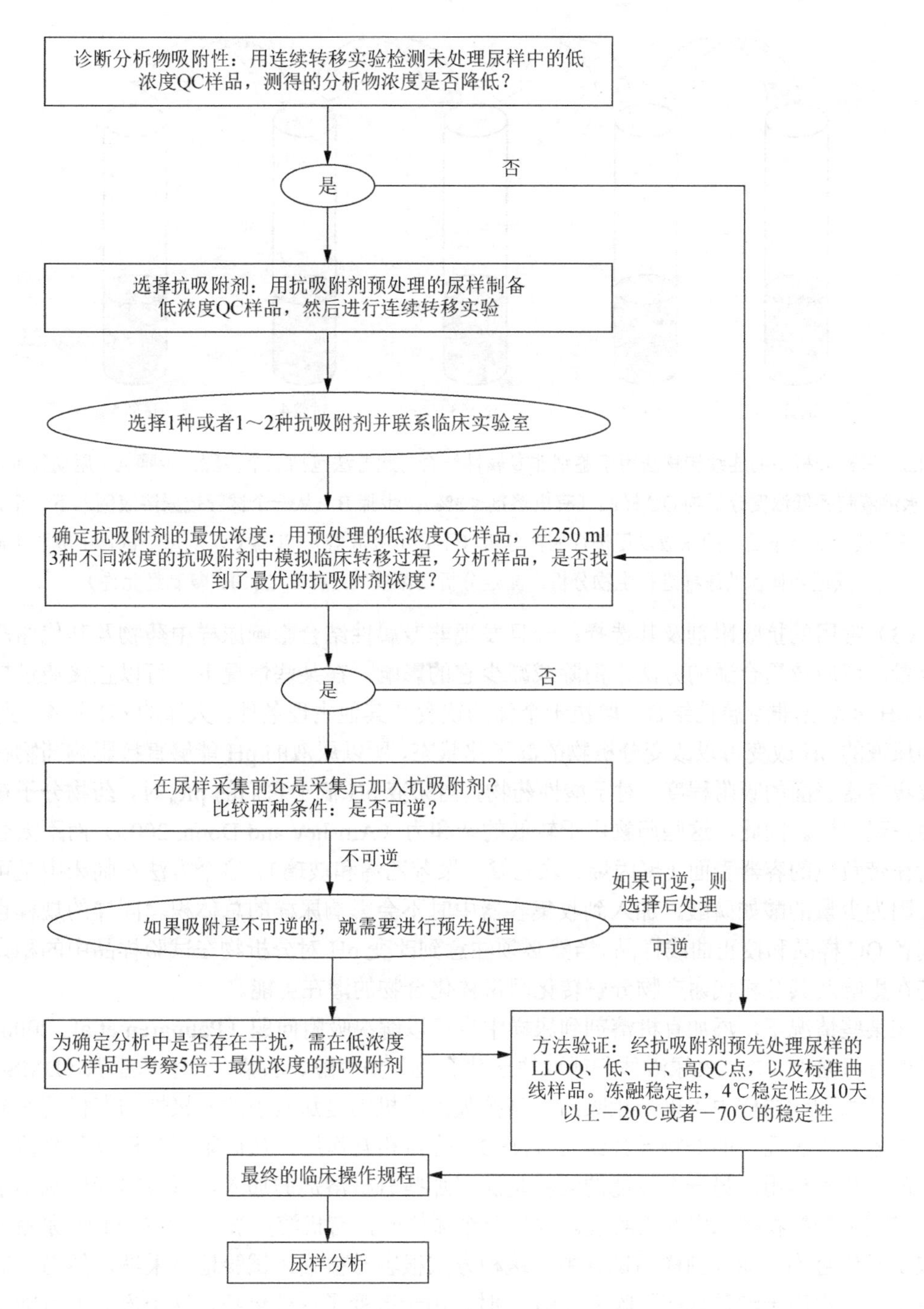

图 24.2 克服分析物在尿样中非专属性结合的方法开发（MD）流程

（Ji et al., 2010。复制经允许）

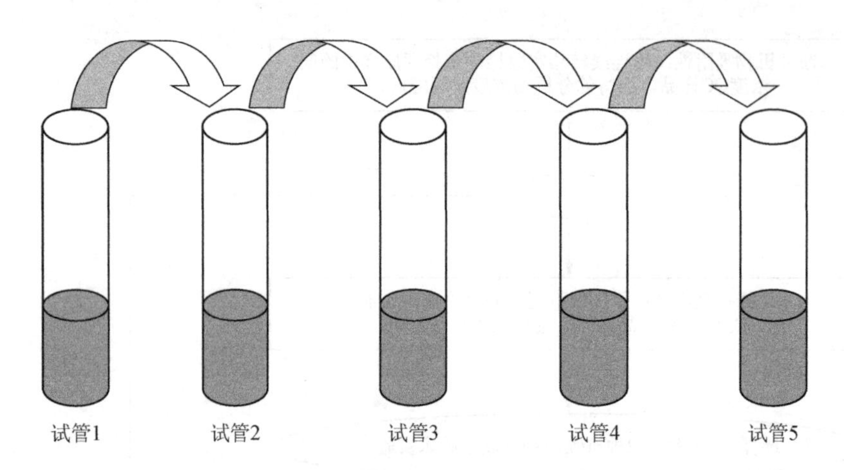

图 24.3　尿样分析中的连续转移法用于鉴别非专属性结合；此方法包括三个步骤：步骤 A，用动物或者人尿或水溶液制备低浓度分析物 QC 样品（有机溶剂＜3%）；步骤 B，从一个试管把尿溶液倒入下一个，并且在每个试管中留下足够的尿液以便进行尿样分析（不要用吸液器）；步骤 C，从每个试管中吸取 100 μl 或适当体积的尿样进行生物分析，测定分析物浓度（Ji et al., 2010。复制经允许）

（3）常用的抗吸附剂及其选择：一旦发现非专属性结合影响尿样中药物及其代谢产物的定量，就应该用合适的方法来消除或减少它的影响。在某些情况下，可以直接通过控制尿的 pH 来避免非专属性结合。取决于个体的饮食和其他生理条件，人尿的 pH 从 4.5 到 8。因为尿液的 pH 改变可以改变分析物的离子化状态，所以尿液的 pH 能够直接影响药物在样品收集容器表面的吸附程度。对于酸性药物，当尿液 pH 低于它们的 pK_a 时，药物分子在基质中呈现中性。因此，这些药物由于较低的亲和力（Amshey and Donn, 2000）而不太容易吸附在带负电的容器表面（聚丙烯、聚乙烯、聚苯乙烯和玻璃）。这个方法在临床中是可行的，因为少量的酸如磷酸，加入到收集容器中时不会影响尿样的总体积。同样的规程也用于制备 QC 样品和校正曲线样品。当然必须注意到改变 pH 对分析物在试验样品中的稳定性的潜在影响及其Ⅱ相代谢产物分解转化回母体化合物的潜在可能。

在某些情况下，添加有机溶剂到尿样中也可以解决吸附问题（Palmgren et al., 2006）。大量的有机溶剂（＞10%尿液体积或取决于化合物）如甲醇、乙腈、二甲基亚砜（DMSO）、异丙醇被添加到尿样中可以防止吸附。其抗吸附的机制是那些小的和极性的有机溶剂分子迅速与容器内表面上的非特异性结合（NSB）位点相互作用，从而阻断分析物和容器内表面的静电相互作用。另一个可能的解释是随着那些有机溶剂的加入，尿液的极性减小了，从而增加了分析物在尿中的溶解度。收集单个尿样时，有机溶剂被 1∶1（＞10%尿液体积或取决于化合物）加入到样品试管中，这种方式很容易被临床试验地点采纳。然而，对于采集系列尿样用于测量给药回收率（RE）时，由于改变了尿液体积，这个方法就可能不适用。

当一个药物分子在尿液中的非专属性结合问题不能通过调节 pH 或者加入有机溶剂解决时，就需要在收集尿样及用空白尿液制备校正曲线样品和 QC 样品之前，选择抗吸附剂并将其加入到（采集）容器中。目前市场上有许多抗吸附剂，包括牛血清白蛋白（BSA）（Hoffman et al., 2006）、人血浆（Dubbelman et al., 2012）、3［3-(胆酰胺丙基)二甲氨基］丙磺酸（CHAPS）（Li et al., 2010; Silvester and Zang, 2012）、十二烷基苯磺酸钠（SDBS）（Chen et al., 2009; Silvester and Zang, 2012）、吐温-20（Xu et al., 2005）、吐温-80（Li et al., 2010;

Silvester and Zang, 2012）、DMSO（Schwartz et al., 1997）、β-环糊精（Li et al., 2010）和季铵盐（Amshey and Donn, 2000）。其抗吸附作用已见报道。表 24.1 总结了常用抗吸附剂的作用机制、优缺点、建议使用浓度和价格。这些抗吸附剂的优点在于它们对尿液的总体积影响小。每一种抗吸附剂溶液都可以被分别加入到尿液中来制备控制尿液，即制备很小体积（如 10 ml）的低浓度 QC 尿溶液。接下来，对含有不同抗吸附剂的尿液进行连续转移实验。收集每一次转移后的样品并进行提取和 LC-MS/MS 分析。对分析物峰面积或分析物与内标峰面积比值及色谱图进行总结和对比。如果用多种抗吸附剂处理的样品在多次转移后，所观察到的峰面积或峰面积比的减少可忽略不计，则选择其中对色谱峰干扰最小且价格最便宜的作为进一步实验的候选试剂。

表 24.1　尿样采集过程中常见的抗吸附剂

试剂名称	作用机制	优点	缺点	推荐的尿中浓度[a]	对每个受试者预计成本（预计数量）[b]
牛血清白蛋白（BSA）或血浆	它作用于表面带负电的多聚体（聚乙烯和聚苯乙烯），并能和分析物结合，阻止分析物在容器表面吸附	适用于尿中几乎所有的分析物	需要较高浓度（＞1%，W/V）；可能干扰色谱分离；价格相对较高；被认为对人体有害	1%（W/V）	约 154.40 美元（约 60 g）
CHAPS｛3-[3-(胆酰胺丙基）二甲氨基]丙磺酸｝	它是一个两性离子去垢剂；它的亲水性基团和分析物极性基团结合，阻止分析物被吸附在采尿容器表面；它的非极性基团和分析物非极性部分相互作用，进一步阻止分析物被吸附在容器壁上	在尿中使用浓度较低；它的固体形式容易处理	可能不适用于某些药物；成本非常高	0.18%（W/V 或 3mmol/L）	约 131.22 美元（约 11 g）
SDBS（十二烷基苯磺酸钠）	它是一个两性离子去垢剂，作用机制类似 CHAPS	在尿中使用浓度很低；它的固体形式容易处理；比起其他试剂，价格最便宜	只作用于某些药物；可能导致质谱检测离子抑制	0.14%（W/V 或 4mmol/L）	约 0.07 美元（3 g）
吐温-80 和吐温-20	它是两性离子去垢剂；它的亲水性基团和分析物极性基团结合，阻止分析物吸附在采尿容器表面	可用于多种药物；尿中使用浓度低；能在尿样采集后加入以消除吸附，故能根据尿量来确定加入的量；价格低	可能不适用于某些药物；作为液体黏度高，不易操作	0.5%（V/V）吐温-80；0.2%（V/V）吐温-20	吐温-80 约 1.80 美元（30 ml）吐温-20 约 0.64 美元（12 ml）
β-环糊精	一组葡萄糖环状低聚物，能形成一个水溶性包含型聚合物包裹药物分子及部分大分子化合物，因此能阻止分析物吸附在容器壁上	能阻止某些药物吸附；价格相对低	只作用于某些药物；固体形式呈大的薄片；在甲醇和水中溶解度低。	0.2%（W/V）	约 18.24 美元（12 g）

[a] 推荐浓度根据论文，该浓度可被作为初始浓度进行选择或优化；[b] 价格基于一名受试者临床试验的最佳浓度，12 瓶尿样（每瓶 500 ml）分别是给药后 0～72 h（0～4 h、4～8 h、8～12 h、12～24 h、24～48 h、48～72 h）；报价基于 Sigma-Aldrich 公司 2012 年 1 月的在线目录。

（4）确定抗吸附剂的最佳浓度：当选择了抗吸附剂之后，就需要确定其在尿样分析方法中和临床尿样收集过程中使用的最佳浓度。一般来说，主要的尿样采集容器，如 800 ml 采集帽或 500 ml 正方形聚乙烯或聚丙烯采集瓶，应该被用来制备 3 套低浓度 QC 尿样，每套 QC 尿样应该包括 3 个不同浓度的抗吸附剂。抗吸附剂浓度可以选择一个是文献建议的使用浓度（表 24.1），另外两个应由使用者根据自己的需要来选择。例如，一个可以是文献推荐浓度的 1/2，而另一个是其两倍。每个 QC 样品需要制备 250 ml。因为 250 ml 近似于人一次排尿的平均体积。为了模拟最初尿样采集的条件，每个 QC 样品都应该直接配制在初始采集尿样的容器中。例如，250 ml 低浓度 QC 样品可通过混合 2.5 ml 分析物储备液和约 247.5 ml 用 3 种不同浓度抗吸附剂处理过的控制尿液来制备。这 3 个低浓度 QC 样品（每个 250 ml）经过类似于图 24.1 所示流程的几次转移。在每一次转移后，取 3 份样品测定分析物浓度。来自主要采集容器（采集帽或正方形瓶）的尿样和最终小试管（或者 20 ml 小瓶）中的尿样都应一式三份进行分析。而且，所有样品必须在转移实验当天分析。如果在 3 个低浓度 QC 尿样中所测分析物的浓度在经多次转移之后没有下降的趋势（图 24.1 步骤 A 到 E），就可认为已经找到了最佳的抗吸附剂浓度。如果所有 3 个含不同浓度抗吸附剂的尿样中显示出类似的 LC-MS/MS 响应（峰面积、峰比值或者浓度），则选定最低浓度的抗吸附剂为最佳浓度。

数据分析能指导优化尿样收集过程。例如，在图 24.1 中，如果分析物浓度从步骤 A 到 D 是相等或近似的，但是到步骤 E 浓度降低 20%，则显示在最后一个样品转移步骤中（步骤 E）抗吸附剂的量可能不足。这样，可能不需要加入更多的抗吸附剂到最初的样品采集瓶或采集帽中（步骤 A），而要加入合适体积（如 100 μl）的抗吸附剂到最后的那个 5 ml 试管中（步骤 E），这样问题就可以解决。总之，容器表面积和尿体积比值越大，吸附就越可能发生。例如，3-l 广口瓶的表面积与体积的比值就是 20 ml 采集瓶的 1/8。由于广口瓶的表面积体积比值低，因此可以使用较低浓度的抗吸附剂，以节省成本。

（5）加入抗吸附剂到初始收集容器中的时间：在选择了合适的抗吸附剂及其最佳浓度被确定之后，就应该考察何时（收集尿样之前还是之后）加入抗吸附剂溶液。Xu 等（2005）报道了在尿样采集后加入吐温-20（用于阻止药物的 NSB）。在这个过程中先称量尿重，再根据需要加入适量的抗吸附剂。另一个例子，Li 等（2010）对比了尿样中分析物在尿收集之前和之后加入抗吸附剂的回收率。结果显示，在尿样收集之前加入 1%（*W*/*V*）CHAPS 回收率可以达到近 100%，而之后加入回收率则只有约 55%。这个现象显示，确定吸附是否可逆非常重要。如果吸附是可逆的，则可以在尿样收集之后加入抗吸附剂，根据已经确定的尿样体积来加入适量的抗吸附剂，使其达到最佳浓度。如果吸附过程不可逆，则抗吸附剂必须在尿样收集之前加入。在这种情况下，在尿样收集之前加入一定体积的抗吸附剂，由于最终收集到的尿样体积不同，会导致抗吸附剂的浓度也有差异。因此，在方法开发阶段需要确定抗吸附剂的浓度范围。另一篇文献报道（Ji et al., 2010），用比最佳浓度高 5 倍的抗吸附剂来制备低浓度 QC 样品，再用以最佳浓度抗吸附剂制备的校正曲线样品去评估。

（6）编写临床试验尿样收集流程：在方法开发之后就应该编写尿样采集手册。手册应包括详细的信息：原材料、化学药品、供应商、所有溶液的制备流程及最终的尿样收集试管的规格型号等。手册还应该提供有关把最终尿液样品转运到生物分析室的流程和注意事项。表 24.2 提供了典型的尿样收集例子。

表 24.2 典型的尿样采集过程

实验用品

1. 500 ml 正方形瓶、高密度聚乙烯、广口瓶；NalGene、VWR Catalog # 16121-060。
2. 800 ml 样品采集帽；Medical Supply Depot、M.C. Johnson、Item # KND4014/CS。
3. 30%牛血清白蛋白；（BSA）、Sigma-Aldrich、Catalog # A8577-1L。
4. 15 ml 聚乙烯离心管；VWR、Catalog # 21008-105。
5. 一次性使用的 5 ml 聚乙烯培养管；VWR、Catalog # 60818-486。

制备抗吸附剂溶液

加入 30% BSA 水溶液 15 ml 到 15 ml 离心管中，盖上试管，储存在冰箱中直到使用。保质期：4℃一年。

尿样收集过程

1. 在受试者使用采集瓶或采集帽之前，将上述抗吸附剂溶液倒入每个 500 ml 正方形聚乙烯瓶（男性受试者使用）或每个 800 ml 聚乙烯采集帽中。
2. 对于男性受试者的尿样，完成收集后盖上瓶子，通过倒置瓶子 4～5 次来混匀。尿样采集瓶在冰箱中保存。每个时间段内的尿样需要倒入到一个 2000 ml 带刻度的量杯中混合以测量体积。对于女性受试者的尿样，通过旋转收集帽 1～2 次来混匀样品。把每一个收集帽中的尿倒入到 500 ml 聚乙烯收集瓶中，接着盖上瓶子，通过倒置瓶子 4～5 次来混匀，把瓶子放到冰箱中，直到把每一个时间段内所有的尿样都收集后再倒入一个 2000 ml 带刻度的量杯中混合以测量体积。
3. 把同一时间段的所有尿样都倒入一个 2000 ml 带刻度的量杯中。每个受试者在每一时间段的尿样体积以毫升为单位记录。分别取 3.0 ml 每个时间段的尿样至一个 5 ml 带内塞的试管中作为首选样品，同样再倒入一个 5 ml 带内塞的试管中作为备份样品，丢弃剩余的尿样。用去离子水清洗带刻度的量杯 3 次之后，用于下一次测量。
4. 盖紧两个 5 ml 尿样试管（首选样品和备份样品）并在－20℃冷冻储存待转运。在两个不同的日期，用干冰保存运送至分析测试地点。

24.2.2 尿样生物分析的样品预处理方法

用于 LC-MS/MS 尿样预处理的主要方法包括直接稀释、液-液萃取（LLE）、载体液-液萃取（SLE）和固相萃取（SPE）。

（1）直接稀释：直接稀释法是指用合适的溶剂混合尿样。有机溶剂在尿溶液中的比例应该和初始流动相条件相似。这是一个首选方法，广泛应用于分析物在尿样中浓度较高的情况。控制稀释尿样的 pH 和离子强度很重要。用合适的色谱条件把分析物与干扰物质分离，以避免质谱检测时的基质效应。

（2）LLE 和 SLE：LLE 是尿样提取中最普遍的方法。LLE 的原理是通过分析物在两种互不相溶的液体中的分配系数不同来分离化合物的，通常的两种液体为水相缓冲液和有机溶剂。这是从一个液体相中提取物质到另一个液体相的过程。调节 pH 在 LLE 中非常必要，调节 pH 以确保尿样中的药物和内标呈非电离状态，从而使其在不互溶的有机溶剂中有较高的回收率。通常，应使尿样的 pH 低于酸性药物 pK_a 两个单位，或高于碱性药物 pK_b 两个单位。常用的 LLE 溶剂包括甲基叔丁基醚（MTBE）、乙酸乙酯、二氯甲烷和正己烷。在这些溶剂中，MTBE 最常用。因为它不但适合从尿样中提取大多数非极性化合物，而且还容易吹干。10 ml MTBE 在 37℃下吹干所需时间少于 10 min，在室温下少于 15 min。此外，MTBE 比尿液轻，在上层，使得下层的水相可以通过干冰甲醇浴或干冰丙酮浴冻结起来，而上层的有机相不被冻结。使用干冰甲醇浴或干冰丙酮浴可以很容易地把上层有机相倒入干净的试管中。

除上文提到的采用试管的手动方法进行提取外，LLE 能够用自动液体处理器在 96 孔板上进行。加入尿样、内标、缓冲液和有机溶剂后，孔板被盖上板垫或铝箔热封。在经过适当混合和离心之后，上层有机相可用自动液体处理器从孔中转移到另一个干净的96孔板中（Tomtec、Janus、Hamiton、Multiprobe或Tecan等）。然后吹干有机溶剂，用复溶液来复溶样品残留物。96孔板的提取回收率一般会比用试管提取的回收率小10%～20%。这可能是由于板上每个孔的空间较小不能有效混合，以及有机溶剂与尿样的体积比较低，不利于分配。留出30%～40%的空间用于样品基质和有机溶剂充分混合很重要。表24.3列出了用LLE在试管中和用96孔板进行尿样提取的典型程序。

表24.3　典型的圆锥形试管模式和96孔板模式的尿样液-液萃取过程

A．使用圆锥形试管

1．把尿样试管放到自来水水浴中（约22℃）约30 min。如果尿样试管较满，则倒置试管4～5次，接着涡旋混匀约2 min。

2．吸取100 μl尿样到10 ml带螺旋帽的圆锥形玻璃试管中。

3．加入50 μl内标工作溶液。对于不含内标的空白尿液样品，则加入50 μl内标溶剂。

4．加入0.1 mol/L乙酸钠50 μl（pH 5.00）到每一个试管中。

5．加入甲基叔丁基醚（MTBE）5 ml到每一个试管中。

6．盖上试管，用涡旋仪涡旋混匀10 min。

7．室温下3000 r/min离心5 min。

8．把圆锥形试管放到干冰丙酮中1 min，水相冻结。

9．打开试管将上层的MTBE倒到另一个干净的10 ml圆锥形试管。丢弃含有水相尿样的试管。

10．在TurboVap蒸发仪中，37℃下用氮气吹干试管中的MTBE（约10 min）。

11．用500 μl复溶液复溶吹干后的圆锥形试管中的样品残留，涡旋3 min。

12．转移复溶样品到1 ml HPLC棕色小瓶中，并递交样品进行LC-MS/MS分析。

B．使用96孔板

1．把尿样试管放到水浴中（约22℃）大约30 min。如果尿样试管较满，则倒置试管4～5次，接着间歇式涡旋每个样品试管2 min。

2．吸取100 μl尿样到一个2 ml的96孔板中（或1.4 ml微管96孔板）[a]。

3．加入50 μl内标工作溶液。对于不含内标的空白尿样，则加入50 μl内标溶剂。

4．用Tomtec装置，加入50 μl 0.1 mol/L乙酸钠（pH 5.00）到每一个尿样试管中。

5．用Tomtec装置，加入400 μl（两次）MTBE到板上的每一个孔。

6．用板密封垫盖上板（或用帽子封住微管96孔板）。

7．用较低的速度涡旋板10 min。

8．室温下3000 r/min离心板5 min。

9．打开板盖（或打开微管）。

10．用Tomtec装置，转移300 μl（两次）MTBE层到另一个干净板。

11．在96孔板蒸发仪，37℃下用氮气吹干板中的样品提取液。

12．用Tomtec装置，加入200 μl复溶液复溶吹干后的样品残留。

13．盖上并用低速（设定3）涡旋板3 min。

14．递交进行LC-MS/MS分析。

[a] 此过程能用移液器完成，或用自动液体处理设备，如Hamilton、Janus、MultiProbe或Tican来完成。

一般来说，SLE的原理类似于LLE（Biotage, 2009）。然而，SLE用经特殊处理的硅藻土材料作为固相吸附剂。在SLE中，用小柱或96孔板上的吸附剂吸附水溶液中的分析物（注意：不要添加太多的水相使其未被吸附而溢出），然后将有机溶剂（如MTBE）加入到吸附剂中提取和洗脱分析物。含分析物的提取液在吹干和复溶后进行LC-MS/MS分析。对比常规LLE，SLE的主要优点是提取速度快，基质效应相对较小（Mulvana, 2010），并易于自动化。主要的缺点是成本比一般LLE要高。

（3）SPE：SPE通常用于提取浓度较低的药物。在LC-MS/MS分析前进行SPE，可以减小分析中的基质干扰。一般来说，调节pH对SPE很重要，它可以使分析物的提取回收率达到最大，并使干扰物浓度降到最小。比起其他方法，SPE 有 3 个优点：①对提取药物有高的专属性；②因为洗掉了不想要的组分，在分析物被洗脱，洗脱物被吹干后，可以复溶在一个很小体积以富集药物；③容易通过各种液体处理装置来实现自动化。

24.2.3　样品分析和计算给药后尿样中的剂量回收率

尿样分析需在方法验证之后开始。在尿液样品分析中，样品混合是关键步骤之一。如果尿样体积超过试管空间的 70%，则试管应该被倒置多次，并且在分析前要涡旋混匀。尿样中药物浓度不能直接用来计算其剂量回收率。与血浆浓度不同，不同受试者在同一时间内收集的尿样体积有显著不同。因此，剂量回收率的计算应该用相应时间段内尿样中药物的量，即用尿样中药物浓度乘以尿样的体积。在一次给药后的各时间段内，尿样中药物和代谢产物的量应该进行加和。最终，剂量回收率的计算如下。

每个时间段的药物量（ng 或μg）＝尿样体积（ml）×尿中浓度（ng/ml 或μg/ml）

例如，尿样时段为 0～4 h、4～8 h、8～12 h、12～24 h、24～48 h 和 48～72 h。

药物在尿中的累积总量等于每个时间段药物量的总和（ng 或μg 转换为 mg）。

浓度单位转换：1 ng＝0.001 μg；1 μg＝0.001 mg。

剂量回收率（%）＝药物在尿中的累积总量（mg）/口服或静脉给药剂量（mg）×100%

对于含有防腐剂或抗吸附剂的尿样，不需要体积校正。因为这些试剂的体积已经包含在总的样品体积中了。

24.2.4　尿样分析常见问题的解决方法

常见的尿样分析问题及其解决方法如下。

（1）非专属性结合可造成如下现象（Ji et al., 2010）：①校正曲线响应呈非线性；②分析重现性差（尤其在低浓度水平），与理论值偏差较大；③在一次或多次冻融之后，分析物回收率降低。在尿样收集之前加入抗吸附剂或者有机溶剂，或者调节尿样的 pH，可以阻止非专属性结合或者容器表面吸附。

（2）尿样 pH 或离子强度差异会导致提取回收率不一致和分析物各批间的 LC-MS/MS 响应不重现。可以通过在样品收集过程中加酸（如乙酸、盐酸和柠檬酸）来控制尿样的 pH，或者在提取之前加入高浓度（0.2～1.0 mol/L）的缓冲液调节尿样的离子强度来解决这个问题。

（3）尿样收集的体积不应超过试管体积的 2/3，以确保有足够的空间来混匀。

（4）非专属性结合会导致不一致的提取回收率，可以通过加入少量血浆或者 BSA 溶液至尿液中，然后再提取尿样来改善。血浆样品的处理方法，如蛋白质沉淀（PPT）、LLE、SLE 或者 SPE 也能用于加了血浆或 BSA 后的尿样提取。其原因在于血浆不仅可以缓冲控制尿液的 pH，还可以吸附尿中的盐，从而使离子强度得到控制。

24.3　结　束　语

总之，定量分析尿样中的药物存在一些技术挑战。药物和尿样收集容器之间的非专属性结合是一个重要的因素，必须加以考虑。在方法开发的早期，应评估并选择合适的抗吸附剂，以阻止非专属性结合的发生，或把分析物从非专属性结合中解离出来。除此之外，在尿样分析方法开发中还应考虑调节 pH 和离子强度。

参考文献

Amshey J, Donn R. US patent 606020-methods for reducing adsorption in an assay. PatentStorm 2000.

Biotage AB. Comparison of Liquid-Liquid Extraction (LLE) and Supported Liquid Extraction (SLE): Equivalent Limits of Quantitation with Smaller Sample Volumes. The Application Notebook, 2009, September 1. Available at http://chromatographyonline.findanalytichem.com/lcgc/Application+Notes/Comparison-of-Liquid-Liquid-Extraction-LLE-and-Sup/ArticleStandard/Article/detail/623987. Accessed Mar 28, 2013.

Chen C, Bajpai L, Mollova N, Leung K. Sensitive and cost-effective LC/MS/MS method for quantitation of CVT-6883 in human urine using sodium dodecylbenzenesulfonate additive to eliminate adsorptive losses. J Chromatogr B: Analyt Technol Biomed Life Sci 2009;877(10):943–947.

Dubbelman AC, Tibben M, Rosing H, et al. Development and validation of LC-MS/MS assays for the quantification of bendamustine and its metabolites in human plasma and urine. J Chromatogr B 2012;893–894:92–100.

Hoffman B, Bhadresa S, Zhao L, Weng N: Adsorptive losses in a bioanalytical LC/MS/MS urine assay. Poster of the 54th ASMS Conference on Mass Spectrometry, May 28–June 2, 2006, Seattle, WA, USA.

Ji AJ, Jiang Z, Livson Y, Davis JA, Chu JX, Weng N. Challenges in urine bioanalytical assays: overcoming nonspecific binding. Bioanalysis 2010;2(9):1573–1586.

Li W, Luo S, Smith H, Tse F. Quantitative determination of BAF312, ASLP-R modulator, in human urine by LC-MS/MS: prevention and recovery of lost analyte due to container surface adsorption. J Chromatogr B: Analyt Technol Biomed Life Sci 2010;878(5–6):583–589.

Mulvana DE. Critical topics in ensuring data quality in bioanalytical LC–MS method development. Bioanalysis 2010;2(6):1050–1072.

Palmgren JJ, Monkkonen J, Korjamo T, Hassinen A, Auriola S. Drug adsorption to plastic containers and retention of drugs in cultured cells under in vitro conditions. Eur J Pharm Biopharm 2006;64(3):369–378.

Schwartz M, Kline W, Matuszewski B: Determination of a cyclic hexapeptide (l-743 872), a novel pneumocandin antifungal agent in human plasma and urine by high-performance liquid chromatography with fluorescence detection. Anal Chim Acta 1997;352(1–3):299–307.

Silvester S, Zang F. Overcoming non-specific adsorption issues for AZD9164 in human urine samples: consideration of bioanalytical and metabolite identification procedures. J Chromatogr B 2012;893-894:134–143.

Wikipedia, the free encyclopedia. Available at http://en.wikipedia.org/wiki/Human_urine, 2012. Accessed mar 28, 2013.

Xu Y, Du L, Rose MJ, Fu I, Woolf EJ, Musson DG. Concerns in the development of an assay for determination of a highly conjugated adsorption-prone compound in human urine. J Chromatogr B: Analyt Technol Biomed Life Sci 2005;818(2):241–248.

25

血浆和血清中游离药物的液相色谱-质谱（LC-MS）生物分析

作者：Theo De Boer 和 JaapWieling
译者：兰静
审校：梁文忠、刘佳、张杰

25.1 简　　介

当今的生物分析通常是评估药物在血浆和血清中的总浓度。当药物与血浆蛋白结合时，使用样品提取步骤将药物从蛋白质中释放并测得其总浓度。如果一个药物广泛分布于组织和器官中，可以采用适合（fit-for-purpose）的组织样品分析方法。另外，如果药物主要分布于红细胞（RBC）中，那么可以采用全血分析。然而，众所周知，在大多数情况下，游离（细胞内）的药物浓度与药物的生物活性、药理/毒理过程有关，其中包括膜渗透、代谢清除和受体结合。因此，测量游离或未结合的药物浓度是了解药物血浆/血清水平和患者反应(效率/安全性)之间关系的重要工具(Li et al., 2011; Rakhila et al., 2011; Streit et al., 2011)。此外，血浆蛋白结合和药物在血浆与红细胞之间的分布都是 I 期临床试验设置药物初始剂量的重要考虑因素。

由于被研究药物与多种蛋白质（白蛋白、α1-糖蛋白、脂蛋白）结合性能的多样性，血浆蛋白结合实验经常在血浆而不是实验室溶液中进行。对于游离或未结合药物的定量分析，如平衡透析、超速离心和超滤几种方法都是采用“热”（放射性）或“冷”（同位素标记）化合物（Musteata, 2011）。这些方法都有其各自的优势。此章包含两个主要部分：在 25.4 节讨论分离结合型和游离型药物的不同技术，在 25.5 节讲述单个案例。

25.2 蛋白质结合

当药物在血流（系统循环）中被吸收，它会分布在血液、组织和器官中，其分配比由药物的理化性质（pK_a，log$P$）、体液的 pH（1～8）和将组织与血浆分离的细胞膜的灌注属性决定。在血流中，药物可以以游离形式存在，或进入红细胞并（或）与红细胞细胞膜结合，或与血浆中蛋白质（如白蛋白和α1-糖蛋白）相互作用。通常，酸性药物主要与人血清白蛋白（HSA）结合，而碱性药物结合脂蛋白和α1-糖蛋白。为了调节游离浓度的波动，内源性化合物如维生素和类固醇激素（如睾酮和雌二醇）倾向于结合特异性球蛋白，如性激素结合球蛋白（SHBG）。蛋白质结合总是可逆的。通常当血浆中药物浓度增加，游离形式的药物浓度也会增加。这对α1-糖蛋白的确如此，但对于白蛋白结合物却很少见（白蛋白浓度比α1-糖蛋白高 25～100 倍）。因此，对于白蛋白结合物，游离部分是恒定的，这对类固醇激素尤其重要。血浆蛋白结合的一个特殊形式是手性药物的外消旋混合物的立体选择性结合。有几个案例描述了对映异构体蛋白（优对映体和劣对映体）之间相互作用的巨大差异（详见 25.5.4 节）。

25.3　特殊人群中游离型药物浓度的法规要求

在特殊临床患者中，如并发性肝衰竭或肾衰竭、癌症、免疫疾病，血浆中游离部分的药物浓度会改变，因此游离药物浓度与血浆中总浓度之比能够更好地代表安全性和药效。FDA 和 EMA 就如何评估健康人群和特殊人群间潜在的血浆蛋白结合率的不同颁布了指南。指南推荐在体外测量游离部分药物浓度时应至少包括血浆中的波谷和峰浓度水平。然而，当已知候选药物的血浆蛋白结合不依赖于它的血浆浓度、代谢产物的存在，或其他随时间变化的因素（膳食、昼夜节律和联合给药），那么从体内试验得到的结果是可以接受的。

25.4　血浆和血清中游离药物的生物分析技术

温度和 pH 是两个影响小分子物质与蛋白质结合的重要因素，因此温度（37℃）和 pH（7.4）的控制就显得极其重要。在样品前处理过程中，包括从血液采集到实际分析，生理 pH 都在发生变化，这会明显影响小分子血浆蛋白的结合。其他影响血浆蛋白结合的参数是药物和蛋白质的浓度，药物的溶解度、稳定性和置换。药物从药物蛋白质复合物中置换会发生在两种药物直接竞争同一结合位点。因此，对于高度与蛋白质结合的药物（＞95%），一个小的置换会显著增加血浆中游离的药物浓度（Lee et al., 2003）。另外，虽然血浆样品的冻融似乎不影响游离浓度，但应特别注意，在长期储存过程中的脂解作用可能影响到血浆样品中小分子药物的血浆蛋白结合能力。脂解作用可以导致血浆游离脂肪酸含量增加，从而导致脂肪酸诱导的蛋白质构象变化，因此可能影响小分子与蛋白质的非特异性结合（NSB）（Howard et al., 2010）。

在复杂的生物样品中评估游离药物浓度，到目前为止最流行的方法是平衡透析和超滤，而后者似乎更受欢迎，因为它的简单性和高通量的潜力。替代方法包括分析超速离心法、固相微萃取（SPME）和光学生物传感器（表面等离子体共振），而且人们正在越来越多地关注这些方法。虽然还有一些技术可以无需从结合蛋白中分离药物即可测量游离药物的浓度（如量热法、色谱法、电泳法和光谱法），但是它们不适合于分析复杂的生物样品（Musteata, 2011）。

需要特别注意化合物对薄膜过滤器或装置的 NSB。没有必要的评估和相关的预防措施，游离药物浓度可能被低估。通过使用聚四氟乙烯（teflon）制成的过滤器/膜可以显著减少 NSB（Well, 2003）。然而，如果在这些材料上仍有相当大的 NSB，那么应该考虑分析超速离心法。

此外，Schuhmacher 等（2000）提出了一个测量血浆和血细胞之间，以及缓冲液和血液细胞之间药物浓度的方法。游离药物浓度可以使用两个分配系数的比来计算。

25.4.1 （快速的）平衡透析

平衡透析可以将游离药物从小体积复杂的生物基质（血清、血浆、全血）中分离，通过选择性的孔径和半透膜在浓度差（CD）的驱使下进行扩散（图 25.1）。虽然超滤可能是最流行的方法，但是在临床试验中，平衡透析仍被视为参考方法（“黄金标准”）用来监测游离药物浓度（Musteata, 2011）。此方法可应用于研究在平衡条件下相互作用的本质，因此被认为受实验引入假象的影响较小。其过程如下：在平衡透析设备的一个腔室中添加准确体积的样品，在另一腔室用移液器加入等体积的缓冲溶液，在两腔室之间加入薄膜。选择分子质量筛截（MWCO）的半透膜（5 kDa、10 kDa、30 kDa）保留蛋白质并允许游离分析物通过膜，直到达到平衡。在 37℃搅拌或混合条件下孵化 3 h 到 2 天时间（取决于药物、膜材料和设备）后达到完全平衡，此方法尽管准确，但耗时。因此，平衡透析不适合于不稳定的化合物。

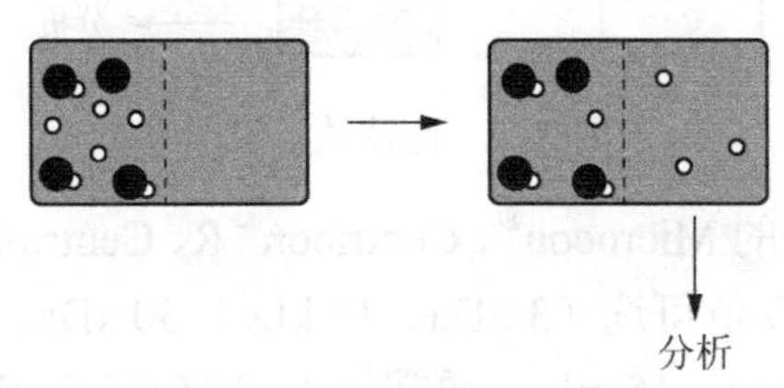

图 25.1 平衡透析法的示意图

有几种平衡透析设备：Dispo-Equilibrium dialyzer™（一次性）、Micro-Equilibrium dialyzer™（可重复使用）、Equilibrium Dialyzer-96™（96 孔）及适用于 20 个实验平行进行的多平衡透析器 multi-Equilibrium Dialyzer™（Harvard Bioscience, Holliston, MA, USA）。

最近，Thermo Scientific/Pierce（Rockford, IL）、HTdialysis LLC（Gales Ferry, CT）和 BD Biosciences（San Jose, CA）介绍了高通量平行样品处理的设备。使用这些快速平衡透析（RED）设备，潜在的问题如体积变化和蛋白质泄漏，都可以通过显著减少平衡时间来大大减轻。例如，Waters 等（2008）和 Howard 等（2010）报道的平衡时间是在 37℃下 6 h 内，而经典的平衡透析，经常需要 24 h 或更长时间。此外，RED 为同时分析血浆和缓冲液部分提供了可能性，从而可以用于研究在平衡条件下相互作用的本质。因此，人们认为 RED 是现在更好的一个评估血浆和血清中游离药物浓度的选择。

蛋白质结合的百分比（% PB）可以使用公式 25.1：

$$\%\mathrm{PB}=100(1-f_{\mathrm{u}})=100\left(\frac{C_{\mathrm{ET}}-C_{\mathrm{EF}}}{C_{\mathrm{ET}}}\right) \tag{25.1}$$

式中，f_{u} 是游离的一部分，C_{ET} 是药物的总浓度，也就是平衡中游离药物浓度（C_{EF}）和蛋白质结合浓度（C_{EB}）之和。NSB（$\%\mathrm{NSB}_{\mathrm{ED}}$）可以使用公式 25.2 计算：

$$\%\mathrm{NSB}_{\mathrm{ED}}=100\left(\frac{C_{\mathrm{I}}-C_{\mathrm{D}}-C_{\mathrm{R}}}{C_{\mathrm{I}}}\right) \tag{25.2}$$

式中，C_{I} 是测量初始浓度，C_{D} 是提供的浓度，C_{R} 接收的浓度。

25.4.2 超滤

超滤可以根据分子质量大小和使用离心力将游离药物从小体积复杂的生物基质（血清、血浆、全血）中分离。不同于平衡透析，作为一个扩散和浓度驱动过程，超滤通过低吸附性亲水膜的 MWCO 值分离分子（图 25.2）。因此，与平衡透析相比，超滤是一种更快的技术，更适用于高通量分析。

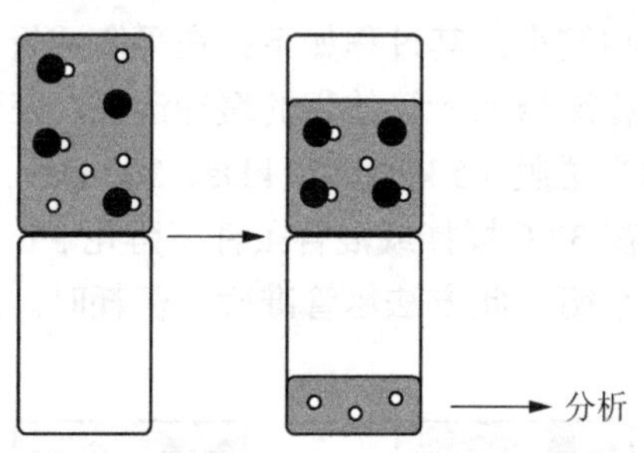

图 25.2 超滤法示意图

超滤设备，如 Millipore 的 Microcon®、Centricon® R、Centriplus®和 Centrifree®（Bedford, MA, USA），有几个 MWCO 值可选（3 kDa、10 kDa、30 kDa、50 kDa 和 100 kDa）。这些设备也有几个体积可选（10 μl～15 ml）。通常加入 0.15～1.0 ml 的血浆或血清后，将设备放入一个离心机。当使用一个固定角度而不是摆动斗时，可以得到更多的超滤液（Wells, 2003）。在超滤过程中，所有不可过滤的成分在血浆中被富集。因为薄膜不是一个完美的分子筛，而只是区分水分子和药物分子，如果药物分子相对较大，如＞500 Da，可能导致一个所谓的筛效应（Ekins, 1992; Kwong, 1985）。由于"筛效应"，与初始超滤液相比，后来的超滤液可能被稀释。因此，未知样品（血浆/血清）离心通常推荐使用固定角度的转子，1500×g 离心 20 min，这将产生大约 30%（V/V）的超滤液（Wells, 2003）。

分析物和超滤装置（膜和设备）的 NSB 是一个常见的问题，如果不采取适当的措施，会导致低估游离药物的浓度。Lee 等（2003）报道了可以通过预处理过滤膜而将 NSB 最小化，中性/酸性化合物可使用吐温-80，碱性化合物可使用苄扎氯铵。另外，Taylor 和 Harker（2006）报道了可使用控制血浆渗余物获得超滤液（一部分溶液不能穿过薄膜）来预防类固醇的 NSB。

超滤液的 NSB 单位可以通过公式 25.3 计算：

$$\mathrm{NSB_{UF}}=\frac{C_{\mathrm{BD}}-C_{\mathrm{BF}}}{C_{\mathrm{BD}}} \tag{25.3}$$

式中，C_{BD} 是离心前缓冲溶液中的总药物浓度［通常是磷酸缓冲液（PBS），pH 7.4］，$\mathrm{C_{BF}}$ 是离心后滤液中的药物浓度。当 $C_{\mathrm{BF}}=C_{\mathrm{BD}}$，NSB 是 0，没有必要校正 NSB 来计算%PB 校正。当 $C_{\mathrm{BF}}<C_{\mathrm{BD}}$，可以假定药物的一小部分消失了。%PB 的 NSB 校正可以使用公式 25.4 计算：

$$\%\mathrm{PB}=100\times(1-f_{\mathrm{u}})=100\left[1-\frac{C_{\mathrm{SF}}}{C_{\mathrm{SD}}(1-\mathrm{NSB_{UF}})}\right] \tag{25.4}$$

式中，f_{u} 是游离的一部分，C_{SF} 是血清-血浆滤液的药物浓度，C_{SD} 是理论血清-血浆提供浓度。

25.4.3 分析超速离心法

超速离心器是一个具有下述功能的离心机，通过优化可以使转子高速旋转，根据介质的大小、形状、密度、黏度、转子速度，在重力作用下可在溶液中分离粒子（分离“大分子”和“小分子”）（图 25.3）。

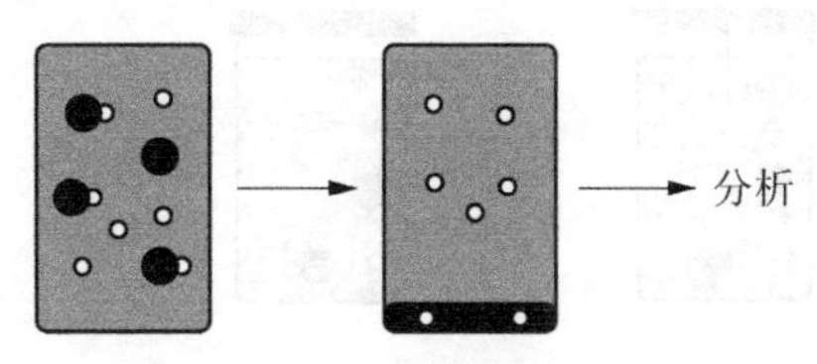

图 25.3 超速离心法的示意图

有制备和分析两种超速离心机。这两类仪器常用于分子生物学、生物化学、高分子科学和药物研发中。

尽管平衡透析和超滤常用于蛋白质结合的评估，分析超速离心法可被视为这方面的补充技术。分析超速离心法使用的是固定角转子或摆动斗。由于较低的相对离心力，使用摆动斗的沉淀时间会比使用固定角转子更长。通常情况下，将血浆加入特殊设计的管中，如丙酸纤维素、聚碳酸酯、聚乙烯、聚丙烯或聚异质同晶体（Beckman Coulter, Brea CA, USA）材料的管子中。根据离心时间、大小和管的材料，通常这些管可以承担 2 000 000×g 的离心力。硝化纤维管价格低廉，适用于一次性使用，而昂贵异质同晶聚合物管可重复使用。相比超滤实验，超速离心技术的优点之一是 NSB 的问题少。然而，与超速离心法相关的物理现象如沉降、反向扩散、黏度、在上清液中与血浆脂蛋白结合都应谨慎解决。可以使用公式 25.3 和公式 25.4 来计算 NSB 和蛋白质结合。

25.4.4 固相微萃取

在分析化学中，20 多年前固相微萃取（SPME）是一种有前景的萃取技术（Arthur and Pawliszyn, 1990）。简而言之，SPME 是在一个类似注射器的保护架上安装使用涂上适当聚合相的小石英玻璃纤维的装置。在萃取的过程中，通过挤压柱塞使样品与纤维接触。吸附在纤维上的分析物或者直接浸入样品或者置于样品管的顶端。平衡后，纤维从针进入分析仪器中，此分析物或者被热解吸或者重新溶解于适当的溶剂（图 25.4）。之前就有人报道过用 SPME 从人血浆中测定药物蛋白结合时的应用（Musteata et al., 2006; Musteata et al., 2007; Zhan et al., 2011）。Howard 等（2010）指出，因为游离的药物不会通过分配进入缺乏蛋白质的溶液，因此低水溶性的高度疏水性化合物可以使用此方法进行分析。

Sigma-Aldrich（原来的 Supelco）可提供商业化的涂有非特异性聚合物的 SPME 纤维，而其他使用涂有分子印迹聚合物（MIP）纤维的方法仍在研究中。

可以通过公式 25.1 计算蛋白质结合的百分比，在这种情况下，平衡时游离血浆浓度（C_{EF}）可以使用公式 25.5 计算：

$$C_{EF}=\frac{m_{plasma}}{f_C}=\frac{V(C_{E0}-C_{ET})}{f_C} \tag{25.5}$$

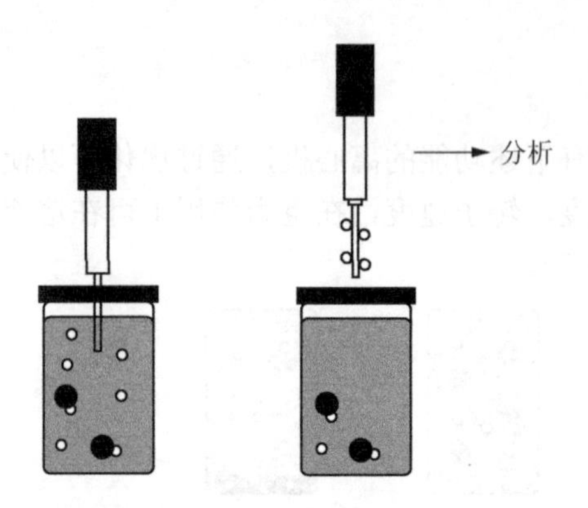

图 25.4　固相微萃取（SPME）法示意图

公式中，f_C 是纤维常数，而 m_{plasma} 是由纤维中提取的药物量，等于 $V（C_{E0}-C_{ET}）$，V 是血浆体积，C_{E0} 是在 $t=0$ h 时药物的浓度，C_{ET} 是平衡时在血浆的总浓度。纤维常数 f_C 代表药物分配系数（纤维和溶液之间）和纤维的体积（液体涂层）或纤维的活性表面（固体涂层）的乘积（Musteata et al., 2006）。当药物总浓度等同于游离浓度 C_{free} 如公式 25.6 所示时，纤维常数可能很容易通过从磷酸缓冲液（PBS）或"血浆水"的药物标准溶液中萃取来定量：

$$f_C=\frac{m_{standard}}{C_{free\ standard}}=\frac{m_{standard}}{(C_{0\ standard}-\dfrac{m_{standard}}{V_{standard}})} \tag{25.6}$$

公式中，C_0 标准代表萃取前一定体积的（$V_{standard}$）标准溶液的初始浓度，$m_{standard}$ 是药物萃取的数量。

25.4.5　在开发和验证生物基质中分析游离药物的 LC-MS/MS 方法中的注意事项

如今，正如最近发表的论文所示，在评估血浆和血清中游离药物浓度的生物分析定量方法中，RED 和超滤法似乎是最受欢迎的方法（Deng et al., 2011; Larsen et al., 2011; Li et al., 2011; Rakhila et al., 2011; Streit et al., 2011）。

无论哪种样品处理方法，为确保测量游离药物 LC-MS 方法的可靠性，需要进行几个关键的评估。

- 设备的选择（品牌、类型）。
- 孵化（透析）或超滤/超速离心法中分析物的稳定性。
- NSB 的评估。
- 离心温度、时间和速度（超滤法）。
- 样品暴露在室温下对测量游离值的影响。
- 冻融对测量游离值的影响。
- 长期冻存对测量游离值的影响。
- 标准曲线或 QC 样品中有机溶剂存在的影响。

更具体些，当使用超滤法时，应该多注意超滤液体积对游离药物浓度的影响（"边缘效应"）（Zhang and Musson, 2006）。除"边缘效应"外，"筛效应"（见 25.4.2 节）也应该注意。

最终需要注意的是关于方法步骤的验证。应该牢记的是，因为不存在已知体内游离分析物浓度的真实血浆样品，所以实际方法验证的价值存在一定的局限。在使用超滤法定量人血浆中游离 vadimazan 的方法验证过程中，Li 等（2011）指出，方法验证中的精确度和准确度可以简单地通过分析使用滤膜模拟血浆超滤过程的血浆超滤液样品的结果得到。

25.5 实 例

25.5.1 一般应用

为了确定丙戊酸（valproic acid）的血浆蛋白结合特性，Barré等（1985）比较了平衡透析法（聚四氟乙烯微孔，Dianorm®；Diachema、uschlikon、Zurich、Switzerland）、超滤（Emit® system, Syva Co., Palo Alto, CA）和超速离心法（polyallomer tubes, Beckman）。他们发现超速离心结果与平衡透析和超滤（这两种方法的结果相关的很好）所得结果有差异。这些差异可能由某些与超速离心有关的物理现象所致（见 25.4.3 节）。Lee 等（2003）为了降低或防止 10 种药物的 NSB，对超滤单元（millipore）和 96 孔平衡透析仪进行了比较。超滤单元（harvard bioscience）对依托泊苷（etoposide）、氢化可的松（hydrocortisone）、普萘洛尔（propranolol）和长春花碱（vinblastine）具有严重的 NSB。当用吐温-80（适用于中性或酸性化合物）或者苯扎氯铵（适用于碱性化合物）前处理过后，上述化合物的 NSB 从 87%～95%降低至 13%～64%。有趣的是，当 NSB 降至 50%以下时，通过超滤得到的蛋白质结合数据与那些通过平衡透析得到的实验数据具有可比性。Fung 等（2003）使用能截留 30 kDa 分子的 Microcon-96 超滤组件（Millipore）在 3000×*g* 45 min 条件下来确定 32 种化合物的蛋白质结合情况。他们比较了用 96 孔方法计算所得的游离药物百分比与单个测量值或文献报道值，发现了其中极好的相关性［分别为 R^2＝0.94（millipore）和 R^2＝0.92（harvard bioscience）］。

最近的一些研究（Deng et al., 2011; Rakhila et al., 2011）对使用 RED 来评估游离 vismodegib 和 teriflunomide 的方法分别进行了评价。通常，400 μl 的血浆（或更少）可在 RED 板中通过等量的缓冲溶液进行透析。该透析可在 37℃条件下 6 h 内完成。

25.5.2 特殊应用Ⅰ：类固醇

在男性中，44%～65%的循环睾酮是与 SHBG 特异性结合，有时被称为性类固醇结合球蛋白（SSBG），而 33%～54%是与白蛋白 NSB。在女性中，66%～78%的循环睾酮与 SHBG 结合，而 20%～32%与白蛋白结合。只有 2%～3%的总睾酮是有药理活性的游离形式（Emadi-Konjin et al., 2003）。由于睾酮只是较弱（非特异性）地与白蛋白和球蛋白结合（约 3%），基本上所有与白蛋白结合的睾酮[和 CBG（皮质类固醇结合球蛋白）]都会与经典核类固醇受体相互作用，而 SHBG 与睾酮是紧密结合，并因此被认为是没有活性的。因此，游离睾酮（FT）加上游离和白蛋白结合的睾酮的总和通常称为“生物活性睾酮（BioT）”，或者说与总睾酮浓度相比，非 SHBG 结合的睾酮对雄激素过多症和性腺机能减退来说是更好的标志物（Cumming and Wall, 1985; De Ronde et al., 2006）。定量生物可利用的睾酮的最流行技术是通过使用饱和硫酸铵溶液沉淀 SHBG（连同特异性结合性类固醇）。简而言之，使用硫酸铵饱和溶液 1∶1 稀释血清后，可直接在上层清液中测定或间接使用缓冲溶液复溶沉淀物进行测定（Tremblay et al., 1974; Morley et al., 2002）。评估 FT 的黄金标准是同位素稀释平衡透析法（例如，使用[^{3}H]标记睾酮）。然而，这种技术与超滤法（Chen et al., 2010; Hackbarth et al., 2011）和 SPME（Zhan et al., 2011）相比，更费力且昂贵。为了克服在（高通量）实验室使用非自动化及耗时技术的问题，并避免使用极其敏感及昂贵的色谱技术（在女性和性腺功能低下症的男性中 FT 水平可以低至 1 pg/ml），一些作者已经发表了计算 FT 和 BioT 的数学公式，De Ronde 等（2006）在近期的论文中对这些算法进行了比较。这些公式基于总睾酮浓度和睾酮与 SHBG 和白蛋白结合的亲和力。公式中使用的亲和常数假设在所有单个样品中恒定并可任意选择，并且没有一个所建议的数学公式用大量的样品与参照方法验证过，FT 和 BioT 的计算浓度可能被高估或低估。此外，尽管通常计算得到的 FT 与作为参考方法的透析法测定的值相关性很好，但计算的 FT 浓度高度依赖于总睾酮、SHBG 和白蛋白定量的准确性（DeVan et al., 2008）。

用于计算 BioT 和 FT 最常用的算法最初由 Sodergard 等（1982）描述，并由 Vermeulen 等（1999）演绎得到。该算法假设当总睾酮、SHBG 和白蛋白的浓度已知时，可以计算 FT 和 BioT 浓度。De Ronde 等（2006）总结了恰当估算 FT 和 BioT 的关键参数是睾酮结合 SHBG（KSHBG）和白蛋白（KALB）的缔合常数。表 25.1 中给出了计算 FT 和 BioT 的公式。同时，BioT（Morris et al., 2004）和 FT（Ly and Handelsman, 2005）的替代公式也已发表了。然而，关于哪个常数是理想值还没有达成共识（Hackbarth et al., 2011）。Dhinsa 等（2011）使用表 25.1 的公式计算了睾酮和雌二醇的游离浓度和生物利用度（BA）。他们通过 SHBG 浓度乘以 2 调整了公式｛即 $b=N+\text{KSHBG}\times[2(\text{SHBG})-(\text{TT})]$｝，因为 1 mol SHBG 同型二聚体结合 2 mol 的睾酮。这种调整 SHBG 结合位点的数量，通过平衡透析测量 FT 的浓度与建议的算法计算的浓度相似（$r^2>0.98$）。使用相同的公式可以计算游离的雌二醇，但雌二醇 SHBG（0.6×10^9 L/mol）和白蛋白（0.61×10^4 L/mol）使用较弱的缔合常数。

表 25.1　计算 FT 和 BioT 的公式

FT（mol/L）	$N=1+K_{ALB}\times[\text{Albumin}]$ $a=N\times K_{SHBG}$ $b=N+K_{SHBG}\times([\text{SHBG}]-[\text{TT}])$ $c=-[\text{TT}]$ $[\text{FT}]=\left(\dfrac{-b+\sqrt{b^2-4ac}}{2a}\right)$
BioT（mol/L）	$[\text{BioT}]=N\times[\text{FT}]$

缩写：SHBG＝性激素结合球蛋白；TT＝总睾酮；FT＝游离睾酮；BioT＝生物活性睾酮。

假设：所有浓度（mol/L）已知（[白蛋白]、[SHBG]和[TT]）。

白蛋白和 SHBG 分子质量分别是 69 000 g/mol 和 90 000 g/mol。

亲和常数：

$K_{SHBG}=1\times10^9$ L/mol; $K_{ALB}=3.6\times10^4$ L/mol（Vermeulen et al., 1999）

$K_{SHBG}=5.97\times10^8$ L/mol; $K_{ALB}=4.06\times10^4$ L/mol（Sodergard et al., 1982）

$K_{SHBG}=1.4\times10^9$ L/mol; $K_{ALB}=1.3\times10^4$ L/mol（Emadi-Konjin et al., 2003）

为了估算游离泼尼松龙（prednisolone）浓度，Ruiter 等（2012）将他们的超滤液结果与之前报道过的公式进行比较（Miller et al., 1990; Shibasaki et al., 2008）。这两个公式计算得来的浓度偏低，这可能是由于 CBG 的特异性结合参数没有被列入方程。

25.5.3 特殊应用 II：影响中枢神经系统的药物

治疗有关中枢神经系统（CNS）疾病的药物需要通过分隔体循环和脑的血脑屏障及血-脑脊液屏障。运送药物进入大脑的过程可以通过复杂的平衡模型来描述，运送的速度取决于血流速度、结合血浆蛋白药物的解离及在脑内药物的消除或代谢（Howard et al., 2010）。亲脂性的、游离的和非电离的药物可能通过从血液到CNS的被动跨膜扩散（He et al., 2009）。由于在大脑中产生的脑脊液（CSF）只含有微量蛋白质（15～45 mg/dl），在脑脊液中测量的药物浓度可能类似于血浆中实际游离的药物浓度。

25.5.4 特殊应用 III：手性药物

外消旋药物的对映异构体可以立体选择性地与血浆蛋白结合，导致每一个对映异构体独立的药代动力学（PK）性质。Jensen 等（2011）评估了 7 种从血浆蛋白中分离游离华法林（warfarin）（＞99%与蛋白质结合）的超滤装置。他们开发了在超滤液中利用手性 LC-MS/MS 方法同时定量分析 *S*-华法林（*S*-warfarin）（优性异构体）和 *R*-华法林（*R*-warfarin）（低活性异构体）的方法。实验中选择使用 Millipore 的 Centrifree 设备（见 25.4.2 节）制备超滤液。据报道，该设备重现性好（＜1.6%），并且没有 NSB。在 72 名患者的超滤液样品中游离的 *R*-华法林浓度在 2.2～17.5 ng/ml，*S*-华法林的浓度在 0.8～6.5 ng/ml。*R*-华法林和 *S*-华法林的蛋白质结合平均值分别为 99.1%和 99.4%。

参考文献

Arthur CL, Pawliszyn Solid phase microextraction with thermal desorption using fused silica optical fibers. J Anal Chem 1990;62(19):2145–2148.

Barré J, Chamouard JM, Houin G, Tillement JP. Equilibrium dialysis, ultrafiltration, and untracentrifugation compared for determining the plasma-protein-binding characteristics of valproic acid. Clin Chem 1985;31(1):60–64.

Chen Y, Yazdanpanah M, Wang XY, Hoffman BR, Diamandis EP, Wong P-Y. Direct measurement of serum free testosterone by ultrafiltration followed by liquid chromatography tandem mass spectrometry. Clin Biochem 2010;43:490–496.

Cumming DC, Wall SR. Non-sex hormone-binding globulin-bound testosterone as a marker for hyperandrogenism. J Clin Endocrinol Metab 1985;61:873–876.

De Ronde W, Van der Schouw YT, Pols HAP, et al. Calculation of bioavailable and free testosterone in men: a comparison of 5 published algorithms. Clin Chem 2006;52(9):1777–1784.

Deng Y, Wong H, Graham RA, et al. Determination of unbound vismodegib (GDC-0449) concentration in human plasma using rapid equilibrium dialysis followed by solid phase extraction and high-performance liquid chromatography coupled to mass spectrometry. J Chromatogr B Analyt Technol Biomed Life Sci 2011;879:2119–2126.

DeVan ML, Bankson DD, Abadie JM. To what extent are free testosterone (FT) values reproducible between the two Washingtons, and can calculated FT be used in lieu of expensive direct measurements? Am J Clin Pathol 2008;129:459–463.

Dhinsa S, Furlanetto R, Vora M, Ghanim H, Chaudhuri A, Dandona P. Low estradiol concentrations in men with subnormal testosterone concentrations and type 2 diabetes. Diabetes Care 2011;34(8):1854–1859.

Ekins R. The free hormone hypothesis and measurement of free hormones [Editorial]. Clin Chem 1992;38:1289–1293.

Emadi-Konjin P, Bain J, Bromberg IL. Evaluation of an algorithm for calculation of serum "bioavailable"testosterone (BAT). Clin Biochem 2003;36:591–596.

European Medicines Agency (EMA). Committee for medicinal products for human use (CHMP). Note for guidance on the evaluation of the pharmacokinetics of medicinal products in patients with impaired renal function. (Adopted by CHMP: June 22–23, 2004). Available at http://www.ema.europa.eu/ema/. Accessed Mar 28, 2013.

Fung EN, Chen Y-H, Lau YY. Semi-automatic high-throughput determination of plasma protein binding using a 96-well plate filtrate assembly and fast liquid chromatography-tandem mass spectrometry. J Chromatogr B Analyt Technol Biomed Life Sci 2003;795:187–194.

Hackbarth JS, Hoyne JB, Grebe SK, Singh RJ. Accuracy of calculated free testosterone differs between equations and depends on gender and SHBG concentration. Steroids 2011;76:48–55.

He H, Lyons KA, Shen X, et al. Utility of unbound plasma drug levels and P-glycoprotein transport data in prediction of central nervous system exposure. Xenobiotics 2009;39(09):687–693.

Howard ML, Hill JJ, Galluppi GR, McLean MA. Plasma protein binding in drug discovery and development. Comb Chem High Throughput Screen 2010;13(2):170–187.

Jensen BP, Chin PKL, Begg EJ. Quantification of total and free concentrations of R- and S-warfarin in human plasma by ultrafiltration and LC-MS/MS. Anal Bioanal Chem 2011;401:2187–2193.

Kwong TC. Free drug measurements: methodology and clinical significance. Clin Chim Acta 1985;151(3):192–216.

Larsen HS, Chin PK, Begg EJ, Jensen BP. Quantification of total and unbound concentrations of lorazepam, oxazepam and temazepam in human plasma by ultrafiltration and LC-MS/MS. Bioanalysis 2011;3(8):843–852.

Lee KJ, Mower R, Hollenbeck T, et al. Modulation of nonspecific binding in ultrafiltration protein binding studies. Pharm Res 2003;20(7):1015–1021.

Li W, Lin H, Smith HT, Tse FLS. Developing a robust ultrafiltration-LC-MS/MS method for quantitative analysis of unbound vadimezan (ASA404) in human plasma. J Chromatogr B Analyt Technol Biomed Life Sci 2011;879:1927–1933.

Ly LP, Handelsman DJ. Empirical estimation of free testosterone from testosterone and sex hormone-binding globulin immunoassays. Eur J Endocrinol 2005;152:471–478.

Miller PF, Bowmer CJ, Wheeldon J, Brocklebank JT. Pharmacokinetics of prednisolone in children with nephrosis. Arch Dis Child 1990;65:196–200.

Morley JE, Patrick P, Perry HM3rd. Evaluations of assays available to measure free testosterone. Metabolism 2002;51(5):554–559.

Morris PD, Malkin CJ, Channer KS, Jones TH. Mathematical comparison of techniques to predict biologically available testosterone in a cohort of 1072 men. Eur J Endocrinol 2004;151:241–249.

Musteata FM. Monitoring free drug concentrations: challenges. Bioanalysis 2011;3(15):1753–1768.

Musteata FM, Pawliszyn J, Qian MG, Wu JT, Miwa GT. Determination of drug plasma protein binding by solid-phase microextraction. J Pharm Sci 2006;95:1712–1722.

Musteata ML, Musteata FM, Pawliszyn J. Biocompatible solid phase microextraction coatings based on polyacylonitrile and SPE phases. Anal Chem 2007;79:6903–6911.

Prasad BB, Tiwari K, Singh M, Sharma PS, Patel AK, Srivastava S. Zwitterionic molecularly imprinted polymer-based solid-phase micro-extraction coupled with molecularly imprinted polymer sensor for ultra-trace sensing of L-histidine. J Sep Sci 2009;32(7):1096–1105.

Rakhila H, Rozek T, Hopkins A, et al. Quantitation of total and free teriflunomide (A77 1726) in human plasma by LC-MS/MS. J Pharm Biomed Anal 2011;55:325–331.

Ruiter AFC, Teeninga N, Nauta J, Endert E, Ackermans MT. Determination of unbound prednisolone, prednisone and cortisol in human serum and saliva by on-line solid-phase extraction liquid chromatography tandem mass spectrometry and potential implications for drug monitoring of prednisolone and prednisone in saliva. Biomed Chromatogr 2012;26(7):789–796.

Schuhmacher J, Buhner K, Witt-Laido A. Determination of the free fraction and relative free fraction of drugs strongly bound to plasma proteins. J Pharm Sci 2000;89:1008–1021.

Shackleton G. Special populations: protein binding aspects. In: Vogel HG, Maas J, Gebauer A, editors. Drug Discovery and Evaluation: Methods in Clinical Pharmacology. 1st ed. Berlin Heidelberg: Springer-Verlag; 2011. p 67–71.

Shibasaki H, Nakayama H, Furuta T, et al. Simultaneous determination of prednisolone, prednisone, cortisol, and cortisone in plasma by GC-MS: estimating unbound prednisolone concentration in patients with nephrotic syndrome during oral prednisolone therapy. J Chromatogr B Analyt Technol Biomed Life Sci 2008;870:164–169.

Sodergard R, Backstrom T, Shanbhag V, Carstensen H. Calculation of free and bound fractions of testosterone and estradiol-17β to human plasma proteins at body temperature. J Steroid Biochem 1982;16:801–810.

Streit F, Binder L, Hafke A, et al. Use of total and unbound Imatinib and metabolite LC-MS/MS assay to understand individual responses in CML and GIST patients. Ther Drug Monit 2011;33(5):632–643.

Taylor S, Harker A. Modification of the ultrafiltration technique to overcome solubility and non-specific binding challenges associated with the measurement of plasma protein binding of corticosteroids. J Pharm Biomed Anal 2006;41(1):299–203.

Tremblay RR, Dube JY. Plasma concentrations of free and non-TeBG bound testosterone in women on oral contraceptives. Contraception 1974;10:599–605.

US FDA—Guidance for Industry. Pharmacokinetics in patients with impaired renal function – study design, data analysis, and impact on dosing and labeling. US Department of Health and Human Services, Center for Drug Evaluation and Research and Center for Veterinary Medicine (1998). Available at www.fda.gov/drugs/guidancecomplianceregulatoryinformation/guidances/default.htm. Accessed Mar 28, 2013.

Vermeulen A, Verdonck L, Kaufman JM. A critical evaluation of simple methods for the estimation of free testosterone in serum. J Clin Endocrinol Metab 1999;84:3666–3672.

Waters NJ, Jones R, Williams G, Sohal B. Validation of a rapid equilibrium dialysis approach for the measurement of plasma protein binding. J Pharm Sci 2008;97:4586–4595.

Wells DA. High throughput bioanalytical sample preparation. Methods and Automation Strategies, 1st ed. Amsterdam, The Netherlands: Elsevier; 2003.

Zhan Y, Musteata FM, Basset FA, Pawliszyn J. Determination of free and deconjugated testosterone and epitestosterone in urine using SPME and LC-MS/MS. Bioanalysis 2011;3(1):23–30.

Zhang J, Musson DG. Investigation of high-throughput ultrafiltration for the determination of an unbound compound in human plasma using liquid chromatography and tandem mass spectrometry with electrospray ionization. J Chromatogr B Analyt Technol Biomed Life Sci 2006;843(1):47–56.

26

胆汁中药物的液相色谱-质谱（LC-MS）生物分析

作者：Hong Gao 和 John Williams
译者：李志远、钟大放
审校：张杰、李文魁

26.1 胆汁和胆汁排泄

由于胆汁对药物相关的吸收、分布、代谢和排泄（ADME）途径具有不可或缺的作用，因此胆汁分析在候选药物的优化中很重要。定性和定量评估胆汁中外源性组分（药物等），对研究给药后药代动力学和药效学（PK-PD）效应之间的相互作用至关重要。由于胆汁成分复杂，必须仔细进行 LC-MS 分析，以保证准确度、精密度及结果的重现性。

胆汁是一种生物体液，主要由溶解的脂类组成。对于大部分脊椎动物而言，这些脂类由肝细胞分泌并储存在胆囊里（图 26.1）。在消化过程中，胆汁由胆囊释放到十二指肠来协助吸收脂类和脂溶性营养素。按所含溶质的百分比计算，胆汁组成成分如下：胆汁酸(61%)，脂肪酸、磷脂(15%)，胆固醇(9%)，蛋白质(7%)，胆红素(3%)及其他组分(5%)(Kristianse et al., 2004)。从胃肠功能的角度看，胆汁酸是胆汁最重要的组分。胆汁酸是生物活性分子，由胆固醇通过肝脏中多种细胞色素代谢途径产生。它们的合成首先是胆固醇 7 位α-羟基化，然后侧链缩短或者结合（Norlin and Wikvall, 2007）。除协助食物中脂类的吸收外，胆汁酸在调节胆固醇稳态、肝脏功能及肝肠循环等方面也是重要的信号分子（Chiang, 2004; Eloranta and Kullak-Ublick, 2005; Thomas et al., 2008）。在人体中，肝细胞中形成的主要胆汁酸是胆酸和鹅去氧胆酸。在释放到小肠之前，这些羧酸和牛磺酸或甘氨酸广泛结合，最终经门静脉循环又返回肝脏，这一过程就是肠肝循环。那些未被回收的胆汁酸结合物被去掉结合基团，在结肠中被肠道菌群进一步脱羟基化。这些脱羟基化物质生成二级胆汁酸，如去氧胆酸和石胆酸。在小肠中，结合物降低胆汁酸的 pK_a，从而增加了其溶解度。结合型胆汁酸盐的亲脂亲水特性促进了肠腔中胶束的形成，使得亲脂性化合物被乳化。在脂类被胰脂肪酶降解的过程中，胆汁酸也是重要的辅助因子，促进肠细胞的亲脂性吸收(Hofmann, 1999)。多种胆汁酸、脂肪酸、磷脂和其他组成胆汁的内源性组分是胆汁 LC-MS 分析中的主要干扰源。必须将这些物质引起的基质效应降到最低，并且证明其不干扰胆汁中药物和代谢产物的分析。

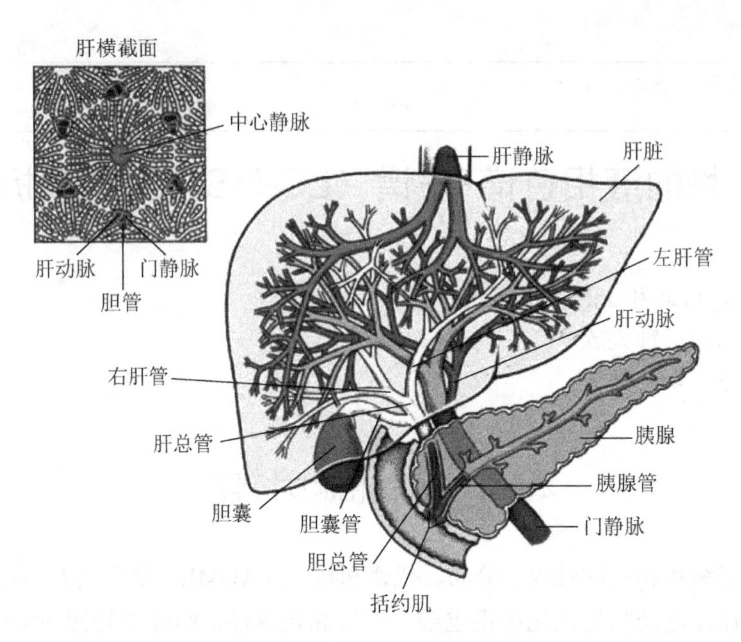

图 26.1　肝脏、胆管和胆囊图示，胆囊储存和释放胆汁［来源：http://www.merckmanuals.com/home/liver_and_gallbladder_disorders/biology_of_the_liver_and_gallbladder/overview_of_the_liver_and_gallbladder.html，2013 年 5 月 28 日登录（复制经允许）］

排泄胆汁是胆的一项重要功能。胆汁起到重要的媒介作用，一些内源性或外源性物质可以通过它来排入粪便直接清除，或者被重吸收后通过尿液被肾脏清除。经胆汁排泄的内源性分子包括：胆盐、胆固醇、类固醇激素、胆红素及其他物质。胆红素是血红素的一种毒性降解产物，会在红细胞（RBC）的循环利用中不断产生。胆红素的累积会导致一些黄疸的迹象，如皮肤和眼巩膜泛黄。体内高水平的胆红素可能提示某些影响肝功能的疾病，如丙型肝炎或肝癌。外源性物质通常在肝脏中被生物转化为Ⅰ相或Ⅱ相代谢产物，以增加脂溶性物质的溶解度及它们在胆汁中的清除率（CL）。一个化合物被胆汁清除的倾向受很多物理化学因素的影响，如极性、电荷、分子大小及消除是由被动扩散还是主动摄取转运引起的（Roberts et al., 2002）。在人体内，相对分子质量大于 500 并且同时含有极性和亲脂性基团的药物一般更容易被排泄入胆汁，与其相比，较小分子质量的物质在胆汁中排泄较少。一些结合物，尤其是葡萄糖醛酸结合物，由于其水溶性增加而有助于胆汁排泄（Wang et al., 2006）。

化合物一旦进入胆汁流中，就可以通过粪便被直接消除。然而，排泄入胆汁的物质通常会从胃肠道重新吸收入门静脉血流。这些分子可以是原型药物、Ⅰ相代谢产物或者已被肠道菌群或酶转化为Ⅱ相的代谢产物。这个吸收和重吸收的过程称作肠肝循环（Kaye, 1976; Rollins and Klaassen, 1979; Klaassen and Watkins, 1984），如图 26.2 所示。当肠肝循环发生时，可能显著延长药物半衰期并增加药物在体内的暴露，而过度暴露会引起毒性。如图 26.3 所示的雌酮 PK 曲线，多个肠肝循环阶段有第二次达峰，使药物消除半衰期延长至 2 倍以上（Vree and Timmersed, 1998）。肠肝循环对药物处置的影响已有综述，可以被准确预测（Colburn and Lucek, 1988; Peris-Ribera et al., 1992; Wang and Reuning, 1992）。

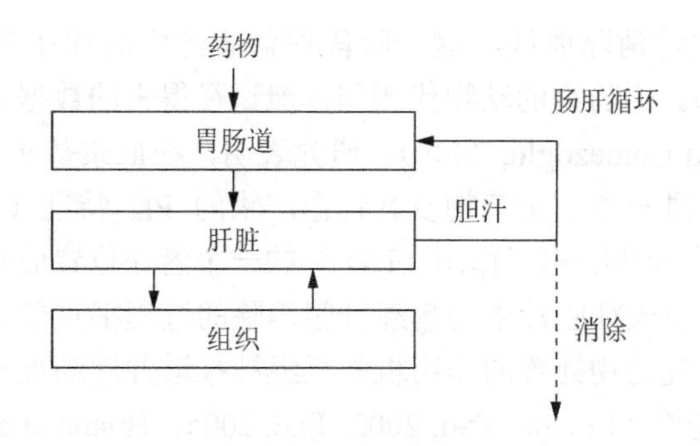

图 26.2 肠肝循环中药物自肠道的重吸收

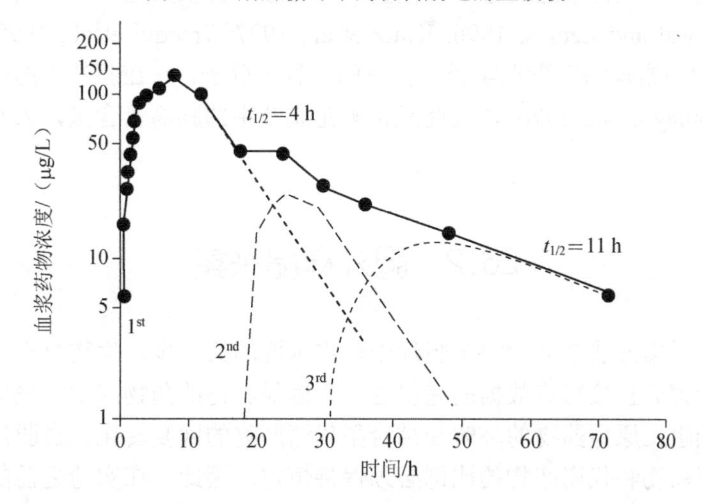

图 26.3 18 名健康绝经妇女口服 1.5 mg 雌二醇去氧孕烯复方制剂后血浆中雌酮的药动学曲线；图中显示第二次和第三次肠肝循环导致雌酮出现第二个峰并且半衰期增加（Vree and Timmer, 1998。复制经允许）

$t_{1/2}$-半衰期；1st-第一次肠肝循环曲线；2nd-第二次肠肝循环曲线；3rd-第三次肠肝循环曲线

胆汁排泄功能损伤称为胆汁淤积，可能由胆汁路径的物理障碍或者胆汁流动相关转运蛋白的抑制导致。障碍性胆汁淤积的发生可能是由于胆结石形成（Phemister et al., 1939）、肿瘤生长（Yang et al., 2011）、胆管发炎或者结疤（Aller et al., 2008）。代谢性胆汁淤积的发生通常是由于肝细胞或胆管细胞中转运蛋白的抑制或下调。已经发现，超过 14 种转运蛋白和胆汁的形成有关，包括依赖于 ATP 的外排泵 MDR3、MRP2 和 BSEP，它们负责运输胆盐、磷脂和有机阴离子通过胆小管（Trauner et al., 1998）。一些药物如环孢素 A 和利福平竞争性抑制这些转运蛋白，使胆盐积累，导致胆汁淤积以致肝脏疾病（Stieger et al., 2000）。

由于胆汁排泄在药物代谢（DM）和处置方面有很重要的作用，因此，采用 LC-MS 进行胆汁中药物及其代谢产物的生物分析已越来越广泛地用来研究药物发现及开发中的关键性问题。例如，临床前和早期临床质量平衡（ADME）研究可提供毒性及临床有效剂量范围信息。在此之前，通常进行大鼠及胆管插管动物体内互补性的组织分布实验，以提供更多 PK 信息。检测胆汁中代谢产物有助于阐明受试化合物的代谢途径。通过测量药物在胆汁中的排泄量，或者通过测定代谢产物谱可能的改变，可以估计化合物在体内代谢过程中的定性和定量变化。表达生物转化酶的转基因小鼠，或者缺乏生物转化酶或相关膜转运蛋白的基因敲除小鼠，现已广泛用于外源性物质的体内代谢和排泄研究。这些实验提供药物候选物的组织分布和胆汁消除曲线。这一阶段评估胆汁中的代谢产物也将提供重要信息（Sakaguchi et al., 2006）。由药物的动物代谢和排泄途径得来的数据对设计临床质量平衡实验很有帮助（Zhang and Comezoglu, 2008）。研究表明，在血浆基质的PK特征基础上，胆汁中的相互作用有助于进一步明确药物及其代谢产物的 PK 特征（Srinivas and Mullangi, 2011）。因为胆汁可以作为药物相互作用（DDI）的一个潜在位置而导致药物在系统或者肝脏的暴露显著改变，所以表征胆汁中药物经肝胆消除的过程很重要。利用胆汁样品和血浆样品相结合的方法来研究药物处置的作用机制已经被报道并逐渐被重视，这包括临床前动物体内 DDI 的潜在可能性（Liu and Tsai, 2002; Tsai, 2005；Huang et al., 2009）。由药物引起的死亡常有报道，所以在法医调查中，检查尸体时经常会收集胆汁，以确定可能的中毒或药物滥用（Agarwal and Lemos, 1996; Kintz et al., 1997; Tracqui et al., 1998; Gaulier et al., 2000）。例如，胰岛素是法医毒理学经常检查的一种大分子，它在胆汁中的浓度通常低于血浆中的浓度（Bailey et al., 1976），因此经常测定胆汁中的胰岛素含量，来判断是否是超剂量使用了胰岛素。

26.2 胆汁样品采集

适宜的样品采集方法是准确测定胆汁中药物浓度的第一步。生物分析之前的胆汁样品采集和预处理步骤会直接影响数据的完整性。为确保测得的药物浓度和采集样品时的药物浓度一致，必须阻止原型药物的降解和结合型代谢产物的回复转化。在胆汁样品采集过程中，胆汁中原型药物和代谢产物的比例必须保持恒定。因此，在实验之前的方案中，必须仔细设计和明确胆汁样品的采集、处理和储存方法。

对于非临床试验用的物种，如大鼠、兔，胆汁样品主要通过动物胆管导管采集，在给药后的特定时间间隔内，从 10 min 到 6 h，也可能采集到 24 h 以上（Zhou and Chowbay, 2002; Ma et al., 2006; Lin et al., 2008）。插管动物的胆汁可以在规定的时间间隔内手动或者自动收集，而不是连续导出。对于有些药物，给药后很快在肝脏中经过首次代谢，然后排泄入胆汁，这样就必须立即收集给药后刚开始的胆汁样品。很多研究者选择在刚刚给药后很短的时间间隔里取样。随着给药时间渐远，后续样品采集的间隔时间也相应延长（Zhou and Chowbay, 2002; Ma et al., 2006）。为了便于采集胆汁样品，需要通过腹腔注射麻醉动物，腹部开口进行插管。在实验过程中，动物的体温可由加热灯来维持，以防止体温过低影响胆汁流动（Li et al., 2011a）。在很多情况下，胆汁样品采集的时间间隔同所使用的技术一样重要，以便通过评估胆汁相关 PK 参数并结合血浆中 PK 来获得最有用的数据（Srinivas and Mullangi, 2011）。

对于动物的 PK 及药理学实验，微透析是另一个选项，胆汁灌注液可被收集到冷却的收集器中。微透析已被证明是采集和分析生物体液中游离药物的一项很好的技术。微透析技术的优点包括样品采集量最少，不会明显干扰生理功能，可以进行较长时间的采样而且样品损失最少。但往往由于探针选择不当而导致低的分析物回收率（RE），因而限制了该方法的使用。因此，选择合适的微透析探针可以使回收率最高。在选择合适的探针时，有些重要的参数如膜的组成、探针杆的长度及截流分子质量都必须被考虑（Srinivas and Mullangi, 2011）。市售的微透析探针的截留分子质量在 20～100 kDa 内。水溶性化合物可以自由扩散穿过微透析膜，但高亲脂性化合物的扩散则相对有限而且多变。微透析技术已成功地应用于雌二醇和夫西地酸的评估，却不适用于类固醇类（Stahlet et al., 2002）。如果水溶性化合物的分子质量超出透析膜截流分子质量 25%，其回收率将显著下降。在微透析中广泛应用微量探针分流（Huff et al., 1999），能够在清醒的、自由活动的大鼠体内监测胆汁中低分子质量物质的浓度（Scott and Lunte, 1993; Gunaratna et al., 1994; Hadwiger et al., 1994）。用来承载胆汁流的分流器有合适的尺寸，可植入到成年大鼠的胆管中。分流器里面悬浮着线性微量透析探针，它可以连续不断地获得低分子质量化合物样品。对于已被麻醉的大鼠，分流器探针可以插入靠近肝脏的上游端，以便更容易地采集胆汁（Huff et al., 1999）。

在临床试验中，可以通过以下 3 种方法采集胆汁：抽吸胆囊、十二指肠插管或 T 管引流。Meltzer-Lyon 法（Brown, 1920）操作简便，是采集胆汁样品常用的方法。在此方法中，在十二指肠局部使用一定浓度硫酸镁使括约肌放松，通过十二指肠插管进行胆道引流并采集胆汁（Brown, 1920）。也可通过胆囊穿刺、胆管手术或者直接经皮肝穿刺胆管引流等方法从患者身上获取胆汁样品。很多胆汁中药物排泄的研究都选择在阻塞性黄疸患者的胆管中插入 T 型管来进行（Nishijima et al., 1997）。但这种胆汁采集方法并不特别理想，因为如果胆汁收集不完全，并且肠肝循环被部分阻断，则胆汁流及其组成在实验期间会发生显著变化。Loc-I-Gut 是一种连有多通道管路的单向灌流技术（Bergman et al., 2006; Persson et al., 2006），也是获得人胆汁的一种方法。使用 Loc-I-Gut 时，胆汁样品通过 Loc-I-Gut 装置从近端空肠中抽出。与临床研究不同的是，进行全面的法医毒理学分析时直接从尸体中采集胆汁样品 （Vanbinst et al., 2002）。

研究表明，一些结合型药物的代谢产物很容易发生水解或者分子内的酰基转移，尤其是酰基葡萄糖苷酸代谢产物。因此，需要仔细研究胆汁样品的储存条件以避免发生任何可能的降解 （Khan et al., 1998）。一些主要因素如 pH、样品处理温度及储存条件等都需要考虑。为提供一个合适的 pH 环境，通常采用预装有缓冲剂的试管来收集胆汁样品。一些结合型分子对 pH 特别敏感。酰基葡萄糖苷酸分子在碱性 pH 条件下很容易水解。依据分析物及其结合物的化学结构，可以采用不同 pH 的缓冲剂。例如，乙酸铵、乙酸钠、磷酸缓冲液（PBS）及其他酸性溶液等被广泛应用于稳定胆汁中的结合物（Fura et al., 2003）。此外极为重要的是，胆汁样品采集后需要马上在冰浴中降温（Schereret et al., 2009）。一旦一个时间点的样品采集完成，胆汁样品需要马上转移至－20℃或－80℃冰箱中。以上 3 步中任何一步的失误都会导致测定结果不准确。

26.3 胆汁样品的预处理

相比其他生物体液样品［如血浆、血清、脑脊液（CSF）、尿液等］，胆汁样品中含有很多酸类、盐类及内源性分子。这些小分子物质经常会干扰药物及其代谢产物的生物分析，尤其是在使用质谱检测时导致严重的基质效应。和其他章节中讨论的一样，在 LC-MS 生物分析的样品预处理过程中，必须去除这些干扰物质或者使其影响降至最低。简单的离心后稀释上清液进样（dilution-and-shoot，D-S）、蛋白质沉淀（PPT）后离心、液-液萃取（LLE）后吹干复溶、固相萃取（SPE）、柱切换技术、微透析后注射无蛋白质部分等许多提取技术都是胆汁生物分析中常用的样品预处理方法。

对于药物发现阶段的生物分析实验，通常考虑的因素是分析通量而不是方法的耐用性，胆汁样品的处理方法常用离心后上清液稀释进样（Van Asperen et al., 1998; Chen et al., 2008），或离心后上清液直接进样（Wang et al., 2006）。进行犬胆汁标记化合物吲哚菁绿的生物分析时，胆汁样品直接用水稀释，离心后进行 LC-MS 分析（Chen et al., 2008）。该方法经验证后，用于 PK 试验样品分析。用冰乙腈（Zhou and Chowbay, 2002; Dhananjeyan et al., 2006）、甲醇（Li et al., 2011b）或 50∶50＝乙腈∶甲醇（*V*/*V*）作为沉淀试剂的 PPT 法也广泛应用于实验中（Bi et al., 2006; Moon et al., 2006; Li et al., 2011b）。对于从微透析收集的样品，无蛋白质部分在微透析后可以直接进样分析（Tsai et al., 1999; Tsai, 2005）。有人提出 D-S 和 PPT 方法需谨慎使用，因为当胆汁样品用于 PK 实验时，其组分可能会随着时间点的不同而变化。当存在严重干扰时，这种变化可能会导致测量的浓度数据不准确。用高比例（如＞2）的空白血浆来稀释胆汁样品后再进行 PPT，可以避免一些由胆汁组分变化带来的问题，从而得到更一致的结果（Lee et al., 1996; Van Asperen et al., 1998）。采用这个步骤，可将与回收率、选择性及专属性相关的基质差异降到最低。它将胆汁基质样品改变为血浆基质样品，从而可以使用已验证的血浆分析方法来分析。

LLE 和 SPE 是更加先进的样品预处理技术，可以除去胆汁基质中大部分的干扰组分。在有机溶剂洗脱液可以和流动相互溶而且灵敏度足够的情况下，可以直接注入 LC-MS 系统进行分析（Cheng et al., 2007）。其他情况下，通常将有机溶剂挥发，然后样品用流动相复溶，进行 LC-MS 分析（Tietz et al., 1984; Singh et al., 2003; Zhang et al., 2005; Ma et al., 2006; Bansal et al., 2008）。根据分析物的物理化学性质，可以选择单一有机溶剂，如乙醚、甲基叔丁基醚（MTBE）、已烷、二氯甲烷，或者几种有机溶剂混合来作为 LLE 提取溶剂。为了获得更好的回收率和较小的基质效应，Ma 等（2006）将胆汁样品用生理盐水稀释 10 倍后，用乙酸乙酯来萃取柚皮素；Zhang 等（2009）将胆汁样品酸化后，再用乙醚∶二氯甲烷（60∶40，*V*/*V*）来萃取联苯乙酸。以上两种方法均进行了方法验证。LLE 现已实现自动化，可以通过 96 孔板液体处理器来更加高效地处理胆汁样品。此外，SPE（使用不同的萃取小柱如 HPB、MCX、C18）也被广泛应用于胆汁样品的预处理。除一些药物稳定剂或 pH 调节剂外，胆汁样品通常不需要进一步稀释，可直接上样到 SPE 小柱（Hasler et al., 1993; Alnouti et al., 2007）上。市场上有很多类型的 SPE 小柱，可根据分析物的物理化学性质选择适当的提取小柱。通常情况下，单次萃取适用于大部分药物。然而，当单次萃取效果不佳时，也应考虑使用多次萃取或不同提取技术的结合。在某些情况下，可能要先沉淀胆汁样品，然后进行 LLE 或 SPE，或者使用不同溶剂进行多次 LLE，或者使用不同填料的 SPE 小柱多次萃取。

柱切换作为一种在线纯化技术，可以减少离线样品的提取步骤，加快生物分析速度（Baek et al., 1999）。这项技术包括很多部件：1 个自动六通切换阀，1 个提纯柱富集分析物，以及 1 个分析柱。尽管柱切换是一个复杂的系统，但它可实现胆汁样品直接进样而没有明显的内源性物质干扰。Sakaguchi 等（2006）成功地验证了一种柱切换方法，通过二维色谱来定量分析 8-羟基喹啉及其葡萄糖苷酸结合物。此二维色谱是反相色谱和阳离子交换色谱，内源性物质被提纯柱所去除，而分析物却保留在分析柱上被分析。

26.4 胆汁样品的LC-MS生物分析

胆汁中存在的内源性组分如胆汁酸类、盐类、胆固醇、胆红素及磷脂（Bickel et al., 1970），使得生物分析科学家面临很大挑战。这些组分经常会造成离子抑制或者增强，干扰小分子物质及其代谢产物的检测和定量。因此，在LC-MS分析前最好清除这些干扰组分。选择前述合适的预处理技术进行样品提取，这在样品分析中非常重要，因为它可以显著改善样品提取物的干净程度。然而，依旧会有干扰组分继续存在于提取物中，它们对LC-MS分析的影响不可小觑。因此，除样品的提取步骤外，使用可以将分析物与干扰物质分离的高分辨色谱也是一个提高数据质量的重要方法。为达到此目的，必须使用高塔板数、小粒径、高分离度的色谱柱，并优化流动相、流速及柱温。除选择适宜的样品提取方法及优化色谱条件外，优化质谱参数如气流、温度、电压、离子化方式［电喷雾离子化（ESI）/大气压化学离子化（APCI）］及极性（正/负）等，通常也可以降低由基质效应引起的离子抑制或增强。例如，联苯乙酸（分子量：212.2 g/mol）是芬布芬的活性代谢产物，后者用于治疗肌肉炎症和关节炎（Kohler et al., 1980）。由于分子质量较低，分析联苯乙酸会受到胆汁基质组分的强烈干扰（Zhang et al., 2009）。为了开展联苯乙酸、联苯乙酸氨基丁三醇、丙磺舒的临床前PK研究，Zhang等（2009）建立并验证了一种方法来分离这3种分析物，并成功用于胆汁样品的分析中。他们还发现，与正离子模式相比，负离子模式更适合联苯乙酸、联苯乙酸氨基丁三醇、丙磺舒这3个分析物的测定。吗啡（分子量：285.3 g/mol）也属于低分子质量的化合物，所以胆汁中的吗啡及其代谢产物吗啡-3-葡萄糖苷酸的定量分析较为困难。在研究苯巴比妥对吗啡代谢和处置的影响实验中，Alnouti等（2007）使用的色谱柱为Luna C18柱（150 mm×2.1 mm, 5 μm），流动相为乙腈和7.5 mmol/L铵盐，pH为9.3。使用该条件成功地分离了吗啡及其代谢产物及内源性物质等。

如26.2节中所述，很多药物被代谢形成葡萄糖苷酸结合物，这些结合物被排入胆汁中，并最终从机体中清除。与血浆相比，胆汁样品中可能含有更多的葡萄糖苷酸代谢产物。这使得其LC-MS生物分析更加困难，因为很多葡萄糖苷酸结合物不稳定，在样品的采集、预处理及在质谱离子化过程中降解。如果降解发生，尤其当母体药物和代谢产物一起被洗脱出来时，葡萄糖苷酸结合物的浓度测定值会偏低，而同时其母体药物的浓度测定值会比实际值偏高。一般说来，结合型代谢产物的极性会比母体药物大，因此在反相色谱中，代谢产物会比原型药物先洗脱。然而，代谢产物和原型之间极性的差异也可能不足以使得二者实现分离。应当通过实验，确定母体药物是否经历了葡萄糖醛酸化并在胆汁中存在。可以通过监测是否中性丢失（NL）*m/z* 176，在质谱全扫描中监测（M＋H＋176）峰，或者在多反应监测（MRM）扫描方式下监测（M＋H＋176）→（M＋H）离子对（IP）来判断葡萄糖苷酸代谢产物的存在。一旦在胆汁样品中观察到葡萄糖苷酸峰，建立生物分析方法时就需注意避免一些潜在的问题。将样品稳定化，优化色谱分离及质谱仪离子源条件等措施将有助于解决以上问题。如26.2节所述，胆汁基质样品应被酸化至pH 3来阻止葡萄糖苷酸结合物的降解。为了使原型药物和其葡萄糖苷酸代谢产物分离，需考察色谱条件，如色谱柱的选择、流动相的组成比例、洗脱梯度、流速、柱温等。此外，为了避免葡萄糖苷酸代谢产物降解，还需优化离子源气流、温度及去簇电压。由于原型药物的官能团和葡萄糖醛酸结合位点不同，可能会存在多种不同类型的葡萄糖醛酸苷，它们在LC-MS生物分析中性质差别很大。例如，酯型葡萄糖苷酸比酚型葡萄糖苷酸更不稳定，尤其是在生理 pH 下，因此在其定量生物分析时需更加注意。

尽管还没有胆汁基质样品分析的法规指导原则，但已经有很多研究者建立并验证了一些 LC-MS 生物分析方法，用于胆汁中药物及其代谢产物的分析。在这些实例中，胆汁基质样品的分析方法验证使用了与血浆样品相同的方法验证标准。当被测化合物的浓度可以被忽略时，就没有必要进行胆汁基质样品分析方法的完整验证（Srinivas and Mullangi, 2011）。为了分析胆汁中的药物及相关代谢产物，很多实验室都采用了一种“按需定制”的策略（Sporkert et al., 2007）。在完善的方法建立之前，对胆汁样品进行抽查以确定其中是否含有药物及代谢产物非常重要。可以用已验证过的血浆样品分析方法来确认胆汁中是否含有高浓度的分析物及其代谢产物（Singh et al., 2003）。当预计胆汁中含有高浓度的药物及代谢产物时，其分析结果对药物的发现和开发决策就很重要，建议进行完整的方法验证。很多已验证过的方法都会评价线性范围、提取回收率、基质效应、选择性、稳定性及准确度和精密度等（Ma et al., 2006; Chen et al., 2008; Zhang et al., 2009）。对有些生物分析中熟知的药物及其代谢产物，进行部分验证可能就足够了（Alnouti et al., 2007; Lin et al., 2008）。部分验证应该包括选择性或专属性评价，因为选择性或专属性在胆汁基质中可能和在血浆基质中不同。例如，胆汁中可能会存在很多内源性物质，这些物质可能会产生干扰，影响提取回收率，并引起色谱行为异常。由于胆汁样品中除含有原型药物外，可能会含有更高浓度的Ⅱ相代谢产物，因此会很难断定方法学部分验证的适用性。例如，经常由于血浆或血清样品中Ⅱ相代谢产物含量低，因此并没有对其进行验证（Srinivas and Mullangi, 2011）。在这种情况下，就需要验证胆汁中Ⅱ相代谢产物的定量分析方法。

对于胆汁样品分析，校正标样（STD）和质量控制（QC）样品应该尽量使用相同的基质。市售的无药空白胆汁就是为此准备的。但值得注意的是，市售空白胆汁可能与采集的胆汁样品存在一定的差异，尤其是在使用稀释后直接进样和 PPT 预处理方法时。在这种情况下，建议使用高比例的稀释来减少不同来源基质之间的差异。当使用 LLE 和 SPE 提取方法时，这种问题会减少，但仍然必须考察基质效应。

在胆汁样品预处理和分析时加入内标，是克服实验中系统误差和由分析物提取回收率波动影响的常用方法。经常使用的主要有两种类型的内标：结构类似物和同位素标记物。同位素标记内标更加可取，因为它们的提取率、基质效应及出峰时间都和分析物一致。但是，同位素标记物有时很难买到，也很难合成。结构类似物在色谱和质谱电离行为方面如果和分析物一致，可能也是好的选择，但胆汁提取物对其产生的干扰可能和分析物不一样。因此，选择一个合适的内标主要取决于项目进行的阶段（发现阶段或开发阶段）及是否可以获得同位素标记物。

26.5　结　束　语

胆汁中药物及其相关代谢产物的分析可提供药物代谢和清除的重要信息。在药物的优化和开发过程中，胆汁分析有助于阐明 ADME 问题，尤其是在和其他基质的数据结合分析时。由于胆汁中分析物和其结合物的不稳定性，选择适宜的胆汁样品采集方法是样品分析的重要部分。由于胆汁组成成分的复杂性，建立方法和测定样品面临很多的挑战。在胆汁样品 LC-MS 生物分析中，基质效应和样品基质的不一致性是面临的主要问题。为了获得最佳的生物分析结果，必须采用适宜的预处理技术提取胆汁样品。在建立葡萄糖醛酸结合代谢产物的定量生物分析方法时，需仔细研究其稳定性以避免分析过程中的降解而得到偏低的结果。当然，应根据研究的目标，采用按需定制的策略来满足项目需求。

参 考 文 献

Agarwal A, Lemos N. Significance of bile analysis in drug-induced deaths. J Anal Toxicol 1996;20(1):61–63.

Aller MA, Arias JL, Garcia-Dominguez J, Arias JI, Duran M, Arias J. Experimental obstructive cholestasis: the wound-like inflammatory liver response. Fibrogenesis Tissue Repair 2008;1(1):6.

Alnouti YM, Shelby MK, Chen C, Klaassen CD. Influence of phenobarbital on morphine metabolism and disposition: LC-MS/MS determination of morphine (M) and morphine-3-glucuronide (M3G) in Wistar-Kyoto rat serum, bile, and urine. Curr Drug metab 2007;8(1):79–89.

Baek M, Rho YS, Kim DH. Column-switching high-performance liquid chromatographic assay for determination of asiaticoside in rat plasma and bile with ultraviolet absorbance detection. J Chromatogr 1999;732(2):357–363.

Bailey CJ, Flatt PR, Atkins TW, Matty AJ. Immunoreactive insulin in bile and pancreatic juice of rat. Endocrinol Exp 1976;10(2):101–111.

Bansal T, Awasthi A, Jaggi M, Khar RK, Talegaonkar S. Development and validation of reversed phase liquid chromatographic method utilizing ultraviolet detection for quantification of irinotecan (CPT-11) and its active metabolite, SN-38, in rat plasma and bile samples: application to pharmacokinetic studies. Talanta 2008;76(5):1015–1021.

Bergman, E, Forsell, P, Tevell, A, Persson, E M, Hedeland, M, Bondesson, U, Knutson, L, and Lennernas, H. Biliary secretion of rosuvastatin and bile acids in humans during the absorption phase. Eur J Pharm Sci 2006;29(3–4):205–214.

Bi, Y A, Kazolias, D, Duignan DB. Use of cryopreserved human hepatocytes in sandwich culture to measure hepatobiliary transport. Drug Metab Dispos 2006;34(9):1658–1665.

Bickel MH, et al. Metabolism and biliary excretion of the lipophilic drug molecules, imipramine and desmethylimimpramine in rat, experiments in vivo and with isolated perfused livers. Biochem Pharmacol 1970;19:2425–2435.

Brown G. The Meltzer-Lyon method in the diagnosis of the biliary tract. J Am Med Assoc 1920;75(21):1414–1416.

Chen CY, Fancher RM, Ruan Q, Marathe P, Rodrigues AD, Yang Z. A liquid chromatography tandem mass spectrometry method for the quantification of indocyanine green in dog plasma and bile. J Pharmaceut Biomed 2008;47(2):351–359.

Cheng CL, Kang GJ, Chou CH. Development and validation of a high-performance liquid chromatographic method using fluorescence detection for the determination of vardenafil in small volumes of rat plasma and bile. J Chromatogr A 2007;1154(1–2):222–229.

Chiang JY. Regulation of bile acid synthesis: pathways, nuclear receptors, and mechanisms. J Hepatol 2004;40(3):539–551.

Colburn WA, Lucek RW. Noncompartmental area under the curve determinations for drugs that cycle in the bile. Biopharm Drug Dispos 1988;9(5):465–475.

Dhananjeyan MR, Erhardt PW, Corbitt C. Simultaneous determination of vinclozolin and detection of its degradation products in mouse plasma, serum and urine, and from rabbit bile, by high-performance liquid chromatography. J Chromatogr A 2006;1115(1–2):8–18.

Eloranta JJ, Kullak-Ublick GA. Coordinate transcriptional regulation of bile acid homeostasis and drug metabolism. Arch Biochem Biophys 2005;433(2):397–412.

Fura A, Harper TW, Zhang H, Fung L, Shyu WC. Shift in pH of biological fluids during storage and processing: effect on bioanalysis. J Pharmaceut Biomed 2003;32(3):513–522.

Gaulier JM, Marquet P, Lacassie E, Dupuy JL, Lachatre G. Fatal intoxication following self-administration of a massive dose of buprenorphine. J Forensic Sci 2000;45(1):226–228.

Gunaratna PC, Wilson GS, Slavik M. Pharmacokinetic studies of alpha-difluoromethylornithine in rabbits using an enzyme-linked immunosorbent assay. J Pharmaceut Biomed 1994;12(10):1249–1257.

Hadwiger ME, Telting-Diaz M, Lunte CE. Liquid chromatographic determination of tacrine and its metabolites in rat bile microdialysates. J Chromatogr B Biomed Appl 1994;655(2):235–241.

Hasler F, Krapf R, Brenneisen R, Bourquin D, Krahenbuhl S. Determination of 18 beta-glycyrrhetinic acid in biological fluids from humans and rats by solid-phase extraction and high-performance liquid chromatography. J Chromatogr 1993;620(1):73–82.

Hofmann AF. Bile acids: the good, the bad, and the ugly. News Physiol Sci 1999;14:24–29.

Huang SP, Lin LC, Wu YT, Tsai TH. Pharmacokinetics of kadsurenone and its interaction with cyclosporin A in rats using a combined HPLC and microdialysis system. J Chromatogr B Analyt Technol Biomed Life Sci 2009;877(3):247–252.

Huff J, Heppert K, Davies M. The microdialysis shunt probe: profile of analytes in rats with erratic bile flow of rapid changes in analyte concentration in the bile. Current Sep 1999;18(3):85–90.

Kaye CM. The biliary excretion of acebutolol in man. J Pharm Pharmacol 1976;28(5):449–450.

Khan S, Teitz D S, Jemal M. Kinetic analysis by HPLC-electrospray mass spectrometry of the pH-dependent acyl migration and solvolysis as the decomposition pathways of ifetroban 1-O-acyl glucuronide. Anal Chem 1998;70(8):1622–1628.

Kintz P, Jamey C, Tracqui A, Mangin P. Colchicine poisoning: report of a fatal case and presentation of an HPLC procedure for body fluid and tissue analyses. J Anal Toxicol 1997;21(1):70–72.

Klaassen CD, Watkins JB, 3rd. Mechanisms of bile formation, hepatic uptake, and biliary excretion. Pharmacol Rev 1984;36(1):1–67.

Kohler C, Tolman E, Wooding W, Ellenbogen L. A review of the effects of fenbufen and a metabolite, biphenylacetic acid, on platelet biochemistry and function. Arzneimittel-Forschung 1980;30(4A):702–707.

Kristiansen TZ, Bunkenborg J, Gronborg M, et al. A proteomic analysis of human bile. Mol Cell Proteomics 2004;3(7):715–728.

Lee ED, Lee SD, Kim WB, Yang J, Kim SH, Lee MG. Determination of a new carbapenem antibiotic, DA-1131, in rat plasma, urine, and bile by column-switching high-performance liquid chromatography. Res Commun Mol Path 1996;94(2):171–180.

Li CY, Qi LW, Li P. Correlative analysis of metabolite profiling of Danggui Buxue Tang in rat biological fluids by rapid resolution LC-TOF/MS. J Pharmaceut Biomed 2011a;55(1):146–160.

Li X, Delzer J, Voorman R, De Morais SM, Lao Y. Disposition and drug-drug interaction potential of veliparib (ABT-888), a novel and potent inhibitor of poly(ADP-ribose) polymerase.

Drug Metab Dispos 2011b;39(7):1161–1169.

Lin LC, Chen YF, Lee WC, Wu YT, Tsai TH. Pharmacokinetics of gastrodin and its metabolite p-hydroxybenzyl alcohol in rat blood, brain and bile by microdialysis coupled to LC-MS/MS. J Pharmaceut Biomed 2008;48(3):909–917.

Liu SC, Tsai TH. Determination of diclofenac in rat bile and its interaction with cyclosporin A using on-line microdialysis coupled to liquid chromatography. J Chromatogr B Analyt Technol Biomed Life Sci 2002;769(2):351–356.

Ma Y, Li P, Chen D, Fang T, Li H, Su W. LC/MS/MS quantitation assay for pharmacokinetics of naringenin and double peaks phenomenon in rats plasma. Int J Pharm 2006;307(2):292–299.

Moon YJ, Sagawa K, Frederick K, Zhang S, Morris ME. Pharmacokinetics and bioavailability of the isoflavone biochanin A in rats. AAPS J 2006;8(3):E433-E442.

Nishijima T, Nishina M, Fujiwara K. Measurement of lactate levels in serum and bile using proton nuclear magnetic resonance in patients with hepatobiliary diseases: its utility in detection of malignancies. Jpn J Clin Oncol 1997;27(1):13–17.

Norlin M, Wikvall K. Enzymes in the conversion of cholesterol into bile acids. Curr Mol Med 2007;7(2):199–218.

Peris-Ribera JE, Torres-Molina F, Garcia-Carbonell MC, Aristorena JC, Granero L. General treatment of the enterohepatic recirculation of drugs and its influence on the area under the plasma level curves, bioavailability, and clearance. Pharmaceut Res 1992;9(10):1306–1313.

Persson EM, Nilsson RG, Hansson GI, et al. A clinical single-pass perfusion investigation of the dynamic *in vivo* secretory response to a dietary meal in human proximal small intestine. Pharmaceut Res 2006;23(4):742–751.

Phemister DB, Aronsohn HG, Pepinsky R. Variation in the cholesterol, bile pigment and calcium salts contents of gallstones formed in gallbladder and in bile ducts with the degree of associated obstruction. Ann Surg 1939;109(2):161–186.

Roberts MS, Magnusson BM, Burczynski FJ, Weiss M. Enterohepatic circulation: physiological, pharmacokinetic and clinical implications. Clin Pharmacokinet 2002;41(10):751–790.

Rollins DE, Klaassen CD. Biliary excretion of drugs in man. Clin Pharmacokinet 1979;4(5):368–379.

Sakaguchi T, Yamamoto E, Kushida I, Kajima T, Asakawa N. Effective on-line purification for cationic compounds in rat bile using a column-switching LC technique. J Pharmaceut Biomed 2006;40(2):345–352.

Scherer M, Gnewuch C, Schmitz G, Liebisch G. Rapid quantification of bile acids and their conjugates in serum by liquid chromatography-tandem mass spectrometry. J Chromatogr B Analyt Technol Biomed Life Sci 2009;877(30):3920–3925.

Scott DO, Lunte CE. *In vivo* microdialysis sampling in the bile, blood, and liver of rats to study the disposition of phenol. Pharmaceut Res 1993;10(3):335–342.

Singh SK, Mehrotra N, Sabarinath S, Gupta RC. HPLC-UV method development and validation for 16-dehydropregnenolone, a novel oral hypolipidaemic agent, in rat biological matrices for application to pharmacokinetic studies. J Pharmaceut Biomed 2003;33(4):755–764.

Sporkert F, Augsburger M, Giroud C, Brossard C, Eap CB, Mangin P. Determination and distribution of clotiapine (Entumine) in human plasma, post-mortem blood and tissue samples from clotiapine-treated patients and from autopsy cases. Forensic Sci Int 2007;170(2–3):193–199.

Srinivas NR, Mullangi R. An overview of various validated HPLC and LC-MS/MS methods for quantitation of drugs in bile: challenges and considerations. Biomed Chromatogr 2011;25(1–2):65–81.

Stahl M, Bouw R, Jackson A, Pay V. Human microdialysis. Curr Pharm Biotechno 2002;3(2):165–178.

Stieger B, Fattinger K, Madon J, Kullak-Ublick GA, Meier PJ. Drug- and estrogen-induced cholestasis through inhibition of the hepatocellular bile salt export pump (Bsep) of rat liver. Gastroenterology 2000;118(2):422–430.

Thomas C, Pellicciari R, Pruzanski M, Auwerx J, Schoonjans K. Targeting bile-acid signalling for metabolic diseases. Nat Rev 2008;7(8):678–693.

Tietz PS, Thistle JL, Miller LJ, Larusso NF. Development and validation of a method for measuring the glycine and taurine conjugates of bile acids in bile by high-performance liquid chromatography. J Chromatogr 1984;336(2):249–257.

Tracqui A, Kintz P, Ludes B. Buprenorphine-related deaths among drug addicts in France: a report on 20 fatalities. J Anal Toxicol 1998;22(6):430–434.

Trauner M, Meier PJ, Boyer JL. Molecular pathogenesis of cholestasis. New Engl J Med 1998;339(17):1217–1227.

Tsai TH. Concurrent measurement of unbound genistein in the blood, brain and bile of anesthetized rats using microdialysis and its pharmacokinetic application. J Chromatogr A 2005;1073(1–2):317–322.

Tsai TH, Tsai TR, Chen YF, Chou CJ, Chen CF. Determination of unbound 20(S)-camptothecin in rat bile by on-line microdialysis coupled to microbore liquid chromatography with fluorescence detection. J Chromatogr 1999;732(1):221–225.

Van Asperen J, Van Tellingen O, Beijnen JH. Determination of doxorubicin and metabolites in murine specimens by high-performance liquid chromatography. J Chromatogr 1998;712(1–2):129–143.

Vanbinst R, Koenig J, Di Fazio V, Hassoun A. Bile analysis of drugs in postmortem cases. Forensic Sci Int 2002;128(1–2):35–40.

Vree TB, Timmer CJ. Enterohepatic cycling and pharmacokinetics of oestradiol in postmenopausal women. J Pharm Pharmacol 1998;50(8):857–864.

Wang J, Nation RL, Evans AM, Cox S, Li J. Determination of antiviral nucleoside analogues AM365 and AM188 in perfusate and bile of the isolated perfused rat liver using HPLC. Biomed Chromatogr 2006;20(3):244–250.

Wang YM, Reuning RH. An experimental design strategy for quantitating complex pharmacokinetic models: enterohepatic circulation with time-varying gallbladder emptying as an example. Pharmaceut Res 1992;9(2):169–177.

Yang H, Li TW, Peng J, et al. A mouse model of cholestasis-associated cholangiocarcinoma and transcription factors involved in progression. Gastroenterology 2011;141(1):378–388, 388 e1–4.

Zhang C, Wang L, Yang W, et al. Validated LC-MS/MS assay for the determination of felbinac: application to a preclinical pharmacokinetics study of felbinac trometamol injection in rat. J Pharmaceut Biomed 2009;50(1):41–45.

Zhang D, Comezoglu SN. ADME Studies in Animals and Humans: Experimental Design, Metabolite Profilinf and Identification, and Data Presentation, Drug Metabolism and Drug Design and Development. John Wiley & Sons, Inc.; 2008.

Zhang W, Zhang C, Liu R, et al. Quantitative determination of Astragaloside IV, a natural product with cardioprotective activity, in plasma, urine and other biological samples by HPLC coupled with tandem mass spectrometry. J Chromatogr B Analyt Technol Biomed Life Sci 2005;822(1–2):170–177.

Zhou Q, Chowbay B. Determination of doxorubicin and its metabolites in rat serum and bile by LC: application to preclinical pharmacokinetic studies. J Pharmaceut Biomed 2002;30(4):1063–1074.

27

细胞内药物的液相色谱-质谱（LC-MS）生物分析

作者：Fagen Zhang 和 Michael J. Bartels
译者：昝斌、钟大放
审校：李文魁、张杰

27.1 引　　言

近年来，有证据表明许多药物的药效与毒性（特别是一些细胞内起作用的药物，如抗癌药或抗逆转录病毒药）与其在细胞内的母药或者活性代谢产物的浓度相关（Becher et al., 2002a）。因此，在药物的开发阶段，在细胞内水平上理解这些药物的药代动力学（PK）非常重要。对于一些治疗窗窄但在药代动力学上患者内和患者间波动性大的药物，为达到安全有效的治疗，临床上也必须监测细胞内药物或者活性代谢产物的浓度。为此，建立合适的定量测定细胞内药物或其活性代谢产物的分析方法至关重要。定量测定药物或其活性代谢产物的传统分析方法主要包括反相液相色谱（RPLC）系统，配备紫外检测器（El-Gindy et al., 2000; Lal et al., 2003; Kaji et al., 2005; Park et al., 2008）、荧光检测器（Nirogi et al., 2006; Raghavamenon et al., 2009; Konda et al., 2010; Chen et al.，2011）及电化学检测器（Chen et al., 1996; Reynolds et al., 1992）。对于那些没有紫外或荧光生色团的药物，通常可以衍生化后再进行紫外或荧光检测，以及采用高效液相色谱（HPLC）蒸发光散射法（Forget and Spagnoli, 2006）或放射性免疫测定法（Kaul et al., 1996; Kominami et al., 1996, 1997, 1999; Zhou et al., 1996）来实现定量测定。然而在多数情况下，这些传统方法由于灵敏度或者重现性达不到要求，而无法对细胞内的痕量药物或其活性代谢产物进行定量分析。自从引入了电喷雾离子化（ESI）、大气压化学离子化（APCI）、大气压光离子化（APPI）等大气压离子化（API）技术，液相色谱分离结合 API 质谱已经用于定量测定细胞内药物或者活性代谢产物的浓度，以支持药物开发阶段的 PK 及毒代动力学（TK）研究。和传统分析方法相比，LC-MS 在分析的特异性、速度与灵敏度方面有极大的优势（Covey et al., 1986; Xu et al., 2007）。近年来，关于使用 LC-MS 定量生物分析细胞内药物而发表的文章呈指数增加（Claire, 2000; Chi et al., 2001; Pruvost et al., 2001; Becher et al., 2002a, 2002b, 2003; Hennere et al., 2003; Huang et al., 2004; Rouzes et al., 2004; Colombo et al., 2005; Ehrhardt et al., 2007; Pruvost et al., 2008; Jansen et al., 2009a, 2009b, 2011; Bushman et al., 2011; Coulier et al., 2011）。

使用 LC-MS 进行细胞内药物生物分析一般有以下 3 个步骤：①细胞分离、计数和溶解，②胞溶产物的净化，③LC-MS 分析（图 27.1）。在本章中，将概述样品预处理技术（细胞分离、计数和溶解），LC-MS 仪器的设置，包括色谱分离、检测模式及应用实例。

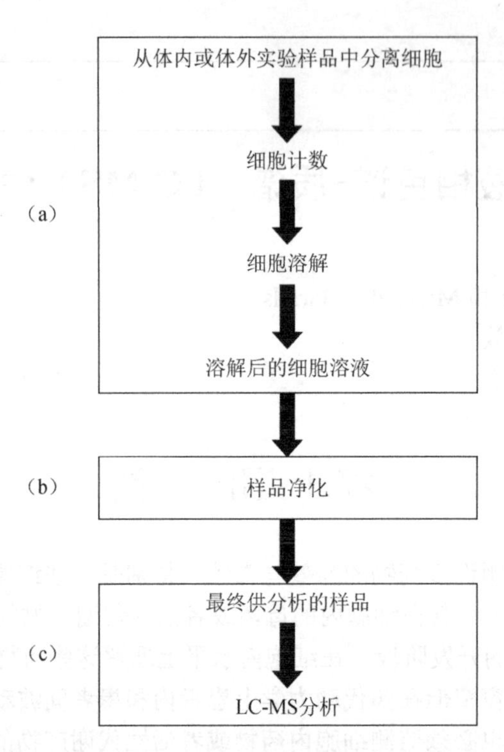

图 27.1　细胞内药物 LC-MS 生物分析一般流程分为 3 步：（a）细胞分离、计数和溶解，（b）溶解细胞净化及（c）LC-MS 分析

27.2　样品预处理

在大多数情况下，体内或体外实验的药物若不经过合适的预处理，不能直接定量分析其在细胞内的浓度。预处理方法包括细胞分离、计数和溶解，净化所获得的亚细胞部分，以除去内源性蛋白质、碳水化合物、盐、脂类及其他内源性化合物。尽管 LC-MS 定量分析的预处理方法不像其他液相色谱分析方法（如 LC-UV 定量）那样复杂，但关键是要除去可能会对分析物的质谱检测产生离子抑制而干扰检测的基质组分。因此，蛋白质沉淀（PPT）、固相萃取（SPE）、液-液萃取（LLE）是最常用的样品预处理方法。

27.2.1　细胞分离和计数

在临床前和临床开发阶段，全血、血浆或血清是测定分析物 PK 或 TK 最常用的基质；而外周血单核细胞（PBMC）是分析细胞内药物最常用的基质。PBMC 是全血中淋巴细胞与单核细胞的混合，构成了白细胞（WBC）的 1/3，也被称作粒细胞。可以采用密度梯度技术如 Ficoll 检测，从采集的相对大体积全血（2～25 ml）中制备 PBMC（Boltz et al., 1987; Slusher et al., 1992; Kawashima et al., 2000; Gahan et al., 2001; Nilsson et al., 2008），或者直接使用有密度梯度功能的商业化试管（Jansen et al., 2011）。在制备 PBMC 的过程中，应采取特殊的预防措施防止红细胞造成的污染（Jansen et al., 2011）。PBMC 呈现粉红色或者红色是红细胞污染的标志，在 LC-MS 分析中会比没有颜色的 PBMC 带来更大或者更多变化的基质效应（Shi et al., 2002）。为避免污染，应该额外使用红细胞溶解法（如用氯化铵溶液溶解）（Durand-Gasselin et al., 2007）。由于在分离过程中细胞继续保持完整，因此可以通过快速冰上分离来防止任何分析物的体外代谢（Pruvost et al., 2001）。

为了表达每个细胞内药物的最终浓度，应计算和量化分离细胞的数量。这可以通过传统的快速方法如血细胞计数仪（Jemal et al., 2003）、显微镜（Becher et al., 2003）或者流式细胞仪（Ahmed et al., 2001; Mascola et al., 2002）来完成。台盼蓝法用于检查细胞活性，其中一个关键的染料（重氮染料）可以将死亡的细胞染成蓝色，对有完整细胞膜的活细胞则不染色（Baran et al., 2011）。在某些场合，也可以将所测到的被分离到细胞内的总蛋白质或DNA 归一化到细胞数量来表达细胞内药物或代谢产物的最终浓度（Jansen et al., 2009a, 2011）（表 27.1）。

尽管大多数关于细胞内药物生物分析方法的文章都集中于 PBMC，但也有关于其他细胞类型的报道，如 CTM-4 细胞（Cahours et al., 2001）、MCF7 和人肾 HEK 293T 细胞（Cahours et al., 2001; Kim et al., 2005, 2009; Luo et al., 2007; Seifar et al., 2008; Chen et al., 2009; Jauhiainen et al., 2009; Jansen et al., 2009a; Furugen et al., 2011; Huang et al., 2011; Lan et al., 2011; Mlejnek et al., 2011）。在这些情况下，用药物处理过或没处理的细胞都进行磷酸缓冲液（PBS）冲洗（或其他相关的缓冲液，取决于细胞类型），再进行胰蛋白酶消解，通常最后用血细胞计数器计数细胞（Thomsen et al., 2004; Kim et al., 2009）（表 27.2）。

27.2.2 细胞溶解

在细胞分离之后，一个关键的步骤就是要溶解细胞，以释放细胞内的药物和代谢产物。细胞溶解的方法包括使用有机溶剂、有机酸、碱性条件或者溶解仪器（如超声仪）（表 27.1 和表 27.2）。例如，为定量 PBMC 内的环孢素水平，用含内标的甲醇溶解 PBMC（Ansermot et al., 2007）。通过 tris-HCl/MeOH 溶解步骤处理，然后 LC-MS 定量分析 PBMC 内地拉夫定（非核苷类逆转录酶抑制剂）（Pelerin et al., 2005）。通过超声来实现 PBMC 内的艾滋病蛋白酶抑制剂阿扎那韦的 LC-MS 定量（Jemal et al., 2003）。更多关于细胞内药物 LC-MS 定量的细胞溶解方法和应用总结在表 27.1 和表 27.2。

27.2.3 提取和分离方法

在细胞溶解后，样品在 LC-MS 分析前通常需要进行恰当的预处理，以去除如脂类和盐类的内源性化合物，或增加药物在样品提取物中的最终浓度。PPT、SPE 和 LLE 是样品预处理的主要方法（表 27.1 和表 27.2）。

27.2.3.1 蛋白质沉淀

PPT 是一种简单快速的样品预处理方法，用于细胞内药物的生物分析。由于质谱有高选择性和高特异性的多反应监测（MRM）的检测模式，因此用有机溶剂进行简单的 PPT 是样品预处理的第一选择，以快速除去蛋白质和细胞溶解液中其他可沉淀成分（Stewart et al., 1998; Shi et al., 2002）。然而，许多细胞内药物（如核苷酸类抗病毒化合物）极性非常大，由于亲水性强而难以用有机溶剂从细胞溶解液中提取出来。

表 27.1　用 LC-MS 定量外周血单核细胞内药物

分析物名称	药物种类	细胞制备方法	细胞溶解步骤	样品预处理	色谱类型	色谱柱类型	流动相	质谱类型（极性）	定量限	验证	参考文献
奈韦拉平、地拉韦定、依法韦仑	非核苷类逆转录酶抑制剂	全血通过传统的 Ficoll 密度梯度离心法离心	使用 tris-HCl：MeOH（30：70，*V*/*V*）溶解细胞	离心细胞溶解液，上清液吹干，用 tris 溶液（0.05 mol/L，pH 7.4）复溶，进样分析	反相液相色谱法	Nova Pak C18	（a）10%乙腈＋90% 25 mmol/L 乙酸铵和 10%乙酸；（b）90%乙腈＋10%乙酸铵和 0.1%乙酸	三重四极杆（正离子）	0.5 ng/ml	是	Pelerin et al., 2005
司他夫定	核苷类逆转录酶抑制剂	全血通过传统的 Ficoll 密度梯度离心法离心	使用 tris-HCl：MeOH（30：70，*V*/*V*）溶解细胞	离心细胞溶解液，上清液吹到剩 120～150 μl，进样分析	反相液相色谱法	SMT-C18，OD 5 μm，100 mm×2.1 mm	（a）二甲肼（10 mmol/L）＋甲酸铵（3 mmol/L，pH 11.5）；(b)二甲肼（20 mmol/L）＋甲酸铵（6 mmol/L）：乙腈（1：1，*V*/*V*）	三重四极杆（负离子）	138 fmol/7 ml 全血（9.8 fmol/10^6 细胞）	是	Pruvost et al., 2001
环孢素 A	免疫抑制剂	全血通过传统的 Ficoll 密度梯度离心法离心	使用含内标的甲醇溶解细胞	离心细胞溶解液，上清液吹干，用甲醇复溶，进样分析	反相液相色谱法配备在线清洗（柱切换）	清洗柱：Xterra MS C8，5 μm，2.1 mm×10 mm；分析柱 Xterra MS C18，5 μm，2.1 mm×50 mm	（a）甲醇；（b）水	三重四极杆（正离子）	5 ng/ml（0.5 fg/细胞）	是	Ansermot et al., 2007
齐多夫定三磷酸酯	核苷类逆转录酶抑制剂	全血通过传统的 Ficoll 密度梯度离心法离心	使用 HCl：MeOH（30：70，*V*/*V*）溶解细胞	离心细胞溶解液，上清液先用酸性磷酸酶去磷酸，然后溶液过 Waters Oasis HLB 固相萃取柱，最终溶液吹干，用甲醇复溶待测	反相液相色谱法	Waters XTerra™ RP_{18}，3.5 μm，2.1 mm×150 mm	（a）0.1%乙酸水溶液；（b）水中含 10%乙腈	三重四极杆（正离子）	5 fmol/10^6 细胞	是	King et al., 2006a

续表

分析物名称	药物种类	细胞制备方法	细胞溶解步骤	样品预处理	色谱类型	色谱柱类型	流动相	质谱类型（极性）	定量限	验证	参考文献
地达诺新和司他夫定	核苷类逆转录酶抑制剂	商业化的外周血单核细胞	细胞用仪器溶解（Fischer 细胞溶解仪）	细胞溶解液离心，上清液用 Bond Elut SPE 小柱净化	反相液相色谱法	Keystone，BDS C18 柱（5 μm，4.6 mm×150 mm）	（a）甲醇：水（16：84，*V/V*）含 0.05%三氟乙酸和 1 mmol/L 甲酸铵；（b）甲醇：水（80：20，*V/V*）含 0.05%三氟乙酸和 1 mmol/L 甲酸铵	三重四极杆（正离子）	0.4 ng/ml	是	Huang et al., 2004
安普那韦（APV）、阿扎那韦（ATZ）、依法韦仑（EFV）、印地那韦（IDV）、洛匹那韦（LPV）、那非那韦（NFV）、奈韦拉平（NVP）、利托那韦（RTV）、沙奎那韦（SQV）和替拉那韦（TPV）	抗逆转录病毒药	全血通过传统的 Ficoll 密度梯度离心法离心	细胞用仪器溶解（超声浴）	细胞溶解液离心，上清液直接分析	反相液相色谱法	Waters Symmetry shield RP_{18}，3.5 μm（2.1 mm×50 mm）	（a）10 mmol/L 乙酸铵/10 mmol/L 甲酸；（b）乙腈/10 mmol/L 甲酸	三重四极杆（正离子）	0.0125～0.2 ng/ml 细胞提取物	是	Elens et al., 2009
拉米夫定（3TC）、齐多夫定（AZT）、司他夫定（d4T）、阿巴卡韦（ABC）及其他	抗逆转录病毒药	全血通过传统的 Ficoll 密度梯度离心法离心	细胞放在甲醇：水（1：1，*V/V*）中在 5℃下过夜放置	细胞溶解液使用甲醇：水（1：1，*V/V*）提取，然后用水稀释待测	反相液相色谱法（HPLC 和 UPLC）	不同色谱柱：Polymeric 柱 5 μm（2.1 mm×150 mm）；XTerra 柱 MS 5 μm（2.1 mm×150 mm）；Supercogel ODP-50，5 μm（2.1 mm×150 mm）	（a）含 0.1%甲酸的水；（b）含 0.1%甲酸的乙腈	三重四极杆（正离子）	无报道	部分验证	Becher et al., 2002a

续表

分析物名称	药物种类	细胞制备方法	细胞溶解步骤	样品预处理	色谱类型	色谱柱类型	流动相	质谱类型（极性）	定量限	验证	参考文献
洛匹那韦和利托那韦	HIV 蛋白酶抑制剂	全血通过传统的 Ficoll 密度梯度离心法离心	细胞首先用 2 mol/L 磷酸钾碱化，然后加入甲基叔丁基醚，将所有溶液超声	液-液萃取提取物吹干，用流动相复溶，进样分析	反相液相色谱法	Phenomenex Jupiter Proteo 柱（C12，4 μm，100 mm×2.1 mm）	（a）0.1%乙酸，20 mmol/L 乙酸铵水；（b）乙腈	三重四极杆（正离子）	0.1 ng/细胞聚合体（约 3×10^6 细胞）	部分验证	Ehrhardt et al., 2007
脱氧核苷酸三磷酸酯	抗逆转录病毒药	全血通过传统的 Ficoll 密度梯度离心法离心	使用 0.05 mol/L tris-HCl :MeOH（30∶70，*V/V*）溶解细胞	细胞溶解液离心，上清液转移到试管中吹到剩 120～150 μl，进样分析	反相液相色谱法	Supelcogel，ODP-50（5 μm，2.1 mm×150 mm）	（a）缓冲液 A 由 50% 6 mmol/L 二甲基肼和 20 mmol/L 甲酸铵组成（pH 5）；（b）50% A＋50% 乙腈	三重四极杆（负离子）	0.03～0.04 pmol/10 细胞	部分验证	Hennere et al., 2003
核苷和核苷酸	抗逆转录病毒药	全血通过传统的 Ficoll 密度梯度离心法离心	使用高氯酸溶解细胞	细胞溶解液用氢氧化钾处理，然后离心，上清液进样分析	反相液相色谱法	Hypercarb 柱（5 μm，2.1 mm×100 mm）	(a) 乙腈∶水（15∶85，*V/V*）含有 1 mmol/L 乙酸铵，pH5；（b）乙腈∶水（15∶85，*V/V*）含有 25 mmol/L 碳酸氢铵	三重四极杆（正离子）	4.29～52.7 nmol/L	是	Jansen et al., 2009b
胸三磷酸酯	抗逆转录病毒药	全血通过传统的 Ficoll 密度梯度离心法离心	使用 70%甲醇在－20℃溶解细胞	细胞溶解液离心，上清液转移到试管中直接进样分析	反相液相色谱法	C8 Waters Sentry（5 μm，3.9 mm×20 mm）	（a）2 mmol/L 铵缓冲液；（b）乙腈	三重四极杆（正离子）	1.4 ng/ml	是	Chi et al., 2001
印地那韦、安普那韦、沙奎那韦、利托那韦、奈非那韦、洛匹那韦、阿扎那韦、依法韦仑	抗 HIV 药	全血通过传统的 Ficoll 密度梯度离心法离心	在 50%甲醇中超声溶解细胞	细胞溶解液离心，上清液转移到试管中直接进样分析	反相液相色谱法	C18 Symmetry Shield^{TM}（3.5 μm，2.1 mm×30 mm）	（a）2 mmol/L 铵缓冲液含有 0.1%甲酸；（b）乙腈含 0.1%甲酸	三重四极杆（正离子）	0.2～0.4 ng/ml	是	Colombo et al., 2005

续表

分析物名称	药物种类	细胞制备方法	细胞溶解步骤	样品预处理	色谱类型	色谱柱类型	流动相	质谱类型（极性）	定量限	验证	参考文献
核苷酸	逆转录酶抑制剂	商业化的外周血单核细胞	使用10% 10 mol/L 磷酸铵，20%去离子水和70%甲醇的混合溶液在−80℃溶解细胞	细胞溶解液过C18固相萃取柱	离子对HPLC	Xterra2 RP_{18}，（3.5 μm，1.0 mm ×100 mm）和Xterra2 MS，（3.5 μm，1.0 mm ×100 mm）	10 mmol/L 磷酸铵，pH 6.4，加入2 mmol/L 氢氧化四丁基铵和15%乙腈	三重四极杆（负离子）	0.08 picomol/10^6细胞	部分验证	Claire, 2000
去羟肌苷和司他夫定	抗逆转录病毒药	全血通过传统的Ficoll密度梯度离心法离心	使用tris-HCl：MeOH（30：70，V/V）溶解细胞	细胞溶解液离心，上清液吹干，用甲醇复溶，进样分析	离子对HPLC	Supelcogel，ODP-50（5 μm，2.1 mm× 150mm）	离子对试剂（二甲基己胺）与甲酸铵缓冲液和乙腈的混合液	三重四极杆（负离子）	6.1 fmol/10^6细胞和5.3 fmol/10^6细胞	是	Becher et al., 2003
阿扎那韦	HIV蛋白酶抑制剂	商业化的外周血单核细胞	用超声仪溶解细胞	细胞溶解液离心，上清液吹干，用0.1%乙酸水复溶，然后用固相萃取工作站净化	反相液相色谱法	YMC Basic（5 μm，50 mm ×2 mm）	50%水/乙腈含0.025%甲酸	三重四极杆（正离子）	5 fmol/10^6细胞	是	Jemal et al., 2003
核苷和核苷酸	抗逆转录病毒药	全血通过传统的Ficoll密度梯度离心法离心	使用100 l磷酸缓冲液在−80℃溶解细胞	细胞溶解液用甲醇水（50：50，V/V）提取	反相液相色谱法和离子对HPLC	不同的C18柱	（a）含0.1%甲酸水；（b）含0.1%甲酸甲醇（反相液相色谱法）；以及（a）5 mmol/L 己胺水（pH 6.3）；（b）5 mmol/L 己胺90%乙腈：10%水（pH 8.5）（离子对色谱法）	三重四极杆（正离子）反相液相色谱法；三重四极杆（负离子）离子对HPLC	1～2 nmol（反相液相色谱法）；1～5 nmol/L（离子对HPLC）	是	Coulier et al., 2011

续表

分析物名称	药物种类	细胞制备方法	细胞溶解步骤	样品预处理	色谱类型	色谱柱类型	流动相	质谱类型（极性）	定量限	验证	参考文献
核苷类似物	抗病毒药	商业化的外周血单核细胞	使用 MeOH（30∶70；*V/V*）溶解细胞	细胞溶解液离心，上清液过C18 固相萃取柱净化	反相液相色谱法	Synergi Polar RP（2.5 μm，2.0 mm×100 mm）	（a）超纯水含 2%乙腈和 0.1%甲酸；（b）超纯水含 6%异丙醇和 0.1%乙酸	三重四极杆（正离子）	2.5 fmol～0.1 pmol	部分验证	Bushman et al., 2011
核苷三磷酸脂（D-D4FC-TP）	抗 HIV 药	商业化的外周血单核细胞	使用 MeOH（30∶70；*V/V*）溶解细胞	细胞溶解液用蛋白质沉淀法处理	离子交换液相色谱法（WAX-LC）	Keystone BioBasic（5 μm，1 mm×20 mm）	乙腈：水（30∶70，*V/V*）含 2 mmol/L 乙酸铵和不同 pH	三重四极杆（正离子）	5 fmol/10^6 细胞	部分验证	Shi et al., 2002
去羟肌苷和司他夫定	抗 HIV 药	商业化的外周血单核细胞	用 Fisher 550 细胞溶解仪溶解细胞	细胞溶解液用乙腈混合，离心，上清液过固相萃取柱	反相液相色谱法	Keystone，BDS C18 柱（5 μm，4.6 mm×150 mm）	甲醇：水（16∶84，*V/V*）含 0.05%三氟乙酸及 1 mmol/L 甲酸铵	三重四极杆（正离子）	0.4 ng/ml	部分验证	Huang et al., 2004
安普那韦、洛匹那韦、利托那韦、沙奎那韦和依非韦伦	抗逆转录病毒药	全血通过传统的 ficoll 密度梯度离心法离心	用 1-酸性糖蛋白（1 mg/ml）含有叠氮钠（0.1%，*V/V*）的溶液溶解细胞	细胞溶解液用 200 μl 的 0.05 mol/L 碳酸钠及 1.2 ml 正戊烷和乙酸乙酯的混合物（50∶50，*V/V*）液-液萃取	反相液相色谱法	X-TERRA™ MS C18 柱（5 μm，4.6 mm ×100 mm）	乙腈：水（50∶50，*V/V*）含 0.04%甲酸	单级质谱（正离子）	1 ng/3×10^6～2 ng/3×10^6 细胞	部分验证	Rouzes et al., 2004

表 27.2 用 LC-MS 定量其他细胞的胞内药物

分析物名称	药物种类	细胞种类	细胞溶解步骤	样品预处理	色谱类型	色谱柱类型	流动相	质谱类型（极性）	定量限	验证	参考文献
三羧酸循环代谢产物	内源性代谢产物	野生大肠杆菌 K12 W3110 细胞株	细胞使用水：甲醇（30：60，*V/V*）溶解	细胞溶解液用 0.3 mol/L 氢氧化钾（溶解于 25% 乙醇）提取，离心，上清液转移至试管中，过滤后分析	反相液相色谱法	Synergi Hydro-RP（C18）（4 μm，150 mm×2.1 mm）	（a）10 mmol/L 三丁胺用 15 mmol/L 乙酸调节；（b）甲醇	单极（负离子）	4.2～1260.2 nmol/L	部分验证	Luo et al., 2007
伊马替尼及其主要代谢产物	慢性骨髓性白血病的治疗药	Bcr-Abl 阳性细胞	细胞用以下方式溶解：(a) 4% (*W/V*)三氯乙酸；（b）4%(*W/V*)甲酸；(c)100%甲醇；(d)50% (*V/V*)甲醇水；(e)1%(*W/V*)三氯乙酸+50%(*V/V*)甲醇水；(f) 1%(*W/V*)甲醇水	细胞溶解液离心，上清液进样分析	反相液相色谱法	Polaris C18，（5 μm，250 mm×2.0 mm）	甲醇：水（65：35，*V/V*）含 7 mmol/L 乙酸铵	单极（负离子）	伊马替尼 1 nmol/L；CGP74588 2 nmol/L	部分验证	Mlejnek et al., 2011
尿酸	内源性代谢产物	人脐静脉内皮细胞	细胞使用 0.3 mol/L 氢氧化钾超声溶解	细胞溶解液离心，上清液过滤后进样分析	反相液相色谱法	Phenomenex Luna C18(2)（5 μm，150 mm×4.6 mm）	（a）5 mmol/L 乙酸铵/0.1%乙酸；（b）甲醇	三重四极杆（负离子）	未报道	是	Kim et al., 2009
雌激素和雌激素代谢产物	激素	MCF-7 乳腺癌细胞	细胞用缓冲液溶解，超声溶解	细胞溶解液用乙酸乙酯液-液萃取，然后用丹磺酰氯衍生化	反相液相色谱法	C18 Thermo Scientific（1.9 μm，30 mm×2.1 mm）	(a)0.1%甲酸水；(b)0.1%甲酸乙腈	三重四极杆（正离子）	88～9770 pmol/L	部分验证	Huang et al., 2011
鞘氨醇和鞘氨醇 1-磷酸酯	细胞诱导剂和抑制剂	HEK293 细胞	细胞使用甲醇/水溶解	细胞溶解液离心，上清液转移至玻璃进样瓶中待测	反相液相色谱法	Luna-RP 柱（5 m，150 mm×2 mm）	甲醇：水（95：5，*V/V*）含 0.1%甲酸	三重四极杆（正离子）	1 ng/ml 和 0.1 ng/ml	部分验证	Lan et al., 2011

续表

分析物名称	药物种类	细胞种类	细胞溶解步骤	样品预处理	色谱类型	色谱柱类型	流动相	质谱类型（极性）	定量限	验证	参考文献
前列腺素类药物	具有生物活性的脂质介质	上皮 Calu-3 细胞和人肺腺癌上皮 A549 细胞	细胞用缓冲液溶解，超声溶解	细胞溶解液过固相萃取柱（Bond Elut C18）	反相液相色谱（HPLC）	Shiseido CAPCELL PAK C18 MG II 柱	乙腈：水：乙酸（40：60：0.1，*V/V/V*）	三重四极杆（负离子）	0.0125～0.2 ng/ml 细胞提取物	未报道	Furugen et al., 2011
去羟肌苷三磷酸酯	抗 HIV 药	CEM-T4 细胞	细胞在冰上用 70% MeOH 缓冲液调节至 pH 7.4	细胞溶解液去磷酸，过 SPE 柱净化	反相液相色谱法	Purospher RP-18e 柱（3 μm，30 mm×21 mm）	流动相甲醇：水（25：75）含 1%甲酸	三重四极杆（负离子）	0.1 ng/ml	部分验证	Cahours et al., 2001
核苷三磷酸（NTP）和脱氧核苷三磷酸（dNTP）	抗癌药	人白血病细胞 K562、NB4、ML-1、MV4-11 和 THP-1	细胞用 60% MeOH 沉淀蛋白质，然后在冰浴中超声	细胞溶解液离心，上清液进样分析	反相液相色谱法	Supelcogel ODP-50（5 μm，150 mm×2.1 mm）	（a）5 mmol/L 二甲己胺超纯水缓冲液，用 90% 甲酸调节至 pH 7；（b）5 mmol/L 二甲己胺乙腈溶液（50：50，*V/V*）	LCQ 离子阱 5 nmol/L（负离子）	5 nmol/L	部分验证	Chen et al., 2009
ATP 类似物	抗癌药	乳腺癌细胞株（MCF-7）	细胞用水：乙腈（2：3，*V/V*）溶解	细胞溶解液离心，上清液转移至试管中吹至一定体积	反相液相色谱法	Phenomenex Gemini C18（5 μm，50 mm×2.00 mm）	（a）20 mmol/L 二甲己胺甲酸盐用甲酸调节至 pH 6.8；（b）80%甲醇含 2 mmol/L 二甲己胺甲酸盐	三重四极杆（负离子）	0.02～0.03 mol/L	是	Jauhiainen et al., 2009
齐多夫定及其代谢物	抗 HIV 药	人 T 淋巴细胞白血病细胞（CEM）	细胞用冰冷 60%甲醇-40% 15 mmol/L 乙酸铵缓冲液（pH 6.65）于 20℃过夜	细胞溶解液真空抽干，通过柱切换的在线净化系统	毛细管离子对液相色谱法	Capillary Zorbax XDB-C18 柱（5 μm，150 mm×0.5 mm）	（a）15 mmol/L 乙酸铵，pH 6.65；（b）甲醇	三重四极杆（负离子）	未报道	部分验证	Kim et al., 2005
青霉素 G	抗生素	需氧，葡萄糖限制的恒化培养的产黄青霉	细胞于 75%乙醇中在 95℃条件下溶解	细胞溶解液离心至一定程度，然后用水稀释，再离心，取上清液进样分析	离子对反相液相色谱法	Xterra MS C18 柱（3.5 μm，150 mm×2.1 mm）	（a）2 mmol/L 二溴乙酸 5%（*V/V*）乙腈；（b）2 mmol/L 二溴乙酸 84%（*V/V*）乙腈	三重四极杆（负离子）	92 nmol/L	部分验证	Seifar et al., 2008

27.2.3.2 固相萃取

SPE是一种非常实用的样品预处理技术。与PPT相比，SPE能更大程度地减少基质效应，从而增加MS/MS检测的灵敏度（表27.1和表27.2）。在SPE过程中，通常离心细胞溶解液，然后将上清液转移至SPE柱或孔板。SPE可以离线手工、半自动或者在线进行。可以使用96孔板高通量定量，以减少样品预处理时间。SPE的提取效率取决于分析物类型、吸附剂类型、样品体积及pH、有机改性剂含量和洗脱液体积。文献报道中用到的SPE柱包括C18、C8和其他类型的SPE柱（表27.1和表27.2）。

27.2.3.3 液-液萃取

LLE也是一种对细胞内药物进行LC-MS分析的样品预处理方法。根据分析物的类型选择提取溶剂。将有机溶剂（提取溶剂）在溶解前（Ehrhardt et al., 2007）或溶解后（Rouzes et al., 2004; Huang et al., 2011）加入到细胞沉淀中。提取以后，要吹干有机提取溶剂，然后用流动相复溶，注入LC-MS系统进行分析。

27.3 细胞内药物的LC-MS分析

在这一节中总结各种关于细胞内药物LC-MS生物分析的接口和质谱检测技术，以及LC-MS条件优化和方法验证。

27.3.1 LC-MS接口

目前，许多应用于细胞内药物和代谢产物分析的LC-MS接口都有一个共同特点：都使用API技术，它是一种质谱检测的软电离过程。ESI、APCI和APPI都是常见的API技术。ESI在细胞内药物或代谢产物的分析中被广泛使用（Slusher et al., 1992; Shi et al., 2002; Staines et al., 2005; Stevens et al., 2008; Serdar et al., 2011; van Haandel et al., 2011; Turnpenny et al., 2011）（表27.1和表27.2）。

27.3.2 质谱检测技术

一些串联质谱扫描技术组合被用于细胞内药物分析。其中，单级四极杆（Q）、三重四极杆（QqQ）、四极杆飞行时间（Q-TOF）和线性离子阱（LIT）质谱仪在细胞内药物分析中应用最多（Jansen et al., 2011）（表27.1和表27.2）。

单级质谱可以和其他检测技术联合使用（如紫外），通过与对照品或参考数据进行比较，辅助鉴别细胞内药物或代谢产物。然而，由于一些药物或代谢产物特征的全扫描质谱通常只提供分子加合物或弱的碎片离子，因此在生物分析中存在明显不足。尤其是基质成分通常会增强或抑制质谱响应，导致质谱中不同离子相对丰度的巨大变异（Pico et al., 2004）。所以在LC-MS分析中，在考察液相色谱分离和质谱检测灵敏度的同时，也要考察相关基质和相应的样品预处理方法。因此，LC-MS/MS通常会被用于细胞内药物的定量，液相色谱多级质谱（LC-MS^n）被用于在相关基质中对未知化合物进行定性。

串联质谱仪是LC-MS生物分析使用最广泛的工具之一。相对于单级四极杆质谱仪，串联质谱仪能提供各种有选择性的扫描策略（如全扫描、中性分子丢失、前体离子和产物离子扫描）。特别是MRM，能提供定量细胞内药物所需要的高选择性、特异性和灵敏度（Jemal et al., 2003; Huang et al., 2004; Kim et al., 2005, 2009; King et al., 2006a, 2006b; Jauregui et al., 2007; Jauhiainen et al., 2009; Jansen et al., 2009a, 2009b）（表 27.1 和表 27.2）。

27.3.3 液相色谱法

对于细胞内药物或代谢产物的LC-MS定量分析，无论采用哪种质谱检测方式［扫描、选择性离子监测（SIM）、MRM］，对分析物和基质组分进行良好的色谱分离至关重要。

27.3.3.1 反相液相色谱法

反相液相色谱（RPLC）常用于细胞内分析物的定量（Becher et al., 2003; Hennere et al., 2003; Huang et al., 2004; Rouzes et al., 2004; Ehrhardt et al., 2007; Elens et al., 2009; Jansen et al., 2009b; Jauhiainen et al., 2009; Coulier et al., 2011; Furugen et al., 2011; Huang et al., 2011）（表 27.1 和表 27.2）。大部分RPLC固定相基于十八烷基（C18或ODS）或辛基（C8）化学修饰的硅胶。使用短且粒径小的HPLC柱，可以减少色谱运行时间并有助高通量分析。以乙酸铵或甲酸盐缓冲液为流动相，简单的梯度应从低比例的甲醇或乙腈起始（Lynch et al., 2001; Kim et al., 2004, 2005, 2009; Bousquet et al., 2008）。虽然这些色谱条件对大多数细胞内药物的分析相对简单，但核苷酸不保留，限制了传统PPLC的使用（Jansen et al., 2011）。

超高效液相色谱（UHPLC）提供了比传统的HPLC更好的选择性和色谱分辨率，使化合物的LC-MS生物分析时间周期更短（Ciric et al., 2010; Ji et al., 2010; Michopoulos et al., 2011; Pedersen et al., 2011; Rao et al., 2011; Cheng et al., 2012; Sauve et al., 2012）。总的来说，可以预期UHPLC-MS/MS将被更广泛地使用。

27.3.3.2 离子对色谱

由于某些细胞内药物的高极性和带电特性，如核苷酸类似物，常规反相色谱技术被认为不适合分离这些化合物与基质组分，除非使用其他手段来帮助色谱固定相在分离时保留这些化合物。在这种情况下，离子对（IP）色谱被认为是在分析带电化合物如细胞内核苷酸时，与质谱检测兼容的理想色谱法（Seifar et al., 2008）。分离的基础是带负电荷的分析物和带正电荷的离子对试剂形成离子对。常用的固定相是常规C18或C8（Cai et al., 2004; Qian et al., 2004; Cordell et al., 2008; Seifar et al., 2009; Jansen et al., 2011）（表 27.1 和表 27.2）。流动相中最常用的离子对试剂是各种阳离子试剂，如烷基胺。流动相中离子对试剂的浓度和pH至关重要，需要进行优化，以确保良好的保留和峰形，以及质谱检测时离子抑制最小。

27.3.3.3 离子交换色谱

离子对色谱或者RPLC的LC-MS可用于分析多数细胞内药物或它们的代谢产物。然而，这两项色谱技术对极性非常大的化合物的分析有局限性，如细胞内核苷三磷酸酯（Shi et al., 2002）。一种可选的色谱技术是离子交换色谱（IEC），它使用浓度更高或更具选择性的竞争离子。在传统方析中，高浓度的盐可以用作流动相。然而，流动相中高浓度的盐会抑制电离并加快盐类在质谱仪离子源入口处沉积，因此不能直接进行离子交换LC-MS生物分析。

但如果将 pH 梯度（pH 6～10.5）应用于弱阴离子交换（WAX）柱，柱上碱性官能团（pK_a 约为 8）的电荷会被改变。因此，在较高的 pH 时，柱的容量降低，从而导致带阴离子的核苷磷酸酯被洗脱（Shi et al., 2002）。以这种方式，可以大大降低流动相中盐的浓度（乙酸铵），使离子交换 LC-MS 或 LC-MS/MS 可以直接用于这些细胞内药物的分析（表 27.1）。

27.3.3.4 多孔石墨碳色谱

多孔石墨碳色谱（PGC）包含六角形排列的碳原子平面碳片，其表面可以保留极性和离子化合物。极性或极化分子可以在石墨表面产生电荷诱导偶极，导致带负电荷的分析物如核苷酸保留。带电分析物可保留在 PGC 柱上，而不必使用离子对试剂。因此，这些分子可以从柱上洗脱，而不必使用含高浓度盐的流动相。由于这种独特的功能，PGC 非常适合某些药物如核苷酸的 LC-MS 分析（Jansen et al., 2011）。此外还发现，由于不同化合物与平面碳片接触面积的差异不同，该法在分析结构相似的化合物时选择性很好。

27.3.3.5 毛细管电泳色谱

毛细管电泳由于分离度高，可用于分离离子化分析物，如使用与质谱仪兼容的缓冲液（流动相），则毛细管电泳可与质谱联用，目前毛细管电泳与质谱联用已广泛地用于一些抗病毒核苷类药物（Agrofoglio et al., 2007）及其他核苷酸类药物（Jansen et al., 2011）在细胞内浓度的测定。在大多数情况下，这些生物分析使用挥发性缓冲盐，如碳酸氢铵或乙酸，以获得良好的灵敏度（表 27.1 和表 27.2）。

27.3.3.6 亲水相互作用液相色谱

作为一种新型的正相色谱，亲水相互作用液相色谱（HILIC）是用来保留极性分析物的有用色谱技术。HILIC 使用极性色谱柱和高比例有机溶剂流动相，通过增加流动相中水的含量洗脱极性分析物。所用的流动相挥发性高，对用质谱分析细胞内药物是有利的（Jansen et al., 2011）。虽然一些色谱柱厂商营销专用于 HILIC 柱，但大多数正相液相色谱（NPLC）柱都可以在 HILIC 条件下运行，如纯硅胶柱和氰基柱（Xu et al., 2007; Jian et al., 2010）。典型的 HILIC 流动相包含乙腈和少量的水。普遍认为，HILIC 流动相在极性固定相上形成了表面富水层，创造了一个“LLE”系统。在 HILIC 中，极性化合物比非极性化合物的保留时间更长。对于分离极性非常大的化合物，该方法不需要离子对试剂或高含水量流动相，同时还能提供更好的峰形。流动相中高浓度的有机溶剂提高了 LC-MS 分析灵敏度（Hsieh, 2008; Jian et al., 2011）。由于其独特的性质，HILIC-MS 已被用于定量细胞内核苷酸（Pucci et al., 2009; Preinerstorfer et al., 2010）。

27.3.4 方法验证

根据卫生监管机构当前的指导原则（FDA, 2001; EMA, 2011）和工业实践，在用于临床前实验和临床试验之前，分析细胞内药物的 LC-MS 方法应当经过验证。验证是为了确保分析方法的稳健性。大多数发表的细胞内 LC-MS 生物分析都是基于这一重要指导原则，对 LC-MS 定量方法进行了验证或部分验证（表 27.1 和表 27.2）。一些其他来源的验证标准可见于由非营利团体，如“校正和验证小组”发表的白皮书（EMA, 2011; Garofolo et al., 2011）。

27.4 应　用

到目前为止，有许多关于细胞内药物或其代谢产物的LC-MS的分析论文发表，主要涉及PMBC和其他细胞，如培养细胞。在表27.1和表27.2中，根据细胞类型和方法信息，如液相色谱条件、质谱条件、验证状态、定量限（LOQ）、检测限（LOD）等，进行了应用实例总结。

27.4.1 外周血单核细胞内药物LC-MS生物分析

一些测定PBMC内药物的LC-MS生物分析方法已经发表。这些方法大多集中在抗肿瘤、抗病毒、免疫抑制药物（表27.1）。核苷酸类似物是这些类别药物的一个主要例子。Cohen等（2010）总结了核苷酸类似物的代谢和作用机制。一篇有关治疗用核苷酸类似物的细胞内药物质谱分析的综述也于最近发表（Jansen et al., 2011）。表27.1总结了一些细胞内药物的LC-MS分析实例。

27.4.2 培养细胞内药物LC-MS分析

LC-MS分析方法也被成功地用培养细胞内药物或药物代谢产物的定量。表27.2总结了一些应用实例。

27.5 结 束 语

在临床前和临床药物开发中，定量分析细胞内药物或药物代谢产物的水平对疗效和毒性评估至关重要。LC-MS定量方法已被广泛用于定量分析细胞内药物或代谢产物的浓度。根据卫生监管部门的指导原则和工业实践，用LC-MS进行细胞内药物的生物分析，已开发出不同的色谱技术、质谱离子化技术及包括细胞溶解和样品净化的技术。

参 考 文 献

Agency EM. Guideline on bioanalytical method validation. 2011. Available at http://www.ema.europa.eu/docs/en_GB/document_library/Scientific_guideline/2011/08/WC500109686.pdf. Accessed Apr 13, 2013.

Agrofoglio LA, Bezy V, Chaimbault P, Delepee R, Rhourri B, Morin P. Mass spectrometry based methods for analysis of nucleosides as antiviral drugs and potential tumor biomarkers. Nucleos Nucleot Nucl 2007;26:1523–1527.

Ahmed M, Venkataraman R, Logar AJ, et al. Quantitation of immunosuppression by tacrolimus using flow cytometric analysis of interleukin-2 and interferon-gamma inhibition in CD8(−) and CD8(+) peripheral blood T cells. Ther Drug Monit 2001;23:354–362.

Ansermot N, Fathi M, Veuthey JL, Desmeules J, Hochstrasser D, Rudaz S. Quantification of cyclosporine A in peripheral blood mononuclear cells by liquid chromatography-electrospray mass spectrometry using a column-switching approach. J Chromatogr B Analyt Technol Biomed Life Sci 2007;857:92–99.

Baran Y, Bielawski J, Gunduz U, Ogretmen B. Targeting glucosylceramide synthase sensitizes imatinib-resistant chronic myeloid leukemia cells via endogenous ceramide accumulation. J Cancer Res Clin Oncol 2011;137:1535–1544.

Becher F, Pruvost A, Gale J, et al. A strategy for liquid chromatography/tandem mass spectrometric assays of intracellular drugs: application to the validation of the triphosphorylated anabolite of antiretrovirals in peripheral blood mononuclear cells. J Mass Spectrom 2003;38:879–890.

Becher F, Pruvost A, Goujard C, et al. Improved method for the simultaneous determination of d4T, 3TC and ddl intracellular phosphorylated anabolites in human peripheral-blood mononuclear cells using high-performance liquid chromatography/tandem mass spectrometry. Rapid Commun Mass Spectrom 2002a;16:555–565.

Becher F, Schlemmer D, Pruvost A, et al. Development of a direct assay for measuring intracellular AZT triphosphate in humans peripheral blood mononuclear cells. Anal Chem 2002b;74:4220–4227.

Boltz G, Penner E, Holzinger C, et al. Surface phenotypes of human peripheral blood mononuclear cells from patients with gastrointestinal carcinoma. J Cancer Res Clin Oncol 1987;113: 291–297.

Bousquet L, Pruvost A, Didier N, Farinotti R, Mabondzo A. Emtricitabine: Inhibitor and substrate of multidrug resistance associated protein. Eur J Pharm Sci 2008;35:247–256.

Bushman LR, Kiser JJ, Rower JE, et al. Determination of nucleoside analog mono-, di-, and tri-phosphates in cellular matrix by solid phase extraction and ultra-sensitive LC-MS/MS detection. J Pharm Biomed Anal 2011;56:390–401.

Cahours X, Tran TT, Mesplet N, Kieda C, Morin P, Agrofoglio LA. Analysis of intracellular didanosine triphosphate at sub-ppb level using LC-MS/MS. J Pharm Biomed Anal 2001;26:819–827.

Cai Z, Qian T, Yang MS. Ion-pairing liquid chromatography coupled with mass spectrometry for the simultaneous determination of nucleosides and nucleotides. Se Pu 2004;22:358–360.

Chen LS, Fujitaki JM, Dixon R. A sensitive assay for the aminoimidazole-containing drug GP531 in plasma using liquid chromatography with amperometric electrochemical detection: a new class of electroactive compounds. J Pharm Biomed Anal 1996;14:1535–1538.

Chen P, Liu Z, Liu S, et al. A LC-MS/MS method for the analysis of intracellular nucleoside triphosphate levels. Pharm Res 2009;26:1504–1515.

Chen Q, Zeng Y, Kuang J, et al. Quantification of aesculin in rabbit plasma and ocular tissues by high performance liquid chromatography using fluorescent detection: application to a pharmacokinetic study. J Pharm Biomed Anal 2011;55:161–167.

Cheng XL, Wei F, Xiao XY, et al. Identification of five gelatins by ultra performance liquid chromatography/time-of-flight mass spectrometry (UPLC/Q-TOF-MS) using principal component analysis. J Pharm Biomed Anal 2012;62:191–195.

Chi J, Jayewardene A, Stone J, Gambertoglio JG, Aweeka FT. A direct determination of thymidine triphosphate concentrations without dephosphorylation in peripheral blood mononuclear cells by LC/MS/MS. J Pharm Biomed Anal 2001;26:829–836.

Ciric B, Jandric D, Kilibarda V, Jovic-Stosic J, Dragojevic-Simic V, Vucinic S. Simultaneous determination of amoxicillin and clavulanic acid in the human plasma by high performance liquid chromatography-mass spectrometry (UPLC/MS). Vojnosanit Pregl 2010;67:887–892.

Claire RL, 3rd. Positive ion electrospray ionization tandem mass spectrometry coupled to ion-pairing high-performance liquid chromatography with a phosphate buffer for the quantitative analysis of intracellular nucleotides. Rapid Commun Mass Spectrom 2000;14:1625–1634.

Cohen S, Jordheim LP, Megherbi M, Dumontet C, Guitton J. Liquid chromatographic methods for the determination of endogenous nucleotides and nucleotide analogs used in cancer therapy: a review. J Chromatogr B Analyt Technol Biomed Life Sci 2010;878:1912–1928.

Colombo S, Beguin A, Telenti A, et al. Intracellular measurements of anti-HIV drugs indinavir, amprenavir, saquinavir, ritonavir, nelfinavir, lopinavir, atazanavir, efavirenz and nevirapine in peripheral blood mononuclear cells by liquid chromatography coupled to tandem mass spectrometry. J Chromatogr B Analyt Technol Biomed Life Sci 2005;819:259–276.

Cordell RL, Hill SJ, Ortori CA, Barrett DA. Quantitative profiling of nucleotides and related phosphate-containing metabolites in cultured mammalian cells by liquid chromatography tandem electrospray mass spectrometry. J Chromatogr B Analyt Technol Biomed Life Sci 2008;871:115–124.

Coulier L, Gerritsen H, van Kampen JJ, et al. Comprehensive analysis of the intracellular metabolism of antiretroviral nucleosides and nucleotides using liquid chromatography-tandem mass spectrometry and method improvement by using ultra performance liquid chromatography. J Chromatogr B Analyt Technol Biomed Life Sci 2011;879:2772–2782.

Covey TR, Lee ED, Henion JD. High-speed liquid chromatography/tandem mass spectrometry for the determination of drugs in biological samples. Anal Chem 1986;58:2453–2460.

Durand-Gasselin L, Da Silva D, Benech H, Pruvost A, Grassi J. Evidence and possible consequences of the phosphorylation of nucleoside reverse transcriptase inhibitors in human red blood cells. Antimicrob Agents Chemother 2007;51:2105–2111.

Ehrhardt M, Mock M, Haefeli WE, Mikus G, Burhenne J. Monitoring of lopinavir and ritonavir in peripheral blood mononuclear cells, plasma, and ultrafiltrate using a selective and highly sensitive LC/MS/MS assay. J Chromatogr B Analyt Technol Biomed Life Sci 2007;850:249–258.

El-Gindy A, El Walily AF, Bedair MF. First-derivative spectrophotometric and LC determination of cefuroxime and cefadroxil in urine. J Pharm Biomed Anal 2000;23:341–352.

Elens L, Veriter S, Yombi JC, et al. Validation and clinical application of a high performance liquid chromatography tandem mass spectrometry (LC-MS/MS) method for the quantitative determination of 10 anti-retrovirals in human peripheral blood mononuclear cells. J Chromatogr B Analyt Technol Biomed Life Sci 2009;877:1805–1814.

EMEA. 2011. Guideline on Bioanalytical Method Validation. Available at http://www.ema.europa.eu/docs/en_GB/document_library/Scientific_guideline/2011/08/WC500109686.pdf. Accessed Apr 13, 2013.

FDA. 2001. Guidance for Industry (Bioanalytical Method Validation. Available at wwwfdagov/downloads/Drugs//Guidances/ucm070107pdfSimilar.

Forget R, Spagnoli S. Excipient quantitation and drug distribution during formulation optimization. J Pharm Biomed Anal 2006;41:1051–1055.

Furugen A, Yamaguchi H, Tanaka N, et al. Quantification of intracellular and extracellular prostanoids stimula btedy A23187 by liquid chromatography/electrospray ionization tandem mass spectrometry. J Chromatogr B Analyt Technol Biomed Life Sci 2011;879:3378–3385.

Gahan ME, Miller F, Lewin SR, et al. Quantification of mitochondrial DNA in peripheral blood mononuclear cells and subcutaneous fat using real-time polymerase chain reaction. J Clin Virol 2001;22:241–247.

Garofolo F, Rocci ML, Jr, Dumont I, et al. 2011 White paper on recent issues in bioanalysis and regulatory findings from audits and inspections. *Bioanalysis* 2011;3:2081–2096.

Hennere G, Becher F, Pruvost A, Goujard C, Grassi J, Benech H. Liquid chromatography-tandem mass spectrometry assays for intracellular deoxyribonucleotide triphosphate competitors of nucleoside antiretrovirals. J Chromatogr B Analyt Technol Biomed Life Sci 2003;789:273–281.

Hsieh Y. Potential of HILIC-MS in quantitative bioanalysis of drugs and drug metabolites. J Sep Sci 2008;31:1481–1491.

Huang HJ, Chiang PH, Chen SH. Quantitative analysis of estrogens and estrogen metabolites in endogenous MCF-7 breast cancer cells by liquid chromatography-tandem mass spectrometry. J Chromatogr B Analyt Technol Biomed Life Sci 2011;879:1748–1756.

Huang Y, Zurlinden E, Lin E, et al. Liquid chromatographic-tandem mass spectrometric assay for the simultaneous determination of didanosine and stavudine in human plasma, bronchoalveolar lavage fluid, alveolar cells, peripheral blood mononuclear cells, seminal plasma, cerebrospinal fluid and tonsil tissue. J Chromatogr B Analyt Technol Biomed Life Sci 2004;799: 51–61.

Jansen RS, Rosing H, Schellens JH, Beijnen JH. Protein versus

DNA as a marker for peripheral blood mononuclear cell counting. Anal Bioanal Chem 2009a;395:863–867.

Jansen RS, Rosing H, Schellens JH, Beijnen JH. Simultaneous quantification of 2′,2′-difluorodeoxycytidine and 2′,2′-difluorodeoxyuridine nucleosides and nucleotides in white blood cells using porous graphitic carbon chromatography coupled with tandem mass spectrometry. Rapid Commun Mass Spectrom 2009b;23:3040–3050.

Jansen RS, Rosing H, Schellens JHM, Beijnen JH. Mass spectrometry in the quantitative analysis of therapeutic intracellular nucleotide analogs. Mass Spectrometry Reviews 2011;30:321–343.

Jauhiainen M, Monkkonen H, Raikkonen J, Monkkonen J, Auriola S. Analysis of endogenous ATP analogs and mevalonate pathway metabolites in cancer cell cultures using liquid chromatography-electrospray ionization mass spectrometry. J Chromatogr B Analyt Technol Biomed Life Sci 2009;877:2967–2975.

Jauregui O, Sierra AY, Carrasco P, Gratacos E, Hegardt FG, Casals N. A new LC-ESI-MS/MS method to measure long-chain acylcarnitine levels in cultured cells. Anal Chim Acta 2007;599: 1–6.

Jemal M, Rao S, Gatz M, Whigan D. Liquid chromatography-tandem mass spectrometric quantitative determination of the HIV protease inhibitor atazanavir (BMS-232632) in human peripheral blood mononuclear cells (PBMC): practical approaches to PBMC preparation and PBMC assay design for high-throughput analysis. J Chromatogr B Analyt Technol Biomed Life Sci 2003;795:273–289.

Ji C, Walton J, Su Y, Tella M. Simultaneous determination of plasma epinephrine and norepinephrine using an integrated strategy of a fully automated protein precipitation technique, reductive ethylation labeling and UPLC-MS/MS. Anal Chim Acta. 2010;670:84–91.

Jian W, Edom RW, Xu Y, Weng N. Recent advances in application of hydrophilic interaction chromatography for quantitative bioanalysis. J Sep Sci 2010;33:681–697.

Jian W, Xu Y, Edom RW, Weng N. Analysis of polar metabolites by hydrophilic interaction chromatography–MS/MS. Bioanalysis 2011;3:899–912.

Kaji H, Maiguma T, Inukai Y, et al. A simple determination of mizoribine in human plasma by liquid chromatography with UV detection. J AOAC Int 2005;88:1114–1117.

Kaul S, Stouffer B, Mummaneni V, et al. Specific radioimmunoassays for the measurement of stavudine in human plasma and urine. J Pharm Biomed Anal 1996;15:165–174.

Kawashima H, Mori T, Kashiwagi Y, Takekuma K, Hoshika A, Wakefield A. Detection and sequencing of measles virus from peripheral mononuclear cells from patients with inflammatory bowel disease and autism. Dig Dis Sci 2000;45:723–729.

Kim J, Chou TF, Griesgraber GW, Wagner CR. Direct measurement of nucleoside monophosphate delivery from a phosphoramidate pronucleotide by s isotope labeling and LC-ESI(−)-MS/MS. Mol Pharm 2004;1:102–111.

Kim J, Park S, Tretyakova NY, Wagner CR. A method for quantitating the intracellular metabolism of AZT amino acid phosphoramidate pronucleotides by capillary high-performance liquid chromatography-electrospray ionization mass spectrometry. Mol Pharm 2005;2:233–241.

Kim KM, Henderson GN, Ouyang X, et al. A sensitive and specific liquid chromatography-tandem mass spectrometry method for the determination of intracellular and extracellular uric acid. J Chromatogr B Analyt Technol Biomed Life Sci 2009;877:2032–2038.

King T, Bushman L, Anderson PL, Delahunty T, Ray M, Fletcher CV. Quantitation of zidovudine triphosphate concentrations from human peripheral blood mononuclear cells by anion exchange solid phase extraction and liquid chromatography-tandem mass spectroscopy; an indirect quantitation methodology. J Chromatogr B Analyt Technol Biomed Life Sci 2006a;831:248–257.

King T, Bushman L, Kiser J, et al. Liquid chromatography-tandem mass spectrometric determination of tenofovir-diphosphate in human peripheral blood mononuclear cells. J Chromatogr B Analyt Technol Biomed Life Sci 2006b;843:147–156.

Kominami G, Nakamura M, Chomei N, Takada S. Radioimmunoassay for a novel benzodiazepine inverse agonist, S-8510, in human plasma and urine. J Pharm Biomed Anal 1999;20: 145–153.

Kominami G, Nakamura M, Mizobuchi M, et al. Radioimmunoassay and gas chromatography/mass spectrometry for a novel antiglaucoma medication of a prostaglandin derivative, S-1033, in plasma. J Pharm Biomed Anal 1996;15:175–182.

Kominami G, Ueda A, Sakai K, Misaki A. Radioimmunoassay for a novel lignan-related hypocholesterolemic agent, S-8921, in human plasma after high-performance liquid chromatography purification and in human urine after immunoaffinity extraction. J Chromatogr B Biomed Sci Appl 1997;704:243–250.

Konda A, Soma M, Ito T, et al. Stereoselective analysis of ritodrine diastereomers in human serum using HPLC. J Chromatogr Sci 2010;48:503–506.

Lal J, Mehrotra N, Gupta RC. Analysis and pharmacokinetics of bulaquine and its major metabolite primaquine in rabbits using an LC-UV method—a pilot study. J Pharm Biomed Anal 2003;32:141–150.

Lan T, Bi H, Liu W, Xie X, Xu S, Huang H. Simultaneous determination of sphingosine and sphingosine 1-phosphate in biological samples by liquid chromatography-tandem mass spectrometry. J Chromatogr B Analyt Technol Biomed Life Sci 2011;879:520–526.

Luo B, Groenke K, Takors R, Wandrey C, Oldiges M. Simultaneous determination of multiple intracellular metabolites in glycolysis, pentose phosphate pathway and tricarboxylic acid cycle by liquid chromatography-mass spectrometry. J Chromatogr A 2007;1147:153–164.

Lynch T, Eisenberg G, Kernan M. LC/MS determination of the intracellular concentration of two novel aryl phosphoramidate prodrugs of PMPA and their metabolites in dog PBMC. Nucleosides Nucleotides Nucleic Acids 2001;20:1415–1419.

Mascola JR, Louder MK, Winter C, et al. Human immunodeficiency virus type 1 neutralization measured by flow cytometric quantitation of single-round infection of primary human T cells. J Virol 2002;76:4810–4821.

Michopoulos F, Theodoridis G, Smith CJ, Wilson ID. Metabolite profiles from dried blood spots for metabonomic studies using UPLC combined with orthogonal acceleration ToF-MS: effects of different papers and sample storage stability. Bioanalysis 2011;3:2757–2767.

Mlejnek P, Novak O, Dolezel P. A non-radioactive assay for precise determination of intracellular levels of imatinib and its main metabolite in Bcr-Abl positive cells. Talanta 2011;83:1466–1471.

Nilsson C, Aboud S, Karlen K, Hejdeman B, Urassa W, Biberfeld G. Optimal blood mononuclear cell isolation procedures for gamma interferon enzyme-linked immunospot testing of healthy Swedish and Tanzanian subjects. Clin Vaccine Immunol 2008;15:585–589.

Nirogi RV, Kandikere VN, Mudigonda K. Quantitation of zopiclone and desmethylzopiclone in human plasma by high-performance liquid chromatography using fluorescence detection. Biomed Chromatogr 2006;20:794–799.

Park CW, Rhee YS, Go BW, et al. High performance liquid chromatographic analysis of rabeprazole in human plasma and its pharmacokinetic application. Arch Pharm Res 2008;31:1195–

1199.

Pedersen TL, Keyes WR, Shahab-Ferdows S, Allen LH, Newman JW. Methylmalonic acid quantification in low serum volumes by UPLC-MS/MS. J Chromatogr B Analyt Technol Biomed Life Sci 2011;879:1502–1506.

Pelerin H, Compain S, Duval X, Gimenez F, Benech H, Mabondzo A. Development of an assay method for the detection and quantification of protease and non-nucleoside reverse transcriptase inhibitors in plasma and in peripherical blood mononuclear cells by liquid chromatography coupled with ultraviolet or tandem mass spectrometry detection. J Chromatogr B Analyt Technol Biomed Life Sci 2005;819:47–57.

Pico Y, Blasco C, Font G. Environmental and food applications of LC-tandem mass spectrometry in pesticide-residue analysis: an overview. Mass Spectrom Rev 2004;23:45–85.

Preinerstorfer B, Schiesel S, Lammerhofer M, Lindner W. Metabolic profiling of intracellular metabolites in fermentation broths from beta-lactam antibiotics production by liquid chromatography-tandem mass spectrometry methods. J Chromatogr A 2010;1217:312–328.

Pruvost A, Becher F, Bardouille P, et al. Direct determination of phosphorylated intracellular anabolites of stavudine (d4T) by liquid chromatography/tandem mass spectrometry. Rapid Commun Mass Spectrom. 2001;15:1401–1408.

Pruvost A, Theodoro F, Agrofoglio L, Negredo E, Benech H. Specificity enhancement with LC-positive ESI-MS/MS for the measurement of nucleotides: application to the quantitative determination of carbovir triphosphate, lamivudine triphosphate and tenofovir diphosphate in human peripheral blood mononuclear cells. J Mass Spectrom 2008;43:224–233.

Pucci V, Giuliano C, Zhang R, et al. HILIC LC-MS for the determination of 2′-C-methyl-cytidine-triphosphate in rat liver. J Sep Sci 2009;32:1275–1283.

Qian T, Cai Z, Yang MS. Determination of adenosine nucleotides in cultured cells by ion-pairing liquid chromatography-electrospray ionization mass spectrometry. Anal Biochem 2004;325:77–84.

Raghavamenon AC, Dupard-Julien CL, Kandlakunta B, Uppu RM. Determination of alloxan by fluorometric high-performance liquid chromatography. Toxicol Mech Methods 2009;19:498–502.

Rao DD, Sait SS, Mukkanti K. Development and validation of an UPLC method for rapid determination of ibuprofen and diphenhydramine citrate in the presence of impurities in combined dosage form. J Chromatogr Sci 2011;49:281–286.

Reynolds DL, Eichmeier LS, Giesing DH. Determination of MDL 201,012 at femtomole/millilitre levels in human plasma by liquid chromatography with electrochemical detection. Biomed Chromatogr 1992;6:295–299.

Rouzes A, Berthoin K, Xuereb F, et al. Simultaneous determination of the antiretroviral agents: amprenavir, lopinavir, ritonavir, saquinavir and efavirenz in human peripheral blood mononuclear cells by high-performance liquid chromatography-mass spectrometry. J Chromatogr B Analyt Technol Biomed Life Sci 2004;813:209–216.

Sauve EN, Langodegard M, Ekeberg D, Oiestad AM. Determination of benzodiazepines in ante-mortem and post-mortem whole blood by solid-supported liquid-liquid extraction and UPLC-MS/MS. J Chromatogr B Analyt Technol Biomed Life Sci 2012;883-884:177–188.

Seifar RM, Ras C, van Dam JC, van Gulik WM, Heijnen JJ, van Winden WA. Simultaneous quantification of free nucleotides in complex biological samples using ion pair reversed phase liquid chromatography isotope dilution tandem mass spectrometry. Anal Biochem 2009;388:213–219.

Seifar RM, Zhao Z, van Dam J, van Winden W, van Gulik W, Heijnen JJ. Quantitative analysis of metabolites in complex biological samples using ion-pair reversed-phase liquid chromatography-isotope dilution tandem mass spectrometry. J Chromatogr A 2008;1187:103–110.

Serdar MA, Sertoglu E, Uyanik M, Tapan S, Akin O, Cihan M. Determination of 5-fluorouracil and dihydrofluorouracil levels by using a liquid chromatography-tandem mass spectrometry method for evaluation of dihydropyrimidine dehydrogenase enzyme activity. Cancer Chemother Pharmacol 2011;68:525–529.

Shi G, Wu JT, Li Y, et al. Novel direct detection method for quantitative determination of intracellular nucleoside triphosphates using weak anion exchange liquid chromatography/tandem mass spectrometry. Rapid Commun Mass Spectrom 2002;16:1092–1099.

Slusher JT, Kuwahara SK, Hamzeh FM, Lewis LD, Kornhauser DM, Lietman PS. Intracellular zidovudine (ZDV) and ZDV phosphates as measured by a validated combined high-pressure liquid chromatography-radioimmunoassay procedure. Antimicrob Agents Chemother 1992;36:2473–2477.

Staines AG, Burchell B, Banhegyi G, Mandl J, Csala M. Application of high-performance liquid chromatography-electrospray ionization-mass spectrometry to measure microsomal membrane transport of glucuronides. Anal Biochem 2005;342:45–52.

Stevens AP, Dettmer K, Wallner S, Bosserhoff AK, Oefner PJ. Quantitative analysis of 5′-deoxy-5′-methylthioadenosine in melanoma cells by liquid chromatography-stable isotope ratio tandem mass spectrometry. J Chromatogr B Analyt Technol Biomed Life Sci 2008;876:123–128.

Stewart BH, Chung FY, Tait B, Blankley CJ, Chan OH. Hydrophobicity of HIV protease inhibitors by immobilized artificial membrane chromatography: application and significance to drug transport. Pharm Res 1998;15:1401–1406.

Thomsen AE, Christensen MS, Bagger MA, Steffansen B. Acyclovir prodrug for the intestinal di/tri-peptide transporter PEPT1: comparison of in vivo bioavailability in rats and transport in Caco-2 cells. Eur J Pharm Sci 2004;23:319–325.

Turnpenny P, Rawal J, Schardt T, et al. Quantitation of locked nucleic acid antisense oligonucleotides in mouse tissue using a liquid-liquid extraction LC-MS/MS analytical approach. Bioanalysis 2011;3:1911–1921.

van Haandel L, Becker ML, Williams T, Leeder JS, Stobaugh JF. Measurement of methotrexate polyglutamates in human erythrocytes by ion-pair UPLC-MS/MS. Bioanalysis 2011;3:2783–2796.

Xu RN, Fan L, Rieser MJ, El-Shourbagy TA. Recent advances in high-throughput quantitative bioanalysis by LC-MS/MS. J Pharm Biomed Anal 2007;44:342–355.

Zhou XJ, Chakboub H, Ferrua B, Moravek J, Guedj R, Sommadossi JP. Radioimmunoassay for quantitation of 2',3'-didehydro-3'-deoxythymidine (D4T) in human plasma. Antimicrob Agents Chemother 1996;40:1472–1475.

28

内源性化学标志物的液相色谱-质谱（LC-MS）生物分析

作者：Wenying Jian、Richard Edom 和 Naidong Weng
译者：陈昶、姜宏梁
审校：张杰、蹇文婴、李文魁

28.1 引　言

多年来，作为生物标志物的内源性物质，一直是临床实验室采用各种方法检测的对象，如分解代谢/合成代谢产物、生物活性小分子、多肽和蛋白质。根据美国国立卫生研究院（NIH）资助的生物标志物定义工作组的定义，生物标志物是一种能被客观测量和评价的指标，这一指标能反映正常生理过程、病理进程或干预治疗的药理学效果（NIH, 2001）。近年来，生物标志物被认为是药物发现和开发过程中有用的工具，而药物发现和开发的过程也从"试错法"的模式转变为了一种更加基于机制和目标导向的模式（Katz, 2004; Goodsaid and Frueh, 2007; Wagneret et al., 2007）。如图 28.1 所示（Lee and Hall,2009），生物标志物在临床前和临床研究中的合理运用将加速药物研发进程，比如药物作用靶标和候选药物的确定、风险评估、实验设计、剂量递增、患者分级和安全性监测，从而提高药物开发的效率，为患者提供新的治疗方法，缩短时间并降低成本。

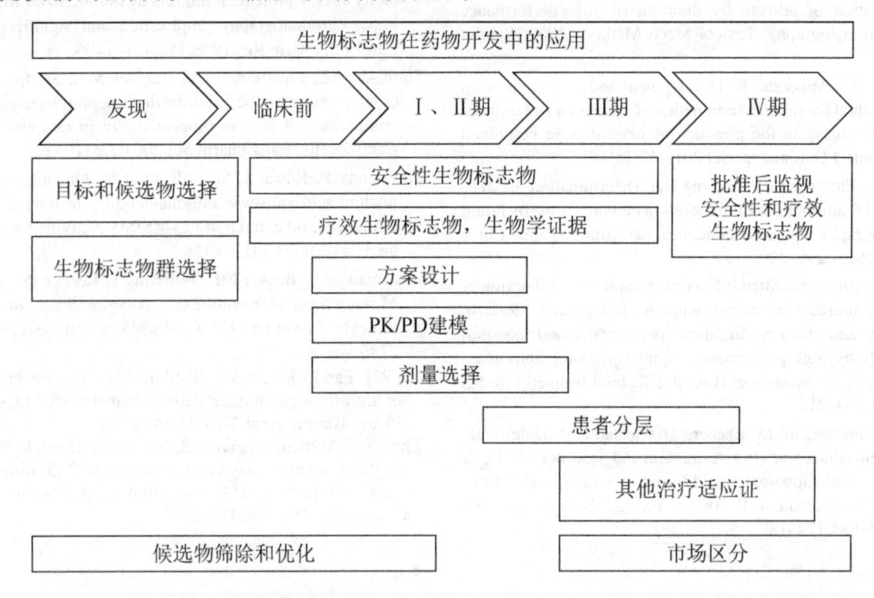

图 28.1　生物标志物在药物发现和开发中的应用（Lee and Hall, 2009。经许可重新绘制）

在临床化学实验室，常用生物标志物的测定可作为诊断手段，如反映心脏、肝脏或肾脏功能的生物标志物（Lee et al., 2005）。常用生物标志物通常采用广为接受的方法检测，如 FDA 批准的商品化试剂盒。相反，在药物研发中，作为研究手段的内源性物质通常被称为“新型生物标志物”，需要特殊的试剂和技术才能分析，而临床化学实验室通常不具备这些条件。由于 LC-MS 方法固有的高灵敏度和选择性及其绝对定量能力，该方法越来越多地被用于新型生物标志物的定量分析。本章探讨了生物标志物 LC-MS 分析方法开发（MD）中的挑战及解决方案，特别强调了“按需定制”的方法开发和验证。

生物标志物的方法开发比外源性物质复杂得多，如表 28.1 所示。生物标志物分析的复杂性可概括为以下几点。

表 28.1 生物标志物分析与毒代动力学/药代动力学（TK/PK）药物分析的比较

	药物生物分析	生物标志物生物分析
分析物	外源性的，空白基质里没有的物质	内源性的，通常是空白基质里有的物质
基质	不含分析物	含有分析物，会引起准确度、特异性问题
特异性	通常易于确定	因分析物的内源性而难以确定，且易受内源性类似物的干扰
对照标准物质	被鉴定的，充分表征的	被鉴定的对照标准物质通常难以获得，购买的对照标准物质通常没有被充分表征且具有批间差异
灵敏度	通常足够	因分析物的低丰度，可能需要高灵敏度
范围	根据分析物的剂量和 TK/PK 性质确定	因个体间和个体内的基线波动及受药物、疾病、生物调控的影响而难以确定
稳定性	易于确定	通常难以确定，可能由体内前体物质产生
样品采集步骤	通常较简单	需要额外注意生物稳定性、日间差异、食物摄入等因素

（1）生物标志物的检测，最根本的挑战来源于其内源性特质。用于配制校正标样（STD）和质量控制（QC）样品的生物基质中原本存在的内源性分析物可能使分析方法变得更复杂，从而导致分析方法的准确度和精密度下降。因此，对一个成功的生物标志物分析方法而言，最重要的就是能够克服内源性分析物干扰和波动。

（2）外源性药物可以在多种开发项目中得以纯化和表征。与之不同的是，内源性物质的对照品通常难以获得，且对照品的批间差异可导致分析结果的误差。对于多肽和蛋白类生物标志物尤其如此，因为这些分子通常具有异源性，其表征也是一个挑战。

（3）外源性药物的 LC-MS 方法特异性可通过空白基质样品中目标分析物的保留时间处是否有干扰峰来确定。然而，由于缺乏真正的空白样品，内源性物质的方法特异性很难评价。此外，由于结构的相似性，具有与目标生物标志物相同生物合成途径的天然存在的类似物也可能造成干扰。

（4）在临床前和临床研究中，外源性药物的浓度通常都在 LC-MS 方法可接受的检测范围内，然而内源性生物标志物的浓度可能极低。更严重的问题是，它们可能在治疗药物的作用下显著下调。因此为了达到预期的灵敏度，分析方法的开发需要更大的工作量。

（5）校正曲线范围应该涵盖对照组和给药组样品中分析物的预期浓度范围。然而，由于文献报道的内源性分析物的基线浓度水平不一致，个体内和个体间的差异，健康人和患者的差异，做到这一点对于生物标志物的定量分析可能难以实现这个要求。方法开发应在生物系统被调控的状态下考察。如果预计生物标志物浓度水平会大幅上调，那么建立一种受内源性分析物基线水平影响很小的分析方法相对比较容易。相反，如果在生物系统被调控的状态下，生物标志物浓度水平的变化相对较小，则这种变化很容易被生理性波动所掩盖，那么建立一种不受内源性分析物基线水平影响的分析方法则比较困难。

（6）内源性分子的浓度水平，特别是具有生物活性的内源性分子的浓度水平，通常与一些机体的调控机制紧密相关，如代谢作用和蛋白酶的降解作用。因此，生物标志物本身的稳定性通常很低，这给方法开发带来了一系列的挑战。研究者还需要时刻记住生物标志物的内源性特征，注意其有可能由生物基质中的前体物质生成。若在体外观察到生物标志物的生成，则有必要将分析物和其前体物质尽早分离，或采取一些措施避免这种生物转换，如加入酶抑制剂。

（7）保持从样品采集到检测过程的样品完整性（也称“血管到容器”稳定性）非常重要。例如，不稳定和吸附损失这样的问题可能从样品采集时就开始影响分析物的浓度。这需要在方法开发和研究方案制定过程中特别小心。此外，生理因素导致的波动，如昼夜变化、食物影响和情绪变化都需要在方案设计时加以考虑，以确保能可靠地测定因为这些因素带来的给药后内源性分析物浓度水平的变化。

总之，由于生物标志物的内源性属性，其检测给生物分析实验室带来诸多挑战，常常需要大量的方法开发工作以获得最佳分析效果。

28.2 生物标志物定量方法

对于生物标志物定量分析而言，为了模拟试验样品并准确测定试验样品中的分析物，选择合适的方法配制校正标样和 QC 样品非常关键。理想情况下，这些校正标样和 QC 样品是通过在实际生物基质中加入一定量的分析物配制而成的。然而，对于内源性物质分析，实际的生物基质通常含有未知量的分析物，因此不适合用这种方式配制校正标样和 QC 样品。基于分析物和实际生物基质的特性，研究人员开发出了不同的方法以解决这个问题（van de Merbel, 2008; Houghton et al., 2009; Ciccimaro and Blair, 2010）。

28.2.1 实际生物基质中添加目标分析物

标准物质添加法是一种解决内源性分析物定量分析问题的常用方法。在每份生物基质中加入递增浓度水平的分析物，以配制一系列的校正标样。校正曲线的截距即分析物的内源性浓度水平。

少数情况下，由于种属、性别、年龄、昼夜交替和疾病状态等原因，实际生物基质中的分析物浓度水平可忽略不计。例如，性激素的浓度在男性和女性，以及不同年龄的人群中差异巨大。另一个例子是在测定小鼠血浆中的金属蛋白酶-9 时，发现大鼠血浆中不含该分析物，因此大鼠血浆被成功地用作空白基质来配制校正标样（Ocana and Neubert, 2010）。对于与环境或职业相关的生物标志物的测定，从未接触过这些标志物的受试者身上采集的生物基质可作为配制校正标样的空白基质（Pan et al., 2004; Li et al., 2006）。有些目标分析物容易被化学方法或酶分解，因此在没有采取增加稳定性措施的情况下，实际生物基质中的分析物浓度会很低或接近零浓度水平。这样的例子包括柠檬酸、儿茶酚胺类、酯类和内酯类（Boomsma et al., 1993; Karlsen et al., 2005; Li et al., 2005）。在这些情况下，采取如升高温度，增加空气中的暴露等方法均可加速分析物的分解，获得不含分析物的空白生物基质。获得的空白生物基质需要用稳定剂处理后再加入分析物，如采用抗氧化剂或酶抑制剂处理，以配制可靠的校正标样和 QC 样品。

在有些情况下，分析物是在体外而不是体内生成的，因此未经刺激的生物基质中分析物的浓度水平为零。例如，在一项本实验室支持的临床研究中，用于测量白三烯 B_4（LTB_4）的血浆样品是通过用钙离子载体刺激人的全血，来激活 LTB_4 的生物合成后采集得到的。从未经刺激的受试者获得的血浆中，LTB_4 的浓度可忽略不计，因此校正标样和 QC 样品可以直接用实际空白生物基质（血浆）来配制。

虽然“实际生物基质中添加目标分析物”法被认为具有最可靠的分析方法效能，但是该方法很少被用于生物标志物的分析。其主要原因是很难找到真正的空白基质或将分析物完全从实际生物基质中去除。而且，如果基质是通过去除不稳定的分析物制备的，则需要加入稳定剂和调节温度、控制 pH 等方法，确保加入的分析物稳定，并且需要确认已经去除的分析物不会通过逆反应重新生成。例如，内源性内酯化合物通过水解完全分解后，生成的羟基羧酸可能重新反应形成内酯环，从而增加分析物在校正标样/QC 样品中的浓度水平。此外，有必要指出，这里所说的“实际生物基质”不一定完全等同于真正的生物基质。例如，经受刺激和未经受刺激可能造成的获生物基质组成的改变。同样的，大鼠相对于小鼠、雄性相对于雌性、加入稳定剂的样品相对于未加入稳定剂的样品等，生物基质的组成都有可能不同。哲学潜在的生物基质非等同性应在方法开发中尤其是在解决问题时被考虑。

28.2.2 替代基质中添加目标分析物

迄今为止，最常用的内源性物质定量方法是采用不含分析物的替代基质配制校正标样/QC 样品。这种方法既实用又经济。除此之外，有几种不同的替代基质可供选择。

（1）缓冲液：磷酸缓冲液（PBS）由于其接近血浆的 pH（7.4）和离子强度（150 mmol/L）接近血浆而经常被采用。另外，也可以采用能模拟人血浆蛋白质含量的蛋白质缓冲液，该缓冲液通过在 PBS 中添加 4%～6%人血清白蛋白（HSA）或牛血清白蛋白（BSA）配制而成。缓冲液中的蛋白质可以增加分析物的溶解度，并防止由非特异性结合（NSB）造成的分析物损失。

（2）经净化基质：许多生物基质中的内源性分析物可用活性炭去除。然而，该方法有一些缺点，主要包括无法完全去除内源性分析物，并且无法去除结合在脂蛋白上的化合物（如胆固醇）（van de Merbel, 2008）。

（3）免疫亲和（IA）提取后的基质：分析物可以被结合在色谱柱中或磁性小珠上结合的抗体特异性去除。用这种方式制得的基质几乎未发生改变，与实际样品的基质非常相似。然而，这一步骤非常昂贵和耗时。

（4）商品化的人造生物基质：这样的例子包括 CST Technologies（Great Neck, NY）生产的 SeraSub 合成血清和 UriSub 合成尿液，还有 STEMCELL Technologies（Vancouver, Canada）生产的含有 HSA、胰岛素、转铁蛋白和缓冲液的替代血清。

如果这类分析方法没有显著的偏差，分析物在试验样品中的浓度可通过用替代基质配制的校正曲线计算得出。然而，替代基质和试验样品基质的组成差异则可能导致校正标样和试验样品间的如下系统误差。

（1）基质效应：替代基质和实际样品基质中的成分可能大相径庭，从而导致 LC-MS 分析中不同程度的离子化抑制/离子化增强效应。

（2）回收率（RE）：在样品处理的过程中，蛋白质结合会影响分析物的回收率。分析物可能会因特异性结合在某种存在于实际样品基质中，而不存在于替代基质中的蛋白质上。例如，维生素 D 会与血清中的维生素 D 结合蛋白（DBP）牢固地结合（Vogeser, 2010）。如果蛋白质变性条件不足以使维生素 D 从蛋白质结合形式变为游离形式，维生素 D 在试验样品中的回收率将低于不含 DBP 的替代基质中的回收率。

（3）稳定性：替代基质可能缺乏某些酶系统，如蛋白酶或酯酶，而这些酶能介导某些分析物在实际样品基质中的降解。

（4）溶解性：当缺乏载体蛋白和脂类时，某些分析物在水相替代基质中的溶解度可能会低于在实际样品基质中的溶解度。

（5）特异性：某些实际样品基质中的成分可能会干扰分析物的检测，然而这一现象可能不会在用替代基质配制的校正标样中出现，例如是内源性羟基甾醇的定量分析。很多分子质量相同、取代基位置不同的同分异构体存在于实际样品基质，如血浆和血清中。然而，它们可能并不存在于替代基质中。

使用合适的内标，特别是和分析物色谱质谱行为相似的稳定同位素标记内标（SIL-IS），能帮助克服前面提到的基质效应问题。然而其他的问题，如蛋白质结合、稳定性、溶解性和特异性都不能通过使用内标而解决。因为在加入内标之前，这些问题就已经影响了样品的特性。因此，为了避免这些潜在问题，非常有必要用实际生物基质配制至少一个浓度水平的 QC 样品来充分评价分析方法（Desilvaer et al., 2003）。

在配制 QC 样品前，应当考虑实际生物基质中内源性分析物的基线浓度水平、预期的定量分析范围和实际生物基质的易得性。对于小分子生物标志物定量分析而言，一个由 Houghton 等（2009）推荐的通用方法是采用多个供体的混合实际生物基质来配制中等浓度 QC 样品，该浓度 QC 样品的初始测定浓度被指定为标示浓度。高浓度 QC 样品通过在以上实际生物基质中加入已知量的分析物获得，使其浓度接近校正曲线的定量上限（ULOQ）。低浓度 QC 样品可通过用替代基质稀释实际生物基质获得，使其分析物最终浓度降至定量下限（LLOQ）的 3 倍以内。LLOQ QC 样品通过在替代基质中加入分析物获得。在本实验室一个维生素 D 定量分析的实例中，笔者采用了另一种 QC 样品的配制方法。LLOQ QC 样品采用替代基质蛋白质缓冲液配制。在采用含有微量维生素 D 的马血清配制低浓度 QC 样品前，测定其基线浓度水平，然后加入已知量的分析物至预期的低浓度 QC 样品浓度水平（Harmeyer and Schlumbohm, 2004）。在另一项人痰液中 LTB_4 的定量分析研究中，由于对照痰液的来源限制，采用了另一种替代方法。在这个案例中，对照痰液通过所在临床研究单位的特殊实验方案获得，其体积仅够配制一个浓度水平的 QC 样品。由于对照痰液中 LTB_4 的基线水平低于预期的低浓度 QC 样品浓度水平，低浓度 QC 样品通过在对照痰液中加入分析物配制而成，中浓度和高浓度 QC 样品则采用含 HSA 的 PBS 缓冲液配制。对基线水平和低浓度 QC 样品的准确测定表明了该分析方法在校正曲线低浓度端的效能，也是对该分析方法可靠性的验证。在任何情况下，都要尽量确保有足够量的一份混合实际生物基质，用以配制用于分析方法验证和样品分析的所需 QC 样品，从而减少不同来源基质中分析物基线浓度水平波动带来的影响。

28.2.3　实际生物基质中添加替代分析物

一种新颖且科学巧妙的方法可以克服对照基质中分析物基线浓度水平波动的问题。该方法即采用稳定同位素标记（SIL）的化合物作为替代分析物（Jemal et al., 2003; Li and Cohen, 2003）。稳定同位素，如 ^{13}C、^{15}N 或氘标记的分析物，理论上具有和非标记分析物相同的理化性质和 LC-MS 分析特性，但不存在于实际基质中。因此，可以采用实际基质配制校正标样和 QC 样品。试验样品中分析物的浓度可以根据其质谱响应和用替代分析物配制的标准曲线计算得到。为了确保分析方法的耐用性，通常采用另一种稳定同位素标记（SIL）的分析物作为内标。这种方法在现行的基于 LC-MS 技术的生物分析中很常用。如果另一种 SIL 的分析物不易获得，可采用一种非内源性的结构类似物作为内标。如图 28.2 所示，为了分析内源性的脂肪酸酰胺化合物，即 arachidonylethanolamide（AEA）、oleoylethanolamide（OEA）和 palmitoylethanolamide（PEA），D_4-AEA、D_4-OEA 和 $^{13}C_2$-PEA 被用作替代分析物，D_8-AEA、D_2-OEA 和 D_4-PEA 被用作内标（Jian et al., 2010）。目标分析物 AEA、OEA 和 PEA 是内源性物质，在所有样品中都存在。而替代分析物以不同浓度加入到基质中，用以配制校正标样。特定浓度的内标被加入到样品中，以抵消样品提取和分析测定中波动带来的影响。在另一篇近期发表的关于测定反映人血浆中 CYP3A 活性的生物标志物 4-β-羟基胆固醇（4-βHC）的文章中，D_7-4-βHC 和 D_4-4-βHC 分别被用作替代分析物和内标（Goodenough et al., 2011）。

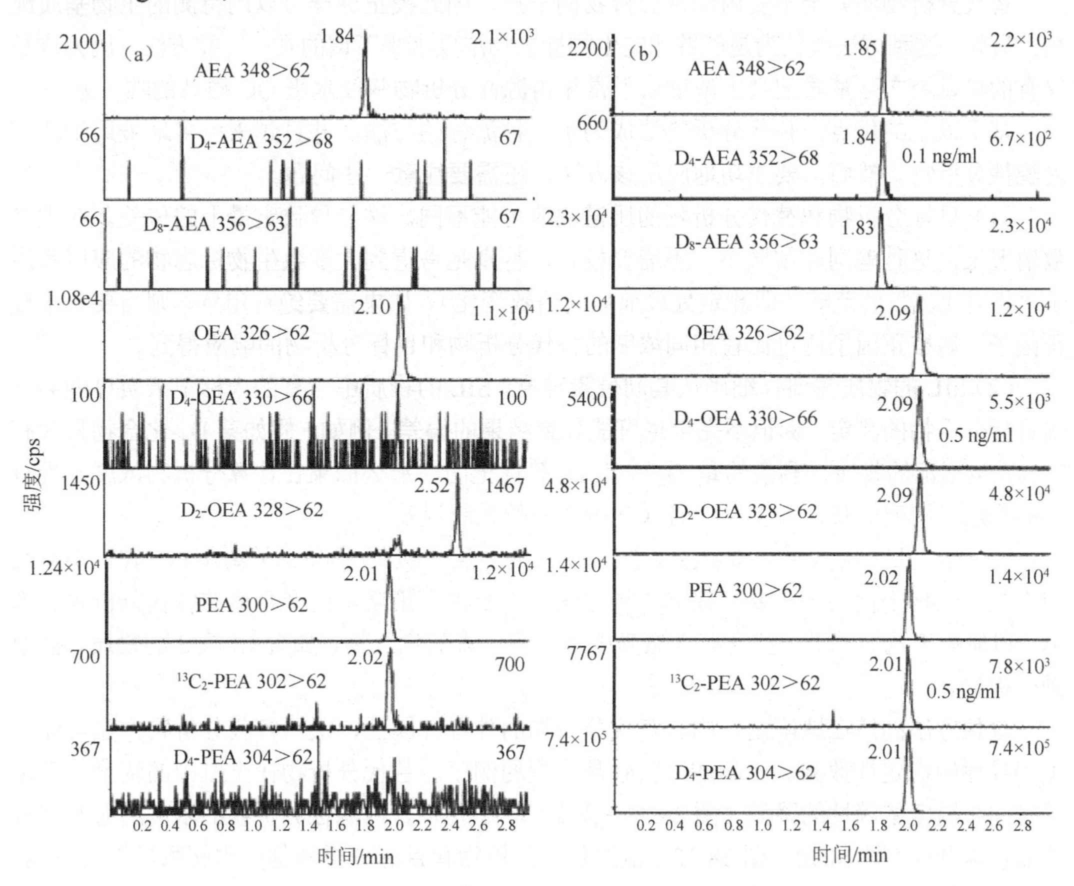

图 28.2 LC-MS/MS 色谱图：（a）提取后的无内标空白人血浆；（b）提取加入了 LLOQ 水平的 D_4-AEA（0.1 ng/ml）、D_4-OEA（0.5 ng/ml）、$^{13}C_2$-PEA（0.5 ng/ml）和内标的人血浆提取物；标准待测物：AEA、OEA、PEA；替代待测物：D_4-AEA、D_4-OEA、$^{13}C_2$-PEA；内标：D_8-AEA、D_2-OEA、D_4-PEA（Jiang et al., 2010。复制经允许）

QC 样品的配制可使用不同方法。在本实验室 AEA、OEA 和 PEA 的测定中，所有浓度水平的 QC 样品都是通过在实际生物基质中加入替代分析物配制而成，分析方法验证也是基于替代分析物的浓度而进行的（Jian et al., 2010）。此外，在方法验证分析批（如准确度、精密度、稳定性评价）中，也测定了 QC 样品中的内源性分析物。这些实验表明目标分析物的重现性和稳定性，进一步确认了分析方法的效能。同样的校正标样和 QC 样品配制方法被用于人血浆中 CYP3A 活性生物标志物 4-βHC 的定量分析，而冻融稳定性和长期稳定性评价是采用仅含内源性分析物的混合人血浆样品完成的（Goodenough et al., 2011）。稳定性评价基于比较内源性分析物在样品中的初始测定值与样品经过冻融循环或长期储存后的测定浓度来进行的。有些实验室则更倾向于采用另一种方案，即尽量少地使用替代分析物配制 QC 样品。在配制浓度高于基线水平的 QC 样品时，会在实际基质中加入目标分析物；而仅在配制浓度低于基线水平的 QC 样品时，才采用替代分析物。在这种情况下，确保有大量的混合实际生物基质用于配制含目标分析物的 QC 样品非常关键。只要分析方法验证实验能够证明该方法能够可靠地、可重现地测定实际基质中的分析物浓度，上述的任何方法都可以被接受。

替代分析物法完全不受内源性分析物的干扰，因此校正标样可以用待测的生物基质配制。另外，这种方法被认为是能够测定生物标志物浓度水平下调的唯一可靠方法。因为这是仅有的可以用实际基质配制出浓度低于常见内源性分析物基线水平 QC 样品的唯一方法。

基于以上的优点，替代分析物法成为了一种流行的方法，并且越来越多地被用于测定内源性分析物。然而，要成功地应用该方法，还需要注意一些问题。

（1）目标分析物和替代分析物的质谱响应可能不同，这会导致定量上的偏差。在大多数情况下，这种差别非常微小，不需要校正，特别是考虑到大多数生物标志物的应用都属于“相对比较”的范畴（即测定处理前后的倍数变化）。如果需要绝对定量，则需要一个校正因子。该校正因子通过比较相同浓度的替代分析物和目标分析物的响应得到。

（2）SIL 的物质需要仔细确认其同位素纯度。SIL 的物质中含有的未标记杂质可能会干扰目标分析物的测定。标记不完全也可能导致结果的偏差。例如，假如某 D_4-化合物只含有 70%完全标记的物质，剩余的是 D_2 或者 D_3 等标记的，那么如果在计算分析物浓度时没有考虑到这一纯度信息，就会导致替代分析物法的系统误差。

（3）确定目标分析物、替代分析物和内标的多反应监测（MRM）离子对（IP）不会互相产生同位素干扰至关重要。建立分析方法时需要讲究策略，选择合适的替代分析物和内标，以避免干扰。对于一些含有天然高丰度重同位素的化合物，如含 Cl 或 S 的物质，需要额外标记。

这种方法的潜在缺陷是，由于替代分析物的外源性属性，采用替代分析物方法可能产生误导性的稳定性数据。脂肪酸酰胺就是典型的例子。替代分析物在全血中的浓度表现出了时间和温度依赖性的降低（图 28.3a～图 28.3c）。然而，内源性分析物的浓度随着时间推移而快速升高（图 28.3d～图 28.3f）。虽然替代分析物和目标分析物都受水解酶活性的影响，但目标分析物同时可由其前体物质 *N*-acyl-phosphatidylethanolamines（NAPE）转化而来，因此导致测定的总浓度水平升高（Natarajan et al., 1984; Cravatt et al., 1996; Hillard and Jarrahian, 2003）。相似地，某些代谢产物重新转化为原型药物也会生成目标分析物，而这种现象不会影响外源性替代分析物。因此，为了充分评价分析物的稳定性，特别是在目标分析物有可能由前体物质或代谢产物转化而来的情况下，我们建议采用添加了目标分析物实际生物基质（最好为真实样品）来研究目标分析物的稳定性。

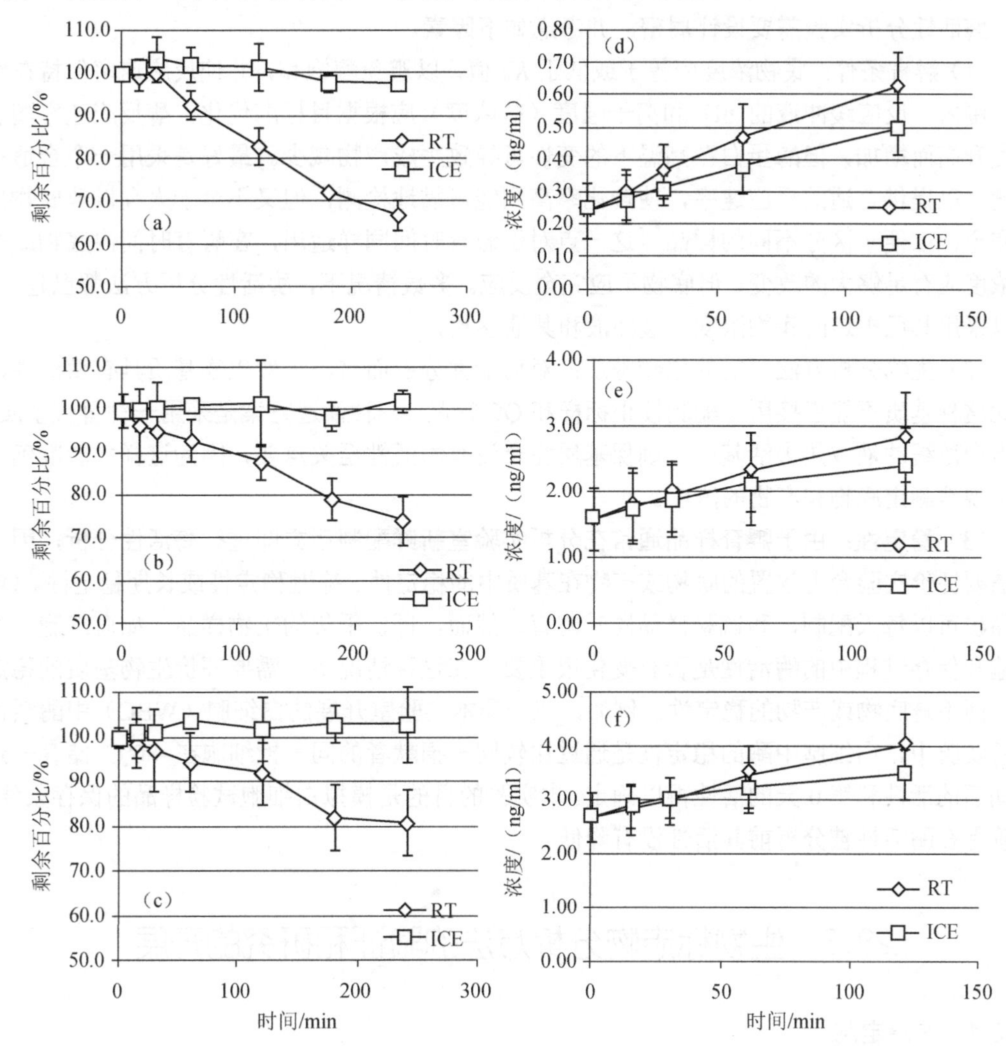

图 28.3　在购买的人全血中加入（a）D_4-AEA、（b）D_2-OEA、（c）D_4-PEA 所进行的稳定性评价；新鲜人全血中的内源性（d）AEA、（e）OEA、（f）PEA 的平均浓度（$n=6$）；RT.室温；ICE.冰浴（Jian et al., 2010。复制经允许并做了修改）

28.2.4　酶活性分析

前面讨论的所有方法都基于生物通路中所涉及分子的测定，例如用于评价酶激活/抑制作用的酶的底物或产物。另一方面，对于血浆或血细胞中的生物系统，它们的活性也可以通过在收集到的生物基质中加入外源性底物，并孵育一段时间后直接在体外测定。酶活性可表现为随着孵育时间增加，其底物浓度的降低或产物浓度的升高，通常采用样品中所测蛋白质的含量将其标准化。为了区分内源性化合物，会使用放射性同位素或 SIL 的底物，这样内源性物质的干扰问题就得到了解决。对于体内的酶活性分析，目标生物过程中涉及的酶必须存在于收集到的生物基质中。这一前提条件有时会限制体内系统的活性分析。然而，在某些适用的情况下，酶活性评价能直接测定药物靶标酶系统的活性。这些数据可以为药代动力学（PK）和药效学（PD）的相关性研究提供有用的信息。

酶活性分析实验需要设计周密，并考虑如下因素。

（1）孵育条件：底物浓度应等于或低于 K_m 值，以避免酶饱和，并使反应速率保持在线性范围内。反应缓冲液的 pH 和离子强度（盐浓度）应根据目标酶优化。酶反应速率随着温度升高而增加，但酶蛋白在高温下的变性可导致生成产物减少。最好是采用一个合适的温度，以提供合适的反应速率，使转化率高到能可靠地检测，但又不至于太高以致底物反应完全，以便于区分不同的样品。这一点对于孵育时间同样适用，在孵育时间内底物或产物浓度应有足够大的改变，但底物不应完全反应。多数情况下，酶活性分析方法都已建立，可以采用其已报道的底物浓度、缓冲液和其他参数。

（2）生物分析方法所需的生物基质：对酶活性分析而言，天然生物基质具有酶活性，因此这种基质不能直接用于配制校正标样和 QC 样品。一种候选方案是采用一种替代基质，如蛋白质缓冲液或热去活基质。确保基质完全没有酶活性至关重要，因为这样才能准确、可重现地测定底物和产物的浓度。

（3）稳定性：由于孵育样品通常在分析实验室新鲜配制后立即进行酶活性分析，因此不需要评价实验台上放置的底物或产物在基质中的稳定性、冻融稳定性或长期稳定性。QC 样品也可以每天配制，和试验样品同时孵育。然而，评价采集的生物样品（如血细胞）在运输和保存过程中的酶活性是否有变化很重要。在这种情况下，需要评价生物基质的稳定性，而不是底物或产物的稳定性。例如，在一项本实验室开展的白细胞（WBC）中酶活性分析实验中，白细胞中酶的稳定性是通过比较同一捐献者的同一批细胞在–80ºC 储存一定时间后的活性和第 0 天的活性得以确定。本实验的目的是模拟白细胞试验样品的保存条件，以确保在酶活性被分析前其活性没有降低。

28.3 生物标志物分析方法的验证和研究的开展

28.3.1 按需定制

如今，生物分析界的共识是生物标志物的定量分析应该采用“按需定制（fit-for-purpose）”的方法（Lee et al., 2005, 2006; Chau et al., 2008; Cummings et al., 2008, 2010）。有一篇意见书对这一主题进行了深入的讨论，界定了按需定制分析方法的关键部分：“分析方法验证内容应当根据生物标志物研究的预期目的而调整，方法的严格程度应当与数据的预期用途匹配”（Lee et al., 2006）。从作为研究手段到临床终点指标，生物标志物分析所处的不同阶段决定了其分析方法效能验证的严格程度。此外，生物分析技术的特质，从定性（分类）、半定量（具有某些属性）、相对定量到绝对定量，也决定了所采取的分析方法的效能验证所需的标准（Cummings et al., 2010）。采用 LC-MS 法测定生物标志物属于绝对定量的范畴，因此通常需要更加严格的分析方法验证。适用于外源性分析物毒代动力学/药代动力学（TK/PK）研究目的的 USFDA 生物分析方法验证指导原则，通常被研究者适当修改后用于生物标志物定量分析，以应对与分析内源性分析物相关的挑战（USFDA, 2001; Viswanathan et al., 2007; Fast et al., 2009）。

最近出现了一些关于生物标志物分析方法验证的说明（Booth, 2011a, 2011b）。对于在药物早期开发阶段的生物标志物研究，如 0 期和 I 期临床试验阶段，所得数据主要用于内部决定候选药物的选择或决定是否继续某药物的进一步开发，那么分析方法验证不必按照严格的规范要求进行，研究方可以根据实验目的选择适当的分析方法验证标准。但是，如果生物标志物分析方法是为了新药或生物制品的安全性和有效性评价，以及（或）为了支持药物标示剂量说明，为患者治疗提供数据支持时，那么生物分析方法就应当进行完整验证（Booth, 2011a）。在这些情况下，生物标志物分析方法的验证参数和接受标准应当与药物浓度测定所需分析方法的验证标准相同。如果需要放宽接受标准，则应具体说明接受标准并提供放宽理由（Booth, 2011a）。预计 USFDA 新版生物分析方法验证指导原则将包括内源性化合物分析。

在欧洲，当生物标志物测定应用于临床试验样品时，分析实验室需遵守临床试验规范（Fontaine and Rosengren, 2001; HMSO, 2004, 2006）。样品分析的所有方面都要遵守标准操作规程（SOP），并服从全面的质量保证（QA）审查。

28.3.2 方法验证前的考量

在评价生物分析方法参数之前，需要根据具体的待测生物标志物和生物基质选择合适的方案。如前一节所述，在某些情况下，实际生物基质中添加目标分析物法可用于分析内源性分析物。作为另一种选择，当两种不同的 SIL 的分析物易于获得时，通常倾向于采用替代分析物法。然而，如果只有一种 SIL 的分析物或者没法获取 SIL 的分析物时，需采用替代基质以避免内源性干扰。此外，对于难以获得的对照基质，如脑脊液（CSF），采用替代基质更具可行性。如果目标酶存在于收集到的生物基质中，那么可考虑酶活性分析的直接测定方法。

无论采用何种方法，选择合适的内标至关重要。理想情况是采用 SIL 的分析物作为内标，以确保能充分抵消实验方法中种种波动带来的影响，特别是能充分补偿显著影响方法准确度和精密度的基质效应。如果只有一种 SIL 的分析物，通常倾向于采用替代基质法，并将其作为内标；而不采用在实际生物基质中添加稳定同位素标记替代分析物，再用另一种结构类似物作为内标的方法。通常而言，不同基质的基质效应可以很有效地被 SIL-IS 抵偿。然而，如 28.2 节所述，始终采用实际生物基质配制至少一个浓度水平的 QC 样品非常重要，因为生物分析中的其他影响因素，分析物在替代基质和实际生物基质中的回收率和稳定性可能会不同。

候选药物通常有可靠的内部对照品来源，然而生物标志物的对照标准物质和内标通常来源于外部供应商。在这种情况下，这些标准物质的质量和供应商的可靠性需要认真评估。在实验开始前，就应准备足够量的质量/纯度均一的标准物质，确保能满足整个分析方法验证和研究过程的需要。而为了保证 QC 样品的一致性，则需要确保有足够量的同一混合生物基质，以满足整个分析方法验证和研究过程的需要。

通常，人们关注的生物标志物会被充分地研究，因此阅读文献可以获得有用的背景信息，为方法开发提供参考依据。然而，全盘采用文献报道的方法时需要谨慎，因为这种方法可能只是用于研究，而没有经过严格的方法验证。

为了选择一个合适的校正曲线范围，研究者需要考虑分析物的基线水平、个体内和个体间的波动，以及药物作用下的浓度变化。因此，建议在方法开发的早期筛查多批基质，以评价基线水平和个体间波动。前期研究和文献数据均可作为参考。LLOQ 应该低至包含基线水平，以及药物引发分析物浓度下降后所达到的水平。同样，ULOQ 应该高至包含药物引发的分析物浓度升高的预期峰浓度，尽管也可以稀释后进行分析。

内源性分析物通常很容易受到体内天然调节机制的影响。这可能是对生物分析方法体外稳定性考察的一个挑战。稳定性应该在方法开发阶段采用实际生物基质中添加目标分析物的方法来评价。如果分析物的结构提示其可能不稳定，则推荐采用新鲜采集的基质进行稳定性研究，因为影响稳定性的基质成分（如酶）可能在不新鲜的基质中失去活性。如果观察到任何稳定性问题，则需要采取合适的措施增加分析物的稳定性，如采用稳定剂、在样品运输和操作中格外谨慎，或改变样品采集步骤等。由于生物标志物的内源性特征，如果怀疑试验样品中预期含有该分析物的前体物质，还推荐开展在前体物质存在条件下的稳定性实验，以评价目标分析物在生物基质中体外生物合成的可能性。

28.3.3 分析方法验证

不像药物那样需要完全依从规范性指导原则进行方法学验证以支持非临床的良好实验室规范（GLP）研究和临床研究，生物标志物方法验证通常仅包含研究者认为符合研究目的的部分内容，从而加速研究进程及节省资源。根据生物标志物研究的目的，方法验证的范围可以窄至仅包括基本的实验，如准确度、精密度和稳定性评价；也可以广至药物分析方法验证规范性指导原则中规定的所有内容（USFDA, 2001; Viswanathan et al., 2007; Fast et al., 2009）。如 28.3.1 节所述，在大多数情况下，“按需定制”的生物标志物分析方法是可以接受的，只要它具备科学上的可靠性和可追溯性，能满足特定研究背景下的实验目的。“方法合格检验（qualification）”这一术语通常指没有经过完整验证及包含有“按需定制”因素的分析方法。在本章里，“方法验证”通常指确认分析方法效能所有该做的，因此包含方法合格检验和方法验证两个概念。方法验证的许多方面对于内源性生物标志物和外源性药物是相似的。内源性化合物和“按需定制”的特征如下所述。

28.3.3.1 验证计划和接受标准

在开始验证之前，应当撰写最终的分析方法步骤和计划的验证实验。应该保存恰当的记录，以支持整个验证和研究过程中数据使用的合规性。接受标准也需要在分析方法验证开始前制定。迄今为止，还没有针对生物标志物分析方法验证接受标准的指导原则和共识（Lee, 2009; Lee and Hall, 2009）。对于小分子生物标志物的 LC-MS 分析方法，药物 TK/PK 生物分析方法验证的 4-6-X 法则被广泛采纳。这一法则要求在低、中、高浓度水平的 6 个 QC 平行样品中，至少有 4 个平行样品的测定值必须在标示值的±*X*%内（对药物而言，在低、中、高浓度水平是±15%，在 LLOQ 浓度水平是±20%），该分析批才能被接受。通常，鉴于生物标志物分析方法的分析波动高于药物分析，其“*X*”值可设为 20。除根据预期的分析方法效能选择接受标准外，其他因素，如数据的预期用途和由药物治疗导致的分析物浓度预期变化范围都应该考虑。例如，在药物治疗情况下，生物标志物的预期浓度变化仅为 30%，则该分析方法应采用更严格的标准来增加数据的预测能力；然而当在药物治疗对浓度的影响效果达 10 倍时，由于生物标志物浓度水平的变化幅度更大，该分析方法可以采用较宽松的接受条件。

28.3.3.2 准确度、精密度、灵敏度和线性

准确度和精密度通过分析不同批次的 QC 样品而确定，每一批中应包含至少低、中、高浓度 3 个浓度水平的 QC 样品。LLOQ 和 ULOQ 处的准确度和精密度评价可能不重要，因为对于一个设计良好的方法而言，这些浓度通常超出了生理相关浓度范围。如果采用替代分析物或替代基质分析方法，那么评价实际生物基质中目标分析物的数据质量就很重要。正如脂肪酸酰胺定量分析的例子中提到的，除测定替代分析物的批内和批间准确度与精密度（表 28.2a）外，该研究还测定了 QC 样品中的内源性分析物浓度（表 28.2b）。发现内源性分析物日常定量分析的重现性很好，证实了该方法的良好重现性。

表 28.2 （a）人血浆中 AEA、OEA 和 PEA 的精密度和准确度（三次分析测试的方差分析），QC 样品用替代分析物配制（$n=6$）；（b）3 次 QC 样品测试中内源性 AEA、OEA 和 PEA 的计算浓度（ng/ml）

（a）

		标示浓度 /（ng/ml）	平均观测浓度/（ng/ml）	偏差/%	分析间精密度（%CV）	分析内精密度（%CV）	总波动（%CV）
D_4-AEA	LQC	0.300	0.321	7.0	5.3	7.1	8.8
	MQC	5.00	4.93	−1.4	2.0	5.5	5.8
	HQC	8.00	8.31	3.9	1.4	3.2	3.5
D_4-OEA	LQC	3.00	2.94	−2.0	1.3	3.0	3.3
	MQC	50.0	49.4	−1.2	0.0	4.9	4.6
	HQC	80.0	80.6	0.8	0.0	3.6	3.3
$^{13}C_2$-PEA	LQC	1.50	1.49	−0.7	3.5	5.6	6.6
	MQC	25.0	25.2	0.8	2.1	3.4	4.0
	HQC	40.0	41.5	3.8	0.0	2.9	2.8

（b）

		分析 1	分析 2	分析 3	均值	%CV
AEA	LQC	0.275	0.276	0.290	0.280	3.0
	MQC	0.264	0.274	0.304	0.281	7.4
	HQC	0.269	0.264	0.304	0.279	7.8
OEA	LQC	1.735	1.790	1.849	1.791	3.2
	MQC	1.719	1.766	1.832	1.722	3.2
	HQC	1.720	1.723	1.862	1.768	4.6
PEA	LQC	1.832	1.687	1.920	1.813	6.5
	MQC	1.826	1.670	1.779	1.758	4.6
	HQC	1.815	1.617	1.846	1.759	7.1

类似药物分析，校正曲线拟合方程由最简单、最能体现浓度-响应关系的模型决定。权重因子（$1/x$ 或 $1/x^2$）经常被使用。从原理上说，基于 LC-MS 技术的分析方法，应该产生线性的浓度-响应曲线。因此，优先使用线性回归分析。若 LC-MS 方法产生明显的非线性校正曲线结果时，则需要调查原因。将数据进行指数拟合可能会掩盖一些方法上的问题，如分析物的吸附性损失、低溶解度或不稳定性。

28.3.3.3 稳定性

对生物基质中分析物稳定性的评价应该包含短期（实验台上）、冻融循环和长期储存（冷

冻）稳定性，以模拟试验样品可能经历的环境。储备液稳定性评价应包含日常使用（实验台上）和长期储存稳定性。此外，处理后样品在自动进样器中的稳定性也需要评价。最后，如前所述，如果使用了酶活性测定方法，推荐评价生物基质的“稳定性”时应考虑操作和储存过程中酶活性的保留。

如果样品在体外会生成内源性生物标志物，那么采用替代分析物进行稳定性测试可能导致不同的结果。与此类似，替代基质可能缺乏导致分析物不稳定的组分（如酶）。因此，使用替代基质可能导致误导性的稳定性结果。所以，测定目标分析物在实际生物基质中的稳定性非常重要。无论是否在实际生物基质中加入分析物，稳定性评价样品中的分析物浓度最好与低浓度和高浓度 QC 样品的浓度相当。稳定性样品需要通过常规方法评价，并将测得的浓度和标示浓度比较。由于内源性分析物的标示浓度包含了测得的（内源性）部分，因此需要获得第 0 天测定的初始浓度，从而使稳定性结果可以和初始值比较。

目前还没有关于生物标志物稳定性评价接受标准的规范性指导原则。通常参考药物生物分析现行规范中的±15%规则（相对于标示浓度）。考虑到生物标志物分析的复杂性，更宽松的±20%接受标准可以应用于稳定性研究。实际上，即使是在使用防范措施的情况下，内源性物质也可能比外源性物质更容易发生自然降解。在这些情况下，应该估测不稳定信息，包括测试条件、时间范围和不稳定损失的程度应该被用于估测其对试验样品分析结果的潜在影响。

28.3.3.4　特异性

内源性物质分析通常会受到生物基质中其他同量异序化合物或结构类似物的干扰。在这些干扰物存在的条件下，目标分析物分析方法的特异性应该在方法开发阶段进行评价，其结果应该在方法验证时记录。对于常规的外源性分析物 LC-MS 分析方法，其特异性很容易通过提取的空白基质样品在预期的分析物保留时间处无干扰峰来体现。同样的评价方法可以适用于实际生物基质中添加替代分析物或替代基质中添加目标分析物的分析。然而，对于实际生物基质中添加目标分析物的方法，确定特异性是一个挑战，因为其内源性特点决定了分析物始终存在于基质中。因此，基于对目标分析物已有的了解，应采用更灵活的实验设计。

有几种质谱方法可用于特异性评价。

（1）比较目标分析物纯溶液和试验样品提取物各自进样分析后的分析物色谱峰形，峰形的任何不同都意味着试验样品生物基质中可能有共流出的同量异序化合物的干扰。

（2）可以同时监测一个分析物的几个 MRM 离子对，以比较分析物纯溶液和提取样品中分析物的不同产物离子的相对强度。

（3）比较分析物纯溶液和提取样品在预期分析物保留时间处色谱峰的二级（MS^2）或三级质谱图（MS^3），可以揭示是否存在共流出的干扰组分。

（4）高分辨质谱可以分辨共流出的具有不同元素组成的其他同量异序化合物。

特异性也可以通过采用不同的液相色谱条件来评价。更缓的梯度、更长的分析时间、改变流动相中的添加剂，或改变固定相可以帮助分开共流出的成分，揭示隐藏在分析物色谱峰中的干扰成分。分离度可以通过使用基于正交原理的二维液相色谱来改善，如采用反向色谱和亲水相互作用液相色谱（HILIC）的串联，比一维色谱能更易于阐明共流出的干扰成分。在某些情况下，也有必要进行手性色谱分离，以分开天然存在的手性异构体。例如，LTB_4的3种同分异构体可能由其前体物质白三烯A_4（LTA4）通过非酶水解产生（Borgeat and Samuelsson, 1979b, 1979a; Lee et al., 1984; Fretl and Anglin, 1991; Sala et al., 1996）。这些异构体与目标分析物LTB_4具有相同的MRM离子对，如果没有通过色谱将这些干扰成分分开，会导致目标分析物的浓度被高估。本实验室在进行特异性评价时，将LTB_4和它的3种同分异构体的混合物进样，并证明这些异构体之间达到了基线分离。

对目标生物标志物分子的官能团，如酚羟基、醇羟基或氨基为例的官能团进行化学衍生化，可以改变它们的色谱行为，提高质谱检测的灵敏度，并且进一步提高分析方法的特异性（Quirke et al., 1994）。另外，通过与酶联免疫吸附分析（ELISA）、液相色谱-紫外检测法和液相色谱-荧光检测法等互补性分析方法测得的数据进行比较，可以帮助阐明是否有潜在的特异性问题。

28.3.3.5 基质效应

通常，采用SIL-IS可以有效抵消LC-MS分析中因基质成分导致目标分析物离子化效率波动带来的影响。因此，如果使用了SIL-IS，生物标志物分析方法验证时可以不需要评价基质效应。然而，也有几种流行的、可供选择的方法，用于评价内源性分析物LC-MS分析方法的基质效应。

（1）如果有SIL的分析物，可以用来替代目标分析物，用传统的方法评价基质效应，即比较处理后的空白基质和纯溶液中加入同等标示浓度的替代分析物以后的仪器响应。

（2）为了评价实际生物基质对目标分析物的影响，可以进行稀释线性实验。如果在实际生物基质中目标分析物被不含实际生物基质的缓冲液（或替代基质）稀释前后所测得的回算浓度值一致，则可认为该分析方法不受基质效应的影响（Houghton et al., 2009）。

（3）不同批次实际生物基质（或替代基质）校正曲线的斜率显著变化，可以很好地表明相对基质效应的存在。有人建议，如果5个不同批次实际生物基质校正曲线斜率的批间变异系数（%CV）不超过3%～4%，即可认为基质效应的影响可以忽略不计（Matuszewski, 2006）。

（4）如果测定了分析物的回收率，目标分析物的基质效应可以通过比较已知浓度样品提取物和等量（含量×回收率）分析物纯溶液的仪器响应计算得到。

28.3.3.6 回收率

如果使用了SIL-IS，评价从生物基质中提取内源性分析物的效率可能并不需要。尽管如此，回收率也可以通过不同的方法评价。

（1）如果有SIL的分析物，可以用来替代目标分析物测定回收率。可比较提取前加有替代分析物的样品和空白基质提取后加入等量替代分析物的样品的色谱峰面积，或比较这两种样品中替代分析物相对于内源性分析物的响应比例，因为内源性分析物在这两种样品中的含量应该一致。

（2）下式可用来计算目标分析物的回收率，前提是用于回收率实验的生物基质中目标分析物的基线（本底）浓度已事先测定。

$$\frac{(\text{基线浓度}+\text{加入的浓度})\times\text{回收率}}{\text{基线浓度}\times\text{回收率}+\text{加入的浓度}}=\frac{\text{提取前加入分析物的样品的分析物峰面积}}{\text{提取后加入分析物的样品的分析物峰面积}}$$

为了准确和可重现计算，这一方法需要加入相对于基线浓度有足够量的分析物。因此，如果基线浓度水平已经很高，通常不进行低浓度样品的回收率测定。如何选择合适的浓度进行回收率评价取决于研究者对具体案例的判断。

28.3.4　研究支持

28.3.4.1　实验设计

内源性分析物的浓度通常受到机体调控，如昼夜变化和食物影响。这些生物学变化可能使得临床前或临床试验中药物引起的生物标志物浓度变化的数据更加复杂。新型生物标志物尤其如此，因为有关其正常浓度、生物性波动和病理条件下或药物作用下的预期波动范围等信息基本未知。考虑到以上因素，研究方案的设计必须讲究策略，以避免产生混淆的或无法解释的数据。

（1）个体间差异通常会妨碍安慰剂或药物处理后，两组之间的生物标志物浓度变化的比较，除非这种浓度变化非常显著。

（2）个体内波动可能会妨碍给药前（0 h）和给药后的比较。如果是这样，有必要使用交叉设计，比较在同一个体上给药或给安慰剂后导致的生物标志物浓度变化。或者，给药前一天（第 1 天）机体的生物标志物浓度水平可以用作基线浓度水平，将其与给药后当天（第 1 天）机体的生物标志物浓度水平进行比较。

（3）如果药物导致生物标志物变化的时间长短和幅度未知，可以连续而不是零散的在特定的时间点采血，以提高可靠地检测到生物标志物浓度变化的可能性。当浓度变化趋势被阐明以后，可以减至给药后的几个关键采血时间点。

为了更好地了解生物标志物浓度的生理性波动，可以开展 0 期临床试验。0 期临床试验在饮食、活动限制、样品采集时间点和样品处理程序方面和典型的人体单剂量递增或多剂量递增（SAD 或 MAD）实验相似，只是不给予任何新的或已上市的药物。实验采集不同时间点的生物样品，以测定生物标志物的基线浓度水平。0 期试验中目标生物标志物的个体间差异和个体内差异，可以为进一步的临床研究设计和数据分析提供参考。

28.3.4.2　分析前样品的完整性

在实验开始前，评价分析物在样品采集过程中的完整性及建立可靠的样品处理方法，使样品的体外变化最小化非常重要。评价实验需要尽可能地在基质新鲜度、样品处理时间和处理条件方面模拟预期实验条件。例如，为了建立临床研究中脂肪酸酰胺测量的血浆采集步骤，采用新鲜血液进行了稳定性实验。将血液样品或者马上处理为血浆（采集后 5 min 以内），或者在室温或湿冰上孵育不同的时间长度。结果表明，由于血细胞内的前体物质可以转变为目标分析物，内源性脂肪酸酰胺浓度水平在孵育后迅速升高（图 28.3d～图 28.3f）。为了防止体外脂肪酸酰胺浓度水平的变化，尽快地将血浆和血细胞分离，从而去除介导生物合成和合成代谢的酶/转运体带来的影响，这点非常必要。相应地，为了支持临床研究，建立了在取血后 3 min 内分离血浆和血细胞的样品采集方法，并将该方法用于临床试验（Jian et al., 2010）。

对于会因为不稳定性，如蛋白酶降解而损失的分析物，可以采用诸如控制温度、调节 pH 或加入稳定剂等预防措施。在某些情况下，有必要在真空采血管中预先加入稳定剂，以防止样品采集时分析物的迅速损失。这需要确认真空采血管在使用前的保存过程中有效地保持了稳定剂的活性并维持真空。

对于蛋白质含量相对较低的生物体液，如尿液和脑脊液，必须评价生物标志物在采集管、移液管和保存容器中的NSB并使之最小化。为了防止NSB，可能有必要采取某些措施，如加入表面活性剂或有机溶剂，或使用特殊处理的低吸附性容器。

在整个实验过程中，特别是对于多地点实验，将样品采集和处理步骤标准化并且保持一致很重要。样品体积，静脉穿刺的用具，采集管种类，分离血浆离心时的速度、温度和时间等信息应该在实验方案中具体说明。如有必要，应对实验室人员进行适当的培训。

28.3.4.3 样品分析

样品分析过程中分析方法效能通过测定低、中、高浓度的QC样品和至少一个浓度水平的实际生物基质配制的QC样品来确定。理想情况下，为了确保方法的效能，样品分析和分析方法验证应该采用同一批QC样品。通常使用的接受标准是4-6-*X*，其中*X*基于生理波动，药物作用下预期的浓度变化和数据的预期用途等条件需要事先确定。

在样品分析过程中，为了降低分析偏差，应尽量将需要比较的所有样品组放在一个分析批（例如，同一个剂量组的所有样品，或者同一个受试者的所有样品）。如果无法做到，需要特别注意确保批间波动不会掩盖待比较的不同组样品数据的真实差异。当方法的接受标准被放宽到超出传统的±15%（偏差），或当生物标志物的测定浓度变化很小时尤其如此。

已测样品再分析（ISR）最近被作为强制要求引入到规范性生物分析中，以确保分析方法可充分解决与试验样品相关的潜在问题。这些问题包括但不仅限于：代谢产物转化、患者样品中蛋白质结合差异、回收率问题、样品不均一问题、分析物稳定性和基质效应（Fast et al., 2009）等。对于内源性分析物，在方法验证时重复分析在实际生物基质中添加目标分析物配制的QC样品可以模拟ISR评价。使用临床前或临床研究的试验样品进行正式的ISR测定，也有助于评价生物基质中的分析物在整个浓度范围内的方法效能。ISR也可用于评价其他因素对目标生物标志物测定的影响，如试验样品中的药物、代谢产物和同服药物对目标生物标志物测定的影响。然而，虽然ISR可以评价预期采用的分析方法的效能，但现在生物标志物分析中还没有将ISR评价作为强制内容。

28.4 小结和前瞻

为了支持药物发现和开发，内源性分析物被越来越多地作为临床前和临床研究的生物标志物使用。由于生物标志物的内源性特质，这些化合物的生物分析通常会面临一系列的挑战。在各种挑战中，去除内源性水平的干扰，保持分析物从样品采集到分析过程中的完整性，实现特异性和获得足够的灵敏度是最困难的。克服这些挑战需要在分析方法开发、验证和实验开展过程中仔细考虑。

LC-MS技术提供了高特异性和灵敏度的绝对定量功能，因此成为了最流行的生物标志物定量平台之一，特别是对于小分子生物标志物。本章详细讨论了4种主要的生物标志物分析方法和它们的优缺点：①实际生物基质中添加目标分析物，②替代基质中添加目标分析物，③实际生物基质中添加替代分析物，④酶活性分析。在这4种方法中，第二和第三种是经常使用的。特别是实际生物基质中添加替代分析物法提供了一种简便的方法，使得在校正曲线浓度范围内免受内源性干扰的情况下可靠地测定降到内源性水平以下的生物标志物的浓度成为可能。不论怎样，如果情况允许，采用实际生物基质中添加目标分析物的方法来评价分析方法的效能是很重要的。

目前，还没有专门针对生物标志物生物分析的规范性指导原则。根据药物开发的阶段、数据的使用目的和方法平台的性质而调整分析方法验证内容的"按需定制"方法得到了生物分析界的认可。对于采用 LC-MS 法分析的小分子生物标志物，研究人员通常使用现行的用于药物 TK/PK 生物分析方法验证的规范性指导原则。"按需定制"一词反映了分析方法验证实验内容、实验设计和接受标准可以灵活地含括/去除。总的来说，对准确度、精密度和稳定性的评价被认为是方法验证中的必需部分，而其他部分，如基质效应和回收率，则被认为是可选的，特别是在使用了 SIL-IS 的时候。在方法验证和样品分析开始前设定接受标准和保持好的记录很重要。方法的可靠性和研究的可重现性是整个方法开发、验证和研究开展的重要考虑因素。

近年来，FDA 提供了更多的关于生物标志物分析的说明，规定用于规范性申报的数据应由经验证的分析方法产生（Booth, 2011a, 2011b）。关于生物标志物的生物分析方法验证指导原则预计会在近期面世。

另一个刚刚出现的生物标志物定量分析的趋势是采用 LC-MS 技术分析多肽和蛋白质生物标志物（Carr and erson, 2005; Addona et al., 2009; Ciccimaro and Blair, 2010）。很多生物标志物属于多肽和蛋白质，而它们传统上是使用诸如 ELISA 的配体结合分析（LBA）的。LC-MS 技术提供了在一级结构水平高特异性地测定这些分子的能力。由于 LC-MS 方法开发相对较快且不需要培养抗体，这一方法越来越多地被用于替代传统 LBA 方法，为药物发现和开发提供支持。关于多肽和蛋白质的 LC-MS 分析不在本章的讨论范围内。但有必要提到的是，测定内源性物质的基本原则也可以用于内源性多肽和蛋白质的定量分析。

参 考 文 献

Addona TA, Abbatiello SE, Schilling B, et al. Multi-site assessment of the precision and reproducibility of multiple reaction monitoring-based measurements of proteins in plasma. *Nat Biotechnol* 2009;27:633–641.

Boomsma F, Alberts G, Van Eijk L, Man In't Veld Aj, Schalekamp Ma. Optimal collection and storage conditions for catecholamine measurements in human plasma and urine. Clin Chem 1993;39:2503–2508.

Booth B. Biomarkers Where we are going with method validation. Applied Pharmaceutical Analysis Meeting, Sept 11–14, 2011a, Boston, MA.

Booth B. When do you need a validated assay? Bioanalysis 2011b;3:2729–2730.

Borgeat P, Samuelsson B. Arachidonic acid metabolism in polymorphonuclear leukocytes: unstable intermediate in formation of dihydroxy acids. Proc Natl Acad Sci USA 1979a;76:3213–3217.

Borgeat P, Samuelsson B. Metabolism of arachidonic acid in polymorphonuclear leukocytes: structural analysis of novel hydroxylated compounds. J Biol Chem 1979b;254:7865–7869.

Carr SA, Anderson L. Protein quantitation through targeted mass spectrometry: the way out of biomarker purgatory? Clin Chem 2005;54:1749–1752.

Chau CH, Rixe O, Mcleod H, Figg WD. Validation of analytical methods for biomarkers used in drug development. Clin Cancer Res 2008;14:5967–5976.

Ciccimaro E, Blair IA. Stable-isotope dilution LC-MS for quantitative biomarker analysis. Bioanalysis 2010;2:311–341.

Cravatt BF, Giang DK, Mayfield SP, Boger DL, Lerner RA, Gilula NB. Molecular characterization of an enzyme that degrades neuromodulatory fatty-acid amides. Nature 1996;384:83–87.

Cummings J, Raynaud F, Jones L, Sugar R, Dive C. Fit-for-purpose biomarker method validation for application in clinical trials of anticancer drugs. Br J Cancer 2010;103:1313–1317.

Cummings J, Ward TH, Greystoke A, Ranson M, Dive C. Biomarker method validation in anticancer drug development. Br J Pharmacol 2008;153:646–656.

Desilva B, Smith W, Weiner R, et al. Recommendations for the bioanalytical method validation of ligand-binding assays to support pharmacokinetic assessments of macromolecules. Pharm Res 2003;20:1885–1900.

Fast DM, Kelley M, Viswanathan CT, et al. Workshop report and follow-up—AAPS Workshop on current topics in GLP bioanalysis: Assay reproducibility for incurred samples—implications of Crystal City recommendations. AAPS J 2009;11:238–241.

Fontaine N, Rosengren B. Directive 2001/20/EC of the European Parliament and of the Council: on the approximation of the laws, regulations and administrative provisions of the Member States relating to the implementation of good clinical practice in the conduct of clinical trials on medicinal products for human use. Off J Eur Commun 2001;L121:34–44.

Fretland DJW, Widomski DL, Anglin CP. 6-trans-Leukotriene B4 is a neutrophil chemotoxin in the guinea pig dermis. J Leukoc Biol 1991;49:283–288.

Goodenough AK, Onorato JM, Ouyang Z, et al. Quantification of 4-beta-hydroxycholesterol in human plasma using automated sample preparation and LC-ESI-MS/MS analysis. Chem Res Toxicol 2011;24:1575–1585.

Goodsaid F, Frueh F. Biomarker qualification pilot process at the US food and drug administration. AAPS J 2007;9:E105–108.

Harmeyer J, Schlumbohm C. Effects of pharmacological doses of vitamin D3 on mineral balance and profiles of plasma vitamin D3 metabolites in horses. J Steroid Biochem Mol Biol 2004;89–90:595–600.

Hillard CJ, Jarrahian A. Cellular accumulation of anandamide: consensus and controversy. Br J Pharmacol 2003;140:802–808.

HMSO. US Statutory Instrument 2004 No. 1031. The Medicines for Human Use (Clinical Trials) Regulations. 2004.

HMSO. US Statutory Instrument 2006 No. 1928. The Medicines for Human Use (Clinical Trials) Regulations. 2006.

Houghton R, Horro Pita C, Ward I, Macarthur R. Generic approach to validation of small-molecule LC-MS/MS biomarker assays. Bioanalysis 2009;1:1365–1374.

Jemal M, Schuster A, Whigan DB. Liquid chromatography/tandem mass spectrometry methods for quantitation of mevalonic acid in human plasma and urine: method validation, demonstration of using a surrogate analyte, and demonstration of unacceptable matrix effect in spite of use of a stable isotope analog internal standard. Rapid Commun Mass Spectrom 2003;17:1723–1734.

Jian W, Edom R, Weng N, Zannikos P, Zhang Z, Wang H. Validation and application of an LC-MS/MS method for quantitation of three fatty acid ethanolamides as biomarkers for fatty acid hydrolase inhibition in human plasma. J Chromatogr B Analyt Technol Biomed Life Sci 2010;878:1687–1699.

Karlsen A, Blomhoff R, Gundersen TE. High-throughput analysis of vitamin C in human plasma with the use of HPLC with monolithic column and UV-detection. J Chromatogr B Analyt Technol Biomed Life Sci 2005;824:132–138.

Katz R. Biomarkers and surrogate markers: an FDA perspective. NeuroRx 2004;1:189–195.

Lee JW. Method validation and application of protein biomarkers: basic similarities and differences from biotherapeutics. Bioanalysis 2009;1:1461–1474.

Lee JW, Devanarayan V, Barrett YC, et al. Fit-for-purpose method development and validation for successful biomarker measurement. Pharm Res 2006;23:312–328.

Lee JW, Hall M. Method validation of protein biomarkers in support of drug development or clinical diagnosis/prognosis. J Chromatogr B Analyt Technol Biomed Life Sci 2009;877:1259–1271.

Lee JW, Weiner RS, Sailstad JM, et al. Method validation and measurement of biomarkers in nonclinical and clinical samples in drug development: a conference report. Pharm Res 2005;22:499–511.

Lee TH, Menica-Huerta JM, Shih C, Corey EJ, Lewis RA, Austen KF. Characterization and biologic properties of 5,12-dihydroxy derivatives of eicosapentaenoic acid, including leukotriene B5 and the double lipoxygenase product. J Biol Chem 1984;259:2383–2389.

Li B, Sedlacek M, Manoharan I, et al. Butyrylcholinesterase, paraoxonase, and albumin esterase, but not carboxylesterase, are present in human plasma. Biochem Pharmacol 2005;70:1673–1684.

Li W, Cohen LH. Quantitation of endogenous analytes in biofluid without a true blank matrix. Anal Chem 2003;75:5854–5859.

Li Y, Li Ac, Shi H, et al. Determination of S-phenylmercapturic acid in human urine using an automated sample extraction and fast liquid chromatography-tandem mass spectrometric method. Biomed Chromatogr 2006;20:597–604.

Matuszewski BK. Standard line slopes as a measure of a relative matrix effect in quantitative HPLC-MS bioanalysis. J Chromatogr B Analyt Technol Biomed Life Sci 2006;830:293–300.

Natarajan V, Schmid PC, Reddy PV, Schmid HH. Catabolism of N-acylethanolamine phospholipids by dog brain preparations. J Neurochem 1984;42:1613–1619.

NIH. Biomarkers and surrogate endpoints: preferred definitions and conceptual framework. Clin Pharmacol Ther 2001;69:89–95.

Ocana MF, Neubert H. An immunoaffinity liquid chromatography-tandem mass spectrometry assay for the quantitation of matrix metalloproteinase 9 in mouse serum. Anal Biochem 2010;399:202–210.

Pan J, Song Q, Shi H, et al. Development, validation and transfer of a hydrophilic interaction liquid chromatography/tandem mass spectrometric method for the analysis of the tobacco-specific nitrosamine metabolite NNAL in human plasma at low picogram per milliliter concentrations. Rapid Commun Mass Spectrom 2004;18:2549–2557.

Quirke Jmecl, Adams CL, Van Berkel GV. Chemical derivatization for electrospray ionization mass spectrometry. 1. Alkyl halides, alcohols, phenols, thiols, and amines. Anal Chem 1994;66:1302–1315.

Sala A, Bolla M, Zarini S, Muller-Peddinghaus R, Folco G. Release of leukotriene A4 versus leukotriene B4 from human polymorphonuclear leukocytes. J Biol Chem 1996;271:17944–17948.

USFDA. Guidance for Industry: Bioanalytical validation. Guidance for Industry: Bioanalytical validation 2001;

Van De Merbel NC. Quantitative determination of endogenous compounds in biological samples using chromatographic techniques. Trends in Analytical Chemistry 2008;27:924–933.

Viswanathan CT, Bansal S, Booth B, et al. Quantitative bioanalytical methods validation and implementation: best practices for chromatographic and ligand binding assays. Pharm Res 2007;24:1962–1973.

Vogeser M. Quantification of circulating 25-hydroxyvitamin D by liquid chromatography-tandem mass spectrometry. J Steroid Biochem Mol Biol 2010;121:565–573.

Wagner JA, Williams SA, Webster CJ. Biomarkers and surrogate end points for fit-for-purpose development and regulatory evaluation of new drugs. Clin Pharmacol Ther 2007;81:104–107.

29

溶血血浆样品和脂质血浆样品中药物的液相色谱-质谱（LC-MS）生物分析

作者：Min Meng、Spencer Carter 和 Patrick Bennett
译者：刘爱华、王来新、蒙敏
审校：张杰、李文魁

29.1 引　言

在过去的几十年里，LC-MS 由于其固有的优越性，如特异性、灵敏性和高通量性，已被广泛应用于药物研究领域。尽管 LC-MS 已成为生物分析领域的主要分析技术，基质效应现象依旧在许多报道中屡见不鲜（Matuszewski et al., 1998, Côtéet al., 2009）。基质效应泛指由分析物或者内标被样品基质中的同流物（coeluting compound）干扰而造成的分析结果差异。更具体来说，基质效应是特指这些同流干扰物对分析物或者内标的离子化过程增强或者抑制的影响。这些同流物包括盐、内源性物质、药物载体、抗凝剂、溶血性或者脂质化产物及分析过程中的副产物（包括溶剂或柱洗脱物）。严重的基质效应会影响目标分析物浓度测定的精密度、灵敏度及准确度。

基质效应中的一个常见因素是内源性磷脂类化合物。自 2003 年被报道以来，内源性磷脂类化合物的基质效应已被广泛研究（Bennett et al., 2003, Ismaiel et al., 2008, Xia et al., 2009），然而由溶血和脂质引起的基质效应则很少被报道和讨论。本章将详细阐述溶血和脂质引起的基质效应所产生的问题，以及利用 LC-MS 技术对这些问题在生物分析影响的评估及最佳处理。

29.2 溶　血

溶血是由于红细胞（RBC）细胞膜破裂而导致细胞内的血红素及其他细胞内成分释放到血浆或者血清样品中。按照溶血程度的不同，溶血血浆或者血清会呈现出从粉色到红色等不同程度的颜色（图 29.1）。由于抽血困难，溶血现象多发生于个体较小的啮齿动物。溶血现象既可发生在生物体内也可发生在体外，但更容易发生在生物体外。不恰当的样品采集、处理及运输也可引起体外溶血（Carraro et al., 2000）。例如，错误的静脉穿刺位置；用乙醇清洁静脉穿刺的位置时，未等乙醇挥干就开始抽血；不恰当的静脉穿刺（可由血流速度过慢来判断）；使用小口径抽血针导致血液真空力加大而引起红细胞剪切应力；大口径抽血针的使用致使血液过快经过抽血针；对样品进行过多混匀或者摇动；血浆接触细胞时间过长，过热或过冷；样品转移的时间、速度、次数及容器更换次数，等等。生物体内的溶血则由病理状态引起，包括自身免疫溶血性贫血或者输血反应。

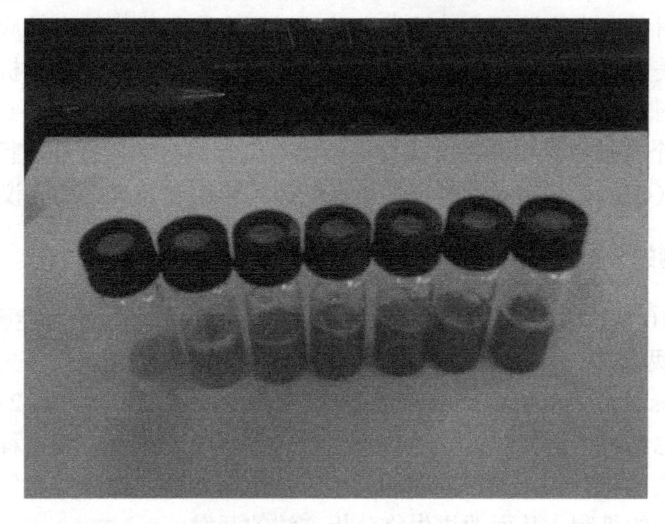

图 29.1 溶血血浆样品颜色对照（从左到右分别为 0%、0.5%、1%、2%、3%、4%和 5%的溶血血浆）

在溶血血浆或者血清样品中，血红蛋白、胆红素和钾的浓度升高。而溶血对临床数据的影响早在几十年前就有报道。据 Frank 在 1978 年报道，采用光学技术进行测定，溶血可导致某些分析物浓度升高（Frank et al., 1978）；而 Sonntag 在 1986 年的报道指出，溶血可干扰分析方法（Sonntag et al., 1986）。采用光学方法对溶血样品进行定量时，溶血样品颜色和密度的改变对定量的影响是显而易见的。因此，人们对用光学方法测定溶血样品获得的数据都持否定态度（Carraro et al., 2000；Laessig et al., 1976）。

29.2.1 溶血血浆 LC-MS 药物分析的现状

因为 LC-MS 分析方法和分析物的分子质量、离子化及恰当的色谱分离都密切相关，所以溶血对其定量分析的影响显得更为复杂。尽管溶血血浆样品颜色和密度的改变不是主要问题，但是额外的血红细胞成分会引起基质效应，该基质效应取决于分析物的化学特性、样品提取方法及色谱方法。在新药研发中，生物分析方法通常要求在严格的标准环境中操作。一般而言，生物分析方法的开发、优化和验证都是针对一种基质，甚至是特定群体或者性别的基质。在这种背景下，甚至有人认为溶血血浆样品是一种变相基质。但是，对每一个溶血率百分点都进行方法验证也是不可行的。尽管舍弃溶血血浆样品数据在常规临床数据分析中可行，但新药研发中的药代动力学（PK）研究应尽量避免舍弃溶血血浆样品数据，因为这些数据来之不易且成本昂贵，同时数据的缺失还可能导致不完整的浓度-时间曲线和错误的血药浓度峰值。根据最近 Tang 和 Thomas（2012）的报道，溶血会对下面几种生物分析方法有负面的影响：①分析物因红细胞所释放的酶而不稳定；②分析物和红细胞具有亲和力；③溶血样品中的内源性干扰物对所测定的分析物有基质效应。

在临床前研究中，生物分析的合同研究组织（CRO）常常收到溶血血浆样品；而在临床研究中，人的溶血血浆样品发生的概率很小，且溶血程度也低。在临床研究中，由于研究人群不同（如健康人群和疾病人群），溶血样品的发生率在Ⅱ期或Ⅲ期临床研究中要比Ⅰ期高。由于实验室常常需要用已经验证的分析血浆的方法去分析溶血血浆样品，而上述舍弃样品数据的做法不可取，唯一的解决方法则是对溶血效应进行评估，从而在方法开发

（MD）和验证（MV）中建立一个可接受的样品溶血阈值。

迄今为止，对于在生物分析方法开发和验证过程中如何进行溶血效应的评估还没有一个统一的意见。美国也没有统一的程序或指导原则去评估溶血对生物分析方法的影响。就全球而言，巴西国家卫生监督局（ANVISA, 2002）是唯一对溶血效应要进行评估的机构。最近，FDA 在一个常规审查中对在方法验证中没有进行溶血效应评估进行了警告。预计全球生物分析联盟（GBC）将会对如何评估溶血效应的影响发布详细的建议。

29.2.2 研究案例的分析和阐释

2009年和2010年的白皮书提到了要评估溶血对药物定量分析的可能影响（Savoie, 2009, 2010）。在过去的两年中，有 3 个报道详细阐述了溶血评估的失败，以及失败原因的分析和解决方法（Hughes et al., 2009; Bérubéet al., 2011; Carter et al., 2011）。表 29.1 对这 3 个报道中的案例进行了总结，下面将对这 3 个案例进行讨论。总的来说，溶血程度不同或溶血原因不同，对于不同的化合物，最终问题的解决方法也不相同。对这些案例的分析和阐释将帮助理解溶血效应的机制，从而改进生物分析方法的开发。

表 29.1 生物分析方法中因溶血效应而失败的案例总结

参考文献	分析物	原方法	溶血效应评估	方法改进
Hughes et al., 2009	阿伐他汀（atorvastatin）	LLE	溶血样品中有同流出物	改变了流动相
Hughes et al., 2009	去氧肾上腺素（phenylephrine）	SPE	溶血样品的灵敏度降低	改用同位素标记的内标
Hughes et al., 2009	卡维地洛（carvedilol）	SPE	溶血样品中代谢产物的灵敏度降低	改为PPE和SPE联用的提取方法
Hughes et al., 2009	奥氮平（olanzapine）	SPE	溶血样品的灵敏度降低	改为LLE
Bérubé et al., 2011	氟伏沙明（fluvoxamine）	SPE	溶血样品在−20℃中不稳定	样品储存温度从−20℃改为−80℃
Bérubé et al., 2011	吗啡（morphine）	SPE	溶血样品提取物在样品溶剂中不稳定	样品溶剂由碱性改为中性
Carter et al., 2011	美沙拉嗪（mesalamine）	SPE	溶血样品的灵敏度降低	改变样品收集程序
Carter et al., 2011	沙丁胺醇（albuterol）	SPE	溶血度在1%和2%可达到溶血评估标准，但是溶血度在 5%就无法达到标准	保持原有方法，对样品的溶血度进行评价，对于溶血度超过2%的样品进行进一步评估
Carter et al., 2011	阿塞那平（asenapine）	SPE	溶血度在 0.5%可达到溶血评估标准，但是溶血度在 5%就无法达到标准	暂无结论，需要进一步的评估

注：只有原药被列出。

案例一（Hughes et al., 2009）

当用所建立的阿伐他汀方法对溶血血浆样品进行分析时，观察到在分析物之前有一个干扰峰流出（Hughes et al., 2009）。最直接和简单的解决方法就是改进色谱条件，把干扰物和分析物分开。

而去氧肾上腺素分析方法的缺陷更为复杂一些，因为在方法验证中，只有当溶血＜1%时，结果才能符合标准（Hughes et al., 2009）。解决该问题的简单方法则是用血浆稀释溶血血浆样品。然而对于严重溶血的样品，由于需要稀释很多倍，该解决方法可能导致这些样品无法检测到可定量的浓度，从而没有可报告的数据。而最终的解决方法是使用稳定同位素标记内标（SIL-IS）。

在卡维地洛的案例中，发现溶血效应的程度和卡维地洛代谢产物的浓度有关（Hughes et al., 2009）。结果的偏差和提取物的颜色相关，该相关性提示了样品中血色素或者胆红素的存在可能影响了结果。解决该问题的最后途径是以蛋白质沉淀提取（PPE）联用固相提取法（SPE）替换原有的单纯的固相提取（SPE）。相似的方法也被应用于奥氮平的检测，在溶血评估失败后，样品提取方法由原有的 SPE 改为 PPE+SPE，甚至最后改为液-液萃取方法（LLE），以解决问题（Hughes et al., 2009）。

案例二（Bérubéet al., 2011）

在案例一中，溶血评估的失败和基质效应相关。而案例二中的溶血评估失败和样品在溶血血浆样品中的不稳定性相关。

在氟伏沙明 fluvoamine 的案例中，只有冰冻的溶血血浆质量控制（QC）样品的溶血评估会失败（Bérubé, 2011）。根据 Briscoe（2009）和 Hage（2009）的研究报道，储存温度和抗凝血剂是影响分析物在基质中稳定性的两个主要因素，最后发现把样品储存在－80℃低温中可解决样品的不稳定性问题，同时也发现分析物在含乙二胺四乙酸二钾（K_2EDTA）的溶血血浆样品中比在含肝素钠（sodium heparin）的溶血血浆样品中更为稳定。

在吗啡 morphine 的案例中（Bérubé et al., 2011），溶血评估失败和萃取溶剂的 pH 有关。而 Yeh 在 1961 的文章已提及，吗啡的降解随着 pH 的升高及氧的存在而加剧。这个案例可能与血红蛋白作为氧的载体而引起的氧化有关。

案例三（Carter et al., 2011）

在本实验室，曾经有过 3 个溶血评估失败的例子，它们是与美沙拉嗪、沙丁胺醇和阿塞那平有关的分析（Carter et al., 2011）。

美沙拉嗪是 sulfasalazine 的活性代谢产物之一，也是一个强氧化剂。在人体血浆中加入还原剂 $Na_2S_3O_5$，可以使美沙拉嗪变得更稳定。在 1～8℃条件下进行的全血稳定性实验，美沙拉嗪的结果可达到检验标准，然而在更高的温度条件下则会降解。在初始的方法开发中，需要用 $Na_2S_2O_5$ 对人体血浆进行处理，方法验证的结果（如精密度、选择性、冻融实验、工作台稳定性等）均达到检验标准。但溶血评估却未能达标（表 29.2），并发现 5%溶血样品中的美沙拉嗪和其 SIL-IS 都无法检测到，因而方法验证中断。进一步分析发现，人血浆在收集后必须要立即用乙腈（MeCN）处理。这一处理完全改变了基质，从而使美沙拉嗪稳定。本实验室对用乙腈处理人血浆样品这种方法进行了重新验证，包括－70℃和－20℃下长达 98 天在基质中的长时间稳定性在内的所有测试结果都通过了验证。

表 29.2　美沙拉嗪（mesalamine）的溶血效应评估实验

批次	美沙拉嗪低浓度质量控制（6.00 pg/ml）在 0.0%溶血样品	美沙拉嗪低浓度质量控制（6.00 pg/ml）在 0.5%溶血样品	美沙拉嗪低浓度质量控制（6.00 pg/ml）在 5.0%溶血样品
6	0.004 721	0.005 97	0
	0.003 208	0.005 473	0
	0.005 633	0.006 836	0
	0.004 67	0.006 051	0
	0.004 371	0.006 184	0
	0.003 673	0.004 14	0
均值	0.004	0.006	0.000
标准差（SD）	0.001	0.001	0.000
变异系数（CV）/%	19.5	15.8	N/A
差异/%	N/A	31.88	－100.00
样品数（*n*）	6	6	6

而沙丁胺醇溶血评估的失败没那么严重。在早期方法开发期间，沙丁胺醇在血浆和溶剂中的储存稳定性都可接受，并且不受 pH、温度和光的影响。基于这些结果，血浆中沙丁胺醇的方法验证得以继续。然而在方法验证过程中，全血中的稳定性实验则显示将收集的全血置于湿冰上，沙丁胺醇只稳定 0.75 h（数据未给出）。相似的溶血评估中，在 0.5%溶血时结果是好的，但如果有 5%的溶血，结果则不好（表 29.3a）。重复实验表明，当有 1%和 2%溶血时，实验结果同样符合验收标准（表 29.3b）。因此，这一系列方法验证清楚表明，对于溶血高于 2%的任何样品必须进行溶血效应的评估，并记录评估结果。

表 29.3（a）　沙丁胺醇（albuterol）的溶血效应评估实验

批次	沙丁胺醇低浓度质量控制（3.00 pg/ml）在 0.0%溶血样品	沙丁胺醇低浓度质量控制（3.00 pg/ml）在 0.5%溶血样品	沙丁胺醇低浓度质量控制（3.00 pg/ml）在 5.0%溶血样品
2	0.006 474	0.006 025	0.010 534
	0.006 752	0.006 292	0.009 239
	0.006 438	0.005 905	0.008 679
	0.006 204	0.005 930	0.008 704
	0.006 358	0.006 885	0.008 637
	0.006 925	0.006 284	0.009 592
均值	0.006 53	0.006 22	0.009 23
标准差（SD）	0.000 266	0.000 367	0.000 743
变异系数（CV）/%	4.1	5.9	8.1
差异/%	N/A	−4.67	41.47
样品数（*n*）	6	6	6

表 29.3（b）　沙丁胺醇（albuterol）在低溶血程度血浆中的溶血效应评估实验

批次	沙丁胺醇低浓度质量控制（3.00 pg/ml）在 0.0%溶血样品	沙丁胺醇低浓度质量控制（3.00 pg/ml）在 1.0%溶血样品	沙丁胺醇低浓度质量控制（3.00 pg/ml）在 2.0%溶血样品
3	0.005 861	◊	◊
	0.005 956	0.005 814	0.005 706
	0.006 075	0.006 036	0.005 973
	0.006 221	0.006 058	0.005 975
	0.006 689	0.006 14	0.006 383
	0.007 397	0.006 282	0.006 759
均值	0.006 37	0.006 07	0.006 16
标准差（SD）	0.000 582	0.000 171	0.000 413
变异系数（CV）/%	9.1	2.8	6.7
差异/%	N/A	−4.72	−3.26
样品数（*n*）	6	6	6

注：◊由于分析原因无效的样品。

全血中阿塞那平在室温下 2 h 内是稳定的。用原有的提取方法和色谱条件（MCX SPE 提取方法，C18 柱子及中性流动相），有 0.5%溶血时的评估结果勉强通过验收标准，但是当有 5%溶血时，评估结果则无法达到接受标准。接下来做了各种诊断实验，但是没有结论。这些诊断实验包括：①用原有的 MCX SPE 方法提取，结合不同的色谱方法（IBD Ultra 柱子和酸性的流动相）——溶血评估失败。②以 PPE 方法提取，结合不同的色谱方法（IBD Ultra 柱子和酸性的流动相）——溶血评估失败。③以直接注入质谱的方法进行离子抑制实验，没有发现离子抑制现象（图 29.2）。④重新选择了新的选择反应监测（SRM），结果与原有 SRM 的数据一致。因此，暂时无法确定阿塞那平在溶血样品中检测失败的原因，无法做进一步的方法验证。

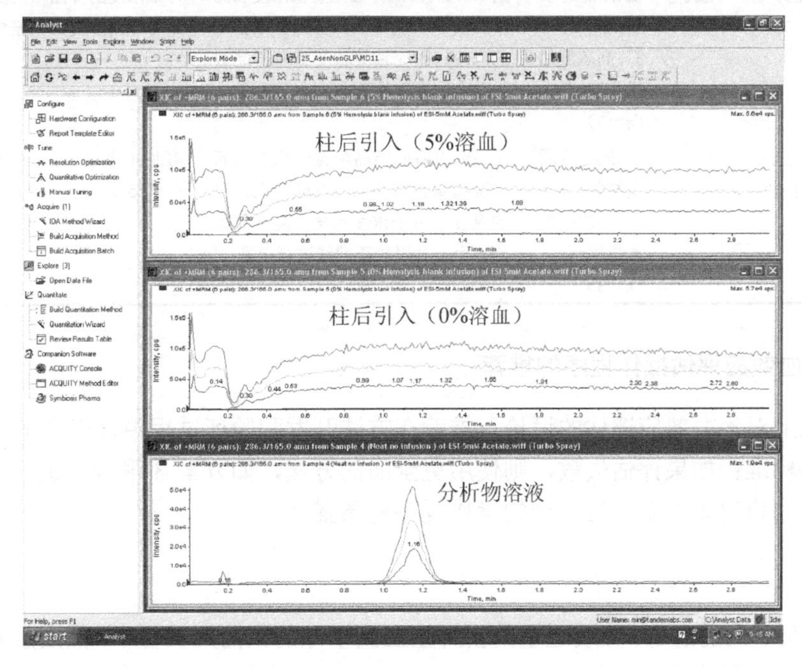

图 29.2　阿塞那平（asenapine）在 0%和 5%溶血血浆样品中的离子抑制评估实验

29.2.3 现有溶血评估操作的优点和缺点

迄今为止，对于如何进行溶血效应评估还没有一个统一的标准，各实验室的实验流程也各不相同。表 29.4 总结了 4 种不同的溶血效应评估方法，它们分别来源于 3 个 CRO 和一个制药公司。方案 1 和 2 比较空白对照和实验组时，均使用仪器响应值，都只测试低浓度的 QC 样品，而溶血实验组中最高溶血程度不易估计。如图 29.1 所示，当溶血程度超多 2%时，肉眼根本无法鉴别其真实的溶血程度；据我们所知，血浆样品的溶血程度很少超过 2%。因此，用 2%溶血样品进行评估已经足够。方案 3 和 4 则用校正曲线对溶血样品进行了定量评估，并计算其与理论浓度的偏离程度；对低浓度和高浓度 QC 样品都要进行评估。在方案 3 中，对冰冻溶血血浆的 QC 样品进行测试。与方案 1 和 2 相比，方案 3 和 4 显得更加全面和彻底，而其缺点是在实验室具体执行（校正曲线样品的配置）时有一定的复杂性，对照样品和溶血样品配制也有可能引起误差。

表 29.4 已知溶血效应评估程序的总结

方案	参考文献	溶血程度	质量控制浓度	程序	接受标准
方案 1	Tandem Labs 内部方案	0.5%和 2%	低浓度的质量控制（n=6）	对 0%、0.5%和 2%的溶血样品进行测定；每组样品数为 6 个；使用仪器响应进行计算	每组样品的变异系数要≤15%；每组样品的平均值偏差要≤15%；如果初始实验失败，则对更低溶血程度的样品进行测定
方案 2	一个大型药厂	0.5%和 5%	低浓度的质量控制（n=6）	对 0%、0.5%和 5%的溶血样品进行测定；每组样品数为 6 个；使用仪器响应进行计算	每组样品的变异系数要≤15%；每组样品的平均值偏差要≤15%；如果初始实验失败，则对更低溶血程度的样品进行测定
方案 3	Bérubé et al., 2011	7.5%	低浓度的质量控制（n=3），高浓度的质量控制（n=3）	用 7.5%的溶血样品配置低浓度和高浓度质量控制样品，并储存在指定的温度；每个浓度水平重复样品数为 3 个，并以校正曲线进行定量	每组浓度的样品中至少有 2/3 的样品与理论浓度的偏差≤15%
方案 4	Hughes et al., 2009	2%	低浓度的质量控制（n=6），高浓度的质量控制（n=3）	用 2%的溶血样品配置低浓度和高浓度质量控制样品，并储存在指定的温度；每个浓度水平重复样品数为 6 个，并以校正曲线进行定量	溶血样品与非溶血样品之间的差异要≤15%

29.2.4 溶血效应评估操作程序的推荐

基于以上对溶血效应评估的讨论，推荐在方法开发和验证过程中使用方案 1 作为溶血效应评估的标准；如果评估失败，则使用更全面的方法，如方案 3 和 4，进一步进行诊断或研究。下面将对以方案 1 为基础的操作程序逐条描述。

实验设计

（1）溶血全血的准备。分装适量的新鲜全血到干净的聚丙烯试管中，然后放置到－20℃或－70℃的冷冻箱中至少 30 min。

（2）溶血血浆或血清的制备。将上面的溶血全血样品进行解冻，加适量的溶血全血到空白血浆中（*V/V*），以配置3个实验组：0%组（100%正常血浆或者血清），0.5%溶血样品组（如加入50.0 μl溶血全血到9.95 ml空白血浆中），以及2%溶血样品组（如加入200 μl溶血全血到9.80 ml空白血浆中）。

（3）用以上3种类型血浆配置低浓度QC样品。3种血浆均使用相同的移液器、添加液及添加体积，以尽量减少可能的系统误差。

（4）每一组QC样品等量分装6份，总共有18个样品。由于没有校正曲线，这18个样品的放置次序为0.5%、2%、0%、0.5%、2%、0%、0.5%、2%，并以此类推。

（5）用合适的方法进行提取和分析。

（6）计算仪器响应值（分析物峰面积/内标峰面积）。

（7）如果初次实验结果不符合检验标准，应用更低的溶血率样品（如0.2%或者1%溶血率）进行重复实验。

检验标准：每个测试组结果的CV必须小于或等于15%，而测试组的平均值偏离比照组也不能高于15%。

29.2.5 溶血效应评估的最佳方法和策略

从以上案例可以看出，造成溶血效应评估失败的原因多种多样，不同的案例有不同的原因，而不同的实验室有不同的解决办法，通常而言，这些解决方案是基于研究人员的习惯和经验的。根据我们的经验和对已知案例的分析，我们倾向于推荐以下的方法和策略进行溶血效应的评估。

（1）如果溶血效应评估失败，首先要评估分析物在全血中的稳定性，全血稳定性测试多在方法开发阶段就应完成。全血稳定性的结果能为溶血效应评估提供更全面的认识，从而有利于找到溶血效应评估失败的原因。

（2）在合理的采集时间内（如 1 h），如果全血中的分析物在 1～8℃不稳定，并且溶血效应评估失败，这提示分析物的不稳定性可能与血色素氧化有关。为了稳定基质中的分析物，有必要改进样品采集方法，以稳定基质中的分析物。建议用以下方法稳定基质中的分析物。

- 在生物基质中加入抗氧化剂如维生素 C。
- 在生物基质中加入酶抑制剂。
- 在全血中加入有机溶剂进行蛋白质沉淀，然后离心并收集上清液。

（3）如果全血中的分析物稳定但溶血效应评估失败，则表明溶血效应评估失败可能和基质效应或者蛋白质结合相关。推荐查找以下原因并优化方法。

- 评估回收率（RE）。
- 如可行，改变色谱条件或者离子化模式。
- 对样品提取方法的考虑：最好是能去除提取物中的血色素。一般而言，液-液萃取方法（LLE）不会把血色素提取出来，因此可以考虑用该方法；而某些 SPE 方法实际上同时提取分析物和血色素。因而，如果溶血问题存在时，则尽量避免用 SPE 方法。
- 进行柱后注入质谱实验：如果溶血血浆样品有离子抑制或者增强，则应考虑改变色谱条件或者离子源。

- 在0%、0.5%和2%溶血空白基质提取物中加入分析物和内标。如果这3组样品中分析物的峰面积一致，则预示着溶血效应评估失败可能是由蛋白质结合而非离子抑制/增强效应引起的。
- 为了解决蛋白质结合的问题，可以尝试在提取过程中加入尿素，高浓度或饱和盐、强碱或强酸。
- 如果内标是结构类似物，且溶血对其检测有影响，应考虑使用同位素标记内标。

（4）如果全血样品或者溶血血浆样品的不稳定性不明显时，可以考虑限制样品的处理时间或者降低样品处理时的温度，从而保持原有方法。例如，研究表明全血的收集必须在冰浴上1 h内完成，并且可测定样品的溶血程度必须＜1%（*V*/*V*）等。

29.3 脂质效应

和溶血相似，脂质血浆样品中的脂类化合物会干扰测试的结果（Kroll, 2004）。脂质的干扰机制和溶血干扰机制在本质上是不同的。在高脂质样品中，乳糜微滴和低密度脂蛋白（VLDL）的含量高于正常样品。乳糜微滴和VLDL是悬浮的微粒，可引起雾状或者浑浊。造成血浆中高脂质的常见原因包括糖尿病、酗酒、慢性肾衰竭、甲状腺机能减退、药物治疗，如抗艾滋病感染的蛋白质抑制剂（Creer et al., 1983）。

29.3.1 LC-MS/MS分析脂质血浆样品的现状

溶血血浆样品对定量的影响的评估相对来说比较容易，因为在准备测试样品时可加入血色素或者全血，溶血评估样品也会表现出不同的颜色。相反，脂质对定量的影响的评估更为复杂，因为目前还没有一个公认的脂质血浆商业化产品，并且样品是否脂质化也不易观测。曾经有报道在血浆中加入一种合成的静脉注射乳化剂IntraLipid来模拟脂质样品。然而，免疫浊度测定显示加了IntraLipid样品并不能完全模拟脂质样品（Bornhorst et al., 2004）。

在2004年，Chin等研究了脂质对奥氮平和其代谢产物desmethyl奥氮平定量的影响。根据目视检查，脂质样品可分为以下4类。

（1）第一类：样品从顶部或侧面观察是透明的。

（2）第二类：从侧面观察是透明至轻微浑浊的，从顶部观察是不透明的。

（3）第三类：从侧面观察是轻微浑浊至几乎不透明，从顶部观察是不透明的。

（4）第四类：从侧面或者顶部观察均不透明。

由于纤维蛋白颗粒或者脂质成分使血浆浑浊程度很难辨别，该分类方法尽管有一些帮助，却难免会引起偏差；同时该研究案例的结果表明，脂质可显著地影响离子化和提取回收率。

目前，在方法开发/验证（MD/MV）生物分析方法阶段对如何评估脂质效应还没有一个统一的意见。在美国，对于如何评估脂质效应对分析方法的影响，还未建立监控指导程序。在全球范围内，只有ANVISA要求做脂质效应评估（ANVISA, 2002）。然而其实验要求非常简单，即仅对一个脂质样品进行测试，该测试作为方法特异性测试的一部分。

29.3.2 脂质效应评估流程的推荐

由于用LC-MS/MS进行脂质效应评估的案例在杂志上很少报道，本章将推荐两个不同的流程，读者根据自己的要求和判断进行参考。这两个程序中的脂质基质均可在市场上买到。

流程一（Williard 2012, PharmaNet/i3 的程序）

实验设计

（1）准备 3 份低浓度 QC 样品（≤3×LLOQ）和 3 份高浓度 QC 样品（≥75% ULOQ），以及 3 份不加内标的空白脂质基质样品。在方法验证中，空白脂质基质和 QC 样品必须含有同一种抗凝剂。

（2）用验证方法中的校正曲线和常规 QC 样品来处理和分析上述脂质血浆样品。

合格标准：脂质血浆样品的低浓度和高浓度 QC 样品的结果需达到批内测定 QC 样品一样的精密度和准确度（和理论浓度相比，精密度小于或者等于 15%，准确度在±15%内）。

流程二

实验设计

（1）等量分装正常血浆（对照组）和脂质血浆（脂质组）。

（2）用以上两种血浆分别制备低浓度 QC 样品。每个样品都用同样的移液器、原液及体积，以使可能的操作误差最小化。

（3）每 QC 样品组分装 6 份，总共有 12 个样品。试验样品按照以下顺序放置：对照血浆样品、脂质血浆样品、对照血浆样品、脂质血浆样品、对照血浆样品、脂质血浆样品，等等。

（4）采用优化好的方法进行提取和分析。

（5）用仪器响应（分析物峰面积/内标峰面积）计算脂质效应。

合格标准：每一组的变异系数（CV）必须≤15%。脂质血浆样品的平均值与对照组的平均值的差异必须在±15%以内。

29.3.3　评估脂质效应的最佳方法和策略

以上两个方案为今后脂质效应的探索和研究提供了一些新的思路和引导。如果首次脂质效应评估的结果达到合格标准，则表明方法是合适的；如果实验失败，则需对原有的方法进一步改进。如果分析物是针对高脂质人群，如治疗糖尿病的新药，开发的分析方法必须通过脂质效应评估。和溶血血浆样品不同（溶血血浆样品的颜色很特别），脂质血浆样品常常无法目视辨别。因此，当样品来源于高脂质人群时，如果脂质效应评估失败，必须进一步修改方法直至脂质效应评估合格。

29.4　结　束　语

在 LC-MS/MS 生物分析中，溶血效应评估失败并不多见。例如，本实验室每年会开发几百个新方法，其中只有少于 5 个的新方法在溶血效应评估时会出现问题。然而，溶血效应评估的失败则提示在分析溶血未知样品时可能会获得不准确的结果。因此在方法建立和验证过程中，进行溶血效应的评估是非常必要和重要的。尽管目前的方法验证指南要求选择性实验必须用 LLOQ 或者是低浓度 QC 样品进行精密度和精确度的评估（FDA/CDER, 2001），但这不足以代替溶血效应评估。虽然 ANVISA 已经把溶血效应评估作为分析方法选择性评估的一部分，但其实验要求并不全面。目前工业界已广泛接受了将溶血效应评估作为方法验证的一部分，但具体操作方法有很大不同，为确保统一，药物监管部门的指导原则应包括具体的实验设计和接受标准。

尽管目前只有 ANVISA 建议把脂质效应评估作为人血浆或血清方法验证的一部分（ANVISA, 2002），但其实验要求总体来说比较简单。在此阶段，统一要求把脂质效应评估作为 LC-MS/MS 生物分析方法验证的一部分还为时过早，但应该鼓励实验室有自己的评估要求，如 PharmaNet/i3 和 Tandem Labs 已经开始进行此评估。在有详细统一的官方指导原则之前，多些关于脂质效应评估的文章、案例及专题研究将有助于整个行业发展。

参 考 文 献

ANVISA. Manual for good bioavailability and bioequivalence prac-

Bennett PK, Van Horne KC. Identification of the major endogenous and persistent compounds in plasma, serum, and tissue that cause matrix effects with electrospray LC/MS techniques. Presented at the 2003 AAPS Annual Meeting and Exposition, Salt Lake City, Utah, 2003.

Bérubé ER, Taillon MP, Furtado M, Garofolo F. Impact of sample hemolysis on drug stability in regulated bioanalysis. Bioanalysis 2011;3:2097–2105.

Bornhorst JA, Roberts RF, Roberts WL. Assay-specific differences in lipemic interference in native and Intralipid-supplemented samples. Clin Chem 2004;50:2197–2201.

Briscoe C, Hage D. Factors affecting the stability of drugs and drug metabolites in biological matrices. Bioanalysis 2009;1:205–220.

Carraro P, Servidio G, Plebani M. Hemolyzed specimens: a reason for rejection or a clinical challenge? Clin Chem 2000;46:306–307.

Carter S, Yuan WW, Zhao Y, Bessette B, Meng M. Impact of Hemolysis on the Quantitation of LC/MS/MS Assays: Case Studies of Mesalamine, Albuterol, and Asenapine in Human Plasma. Presented at ASMS 58th Conference in Denver, Colorado, 2011.

Creer MH, Ladenson J. Analytical errors due to lipemia. Lab Med 1983;14:351–355.

Chin C, Zhang ZP, Karnes HT. A study of matrix effects on an LC/MS/MS assay for olanzapine and desmethyl olanzapine. J Pharm Biomed Anal 2004;35:1149–1167.

Cote C, Bergeron A, Mess JN, et al. Matrix effect elimination during LC-MS/MS bioanalytical method development. Bioanalysis 2009;1:1243–1257.

FDA/CDER. Guidance for the Industry. Bioanalytical Method Validation, May 2001 (US Department of Health and Human Services, FDA (CDER) and (CVM), Rockville, MD).

Frank JJ, Bermes EW, Bickel MJ, Watkins BF. Effect of in vitro hemolysis on clinical values for serum. Clin Chem 1978;24:1966–1970.

Hughes NC, Bajaj N, Fan J, Wong EYK. Assessing the matrix effects of hemolyzed samples in bioanalysis. Bioanalysis 2009;1:1057–1066.

Ismaiel OA, Halquist MS, Elmanly MY, et al. Monitoring phospholipids for assessment of ion enhancement and ion suppression in ESI and APCI LC/MS/MS for chlorpheniramine in human plasma and the importance of multiple source matrix effect evaluation. J Chromatogr B 2008;875:333–343.

Kroll MH. Evaluating interference caused by lipemia. Clin Chem 2004;50:1968–1969.

Laessig RH, Hassemer DJ, Paskey TA., Schwartz TH, The effects of 0.1 % and 1.0 % erythrocytes and hemolysis on serum chemistry values. Am J Clin Pathol 1976;66:639–644.

Liang HR, Foltz RL, Meng M, Bennett P. Ionization enhancement in atmospheric pressure chemical ionization and suppression in electrospray ionization between target drugs and stable-isotope-labeled internal standards in quantitative liquid chromatography/tandem mass spectrometry. Rapid Commun Mass Spectrom 2003;17(24):2815–2821.

Matuszewski BK, Constnzer ML, Chavez-Eng CM. Matrix effect in quantitative LC/MS/MS analyses of biological Fluids: A method for determination of finasteride in human plasma at pictogram per milliliter concentrations. Anal Chem 1998;70:882–889.

Sonntag O. Haemolysis as an interference factor in clinical chemistry. J Clin Chem Clin Biochem 1986;24:127–139.

Savoie N, Booth BP, Bradley T, et al. The second calibration and validation group workshop on recent issues in good laboratory practice bioanalysis. Bioanalysis 2009;1:19–30.

Savoie N, Garofolo F, Amsterdam, PV, et al. 2009 White paper on recent issues in regulated bioanalysis from the 3rd calibration and validation group workshop. Bioanalysis 2010;2:53–68.

Tang D, Thomas E. Strategies for dealing with hemolyzed samples in regulated LC-MS/MS bioanalysis. Bioanalysis 2012;4(22):2715–2724.

Williard C. Lipemic Experiment Procedure. Courtesy of PharmaNet/i3, Princeton, NJ; 2012

Xia YQ, Jemal M. Phospholipids in liquid chromatography/mass spectrometry bioanalysis: comparison of three tandem mass spectrometric techniques for monitoring plasma phospholipids, the effect of mobile phase composition on phospholipids elution and the association of phospholipids with matrix effects. Rapid Commun Mass Spectrom 2009;23:2125–2138.

Yeh SY, Lach J. Stability of morphine in aqueous solution III. Kinetics of morphine degradation in aqueous solution. J Pharm Sci 1961;50:35–42.

30

干血斑样品液相色谱-质谱（LC-MS）分析方法的开发和验证

作者：Jie Zhang、Tapan K. Majumdar、Jimmy Flarakos 和 Francis L. S. Tse
译者：顾哲明、刘迪、杨兴烨
审校：张杰、李文魁

30.1 引 言

当前制药工业面临的一个主要挑战是寻找新途径，以在降低研发成本的同时提高效率。在新化学合成药物暴露量研究中，样品采集方法的改进可能成为一个范例。近年来已有越来越多的关于干血斑（DBS）采样技术应用于药物研发的文章发表（Li and Tse, 2010; Majumdar and Howard, 2011）。干血斑采样技术的特点在于采血量少，因而可减少实验动物的使用数量，采样操作简便，无需对全血体积进行准确测量，样品无需冷冻或冷藏，因此样品的储存和运输费用可大大降低。此外，和液态血液相比，干血斑的潜在致病性大大降低。因此，同传统的血液样品采集和处理方法相比，干血斑技术在伦理和经济方面有许多优势。

当前生物分析行业内已经对干血斑技术的理解有了长足进步（Ji et al., 2012; Viswanathan, 2012），人们对包括灵敏度、干燥流程、室温下储存和运输、稀释可靠性和已测样品再分析（ISR）等在内的各种干血斑分析程序和参数进行了开发和整理。然而，在干血斑技术得到广泛应用之前还有若干问题需要解决，其中包括干血斑均匀性、血细胞比容（HCT）及样品提取方法。目前美国食品药品监督管理局（FDA）在新药审批过程中还不接受纯粹来源于干血斑技术的数据。

尽管固态基质和液体基质的方法开发（MD）和验证十分相似，但由于干血斑技术在科技方面面临的独特挑战，其实验计划书需要作出适当的调整。除必须满足常规要求的方法精密度和准确度、灵敏度、选择性、重现性及稳定性外，干血斑分析方法还需对样品均一性和 HCT 的影响进行考察。关于干血斑分析方法的验证已经有了大量的讨论，2011 年欧洲生物分析论坛（EBF）以白皮书的形式发表了关于干血斑分析方法验证的建议（Timmerman et al., 2011）。本章将对当前普遍接受的干血斑分析方法的开发和验证方法做一概述。

需要指出的是，虽然干血斑技术中全血是最常使用到的基质，但其他基质如血浆、血清和尿液也可使用此技术。因此，在对此技术进行论述时也会使用到“干基质斑（DMS）”这一词汇。此外，针对干血斑样品板穿孔和样品提取过程，人们还开发了自动化在线脱附提取系统以便直接分析。但是以上 DMS 和在线 DBS 系统均不在本章讨论范围内。

30.2 方法开发

方法开发对于建立一个可靠的分析方法来说至关重要，同时它也在促进干血斑技术发展上起着举足轻重的作用。干血斑样品分析方法的建立始于获取受试药物（分析物）的理化信息，如分子质量、极性、离子化特征、pK_a参数和溶解度等。如果已有基于液态基质的分析方法，则可在其基础上进行修改使其适用于干血斑样品分析。

进行干血斑分析方法开发的典型流程包括以下 3 个部分：①使用 HCT 处于正常水平的新鲜全血制备含药全血样品［如校正标样（STD）和质量控制（QC）样品］；②将血样点在干血斑采集卡上。通常在干血斑采集卡上点放 15～30 μl 血样，并在一定的湿度条件下室温干燥至少 2 h；③血样干燥后，穿孔获取一个 3～8 mm 直径的样品片，样品片在含水的有机溶剂中进行提取。提取溶剂量一般较小，如 100 μl。内标通常在提取过程中加入。提取液用于 LC-MS/MS 分析。

30.2.1　全血校正标样和质量控制样品的制备

将适量的分析物储备液或工作液加入到全血中以制备校正标样和 QC 样品。为了减少可能由非内源性有机溶剂或水溶液引起的校正标样、QC 样品同真实样品之间的差异，建议先制备一个过渡血浆样品，即分析物储备液同空白血浆的混合物。例如，将分析物储备液加入到血浆中制备成浓度 50 倍于定量上限（ULOQ）的血浆样品，之后再由这个血浆样品逐级用全血稀释，制备目标浓度校正标样和 QC 样品。校正标样和 QC 样品中的其他非基质成分，如有机溶剂，比例要尽量小（通常＜5%总体积），以避免溶剂效应导致配制的全血样品和真实样品间出现差异。此外，如非基质成分对全血样品的稀释比例不当，可能影响点样及干血斑的成型，改变化合物在样品采集卡上的分布，造成点样前血细胞破裂，或影响样品干燥所需时间等。

在制备校正标样和 QC 样品时应使用新鲜全血，即当日采集的新鲜全血。但对于大多数生物分析实验室来说，这个要求难以实现。因此，一般建议使用两周内采集且冷藏储存的全血。在使用前应检查全血是否出现凝血，凝血在干血斑点样时会影响到样品点的大小和血斑的形状。另外应避免使用已发生溶血的全血，因为溶血可能对化合物的定量造成难以预测的影响。

为保证分析方法的耐用性和可重现性，实验人员应注意保证全血样品的完整性。在处理全血样品时要注意避免剧烈晃动以免造成溶血。在全血样品系列稀释过程中和点样前，保证适当的平衡时间至关重要。

干血斑技术会受到 HCT 的影响。HCT 也称为红细胞压积，是指红细胞（RBC）和白细胞（WBC）在全血中所占的比例。在正常情况下，人的 HCT 为 40%～45%，此数值会因年龄、性别和健康状况的不同而有所变化。对于绝大多数的青少年和成人来讲，其 HCT 的范围一般应在 28%～67%，患有红细胞增多症或贫血的人群除外（Shander et al., 2011）。HCT 的变化直接反映在血的黏度变化上，造成不同样品采集卡上的全血扩散和渗透出现差异。高 HCT 的全血扩散较差，在样品采集卡上形成的干血斑较小。因此，同样尺寸大小的干血斑样品可能由于其 HCT 的不同而造成分析结果的差异。此外，HCT 的差异也会影响干血斑样品的干燥时间，并影响干血斑中化合物的提取回收率（RE）。因此，在方法开发和验证过程中，需要确定所使用全血的 HCT 在临床研究目标人群的预期 HCT 范围内。生物分析实验室在购买全血用于制备校正标样和 QC 样品时，应向供货方说明需要的 HCT 范围，或者由生物分析实验室通过添加分离的血细胞或血浆对所用全血的 HCT 进行调整。

30.2.2 干血斑样品采集卡（DBS 卡）的选择

目前市面上的干血斑样品采集卡根据其材质和处理方式可分为以下三大类。

（1）未经处理采集卡，如 Whatman DMPK-C（GE Healthcare Bio-sciences, NJ, USA）和 Ahlstrom 226（ID Biological Systems，现为 Perkin Elmer 所有）。

（2）化学处理采集卡，如 Whatman FTA DMPK-A 和 FTA DMPK-B。在采集卡上加入蛋白质变性剂以抑制生物基质中的酶活性，并可抑制细菌和其他微生物滋生。DMPK-A 和 DMPK-B 采集卡的区别在于血斑点样区域的大小，DMPK-A 的点样区域比 DMPK-B 采集卡小约 20%。

（3）非纤维素采集卡，Agilent Bond Elute 非纤维素基质点样卡（Agilent Technologies, Inc., CA, USA）。据生产商称，此类卡可以消除由 HCT 不同造成的血斑大小差异。

不同类型的 DBS 卡，受 HCT 和打孔位置的影响是不同的。使用 5 种理化性质不同的化合物分别在不同类型样品采集卡上进行实验，结果表明（O'Mara et al., 2011），Whatman FTA DMPK-B 采集卡受 HCT 的影响最小，Whatman FTA DMPK-A 采集卡受 HCT 的影响最大。对于不同化合物来说，HCT 不同造成的差异与样品采集卡的类别相关，这一点在未经处理的采集卡 Ahlstrom226 和 Whatman DMPK-C 上表现得更为明显。在 HCT 为 0.45 的条件下，所有化合物在 Whatman FTA DMPK-B 采集卡干血斑区域内的分布较均匀；相比之下，所有化合物在 Ahlstrom 226、DMPK-A 和 DMPK-C 采集卡上进行实验的结果显示，干血斑周边位置化合物的浓度高于中心位置。化合物在未经处理的采集卡上的不均匀分布现象尤其严重。

DBS 卡选择的另一个标准是基质效应、离子抑制现象和提取回收率。Li 等（2012b）使用对乙酰氨基酚及其主要代谢产物对 5 种采集卡（Ahlstrom 226、FTA Elute Micro、DMPK-A、DMPK-B 和 Agilent Bond Elute）的基质效应和提取回收率进行了研究。空白全血斑样品在干燥后，分别划入低、中、高 3 个不同浓度组，各打孔取 3 个 3 mm 直径的空白样品片进行提取，提取后分别加入低、中、高浓度的含药溶液，然后进行 LC-MS/MS 测定。结果表明，Ahlstrom 226 采集卡的提取回收率一致性最佳。

30.2.3 点样体积、点样技术和穿孔取样大小

干血斑样品中化合物浓度的准确测定取决于全血在 DBS 采集卡上的分布均匀程度、实验人员的点样技术、穿孔取样的一致性等。Liang 等（2011b）在研究右美沙芬（dextromethorphan）和右啡烷（dextrorphan）时发现，在 DMPK-B 采集卡上分别点样 10 μl 和 50 μl，测定的药物浓度差异可达约 19%。Clark 等（2010）使用 FTA Elute 采集卡，点样体积为 15～45 μl，在点样区域中心穿孔取样测定时发现 ^{14}C 标记的 UK-414495 浓度保持一致。上述研究表明，点样体积的影响可能也和所测药物相关。

通常来说在方法开发时，建议从 15～20 μl 的点样体积开始，并考察±50%点样体积情

况下的分析结果的重现性。过量点样会形成不均匀的血斑。测定 DBS 卡点样区域的大小，尤其是在点样时未准确测量移取样品体积的情况下，对临床 DBS 样品采集具有指导意义。

30.2.4 血斑均匀性

血斑均匀性指分析物在干血斑中的分布状况。血斑均匀性可影响到方法的精密度、准确度和重现性，因此在方法开发时要对其进行考察。影响血斑均匀性的因素有采集卡（滤纸）的类型，全血样品的生理参数，如 HCT 和干燥条件。另外，点样过程中的层析效应（纸作为固定相，液态基质作为流动相）可以改变分析物在滤纸中的移动方式。根据分析物结构的不同，层析效应可以使分析物聚集于血斑的边缘或中心。Ren 等（2010）使用放射性自显影技术证实，当点样体积较大时（如 100 μl），化合物在干血斑采集卡上呈现不均匀分布模式。这种不均匀分布导致在穿孔取样出现偏差时会造成测定上的偏差。因此在穿孔取样时，建议尽量在相同的位置取较大直径的样片。

可通过在同一采样卡上干血斑的不同位置穿孔取样，对相同浓度的分析物采用分析比较的方法（通常包括低、中、高 3 个不同浓度水平的 QC 样品）来测定血斑均匀性。在干血斑尺寸不允许多次穿孔的情况下，可使用不同采集卡穿孔进行比较。通过校正曲线对 QC 样品的浓度进行回归计算，如结果精密可重现（＜15% CV），则可判定分析物在各采样卡和血斑的各个位置上的浓度具有一致性，血斑符合均匀性标准。

30.2.5 干血斑样品干燥、储存和运输

全血样品点样于 DBS 卡上后，采集卡放置于室温和常规湿度条件下进行干燥。干燥所需时间根据采集卡的类型、点样体积和湿度的不同会有所不同。Denniff 和 Spooner（2010）对干血斑在 Whatmann 903、FTA 和 FTA Elute 采集卡上的储存条件进行了全面的评价，结果发现，DBS 卡在点样后应至少在实验室室温条件下放置 90 min 后再进行下一步操作。同时，他们注意到这 3 种采集卡在较高温、湿度条件下的表现有所不同：FTA 和 Whatmann 903 采集卡暴露在较高温、湿度条件下对血斑的干燥影响不大，但在相同条件下 FTA Elute 采集卡上的血斑在 24 h 内已经严重扩散，表明干血斑样品的完整性已经被破坏。

干血斑样品的储存较传统液体基质样品更为简便。一般来说室温储存即可，但对某些特殊分析物来说，可能要采用较低的储存温度以便延长储存时间。通常化合物的降解速率（氧化、还原和水解）在 0℃比 20℃低约 10 倍（Chen and Hsieh, 2005）。已有研究发现，许多在液态基质中不稳定的化合物在干血斑中相对稳定（Li and Tse, 2010）。在液态基质中水对化合物的降解起到了重要作用（Alfazil and Anderson, 2008）；干血斑采集卡里的水分可导致细菌滋生，从而影响化合物的提取效率。因此干血斑样品应密封储存，并放置干燥剂和湿度指示卡，以保证样品处于无水环境中。

干血斑样品在室温及更高温度下可保持稳定，可以通过常规方式运输而无需冷冻或冷藏，因此可以节省大量运输费用。尤其是在产生大量临床样品的临床研究后期，其带来的经济效应更加显著。

30.2.6 内标

在进行生物样品分析时，与分析物结构相关的化合物，或结构类似物，或同位素标记的分析物会作为内标来抵消样品制备和质谱分析过程中可能存在的偏差。在使用液态基质

时，如血浆或血清，内标可在提取前直接加入样品中，但对于干血斑样品来说，如何加入内标是个复杂的问题。

图 30.1 表示干血斑样品分析常见的 4 种内标添加方式：（a）在提取溶剂中加入内标；（b）内标预先加入 DBS 卡；（c）内标加入全血样品；（d）提取前在干血斑样片中加入内标。

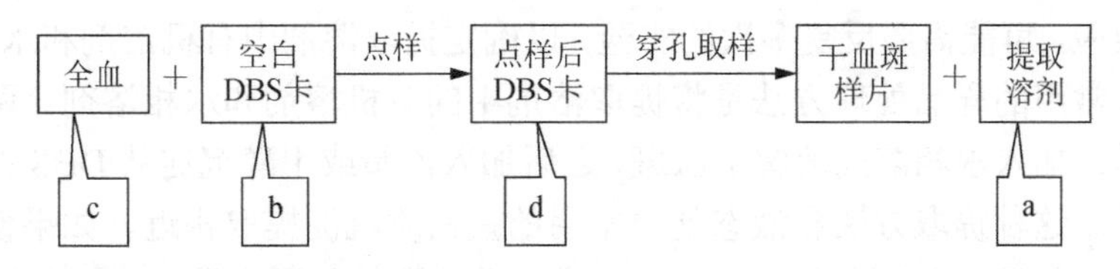

图 30.1　干血斑样品分析常见的 4 种内标添加方式：（a）在提取溶剂中加入内标；（b）内标预先加入 DBS 卡；（c）内标加入全血样品；（d）提取前在干血斑样片中加入内标

通常对于干血斑样品来说，有 4 种加入内标的方法，如图 30.1 所示。

（1）在提取溶剂中加入内标。这种方法简单、应用广泛、重现性好，它可抵消基质效应和提取回收率对分析结果的影响，也不受样品处理过程带来的损失和分析仪器灵敏度波动的影响。但在这种方法中，由于内标没有被加入到基质和样品采集卡上，不能抵消样品提取过程种种波动带来的影响，此外也无法反映样品储存对提取回收率的影响。

（2）内标预先加入 DBS 卡。在全血样品点样前，先将内标加入 DBS 卡，内标将和分析物混合，在一起进行提取。这种预先将内标加入采集卡的方法较费时，且成本很高。此外，后续全血样品的点样过程对内标的影响也无法明确（Meesters et al., 2011）。

（3）在点样前将内标加入全血样品。此方法的优点是内标和分析物同样处于全血基质中。但缺点是在绝大多数临床中心此做法不具实际操作性，而且在采集患有感染性疾病患者血样时会带来额外的安全风险。

（4）提取前在干血斑样片中加入内标。此方法是由 Abu-Rabie 等（2011）率先提出的。使用 TouchSpray 技术在样品提取前将内标加到 DBS 样品上。加入内标后必须给予足够的时间以使内标与样品基质及样品卡材质相混合，同时必须保证对样品的分布没有负面影响。此方法的分析精密度和准确度与方法 a 及 c 相比没有明显差别。此外，此方法易于实现自动化。

不同的内标添加方法可能会导致差异明显的提取回收率。Meesters 等（2011）使用奈韦拉平（nevirapine）进行研究时发现，使用不同的内标添加方法，测得的回收率在 11.4%～108%。由此说明，在方法开发和验证过程中需要谨慎考察和选择内标添加方法。同时还必须考虑到内标添加方法不能过于复杂，过于复杂则抵消了 DBS 方法的优点。

30.2.7　提取溶剂、提取步骤和提取回收率

对于一个生物分析方法来说，样品处理的目的是最大程度地去除基质和干扰物，有效地提取分析物和内标，同时尽可能达到所需要的分析灵敏度。对干血斑分析方法，样品从液态变为固态也带来了样品提取过程中的一系列难题。

通常干血斑样品的提取过程是从 DBS 卡上穿孔取一个或多个干血斑样片放入样品管或 96 孔板中，并加入适量含内标的提取溶剂，轻轻振荡，涡旋。为提高回收率也可使用超声进行提取。提取液经离心后转移至干净的样品管或 96 孔板中用于 LC-MS/MS 分析。提取溶剂应能使分析物从基质蛋白质中及 DBS 卡材质上释放出来。可选择不同的有机溶剂或

有机溶剂与水的混合液进行提取，如甲醇、不同比例甲醇-水混合液、不同比例乙腈-水混合液等。提取溶剂中的水可以帮助分析物从 DBS 卡材质中释放出来。纯乙腈通常不能完全溶解干血斑，从而导致低的分析物提取回收率（Liu et al., 2010）。根据分析物结构的不同，也可适当加入 pH 调节剂或缓冲盐溶液以提高提取回收率。为了得到最佳的提取回收率和最小的基质效应，可能需要反复多次的实验，以确定提取溶剂中有机溶剂和水的最佳配比。

另外一种常用的样品处理方法是将提取溶剂中的有机溶剂和水相溶剂分两步加入。首先向干血斑样片加入水相溶剂溶解干血斑，之后加入乙腈或甲醇沉淀从 DBS 样品卡上洗脱下来的蛋白质。这种提取方法和液态基质常用的蛋白质沉淀提取相近。如果使用的有机溶剂和水不混溶，如甲基叔丁基醚（MTBE）或乙酸乙酯加入至水溶液中，则该提取方法类似于液态基质的液-液萃取。相对来说，液-液萃取能更有效地去除 DBS 卡材质带来的基质背景（Liu et al., 2010）。

在干血斑样品分析方法开发过程中，提取回收率的测定是最具挑战性的一项工作。要想建立理想的提取方法，首先要弄清楚分析物和 DBS 卡物质的相互作用性质。此外，还有一些其他的因素也会影响分析物的提取回收率，包括 HCT、样品卡的储存时间、温度和湿度。在大多数干血斑分析过程中，内标是在样品提取过程中被添加到系统中的，这导致分析物从 DBS 卡（固定相）被洗脱至提取溶剂（流动相）的过程中缺少内标对照。因此，在方法开发过程中，对样品提取回收率进行说明是非常重要的。

FDA 现行指导原则对基于液态基质的分析方法要求“分析物和内标的回收率应具有一致性、精密性和可重现性。回收率实验应在低、中、高 3 个浓度将提取的样品中和未经提取的校正标样（代表 100%回收率）中进行比较”（FDA, 2001）。EBF 建议对干血斑样品的提取回收率进行更详尽的考察，尤其是应将经长期储存的干血斑样品的提取回收率作为长期稳定性考察的一部分（EBF, 2010）。

30.2.8 基质效应

干血斑分析方法的基质效应考察和液态基质的类似。点有空白基质的干血斑样片经提取后加入一定浓度的分析物，与该浓度分析物纯溶液进行比较来评价基质效应。

全血基质中的一些成分有可能结合到 DBS 卡上且不会被提取出，从而产生较液态基质方法更干净的样品（基质效应更低）。但 DBS 样片提取过程中有可能滤出其材质中含有的化合物，从而导致 LC-MS/MS 分析时背景信号升高或对分析产生干扰。不同类型的 DBS 卡产生的影响也不相同。已有研究表明，预先经过处理的 DBS 卡的某些材质或用来处理 DBS 卡的某些化学物质会在分析时抑制分析物的响应，从而产生基质效应（Clark and Haynes, 2011）。

30.2.9 灵敏度

和液态基质方法相比，因干血斑方法的样品量小，其灵敏度可能相对较差。可以通过提取多个干血斑样片或增大干血斑样片直径，以及优化提取回收率等方法来提高分析物的响应。近年来发展起来的在 LC-MS/MS 分析中使用微粒径色谱柱和微流速技术，有助于提高干血斑样品分析的灵敏度（Rahavendran et al., 2012; Rainville, 2011）。

30.2.10 在 DBS 卡上稳定不稳定化合物

对于不稳定化合物，在方法开发的早期就需考察其在 DBS 卡上的稳定化方法。如何使不稳定化合物稳定对于液态基质生物分析方法来说一直是一个很大的挑战，目前已经发展出多种技术来对全血、血浆和血清样品中的不稳定化合物进行稳定化处理（Li et al., 2011）。可在血样采集后立即加入化学试剂阻止分析物的降解或结构变化。例如，对于酯类或内酯化合物，在采样后立即加入有机酸可以起到稳定化的作用；含有光敏感化合物的样品应在暗室中操作和储存；含有热敏化合物的样品应在超低温条件下储存。这些液态基质样品的处理原则同样适用于干血斑样品。与传统液态基质方法相比，干血斑方法存在明显的优势，即不含水，而水在化合物的酶解和水解过程中都发挥重要作用（Alfazil and Anderson, 2008）。D'Arienzo 等（2010）的研究表明，采用干血斑技术，可以使含有两种不稳定前体药物的大鼠全血样品，在不加入酶抑制剂的情况下在室温条件下稳定至少保存 21 天。一个有意思的现象是，和未经处理的 Whatman 903 采集卡相比，经过化学处理的 DMPK-A 和 DMPK-B 采集卡并没有表现出额外的稳定化合物的效果，说明 DBS 卡对不稳定化合物的稳定作用可能和不同化合物相关。因此对于特殊的不稳定化合物，可能需要对市售的 DBS 卡进行必要的处理，以满足其稳定性的要求。Liu 等（2011b）在研究一种由二硫键连接的不稳定多肽化合物（候选药物 KAI-9803）时，将 DBS 卡预先用柠檬酸酸化处理，显著提高了该化合物的稳定性，可在室温放置 48 天保持稳定。

另一针对光敏感化合物奥美拉唑（Omeprazole）的研究也表明，干血斑方法可显著提高奥美拉唑的稳定性（Bowen et al., 2010）。奥美拉唑在水、血浆或全血中会降解 40%～90%，而在 DBS 卡上其光降解基本可忽略不计。

30.3 方法验证

方法验证用来确认方法开发过程中建立的分析方法的适用性。一个完善的方法应易于验证。在方法验证过程中，如果未能达到预设的接受标准，则需进行仔细调查，找出根本原因。液态基质方法验证的经验同样也适用于干血斑分析方法验证。

由于目前没有针对性的指导原则，因此对干血斑样品分析方法进行验证通常是基于按需定制的概念而进行的。根据现有的生物分析方法验证指导原则（EMA, 2011；FDA, 2001），干血斑分析方法验证与液态基质方法验证内容类似，包括精密度、准确度、选择性、特异性、提取回收率、基质效应、稀释可靠性、试验样品再分析和稳定性（包括全血采集过程中的稳定性）。此外，干血斑方法还需验证血斑干燥稳定性、HCT 影响、DBS 采集卡的卡内和卡间差异等其他与干血斑方法相关的内容。

30.3.1 选择性、灵敏度和线性

干血斑方法的选择性通常考察从至少 6 个不同受试者个体或至少 2 个实验动物个体采集的新鲜空白全血。定量下限（LLOQ）的准确度应在±20%内，精密度≤20%。在至少 3 个独立的分析批内考察校正曲线（至少 6 个非零校正标样，每个样品重复分析 2 次，分析批开始和结束位置各一次）。选择合适的加权因子，使用分析物和内标的峰面积比值对分析

物的标示浓度进行回归计算。

30.3.2 批内和批间精密度和准确度

批内和批间精密度和准确度应至少在 3 个分析批内考察 4 个不同浓度（LLOQ、低、中、高）的 QC 样品，每个浓度 6 份样品。精密度用相对标准差（CV%）表示，准确度用测定值与标示值之间的百分比相对偏差表示。精密度应≤15%（LLOQ 为 20%），准确度应该在±15%内（LLOQ 为±20%）。

30.3.3 血细胞比容及其影响

EBF 对于干血斑技术指出“HCT 目前是影响全血在 DBS 卡上扩散和分布的最重要因素，能直接影响到血斑在 DBS 卡上的形成、干血斑尺寸、干燥所需时间和均匀性，从而最终影响到干血斑方法的稳健性和可重现性”（Timmerman et al., 2011）。

EBF 建议“干血斑方法验证过程中需考察 HCT 对干血斑尺寸和均匀性的影响，并在验证资料中保存 HCT 对方法有效性影响的考察资料。方法验证需涵盖临床 HCT 的范围（如从 30%～35%到 55%～60%）。对于 HCT 不在正常范围内的患者（如肾脏损伤或癌症患者），需进行补充验证（如使用超出正常 HCT 范围的全血配制校正标样和 QC 样品）。Viswanathan（2012）建议在满足干血斑均匀性的前提下，校正标样和 QC 样品间应尽量避免或消除由 HCT 带来的偏差。可根据实际临床 HCT 的变化范围确定方法验证中所需考察的范围。HCT 对干血斑方法的影响应作为方法验证的核心部分进行考察。

考察 HCT 对方法的影响时，可购买或自制 HCT 分别为 30%、40%、50%和 60%的新鲜全血，分别制备低、高浓度干血斑 QC 样品（每个浓度 6 个样品）。同时使用 HCT 约 35%的新鲜全血配制校正标样和 QC 样品，测定不同 HCT QC 样品中分析物的浓度，如测定浓度与标示浓度的相对偏差超过 15%，则认为存在显著 HCT 影响。需注意某些患者的 HCT 可能超出 30%～60%。

当观察到显著 HCT 影响时，可采用以下做法。

（1）使用各受试者的 HCT 进行校正：此方法需测定不同 HCT 样品相对校正曲线的校正因子，测定各受试者的 HCT 将会大大增加临床研究的工作量。

（2）分析整个干血斑：可消除 HCT 的影响，同时消除血斑不均匀扩散的影响，但要求准确点样。Li 等（2012a）使用了一种新技术称为穿孔干血斑技术（PDBS），即在 PDBS 滤纸片（直径 6.35 mm，厚度 0.83 mm）上使用精密移液器准确点样 5～10 μl，干燥后整个 PDBS 滤纸片被放入 96 孔板中进行分析。使用这种技术后样品的利用率为 100%，因此消除了 HCT 的影响。

30.3.4 全血样品点样体积和干血斑大小对准确度的影响

干血斑方法验证时也应考察不同点样体积对准确度的影响。对低、中、高 3 个不同浓度 QC 样品的不同点样体积进行考察（通常为 10 μl、20 μl 和 40 μl），样品干燥后从每张 DBS 卡点样中心位置穿孔取 3 个 3 mm 样片与校正标样一起分析。如测定值与标示值的相对偏差在±15%内，则说明点样体积的变化不影响方法的准确度，且说明分析物在 DBS 卡上均匀分布，因此在考察区域内任何位置穿孔取样均不会影响到方法的准确度。

30.3.5 干血斑均匀性对准确度的影响

对全血及分析物在 DBS 卡上扩散的均匀性进行验证时，需分别在低、中、高 3 个浓度干血斑 QC 样品的中心位置和边缘位置穿孔得到样片，将其与校正标样一起测定。如测定浓度与标示浓度的相对偏差在±15%内，且中心位置与边缘位置浓度之间的相对偏差也在±15%内，则表明分析物在 DBS 卡上扩散均匀。

30.3.6 温度的影响

低、中、高 3 个浓度的干血斑 QC 样品（每个浓度 3 份）在室温和 2～8℃条件下储存一定时间后再进行分析。测定浓度和标示浓度的相对偏差应在±15%内。此外，为了模拟样品采集和运输过程中可能遇到的高温，干血斑 QC 样品可在较高温度（可高达 70℃）下放置数小时（如 4 h 时）后，将其与校正标样和常规 QC 样品一起分析，测定浓度与标示浓度的相对偏差在±15%内，表明样品在该高温条件下稳定。

30.3.7 稀释可靠性

方法验证时需考察稀释可靠性，以确定稀释方法可以用于对浓度超出 ULOQ 的干血斑样品进行分析。干血斑样品和传统液态基质样品相比，其稀释可靠性考察更为复杂。以下是 3 种常见的干血斑样品稀释方法。

（1）使用空白干血斑样品的提取液进行稀释：使用一个或多个提取后的空白干血斑样品稀释提取后的干血斑样品（空白干血斑样品数=稀释倍数－1）。内标可加在提取溶剂中或在提取后加入提取液中。这种方法需要较多空白基质，且需要提取额外的空白干血斑样品，主要适用于少量样品低倍数稀释。此方法成本太高且不实用，不适合高倍数稀释。

（2）内标示踪稀释：此方法由 Liu 等（2011a）率先使用，即在需要稀释的样品中加入高浓度的内标工作液（如需稀释 10 倍，则加入 10 倍浓度的内标工作液）后进行提取，提取液再根据所需稀释倍数进行稀释，如图 30.2 所示。这种方法的优点是由于高浓度内标在稀释前已预先加入，稀释过程中的准确性不再是关键。缺点是与校正标样及 QC 样品相比，稀释样品的处理过程有差异，因此在分析时需密切关注稀释 QC 样品的精密度和准确度。

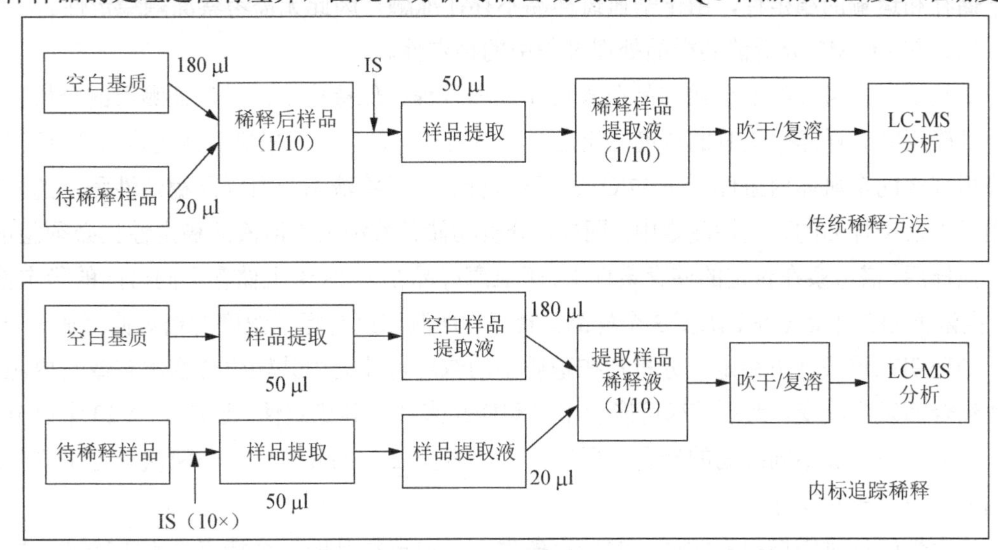

图 30.2 干血斑样品稀释的两种方法：传统稀释方法（上）和内标追踪稀释（下）；这里是用 10 倍稀释作为示范（Liu et al., 2011a。复制经允许）

（3）次级穿孔稀释：此方法由 Alturas Analytics 率先提出（Christianson et al., 2011），包括 3 个关键步骤：①在所需稀释干血斑样品上再次以一定直径穿孔取一个次级样片；②在一个点有空白基质的 DBS 卡上穿取同样尺寸的样片并丢弃；③以常规直径在该空白 DBS 卡上穿孔取样，并包括已穿孔区域。将①中的次级样片和③中的空白样片合并进行提取。稀释倍数通过这两种穿孔直径经数学计算得出。

30.3.8 DBS 卡间差异

DBS 卡的生产过程是严格受控的，因此理论上说不同批次的 DBS 卡其理化特性应相同。生物分析界普遍认同一个干血斑就是一个样品，来源于同一液态样品的其他干血斑，不论是在同一张 DBS 卡上还是在另外厂家相同类型的 DBS 卡，只要处理和储存条件相同，即被认为是同等的样品。EBF 在其白皮书中建议，在使用同一个厂家相同类型的 DBS 卡时，不需考察卡间差异；但建议在验证时最好使用多张 DBS 卡制备校正标样和 QC 样品，以便在分析批不满足接受标准时可确定或排除卡间差异（Timmerman et al., 2011）。

更换不同类别或不同厂家的 DBS 卡时需进行部分验证。EBF 建议考察线性、稀释可靠性、精密度和准确度、提取回收率、基质效应、干燥条件（干燥时间和温度）和干血斑样品稳定性。

30.3.9 稳定性

液态基质样品稳定性评估的原则同样适用于干血斑样品，即“需验证样品在制备和分析过程中，以及在储存过程中的稳定性”（EMA, 2011）。干血斑样品的稳定性验证通常分为以下 3 个部分。

（1）干血斑点样前全血样品在采集和处理过程中的稳定性。

（2）DBS 卡上稳定性（干血斑点样过程中和点样后的稳定性）：在室温条件和冷冻条件下储存和运输的稳定性，由于干血斑样品不存在冻融，因此无需考察冻融稳定性。

（3）在 LC-MS 分析前的样品处理过程中的稳定性。

需验证干血斑点样前全血样品在采集和处理过程中保持稳定，以保证测得的分析物浓度能准确反映该样品采集时的浓度。验证中应使用新鲜的全血（采集后两周内），验证实验应模拟真实的全血体内条件，在 37℃条件下进行。可以将液态全血样品稳定性测定的程序应用于干血斑样品的稳定性测定中。同样，分析物储备液和工作溶液的稳定性也必须验证。

点样后，需考察在预定的储存条件下，干血斑样品在 DBS 卡上储存不同时间的稳定性，低、高浓度 QC 样品（每个浓度 3 个样品）储存后所测浓度与标示浓度的相对偏差在±15%内，则证明在该条件下稳定。分析物在基质中的浓度可能会由共轭化合物水解或与内源化合物结合而发生改变，因此需尽可能使用已测样品来评估其稳定性。选取至少 20 个已分析过的样品，在经过不同时间的储存后再次分析，至少 2/3 的复测结果与两次测定平均值之间的差异应在±20%内。

稳定性验证时需模拟真实样品的储存条件。干血斑样品的一个特点是不需冷冻，样品可能在采集、运输和储存过程中经历一些较极端的温、湿度条件（例如，在不具备样品冷冻设备的热带地区的临床机构进行的临床研究），方法验证过程需考察这些极端条件。Li等（2012）对湿度和高温条件对干血斑样品中乙酰氨基酚（acetaminophen）及其主要代谢产物稳定性的影响进行了研究。将一套干血斑低、高浓度 QC 样品在常规条件下（开放的实验室、室温、湿度约 40%）干燥后，分别密封在室温、湿度约 80%或 0%的容器中，另将一套 QC 样品置于温度设定为 60℃的 Shimadzu 高效液相色谱（HPLC）柱温箱内。放置 5 h 和 24 h 后分别从每个浓度样品穿孔取 3 个样片。将这些样品与常规条件下（温度约 22℃，湿度约 40%）制备的校正标样和 QC 样品一起分析，稳定性 QC 样品的测定浓度与标示浓度的相对偏差应在±15%内。

对于已知在液态基质中存在稳定性问题的化合物，进行干血斑样品稳定性验证时需谨慎选择实验条件。对于稳定性未知的新化合物，可通过研究其结构来初步判断其是否稳定（Li et al., 2011）。

如果分析时发现干血斑样品的浓度明显低于预期数值，首先需要判断此结果是由提取回收率低还是化合物的降解所致。近来也有关于如何评价干血斑样品在干燥过程中稳定性的报道（Liu et al., 2011b）。

30.3.10 进样残留

通过在 ULOQ 样品后紧跟两个空白干血斑样品来评价进样残留。在第一个空白样品中，对分析物的干扰应小于等于该分析批 LLOQ 样品平均峰面积的 20%，对内标的干扰应小于该分析批平均内标峰面积的 5%。第二个空白样品的作用是在分析出现问题时提供必要的辅助信息。

30.4 结 束 语

由于干血斑技术具有多种潜在的优势，它已日益成为生物样品分析中一个重要的样品采集方法。为了能在药物研发中广泛地推广这一技术，还需要进一步提高其可靠性，以长期提供准确且可重现的结果。目前干血斑技术还需提高的几个方面包括：减少 HCT 的影响，保证血斑均匀性，提高干血斑样品提取回收率和不稳定化合物在干血斑中的稳定性。

目前，尽管干血斑技术在样品采集上存在明显的优势，但干血斑样品的处理与分析的工作量与传统液态样品分析相比更为繁重。毫无疑问，随着处理技术的不断改进，以及自动化程序的进一步应用，可以想象在不远的将来，干血斑技术必然能够成为生物样品采集与分析的首选方法。

参考文献

Abu-Rabie P, Denniff P, Spooner N, Brynjolffssen J, Galluzzo P, Sanders G. Method of applying internal standard to dried matrix spot samples for use in quantitative bioanalysis. Anal Chem 2011;83(22):8779–8786.

Agilent: Hematocrit and its Impact on Quantitative Bioanalysis using Dried Blood Spot Technology. 2013. Available at http://www.chem.agilent.com/Library/applications/5991-0099EN.pdf. Accessed Apr 1, 2013.

Alfazil AA, Anderson RA. Stability of benzodiazepines and cocaine in blood spots stored on filter paper. J Anal Toxicol 2008;32(7):511–515.

Bowen CL, Hemberger MD, Kehler JR, Evans CA. Utility of dried blood spot sampling and storage for increased stability of photosensitive compounds. Bioanalysis 2010;2(11):1823–1828.

Chen J, Hsieh Y. Stabilizing drug molecules in biological samples. Ther Drug Monit 2005;27(5):617–624.

Christianson C, Johnson C, Sheaff C, Laine D, Zimmer J, Needham S. (2011) Overcoming the Obstacles of Performing Dilutions and Internal Standard Addition to DBS Analysis Using HPLC/MS/MS. Proceedings of the 50th ASMS Conference on Mass Spectrometry and Allied Topics, Orlando, FL, USA, June 1–6, 2002.

Clark GT, Haynes JJ, Bayliss MA, Burrows L. Utilization of DBS within drug discovery: development of a serial microsampling pharmacokinetic study in mice. Bioanalysis 2010;2(8):1477–1488.

Clark GT, Haynes JJ. Utilization of DBS within drug discovery: a simple 2D-LC-MS/MS system to minimize blood- and paper-based matrix effects from FTA elute™ DBS. Bioanalysis 2011;3(11):1253–1270.

D'Arienzo CJ, Ji QC, and Discenza L, et al. DBS sampling can be used to stabilize prodrugs in drug discovery rodent studies without the addition of esterase inhibitors. Bioanalysis 2010;2(8):1415–1422.

Denniff P, Spooner N. Effect of storage conditions on the weight and appearance of dried blood spot samples on various cellulose-based substrates. Bioanalysis 2010;2(11):1817–1822.

EMA. 2011. Guideline on Bioanalytical Method Validation. European Medicines Agency, London. Available at http://www.ema.europa.eu/docs/en_GB/document_library/Scientific_guideline/2011/08/WC500109686.pdf. Accessed Apr 1, 2013.

FDA. 2001. Guidance for Industry: Bioanalytical Method Validation. Food and Drug Administration, Rockville, MD.

Ji QC, Liu G, D'Arienzo CJ, Olah TV, Arnold ME. What is next for dried bloodspots? Bioanalysis 2012;4(16):2059–2065.

Li F, Ploch S, Fast D, Michael S. Perforated dried blood spot accurate microsampling: the concept and its applications in toxicokinetic sample collection. J Mass Spectrom 2012a;47(5):655–667.

Li W, Doherty JP, Kulmatycki K, Smith HT, Tse FL. Simultaneous LC-MS/MS quantitation of acetaminophen and its glucuronide and sulfate metabolites in human dried blood spot samples collected by subjects in a pilot clinical study. Bioanalysis 2012b;4(12):1429–1443.

Li W, Tse FL. Dried blood spot sampling in combination with LC-MS/MS for quantitative analysis of small molecules. Biomed Chromatogr 2010;24(1):49–65.

Li W, Zhang J, Tse FL. Strategies in quantitative LC-MS/MS analysis of unstable small molecules in biological matrices. Biomed Chromatogr 2011;25(1-2):258–277.

Liang X, Li Y, Barfield M, Ji QC. Study of dried blood spots technique for the determination of dextromethorphan and its metabolite dextrorphan in human whole blood by LC-MS/MS. J Chromatogr B Analyt Technol Biomed Life Sci 2009;877(8-9):799–806.

Liu G, Ji QC, Jemal M, Tymiak AA, Arnold ME. Approach to evaluating dried blood spot sample stability during drying process and discovery of a treated card to maintain analyte stability by rapid on-card pH modification. Anal Chem 2011b;83(23):9033–9038.

Liu G, Patrone L, Snapp HM, et al. Evaluating and defining sample preparation procedures for DBS LC-MS/MS assays. Bioanalysis 2010;2(8):1405–1414.

Liu G, Snapp HM, Ji QC. Internal standard tracked dilution to overcome challenges in dried blood spots and robotic sample preparation for liquid chromatography/tandem mass spectrometry assays. Rapid Commun Mass Spectrom 2011a;25(9):1250–1256. doi: 10.1002/rcm.4990.

Majumdar TK, Howard DR. The use of dried blood spots for concentration assessment in pharmacokinetic evaluations. In: Bonate PL, Howard DR, editors. *Pharmacokinetics in Drug Development: Regulatory and Development Paradigms*. Springer; 2011. p 91–115.

Meesters R, Hooff G, van Huizen N, Gruters R, Luider T. Impact of internal standard addition on dried blood spot analysis in bioanalytical method development. Bioanalysis 2011;3(20):2357–2364.

O'Mara M, Hudson-Curtis B, Olson K, Yueh Y, Dunn J, Spooner N. The effect of hematocrit and punch location on assay bias during quantitative bioanalysis of dried blood spot samples. Bioanalysis. 2011;3(20):2335–2347.

Rahavendran SV, Vekich S, Skor H, et al. Discovery pharmacokinetic studies in mice using serial microsampling, dried blood spots and microbore LC-MS/MS. Bioanalysis 2012;4(9):1077–1095.

Rainville P. Microfluidic LC-MS for analysis of small-volume biofluid samples: where we have been and where we need to go. Bioanalysis 2011;3(1):1--3.

Ren X, Paehler T, Zimmer M, Guo Z, Zane P, Emmons GT. Impact of various factors on radioactivity distribution in different DBS papers. Bioanalysis 2010;2(8):1469–1475.

Shander A, Javidroozi M, Ashton ME. Drug-induced anemia and other red cell disorders: a guide in the age of polypharmacy. Curr Clin Pharmacol 2011;6(4):295–303.

Timmerman P, White S, Globig S, Lüdtke S, Brunet L, Smeraglia J. EBF recommendation on the validation of bioanalytical methods for dried blood spots. Bioanalysis 2011;3(14):1567–1575.

Viswanathan C. Perspectives on microsampling: DBS. Bioanalysis 2012;4(12):1417–1419.

31

提高液相色谱-质谱（LC-MS）生物分析方法灵敏度的策略

作者：Yuan-Qing Xia 和 Jeffrey D. Miller
译者：夏元庆、王晓明
审校：李文魁、张杰

31.1 引　言

液相色谱-串联质谱联用（LC-MS/MS）生物分析方法的可靠性对药物研发过程中准确评价毒代动力学(TK)和药代动力学(PK)非常重要(Jemal and Xia, 2006; Jemal et al., 2010)。开发和验证一个可靠的 LC-MS/MS 生物分析方法涉及诸多方面，本书有关章节已对其大部分内容进行了论述。本章将重点讨论如何增强 LC-MS/MS 生物定量分析方法的检测灵敏度，具体包括使用离子差分迁移谱（DMS）和多反应监测立方（MRM^3）降低化学背景噪声、排除生物基质干扰、分离同分异构体和代谢产物，以及运用大气压光离子化（APPI）、流动相添加剂、正负离子加合物作为分析物前体离子来增强质谱检测的灵敏度和选择性。

31.2 离子差分迁移谱

DMS 也称高电场不对称波形离子迁移谱（FAIMS），是离子迁移谱（IMS）的衍生技术。常规 IMS 是根据离子在低恒定静电场气相中的迁移率不同分离离子（Purves and Guevremont, 1999; Guevremont, 2004; Kolakowski and Mester, 2007; Schneider et al., 2010），而 DMS 则是通过脉冲将离子推进到飞行管，然后记录它们的飞行时间（TOF）。离子飘移时间或称离子迁移率，是离子与背景气体相互作用后降低的质量、带电状态和离子形状的函数。DMS 仪器的几何形状不同于 IMS，它是靠离子迁移系数的电场依赖性分离离子，简单来说，就是基于分析物在两个电极板上的高电场射频电压（称为分离电压，SV）和波形低电场影响下的特定不同离子迁移率使离子分离。由于高低电场之间的离子差分系数不同，除非用相反制衡的直流电压（称为补偿电压，COV）来更正离子的飞行轨道偏差，否则离子将会偏离它的飞行路线迁移至电极板壁上。由此来说，在气体的推动下，COV 能控制特定离子通过 DMS。离子向任一电极飘移是由该离子在高低电场中的迁移率决定，这与分析物特性有关。所以 DMS 分离离子是根据离子的 COV 差异，它在技术上与 IMS 是不同的。当 DMS 和 LC-MS/MS 联用时，DMS 可看作是介于色谱分析柱后和质谱前的离子过滤器，它只允许由电喷雾离子化（ESI）或大气压化学离子化（APCI）产生的特定离子通过。在确定并优化分析物 COV 值的情况下，分析物离子会通过 DMS 进入质谱仪，而背景化学离子或干扰物会被过滤掉。因此，即使没有色谱分离，DMS 也可单独用来将分析物和基质干扰物分离，这一过程通常仅需要几十毫秒。所以，在开发 LC-MS 生物分析方法时，生物分析科学家可以充分利用上述特性来减少由同位素化合物、共同洗脱物、基质内源性成分和其他背景基质离子的干扰。

如图 31.1 所示，DMS 迁移室是由两个彼此平行、界定移动区域的电极板组成，离子由运载气体带入质谱仪。Sciex 的 SelexION™ 技术将 DMS 装置与 QTRAP™ 5500 或 QTRAP™ 6500 质谱仪组合，两个 DMS 电极连接在质谱进样口，并通过室内气体流速控制离子在 DMS 里的停留时间和分辨率。在每个 SV 振幅下，离子迁移系数和 COV 共同纠正离子运动轨迹的偏差。COV 可以根据离子不同的迁移速度连续扫描使离子通过电极，或者设置一个固定的 COV 值选择那些具有特定迁移速度的离子通过。SelexION™ 技术的短暂保留时间（20 ms 保留时间）使其能适用于多反应监测（MRM）的快速电压变化，并能与超高效液相色谱（UHPLC）仪组合进行快速液相色谱分析。DMS 的迁移扩散损失较小，可使用高电压来提高分辨率，也可以在不需要卸下 DMS 装置的情况下，简单地关闭 SV 和 COV，使用通透模式（MRM 模式）进行常规检测。图 31.2 显示了分析乙腈沉淀蛋白质制备的血浆样品中的睾酮时使用和不使用 DMS 的 LC-MS 图谱比较。在不使用 DMS 的情况下，*m/z* 289 到 *m/z* 109 信道和 *m/z* 289 到 *m/z* 97 信道的两个图谱都有明显的内源性基质干扰峰与睾酮共同洗脱；然而，当使用 DMS 时，内源性基质干扰峰被去除，并取得基线干净的 MRM 信道色谱峰，从而使定量积分睾酮更加简便容易。图 31.3 展示了一个使用 DMS 消除聚乙二醇（PEG）化学背景干扰来提高 safranin 完整扫描灵敏度的例子。在不使用 DMS 时，由于高浓度的 PEG-400 背景离子，完整扫描无法检测到目标化合物（*m/z* 315）；然而，在使用 DMS 后，因为 PEG-400 离子在进入质谱仪之前就被过滤掉了，从而避免了干扰，可以检测到一个清晰而高灵敏度的 safranin 质谱离子图（*m/z* 315）。因此，利用两种分析物不同的离子迁移特征，DMS 可选择性地让 safranin 离子进入质谱仪，而阻止 PEG-400 离子的进入。

LC-MS 生物分析潜在的缺陷之一是药物代谢产物转换成被分析物的母体分子，这被认为由离子源内裂解造成。离子源中代谢产物的裂解，尤其是Ⅱ相代谢产物（葡萄糖醛酸酯和硫酸酯）的裂解，可以生成其母体药物分子的离子，如果不能有效地分离药物分子及其代谢产物，药物定量分析的准确度会受到很大的影响（Jemal and Xia，1999）。Xia 和 Jemal（2009）使用 FAIMS 将 ifetroban 药物分子与其酰基葡萄糖醛酸代谢产物分离。Ifetroban 及其酰基葡萄糖醛酸代谢产物的优化 COV 值分别测定为－13.7 V 和－10.7 V。当选用 COV 值为－13.7 V 时，注射进样酰基葡萄糖醛酸代谢产物仅检测到微量的 ifetroban 药物分子（图 31.4a）和酰基葡萄糖醛酸代谢产物（图 31.4b）。这表明在 COV 为－13.7 V 的情况下，FAIMS 选择性通过 ifetroban 而过滤掉酰基葡萄糖醛酸代谢产物离子。因此，酰基葡萄糖醛酸代谢产物转换成它的母体药物（ifetroban）可能主要发生于质谱进样孔后的质谱仪内，而在离子源本身的转换很微小。

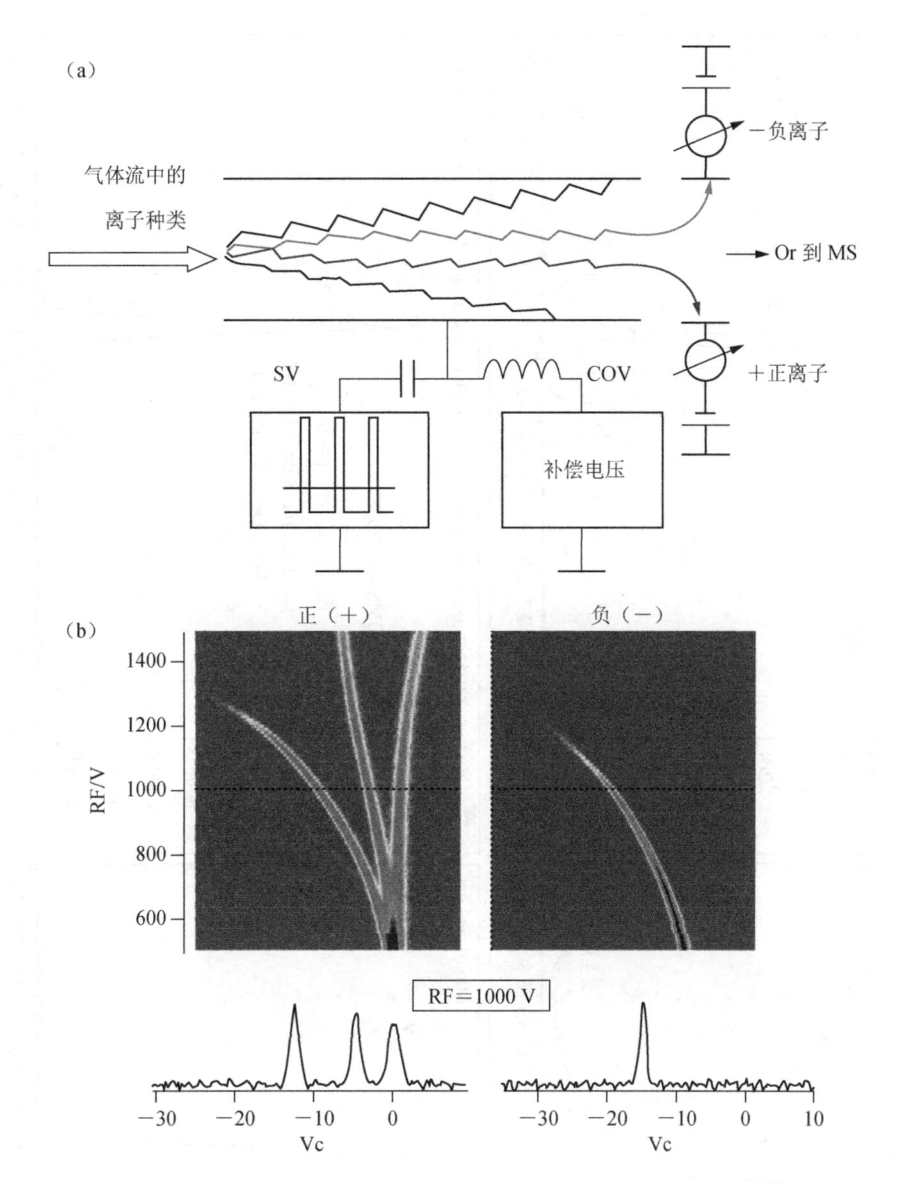

图 31.1　离子差分迁移谱（DMS）离子过滤器和传感器操作示意图；（a）大气压离子化（API）产生的离子经运载气体通过 DMS 应用磁场分析区域［分离电压（SV）和补偿电压（COV）］到达法拉第平板检测器检测；（b）甲基膦酸二甲酯（DMMP）分散作用图；在这个实验中，SV（垂直方向）是在 500～1500 V 扫描，而 COV（水平方向）是在−40～10 V 扫描，同时记录阳离子（右图）及阴离子（左图）；阳离子可分为三类：反应物离子峰（RIP）、DMMP 单体和 DMMP 二聚体；右栏显示背景阴离子的行为（Schneider et al., 2010。复制经允许）

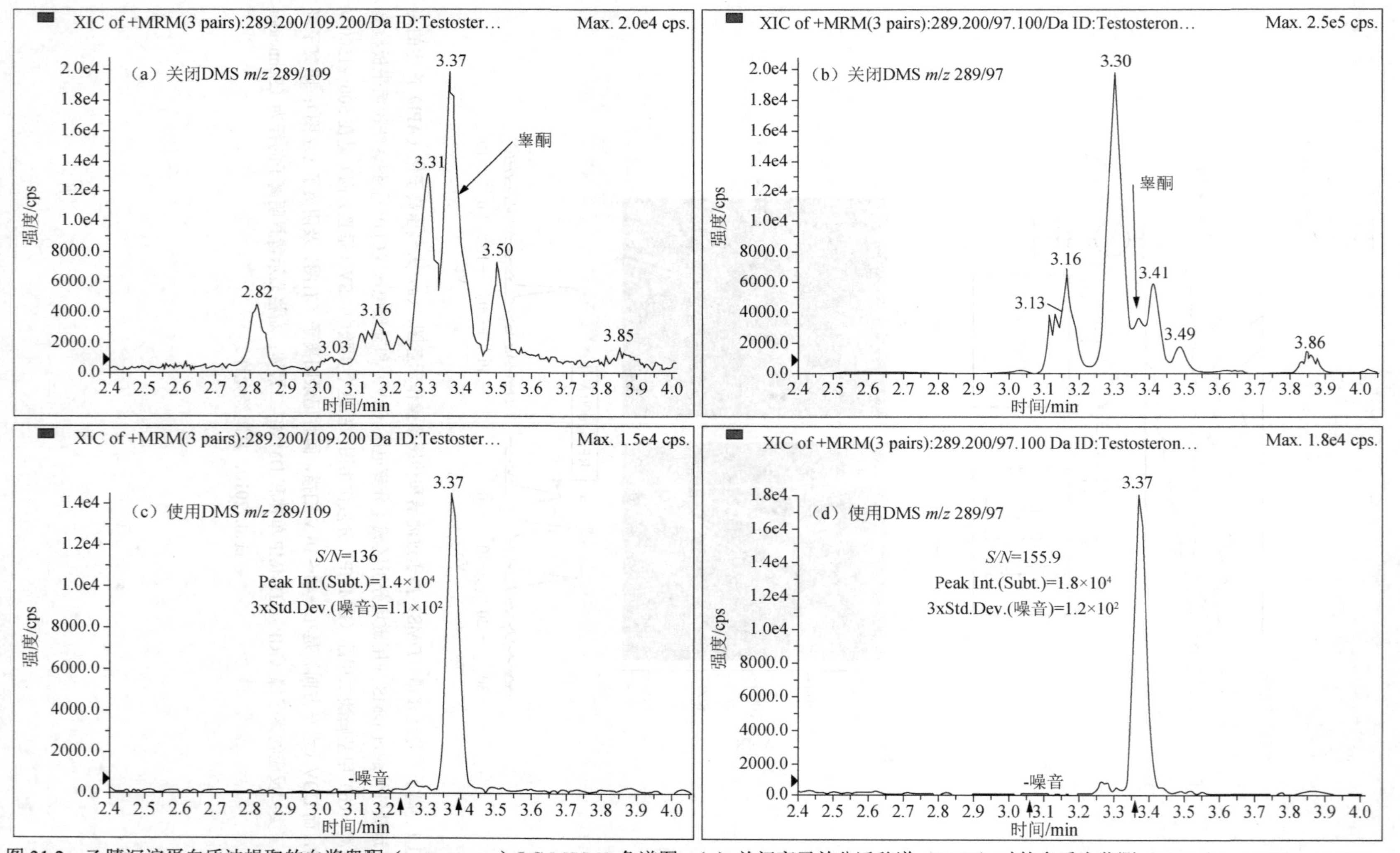

图 31.2 乙腈沉淀蛋白质法提取的血浆睾酮（testosterone）LC-MS/MS 色谱图；（a）关闭离子差分迁移谱（DMS）时的多反应监测（MRM）*m/z* 289→*m/z* 109 信道；（b）关闭 DMS 时的 MRM *m/z* 289→*m/z* 97 信道；（c）使用 DMS 时的 MRM *m/z* 289→*m/z* 109 信道；（d）使用 DMS 时的 MRM *m/z* 289→*m/z* 97 信道

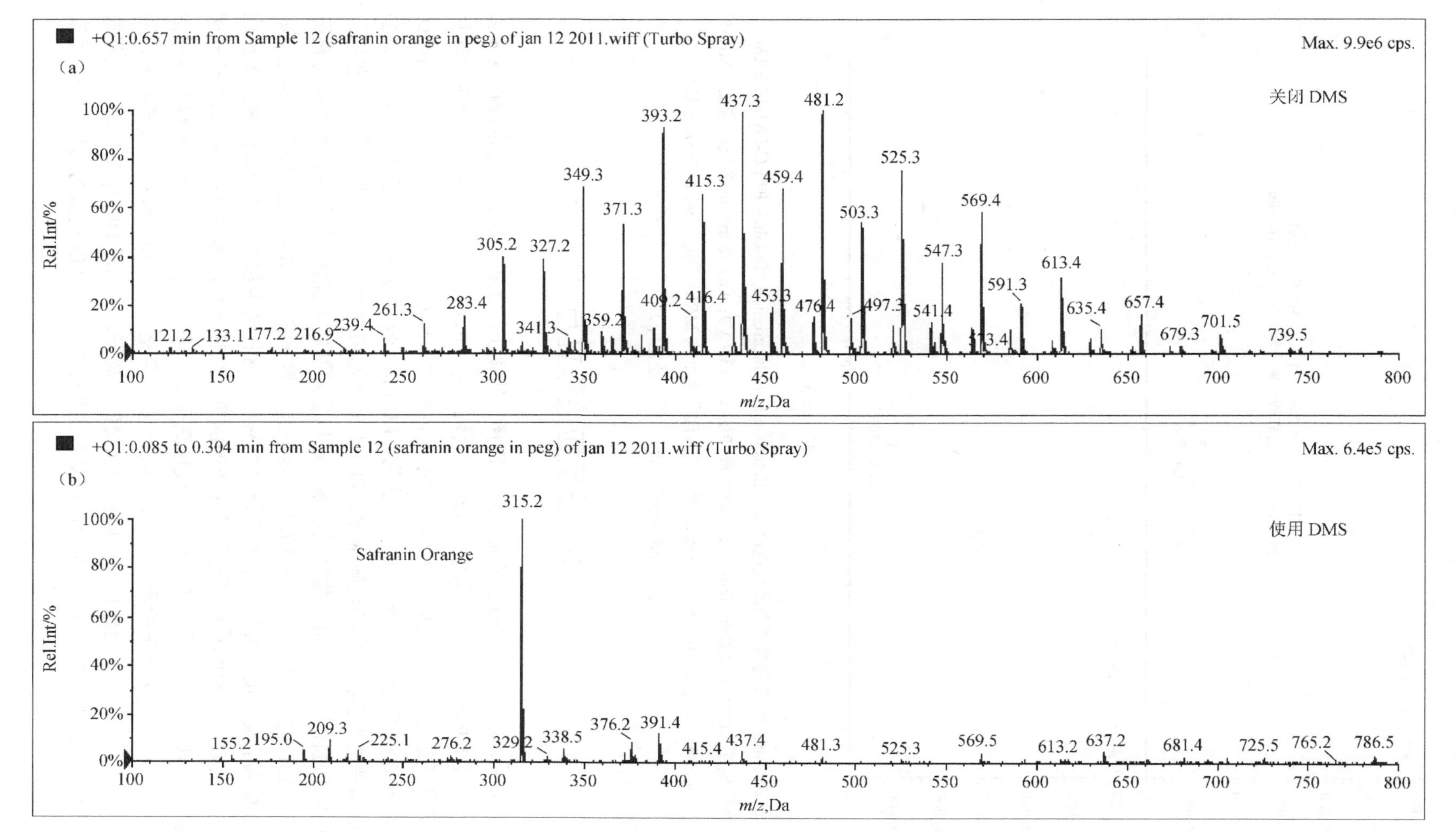

图 31.3 含有聚乙二醇 400（PEG-400）的沙弗宁（safranin）正离子全面扫描质谱图。使用 QTRAP 5500™ 扫描范围为 *m/z* 100~800；上图关闭 DMS；下图使用 DMS

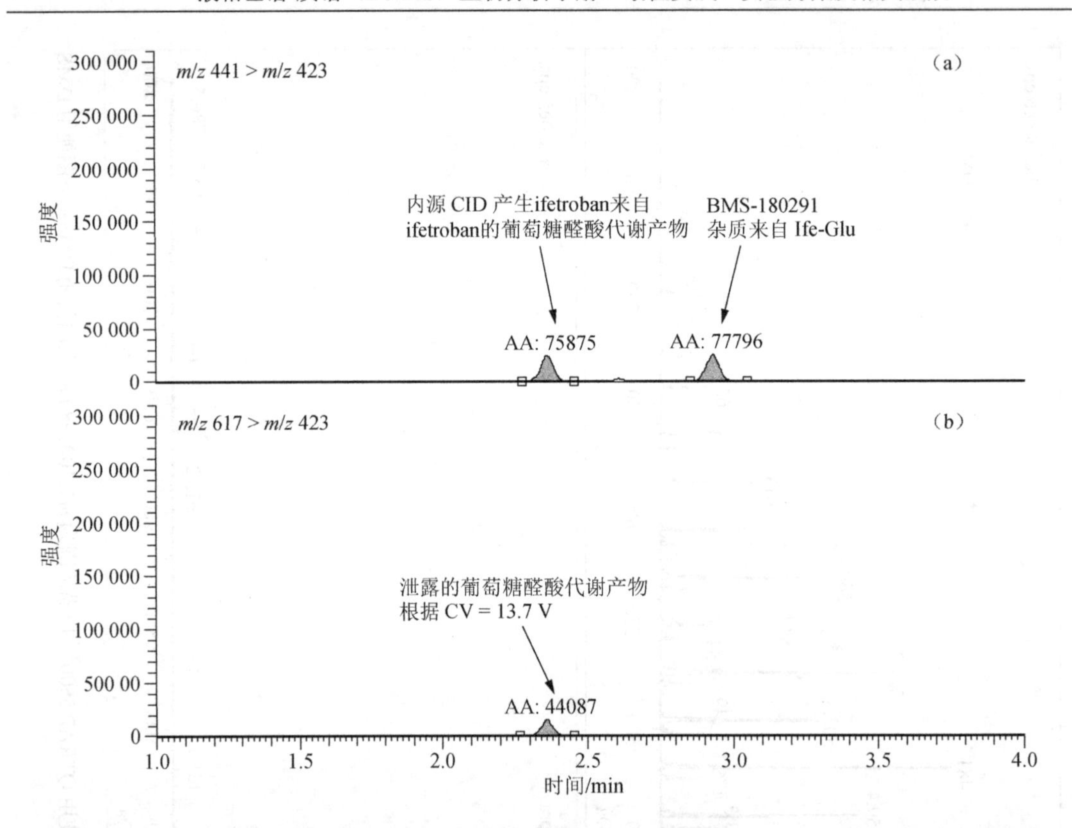

图 31.4 ifetroban 酰基葡萄糖醛酸代谢产物（ifetroban acylglucuronide, Ife-Glu）的 LC-FAIMS-SRM 色图谱；补偿电压（COV）设置在 ifetroban 检测的最佳值（－13.7 V）；（a）ifetroban 多反应监测（MRM）信道（*m/z* 441→*m/z* 423）；（b）ifetroban 葡萄糖醛酸代谢产物 MRM 信道（*m/z* 617→*m/z* 423）（Xia and Jemal, 2009。复制经允许）

31.3 多反应监测立方

典型的 MRM 过程是在质谱的第一级杆选择前体离子；在第二级杆中特定碰撞气体和碰撞能量（CE）的作用下，前体离子与碰撞气体碰撞产生碎片；然后在第三级杆选择碎片离子或子离子进行检测。有时，生物基质中的内源性干扰物可能会与分析物共享相同的 MRM，如果这些干扰组分与分析物共同洗脱，LC-MS 分析的选择性就会大大降低，并会造成过高地评估生物样品中的药物浓度。以下几种方法可以避免此类问题的发生，包括：①在 LC-MS 进样之前，改进生物样品制备方法以去除基质干扰物；②使用液相色谱分离分析物和干扰物；③在线性离子阱 MS/MS 检测中选用额外的离子碎片（图 31.5）。显然，如果能达到检测的灵敏度，最后一个方法最简单易行，这种选用额外碎片的方法称为多反应监测立方（MRM^3）。MRM^3 扫描过程是在质谱的第一级杆选择前体离子；并在第二级杆相互碰撞产生一级碎片；然后在第三级杆（线性离子阱）选择一特定碎片离子再经共振激活碎裂产生次级碎片离子用于检测。所以，MRM^3 离子色谱产生于第三级杆的离子阱中，通过共振激活碎裂的一级原始碎片而生成特定二级碎片离子。类似于 DMS，MRM^3 可以降低化学背景和基质内源物的干扰，从而提高在复杂生物分析中 LC-MS 定量的选择性和灵敏度

（Fortine et al., 2009）。在实践中，线性离子阱的快速扫描速度是确保 MRM^3 分离提取第二级碎片离子，并完成生物定量分析的关键。市场上的快速扫描线性离子阱质谱仪包括 QTRAP 5500™、QTRAP 6500™、QTRAP 4500™ 等。Xu 等（2009）比较了使用 MRM 与 MRM^3 方法对血浆艾塞那肽（exenatide）的生物定量分析。用 MRM *m/z* 838→*m/z* 396，可以看到多个与艾塞那肽共同洗脱的血浆基质干扰峰（图 31.6a），这样导致把定量下限（LLOQ）从 5 ng/ml 上升到 25 ng/ml。如果用 MRM^3（LC-MS/MS/MS，*m/z* 838→*m/z* 396→*m/z* 202），那些共同洗脱的干扰峰便被去除掉，从而提高了生物分析的信噪比（*S/N*），并轻易地达到 5 ng/ml 的 LLOQ（图 31.6b）。值得一提的是，由于共同洗脱的基质成分对分析物的干扰，艾塞那肽的 MRM 定量分析不得不用非线性校正曲线（图 31.6c），但若使用 MRM^3，可以毫无困难地使用线性校正曲线进行定量分析（图 31.6d）。

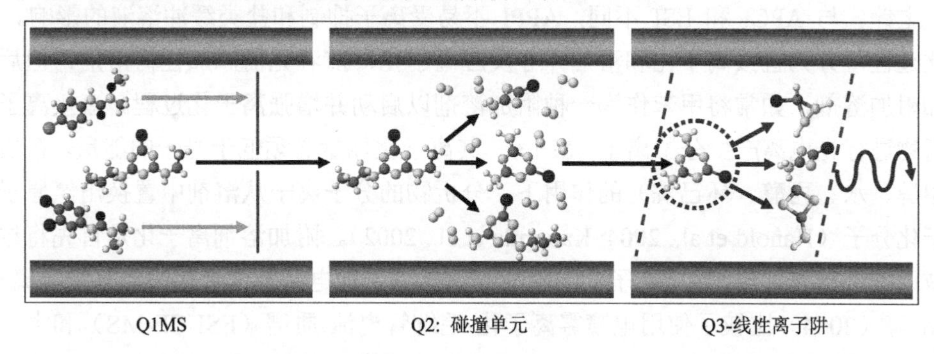

图 31.5 多反应监测立方（MRM^3）扫描示意图：在质谱的第一级杆选择前体离子，此前体离子在碰撞单元中相互碰撞产生碎片离子，在第三级杆（线性离子阱）中选择碎片离子然后再打碎产生第二级碎片离子用于监测

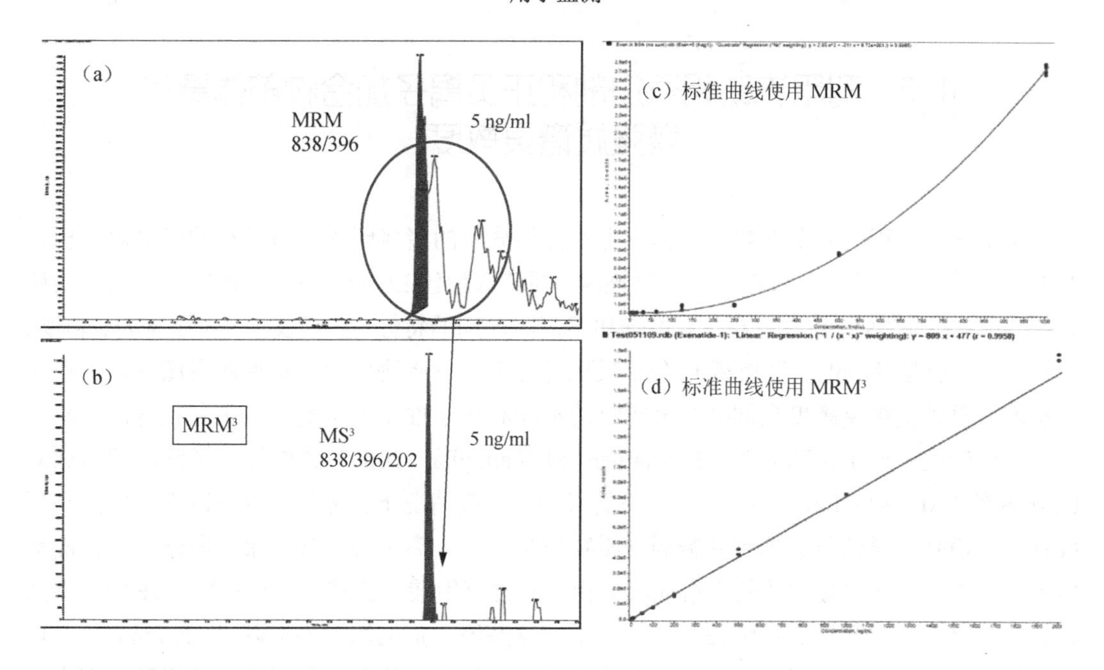

图 31.6 艾塞那肽（exenatide）血浆样品提取物的液相色谱-多反应监测图（LC-MRM）：（a）MRM *m/z* 838 到 *m/z* 396 信道；（b）多反应监测立方（MRM^3）*m/z* 838→*m/z* 396→*m/z* 202 信道；（c）MRM *m/z* 838 到 *m/z* 396 信道获得的非线性校正曲线；（d）MRM^3 *m/z* 838→*m/z* 396→*m/z* 202 信道获得的线性校正曲线

31.4 大气压光离子化

在 LC-MS/MS 生物分析中，最广泛使用的离子化技术是 ESI 和 APCI。它们被广泛用来分析极性和容易离子化的化合物，但它们不一定适用于非极性和不易离子化的化合物。作为 ESI 和 APCI 的补充，APPI 扩大了 LC-MS 分析非极性化合物的范围和种类（Kostiainen and Kauppila, 2009）。APPI 与其他电离方法不同，其最主要的优点是极易使非极性化合物离子化，这些化合物包括多氯双苯和萘类化合物，它们用普通的 ESI 和 APCI 很难离子化。APPI 通过雾化器将溶剂气雾化，然后使用真空紫外灯进行离子化，而并不是使用 APCI 的电晕放电针。与 APCI 和 ESI 不同，APPI 不易受离子抑制和盐类缓冲溶液的影响。APPI 离子化过程可分为直接离子化和溶剂介导反应离子化，前者无需添加任何溶剂，但后者需要添加附加溶剂，如常将甲苯作为一种附加溶剂以启动并增强离子化过程。直接离子化是将分析物进行光电离产生分子离子（M+•），其离子化能量必须低于光子的能量，在质子溶剂（甲醇、水、丙醇、环已烷）的作用下，分析物的分子离子从溶剂中置换出氢原子而产生质子化分子（Hanold et al., 2004; Kauppila et al., 2002）。附加溶剂离子化是首先将过量的甲苯或丙酮进行光电离，然后离子化的附加溶剂作为一种电荷携带者使微量分析物离子化。Hanold 等（2004）比较了使用电喷雾离子化-毛细管电泳-质谱（ESI-CE-MS）和大气压光离子化-毛细管电泳-质谱（APPI-CE-MS）来分析含有特布他林、柳丁氨醇、拉贝乐尔的药物混合液，他们发现 APPI 比 ESI 具有更好的检测灵敏度（信噪比），这主要是由于 APPI 的离子源降低了噪声。

31.5 利用流动相添加剂和正负离子加合物前体离子增强质谱灵敏度

由于电离过程的复杂性和其他影响生物样品分析的诸多因素，流动相的组成对分析物在 ESI 和 APCI 中的电离效率可能不易预测，要获取最佳 LC-MS 条件可能需要做大量的研究和实验。在 LC-MS 生物分析中，溶剂和溶剂添加剂的特性，如挥发性、表面张力、黏度、电导性、离子强度、pH、气相离子-分子反应都可能对分析物的电离和检测灵敏度产生很大的影响。质谱检测灵敏度也同样受分析物的物理和化学性质的影响，其中包括 pK_a、疏水性、表面活性、质子亲和力等。Kostiainen 和 Kauppila（2009）详细论述了洗脱液组成对 LC-MS 的 ESI、APCI 和 APPI 电离效率的影响。一般情况下，非挥发性缓冲液（磷酸和硼酸盐）会增强背景信号、抑制并减弱分析物信号、污染离子源，其结果是降低质谱检测灵敏度和重现性。使用最广泛的水溶性流动相一般含有甲酸、乙酸、三氟乙酸（TFA）、碳酸铵、氢氧化铵、乙酸铵、甲酸铵。在实践中，这些添加剂的浓度不应超过 20 mmol/L，以避免抑制离子化和降低灵敏度。典型的适用于质谱的有机流动相包括乙腈和甲醇。在大多数情况下，流动相中需要加入添加剂和缓冲液以保证液相色谱分析中分析物的分辨率、峰形、保留时间。此外，流动相添加剂的化学性质及浓度对分析物在 ESI、APCI 和 APPI 的检测灵敏度也有非常显著的影响。

Mallet 等（2004）研究了几种添加剂及其浓度对酸碱类药物在 ESI 中电离的影响。他们发现当甲酸、乙酸、TFA、甲酸铵和碳酸氢铵的浓度从 0.05%增加到 1%时，检测灵敏度会明显降低，而甲酸铵和碳酸氢铵比酸性（甲酸、乙酸）和碱性（氢氧化铵）缓冲液对 ESI 离子源信号产生更强的抑制作用。Kamel 等（1999）研究发现 1%乙酸溶液可优化多种核苷酶的色谱分辨率，并增强阳离子的检测灵敏度；而 50 mmol/L 的氢氧化铵溶液会降低阴离子的检测灵敏度。Duderstadta 和 Fischer（2008）观察到聚烯烃类化合物在 APCI 检测中的信号强弱很大程度上取决于液相色谱所使用的有机溶剂种类，当采用水/甲醇代替水/乙腈或水/丙酮进行梯度洗脱时，分析物信号强度可增加 2.3～52 倍。

TFA 经常被用于碱性化合物的液相色谱分析，它不仅可以控制流动相的 pH，而且在使用硅胶色谱柱分离时，还可作为离子配对剂以改善碱性化合物的峰形。由于 TFA 的挥发性，它除可用于小分子外，也多用于蛋白质和多肽的 LC-MS 分析（García, 2005; Shou and Weng, 2005）。但是，在 LC-MS 分析中使用 TFA 有一个缺点，就是 TFA 抑制分析物的 ESI 信号强度从而降低分析灵敏度，这主要是由于 TFA 能与带正电荷的分析物离子形成气相离子对（IP）（Shou and Weng, 2005）。多项研究表明 TFA 抑制离子化是基于不稳定气雾化，这种气雾化不稳定和信号减弱的主要原因是 TFA 水溶性洗脱液的高电导性和表面张力（Chowdhury and Chair, 1991），或者是由 TFA 负离子与质子化分子之间形成强力结合的离子对所导致。离子对的形成被认为是对质子化分子的屏蔽，从而减弱了质子化分子从 ESI 雾滴中释放到气相中的能力（Kuhlmann et al., 1995）。同时，离子对也可能导致 ESI 喷口处的电荷分离减少，从而降低离子化的效率（Storm et al., 1999）。

解决此问题的常用方法是在色谱柱后加入丙酸和异丙醇的混合物（Kuhlmann et al., 1995），但这需要增加额外的色谱泵，不太适用于连续大量进样分析。Shou 和 Weng（2005）报道了一种简单而有效的方法来降低 TFA 在 LC-MS 生物分析中的负面影响。他们直接将 0.5%的冰醋酸或 1%的丙酸加到含有 0.025%或 0.05%TFA 的流动相中，结果显示 8 个被测碱性化合物的检测灵敏度分别增强了 2～5 倍，而且色谱的完整性未受影响。

Wu 等（2004）研究了多种流动相添加剂对 4 种不含羧酸或其他强酸性基团的选择性雄激素受体调节剂的负离子 ESI 检测的影响。在 0.1 μmol/L 到 10 mmol/L 的低浓度下，他们发现冰醋酸、丙酸、丁酸可不同程度地提高分析物的灵敏度（图 31.7）；与此相反，甲酸及甲酸铵、乙酸铵、氢氧化铵和三乙胺则降低了被测化合物的质谱检测信号强度（图 31.8）。

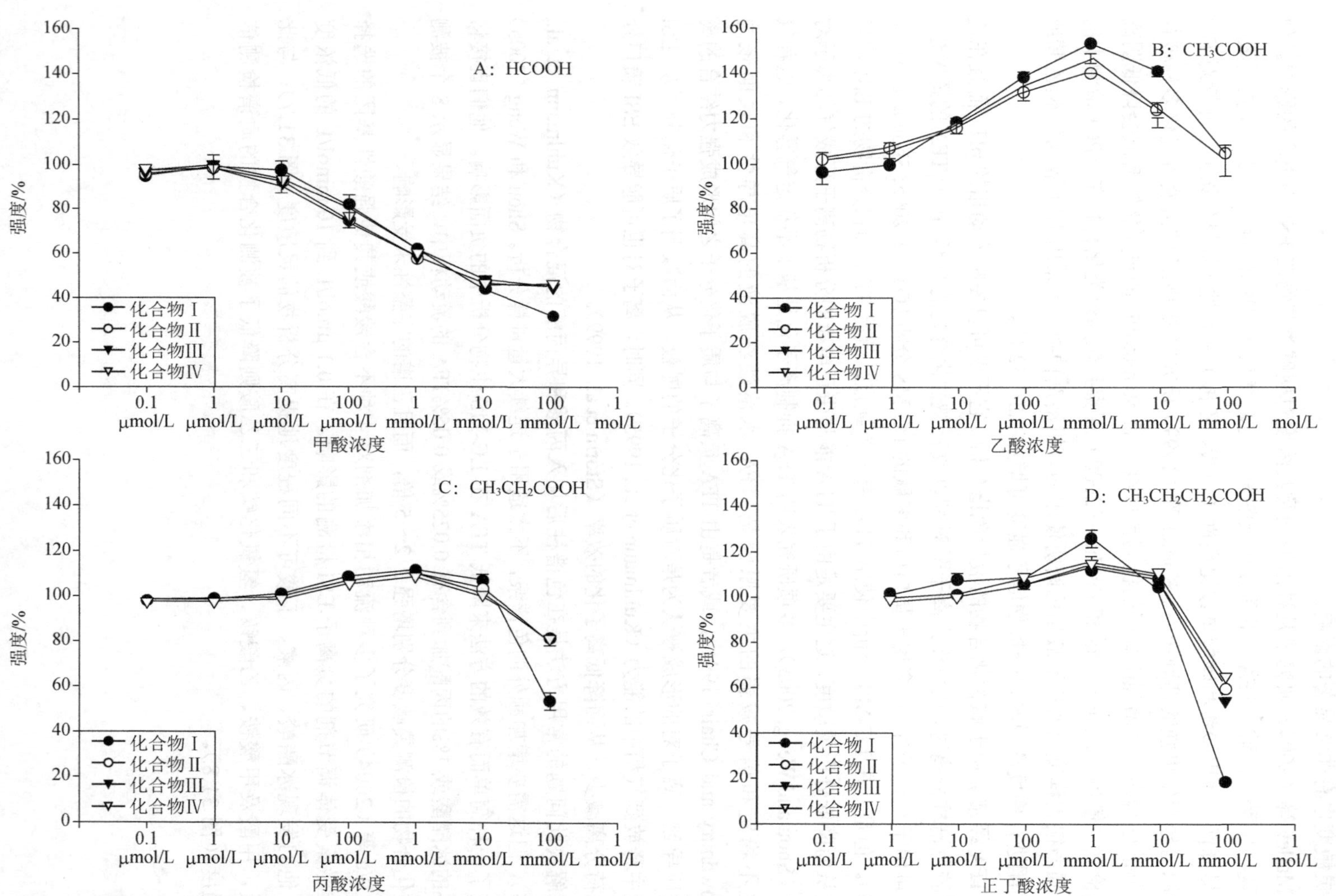

图 31.7 羧酸对 4 个选择性雄激素受体调节剂（SARM）阴离子 ESI 离子化强度的影响；横坐标表示进入 ESI 离子源的最终浓度；纵坐标表示每个化合物峰面积在有或没有添加剂状况下的平均概率（标准偏差，N=3）乘以 100%（Wu et al., 2004。复制经允许）

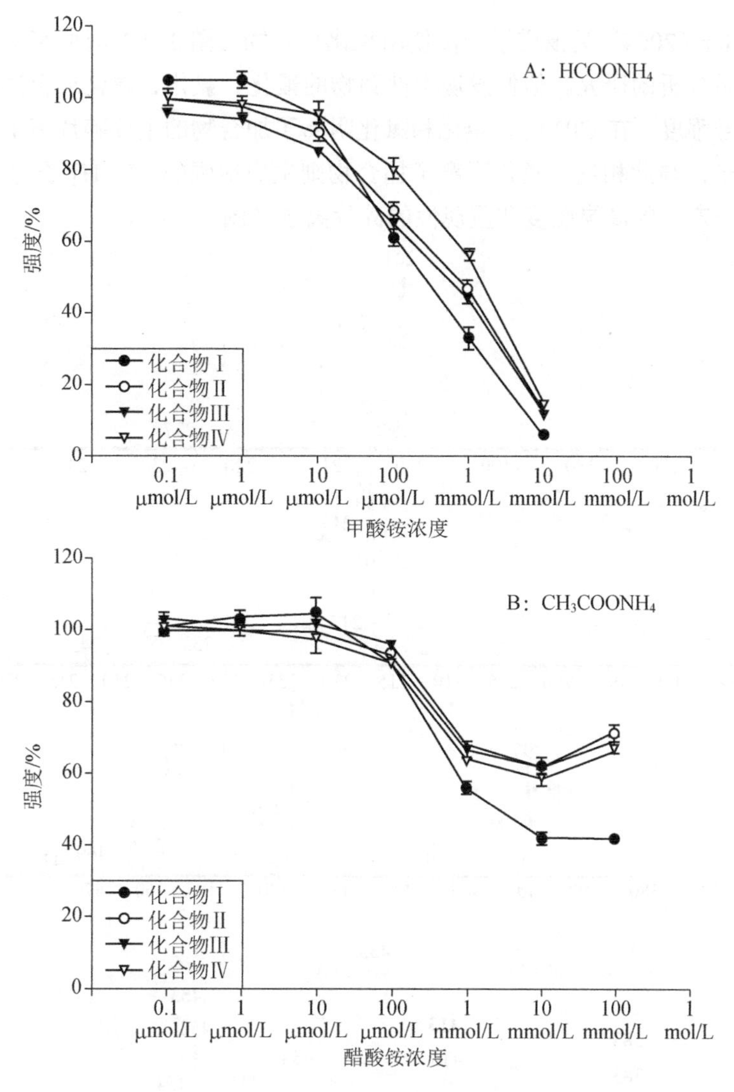

图 31.8 中性盐对 4 个选择性雄激素受体调节剂（SARM）阴离子 ESI 离子化强度的影响；横坐标表示进入 ESI 离子源的最终浓度；纵坐标表示每个化合物峰面积在有或没有添加剂状况下的平均概率（标准偏差，$N=3$）乘以 100%（Wu et al., 2004。复制经允许）

具有强酸或强碱性功能基、永久电荷基团或者适宜表面活性的分子通常表现出较强的 ESI 信号。与此相反，不具有上述结构属性的分子通常表现出很弱的 ESI 信号，因此这类化合物很难用 LC-ESI-MS/MS 来分析，尤其是进行复杂的生物样品分析。可以提高这些化合物信号强度的一种方法是使用溶剂与分析物加合形成的前体离子进行 MS/MS 检测，如在负离子 ESI 模式中，分析物分子的阴离子加合物可用作负前体离子，以提高 LC-MS 检测的灵敏度。Cai 和 Cole（2002）系统地研究了将阴离子如卤化物，附加在中性分子上形成稳定的阴离子加合物$[M+X]^-$，以增加负离子的 ESI 信号强度。Kumar 等（2004）使用不同类型的化合物、二羧酸和苯甲酸做进一步研究时发现，$[M+X]^-$离子的碰撞诱导解离（CID）质谱与卤化物离子和$[M-H]^-$分析物离子在气相中的碱度密切相关。在 ESI 的条件下，与其他卤化物离子（F^-、Br^-、I^-）相比，分析物更容易与 Cl^-离子结合形成加合物离子。Sheen 和 Her（2004）又报道了一例使用氟化加合物（图 31.9）对血浆中中性类药物进行高灵敏度定量分析的研究。他们发现中性药物的氟化、氯化、溴化加合物均显著增强负离子的 ESI 信号强度。在 CID 时，溴化和氯化阴离子加合物的主要碎片离子产物为非特异性的溴、氯离子；与此相反，氟化阴离子加合物则生成很强的[M－H]⁻分子负离子，以及由此分子负离子产生的高灵敏度和重现性的碎片离子（图 31.10）。

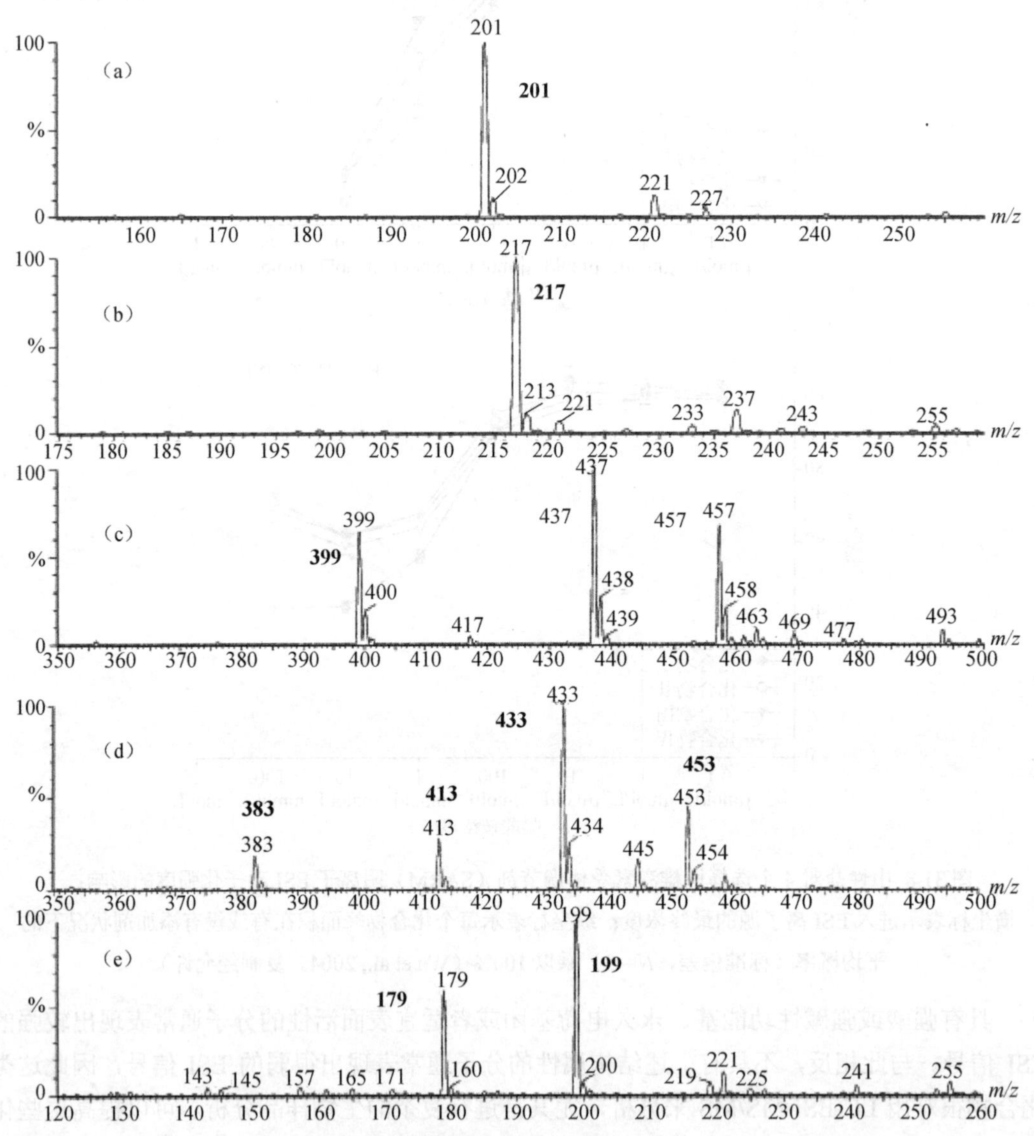

图 31.9　氟化物附加物的质谱图：（a）mephenesin；（b）guaifenesin；（c）simvastatin；（d）podophyllotoxin；（e）inositol（Sheen and Her, 2004。复制经允许）

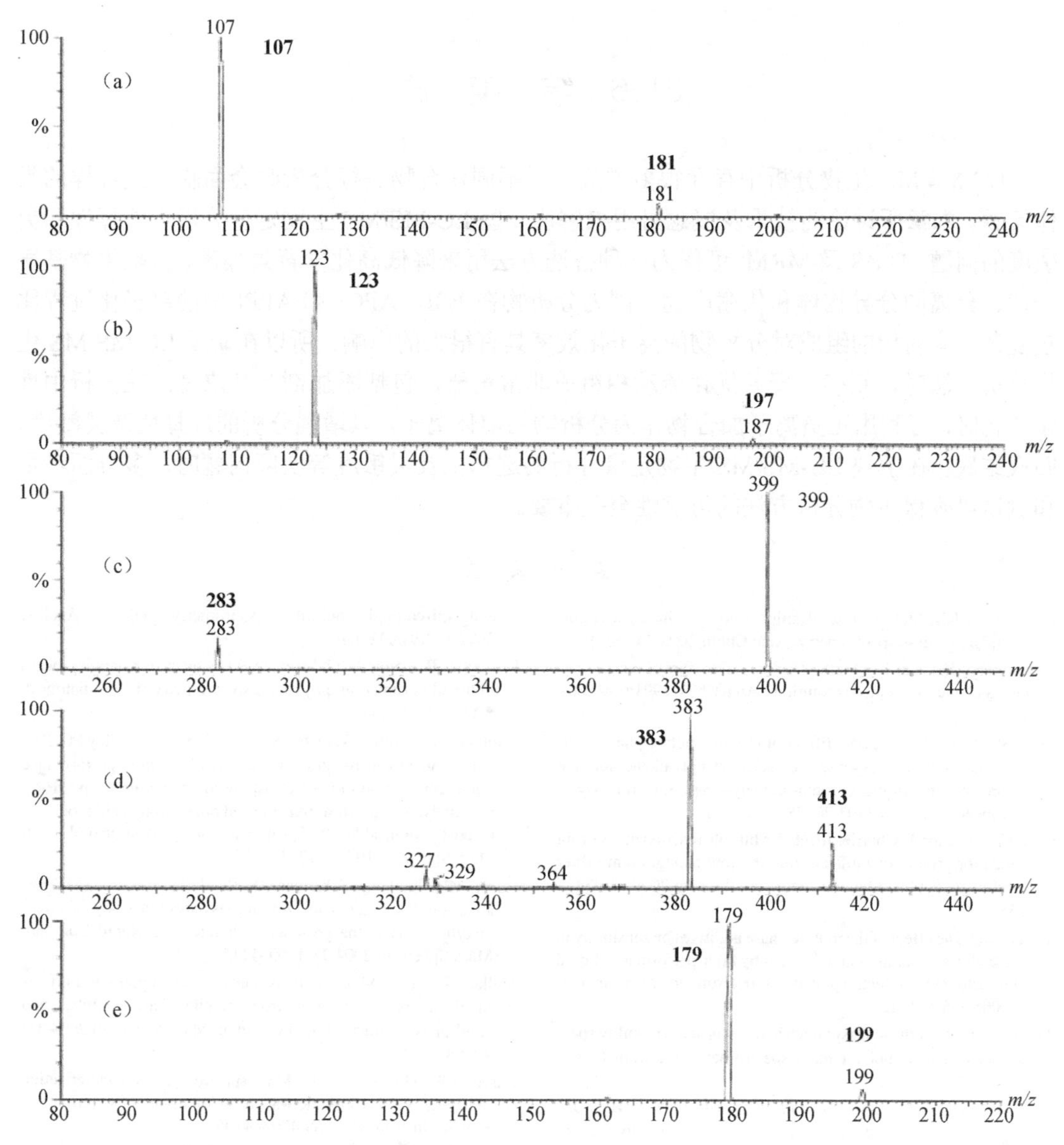

图 31.10 产物碎片离子氟化物附加物的质谱图：（a）mephenesin；（b）guaifenesin；（c）simvastatin；（d）podophyllotoxin；（e）inositol（Sheen and Her, 2004。复制经允许）

在正离子的 ESI 模式中，阳离子加合物如“加铵或加钠”可作为前体离子，以增加中性分子的信号强度（Said et al., 2012）。胺类添加剂已被用于抑制其他加合物离子的形成而提高降胆固醇类药物（辛伐他汀）血浆生物分析的灵敏度。Zhao 等（2002）系统地研究了含有乙酸铵和烷基取代乙酸铵（甲基、乙基、二甲基、三甲基）的流动相对辛伐他汀铵加合物正离子在 ESI 模式中信号强度的影响。当使用烷基铵缓冲液时，辛伐他汀烷基铵加合物离子是唯一能被检测到的分子离子，而其他加合物离子（如$[M+H]^+$、$[M+Na]^+$、$[M+K]^+$）被成功抑制。乙酸甲基铵缓冲液是烷基取代乙酸铵缓冲液中最好的一种，在辛伐他汀 LC-MS/MS 定量分析中，它比乙酸铵缓冲液提高了近 7 倍的灵敏度。

31.6 结束语

LC-MS/MS 生物分析中存在很多挑战，对不同化合物进行分析时会面临各式各样的具体问题。本章所讨论的技术及概念可用来解决一些 LC-MS/MS 生物定量分析中选择性和灵敏度的问题。DMS 及 MRM^3 可作为一种首选方法用来降低高化学背景噪声、去除生物基质干扰、分离同分异构体和代谢产物。因为分析物在 ESI、APCI 和 APPI 中的离子化过程比较复杂，流动相的组成对分析物的离子化效率具有很大的影响，所以在研发 LC-MS/MS 生物分析方法时，正确选择并优化流动相组成非常重要，包括添加剂及其浓度。在分析中性化合物时，可利用正负离子加合物作为分析物的前体离子，以增强分析的选择性及灵敏度。归根结底，在解决 LC-MS/MS 生物定量分析的选择性及灵敏度等实际问题时，多方面考量和测试以确保生物分析方法的可靠性至关重要。

参考文献

Cai Y, Cole RB. Stabilization of anionic adducts in negative ion electrospray mass spectrometry. Anal Chem 2002;74:985–991.

Chowdhury SK, Chair BT. Method for the electrospray ionization of highly conductive aqueous solutions. Anal Chem 1991;63:1660–1664.

Duderstadta RE, Fischer SM. Effect of organic mobile phase composition on signal responses for selected polyalkene additive compounds by liquid chromatography–mass spectrometry. J Chromatogr A 2008;1193:70–78.

Fortin T, Salvador A, Charrier JP, et al. Multiple reaction monitoring cubed for protein quantification at the low nanogram/milliliter level in nondepleted human serum. Anal Chem 2009;81:9343–9352.

García MC. The effect of the mobile phase additives on sensitivity in the analysis of peptides and proteins by high-performance liquid chromatography–electrospray mass spectrometry. J Chromatogr B 2005;825:111–123.

Guevremont R. High-field asymmetric waveform ion mobility spectrometry: a new tool for mass spectrometer. J Chromatogr A 2004;1058(1-2):3–19.

Hanold KA, Fischer SM, Cormia PH, Miller CE, Syage JA. Atmospheric pressure photoionization. 1. general properties for LC/MS. Anal Chem 2004;76:2842–2851.

Jemal M, Ouyang Z, Xia Y-Q. Systematic LC-MS/MS bioanalytical method development. Biomed Chromatogr 2010;24:2–19.

Jemal M, Xia Y-Q. The need for adequate chromatographic separation in the quantitative determination of drugs in biological samples by high performance liquid chromatography with tandem mass spectrometry. Rapid Commun Mass Spectrom 1999;13:97–106.

Jemal M, Xia Y-Q. LC-MS Development strategies for quantitative bioanalysis. Curr Drug Metab 2006;7:491–502.

Kamel AM, Brown PR, Munson B. Effects of mobile-phase additives, solution pH, ionization constant, and analyte concentration on the sensitivities and electrospray ionization mass spectra of nucleoside antiviral agents. Anal Chem 1999;71:5481–5492.

Kauppila TJ, Kuuranne T, Meurer EC, Eberlin MN, Kotiaho T, Kostiainen R. Atmospheric pressure photoionization mass spectrometry. Ionization mechanism and the effect of solvent on the ionization of naphthalenes. Anal Chem 2002;74:5470–5479.

Kolakowski BM, Mester Z. Review of applications of high-field asymmetric waveform ion mobility spectrometry (FAIMS) and differential mobility spectrometry (DMS). Analyst 2007;132(9):842–64.

Kostiainen R, Kauppila TJ. Effect of eluent on the ionization process in liquid chromatography–mass spectrometry. J Chromatogr A 2009;1216:685–699.

Kuhlmann FE, Apffel A, Fisher SM, Goldberg G, Goodley PC. Signal enhancement for gradient reverse-phase high-performance liquid chromatography-electrospray ionization mass spectrometry analysis with trifluoroacetic and other strong acid modifiers by postcolumn addition of propionic acid and isopropanol. J Am Mass Spectrom 1995;6:1221–1225.

Kumar MR, Prabhakar S, Kumar MK, Reddy TJ, Vairamani M. Negative ion electrospray ionization mass spectral study of dicarboxylic acids in the presence of halide ions. Rapid Commun Mass Spectrom 2004;18:1109–1115.

Mallet CR, Lu Z, Mazzeo JR. A study of ion suppression effects in electrospray ionization from mobile phase additives and solid-phase extracts. Rapid Commun Mass Spectrom 2004;18:49–58.

Purves RW, Guevremont R. Mass-spectrometric characterization of a high field asymmetric waveform ion mobility spectrometer. Rev Sci Instrum 1999;69:4094–4105.

Said R, Pohankab A, Abdel-Rehimc M, Becka O. Determination of four immunosuppressive drugs in whole blood using MEPS and LC–MS/MS allowing automated sample work-up and analysis. J Chromatogr A 2012;897:42–49.

Schneider BB, Covey TR, Coy SL, Krylov EV, Nazarov EG. Planar differential mobility spectrometer as a pre-filter for atmospheric pressure ionization mass spectrometry. Int J Mass Spectrom 2010;298:45–54.

Sheen JF, Her GR. Analysis of neutral drugs in human plasma by fluoride attachment in liquid chromatography/negative ion electrospray tandem mass spectrometry. Rapid Commun Mass Spectrom 2004;18:1911–1918.

Shou WZ, Naidong W. Simple means to alleviate sensitivity loss by trifluoroacetic acid (TFA) mobile phases in the hydrophilic interaction chromatography-electrospray tandem mass spectrometric (HILIC-ESI/MS/MS) bioanalysis of basic compounds. J Chromatogr B Analyt Technol Biomed Life Sci 2005;825(2):186–92.

Storm T, Reemtsma T, Jekel M. Use of volatile amines as ion-pairing agents for the high-performance liquid chromatographic–tandem mass spectrometric determination of aromatic sulfonates in industrial wastewater. J Chromatogr A 1999;854:175–185.

Wu Z, Gao W, Phelps MA, Wu D, Miller DD, Dalton JT. Favorable effects of weak acids on negative-ion electrospray ionization mass spectrometry. Anal Chem 2004;76:839–847.

Xia Y-Q, Jemal M. High-field asymmetric waveform ion mobility spectrometry for determining the location of in-source collision-induced dissociation in electrospray ionization mass spectrometry. Anal Chem 2009;81:7839–7843.

Xu Y, Gutierrez JP, Lu T-S, et al. 2009. Quantification of the Therapeutic Peptide Exenatide in Human Plasma—MRM3 Quantitation for Highest Selectivity in Complex Mixtures on the AB SCIEX QTRAP® 5500 System. Available at http://www.absciex.com/Documents/Downloads/Literature/mass-spectrometry-cms_074674.pdf. Accessed Apr 1, 2013.

Zhao JJ, Yang AY, Rogers JD. Effects of liquid chromatography mobile phase buffer contents on the ionization and fragmentation of analytes in liquid chromatographic/ionspray tandem mass spectrometric determination. J Mass Spectrom 2002;37:421–433.

32

液相色谱-质谱（LC-MS）生物分析方法相关的统计

作者：David Hoffman

译者：罗江

审校：刘佳、张杰

32.1 引 言

统计技术在生物分析方法开发（MD）、验证和检测中的合理应用是确保方法性能良好的重要工具。虽然监管指导文件和常见的行业惯例允许临时性的非统计方法来评估分析方法的性能，但严谨的统计方法能够控制未识别的风险及性能缺陷。本章简单地描述了基础统计学的概念，以及其在生物分析方法开发、验证和监控中的应用。

32.2 基 础 统 计

本节描述了统计学中回归分析和方差分析的概念。回归分析和方差分析是许多统计方法应用于生物分析方法性能评估的基础。

32.2.1 回归

回归分析是一种广泛应用的用来确立两个或多个变量关系的统计技术。它的目标是如何根据自变量（x）变化来预测因变量（y）的变化。一个简单的线性回归模型有单一的自变量 x 和因变量 y，如（Draper and Smith, 1998）

$$y=\beta_0+\beta_1 x+\varepsilon \tag{32.1}$$

式中，截距β_0和斜率β_1是未知常数项，ε是随机误差项。

未知常量β_0和β_1是基于样品的数据，如（y_1，x_1）、（y_2，x_2）⋯（y_n，x_n）经由最小二乘法进行估值的。最小二乘法通过减少样品数据与拟合回归值差的平方总和来估计未知常量。对于一个简单的线性回归模型，最小二乘法估计β_0和β_1如公式 32.2 和公式 32.3 所示。

$$\hat{\beta}_0=\overline{y}-\hat{\beta}_1\overline{x} \tag{32.2}$$

$$\hat{\beta}_1=\frac{\sum_{i=1}^{n}(x_i-\overline{x})(y_i-\overline{y})}{\sum_{i=1}^{n}(x_i-\overline{x})^2} \tag{32.3}$$

式中，$\overline{y}=\frac{1}{n}\sum_{i=1}^{n}y_i$ 和 $\overline{x}=\frac{1}{n}\sum_{i=1}^{n}x_i$，拟合的回归模型是 $\hat{y}=\hat{\beta}_0+\hat{\beta}_1 x$。

以上线性回归（和相应β_0和β_1的估测）假设y和x呈线性关系，和误差项是不相关的，并且服从正态分布，均值零，方差（σ^2）恒定。在任何的回归应用中，这些假设和适合的模型需要进行验证。违背这些假设可能会导致回归预测性差和无效的统计实验。回归模型的充分性通常是通过评估残差分布而得到的。残差的定义是

$$e_i = y_i - \hat{y}_i \tag{32.4}$$

式中，y_i是观测值，$\hat{y}_i$是回归曲线预测值。典型的有效的分析工具是关于残差和相应预测值$\hat{y}_i$的分布图。这个分布图对检验方差的非齐性、非线性和潜在的异常值是十分有效的。图 32.1 列举了各种示例。（a）表明残差无特征，且分布在一个水平带里，这是一个令人满意的残差图，表明没有明显的模式缺陷。（b）和（c）是漏斗图案，表明方差是不恒定的。（b）是向外打开的漏斗，表示y的方差逐渐增大。（c）是向内打开的漏斗，表示y的方差逐渐减小。（d）是曲线的残差，表示是非线性的，这可能是由于省略了其他重要的预测变量（如x^2）。

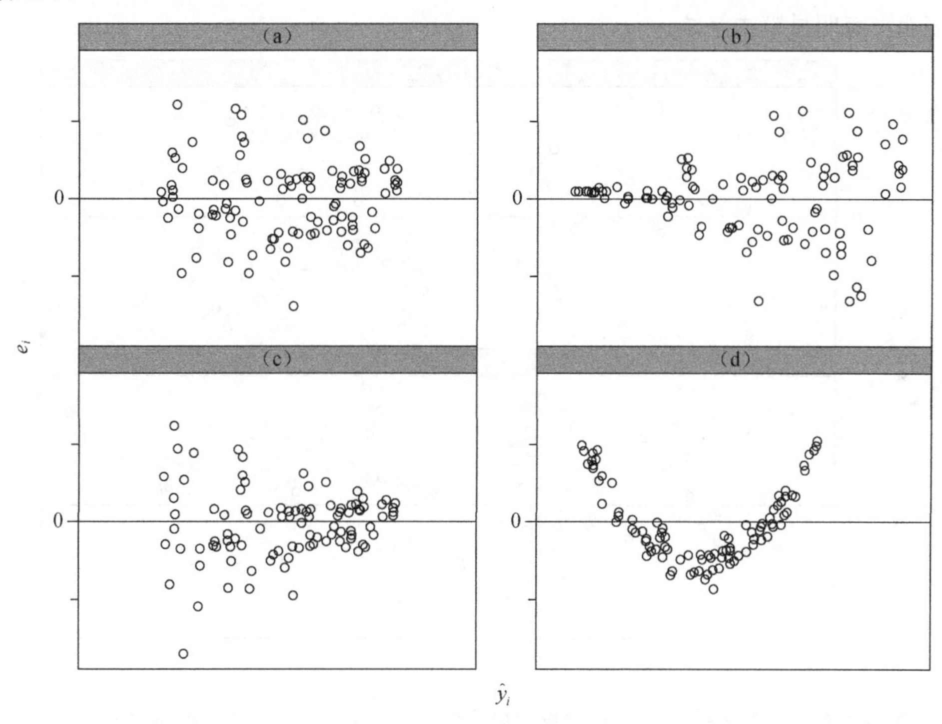

图 32.1　不同模式的残差分布图；（a）是符合要求的；（b）和（c）显示非恒量的变化；（d）显示非线性

其他类型的残差图也可能被研究，包括正态概率图（用于评估正态性）、残差和对应预测值 X_i 的图［用于评估方差齐性和（或）非线性］、残差和次序图（用于评估误差项的变异）、残差和排除预测值变量的图（用于评估排除的变量是否可以优化模型）。

如前面简单介绍的，简单的线性回归是假设误差项有恒定的方差。在实践中，违反这种假设的并不少见。一种可以矫正非恒定误差的方法是对可变响应y采用变异稳定矫正。常用的变换包括平方根、自然对数、倒数和倒数的平方根。一种适合非恒定误差的回归模式是最小二乘法。加权最小二乘法通过最小化样品值和回归曲线偏差的总和来推测未知回归常数，其中差的平方乘以权重系数w_i用于减小变异项的y_i的比例。对于简单的线性回归模型，加权最小二乘法的参数β_0和β_1可以由公式 32.5 和公式 32.6 得出。

$$\hat{\beta}_0=\frac{\sum_{i=1}^{n}w_iy_i-\hat{\beta}_1\sum_{i=1}^{n}w_ix_i}{\sum_{i=1}^{n}w_i} \tag{32.5}$$

$$\hat{\beta}_1=\frac{\sum_{i=1}^{n}w_i\sum_{i=1}^{n}w_ix_iy_i-\sum_{i=1}^{n}w_iy_i\sum_{i=1}^{n}w_ix_i}{\sum_{i=1}^{n}w_i\sum_{i=1}^{n}w_ix_i^2-\left(\sum_{i=1}^{n}w_ix_i\right)^2} \tag{32.6}$$

式中，w_i是观测值y_i的权重因子，$\bar{y}$和$\bar{x}$如前述。

图 32.2 展示出了方差不齐性的最小二乘法。上图给出了非权重最小二乘法回归模式的残差分布图。注意到外开漏洞的残差图表明 y 的方差逐渐增加。下图是采用权重最小二乘法的残差分布图，其中权重因子是 $1/x^2$。这些残差没有特征，并且可以包含在一个水平带上，表明没有明显模式差异。

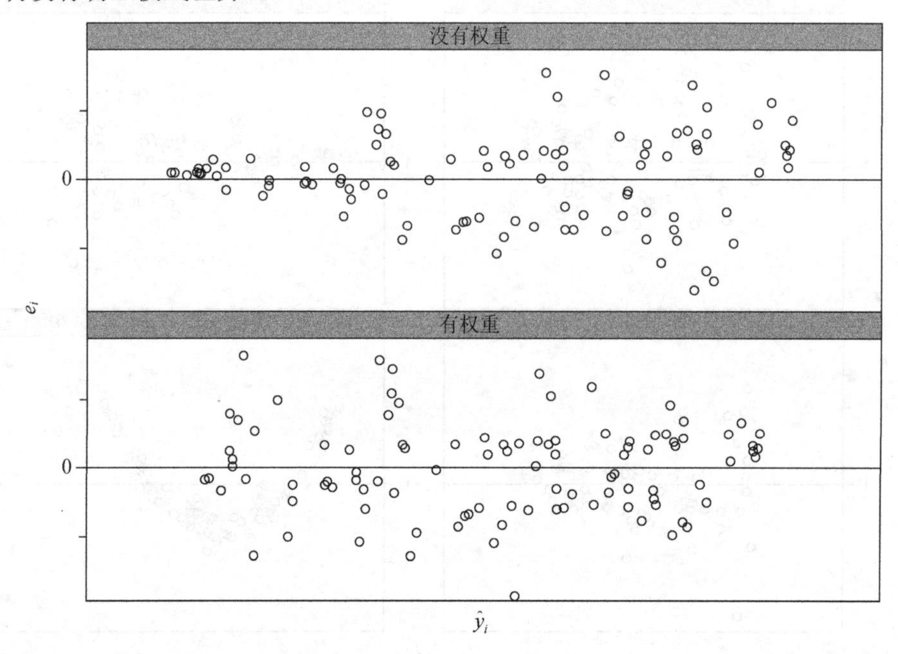

图 32.2　图解在有非恒量变异存在下的没有权重和有权重的最小二乘法；上图是没有权重的最小二乘法回归模式的残差相对应预测值分布；下图是权重 $1/x^2$ 的最小二乘法回归模式的残差分布

最后，应注意简单的线性回归模型可以很容易地扩展到用含有 k 项预测变异的多元线性回归模式（x_1，⋯，x_k）。

$$y=\beta_0+\beta_1x_1+\cdots+\beta_kx_k+\varepsilon \tag{32.7}$$

式中，参数β_j（$j=1$，⋯，k）是未知的回归相关系数，ε是一个随机误差项。具体的公式在这里没有给出，但很多的软件程序可以用来计算这些模式。

32.2.2　方差分析

方差分析是将变异分成若干组成部分的统计过程。方差分析有广泛的应用，可以比较各种治疗方法或实验条件的平均响应，以及估计相关组分的方差范围。

在 LC-MS 生物分析方面，主要是各组分方差的估计。例如，项目前的方法验证，测定分布在多个分析批中，且每个分析批中含多个重复测定。统计模型将测定值由公式 32.8 给出。

$$Y_{ij}=\mu+b_i+\varepsilon_{ij} \tag{32.8}$$

式中，Y_{ij} 是第 i（$i=1$，2，…，I）个分析批的第 j 个（$j=1$，2…，J）重复的值，μ是分析方法测定的平均值，b_i 是分析批的随机误差，ε_{ij} 是第 i 个分析批的第 j 个值的随机误差。假定随机误差 b_i 和 ε_{ij} 是正态分布的，独立的，并且平均值为 0，方差为$\sigma_B{}^2$ 和$\sigma_E{}^2$。这些方差（$\sigma_B{}^2$ 和$\sigma_E{}^2$）相对应分析方法的批内和批间变异。总分析方法的变异为$\sigma_{TOL}{}^2=\sigma_B{}^2+\sigma_E{}^2$。

以上通常称为单一随机效应模型（Burdick and Graybill, 1992）。为方便起见，假设数据是相称的（也就是在 I 个分析批次中，每批次有 J 个重复）。定义整体的平均值为 $\bar{Y}=\sum_{i=1}^{I}\sum_{j=1}^{J}Y_{ij}/IJ$，并且第 i 个分析批次的平均值为 $\bar{Y}_i=\sum_{j=1}^{J}Y_{ij}/J$。表 32.1 给出了单一变量分析的方差分析（ANOVA）（其中 EMS 定义为预测平均值的平方）。

表 32.1 平衡的单向随机因素模型的变量分析表

来源	自由度	方差和	平均方差	期望平均方差（EMS）
批间	$df_B=I-1$	$SS_B=J\sum_{i=1}^{I}(\bar{Y}_i-\bar{Y})^2$	$MS_B=SS_B/df_B$	$J\sigma_B^2+\sigma_E^2$
批内	$df_E=I(J-1)$	$SS_E=\sum_{i=1}^{I}\sum_{j=1}^{J}(Y_{ij}-\bar{Y}_i)^2$	$MS_E=SS_E/df_E$	σ_E^2
总	$df_T=IJ-1$	$SS_T=\sum_{i=1}^{I}\sum_{j=1}^{J}(Y_{ij}-\bar{Y})^2$		

表 32.1 中均平方 MS_B 和 MS_E 可以用于估计方法的分析批内、批间和总的变异。表 32.2 给出了采用 ANOVA 均平方的方差估计。

表 32.2 评估批内、批间和总的变异

变异组成	评估
批内	$\hat{\sigma}_E^2=MS_E$
批间	$\hat{\sigma}_B^2=(MS_B-MS_E)/J$
总的变异	$\hat{\sigma}_{TOT}^2=\hat{\sigma}_B^2+\hat{\sigma}_E^2$

32.3 校 正

校正曲线反映了仪器响应值 y 与样品测定浓度 x 之间的关系，它可以用函数 $f(x)=y$ 来表征。通过反函数 f^{-1} 可以推算出仪器响应值下的分析物浓度，如 $f^{-1}(y)=x$。函数 f 可以是线性方程也可以是非线性方程。然而，在 LC-MS 生物样品分析中，校正曲线的线性方程 f 通常为表 32.3 中列出的两条线性方程中的一个。

表 32.3　经典的校正函数和反函数

类型	函数	反函数
简单线性	$y=\beta_0+\beta_1 x$	$x=(y-\beta_0)/\beta_1$
二次方程回归	$y=\beta_0+\beta_1 x+\beta_2 x^2$	$x=\left[-\beta_1+\sqrt{\beta_1^2-4\beta_2(\beta_0-y)}\right]/2\beta_2$

表 32.3 列出的校正曲线方程可以用前面表述的回归分析法来估计。通常，仪器响应值 y 随着样品分析浓度 x 的增加而增大。因此，校正曲线一般由加权最小二乘法拟合。

求算权重因子 w 的一个简单方法是测试一系列的浓度点以确定浓度 x 与响应 y 的关系。仪器响应的方差和所测样品浓度这二者的对数可以组建一个简单的线性回归，即

$$\log(\hat{\sigma}^2)=\beta_0+\beta_1\log(x) \tag{32.9}$$

由 log（$\hat{\sigma}^2$）与 log（x）得出斜率 β_1，而 $1/x^{\hat{\beta}_1}$ 即为权重因子。为了简便起见，测定权重因子时，斜率常四舍五入到就近的整数。

表 32.4 列举了一个典型分析批测定浓度与样品真实浓度的分析结果，即在 3 个独立分析批中 6 个样品的浓度（3 个重复）与响应数据。表内的变异数可通过表 32.1 列出的单因素方差分析方程计算得出。图 32.3 解释了 $\log(\hat{\sigma}^2)$ 和 $\log(x)$ 的关系，并且拟合的简单线性回归方程也在此有所体现。该直线回归方程的斜率 $\hat{\beta}_1$ 值为 1.78。通过四舍五入，校正曲线的权重因子可表示为 $w=1/x^2$。

表 32.4　校正曲线

浓度	批次 1			批次 2			批次 3		
/（ng/ml）	重复 1	重复 2	重复 3	重复 1	重复 2	重复 3	重复 1	重复 2	重复 3
1	0.117	0.107	0.103	0.103	0.0964	0.0922	0.114	0.105	0.0975
5	0.553	0.548	0.485	0.495	0.463	0.457	0.528	0.517	0.473
20	1.91	1.94	1.88	1.92	1.84	1.77	2.06	2.00	1.93
50	4.97	4.78	4.79	5.22	5.01	5.44	5.140	4.86	4.58
100	9.67	9.40	9.35	9.25	9.11	8.51	10.40	9.71	8.97
200	19.6	18.9	17.7	17.6	17.0	16.7	19.7	18.8	18.3

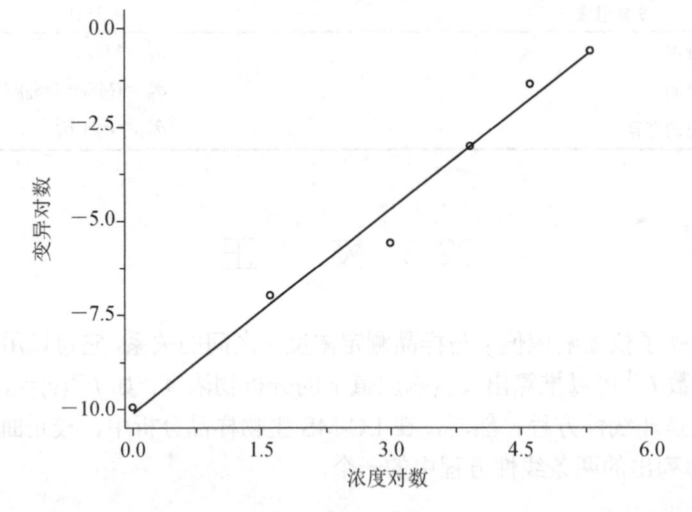

图 32.3　用对数变异与对数浓度对表 33.4 标准曲线的数据做的简单线性回归

选择一个合适的校正曲线方程通常是由该方程反推出的浓度与真实浓度的差别来权衡的。样品真实浓度和响应值可求算出 $x=f^{-1}(y)$ 形式回归方程的参数，如 $\hat{\beta}_0$、$\hat{\beta}_1$、$\hat{\beta}_2$，而由该方程又能反推算出样品的浓度。反推表 32.4 给出的校正曲线，当权重因子 $w=1/x^2$ 时，表 32.3 中列举的普通最小二乘法和加权最小二乘法都能很好地与每一块板中的数据拟合。

每个校正曲线方程反推出的浓度与真实浓度之间存在的偏差有助于选择一个合适的回归方程，它可通过设定生物样品测定结果与理论值的相对偏差并将其控制在一定的范围内（如±5%）来实现。图 32.4 给出了表 32.4 中每个分析批校正曲线的平均偏差。值得注意的是，当样品真实浓度为 200 ng/ml 时，虽然经过普通最小二乘法和加权最小二乘法计算的偏差都在±5%内，但前者得出的平均偏差（－4.5%）要比后者（＋0.1%）大得多。其他的条件也能用于评判校正曲线模型的选择依据，包括但不限定于：残留物的检测，回归系数重要性的统计检验，反推浓度的多变性。

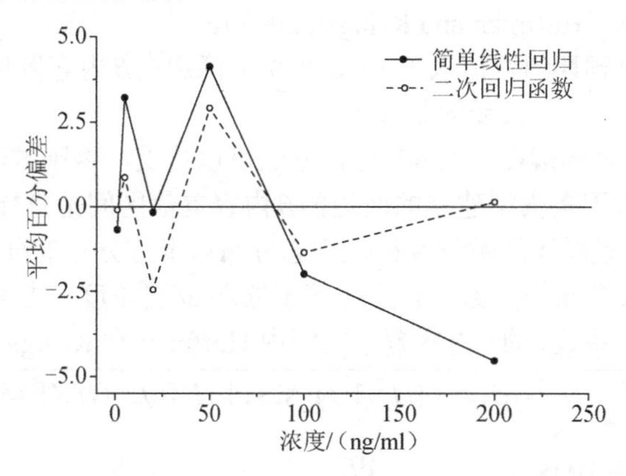

图 32.4 用简单线性回归和二次回归函数所获得的标准浓度的平均偏差

32.4 偏差和精密度

生物分析方法验证的一个基本部分是评估方法的偏差和精密度。偏差是测定分析方法中的系统误差，并表示为该方法得到的平均浓度和真实浓度间的差异。精密度是测定分析方法中的随机误差，并表示为在规定的条件下源于同质样品的多个样品得到的各个测量值的变异性。

方法偏差和精密度一般会在项目前的方法验证中评估，测量是在多个独立的分析批次中进行，并且每个批次都有重复测定。一个描述测定浓度的统计模型由单向的随机因素模型给出，参照 32.2.2 节。

对生物分析方法来说，一般的项目前接受标准要求观测平均值在理论值的±15%内，观察的精密度要≤15%变异系数（%CV），但这些接受标准在定量下限（LLOQ）都是 20%（European Medicines Agency, 2012; US Food and Drug Administration, 2001）。也就是说，$\bar{Y}$ 平均必须在已知理论值的±15%内，相对于平均值来说 $\hat{\sigma}_{\text{TOT}}$ 必须要≤15%。

虽然基于单独的点估计 $\bar{Y}$ 和 $\hat{\sigma}_{\text{TOT}}$ 的接受标准被广泛使用，但是这些接受标准会产生不能控制的风险。这些风险可能排斥好的生物分析方法但接受不合适的生物分析方法（Kringle and Khan-Malek, 1994）。另外的选择是采用总的误差，包含了系统误差和随机误差，这在统计上和科学上都是可行的方式。一个总误差的方式反映了一个测量的误差有多大，很容易被分析人员理解。而且，这是方法性能的一个综合测量，而不是单独评估方法的偏差和变异性。

理想的接受标准可以保证将来观测值有一个高的比例（β%）及有一个高度可信程度（γ%）落在接受范围内（理论值的±15%）。一个两边的β内容置信区间是一个统计学的区间（L, U），所以至少一个β比例的数据会以γ%的可信度落在区间（L, U）里。两边的β内容置信区间提供了低（L）和高（H）的限制，这样可以声明在测定的带有特定置信因子γ分析值中一个特定比例β会落在区间（L, U）。

对任何分析方法，构成方法是否适合其使用目的的性能特征可以这样定义：合适的选择比例β和接收限制（A, B）。也就是说，如果测试的结果中至少有一个比例β落在特定的接受限制（A, B）内，那么这个方法是适合它预设的用途的。两边的β内容置信区间提供了一个统计学上的框架来控制不正确地接受不满足适用性要求方法的风险。

总误差的方式如下（Hoffman and Kringle, 2007）。

（1）建立一个具有预期的置信水平γ（如 90%）两边的β内容置信区间（L, U）。

（2）比较区间（L, U）和接受限制（A, B）。

（3）如果（L, U）全部落在（A, B）内，方法可以接受，否则方法不可接受。

为平衡单向的随机因素模型建立的两边的β内容置信区间是直接的并且只需要计算前面在表 32.1 和表 32.2 里描述的数量及标准正态分布和卡方分布的分位数，让 $Z_{(1+\beta)/2}$ 等于高端$(1+\beta)/2$ 标准正态分布的分数，$\chi^2_{1-\gamma,\,df}$等于低端 df 自由度卡方分布的γ分数。

一个两边的有相关系数γ的β内容置信区间由 Hoffman 和 Kringle（2005）给出。

$$\bar{Y} \pm Z_{(1+\beta)/2}\sqrt{1+N_e^{-1}}\sqrt{\hat{\sigma}^2_{\mathrm{TOT}}+\{H_1^2(1/J)^2\mathrm{MS}_\mathrm{B}^2+H_2^2[(J-1)/J]^2\mathrm{MS}_\mathrm{E}^2\}^{1/2}} \qquad (32.10)$$

式中，$N_e=\dfrac{I[\mathrm{MS_B}+(J-1)\mathrm{MS_E}]}{\mathrm{MS_B}}$，$H_1=\dfrac{df_\mathrm{B}}{\chi^2_{1-\gamma,\,df_\mathrm{B}}}-1$，$H_2=\dfrac{df_\mathrm{E}}{\chi^2_{1-\gamma,\,df_\mathrm{E}}}-1$。

应用总误差的方法需要合适地选择内容水平（β）、置信水平（γ）和接受限制（A, B）。对生物分析，66.7%的内容水平，90%的置信水平和±15%接受限制是符合逻辑的选择。也就是说，总误差方法包含一个两边的β=66.7%成分，γ=90%置信区间。如果结果的接受限制完全在理论值的±15%内，分析方法是可以接受的；否则，不能接受。选择β=66.7%和±15%的接受标准是为了符合典型的项目内监控的接受标准，即每 6 个 QC 样品至少有 4 个在它们相应的理论浓度的±15%内。

总误差的方法是通过项目前验证实验的数据来阐明的（Hoffman and Kringle, 2007）。这些数据由在人血浆里的一个分析物的浓度(ng/ml)计算得到，见表 32.5。理论浓度是 1 ng/ml。采样设计由 6 个独立的进样批，每批 3 个重复组成。如果整个两边的β=66.7%成分，γ=90%置信区间是在（0.85, 1.15）ng/ml（也就是在理论值的±15%内），则认为该方法是合适的。

表 32.5 计算的浓度（ng/ml）

重复数	批次					
	1	2	3	4	5	6
1	0.969	0.952	0.989	1.000	0.959	1.020
2	0.976	0.993	0.883	0.969	0.989	1.090
3	0.938	0.956	0.981	0.954	0.998	1.020

要计算这个区间，建立了方差分析（表 32.1）。有 $I=6$ 的进样批次，每个进样批次 $J=3$，总体的平均浓度 $\bar{Y}=0.9798$ ng/ml。表 32.6 给出了方差分析。

表 32.6 在表 32.5 里的数据的方差分析

来源	自由度	方差和	平均方差
批内	$df_B=5$	$SS_B=0.016\ 254$	$MS_B=0.003\ 251$
批间	$df_E=12$	$SS_E=0.014\ 009$	$MS_E=0.001\ 167$
总的变异	$df_T=17$	$SS_T=0.030\ 263$	

根据表 32.6 中的平均平方，得出 $\hat{\sigma}^2_{TOT}=0.00186$ 和 $N_e=10.308$。合适的正态分布和卡方分布分位数能比较简单地从列表的数值或从一个统计的软件里得到，它们的值如下：$Z_{0.8335}=0.968\ 09$，$\chi^2_{0.10,5}=1.610\ 31$ 和 $\chi^2_{0.10,12}=6.303\ 80$。依据表 32.6 的自由度和上述的卡方分布分位数，得出 $H_1=2.1050$ 和 $H_2=0.9036$。这样一个两边的 β 成分的置信区间能够用公式 32.11 计算。

$$0.9798\pm0.968\ 09\sqrt{1+10.308^{-1}}\sqrt{0.00186+[2.1050^2(1/3)^2 0.003\ 251^2+0.9036^2(2/3)^2 0.001\ 167^2]^{1/2}} \quad (32.11)$$

得到的两边的 β 成分的置信区间是(0.914,1.046)ng/ml。同样地，与理论浓度的差异是（−8.6%, 4.6%）。这样，分析的性能被认为在这个理论浓度是合适的。

注意到观测到的偏差和总 CV 分别是−2.02%和 4.40%。这样，分析也符合常规的接受标准，即相对于平均值 $\bar{Y}$ 必须在±15%的已知理论值范围内及 $\hat{\sigma}_{TOT}$ 必须在≤15%。

32.5 稳 定 性

生物分析方法验证另外一个关键内容是评估分析物的稳定性。在方法验证中会进行不同的稳定性评估，一般包括冻融稳定性、处理样品稳定性、储备液稳定性、短期（室温或实验台）稳定性和长期稳定性（US Food and Drug Administration, 2001；Nowatzke and Woolf, 2007; European Medicines Agency, 2012）。评估分析物长期稳定性存在特定的困难，也是本章的讨论重点。

长期稳定性研究的目的是评估潜在的分析物降解，要能涵括从样品采集到样品分析的时间周期。分析物的长期稳定性通过制备两个或多个理论浓度的稳定性样品来进行评估（US Food and Drug Administration, 2001）。一般来说，这些稳定性样品通过在空白生物基质中加入感兴趣的分析物来制备。这些混合的稳定性样品会转入单独的储存管，以代表长期储存的研究样品，并储存（冷冻）在与研究样品相同的条件下。在一段时间后分析稳定性样品来评估长期稳定性（足够长就是包含或超过预计的研究样品储存时间）。

有两个可能的长期稳定性评估实验设计：一个标准设计和一个并行控制设计。标准设计是这样规定的：稳定性样品像前面描述的那样制备。在样品制备之后马上或在很短的时间内，多个样品被分析，由一个新鲜准备的校正标样来定量。这能评估准备的样品的准确度（也就是确认理论浓度）。留下的样品会按前面描述的情况储存。在预先设定的时间点，多个冷冻的稳定性样品会被解冻和分析，用新鲜准备的校正标样定量。

并行控制设计和标准设计相同但只有一个差别：在每一个预先设定的时间点，重复的“控制”样品会同时和解冻的稳定性样品一起被分析，用同一个新鲜配制的校正标样定量。控制样品能按下面两个方式中的一个来准备。

Ⅰ. 在每一个预先设定的时间点，多个相同理论浓度的控制样品被新鲜配制并被分析，由相同的新鲜配制的校正标样来定量。

Ⅱ. 在准备最初稳定性样品的时候，样品被分为两个小组。第一个小组（即稳定性样品）像前面说的那样被储存在与预计的研究样品的储存温度相同的条件下。第二个小组（即控制样品）被储存在低于−130℃的条件下（也就是在液氮或其他的合适的冰箱里）。在每一个预先设定的时间点，多个重复的稳定性样品和控制样品都被分析，并由同一个新鲜配制的校正标样定量。

用标准方式或并行控制设计时，计算的分析物浓度受制于批内和批间的随机变化，这些变化是由分析方法内在决定的。并行控制通过包含控制样品在稳定性样品的同一个分析批次里（Timm et al., 1985）消除或尽量减少批间变异性的来源（也就是校正曲线的误差）。

注意到这些并行控制样品的稳定性应该（最少）通过非正式的图形检查和（或）描述性统计来校验。使用类似于超过储存时间的稳定性样品可能降解的控制样品是不合适的，因为它将会导致很大的作出错误稳定性结论的风险。根据定义，新鲜准备的控制样品[像上面（Ⅰ）描述的]将不会存在降解；但是，这会导入源于每个时间点准备的不同新鲜控制样品随机的变异性。

不同的线性回归技术可能被考虑用来评估分析物的长期稳定性（Hoffman et al., 2009）。一个评估分析物长期稳定性的方式是通过前面在 32.2.1 节考虑的简单线性回归模型计算储存时间点的稳定性样品中的分析物浓度。然而，简单线性回归模型忽略了批间随机误差，这个误差是在每个时间点分析校正曲线引入的。简单线性模型假设所有分析物浓度的计算在统计学上相互独立的。这种假设将不能满足于长期稳定性数据，因为从一个常见的校正曲线得到的计算浓度将会相互关联（也就是说和每个时间点批间的随机误差相关联）。

一个嵌套的误差线性回归模型可以合适地解释固定存在于长期稳定性数据中的批间和批内随机误差。嵌套的误差回归方式由在储存时间回归计算的稳定性样品的分析物浓度组成，通过如下的模式得到。

$$y_{ij}=\beta_0+\beta_1 x_i+\gamma_i+\varepsilon_{ij} \tag{32.12}$$

这里 y_{ij} 是第 i 个时间点稳定性样品重复 j 次计算的分析物浓度；x_i 是第 i 次时间点，γ_i 是和第 i 次时间点相关的随机误差，ε_{ij} 为 y_{ij} 的随机误差。随机误差 γ_i 和 ε_{ij} 是假设相互独立和正态分布的，平均值为零，变异性分别为 $\sigma^2{}_B$ 和 $\sigma^2{}_E$。这些变异性 $\sigma^2{}_B$ 和 $\sigma^2{}_E$ 分别代表分析方法的批间和批内变异性。

在任何固定的时间点 x，对平均分析物浓度，一个 90%两边的置信区间由合适的回归模型来建立：$\hat{y}=\hat{\beta}_0+\hat{\beta}_1 x$。在一个给定的时间点，如果 90%两边的置信区间整个落在事先定义好的接受限制内，分析物被认为是稳定的。当批间变异性[表示成 $\lambda=\sigma^2{}_B/(\sigma^2{}_B+\sigma^2{}_E)$]增加产生部分总变异性时，用嵌套误差回归方式正确得到稳定性结论的能力降低。

应该注意简单线性和嵌套误差回归方式都不允许包含并发的控制样品的数据，这可能会减小或消除稳定性评估中批间误差的影响。

一个简单地从并行控制样品合并数据的方法可以是在每个时间点用平均控制样品分析

物浓度来“标准化”稳定性样品分析物浓度。然而，如果假设批间和批内随机误差是遵循正态分布的，那么“标准化”的随机误差（即误差率）将呈非正态分布。而且，这个简单方式预先假设稳定性样品和控制样品在每个时间点是高度相关的。一般这个应该是有代表性的预计（也是理想的结论），也有可能稳定性样品和控制样品存在差的相关度（例如，在每个时间点加入的新鲜控制样品精密度较差；或储存在低于 130℃可能带来的基质效应）。在这种情况下，简单的标准化将是有害的，将导致变异性增加和稳定性评估的精密度较差。

一个更灵活的合并并行控制样品数据的方法是用一个二变量混合模式关联稳定性样品和控制样品数据。二变量混合模式回归方式是按照下面的模式根据储存时间来关联回归计算稳定性样品和控制样品分析物浓度。

$$y_{ij}=\beta_0+\beta_1 x_i+\gamma_{\mathrm{i}}+\varepsilon_{ij} \tag{32.13}$$

$$z_{ik}=\beta_0+\delta_i+\xi_{ik} \tag{32.14}$$

这里 y_{ij} 是第 i 个时间点稳定性样品重复 j 次计算的分析物浓度，z_{ik} 是第 i 个时间点控制样品重复 k 次计算的分析物浓度，x_i 是第 i 次时间点，γ_i 是稳定性样品和第 i 次时间点相关的随机误差，δ_i 是控制样品和第 i 次时间点相关的随机误差，ε_{ij} 是 y_{ij} 的随机误差，ξ_{ik} 是 z_{ij} 的随机误差。

批内的随机误差 ε_{ij} 和 ξ_{ik} 是假设相互独立和正态分布的，平均值为零，变异性分别为 σ^2_{E1} 和 σ^2_{E2}。这些变异性分别代表稳定性样品和控制样品的批内变异性。

批间的随机误差 γ_i 和 δ_i 假设是遵循一个二变量正态分布的，平均值为零，协方差矩阵由下面给出。

$$\sum=\begin{pmatrix} \sigma^2_{\mathrm{B1}} & \rho\sigma_{\mathrm{B1}}\sigma_{\mathrm{B2}} \\ \rho\sigma_{\mathrm{B1}}\sigma_{\mathrm{B2}} & \sigma^2_{\mathrm{B2}} \end{pmatrix} \tag{32.15}$$

变异性 σ^2_{B1} 和 σ^2_{B2} 分别代表稳定性样品和控制样品的批间变异性。相关系数 ρ 代表在一个指定的时间点分析的稳定性样品和控制样品的批间随机误差相关性（也就是由一个普通的校正曲线定量）。当相关系数 ρ 增加时，二变量混合模式回归方式正确得到稳定性结论的能力会相应增加。

应该注意模式能够通过有理由的假设批间和批内的变异性对稳定性样品和控制样品是完全相同的而被简化（也就是 $\sigma^2_{\mathrm{E1}}=\sigma^2_{\mathrm{E2}}=\sigma^2_{\mathrm{E}}$ 和 $\sigma^2_{\mathrm{B1}}=\sigma^2_{\mathrm{B2}}=\sigma^2_{\mathrm{B}}$）。

对于简单线性和嵌套误差方式，在任何一个固定的时间点 x，对平均的分析物浓度，一个 90%两边的置信区间由合适的回归模型建立：$\hat{y}=\hat{\beta}_0+\hat{\beta}_1 x$。在一个给定的时间点，如果 90%两边的置信区间全部落在预先设定的接受限制内，分析物被认为是稳定的。

嵌套误差和二变量混合模式回归方式可以使用一个并发的控制实验设计通过一个实际长期稳定性实验得到的数据来说明（Hoffman et al., 2009）。

制备含 200 ng/ml 分析物的混合血浆样品，在准备之后，6 个样品被马上分析。剩下的血浆样品被分成 2 个分支（稳定性样品和控制样品）。稳定性样品储存在－20℃，控制样品储存在低于－130℃。在储存 1、3、6、9、12、18 和 24 个月后，6 个稳定性样品和 6 个控制样品随后被解冻和分析，用一个新鲜配制的校正标样来定量。原始浓度数据在表 32.7 中给出（注意由于分析方面的问题，4 个观测值是空的，它们在表中被标记成“—”）。

表 32.7　计算的浓度（ng/ml）

月	新配样品											
	重复 1	重复 2	重复 3	重复 4	重复 5	重复 6						
0	192	204	196	204	208	202						
月	稳定性样品（−20℃）						质量控制（QC）样品（<−130℃）					
	重复 1	重复 2	重复 3	重复 4	重复 5	重复 6	重复 1	重复 2	重复 3	重复 4	重复 5	重复 6
1	220	223	214	219	209	217	221	219	222	219	210	215
3	188	185	192	187	185	194	190	200	194	196	194	191
6	167	147	141	180	—	—	172	176	177	174	175	172
9	188	200	183	183	189	196	198	193	191	194	195	196
12	179	180	173	197	183	182	189	182	179	176	176	—
18	183	179	188	192	188	193	198	197	195	195	194	201
24	210	200	199	201	203	207	199	201	198	193	199	—

嵌套误差和二变量混合模式回归方式被用于数据处理。仅仅使用稳定性样品来计算浓度，嵌套误差模式是适用的；同时用稳定性样品和控制样品来计算浓度，二变量混合模式也是合适的。图 32.5 显示，对分析物平均浓度，合适的嵌套误差回归模式带有两边 90%置信区间。图 32.6 显示，对分析物平均浓度，合适的二变量混合模式带有两边 90%置信区间。注意，±15%接受限制相当于(170, 230)ng/ml。

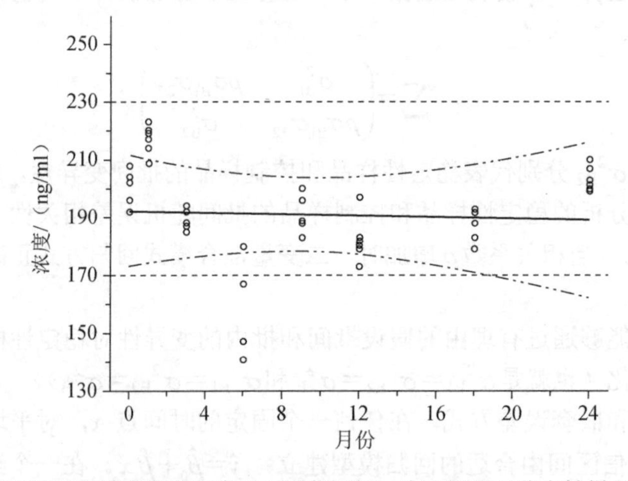

图 32.5　合适的嵌套误差回归模式带有两边 90%置信区间；空心圈显示稳定性样品在不同月份的计算浓度；接受标准的浓度界限是 170 ng/ml 和 230 ng/ml

图 32.5 表明在计算稳定性样品浓度时存在实际的批间变异性。关于合适的回归线，在两边 90%置信区间的宽度反映这个变异性。基于合适的嵌套误差回归模型，由批间变异性估计的变异性比例是 $\hat{\lambda}$=0.85，估计的总 CV 是 9.8%。在 24 个月的时间点，分析物平均浓度的两边 90%置信区间是(162, 216)ng/ml，这稍微超出了接受限制(170, 230)ng/ml。这样，用嵌套误差回归方式不能肯定分析物在 24 个月是稳定的。

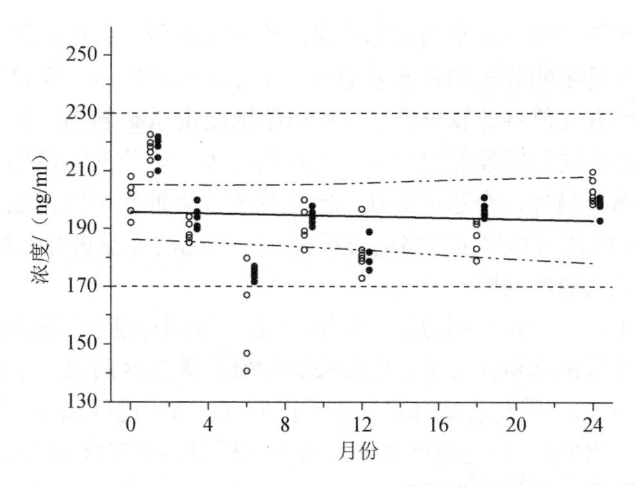

图 32.6 合适的嵌套误差回归模式带有两边 90%置信区间；空心圈显示稳定性样品在不同月份的计算浓度，实心圈显示控制样品；接受标准的浓度界限是 170 ng/ml 和 230 ng/ml

图 32.6 显示了稳定性样品和控制样品间良好的相关性。基于合适的二变量混合模型估计的稳定性样品和控制样品的批间随机误差相关性是 $\hat{\rho}$=0.93。这个强的相关性戏剧性地减少了批间随机变异性对稳定性评估的精密度的影响，并表现为合适的回归线窄的置信区间。注意，在 24 个月的时间点，对分析物的平均浓度，两边的 90%置信区间是(178, 208)ng/ml，这个区间整个落在接受限制(170, 230)ng/ml 内，可以得出结论，分析物在 24 个月是稳定的。

32.6 已测样品重复性

已测样品再分析（ISR）的目的是证明当在独立的情况下进行重分析，一个生物分析方法能对研究样品产生一致的结果（Viswanathan et al., 2007; Fast et al., 2009, European Medicines Agency, 2012）。重复性经常用来代表一个分析方法在两个实验室间的精密度。在 ISR 测试的环境中，重复性代表在同一个实验室内，在两个或多个独立的事件中，从已测样品的分析得到的结果的一致性。

ISR 测试的一般接受标准是常说的 4-6-X 规则，对小分子有±20%接受限制（即 4-6-20 规则），对大分子有±30%接受限制（即 4-6-30）（Fast et al., 2009; European Medicines Agency, 2012）。也就是说，至少 66.7%的已测样品重分析必须和原结果相比在±20%以内（或对大分子±30%）。

±20%的接受限制很可能参照项目内监控的接受标准选定，FDA 生物分析指导原则对此也有规定，即至少 66.7%的 QC 样品必须在±15%的相应理论浓度范围内。接受限制从±15%扩展到±20%很明显是考虑了原始值的变异性。

然而，类似于 4-6-20 规则这样的临时方法的缺陷已经被很好地记录下来（Kringle, 1994; Kringle et al., 2001）。不像 4-6-20 规则（或相似的方式），一个基于置信区间统计学的方式可以为不正确接受实际上不可重复的生物分析方法的风险提供严格的控制。

后面描述的容许区间方式是基于潜在的数据都是独立和正态分布这样的假设，虽然很小的偏离也通常会对该假设有很小的实际后果。应该注意所选择的已测样品应该在一个宽的浓度范围分布，并且生物分析的精密度通常与实际浓度成比例。建议在应用后面描述的容许区间和抑制比例方式前将计算出的重复和原始浓度用 log 转换。虽然能通过图形技术和统计的假设测试评估这种假设的净差异，实际上经 log 转化的浓度偏差（重复值减原始值）是一个正态分布。另外，合适地选择一定数量的分析批次可使得独立性的假设相当满意（即在一个实验室应该选择尽可能多的分析批次中的已测样品进行分析）。远离独立性的假设会增加 ISR 测试失败的风险。

在 ISR 的环境中，一个具有两边的β成分，γ置信区间可能会用来测定一个（L, U）区间，这样一个测量差异的比例β（重复值减去原始值）落在区间内，带有一个特定的置信系数γ。这个区间（L, U）能与合适选择的接受限制（A, B）进行比较。这个方式为控制不正确地接受那种少于比例β（重复值减去原始值）分析差异落在接受限制（A, B）范围内的生物分析方法的风险提供了统计学框架。

Hoffman（2009）建议了如下容许区间方法。

（1）建立一个两边的β成分容许区间（L, U）带有预设的置信水平γ（如90%）。

（2）比较区间（L, U）和接收限制（A, B）。

（3）如果（L, U）全部落在（A, B）内，ISR测试结果是达标的，否则不达标。

定义Y_i^O是第 i 个（i=1,2,⋯, N）已测样品的初始浓度，$Y^R{}_i$是第 i 个已测样品的重测浓度。这样使得：

$$\varDelta_i = \log(Y_i^R) - \log(Y_i^o) \tag{32.16}$$

$$\bar{\varDelta} = \frac{1}{N}\sum_{i=1}^{N}\varDelta_i \tag{32.17}$$

$$\hat{\sigma}_\varDelta^2 = \frac{1}{N-1}\sum_{i=1}^{N}(\varDelta_i - \bar{\varDelta})^2 \tag{32.18}$$

式中，$\varDelta_i$是第 i 个（i=1,2,⋯, N）已测样品（重测值减去初始值）的差异经对数转化的浓度；$\bar{\varDelta}$是对数转化的差异的平均值，$\hat{\sigma}_\varDelta^2$是对数转化的浓度的差异的变异。

一个带有置信系数γ和两边的β成分容许区间能被这样给出。

$$\bar{\varDelta} \pm Z_{(1+\beta)/2}\sqrt{1+N^{-1}}\sqrt{(N-1)\hat{\sigma}_\varDelta^2/\chi^2_{N-1,1-\gamma}} \tag{32.19}$$

式中，$Z_{(1+\beta)/2}$是标准正态分布的上$(1+\beta)/2$分位数，$\chi^2_{N-1,1-\gamma}$是$N-1$自由度的卡方分布的低γ分位数。

前面提到，实现容许区间方法需要适当选择内容水平（β）、置信水平（γ）和接收限制（A, B）。对 ISR 评估而言，66.7%成分和 90%置信是符合逻辑的选择，也和常规的项目内 QC 样品的接受标准一致（即 4-6-15 标准）。注意到，测量差异（重测值减去初始值）的 CV 大于一个单独测量的 CV 的$\sqrt{2}$倍，所以建议限制范围是$\pm(15\sqrt{2})\%=21.2\%$。对于对数转化的数据，相对应的接受限制是$\pm\log(1.212)$。这样，所推荐的容许区间方式包括在对数转化测量差异上建立一个两边的$\beta=66.7\%$成分，$\gamma=90\%$置信容许区间。如果获得的容许限制全部在$\pm\log(1.212)$接受限制内，ISR 测试可以通过，否则 ISR 测试失败。

不同于 4-6-20 规则，上述建议的容许区间方式严格控制了不正确地接受一个真实的不可重复的方法的风险。不管选择多少样品，容许区间方式的风险不会>5%［即$(100-\gamma)\%/2$］。

虽然不正确地接受一个实际上不可重现的方法的风险是被严格控制的，不正确地拒绝一个实际上可以重复的带有容许区间方式的方法的风险必须通过合适地选择样品的数量来控制。图 32.7 表明选择几个样品数量（N=25、50 或 100 个已测样品）根据方法真正的总 CV 的函数有可能通过 ISR 容许区间。图 32.7 给出的可能性假设认为重复样品和原始值间的真实偏差（bias）是 0%。一个有小到中等总 CV 的方法（如≤8%），对于 N=25 的已测样品数量，通过 ISR 容忍区间测试的可能性是高的（≥90%）。一个有总 CV 等于 10%的方法，对于 N=100 的已测样品数量，通过 ISR 容许区间测试的可能性（≥90%）是高的。对于总 CV 大于 10%的方法，需要更大的样品数量来维持高的通过 ISR 测试的可能性。

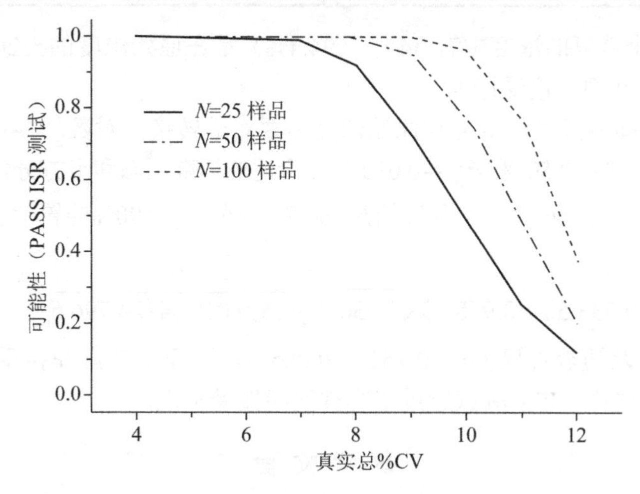

图 32.7　通过已测样品再分析（ISR）测试标准容许空间的可能性与分析真实全部 CV；N=25、50 或者 100 个已测样品真实相关偏差是 0%

ISR 测试的容许区间方式可以通过从一个实际 ISR 应用实验得到的数据来说明（Hoffman, 2009）。表 32.8 给出了重复值和原始浓度（ng/ml），以及简单地计算(重复值－原始值)/原始值×100%得到的百分差异。

表 32.8　复测和初始浓度（ng/ml）的百分比差异

样品号	初始浓度	复测浓度	百分比差异/%	样品号	初始浓度	复测浓度	百分比差异/%
1	4 030	4 070	1.0	12	123	122	−0.8
2	141 00	12 600	−10.6	13	3 520	3 370	−4.3
3	2 120	1 530	−27.8	14	3 430	3 410	−0.6
4	21.6	19.9	−7.9	15	2 580	2 630	1.9
5	859	761	−11.4	16	13.7	13.2	−3.6
6	192	215	12.0	17	1 410	1 320	−6.4
7	2 710	2 790	3.0	18	437	433	−0.9
8	13 000	10 000	−23.1	19	3 240	3 250	0.3
9	886	787	−11.2	20	11 000	12 200	10.9
10	9.46	9.01	−4.8	21	879	799	−9.1
11	401	381	−5.0	22	6.68	6.24	−6.6

续表

样品号	初始浓度	复测浓度	百分比差异/%	样品号	初始浓度	复测浓度	百分比差异/%
23	384	313	−18.5	30	193	169	−12.4
24	57.0	64.8	13.7	31	3 870	4 340	12.1
25	2 930	3 150	7.5	32	16 600	16 200	−2.4
26	11 400	11 600	1.8	33	1 250	1 180	−5.6
27	2 310	2 270	−1.7	34	10.3	9.62	−6.6
28	6.11	6.22	1.8	35	581	673	15.8
29	881	900	2.2	36	196	188	−4.1

注意到在 36 个重复的浓度中有 34 个（94.4%）是在原始浓度的±20%内。这样，ISR 的测试通过了 4-6-20 规则接受标准。

在应用容许区间方式时，重复和原始浓度需要对数转换。对数转换后，可以进行后续的统计计算：$\bar{\Delta}=-0.033\,50$ 和 $\hat{\sigma}_{\Delta}^{2}=0.010\,34$。合适的标准正态和卡方分位数如下：$Z_{0.8335}=0.968\,09$ 和 $\chi_{35,0.10}^{2}=24.7966$。一个两边的$\beta=66.7\%$成分，$\gamma=90\%$的置信容许区间就可以这样给出。

$$-0.033\,50\pm0.968\,09\sqrt{1+36^{-1}}\sqrt{(35)0.010\,34/24.796\,6} \qquad (32.20)$$

得到的结果是两边容许区间(−0.1521，0.0851)。区间全部落在接受限制±log(1.212)＝±0.1923 以内。这样，ISR 测试通过了容许区间接受标准。

参考文献

Burdick R, Graybill F. Confidence Intervals on Variance Components. New York: Marcel-Dekker; 1992.

Draper N, Smith H. Applied Regression Analysis, 3rd ed. New York: John Wiley & Sons, Inc.; 1998.

European Medicines Agency. Guideline on Bioanalytical Method Validation. February, 2012.

Fast D, Kelley M, Viswanathan CT, et al. Workshop report and follow-up—AAPS workshop on current topics in GLP bioanalysis: assay reproducibility for incurred samples— implications of crystal city recommendations. AAPS J 2009;11(2):238–241.

Hoffman D, Kringle R. Two-sided tolerance intervals for balanced and unbalanced random effects models. J Biopharm Stat 2005;15:283–293.

Hoffman D, Kringle R. A total error approach for the validation of quantitative analytical methods. Pharm Res 2007;24(6):1157–1164.

Hoffman D. Statistical considerations for assessment of bioanalytical incurred sample reproducibility. AAPS J 2009;11(3):570–580.

Hoffman D, Kringle R, Singer J, McDougall S. Statistical methods for assessing long-term analyte stability in biological matrices. J Chrom B 2009;877:2262–2269.

Kringle R. An assessment of the 4-6-20 rule for acceptance of analytical runs in bioavailability, bioequivalence, and pharmacokinetic studies. Pharm Res 1994;11:556–560.

Kringle R, Hoffman D, Newton J, Burton R. Statistical methods for assessing the stability of compounds in whole blood for clinical bioanalysis. Drug Inf J 2001;35:1261–1270.

Kringle R, Khan-Malek R. A Statistical Assessment of the Recommendations from a Conference on Analytical Methods Validation in Bioavailability, Bioequivalence, and Pharmacokinetic Studies. Proceedings of the Biopharmaceutical Section of the American Statistical Association, 1994; Alexandria, VA, USA.

Nowatzke W, Woolf E. Best practices during bioanalytical method validation for the characterization of assay reagents and evaluation of analyte stability in assay standards, quality controls, and study samples. AAPS J 2007;9(2):117–122.

Timm U, Wall M, Dell D. A new approach for dealing with the stability of drugs in biological fluids. J Pharm Sci 1985;74(9):972–977.

US Food and Drug Administration. Guidance for Industry: Bioanalytical Method Validation. May, 2001.

Viswanathan CT, Bansal S, Booth B, et al. Workshop/conference report—quantitative bioanalytical methods validation and implementation: best practices for chromatographic and ligand binding assays. AAPS J 2007;9(1):30–42.

33

在药物代谢和药代动力学研究中同步进行液相色谱-质谱（LC-MS）定量和代谢产物鉴定

作者：Patrick J. Rudewicz
译者：袁苏苏
审校：沈晓航、谢励诚

33.1 引　言

药物学家在体外筛选药物时，通常会使用含有细胞色素 P450 和其他药物代谢酶的肝脏微粒体进行孵育，从而获得药物代谢（DM）稳定性数据。候选药物一般分为高、中、低稳定性，以表示其易被代谢的程度。一种常用的方法是选择具有低代谢稳定性的化合物，然后使用液相色谱-串联质谱（LC-MS/MS）进行单独的实验来鉴定体外代谢产物，从而找出其发生代谢的位置。实验的目的是为了合理地改变化学结构并最终获得足够的体外代谢稳定性，同时仍保持其他所需的药物特性，如酶的效力和选择性。通常，有最好的体外性质（包括微粒体稳定性）的化合物需要通过大鼠的药代动力学（PK）实验进行进一步筛选，以确定诸如半衰期、清除率（CL）、分布容积和生物利用度（BA）等各项参数。

在体外代谢稳定性和体内 PK 研究中，研究者主要使用电喷雾离子化（ESI）或大气压化学离子化（APCI）的三重四极杆质谱，并采用选择反应监测（SRM）模式进行定量检测（Bruins et al.,1987; Covey et al., 1986）。在 SRM 模式下，母离子在四极杆 1 中被选中，在四极杆 2 中母离子碰撞解离后，特定的子离子会在四极杆 3 中被选中并检测。SRM 模式具有高灵敏度和高选择性，目前三重四极杆质谱成为药物代谢与药代动力学（DMPK）实验室主要的检测仪器。代谢产物鉴定通常使用较长的色谱梯度及高分辨质谱（HRMS）。体外实验通常需要在较高的底物浓度下单独孵育。分别进行的定量检测和代谢产物鉴定实验导致药物研发进程被耽搁。

近年来在药物筛选优化进程中，质谱的发展极大地改变了生物分析的方式。定量和定性（quant-qual）实验开始合并为一个实验。药物开发的研究者对缩短研究周期的期望是促使这一变化发生的部分原因。生物分析学家则希望能同时提高研究的速度和效率，以便能够在几天内提供新陈代谢率和代谢发生位置的数据。本章的目的是为了描述质谱的发展所带来的生物分析模式的转变，并举例说明这些技术是如何为药物研发提供支持的。

33.2 普通分辨质谱在药物代谢和药代动力学中的应用

最初利用三重四极杆质谱进行在线 LC-MS/MS 实验是用于代谢产物鉴定，起始于 20 世纪 80 年代中期（Rudewicz and Straub, 1986, 1987）。研究者使用三重四极杆时，中性丢失

（NL）扫描被用来寻找生物基质中具有特定亚结构的药物代谢产物，如葡萄糖醛酸（NL 176）或芳基硫酸酯（NL 80）等。母离子扫描也可用于识别具有常见特定亚结构特征的代谢产物。尽管三重四极杆现今仍用于代谢产物鉴定，但这种技术存在一定的局限性。三重四极杆是一种扫描质谱：随着射频/直流电压（RF/DC）比例的改变，具有特定质荷比的离子依序进入检测器。因此，实际到达检测器的具有特定质荷比的离子会有较小的占空比，或者说它的扫描时间所占比例较小。根据扫描范围，三重四极杆的占空比会少于几个百分点，限制了它们的灵敏度及在代谢产物鉴定实验中的应用。

在过去的20年里，质谱的一些革新对代谢产物鉴定领域的研究起了明显的促进作用。其中一项技术是三维（3D）四极杆离子阱质谱仪（March, 1997）。3D离子阱由两个端盖电极和一个环形电极组成，它既可储存离子，又可进行质谱扫描（图33.1上图）。离子阱的储存能力使得离子阱相对于三重四极杆而言具有更灵敏的全扫描和子离子扫描。但是3D离子阱也有其缺点，包括离子阱中的空间电荷效应。相对于三重四极杆，这会降低3D离子阱定量分析的能力。另外，在子离子扫描模式下，只有质量高于母离子质量1/3的子离子是稳定的，这造成了质谱中低质量端子离子结构信息丢失。二维（2D）或线性离子阱是由4个圆形或双曲面形的电极构成，并在两端有捕获镜头（图33.1下图）。2D离子阱的内部体积大于3D离子阱，这意味着可以储存更多的离子，进而减少了空间电荷效应的影响。2D和3D离子阱都具有多级质谱（MS^n）的能力，可获得更多的结构信息。

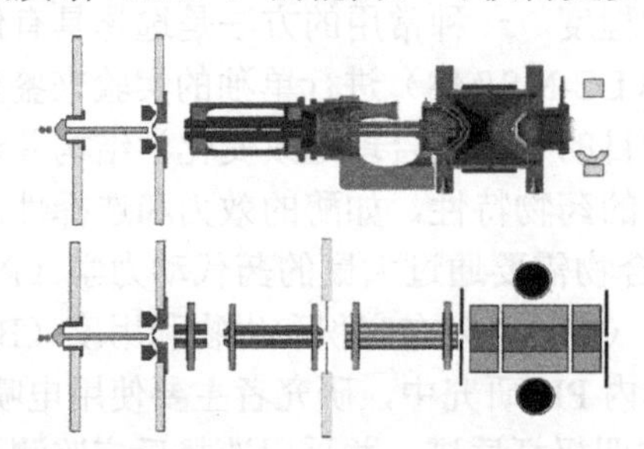

图33.1　三维四极杆离子阱质谱（上）和二维四极杆离子阱质谱（下）（由Thermo Fisher Scientific提供）

线性离子阱中捕获的离子可沿四极杆轴向脱离稳定区。在2002年，Hager等利用这一特点设计了四极杆线性离子阱串联质谱（QqQ_{LIT}），即将三重四极杆中第三个四极杆改为2D线性离子阱（图33.2）（Hager, 2002）。四极杆线性离子阱串联质谱已被成功用于定量分析和代谢产物鉴定。这种质谱保留了三重四极杆所有的扫描模式，其中包括NL扫描和母离子扫描。它也具有三重四极杆快速采集数据的能力。同时，由于第三个四极杆区域实际上是线性离子阱，因此它具有很高的捕获能力并大幅提高了子离子全扫描模式的灵敏度。

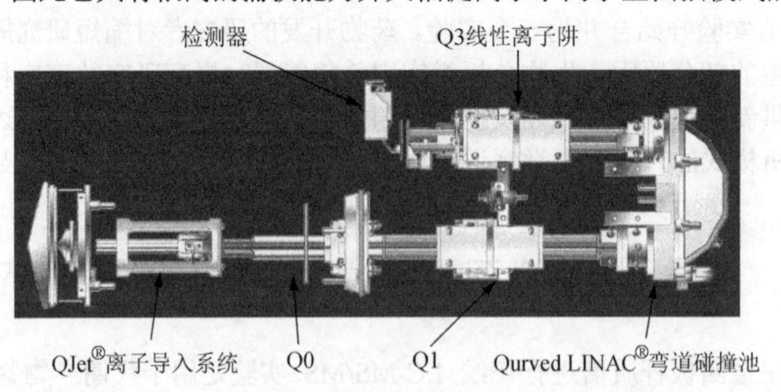

图33.2　四极杆线性离子阱质谱（由ABSciex Pte. Ltd提供）

33.3 高分辨质谱在药物代谢和药代动力学中的应用

最初用于代谢产物鉴定的高分辨质谱是双聚焦磁场或电场扇形质谱。在这些实验中，代谢产物需要用色谱技术来分离并纯化，然后通过气相色谱（GC）或直插式探针注入质谱。药物缀合物需要通过化学水解或酶水解后使用高分辨质谱分析初级代谢产物。通常分析药物缀合物需要进行衍生化。随着快原子轰击技术的引入，热不稳定的药物缀合物可以不经过水解或衍生化而直接分析。由于需要相对复杂的操作和维护，扇形质谱不易被 DMPK 实验室使用。此外，因为扇形质谱的离子源电压达到 kV 的范围，使得它很难与液相色谱系统连用，不能实现在线分析。

随着四极杆飞行时间串联质谱（QqTOF）的引入，高分辨 LC-MS/MS 更易被 DMPK 研究者接受（Chernushevich et al., 2001）。商用的 QqTOF 具有一个垂直于飞行时间（TOF）分析仪的四极杆轨道（Qq）（图 33.3），在反射模式下它的分辨率能达到 20 000～30 000 半峰宽（FWHM）。起初 DMPK 实验室主要将 QqTOF 用于代谢产物鉴定定性实验。尽管占空比的限制依然存在，但 QqTOF 拥有极快的数据采集速度，并在使用外标法后能达到$<5\times10^{-6}$的质量准确度。

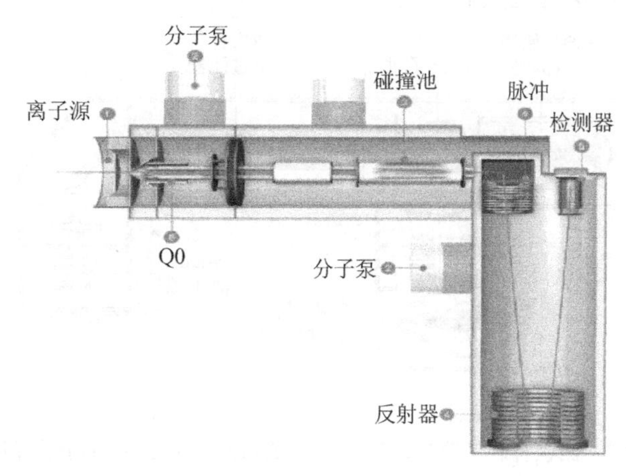

图 33.3 四极杆飞行时间串联质谱（Q-TOF）（由 AB Sciex Pte. Ltd 提供）

早期 QqTOF 在定量方面的应用很有限。曾有研究小组报道过 QqTOF 的子离子扫描模式在定量方面的应用（Yang et al., 2001）。作者完成了一个分析批次的狗血浆中氯雷他定（loratadine）和去羧乙氧基氯雷他定（descarboethoxyloratadine）检测方法的验证。线性范围是 1～1000 ng/ml。该方法使用高效液相色谱（HPLC），其检测下限为 5.56 pg。但是，由于检测器较慢的采集速度（大约 1 ns），QqTOF 的线性范围受到限制。另外，LLOQ 也因为较低的占空比而受到限制。

另一种高分辨复合质谱 LTQ-Orbitrap（图 33.4）已被 DMPK 实验室大量使用（Hu et al., 2005; Peterman et al., 2006）。该仪器具有一个线性离子阱，它拥有传统的 2D 离子阱的所有功能。离子可储存在离子阱中，作为全扫描或子离子扫描的一部分可被通道电子倍增器在单位分辨率检测到，或者离子可通过 C-离子阱被富集然后进入轨道阱（orbitrap）质谱仪。轨道阱质谱仪由一个内置的纺锤形电极和外置的桶形电极构成。通过施加的直流电压，离子以特定的频率在轨道阱中旋转。离子振荡的径向频率正比于质荷比。离子在高分辨下使用傅里叶变换可被检测到。

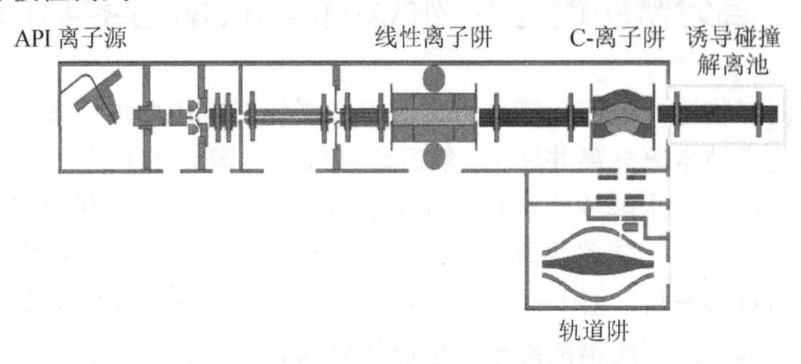

图 33.4　LTQ Orbitrap 质谱（由 Thermo Fisher Scientific 提供）

最新的用于同步定量-定性分析的轨道阱是四极杆轨道阱（图 33.5）。这种质谱使用四极杆选择母离子，在 MS/MS 的碰撞室中实现高能碰撞激活解离（HCD）。四极杆轨道阱（Q-exactive）的最大分辨率达到 140 000；但是，分辨率依赖于数据采集速度。当采集速度为 4 Hz 时，最大分辨率是 70 000，而当采集速度为 12 Hz 时，分辨率降为 17 500。这种质谱具有优良的质量准确度，在使用外标法后可达到 $1\times10^{-6}\sim3\times10^{-6}$，并且在不使用内部锁定质量数的条件下可保持几天。

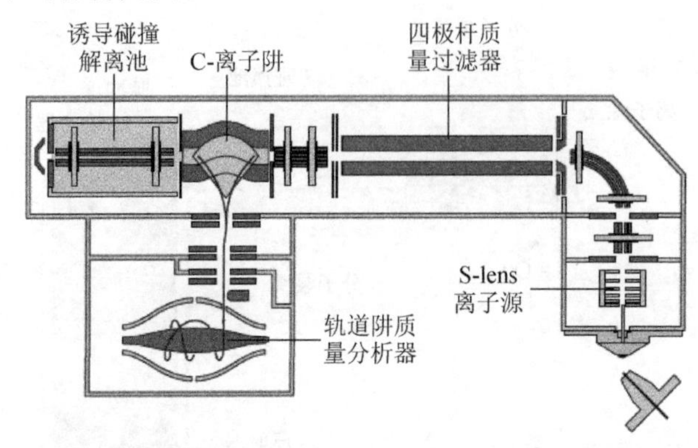

图 33.5　四极杆轨道阱串联质谱（由 Thermo Fisher Scientific 提供）

33.4　LC-MS 中的质量缺损过滤器

质量缺损过滤的原理基于以下原因：碳原子的准确质量被定为 12，而其他所有原子的准确质量为非整数。通常在生物转化后，相对于母药质量，质量缺损（非整数部分与标示值的差异）在 50 mDa 以内（Zhang et al., 2003, 2007）。举例来说，氧化后准确质量会增加 15.9949 amu，那么质量缺损为−5 mDa。葡萄苷酸化后，准确质量增加 176.0321，则质量缺损为＋32 mDa。另外，硫酸酯化的质量缺损为−43 mDa，脱甲基化的质量缺损为−23 mDa，而脱水的质量缺损为−16 mDa。落在 50 mDa 范围外的一个值得注意的常见生物转化路径是谷胱甘肽结合作用，它的质量缺损是＋68 mDa。因为这是可以预测的，所以可在这一质量缺损附近设定过滤器。质量缺损过滤软件通过展示特定的质量缺损范围内的离子，可简化高分辨全扫描色谱图，并有效地将与药物相关的代谢产物和基质成分分开。

33.5 使用 LC-MS 同时进行定量检测和代谢产物鉴定

随着离子阱和高分辨质谱在 DMPK 实验室的运用，一些实验小组开始尝试同时进行定量-定性分析，为体外和体内实验提供支持。在 2000 年，LC TOF 被用于大鼠血浆中候选药物的定量分析（Zhang et al., 2000）。该研究中采用盒式给药法，给药剂量为 5～10 mg/kg。血浆样品使用液-液萃取处理，定量下限（LLOQ）为 5～25 ng/ml，定量上限（ULOQ）为 1000 ng/ml。预测的代谢产物信息通过准确质量全扫描质谱获得，质量偏差小于 10×10^{-6}。同样在 2000 年，Cai 等报道了使用具有 3D 离子阱的 LC-MS/MS 定量分析 19α-1a 受体拮抗剂和测定主要的体外代谢产物（Cai et al., 2000）。被测化合物在浓度为 10 μmol/L 条件下与狗的肝脏微粒体一起孵育。孵育后将样品混合然后用于盒式分析。母药分子利用标示质量通过全扫描模式测到。代谢产物结构使用 MS^n 串联质谱进行分析。Cai 等还报道了使用同样的方法分析检测候选药物，并同时检测它们在混合的小鼠血浆样品中的主要代谢产物（Cai et al., 2001）。体内代谢产物的数据和体外小鼠 S9 代谢产物进行了比较，以便更好地理解药物清除机制。Kantharaj 等报道了在药物研发早期的“hit-to-lead”阶段使用 3D 离子阱定量分析候选药物的方法（Kantharaj et al., 2003）。模型药物浓度为 5 μmol/L，经人肝脏微粒体孵育。研究者通过实验使用与数据相关的 MS^n 扫描模式，成功在同一分析批中完成母药的定量分析和获得代谢产物的结构表征。

随着这些早期工作的展开，DMPK 的科学家还利用串联质谱同时定量分析母药和筛选代谢产物。Hopfgartner 等首先报道了将四极杆线性离子阱（QqQ_{LIT}）用于快速表征生物样品中药物代谢产物的优点（Hopfgartner et al., 2003）。他们指出 QqQ_{LIT} 具有三重四极杆所有的扫描功能，并且能通过线性离子阱获得高灵敏度的子离子谱图。信息关联采集（IDA）实验可用于获取线性离子阱的 MS^2 和 MS^3 谱图，从而便于实现代谢产物的快速结构表征。在 2005 年，Li 和合作者发表了一项关于猴子的 PK 研究，他们将四极杆线性离子阱用于同步定量分析血浆中的母药和代谢产物鉴定（Li et al., 2005）。作者使用了预先定义的生物转化信息库，在一个分析批次中，在 MRM 模式下使用 IDA 子离子扫描来快速识别代谢产物。在 MRM 模式和 MRM-IDA 模式下获得的母药的 PK 数据能很好吻合。Li 等还描述了使用四极杆线性离子阱的 LC-MS 同时定量分析奈法唑酮（nefazodone）并表征其代谢产物，奈法唑酮在体外用人的肝脏微粒体孵育，底物浓度为 10 μmol/L（Li et al., 2007）。这个实验在一个 LC-MS/MS 分析批次中共识别出 22 个代谢产物。

最近有一些出版物报道了将 Orbitrap 质量分析器用于定量-定性数据采集。Zhang 等使用了质量分辨率为 15 000（FWHM）的串联 LTQ-orbitrap 定量分析血浆样品中的药物（Zhang et al., 2009）。只有在预设质量范围内的离子才会被捕获。这种波形扫描方式能够提高灵敏度。另外，自动增益控制通过预扫描获得分析扫描时离子进入的时间，由此可减少 orbitrap 质量分析器的空间电荷效应。使用 LTQ-orbitrap 全扫描模式获得的定量数据和 API 4000 在 MRM 模式下获得数据相吻合，LLOQ 在 1～2 ng/ml。大鼠血浆中一种候选药物的葡糖苷酸代谢产物通过质子化分子离子的准确质量分析被识别出来。

Batman 和合作者报道了使用带有单级 orbitrap 质量分析器（exactive-MS）的高分辨 LC-MS 采集定量-定性数据用于体外稳定性和体内 PK 研究（Bateman et al., 2009）。实验中采用了快速通用的超高效液相色谱（UHPLC）梯度，色谱柱使用了 2.1 mm×100 mm 的 C18 柱，粒径为 1.9 μm。在 10 Hz 的采集速度下，3～4 s 宽度的色谱峰可采集 30～40 个点的数据，在分辨率为 7400 的条件下质量准确度达到＜1×10^{-6}。当采集速度降至 1 Hz 时，分辨率可增加到 67 100。在这样的采集速度下，质量准确度仍可＜3×10^{-6}，但每一个色谱峰的扫描次数减少。在不进行母离子选择的条件下，高能碰撞解离质谱图也可在多级碰撞池中获得，因此需要通过色谱分辨率及谱峰去卷积（deconvolution）将碰撞谱图和母离子联系起来。Henry 等比较了单级 orbitrap 质量分析器和三重四极杆质谱对血浆样品中药物的定量分析（Henry et al., 2012）。orbitrap 的分辨率为 50 000（FWHM），*m/z* 为 200，质量提取窗口为 5×10^{-6}。高分辨定量的结果包括了灵敏度、线性、精密度和准确度，这些结果和使用三重四极杆在 SRM 模式下获得的数据相似。由于无需进行特定化合物 SRM 的参数优化，因此简化了单级 orbitrap 的参数优化过程。

33.6 LC-MS 工作流程：四极杆线性离子阱质谱

随着近年来质谱技术的发展，人们见证了药物研发工作流程的变化。母药分子的定量分析可以和代谢产物鉴定及结构表征在同一分析批次中同时完成。此外，由于质谱的高灵敏度和更快的数据采集速度，使得其可以和 UHPLC 连接，缩短了每一次进样的分析时间（＜3 min）。目前主要有两种质谱被运用于同时定量-定性分析：四极杆线性离子阱质谱和高分辨质谱（QqTOF 或 orbitrap）。它们都具有各自的优点和缺点。

四极杆线性离子阱最吸引人的特色是它拥有三重四极杆的功能，同时也拥有线性离子阱的特点，包括在子离子扫描模式下灵敏度得到增强。因为灵敏度的增强，在血浆或其他基质中（如胆汁、尿液、粪便等）低浓度的代谢产物也可进行表征。在典型的四极杆线性离子阱工作流程中，所谓的预测多反应监测（pMRM）表是利用仪器软件包中的生物转化信息库（biotransformation set）构建的，该软件包源于一系列的 I 相和 II 相代谢途径。在分析过程中，质谱在 MRM 模式下扫描母药和内标，同时也扫描生物转化信息库中预测的代谢产物。在 IDA 模式下，当预测的代谢产物的信号大于预定的强度阈值时，可通过线性离子阱获得一个增强的子离子扫描。四极杆线性离子阱能够以 2 ms 的停留时间（dwell time）进行快速扫描，通常典型的生物转化过程（氧化、还原、水解、葡萄苷酸化等）可在一个分析批次中完成检测。实际上，通常在母药分析中停留时间较长，为 30～50 ms，而在 pMRM 模式下检测未知代谢产物时，会使用较短的停留时间，通常为 5～10 ms。像三重四极杆一般稳健的具有高灵敏度的定量分析能力是可以实现的，在 MRM 和 pMRM 模式下的结果是相同的（Rudewicz et al., 2009）。

下面以经微粒体孵育的戊脉安（verapamil）样品分析为例。在这个实验中，1 μmol/L 的戊脉安在 0.5 mg/ml 大鼠肝脏微粒体中孵育，其中每毫克微粒体蛋白质含 1 mmol/L 的还原型烟酰胺腺嘌呤二核苷酸磷酸（NADPH），1 mmol/L 的尿苷二磷酸葡萄糖醛酸（UDPGA），3 mmol/L 的 $MgCl_2$ 和 25 μg 的丙甲菌素（alamethicin）。孵育时间为 0 min、5 min、15 min、30 min 和 60 min。图 33.6 显示了在 pMRM 模式下使用生物转化信息库所获得的经人肝脏微粒体孵育的戊脉安的离子色谱图。上图为戊脉安和主要的去甲基代谢产物的离子色谱图，后者的保留时间较短。下图为丰度较低的代谢产物，包括氧化产物、去甲基产物、葡萄苷酸化产物。图中出峰时间为 2.2 min 和 2.4 min 的色谱峰为脱甲基葡糖苷酸共轭物。图 33.7 显示了 NL 特征为 176 amu 的增强子离子谱图。戊脉安定量分析的同时，也完成了 13 个代谢产物的探测和结构表征。

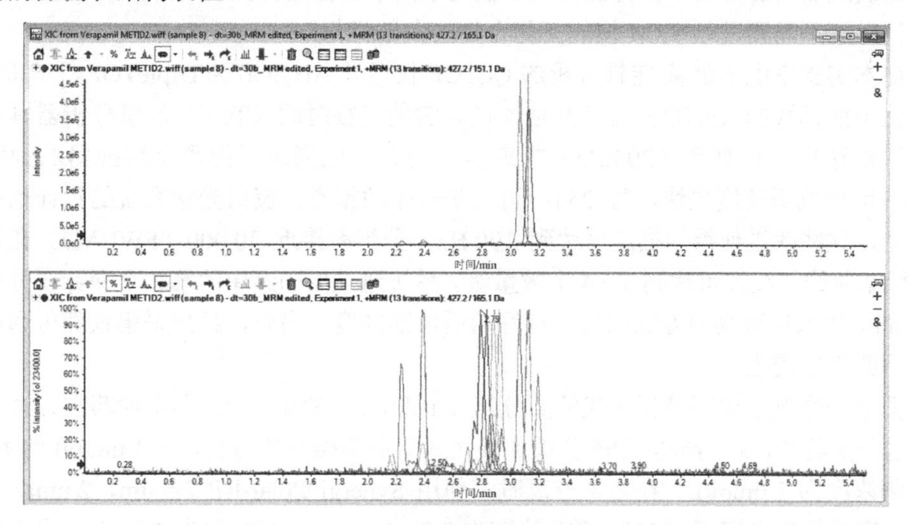

图 33.6 LC-MS/MS MRM 色谱图；上图是戊脉安（verapamil）和其主要去甲基代谢产物，下图是较低丰度的代谢产物

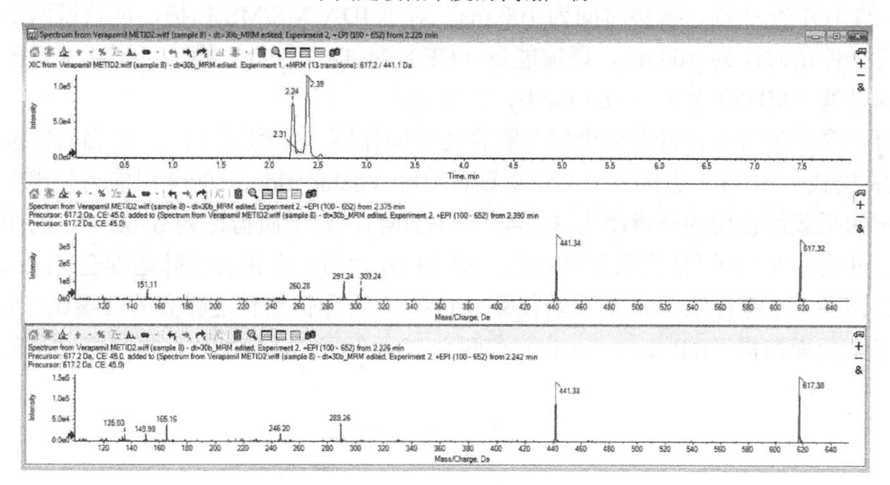

图 33.7 戊脉安主要的去甲基葡萄苷酸化产物（desmethylglucuronides of verapamil）的 LC-MS/MS MRM 色谱图和它们的增强碎片离子谱图

33.7 LC-MS 工作流程：高分辨质谱

当同时进行定量检测和代谢产物鉴定时，HRMS 对精确质量测定具有明显的优势。HRMS 可以区分同量异序离子，即拥有相同的标示质量但元素组成不同的离子。例如，高分辨率可区分具有相同标示质量（nominal mass）但精确质量（exact mass）不同的药物和其代谢产物。HRMS 同样可以将待测物和同时洗脱出来的具有同等质量的基质成分区分开来。对于代谢产物鉴定，精确质量测定可提供子离子的元素组成信息，有助于结构的确定。

在使用高分辨率全扫描模式对母药定量检测时，代谢产物的全扫描谱图可同时获得。通过全扫描准确质量测量获得的元素组成可检测代谢产物。代谢产物的结构特征也可通过在同一分析批次或随后的分析中获得的精确质量的子离子谱图而得到。另外，使用全扫描 TOF 定量分析时，不需要进行 SRM 模式下化合物的参数优化。

目前本实验室用于定量-定性分析的 QqTOF 仪器是 AB SCIEX TripleTOF™5600，这一型号相比于前几代的 QqTOF 有了几项改进。它的飞行时间（TOF）质量分析器具有高能（15 kV）加速电压和高频（30 kHz）加速器。另外，四通道时间数字转换器的频率增至 40 GHz，因此刷新速度更快，每 25 ps 可采集一个数据点。反射光学系统的设计也做了改进。总之，这些改进使得扫描速度达到 100 Hz，分辨率接近 30 000（FWHM）。在定量检测时，标准曲线的线性可达到 3～4 个数量级。系统通过离子源中的第二个探针在分析批次间每 2 min 注入标准物的方法保持了良好的质量准确度。另外，数据采集软件可通过内置的算法不断进行校正。

下面举一个例子说明最新一代的高分辨 quadrupole-TOF 在定量-定性药物开发中的应用。在这个实验中，6 个药物在 96 孔板中使用大鼠肝脏微粒体孵育，含 1 mg/ml 的蛋白质，起始底物浓度为 1 μmol/L。在色谱分离时，使用 Synergi Polar-RP 2.5 μm，2 mm×50 mm 色谱柱，流动相为水/乙腈/0.1%甲酸，流速为 0.8 ml/min，运行时间为 3.7 min。采用的质谱是 AB SCIEX TripleTOF™5600，并使用 IDA 的方法检测所有的化合物。预扫描为 100～1000 Da 的 TOF 全扫描，富集时间为 100 ms。对于 IDA MS/MS 扫描，可获得两个相关的扫描，每个停留时间为 100 ms，碰撞能量（CE）为 35 V。IDA 模式下子离子谱图可通过质量缺损过滤（MDF）实时（“on-the fly”）获得。

以母药剩余的百分含量为纵坐标对孵育的时间作图，得到图 33.8。药物的定量采用全扫描 TOF 模式。图 33.9 是其中一个药物氟哌啶醇（haloperidol）的全扫描高分辨质谱图。这些数据的采集所使用的分辨率为 31 042（FWHM）。对于质荷比为 376.1476 的质子化分子离子，可获得 6×10^{-7} 的高质量准确度。图 33.10 为另一个化合物咪达唑仑（midazolam）的离子色谱图。在孵育 30 min 后母药仅剩 0.1%，而谱图仍然有足够高的信噪比（*S/N*）。尽管采用了全元素扫描（full survey scan）和两个 IDA 触发的 MS/MS 扫描，每一个色谱峰仍可获得 12～15 次扫描。

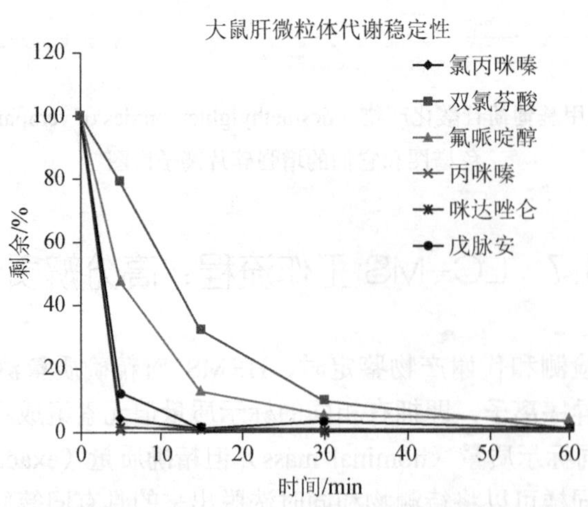

图 33.8　6 种药物用大鼠肝微粒体孵育时的时间与代谢稳定性的关系图

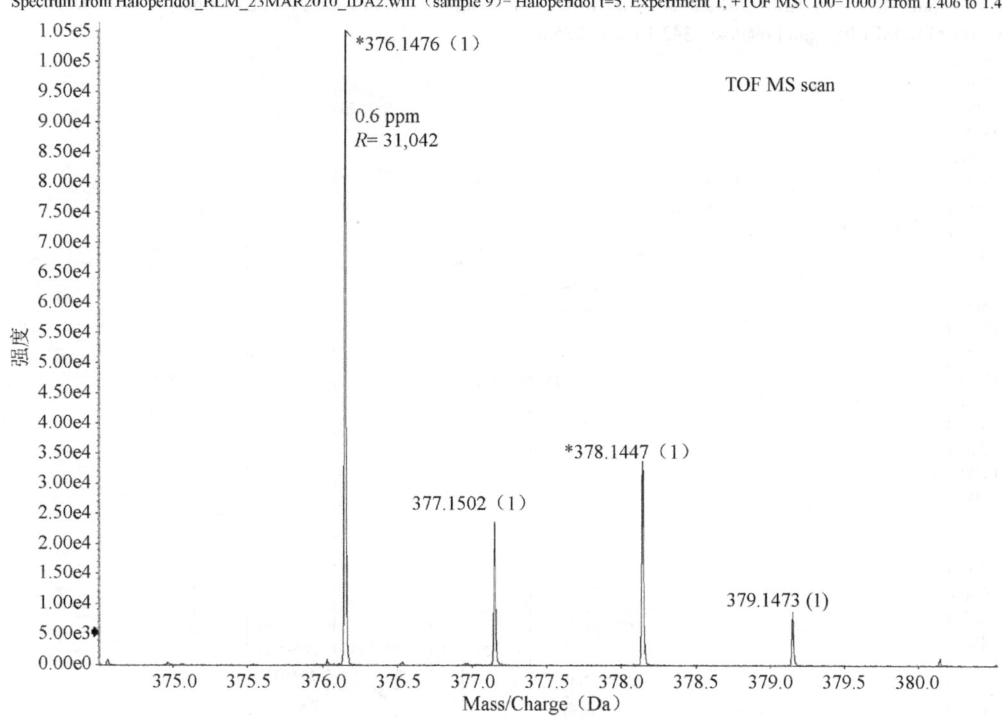

图 33.9 氟哌啶醇（haloperidol）全扫描 TOF 质谱图

Midazalam t=30-Midazolam (Unknown) 326.0755-326.0955-Midazolam_RLM_23MAR2010_IDA2.will (sample 5)
Area:1501e4,Heigt:9.693e3,RT:1.20 min

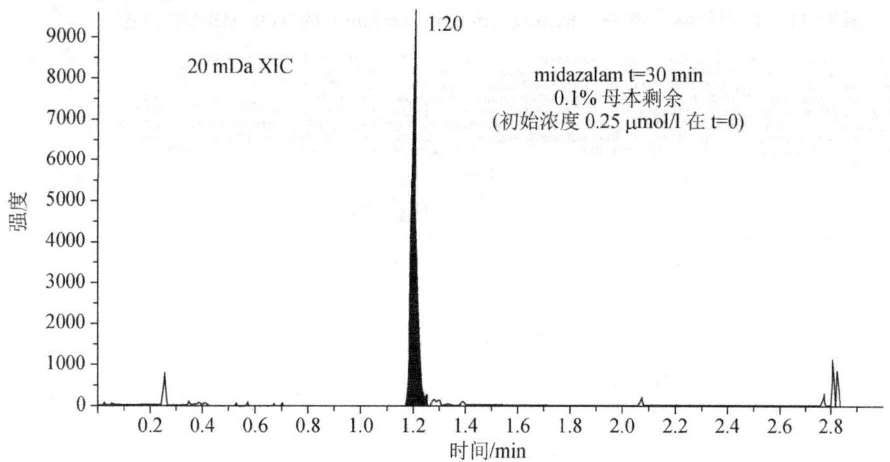

图 33.10 咪达唑仑（midazolam）TOF MS 的离子色谱图

TOF 获得的实时、动态、IDA 模式的子离子谱图免去了在代谢产物鉴定和结构分析时对样品重进样的需求。图 33.11 是咪达唑仑的一个单羟基化代谢产物的子离子谱图，该谱图是通过在色谱分析过程中采用了质量缺损过滤器获得的。这一方法可获得>30 000 的分辨率和<2×10^{-6}的质量准确度。MDF 模式下采集的数据全面地提供了 6 个化合物主要的一级代谢氧化（phase 1）代谢产物的信息。例如，图 33.12 包含了丙咪嗪（imipramine）一级代谢产物的离子色谱图，其中包括单羟基丙咪嗪（mono-hydroxy imipramine）、二羟基丙咪嗪（dihydroxy imipramine）、去甲基丙咪嗪（desmethyl imipramine）、单羟基去甲基丙咪嗪（monohydroxydes methyl imipramine）和氮氧丙咪嗪（imipramine *N*-oxide）。

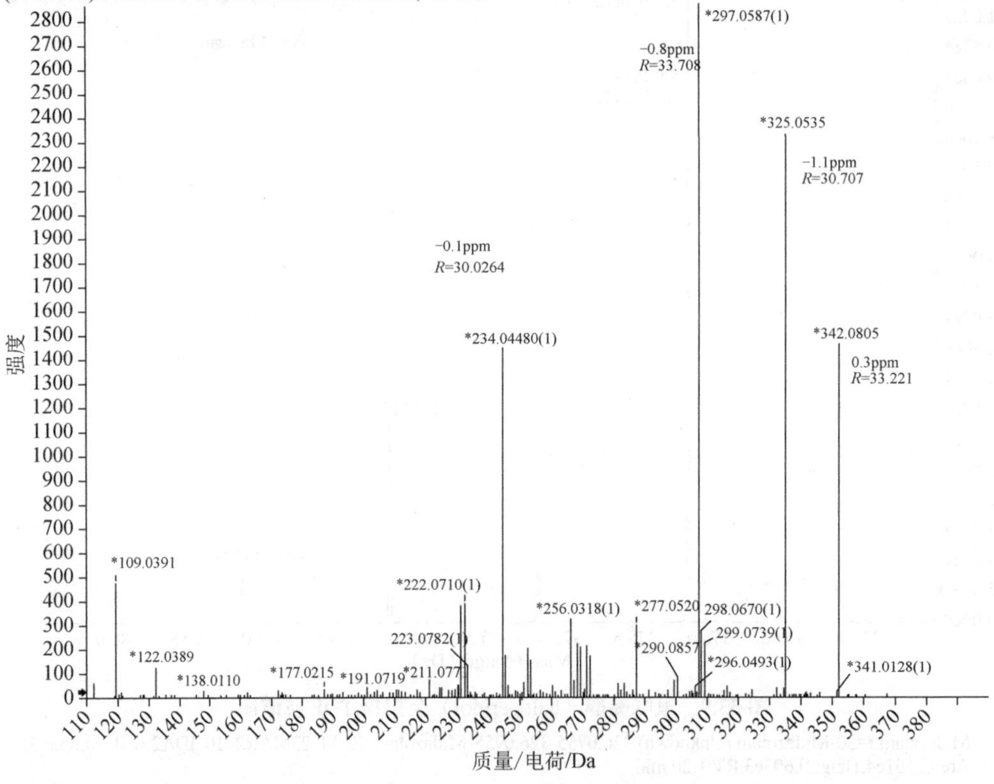
Spectrum from Mdazolam_RLM_24MAR2010_IDAMDF.wiff (sample 13) Midazotam t=5, Experiment 2.*TOF MS*2 (100.1000) FROM 1.043 min Precursor. 342.1 Da, CE:35.0
*297.0587(1)
−0.8ppm
R=33.708
*325.0535
−1.1ppm
R=30.707
−0.1ppm
R=30.0264
*234.04480(1)
*342.0805
0.3ppm
R=33.221
*109.0391
*222.0710(1)
*256.0318(1)
*277.0520
298.0670(1)
299.0739(1)
223.0782(1)
*290.0857
*296.0493(1)
*122.0389
*138.0110
*177.0215
*191.0719
*211.077
*341.0128(1)
强度
质量/电荷/Da

图 33.11　羟基化咪达唑仑（hydroxylated midazolam）的 TOF MS/MS 谱图

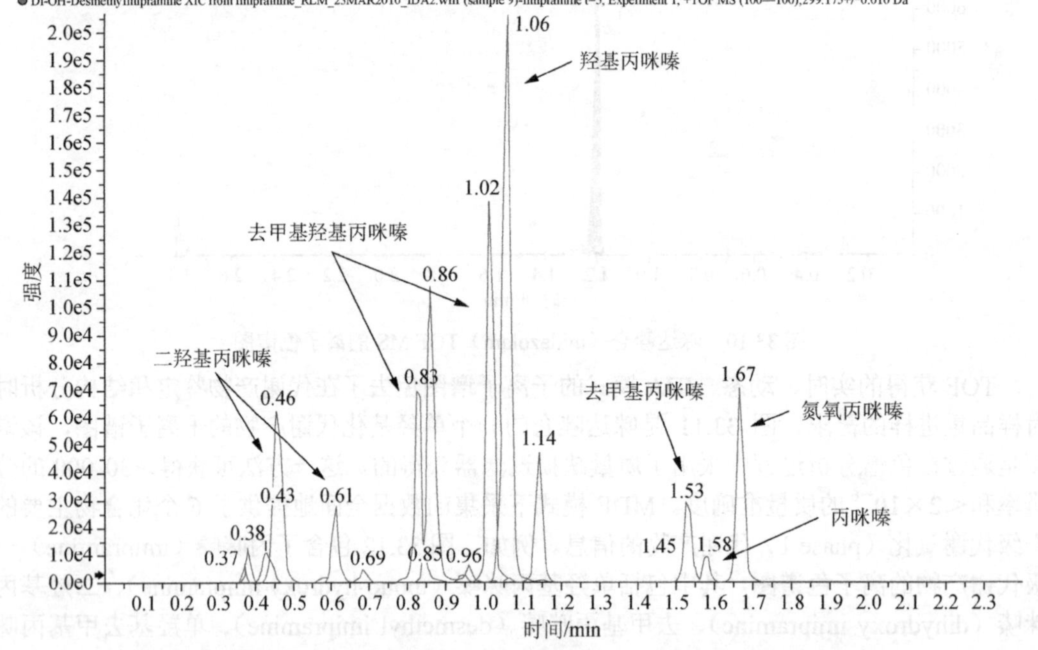
Imipramine XIC from Imipramine_RLM_23mar2010_IDA2.wiff (sample 9)-Imipramine t=5, Experiment 1, +TOF MS (100—100);231.201+/-0.010 Da
OH-Imipramine XIC from Imipramine_RLM_23MAR2010_IDA2.wiff (sample 9)-Imipramine t=5, Experiment 1, +TOF MS (100—100);297.196+/-0.010 Da
Di-OH-Imipramine XIC from Imipramine_RLM_23MAR2010_IDA2.wiff (sample 9)-Imipramine t=5, Experiment 1, +TOF MS (100—100);313.191+/-0.010 Da
DesmethyImipramine XIC from Imipramine_RLM_23MAR2010_IDA2.wiff (sample 9)-Imipramine t=5, Experiment 1, +TOF MS (100—100);267.186+/-0.010 Da
Di-desmethyImipramine XIC from Imipramine_RLM_23MAR2010_IDA2.wiff (sample 9)-Imipramine t=5, Experiment 1, +TOF MS (100—100);253.170+/-0.010 Da
OH-didesmethyImipramine XIC from Imipramine_RLM_23MAR2010_IDA2.wiff (sample 9)-Imipramine t=5, Experiment 1, +TOF MS (100—100);269.165+/-0.010 Da
OH-DesmethyImipramine XIC from Imipramine_RLM_23MAR2010_IDA2.wiff (sample 9)-Imipramine t=5, Experiment 1, +TOF MS (100—100);283.180+/-0.010 Da
Di-OH-DesmethyImipramine XIC from Imipramine_RLM_23MAR2010_IDA2.wiff (sample 9)-Imipramine t=5, Experiment 1, +TOF MS (100—100);299.175+/-0.010 Da
1.06
羟基丙咪嗪
1.02
去甲基羟基丙咪嗪
0.86
二羟基丙咪嗪
0.83
1.67
去甲基丙咪嗪
氮氧丙咪嗪
0.46
1.14
0.43
0.61
1.53
丙咪嗪
0.38
0.37
0.69
0.85
0.96
1.45
1.58
强度
时间/min

图 33.12　丙咪嗪（imipramine）代谢物在 TOF MS 模式下的离子色谱图

33.8 结束语

近年来，质谱仪和应用软件的发展改进了DMPK的工作流程并加速了药物研发的进程。在这一章节提到的两种方法中，高分辨质谱会带来更大的影响，并引领生物分析领域思考模式的转换（Korfmacher, 2011; Ramanathan and Korfmacher, 2012）。科学家正尝试使用Q-TOF和orbitrap质谱进行体外稳定性实验和体内PK研究，这是一个很大的挑战。在维持高通量体外研究的ADME实验室，常进行大批量化合物的分析，这要求实现快速和高效的分析，消除数据采集次数的限制。无需对每种化合物都同时进行定量分析和代谢产物鉴定，因为通常只有具有较高固有清除率的化合物才是药物化学家最感兴趣的。对于定量-定性分析，以丙咪嗪（imipramine）为例，会产生大量的子离子谱图，这需要大量的时间和人力去解读。质谱软件可帮助解读这些准确质量子离子谱图。因此一些研究者将代谢预测软件Mass Metasite和准确质量子离子谱图结合起来，实现自动化批量结构鉴定（Trunzer et al., 2009）。代谢水平的不确定性是存在的，因为通常没有真实的代谢产物标准物。在比较不同基质中的相对代谢水平时，需要进行一些假设，包括相同的离子化效率和相同的离子抑制现象。虽然如此，前期体外和体内主要生物转化路径的信息和结构-代谢关系的确立对药物化学家是极其重要的，因此毫无疑问地在DMPK实验室，同步进行定量分析和代谢产物鉴定会越来越流行，这将大大推动药物研发的速度。

致谢

作者感谢AB SCIEX公司Loren Olson与Hesham Ghobarah提供的数据，感谢来自AB SCIEX公司David Monk与Thermo Fisher Scientific公司的Yan Chen给予的有益讨论。

参考文献

Bateman KP, Kellmann M, Muenster H, Papp R, Taylor L. Quantitative-qualitative data acquisition using a Benchtop Orbitrap Mass Spectrometer. J Am Soc Mass Spectrom 2009;20:1441–1450.

Bruins AP, Covey TR, Henion JD. Ion spray interface for combined liquid chromatography/atmospheric pressure ionization mass spectrometry. Anal Chem 1987;59:2642–2646.

Cai Z, Han C, Harrelson S, Fung E, Sinhababu AK. High-throughput analysis in drug-discovery: application of liquid chromatography/ion-trap mass spectrometry for simultaneous cassette analysis of α-1a antagonists and their metabolites in mouse plasma. Rapid Commun Mass Spectrom 2001;15:546–550.

Cai Z, Sinhababu A, Harrelson, S. Simultaneous quantitative cassette analysis of drugs and detection of their metabolites by high performance liquid chromatography/ion trap mass spectrometry. Rapid Commun Mass Spectrom 2000;14:1637–1643.

Chernushevich IG, Loboda AV, Thomson BA, An introduction to quadrupole-time-of-flight. J Mass Spectrom 2001;36:849–865.

Covey TR, Lee ED, Henion JD. High-speed liquid chromatography/tandem mass spectrometry for the determination of drugs in biological samples. Anal Chem 1986;58:2453–2460.

Hager JW. A new linear ion trap mass spectrometer. Rapid Commun Mass Spectrom 2002;16: 512–526.

Henry H, Sobhi HR, Scheibner O, Bromirski M, Nimkar SB, Rochat B. Comparison between high-resolution single-stage Orbitrap and a triple quadrupole mass spectrometer for quantitative analyses of drugs. Rapid Commun Mass Spectrom 2012;2: 499–509.

Hopfgartner G, Husser C, Zell, M. Rapid Screening and characterization of drug metabolites using a new quadrupole-linear ion trap mass spectrometer. J Mass Spectrom 2003;38:138–150.

Hu Q, Noll R, Li H, Makarov A, Hardman M, Cooks RG. The Orbitrap: a new mass spectrometer. J Mass Spectrom 2005;40:430–443.

Kantharaj E, Tuytelaars A, Proost PEA, Ongel Z, van Assouw HP, Gilissen RAHJ. Simultaneous measurement of drug metabolic stability and identification of metabolites using ion-trap mass spectrometry. Rapid Commun Mass Spectrom 2003;17:2661–2668.

Korfmacher W. High-resolution mass spectrometry will dramatically change our drug-discovery bioanalysis procedures. Boanalysis 2011;3(11):1169–1171.

Li AC, Alton D, Bryant MS, Shou WZ. Simultaneously quantifying parent drugs and screening for metabolites in plasma pharmacokinetic samples using selected reaction monitoring information-dependent acquisition on a QTrap instrument. Rapid Commun Mass Spectrom 2005;19:1943–1950.

Li AC, Gohdes MA, Shou WZ. 'N-in-one' strategy for metabolite identification using a liquid chromatography/hybrid triple quadrupole linear ion trap instrument using multiple dependent product ion scans triggered with full mass scan. Rapid Commun Mass Spectrom 2007;21:1421–1430.

March RE. An introduction to quadrupole ion trap mass spectrometry. J Mass Spectrom 1997;32:351–369.

Peterman SM, Duczak N, Kalgutkar AS, Lame ME, Soglia JR. Application of a linear ion trap/orbitrap mass spectrometer in metabolite characterization studies: examination of the human liver microsomal metabolism of the non-tricyclic anti-depressant nefazodone using data-dependent accurate mass measurements. J Am Mass Spectrom 2006;17:363–375.

Ramanathan R, Korfmacher W. The emergence of high-resolution MS as the premier analytical tool in the pharmaceutical bioanalysis area. Bioanalysis 2012;4(5):467–469.

Rudewicz PJ, Straub KM. Rapid structure elucidation of catecholamine conjugates with tandem mass spectrometry. Anal Chem 1986;58:2928–2934.

Rudewicz PJ, Straub KM. Rapid metabolic profiling using thermospray LC/MS/MS. In: Benford D, Gibson GG, Bridges JW, editors. *Drug Metabolism from Molecules to Man*. New York: Taylor and Francis; 1987.

Rudewicz PJ, Yue Q, Shin Y. High-throughput strategies for metabolite identification in drug discovery. In: Wang P, editor. *High-Throughput Analysis in the Pharmaceutical Industry*. Boca Raton, FL: Taylor and Francis Group; 2009. p 141–154.

Trunzer M, Faller B, Zimmerlin A. Metabolic soft spot identification and compound optimization in early discovery phases using MetaSite and LC-MS/MS validation. J Med Chem 2009;52:329–335.

Yang L, Wu N, Rudewicz PJ. Applications of new liquid chromatography-tandem mass spectrometry technologies for drug development support. J of Chromatogr A 2001;926:43–55.

Zhang D, Cheng PT, Zhang H. Mass defect filtering on high resolution LC/MS data as a methodology for detecting metabolites with unpredictable structures: identification of oxazole-ring opened metabolites of muraglitazar. Drug Met Letters 2007;1:287–292.

Zhang H, Zhang D, Ray K. A software filter to remove interference ions from drug metabolites in accurate mass liquid chromatography/mass spectrometric analyses. J Mass Spectrom 2003;38:1110–1112.

Zhang N, Fountain ST, Honggang B, Rossi DT. Quantification and rapid metabolite identification in drug discovery using API time-of-flight LC/MS. Anal Chem 2000;72:800–806.

Zhang NR, Yu S, Tiller P, Yeh S, Mahan E, Emary WB. Quantitation of small molecules using high-resolution accurate mass spectrometers—a different approach for analysis of biological samples. Rapid Commun Mass Spectrom 2009;23:1085–1094.

第四部分

液相色谱-质谱（LC-MS）生物分析的代表性指导说明及实验方案

34

酯类前体药物和酯酶不稳定化合物的液相色谱-质谱（LC-MS）生物分析

作者：Wenkui Li、Yunlin Fu、Jimmy Flarakos 和 Duxi Zhang
译者：张天谊、马丽丽、古珑
审校：李文魁、张杰

34.1 引　　言

前体药物是指一个目标药物的前体。给药后，前体药物会转化成具有药理活性的目标药物，这种转化过程是通过生物体内的正常代谢来完成的。当胃肠道吸收较差时，用前体药物可以增加目标药物的口服生物利用度（BA）。一些化疗药物经常会发生不良反应（Rooseboom et al., 2004），使用前体药物可以增加目标药物在化疗中对靶细胞的选择性（Stella et al., 1985；Rautio et al., 2008; Peterson and McKenna, 2009）。从生物转化的角度来看，前体药物的生物活化可以发生在细胞内，如在治疗的靶组织、靶细胞或者代谢组织中；也可以发生在细胞外，如在消化液、体循环液和代谢组织的周围；也可以同时发生在细胞内和细胞外。大多数前体药物含酯类结构，通过衍生化其结构中的酚基、羟基或羧基而生成（Stella et al.,1985; Rautio et al., 2008; Peterson and McKenna, 2009）。

酯类前体药物分解转化形成其活性化合物的过程（图 34.1）受体内多种酯酶的催化（Rooseboom et al., 2004; Liederer and Borchardt, 2006）。然而，同样的水解反应也会发生在体外，如在样品的采集、处理、储存和解冻等过程中。从生物样品分析的角度看，应避免发生在体外的前体药物分解（Li et al., 2011）。如果不能控制这种体外的分解，生物样品中活性化合物的含量将被高估，而前体药物的含量将被低估。这将导致在研究项目中对前体药物和活性化合物的安全性和有效性作出不准确的评价。

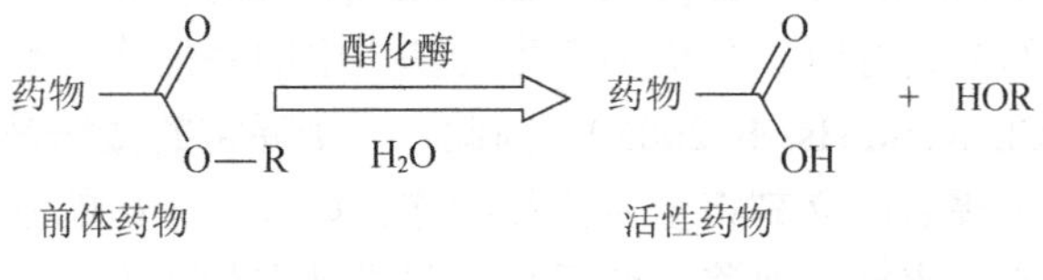

药物—C(=O)—O—R　——酯化酶，H_2O——>　药物—C(=O)—OH　+　HOR
前体药物　　　　　　　　　　　　　　活性药物

图 34.1　典型酯类前体药物（ester prodrug）酯化酶催化水解

过去数十年，生物分析科学家在 LC-MS 生物分析中如何抑制、阻止酯类前体药物在体外的酯酶水解方面取得很大进步。本章将重点介绍鉴定和处理酯类前体药物的不稳定性问题的一些重要方法。这些方法对分析其他含有氨基、内酰胺基、多肽类和内酯等酶不稳定化合物也适用（Li et al., 2011）。含巯基（硫醇）化合物的 LC-MS 分析不在本章讨论范围。

34.2　催化酯类前体药物和其他化合物水解的常见酯酶

酯酶属一种非均相酶系，有3个亚组，即酯酶A、酯酶B、酯酶C（Aldrige, 1952; Bergmann et al., 1957）。其中最重要的酯酶有羧酸酯酶、乙酰胆碱酯酶、丁酰胆碱酯酶、对氧磷酶、胆碱酯酶和芳基酯酶。这些酯酶在生物体内分布广泛，包括全血/血浆等体液和肝脏、脑、肾脏和肺等组织脏器官（Liederer and Borchardt, 2006）。

研究表明，不同种属含有的酯酶数量和种类是不同的，并且酯酶的底物特异性和水解速率也不同。在指定的种属内，个体间酯酶的活性也有差异。对于一个指定的酯类化合物，催化其水解的酯酶可能不止一个。在不同的种属里，一个指定的酯类化合物的水解可能由不同的酯酶来催化。一般情况下，啮齿类动物（大鼠和小鼠等）全血中的酯酶活性要高于非啮齿类（狗和人类等）全血中的酯酶活性（Minagawa et al., 1995; Liederer and Borchardt, 2006; Koitka et al., 2010）。例如，顺阿曲库铵在大鼠血浆中的酯酶水解要比在人血浆中快很多（Welch et al., 1995）；化合物Ro 64-0796和Ro 64-0802在啮齿类血浆中必须使用酶抑制剂敌敌畏以抑制酯酶水解，但是在人血浆中却没有明显的分解（Wiltshire et al., 2000）。在研究和开发前体药物时，啮齿类动物的高酯酶活性和非啮齿类种属的低酯酶活性常给建立准确的非临床模型带来困难。这也意味着，简单的稳定化方法对处理临床生物样品可能已经足够，但啮齿类动物的生物样品则需要更精细的方法处理才能确保其稳定性。

34.3　方法和途径

从LC-MS生物分析的角度看，酯类前体药物的主要挑战在于如何解决前体药物的不稳定性，而这些不稳定性在生物样品的采集、处理、存储和LC-MS定量分析前的样品制备过程中都可能发生。

34.3.1　常见预防措施

（1）温度控制：温度控制对保证生物样品中不稳定分析物的分析可靠性起着关键作用（Chen and Hsieh, 2005; Tokumura et al., 2005; Briscoe and Hage, 2009）。一般情况下，当样品处理在冰水浴（0～4℃）进行时，分析物在生物基质中的酶催化降解速率要比在室温（约22℃）下缓慢得多（Chen and Hsieh, 2005）。因此，一个通常的做法是：如果全血是待分析的生物基质，在血样采集后应立刻将全血样品冷冻；如果待分析的基质是血浆，可将全血低温处理（如4℃离心）来制备血浆，然后将血浆样品立刻冷冻。应尽可能缩短从样品采集到冰箱冷冻的有效间隔，以减少不稳定化合物的分解（Li et al., 2011）。

（2）抗凝剂的选择：不同的抗凝剂及不同的反离子可能影响化合物的稳定性（Evans et al., 2001; Bergeron et al., 2009）。常用的抗凝剂有肝素和乙二胺四乙酸（EDTA），它们的作用机制不同。肝素作为一种多糖，能加速凝血酶的失活。而EDTA螯合钙离子，能在多点干扰并阻断凝血链式反应。EDTA能抑制依钙磷脂酶和酯水解酶的活性，肝素却没有同样的效果。对于酯类前体药物，通常使用EDTA作为血浆中的抗凝剂（Li et al., 2011）。

34.3.2 前体药物和其他酯酶不稳定化合物的稳定性评价

在生物分析方法开发（MD）的早期，需要对酯类前体药物和其他酯酶敏感化合物在生物基质中的稳定性进行快速评价，以确定除上文提到的低温和合适抗凝剂外，是否还必须评估和优化其他的一种或者多种稳定性措施。

34.3.2.1 在血浆中的稳定性评价

血浆是生物分析中最常用的基质。在大多数情况下，化合物在血浆中的稳定性能很好体现其在全血中的稳定性（Freisleben et al., 2011）。相对于全血，血浆更均匀，黏度低，易操作。样品处理可以使用液-液提取而非蛋白质沉淀。与全血相比，在血浆中获得的稳定性数据更不易受到待测分析物全血/血浆分布的影响。

在评价血浆稳定性时，酯类前体药物的质量控制（QC）样品被配制在未经处理的目标种属空白血浆里。QC 样品可配制在一个（中）或两个（低和高）或三个（低、中、高）浓度水平。虽然使用 3 个浓度可以提供更多的数据，但使用一个中浓度可以很高效并且其结果对后续 LC-MS 的方法开发具有指导作用。样品体积要制备得相对大些。将制备好的 QC 样品放置于室温（模拟真实样品分析的常见条件）和冰浴（作为对照）。在各个时间点（如 0 h、0.5 h、1 h、2 h、6 h 和 24 h），将两份或者更多份的 QC 样品移走并储存在冷冻冰箱（低于－60℃，以抑制或减缓进一步降解），或者立刻用固定体积的有机试剂处理（如甲醇或乙腈，以终止酶活性）并混匀，然后保存于冷冻冰箱中。在待测试时间点的所有 QC 样品都收集并处理好后，就可按以下方法进行稳定性评价。

（1）比较化合物与内标的 LC-MS 响应值比随时间的变化：将稳定性测试样品（未经过处理或已经过有机试剂处理）从冷冻冰箱取出并融化，向每个样品中加入固定体积的内标［最好是稳定同位素标记（SIL）的］有机溶液。为确保每个样品混合物中的有机或非有机溶剂含量一致，可能需要向一些样品加入额外体积的有机溶剂。适当地振荡混合和离心，转移上清液并蒸发至干，得到的残留经溶剂复溶后再进行 LC-MS 进样。以零时间点的 QC 样品作为参照，将各不同时间点 QC 样品的化合物与内标的 LC-MS 响应值比与零时间点进行比较并作图。为保证结果准确，零时间点的 QC 样品可在实验开始前新鲜配制。其他不含任何酯酶的替代基质（如尿液或者有机试剂）也曾被使用（Zeng et al., 2007）。然而，当使用替代基质作为参照进行稳定性评价时，不同基质间的基质效应或信号抑制方面的差异都要考虑在内，否则不应该使用替代基质。

（2）用新鲜配制的校正标样来定量检测分析物：上述制备的稳定性 QC 样品也可以和新配的校正标样一起分析。在这种操作中，等体积不同浓度［定量下限（LLOQ）到定量上限（ULOQ）］的标准工作溶液（通常配在 50%的水和有机溶剂中）被加到样品分析板上指定孔内并与等量的空白血浆混合。这样，每个样品孔里大约含 25%的有机溶剂，可以抑制可能存在的酶活性。在加入内标工作溶液和其他试剂进一步处理后，用 LC-MS/MS 来分析不同时间点的稳定性 QC 样品，并将所测得的分析物浓度结果和标示值或零时间点相比较。为确保基质效应和提取回收率（RE）在稳定性 QC 样品和新配制工作曲线之间一致，所有样品均应含有相同体积的生物基质、有机溶剂和其他非基质成分；应在转移上清液前将样品进行充分混合。

（3）监控降解产物的生成和随时间的变化：该方法与上面方法类似，只是改用活性药物而不用酯类前体来制备标准工作曲线（Fung, 2010）。在这种情况下，活性药物的浓度可以作为前体药物不稳定性的替代指示。前体药物的稳定性或不稳定性可以用测得的活性药物浓度随时间的变化来评价。所测得的活性药物浓度越低，说明其前体药物的稳定性越好。从可操作性的角度来看，活性药物一般比前体药物更稳定，因此监测目标基质中活性药物的生成要比监测前体药物本身容易得多。

34.3.2.2 在全血中的稳定性评价

虽然血浆中的稳定性可以很好地反映全血稳定性，但也有例外（Freisleban et al., 2011）。某些类别的化合物在全血和血浆中的稳定性是不一样的。因此，进行全血稳定性评价时，不仅能确认稳定性，并且还能为临床前或临床试验采集样品时提供采集条件支持。

前面所述的 3 种评价血浆稳定性的方法也适用于评价化合物在全血中的稳定性。将分析物加入新鲜的全血基质中，浓度控制在中浓度 QC 样品水平。需要注意，在评价全血稳定性时应使用新鲜全血，因为旧血中的酶活性较低，有可能引起错误结果。图 34.2 描述了考察全血稳定性的步骤。在室温或 37℃下，将分析物加入全血，温和混合并平衡 15 min 左右。然后将全血样品放置在 4℃（冰水浴）、室温（约 22℃）或者 37℃的条件下直到设定的时间点。在各个时间点，将全血样品至少分装两份。离心生成血浆或者直接和内标混合，用简单的蛋白质沉淀提取或液-液萃取处理后再进行 LC-MS 分析。

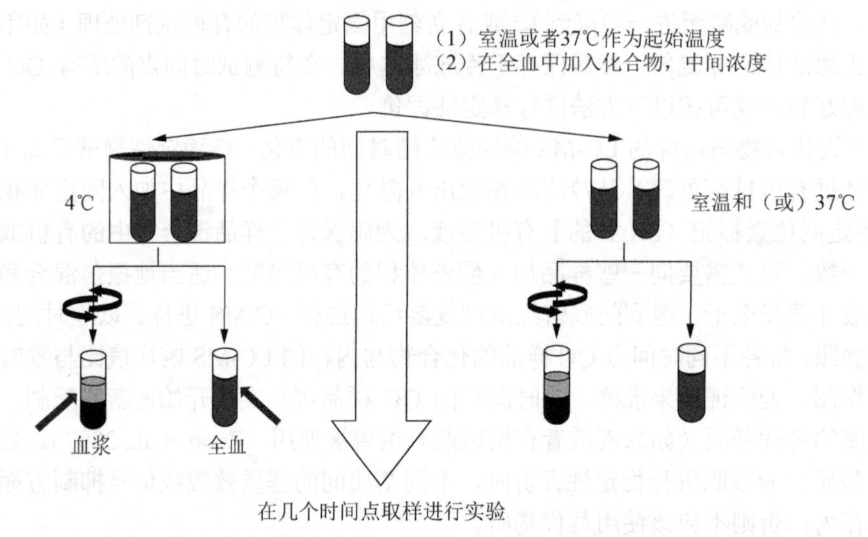

图 34.2 前体药物或者其他酶不稳定性化合物全血稳定性评估典型流程

考虑到血浆和全血在样品处理上的明显区别，采用分析物和内标的 LC-MS 响应值比来获得第一手不同时间点的稳定性信息要比用其他方法更方便。在图 34.3a 和图 34.3b 中，化合物 A 在人的全血和血浆中稳定，但在大鼠的全血和血浆中不稳定。2 h 以后，化合物在大鼠的全血或血浆中损失 20%～40%。另外，如图 34.3c 和图 34.3d 所示，在冰水浴（0～4℃）条件下，化合物在大鼠的全血或血浆中酶催化不稳定性要比在室温（约 22℃）下好得多（Chen and Hsieh, 2005）。

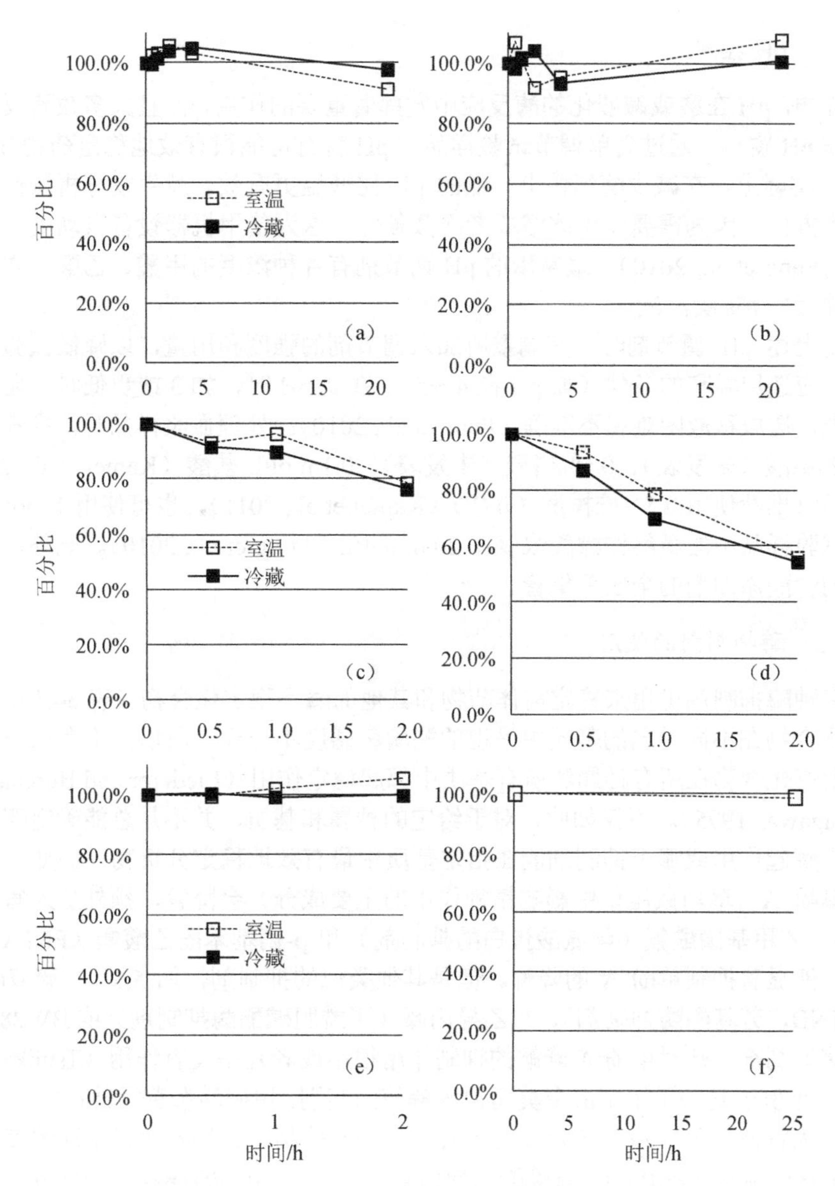

图 34.3 化合物 A 测定回收率（百分比）与在零时间的比较；（a）人血浆，（b）人全血，（c）大鼠血浆，（d）大鼠全血没有稳定剂，（e）大鼠全血含约 140 mmol/L 氟化钠，（f）大鼠血浆含约 1%磷酸（体积百分比）

值得指出的是，如果化合物在室温下有超过 2 h 的全血稳定性，就足以支持全血样品从采集到制备血浆的整个过程，全血采集管中就不需要加入酶抑制剂或者 pH 调节剂了。这些稳定化试剂可以加到随后的血浆中，适当混合，再做进一步处理。一般情况下，血浆样品要比全血样品更容易处理。

34.3.3 评价和优化稳定性措施

如上所述，一旦确定了不稳定性的存在，为了得到最好的生物分析结果，除选择合适的抗凝剂和温度外，对其他稳定性措施的评价、优化和使用是必须的。关键的稳定性措施有：①pH 控制；②使用酶抑制剂；③以上两种方法的组合。

34.3.3.1 pH 控制

众所周知，pH 在酸或碱催化的酶反应中发挥着重要的作用，而且大多数酶反应都有一个窄的工作 pH 窗口。通过简单调节试验样品的 pH 就有可能很有效地稳定药物分子（Li et al., 2011）。实际上，在减少酶活性上，低的 pH 比低温更有效。就生物分析操作而言，低温操作不太方便，因为需要使用冰浴或者冷藏条件，这为使用机器设备自动处理液体样品带来挑战（Fung et al., 2010）。最常用的 pH 调节剂有各种浓度的甲酸、乙酸、磷酸、柠檬酸或者缓冲液如 tris 缓冲液。

在使用上述 pH 调节剂时，应调整所加入调节剂的强度和用量，以降低试验样品的黏度。因此，应选用温和的条件（如 pH 在 4～5）。在低 pH 时，如 3 或更低时，血浆样品会变得很黏稠，造成移液困难和不准确（Fung et al., 2010）。处理血浆样品时，推荐使用以下条件：0.5%甲酸（未发表）、0.5%磷酸（未发表）、0.1 mol/L 盐酸（Kamei et al., 2011）；处理全血样品时推荐使用 0.5%柠檬酸（*W*/*V*）（Kamei et al., 2011），也可使用 1 mol/L 的柠檬酸并保持试验样品中的最终柠檬酸浓度在 20 mmol/L（Fung et al., 2010）。此外，也可直接使用采购的含酸添加剂的全血采集管。

34.3.3.2 酶抑制剂的使用

有很多种酶抑制剂可用来稳定前体药物和其他的酶不稳定化合物（表 34.1）。事实上，酶不稳定化合物在不同种属的基质中呈现的酯酶敏感度不一样，所以，不存在一个通用抑制剂能对所有化合物在所有种属和所有基质中都起稳定作用（Liederer and Borchardt, 2005, 2006; Minagawa, 1995）。不仅如此，对于给定的种属和基质，并不是总能确定哪个酯酶对化合物的水解起作用或哪个抑制剂能在指定基质中最有效地稳定分析物。例如，在大鼠的血浆中，单酚 A（草药鼠尾草中影响精神作用的主要成分）会降解，额外加入氟化钠（酯酶抑制剂）、苯甲基磺酰氟（丝氨酸蛋白酶抑制剂）和 p-硝基苯酚乙酸酯（PNPA，羧酸酯酶抑制剂）能显著抑制单酚 A 的降解。但是其他类似的抑制剂，如 5,5′-二硫双(2-硝基苯甲醇)（DTNB，芳基酯酶抑制剂）、二乙异丙嗪（丁酰胆碱酯酶抑制剂）或 BW284c51（乙酰胆碱酯酶抑制剂）却对单酚 A 降解的抑制作用很小或者几乎没有作用（Tsujikawa et al., 2009）。另一个例子是关于甲硝酸奈莫司他水解酶的鉴别。甲硝酸奈莫司他在红细胞（RBC）和血浆中的水解被二硫硝基苯（芳香基酯酶抑制剂）抑制，且抑制效果呈现浓度依赖性。相反，苯甲基磺酰氟（PMSF）、氟磷酸二异丙酯（DFP）、2-(4-硝基苯基)-磷酸酯（BNPP）、BW284c51 或二乙异丙嗪就很少或者几乎没有抑制水解（Yamaori et al., 2006）。

选择和使用合适的酯酶抑制剂是非常关键的。为此，可将一个或多个候选酯酶抑制剂配制在目标基质中，在两个或多个不同浓度下（如 0.1 mmol、1 mmol 和 10 mmol 浓度）评估其对酯酶前体药物稳定性的影响。考虑到工作量和需要筛选的抑制剂数量，使用单个浓度的分析物样品如中浓度 QC 样品作为起点就足够了（Fung et al., 2010）。

筛选步骤与前面提到的对血浆和全血稳定性进行评价的方法类似。在含有候选抑制剂的血浆或者全血中，加入酯类前体药物并混合。样品被置于室温（模仿实际样品分析条件）和冰浴条件下（作为参照）进行比较。在各个时间点（可长达 24 h），两份或者更多份样品经过合适的处理后用 LC-MS 进行分析。血浆稳定性评价的步骤（见 34.3.2.1 节）同样适用于评价酯酶抑制剂的有效性（Zeng et al., 2007; Fung et al., 2010）。一些有机磷酸酯如对氧磷，具有很强的神经毒性，在进行毒理评价或临床试验时需要小心处理。如可能，应尽量使用毒性较小的酯酶抑制剂。

表 34.1 生物分析中常用的酯酶抑制剂

名称	目标酶	参考文献
哌唑嗪（prazosin）	羧酸酯酶抑制剂	Kudo et al., 2000
噻吩甲酰三氟丙酮（thenoyltrifluoroacetone, TTFA）	羧酸酯酶抑制剂（也会作为螯合剂）	Fung et al., 2010; Zhang and Fariss, 2002
乙酰胆碱（acetylcholine, Ach）	竞争羧酸酯酶抑制剂，磷酸二酯酶抑制剂	Yoshigae et al., 1999
2-(4-硝基苯基)-磷酸酯 [bis(4-nitrophenyl)-phosphate, BNPP]	羧酸酯酶抑制剂	Fung et al., 2010; Ishizuka et al., 2010; Yoshigae et al., 1999; Kudo et al., 2000; Yamaori et al., 2006; Tsujikawa et al., 2009
5,5'-二硫双(2-硝基苯甲酸) [5,5'-dithiobis-(2-nitrobenzoic acid), DTNB]	羧酸酯酶抑制剂	Yamaori et al., 2006; Tsujikawa et al., 2009; Minagawa et al., 1995
二乙异丙嗪（ethopropazine, 如 profenamine、parsidol、parsidan、parkin）	丁基羧酸酯酶抑制剂	Yamaori et al., 2006; Tsujikawa et al., 2009
苯甲基磺酰氟（phenylmethylsulfonyl fluoride, PMSF）	羧酸酯酶抑制剂，丝氨酸蛋白酶抑制剂，但不能抑制所有的丝氨酸蛋白酶，在水中迅速降解	Fung et al.,2010; Ishizuka et al.,2010; Kim et al.,2011; Kudo et al.,2000; Yamaori et al.,2006; Tsujikawa et al.,2009
氟磷酸二异丙酯（diisopropyl fluorophosphates, DFP）	不可逆丝氨酸蛋白酶抑制剂	Fung et al., 2010; Ishizuka et al., 2010; Yamaori et al., 2006; Minagawa et al., 1995; Zeng et al., 2007
敌敌畏（2,2-dichlorovinyl dimethyl phosphate, Dichlorvos, DDVP）	丝氨酸蛋白酶抑制剂，乙酰胆碱酯酶抑制剂	Fung et al., 2010; Wiltshire et al., 2000; Chang et al., 2009
p-硝基苯酚乙酸酯（p-nitrophenyl acetate, PNPA）		Yoshigae et al., 1999
对氧磷（paraoxon）	乙酰胆碱酯酶抑制剂	Fung et al., 2010; Liederer and Borchardt, 2005; Yang et al., 2002
毒扁豆碱（eserine, physostigmine, erserine）	胆碱酯酶抑制剂， 乙酰胆碱酯酶抑制剂	Fung et al., 2010; Ishizuka et al., 2010; Yoshigae et al., 1999; Minagawa et al., 1995; Zhang et al., 2011
BW284c51	乙酰胆碱酯酶抑制剂	Olivera-Bravo et al., 2005; Tsujikawa et al., 2009; Yamaori et al., 2006
氟化钠（sodium fluoride, NaF），氟化钾（potassium fluoride, KF）	磷酸二酯酶抑制剂，羧酸酯酶抑制剂	Fung et al., 2010; Kim et al., 2011; Kromdijk et al., 2012; Salem et al., 2011; Skopp et al., 2001; Wang et al., 2007
砷酸钠（sodium arsenate）	酯酶抑制剂	Salem et al., 2011

注：摘自 Li 等（2011），得到 John Wiley & Sons Ltd 许可。

34.3.3.3 酯酶抑制剂和 pH 调节剂的联合使用

在大多数情况下，简单调节基质的 pH（Kamei et al., 2011）或者加入适当的酶抑制剂（Chang et al., 2009; Kim et al., 2011; Lindegardh et al., 2006; Yang et al., 2002; Zeng et al., 2007）就可以有效地抑制酯酶前体药物和其他对酶不稳定的化合物在酯酶作用下的水解。

然而，许多时候必须联合使用多种稳定性措施。除使用低温条件和选择合适的抗凝剂外，还需调节 pH 并联合使用一种（Tang and Sojinu, 2012; Wang et al., 2007）或两种以上的酶抑制剂（Salem et al., 2011）。

含特定酶抑制剂（如氟化钠）或者 pH 调节剂（如柠檬酸）的全血采集管在市场上有售。这使得稳定化操作变得容易得多，只剩下一步需要操作，即只需要向收集的血浆中加入酸或者酶抑制剂。事实上，无论是否需要使用含酶抑制剂或者含酸的全血采集管，都要评估前体药物在优化的 pH 和样品处理温度下的全血稳定性，以建立临床前或临床试验的样品采集条件和处理方法（Fung et al., 2010）。

图 34.3e 和图 34.3f 描述了中 QC 样品浓度的化合物 A 在新鲜大鼠全血和血浆中的稳定性。大鼠全血经过氟化钠处理（约 140 mmol/L），所获的血浆再经过约 1%磷酸处理。显然，该化合物在所采集的大鼠全血中有至少 2 h 的稳定性，在处理后获得的血浆中有至少 25 h 的稳定性。在经过氟化钠（约 140 mmol/L）和磷酸（约 1%）处理过的大鼠血浆 QC 样品中，化合物 A 有至少 3 次的冻融稳定性和至少 36 天的低温储存稳定性（零下 60℃）。这些稳定性数据足够支持毒代动力学（TK）实验中从样品采集到最后样品分析的整个过程。

34.3.4　在方法验证和样品分析中确认稳定化方法的效果

无一例外，在用 LC-MS 定量分析目标基质中前体药物和其活性代谢产物的含量时，LC-MS 的方法验证应该遵循健康卫生权威机构的要求（如 FDA、EMA 等）和当前行业规范。方法验证和样品分析通常使用合并的 QC 样品（含前体药物和活性药物）。然而，为了验证 QC 样品中前体药物的稳定性，方法验证中必须包括只含有前体药物的 QC 样品。将只含前体药物的 QC 样品经过多次冻融，室温放置，长期储存等测试，然后使用新鲜的配制于相同基质中的前体药物和活性药物的校正标样来进行定量分析。通过测定这些 QC 样品中前体药物和活性药物分子的变化，可以获得更可信的稳定性。使用新配的校正标样可以使得结果更可靠。

必须谨记，QC 样品不是真实试验样品。QC 样品是通过向生物基质中逐个加入分析物溶液或依次稀释得到，可能含有不超过 5%的非基质成分（Li et al., 2011）。这些少量的非基质成分通常是有机溶剂，可能对前体药物产生意想不到的稳定作用。另外，虽然 QC 样品中有不少于 95%的与已测样品相同的基质，但是 QC 样品中不含药物的各种代谢产物、联合用药和它们的代谢产物与制剂赋形剂。特别要指出，酶活性在已测样品和用来配制校正标样/QC 样品的空白基质之间可能不同。酯酶在旧基质（全血、血浆、血清等）中会逐渐变性，导致其水解活性减少。在 LC-MS 方法验证中，用旧基质配制校正标样或 QC 样品而优化出来的酶抑制剂浓度，在测定已测样品时往往无法重现其效果。生物分析工作者应警惕 QC 样品和已测样品之间的差异，这可以帮助减少以后生物分析失败的风险（Li et al., 2011; Meng et al., 2011）。使用有代表性的已测样品可以帮助确定酶抑制剂和其他稳定化手段对校正标样/QC 样品和已测样品都有效。

当将优化后的稳定化方法首次用于非临床或临床试验时，应进行已测样品再分析（ISR）或已测样品稳定性（ISS）。要达到接受标准，2/3 的所选已测样品的复测结果与原始结果的差值或平均值的差值不应超出±20%。如前体药物的复测浓度有任何明显降低，表明前体药物在已测样品中不稳定。在这种情况下，稳定化条件需要重新优化，方法需要重新验证，临床前实验将有可能需要重做，代价将非常巨大。表 34.2 汇总了在两星期大鼠的毒理实验中化合物 A 在随机挑选的 21 个已测样品中的复测结果（ISR）。ISR 结果达到接受标准，证实了分析方法的重现性，表明在采集大鼠血样时使用含 NaF/EDTA 的采血管并在随后收集的血浆中加入磷酸溶液（约 1%体积百分比）能有效稳定前体药物。

表 34.2 酯前体药物化合物 A 在大鼠血浆中的试验样品的再分析（复测重现性）的结果汇总

样品索引	样品编号	原始浓度/（ng/ml）	再测定浓度/（ng/ml）	偏差/%
1	2502 10 血浆-1 天 10 1 h	94.6	92.7	−2.0
2	2502 10 血浆-1 天 1 1 h	159	150	−5.3
3	508 10 血浆-1 天 10 3 h	8.53	7.42	−13.0
4	2001 10 血浆-1 天 10 0.5 h	121	116	−3.9
5	2006 10 血浆-1 天 1 0.5 h	142	132	−6.5
6	2008 10 血浆-1 天 1 3 h	3.27	2.97	−9.1
7	2009 10 血浆-1 天 1 7 h	4.38	4.47	2.1
8	3001 100 血浆-1 天 1 0.5 h	1060	980	−7.8
9	3004 100 血浆-1 天 1 7 h	190	168	−11.7
10	3007 100 血浆-1 天 10 1 h	1840	1810	−1.8
11	007 100 血浆-1 天 1 1 h	1880	1800	−3.9
12	3501 100 血浆-1 天 10 0.5 h	539	531	−1.4
13	3503 100 血浆-1 天 10 3 h	185	182	−1.4
14	3503 100 血浆-1 天 1 3 h	719	777	8.1
15	4006 300 血浆-1 天 10 0.5 h	803	947	18.0
16	4008 300 血浆-1 天 10 3 h	7280	8820	21.2[a]
17	4008 1000 血浆-1 天 1 3 h	1840	1660	−9.7
18	4008 1000 血浆-1 天 1 3 h	2280	2370	4.1
19	4010 300 血浆-1 天 10 24 h	3.37	BLQ < 20.0	NA
20	4504 300 血浆-1 天 10 7 h	1870	1850	−1.3
21	4504 1000 血浆-1 天 1 7 h	2890	2920	1.1

注：NA.不适用，再次分析时样品是稀释 20 倍后测定的，调整后的最低定量限为 20.0 ng/ml；[a] ISR 的结果未落在±20%的窗口内（与原始值比较），原因无法确定；然而有超过 2/3 的 ISR 结果落在上述接受窗口内；BLQ.低于定量下限。

34.3.5 采用干血斑来稳定酯前体药物和其他对酶敏感的化合物

在纤维素卡片上采集全血样品称为干血斑（DBS）。与传统的全血样品采集方式相比，干血斑法有很多优势。作为一种侵入性较小的样品采集方法，干血斑是更加简单的样品采集和保存方法，样品更易于转移，并且可以减少各种病原体感染的风险，所需血量也更少（Li and Tse, 2010）。这项技术通过将全血样品以干燥形式来保存，提供了一种完全不同的途径来增加不稳定化合物的稳定性。一个 10～40 μl 的血点，在开放的室温环境下干燥 2～3 h。血斑干燥以后，引起化合物不稳定的酶就失去了它的三维结构，也就丧失了酶在血里产生活性的一个关键要素，从而很多酶不稳定分析物的稳定性能够得以提高（Li and Tse, 2010）。用干血斑法采集酯前体药物和其他对酶敏感的化合物有特别意义，因为很多用于提高稳定性的酯酶抑制剂都是有毒的，需要小心处理。DBS 为目标种属的全血采集提供了另外一种稳定化方法。

Heinig 等最近一项关于奥斯他韦（oseltamivir, Tamiflu®）的稳定性评估研究，揭示了 DBS 采集法对稳定酯前体药物的有效性（Heinig et al., 2011）。磷酸奥斯他韦（OP）在大鼠 EDTA 全血中不稳定，在 15 min 内就会有 35%转化成奥斯他韦羧酸（OC），而在 DBS 样品中能看到稳定性提高。DBS 样品在室温干燥 2 h 的过程中，在经化学处理的 DMPK-A 和

DMPK-B 卡（转化率低于 3%）上，大鼠全血中的 OP 没有降解；而在未经处理的 ahlstrom 226 卡上，有 49%的 OP 转化为 OC。同时还发现，在未经处理的 DBS 卡上干燥全血样品时，采用冷气流 30 min 吹干并没有明显减少降解。当未经处理的卡片上的血斑完全干燥后，在随后的 3 天保存期内 OP 再也没有发生明显降解，但是初始约有 50%的损失，这对使用未经处理的 DBS 卡采集“实时”研究样品是个严峻的挑战。显然，观察到的 OP 在未经处理的 226 卡上的不稳定性源自血斑干燥过程中的酶活性。不幸的是，很难在点血样之前将微小体积（10～40 μl）的新鲜全血和酶抑制剂或其他稳定剂（如 pH 调节剂）混合以阻止酶解或化学降解。

综上所述，经化学处理的卡片可为酯前体药物提供一定的稳定作用。然而，这种稳定效果可能对每个化合物都不一样。另有报道，处理过的 Whatman FTA Elute 卡与未经处理的 Whatman 903 Protein Saver 卡相比，前者并没有为分析化合物提供更好的稳定性（D’Arienzo et al., 2010）。

34.3.6 代表性实例

关于如何解决酯类前体药物和其他酶不稳定化合物在 LC-MS 定量分析过程中的稳定性问题已有很多报道。表 34.3 列举了一些代表性示例，这些示例揭示了一些通用方法和一些针对具体化合物的方法。

表 34.3 生物样品中酯基前体药物和其他酯酶敏感分子的稳定化的典型应用

化合物	结构	不稳定类型	稳定化方法	简要的稳定程序	样品	参考文献
乙酸倍他米松（betamethasone acetate）和磷酸倍他米松（betamethasone phosphate）	[结构式：乙酸倍他米松；磷酸倍他米松（OP_3Na_2）]	酯水解	添加抑制剂	全血样品采集在预冷的肝素抗凝塑料管中，每毫升血中含有 10 μl 2 mol/L 砷酸钠溶液；将获得的血浆吸入预冷的塑料管中，每毫升血浆中含有 10 μl 50%（*W/V*）氟化钾溶液	人血浆	Salem et al., 2011
咖啡酸苯乙酯（Caffeic acid phenethyl ester）及其氟化衍生物（fluorinated derivative）	[结构式：咖啡酸苯乙酯；氟化衍生物]	酯酶诱导降解	添加氟化钠并调节 pH	加入 0.4%氟化钠，pH 调至 6	大鼠血浆	Wang et al., 2007
			在加有稳定剂的采样管中采集全血样品	取一份 100 μl 噻吩甲酰三氟丙酮（TTFA）溶液（5 mg/ml，配制在甲醇：乙腈中，体积比 1∶1）和 100 μl 柠檬酸溶液（50 mg/ml，配制在甲醇中）放置于聚丙烯管中；将管中液体在温和的氮气流下 40℃蒸发至干；经稳定剂处理的采集管保存在−20℃，可采集 400 μl 狗全血；获得的血浆样品（100 μl）加入 300 μl 甲醇后保存在−80℃，等待进一步处理	狗血浆	Tang and Sojinu, 2012

续表

化合物	结构	不稳定类型	稳定化方法	简要的稳定程序	样品	参考文献
KR-62980	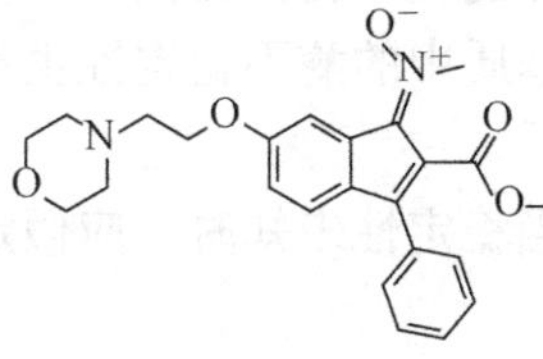	酯酶诱导降解	将样品保存于极低温度（−80℃）；或者添加酯酶抑制剂	添加 NaF（10 mg/ml）或者 PMSF（0.18 mg/ml）可以显著降低降解率	大鼠血浆	Kim et al., 2011
TP300	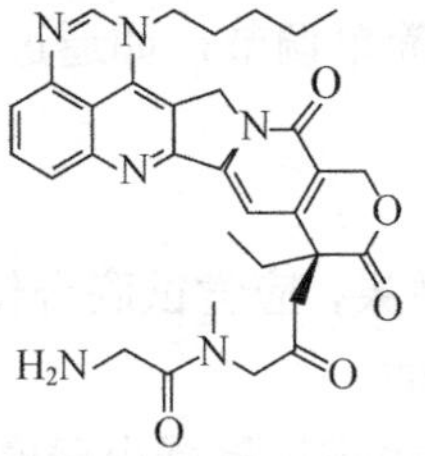	酯酶诱导降解	酸化人血浆，以避免前体药降解，避免活性药物从内酯向羧酸酯形式转化	采集后立刻将全血转移至含有肝素和柠檬酸（～0.5%，*W/V*）的管中，并保存在冰箱或者冰浴，直至离心；获得的血浆随即与 1 mol/L HCl 以 10∶1（*V/V*）比例混合，保存在 −70℃，直至分析	人血浆	Kamei et al., 2011
阿片肽（opioid peptide）	H-Tyr-D-Ala-Gly-Phe-D-Leu-OH（DADLE）	酯酶引起的不稳定	添加酯酶抑制剂	生物基质在使用前与对氧磷（终浓度为 1 mmol/L）在 37℃预温育 15 min。	人全血、大鼠全血、大鼠组织	Yang et al., 2002
萘莫司他（nafamostat）	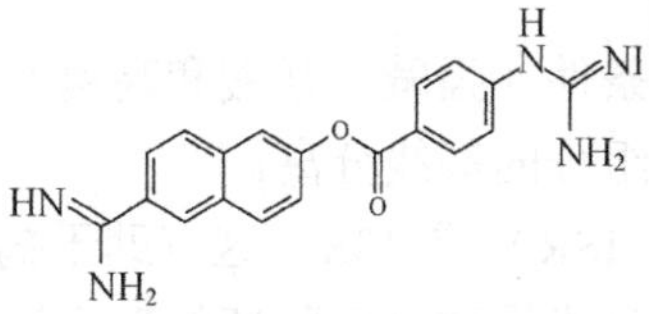	酶降解或非酶降解	快速的血浆制备	直接在 4℃分离血浆并将血浆样品保存在低温	人血浆	Cao et al., 2008
乙酰胆碱（acetylcholine, Ach）	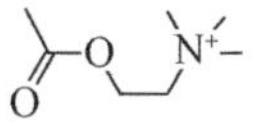	乙酰胆碱酶引起的降解	添加抑制剂	样品中加入 25 mmol/L 毒扁豆碱	大鼠脑脊液（CSF）	Zhang et al., 2011
奥司他韦（oseltamivir）	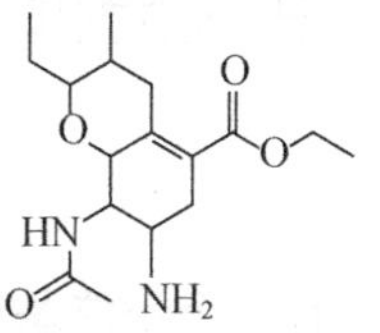	酯酶催化降解	样品采集前在样品管中加入抑制剂	在全血样品（200 μl）收集前，管中加入 2.5 μl 敌敌畏的生理盐水溶液（8 mg/ml），最终浓度为 200 μg/ml	大鼠全血	Chang et al., 2009
				在含 4 ml NaF/Na_2EDTA（6.0 mg）的管中采集人全血样品，之后进一步处理	人血浆	Kromdijk et al., 2012
				将 5 ml 血浆转移至含 200 μg/ml 敌敌畏的管中（注：样品采集时不添加抑制剂的话，可以观察到明显的个体差异）	人全血/血浆	Lindegardh et al., 2006

注：得到 JohWiley&Sons Ltd.的许可，摘自 Li 等（2011）。

34.4　结　束　语

稳定性是生物分析的一个基本参数，在用 LC-MS 对酯类前体药物和其他酶不稳定化合物进行定量分析时，必须评估和控制分析物的稳定性。一般而言，酯类前体药物的不稳定性很容易预测，这是因为该类分子中存在对酶敏感的酯键。然而，很多其他酶不稳定性化合物的不稳定性可能不容易预测。此外，化学结构类似的化合物，在同样的基质中它们的酶不稳定性也可能显著不同，而同一个化合物在不同基质中的酶不稳定性也不一样。下面是一些通用的建议。

（1）搜索关于分析物或其类似物的稳定性信息。当稳定性未知时，应假定该分析物是不稳定的。

（2）对分析物在指定种属的新鲜血浆和全血中的稳定性做合适的评估。

（3）如果已确认不稳定，应尝试将血浆的 pH 进行简单调节，如通过加入 0.5%或 1%的酸（甲酸、磷酸或柠檬酸）。

（4）筛选并优化使用酶抑制剂。

（5）如果简单调节控制 pH 或加入酶抑制剂均没有效果，应尝试联合使用 pH 调节剂和酶抑制剂，并结合其他措施（如温度控制）一起进行评估。

（6）在 LC-MS 分析前的样品采集、处理和提取过程中应尽量减少研究样品暴露在室温的时间。

（7）避免使用不新鲜的血浆或全血来评估稳定性或配制校正标样/QC 样品。配制只含前体药物的 QC 样品，经冻融、室温放置和长期保存后，监测前体药物浓度的可能变化及活性药物分子的生成。

（8）在样品处理和色谱分离中，避免使用极端条件（强碱、强酸和高温）。

（9）确保分析物与其代谢产物和其他潜在干扰组分的基线分离。

（10）方法开发和验证应包括已测样品再分析（ISR）或 ISS。这有助于揭示已测样品任何“隐藏的”不稳定性问题，如果不解决，可能最终导致“已验证的”方法无效。

34.5　一个代表性案例——人血浆中的 BMS-068645 及其酸性代谢产物的 LC-MS 生物分析

背景

BMS-068645 是一种选择性的腺苷 2A 受体激动剂，含有一个甲酯基团，经酯酶水解后成为其酸性代谢产物——BMS-068645 酸（Zeng et al., 2007）。需要建立一个方法来同时测定母药（BMS-068645）和活性酸性代谢产物（BMS-068645 酸），在人血浆中的浓度范围分别为 0.02～10 ng/ml 和 0.05～10 ng/ml。

BMS-068645 —水解→ BMS-068645-酸

筛选抑制剂

对 BMS-068645 在加或不加酶抑制剂的人全血、尿液及甲醇（对照组）中的不稳定性进行了评估。

（1）将酯酶抑制剂 DFP 和对硫磷的水溶液，PMSF 和毒扁豆碱的二甲亚砜溶液加入新鲜人全血（添加肝素）中，每个抑制剂的最终浓度均为 10 mmol/L。

（2）将 BMS-068645 分别加入①全血，②含有 10 mmol/L 酶抑制剂的全血，③人尿液，④甲醇，最终浓度均为 25.0 ng/ml。全血和甲醇样品在室温放置 4 h，尿液样品在室温放置 96 h。

（3）加入含内标的乙腈 2 ml，完全淬灭酯酶活性，终止培育。

（4）将样品涡旋混合、离心，转移上清液并在氮气下 37℃吹干。样品用 0.1%甲酸水溶液复溶，然后进行 LC-MS 分析。

临床项目样品的采集流程

基于上述初步评估的结果，选择 DFP 作为人血浆中化合物的稳定剂。详细的临床样品采集流程描述如下。样品采集后要评估：①DFP 处理过的人血浆和全血中的酯前体药物及其活性药物的稳定性；②DFP 在血样采集管中的稳定性。

（1）血样采集管（6 ml，K_2EDTA）要预先处理，用带锋利细针头（针距 22～26）的注射器加入 21 μl DFP。

（2）在加入抑制剂后，采集管应保存在－30℃，仅在使用前 30 min 放到室温。

（3）采集全血样品（每个样品约 6 ml）于上述管中，血中的 DFP 最终浓度约为 20 mmol/L。

（4）采集之后，立刻将每个样品轻轻地颠倒几次，保证血与抗凝剂（K_2EDTA）和 DFP 充分混合，之后放置在碎冰中。

（5）将血样在 1000×g，4℃下离心 15 min，以得到血浆样品。

（6）分离出来的血浆样品保存在－30℃，直至样品分析。

人血浆中校正标样/QC 样品的配制

（1）取一份 40 μl 的 1000 ng/ml 标准储备液，用含有 20 mmol/L DFP、加有 K_2EDTA 的空白人血浆稀释至 4.0 ml，得到分析物浓度为 10.0 ng/ml 的混合标准溶液。

（2）再用含有 20 mmol/L DFP 的血浆继续稀释，得到适当的校正标样和 QC 样品的最终浓度。

（3）校正标样应每天新鲜配制。

（4）配制只含酯前体药物的额外 QC 样品，以监测可能发生的前体药物到活性药物的转化和程度。

人血浆样品的处理步骤

（1）同位素内标、1.0 ng/ml D5-BMS-068645 和 5.0 ng/ml D5-BMS-068645 酸配制在甲醇：水（50：50，*V/V*）中。

（2）取 0.5 ml 的校正标样、QC 和临床样品，依次加入 100 μl 内标工作液和 0.5 ml 0.1 mol/L 盐酸溶液，再加入 4 ml 叔丁基甲基醚。

（3）样品振摇 20 min 后离心。

（4）将样品的有机相层转移至另一洁净试管中，蒸发至干。

（5）蒸发干后的提取物溶解于 100 μl 复溶液中，复溶液为含有 0.1%甲酸的乙腈：水溶液（40∶60，*V/V*）。溶解后的液体转移至进样小瓶。

（6）将 10 μl 复溶后样品进样至 LC-MS 系统。

参考文献

Aldrige WN. Serum esterases. Biochem J 1952;53:110–117.

Bergeron M, Bergeron A, Furtado M, Garofolo F. Impact of plasma and whole-blood anticoagulant counter ion choice on drug stability and matrix effects during bioanalysis. Bioanalysis 2009;1(3):537–548.

Bergmann F, Segal R, Rimon S. A new type of esterase in hog-kidney extract. Biochem J 1957;67(3):481–486.

Briscoe CJ, Hage DS. Factors affecting the stability of drugs and drug metabolites in biological matrices. Bioanalysis 2009;1(1):205–220.

Cao YG, Zhang M, Yu D, Shao JP, Chen YC, Liu XQ. A method for quantifying the unstable and highly polar drug nafamostat mesilate in human plasma with optimized solid-phase extraction and ESI-MS detection: more accurate evaluation for pharmacokinetic study. Anal Bioanal Chem 2008;391(3):1063–1071.

Chang Q, Chow MS, Zuo Z. Studies on the influence of esterase inhibitor to the pharmacokinetic profiles of oseltamivir and oseltamivir carboxylate in rats using an improved LC/MS/MS method. Biomed Chromatogr 2009;23(8):852–857.

Chen J, Hsieh Y. Stabilizing drug molecules in biological samples. Ther Drug Monit 2005;27(5):617–624.

D'Arienzo CJ, Ji QC, Discenza L, et al. DBS sampling can be used to stabilize prodrugs in drug discovery rodent studies without the addition of esterase inhibitors. Bioanalysis 2010;2(8):1415–1422.

Evans MJ, Livesey JH, Ellis MJ, Yandle TG. Effect of anticoagulants and storage temperatures on stability of plasma and serum hormones. Clin Biochem 2001;34(2):107–112.

Freisleben A, Brudny-Klöppel M, Mulder H, de Vries R, de Zwart M, Timmerman P. Blood stability testing: European bioanalysis forum view on current challenges for regulated bioanalysis. Bioanalysis 2011;3(12):1333–1336.

Fung EN, Zheng N, Arnold ME, Zeng J. Effective screening approach to select esterase inhibitors used for stabilizing ester-containing prodrugs analyzed by LC-MS/MS. Bioanalysis 2010;2(4):733–743.

Heinig K, Wirz T, Bucheli F, Gajate-Perez A. Determination of oseltamivir (Tamiflu®) and oseltamivir carboxylate in dried blood spots using offline or online extraction. Bioanalysis 2011;3(4):421–437.

Ishizuka T, Fujimori I, Kato M, et al. Human carboxymethylenebutenolidase as a bioactivating hydrolase of olmesartan medoxomil in liver and intestine. J Biol Chem 2010;285(16):11892–11902.

Kamei T, Uchimura T, Nishimiya K, Kawanishi T. Method development and validation of the simultaneous determination of a novel topoisomerase 1 inhibitor, the prodrug, and the active metabolite in human plasma using column-switching LC-MS/MS, and its application in a clinical trial. J Chromatogr B Analyt Technol Biomed Life Sci 2011;879(30):3415–3422.

Kim MS, Song JS, Roh H, et al. Determination of a peroxisome proliferator-activated receptor γ agonist, 1-(trans-methylimino-N-oxy)-6-(2-morpholinoethoxy-3-phenyl-1H-indene-2-carboxylic acid ethyl ester (KR-62980) in rat plasma by liquid chromatography-tandem mass spectrometry. J Pharm Biomed Anal 2011;54(1):121–126.

Koitka M, Höchel J, Gieschen H, Borchert HH. Improving the *ex vivo* stability of drug ester compounds in rat and dog serum: inhibition of the specific esterases and implications on their identity. J Pharm Biomed Anal 2010;51(3):664–678.

Kromdijk W, Rosing H, van den Broek MP, Beijnen JH, Huitema AD. Quantitative determination of oseltamivir and oseltamivir carboxylate in human fluoride EDTA plasma including the *ex vivo* stability using high-performance liquid chromatography coupled with electrospray ionization tandem mass spectrometry. J Chromatogr B Analyt Technol Biomed Life Sci 2012;891-892:57–63.

Kudo S, Umehara K, Hosokawa M, Miyamoto G, Chiba K, Satouh T. Phenacetin deacetylase activity in human liver microsomes: distribution, kinetics, and chemical inhibition and stimulation. J Pharmacol Exp Ther 2000;294(1):80–87.

Li W, Tse FL. Dried blood spot sampling in combination with LC-MS/MS for quantitative analysis of small molecules. Biomed Chromatogr 2010;24(1):49–65.

Li W, Zhang J, Tse FL. Strategies in quantitative LC-MS/MS analysis of unstable small molecules in biological matrices. Biomed Chromatogr 2011;25(1-2):258–277.

Liederer BM, Borchardt RT. Stability of oxymethyl-modified coumarinic acid cyclic prodrugs of diasteromeric opioid peptides in biological media from various animal species including human. J Pharm Sci 2005;94(10):2198–2206.

Liederer BM, Borchardt RT. Enzymes involved in the bioconversion of ester-based prodrugs. J Pharm Sci 2006;95(6):1177–1195.

Lindegardh N, Davies GR, Tran TH, et al. Rapid degradation of oseltamivir phosphate in clinical samples by plasma esterases. Antimicrob Agents Chemother 2006;50(9):3197–3199.

Meng M, Reuschel S, Bennett P. Identifying trends and developing solutions for incurred sample reanalysis failure investigations in a bioanalytical CRO. Bioanalysis 2011;3(4):449–465.

Minagawa T, Kohno Y, Suwa T, Tsuji A. Species differences in hydrolysis of isocarbacyclin methyl ester (TEI-9090) by blood esterases. Biochem Pharmacol 1995;49(10):1361–1365.

Olivera-Bravo S, Ivorra I, Morales A. The acetylcholinesterase inhibitor BW284c51 is a potent blocker of Torpedo nicotinic AchRs incorporated into the Xenopus oocyte membrane. Br J Pharmacol 2005;144(1):88–97.

Peterson LW, McKenna CE. Prodrug approaches to improving the oral absorption of antiviral nucleotide analogues. Expert Opin Drug Deliv 2009;6(4):405–420.

Rautio J, Kumpulainen H, Heimbach T, et al. Prodrugs: design and clinical applications. Nat Rev Drug Discov 2008;7(3):255–270.

Rooseboom M, Commandeur JN, Vermeulen NP. Enzyme-catalyzed activation of anticancer prodrugs. Pharmacol Rev 2004;56(1):53–102.

Salem II, Alkhatib M, Najib N. LC–MS/MS determination of betamethasone and its phosphate and acetate esters in human plasma after sample stabilization. J Pharm Biomed Anal 2011;56(5):983–991.

Skopp G, Klingmann A, Pötsch L, Mattern R. *In vitro* stability of cocaine in whole blood and plasma including ecgonine as a target analyte. Ther Drug Monit 2001;23(2):174–181.

Stella VJ, Charman WN, Naringrekar VH. Prodrugs: Do they have advantages in clinical practice? Drugs 1985;29(5):455–473.

Tang C, Sojinu OS. Simultaneous determination of caffeic acid phenethyl ester and its metabolite caffeic acid in dog plasma using liquid chromatography tandem mass spectrometry. Talanta 2012;94:232–239.

Tokumura T, Muraoka A, Masutomi T, Machida Y. Stability of spironolactone in rat plasma: strict temperature control of blood and plasma samples is required in rat pharmacokinetic studies. Biol Pharm Bull 2005;28(6):1126–1128.

Tsujikawa K, Kuwayama K, Miyaguchi H, Kanamori T, Iwata YT, Inoue H. *In vitro* stability and metabolism of salvinorin A in rat plasma. Xenobiotica 2009;39(5):391–398.

Wang X, Bowman PD, Kerwin SM, Stavchansky S. Stability of caffeic acid phenethyl ester and its fluorinated derivative in rat plasma. Biomed Chromatogr 2007;21(4):343–350.

Welch RM, Brown A, Ravitch J, Dahl R. The *in vitro* degradation of cisatracurium, the R, cis-R′-isomer of atracurium, in human and rat plasma. Clin Pharmacol Ther 1995;58(2):132–142.

Wiltshire H, Wiltshire B, Citron A, et al. Development of a high-performance liquid chromatographic-mass spectrometric assay for the specific and sensitive quantification of Ro 64-0802, an anti-influenza drug, and its pro-drug, oseltamivir, in human and animal plasma and urine. J Chromatogr B Biomed Sci Appl 2000;745(2):373–388.

Yamaori S, Fujiyama N, Kushihara M, et al. Involvement of human blood arylesterase and liver microsomal carboxylesterase in nafamostat hydrolysis. Drug Metab Pharmacokinet 2006;21(2):147–155.

Yang JZ, Chen W, Borchardt RT. *In vitro* stability and *in vivo* pharmacokinetic studies of a model opioid peptide, H-Tyr-D-Ala-Gly-Phe-D-Leu-OH (DADLE), and its cyclic prodrugs. J Pharmacol Exp Ther 2002;303(2):840–848.

Yoshigae Y, Imai T, Taketani M, Otagiri M. Characterization of esterases involved in the steroselective hydrolysis of ester-type prodrugs of propranolol in rat liver and plasma. Chirality 1999;11:10–13.

Zeng J, Onthank D, Crane P, et al. Simultaneous determination of a selective adenosine 2A agonist, BMS-068645, and its acid metabolite in human plasma by liquid chromatography-tandem mass spectrometry—evaluation of the esterase inhibitor, diisopropyl fluorophosphate, in the stabilization of a labile ester-containing drug. J Chromatogr B Analyt Technol Biomed Life Sci 2007;852(1–2):77–84.

Zhang JG, Fariss MW. Thenoyltrifluoroacetone, a potent inhibitor of carboxylesterase activity. Biochem Pharmacol 2002;63:751–754.

Zhang Y, Tingley FD 3rd, Tseng E, et al. Development and validation of a sample stabilization strategy and a UPLC-MS/MS method for the simultaneous quantitation of acetylcholine (ACh), histamine (HA), and its metabolites in rat cerebrospinal fluid (CSF). J Chromatogr B Analyt Technol Biomed Life Sci 2011;879(22):2023–2033.

35

酰基葡萄糖醛酸的液相色谱-质谱（LC-MS）生物分析

作者：Jin Zhou、Feng（Frank）Li 和 Jeffrey X. Duggan
译者：曹化川
审校：李文魁、张杰

35.1 引　　言

酰基葡萄糖醛酸化是具有羧基的药物代谢（DM）的途径之一。这类药物包括非甾体抗炎药[如双氯芬酸（diclofenac）和酮洛芬（ketoprofen）]、贝特[如氯贝丁酯（clofibrate）]、抗惊厥药[如丙戊酸（valproic acid）]、利尿剂[如呋塞米（frusemide）]，以及其他很多药物（Regan et al., 2010）。在这个通路中，二磷酸尿苷葡萄糖酸基转移酶催化了葡萄糖醛酸从共底物，即二磷酸尿苷葡萄糖醛酸到药物分子上的羧酸基团转移，从而生成葡萄糖苷酸酯。不同于普通的醚类葡萄糖苷酸，酰基葡萄糖苷酸（AG）被认为是具反应性的代谢产物。它们易发生亲核取代，并能共价结合蛋白质及其他大分子（Faed, 1984）。由于严重不良反应而撤出市场的药物大约有 25%含羧酸基团[佐美酸（zomepirac）、舒洛芬（suprofen）、阿氯芬酸（alclofenac）、吲哚洛芬（indoprofen）之类]，且 AG 的形成和毒性相关（Bailey and Dickinson, 2003）。在 FDA 对于药物代谢产物安全性测试（MIST）指导原则中，AG 被列为是需要在药物开发阶段进一步进行安全评估的一类代谢产物。由于这些原因，AG 的生物分析在药物研发中被越来越多地关注。在早期药物研发阶段，AG 在肝制品中的测定可提供对化合物缺陷更好的理解，以帮助先导化合物的筛选。在药物开发阶段，AG 的定量可以确立毒性和暴露量的关联。AG 比醚键葡萄糖苷酸更不稳定。它们可以水解产生葡萄糖醛酸和母药物，也可发生分子内酰基转移和分子间酰基移换。为了保证 AG 的稳定，在处理和分析这类化合物时需要谨慎。这章主要阐述 AG 的化学活性和 LC-MS 生物分析的相关实验步骤。

35.2 与生物分析相关的化学反应性

AG 的化学反应性主要源于它们酯键上酰基的亲电性（Faed, 1984）。如图 35.1 所示，AG 可能发生水解、分子内酰基迁移和分子间酰基移换。有几篇综述详细讨论了 AG 转变的生物学影响（Bailey and Dickson, 2003; Regan, 2010; Shipkova et al., 2003; Zhou et al., 2001）。

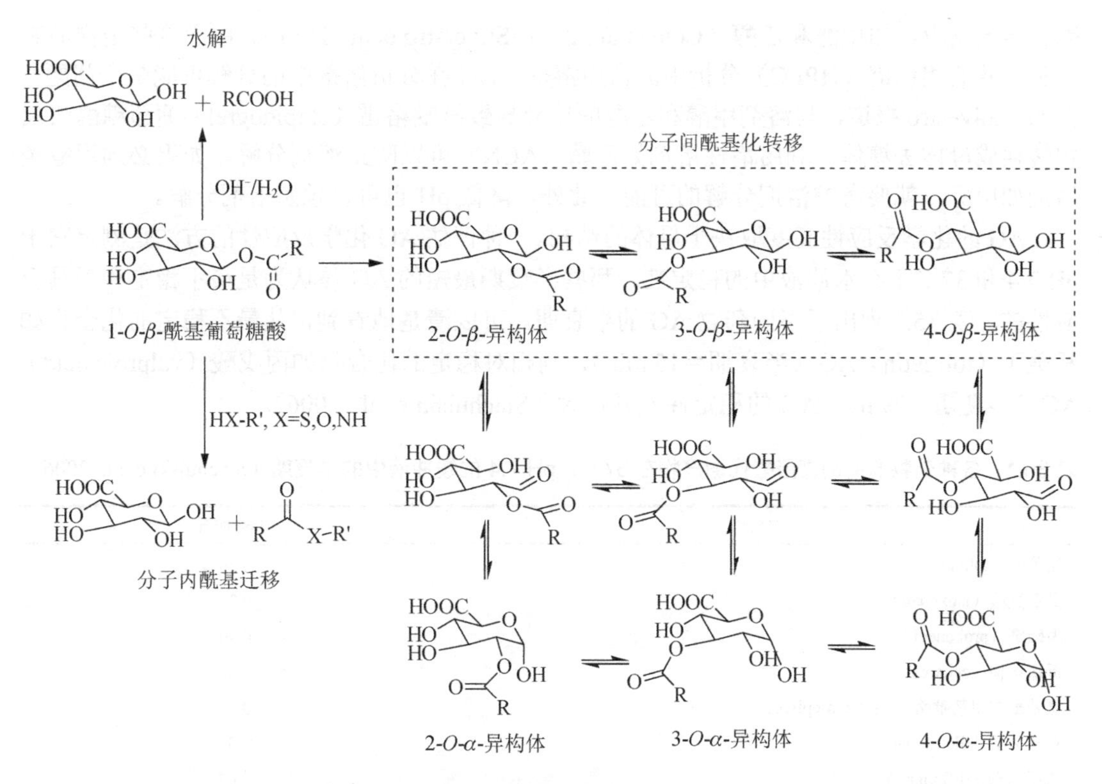

图 35.1 酰基葡萄糖苷酸（AG）化学反应总结

AG 水解是亲核取代的最简单形式。在这个过程中，酰基被水中的羟基进攻。一旦水解，AG 释放出一分子葡萄糖醛酸而变成母体去糖体。在体外 AG 的水解会导致在定量分析中对 AG 的低估和对它们母体去糖体的高估。因此，防止 AG 的水解是极其重要的。AG 的水解与 pH 相关。一般而言，高 pH 加速水解反应。在生物基质中存在的酯酶或β-葡萄糖醛酸酶也会产生酶催化的水解。另外，血浆中的蛋白质可能对 AG 的水解速率有不同的影响。例如，当有血浆蛋白和白蛋白存在时，恶丙嗪葡萄糖醛酸（oxaprozin）的水解加速（Ruelius et al., 1986），而人血清白蛋白（HSA）对 *S*-卡洛芬（*S*-carprofen）葡萄糖醛酸的降解则毫无影响（van Breemen et al., 1986），同时 HSA 可以稳定托美丁（tolmetin）葡萄糖醛酸（Munafo et al., 1990）。蛋白质的螯合或表面结合在稳定和破坏 AG 时也起作用。如果 AG 在内部被螯合，它可能免于降解。另外，如果因表面结合而暴露出不稳定的酯键，AG 可能会更快降解。

酰基转移是酰基从葡萄糖醛酸 C1 位置的羟基转到 C2 位置的羟基，然后到 C3 和 C4 位置的羟基（图 35.1）。这些反应也是酰基被相邻葡萄糖醛酸上的羟基进攻而发起的亲核取代。由此产生的位置异构体被称为异葡萄糖醛酸（Dickison, 2011）。它们不会被β-葡萄糖醛酸酶降解但会在碱性条件下水解。与 AG 的水解类似，酰基转移也和 pH 相关。在碱性条件下，异葡萄糖醛酸更易形成。异葡萄糖醛酸不易直接发生亲核取代，然而它们会通过短暂的开环转变为醛。接下来醛类中间体环合产生了α和β端基异构体（图 35.1）。醛类中间体也可以和蛋白质或 DNA 核苷上的氨基反应，导致这些大分子被共价修饰（大分子被含羧基药物共价修饰的可能机制之一）。

此外，AG 也可能通过分子间的酰基移换而和含有—NH_2、—OH 或—SH 的分子反应。这是另外一个大分子被含羧基药物共价修饰的可能机制。通过分子间的酰基移换，AG 可能和溶剂反应，如甲醇和乙醇（Cote et al., 2011; Silverstro et al., 2011）。由于这些是样品制备和高效液相色谱（HPLC）分析中的常用溶剂，AG在分析溶剂中的分解可能是个问题。例如，Silvestro报道，与溶剂甲醇和乙醇的反应导致氯吡格雷（clopidogrel）葡萄糖醛酸反相转换成母体去糖体。利用惰性溶剂如乙腈（ACN）可以防止溶剂分解。如果必须用醇类溶剂如甲醇，就要考虑溶剂分解的可能。此外，降低pH也可以预防溶剂分解。

AG的化学反应性高度取决于母体的结构。一种评估AG化学反应性的方法是测定它于pH 7.4和37℃下在水溶液中的稳定性。那些半衰期最短的AG被认为是最不稳定和最具反应性的。表35.1列出了不同药物AG的半衰期。可以清楚地看到，从最不稳定的化合物如托美丁（tolmetin）AG（半衰期＝15 min），到相对稳定的化合物如丙戊酸（valproic acid）AG（半衰期＝79 h），AG的稳定性差异极大（Stachulski et al., 2006）。

表35.1　各种药物的葡萄糖醛酸代谢产物在37˚C，pH 7.4的缓冲液中的半衰期（Stachulski et al., 2006）

药物名称	半衰期/h
托美汀（tolmetin）	0.26
伊索克酸（isoxepac）	0.29
丙磺舒（probenecid）	0.40
折那司他（zenarestat）	0.42
氯苯酰二甲基吡咯乙酸（zomepirac）	0.45
双氯芬酸（diclofenac）	0.51
二氟尼柳（diflunisal）	0.67
(*R*)-萘普生[(*R*)-naproxen]	0.92
(*R*)-非诺洛芬[(*R*)-fenoprofen]	0.98
水杨酸（salicylic acid）	1.3
DMXAA	1.3
吲哚美辛（indomethacin）	1.4
(*R*)-卡洛芬[(*R*)-carprofen]	1.73
(*S*)-萘普生[(*S*)-naproxen]	1.8
(*S*)-非诺洛芬[(*S*)-fenoprofen]	1.93
(*R*)-苯恶洛芬[(*R*)-benoxaprofen]	2.0
(*S*)-卡洛芬[(*S*)-carprofen]	3.09
布洛芬（ibuprofen）	3.3
(*S*)-苯恶洛芬[(*S*)-benoxaprofen]	4.1
胆红素（bilirubin）	4.4
(*R*)-氟诺洛芬[(*R*)-flunoxaprofen]	4.5
呋塞米（furosemide）	5.3
氟芬那酸（flufenamic acid）	7
氯贝酸（clofibric acid）	7.3
(*S*)-氟诺洛芬[(*S*)-flunoxaprofen]	8.0
甲芬那酸（mefenamic acid）	16.5
(*R*)-beclobric acid	22.4
(*S*)-beclobric acid	25.7
替米沙坦（telmisartan）	26
吉非贝齐（gemfibrozil）	44
丙戊酸（valproic acid）	79

35.3 样品收集和储存

AG 的不稳定性使得对样品的小心处理变得极其重要。如上所述，水解和酰基移换在中性和碱性条件下更易发生。为了防止和减缓这个过程，生物样品（血液、血浆、样品提取物）通常应在低温下处理并保持在酸性条件。样品应在−20℃以下保存。常用的步骤是迅速将收集的样品置于冰上并用酸调节 pH 到 2～4（Shipkova et al., 2003）。由于无机酸对生物基质常有负面影响，如溶血效应和血浆蛋白沉淀，有机酸如柠檬酸常被使用。尽管如此，酸化的样品如被长期储存在−20℃以下，AG 的降解仍有可能发生。有报道称，当在−20℃和−80℃下保存，霉酚酸 AG（AcMPAG）在酸化的血浆中可保持稳定达 5 个月；然而在此以后，就可观察到 AcMPAG 浓度显著降低（de et al., 2008）。因此，含有 AG 的样品应该及时分析。

在分析不同生物样品中的 AG 时需要小心谨慎。乙二胺四乙酸（EDTA）（Stachulski et al., 2006）和柠檬酸由于是血浆中酯水解酶的良好抑制剂，常作为血浆样品的抗凝剂使用。取血后，应于 10 min 内在低温下离心分离制备血浆（Shipkova et al., 2003）。在某些情况下，血液可以收集于含柠檬酸的标准收集管中，然后再把额外的柠檬酸加入到血浆中来降低酸碱度，并提供在冷冻保存中对 AG 的进一步保护。这个过程的优点是可避免严重的溶血，而当直接在血液中加入柠檬酸时这种现象较常见。胆汁的轻微碱性使得它成为 AG 易降解的基质。为了保证 AG 在胆汁中稳定，样品应在冰上收集并在收集管中加入 pH 调节剂，如乙酸（1～2 mol/L，pH 4～5）或乙酸铵（1 mol/L，pH 4～5）（Mullangi et al., 2005）。尿液具有轻微的酸性，使得 AG 相对稳定；但是尿液的 pH 常变化，这可能与其所含药物（Vree et al., 1994b）和处理储存的条件相关。在样品的收集、储存和处理中，保持尿液的酸度是至关重要的条件。对于组织样品，酶催化的水解是需要考虑的问题。酯水解酶［如苯甲基磺酰氟（PMSF）］和β-葡萄糖醛酸酶（葡萄糖二酸 1,4-内酯）的抑制剂通常应在组织匀浆前加到组织样品中（Mullangi et al., 2005）。

尽管大部分 AG 在酸性条件下稳定，但也有例外。例如，含氯吡格雷酸（clopidogrel acid）AG 的样品提取物复溶在 pH3 的溶液中并储存在 4℃，96 h 后再进行 LC-MS/MS 分析时，其所测浓度有 400%的偏差。然而当样品提取物复溶在 pH7 的溶液中，同样条件下再分析时，偏差只有 3%（Bergeron et al., 2009）。氟甲喹（flumequine）AG 也在 pH5～8 时比在更酸性的条件下稳定（Vree et al., 1992）。因此，生物分析中稳定 AG 的 pH 条件不能被简单地标准化。为了建立样品收集、储存和处理的条件，必须在方法开发（MD）时进行广泛的稳定性实验。

35.4 样品制备

一般而言，AG 的生物样品制备应尽可能简化，以降低 AG 转移和水解的潜在危险（Xue et al., 2006）。利用有机溶剂、酸或它们的各种组合的蛋白质沉淀提取简单而快速，最常用来从生物基质中提取 AG（Vree et al, 1993, 1994a, 1994b; Liu and Smith, 1996; Shipkova et al.,

2003; Khoschsorur and Erwa, 2004; Branhorst et al., 2006; Xue et al., 2008; Kelpacki et al., 2012; Silvestro et al., 2011）。然而，通过蛋白质沉淀制备的样品可能有更强的基质效应。蛋白质沉淀后较高的有机溶剂含量可能使 AG 在某些色谱条件下的峰形变差，因而需要用水溶液来进一步稀释。不同蛋白质沉淀手段的效率也不尽相同，需要在方法开发中进行评估。例如，有报道称当用 2 mol/L 高氯酸沉淀蛋白质从血浆中提取霉酚酸（mycophenolic acid, AcMP）酰基葡萄糖醛酸（AcMPAG）时，效果不佳（Shipcova et al., 2003）。仅有 63%的 AcMPAG 回收率（RE），这可能归结于降解或者 AcMPAG 的不完全释放。作为对比，当用 15%的偏磷酸来提取时，获得了 102%的回收率（Shipcova et al., 2003）。

除蛋白质沉淀外，固相萃取（SPE）（Castillo and Smith, 1993; Schwartz et al., 2006）和液-液萃取（LLE）（Hermening et al., 2000）也可用于 AG 的样品制备。LLE 比 SPE 相对简单。但是，由于 AG 的高极性和亲水性，将 AG 萃取到有机相，如环己烷、甲基叔丁基醚（MTBE）或丁基氯，都比较困难（低回收率）。由于 AG 与其母体去糖体巨大的亲脂性差异，一个方式是利用极性和非极性溶剂的混合溶剂，如乙酸乙酯∶乙醚（1∶1，*V/V*），通过 LLE 来同时提取 AG 及其母体去糖体（Trontelj, 2012）。另外，为了保证 AG 中葡萄糖醛酸基团（pK_a 3.1～3.2）的中性状态，LLE 需要在酸性条件下进行。

固相萃取也是常用的提取方式。基于母体去糖体的化学结构和亲水亲油性，AG 在 SPE 柱上的保留可以利用从疏水性到离子对（IP）等多种机制。重要的是要选择正确的固定相和洗脱液组合来达到最佳结果。如果用反相机制保留 AG，要小心调试清洗步骤中的有机相比例。有机溶剂比例太高可能会将亲水的 AG 冲入废液，然而当有机溶剂比例太低时，也会造成基质中磷脂的残留而在 LC-MS 分析中产生较高的基质效应。另外，酸也可以加入到 SPE 的洗脱液中来抑制 AG 的降解，当然这取决于 AG 的稳定性（Castillo and Smith, 1993; Annesley and Clayton, 2005）。对于极端不稳定 AG，可以考虑利用柱切换技术实现在线制备和检测（Li et al., 2011; Mano et al., 2002）。

35.5 LC-MS/MS 定量

35.5.1 AG 的直接分析

AG 的 LC-MS/MS 定量分析可以通过直接和间接的方式来实现。直接定量可以同时检测 AG 及其母体去糖体；当然，这需 AG 的校正标样且样品中 AG 的稳定性必须可控。这个章节会集中讨论 AG 的直接分析。间接的方法会在 35.5.3 节进行阐述。

直接定量中，通常需要将 AG 和它们的母体去糖体及重排异构体分离。由于 AG 和它们的母体去糖体的亲脂性有巨大差异，它们在 HPLC 上的分离较易实现。但是，在色谱上分离 AG 和它们的重排异构体颇具有挑战性，并且需要很精准的色谱条件。在通常情况下，流动相的离子强度和酸碱度是分离含有羧基的化合物的重要因素（Andersen and Hansen, 1992; Khan et al., 1998; Xue et al., 2006）。调节溶剂强度和流动相的流速也可以帮助提高分离度（Khan et al., 1998）。通过优化这 4 个参数，Khan（1998）成功地分离了伊非曲班（ifetroban）1-*O*-β-AG 与它的 6 个重排异构体和α-端基异构体（合成杂质）。图 35.2 展示了 pH 和离子强度对伊非曲班 1-*O*-β-AG 和它的异构体分离度的影响。降低 pH 提高了伊非曲班 1-*O*-β-AG 的保留，但降低了和其他异构体的分离。伊非曲班 1-*O*-β-AG 和它的重排异构体在 pH 5～5.5 时有最好的分离；然而，提高乙酸铵的浓度导致保留度和分离度同时提升。最终伊非曲班 1-*O*-β-AG 分离的流动相选择是含有 30%乙腈的 10 mmol/L 乙酸铵，pH5。在以上的流动相条件下，伊非曲班 1-*O*-β-AG 和它的异构体的洗脱顺序如下：4-*O*-酰基异构体>1-*O*-α-端基异构体>1-*O*-β-端基异构体>3-*O*-酰基异构体>2-*O*-酰基异构体（图 35.3）。需要指出的是，AG 异构体的洗脱顺序总是相同的，而和母体去糖体的结构无关（Corcoran et al., 2001; Farrant et al., 1995; Mortensen et al., 2001; Sidelmann et al., 1996a; Lenz et al., 1996; Sidelmann et al., 1996b）。此外，由于在 HPLC 的分离时间段内，2、3、4 位异葡萄糖醛酸的α-和β-端基异构体处于快速的平衡和互相转换中，它们的完全分离通常难以现实，因此常常会检测到扭曲的峰形（Stachulski et al., 2006）。正因如此，这些异构体的峰常在积分中被视为一个峰。

AG 的色谱分离常需要较长的 HPLC 时间。为了在 AG 分析中降低分析时间以提高通量，Xue（2008）研究了利用特异多反应监测（MRM）来分辨 AG 和它的重排异构体的可能性。他们在对模型化合物莫格他唑（muraglitazar）AG 的研究上发现，相比于迁移异构体，1-*O*-α/β-AG 更易于经历离子源的碎裂而产生母体去糖体。在某些离子源条件下，迁移异构体只有极少的碎裂成为母体去糖体。由于 1-*O*-α-AG 仅只是一个合成杂质并不在活体内存在，在选择反应监测（SRM）中丢失葡萄糖醛酸部分（－176 Da）的被认为是源于生物基质中的 1-*O*-β-AG。通过优化去簇电压（DP）和碰撞能量（CE），Xue（2008）开发了一个具有特异性和高通量（2.5 min）的方法来定量大鼠、小鼠、猴子和人血浆中的莫格他唑 1-*O*-β-AG。他们利用高通量方法获得的数据和利用长色谱时间方法获得的数据相吻合（Xue et al., 2006）。他们认为，这个方法可能也适用于其他的 AG。

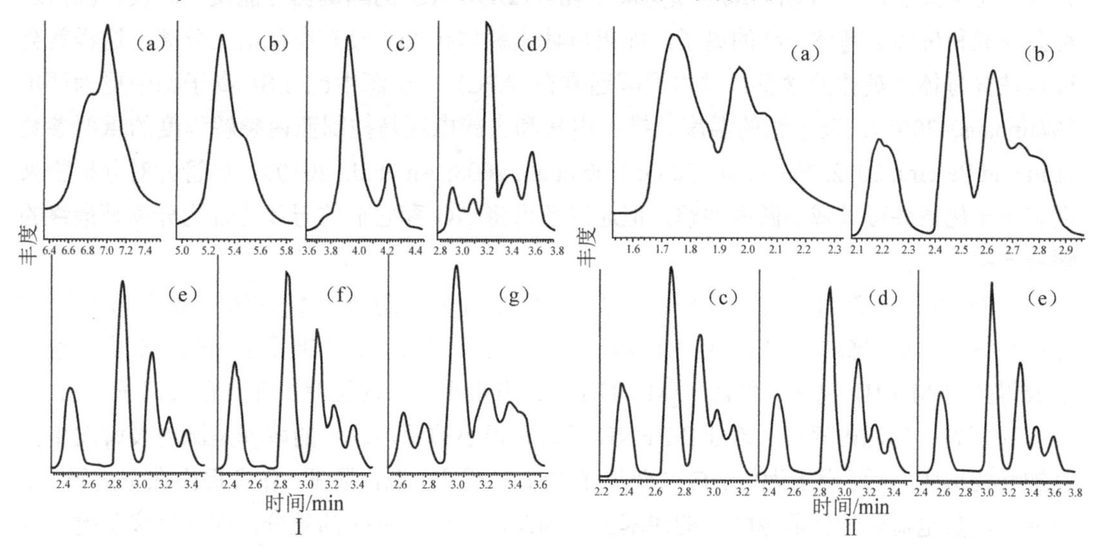

图 35.2 LC-MS 色谱图展示酸碱度（pH）和离子强度对伊非曲班酰基葡萄糖苷酸（ifetroban 1-*O*-β-AG）和它的重排异构体分离度的影响；Ⅰ. 分离与酸碱度：含 7.5 mmol/L 乙酸铵和 35%乙腈在 0.25 ml/min 流速下调节；（a）pH 3.5，（b）pH 4.0，（c）pH 4.5，（d）pH 5.0，（e）pH 5.5，（f）pH 6.0，（g）pH 6.5；Ⅱ. 分离与乙酸铵浓度：调节 pH 5.5 的 35%乙腈溶液在 0.25 ml/min 流速下；（a）1.0 mmol/L，（b）2.5 mmol/L，（c）5.0 mmol/L，（d）7.5 mmol/L，（e）10.0 mmol/L（Khan et al., 1998。授权复制）

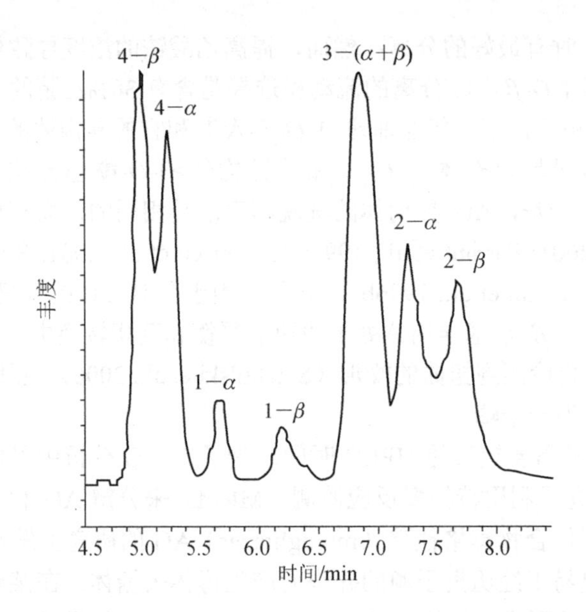

图 35.3 伊非曲班酰基葡萄糖苷酸（ifetroban 1-*O*-*β*-AG）和它的重排异构体的 LC-MS 色谱图；流动相条件： pH 5.0，10 mmol/L 乙酸铵的 30%乙腈溶液（Khan et al., 1998。复制经允许）

35.5.2 源内裂解

AG 的酯键热不稳定。在离子化和进入 Q1 区域的过程中，即便使用软离子化技术，如大气压化学离子化（APCI）或电喷雾离子化（ESI），AG 的酯键仍可能发生断裂。源内裂解会形成和母体去糖体一样的离子，如果母体去糖体和 AG 没有在色谱上分离，这样就会过量估算母体去糖体的含量。源内裂解通常在 APCI 离子源中比 ESI 离子源中更为严重（Wainhaus, 2005）。离子源的温度、锥孔电压和去簇电压是控制源内裂解程度的重要参数（Liu and Pereira, 2002; Yan et al., 2003; Xue et al., 2008; An et al., 2010）。尽管针对分析物来调整离子化条件可以减小源内裂解，但通过色谱将 AG 和它们的母体化合物分离是最终的解决方案。

此外，Mess（2011）提出通过监测母体去糖体的$[M-H]^-$或$[M+NH_4]^+$离子来降低 AG 源内裂解对定量的影响。如图 35.4 所示，在正离子 ESI 中，AG 展示了强烈的源内裂解，生成母药的$[M+H]^+$离子。然而，$[M+NH_4]^+$只有很小的源内裂解，并且在负离子 ESI 中没有观察到任何源内碎裂。对于$[M+NH_4]^+$只有很小的源内裂解的解释是源内裂解发生在氨加和物形成以后。至于为何 AG 在负离子 ESI 中不显示源内裂解，作者提出在负离子 ESI 条件下，负电荷位于葡萄糖醛酸的羧基上，因此即便产生 AG 的裂分，因其远离酯键，也比在正离子 ESI 条件下因电荷驱动的源内裂解而产生的酯键断裂远远更难以发生。在后者，质子化位于酯键中酰基上的氧。

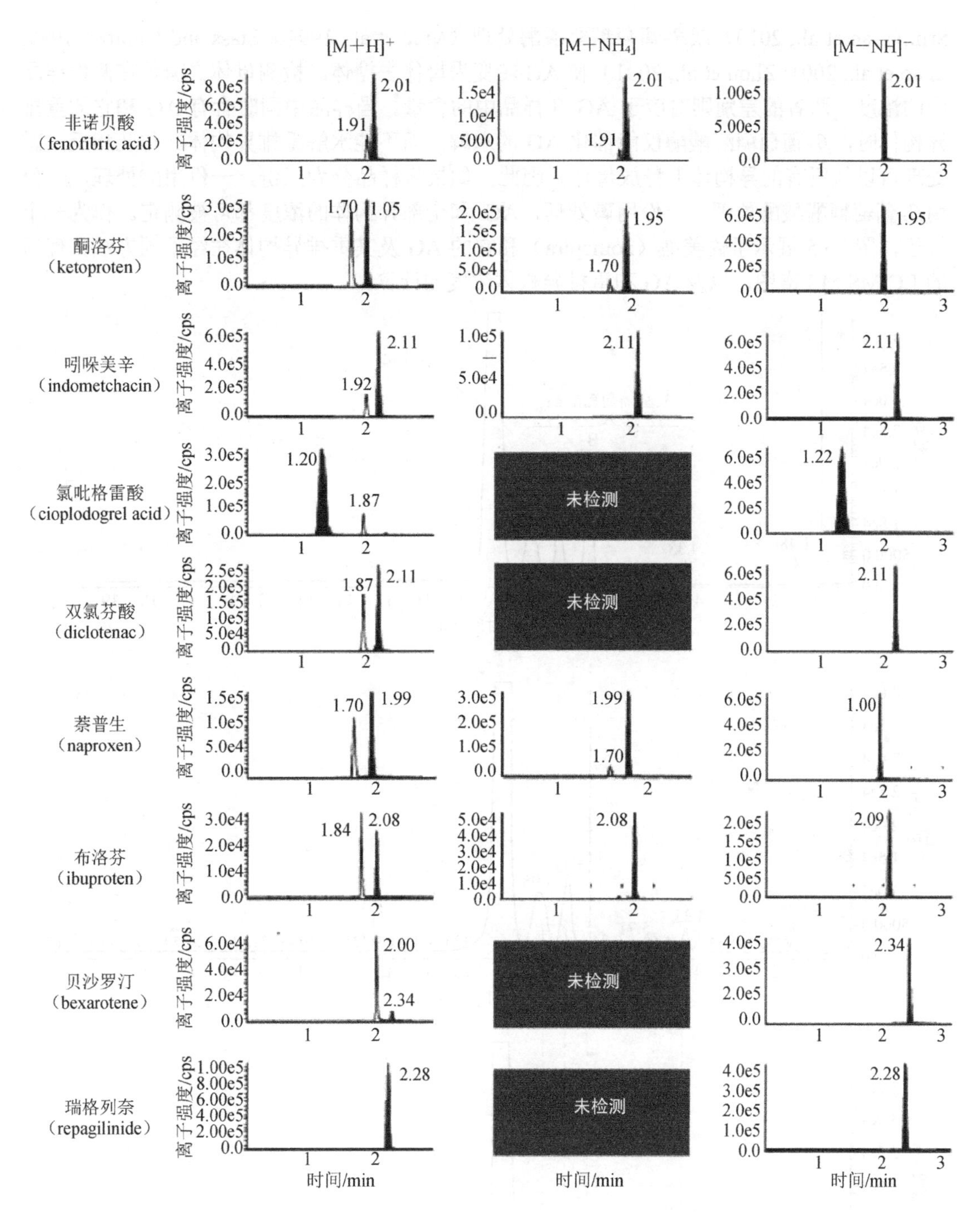

图 35.4　9 个药物和它们对应的 AG 在不同检测条件下的 LC-MS 色谱图；黑色实体峰是药物，轮廓峰是 AG 的离子源内裂解；深色图为无检测物（Mess et al., 2011。复制经允许）

35.5.3　无标准物时的 AG 定量（间接定量）

在很多时候，特别是在药物早期研发阶段，AG 的校正标样常常不可能获得。AG 的定量可以通过比较间接差异的方式来实现。在这个方法里，样品分为两份：一份用酸处理以保持 AG 不变，另一份则用碱（Loewen et al., 1989; Grubb et al., 1996; Hermening et al., 2000;

Srinivasan et al., 2010）或β-葡萄糖醛酸酶处理（Vree et al., 1994b; Stass and Kubitza, 1999; Zhao et al., 2001; Zhou et al., 2001）使AG转变为母体去糖体。检测母体去糖体在两份样品中的浓度，两者的差别则对应于AG在样品中的含量。当样品中同时含有AG和它的重排异构体时，β-葡萄糖醛酸酶仅能催化AG的水解，而不能水解重排异构体。与此相反，碱处理可以从所有的异构体上释放母体。因此，如果将样品分为三份，一份用酸处理，一份用β-葡萄糖醛酸酶处理，一份用碱处理，AG 和全部异构体的浓度都可被测定。作为一个例子，图35.5展示了佐美酸（zomepira）和它的AG及其重排异构体在经不同方法处理后的LC-MS/MS谱图，以及AG和重排异构体浓度的计算。

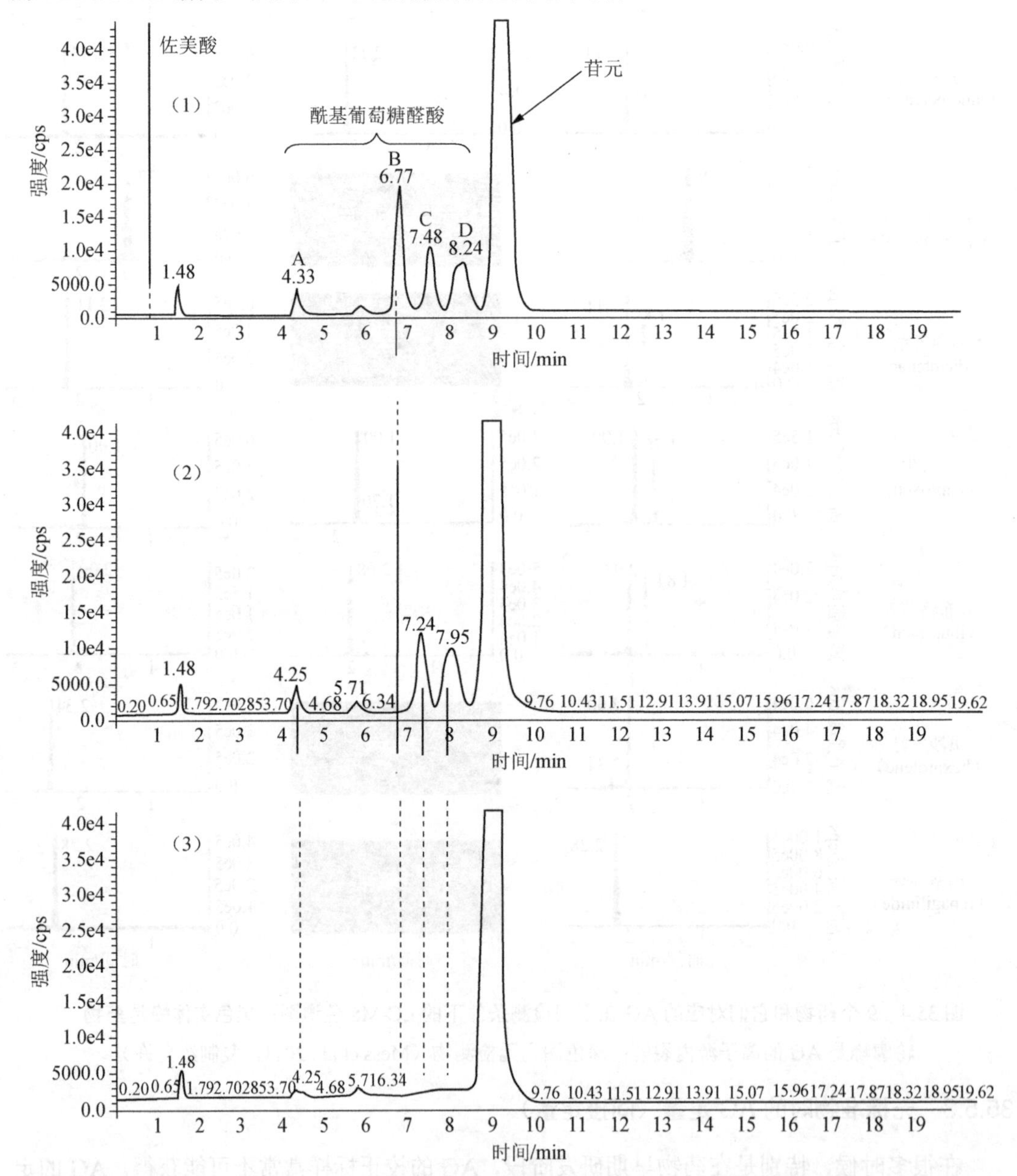

图35.5　佐美酸（zomepirac）和它的AG及其重排异构体在用不同方式处理后的LC-MS/MS色谱图：(1) 佐美酸在微粒体中孵育后，(2) 样品用β-葡萄糖醛酸酶水解后（[1-*O*-AG]＝（[佐美酸]$_2$－[佐美酸]$_1$），(3) 样品用碱水解后（[重排异构体]＝[佐美酸]$_3$－[佐美酸]$_2$）（Bolze et al., 2002。复制经允许）

在测定 AG 的方法中，实现 AG 的全部解离是很重要的一环。一般而言，不同来源（如牛肝脏、罗曼蜗牛、苹果螺和大肠杆菌）的β-葡萄糖醛酸酶，具有不同的水解活性和最佳工作 pH（Vree et al., 1992; Vree et al., 1994b; Kamata et al., 2003）。为了水解某个特定 AG，通常要测试不同来源的β-葡萄糖醛酸酶来找到对感兴趣的 AG 最有活性的酶。酶反应的酸碱度也应被评估并优化。此外，由于母体去糖体在不同处理后的样品中的离子化效应不同，为了准确测量母体去糖体，应备制相应的校正标样以精确定量。

通过不同方法间接检测 AG 总不如直接测量准确，特别是当 AG 的浓度远低于母体去糖体时。因为浓度是通过两次测量的差值来决定的，叠加的误差效应可能会产生一个负值。另外一个在没有校正标样情况下定量 AG 的方法是利用纳米喷雾质谱。这个方法基于的原理是在超低流速下电喷雾发生时不存在差异性的液滴解吸附效应，这样因极性和电荷不同而导致的响应差就消失了，从而使极性的 AG 展现出和非极性的母体去糖体一样的质谱响应值。在 Valaskovic（2006）建立的纳米喷雾质谱和常规的 LC-MS/MS 相结合的方法中，校正因子可通过纳米喷雾质谱及常规 LC-MS/MS 上的母体和代谢产物的相对峰面积来计算。样品然后用 LC-MS/MS 来分析，代谢产物可利用母体去糖体的标准曲线来定量，而标准曲线通过校正因子来归一化。图 35.6 总结了这个方法的总体方案。Valaskovic（2006）使用这个方法定量了一个专有的化合物，并获得了和使用校正标样（STD）方法相吻合的结果。这个方法的缺陷是它需要特殊的仪器配置。此外，要证明这个方法的适用范围需要检测更多的化合物。

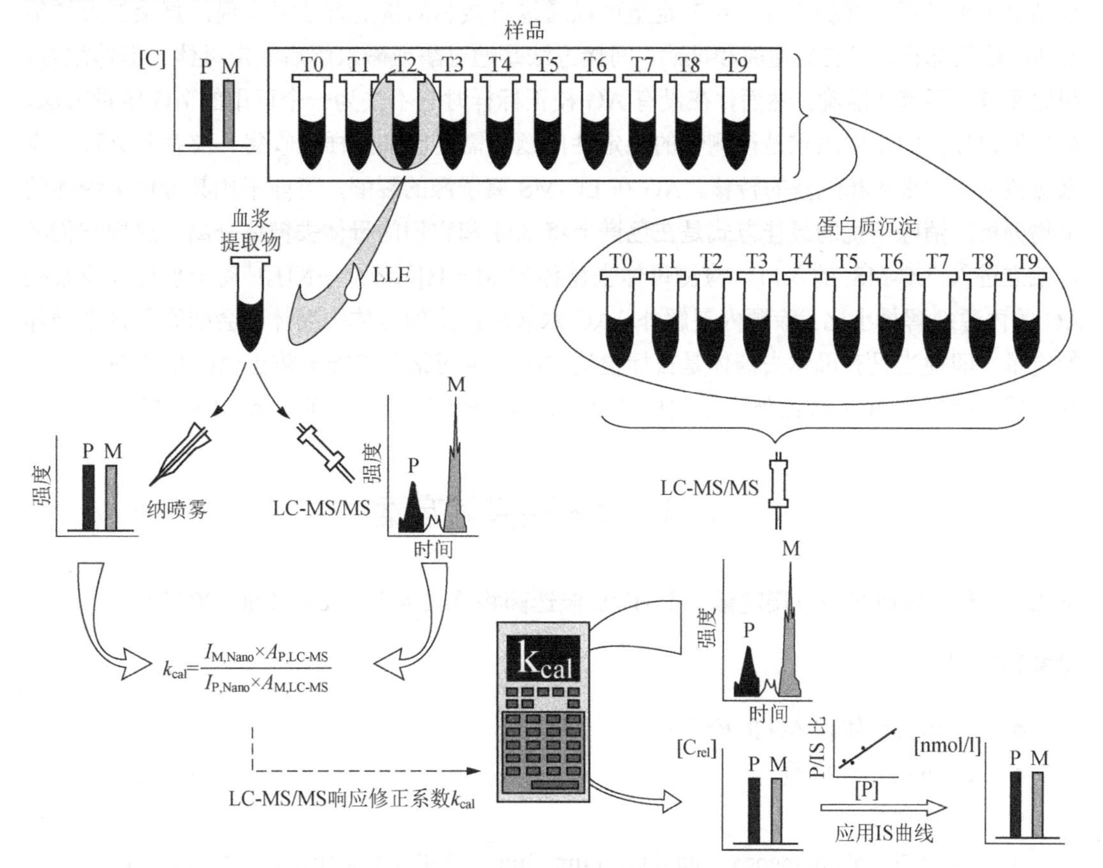

图 35.6　使用纳流 LC-MS/MS 对没有标准品的代谢产物进行定量的示意图
（Valaskovic et al., 2006。复制经允许）

35.6 AG的已测样品再分析

已测样品再分析（ISR）在确认生物样品分析的质量时扮演着重要的角色。读者可以参考本书第五章来获得 ISR 一般流程和可接受条件的详细论述。对于含有 AG 的样品，应尽早执行 ISR 来鉴定是否有 AG 稳定性问题。ISR 不仅对保证 AG 定量的准确至关重要，而且有助于确认 AG 对它们母体去糖体定量的潜在干扰。如前所述，AG 的水解会提高母体去糖体在体外样品中所测的浓度，从而影响其精确定量。这个过程在当母体去糖体的浓度远小于 AG 时尤其成为问题。ISR 可以帮助确定 AG 水解对母体去糖体定量的干扰。当母体去糖体是唯一目标检测物时，ISR 结果中母体去糖体浓度一致的正偏差则暗示 AG 的水解需要被关注，有必要考虑进一步防止 AG 水解的方案。

35.7 结 束 语

LC-MS（/MS）已经成为酰基葡萄糖醛酸（AG）生物分析的常用手段。取决于 AG 标准品是否可获得及其稳定性，AG 定量可以通过直接和间接的方法来实现。直接的方法需要 AG 校正标样，但它更便捷和准确。间接方法是通过酶或碱水解后测定母体去糖体浓度，相比而言，不那么准确。然而，在没有 AG 校正标样时它不失为一个可用的 AG 定量方法。AG 生物分析的主要困难是待测物的稳定性问题。需要明细的样品收集、储存和处理步骤来防范 AG 的水解和酰基的转移。AG 在 LC-MS 离子源的裂解，可能干扰其母体去糖体的生物分析。消除干扰的最佳方式是在色谱上将 AG 和它们的母体去糖体分离，这样它们各自独立进入 LC-MS 的入口。检测母体去糖体的$[M-H]^-$或$[M+NH_4]^+$离子也可以将某些 AG 的内源裂解最小化。除源内裂解外，AG 水解所产生的母体去糖体也会妨碍母体去糖体的定量。即便当只有母体去糖体是目标检测物时，也应采取措施来防止 AG 的水解。除常规的质量控制（QC）样品外，已测样品再分析（ISR）可以帮助确认 AG 的干扰。

35.8 代表性实验方案

35.8.1 在大鼠血浆中直接定量一个 BMS 候选药物及其 AG（Xue et al., 2006）

设备和试剂

- 母体去糖体和 AG 的校正标样。
- 0.5 mol/L 柠檬酸。
- 大鼠血浆。
- 色谱柱：phenomenex luna C18, 3 μm, 3mm×150 mm（Torrance, CA, USA）。
- 岛津 LC-10ADvp HPLC 液相（Columbia, MD, USA）。

- Sciex API 4000 串联三级杆质谱（Foster city, CA, USA）。
- 乙腈（ACN）。
- 乙酸。

方法

1. 在 5 ml 血浆中加入 1 ml 0.5 mol/L 柠檬酸（最终 pH～3.7），并将样品存于−20℃以下。
2. 将 50 μl 的样品和 150 μl 含有 0.1%乙酸和内标的乙腈混合。
3. 涡旋混合样品 1 min，然后离心 10 min。
4. 将上清液转移入 96 孔板并在 LC-MS/MS 上进样。
5. LC-MS/MS 设置 [a]。

- LC 设置 [b]：用 70∶30（*V*/*V*）ACN/含 0.075%甲酸的水（pH～2.9）等度洗脱。母体去糖体、AG 和 AG 重排异构体的分离色谱图如图 35.7 所示。
- MS 设置：ESI-MS/MS 正离子、*m/z* 531→*m/z* 306 母体去糖体、*m/z* 707→*m/z* 186 AG 母体去糖体和 AG 的产物离子$[M+H]^+$谱图如图 35.8 所示。

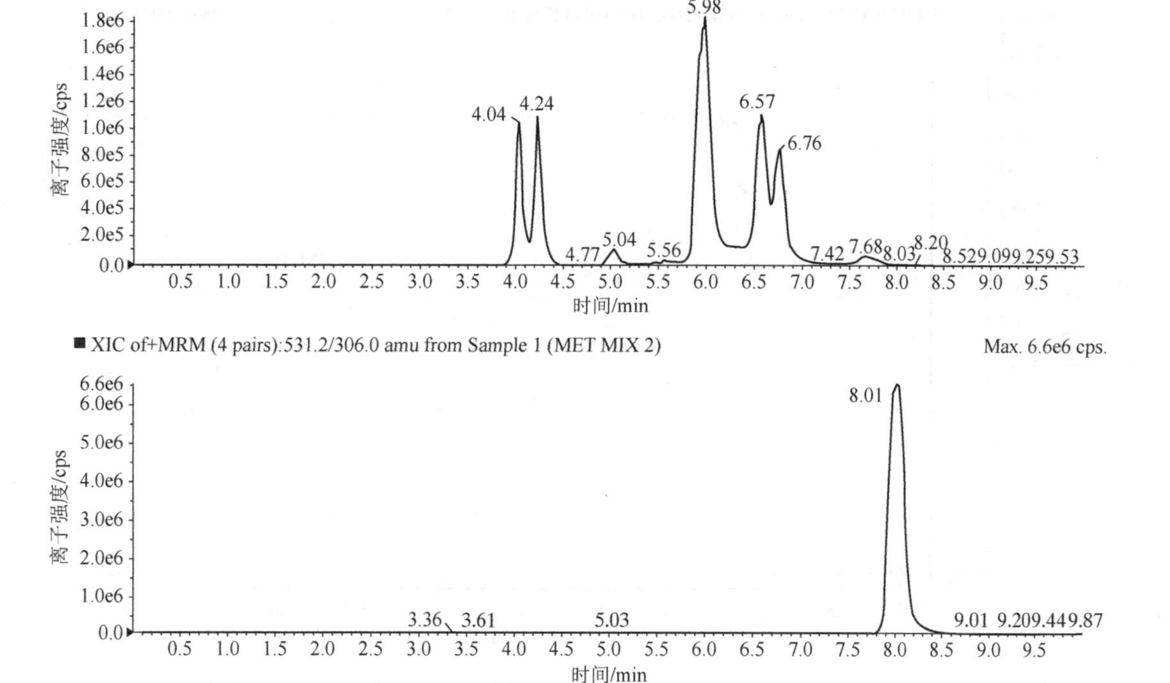

图 35.7　BMS 药物候选物及其 AG 重排异构体的分离谱图；
母药和 AG 峰分别在 8.01 min 和 5.56 min（Xue et al., 2006。复制经允许）

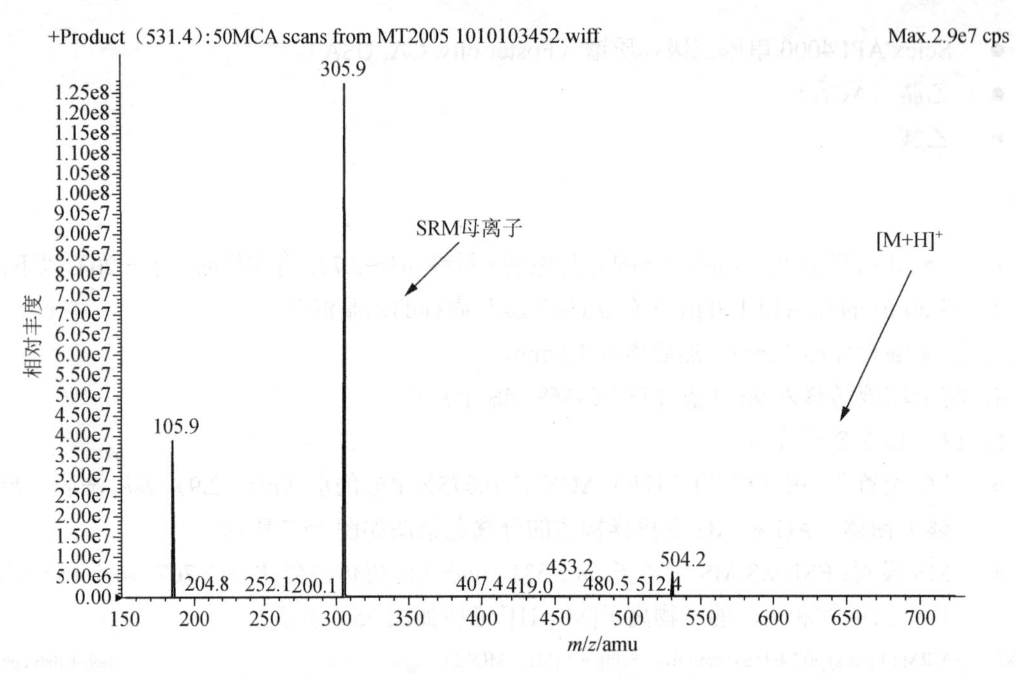

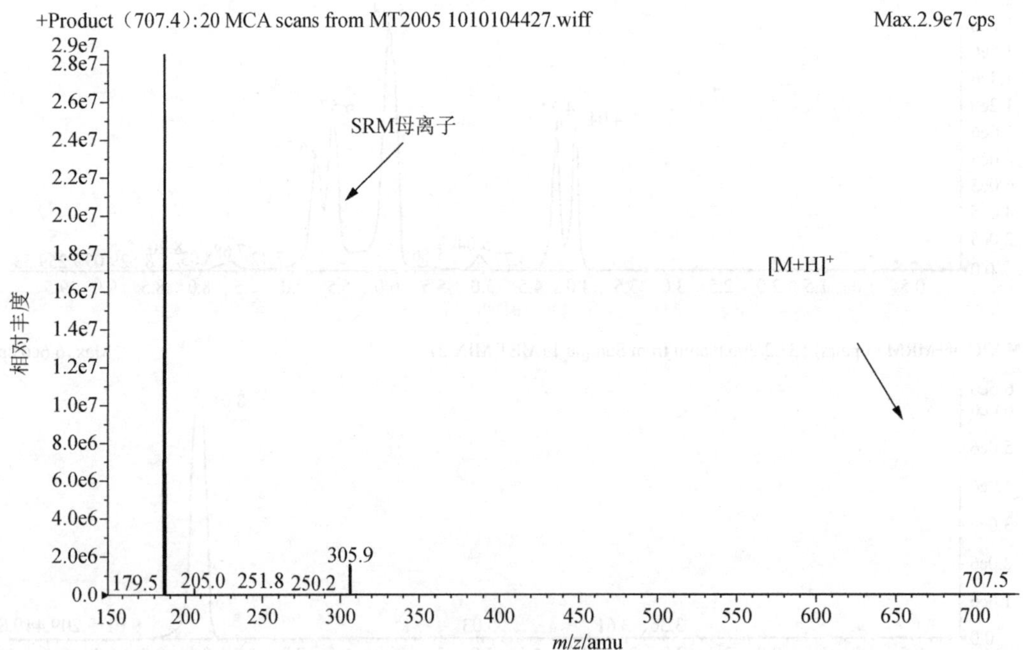

图 35.8 BMS 药物候选物分子离子峰$[M+H]^+$的产物离子（上）和它 AG 的产物离子谱图（下）
（Xue et al., 2006。复制经允许）

6．方法验证

- 准备 1 mg/ml 的母体去糖体和 AG 的 DMSO 原液 [c]。
- 用柠檬酸处理过的大鼠血浆制备含有以下 AG 和母体去糖体浓度的校正标样：5 ng/ml、10 ng/ml、25 ng/ml、50 ng/ml、100 ng/ml、500 ng/ml、1000 ng/ml、2500 ng/ml 和 5000 ng/ml [d]。

- 用柠檬酸处理过的大鼠血浆通过稀释法制备 5 个浓度的 QC 样品（5 ng/ml、15 ng/ml、2000 ng/ml、4000 ng/ml 和 50 000 ng/ml）。
- 测量标准曲线的线性，QC 样品的准确度和精确度，特异性，定量下限（LLOQ）和稳定性，以此来验证方法。

注意事项

[a]在样品分析中保持进样器温度在 4℃以减少可能的 AG 转化。

[b]为了达到理想的分离，流动相的酸碱度、盐浓度和有机相的比例应被优化。

[c]DMSO 母液和 QC 样品存储于－20℃以下。

[d]校正标样要新鲜制备。

35.8.2 在无标准品情况下分析人肝脏微粒体孵育样品中佐美酸 AG 及其重排异构体（Bolze et al., 2002）

设备和试剂

- 含 4%三氟乙酸（TFA）的乙腈。
- 佐美酸（Zomepirac, Sigma）。
- 分析色谱柱：Hypersil BDS（125×4 mm i.d.; Thermoquest; ThermoFinnigan MAT; San Jose, CA）。
- 质谱仪：API 365（Applied Biosystems, Toronto, ON, Canada）。
- 流动相：A, ACN/10 mmol/L 乙酸铵（70∶30, V/V）含 0.5%乙酸; B,ACN/10mmol/L 乙酸铵（4∶96, V/V）。
- 牛-β-葡萄糖醛酸酶（Sigma）。
- 酚酞-1-O 葡萄糖醛酸（Sigma）。
- 1 mol/L KOH。

方法

1．加入 1 ml 含 4% TFA 的乙腈（pH～3～4）来停止反应。

2．在 1500 r/min 离心孵育样品 10 min 并取出上清液。

3．保存上清液在－80℃直到分析。

4．建立分析佐美酸的 LC-MS/MS 方法。1 ml/min 的梯度洗脱被用来分离 AG 异构体和母体去糖体。代表性的色谱图示于图 35.5 分析柱，质谱和流动相条件如上所列。

5．用 LC-MS/MS 测量第一份样品中母体去糖体的含量（$[\text{aglycone}]_1$）[a]。

6．利用阳性对照物、酚酞-1-O-葡萄糖醛酸确认牛β-葡萄糖醛酸酶的活性。

7．将第二份样品与 1000 单位的牛-β-葡萄糖醛酸酶在 37℃孵育 2 h，来切断β_1-共轭体，并释放相应的母体去糖体[b]。

8．用 LC-MS/MS 确定第二份样品中游离的母体去糖体的浓度（$[\text{aglycone}]_2$）。1-O-β-葡萄糖醛酸的浓度可以用以下公式计算：[1-O-β-葡萄糖醛酸]＝ $[\text{aglycone}]_2-[\text{aglycone}]_1$。

9．将第三份样品和 1 mol/L KOH 在 80℃孵育 3 h。

10．用 LC-MS/MS 确定第三份样品中游离的母体去糖体的浓度（$[aglycone]_3$）[a]。AG 异构体的浓度可以用以下公式计算：$[AG 的异构体]=[aglycone]_3-[aglycone]_2$。

注意事项

[a] 要分析游离母体去糖体和 1-*O*-*β*-葡萄糖醛酸浓度的样品要在分析进样前稀释。校正标样可将适量的佐美酸加入到空白血浆中制备，浓度范围从 50 ng/ml 到 10 000 ng/ml。要分析 AG 异构体的样品用 Oasis HLB 固相萃取柱（Waters, Saint Quentin en Yvelines, France）提取。准备一个浓度从 5 ng/ml 到 1000 ng/ml 的单独校正标样。

[b] 和牛-*β*-葡萄糖醛酸酶共同孵育 2 h 一步，需要通过预实验来确认 AG 被 1-*O*-*β*-葡萄糖醛酸完全水解和 AG 异构体的稳定性。这个确认可以通过直接比较相应化合物的峰面积来获得。

参 考 文 献

An G, Ruszaj DM, Morris ME. Interference of a sulfate conjugate in quantitative liquid chromatography/tandem mass spectrometry through in-source dissociation. Rapid Commun Mass Spectrom 2010;24(12):1817–1819.

Andersen JV, Hansen SH. Simultaneous quantitative determination of naproxen, its metabolite 6-O-desmethylnaproxen and their five conjugates in plasma and urine samples by high-performance liquid chromatography on dynamically modified silica. J Chromatogr 1992;577(2):325–333.

Annesley TM, Clayton LT. Quantification of mycophenolic acid and glucuronide metabolite in human serum by HPLC-tandem mass spectrometry. Clin Chem 2005;51(5):872–877.

Bailey MJ, Dickinson RG. Acyl glucuronide reactivity in perspective: biological consequences. Chem Biol Interact 2003;145(2):117–137.

Bergeron M, Furtado M, Garofolo F, Mess JN. Evaluation of acyl glucuronide metabolites during drug quantification in bioanalysis by LC-MS/MS: from sample collection to autosampler stability. Proceedings of AAPS Annual Meeting and Exposition, Los Angeles, CA, 2009.

Bolze S, Bromet N, Gay-Feutry C, Massiere F, Boulieu R, Hulot T. Development of an in vitro screening model for the biosynthesis of acyl glucuronide metabolites and the assessment of their reactivity toward human serum albumin. Drug Metab Dispos 2002;30(4):404–413.

Brandhorst G, Streit F, Goetze S, Oellerich M, Armstrong VW. Quantification by liquid chromatography tandem mass spectrometry of mycophenolic acid and its phenol and acyl glucuronide metabolites. Clin Chem 2006;52(10):1962–1964.

Castillo M, Smith PC. Direct determination of ibuprofen and ibuprofen acyl glucuronide in plasma by high-performance liquid chromatography using solid-phase extraction. J Chromatogr 1993;614(1):109–116.

Corcoran O, Mortensen RW, Hansen SH, Troke J, Nicholson JK. HPLC/1H NMR spectroscopic studies of the reactive alpha-1-O-acyl isomer formed during acyl migration of S-naproxen beta-1-O-acyl glucuronide. Chem Res Toxicol. 2001;14(10):1363–1370.

Cote C, Lahaie M, Latour S, et al. Impact of methylation of acyl glucuronide metabolites on incurred sample reanalysis evaluation: ramiprilat case study. Bioanalysis 2011;3(9):951–965.

de LH, Naesens M, Verbeke K, Vanrenterghem Y, Kuypers DR. Stability of mycophenolic acid and glucuronide metabolites in human plasma and the impact of deproteinization methodology. Clin Chim Acta 2008;389(1-2):87–92.

Dickinson RG. Iso-glucuronides. Curr Drug Metab 2011;12(3):222–228.

Faed EM. Properties of acyl glucuronides: implications for studies of the pharmacokinetics and metabolism of acidic drugs. Drug Metab Rev 1984;15(5-6):1213–1249.

Farrant RD, Spraul M, Wilson ID, Nicholls AW, Nicholson JK, Lindon JC. Assignment of the 750 MHz 1H NMR resonances from a mixture of transacylated ester glucuronic acid conjugates with the aid of oversampling and digital filtering during acquisition. J Pharm Biomed Anal 1995;13(8):971–977.

Grubb NG, Rudy DW, Hall SD. Stereoselective high-performance liquid chromatographic analysis of ketoprofen and its acyl glucuronides in chronic renal insufficiency. J Chromatogr B Biomed Appl 1996;678(2):237–244.

Hermening A, Grafe AK, Baktir G, Mutschler E, Spahn-Langguth H. Gemfibrozil and its oxidative metabolites: quantification of aglycones, acyl glucuronides, and covalent adducts in samples from preclinical and clinical kinetic studies. J Chromatogr B Biomed Sci Appl 2000;741(2):129–144.

Kamata T, Nishikawa M, Katagi M, Tsuchihashi H. Optimized glucuronide hydrolysis for the detection of psilocin in human urine samples. J Chromatogr B Analyt Technol Biomed Life Sci 2003;796(2):421–427.

Khan S, Teitz DS, Jemal M. Kinetic analysis by HPLC-electrospray mass spectrometry of the pH-dependent acyl migration and solvolysis as the decomposition pathways of ifetroban 1-O-acyl glucuronide. Anal Chem 1998;70(8):1622–1628.

Khoschsorur G, Erwa W. Liquid chromatographic method for simultaneous determination of mycophenolic acid and its phenol- and acylglucuronide metabolites in plasma. J Chromatogr B Analyt Technol Biomed Life Sci 2004;799(2):355–360.

Klepacki J, Klawitter J, Bendrick-Peart J, et al. A high-throughput U-HPLC-MS/MS assay for the quantification of mycophenolic acid and its major metabolites mycophenolic acid glucuronide and mycophenolic acid acyl-glucuronide in human plasma and urine. J Chromatogr B Analyt Technol Biomed Life Sci 2012;883-884:113–119.

Lenz EM, Greatbanks D, Wilson ID, et al. Direct characterization of drug glucuronide isomers in human urine by HPLC-NMR spectroscopy: application to the positional isomers of 6,11-dihydro-11-oxodibenz[b,e]oxepin-2-acetic acid glucuronide. Anal Chem 1996;68(17):2832–2837.

Li W, Zhang J, Tse FL. Strategies in quantitative LC-MS/MS analysis of unstable small molecules in biological matrices. Biomed Chromatogr 2011;25(1-2):258–277.

Liu DQ, Pereira T. Interference of a carbamoyl glucuronide metabolite in quantitative liquid chromatography/tandem mass spectrometry. Rapid Commun Mass Spectrom 2002;16(2):142–146.

Liu JH, Smith PC. Direct analysis of salicylic acid, salicyl acyl glucuronide, salicyluric acid and gentisic acid in human plasma and urine by high-performance liquid chromatography. J Chromatogr B Biomed Appl 1996;675(1):61–70.

Loewen GR, Macdonald JI, Verbeeck RK. High-performance liquid chromatographic method for the simultaneous quantitation of diflunisal and its glucuronide and sulfate conjugates in human urine. J Pharm Sci 1989;78(3):250–255.

Mano N, Nikaido A, Narui T, Yamasaki D, Goto J. Rapid and simple quantitative assay method for diastereomeric flurbiprofen glucuronides in the incubation mixture. J Chromatogr B Analyt Technol Biomed Life Sci 2002;776(1):125–131.

Mess JN, Berube ER, Furtado M, Garofolo F. A practical approach to reduce interference due to in-source collision-induced dissociation of acylglucuronides in LC-MS/MS. Bioanalysis 2011;3(15):1741–1751.

Mortensen RW, Corcoran O, Cornett C, et al. S-naproxen-beta-1-O-acyl glucuronide degradation kinetic studies by stopped-flow high-performance liquid chromatography-1H NMR and high-performance liquid chromatography-UV. Drug Metab Dispos 2001;29(4 Pt 1):375–380.

Mullangi R, Bhamidipati RK, Srinivas NR. Bioanalytical aspects in characterization and quantification of glucuronide conjugates in various biological matrices. Current Pharmaceutical Analysis 2005;1(3):251–264.

Munafo A, McDonagh A F, Smith P C, Benet L Z. Irreversible binding of tolmetin glucuronic acid esters to albumin in vitro. Pharm Res 1990;7(1):21–27.

Regan SL, Maggs JL, Hammond TG, Lambert C, Williams DP, Park BK. Acyl glucuronides: the good, the bad and the ugly. Biopharm Drug Dispos 2010;31(7):367–395.

Ruelius HW, Kirkman SK, Young EM, Janssen FW. Reactions of oxaprozin-1-O-acyl glucuronide in solutions of human plasma and albumin. Adv Exp Med Biol 1986;197:431–441.

Schwartz MS, Desai RB, Bi S, Miller AR, Matuszewski BK. Determination of a prostaglandin D2 antagonist and its acyl glucuronide metabolite in human plasma by high performance liquid chromatography with tandem mass spectrometric detection–a lack of MS/MS selectivity between a glucuronide conjugate and a phase I metabolite. J Chromatogr B Analyt Technol Biomed Life Sci 2006;837(1-2):116–124.

Shipkova M, Armstrong VW, Oellerich M, Wieland E. Acyl glucuronide drug metabolites: toxicological and analytical implications. Ther Drug Monit 2003;25(1):1–16.

Sidelmann UG, Hansen SH, Gavaghan C, et al. Measurement of Internal Acyl Migration Reaction Kinetics Using Directly Coupled HPLC-NMR: Application for the Positional Isomers of Synthetic (2-Fluorobenzoyl)-d-glucopyranuronic Acid. Anal Chem 1996a;68(15):2564–2572.

Sidelmann UG, Lenz EM, Spraul M, et al. 750 MHz HPLC-NMR spectroscopic studies on the separation and characterization of the positional isomers of the glucuronides of 6,11-dihydro-11-oxodibenz[b,e]oxepin-2-acetic acid. Anal Chem 1996b;68(1):106–110.

Silvestro L, Gheorghe M, Iordachescu A, et al. Development and validation of an HPLC-MS/MS method to quantify clopidogrel acyl glucuronide, clopidogrel acid metabolite, and clopidogrel in plasma samples avoiding analyte back-conversion. Anal Bioanal Chem 2011;401(3):1023–1034.

Srinivasan K, Nouri P, Kavetskaia O. Challenges in the indirect quantitation of acyl-glucuronide metabolites of a cardiovascular drug from complex biological mixtures in the absence of reference standards. Biomed Chromatogr 2010;24(7):759–767.

Stachulski AV, Harding J R, Lindon JC, Maggs JL, Park BK, Wilson ID. Acyl glucuronides: biological activity, chemical reactivity, and chemical synthesis. J Med Chem 2006;49(24):6931–6945.

Stass H, Kubitza D. Pharmacokinetics and elimination of moxifloxacin after oral and intravenous administration in man. J Antimicrob Chemother 1999;43(Suppl B):83–90.

Trontelj J. Quantification of Glucuronide Metabolites in Biological Matrices by LC-MS/MS. In: Prasain JK, editor. Tandem Mass Spectrometry—Applications and Principles. InTech; 2012. p 550–576.

US FDA. Guidance for industry: Satetey testing of drug metabolites. 2008.

Valaskovic GA, Utley L, Lee MS, Wu JT. Ultra-low flow nanospray for the normalization of conventional liquid chromatography/mass spectrometry through equimolar response: standard-free quantitative estimation of metabolite levels in drug discovery. Rapid Commun Mass Spectrom 2006;20(7):1087–1096.

van Breemen RB, Fenselau CC, Dulik DM. Activated phase II metabolites: comparison of alkylation by 1-O-acyl glucuronides and acyl sulfates. Adv Exp Med Biol 1986;197:423–429.

Vree TB, Biggelaar-Martea M, Verwey-van Wissen CP. Determination of indomethacin, its metabolites and their glucuronides in human plasma and urine by means of direct gradient high-performance liquid chromatographic analysis. Preliminary pharmacokinetics and effect of probenecid. J Chromatogr 1993;616(2):271–282.

Vree TB, Biggelaar-Martea M, Verwey-van Wissen CP. Determination of furosemide with its acyl glucuronide in human plasma and urine by means of direct gradient high-performance liquid chromatographic analysis with fluorescence detection. Preliminary pharmacokinetics and effect of probenecid. J Chromatogr B Biomed Appl 1994a;655(1):53–62.

Vree TB, van Ewijk-Beneken Kolmer EW, Nouws JF. Direct-gradient high-performance liquid chromatographic analysis and preliminary pharmacokinetics of flumequine and flumequine acyl glucuronide in humans: effect of probenecid. J Chromatogr 1992;579(1):131–141.

Vree TB, van Ewijk-Beneken Kolmer EW, Verwey-van Wissen CP, Hekster YA. Direct gradient reversed-phase high-performance liquid chromatographic determination of salicylic acid, with the corresponding glycine and glucuronide conjugates in human plasma and urine. J Chromatogr 1994b;652(2):161–170.

Wainhaus S. Acyl glucuronides: assays and issues. In: Korfmacher WA, editor, Using Mass Spectrometry for Drug Metabolism Studies. CRC Press; 2005. p 175–202.

Xue YJ, Akinsanya JB, Raghavan N, Zhang D. Optimization to eliminate the interference of migration isomers for measuring 1-O-beta-acyl glucuronide without extensive chromatographic separation. Rapid Commun Mass Spectrom 2008;22(2):109–120.

Xue YJ, Simmons NJ, Liu J, Unger SE, Anderson DF, Jenkins R G. Separation of a BMS drug candidate and acyl glucuronide from seven glucuronide positional isomers in rat plasma via high-performance liquid chromatography with tandem mass spectrometric detection. Rapid Commun Mass Spectrom 2006;20(11):1776–1786.

Yan Z, Caldwell GW, Jones WJ, Masucci JA. Cone voltage induced in-source dissociation of glucuronides in electrospray and implications in biological analyses. Rapid Commun Mass Spectrom 2003;17(13):1433–1442.

Zhao Y, Yang C Y, Haznedar J, Antonian L. Simultaneous determination of SU5416 and its phase I and phase II metabolites in rat and dog plasma by LC/MS/MS. J Pharm Biomed Anal 2001;25(5-6):821–832.

Zhou SF, Paxton JW, Tingle MD, Kestell P, Jameson MB, Thompson PI, Baguley BC. Identification and reactivity of the major metabolite (beta-1-glucuronide) of the anti-tumour agent 5,6-dimethylxanthenone-4-acetic acid (DMXAA) in humans. Xenobiotica 2001;31(5):277–293.

36

N-氧化代谢产物的规范性液相色谱-质谱（LC-MS）生物分析——解决潜在的不稳定性问题

作者：Tapan K. Majumdar
译者：汤文艳
审校：梁文忠、张杰

36.1 引　言

药物代谢产物的识别和鉴定在药物开发过程中非常重要。具有生物活性的代谢产物对药物安全性和有效性的影响通常由制药公司的药物代谢与药代动力学（DMPK）部门进行研究。代谢产物经过体内酶的反应生成并与药物分子的化学结构密切相关。含有叔胺基官能团的化合物可以在体内和体外产生氮氧化物代谢产物（Bickel, 1969）。分子结构上含有氮原子与氧原子共享孤对电子的官能团的药物，如叔胺、吡啶和哌啶，通常可以生成作为肝脏微粒体酶氧化产物的氮氧化物代谢产物。Jenner（1971）描述了 4 种有可能形成 *N*-oxide 代谢产物的含氮官能团。它们是：①脂族胺［如二甲基苯丙胺（dimethylamphetamine）、丙咪嗪（imipramine）和邻甲苯海明（orphenadrine）］，②脂环族胺[如苯二甲吗啉（phendimetrazine）、尼古丁（nicotine）和 guanethine]，③芳香胺[如烟酰胺（nicotinamide）和曲吡那敏（tripellenamine）]，④与芳香环相邻的脂族胺[如邻二甲基苯胺（dimethylaniline）]。Dunstan 和 Goulding（1899）把 *N*-oxide 描述为一类新的化合物。在这些分子中，氮原子的孤对电子与氧原子共享形成半极化的 *N*-oxide 键，用一个短箭头表示（N→O）。氮氧化物的碱性低于相应的胺。

$$R-\underset{R_2}{\overset{R_1}{N}}: + :\ddot{O}: \longrightarrow R-\underset{R_2}{\overset{R_1}{N}}\rightarrow O$$

叔胺　　　　　　　　氮氧化物

36.2 *N*-oxide 代谢产物的产生

根据体外实验数据，*N*-oxide 代谢产物是在肝脏微粒体中通过还原型辅酶 II（NADPH）依赖的微粒体电子传递链催化氧化反应生成的。通过这种机制产生 *N*-oxide 代谢产物的化合物包括尼古丁（nicotine）（Papadopoulos, 1964; Rangiah et al., 2011）、普鲁卡因胺（procainamide）（Li et al., 2012）、氯氮平（clozapine）（Bun et al., 1999; Zhang et al., 2008）、

N, *N*-二甲基苯胺（*N*, *N*-dimethylaniline）（Ziegler and Pettit, 1964）、1-普洛帕吩（1-propoxyphene）（McMahon and Sullivan, 1964）、丙咪嗪（imipramine）（Bickel and Baggiolini, 1966）、氯丙嗪（chlorpromazine）（Beckett and Hewick, 1967）、偶氮类化合物（azo compound）（Koh and Gorrod, 1989）、*N*-苄基-*N*-乙基苯胺（*N*-benzyl-*N*-ethylaniline）和 *N*-苄基-*N*-乙基-p-甲苯胺（*N*-benzyl-*N*-ethyl-p-toluidine）（Ulgen et al., 1997）。通过肝脏微粒体酶代谢形成 *N*-oxide 代谢产物是含有叔氮官能团化合物的两个主要代谢途径之一。第二个代谢途径是通过叔胺的脱烷基化形成仲胺。这两个途径都是通过还原型辅酶II依赖的电子传递链催化。前者（*N*-oxide 形成）涉及 NADPH-细胞色素 *c* 还原酶和细胞色素 P450。后者（*N*-dealkylation）是通过另一种不含细胞色素 P450 的血黄素蛋白（Bickel, 1971）。个体的代谢速率高度依赖于动物种属和实验条件。氧化药物的肝脏微粒体电子传递链通过利用还原型辅酶II-辅助因子和氧形成 *N*-oxide 代谢产物。实验结果证明，有叔胺官能团的化合物很容易在体内由含有黄素的单氧化酶代谢成 *N*-oxide（Ziegle, 1988）。经报道在不同动物种属中产生 *N*-oxide 代谢产物的药物包括氯丙嗪（chlorpromazine）（Harinath and Odell, 1968）、氯环利嗪（chlorcyclizine）（Kuntzman et al., 1967）、二甲基苯胺（dimethylaniline）（Ziegler and Pettit, 1964; Machinist et al., 1968）和三甲胺（trimethylamine）（Baker et al., 1963）。

36.3　*N*-oxide 代谢产物的分布和排泄

N-oxide 代谢产物主要是从尿液中排出。动物或人服用含氮药物如丙咪嗪（imipramine）（Bickel and Weder, 1968）、氯环利嗪（chlorcyclizine）（Kuntzman et al., 1967）和氯丙嗪（chlorpromazine）（Forrest et al., 1968）后，*N*-oxide 只能在尿液中被检测到，而在身体组织中没有。啮齿类动物服用丙咪嗪（imipramine）后，*N*-oxide 代谢产物存在于血浆、胆汁、肠、粪便和尿液中，但在身体组织内没有被发现（Bickel and Weder, 1968）。然而在该研究小组进行的另外一个实验中，直接以丙咪嗪的氮氧化物给药后，除大脑外，肝脏、肾脏和其他组织中都检测到了丙咪嗪的氮氧化物。

36.4　*N*-oxide 的代谢

N-oxide 的代谢途径之一是通过连续的 *N*-脱烷基（*N*-dealkylation）代谢生成仲胺和醛。需要注意的重要一点是，叔胺可以不以 *N*-oxide 作为中间代谢产物而是通过去烷基化直接生成仲胺和醛类代谢产物（Bickel, 1971）。第二种也是比较少见的代谢途径，是 *N*-oxide 还原后形成母药（叔胺），这是 *N*-氧化的逆反应。

36.5　*N*-oxide 的生物活性

由于相对于其他代谢产物而言可能存在高的生物活性，*N*-oxide 代谢产物的系统暴露量是一个受关注的领域。有几个例子显示 *N*-oxide 化合物与相应的母药相比有着同样或更高的生物活性。有些 *N*-oxide 有重要的药理或毒理作用。例如，生物碱的 *N*-oxide 可以作为化疗药物、抗生素和精神类药品。某些致癌的 *N*-oxide（如嘌呤 *N*-oxide）作为抗代谢产物，被认为是自发性癌症的诱发剂。由于 *N*-oxide 代谢产物很强的药理和毒理活性，它们常常会和其含有叔胺基团的母药一起进行体内药物浓度监测。这类药物及其 *N*-oxide 代谢产物会在 36.8 节中讨论。

36.6 实验方案

在引入软电离质谱技术之前，准确测定 *N*-oxide 代谢产物是一个挑战。这是由于测试仪器灵敏度不高，如高效液相色谱（HPLC）配合紫外检测器或光电二极管阵列（PDA）探测器，或者由于 *N*-oxide 在气相色谱（GC）入口和柱温箱中的热不稳定性。硬电离技术如 GC/MS 仪器中的电子轰击也会使 *N*-oxide 代谢产物转换为母药。现在，软电离方法如电喷雾离子化（ESI）、大气压化学离子化（APCI）和高灵敏质谱技术的引入使得可以准确测量低浓度的 *N*-oxide 代谢产物。*N*-oxide 是不稳定的分子，可以在生物分析中使用的实验条件下失去氧原子而转化为母药。这些条件包括高温、强酸或强碱、生物基质中的抗氧化剂，以及分析时在质谱分析中离子源内的转化。在生物分析过程之中有很多不利条件，如样品收集、处理、色谱分离、质谱离子源内的分析及在串联质谱中的碰撞过程。

由于 LC-MS 技术的高灵敏度和高选择性，可以用于 *N*-oxide 代谢产物的定量，该节描述和评论了这种方法。对实验方案包括的很多步骤，如样品采集、制备、提取、色谱分离和质谱分析进行了简要讨论，包括每一步操作中可能发生的 *N*-oxide 转换。尽管软电离技术已经存在了 20 多年，但发表的规范性的 *N*-oxide 检测方法仍然十分有限。在讨论的最后提供了一些文献中的实例。

36.6.1 样品采集

样品采集过程中，需要评估 *N*-oxide 代谢产物在各种条件下的稳定性（如抗凝剂、稳定剂及温度）。这可以通过在基质中添加已知浓度的溶液并温和混合均匀来实现。通常 *N*-oxide 在血浆中比在全血中更加稳定。因此建议在全血和血浆中都进行稳定性评估。改变血液的 pH 可以稳定母药但却使 *N*-oxide 代谢产物不稳定。在样品采集过程中，在全血中添加稳定剂很容易使 *N*-oxide 向母药转化。抗坏血酸是抗氧化剂的一种，用于防止母药在样品采集过程中的氧化。但是抗坏血酸会导致 *N*-oxide 代谢产物的还原（Dell, 2004）。

36.6.2 样品制备

将样品（如 0.1 ml 血浆或尿液），在相同基质中准备的双空白样品、校正标样（STD）加到指定的 96 孔板中放至室温。内标溶液（如 0.05 ml）添加到除双空白样品外的每个孔中，在双空白样品中添加相同体积（如 0.05 ml）的溶剂（用于配制内标溶液的溶剂）。为使方法可靠，强烈建议在 *N*-oxide 分析中使用稳定性同位素标记的内标（SIL-IS），而不是结构相似物。SIL-IS 在提取、电离和 MS/MS 反应中能够与分析物经历相同的变化，从而在给定的分析物浓度下提供恒定的分析物/内标值。提取样品的 96 孔板快速混匀并在室温下平衡 10 min。

36.6.3　样品提取

样品提取可以采用蛋白质沉淀（PPT）、固相萃取（SPE）、载体液-液萃取（SLE）或液-液萃取（LLE）。后 3 种提取方法（SPE、SLE、LLE）处理后的样品比较干净，基质干扰最小。生物样品在碱性条件下进行提取可能导致 *N*-oxide 代谢产物失去氧原子。例如，氯丙嗪 *N*-oxide 代谢产物在强碱性溶液中转化为母药（Dell, 2004）。使用碳酸钠而不是氢氧化钠可以避免在提取过程中氯丙嗪 *N*-oxide 代谢产物的这种转换。在提取过程中吹干时加热也可以促使 *N*-oxide 代谢产物转化为母药。

对于蛋白质沉淀，将 0.2 ml 的乙腈加入到 0.1 ml 血浆样品中，样品板涡旋 5 min。随后将板密封，在 3000×*g* 左右的转速下离心分离上清液，或通过 96 孔过滤板分离出上清液。适当体积的上清液可以直接进样到 LC-MS/MS 系统中进行分析。但是，为了得到干净的提取物，一般会将提取的上清液吹干，再用合适的溶剂复溶，然后将适当体积的复溶样品进样到 LC-MS/MS 系统中进行分析。在某些情况下，经常会使用超声或强酸来处理与蛋白质结合强的化合物。但超声和酸处理可能会影响 *N*-oxide 的稳定性。

对于固相萃取，样品可以先用酸进行处理以破坏蛋白质的结合。然后，将 96 孔板中的样品加到 96 孔 SPE 板中（如 Waters 公司提供的 Oasis HLB 的 SPE 板，www.waters.com），上样之前 SPE 板先要用 0.5～1 ml 甲醇预处理，再加入等体积的水进行活化。上样后每个加入样品的孔用 0.5～1 ml 的 5%甲醇水溶液（*V*/*V*）进行清洗。然后根据分析物的 pK_a，使用不影响 *N*-oxide 稳定性的 2%甲酸水溶液和 2%氨水溶液进行清洗。化合物通常使用适当体积（如 0.1～0.2 ml）的溶剂混合物进行洗脱（如含有 0.05%甲酸的甲醇溶液）。洗脱体积可以根据方法的灵敏度进行调整。对一些化合物，可以采用混合型固相萃取小柱处理，通常用酸性和碱性溶液处理可以得到高的提取回收率（RE）。为了确保 *N*-oxide 的稳定性，必须注意 SPE 过程中 pH 的变化。

SLE 96 萃取板[如 Biotage 公司 Isolute SLE＋萃取板（www.biotage.com）]相对于稍后讨论的 LLE，是一种高通量的处理方式。该技术使用一种惰性基质如硅藻土来模拟 LLE 的过程。样品（如 0.1 ml）与缓冲溶液 1∶1（*V*/*V*）混合，然后上样到 SLE 板。根据分析物的酸碱性，缓冲液需调为合适的 pH，保证被分析物在提取过程中不带电荷。由于 *N*-oxide 在强酸性和强碱性条件下不稳定，在样品处理步骤中应该仔细评估以保持 *N*-oxide 的稳定。然后将稀释后的样品上样到 96 孔 SLE 萃取板上使化合物与惰性基质结合 5 min。再加入合适的萃取剂（1 ml）如甲基叔丁基醚（MTBE）、乙酸乙酯或正己烷，先在没有外部压力的条件下洗脱 5 min，然后剩下的溶剂在低真空状态下（－0.5 bar）进行洗脱。提取液吹干后，用合适的溶剂复溶，随后注入适当体积的样品到 LC-MS/MS 系统中进行分析。

对于液-液萃取，添加 0.5～1.0 ml 适当的萃取剂（如 MTBE、乙酸乙酯和正己烷）到 96 孔板中。对酸性、中性或碱性的分析物，在没有适当地评估 *N*-oxide 在 pH 变化下的稳定性时，可以通过调整水相的 pH 使分析物保持中性来进行有效提取。然后将板密封，涡旋混合 5 min 后在 3000×*g* 转速下离心。随后从上清液中转移一定体积的有机层到一个干净的 96 块板中。吹干提取液，加入合适的溶剂复溶，随后将适当体积的样品进样到 LC-MS/MS 系统中进行分析。

36.6.4 色谱分离

色谱分离*N*-oxide代谢产物通常使用C8或C18固定相的反相色谱柱。包含极性固定相的色谱柱，如亲水相互作用液相色谱（HILIC）、Synergy polar RP等，会在本章的36.8节进行讨论。用于分析这类化合物的典型色谱柱规格是50 mm×2.1 mm。流动相是乙腈（或甲醇）和含有0.01 mol/L 乙酸铵（或甲酸）的水溶液在梯度洗脱或等度洗脱条件下。缓冲液的pH可能需要一定的调整以获得好的色谱分离。由于*N*-oxide的稳定性和pH有关，需要仔细评估色谱方法以尽量减少*N*-oxide的转换。

36.6.5 MS/MS 分析

N-oxide代谢产物的离子化通常采用ESI或APCI。对离子化过程中产生的质子化分子离子$[M+H]^+$进行选择反应监测（SRM）可以提高方法的选择性。*N*-oxide对热不稳定，在高离子源温度下转化为母药的现象很常见。当在离子源内发生转化时，从*N*-oxide代谢产物转化产生的母药在色谱图中可以被视为一个单独的色谱峰，它的保留时间与*N*-oxide相同。在软电离技术中，只有ESI可以减少*N*-oxide的转化。根据经验，APCI中一小部分*N*-oxide会转化为母药（Majumdar et al., 2001）。在某些质谱平台中，*N*-oxide在离子源内的转化是非常严重的。在MS/MS过程中离子进行碰撞诱导解离（CID）时，也可能通过失去氧原子形成裂解，产生额外的子离子。因此，强烈建议在*N*-oxide代谢产物的定量分析中使用稳定同位素标记（SIL）的*N*-oxide作为内标，减小由质谱产生转化的不良影响。

36.7 规范性生物分析的注意事项

规范的*N*-oxide代谢产物生物分析一般遵循FDA指导原则（行业指导原则，2001年5月）。方法验证一般评估6个基本参数：①选择性、②准确度、③精密度、④灵敏度、⑤重现性、⑥稳定性。

选择性的验证要求分析至少6个不同来源的空白基质（血浆、血液、尿液或其他基质）。在空白基质中的响应或干扰信号不应超过20%的最低定量下限（LLOQ）。

准确度要求，在3天的验证中每天都分析3个不同浓度水平的质量控制（QC）样品，每个浓度的QC样品至少需要考察5个重复。QC样品的配置是在空白基质中添加已知浓度的*N*-oxide代谢产物。第一个QC样品的浓度在3倍的LLOQ内，第二个QC样品的浓度在校正曲线的中间浓度范围内，第三个QC样品要与定量上限（ULOQ）非常接近。在一个浓度下QC样品测得的浓度平均值的接受标准是其与理论浓度之间相对偏差不超过15%。

精密度由前面讨论的灵敏度和准确度中每个浓度的QC样品的变异系数（CV）确定。在LLOQ浓度下CV在20%之内，浓度高于LLOQ的QC样品的CV在15%之内是可以接受的。重现性由3天验证的QC样品的批内和批间精密度决定。灵敏度是通过分析5个LLOQ浓度的样品得到的［与空白基质中的响应信噪比（*S/N*）大于5］。可以接受的准确度和精密度的标准是在20%之内。

提取回收率是通过比较经过提取的与没有经过提取的3个浓度的QC样品来计算的。在规范性生物分析方法中提取回收率在不同浓度应该保持一致。

N-oxide 代谢产物的稳定性是一个关键问题，因为这些代谢产物在化学上不稳定而且稳定的时间长短取决于分子的化学性质。QC 样品的稳定性要在不同条件下考察，包括室温（或实验室温度）稳定性、冻融稳定性、短期储存稳定性，长期储存稳定性、样品提取后的稳定性、储备溶液的稳定性和已测样品稳定性（ISS）。

方法中一定要重分析 5%的试验样品以建立已测样品再分析（ISR）重现性。对于不稳定化合物如 *N*-oxide 代谢产物的生物分析方法，ISR 重现性和已测样品稳定性是至关重要的，因为这两个实验可以表明 *N*-oxide 代谢产物在储存和分析条件下的稳定性和重现性。

36.8 实　例

36.8.1 尼古丁（nicotine）及其包括 *N*-oxide 在内的代谢产物

定量测定尼古丁（nicotine）及其主要代谢产物[如可的宁（cotinine）、反式-3-羟基-可的宁（trans-3′-hydroxycotinine）、尼古丁葡萄糖醛酸复合物（nicotine-*N*′-oxide）、可的宁葡萄糖醛酸复合物（cotinine-*N*-oxide）和去甲烟碱（nornicotine）]和它们的药代动力学（PK）可以帮助建立了解与尼古丁和烟草相关的有毒化合物的吸收、药理作用和上瘾，并优化对尼古丁依赖的治疗。尼古丁及其主要代谢产物的结构如图 36.1 所示。

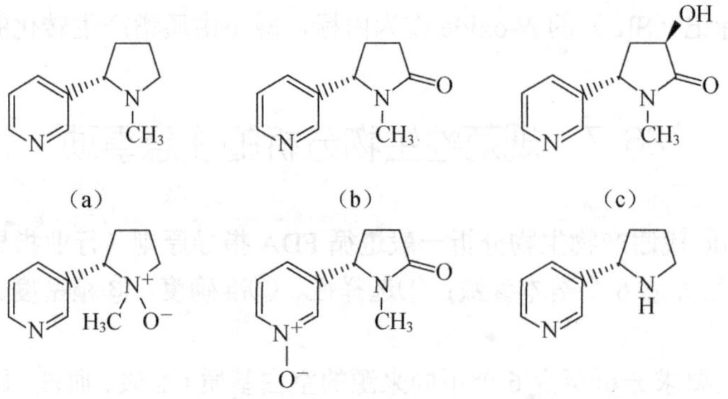

（a）　　（b）　　（c）

（d）　　（e）　　（f）

图 36.1　（a）尼古丁（nicotine），（b）可的宁（cotinine），（c）反式-3′-羟基-可的宁（trans-3′-hydroxycotinine），（d）尼古丁氮氧化物代谢物（nicotine-*N*′-oxide），（e）可的宁氮氧化物代谢物（cotinine-*N*-oxide），（f）去甲烟碱（nornicotine）

最近几年已经发表了几个经过验证的 LC-MS/MS 方法，用于规范性测定生物基质中的尼古丁及其代谢产物（包括 *N*-oxide）（Meger et al., 2002; Xu et al., 2005; Pellegrini et al., 2007; Xie et al., 2008; Marclay and Saugy, 2010）。

Marclay 和 Saugy（2010）开发了一个用 LC-MS/MS 技术监测和定量人尿液中尼古丁及其主要代谢产物 cotinine、trans-3′-hydroxycotinine、nicotine-*N*′-oxide、cotinine-*N*-oxide 的方法。这个方法是为了鉴别职业运动员是否滥用烟草和含有尼古丁的产品而建立的。在该方法中，采用液-液萃取的方法来处理样品。处理后的样品由亲水相互作用液相色谱-串联质谱（HILIC-MS/MS）进行分析。串联质谱数据的采集在 ESI 正离子模式下进行 SRM。该方法中尼古丁、cotinine 和 trans-3′-hydroxycotinine 的验证线性校正范围为 10～10 000 ng/ml，nicotine-*N*′-oxideh 和 cotinine-*N*-oxide 的验证线性校正范围为 10～5000 ng/ml，相关系数（r^2）都大于 0.95。提取回收率（%）从 70.4%到 100.4%，与浓度相关。所有分析物的 LLOQ 为 10 ng/ml。方法的准确度和精密度分别为 9.4%和 9.9%。为了测量 2009 年冰球世界锦标赛中尼古丁吸食的普遍程度，收集和分析了 72 个运动员的尿液样品。每一个尿样中都发现了尼古丁和（或）其代谢产物，而浓度测量结果显示 8/10 的受试者在过去 3 天接触过尼古丁。尼古丁、cotinine、trans-3′-hydroxycotinine、nicotine-*N*′-oxide、cotinine-*N*-oxide 测得的浓度范围分别为 11～19 750 ng/ml、13～10 475 ng/ml、10～8217 ng/ml、11～3396 ng/ml 和 13～1640 ng/ml。根据赛会对赛前和（或）比赛期间尼古丁摄入量制定的保守上限（尼古丁、cotinine 和 trans-3′-hydroxycotinine 为 50 ng/ml，nicotine-*N*′-oxide、cotinine-*N*-oxide 为 25 ng/ml），大约一半的运动员被认定摄入了尼古丁。

Fan 等在 2008 年发表了在一个大范围人生物监测研究中直接测定吸烟者尿液中尼古丁、cotinine、trans-3′-hydroxycotinine 及其相应的葡萄糖苷酸代谢产物，如去甲烟碱、nicotine-*N*′-oxide、cotinine-*N*-oxide 浓度的方法学。样品处理方法很简单，只离心及过滤稀释后的尿液样品（稀释后进样的方法）。色谱分离在 C18 反相柱上进行，使用梯度洗脱，以含 10 mmol/L 乙酸铵，pH 为 6.8 的水溶液和甲醇作为流动相，流速 1 ml/min。nicotine-methyl-d_3、cotinine-methyl-d_3 和 trans-3′-hydroxycotinine-methyl-d_3 作为内标。分析物 3 个浓度 QC 样品的精密度（CV）在 2.1%～17.0%。尼古丁及其 9 个代谢产物的提取回收率从 78.4%到 115.6%。

Pellegrini 等（2007）发表了一个使用 LC-MS/MS 方法同时定量人母乳中 3 类易上瘾物品——烟草、咖啡因和槟榔果中的生物标志物的文章。用这个方法测定了尼古丁及其主要代谢产物 cotinine、trans-3′-hydroxycotinine、nicotine-*N*-oxide、咖啡因和槟榔碱。使用氯仿：异丙醇（95：5，*V*/*V*）在中性条件下液-液萃取提取尼古丁、cotinine、trans-3′-hydroxycotinine、nicotine-*N*-oxide 和咖啡因。用相同的溶剂在碱性条件下提取槟榔碱。色谱分离在一个 C8 反相柱色谱上进行，梯度洗脱以含 50 mmol/L 甲酸铵，pH5.0 的水溶液及乙腈作为流动相，流速为 0.5 ml/min。检测是在 ESI 正离子模式下进行的多反应监测（MRM）（LC-ESI/MS/MS）。每次测定使用 1 ml 母乳，尼古丁、cotinine、trans-3′-hydroxycotinine、nicotine-*N*-oxide、咖啡因的 LLOQ 是 5 μg/L，槟榔碱的 LLOQ 是 50 μg/L。不同的分析物其提取回收率从 71.8%到 77.4%。这个方法被用来定量人乳中的分析物，来评价母乳喂养的婴儿对该类物质的暴露量和临床结果之间的关系。

Xu 等（2005）发表了利用液相色谱和 TSQ 三重四极杆质谱（thermo fisher scientific, San Jose, CA）定量人尿液中尼古丁及其 5 个主要代谢产物，包括 cotinine、trans-3′-hydroxycotinine、nicotine-*N*′-oxide、cotinine-*N*-oxide 和去甲烟碱的方法。新烟碱（anabasine）是个微量的烟草生物碱，也用该方法进行了定量。采用 SPE 方法来提取加入氘代内标的尿液样品。除尼古丁的 LLOQ 是 1 μg/L 外，其他待测物的 LLOQ 是 0.1～0.2 μg/L。尿液中 cotinine-*N*-oxide、trans-3′-hydroxycotinine、尼古丁和新烟碱的提取回收率接近 100%，而 nicotine-*N*′-oxide、cotinine、去甲烟碱的平均提取回收率分别为 51.4%、78.6%和 78.8%。nicotine-*N*′-oxide、cotinine-*N*-oxide 和新烟碱的线性校正范围是 0.2～400 μg/L，cotinine、trans-3′-hydroxycotinine 和去甲烟碱的线性校正范围是 0.2～4000 μg/L，尼古丁的线性校正

范围是 1.0～4000 μg/L。方法的总批间精密度和提取回收率分别为 2.5%～18%和 92%～109%。

Meger 等（2002）发表了使用 LC-MS/MS 方法直接定量吸烟者尿液中尼古丁及其代谢产物 cotinine、trans-3′-hydroxycotinine 和它们相应的葡萄糖苷酸代谢产物与 nicotine-*N*′-oxide、cotinine-*N*-oxide 的方法。在这个方法中，尿液样品进行反相柱色谱分离之前先过滤，化合物采用 APCI 方式离子化，质谱检测采用选择性 MS/MS 离子信道。氘同位素标记的尼古丁、可的宁、trans-3′-hydroxycotinine 作为内标。尼古丁类分析物在吸烟者尿液中可观察到浓度下的精密度（CV）小于 10%。尼古丁、cotinine、trans-3′-hydroxycotinine、cotinine-*N*-oxide 的准确度从 87%到 113%。对利用此方法定量 15 名吸烟者尿液样品中 5 个葡萄糖醛酸代谢产物的结果与一个非直接定量的方法进行了比较。在非直接定量的方法中，采用 GC 和氮磷检测器（GC-NPD）在酶切反应之前和之后测定苷元。结果发现这两种方法的测量结果对 cotinine-*N*-glucuronide（CV＝9%）和 trans-3'-hydroxycotinine-*O*-glucuronide（CV＝20%）比较吻合，但对 nicotine-*N*-glucuronide 有些差异（CV＝33%）。这个 LC-MS/MS 方法对同时测定吸烟者尿液中的尼古丁和 8 个主要代谢产物具有良好的精密度和准确度。

36.8.2　氯氮平及其代谢产物

氯氮平（clozapine）是双苯衍生物，作为非典型抗精神病药物，广泛用于治疗精神分裂症和躁郁症。口服氯氮平由肝酶进行代谢。两个主要的在体内存在的并有药理活性的代谢产物是去甲氯氮平（*N*-desmethyl clozapine 或 norclozapine）和氯氮平氮氧化物（clozapine-*N*-oxide），其结构如图 36.2 所示。服用氯氮平治疗精神疾病的患者需要定期监测这些代谢产物。

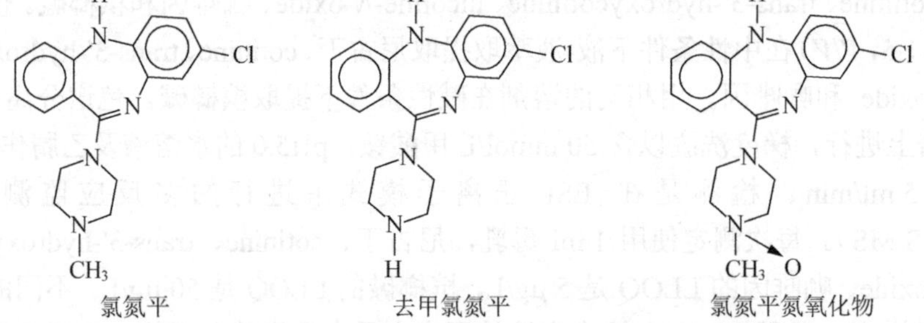

氯氮平　　去甲氯氮平　　氯氮平氮氧化物

图 36.2　氯氮平及其代谢产物去甲氯氮平和氯氮平氮氧化物的结构式

在过去 10 年中已经发表了大量在生物体液中测量氯氮平、去甲氯氮平和氯氮平氮氧化物的分析方法（Aravagiri and Marder, 2001; Niederlaender et al., 2006; Wohlfarth et al., 2011）。

Wohlfarth 等（2011）发表了一篇 LC-MS/MS 测定人血清和尿液中氯氮平及其两种主要代谢产物去甲氯氮平和氯氮平氮氧化物的文章。该方法是在碱性条件下使用乙酸乙酯液-液萃取提取分析物。色谱分离在 Phenomenex 公司（Torrance，CA，USA）型号为 Synergi Polar RP 的色谱柱上进行，流动相为 1 mmol/L 甲酸铵和甲醇进行梯度洗脱。数据采集采用 Sciex QTRAP 2000 串联质谱仪在 ESI 正离子模式进行 SRM。每一个分析物使用两个 MRM 来进行确认。这个方法学验证包括确定 LLOQ（血清 1.0 ng/ml，尿液 2.0 ng/ml），评估基质效应和提取回收率（血清 52%～85%，尿液 59%～88%）及准确度的评估。该方法准确性高于

±90%。验证了氯氮平和去甲氯氮平在两种基质中及氯氮平氮氧化物在血清中的稀释系数。而在尿液中定量氯氮平氮氧化物，使用稀释的校正标样。校正标样的校正范围是 1.0（LLOQ）～2000 ng/ml（ULOQ），相关系数高于 0.98。该方法被用于测量这些化合物在一个中毒青少年的几个血清、尿样和一个脑脊液（CSF）样品中的浓度。

Niederlaender 等（2006）发表了一个在血清中高通量在线检测氯氮平与其代谢产物（去甲氯氮平和氯氮平氮氧化物）的方法，用于治疗药物监测（TDM）。该文章介绍了该方法的开发、优化和验证，并与现有的测定血清和血浆中氯氮平及代谢产物的方法进行了比较。方法中用到了 Prospekt-2 自动 SPE 系统（Spark Holland, Emmen, The Netherlands）、安捷伦 1100 LC 系统（Agilent Technologies）和 API 2000 质谱仪（Applied Biosystems，Foster City，CA）。在线提取采用了一个反相 C18 SPE 小柱，色谱分离采用一个反相 C18 色谱柱。质谱检测采用大气压离子源（APCI 和 ESI）选择性离子检测（SIM）模式。为提高通量对色谱和 SPE 条件进行优化后，SPE-LC-MS 每次分析的时间约为 2.2 min。根据使用不同的离子源，检测限（LOD）从 0.15 ng/ml 到 0.3 ng/ml。氯氮平及其 *N*-oxide 代谢产物采用二次回归校正曲线，desmethyl 代谢产物采用线性校正曲线。两条曲线的相关系数都高于 0.99。方法偏差小于 10%。精密度（批内与批间）在高浓度范围（700～1000 ng/ml）偏差（OECD 定义的界限）是 5%，在 LLOQ 50 ng/ml 的相对标准偏差为 20%。

Aravagiri 和 Marder（2001）报道了使用 LC-MS/MS 技术同时测定人血浆中氯氮平及其 *N*-desmethyl（去甲氯氮平）和 *N*-oxide 代谢产物的方法。人血浆中分析物的提取采用简单的液-液萃取。分离在等度模式下使用反相 C18 色谱柱。检测使用的是三重四极杆的 API 2000（Applied Biosystems），用 ESI 正离子模式进行 MRM。监测的氯氮平离子信道为 *m*/*z* 327→*m*/*z* 270，去甲氯氮平为 *m*/*z* 313→*m*/*z* 192，氯氮平氮氧化物为 *m*/*z* 343→*m*/*z* 256，内标为 *m*/*z* 421→*m*/*z* 201。所有分析物的线性校正范围是 1～1000 ng/ml（r^2＞0.998），使用 0.5 ml 的人血浆。3 批合并的来自服用氯氮平患者的血浆样品被用作长期 QC 样品，来检查在不同时期配置的校正标样是否合适。校正标样和 QC 样品的批间和批内精密度（CV）偏差在 14% 之内。该方法特异性高，灵敏，准确，快速，并被用于监测服用氯氮平后患者血浆中氯氮平及其 *N*-desmethyl *N*-oxide 代谢产物的浓度。患者间和患者本身的数据显示，血浆中氯氮平、去甲氯氮平和氯氮平氮氧化物的浓度变化很大，去甲氯氮平和氯氮平氮氧化物的浓度分别是氯氮平浓度的 58%±14%和 17%±6%。

36.8.3 丙哌维林（propiverine）及其 *N*-oxide 代谢产物

盐酸丙哌维林（propiverine hydrochloride）是一种抗胆碱和抗毒蕈碱药物，用于治疗膀胱过动症症状如尿频和尿急、失禁。propiverine *N*-oxide 是其体内有药理活性的主要代谢产物，因此需要在接受治疗的患者中监测这个代谢产物。

已经发表了几篇关于 LC-MS/MS 定量测定人血浆中丙哌维林（propiverine）及其 *N*-oxide 代谢产物的方法学验证的文章（Komoto et al., 2004; Yoon et al., 2005）。

Yoon 等（2005）发表了一个简单、快速、灵敏的用 LC-MS/MS 技术测定人血浆中丙哌维林及其代谢产物 propiverine *N*-oxide 的方法。样品提取采用乙腈沉淀蛋白质。奥昔布宁（oxybutynin）作为内标。沉淀后的上清液直接进样到 LC-MS/MS 系统中进行分析。样品在一个 C8 反相色谱柱上进行分离。流动相为含 0.1%甲酸的水溶液：乙腈（25：75，*V*/*V*）。

质谱检测使用 ESI 串联质谱。多反应检测的离子信道分别为 propiverine *m/z* 368→*m/z* 116，propiverine *N*-oxide *m/z* 384→*m/z* 183，oxybutynin（内标）*m/z* 358→*m/z* 142。另一种成功应用于 PK 研究的是经过验证的 LC-MS/MS 的方法，使用 MTBE 进行液-液萃取，propiverine 的线性校正范围是 1～250 ng/ml，propiverine *N*-oxide 代谢产物的线性校正范围是 2～500 ng/ml。这两种方法中 propiverine 的 LLOQ 都是 1 ng/ml，propiverine *N*-oxide 是 2ng/ml。这两个方法（LC-MS 和 LC-MS/MS）中两个测试物的精密度（%RSD 相对标准偏差）和准确度的值分别为＜10.2%和＞93.9%。

Komoto 等（2004）发表了一个利用 LC-MS/MS 技术测定盐酸丙哌维林及其代谢产物 propiverine *N*-oxide 在人血浆中浓度的方法。方法中使用了稳定同位素标记内标（SIL-IS）propiverine hydrochloride-d_{10} 和 propiverine *N*-oxide-d_{10}。样品制备方法为在中性 pH 为 7 的条件下使用二氯甲烷进行液-液萃取。以甲醇：1%乙酸（50：50，*V*/*V*）为流动相，使用 C18 反相色谱柱进行分离。检测使用 ESI 正离子 SRM 模式进行。取用 0.2 ml 人血浆样品，该方法验证的盐酸丙哌维林的浓度范围是 2～500 ng/ml，*N*-oxide 代谢产物的浓度范围是 4～1000 ng/ml。两个待测物的批间精密度（%RSD）和准确度分别为＜8.7%（对丙哌维林在其 LLOQ 时为 15.2%）和＞88.5%。这两个分析物的批间精密度和准确度分别为＜12.4%和＞97.5%。对于稳定性实验，验证了 3 次冻融循环、室温（4 h）及储存在低于−20℃（6 个月）的稳定性。在临床研究中，该方法成功地被应用于测定盐酸丙哌维林和 *N*-oxide 代谢产物的浓度。

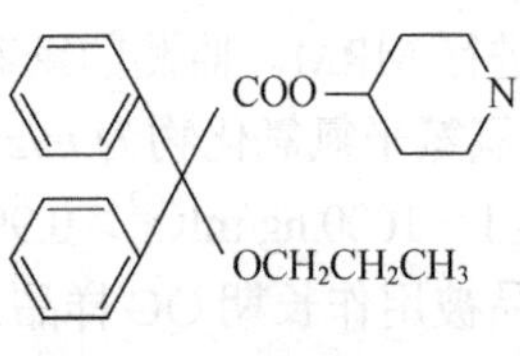

丙哌维林 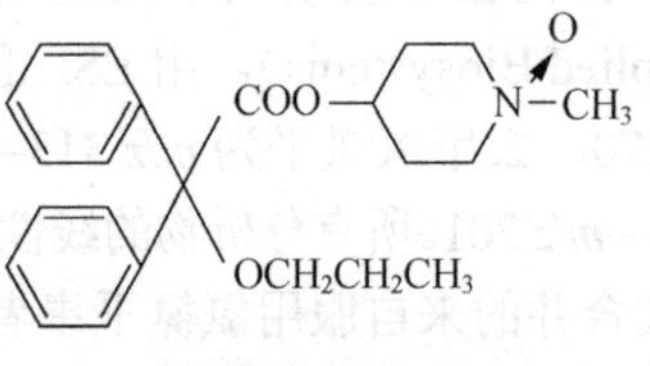　　　　丙哌维林氮氧化物

36.8.4 其他碱性药物及其代谢产物

罗氟司特（roflumilast）是一个选择性磷酸二酯酶 4 抑制剂，用于治疗严重的慢性阻塞性肺疾病。Knebel 等（2012）发表了一个高通量定量罗氟司特（roflumilast）及其 *N*-oxide 代谢产物在人全血、血浆和血清中浓度的方法。该方法使用乙酸乙酯：正庚烷（1：1，*V*/*V*）和半自动液-液萃取。色谱分离在一个 C18 反相色谱柱进行。色谱检测使用 ESI 的串联质谱。两个化合物的校正范围都是 0.1 ng/ml（LLOQ）和 50 ng/ml（ULOQ）。roflumilast 和 *N*-oxide 代谢产物连续 3 天的批内、批间准确度结果都高于 96%，平均精密度的相对偏差在 6%之内。

他莫昔芬（tamoxifen, Tam）被用于治疗雌二醇受体阳性乳腺癌。它是一种前体药物，在体内通过各种生物转化酶转化为主要活性代谢产物 endoxifen 和 4-hydroxy-tamoxifen（4-OH-Tam）。Jaremko 等（2010）开发并发表了一个用新颖的 LC-MS/MS 技术测定 Tam、*N*-desmethyl-tamoxifen（ND-Tam）、tamoxifen-*N*-oxide（Tam-*N*-oxide）及 endoxifen 的 E、Z 和 Z'异构体与 4-OH-Tam 的方法。代谢产物的定量校正范围是 0.6～2000 nmol/L。批间、批内重现性偏差值分别为 0.2%～8.4%和 0.6%～6.3%。方法回收率范围是 86%～103%。

endoxifen、4-OH-Tam 及其异构体在冷冻血浆中至少稳定 6 个月。该方法为监测接受他莫昔芬治疗的乳腺癌患者体内他莫昔芬的代谢产物及其异构体提供了第一个灵敏、特异、准确、可重现的方法。

佐匹克隆（zopiclone）是一种快速镇静催眠药，用于治疗失眠。*N*-脱甲基佐匹克隆（*N*-desmethylzopiclone）和佐匹克隆氮氧化物（zopiclone-*N*-oxide）是佐匹克隆的两个主要代谢产物。在受试者使用佐匹克隆时，需定期监测体内这两个代谢产物的血药浓度。Mistri 等已经开发并验证了一个简单、高选择性、灵敏的 LC-MS/MS 方法，并应用其测量人血浆中佐匹克隆及其代谢产物的浓度（Mistri et al., 2008）。在这个方法中，分析物经过 SPE 萃取，再通过 Waters 公司的 Symmetry shield RP8 色谱柱（Phenomemex, Torrance CA）进行分离，色谱柱规格是 150 mm×4.6 mm，3.5 μm。检测器使用 ESI 的串联质谱。metaxalone 作为内标。色谱方法时间是 4.5 min。佐匹克隆和 *N*-desmethylzopiclone 线性校正曲线的浓度范围为 0.5～15 ng/ml，zopiclone-*N*-oxide 是 1～150 ng/ml。所有分析物在 LLOQ 的批间和批内准确度、精密度（相对偏差）是 89.5%～109.1%，在其他 QC 样品浓度下是 3.0%～14.7%。方法的分析物和内标在人血浆样品中回收率≥90%。该方法已成功应用于 16 名健康志愿者在禁食条件下口服 7.5 mg 佐匹克隆（实验药物和参比药物）的相对生物利用度（BA）研究。

Xu 等（2005）验证了一个高选择性、高灵敏度的 LC-MS/MS 方法，用于测定人血浆中一个新的 KDR 酶抑制剂及其活性 *N*-oxide 代谢产物，以支持其 PK 研究。一个 Packard MultiPROBE Ⅱ系统（Parkin Elmer，San Diego，CA）和一个 TomTec Quadra96（Hamden, CT）液体工作站被用来进行样品制备和 96 孔板固相萃取（SPE）。经过在混合模式的 Oasis MCX 96 孔固相萃取板提取样品后，使用反相 C18 色谱柱进行分离，流动相为乙腈：乙酸铵缓冲液（5 mmol/L，pH 5.0）（60：40，*V*/*V*），流速为 0.25 ml/min。使用串联质谱在正离子模式下进行检测（ESI）。在 PE Sciex API 4000 质谱上，分析物校正曲线的校正范围是 0.05～400 ng/ml，代谢产物是 0.1～400 ng/ml。取用 0.4 ml 血浆样品进行处理，分析物及其代谢产物的 LLOQ 分别是 0.05 ng/ml 和 0.1 ng/ml。分析物的批间精密度（在血浆中加入分析物，配置成 5 个不同浓度的校正标样）在 4.9%之内，代谢产物在 9.6%以内。分析物的准确度为 95.1%～104%，代谢产物的准确度在 93.5%～105.6%。配置的 QC 样品在室温下至少 4 h，在－70℃下 10 天和经过 3 个冻融循环后稳定。分析物、代谢产物及内标的提取回收率分别为 80%、80%和 84%。在验证实验中没有观察到显著的基质效应。该方法成功地应用于口服化合物 1 临床研究中的样品分析。

36.9 结 束 语

含有叔氮原子的母药在药物代谢（DM）的过程中会代谢形成氮氧化物（*N*-oxide）代谢产物。数据显示 *N*-oxide 代谢产物有很强的生物活性，在某些情况下其活性和母药相同或者更强。因此，在监测受试者体内母药的同时监测 *N*-oxide 代谢产物是很重要的，尤其是当其体内含量很高的时候。这些代谢产物主要通过尿液排出。*N*-oxide 代谢产物不稳定，在生物分析实验室的实验条件下容易失去氧原子转换为母药。这种转换增加了建立一个好

的定量测定 *N*-oxide 代谢产物的生物分析方法的复杂性，也是 *N*-oxide 代谢产物很难检测的主要原因。灵敏的软电离技术如 ESI 和 APCI 质谱检测器的出现使监测 *N*-oxide 代谢产物这个难题得以解决。测定 *N*-oxide 和其他小分子药物一样，遵从相同的规范原则。生物分析方法过程的每一步都会影响 *N*-oxide 的稳定性，如样品采集、样品处理、提取、色谱分离、加热的质谱仪离子源和串联质谱碰撞。使用规范性 LC-MS/MS 技术定量 *N*-oxide 时，建议特别注意以下这些实验条件：样品采集中避免使用氧化剂，使用中性 pH 或弱酸和弱碱性条件，提取物吹干过程中避免高温，采用 SIL-IS 和使用 ESI 离子源进行电离。

参 考 文 献

Aravagiri M, Marder SR. Simultaneous determination of clozapine and its N-desmethyl and N-oxide metabolites in plasma by liquid chromatography/electrospray tandem mass spectrometry and its application to plasma level monitoring in schizophrenic patients. J Pharm Biomed Anal 2001;26(2):301–311.

Baker JR, Strumpler A, Chaykin S. A comparative study of trimethylamine-N-oxide biosynthesis. Biochim Biophys Acta 1963;71:58–64.

Beckett AH, Hewick DS. The N-oxidation of chlorpromazine in vitro—the major metabolic route using rat liver microsomes. J Pharm Pharmacol 1967;19:134–136.

Bickel MH. The pharmacology and biochemistry of N-oxides. Pharmacol Rev 1969;21(4):325–355.

Bickel MH. N-oxide formation and related reactions in drug metabolism. Xenobiotica 1971;1(4/5):313–319.

Bickel MH, Baggiolini M. The metabolism of imipramine and its metabolites by rat liver microsomes. Biochem Pharmacol 1966;15:1155–1169.

Bickel MH, Weder HJ. The total fate of a drug: kinetics of distribution, excretion and formation of 14 metabolites in rats treated with imipramine. Arch Int Pharmacodyn Ther 1968;173:433–468.

Bun H, Disdier B, Aubert C, Catalin J. Interspecies variability and drug interactions of clozapine metabolism by microsomes. Fundamental Clin Pharmacol 1999;13(5):577–581.

Dell D. Labile metabolites. Chromatographia Suppl 2004;59:S139–S148.

Dunstan WR, Goulding E. The action of alkyl halides on hydroxylamine. Formation of substituted hydroxylamines and oxamines. J Chem Soc (London) 1899;75:792–807.

Fan Z, Xie F, Xia Q, Wang S, Ding L, Liu H. Simultaneous determination of nicotine and its nine metabolites in human urine by LC-MS-MS. Chromatographia 2008;68(7/8):623–627.

Forrest IS, Bolt AG, Serra MT. Distribution of chlorpromazine metabolites in selected organs of psychiatric patients chronically dosed up to the time of death. Biochem Pharmacol 1968;17:2061–2070.

Harinath BC, Odell GV. Chlorpromazine-N-oxide formation by subcellular liver fractions. Biochem Pharmacol 1968;17:167–171.

Jenner P. The role of nitrogen oxidation in the excretion of drugs and foreign compounds. Xenobiotica 1971;1(4–5):399–418.

Jaremko M, Kasai Y, Barginear MF, Raptis G, Desnick RJ, Yu C. Tamoxifen metabolite isomer separation and quantification by liquid chromatography-tandem mass spectrometry. Anal Chem 2010;82(4):10186–10193.

Katagi M, Tatsuno M, Miki A, Nishikawa M, Nakajima K, Tsuchihashi H. Simultaneous determination of selegiline-N-oxide, a new indicator for selegiline administration, and other metabolites in urine by high-performance liquid chromatography–electrospray ionization mass spectrometry. J Chromatogr B 2001;759:125–133.

Knebel NG, Herzog R, Reutter F, Zech K. Sensitive quantification of romflumilast N-oxide in human plasma by LC-MS/MS employing parallel chromatography and electrospray ionization. J Chromatogr B 2012;893–894:82–91.

Koh MH, Gorrod JW. In vitro metabolic N-oxidation of azo compounds. I. Evidence for formation of azo N-oxides (azoxy compounds). Drug Metabol Drug Interac 1989;7(4):253–272.

Komoto I, Yoshida K-I, Matsushima E, Yamashita K, Aikawa T, Akashi S. Validation of a simple liquid chromatography–tandem mass spectrometric method for the determination of propiverine hydrochloride and its N-oxide metabolite in human plasma. J Chromatogr B 2004;799:141–147.

Kuntzman R, Phillips A, Tsai I, Klutch A, Burns JJ. N-oxide formation: A new route for inactivation of the antihistaminic chlorcyclizine. J Pharmacol Exp Ther 1967;155:337–344.

Li F, Patterson AD, Krausz KW, Dick B, Frey FJ, Idle JR. Metabolomics reveals the metabolic map of procainamide in humans and mice. Biochem Pharmacol 2012;83(10):1435–1444.

Machinist JM, Dehner EW, Ziegler DM. Microsomal oxidases. III. Comparison of species and organ distribution of dialkylarylamine-N-oxide dealkylase and dialkylamine-N-oxidase. Arch Biochem 1968;125:858–864.

Majumdar T, Bakhtiar T, Wu S, Winn, D, Tse F. Troubleshooting LC-MS/MS Methods for the bioanalysis of drugs: Some typical problems and solutions. Advances Mass Spectrom 2001;15:681–682.

Marclay F, Saugy M. Determination of nicotine and nicotine metabolites in urine by hydrophilic interaction chromatography-tandem mass spectrometry: Potential use of smokeless tobacco products by ice hockey players. J Chromatogr A 2010;1217(48):7528–7538.

McMahon RE, Sullivan HR. The oxidative demethylation of 1-propoxyphene and its N-oxide by rat liver microsomes. Life Sci 1964;3:1167–1174.

Meger M, Meger-Kossien I, Schuler-Metz A, Janket D, Scherer G. Simultaneous determination of nicotine and eight nicotine metabolites in urine of smokers using liquid chromatography-tandem mass spectrometry. J Chromatogr B 2002;778(1–2):251–261.

Mistri HN, Jangid AG, Pudage A, Shrivastav P. HPLC–ESI-MS/MS validated method for simultaneous quantification of zopiclone and its metabolites, N-desmethyl zopiclone and zopiclone-N-oxide in human plasma. J Chromatogr B 2008;864:137–148.

Niederlaender HAG, Koster EH, Hilhorst MJ, et al. High throughput therapeutic drug monitoring of clozapine and metabolites in serum by on-line coupling of solid phase extraction with liquid chromatography-mass spectrometry. J Chromatogr B 2006;834(1–2):98–107.

Papadopoulos NM. Nicotine-1-oxide: A metabolite of nicotine in animal tissues. Arch Biochem 1964;106:182–185.

Pellegrini M, Marchei E, Rossi S, et al. Liquid chromatography/electrospray ionization tandem mass spectrometry assay for determination of nicotine and metabolites, caffeine and arecoline in breast milk. Rapid Commun Mass Spectrom 2007;21(16):2693–2703.

Rangiah K, Hwang W-T, Mesaros C, Vachani A, Blair IA. Nicotine exposure and metabolizer phenotypes from analysis of urinary nicotine and its 15 metabolites by LC-MS. Bioanalysis 2011;3(7):745–761.

Ulgen M, Ozer U, Kucukguzel I, Gorrod JW. Microsomal metabolism of N-benzyl-N-ethylaniline and N-benzyl-N-ethyl-p-toluidine. Drug Metabol Drug Interac 1997;14(2):83–98.

US Food and Drug Administration. Guidance for Industry on Bioanalytical Method Validation. C. F. R. 66 (100), 28526, 2001.

Wohlfarth A, Toepfner N, Hermanns-Clausen M, Auwearter V. Sensitive quantification of clozapine and its main metabolites norclozapine and clozapine-N-oxide in serum and urine using LC-MS/MS after simple liquid-liquid extraction work-up. Anal Bioanal Chem 2011;400(3):737–746.

Xu Y, Du L, Soli ED, Braun MP, Dean DC, Musson DG. Simultaneous determination of a novel KDR kinase inhibitor and its N-oxide metabolite in human plasma using 96-well solid-phase extraction and liquid chromatography/tandem mass spectrometry. J Chromatogr B 2005;817(2):287–296.

Yoon K-H, Lee S-Y, Jang M, et al. A rapid determination of propiverine and its N-oxide metabolite in human plasma by high performance liquid chromatography-electrospray ionization tandem mass spectrometry. Talanta 2005;66(4):831–836.

Zhang WV, D'Esposito F, Fabrizio ERJ, Ramzan I, Murray M. Interindividual variation in relative CYP1A2/3A4 phenotype influences susceptibility of clozapine oxidation to cytochrome P450-specific inhibition in human hepatic microsomes. Drug Metabol Dispos 2008;36(12):2547–2555.

Ziegler DM, Pettit F. Formation of an intermediate N-oxide in the oxidative demethylation of N,N-dimethylaniline catalysed by liver microsomes. Biochem Biophys Res Commun 1964;15:188–193.

37

通过水解II相结合物对原型药物总浓度进行液相色谱-质谱（LC-MS）生物分析

作者：Laixin Wang、Weiwei Yuan、Scott Reuschel 和 Min Meng
译者：姜金方、钟大放
审校：李文魁、张杰

37.1 引 言

药物通过两种不同的反应类型被代谢：I相和II相反应。I相代谢反应在一个分子上引入或暴露出一个官能团。这些反应包括羟基化、环氧化、脱胺、氧化、还原或水解。II相代谢反应使原型分子（或I相代谢产物）和亲水性分子形成结合物，这些亲水性分子包括硫酸、葡萄糖醛酸或其他强极性基团（如糖苷和磷酸酯）。II相反应是由结合酶催化的，如尿苷-5'-二磷酸-葡萄糖醛酸转移酶（UDP-葡萄糖醛酸转移酶，UGT）、硫酸转移酶、谷胱甘肽-*S*-转移酶（GST）、*N*-乙酰基转移酶和甲基转移酶（*N*-甲基、硫甲基、巯嘌呤甲基）。谷胱甘肽结合物可进一步代谢为半胱氨酸和 *N*-乙酰半胱氨酸加成物（如生成硫醇尿酸）。这些反应导致亲水性化合物生成，增加了药物通过正常肾脏和肠道途径的清除效率。与I相反应经常产生活性代谢产物不同，结合反应产物增大了分子质量，而且通常是无活性的。然而也有例外，吗啡-葡萄糖苷酸就是有药理活性的II相代谢产物（Ing Lorenzini, 2012）。

全球药品监管机构（美国食品药品监督管理局，FDA；欧洲药品管理局，EMA；巴西国家卫生监管机构，ANVISA；等）要求全面了解药物的安全性，通常包括监测原型药物和所有相关代谢产物的暴露量。当代谢产物有毒性或药理活性，或是生物基质中代谢产物的浓度达到或超过原型药物浓度的时候，常常需要进行代谢产物定量。对药物代谢（DM）学家和生物分析学家的挑战是如何提供药物的暴露量数据，使其能足够准确和精密地满足法规的要求。液相色谱-串联质谱联用（LC-MS/MS）因其超常的灵敏度、专属性和高通量已经被接受作为定量检测原形药物和代谢产物的基本手段（Kostiainen et al., 2003）。由于必须在复杂的生物基质中进行分析，因此通常需要充分的样品预处理和液相色谱分离技术来满足分析的专属性和灵敏度要求。

37.2 方法和方式

37.2.1 原则和方法学

自从引入 LC-MS/MS 技术后，人们一直期待建立简单快速的定量方法来进行多成分的生物样品分析。虽然这在药物研发早期非规范的“发现”阶段可能适用，因为此时对分析结果的接受标准较宽；但这不适用于法规要求的实验，这些实验应该符合良好实验室规范（GLP），旨在向全球监管机构提交资料，其接受标准要严格得多。对于接受标准非常严格的 GLP 实验，当需要定量的代谢产物数量越多时，失败的可能性就越大。这意味着多成分分析方法必须非常耐用和有效，性能长期不变。考虑到原型药物和代谢产物在极性上差异很大，这些差异会影响提取效率、液相色谱行为和质谱响应，所以方法在优化阶段通常需要折中，使所有代谢产物的定量结果同样可靠。影响原型药物和代谢产物测定的因素有多种，这些因素包括一种形式的分析物会向另一种形式转化。例如，在某些条件下葡萄糖苷酸代谢产物不稳定，可以在非结合形式和结合形式之间相互转化。伯胺、仲胺或 *N*-羟基化的胺类所形成的 *N*-葡萄糖苷酸结合物在弱酸环境下可以水解成原型药物和葡萄糖醛酸（Kadlubar et al., 1977），而季铵形式的葡萄糖苷酸在碱性条件下会水解。*O*-和 *N*-葡萄糖苷酸都可以被β-葡萄糖苷酸酶水解，其中酰基葡萄糖苷酸更不稳定，酰基迁移形成不易水解的异构体，但这些异构体可以被氢氧化钠水解（Shipkova et al., 1999; Wen et al., 2006）。另外，这些代谢产物不易获得足够的标准品，或者达不到 GLP 规定的质量要求（如纯度）。基于这些分析方面的考虑，在特定生物基质中准确测定原型药物和（或）每个代谢产物的浓度有时是不可行的。另一种定量方式是把所有的结合型代谢产物都转化为原型药物和（或）一个稳定的中间体代谢产物形式，以此来确定在生物基质中药物的总浓度。

Ⅱ相代谢产物如葡萄糖醛酸或硫酸结合物，可以通过酸或酶催化的方式水解。对于酸水解方法，样品与酸在较高的温度下孵化，即可导致酯型和醚型葡萄糖苷酸及硫酸酯水解（图 37.1）。尿样去结合的一个经典方法就是加入最终浓度为 0.1 mol/L 的酸，在 100℃条件下孵化 1 h。酸的选择（盐酸或硫酸）、酸的浓度、温度和反应时间对去结合过程的影响较大（Venturelli et al., 1995）。反应一般在水溶液中进行，然而加入其他溶剂有时可以促进水解作用。酸催化的甲醇分解是一个同时裂解类固醇葡萄糖醛酸和硫酸结合物的有效方法。Tang 和 Crone 最先报道了这个方法，在甲醇中加入 1 mol/L 的乙酰氯就可以通过强烈的放热反应产生无水盐酸（Tang and Crone, 1989）。Delhennin 等改进了该方法，用三甲基氯硅烷代替乙酰氯与甲醇混合，在实验条件下不用特别看护就可以释放足够量的盐酸，反应一般在 55℃条件下 1 h 完成（Dehennin et al., 1996）。此外，尿样也可以吹干后，在含 0.04%硫酸的乙酸乙酯中 55℃孵化 1 h，可以使类固醇的硫酸结合物水解（Hauser et al., 2008）。这些强烈的酸水解方法简单廉价，然而水解过程常伴随着其他人工产物的生成或者目标分析物的降解（Beyer et al., 2005; Kamata et al., 2003）。

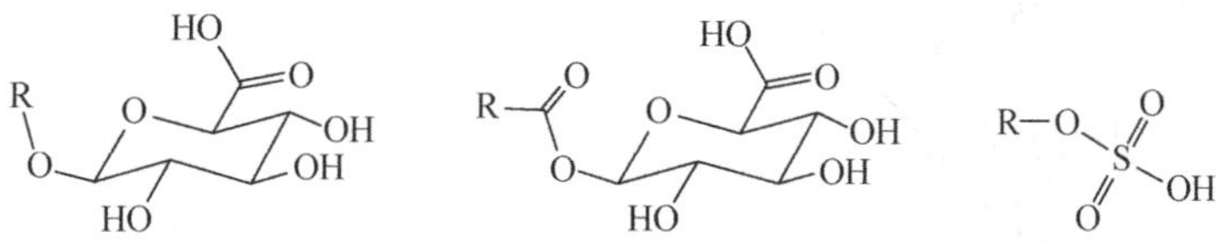

醚型葡萄糖苷酸结合物　　酯型葡萄糖苷酸结合物　　硫酸酯

图 37.1　常见Ⅱ相代谢产物化学结构

酶催化的水解通常在弱酸至中性的条件下进行，是一种比酸水解温和得多的水解技术。因此，尽管与酸水解相比，酶水解的费用较高，但通常是优先使用的去结合方法。酶消解可以通过不同种属的β-葡萄糖苷酸酶和芳基硫酸酯酶来实现（Gomes et al., 2009）。哺乳动物（从牛肝脏中提取）和微生物（从大肠杆菌提取）来源的酶含有β-葡萄糖苷酸酶活性，可以将葡萄糖醛酸基团水解掉。软体动物（通常是罗马蜗牛）来源的酶含有β-葡萄糖苷酸酶和硫酸酯酶活性，后者是水解硫酸结合物的酶。尽管不同来源的酶都有不同程度的β-葡萄糖苷酸酶活性，但是酶的活性含量、选择性和效率有很大差别。特定来源的酶制剂中β-葡萄糖苷酸酶和硫酸酯酶的活性分别用 Fishman 单位和 Roy 单位来表示。一个 Fishman 单位的酶在 38℃孵化 1 h，可以从酚酞-葡萄糖苷酸中释放 1 μg 酚酞；一个 Roy 单位的酶在 38℃孵化 1 h，可以从 2-羟基-5-硝基苯基硫酸酯中释放 2-羟基-5-硝基苯 1 μg。

37.2.2 方法优化

为了确保代谢产物完全去结合，优化水解条件至关重要。影响酶水解的因素有酶的含量、温度、孵化时间和反应缓冲液的 pH。至于酶的活性含量，必须足以水解样品中的结合物。然而，所需酶量受代谢产物的类型和浓度及其他水解条件的影响，而且酶的反应性和选择性依赖于酶的来源和批次。因此在初步实验之前，测定酶的活性非常必要，再通过初步实验决定完全水解的最佳酶量（Kamata et al., 2003; Tsujikawa et al., 2004）。

在优化水解条件之前，需要先建立分析方法。建议用合并样品或者有较高浓度分析物的样品来确定最优条件。酶的来源和浓度是最先应该考虑的两个因素。牛肝脏、罗马蜗牛、苹果猪笼草和大肠杆菌等不同来源的常用的β-葡萄糖苷酸酶可以在 10～5000 U/ml 浓度下评价活性。反应可以在供应商建议的条件下孵化 1～2 h（图 37.2）。以测得的结合物总浓度（或者水解产物的总浓度）为纵坐标，以每个样品中酶的最终浓度为横坐标作图。图 37.2 的例子显示，大肠杆菌或者牛肝脏来源的 500 U/ml 葡萄糖苷酸酶，在实验条件下足够完全将α-羟基三唑仑-葡萄糖苷酸结合物水解为α-羟基三唑仑（Tsujikawa et al., 2004）。水解反应的 pH 一般是弱酸性到中性，在碱性条件下葡萄糖苷酸不易水解。水解需要的 pH 应根据待水解的特定底物的酶而变化。对β-葡萄糖苷酸酶催化水解人尿液中α-羟基三唑仑-葡萄糖苷酸来说，来自帽贝（*Patella vulgate*）的酶最佳工作 pH 为 3.8～4.5，牛肝脏来源的酶为 5.0～5.5，大肠杆菌来源的酶为 5.5～7.8（图 37.3）。因为尿液的 pH 通常在 4～8.5 变化（Bilobrov et al., 1990），所以用合适的缓冲液调节样品的 pH 对达到最优的酶消解效果非常重要。

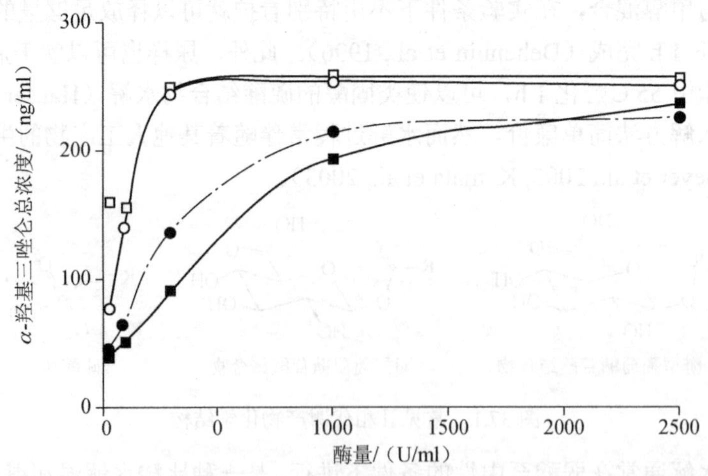

图 37.2 α-羟基三唑仑（α-hydroxytriazolam）依赖剂量总浓度增加与β-葡萄糖苷酸酶（β-glucuronidase）的关系图；β-葡萄糖苷酸酶来源于大肠杆菌（□）、牛肝脏（○）、帽贝（*P. vulgata*）（●）和罗马蜗牛（*H. pomatia*）（■）；尿样在 Sigma 公司所建议的 pH 下于 45℃孵化 2 h：大肠杆菌来源酶 pH 6.8，牛肝脏和帽贝来源酶 pH 5.0，罗马蜗牛来源酶 pH 3.8（Tsujikawa et al., 2004。复制经允许）

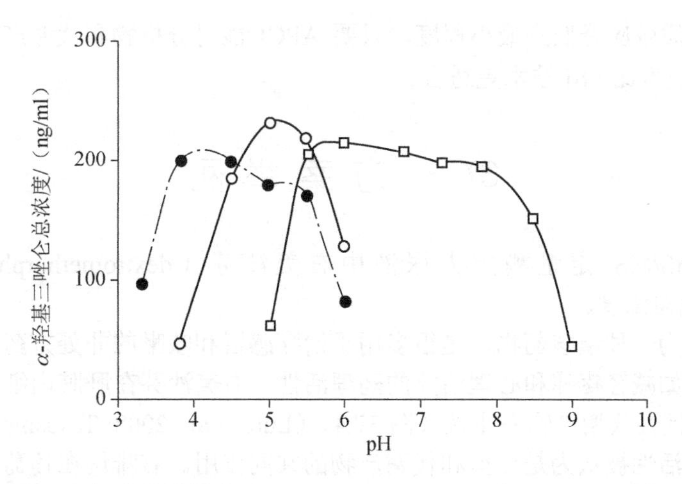

图 37.3　pH 对α-羟基三唑仑-葡萄糖苷酸（α-hydroxytriazolam-glucuronide）水解作用的影响；β-葡萄糖苷酸酶的来源为大肠杆菌（□）、牛肝脏（○）、帽贝（●）和罗马蜗牛（■）。每个样品都在各自最优条件下孵化 2 h：大肠杆菌来源酶 100 U/ml，在尿样中 37℃孵化；牛肝脏来源酶 100 U/ml，在尿样中 45℃孵化；帽贝（*P. vulgata*）来源酶 300 U/ml，在尿样中 60℃孵化（Tsujikawa et al., 2004。复制经允许）

温度和孵化时间的选择也应根据化合物而定。二氢表雄酮硫酸酯在较高的温度下水解效果好，而雄甾酮硫酸酯和本胆烷醇酮硫酸酯在较低温度下水解效果好（Shackleton, 1986）。在孵化时间的选择上，不同的水解反应用时 30 min～20 h（Gomes et al., 2009; Tsujikawa et al., 2004）。所以必须通过实验，根据全过程的产率和费用来选择最优的孵化时间。

当Ⅱ相结合代谢产物被水解之后，开发样品提取方法和建立 LC-MS/MS 条件就相对简单些。如果能达到检测的灵敏度且应用液相色谱的柱净化程序（如反向清洗或正向清洗），则样品用蛋白质沉淀提取或样品稀释进样（“稀释和进样”）方法就足够了。然而，水解后的样品可能需要进行浓缩及后续的净化过程，包括液-液萃取（LLE）或者固相萃取（SPE），来达到需要的灵敏度和特异性。固相萃取可以在 96 孔板上实现自动化，因此是高通量分析的较好选择。尽管 SPE 使用方便且可以自动化，但因为其费用较高而限制了其在样品预处理中的应用。传统的手动液-液萃取是一个廉价的方法，且对样品的体积没有限制（基于 SPE 管的大小和吸附材料，SPE 有理论上的样品体积上限），但是液-液萃取相对耗费劳动力，不能实现高通量。最近，一种与液-液萃取相似的载体液-液萃取（SLE）方法已被人熟知。SLE 方法与 LLE 方法相似，可以在 96 孔板上操作，易于自动化（Nguyen et al., 2010）。然而，SLE 方法对样品体积也有限制（小于 400 μl），且因为一些分析物的提取回收率（RE）不一致，故推荐使用稳定同位素标记内标（SIL-IS），因此其应用有限。

最终的定量分析可以通过反相高效液相色谱（RP-HPLC）三重四极杆质谱来完成，仪器配备大气压化学离子化（APCI）电离源或电喷雾离子化（ESI）电离源。ESI 源比 APCI 源更容易受到基质效应（如离子化抑制或增强）的影响，基质效应也随仪器和制造商而程度不同（Mei et al., 2003）。典型的基质效应可以通过分析过程中分析物或内标的响应漂移或波动显示出来，这会造成定量结果的不准确和不精密。这可能表明样品中干扰成分不可逆地残留在液相色谱柱上，基质成分入柱和出柱时意想不到的“吸附和洗脱”也会使分析物和（或）内标的电离程度变化。一个简单而实用的减少基质效应的方法是用高比例有机溶剂（丙酮、乙腈、甲醇）在两次进样之间向前或向后冲洗，以去掉液相色谱柱中的基质成分。为了使基质效应降低到最小程度，只要 APCI 能对分析物和代谢产物有足够的灵敏度，因此 APCI 技术比 ESI 技术更适合。

37.3 方案举例

采用 LC-MS/MS 定量测定人尿液中右美沙芬（dextromethorphan）和右啡烷（dextrorphan）的总浓度。

右美沙芬作为一种镇咳药物，是很多用于治疗感冒和咳嗽的非处方药的活性成分。右美沙芬还有其他如减轻疼痛和心理治疗的药理活性。右美沙芬在肝脏由细胞色素 P450 酶 CYP2D6 转化为活性代谢产物右啡烷（图 37.4）（Lutz et al., 2008; Takashima et al., 2005）。右美沙芬的药理活性被认为是原型和代谢产物的共同作用。右啡烷在葡萄糖醛酸转移酶的作用下，在血浆和尿液中进一步代谢为非活性的葡萄糖苷酸结合物（Capon et al.,1996; Chladek et al.,1999）。因此，在右美沙芬的毒性和药理研究中，测定试验样品中右美沙芬和右啡烷的总浓度非常重要。

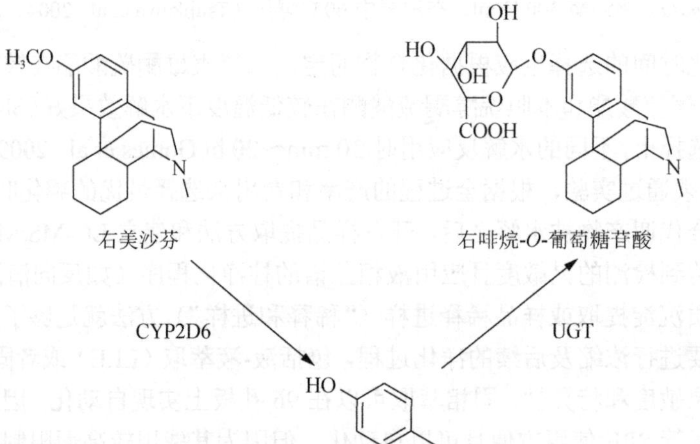

图 37.4 右美沙芬（dextromethorphan）在人体的主要代谢途径（Lutz et al., 2008; Takashima et al., 2005。复制经允许）

实验材料和基质

- 右美沙芬，购自 Sigma 公司。
- 右啡烷，购自 Sigma 公司。
- 右美沙芬-d_3，购自 Sigma 公司。
- 右啡烷-d_3，购自 Sigma 公司。
- 尿样，收集自本实验室。

仪器和试剂

- 液体处理系统：Microlab Nimbus 96, Hamilton, Robotics 公司。

- HPLC 系统：LC10AD HPLC 泵和 SCL-10AVP 系统控制器，岛津科学仪器公司。
- HPLC 柱：XbridgePHenyl, 5 μm, 2.1×50 mm,Waters 公司。
- 自动进样器：CTC PAL Workstation, LEAP Technologies 公司。
- 标准 6 端口转换阀：VICI Cheminet 10U-0263H。
- 质谱仪：Sciex API 365 三重四极杆 MS/MS, Applied Biosystems 公司。
- Captiva 96-孔过滤板，Varian 公司。
- β-葡萄糖苷酸酶（大肠杆菌来源），IX-A 型冻干粉，1 000 000～5 000 000 U/g 蛋白质，Sigma 公司。
- *N,N*-二甲基甲酰胺（DMF），色谱纯，Burdick & Jackson 公司。
- 氨水（NH_4OH）（约 28%～30%纯度），ACS 级，Sigma-Aldrich 公司。
- 甲基叔丁基醚（MTBE），高纯度，EMD 公司。
- 磷酸，色谱纯，EMD 公司。
- 二氯甲烷，色谱纯，EMD 公司。
- 乙腈，色谱纯，EMD 公司。
- 甲酸，ACS 级，EMD 公司。
- 甲醇，色谱纯，EMD 公司。
- 丙酮，ACS 级，EMD 公司。
- 水，去离子，类型 1，通常 18.2 MΩ cm 或相当。
- 洗针液 1：10∶90，甲醇∶水。
- 洗针液 2：50∶50，水∶DMF。
- 流动相 A：0.1%甲酸。
- 流动相 B：甲醇含 0.1%甲酸。
- 流动相 C：50∶50，甲醇∶乙腈（用于反向冲洗，流速 1.00 ml/min）。

方法

溶液和样品预处理

1．称取右美沙芬、右啡烷、右美沙芬-d_3、右啡烷-d_3 适量，加到确定容积的甲醇中，得到各自浓度为 0.500 mg/ml 的储备液。

2．从第一步的储备液开始，用甲醇配制含 50 000 ng/ml 右美沙芬和右啡烷的混合溶液。

3．选取该混合溶液或其他合适的中间浓度的溶液，用人尿液配制标准系列样品和质量控制（QC）样品。校正曲线包含 8 个浓度点：1.00 ng/ml、2.00 ng/ml、5.00 ng/ml、10.0 ng/ml、50.0 ng/ml、100 ng/ml、250ng/ml、500 ng/ml。QC 样品分为 5 个浓度点：1.00 ng/ml［定量下限（LLOQ）］、3.00 ng/ml（低）、200 ng/ml（中）、400 ng/ml（高）和 1000 ng/ml（稀释 QC 样品）。

4．用甲醇∶水（50∶50）溶液配制内标工作溶液，由第一步储备液混合并稀释至右美沙芬-d_3 和右啡烷-d_3 的浓度都为 100 ng/ml。

样品提取

1．各取 200 μl 样品至 13 mm×100 mm 聚丙烯试管中。对稀释 QC 样品和需要稀释的样品，依据稀释因子调整加入体积。

2．除空白基质外，所有样品中加入 50.0 μl 内标工作溶液[用甲醇-水（50/50）配制，含 100 ng/ml 的右美沙芬-d_3和右啡烷-d_3]。

3．向空白基质中加入 50.0 μl 甲醇：水（50：50）溶液。

4．向所有样品中加入 50.0 μl 由 200 mmol/L 磷酸缓冲液（PBS）（pH 约为 6.8）配制的 β-葡萄糖苷酸酶（约 6250 U/ml）。

5．向所有样品中加入 50.0 μl 的 200 mmol/L PBS（pH≈6.8）。

6．所有样品在约 3000 r/min 下离心约 1 min。

7．所有样品在多孔涡流器上低速涡流约 2 min。

8．所有样品在约 37℃水浴中孵化约 1 h。

9．向所有样品中加入 700 μl 新鲜配制的氨水（氢氧化铵：水＝5：95），涡流混匀。

10．向所有样品中加入 4.0 ml MTBE-二氯甲烷（75/25），盖上试管盖。

11．将试管水平放置在振荡器上，高速振荡约 10 min。

12．约 3000 r/min 下离心约 5 min。

13．在干冰/丙酮（或甲醇）浴中冷冻水相层，将有机层倾倒至 13 mm×100 mm 聚丙烯试管中。

14．使用氮吹仪 Turbovap 将所有样品在 40℃氮气流下吹干，约 40 min。

15．用 200 μl 含 0.1%甲酸的水：甲醇（70：30）溶液复溶所有样品。

16．将所有样品在多孔涡流器上低速涡流约 1 min。

17．将样品转移至 Captiva 96-孔过滤板中（零件号：A5960045），下部放置干净的 96 孔接收板，用正向压力器将样品提取物过滤到下部接收板中。

18．将样品板在 3000 r/min 下离心约 5 min。

LC-MS/MS 分析

1．液相色谱系统配备有标准 6 端口切换阀，可以在两次进样之间反向冲洗 LC 柱。在以下条件时，右美沙芬和右啡烷的保留时间分别在 1.9 min 和 1.0 min。

a．流速（流动相 A/B）：0.4 ml/min。

b．柱温：35℃。

c．梯度洗脱：

时间/min	0.0′	3.1′	3.5′	4.0′	4.5′	5.5′
%B	38	程序 1[a]	55	38	程序 2[b]	停止

[a]程序 1＝流动相 C 液相色谱在柱上反向流动（流动相 A/B 至废液）。

[b]程序 2＝流动相 A/B 在 LC 柱上（流动相 C 至废液）。

2．质谱仪应用 ESI 正离子模式（图 37.5），以多反应监测（MRM）测定右美沙芬、右啡烷、右美沙芬-d_3和右啡烷-d_3，监测离子的质荷比（m/z）分别为 272→215、258→157、275→150 和 261→133。典型的质谱条件：延迟时间为 100 ms；离子源温度 450℃；IS 电压为 4000 V；去簇电压（DP）为 50；气帘气为 20 psi；雾化气为 8 psi；右美沙芬的碰撞能量（CE）为 41 eV；右啡烷的碰撞能量为 48 eV。

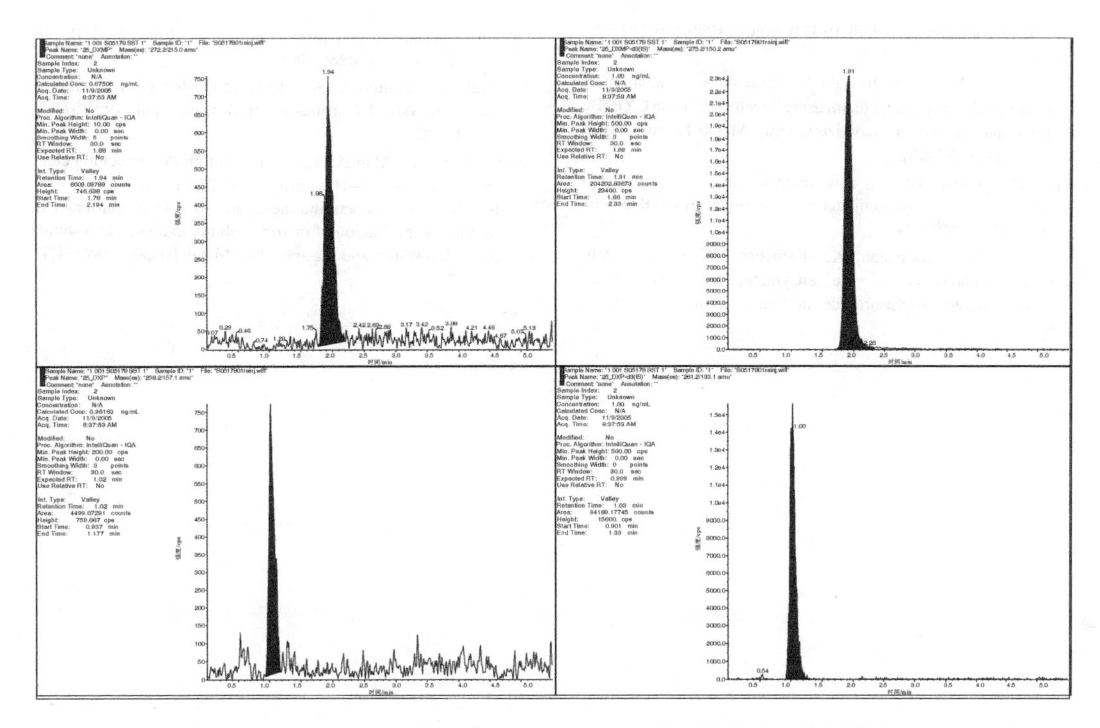

图 37.5 右美沙芬（dextromethorphan）和右啡烷（dextrorphan）典型方法验证的色谱图（1.00 ng/ml LLOQ）
左上：右美沙芬；右上：右美沙芬-d_3；左下：右啡烷；右下：右啡烷-d_3

参 考 文 献

Beyer J, Bierl A, Peters FT, Maurer HH. Screening procedure for detection of diuretics and uricosurics and/or their metabolites in human urine using gas chromatography-mass spectrometry after extractive methylation. Ther Drug Monit 2005;27(4):509–520.

Bilobrov VM, Chugaj AV, Bessarabov VI. Urine pH variation dynamics in healthy individuals and stone formers. Urol Int 1990;45(6):326–331.

Capon DA, Bochner F, Kerry N, Mikus G, Danz C, Somogyi AA. The influence of CYP2D6 polymorphism and quinidine on the disposition and antitussive effect of dextromethorphan in humans. Clin Pharmacol Ther 1996;60(3):295–307.

Chládek J, Zimová G, Martínková J, Tůma I. Intra-individual variability and influence of urine collection period on dextromethorphan metabolic ratios in healthy subjects. Fundam Clin Pharmacol 1999;13(4):508–15.

Dehennin L, Lafarge P, Dailly P, Bailloux D, Lafarge JP. Combined profile of androgen glucuro- and sulfoconjugates in post-competition urine of sportsmen: a simple screening procedure using gas chromatography-mass spectrometry. J Chromatogr B Biomed Appl 1996;687(1):85–91.

Gomes RL, Meredith W, Snape CE, Sephton MA. Analysis of conjugated steroid androgens: deconjugation, derivatisation and associated issues. J Pharm Biomed Anal 2009;49(5):1133–1140.

Hauser B, Deschner T, Boesch C. Development of a liquid chromatography-tandem mass spectrometry method for the determination of 23 endogenous steroids in small quantities of primate urine. J Chromatogr B Analyt Technol Biomed Life Sci 2008;862(1-2):100–112.

Ing Lorenzini K, Daali Y, Dayer P, Desmeules J. Pharmacokinetic-pharmacodynamic modelling of opioids in healthy human volunteers. a minireview. Basic Clin Pharmacol Toxicol 2012;110(3):219–226.

Kadlubar FF, Miller JA, Miller EC. Hepatic microsomal N-glucuronidation and nucleic acid binding of N-hydroxy arylamines in relation to urinary bladder carcinogenesis. Cancer Res 1977;37(3):805–814.

Kamata T, Nishikawa M, Katagi M, Tsuchihashi H. Optimized glucuronide hydrolysis for the detection of psilocin in human urine samples. J Chromatogr B Analyt Technol Biomed Life Sci 2003;796(2):421–427.

Kostiainen R, Kotiaho T, Kuuranne T, Auriola S. Liquid chromatography/atmospheric pressure ionization-mass spectrometry in drug metabolism studies. J Mass Spectrom 2003;38(4):357–372.

Lutz U, Bittner N, Lutz RW, Lutz WK. Metabolite profiling in human urine by LC-MS/MS: method optimization and application for glucuronides from dextromethorphan metabolism. J Chromatogr B Analyt Technol Biomed Life Sci 2008;871(2):349–356.

Mei H, Hsieh Y, Nardo C, et al. Investigation of matrix effects in bioanalytical high-performance liquid chromatography/tandem mass spectrometric assays: application to drug discovery. Rapid Commun Mass Spectrom 2003;17(1):97–103.

Nguyen L, Zhong WZ, Painter CL, Zhang C, Rahavendran SV, Shen Z. Quantitative analysis of PD 0332991 in xenograft mouse tumor tissue by a 96-well supported liquid extraction format and liquid chromatography/mass spectrometry. J Pharm Biomed Anal 2010;53(3):228–234.

Shackleton CH. Profiling steroid hormones and urinary steroids. J Chromatogr 1986;379:91–156.

Shipkova M, Armstrong VW, Wieland E, et al. Identification of glucoside and carboxyl-linked glucuronide conjugates of mycophenolic acid in plasma of transplant recipients treated with mycophenolate mofetil. Br J Pharmacol 1999;126(5):1075–1082.

Takashima T, Murase S, Iwasaki K, Shimada K. Evaluation of dextromethorphan metabolism using hepatocytes from CYP2D6 poor and extensive metabolizers. Drug Metab Pharmacokinet 2005;20(3):177–182.

Tang PW, Crone DL. A new method for hydrolyzing sulfate and glucuronyl conjugates of steroids. Anal Biochem. 1989;182(2):289–94.

Tsujikawa K, Kuwayama K, Kanamori T, et al. Optimized conditions for the enzymatic hydrolysis of α-hydroxytriazolam-glucuronide in human urine. J of Health hydroxytriazolam-glucuronide in human urine. J of Health Science. 2004;50(3):286–289.

Venturelli E, Cavalleri A, Secreto G. Methods for urinary testosterone analysis. J Chromatogr B Biomed Appl. 1995;671(1-2):363–380.

Wen Z, Stern ST, Martin DE, Lee KH, Smith PC. Structural characterization of anti-HIV drug candidate PA-457 [3-O-(3′,3′-dimethylsuccinyl)-betulinic acid] and its acyl glucuronides in rat bile and evaluation of in vitro stability in human and animal liver microsomes and plasma. Drug Metab Dispos. 2006;34(9):1436–42.

38

反应性化合物的液相色谱-质谱（LC-MS）生物分析

作者：Hermes Licea-Perez、Christopher A. Evans 和 Yi (Eric) Yang
译者：陈凤菊
审校：沈晓航、兰静、张杰

38.1 引　　言

代谢产物一般比外源性母体药物毒性低、极性大，因此更容易从体内消除。如果外源性药物代谢（DM）产生具有典型亲电性的活性代谢产物，它们可与生物大分子的亲核位点形成共价键产物（图 38.1）（Miller and Miller, 1947; Singer and Grunberger, 1983; Hemminki et al., 1994; Dipple, 1995）。活性代谢产物已被充分鉴定，大量疑似具有生物活性的官能团在近些年已被筛选。由于可能存在潜在的生物活性，含有这些官能团的新化合物值得仔细鉴别。Kalgutkar 等（2005）全面地综合论述了有机官能团的结构与生物激活途径。

DNA 烷基化被公认为是导致人类有基因毒性（genotoxicity）并具有诱发癌变风险的反应（如 DNA damage and mutation)（Lutz, 1986; Hemminki, 1993; Hemminki et al., 1994; Otteneder and Lutz, 1999）。一些活性试剂能够直接使 DAN 和蛋白质烷基化，而另外一些生物活性试剂只是通过它们的亲电活性达到生物转化和代谢的目的（Miller and Miller, 1947）。因此，在药物研发初期，应该评价并监测这些可能具有基因毒性的活性化合物的暴露量（Doss and Baillie, 2006）。此项策略的主要目的是减小对人体特异性反应的潜在风险，并对任何可能存在的风险进行评估（Walgren et al., 2005）。

服药后体内出现活性化合物也有可能源于制剂中杂质，化学合成中的残留（如合成中间体、副产物或降解产物）或母体化合物向低活性碎片转化的结果（如酰胺键酶促裂解形成醛基）。

各国监管机构一直关注药剂学杂质的控制。尽管在活性药物组分（API）合成过程中给予了重视，但是由于杂质本身有毒性或者通过后续的生物转化而产生毒性，对活性药物组分安全性有负面影响的残余物仍有可能存在。因此，彻底去除杂质仍然是很大的挑战。监管机构要求把杂质量控制（QC）在对人类健康产生较小危害的水平（ICH Q3A(R2), 2006; ICH Q3B(R2), 2006; ICH Q3C(R5), 2006; EMEA, 2006）。

另外，为了支持首次人体试验（FIH），代谢产物的潜在基因毒性评估通常会包含对母药或化学杂质进行一组标准的检测：污染物致突变性检测，哺乳动物细胞检测和体内微核分析（Clive and Spector, 1975; Tennant et al., 1987; Cartwright and Matthews, 1994）。当发现具有潜在人体特异性或不成比例的代谢产物时，需要增加基因毒性研究。其他的体外筛选实验如谷胱甘肽和氰化物捕集过程，可以帮助识别和鉴定潜在活性代谢产物，这些通常是在药物筛选前期完成（Evans et al., 2004; Ma and Zhu, 2009）。

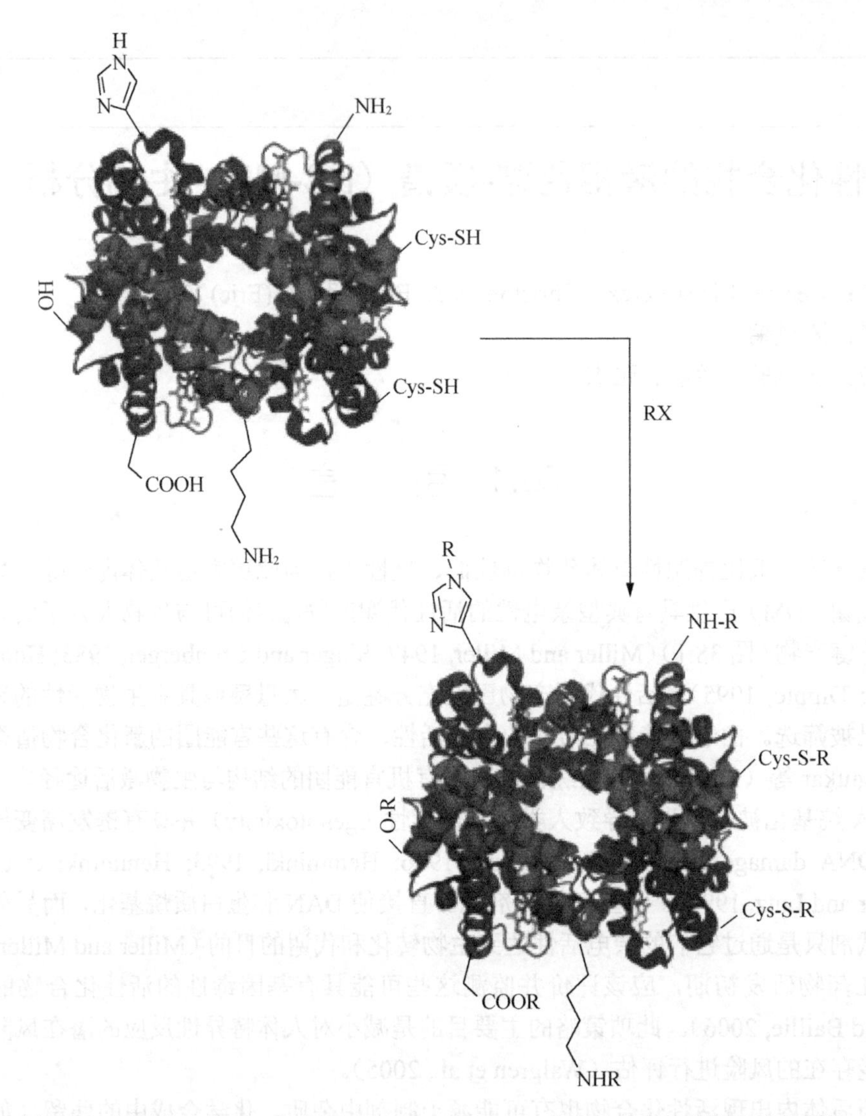

图 38.1　活性化合物 RX 和血红蛋白（hemoglobin）代表性的亲核基团反应的图解

38.2　体内活性化合物的检测

关于"活性"，意味着一定程度的不稳定性，这些活性化合物通常在体内环境中存在时间短，因此很难分析。一般来说，可以使用两种方法来检测生物基质中活性化合物潜在的暴露量：①检测作为间接标志物的大分子加合物，②使用过量的捕获试剂（亲核试剂）来捕获这些化合物未反应的一部分。这两种方法将在下文中详细讨论。

亲电体 $R^{\delta+}X^{\delta-}$是一类电子密度不对称的化合物。由于 X 比 R 更具电负性，从而在 X 附近获得电子的可能性大。原子 R 电子密度低，因而易受亲核攻击。亲电试剂的这种电子差异化分布导致它们自身不稳定，$R^{\delta+}X^{\delta-}$键可能会因被另一种带过量电子的化合物（亲核试剂）进行亲核攻击而破坏。例如，DNA 碱基中的氧和氮这类亲核原子特别容易形成加合物。最常见的是 N^7-gluanine DNA 加合物；然而，因为在 DNA 合成过程中，O^6-guanine 及

O^2 和 O^4-thymine 的烷基化可以改变氢键，所以被认为会引起 DNA 早期诱变损伤(van Zeeland et al., 1995)。

38.2.1 基因毒性与高分子化合物形成的加合物的检测

如前所述，有足够的证据表明 DNA 加合物的形成可以导致 DNA 复制后诱导突变或错误修复（Hemminki, 1993; Hemminki et al., 1994; Lutz, 1986; Otteneder and Lutz, 1999）。由于 DNA 被认为是基因毒性效应的靶分子，因此开发了通过检测 DNA 加合物来估测细胞内基因毒性化合物的暴露量的方法。检测 DNA 加合物的高灵敏度方法已有文献报道，如 ^{32}P-标记、免疫法、荧光法、气相色谱-质谱（GC-MS）（Phillips et al., 2000）。然而，通过检测 DNA 加合物来估测细胞内基因毒性化合物暴露量的方法的实际操作受到了一些因素的限制，如 DNA 加合物的化学不稳定性、DNA 修复的比例及细胞凋亡（Farmer et al., 1987; La and Swenberg, 1996）。因此，测量血红蛋白加合物被用来作为测量基因毒性化合物的一个替代方法（Ehrenberg and Osterman-Golkar, 1980; Neumann, 1984; Osterman-Golkar et al., 1976; Tornqvist et al., 1986）。大量的血红蛋白加合物已被证明在红细胞（RBC）的生命周期内是稳定的（人类红细胞生命周期为 126 天），不易被修复。此外，血红蛋白可以很容易地从动物和人体大量获得，目前已有几种高选择性、高灵敏度的方法。血红蛋白有几个亲核基团能够形成加合物，如半胱氨酸-S^-、甲硫氨酸-S、苏氨酸和丝氨酸 O^-、组氨酸氮环、缬氨酸氨基端 NH_2、天冬氨酸和谷氨酸的羧基（Ehrenberg and Osterman-Golkar, 1980)（表 38.1）。亲核基团和烷基化试剂之间的反应率通常按以下顺序降低：半胱氨酸 S^->氨基-N，咪唑-N >羧基 O^-（Ehrenberg and Osterman-Golkar, 1980）。

表 38.1 血红蛋白中的亲核位点（Ehrenberg and Osterman-Golkar, 1980）

亲核氨酸	反应形式	非反应形式	pK_a
半胱氨酸（cysteine）	 —S^-	 —SH	约 8
赖氨酸（lysine）	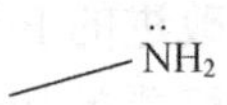 —$\ddot{N}H_2$	 —$NH_3^{\oplus}$	约 10
N 端缬氨酸（N-terminal valine）	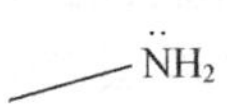 —$\ddot{N}H_2$	 —$NH_3^{\oplus}$	7～8
甲硫氨酸（methionine）	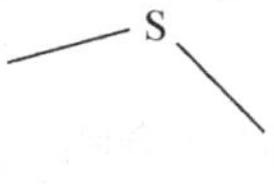 —S—	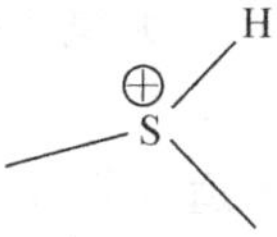 —$S^{\oplus}$(H)—	低
组氨酸（histidine）	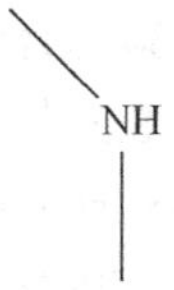 —NH—	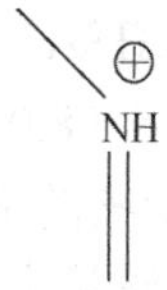 =$NH^{\oplus}$—	6～7
丝氨酸（serine）和 苏氨酸（threonine）	 —O^-	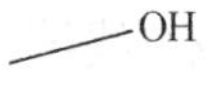 —OH	9～10
天冬氨酸（aspartic）和 谷氨酸（glutamic acid）	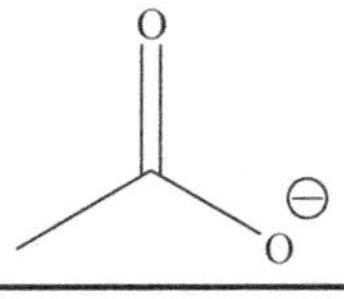 —C(=O)$O^{\ominus}$	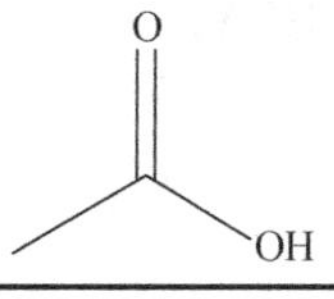 —C(=O)OH	约 4

基因毒性化合物体内的暴露量一般以浓度曲线下面积（AUC）表示，并以此作为风险评估的基础（Ehrenberg Osterman-Golkar, 1980; Osterman-Golkar et al., 1976）。测定血红蛋白加合物的定量方法包括全酸水解、Ra-Ni 方法、酶消解、弱碱水解（芳香胺加合物），以及较常见的修改的 Edman 降解方法。全酸水解是在高温（100～120℃）真空环境下，在 6 mol/L 盐酸溶液中煮沸样品。蛋白质和蛋白质加合物在这个过程中被分别水解成氨基酸和氨基酸加合物。从常规氨基酸中分离氨基酸加合物可以使用 Dowex（50 W×4）或 Aminex 离子交换树脂。这个过程费力耗时，限制了高通量样品分析。Ra-Ni 方法通过裂解碳硫键已成功用于分析半胱氨酸加合物（Rappaport et al., 1993; Ting et al., 1990）。碳硫键断裂后，加合物（RH）使用液-液萃取（LLE）或固相萃取（SPE）法提取。Ra-Ni 是一种氢饱和的镍铝合金（1∶1），可以从市场上购买，但是若要获得更好的回收率（RE），可以新鲜配制（Ohmori et al., 1981）。

引发膀胱肿瘤的关键因素是致癌芳香胺形成羟胺及其与 DNA 反应（Bryant et al., 1987）。芳香胺与血红蛋白的主要加合物是一种亚磺酸酰胺，它通过芳香亚硝基与巯基的衍生化反应得到。典型的分析方法是采用温和的碱水解血红蛋白释放母体胺（致癌芳香胺）（Bryant et al., 1987; Neumann, 1984）。在 0.1 mol/L 的氢氧化钠室温条件下大约 3 h 母体胺裂解，然后用 LLE 或 SPE 方法对样品进行提取。

使用最广泛的定量血红蛋白加合物的方法是所谓的修饰（改进的）Edman 降解法（图 38.2）。方法由 Jensen 等（1984）首次引入，并由 Tornqvist 等（1986）改进。因其灵敏度、选择性、改善样品处理通量，采用 GC-MS/MS 和 LC-MS/MS 方法测定血红蛋白加合物是黄金标准。该方法采用一种新型试剂“五氟苯基硫氰酸酯（PFPITC）”打开血红蛋白中缬氨酸加合物的 N 端。该试剂能与蛋白质中所有的伯胺和仲胺反应；但在 N 端切断的加合物可以使用 LLE 或 SPE 方法提取。这个反应是在甲酰胺弱碱 pH，室温下孵育过夜完成。Edman-adduct 衍生物形成的机制如图 38.2 所示。这些方法在早期采用 GC-MS 检测，但 LC-MS/MS 正变得越来越受欢迎（Chevolleau et al., 2007; Fennell et al., 2000; Fennell et al., 2003; Fennell et al., 2005; Vesper et al., 2006）。改进的 Edman 方法已成功用于定量许多脂肪族血红蛋白加合物；但是，它不能直接应用于醛类的加合物，除非醛类在 Edman 衍生化之前被还原。醛类能够与伯胺进行可逆反应，如血红蛋白中缬氨酸的 N 端，形成席夫碱（Schiff base）。席夫碱可以通过 y 与硼氢化钠（$NaBH_4$）的还原反应形成稳定的仲胺（Kautiainen, 1992）。

改进的 Edman 方法不适合分析缬氨酸苯环加合物。在这种情况下，测量半胱氨酸加合物，特别是人血清白蛋白（HSA）中半胱氨酸-34 加合物是一个更好的选择。HSA 中半胱氨酸-34 的 pK_a 异常低[6.7 vs（8.0～8.5）；8.0～8.5 为大多数蛋白质游离半胱氨酸侧链的平均值]，因此它主要以高度亲核的形式存在（Stewart et al., 2005）。这些加合物通常经链霉蛋白酶消解后分析。由于加合物量大大低于 HSA，通常在链霉蛋白酶消解前使用 thiol-affinity 树脂（Funk et al., 2010）或在线结合免疫亲和（IA）色谱法（Hoos et al., 2007）浓缩半胱氨酰加合物去除未加合的 HSA。

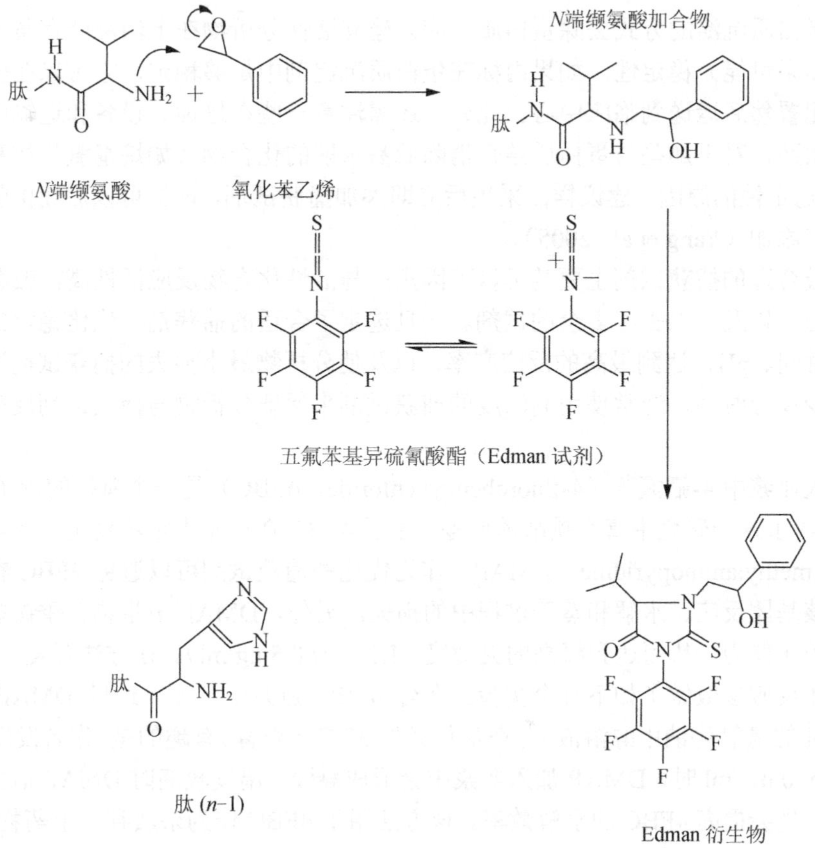

图 38.2 氧化苯乙烯血红蛋白加合物（hemoglobin adducts of styrene oxide）的形成和使用改进的 Edman 方法裂解

38.2.2 生物基质中游离活性化合物的检测

活性化合物/代谢产物通常生命周期短暂，通过与蛋白质中亲核基团结合而消除或被水分子水解（如环氧化合物和烷基氯化物）。因此，检测活性化合物和代谢产物活性形式具有挑战性。其他增加检测难度的因素还包括分子质量低、挥发性难、沸点低（挥发性活性化合物）。为了克服这些问题，研究人员通常采用捕获试剂将这些化学物质转化为更稳定的衍生物，并设法改善色谱行为和电离能力。

在开发检测活性代谢产物的方法时，还需要考虑避免分析物从样品（血液、血浆、尿液等）采集到分析这段时间内的降解。这些化合物很不稳定，样品分析最好在血液采集后立即或尽快进行。

这种方法适用于动物实验和生物分析室在同一地点的临床前研究，但不适用于临床研究。对于有多个临床研究中心的项目就更加复杂了，如生物分析人员可能需要前往临床中心，临床中心可能没有所需要的一些特殊的设备等。同时，在临床中心配备生物分析人员既不方便成本又昂贵。为了克服这些障碍，临床试验人员必须培训关于操作方法中某些特定步骤，如如何在样品中加入内标及使用捕获试剂稳定活性化合物。在这些情况下，评估被研究的分析物在水和生物基质中的稳定性尤为重要。对于主要通过与蛋白质结合而消除、水解效率低的化合物（如醛类），可以培训临床试验人员使用常用的有机溶剂如乙腈、甲醇、丙酮等以蛋白质沉淀的方式去除蛋白质。应该建立活性分析物在上清液储存条件下的短期和长期（如果可能）稳定性。如果内标在蛋白质沉淀剂中足够稳定，它可以在生物分析实验室预先配置然后运送到临床中心。此外，还需注意一些在培训、设备和运输中的实际注意事项。然而，对于那些与蛋白质结合消除后易水解的化合物（如烷基氯化物和环氧化合物），基于稳定性的原因，建议样品采集后立即添加捕获试剂，内标可以后续由临床中心或分析实验室添加（Yang et al., 2005）。

选择最合适的捕获试剂主要基于以下因素：与活性化合物反应活性高，改善色谱行为和电离能力，以及可以去除多余的试剂。一旦选定了合适的捕获剂，优化稳定的反应步骤如温度、时间、pH，达到最高的反应产率，以及使分析物最小损失的捕获试剂浓度也很重要。为减少反应时间，通常使用高浓度的捕获试剂来保证分析物与捕获试剂反应形成稳定的衍生物。

分析人血浆中4-氟氯苄（4-fluorobenzyl chloride，4FBC）是一个典型的例子，Yang等（2005）解决了这一研究中富有挑战的问题。由于4FBC在血浆中很不稳定，用4-二甲氨基吡啶（4-dimethylaminopyridine，DMAP）作为优化的捕获试剂可以避免4FBC在与血浆蛋白发生亲核基团反应、水解和蒸干过程中的损失。另外，DMAP衍生物含季铵盐，改善了化合物离子化能力，从而达到极高的灵敏度（LLQ为0.5 ng/ml）。在方法开发（MD）过程中，为优化反应参数做了如下几个实验。在含4FBC血浆中，加入过量DMAP碱性溶液（100 mg/ml的氢氧化钠甲醇溶液）并在最佳条件37℃下孵育。有趣的是，作者发现当DMAP浓度超过500 mg/ml时，DMAP加入血浆中会形成凝胶。温度较高时DMAP衍生物的回收率较低，但是会提高4FBC的水解效率。该方法用于4FBC作为杂质存在于药物中的检测。在临床中心添加DMAP溶液可以形成在－80℃下稳定的DMAP衍生物，因此可以运输到分析实验室。

另一个有趣的例子是分析人全血中氧化苯乙烯（styrene oxide）（Tornero-Velez et al., 2001）。作者使用前面提到的“改进的Edman方法”分析键合到血红蛋白缬氨酸N端的加合物。0.22 mol/L缬氨酸与0.22 mol/L三乙胺溶液首先形成对羟基苯缬氨酸，然后作为捕获试剂与PFPITC衍生化形成Edman衍生物（Christakopoulos et al., 1993)用于分析氧化苯乙烯血红蛋白加合物。该方法用于验证不经衍生化直接检测氧化苯乙烯的方法的有效性。所谓直接法是采用戊烷液-液萃取（LLE），然后用正化学电离模式GC-MS分析氧化苯乙烯。这两种方法曾用于检测同一个工厂工人血液样品中氧化苯乙烯。虽然这两种方法得到的检测结果相似，但是捕获缬氨酸法具有更高的灵敏度和精密度。使用类似的方法检测饮用水、咖啡和鼻炎水性提取物中的丙烯酰胺也取得了巨大成功（Licea Perez et al., 2003）。

许多抗癌剂含有能与生物大分子（DNA和蛋白质）形成共价加合物的活性烷基部分。这些化合物反应活性高，因此定量这些化合物难度大。氮芥，尤其是环磷酰胺和它的同分异构体异环磷酰胺，常用于治疗各种类型的癌症。两种化合物都是非细胞毒性的前体药，然而它们可被P450酶代谢激活形成一系列不稳定代谢产物。环磷酰胺最初转化为4-羟基环磷酰胺（4-hydroxycyclophosphamide），接着形成互变异构体代谢产物醛环磷酰胺（aldocyclophosphamide），随后形成两个烷基化试剂丙烯醛和磷酰胺芥。异环磷酰胺也以相似的方式代谢。因为它主要位于细胞内，所以分析磷酰胺芥特别具有挑战性。通常是在血浆中检测4-羟基环磷酰胺和4-羟基异环磷酰胺（4-hydroxycyclophosphamide或

4-hydroxyifosfamide）的浓度。由于其不稳定性，检测 4-羟基（4-hydroxy）化合物需要使用捕获试剂。因为方法简单，甲基羟胺（Baumann et al., 1999; Sadagopan et al., 2001）和氨基脲（de Jonge et al., 2004）试剂使用最多。4-羟基（4-hydroxy）代谢产物与甲基羟胺反应可以在 50℃ 5 min 内生成稳定的甲基肟（Sadagopan et al., 2001）。而与氨基脲反应生成的 4-羟基环磷酰胺氨基脲（4-hydroxycyclo-phosphamidesemicarbazide）则需要在 35℃条件下孵育 2 h（de Jonge et al., 2004）。

38.3 含巯基化合物的检测

虽然许多官能团具有反应活性，但对人类健康有风险。然而，一些活性化合物（如含巯基的化合物）对生命却至关重要，并在代谢反应的生化过程中广泛使用，它们可以控制基因表达和受体信号，也可以作为抗氧化剂（Mitchell, 1996）。含巯基的化合物或其降解形式的硫醇都是自由基的清道夫而强化防止 DNA 氧化损伤。含巯基的化合物有半胱氨酸、同型半胱氨酸和谷胱甘肽。两个半胱氨酸之间形成二硫键（氧化型）是许多蛋白质的重要结构特点。含巯基的化合物在体内的不正常水平被发现与一些人类疾病直接相关。因此，监测这些化合物在生物基质中的含量非常重要。分析生物基质中硫醇的方法是使用捕获试剂直接进行化学衍生化。试剂的选择基于以下几个因素：捕获试剂对硫醇的选择性和反应性活性、衍生物的稳定性、色谱分离和检测、生物试剂和衍生物在生物基质中的溶解度。许多衍生化试剂已经成功地用于通过紫外（UV）、荧光（FL）或 LC-MS 检测器检测含活性巯基的化合物的分析。2-氯-1-甲基喹啉四氟硼酸盐（2-chloro-1-methylquinolinium tetrafluoroborate，CMQT）因其衍生化过程相对简单（如在室温和中性 pH 下仅需几分钟）、吸光性好（大约 355 nm）而成为最受欢迎的使用紫外检测人血浆和尿液中硫醇的捕获试剂（Toyo'oka, 2009）。由于可以提高特异性和灵敏度，衍生物具有荧光性质（FL）的标记试剂是检测生物样品中硫醇最受欢迎的试剂。最受欢迎的荧光试剂有 halogeno-benzofurazan、ammonium 7-fluoro-2,1,3-benzoxadiazole-4-sulfonate（SBD-F）、4-（aminosulfonyl）-7-fluoro-2,1,3-benzo-xadiazole（ABD-F）、4-（*N, N*-dimethylaminosulfonyl）-7-fluoro-2,1,3-benzoxadiazole（DBD）（Toyo'oka, 2009; Uchiyama et al., 2001）。与硫醇反应的活性是按以下顺序降低的：DBD-F > ABD-F > SBD-F。然而，在水溶液中的溶解度顺序与此相反。DBD-F 或 ABD-F 可以溶解在如乙腈和丙酮等的有机溶剂中，它们通常用于沉淀蛋白质和与小分子质量硫醇如半胱氨酸和谷胱甘肽等衍生化。水溶性更好的试剂是 SBD-F，它通常用于标记多肽类半胱氨酸和半胱氨酸（降解后）残基。

在非荧光试剂中，丙烯酸甲酯是一种最常用的用于分析生物基质中硫醇的衍生化试剂。Jemal 等（2001）发表了一个有趣实用的分析奥马曲拉（omapatrilat）及其 4 个代谢产物的分析方法。基于稳定性考虑，在样品采集前将丙烯酸甲酯加入到乙二胺四乙酸（EDTA）真空采血管中（1 ml 血液加 10 μl 丙烯酸甲酯溶液）。这些保持着真空度的真空采血管在血样采集前被保存在冰箱里。采样后轻轻混匀，在湿冰上反应 10 min 后，离心 15 min 分离血浆，然后储存在－70℃条件下。

碘乙酰胺是标记多肽和蛋白质中半胱氨酸残基的最知名试剂。碘乙酰胺常与半胱氨酸中硫醇基团共价键结合阻止二硫键形成（Smythe, 1936）。碘乙酰胺作为去泛素化酶

（deubiquitinase enzyme，DUB）抑制剂，因其能烷基化去泛素化酶上的活性半胱氨酸残基，也适用于泛激素的研究。

38.4 结 束 语

在药物研发中评价和监测具有潜在基因毒性的活性化合物的暴露量对人体安全至关重要。这章讨论了在生物基质中检测活性化合物的常用方法（捕获试剂的使用和大分子加合物的检测）。许多官能团都具有活性，鉴于它们的普遍性，用于监测生物基质中含硫醇的化合物的特定方法被重点讨论。下文列出了使用改进的 Edman 方法和两种活性捕获试剂检测生物基质中蛋白质加合物的代表示例。

38.5 代 表 示 例

示例 1：改进的 Edman 方法测定血红蛋白加合物。总结来源于 Fennell 等（2003）和 Chevolleau 等（2007）。

试剂

- 1 mol/L 氢氧化钠（NaOH）。
- PFPITC。
- 甲酸。
- 乙酸乙酯。
- 戊烷。
- 氯化钠。
- 2-丙醇。
- 盐酸。

提取过程

球蛋白分离。

使用 Mower 等（1986）的方法将球蛋白从全血中分离，下面描述了过程概要。

1．全血在约 1000×*g* 下离心约 10 min，分离红细胞和血浆。

2．用预先冷却到 0℃的氯化钠（0.9%）将红细胞洗 3 次，然后用 1 倍体积的冰水溶解红细胞。

3．加入 6 倍体积的每升含有 50 ml 6 mol/L 盐酸的异丙醇溶液。此步处理是分离血红素组血红蛋白和沉淀细胞膜。

4．样品在 4～10℃，转速约 30 000×*g* 下离心约 45 min。

5．将上清液转移到新瓶子中，然后加入 4 倍体积的乙酸乙酯沉淀球蛋白。

6．使用乙酸乙酯清洗沉淀物（球蛋白）两次，使用戊烷清洗一次。

7．将球蛋白样品在室温下干燥，然后储存在－20℃直至分析。

使用改进的 Edman 方法衍生化球蛋白样品。

1．溶解球蛋白样品于甲酸中，得到每 1.5 ml 含 50 mg 球蛋白的溶液。

2．每 50 mg 球蛋白加入 40 μl 1 mol/L 的氢氧化钠溶液。

3．加入适量内标。注意：如果内标是烷基化多肽或烷基化球蛋白，此时加入。如果内标是 Edman 衍生物，请于第五步后加入。

4．每 50 mg 球蛋白加入 10 μl PFPITC。

5．室温下轻轻摇动进行过夜反应，接着在 45℃下孵育 1.5 h。

6．使用二乙醚液-液萃取 Edman 衍生物 3 次，每次用量 3 ml。

7．合并乙醚提取物并于 50℃平稳氮气流下吹干。

使用 SPE 将 Edman 衍生物进一步纯化。

1．根据衍生物极性，将提取物溶于 2 ml 水中或甲醇-水混合溶液中。

2．用 2 ml 甲醇和 2 ml 水活化 SPE 柱（Oasis HLB, 60 mg from Waters co.）。

3．将样品加载在 SPE 柱上。

4．使用 5 ml 水清洗。根据衍生物极性可以使用甲醇-水混合溶液。

5．使用 5 ml 甲醇洗脱衍生物。

6．蒸干有机溶剂，使用适量的甲醇水溶液（甲醇∶水＝1∶1，体积比）。

7．使用 LC-MS/MS 方法分析样品。

示例 2：使用化学衍生化法富集高效液相色谱-串联质谱（HPLC-MS/MS）分析的 4-氟苯氯（4-fluorobenzyl chloride）。总结来源于 Yang 等（2005）。

试剂

- 1 mol/L 氢氧化钠。
- 含 10 mmol/L 氢氧化钠的甲醇溶液。
- 100 mg/ml 4-二甲胺吡啶（DMAP）甲醇溶液（含 10 mmol/L 氢氧化钠）。配制方法如下：称量 50 g DMAP 于 100 ml 容量瓶中，加入甲醇得到 500 mg/ml 溶液。然后使用含 10 mmol/L 氢氧化钠的甲醇溶液稀释 5 倍得到 100 mg/ml 的 DMAP。
- 10 mmol/L 甲酸铵（pH3）。
- 10 mmol/L 乙酸铵（pH7）。
- 15%氢氧化铵水溶液。
- 15%氢氧化铵甲醇溶液。
- 15%氢氧化铵水溶液∶15%氢氧化铵甲醇溶液＝1∶1 混合液。
- 5%甲酸甲醇溶液。

提取过程

先将 EDTA 空白人血浆和衍生化试剂（含 10 mmol/L 氢氧化钠的 100 mg/ml DMAP 甲醇液）混合，再以 90∶10（血浆∶衍生化试剂，体积比）的比例混合得到含 DMAP 的血浆。这种处理过的血浆用来配制校正标样（STD）和 QC 样品。临床样品在样品采集时也经过特殊处理。225 μl 血浆加到含 25 μl 衍生化试剂（含 10 mmol/L 氢氧化钠的 100 mg/ml DMAP 甲醇液）的管子中。样品涡旋混合 2 min 后转移 50 μl 至 4 份含 DMAP 试剂的血浆管子中。样品放置在 37℃下孵育 1 h 后储存在－80℃条件下。

内标的储备溶液通过混合 990 μl 100 mg/ml 的 DMAP（含 10 mmol/L 氢氧化钠的甲醇溶液）和 10 μl 内标储备液并置于 37℃下孵育 1 h 进行衍生化。然后用甲醇稀释配制内标工作溶液（50 ng/ml）。

1．取 50 μl 校正标样或空白样品到合适的管子中。

2．盖上盖子涡旋 2 min。

3．37℃孵育 1 h。

4．于－80℃冰箱取出 QC 样品和临床样品，在室温下溶解。

5．加入 90 μl 15%氢氧化铵水溶液。

6．加入 25 μl 甲醇到空白样品中。

7．加入 25 μl 衍生化的内标（50 ng/ml）到所有其他的管子中。

8．短暂涡旋，离心 1 min（转速约 3220×*g*）。

9．使用 500 μl 甲醇活化 Varian Bond Elute CBA 96 孔 SPE。

10．使用 500 μl 10 mmol/L 乙酸铵（pH7）平衡 SPE 板。

11．加 120 μl 样品，缓慢加压，压力不要超过 5 ft[①]汞柱。

12．使用 1 ml 15%氨水溶液清洗 3 次。

13．使用 15%氢氧化铵水溶液∶15%氢氧化铵甲醇溶液＝1∶1 混合液清洗 4 次。

14．将 SPE 板放在 0.4 ml NUNC 微孔板上，并于 3220×*g* 下离心约 5 min 去除残余的清洗液（在最后清洗步骤后）。

15．使用 150 μl 含 5%甲酸的甲醇溶液洗脱两次。

16．盖紧盖子，短暂混匀。

17．进入 HPLC-MS/MS 系统分析。

示例 3：使用 LC-MS/MS 方法检测含巯基的血管肽酶（vasopeptidase）抑制剂奥马曲拉（omapatrilat）及其含巯基和硫醚的代谢产物。总结来源于 Jemal 等（2001）。

试剂

- 丙烯酸甲酯。
- 乙酸乙酯。
- 盐酸。

提取过程

血样采集过程中丙烯酸甲酯的衍生化。

服用奥马曲拉的受试者全血样品将会采集在含 EDTA 和丙烯酸甲酯的真空采血管中，过程描述如下。

1．使用配有非取心针不锈钢针头的注射器穿过管盖向每个 EDTA 真空采集管中加入 10 μl 丙烯酸甲酯（每毫升全血）。

2．采样前将处理过的真空采集管储存在－20℃。管子的真空度期望在－20℃下保持一年。

3．全血采集当天，从冰箱中将处理过的管子取出放在碎冰上。

4．即将采集全血样品时，将真空采血管轻轻旋转使丙烯酸甲酯润湿管壁。

5．直接将全血样品采集到密封的真空采集管内。

6．轻轻翻转管子若干次，使 EDTA 和丙烯酸甲酯与全血样品充分混匀。

7．将全血样品放置于碎冰上约 10 min，然后在 1000×*g* 下离心约 15 min 分离血浆。

8．在通风橱中将血浆样品转移到聚丙烯储存管内。

9．将血浆样品储存在－70℃条件下直至分析。

奥马曲拉及其代谢产物在血浆中的浓度检测是在 0.1 mol/L 的盐酸条件下用乙酸乙酯进行液-液萃取，然后用 LC-MS/MS 分析。

---

① 1ft＝3.048×10^{-1}m。

参考文献

Baumann F, Lorenz C, Jaehde U, Preiss R. Determination of cyclophosphamide and its metabolites in human plasma by high-performance liquid chromatography-mass spectrometry. J Chromatogr B 1999;729:297–305.

Bryant MS, Skipper PL, Tannenbaum SR, Maclure M. Hemoglobin adducts of 4-Aminobiphenyl in smokers and nonsmokers. Cancer Res 1987;47:602–608.

Cartwright AC, Matthews BR. International Pharmaceutical Product Registration: Aspects of quality, safety and efficacy. New York: Ellis Horwood Limitted; 1994. p 1–873.

Chevolleau S, Jacques C, Canlet C, Tulliez J, Debrauwer L. Analysis of hemoglobin adducts of acrylamide and glycidamide by liquid chromatography-electrospray ionization tandem mass spectrometry, as exposure biomarkers in French population. J of Chromatography A 2007;1167:125–134.

Christakopoulos A, Bergmark E, Zorcec V, Norppa H, Maki-Paakkanen J, Osterman-Golkar S. Monitoring occupational exposure to styrene from hemoglobin adducts and metabolites in blood. Scand J Work Environ Health 1993;19:255–263.

Clive D, Spector JS. Laboratory procedure for assessing specific locus mutations at the Tk locus in cultured L5178Y mouse lymphoma cells. Mutat Res 1975;31:17–29.

de Jonge ME, van Dam SM, Hillebrand MJX, et al. Simu ltaneous quantification of cyclophosphamide, 4-hydroxy cyclophosphamide, N,N′,N″-triethylenethiophosphoramide (thiotepa) and N,N′,N″-triethylenephosphoramide (tepa) in human plasma by high-performance liquid chromatography coupled with electrospray ionization tandem mass spectrometry (LC-MS/MS). J Mass Spectrom 2004;39:262–271.

Dipple A. DNA adducts of chemical carcinogens. Carcinogenesis 1995;16:437–441.

Doss GA, Baillie TA. Addressing metabolic activation as an integral component of drug design. Drug Metab Rev 2006;38:641–649.

EMEA. Guideline on the limits of Genotoxic Impurities. Committee For Medicinal Products for Human Use, The European Medicines Evaluation Agency, London, 2006. CPMP/SWP/5199/02, EMEA/CHMP/QWP/251344/2006.

Ehrenberg L, Osterman-Golkar S. Alkylation of macromolecules for detecting mutagenic agents. Teratog Mutag Carcinog 1980;1:105–127.

Evans DC, Watt AP, Nicoll-Griffith DA, Baillie TA. Drug-Protein adducts: an industry perspective on minimizing the potential for drug bioactivation in drug discovery and development. Chem Res Toxicol 2004;17:3–16.

Farmer PB, Neumann H-G, Henschler D. Estimation of exposure of man to substances reacting covalently with macromolecules. Arch Toxicol 1987;60:251–260.

Fennell TR, MacNeela JP, Morris RW, Watson M, Thompson CL, Bell DA. Hemoglobin adducts from acrylonitrile and ethylene oxide in cigarette smokers: effects of glutathione s-transferase T1-null and M1-null genotypes. Cancer Epidemiol Biomar Prev 2000;9:705–712.

Fennell TR, Snyder RW, Krol WL, Sumner SCJ. Comparison of the hemoglobin adducts formed by administration of N-Methylolacrylamide and acrylamide to rats. Toxicol Sci 2003;71:164–175.

Fennell TR, Sumner SCJ, Snyder RW, et al. Metabolism and hemoglobin adduct formation of acrylamide in humans. Toxicol Sci 2005;85:447–459.

Funk WE, Li H, Iavarone AT, Williams ER, Riby J, Rappaport SM. Enrichment of cysteinyl adducts of human serum albumin. Anal Biochem 2010;400:61–68.

Hemminki K, Dipple A, Shuker DEG, Kadlubar FF, Segerbäck D, Bartsch H. DNA adducts: identification and biological significance. IARC Scientific Publications 1994, No. 125, IARC, Lyon.

Hemminki K. DNA adducts, mutations and cancer. Carcinogenesis 1993;14:2007–2012.

Hoos JS, Damsten MC, Vlieger JSB, et al. Automated detection of covalent adducts to human serum albumin by immunoaffinity chromatography, on-line solution phase digestion and liquid chromatography–mass spectrometry. J Chromatogr B 2007;859:147–156.

ICH Q3A(R2). Impurities in New Drug Substances. In International Conference on Harmoni-sation Harmonised Tripartite Guideline. Current Step 4 version dated October 25, 2006. Available at http://www.ich.org/fileadmin/Public_Web_Site/ICH_Products/Guidelines/Quality/Q3A_R2/Step4/Q3A_R2__Guideline.pdf. Accessed Apr 13, 2013.

ICH Q3B(R2). Impurities in New Drug Products. In International Conference on Harmonisation Harmonised Tripartite Guideline. Current Step 4 version dated October 25, 2006. Available at http://www.ich.org/fileadmin/Public_Web_Site/ICH_Products/Guidelines/Quality/Q3B_R2/Step4/Q3B_R2__Guideline.pdf. Accessed Apr 9, 2013.

ICH Q3C(R5). Guideline for Residual Solvents. In International Conference on Harmonisation Harmonised Tripartite Guideline. Current Step 4 version dated October 25, 2006 Available at http://www.ich.org/fileadmin/Public_Web_Site/ICH_Products/Guidelines/Quality/Q3C/Step4/Q3C_R5_Step4.pdf. Accessed Apr 9, 2013.

Jemal M, Khan S, Teitz DS, McCafferty JA, Hawthorne DJ. LC/MS/MS Determination of omapatrilat, a sulfhydryl-containing vasopeptidase inhibitor and its sulfhydryl- and thioether-containing metabolites in human plasma. Anal Chem 2001;73:5450–5456.

Jensen S, Tornqvist M, Ehrenberg L. Hemoglobin as dose monitor of alkylating agents: determination of alkylating products of N-terminal valine. Individual susceptibility to genotoxic agents in human population. In: de Serres F, Pero R, editors. Environmental Science Research. Vol. 30. New York: Plenum Publishing Corp.; 1984. p 315–320.

Kalgutkar AS, Gardner I, Obach RS, et al. A comprehensive listing of bioactivation pathways of organic functional groups. Curr Drug Metab 2005;6:161–225.

Kautiainen A. Determination of hemoglobin adducts from aldehydes formed during lipid peroxidation in vitro. Chem-Biol Interactions 1992;83:55–63.

La DK, Swenberg, JA. DNA adducts: biological markers of exposure and potential applications to risk assessment. Mutat Res 1996;365(1–3):129–146.

Licea Perez H, Osterman-Golkar S. Sensitive gas chromatographic-tandem mass spectrometric method for detection of alkylating agents in water: Application to acrylamide in drinking water, coffee and snuff. The Analyst 2003;128:1033–1036.

Lutz WK. Quantitative evaluation of DNA binding data for risk estimation and for classification of direct and indirect carcinogens. J Cancer Res Clin Oncol 1986;112:85–91.

Ma S, Zhu M. Recent advances in applications of liquid chromatography–tandem mass spectrometry to the analysis of reactive drug metabolites. Chem Biol Interact 2009;179:25–37.

Miller EC and Miller JA. The presence and significance of bound aminoazo dyes in the livers of rats fed p-dimethylaminoazobenzene. Cancer Res 1947;7:469–480.

Mitchell S. Biological interactions of sulfur compounds. UK Taylor

& Francis Ltd, 1 Gunpowder Square, London EC4 3DE; 1996. p 1–226.

Mowrer J, Tornqvist M, Jensen S, Ehrenberg L. Modified Edman Degradation applied to hemoglobin for monitoring occupational exposure to alkylating agents. Toxicol Env Chem 1986;11:215–231.

Neumann HG. Analysis of hemoglobin as a dose monitor for alkylating and arylating agents. Arch Toxicol 1984;56:1–6.

Ohmori S, Takahashi K, Ikeda M. A fundamental study of quantitative desulfuration of sulfur containing amino acids by Raney Nickel and its character. Naturforsch 1981;36b:370–374.

Osterman-Golkar S, Ehrenberg L, Segerbäck D, Hällström I. Evaluation of genetic risks of alkylating agents. II. Haemoglobin as a dose monitor. Mutat Res 1976;34(1):1–10.

Otteneder M, Lutz WK. Correlation of DNA adduct levels with tumor incidence: carcinogenic potency of DNA adducts. Mutat Res 1999;424:237–247.

Phillips DH, Farmer PB, Beland FA, et al. Methods of DNA adduct determination and their application to testing compounds for genotoxicity. Environ Mol Mutagen 2000;35(3):222–233.

Rappaport SM, Ting D, Jin Z, Yeowell-O'Connel K, Waidyanatha S, McDonaldt T. Application of Raney nickel to measure adducts of styrene oxide with hemoglobin and albumin chem. Res Toxicol 1993;6:238–244.

Sadagopan N, Cohen L, Roberts B, Collard W, Omer C. Liquid chromatography–tandem mass spectrometric quantitation of cyclophosphamide and its hydroxy metabolite in plasma and tissue for determination of tissue distribution. J Chromatogr B 2001;759:277–284.

Singer B, Grunberger D. Molecular Biology of Mutagens and Carcinogens. New York: Plenum Press; 1983.

Smythe CV. The reactions of Iodoacetate and of Iodoacetamide with various Sulfhydryl groups, with Urease, and with Yeast preparations. J Biol Chem 1936;114 (3):601–612.

Stewart AJ, Blindauer CA, Berezenko S, Sleep D, Tooth D, Sadler PJ. Role of Tyr84 in controlling the reactivity of Cys34 of human albumin. FEBS J 2005;272:353–362.

Tennant RW, Margolin BH, Shelby MD, et al. Prediction of chemical carcinogenicity in rodents from in vitro genetic toxicity assays. Science 1987;236:933–941.

Ting D, Smith MT, Doane-Setzer P, Rappaport SM. Analysis of styrene oxide-globin adducts based upon reaction with Raney nickel. Carcinogenesis 1990;11:755–760.

Tornero-Velez R, Waidyanatha S, Licea Pérez H, Osterman-Golkar S, Echeverria D, Rappaport SM. Determination of styrene and styrene-7,8-oxide in human blood by gas chromatography–mass spectrometry. J Chromatogr B Biomed Sci Appl 2001;757(1):59–68.

Tornqvist M, Mowrer J, Jensen S, Ehrenberg L. Monitoring of environmental cancer initiators through hemoglobin adducts by a modified Edman degradation method. Anal Biochem 1986;154(1):255–266.

Toyo'oka T. Recent advances in separation and detection methods for thiol compounds in biological samples. J Chromatogr B 2009;877(28):3318–3330.

Uchiyama S, Santa T, Okiyama N, Fukushima T, Imai K. Fluorogenic and fluorescent labeling reagents with a benzofurazan skeleton. Biomed Chromatogr 2001;15(5):295–318.

van Zeeland AA, Jansen JG, de Groot A, et al. Mechanisms and biomarkers of genotoxicity: molecular dosimetry of chemical mutagens. Toxicol Lett 1995;77:49–54.

Vesper HW, Ospina M, Tunde T, et al. Automated method for measuring globin adducts of acrylamide and glycidamide at optimized Edman reaction conditions Rapid Communication. Mass Spectrom 2006;20:959–964.

Walgren JL, Mitchell MD, Thompson DC. Role of Metabolism in Drug-Induced Idiosyncratic Hepatotoxicity. Crit Rev Toxicol 2005;35:325–361.

Yang E, Wang S, Bowen C, Kratz J, Cyronak MJ, Dunbar JR. Trapping 4-fluorobenzyl chloride in human plasma with chemical derivatization followed by quantitative bioanalysis using high-performance liquid chromatography/tandem mass spectrometry. Rapid Commun Mass Spectrom 2005;19 (6):759–766.

39

光敏感和易氧化化合物的液相色谱-质谱（LC-MS）生物分析

作者：Corey M. Ohnmacht
译者：刘佳
审校：梁文忠、侯健萌、张杰

39.1 引　言

保证化合物的稳定性对在生物分析过程中得到可靠结果是非常有必要的，无论对任何生物来源基质（如全血、血清、血浆和尿液）中的或在纯溶液中（水、甲醇等）的化合物来说都是这样。影响化合物稳定性的因素有很多，它们可能会造成对结果的高估或低估。如果不能在方法学开发和验证过程中发现并解决，将会导致后续的高成本问题。需要认识到生物分析得到的结果会用来做包括有关确立治疗剂量水平、功效和卫生部门用于治疗患者的其他数据的关键性决定。因此，生物分析实验室应对开发和验证准确、精确和重复性高的生物分析方法负首要责任。

世界范围内有许多管理食品与药品工业的机构，如美国食品药品监督管理局（FDA），欧洲药品管理局（EMA），巴西国家卫生监督局（ANVISA），日本卫生、劳动与福利省（MHLW）和中国国家食品药品监督管理局（CFDA）来保证消费者的安全。这些机构中的大多数都有相应的在验证生物分析方法时可以参照的指导文件。例如，FDA、EMA 和 ANVISA 指明稳定性评估应该存在于所有步骤，包括样品制备、分析和储存，以保证测得的浓度数据的准确性（Food and Drug Ádministration, 2001; Agência Nacional de Vigilância Sanitária, 2003; European Medicines Agency, 2011）。虽然在这些指导文件中明确指出了化合物稳定性应被评估，却没有详细写明如何做稳定性评估及如何处理稳定性评估失败结果。所幸许多行业的研究文献、综述与白皮书提供了一些如何对待不稳定化合物的方法（Bansal and DeStefano, 2007; Chandran and Singh, 2007; Nowatzke and Woolf, 2007; Savoie et al., 2010; Smith, 2010; Garofolo et al., 2011; Lowes et al., 2011）。

Li 等在最近的一篇综述中（2011）提供了 LC-MS/MS 分析生物基质中小分子不稳定化合物的策略。综述中对各种化合物的不稳定因素，如酶降解、相应代谢产物的水解、光化学降解和自氧化等，都进行了讨论并推荐了相应的措施。例如，在化合物光敏感度未知的情况下，样品提取与色谱分离应实施避光保护并避免极端条件（如强碱、强酸与高温）（Li et al., 2011）。

当采取了一些预防措施后，化合物仍然显示出不稳定的特性（如短期稳定性与自动进样器稳定性评估失败），这对生物分析是额外的挑战。有两个因素可能导致了上述例子中的不稳定：光化学与氧化反应。有时这两个因素所导致的产物是一样的，这使得人们很难确定是两个或其中哪个因素导致了不稳定的结果。另外，光化学反应可以催化氧化反应的性质使问题更加复杂。

本章节的目标是为鉴定与处理光敏感和易氧化化合物提供有力的分析工具。是通过呈现导致化合物不稳定的光反应与氧化基本理论来达成此目标。对这两个因素的基本了解将有助于在早期方法开发（MD）或解决问题时提升预测与鉴定有问题化合物的能力，为光敏感和易氧化化合物的方法开发也提供了一般的预防性措施与处理技术。

39.2 光敏感化合物

39.2.1 背景介绍

光敏感化合物是指稳定性受光照影响的化合物。“光”一词在不同学科中有多种含义，如在电磁光谱中光可被定义成可见波长。一般来说，电磁光谱可以分成以下几个区域，从能量较高的波长开始：紫色，约 380～450 nm；蓝色，约 450～495 nm；绿色，约 520～570 nm；黄色，约 570～590 nm；橙色，约 590～620 nm；红色，约 620～740 nm。从本章实际目的出发，光被定义为电磁光谱中任意一部分可能会导致某化合物光化学反应的波长。

当光敏感化合物受到光线照射时，发生的化学反应可能会非常复杂且基本不可逆。在某些例子中，光可以直接与化合物反应。另外，光线可能与敏化剂反应，然后被激活的敏化剂可能再与化合物反应。这些反应的进行程度通常与化合物、光源和样品基质的组成有关。例如，当纯乙醇中的维生素 D 与血清或血浆中的维生素 D 分别暴露在紫外光下时，乙醇中的维生素 D 在几分钟之内降解，而其生物基质中的稳定性却不受影响（Hollis, 2008）。作者提出维生素 D 在这些基质中的高度蛋白质结合使其免受紫外光的影响。

光照会对光敏感化合物的生物分析结果造成不利影响。一般来说，一个化合物的光降解将会导致测得值的负偏差。更复杂的是当相应的代谢产物被光降解后转化回原药时会导致原药的测得值偏高。在某些情况下，降解掉的化合物的量并不容易被察觉。但是，降解产物可能会干扰分析方法而产生不可靠的测定结果。LC-MS/MS 的应用可以大大降低干扰的产生，因为化合物和其副产物可以通过色谱和不同的质荷比分开。

39.2.2 光化学过程

光化学的第一条准则是光必须被分子吸收才能引发光化学反应。在生物分析过程中，化合物可能会暴露在自然光和人造光当中。由普朗克-爱因斯坦公式可知，光产生光子的能量（E）与波长（λ）成反比。

$$E = hc/\lambda \tag{39.1}$$

式中，h 是普朗克常量，c 是光速。根据式 39.1，光谱中的紫外光区（也就是 10～400 nm）要比可见光区（也就是 400～700 nm）能量更高。当化合物暴露在足够能量中，其活化能使电子跃入更高一级的轨道，一系列的反应便会发生。一般由光化学反应引发的反应有：水解、氮端去烷基化作用、氧化、脱卤素反应和异构化作用（Hamann and McAllister, 1983; Le Bot et al., 1988;Wood et al., 1990; Lau et al., 1996; Hollis, 2008）。表 39.1 提供了指定基质中的光敏感化合物，还有处理这些化合物时的预防措施。

表 39.1 基质中的光敏感化合物与保护措施举例

化合物	基质	参考文献	保护措施举例
阿尼帕米（nifedipine）	人血浆	Hamann and McAllister, 1983	黄光灯，柔光
苄氟噻嗪（bendroflumethiazide）	人尿液	Ruiz et al., 2005	铝箔纸包裹的容器
链霉素（doxorubicin）	人血浆，人尿液，细胞培养液	Le Bot et al., 1988	无光
道诺霉素（daunorubicin）和表柔比星（epirubicin）	非生物溶液	Wood et al., 1990	避光
舒尼替尼（sunitinib）	人血浆	de Bruijn et al., 2010	钠光灯，棕色瓶
维生素 D（vitamin D）	乙醇	Hollis, 2008	蛋白质结合
5-*S*-半胱氨酰多巴（5-*S*-cysteinyldopa）	人血浆，人尿液	Hartleb et al., 1999	铝箔纸包裹的架子，无光

39.2.2.1 直接光化学反应

直接光化学反应是化合物吸收光之后与样品基质中的组分反应或降解为其他组分。如式 39.2 所示，化合物（A）的直接光化学反应是吸收了一个足够能量（*hv*）的光子跃迁到更高一级的电子轨道导致了化合物的激活状态（A^*）。

$$A \xleftrightarrow{hv} [A^*] \longrightarrow P_A \qquad (39.2)$$

被激活的分子有两种潜在结局：①入射辐射消失并且化合物通过物理过程丢失或转移能量而回到基态。②被激活的分子可能经历数个化学反应包括碎片化、去质子化、分子间重排、二聚或者通过电子转移产生更多的产物（P_A）。

直接光化学反应的特点是入射光能量足够高从而可以光化学激发化合物。例如，抗心绞痛药物阿尼帕米（nifedipine）的最大吸收波长（λ_{max}）大约在 235 nm。当含有阿尼帕米的血浆暴露在一般光线下时（也就是没有避光保护），硝苯吡啶将会降解成硝基和亚硝基吡咯烷衍生产物（Abou-Auda et al., 2000）。经过进一步的评估分析，是紫外光导致了硝基吡啶代谢产物的产生，而可见光（Vis）导致了亚硝基吡咯烷代谢产物的出现（Abou-Auda et al., 2000; Offer et al., 2007）。

39.2.2.2 间接光化学反应

除直接光化学反应外，当没有足够能量激发直接光化学反应时也可能发生间接光化学反应。基质中有一种被称作光敏剂（PS）的组分，它们通常是有活性的氧或色素，在这种情况下，光敏剂可以参与直接光化学反应，从而产生一个中间激活态（PS^*），如式 39.3 所示。

$$PS \xleftrightarrow{hv} [PS^*] \longrightarrow P_{PS} \qquad (39.3)$$

接下来，被激活的光敏剂将能量传递给化合物（式 39.4）。化合物继而发生与直接光化学反应类似的反应过程（式 39.2）。传递能量给化合物的光敏剂则回到其基态，分解（P_{PS}），或参与到后续的化学反应过程中。

$$PS^* + A \longrightarrow A^* + PS \qquad (39.4)$$

$$A \xleftrightarrow{hv} [A^*] \longrightarrow P_A \qquad (39.2)$$

间接光化学反应与直接光化学反应不同，前者不需要化合物的吸收光谱和入射光重叠。

为了描述这个概念，Offer 等研究了四氧四碘荧光素（rose bengal）存在时左美福酸（levomefolic acid）的光稳定性（Offer et al., 2007）。左美福酸暴露在＞540 nm 光线下时迅速降解，此时四氧四碘荧光素处于激活状态。除回到基态外，被激活的四氧四碘荧光素还可以加速三态氧向更活泼的单态氧转化，这也促使左美福酸降解。

39.2.3　处理光敏感化合物时的预防措施

有许多措施可以用来减少光对光敏感化合物的影响。一般都是依靠控制光源来达到保护光敏感化合物的目的。也可以使用物理措施在光源与样品之间摆放屏障。不透明的储存容器和避光的房间也可以提供避光保护。

39.2.3.1　光源选择

在一个封闭的暗室中，可以假设完全没有光，那么就消除了导致光化学不稳定的根本原因。但是这在大多数实验室是不现实的，因为很多实验步骤需要视觉观察。可以采用被减弱的灯光（也就是暗光），但这也不是理想情况，因为携带足够能量的光子仍然可能存在。

许多生物分析实验室装备了低紫外光输出的光源，通常它们发出波长大于 450 nm 的灯光。例如，低压钠光灯（如黄色/金色/棕色灯）通常被采用，因为它们发出大约 589 nm 的单色光（如 GE covRguard® Gold; F32T8CVG）。在暗房中冲洗摄影底片所采用的红光也可以用来做光保护，它发出的光波长大约在 700 nm。

避光措施也可以使用特别的滤光片来完成。它可以覆盖廉价的普通光源以阻止特定波长的光传输。黄色滤片可以覆盖到普通荧光灯上，用来减少 540 nm 以下光的传播。滤片也可以提供更加自然的光线环境（如 GE covRguard 46216，阻挡 380～180 nm 的紫外光线）。建议冰箱中的灯在冰箱门关闭后最好也安装光源滤片。

太阳产生的自然光线可能会通过窗户、门或未保护的走廊漏进实验室，并随着时间、天气和季节波动，这些变化可能会造成光敏感化合物的测量结果不准确。理想情况下，实验室应没有窗户并装备有过滤装置的光源，可是这要么不实际要么成本太高。另一种做法是当需要避光时，可以使用没有窗户和安装有保护性光源的“暗房”。在窗户不可避免的情况下，可以使用汽车业类似的窗户膜（如 3M PR 40，透光率 39%，紫外光过滤＞99.9%）。

39.2.3.2　样品储存

当光线接触到物理阻挡物之后，有可能会发生反射、折射和透射。透明的材料允许光线透过，其保护光敏感化合物的作用非常有限。对储存容器的颜色与材料的明智选择可以提供相对廉价的避光方法。

带有颜色的玻璃或塑料容器常常用来避光。带有颜色的玻璃瓶（如棕色瓶）一般用来储存光敏感化合物，因为它可以阻挡相当数量的紫外光接触到瓶中的物质。带有颜色的聚丙烯管也可提供与棕色玻璃类似的避光作用，且更易使用，不会碎裂，一般来说更加不易产生化合物对容器的吸附。如果没有带颜色的玻璃瓶，那么建议选用其他容器。有一种在运输过程中保护样品的简单方法，就是把样品储存在纸盒中。或者，在容器周围包裹上铝箔也是种廉价的避光方法。

光敏感化合物因其他因素不稳定也比较常见，如温度可能会影响稳定性。在这种情况下，可能要求样品在低于室温下操作（如在湿冰上）。这种情况要小心，因为样品在冰上的融化时间更长，在光线下暴露的时间也更长。为了减少光的影响，样品在处理前需要在暗处的冰上解冻。从其他方面来讲，如果样品容器被覆盖在冰下的话，也可在一定程度上避光。

39.2.4 光敏性对光敏感化合物生物分析结果的影响

为了得到光敏感化合物的可靠分析结果，尽可能防止其暴露在光照下以避免产生光化学反应过程是至关重要的。如 39.2.3 节讨论过的，在条件控制良好的实验室中避光相对简单。但是，不可能针对光敏感化合物生物分析实验的每一步都能轻易做到。因此，在生物分析的每一步都要考虑光对化合物稳定性的影响。

化合物暴露在光下的第一步是样品采集。例如，*S*-亚硝基硫醇（*S*-nitrosothiol, RSNO）的浓度很难测定准确，因为当 RSNO 暴露在热、光和痕量金属中时，存在很多稳定性问题（Wu et al., 2008）。Wu 等通过蝶型针头/针管抽取猪血调查了 RSNO 在全血中的稳定性，测试了避光（铝箔覆盖了连着针头的塑料管）和不避光的情况（Wu et al., 2008）。两套样品被电流生物传感器测定并比较数据，结果显示暴露在光线下的样品的含量只有避光样品的大约 23.6%。从之前的研究可以得知 RSNO 主要吸收 550～600 nm 的光（Frost and Meyerhoff, 2004）。

在光暴露下配制光敏感化合物的储备液、工作液和基质质量控制（QC）样品时具有潜在风险。文献对苄氟噻嗪（bendroflumethiazide, BMFT）在制剂与尿样中的光稳定性进行了研究（Ruiz et al., 2005）。分别在避光和不避光条件下对 pH 3 和 pH 7 缓冲液中的 BMFT 进行稳定性研究，最后在高效液相色谱-紫外线（HPLC-UV）274 nm 下测定。在分析中，出现一个非 BMFT 的峰，推测是其水解产物，此峰随着储存时间的延长而增强。研究发现纯溶液在低 pH 条件下（pH 3）稳定性较好。BMFT 的光稳定性实验也分别在避光或不避光的 pH 3 尿液中进行，实验结果与在缓冲溶液中的结果一致。

生物分析的样品处理过程因通常包括提取过程（如蛋白质沉淀、液-液萃取、固相萃取和在线提取）而成为光暴露时间最长的部分。阿尼帕米对光敏感，而且在光照下以一级动力学速率降解，半衰期大约为 2.7 h（Bach, 1983; Hamann and McAllister, 1983）。为了减少样品在实验室灯光下的暴露时间，Yriti 等发明了一种在 338 nm 紫外灯照射条件下在线提取并测定人血浆中阿尼帕米的方法（Yriti et al., 2000）。在线提取的方法将阿尼帕米在实验室灯光下的暴露时间减少到大约 30 s。

在 LC-MS/MS 分离和检测过程中，光线对光敏感化合物的影响一般可以忽略，因为系统的管路都是避光的。但是，对 LC-MS/MS 的方法开发要考虑到这一点，因为在样品采集、储存和处理过程中光化学反应的产物是有可能干扰检测的。由于 MS/MS 检测可以利用质荷比提供额外的分离，大多数不需要的产物如果想看就观察不到了。在质荷比不足以分离而提供可靠结果的情况下，就需要额外的色谱分离了。例如，SU5416 是一个强的血管生成抑，固态下其 Z-异构体是热动力学稳定的（Zhao and Sukbuntherng, 2005）。当它在溶液中并暴露在光照下时，光敏剂就会形成不稳定的 E-异构体（SU5886）。通过多离子反应监测来检测 Z-和 E-异构体的离子对（IP）是一样的（Zhao and Sukbuntherng, 2005; de Bruijn et al., 2010）。由于这个原因，必须对两个异构体进行充分地色谱分离以达到准确定量的目的。

39.3　易氧化化合物

39.3.1　背景介绍

氧是自然界最丰富的元素之一，也是地球生命非常重要的组分。就像其对生命的重要支持一样，由于在氧化反应中的重要角色，各种形态的氧可以对生物分析发出挑战。化合物在基质中的氧化不仅会降低待测化合物的含量，还会产生不需要的代谢产物和（或）降解产物，这两种物质都可能干扰分析。

最稳定的基态氧是三态氧（$^3O_2$），它一般在氧化中非常不活跃（Frankel, 1980）。除非有酶、热、光、金属等存在，其才会形成更活泼的活性氧（ROS）（Stadtman, 1990; Kristensen et al., 1998）。ROS可分为以氧为中心的游离基和以氧为中心的非游离基。前者包括超氧化物阴离子（O_2^-）、羟基（OH）、烷氧基（RO）和过氧基团（ROO）。后者包括过氧化氢（H_2O_2）和单氧分子（$^1O_2$）。

氧化的机制有很多种，包括光氧化、自氧化和非游离基氧化。举例来说，多巴胺（dopamine）是中枢系统中控制几种荷尔蒙功能的重要神经递质（van de Merbel et al., 2011b）。阻止氧化过程的天然与合成化合物被称为抗氧化剂。大多数抗氧化剂的性质都是提供抗氧化保护，而它们自己被氧化（还原剂）（Okezie, 1996; Tsuji et al., 2005）。例如，多巴胺在生物基质中的测量就比较有挑战，部分原因就是它非常容易通过儿茶酚结构被氧化，尤其是在碱性pH条件下（van de Merbel et al., 2011b）。为了防止化合物在生物分析过程中被氧化，抗氧化剂焦亚硫酸钠被加入到放在冰浴的人血浆中（Van de Merbel et al., 2011b）。表39.2提供了易氧化化合物的列表和防止氧化的抗氧化剂或其他预防措施。

表39.2　不同基质中易氧化化合物的预防措施举例

化合物	基质	预防措施举例	参考文献
利福平（rifampin）	人血浆	抗坏血酸	Lau et al., 1996
羟基苯乙烯（hydroxycinnamate）和儿茶酸（catechins）	人尿液	盐酸与抗坏血酸	Nielsen and Sandstrom , 2003
多巴胺（dopamine）	人血浆	焦亚硫酸钠	van de Merbel et al., 2011b
半胱氨酸（cysteine）和胱氨酸（cystine）	人尿液	磺基水杨酸	Birwe and Hesse, 1991
F4-神经前列腺素（F4-neuroprostane）	人脑组织	丁基羟基甲苯	Musiek et al., 2004
3′氧-二甲依托泊苷（3′O-demethyletoposide）	人血浆	抗坏血酸	Stremetzne et al., 1997
儿茶酚胺（catecholamines）	人尿液	盐酸、EDTA和抗坏血酸	Zhu and Kok, 1997
奥氮平（olanzapine）	人血浆	抗坏血酸	Catlow et al., 1995
抗坏血酸（ascorbic acid）	人血浆	偏磷酸	Karlsen et al., 2005

39.3.2　氧化过程

39.3.2.1　自氧化

自氧化是有氧时导致自由基链式反应形成交联结构（Jensen, 2001; Hou et al., 2005）。自由基链式反应可分为三步：①起始，②传递，③终止。在起始阶段，化合物失去一个氢原子产生游离基（R·），如式39.5所示。

$$RH \xrightarrow{E,催化剂} R\cdot + H\cdot \quad （起始） \quad (39.5)$$

氢原子的失去可以通过光、热、酶和金属来完成。除去氢的难易程度和速度取决于其数量、位置和化学键的空间位置。含有非共轭双键的化合物一般比含有共轭双键的化合物更加活泼，这是因为双键亚甲基碳上的氢更容易受失去（Frankel, 1980）。接下来，游离的烷基自由基和过氧自由基会由链式反应形成更多的自由基，如式39.6、式39.7、式39.8和式39.9所示。

$$R\cdot + O_2 \longrightarrow ROO\cdot \quad （传递） \quad (39.6)$$

$$ROO\cdot + RH \longrightarrow ROOH + R\cdot \quad （传递） \quad (39.7)$$

$$ROOH \longrightarrow RO\cdot + \cdot OH \quad （传递） \quad (39.8)$$

$$RO\cdot + RH \longrightarrow ROH + R\cdot \quad （传递） \quad (39.9)$$

自氧化的终止是形成非自由基产物，如式39.10、式39.11、式39.12、式39.13和式39.14所示。

$$ROO\cdot + ROO\cdot \longrightarrow ROOR + O_2 \quad （终止） \quad (39.10)$$

$$R\cdot + R\cdot \longrightarrow RR \quad （终止） \quad (39.11)$$

$$RO\cdot + R\cdot \longrightarrow ROR \quad （终止） \quad (39.12)$$

$$RO\cdot + RO\cdot \longrightarrow ROOR \quad （终止） \quad (39.13)$$

$$ROO\cdot + R\cdot \longrightarrow ROOR \quad （终止） \quad (39.14)$$

由于自由基电子是不定域的，根据反应进行时自由基电子的瞬时位置可以产生各种交联产物。含有不饱和键、多烯或者酚的化合物都有可能发生自氧化（Briscoe and Hage, 2009; Li et al., 2011）。图39.1描述了羟基喹啉（hydroxyquinone）（26）通过自缩合产生四聚物（27）的一个自氧化机制。进一步的分子内氧化也可能会发生，产生高度结合的阳离子结构（28）（Haslam, 2003）。

39.3.2.2　光氧化和活性氧

光氧化是指光导致的氧化反应。在某些情况下，氧可以作为光敏剂，而在其他情况下，样品基质中的组分或化合物本身可作为光敏剂来催化氧化。至少有3种不同的光氧化机制，其中都涉及ROS。

第一种光氧化机制是光激活 $^3O_2$ 到其ROS状态，如式39.15描述。之后ROS与基态的化合物反应形成氧化产物（OP_A），如式39.16所示。

$$O_2 \xrightarrow{h\nu} ROS \quad (39.15)$$

$$A + ROS \longrightarrow OP_A \quad (39.16)$$

在本反应中，氧作为光敏剂催化化合物的氧化反应。

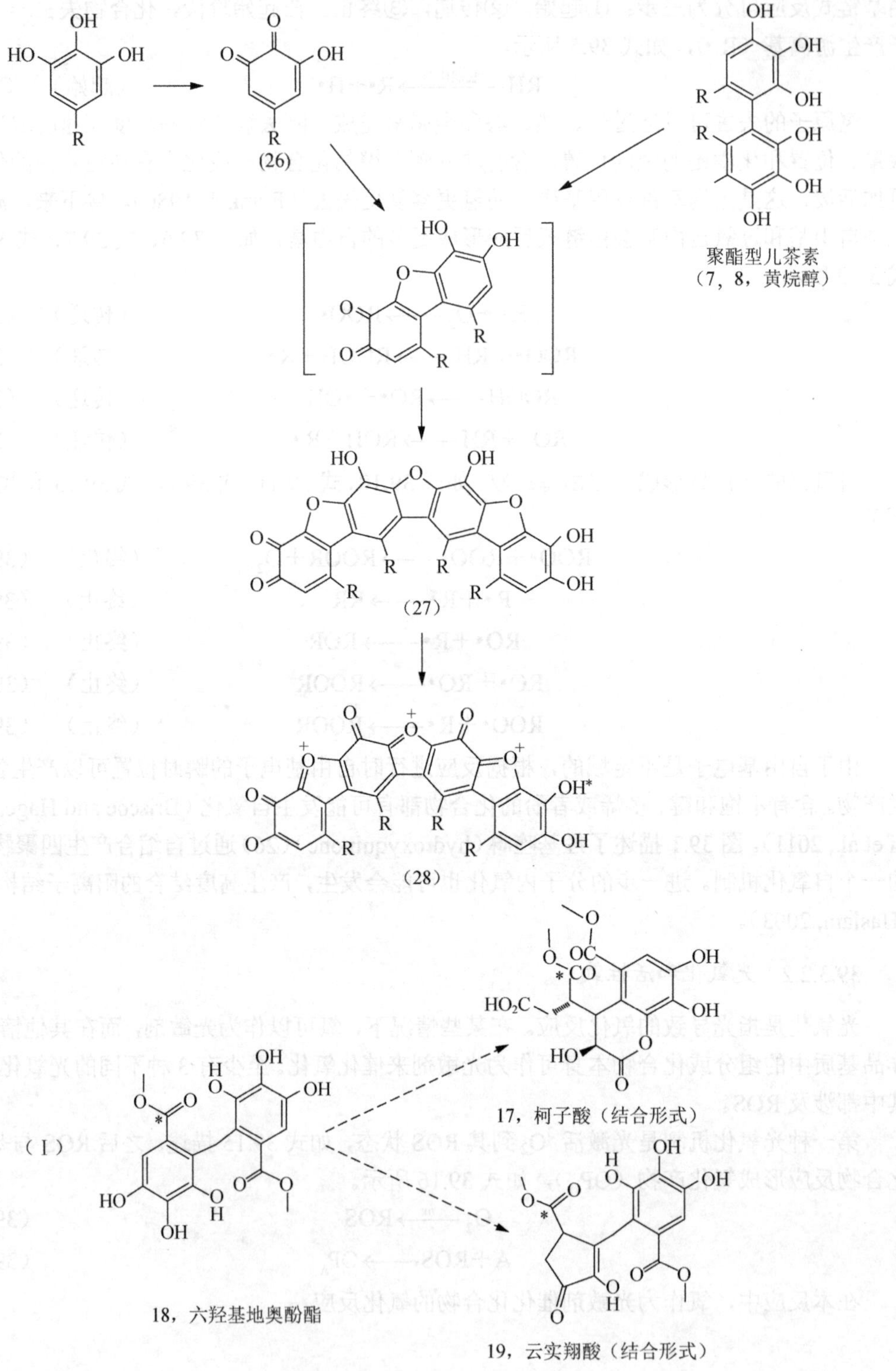

(26)

聚酯型儿茶素
（7，8，黄烷醇）

(27)

(28)

17，柯子酸（结合形式）

（Ⅰ）

18，六羟基地奥酚酯

19，云实翔酸（结合形式）

图 39.1　自动氧化机制举例：羟基喹啉（hydroxyquinone）；
自行缩合形成四聚物，复制 Haslam（2003）

（II）

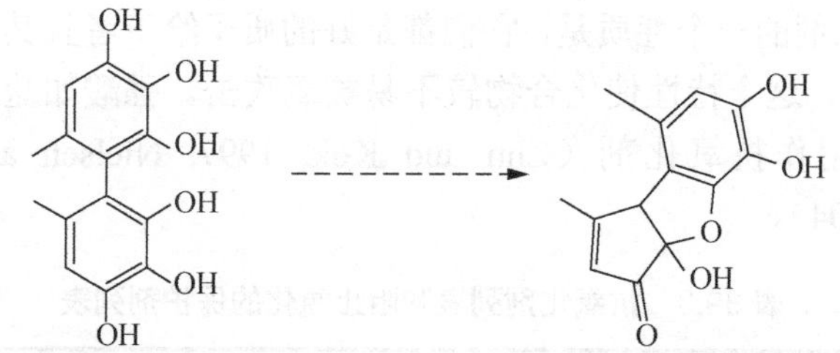

聚酯型儿茶素
（7，8，黄烷醇）

16，乌龙茶素

（III）

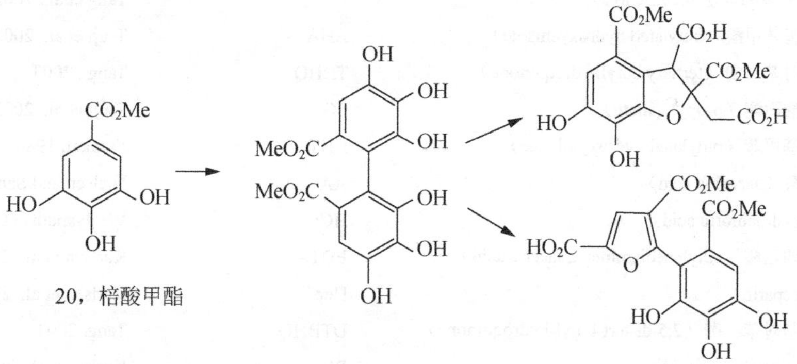

20，棓酸甲酯

图 39.1 自动氧化机制举例：羟基喹啉（hydroxyquinone）；
自行缩合形成四聚物，复制 Haslam（2003）（续）

第二种机制是光激活化合物，之后化合物可以回到基态，降解并参与到 ROS 的形成当中，如式 39.2 和式 39.17 所示。之后，ROS 与处于基态或者激发态的化合物反应形成最终的氧化产物，如式 39.18 所示。

$$A \xleftrightarrow{hv} [A^*] \longrightarrow P_A \quad (39.2)$$

$$A^* + O_2 \longrightarrow A + ROS \quad (39.17)$$

$$A^*/A + ROS \longrightarrow OP_{A/A^*} \quad (39.18)$$

在此反应中，化合物是光敏剂，同时也是催化自身氧化反应的催化剂。

第三种机制是光激发样品基质中的一个组分（S）至激发态，之后能量传递到氧，形成如式 39.19 和式 39.20 所示的 ROS。之后，ROS 与处于基态或激发态的化合物反应，形成最终氧化产物，如式 39.18 所示。

$$S \xleftrightarrow{hv} [S^*] \longrightarrow P_S \quad (39.19)$$

$$S^* + O_2 \longrightarrow S + ROS \quad (39.20)$$

$$A^*/A + ROS \longrightarrow OP_{A/A^*} \quad (39.21)$$

39.3.3 对易氧化化合物的预防措施

对氧化过程类型的了解有助于开发更有效的预防措施。消除和（或）减少基质中化合物氧化反应的措施可分为化学和物理方法。

化学方法主要是加入抗氧化剂，用来阻止化合物自由基的形成及其他包括 ROS 在内的活性自由基反应。表 39.3 给出了常用抗氧化剂和其他抗氧化的化合物。抗氧化剂抗坏血酸通常是很好的还原剂，在阻止化合物被氧化的过程中，抗氧化剂自身被氧化（Tsuji et al.,

2005）。大多数抗氧化剂的一个性质是，它们都是好的质子给予者且其中间态自由基由于共振不定域而相对稳定。这个特性使化合物较不易被氧攻击。强酸如盐酸和磷酸是很好的质子给予者，通常被用作抗氧化剂（Zhu and Kok, 1997; Nielsen and Sandstrom, 2003; Waidyanatha et al., 2004）。

表 39.3　抗氧化剂列表和阻止氧化的保护剂列表

抗氧化剂或保护剂	缩写	参考文献
α-生育三烯酚（α-tocotrienols）	α-T	Tang et al., 2003
丁基羟基苯甲醚（butylated hydroxyanisole）	BHA	Tsuji et al., 2005
叔丁基对苯二酚（tertiary butylhydroquinone）	TBHQ	Tang , 2003
没食子酸丙酯（propyl gallate）	PG	Tsuji et al., 2005
丁基羟基甲苯（butylated hydroxytoluene）	BHT	Frankel, 1980
抗坏血酸（ascorbic acid）	AA	Nielsen and Sandstrom, 2003
盐酸（hydrochloric acid）	HCl	Waidyanatha et al., 2004
乙二胺四乙酸（ethylenediaminetetraacetic acid）	EDTA	Karlsen et al., 2005
肝素（heparin）	Hep	Karlsen et al., 2005
二特丁基对苯二酚（2,5-di-tert-butyl-hydroquinone）	DTBHQ	Tang, 2003
高氯酸（perchloric acid）	PA	Karimi et al., 2006
二乙基三胺五乙酸（diethylenetriaminepentaacetic acid）	DTPA	Suh et al., 2009
谷胱甘肽（glutathione）	GSH	Boomsma et al., 1993
偏磷酸（metaphosphoric acid）	MPA	Karlsen et al., 2005
巯基乙醇（mercaptoethanol）	2-ME	Yang et al., 2006

金属如铜、钴和铁的出现可加速氧化。金属有能力与氧分子反应形成更活泼的 $^1O_2$ 或过氧自由基，它们可以触发链式反应（Stadtman, 1990）。另外，亚铁血红素也可以触发自氧化（Jensen, 2001），这特别受到关注，因为溶血血浆的测试在法规监管的生物分析中越来越普遍，在这种情况下，溶血的血浆可能与配制 QC 样品的受控基质拥有不同的稳定性结果。加入一些金属螯合剂如乙二胺四乙酸（EDTA，采血过程中常用的抗凝剂）可以除去样品中的游离活性金属（Boomsma et al., 1993）。

应根据具体情况选择保护剂或抗氧化反应保护剂的量。例如，比化合物更易氧化的抗氧化剂比较理想，因为它可以当作自杀式的保护剂。保护剂的用量（即其浓度，*V*/*V*%, *W*/*V*%, pH）可以通过在稳定性测试时加入不同的量（包括未加保护剂的对照样品）来确定。测得的化合物浓度或化合物 LC-MS/MS 响应值与所加保护剂量的关系图可目视帮助确定保护剂量。用这种方式绘制的图应与饱和曲线类似，在添加一定量的保护剂之后将不再增长。一般来说，应使用过量的保护剂。

由于某些项目的性质，不可能在样品采集时加入保护剂。在这些情况下，可以采取其他措施，如将样品保存在湿冰中可降低氧化速率。另外，39.2.3 节讨论的避光措施也可用来降低光氧化的风险。

39.3.4　易氧化性对易氧化化合物生物分析结果的影响

为了得到易氧化化合物测定的可靠结果，控制生物分析过程中的条件来防止氧化非常重要。这些保护包括加入抗氧化剂、酸/碱和金属螯合剂来消除 ROS 或者阻止不稳定氢在氧化反应起始阶段的失去。另外，也可通过控制温度降低氧化反应速率起到保护作用。

阻止氧化反应的第一步是在样品采集阶段。在这个阶段，可以加入保护剂。例如，儿茶酚胺（catecholamine）的采集需要在采集的样品中加入混合物，包括抗氧化剂、酸和盐来防止氧化（Boomsma et al., 1993; Zhu and Kok, 1997）。最近由 van de Merbel 等发表的用 LC-MS/MS 测定人血浆中游离与全部多巴胺（dopamine）的方法介绍了样品采集阶段的稳定性问题（van de Merbel et al.，2011b）。样品采集 3 ml 全血放入 K_3EDTA 采血管中，然后立即放入湿冰中，采集后 20 min 内离心得到血浆，然后加入 5%（*V*/*V*）含有 10%（*W*/*V*）焦亚硫酸钠的溶液。样品在分析前一直保存在－70℃。采用这种样品采集方式，全血储存后的游离多巴胺浓度与相应零时刻浓度相比偏差不大于 5%。在室温下放置 30 min～1h 后，偏差范围扩大到 12%～25%。

苯酚类化合物如儿茶酸（catechin）和羟基苯乙烯（hydroxycinnamate）是具有抗动脉粥样硬化和抗癌作用的食物抗氧化剂（Nielsen and Sandstrom, 2003）。由于在收集阶段易氧化，在尿液中分析这些化合物比较困难，采集过程最多可达 24 h。为了减少氧化反应，尿样采集在 2.5 L 的容器中，并加入 50 ml 1 mol/L 盐酸和 10 ml 10%抗坏血酸水溶液。在采集 24 h 内尿液后，所采集样品在存放至－80℃之前用 1 mol/L 盐酸调至 pH4。按照这个方案，儿茶酸和羟基苯乙烯可以在冰箱中至少稳定 7 个月，并且所有化合物的测定值都在其理论值的 85%之内（Nielsen and Sandstrom, 2003）。

在特定基质中样品的合理储存温度也要考虑，以确保稳定性。例如，4β-羟基胆固醇（4β-hydroxycholesterol）存放在－20℃冷库后，发现化合物和干扰物氧甾醇（oxysterol）的含量都有明显增长（图 39.2）（van de Merbel et al., 2011a），这个增长很可能是由其他胆固醇自氧化产生的，但是在－70℃条件下没有观察到此现象，可能是由于它在较低的冰箱温度下受到保护。而且，－20℃冷库中有常规照明，－70℃冰箱是没有灯光的，这也可以阻止由光介导的胆固醇氧化。上述现象说明，样品储存在－70℃无光条件下有助于维持样品稳定性（van de Merbel et al., 2011a）。

在配制储备液、工作液和基质 QC 样品时要防止氧化。治疗肺结核的利福平（rifampin）在空气中易被氧化（Lau et al., 1996; Prueksaritanont et al., 2006）。因此，它的储备液与工作液是利用含 1 mg/ml 抗坏血酸的甲醇溶液配制的。采用此法配制的溶液在－20℃避光条件下至少稳定 6 个月（Lau et al., 1996; Prueksaritanont et al., 2006）。

所分析样品的质量可以对化合物的稳定性尤其是易氧化化合物的稳定性产生不利影响。抗坏血酸（维生素 C）一般在分析中用作抗氧化剂，但同时它也是广泛摄入的食物补充剂（Karlsen et al., 2005）。分析抗坏血酸是一项挑战，因为它常常被当作自由基清除剂。据报道，当少量的溶血全血加入到血清中时，可观察到加速氧化的过程（Mystkowski and Lasocka, 1939），这并不令人惊讶，因为血红蛋白氧化的产物之一是过氧化物阴离子（O_2^-），它可以参与到进一步的氧化过程中。由于这个原因，对人员应进行适当的培训和对项目样品进行检查，当观察到异常样品时需要额外注意。

分析前的样品准备是对氧化敏感化合物的另一个潜在担忧。对化合物的提取通常要求调整样品的 pH（如 SPE）、离子强度，并且加入有机溶剂（如液-液萃取），用以获得足够的提取回收率（RE）。样品的调节和提取技术不能加速氧化过程。Catlow 等发明了一种利用 SPE 和 HPLC-ECD 测量人血浆中奥氮平（olanzapine）的方法（Catlow et al., 1995）。测量初期，基质中 10 ng/ml 以下含量的奥氮平的回收率不固定，进一步调查发现样品在进入

HPLC-ECD分析之前的SPE提取阶段被氧化了。作者发现在提取溶液中加入抗坏血酸之后，提取效率增加且测得结果的变异降低。

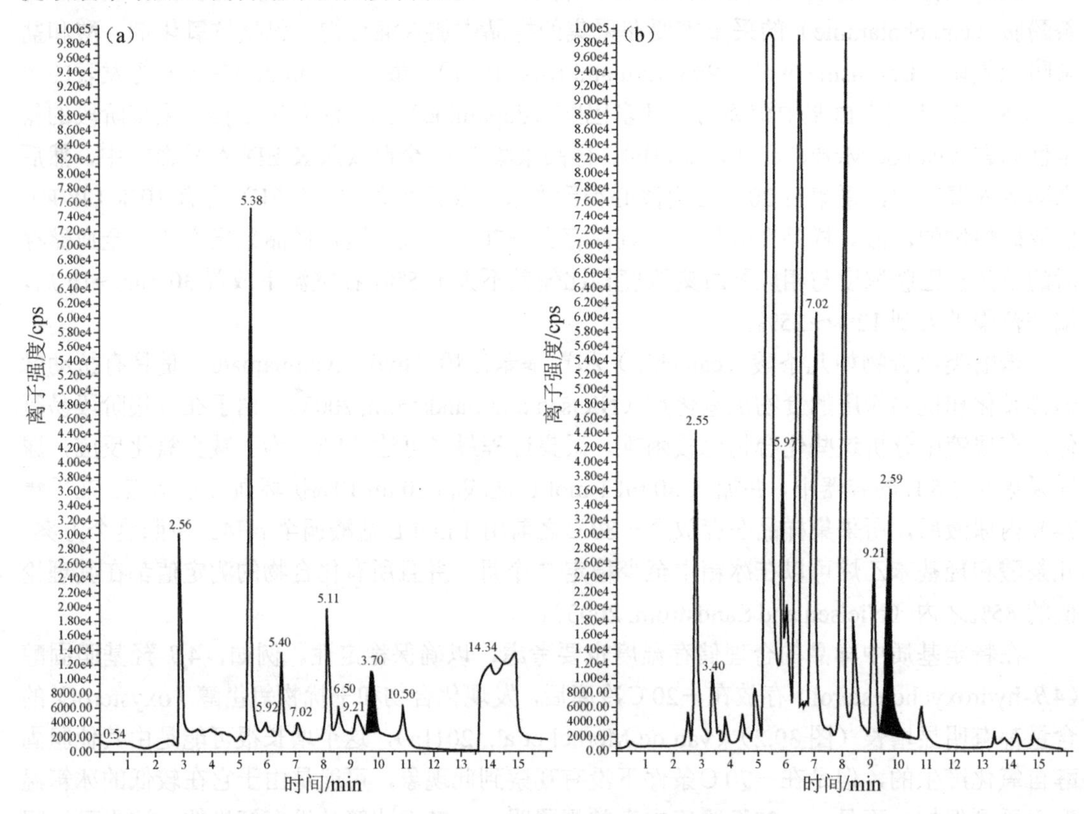

图 39.2 4β-羟基胆固醇(7β-hydroxycholesterol)在－20℃增加的氧烷化合物(van de Merbel et al., 2011a)；约 9.7 min 的峰是 4β-羟基胆固醇，约 2.86 min 的累积峰代表 24（S）、25 和 27-羟基胆固醇，其他关注的峰还包括 7β-羟基胆固醇（约 5.4 min），4α-和 5,6β-羟基胆固醇（约 8.1 min）及 5,6β-羟基胆固醇（约 8.5 min）

存放在自动进样器中的样品提取物需要在整个分析总时间内足够稳定。抗坏血酸在含有人血浆的肝素是用 10%的偏磷酸蛋白沉淀处理（Karlsen et al., 2005）。进样前上清液用水相流动相稀释（2.5 mmol/L NaH_2PO_4、2.5 mmol/L dodecyltrimethyl ammonium chloride 和 1.25 mmol/L Na_2EDTA in water）。提取物在 4℃自动进样器中存放 6 h，其浓度是原始值的 95%。但是，当自动进样器的温度控制装置被关掉之后（也就是环境温度），6 h 后只有原始浓度的 85%～90%，因此观察到了抗坏血酸的快速降解。自动进样器不同的温度设定对抗坏血酸的氧化速率有很大影响。这些发现强调了在方法开发过程中温度控制的重要性。另外，开发快速的分析方法和利用小的分析批次有利于产生可靠结果。

39.4 结束语

良好计划并执行的生物分析方法开发、验证和样品分析能减少遇到的样品不稳定问题。按照本书的方法可消除和（或）控制许多引起化合物不稳定的因素（如光照、氧气、时间、温度、pH）。

由于大多数光化学反应与氧化反应都是不可逆的，对化合物稳定或不稳定的评估相对明确。在这类评估中，QC 样品可以反映各种稳定性条件（如冻融循环稳定性、短期稳定性、自动进样器稳定性）。结果用新鲜配制在同一分析批中的校正标样进行。在接受范围之外的样品直接显示了化合物的不稳定性。开发针对可能的光敏感化合物和易氧化化合物的方法已在 39.5 节有所描述。

39.5 节为一般方法，与相连接，图 39.3 描述了逐步处理潜在不稳定化合物的方法。多数情况下，应进行专门测试以找到导致不稳定的原因。如果是温度原因，那么样品的稳定性可以由分别放置在环境温度和湿冰上的 QC 样品来评估。

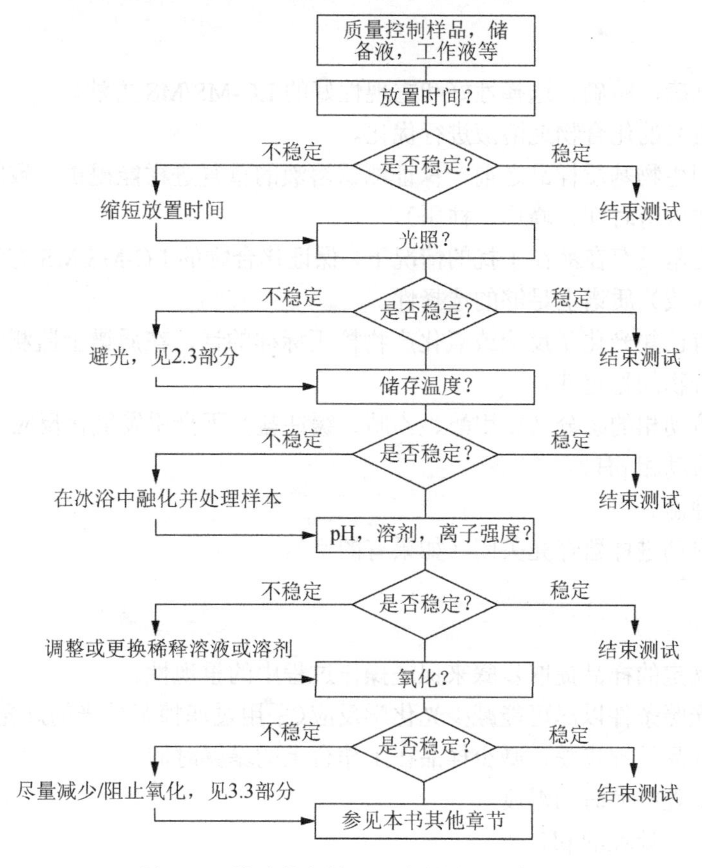

图 39.3　排除潜在样品不稳定问题的步骤

可以将样品放在不同光照环境下（如不避光、黄光灯、红光灯、黑暗），进行光对基质中化合物稳定性影响的评估。完全避光条件下（如在纸盒子里）放置的样品可以作为阴性对照。如果暴露在光线和放置在黑暗中的样品没有统计学差异，那么有足够的信心排除光的影响。另外，如果光照导致了不稳定发生，那么应遵照 39.2.3 节加入保护剂。

氧化造成的不稳定比光化学反应更难发现与控制。实际上，如果氧化产物是已知的和（或）存在的，可以在稳定性测试时利用 LC-MS/MS 检测该产物。总而言之，如果确定是由氧化导致的不稳定，应遵循 39.3.3 节中的建议。

39.5　光敏感化合物与易氧化化合物LC-MS/MS生物分析方法开发方案

通则

在规定灯光与温度条件下进行所有实验。

色谱与质谱

开发一个准确、精确、选择性好和重现性好的LC-MS/MS方法。

- 采用避光的化合物纯溶液进行优化。
- 在使用生物基质样品之前，保证测试溶液的重复进样能提供一致的响应和色谱表现（如保留时间、峰形、柱压）。
- 在生物基质存在潜在干扰的情况下，保证化合物的LC-MS/MS方法能够提供在色谱和（或）质谱上足够的选择性。
- 如果有已知光化学反应或氧化产物校正标样的话，在质谱上监测它们，以目视提供化合物的稳定性。
- 保证流动相的组分（如甲醇、乙腈、缓冲盐）不会引发氧化反应。
- 优化流动相pH。
- 优化柱温。
- 保持自动进样器灯光关闭（如果有的话）。

样品制备

开发一个既定的样品提取步骤来保证操作过程中的重现性。

- 优化光照条件以尽可能减少光化学反应(采用过滤掉紫外光的灯光，棕色玻璃瓶)。
- 优化样品处理步骤，减少样品在工作台上的暴露时间。
- 优化处理样品时的温度。
- 优化样品处理的pH。
- 调查处理步骤中任何蒸干步骤的影响。

稳定性评估

证明在整个生物分析过程中化合物对光照和氧化稳定。利用优化后的样品处理过程与LC-MS/MS方法分析样品。

- 评估样品采集与操作步骤。

　　a. 使用尽可能新鲜的基质，防止丢失生物活性（在8 h之内采集和使用）。

　　b. 在未避光条件下使用未改性的基质（不含保护剂），形成比实际采样时更严酷的条件。

　　c. 优化时间、温度、光照条件和储存材料。

　　d. 优化pH、抗氧化剂和抗氧化剂浓度。

- 利用基质制备的QC样品评估短期稳定性。

  a．在未避光条件下使用未改性的基质（不含保护剂），形成比实际分析时更严酷的条件。

  b．在纯溶液和生物基质中评估，必要时使用抗氧化剂。

  c．利用新鲜配制的校正标样评估，也利用同批配制的样品比较，但不受限于稳定性周期。

  d．优化时间、温度、光照条件和储存材料。

  e．优化pH、抗氧化剂和抗氧化剂浓度。

- 评估长期储存稳定性。

  a．当采用装有照明装置的冷藏箱或冰箱时，确保灯泡是过滤紫外光的或者确保关门之后灯处于关闭状态。

  b．优化时间、温度、光照条件和储存材料。

  c．优化pH、抗氧化剂和抗氧化剂浓度。

- 评估自动进样器稳定性和重复进样的重现性。

  a．优化时间、温度、光照条件和储存材料。

  b．采用有色玻璃进样小瓶或附有避光膜的96孔进样板。

  c．若怀疑有光氧化过程，关闭自动进样器灯光（如果有的话）。

  d．优化进样溶液以减弱氧化反应。

参考文献

Abou-Auda HS, Najjar TA, Al-Khamis KI, Al-Hadiya BM, Ghilzai NM, Al-Fawzan NF. Liquid chromatographic assay of nifedipine in human plasma and its application to pharmacokinetic studies. J Pharm Biomed Anal 2000;22(2):241–249.

Agência Nacional de Vigilância Sanitária, 2003. Guide for validation of analytical and bioanalytical methods.

Bach PR. Determination of nifedipine in serum or plasma by reversed-phase liquid chromatography. Clin Chem 1983;29(7):1344–1348.

Bansal S, DeStefano A. Key elements of bioanalytical method validation for small molecules. AAPS J 2007;9(1):E109–E114.

Birwé H, Hesse A. High-performance liquid chromatographic determination of urinary cysteine and cystine. Clin Chim Acta 1991;199(1):33–42.

Boomsma F, Alberts G, van Eijk L, Man in 't Veld AJ, Schalekamp MA. Optimal collection and storage conditions for catecholamine measurements in human plasma and urine. Clin Chem 1993;39(12):2503–2508.

Briscoe CJ, Hage DS. Factors affecting the stability of drugs and drug metabolites in biological matrices. Bioanalysis 2009;1(1):205–220.

Catlow JT, Barton RD, Clemens M, Gillespie TA, Goodwin M, Swanson SP. Analysis of olanzapine in human plasma utilizing reversed-phase high-performance liquid chromatography with electrochemical detection. J Chromatogr B 1995;668(1):85–90.

Chandran S, Singh RS. Comparison of various international guidelines for analytical method validation. Pharmazie 2007;62(1):4–14.

de Bruijn P, Sleijfer S, Lam MH, Mathijssen RH, Wiemer EA, Loos WJ. Bioanalytical method for the quantification of sunitinib and its n-desethyl metabolite SU12662 in human plasma by ultra performance liquid chromatography/tandem triple-quadrupole mass spectrometry. J Pharm Biomed Anal 2010;51(4):934–941.

European Medicines Agency. Guideline on bioanalytical method validation. July, 2011. Available at www.ema.europa.eu/docs/en_GB/document_library/Scientific_guideline/2011/08/WC500109686.pdf. Accessed Apr 4, 2013.

Frankel EN. Lipid oxidation. Prog Lipid Res 1980;19(1-2):1–22.

Frost MC, Meyerhoff ME. Controlled photoinitiated release of nitric oxide from polymer films containing S-nitroso-N-acetyl-DL-penicillamine derivatized fumed silica filler. J Am Chem Soc 2004;126(5):1348–1349.

Garofolo F, Rocci ML, Jr, Dumont I, et al. White paper on recent issues in bioanalysis and regulatory findings from audits and inspections. Bioanalysis 2011;3(18):2081–2096.

Hamann SR, McAllister RG, Jr. Measurement of nifedipine in plasma by gas–liquid chromatography and electron-capture detection. Clin Chem 1983;29(1):158–160.

Hartleb J, Damm Y, Arndt R, Christophers E, Stockfleth E. Determination of 5-S-cysteinyldopa in plasma and urine using a fully automated solid-phase extraction–high-performance liquid chromatographic method for an improvement of specificity and sensitivity of this prognostic marker of malignant melanoma. J Chromatogr B 1999;727(1-2):31–42.

Haslam E. Thoughts on thearubigins. Phytochemistry 2003;64(1):61–73.

Hollis BW. Measuring 25-hydroxyvitamin D in a clinical environment: challenges and needs. Am J Clin Nutr 2008;88(2):507S–510S.

Hou Z, Sang S, You H, et al. Mechanism of action of (−)-epigallocatechin-3-gallate: auto-oxidation-dependent inactivation of epidermal growth factor receptor and direct effects on growth inhibition in human esophageal cancer KYSE 150 cells.

Cancer Res 2005;65(17):8049–8056.

Jensen FB. Comparative analysis of autoxidation of haemoglobin. J Exp Biol 2001;204(Pt 11):2029–2033.

Karimi M, Carl JL, Loftin S, Perlmutter JS. Modified high-performance liquid chromatography with electrochemical detection method for plasma measurement of levodopa, 3-*O*-methyldopa, dopamine, carbidopa and 3,4-dihydroxyphenyl acetic acid. J Chromatogr B 2006;836(1–2):120–123.

Karlsen A, Blomhoff R, Gundersen TE. High-throughput analysis of vitamin C in human plasma with the use of HPLC with monolithic column and UV-detection. J Chromatogr B 2005;824(1-2): 132–138.

Kristensen S, Nord K, Orsteen AL, Tonnesen HH. Photoreactivity of biologically active compounds, XIV: influence of oxygen on light induced reactions of primaquine. Pharmazie 1998;53(2):98–103.

Lau YY, Hanson GD, Carel BJ. Determination of rifampin in human plasma by high-performance liquid chromatography with ultraviolet detection. J Chromatogr B 1996;676(1):147–152.

Le Bot MA, Riche C, Guedes Y, et al. Study of doxorubicin photodegradation in plasma, urine and cell culture medium by HPLC. Biomed Chromatogr 1988;2(6):242–244.

Li H, Luo W, Zeng Q, Lin Z, Luo H, Zhang Y. Method for the determination of blood methotrexate by high performance liquid chromatography with online post-column electrochemical oxidation and fluorescence detection. J Chromatogr B 2007;845:164–168.

Li W, Zhang J, Tse FL. Strategies in quantitative LC-MS/MS analysis of unstable small molecules in biological matrices. Biomed Chromatogr 2011;25(1–2):258–277.

Lowes S, Jersey J, Shoup R, et al. Recommendations on: internal standard criteria, stability, incurred sample reanalysis and recent 483s by the Global CRO Council for Bioanalysis. Bioanalysis 2011;3(12):1323–1332.

Musiek ES, Cha JK, Yin H, et al. Quantification of F-ring isoprostane-like compounds (F4-neuroprostanes) derived from docosahexaenoic acid in vivo in humans by a stable isotope dilution mass spectrometric assay. J Chromatogr B 2004;799(1): 95–102.

Mystkowski EM, Lasocka D. Factors preventing oxidation of ascorbic acid in blood serum. Biochem J 1939;33(9):1460–1464.

Nielsen SE, Sandstrom B. Simultaneous determination of hydroxycinnamates and catechins in human urine samples by column switching liquid chromatography coupled to atmospheric pressure chemical ionization mass spectrometry. J Chromatogr B 2003;787(2):369–379.

Nowatzke W, Woolf E. Best practices during bioanalytical method validation for the characterization of assay reagents and the evaluation of analyte stability in assay standards, quality controls, and study samples. AAPS J 2007;9(2):E117–E122.

Offer T, Ames BN, Bailey SW, Sabens EA, Nozawa M, Ayling JE. 5-Methyltetrahydrofolate inhibits photosensitization reactions and strand breaks in DNA. FASEB J 2007;21(9):2101–2107.

Okezie IA. Characterization of drugs as antioxidant prophylactics. Free Radic Biol Med 1996;20(5):675–705.

Prueksaritanont T, Li C, Tang C, Kuo Y, Strong-Basalyga K, Carr B. Rifampin induces the in vitro oxidative metabolism, but not the in vivo clearance of diclofenac in rhesus monkeys. Drug Metab Dispos 2006;34(11):1806–1810.

Ruiz AM, Gil AM, Esteve RJ, Carda BS. Photodegradation and photostability studies of bendroflumethiazide in pharmaceutical formulations and urine samples by micellar liquid chromatography. LC GC North America 2005;23(2):182–199.

Savoie N, Garofolo F, van Amsterdam P, et al. White paper on recent issues in regulated bioanalysis & global harmonization of bioanalytical guidance. Bioanalysis 2010;2(12):1945–1960.

Smith G. Bioanalytical method validation: notable points in the 2009 draft EMA Guideline and differences with the 2001 FDA Guidance. Bioanalysis 2010;2(5):929–935.

Stadtman ER. Metal ion-catalyzed oxidation of proteins: biochemical mechanism and biological consequences. Free Radic Biol Med 1990;9(4):315–325.

Stremetzne S, Jaehde U, Schunack W. Determination of the cytotoxic catechol metabolite of etoposide (3′O-demethyletoposide) in human plasma by high-performance liquid chromatography. J Chromatogr B 1997;703(1-2):209–215.

Suh JH, Kim R, Yavuz B, et al. Clinical assay of four thiol amino acid redox couples by LC-MS/MS: utility in thalassemia. J Chromatogr B 2009;877(28):3418–3427.

Tang W. The metabolism of diclofenac–enzymology and toxicology perspectives. Curr Drug Metab 2003;4(4):319–329.

Tsuji S, Nakanoi M, Terada H, Tamura Y, Tonogai Y. Determination and confirmation of five phenolic antioxidants in foods by LC/MS and GC/MS. Shokuhin Eiseigaku Zasshi 2005;46(3):63–71.

US FDA. Guidance for Drug Evaluation and Research. Guidance for Industry: Bioanalytical Method Validation. May, 2001. Available at www.fda.gov/downloads/Drugs/GuidanceCompliance RegulatoryInformation/Guidances/UCM070107.pdf. Accessed Apr 4, 2013.

van de Merbel NC, Bronsema KJ, van Hout MW, Nilsson R, Sillen H. A validated liquid chromatography-tandem mass spectrometry method for the quantitative determination of 4beta-hydroxycholesterol in human plasma. J Pharm Biomed Anal 2011a;55(5):1089–1095.

van de Merbel NC, Hendriks G, Imbos R, Tuunainen J, Rouru J, Nikkanen H. Quantitative determination of free and total dopamine in human plasma by LC-MS/MS: the importance of sample preparation. Bioanalysis 2011b;3(17):1949–1961.

Waidyanatha S, Rothman N, Li G, Smith MT, Yin S, Rappaport SM. Rapid determination of six urinary benzene metabolites in occupationally exposed and unexposed subjects. Anal Biochem 2004;327(2):184–199.

Wood MJ, Irwin WJ, Scott DK. Photodegradation of doxorubicin, daunorubicin and epirubicin measured by high-performance liquid chromatography. J Clin Pharm Ther 1990;15(4):291–300.

Wu Y, Zhang F, Wang Y, et al. Photoinstability of S-nitrosothiols during sampling of whole blood: a likely source of error and variability in S-nitrosothiol measurements. Clin Chem 2008;54(5):916–918.

Yang B, Zhu JB, Deng CH, Duan GL. Development of a sensitive and rapid liquid chromatography/tandem mass spectrometry method for the determination of apomorphine in canine plasma. Rapid Commun Mass Spectrom 2006;20(12):1883–1888.

Yriti M, Parra P, Iglesias E, Barbanoj JM. Quantitation of nifedipine in human plasma by on-line solid-phase extraction and high-performance liquid chromatography. J Chromatogr A 2000;870(1-2):115–119.

Zhao Y, Sukbuntherng J. Simultaneous determination of Z-3-[(2,4-dimethylpyrrol-5-yl)methylidenyl]-2-indolinone (SU5416) and its interconvertible geometric isomer (SU5886) in rat plasma by LC/MS/MS. J Pharm Biomed Anal 2005;38(3):479–486.

Zhu R, Kok WT. Determination of catecholamines and related compounds by capillary electrophoresis with postcolumn terbium complexation and sensitized luminescence detection. Anal Chem 1997;69(19):4010–4016.

40

可相互转化的化合物液相色谱-质谱（LC-MS）生物分析

作者：Nico Van De Merbel
译者：卞超
审校：兰静、侯健萌、谢励诚

40.1 引　　言

为了能够保证 LC-MS 生物分析方法定量结果的可靠性，包括任何类型的分析方法在内，整个分析过程的所有阶段保持分析物的稳定性，即从样品采集、储存到化合物提取和仪器分析等各个阶段都是非常必要的。所以，为保障分析物浓度从样品采集直到得到分析结果之前都不发生变化，仔细优化实验条件是开发新的生物分析方法的一个重要方面（Chen and Hsieh, 2005; Briscoe and Hage, 2009; Li et al., 2011）。同理，稳定性的评价是生物分析方法验证和很多法规指导原则、白皮书及其他与这一主题相关的规范的关键（FDA, 2001; Nowatzke and Woolf, 2007; Viswanathan et al., 2007; EMA, 2011）。对于大部分报批，都明确要求稳定性的测定。将分析物加入到空白基质样品中，在特定条件下储存，然后用新鲜配制的校正标样分析。任何无法接受的不稳定情况都可以直接反映于分析结果中分析物浓度的降低。

当然很多药物、代谢产物和内源性化合物在整个分析过程中并不需要特别的预防也是足够稳定的；而一些类型的化合物是需要特别注意的。需要采取一些措施来稳定这些化合物，以防止其降解，如调节 pH，使用添加剂，或者低温处理。在这本书的很多章节中都描述了不稳定（或潜在不稳定）的重要化合物类型，并且讨论了其不稳定性对生物分析的影响。这些化合物包括：前药、酶活性分子、反应性化合物、光敏感化合物和自动氧化化合物。

也有一些特殊状况，如目标分析物本身在整个生物分析处理过程中是稳定的，但是它的一个或多个代谢产物却不稳定。通常情况下，代谢产物本身不需要定量，但是假设它们转化回分析物，就会对生物分析定量结果的可靠性产生重大的影响。在生物样品中，这些不稳定的代谢产物在储存和分析过程中容易转化成分析物，而当它们浓度较高时，就会增加分析物浓度导致显著高估分析物浓度（Dell, 2004）。也是在这种情况下，稳定分析物的预防措施是必要的，在方法验证过程中评价分析物本身的稳定性固然重要，而在一定浓度水平的不稳定代谢产物存在时，评价分析物的稳定性更为重要。一些著名的潜在不稳定代谢产物的例子，在本书的其他章节中都有描述。

不稳定性可能由酶反应、化学反应、氧化反应和光诱导反应导致，这些反应在标准实验室条件下大都是不可逆的。然而，有些化合物是以可逆的方式向其他分子转化的。在这样的特定情况下，预防一个化合物向产物转化的同时，同样预防产物转化回原来的分子，这使得分析方法更加复杂化。这一章节的主题就是可互相转化的化合物的定量生物分析。

两种主要种类需要注意：①内酯类化合物，可以可逆地转化成它们相应的羟基酸；②对映异构体和非对映异构体，这样的立体异构形式的分子会互相转化。本章节将讨论不同的相互转化反应的化学背景，生物分析过程中稳定样品的不同方法，以及使用适当方式验证和应用互相转化化合物的方法。与相互转化过程不直接相关的方法不在本章节中赘述，读者可以参考原始论文得到相关信息。

40.2　内酯与羟基酸的相互转化

40.2.1　背景

从化学角度讲，内酯类化合物是环酯，可以看作是同一个分子内一个醇和一个羧酸的缩合产物。内酯是包括多个碳原子和一个氧原子的闭合环，环内氧原子相邻的碳上有一个酮基。内酯容易水解形成相应的直链羟基酸。这种水解反应与其他非环状酯的水解反应一样，是可逆的（图 40.1）。这种反应的平衡常数通常都是 pH 依赖的。在中性和碱性条件下，内酯形式是相对不稳定的，平衡向着利于水解开环的方向转化；而在酸性条件下，平衡向着形成内酯方向转化。

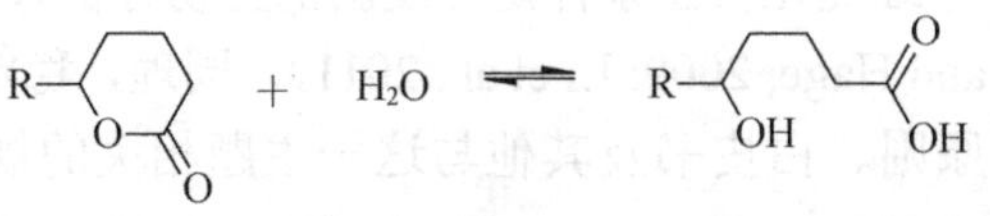

图 40.1　内酯与羟基酸之间的相互转化（以六元内酯为例）

40.2.2　他汀类药物

40.2.2.1　综述

他汀家族以内酯与羟基酸相互转化著称。他汀类药物都能抑制 HMG-CoA（3-羟基-3 甲基戊二酸单酰辅酶 A）还原酶——胆固醇生物合成中起决定作用的酶。因此他汀类药物被广泛应用于降低人体的胆固醇水平和预防心血管疾病。20 世纪 70 年代，从真菌中分离得到一种从未上市的新药美伐他汀（mevastatin）。自此，各种他汀类药物通过合成或半合成方法开发出来，目前市场上可以得到 7 种不同的他汀类药物（图 40.2）。大部分他汀类药物都以有药物活性的羟基酸给药，只有洛伐他汀和辛伐他汀两种不活泼的内酯作为前药，需要在体内转化成它们的羟基酸形式发挥药效。

40.2.2.2　相互转化

通常，所有他汀的内酯和羟基酸形式在体内都以平衡方式共存。以 pH 依赖的方式，发生一种形式向另一种形式的化学转化。以氟伐他汀（fluvastatin）为模型，在酸碱两种条件下，对相互转化的机制进行了理论研究（Grabarkiewicz et al., 2006），特别是在高 pH 条件下，内酯形式的水解比羟基酸的内酯化更容易。研究发现，碱性条件下，内酯水解反应的活性能垒相对较低，而总能量增益相对较高，这致使内酯形式在碱性条件下是不稳定的，更容易反应得到羟基酸。从酸到内酯的逆反应有非常高的能垒和消极的能量增益，在碱性条件下，不适宜该反应发生。在酸性 pH 条件下，两种反应的能垒都比较高，两种形式出现的可能性是平等的。在实践中，pH 在 4～5，化学上的相互转化最少。当 pH 增加到 6 以上，增强了羟基酸的形成，而降低 pH 会促进内酯化反应。图 40.3 中以阿托伐他汀（atorvastatin）为例进行了阐明。

仅次于这种自发的化学转化，内酯类化合物在酯酶的作用下也容易受到酶的催化，断开形成羟基酸，在血浆、肝脏和其他组织中会以不同形式存在（Vree et al., 2001）。此外，内酯化是通过羟基酸的酰基葡萄糖醛酸结合物以间接的方式自发环化发生的（Prueksaritanont et al., 2002）。

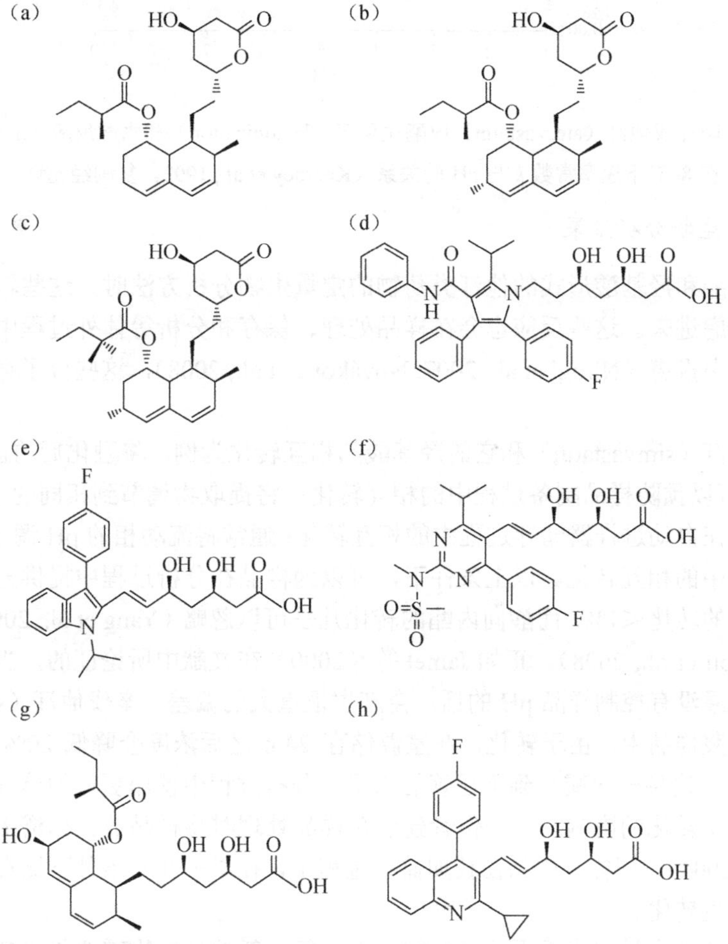

图 40.2 分子结构式：美伐他汀 mevastatin（a），洛伐他汀 lovastatin（b），辛伐他汀 simvastatin（c），阿托伐他汀 atorvastatin（d），氟伐他汀 fluvastatin（e），罗素伐他汀 rosuvastatin,（f），普伐他汀 pravastatin（g），匹伐他汀 pitavastatin（h）

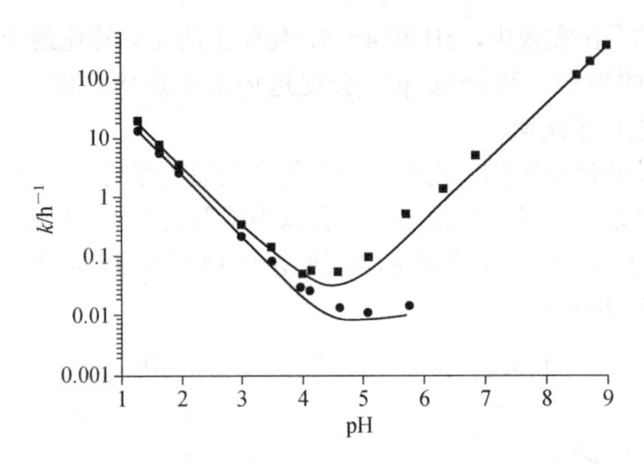

图 40.3　阿托伐他汀（atorvastatin）内酯化反应（lactonization）和水解反应（hydrolysis）在 80℃下速率常数 k 与 pH 的关系（Kearney et al., 1993。复制经允许）

40.2.2.3　生物分析结果

在开发内酯和羟基酸形式的他汀类药物的定量生物分析方法时，这些转化和相互转化的机制要被考虑进来。这些反应也会在样品处理、保存和分析等体外过程中发生，他汀类生物分析文献中报道（Nirogi et al., 2007; Nováková et al., 2008），这些分子存在相互转化的问题。

以辛伐他汀（simvastatin）和它的羟基酸的相互转化为例，将融化后的血浆样品 pH 调节到 4～5，可以预防样品制备过程中的相互转化；将提取物调节到相同的 pH，可以最大程度地减少其在自动进样器储存过程中的相互转化；通常将流动相的 pH 调节成 4.5 来预防色谱分析过程中的相互转化。以上条件下，可以为样品在分析过程中提供充足的稳定性，使得内酯向酸的转化＜1%，而酸向内酯的转化几乎可以忽略（Yang et al., 2005; Barett et al., 2006; Apostolou et al., 2008）。正如 Jamel 等（2000）在文献中所论证的，当样品储存更长的时间时，如果没有控制样品 pH 的话，会产生很重大的偏差。辛伐他汀（simvastatin）在没有缓冲的血浆样品中，由于转化，在室温储存 24 h 之后浓度会降低 20%～40%；当 pH 调节到 4.9 时，这种转化减少到不显著的水平。分析过程中使用更低的储存温度，有利于最大程度地减小转化的影响。一些作者建议在样品处理时将样品放在冰浴上以达到此目的（Zhang et al., 2004）。同样，样品在长期储存过程中，在≤－70℃条件下比在≤－20℃条件下更不容易发生转化。

相互转化的动力学取决于不同化合物，因此每个新的分析物需要优化各自的稳定性条件。例如，阿托伐他汀（atorvastatin）的内酯形式表现出快速转化：它在没有缓冲的血清样品中，室温条件下储存 24 h 后几乎完全水解；在 pH 降低到 6.0 时，这一转化降低到 12%；在 4℃时，水解变缓慢，在没有缓冲的血清中储存 24 h 后，40%发生水解；当 pH 调节到 6.0 时，水解减少到 3%。因此，为得到可靠的结果，在生物分析处理过程中，工作温度应降低到 4℃，血清的 pH 应调节到 6.0（Jemal et al., 1999）。对于罗素伐他汀（rosuvastatin），在人血浆天然的 pH 条件下，16%的内酯形式会转化成羟基酸；向血浆中按 1∶1 比例加入 0.1 mol/L 乙酸钠缓冲液（pH4.0）后，转化降低到 6.5%。羟基酸在室温条件下，24 h 后是稳定的（Hull et al., 2002）。内酯的浓度水平在样品给药后远低于羟基酸形式的浓度水平，这意味着少量的内酯水解不会影响到羟基酸结果的可靠性。类似的，普伐他汀（pravastatin）

在没有缓冲的血清中，0℃条件下 24 h 后内酯水解大约 30%；当血清 pH 用缓冲液调节到 4.5 时，转化＜5%（Mulvana et al., 2000）。

当内酯向羟基酸的转化比逆反应更容易发生时，特别是样品中含有的内酯浓度远高于酸的浓度时，会导致其不稳定。因为即使只有少量的内酯水解发生，羟基酸的检测浓度也会明显偏高。这种情况通常发生在洛伐他汀（lovastatin）和辛伐他汀（simvastatin）这类内酯形式的药物给药后。对于其他他汀类药物，内酯的血药浓度通常都远低于相应的酸浓度，因此少量的内酯水解通常不会影响羟基酸形式的检测结果。

抗凝剂的选择对相互转化程度也存在巨大的影响。如图 40.4 所示，用含不同抗凝剂的血浆将辛伐他汀（simvastatin）配制到 50 ng/ml 浓度，在孵育 20 h 后化合物保留的比例不只依赖于前面讨论的 pH 和温度，还和所使用的抗凝剂，特别是种属相关。对于人血浆，图 40.4 中给出了以乙二胺四乙酸二钾（K_2EDTA）作抗凝剂和以草酸钾（KOx）与氟化钠（NaF）的混合物作抗凝剂的比较结果。在冰上储存后 95%的辛伐他汀（simvastatin）会保留，而在室温条件下储存后只有大约 65%的辛伐他汀（simvastatin）保留。很显然，酯酶抑制剂 NaF 的使用不会减少辛伐他汀（simvastatin）的转化。这与观察到的人血浆中他汀类药物的酶促转化主要是通过 PON3 对氧磷酶作介质是一致的（Suchocka et al., 2006）。由于对氧磷酶是对钙依赖的酶，用 EDTA 螯合钙有利于酶活性的抑制。因此，在 EDTA 作抗凝剂的血浆中的辛伐他汀（simvastatin）比肝素作抗凝剂的血浆中的转化程度小。当血浆 pH 为 7.4 时，室温条件下储存后，EDTA 血浆中有 65%的辛伐他汀（simvastatin）没有转变；当 pH 为 4.5 时，室温条件下储存后，有 96%的辛伐他汀（simvastatin）没有转变。在相同条件下肝素血浆中没有转变的辛伐他汀（simvastatin）分别为 43%和 74%。相比之下，大鼠血浆中氟化钠作为抗凝剂使用对减少辛伐他汀(simvastatin)转化起到了巨大的积极作用。在 pH 为 7.4 时，在冰上储存后，K_2EDTA 血浆中辛伐他汀（simvastatin）的浓度只有原来的 23%；而在加入 NaF 后，储存后留下的浓度是原来分析物的 93%。在室温条件下储存后，NaF 的加入可以使辛伐他汀（simvastatin）保留比例从 1%提高到 40%。显然，在大鼠血浆中辛伐他汀（simvastatin）的转化主要在血浆酯酶的催化作用下发生，而在人血浆中主要是因为自发的化学反应。由于大鼠血浆中酯酶活性高，除进行样品酸化外，样品采集管中还必须添加氟化钠。对于人血浆样品，降低储存温度就可以了。当然，酸化也可以提高稳定性，特别是在较高温度条件下。

最后，生物分析结果还与质谱仪中羟基酸向内酯转化的可能性相关。例如，洛伐他汀酸（lovastatin acid）在色谱柱洗脱后，通过酯化或脱水，在离子源中部分转化成洛伐他汀（lovastatin），从而使洛伐他汀（lovastatin）在其质谱通道中的响应增加（图 40.5）。这是同时测定内酯和羟基酸存在的一般风险。因此，要特别注意这两种形式的化合物的色谱分离，以避免对彼此定量的干扰。即使内酯和羟基酸没有源内转化，它们的色谱分离也是有必要的。内酯和羟基酸之间质量数差 18，而这两种化合物$[M+H]^+$与$[M+NH_4]^+$离子之间质量数差 17，这两种差异只有一个质量数的差别。因此，当羟基酸使用$[M+H]^+$离子作母离子时，内酯的$[M+NH_4]^+$离子的 A＋1 同位素响应会对其产生干扰（Jamel and Ouyang, 2000）。

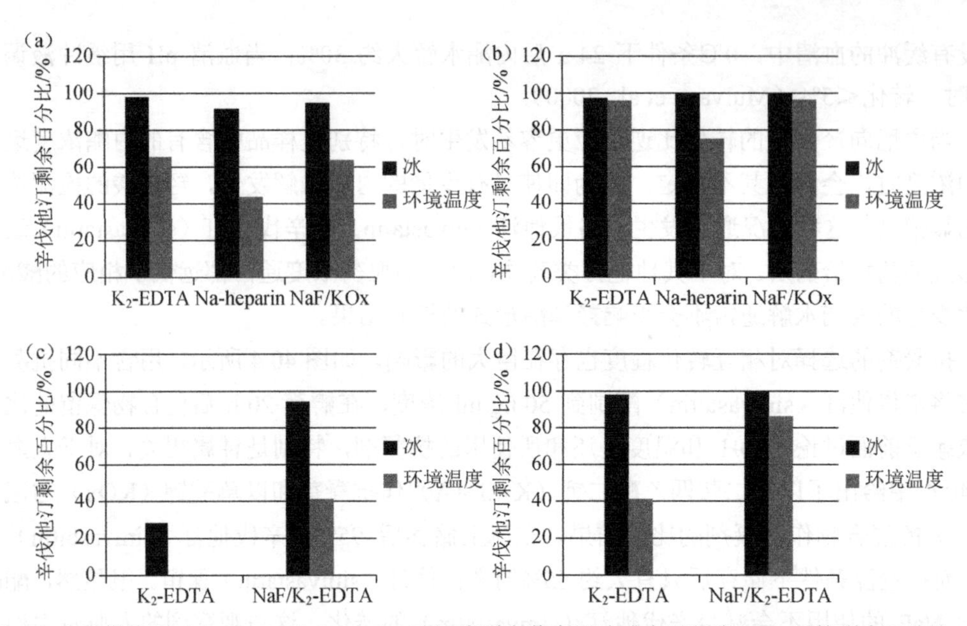

图 40.4　辛伐他汀（simvastatin）50 ng/ml 不同类型血浆在湿冰或室温孵育 20 h 后的剩余百分比：（a）pH 7.4 人血浆，（b）pH 4.5 人血浆，（c）pH 7.4 大鼠血浆，（d）pH 4.5 大鼠血浆（PRA，未发表结果）

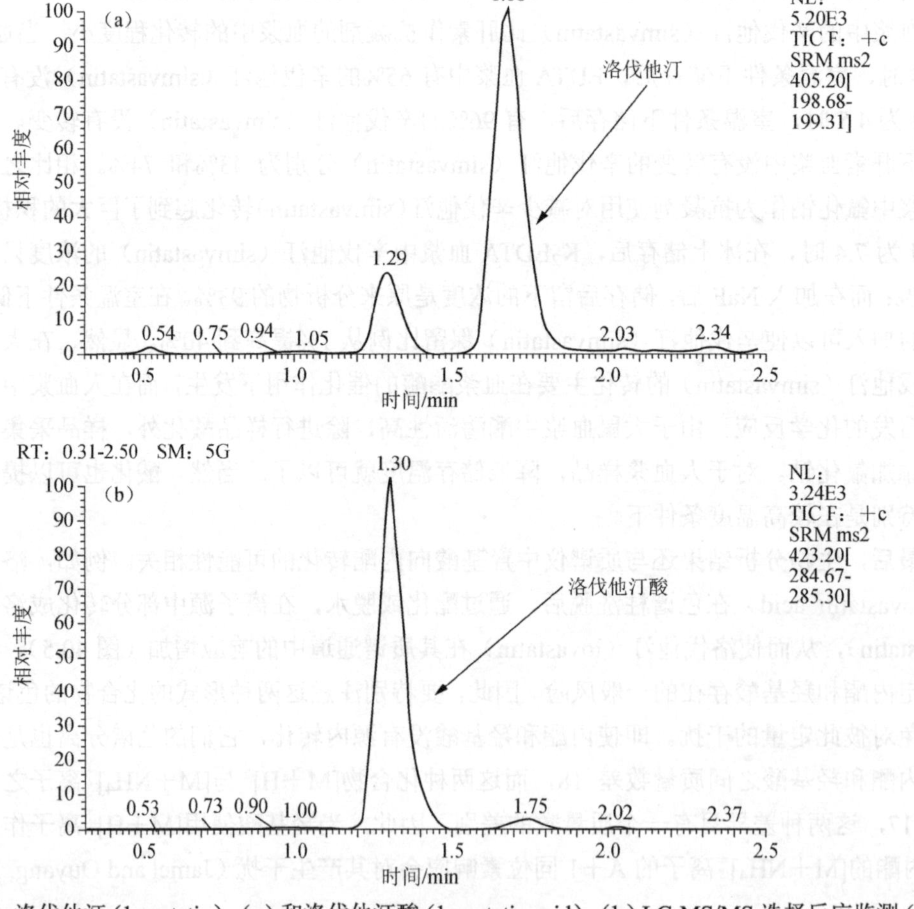

图 40.5　洛伐他汀（lovastatin），（a）和洛伐他汀酸（lovastatin acid），（b）LC-MS/MS 选择反应监测（SRM）谱图（展示了洛伐他汀质谱图中来源于洛伐他汀酸的检测响应信号）（Jemal et al., 2000。复制经允许）

40.2.3 喜树碱类（camptothecin）药物

40.2.3.1 综述

伊立替康（Irinotecan）和拓扑替康（topotecan）作为该类化合物中仅有的两个已经获准上市的化疗药物（图 40.6），是天然生物碱——喜树碱的半合成类似物。它们通过抑制一种在 DNA 复制中起作用的酶——拓扑异构酶 I，最终杀死癌细胞。拓扑替康（topotecan）主要用于卵巢癌和肺癌的治疗，而伊立替康（Irinotecan）的主要用途是治疗结肠癌。这两种药物都含有一个六元内酯环，需要保持内酯环的完整性才能发挥其药理活性。内酯环水解产生的羟基酸不具备这种活性。伊立替康（Irinotecan）在体内裂解成活性极强的具有内酯环的代谢产物 SN-38（图 40.6）。

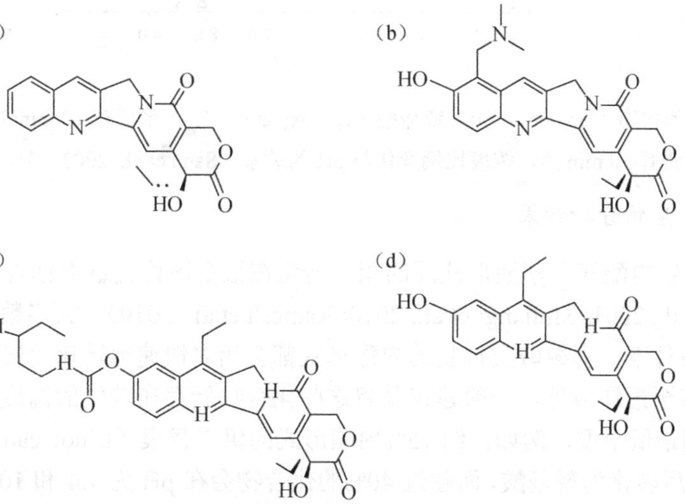

图 40.6 喜树碱 camptothecin（a），拓扑替康 topotecan（b），伊立替康 irinotecan（c）和 SN-38（d）的分子结构

40.2.3.2 相互转化

在对喜树碱（camptothecin）及其类似物动力学和机制的详细研究中，发现内酯和羟基酸互相转化的平衡是具有 pH 依赖性的（Fassberg and Stella, 1992）。内酯向羟基酸的转化在中性和碱性条件下发生。当 pH≥8 时，化合物主要以羟基酸形式存在。逆反应容易在中性和酸性条件下发生。当 pH＜5 时，化合物大部分以内酯形式存在。两种形式的最佳稳定条件是 pH 在 6～7，这在不同的喜树碱类似物之间没有发现重大差别。然而，即使在最佳 pH 条件下，一些从内酯到酸的转化仍然发生，反之亦然，如图 40.7 中 SN-38 所示。在 pH7.4 的磷酸缓冲液（PBS）中达到平衡时，化合物中内酯形式的百分比通常为 15%～20%（Loos et al., 2000）。人血清白蛋白（HSA）的存在显著影响喜树碱（camptothecin）相互转化的平衡。由于羟基酸形式与 HSA 的高亲和性结合，平衡变化向羟基酸发展。因此，当向 PBS 缓冲液中加入生理浓度的 HAS 时，喜树碱（camptothecin）中内酯形式含量从 13%下降到不足 1%（Burke and Mi, 1993）。相比之下，HAS 的添加不会影响拓扑替康（topotecan）内酯形式的比例。此外，添加 HAS 甚至可以使伊立替康（irinotecan）和 SN-38 内酯形式的百分比分别增加到 25%和 35%。这归因于分子中大体积取代基的存在阻碍了羟基酸与 HAS

的结合，从而使内酯形式变稳定（Burke et al., 1995）。

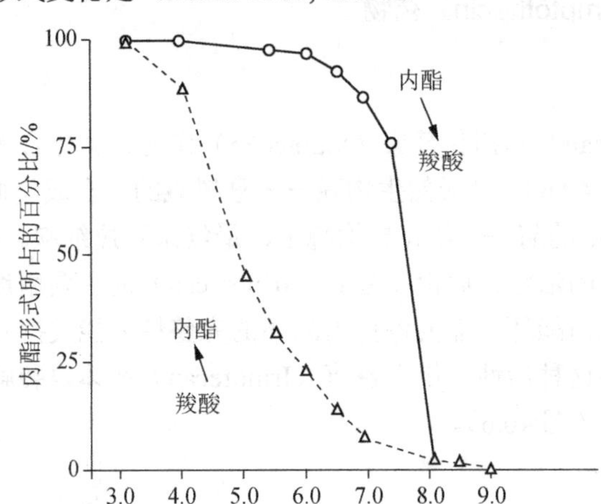

图 40.7 SN-38 的内酯（lactone），（○）或羧酸（carboxylate），（△）形式在 10 mmol/L 磷酸缓冲液（PBS）室温孵育 30 min 后，浓度比例变化与 pH 的关系（Sano et al., 2003。复制经允许）

40.2.3.3 生物分析结果

喜树碱药物内酯和羟基酸形式间的相互转化在很多评论文章中都曾讨论到（Loos et al., 2000; Zufia et al., 2001; Mullangi et al., 2010; Ramesh et al., 2010）。大多数的调查发现，即使在最佳 pH 条件下，喜树碱类似物的内酯形式都会相对快速地转化为羟基酸形式。因此，除将 pH 调节至最佳值外，一般建议是将这些化合物储存在较低的温度条件下，并且把储存时间限制到最低限度。例如，约 15%内酯形式的伊立替康（Irinotecan）在 pH6.4 和 10℃条件下仅 1 h 后转化为羟基酸，而超过 40%的化合物会在 pH 为 7.4 和 10℃条件下转化成羟基酸（Chollet et al., 1998）。据报道，在 4℃和 pH 为 6.4 条件下孵育 2～3 h 后，少于 5%的伊立替康内酯（irinotecan lactone）会水解（Rivory and Robert，1994）。出于这个原因，从实际的角度来看，在药物分析中必须投入很多努力来建立喜树碱内酯和羟基酸的稳定性，这也许是非常具有挑战性的。解决这个问题的一个方法是测量总的药物浓度（内酯和羟基酸）。总浓度明显与内酯浓度直接关联，因此本质上与不同形式的浓度检测具有相同的临床意义。因此，一些生物分析方法在提取前对样品采取酸性处理。在这种方式下，样品中的羟基酸全部转化为相应的内酯药物，可以直接检测药物总量而不需要特殊的预防措施（Ragot et al., 1999）。或者，可以在碱性条件下孵育研究样品，使内酯转化成酸，进而通过羟基酸检测药物总浓度（Schoemaker et al., 2003）。

每当必须单独确定内酯或羟基酸的浓度时，需要采取一些措施来稳定研究样品中酸和内酯的比例（Rivory and Robert, 994; Chollet et al., 1998; Owens et al., 2003; Yang et al., 2005）。首先，应该在全血采集后尽快制备血浆样品。通常，全血样品应该在采集后于湿冰上冷冻或在干冰/丙酮浴中短暂浸泡，然后直接低温离心（温度 10℃或以下）。通过将离心力增加到 8000×g，离心步骤可以控制在 2 min 之内。向固定血浆样品中加入冰镇过的甲醇进行蛋白质沉淀处理，然后离心取上清液，并将上清液在≤－70℃条件下冷冻。虽然没有具体的稳定性结果的报道，通常认为内酯和羟基酸各自的浓度可以通过这种方式被保留下来。

解冻后，直接将样品提取液转移到一个自动进样器中进样，或者通过混合一个溶液将pH调整到6～7以增加储存的稳定性。自动进样器尽可能保持低温以进一步减少相互转化。尽管采取了所有的预防措施，由于内酯和羟基酸的稳定性有限，往往需要一次只处理少量的样品，避免样品提取物色谱分析前的长期储存。例如，在一篇关于喜树碱（camptothecin）和SN-38定量的报道中，为了保护羟基酸和内酯的比例，Boyd等（2001）推荐样品提取物在4℃自动进样器中的储存时间不能超过4 h。由于一个样品的色谱运行时间为23 min，每个分析批次中一次分析的样品不能超过10个。在Kaneda等（1997）报道的另一个案例中，因为观察发现大鼠血浆中SN-38的内酯和酸形式极端不稳定，每个样品在提取后直接进样。

40.2.4　其他内酯类药物

尽管还有一些其他的包含内酯的药物存在，但它们内酯和羟基酸形式之间的相互转化却少有研究和报道。一个新的降压药物依普利酮（eplerenone）是一个其他内酯类药物的案例。类似于前面讨论的内酯类药物，依普利酮（eplerenone）在碱性条件下水解成没有活性的羟基酸，羟基酸在酸性pH下转化回内酯。然而，在pH6.5～8没有观察到相互转化。当保持在中性 pH（7.4）时，这两种形式在生物分析过程的各个阶段中都是充分稳定的。全血中依普利酮的内酯和羟基酸形式在湿冰和室温储存 1 h 后都是稳定的。在人血浆样本中有3次冻融循环稳定性，室温下在血浆提取物中有24 h稳定性（Zhang et al., 2003a）。在人类尿液中也得到了相似的结果，两种形式在≤－70℃条件下有37天稳定性，有3次冻融循环稳定性，在室温下稳定24 h（Zhang et al., 2003b）。

40.3　立体异构的相互转化

40.3.1　背景

立体异构是分子的原子组成和化学键相同，但在空间的三维位置不同而引起的异构。立体异构体类型包括：①几何异构体（顺反异构）是由共价键的旋转受阻导致产生的原子在空间排布的位置不同而形成的，通常是由双键或环状结构引起；②对映异构体是指一对含一个或多个手性中心并且彼此镜像对称的分子；③非对映异构体是指含有超过一个手性中心且彼此不呈镜像对称的分子（其中只有一个手性中心不同的非对映体称为差向异构体）。

在一般情况下，立体异构体在理化性质上存在差异，对映异构体彼此除旋转平面偏振光的能力不同外，其他所有物理化学方面的性质都是相同的。从药理学和毒理学的角度出发，当对一个活的有机体给药时，一个候选药物的不同异构体的性质可能是完全不同的。出于这个原因，对于立体异构形式的候选药物，需要适当的评估异构体之间的药理和毒理效应是否存在差异。如果有差异，建议开发一个单一的有活性的立体异构体。

一个复杂因素就是，一个单一立体异构形式的分子可能在体内转化为立体异构体的混合物。这种对映异构体的外消旋化和异构体的差向异构化，甚至可能导致药物疗效降低或毒性作用的发生（Ali et al., 2007）。因此，研究外消旋化或差向异构化作用是非常重要的，生物分析技术是否能用于这些化合物在各种生物基质的准确定量也是至关重要的。

40.3.2 相互转化

立体异构体的相互转化可以是多种反应的结果。最常见的可能是手性中心自发的碱性催化下的反转。反应包括手性碳原子 R_3、R_2、R_1—CH 形式的去质子化，转化成 R_3、R_2、R_1—C^-形式作为媒介，随后质子化随机形成两种立体异构形式。反应取决于 pH 和温度，以及药物分子中出现在手性碳原子上的特殊官能团。手性碳上的一些取代基可能对碳负离子中间体产生一定的稳定效果，而另一些取代基会产生不稳定的影响（Testa et al., 1993）。基于现有的实验证据，表 40.1 中总结列出了手性碳原子上取代基对这一族群稳定性的影响。结果表明，只有三个或两个负碳离子稳定基团（其中之一必须是强稳定基团）和一个中性官能团存在时，构型异构才会出现不稳定的情况。

表 40.1 官能团对 R_3、R_2、R_1—CH 形式手性碳原子构型异构稳定性的影响

降低构型异构稳定性的官能团	中性官能团	增强构型异构稳定性的官能团
—CO—O—R（强）	$—CH_3$	$—COO^-$
—CO—芳基（强）	$—CH_2CH_3$	$—SO_3$（可能影响）
$—CO—NR_1, R_2$		
—OH		
卤素（可能影响）		
仿卤素（可能影响）		
$—NR_1, R_2$		
—N=R		
—芳基		
$—CH_2$—芳基		
$—CH_2OH$（可能影响）		

来源：改编获得 Testa et al., 1993 的允许。

抗焦虑药去甲羟基安定（奥沙西泮）(oxazepam) 就是极端不稳定的手性药物。即使在室温和中性 pH 条件下，奥沙西泮也会迅速外消旋化。外消旋化的半衰期大约仅 10 min（Asoetal, 1988）。另一个例子是萨力多胺（thalidomide），对映异构体在生理条件下也容易相互转变（Eriksson et al., 1995）。如图 40.8 所示，萨力多胺（thalidomide）在人全血中 37℃条件下，外消旋化的半衰期大约是 2.3 h。因为萨力多胺（thalidomide）在体内会水解产生许多产物，化合物随着总浓度的降低（半衰期大约 4 h）外消旋化也降低。类似于所有化学反应，手性转化也会随温度降低而减缓。例如，药物 MK-0767 在临床试验中，两个对映异构体在人血浆中室温下 2 h 后显示出约 10%的相互转化。当样品在湿冰上处理时这种转化减少到＜3%（Yan et al., 2004）。样品的酸化可以帮助降低碱催化的外消旋化速率。例如，手性抗糖尿病药物吡格列酮（pioglitazone）和罗格列酮（rosiglitazone）在碱性和中性（pH9.3 时，半衰期为 2 h；pH7.4 时，半衰期为 4 h）条件下相对快速地外消旋化，外消旋化在酸性条件下大大减少（pH 为 2.5，半衰期＞300 h）（Jamali et al., 2008）。

另外一种不太常见的外消旋化机制，涉及手性碳原子（R_3、R_2、R_1—COH）在酸催化下丢失羟基官能团形成碳正离子中间体（R_3、R_2、R_1—C^+）。氯噻酮（chlorthalidone）是以这种方式非常迅速外消旋化的药物，半衰期只有几分钟（Severin, 1992）。类似于上面的碱或酸催化的外消旋化，其他异构化反应也是具有 pH 依赖性的。一个候选药物的顺反异构

体（几何异构体）包含氧甲基肟的转化速率随 pH 降低而增加。异构化在低 pH 条件下有利于半肟的氮原子的质子化作用，从而导致 Z-构型随后的去质子化阶段形成。当 pH 高于 6 时转化变得微不足道（Xia et al., 1999）。

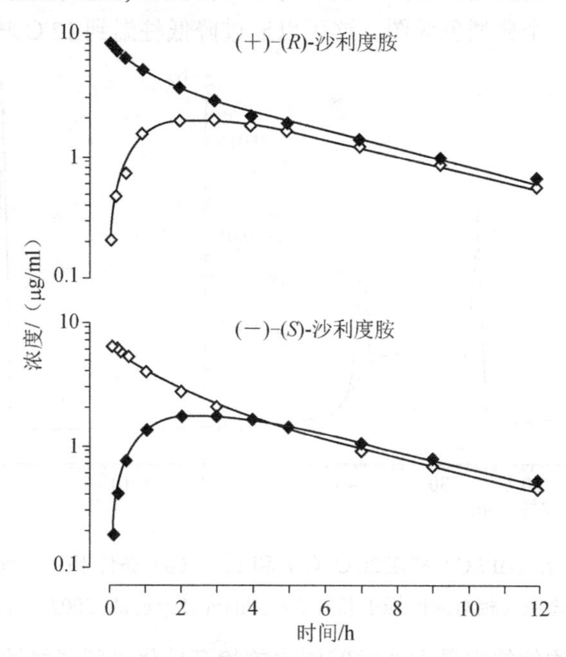

图 40.8 (+)-(R)-thalidomide（沙利度胺，◆）和(−)-(S)-thalidomide（◇）在人血液中 37℃体外培养后的浓度曲线（Eriksson et al., 1995。复制经允许）

此外，还有关于光照诱导药物顺反异构化的报道。抑制细胞生长的化合物 SU5416 的 Z-形态仅仅存在于固态，但当其碱性溶液暴露在光照下则自发转化为 E-形态。E-形态本身在溶液中也并不稳定，在避光条件下，可以转化回 Z-形态。在大鼠体外血浆中，同分异构体在 37℃避光条件下稳定长达 50 min；而在人血浆中，同等条件下孵育 60 min 后，E-形态对映异构体减少 90%以上（Zhao et al., 2004）。这个重大种属差异的确切原因尚不清楚，但是酶反应可能起到了一定作用。

发现添加巯基的阻断试剂 *N*-乙基马来酰亚胺（NEM）结合抗氧化剂抗坏血酸，可以防止皮肤病药物全反式视黄酸与其几何异构体 13-顺式视黄酸在血浆中的相互转化（Wang et al., 2003）。这项研究还发现，储存温度从 25℃降低到 0℃，相互转化率大约可以降低 3 倍，但如果不添加 NEM，则无法完全阻止相互转化。因此，建议加入含有硫醇的化合物或可能起异构作用的酶。

40.3.3 生物分析结果

为了准确了解立体异构体在生物体内的相互转化，确保异构体在生物分析过程中没有进一步的体外转化是非常必要的。因为大多数立体异构体的相互转化反应依赖于 pH，适当调整样品的 pH 通常可以使分析物甚至是高度不稳定的分析物稳定。例如，如果兔子血液样品采集后立即在 0～2℃条件下离心，然后产生的血浆样品直接冷冻，并在样品解冻后进行前处理和分析前将样品与等体积的 1 mol/L 盐酸混合，那么(*S*)-和(*R*)-去甲羟基安定（oxazepam）在血浆中的浓度就可以准确测定（Pham-Huy et al., 2002）。因为相互转化在 pH

高于～2 时是相对快速的，所以需要在流动相 pH 为 4.5 时进行有效地手性分离。色谱运行 50 min 时可以观察到一些相互转化（柱温 20℃）。由于存在色谱柱上的相互转化，部分分析物分子的整个保留时间应处于纯的对映异构体的保留时间之内或之间。图 40.9a 显示了色谱柱上相互转化的一个典型色谱图，这可以通过降低柱温到 12℃来克服（图 40.9b）。

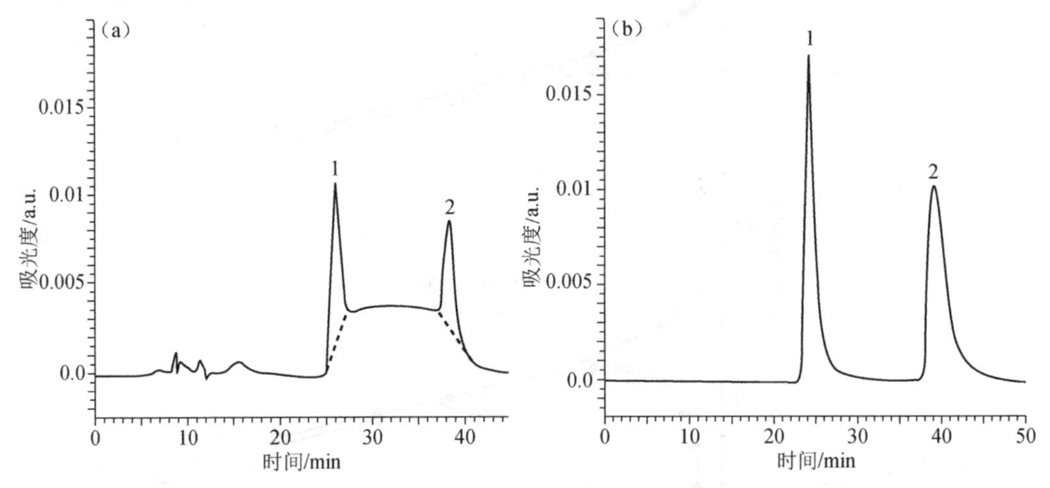

图 40.9　手性高效液相色谱（HPLC）柱在 20℃（a）和 12℃（b）条件下(*R*) -和(*S*) -oxazepam（去甲羟基安定）的色谱图（相对应的峰 1 和峰 2）（Pham-Huy et al., 2002。复制经允许）

其他一些立体异构体的定量方法对碱催化的相互转化进行了描述。例如，通过将血清与等体积的 pH 为 2 的 0.2 mol/L 柠檬酸缓冲液相混合，使血清 pH 降至 4 以下，稳定萨力多胺（thalidomide）的对映异构体。通过这种方式，对映异构体在≤－20℃条件下至少稳定 1 年，而在室温下至少稳定 5 h（Murphy-Poulton et al., 2006）。在融化后的人血浆样品中加入两倍体积的 1 mol/L 盐酸溶液，可以对血浆中的布洛芬（ibuprofen）对映异构体进行定量检测（Szeitz et al., 2010）。对于相互转化速率较慢的同分异构体的稳定性，没有必要调整 pH，可能只需降低储存温度就足够了。例如，对于血浆样品中 MK-0767 对映异构体的量化，只要保证样品储存在≤－70℃并且在湿冰上融化就够了。分析物在 5 次冻融循环后依旧保持稳定，且在 4℃自动进样器中至少保持 24 h 稳定（Yan et al., 2004）。

对于倾向于酸催化异构化的分析物，在生理 pH 条件下分析研究样品足以充分保障各形式立体异构体的稳定性。例如，先前提到的氧去甲基安定（oxazepam）候选药的顺反异构形式，在未经处理的人血浆中于≤－20℃条件下至少稳定 41 天，而在室温和 4℃条件下至少保持 24 h 稳定（Xia et al., 1999）。对于光诱导的相互转化，分析物显然需要避光处理。例如，对于大鼠血浆中 E-和 Z-SU5416 的分析，需要在保护光（实验室黄光）下进行，没有必要调节 pH 或降温（Zhao et al., 2004）。为防止全反式视黄酸和 13-顺式视黄酸间的相互转化，需要更严格的检测条件，包括：在湿冰中和红光下处理研究样品，且加入 0.05 mmol/L 的 NEM（Wang et al., 2003）。

40.4　可相互转化化合物生物分析方法开发的思考

正如前面所讨论的，化合物之间相互转化反应的速度和程度差异很大，因此它们之间必要的稳定措施也会各不相同。对于内酯或羟基酸和立体异构体，pH 和温度是影响相互转化动力学的主要参数。建议在建立分析方法时，要深入研究这些参数的影响。下面的方案描述了可相互转化化合物方法开发（MD）的一般方法。从这些测试的结果可以得出：要得到恰当的生物样品处理信息，需要调整 pH，在湿冰上处理样品和规定研究样品的收集和分析时间。

40.5 可相互转化化合物的方法验证和质量控制

即使优化了可相互转化药物的样品采集、储存和分析条件，可能还是无法避免一些相互转化。在这种情况下，如果可能的话，有必要监控相互转化的程度。对于多化合物同时分析的方法，通常在方法验证期间使用相同浓度的分析物评估化合物的稳定性。然而，当出现两个检测物可以相互转化时，这种方法就不合适了。因为研究样品中分析物的相对浓度大大不同，在给药后浓度也会随时间而变化。

令人信服的是 Jemal 和 Xia（2000）通过将含不同比例内酯和羟基酸的普伐他汀（pravastatin）样品放置于三种不同的储存条件下进行的研究。条件一，所有样品都在冰浴上进行制备，并在样品制备后立即将 pH 调整到 4.2 进行分析，以最大程度地减少相互转化。条件二，将样品在生理 pH 和室温下储存 4 h 后分析，以促进内酯水解成羟基酸。条件三，将所有样品的 pH 调整到 1.8，在室温条件下储存 2 h 诱导羟基酸的内酯化。他们发现当两种形式的浓度相同时，三种条件下储存样品的分析物都是稳定的，分析结果的准确性也是可靠的。然而，当样品中含有的内酯是羟基酸的 3～10 倍时，羟基酸浓度在条件二下储存后会增加 30%～160%。当样品中羟基酸的含量是内酯的 10 倍时，内酯浓度在条件三下储存后会增加超过 70%。评估表明，配制相同浓度的分析物样品无法代表真实研究样品中未知浓度分析物的相互转化。因此，强烈建议在准备质量控制（QC）样品时，分析物的相对浓度要模拟研究样品中的预期浓度，这对分析方法验证中分析物稳定性的评估是特别重要的。对于常规的生物分析法，包含分析物浓度相当于研究样品的 QC 样品对不断验证生物分析方法的可靠性是尤其重要的。

40.6 结 束 语

在这一章节中回顾了相互转化化合物 LC-MS/MS 生物分析方法的很多方面。讨论了两类相互转化分析物：内酯/羟基酸类和立体异构体类。评估了这两类分析物相互转化反应的化学背景及生物分析结果。讨论了在生物分析过程中保证分析物稳定性的不同方法。提出了相互转化化合物 LC-MS/MS 方法开发的可用方案，并致力于验证和应用适当的生物分析方法。

40.7 可相互转化化合物生物分析 LC-MS/MS 方法开发的典型方案

综述

所有的试验样品只包含一种而非两种分析物，这样可以很直观地发现一个分析物向另外一个分析物的任何转化。

色谱法和质谱法

首先，要建立一个 LC-MS/MS 方法，确保两个分析物没有任何色谱柱上和质谱源内的相互转化。

（1）通过调节优化源温度、喷雾电压等质谱检测条件使得分析物的源内转化最小化。

（2）一对分析物分别进样；两个分析物的色谱峰应该是基线分离的。

（3）优化流动相 pH[a]。

（4）优化色谱柱柱温[b]。

（5）优化色谱运行时间[c]。

样品制备

建立一个好的、具有一致提取回收率（RE）的、充分选择性的、最大限度减小过程中相互转化的样品制备流程。用优化过的 LC-MS/MS 方法分析样品提取物。

（1）优化各个提取步骤的 pH[a]。

（2）优化样品和试剂储存温度（室温或冰上）[b]。

（3）优化提取液可能的蒸发温度[b]。

（4）优化样品制备的容量[c]。

（5）用以上优化的步骤，在保障转化在可接受范围内的前提下，确定一个样品批次允许的样品提取数量。

稳定性评估

稳定性评估的目的是为了证明样品在分析过程中的各种储存条件下都没有相互转化。用优化过的样品提取流程和 LC-MS/MS 方法来分析样品。

（1）评估提取液中的分析物在自动进样器中的稳定性。优化样品提取复溶液 pH 和自动进样器温度[a,b]。

（2）评估实际生物样品中分析物在实验操作台温度条件下的稳定性，或多次冻融循环后的稳定性。优化样品储存的温度（室温或冰上）和 pH[a,b]。

（3）如果是血浆或血清方法，还需要评估全血样品中分析物的稳定性。

（4）评估冷冻样品中分析物的稳定性。优化样品储存的温度（−20℃或−70℃）和 pH[a,b]。

注意事项

[a] 内酯和羟基酸通常在弱酸性条件下（根据化合物的分子结构，pH 在 4～7 选择）相互转化最少；立体异构类药物在不同的酸碱条件下稳定（取决于分子结构）。

[b] 降低温度可以减少相互转化。

[c] 缩短样品分析、提取和储存时间可以减少相互转化。

参考文献

Ali I, Gupta VK, Aboul-Enein HY, Singh P, Sharma B. Role of racemization in optically active development. Chirality 2007;19:453–463.

Apostolou C, Kousoulos C, Dotsikas Y, et al. An improved and fully validated LC-MS/MS method for the simultaneous quantification of simvastatin and simvastatin acid in human plasma. J Pharm Biomed Anal 2008; 46:771–779.

Aso Y, Yoshioka S, Shibazaki T, Uchiyama M. The kinetics of the racemization of oxazepam in aqueous solution. Chem Pharm Bull 1988;36:1834–1840.

Barett B, Huclová J, Bořek-Dohalský V, Nemec B, Jelínek I. Validated HPLC-MS/MS method for simultaneous determination of simvastatin and simvastatin hydroxy acid in human plasma. J Pharm Biomed Anal 2006;41:517–526.

Boyd G, Smyth JF, Jodrell DI, Cummings J. High-performance liquid chromatographic technique for the simultaneous determination of lactone and hydroxy acid forms of camptothecin and SN-38 in tissue culture media and cancer cells. Anal Biochem 2001;297:15–24.

Briscoe CJ, Hage DS. Factors affecting the stability of drugs and drug metabolites in biological matrices. Bioanalysis 2009;1:205–220.

Burke TG, Mi Z. Preferential binding of the carboxylate form of camptothecin by human serum albumin. Anal Biochem 1993; 212:285–287.

Burke TG, Munshi CB, Mi Z, Jiang Y. The important role of albumin in determining the relative human blood stabilities of the camptothecin anticancer drugs. J Pharm Sci 1995;84:518–519.

Chen J, Hsieh Y. Stabilizing drug molecules in biological samples. Ther Drug Monit 2005;27:617–624.

Chollet DF, Goumaz L, Renard A, et al. Simultaneous determination of the lactone and carboxylate forms of the camptothecin derivative CPT-11 and its metabolite SN-38 in plasma by high-performance liquid chromatography. J Chromatogr B 1998;718:163–175.

Dell D. Labile metabolites. Chromatographia 2004;59:S139–S148.

Eriksson T, Björkman S, Roth B, Fyge Å, Höglund P. Stereospecific determination, chiral inversion in vitro and pharmacokinetics in humans of the enantiomers of thalidomide. Chirality 1995;7:44–52.

European Medicines Agency (EMA). Guideline on bioanalytical method validation. July, 2011. Available at http://www.ema.europa.eu/docs/en_GB/document_library/Scientific_guideline/2011/08/WC500109686.pdf. Accessed Apr 11, 2013.

Fassberg J, Stella VJ. A kinetic and mechanistic study of the hydrolysis of camptothecin and some analogues. J Pharm Sci 1992;81:676–684.

Grabarkiewicz T, Grobelny P, Hoffmann M, Mielcarek J. DFT study on hydroxy acid–lactone interconversion of statins: the case of fluvastatin. Org Biomol Chem 2006;4:4299–4306.

Hull CK, Penman AD, Smith CK, Martin PD. Quantification of rosuvastatin in human plasma by automated solid-phase extraction using tandem mass spectrometric detection. J Chromatogr B 2002;772:219–228.

Jamali B, Bjørnsdottir I, Nordfang O, Hansen SH. Investigation of racemisation of the enantiomers of glitazone drug compounds at different pH using chiral HPLC and chiral CE. J Pharm Biomed Anal 2008;46:82–87.

Jemal M, Ouyang Z. The need for chromatographic and mass resolution in liquid chromatography/tandem mass spectrometric methods used for quantitation of lactones and corresponding hydroxy acids in biological samples. Rapid Commun Mass Spectrom 2000;14:1757–1765.

Jemal M, Ouyang Z, Chen BC, Teitz D. Quantitation of the acid and lactone forms of atorvastatin and its biotransformation products in human serum by high-performance liquid chromatography with electrospray tandem mass spectrometry. Rapid Commun Mass Spectrom 1999;13:1003–1015.

Jemal M, Ouyang Z, Powell ML. Direct-injection LC-MS-MS method for high-throughput simultaneous quantitation of simvastatin and simvastatin acid in human plasma. J Pharm Biomed Anal 2000;23:323–340.

Jemal M, Xia YQ. Bioanalytical method validation design for the simultaneous quantitation of analytes that may undergo interconversion during analysis. J Pharm Biomed Anal 2000;22:813–827.

Kaneda N, Hosokawa Y, Yokokura T. Simultaneous determination of the lactone and carboxylate forms of 7-ethyl-10-hydroxycamptothecin (SN-38), the active metabolite of irinotecan (CPT-11) in rat plasma by high performance liquid chromatography. Biol Pharm Bull 1997;20:815–819.

Kearney AS, Crawford LF, Mehta SC, Radebaugh GW. The interconversion kinetics, equilibrium, and solubilities of the lactone and hydroxy acid forms of the HMG-CoA reductase inhibitor CI-981. Pharm Res 1993;10:1461–1465.

Li W, Zhang J, Tse FL. Strategies in quantitative LC-MS/MS analysis of unstable small molecules in biological matrices. Biomed Chromatogr 2011;25:258–277.

Loos WJ, de Bruijn P, Verweij J, Sparreboom A. Determination of camptothecin analogs in biological matrices by high-performance liquid chromatography. Anticancer Drugs 2000;11:315–324.

Mullangi R, Ahlawat P, Srinivas NR. Irinotecan and its active metabolite, SN-38: review of bioanalytical methods and recent update from clinical pharmacology perspectives. Biomed Chromatogr 2010;24:104–123.

Mulvana D, Jemal M, Pulver SC. Quantitative determination of pravastatin and its biotransformation products in human serum by turbo ionspray LC/MS/MS. J Pharm Biomed Anal 2000;23:851–866.

Murphy-Poulton SF, Boyle F, Gu XQ, Mather LE. Thalidomide enantiomers: determination in biological samples by HPLC and vancomycin-CSP. J Chromatogr B 2006;831:48–56.

Nirogi R, Mudigonda K, Kandikere V. Chromatography-mass spectrometry methods for the quantitation of statins in biological samples. J Pharm Biomed Anal 2007;44:379–387.

Nováková L, Šatinský D, Solich P. HPLC methods for the determination of simvastatin and atorvastatin. Trends Anal Chem 2008;27:352–367.

Nowatzke W, Woolf E. Best practices during bioanalytical method validation for the characterization of assay reagents and the evaluation of analyte stability in assay standards, quality controls, and study samples. AAPS J 2007;9:E117–E122.

Owens TS, Dodds H, Fricke K, Hanna SK, Crews KR. High-performance liquid chromatographic assay with fluorescence detection for the simultaneous measurement of the carboxylate and lactone forms of irinotecan and three metabolites in human plasma. J Chromatogr B 2003;788:65–74.

Pham-Huy C, Villain-Pautet G, Hua H, et al. Separation of oxazepam, lorazepam, and temazepam enantiomers by HPLC on a derivatized cyclodextrin-bonded phase: application to the determination of oxazepam in plasma. J Biochem Biophys Meth 2002;54:287–299.

Prueksaritanont T, Subramanian R, Fang X, et al. Glucuronidation of statins in animals and humans: a novel mechanism of statin lactonization. Drug Metab Disp 2002;30:505–512.

Ragot S, Marquet P, Lachâtre F, et al. Sensitive determination of irinotecan (CPT-11) and its active metabolite SN-38 in human serum using liquid chromatography–electrospray mass spectrometry. J Chromatogr B 1999;736:175–184.

Ramesh M, Ahlawat P, Srinivas NR. Irinotecan and its active metabolite, SN-38: review of bioanalytical methods and recent update from clinical pharmacology perspectives. Biomed Chromatogr 2010;24:104–123.

Rivory LP, Robert J. Reversed-phase high-performance liquid chromatographic method for the simultaneous quantitation of the carboxylate and lactone forms of the camptothecin derivative irinotecan, CPT-11, and its metabolite SN-38 in plasma. J Chromatogr B 1994;661:133–141.

Sano K, Yoshikawa M, Hayasaka S, et al. Simple non-ion-paired high-performance liquid chromatographic method for simultaneous quantitation of carboxylate and lactone forms of 14 new camptothecin derivatives. J Chromatogr B 2003;795:25–34.

Schoemaker NE, Rosing H, Jansen S, Schellens JH, Beijnen JH. High-performance liquid chromatographic analysis of the anticancer drug irinotecan (CPT-11) and its active metabolite SN-38 in human plasma. Ther Drug Monit 2003;25:120–124.

Severin G. Spontaneous racemization of chlorthalidone: kinetics and activation parameters. Chirality 1992;4:222–226.

Suchocka Z, Swatowska J, Pachecka J, Suchocki P. RP-HPLC determination of paraoxonase 3 activity in human blood serum. J Pharm Biomed Anal 2006;42:113–119.

Szeitz A, Edginton AN, Peng HT, Cheung B, Riggs KW. A validated enantioselective assay for the determination of ibuprofen enantiomers in human plasma using ultra performance liquid chromatography with tandem mass spectrometry (UPLC-MS/MS). Am J Anal Chem 2010;2:47–58.

Testa B, Carrupt PA, Gal J. The so-called "interconversion" of stereoisomeric drugs: an attempt at clarification. Chirality 1993;5:105–111.

US Food and Drug Administration. Guidance for Industry—Bioanalytical Method Validation. May, 2001. Available at www.fda.gov/downloads/Drugs/GuidanceComplianceRegulatoryInformation/Guidances/UCM070107.pdf. Accessed Apr 11, 2013.

Viswanathan CT, Bansal S, Booth B, et al. Quantitative bioanalytical methods validation and implementation: best practices for chromatographic and ligand binding assays. Pharm Res 2007;24:1962–1973.

Vree TB, Dammers E, Ulc I, Horkovics-Kovats S, Ryska M, Merkx IJ. Variable plasma/liver and tissue esterase hydrolysis of simvastatin in healthy volunteers after a single oral dose. Clin Drug Invest 2001;21(9):643–652.

Wang CJ, Pao LH, Hsiong CH, Wu CY, Whang-Peng JJ, Hu OYP. Novel inhibition of *cis/trans* retinoic acid interconversion in biological fluids—an accurate method for the determination of *trans* and 13-*cis* retinoic acid in biological fluids. J Chromatogr B 2003;796:283–291.

Xia YQ, Whigan DB, Jemal M. A simple liquid-liquid extraction with hexane for low-picogram determination of drugs and their metabolites in plasma by high-performance liquid chromatography with positive ion electrospray tandem mass spectrometry. Rapid Commun Mass Spectrom 1999;13:1611–1621.

Yan KX, Song H, Lo MW. Determination of MK-0767 enantiomers in human plasma by normal-phase LC-MS/MS. J Chromatogr B 2004;813:95–102.

Yang AY, Sun L, Musson DG, Zhao JJ. Application of a novel ultra-low elution volume 96-well solid-phase extraction method to the LC/MS/MS determination of simvastatin and simvastatin acid in human plasma. J Pharm Biomed Anal 2005;38:521–527.

Zhang JY, Fast DM, Breau AP. Development and validation of a liquid chromatography–tandem mass spectrometric assay for eplerenone and its hydrolyzed metabolite in human plasma. J Chromatogr B 2003a;787:333–344.

Zhang JY, Fast DM, Breau AP. A validated SPE-LC-MS/MS assay for eplerenone and its hydrolyzed metabolite in human urine. J Pharm Biomed Anal 2003b;31:103–115.

Zhang N, Yang A, Rogers JD, Zhao JJ. Quantitative analysis of simvastatin and its β-hydroxy acid in human plasma using automated liquid–liquid extraction based on 96-well plate format and liquid chromatography–tandem mass spectrometry. J Pharm Biomed Anal 2004;34:175–187.

Zhao Y, Sukbuntherng J, Antonian L. Simultaneous determination of Z-SU5416 and its interconvertible geometric E-isomer in rat plasma by LC/MS/MS. J Pharm Biomed Anal 2004;35:513–522.

Zufía L, Aldaz A, Giráldez J. Separation methods for camptothecin and related compounds. J Chromatogr B 2001;764:141–159.

41

手性化合物的液相色谱-质谱（LC-MS）生物分析

作者：Naidong Weng
译者：曹化川
审校：李文魁、张杰

41.1 引　言

立体异构体是具有相同的原子组成和共价键，但在原子的三维立体构象中不同的分子。立体异构体包括非对映异构体和旋光对映体。非对映异构体是非镜像的立体异构体。包括内消旋化合物，顺-反（E-Z）异构体和非旋光对映体的光学异构体。它们在物理和化学性质上独立，同时也具有不同的药理特性（除非它们在体内互相转化）。从生物分析的角度看，它们可以不用手性方法而容易地分离。旋光对映体是互为反射映像的两个立体异构体，它们相互是不能重叠的镜像结构（图 41.1）。旋光对映体在非手性环境中具有相同的物理（除旋光度）和化学性质（除在手性环境中）。许多药物、药物候选分子和它们的代谢产物拥有一个或多个手性中心，并可能有一对或多对旋光对映体。许多生物大分子，如受体、转运体和酶，更倾向与两个旋光对映体中的某一个结合，导致潜在的吸收、分布、代谢和排泄（ADME）不同。这些大分子拥有丰富的固定构象的手性中心，如 D-糖和 L-氨基酸。旋光对映体可能具有不同生物和药理活性的现象已经被广泛验证。一个旋光对映体可能具有预期的效果（eutomer）而另外的旋光对映体可能产生不期望的不良反应，甚至是毒性（distomer），正如反应停（thalidomide）、苯恶洛芬（benoxaprofen）和特罗地林（terodoline）所展示的毒性（Srinivas et al., 2001）。旋光对映体应该被当作不同的化合物来对待。旋光对映体药物开发的问题，考虑和监管的要求在前面提到的综述文章中被详细讨论（Srinivas et al., 2001）。手性药物的开发策略包括消旋体、单个旋光对映体、特定比例（非消旋）的旋光对映体和旋光转化体。每个策略的优缺点也都有阐述。例如，在使用旋光转化体的方案中，氧氟沙星（ofloxacin）的活性旋光对映体，左旋氧氟沙星（levofloxacin）的使用导致增强的药效和安全指数。规范的监管始于美国 1992 年发表的手性药物开发指南（Food and Drug Administration, 1992），然后是欧盟（Committee for Proprietary Medical Products, 1993）。

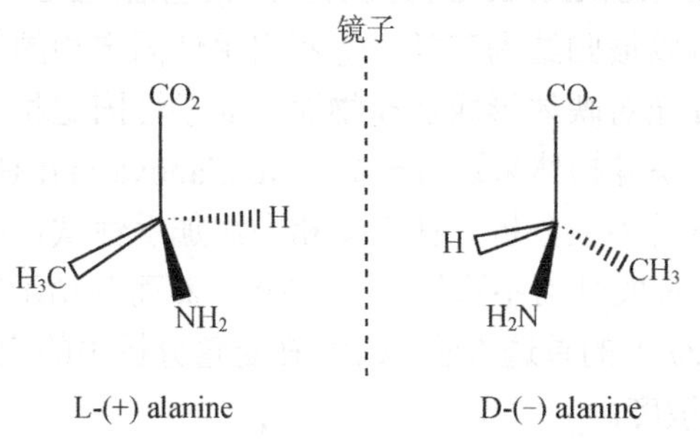

图 41.1　手性化合物（丙氨酸）的镜像

当试图将血浆浓度和药理作用或疗效相关联时，使用通过非立体选择性方法获得的消旋体代谢和药代动力学（PK）数据可能具有非常强的误导性。对立体选择性药理作用和旋光对映体的药效学（PD）的早期评估在药物开发中是极其必要的。物种相关的立体选择性差异在引申到人时需要被小心评估。立体选择性的血浆蛋白结合和代谢可能在不同物种间有显著区别（Lin and Lu, 1997; Srinivas, 2006）。在最近一篇名为"药物代谢中的立体选择性"的综述中，对药物代谢（DM）的立体化学（例如，旋光对映选择性代谢和首过效应，酶的选择性抑制和诱导及药物相互作用（DDI），物种差异和多形态的代谢）进行了全面地评估（Lu, 2007）。如果不同旋光对映体的代谢是源于不同酶的作用，并且是多形态或可以被诱导或抑制的，而且如果它们的药效结果在强度或质量上有差距，旋光对映体特异性的分析就成为了急切的需求（Rentsch, 2002）。在此提出了一个决策树来确定利用手性分析测量母药和其代谢产物的潜在需要（图 41.2）。特别要指出的是，立体选择性的代谢可能发生于非手性药物，由此导致需要利用手性方法来测量它的代谢产物。

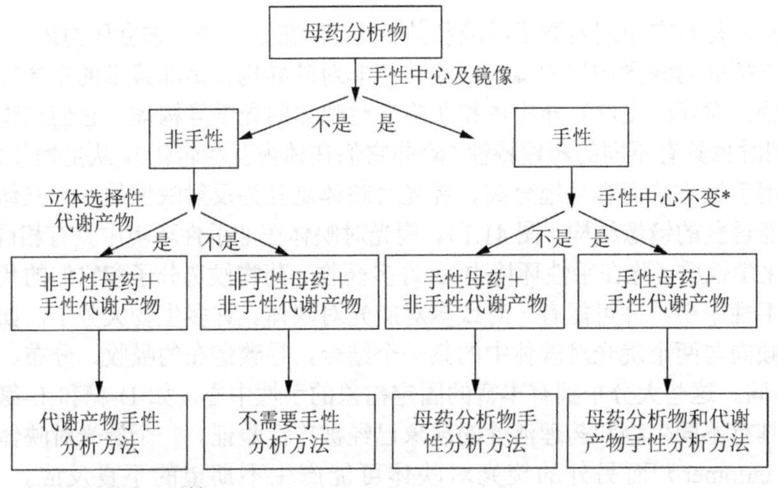

图 41.2 用来确定是否需要用手性分析方法测量母药和代谢产物的决策树

生物分析在药物开发过程中扮演着不可或缺的角色。在 1996 年发表的一篇优秀的综述中强调了（Caldwell, 1996）立体选择性生物分析监测在药物开发中的重要性，然而早在 1980 年 Henion 及其共同作者就报道了用液相色谱-质谱联用（LC-MS）测定光学活性的药物（Henion and Maylin, 1980; Crowther et al., 1984）。液相色谱（LC）是手性分析的首选方法。手性液相色谱分析途径可以被归结为三类：①利用手性固定相的直接分析；②在流动相中添加手性试剂，从而和旋光对映体形成加和物而在非手性固定相上分离；③在柱前和手性衍生化试剂反应生成非对映异构体来进行分离（Misl'anova and Hutta, 2003）。在以上方法中，①和③最常用于定量的手性分析。在流动相中添加手性试剂的方法通常手性分离效果不佳，并且由于试剂的非挥发性而不适用于 LC-MS。然而归功于其杰出的分离效果，这是手性毛细管区域电泳（CZE）的首选方法。CZE 在定量分析中的应用有限，这是由于较低的进样量（nl）导致的低灵敏度。

在过去 10 年，一系列聚焦于旋光对映体定量的综述文章不断涌现（表 41.1）。这些文献尽管不是全部集中在 LC-MS/MS 的手性生物分析，但也提供了利用不同方法进行手性分离的丰富基础信息。相较于丰富的常规手性分离的综述文献，仅有少量的文献总结了利用 LC-MS/MS 来进行生物样品中药物及其代谢产物的手性分析（Chen et al., 2005; Erny and Cifuentes, 2006; Liu et al., 2009），然而早在 1980 年就有报道运用手性固定相来分析生物体液中旋光对映体的 LC-MS/MS 方法（Henion and Maylin, 1980）。全面和批判性地回顾手性分析的文献并提出方法验证策略，可以适时地帮助满足日益增长的手性生物分析的需求。

表 41.1　有关对映体定量分析的重要评论文章

作者，年	题目
Ilisz et al., 2008	综述：手性衍生化试剂在高效色谱分离氨基酸对映体中的应用
Toyo'oka, 2002	基于与手性衍生化试剂形成非对映体的手性药物的液相色谱分离
Sun et al., 2001	在高效液相色谱（HPLC）中用于药物对映体柱前衍生以形成非对映体的手性衍生试剂：对映选择性和相关结构
Bhushan, 2011	对映体手性衍生化试剂的对映体纯度
Millot, 2003	在液相色谱和毛细管电泳中分离药物对映体时以固定蛋白作为手性选择载体
Haginaka, 2008	以蛋白质为基础的手性固定相在对映体液相色谱分离的最新进展
Ikai et al., 2008	基于多糖衍生物的 HPLC 手性固定相材料
Beesley and Lee, 2009	基于 CHIROBIOTIC 手性固定相的方法开发策略和最新应用
Lämmerhofer, 2010	对映选择性液相色谱的手性识别：机制和现代手性固定相
Schmid and Gübitz, 2011	以配体交换为手性分离原理的对映体色谱和电迁移技术
Wang et al., 2008b	类肾上腺素药物液相色谱和毛细管电泳对映体分离技术进展的回顾
Fried and Wainer, 1997	柱切换技术在立体药物生物医学分析中的应用：为什么，如何进行，何时进行

基于经验，手性和非手性的 LC-MS/MS 生物分析方法的建立有着显著的不同。由于串联质谱法超凡的特异性，生物分析学家极少会有困难找到合适的反相 C18 或亲水相互作用液相色谱（HILIC）柱，可实现优异的保留、高的柱效、满意的峰形及基质抑制/干扰的色谱分离。稳定同位素标记（SIL）的分析物通常可以获得，并用来作为内标去抵消提取、色谱、离子化和监测中波动带来的影响。常可以利用梯度洗脱来进一步改善峰形，消除干扰并缩减运行时间。目前即便是从不同的生产商，色谱柱也有很好的重现性。对色谱的深入了解是有益的，但不再是必不可少的。方法开发（MD）人员可以集中精力精简和优化其他过程，如从样品制备到数据分析，从高通量自动化到新技术的探索，后者的例子有减少样品需求的干血斑（DBS）法或提高选择性的高分辨质谱（HRMS）。与此相反，手性生物分析方法则需要全面的色谱知识和经验。对于每一个手性方法，基本的也是最耗时的任务是找到分离旋光对映体的色谱条件。当然，有人可能会反驳说利用手性试剂做柱前衍生化可以绕开这个艰巨的任务，但如下面要讨论的，这个方法也有缺陷，如手性试剂的纯度不够，旋光对映体的潜在消旋化，以及在苛刻衍生化条件下代谢产物到母体的转化。直接的手性分析仍然是首先的选择。最常用的手性固定相有大环手性固定相的环糊精和 Chirobiotic 手性柱，多聚糖类的手性柱和蛋白类的手性柱，如 Chiral-AGP。这些手性柱的应用会被进一步讨论。

41.2 应　用

41.2.1 手性衍生化

尽管手性衍生化在 LC-MS 的手性分析中不太常用，但它仍有一些直接手性分离没有的优势，在某些情况下，如果旋光对映体的直接分离不成功，它是仅存的选择。图 41.3 列出了一些常用的手性衍生化试剂。这种方法有几个优势。

功能团	产物	反应
氨基	酰胺	RR′NH + XCOR″ > RR′ NCOR″
	氨基甲酸酯	RR′NH + ClCOOR″ > RR′ NCOOR″
	尿素	RR′NH +O=C=NR″ > RR′NCONHR″
羟基	酯类	ROH + XOCOR′ > ROOCR′
	氨基甲酸酯	ROH +ClCOOR′ > ROCOOR′
	氨基甲酸酯	ROH + O=C=NR′ > ROCONHR′
羧基	酯类	RCOOH + R′OH > RCOOR′
	酰胺	RCOOH + R′NH_2 > RCONHR′

图 41.3　一些常用的手性衍生化试剂

（1）可以通过引入一个更易离子化的功能团，或提高保留时间，或用超高效液相色谱（UHPLC）柱获得高柱效来提高灵敏度。

（2）可以提高选择性，通过利用选择性的反应和衍生化过程中更多样的样品提取方法。

（3）可以降低成本，使用通常更便宜而柱寿命较长的非手性柱并缩短运行时间。

然而，也有几个缺点。

（1）如果手性衍生化试剂不纯，有可能引入定量偏差（图 41.4）。

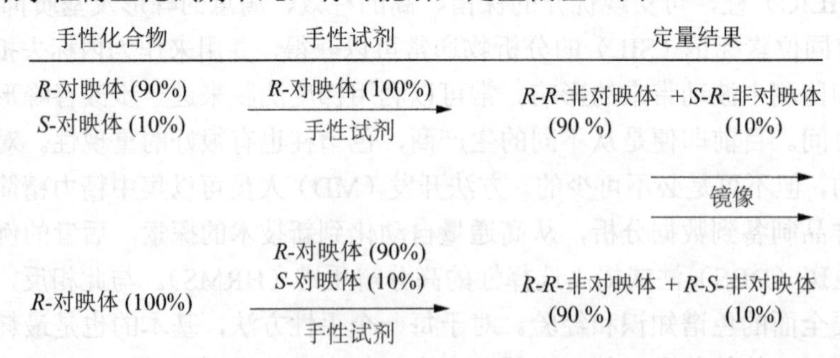

图 41.4　手性试剂纯度对定量结果的影响

（2）可能产生消旋化。

（3）手性衍生化试剂的价格可能很高。

（4）过量的试剂可能导致分析柱的损伤。

（5）可能需要冗长的样品提取和衍生化步骤。

（6）可能产生代谢产物的降解，如Ⅱ相代谢产物而导致定量偏差。

（7）可能需要衍生化前提取（去除可能影响反应的易降解代谢产物和基质成分）和衍生化后提取［去除过量的试剂并（或）将分析物萃取到更稳定的条件下］

（8）为了保证选择性，需要优化质谱条件，这样检测的碎片离子不是源于衍生化试剂的丢失。

在衍生化步骤中，要谨慎评估代谢产物转化成母药和其他代谢产物的可能。衍生化试剂或旋光对映体的潜在消旋化应彻底研究，要利用高纯度的试剂和旋光对映体在方法开发中进行排查。这样操作后，任何消旋化都可以被轻易监测到，进而改变反应条件来避免消旋。衍生化后，如果样品中另外一个旋光对映体的量对比衍生化前有任何升高，都可能暗示潜在的消旋。一个常见的错误是利用消旋体来优化反应条件，而导致无法检测到消旋化。

Wang 的实验组报道了在大鼠血浆中利用 LC-MS 和手性衍生化来进行硫普罗宁（tiopronin）的立体选择性分析。硫普罗宁具有巯基，并在柱前和 2,3,4,6-四-*O*-乙酰基-*β*-D-吡喃葡萄糖异硫氰酸酯（GITC）在乙腈中发生衍生化。反应生成的非对映异构体用含有 5.3 mmol/L 甲酸的甲醇/水流动相在 C18 色谱柱上梯度分离。两个非对映异构体被完全分离（R=2.2）。为了排除样品制备中可能的消旋化，对加入单个旋光对映体的血浆进行独立分析，并未发现另外一个对映体。由于巯基化合物的稳定性问题，血液一旦采样，应马上处理成血浆，并转入含有盐酸（HCl）溶液的管子中保存，来防止硫普罗宁在生物样品中形成二硫键。样品的提取和衍生化应该在样品收集后立即进行。柱前衍生的一个好处是衍生化后进一步稳定了巯基。这个方法进一步的改善是，用 SIL 的硫普罗宁替代 *N*-异丁酰半胱氨酸（IBDC）作为内标以提高方法的稳健性。由于 IBDC 有着不同于硫普罗宁的化学结构，可能不能很好地跟踪提取和衍生化过程。同时 IBDC 也比衍生化的硫普罗宁洗脱更晚，或许不能很好地抵偿基质效应而引起波动。

GITC 也被用于卡维地洛（carvedilol）旋光对映体在人血浆中的手性 LC-MS/MS 分析（Yang et al., 2004）。衍生化反应发生在手性的羟基上。卡维地洛消旋体通过用含有 D5-卡维地洛内标的乙腈来沉淀蛋白质而从血浆中提取。提取物在被 GITC 衍生化后用 LC-MS/MS 分析。由于氘的同位素效应，分析物和稳定同位素标记内标（SIL-IS）在保留时间上有细微差距，从而产生了不同的离子抑制效应。这个区别足够改变分析物和内标的面积积分比，从而影响方法的准确度（Wang et al., 2007）

有人试图用填充亚 2 μm 颗粒的色谱柱来在超高压下（UHPLC）快速手性分离药物（Guillarme et al., 2010）。旋光对映体的分析是利用两个试剂 2,3,4-三-邻-乙酰基-*α*-D-吡喃阿拉伯糖异硫氰酸酯（AITC）和 *N*-*α*-(2,4-二硝基-5-氟苯基)-L-丙氨酰胺（Marfey's 试剂）衍生化后进行。AITC 和羟基与胺基相作用，而 Marfey's 试剂可以被用于含低位阻胺基的化合物。在 Marfey's 衍生化过程中，pH 和温度应分别设在最大值 9 和 55℃并维持 1 h 内来避免消旋化。对于 AITC 的衍生化过程，样品也要在 55℃下加热 1h。反应时间可以通过提高反应温度来缩短，但是消旋化的概率变得更高。几个安非他明（amphetamine）衍生物的分离在 2～5 min 内即可实现，类似的结果在*β*-受体阻滞药上也可实现，其中几对旋光对映体的分离在 Waters Acuqity BEH C18（50 mm×2.1 mm 1.7 μm）色谱柱上 1 min 内即可完成。尽管分析效率非常令人侧目，但需要指出的是衍生化（高温、高 pH 和复杂的衍生化流程）对于测量生物体液中的某些药物可能不可行，其原因是代谢产物尤其是Ⅱ相不稳定代谢产物，如酰基葡萄糖醛酸酯，将会转变回母药而导致过量估算。

41.2.2 直接分离

利用手性柱直接分离的最大优势是省去了衍生化的步骤。那些由手性衍生化试剂不纯或消旋化带来的潜在定量偏差不再存在。即便固定相上的手性选择体有少许消旋，通常不会显著影响旋光对映体的分离（图 41.5）。

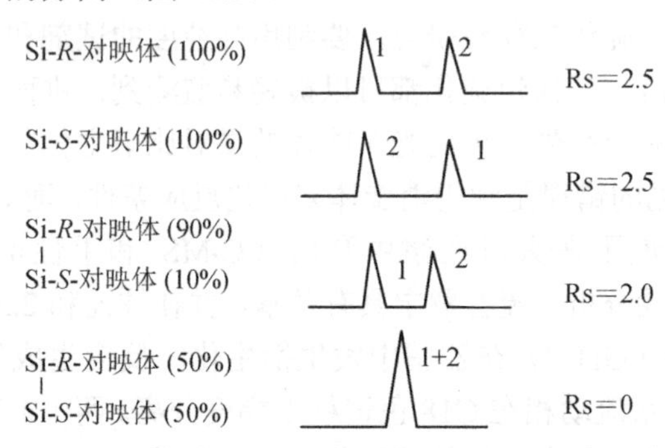

图 41.5 固定相手性纯度对旋光对映体分离的影响

无论如何，开发和验证一个稳健的手性 LC-MS 定量生物分析方法仍然是非常具有挑战性的，因为：①手性分离的成功与否大部分取决于经验和反复测试，需要有丰富经验的色谱工作者，手性方法的开发既困难又耗时；②手性柱非常昂贵，所以购置很多不同种类的手性柱不太实际；③手性柱通常稳定性较差，其重现性也比普通非手性柱差；④为了分离旋光对映体，手性分离运行时间普遍较长；⑤很多手性分离条件是在正相条件下实现的，而这对电喷雾离子化（ESI）和大气压化学离子化（APCI）的离子化不利，正相高效液相色谱（NP-HPLC）的设置也更困难，样品制备和正相色谱的契合也是个挑战；⑥手性柱通常缺乏非手性分离的色谱分离度，仅有极少的参数可以调整以改善分离效果，这导致潜在的由代谢产物带来的干扰和离子化抑制；⑦在手性柱上的梯度洗脱比较困难；⑧手性柱的柱效比较低，但亚 2 μm 手性固定相还没有上市。

根据 Armstrong 提出的分类（Armstrong and Zhang, 2001），常用的手性固定相有以下几种。

（1）大分子手性柱，包括两种最常用的生物分析手性柱（环糊精和糖肽）和手性冠醚色谱柱，这些常用于分离在手性中心有一级胺的手性分子，如氨基酸。

（2）聚合物手性柱，如衍生化的糖类，常用在正相条件下。

（3）蛋白类手性柱，最常用于高水相条件和合成聚合物。

（4）π-π相联手性柱，可以是π 电子接受体、π-电子供体或是两者结合体。这种色谱柱不常用于生物分析。

（5）配体交换手性柱。

（6）其他各种混合性手性柱。

41.2.3 用环糊精固定相的手性 LC-MS/MS 生物分析

键合环糊精手性固定相由 Armstrong 首先发明（Armstrong and Jin, 1989），主要有α-、β-或γ-环糊精。它们分别由 6、7、8 个糖通过α-1，4-键相连并形成具有 0.57 mm、0.78 mm 和 0.95 mm 直径中央空腔的截锥体大分子。图 41.6 展示了β-环糊精的化学结构。环糊精的内表面是疏水的，而外表面由于羟基的存在成为亲水面。衍生化的环糊精调整了环糊精构型的柔韧性，并提供了更多的结合位点而可能改变手性识别的特性。不管怎样，未修饰的环糊精（特别是β-环糊精）依旧是手性分离中最常用的固定相。它们窄环边缘的羟基通过醚键和硅胶结合。

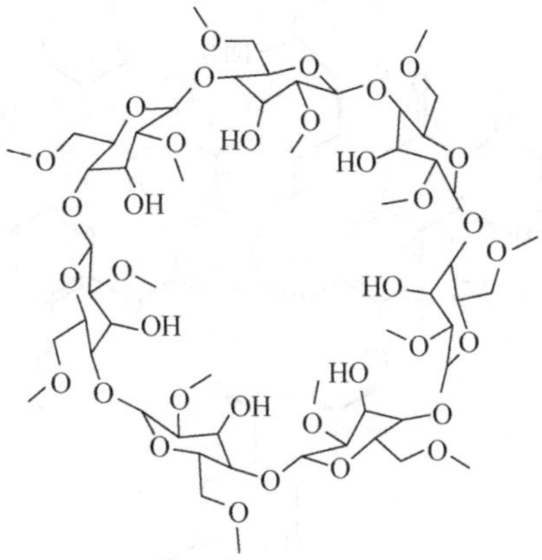

图 41.6 β-环糊精（β-cyclodextrin）的化学结构

环糊精类的手性固定相可以用于正相、极性有机相、反相和超临界流体色谱（SFC）。生物分析中最常用的条件是极性有机相。在极性有机相中，亲水的作用力可以被增强，并且手性分子和环糊精极性手性表面的亲水基团相互作用，从而产生旋光对映体的色谱分离。拥有多个极性功能团的极性旋光对映体，如果有一个在或靠近手性中心，就可能是利用极性有机相在环糊精的手性固定相上分离的理想化合物。这个模式尤其适用于极性且拥有多个极性基团的药物及其代谢产物的生物分析（Wang et al., 2008a）。

在β-环糊精手性柱上，一个利用极性有机相的 LC-MS/MS 方法被开发并验证的例子就是对人体血浆中华法林（warfarin）旋光对映体的定量。华法林是常见的抗凝剂，抑制维生素 K-依赖的凝血因子。*S*-华法林效果比 *R*-华法林高 2～5 倍。*S*-华法林是 2C9 的底物，而 *R*-华法林是 1A2 的底物。29%的白人和 2%的非裔美国人有一个或多个变异的 2C9 基因，进而可能导致异常减弱的酶活性。*S*-华法林比 *R*-华法林的代谢速率更快。极性有机相包含乙腈-乙酸-三乙胺（1000∶3∶2.5），而色谱柱选用 ASTEC 的 250×4.6 mm β-环糊精柱。样品采用简单的乙醚液-液萃取。*S*-*p*-氯代华法林被用作内标。*S*-华法林和 *R*-华法林之间的基线分离在 10 min 内即可实现。在极性有机相的条件下，羟基代谢产物和华法林旋光对映体完全分离（Weng and Lee, 1993）。此外，β-环糊精柱也展示了卓越的稳定性和批次之间的重复性。

41.2.4 用 Chirobiotic 固定相的手性 LC-MS/MS 生物分析

Chirobiotic 手性固定相存在 6 种不同的分子作用力：离子、氢键、π-π、极化、疏水和位阻。最常用的 Chirobiotic 手性固定相有替考拉宁（teicoplanin）和万古霉素（vancomycin），分别对应来自 ASTEC 的 Chirobiotic T 和 Chirobiotic V。它们在 20 世纪 90 年代中期由 Armstrong 发明（Armstrong et al., 1994）。万古霉素的结构示于图 41.7。它们也拥有多个包含位点，影响基于分析物分子形状的选择性。旋光对映体分离的优化是通过改变流动相来利用不同作用力的相对强度和类型。这些作用力是 Chirobiotic 固定相特有的，并且在很大程度上形成所需的针对极性和可离子化分析物在水相和非水溶剂中的保留特性。

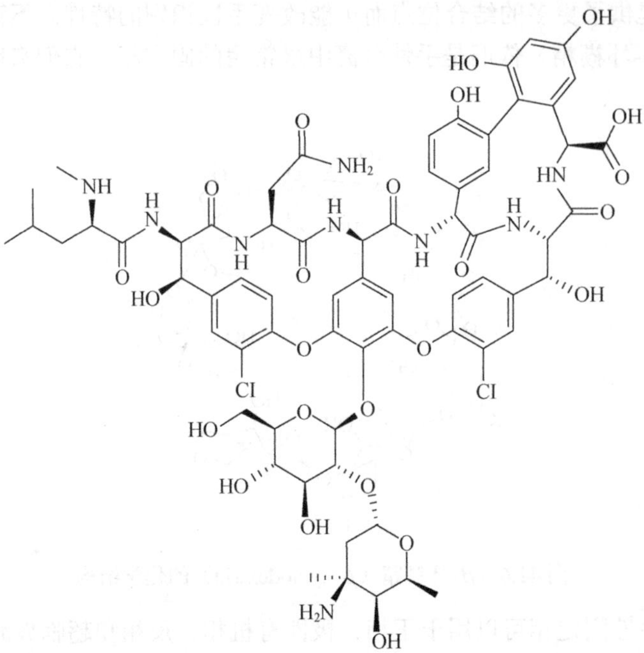

图 41.7　万古霉素（vancomycin）的化学结构

化学结构不同的各种旋光对映体都可在大环手性固定相上被成功分离。早在 1999 年，一个快速和灵敏的测量人体血浆中的 D-和 L-哌醋甲酯（利他灵/ritalin）的反相手性 LC-MS/MS 方法就是在万古霉素键合相色谱柱上实现的。利他灵用来治疗注意力缺陷多动障碍（ADHD）。哌醋甲酯有两个手性中心并以消旋体混合物的形式在市场上销售。D-哌醋甲酯比 L-哌醋甲酯的药效更强。这个手性固定相表现出卓越的性能，在 2500 次进样后分离效果没有改变（Ramos et al., 1999）。在环糊精柱上也观察到类似结果（Weng et al., 2001），这样好的柱稳定性可能归结于极性有机相包含了甲醇和 0.05%的三氟乙酸胺。一个患有 ADHD 的儿童，在口服消旋化的哌醋甲酯后，血浆中浓度-时间曲线显示 D-哌醋甲酯的血浆含量明显比 L-哌醋甲酯高。这个研究的一个有趣发现是，哌醋甲酯的稳定性具有对映选择性。D-旋光体在室温储存 24 h 后有明显降解，而 L-旋光体显示了 24 h 以上的稳定性。使用 Chirobiotic 固定相的手性 LC-MS/MS 被进一步用于 8 个模型化合物的分析，包括盐酸哌醋甲酸（ritalinic acid）、吲哚洛尔（pindolol）、氟西汀（fluoxetine）、去甲羟基安定（oxazepam）、普萘洛尔（propranolol）、间羟叔丁肾上腺素（terbutaline）、美托洛尔（metoprolol）、硝吡胺甲酯（nicardipine）（Bakhtiar and Tse, 2000）。

拉贝洛尔（labetalol）在人体血浆中的手性 LC-MS/MS 分析使用了 Chirobiotic 手性柱及甲醇、乙酸和二乙基胺组成（100%∶0.3%∶0.1%）的流动相。拉贝洛尔是孕妇抗高血压的首选药物，在临床上使用两对旋光体的混合物。(*R,R*)-异构体主要有β1-拮抗性。(*S,R*)-异构体则对α1 肾上腺素受体有高的选择性，然而(*S,S*)-异构体是较弱的肾上腺素受体拮抗体，(*R,S*)-异构体则没有活性。两对旋光体在色谱上有极佳的分离(*S,R* 与 *R,S*、*S,S* 与 *R,R*)，而 *S,R*-和 *S,S*-异构体的分离并不完全。

人血浆中的华法林旋光对映体和 7-羟基-华法林分析利用了 Chirobiotic V 柱实现分离（Zuo et al., 2010）。血浆样品用混合型阳离子交换柱提取。需要提及的是，尽管 7-羟基-华法林和 6-羟基、8-羟基、10-羟基和 4′-羟基华法林在色谱上能有效分离，但不足之处是华法林旋光对映体和 7-羟基-华法林对映体没有完全分开。

有一个立体选择性方法描述了在血浆和全血中同时测定文拉法辛（venlafaxine）的 *S*-和 *R*-旋光对映体及其 3 个代谢产物（Kingbäck et al., 2010）。文拉法辛被用来治疗精神疾病，属于 5-羟色胺和去甲肾上腺素再吸收抑制剂。给药方式包含一对消旋体。*R*-旋光对映体是 5-羟色胺和去甲肾上腺素再吸收抑制剂，而 *S*-旋光对映体更是选择性的抑制 5-羟色胺。文拉法辛主要通过肝脏中的细胞色素 P450 酶体系来代谢，主要产生 *O*-或 *N*-位和两位点同时去甲基的代谢产物。代谢酶 CYP2D6 对 *R*-旋光对映体有显著的立体选择性。手性分离运用了一个 250 mm×2.1 mm 的 Chirobiotic V 色谱柱和四氢呋喃与乙酸铵（10 mmol/L）（10∶90, *V*/*V*）组成的 pH 为 6.0 的流动相。柱后注入含 0.05%甲酸的乙腈以提高方法的灵敏度。反相 C8 固相萃取（SPE）被用来提取分析物。

舒喘宁（沙丁胺醇/albuterol）及其 4-*O* 代谢产物的 LC-MS/MS 分析利用 Chirobiotic T 手性柱分离（Joyce et al., 1998）。Chirobiotic T 也是大环糖肽类手性柱，具有和 Chirobiotic V 互补的立体选择性。狗血浆中沙丁胺醇的手性 LC-MS/MS 分析通过在线样品提取和极性有机相在 Chirobiotic T 柱上实现（Wu et al., 2004）。极性有机相由甲醇、0.02%甲酸和 0.1%甲酸胺组成。两个旋光对映体色谱分离的保留时间是 5.1 min 和 5.6 min。

基于 Chirobiotic T 色谱柱的手性 LC-M/MS 也被成功用于分析人血浆中的吲哚洛尔（pindolol）旋光对映体。吲哚洛尔是非选择性肾上腺素拮抗剂（β-受体阻滞药），用于心血管疾病的治疗（Wang and Shen, 2006）。*S*-吲哚洛尔被认为比 *R*-吲哚洛尔活性更强。利用具有 CTC Trio Valve 系统的 CTC HTS PAL 自动进样器，重叠的进样方式被用来提高通量。

Chirobiotic T 色谱柱也被用于同时手性 LC-MS/MS 分析大鼠血浆中的前药班布特罗（bambuterol）和特布他林（terbutaline）的旋光对映体（Luo et al., 2010），以及人血浆中的吗啉吲酮（molindone）旋光对映体（Jiang et al., 2008b）。

41.2.5 基于蛋白质固定相的手性 LC-MS/MS 分析

这一类的手性固定相包括人和牛血清白蛋白（HSA 和 BSA）、α1-酸性糖蛋白（AGP）、卵类黏蛋白、纤维二糖水解酶（CBH）、抗生物素蛋白和胃蛋白酶。在这些蛋白质中，AGP 是最常用的手性蛋白固定相。CBH 是在分离很多碱性药物时对 AGP 手性柱的一个有效补充。而 HSA 可用来直接分离酸性化合物。尽管分离的机制还没有被完全理解，但它的应用范围广，用水-有机相组成的流动相，可和质谱分析直接相容，使其具有极大的优势，常常作为手性分离的首选方法。对映体选择性可以通过改变流动相的组成来控制和提高，包括：酸碱度、缓冲液、有机相的种类和浓度。然而，蛋白质柱非常昂贵，且化学稳定性不佳，对有机相比例和温度有严格的要求，其色谱效能也常常不是最佳。对于 AGP 手性柱，柱温是一个需要优化的重要参数。仅仅几摄氏度的改变可能产生显著的旋光对映体选择性差异。对各类手性化合物的成功分离都曾在蛋白类手性固定相，尤其是 AGP 手性柱上实现。

1999 年 Zhong 和 Chen 发表了一个对映体选择性的 LC-MS/MS 方法，来测定人血浆中的抗心律失常药物普罗帕酮（propafenone）及其 5-羟基代谢产物。他们在 Chiral AGP 手性柱（150 mm×4 mm, 5 μm, Chrom Tech）上利用 10 mmol/L 乙酸铵（pH 5.96）和正丙醇（100∶9）分离母药，而用 10 mmol/L 乙酸铵（pH 4.0）和 2-丙醇（100∶9）分离代谢产物（Zhong and Chen, 1999）。柱温被维持在 20℃。

消旋的安非拉酮（bupropion）常用来治疗抑郁症，并且很容易被代谢。当在 *N*-异丁基上发生羟基化时，安非拉酮快速发生合环反应，形成拥有两个手性中心的羟基安非拉酮。由于 *R*,*S*-和 *S*,*R*-羟基安非拉酮上的空间位阻，仅有 *R*,*R*-和 *S*,*S*-羟基安非拉酮生成。不同于在血浆中迅速消旋的安非拉酮，羟基安非拉酮的消旋过程非常慢，因此它在血浆中的浓度精确地反映了体内的立体选择性。在样品制备时，通过酸化溶液并将样品保持在－20℃直到分析来抑制消旋化。运用 Chiral AGP 色谱柱（100 mm×2 mm, 5 μm），结合 20 mmol/L 甲酸胺和甲醇的流动相，在 0.22 ml/min 流速下实现分离（Coles and Kharasch, 2007）。这个方法被验证并用于样品分析。在血浆和尿液中的主要旋光对映体都是 *R*-安非拉酮和 *R*,*R*-羟基安非拉酮。

一个应用 Chiral AGP 色谱柱的手性 LC-MS/MS 方法被用来分析异环磷酰胺（ifosfamide）代谢产物 2-和 3-去氯乙基异环磷酰胺的 *R*-和 *S*-对映体。异环磷酰胺有一个不对称取代的磷原子，被用来作为治疗固体肿瘤的化疗试剂（Aleksa et al., 2009）。流动相利用 10 mmol/L 乙酸铵（pH 7）和 30 mmol/L 乙酸铵（pH 4）形成一个酸碱度和离子强度梯度来洗脱化合物。尽管一对 3-去氯乙基异环磷酰胺的对映体在 10 min 内分离（*R*-对映体在 6 min 流出，而 *S*-对映体在 8.3 min 流出），但是一对 2-去氯乙基异环磷酰胺对映体的分离度只有 50%～60%，流出在 5.5～6.5 min。

使用 AGP 柱的手性 LC-MS/MS 方法也被用于定量人血浆中一个治疗短期和长期失眠的药物艾司佐匹克隆（eszopiclone）（Meng et al., 2010）。计算软件 ACD Lab 被用来辅助手性分离的方法开发和优化。Chiral AGP 手性柱（50 mm×2 mm, 5 μm）被恒温在 30℃，而流动相[10 mmol/L 乙酸胺和甲醇（85∶15）]流速为 0.5 ml/min。基线分离在 3 min 内完成。

应用 Chiral AGP 柱的 LC-MS/MS 生物方法也用来测定人血浆中的阿折地平（azelnidipine）（Kawabata et al., 2007）、人和兔子血清中的莨菪碱（hyoscyamine）、绵羊血浆中的氟西汀（fluoxetine）及其代谢产物诺氟西汀（norfluoxetine）（Chow et al., 2011）、人血清中的美沙酮（methadone）及其代谢产物 2-亚乙基-1,5-二甲基-3,3-二苯基吡咯烷（Etter et al., 2005）、大鼠血清和脑组织中的瑞波西汀（reboxetine）（Turnpenny and Fraier, 2009）。

最近，基于 CBH 的固定相被经常使用。CBH 是被广泛用于分离碱性药物的手性选择体，尤其是β-受体阻滞药，如阿普洛尔（alprenolol）（Jiang et al., 2008a）。CHB 的关键手性识别机制被认为是在 CBH 和手性分析物之间的静电效应和疏水作用。一个高通量、灵敏和对映选择性的 LC-MS/MS 方法被建立并验证，用于检测美托洛尔（metoprolol）旋光对映体和它的代谢产物 *O*-去甲基美托洛尔（*O*-DMM）在人干血斑（DBS）中的含量。人干血斑提取物的代表性 LC-MS/MS 色谱图示于图 41.8，包括了美托洛尔和 *O*-去甲基美托洛尔的旋光对映体。

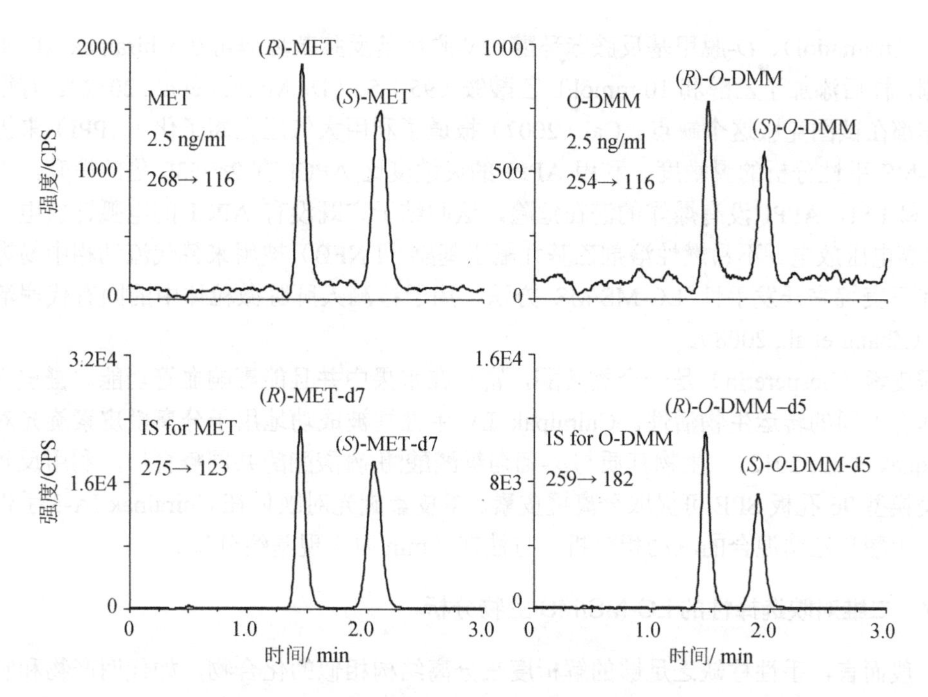

图 41.8　萃取后人体干血斑（DBS）样品中的代表性 LC-MS/MS 谱图；其中含有 MET 和 *O*-DMM 对映体 2.50 ng/ml（LLOQ）混合体和内标 MET-d7 及 *O*-DMM-d5；MET・美托洛尔（metoprolol）；*O*-DMM，*O*-脱甲基美托洛尔（*O*-desmethyl metroprolol）（Liang et al., 2010。复制经允许）

41.2.6　基于多糖固定相的手性 LC-MS/MS 分析

涂层和固定的多糖手性固定相最常用于正相（烷烃和醇），也可以用于极性有机相和反相色谱。但通常多糖手性固定相在正相条件下手性分离效果更佳。其中纤维素三（3,5-二甲基苯基氨基甲酸酯）如 Chiralcel OD 和直链淀粉三（3,5-二甲基苯基氨基甲酸酯）如 Chiracel AD 和 Chiracel IA，都是这一类中最常用的手性固定相。纤维素和直链淀粉的化学结构如图 41.9 所示。不同的基团可以连接在纤维素和直链淀粉的主体结构上而形成不同的固定相。

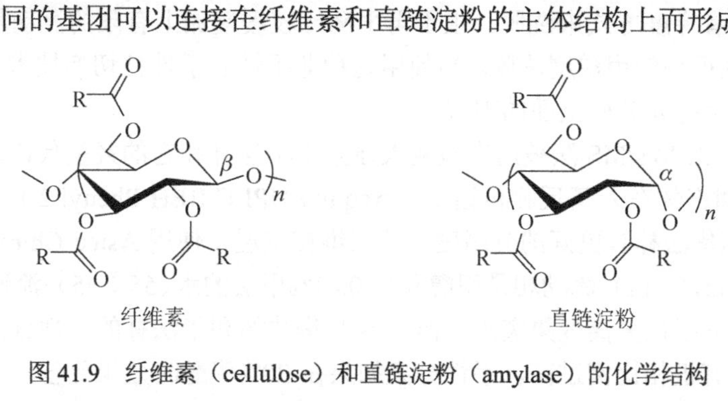

纤维素　　　　直链淀粉

图 41.9　纤维素（cellulose）和直链淀粉（amylase）的化学结构

紫外和荧光检测器在非质谱的手性液相色谱检测上极其常用，但对于手性 LC-MS/MS，那些紫外和荧光检测器常用的正相色谱条件则不利于化合物的离子化。因此，常常需要在柱后添加极性溶剂和盐来促进化合物的离子化（Zavitsanos and Alebic-Kolbah, 1998）。在 Chiral OJ-H 手性柱上，利用在柱后添加氨水，正相的手性 LC-MS/MS 方法被用来测量人血浆和尿液中游离的和全部的 S 型雌马酚（S-equol）（Plomley et al., 2011）。人血浆中的反胺苯环醇（tramadol）、*O*-脱甲基反胺苯环醇、*N*-脱甲基反胺苯环醇可在 Chiralpak AD 手性柱上检测，柱后添加了乙醇和 10 mmol/L 乙酸铵（95：5）（De Moraes et al., 2012）。有很多其他工作都在试图克服这个缺点。Cai（2007）报道了利用大气压光离子化（APPI）来提高正相 LC-MS 手性分析的灵敏度。利用 APPI 的灵敏度比 APCI 有 2～530 倍的提升。不同于 APCI 和 ESI，APPI 没有爆炸的潜在危险，这归结于它既没有 APCI 的电弧针放电又没有 ESI 的高电压放电。不易燃性溶剂乙基九氟丁基醚（ENFB）被用来替代流动相中易燃的正己烷和正庚烷来开发手性 LC-MS/MS 方法，用于检测人肝脏微粒体中的固有代谢清除率（CL）（Zhang et al., 2008）。

橙皮素（hesperetin）是一个类黄酮，富含在水果中并且能影响血管功能。橙皮素旋光对映体有不同的转运生物活性。Chiralpak IA 手性柱被成功地用于分离橙皮素旋光对映体（Lévèques et al., 2012）。生物基质与β-葡萄糖醛酸酶/硫酸酯酶共同孵育后，利用反相和阴离子交换型 96 孔板 SPE 可提取分离橙皮素。橙皮素旋光对映体在 Chiralpak IA-3 手性柱上用水、甲酸和乙腈混合的流动相分析。方法在 7 min 内实现基线分离。

41.2.7 二维对映选择性的 LC-MS/MS 生物分析

一般而言，手性柱缺乏足够的解析度来分离结构相似的化合物，如代谢产物和它的母体分子。例如，尽管 Chiral AGP 手性柱可成功分离两对 5-HT1-类似受体激动剂 DU-124884 的旋光对映体和它的 *N*-脱甲基代谢产物 KC-9048，但是一个 DU-124884 旋光对映体和 KC-9048 旋光对映体之一重合（Weng et al., 1996）。图 41.8 也显示了美托洛尔（metoprolol）的旋光对映体和其代谢产物脱甲基美托洛尔的旋光对映体无法分离。当代谢产物能够在离子源里转化成母药时，不理想的非手性分离就会引起从代谢产物而来的干扰。因此，非手性和手性固定相的结合可以用来达到更好的分析效果。二维色谱也提供了两个连续进样分别在非手性和手性色谱上同时分离的可能性，这样能减少运行时间。非手性柱通常置于手性柱之前，使用柱切换或者用直接的正向/反向洗脱技术。非手性柱同时也起到了保护昂贵但更脆弱的手性柱的预柱功能。这个模式也可将较晚洗脱的杂质留在非手性柱上，接下来通过反向冲洗或者梯度方式来洗脱。由于再平衡比较缓慢加上有限的流动相选择（洗脱力的限制），手性柱很少使用梯度洗脱。当使用这种非手性和手性柱切换技术时，需要同时对手性和非手性色谱有充分而全面的理解。

有一个二维 LC-MS/MS 法被用来检测人血浆中华法林和它的羟基代谢产物（Jones et al., 2011）。羟基代谢产物在苯基反相色谱上（Acquity UPLC BEH Phenyl 2.1 mm×150 mm, 1.7 μm 60℃）和华法林有更好的分离度。第二维在室温下使用 Astec Chirobiotic V 手性柱（2.1 mm×150 mm, 5 μm）。流动相是甲醇和含 0.01%甲酸的水（55：45），流速是 0.3 ml/min。虽然代谢产物的非手性分离效果突出，但 8-羟基华法林和华法林的手性分离并不理想，这是由于流动相中有机相比例过高。手性分离如果在 20%甲醇时效果更佳，但此时在苯基柱上的色谱保留时间就会过长。

一个在线 SPE-LC-MS/MS 方法被用来分析人血浆中华法林、苯丙香豆醇（phenprocoumon）和醋硝香豆醇（acenocoumarol）（Vecchione et al., 2007）。第一维（在线 SPE）使用 Perfusion Poros R2 20（2 mm×30 mm）色谱柱，而手性分离利用 Chira-Grom-2（1 mm×250 mm, 8 μm）色谱柱在 40℃下进行。在线 SPE 中，高流速（1.9 ml/min）的 0.5%甲酸冲过 Perfusion Poros 色谱柱。手性柱的流动相是乙腈：甲醇：甲酸溶液（33：33：0.4），

流速是 0.1 ml/min。当阀切换时，滞留在 Poros 柱上的分析物被洗脱到手性柱上实现对映体分离。3 个分析物的手性分离在 10 min 内全部完成。

舍曲林（sertraline）是一个选择性 5-羟色胺再摄取抑制剂（SSRI），被用来治疗抑郁症。非手性-手性柱切换 LC-MS 被用来测定大鼠血浆中的舍曲林旋光对映体（Rao et al., 2010）。Hisep RAM（50 mm×4.0 mm，5 μm）被用来捕获分析物并移除蛋白质。流动相是 0.02 mol/L 乙酸铵（pH 8）-乙腈（86∶14），流速是 1 ml/min。分子排阻材料色谱柱具有亲水的外层和疏水的内层，这使像蛋白质一样的大分子在死体积时间流出，并且选择性保留疏水的小分子化合物。在 2.5 min，分析物从分子排阻材料色谱柱上被洗脱到 CYCLOBOND I 2000 DM（250 mm×4.6 mm，5μm）（衍生化的β-环糊精）色谱柱上。此柱用 0.1%三氟乙酸（TFA）-乙腈（86∶14）洗脱，流速是 0.8 ml/min。两对旋光对映体实现了基线分离，保留时间分别是：1*S*,4*S*，14.0 min，1*R*,4*R*，14.8 min，1*S*,4*R*，17.2 min 和 1*R*,4*S*，20.1 min。

一个类似的柱切换方法被其他的研究团队用来分别分析泮托拉唑（pantoprazole）和兰索拉唑（lansoprazole）旋光对映体（Gomes et al., 2010; Barreiro et al., 2011）。牛血清蛋白辛基柱（RAM-BAS C8）被用于第一维的提取，而非商业化的多糖固定相手性柱被用于第二维的手性分离。

41.2.8 手性超临界流体色谱-二级质谱（SFC-MS/MS）的生物分析应用

最近，使用封装性手性柱的 SFC 和质谱联用成为定量手性生物分析的一个很有价值的工具。它使用二氧化碳（在接近或高于临界温度 31℃和压力 73 bar 下）和有机溶剂，如甲醇或乙醇（Taylor, 2008）。SFC-MS 被成功地用于普萘洛尔（Chen et al., 2006）、华法林（Coe et al., 2006）、酮洛芬（ketoprofen）（Hoke et al., 2000）的手性生物分析。在流动相中加入溶剂如二氧化碳，可以显著降低溶剂黏度，该方法还有其他优点，其中之一是高流速的分离但并不丢失色谱效率，通常缩短了 7 倍的分析时间。

41.3 目前开发稳健的手性 LC-MS/MS 生物分析方法的考量和规范

41.3.1 定义项目的目标

开发一个稳健的 LC-MS/MS 生物分析方法的第一步是要全面了解项目的需求。在很多情况下，一个部分验证方法就足以确认体内有或没有某个代谢产物旋光对映体的相互转化，或确认所形成的代谢产物是消旋体还是单个的旋光对映体。这类探索性的工作可以帮助决定是否需要一个全面验证的手性 LC-MS/MS 分析方法。在这类探索性工作中，即便是在非最佳条件下，如较长色谱洗脱时间等，实现旋光对映体的分离可能就已经足够满足需求了。只要旋光对映体可以被分开，并且有足够的数据确认在生物体液内没有旋光对映体的互相转化，方法就可被确立为符合目标的合格方法，并用来有选择地分析通常是有限的样品，以回答特定的问题。另外，如果手性的 LC-MS/MS 分析方法将被用于关键性的研究，为评估安全问题或单个旋光对映体的已知体内转化，就必须建立一个稳健的手性 LC-MS/MS 分析方法并全面验证，用来去应对监管部门的审查。由于方法将可能被反复地用于分析从不同地点或多个研究中采集的上千份样品，该方法必须被严格测试并且易于操作。此外，当该方法用来支持快节奏的研究时，通量也可能成为关键一环，因此一个耗时长的方法就会变得不可取。

41.3.2　建立手性色谱分离

开发任何手性 LC-MS/MS 生物分析方法的一个特殊挑战就是旋光对映体的色谱分离。手性固定相非常昂贵，这样就不可能常备很多种不同种类的商业手性柱。既然有很多文献报道，应该首先查找是否在文献中已经有分析目标化合物的报道，或和目标分析物结构相类似的化合物的方法。然而必须明确一点，即便是针对同样的化合物，重复文献的方法并不总是直接易行的，通过修改文献方法来分离结构类似物的成功系数就更难以预测。有许多的参数显著地影响到手性分离。除此以外，并不是所有文献中的手性方法都适用于生物分析，必须评估文献方法所需样品制备、离子化及质谱检测的兼容性。通过回顾过去 10 年发表的手性 LC-MS/MS 生物分析方法，发现几乎所有的手性定量生物分析方法都是在以下的固定相上进行的：Chirobiotic V 或 T、β-环糊精、Chiral AGP、Chiralcel OD、Chiralcel AD 或 Chiralpak-IA。最成功的运行模式是用极性有机相在 Chirobiotic V 或 T 和 β-环糊精上，用反相流动相在 Chiral AGP 上，用正相流动相在最后几个属于多糖的手性固定相上。正相对于 LC-MS/MS 并不适合，但是如前所述也有办法来克服这个缺点。手性 SFC-MS/MS 是一个尚未充分开发利用的领域，但对于定量 LC-MS/MS 生物分析分析物，尤其是极性较小的手性分析物来说，有着巨大潜力。手性衍生化通常可以作为最后的选择，但应关注消旋化。手性分离通用的准则如下。

41.3.2.1　确定方法需要的灵敏度

灵敏度可能会确定需要使用哪一种手性固定相（如果可以在多个手性固定相上实现分离）。根据经验手性方法的灵敏度有如下的顺序（降序排列）：极性有机相（就是含有机酸或碱的乙腈和甲醇的混合液），用于 Chirobiotic V 或 T, β-环糊精；反相流动相（就是含挥发性酸、碱或缓冲液的乙腈和水的混合液），常用于蛋白质或多糖类型的手性柱；正相流动相（就是含有或不含有挥发性酸、碱的正己烷、乙醇或异丙醇的混合液），常用于多糖类型的手性柱。如果旋光对映体的分离只能在一种手性柱上实现但是灵敏度不足，其他的一些手段，如柱后添加有机相或衍生化可提高响应值，不妨尝试。然而，应该了解这些添加的步骤可能会引入潜在的不稳定性，从而造成较差的方法稳固性。

41.3.2.2　分析物对映体的分离

这可能是开发一个稳健的手性 LC-MS/MS 生物分析方法中最困难的一环。理想而言，对映体应该在色谱上基线分离，且有尖而对称的窄峰。这点非常重要，特别是当较小的对映体在较大的对映体后洗脱。如果色谱峰有严重的拖尾，当分离不完全时，较小的对映体可能会被掩盖在较大的对映体峰下。使用消旋体而实现的手性分离度，仅代表最佳状态并可能具有误导性。如果某个对映体（次要）的浓度远远小于另外的对映体（主要）并在其尾部流出，次要峰的积分会非常困难。在这种情况下，可能需要使用具有相反旋光性的手性柱或一个不同的手性柱，来实现两个对映体在大浓度差（CD）下的完全分离，或次要峰在主要峰前流出。

另外，手性分离有时可能过于完美，也就是说两个旋光对映体的出峰时间相差很多分钟。这不仅会导致过长的运行时间，也会让方法的稳健性下降，尤其是当没有 SIL 作对映体内标时。后洗脱的对映体也会由于变宽的峰形而灵敏度下降。

如前所述，其他手性分离的挑战还包括和其他相关物质的分离，如代谢产物。相比较于常规的非手性柱，手性固定相通常对结构类似的物质的分离能力要弱些。如果没有 SIL-IS，几个化合物的共同流出可能会产生离子化抑制而导致定量的偏差。这是需要努力解决的问题。在某些情况下，加上一个可以在类似色谱条件下运行的非手性柱则可以提高手性的分离度。如前所述，当置于手性柱前时，非手性柱也可以保护昂贵的手性柱，延长它的使用寿命。

为了支持常规的样品分析，手性柱应该有足够的稳定性和批次间重现性。

41.3.3 内标的选择

一个理想的内标应该在样品提取、色谱和质谱上全程跟踪分析物。SIL 是理想的选择。^{13}C 标记优于 ^{2}H 标记，后者可能在色谱上和分析物分开。经验规则是当分子质量每增加 100 Da，含标记的原子应该增加一个。例如，分子质量为 300 Da 的分析物，理想而言至少应该使用 3 个重原子标记（^{2}H 或 ^{13}C 或某种组合）来合成同位素标记的内标物。当然，如果产物离子也拥有重原子，可以使用少的标记。由于对映体在色谱上分开，单独的一个对映体的 SIL 会和另外一个对映体有不同的保留时间，从而不一定能很好跟踪后者。因此，需要两个对映体的 SIL，如消旋体的 SIL。

41.3.4 样品提取

生物样品中分析物的提取并非是手性 LC-MS 生物分析独有。提取本身是非手性的过程，在常规的提取方法中，如蛋白质沉淀、液-液萃取或 SPE，两个对映体应被同等程度地提取出来。对映体提取的一个特点是，对于和蛋白质高度结合的对映体，在提取前要保证两个对映体和蛋白质的结合分开以确保提取的重现性，这是由于蛋白质的结合有对映体选择性，也就是两个对映体和蛋白质的结合度不同。通常的提取不会造成对映体之间的转化，但这需要在方法开发中进行测试。也要尽可能降低在提取过程中由吸附、降解和挥发引起的化合物丢失。进样溶剂和色谱条件的互容性也是需要考量的一个重要因素。

41.4 目前手性 LC-MS/MS 生物分析方法验证的考量和规范

41.4.1 校正样品

目前还没有专门针对对映体生物分析的规则，但在手性 LC-MS/MS 生物分析方法验证中有几个问题应该解决，其重点在于确立方法的立体选择性。

在药物开发的早期，纯的对映体可能不像消旋体化合物一样容易获得。消旋体的纯度经常比单独某个对映体明确。对于 LC-MS/MS 方法，如果对映体能被完全分离而使得少量对映体可以在另外一个对映体极多存在时被定量，应该尽量验证方法的部分参数。这包括利用消旋体制备的校正标样（STD）和质控样品来确定准确度、精密度、灵敏度、线性、稀释、残留、回收率（RE）和基质效应。另外，为了确定样品储存和制备中潜在的消旋化，额外的 QC 样品应用独立的单个对映体制备，并用于稳定性实验（储存、冻融、室温、重进样、进样器稳定性）。

如果使用手性衍生化，由于很多衍生化反应发生在高温或极端的酸碱度条件下，使用单个对映体来确认立体特异性就更为重要。这些实验需要使用高旋光纯度的对映体，但对绝对纯度没有要求。如果不易获得单一的对映体，可以试图用手性色谱分离少量纯的对映体，这里首选正相条件，因为可以更容易除去溶剂（Weng et al., 1994）。这些纯化的对映体再复溶于生物基质中，用于稳定性实验。

41.4.2　稳定性

对于旋光对映体而言，稳定性实验应该确立对映体不消旋化且不降解。如果单个对映体除旋光纯度外的纯度没有确定，单个对映体的理论浓度就不可能计算出来。由于实验的目的仅是确定是否有消旋化或降解，这不是个问题。相比于起始的对照，方法可以是立体选择性的或是非选择性的。只要消旋体的 QC 样品和校正标样符合接受条件，就可以用它来计算观察到的浓度。相比监测所加入的对映体的减少，通过监测另一对映体的生成而确定消旋化更加简捷。如果另一对映体的生成没有显著增加，这表示没有发生转化。当待测生物样品中的对映体比例未知时，这个实验需要用每个单独对映体分别测定。

$$消旋化(\%)=100\times\left[(C_{另外对映体}/C_{加入对映体})_{最终}-(C_{另外对映体}/C_{加入对映体})_{起始}\right] \quad (41.1)$$

$$降解(\%)=100-100\times\left[(C_{加入对映体})_{起始}-(C_{加入对映体})_{最终}\right]/(C_{加入对映体})_{起始} \quad (41.2)$$

表 41.2 中总结了 3 个不同的情况。情况 A 显示在－20℃冰箱储存 43 天后几乎没有消旋化和降解。在情况 B 中，尽管没有消旋化，但是降解远超过可接受范围。在情况 C 中，仅有少部分降解但是消旋化非常明显。如果在待测样品中（－）对映体是（＋）对映体的 1/10，13.1%的从（＋）到（－）的消旋化会产生＞100%的过高估计。

表 41.2　消旋和降解的例子

	A：QC 样品/（ng/ml）		B：QC 样品/（ng/ml）		C：QC 样品/（ng/ml）	
	（＋）	（－）	（＋）	（－）	（＋）	（－）
初始值	122	2.2	122	2.2	122	2.2
43 天后所测值	120	1.3	98	2.0	107	15.9
消旋/%		0		0		13.1
降解/%	1.8		20		12.3	

41.4.3　准确度、精密度、线性和灵敏度

手性 LC-MS 方法的准确密、精密度、线性和灵敏度应该用和非手性化合物类似的方式来确定。QC 样品的制备应该模拟待测样品。如果是单个对映体给药，而其在体内发生对映体反转，可能需要准备不同浓度的含两个对映体的 QC 样品（两个对映体的比例不同）来模拟待测样品中两个对映体的浓度。

41.4.4 选择性、特异性、回收率和基质效应

方法的选择性、特异性、回收率和基质效应需要对两个对映体都测定。虽然对两个对映体的回收率预期应该一致，选择性、特异性和基质效应则取决于独立的对映体，因为它们在色谱上是被分离的。

41.4.5 已测样品再分析

已测样品再分析（ISR）应该用和非手性实验类似的方式来执行。应该选择足够数量的已测样品，而且它们可以代表已测样品中两个对映体的不同比例。

41.5 结 束 语

定量的手性 LC-MS/MS 生物分析方法对药物的开发极其重要。利用手性固定相进行直接的手性分离是首选的策略，但是手性衍生化也是一个很有价值的工具。二维的非手性-手性组合可以用来获得更佳的分离效果。SFC 和质谱的结合，可以提供更快的手性分离，值得进一步探索。为了开发和验证稳健的手性生物分析方法，在储存、提取和色谱中潜在的消旋化应该被监测和排除。

参 考 文 献

Aleksa K, Nava-Ocampo A, Koren G. Detection and quantification of (R) and (S)-dechloroethylifosfamide metabolites in plasma from children by enantioselective LC/MS/MS. Chirality 2009;21:674–680.

Armstrong DW, Jin HL. Liquid chromatographic separation of anomeric forms of saccharides with cyclodextrin bonded phases. Chirality 1989;1(1):27–37.

Armstrong DW, Rundlett K, Reid III GL. Use of a macrocyclic antibiotic, rifamycin B, and indirect detection for the resolution of racemic amino alcohols by CE. Anal Chem 1994;66:1690–1695.

Armstrong DW, Zhang B. Chiral stationary phases for HPLC. Anal Chem 2001;73:557A–561A.

Bakhtiar R, Tse FL. High-throughput chiral liquid chromatography/tandem mass spectrometry. Rapid Commun Mass Spectrom 2000;14:1128–1135.

Barreiro JC, Vanzolini KL, Cass QB. Direct injection of native aqueous matrices by achiral–chiral chromatography ion trap mass spectrometry for simultaneous quantification of pantoprazole and lansoprazole enantiomers fractions. J Chromatogr A 2011;1218:2865–2870.

Beesley TE, Lee J-T. Method development strategy and applications update for CHIROBIOTIC chiral stationary phases. J Liq Chromatogr Related Technol 2009;32:1733–1767.

Bhushan R. Enantiomeric purity of chiral derivatization reagents for enantioresolution. Bioanalysis 2011;3(18):2057–2060.

Cai S-S, Hanold KA, Syage JA. Comparison of atmospheric pressure photoionization and atmospheric pressure chemical ionization for normal-phase LC/MS chiral analysis of pharmaceuticals. Anal Chem 2007;79:2491–2498.

Caldwell J. Importance of stereospecific bioanalytical monitoring in drug development. J Chromatogr A 1996;719:3–13.

Carvalho T, Cavalli R, Marques M, Da Cunha S, Baraldi C, Lanchote V. Stereoselective analysis of labetalol in human plasma by LC-MS/MS: application to pharmacokinetics. Chirality 2009;21:738–744.

Chen J, Korfmacher WA, Hsieh Y. Chiral liquid chromatography-tandem mass spectrometric methods for stereoisomeric pharmaceutical determinations. J Chromatogr B 2005;820:1–8.

Chen J, Hsieh Y, Cook J, Morrison R, Korfmacher WA. Supercritical fluid chromatography-tandem mass spectrometry for the enantioselective determination of propranolol and pindolol in mouse blood by serial sampling. Anal Chem 2006;78:1212–1217.

Chow TW, Szeitz A, Rurak DW, Riggs KW. A validated enantioselective assay for the simultaneous quantitation of (R)-, (S)-fluoxetine and (R)-, (S)-norfluoxetine in ovine plasma using liquid chromatography with tandem mass spectrometry (LC/MS/MS). J Chromatogr B 2011;879:349–358.

Coe RA, Rathe JO, Lee JW. Supercritical fluid chromatography-tandem mass spectrometry for fast bioanalysis of R/S-warfarin in human plasma. J Pharm Biomed Anal 2006;42:573–580.

Coles R, Kharasch ED. Stereoselective analysis of bupropion and hydroxybupropion in human plasma and urine by LC/MS/MS. J Chromatogr B 2007;857:67–75.

Committee for Proprietary Medical Products. Working parties on quality, safety and efficacy of medical products. Note for guidance: investigation of chiral active substances 1993; III/3501/91.

Crowther JB, Covey TR, Dewey EA, Henion JD. Liquid chromatographic/mass spectrometric determination of optically active drugs. Anal Chem 1984;56:2921–2926.

De Moraes MV, Lauretti GR, Napolitano MN, Santos NR, Godoy ALPC, Lanchote VL. Enantioselective analysis of unbound tramadol, O-desmethyltramadol and N-desmethyltramadol in plasma by ultrafiltration and LC-MS/MS: application to clinical pharmacokinetics. J Chromatogr B 2012;880:140–147.

Erny GL, Cifuentes A. Liquid separation techniques coupled with mass spectrometry for chiral analysis of pharmaceuticals compounds and their metabolites in biological fluids. J Pharm Biomed Anal 2006;40:509–515.

Etter ML, George S, Graybiel K, Eichhorst J, Lehotay DC. Determination of free and protein-bound methadone and its major metabolite EDDP: enantiomeric separation and quantitation by LC/MS/MS. Clin Biochem 2005;38:1095–1102.

Fried K, Wainer IW. Column-switching techniques in the biomedical analysis of stereoisomeric drugs: why, how and when. J Chromatogr B 1997;689:91–104.

Gomes RF, Cassiano NM, Pedrazzoli Jr J, Cass QB. Two-dimensional chromatography method applied to the enantiomeric determination of lansoprazole in human plasma by direct sample injection. Chirality 2010;22:35–41.

Guillarme D, Bonvin G, Badoud F, Schappler J, Rudaz S, Veuthey J. Fast chiral separation of drugs using columns packed with sub-2 microm particles and ultra-high pressure. Chirality 2010;22:320–330.

Haginaka J. Recent progress in protein-based chiral stationary phases for enantioseparations in liquid chromatography. J Chromatogr B 2008;875:12–19.

Henion JD, Maylin GA. Drug analysis by direct liquid introduction micro liquid chromatography mass spectrometry. Biomed Mass Spectrom 1980;7:115–121.

Hoke II SH, Pinkston JD, Bailey RE, Tanguay SL, Eichhold TH. Comparison of packed-column supercritical fluid chromatography–tandem mass spectrometry with liquid chromatography–tandem mass spectrometry for bioanalytical determination of (R)- and (S)-ketoprofen in human plasma following automated 96-well solid-phase extraction. Anal Chem 2000;72:4235–4241.

Ikai T, Yamamoto C, Kamigaito M, Okamoto Y. Immobilized-type chiral packing materials for HPLC based on polysaccharide derivatives. J Chromatogr B 2008;875:2–11.

Ilisz I, Berkecz R, Péter A. Application of chiral derivatizing agents in the high-performance chromatographic separation of amino acid enantiomers: a review. J Pharm Biomed Anal 2008;47: 1–15.

Jiang H, Jiang X, Ji QC. Enantioselective determination of alprenolol in human plasma by liquid chromatography with tandem mass spectrometry using cellobiohydrolase chiral stationary phases. J Chromatogr B 2008a;872:121–127.

Jiang H, Li Y, Pelzer M et al. Determination of molindone enantiomers in human plasma by high-performance liquid chromatography-tandem mass spectrometry using macrocyclic antibiotic chiral stationary phases. J Chromatogr A 2008b;1192:230–238.

John H, Eyer F, Zilker T, Thiermann H. High-performance liquid-chromatographic tandem-mass spectrometric methods for atropinesterase-mediated enantioselective and chiral determination of R- and S-hyoscyamine in plasma. Anal Chim Acta 2010;680:32–40.

Jones DR, Boysen G, Miller GR. Novel multi-mode ultra performance liquid chromatography-tandem mass spectrometry assay for profiling enantiomeric hydroxywarfarins and warfarin in human plasma. J Chromatogr B 2011;879:1056–1062.

Joyce KB, Jones AE, Scott RJ, Biddlecombe RA, Pleasance S. Determination of the enantiomers of salbutamol and its 4-O-sulphate metabolites in biological matrices by chiral liquid chromatography tandem mass spectrometry. Rapid Commun Mass Spectrom 1998;12:1899–1910.

Kawabata K, Samata N, Urasaki Y et al. Enantioselective determination of azelnidipine in human plasma using liquid chromatography-tandem mass spectrometry. J Chromatogr B 2007;852:389–397.

Kingbäck M, Josefsson M, Karlsson L et al. Stereoselective determination of venlafaxine and its three demethylated metabolites in human plasma and whole blood by liquid chromatography with electrospray tandem mass spectrometric detection and solid phase extraction. J Pharm Biomed Anal 2010;53:583–590.

Lämmerhofer M. Chiral recognition by enantioselective liquid chromatography: mechanisms and modern chiral stationary phases. J Chromatogr A 2010;1217:814–856.

Lévèques A, Actis-Goretta L, Rein MJ, Williamson G, Dionisi F, Giuffrida F. UPLC-MS/MS quantification of total hesperetin and hesperetin enantiomers in biological matrices. J Pharm Biomed Anal 2012;57:1–6.

Liang X, Jiang Y, Chen X. Human DBS sampling with LC-MS/MS for enantioselective determination of metoprolol and its metabolite O-desmethyl metoprolol. Bioanalysis 2010;2:1437–1448.

Lin JH, Lu AY. Role of pharmacokinetics and metabolism in drug discovery and development. Pharmacol Rev 1997;49:403–449.

Liu K, Zhong D, Chen X. Enantioselective quantification of chiral drugs in human plasma with LC-MS/MS. Bioanalysis 2009;1:561–576.

Lu H. Stereoselectivity in drug metabolism. Expert Opin Drug Metab Toxicol 2007;3:149–158.

Luo W, Zhu L, Deng J et al. Simultaneous analysis of bambuterol and its active metabolite terbutaline enantiomers in rat plasma by chiral liquid chromatography-tandem mass spectrometry. J Pharm Biomed Anal 2010;52:227–231.

Meng M, Rohde L, Čápka V, Carter SJ, Bennett PK. Fast chiral chromatographic method development and validation for the quantitation of eszopiclone in human plasma using LC/MS/MS. J Pharm Biomed Anal 2010;53:973–982.

Millot MC. Separation of drug enantiomers by liquid chromatography and capillary electrophoresis, using immobilized proteins as chiral selectors. J Chromtogr B 2003;797:131–159.

Mišl'anová C, Hutta M. Role of biological matrices during the analysis of chiral drugs by liquid chromatography. J Chromatogr B 2003;797:91–109.

Plomley JB, Jackson RL, Schwen RJ, Greiwe JS. Development of chiral liquid chromatography-tandem mass spectrometry isotope dilution methods for the determination of unconjugated and total S-equol in human plasma and urine. J Pharm Biomed Anal 2011;55:125–134.

Policy Statement for the Development of New Stereoisomeric Drugs, Food and Drug Administration (1992) 57 Fed. Reg. 22 249.

Ramos L, Bakhtiar R, Majumdar T, Hayes M, Tse F. Liquid chromatography/atmospheric pressure chemical ionization tandem mass spectrometry enantiomeric separation of dl-threo-methylphenidate, (Ritalin) using a macrocyclic antibiotic as the chiral selector. Rapid Commun Mass Spectrom 1999;13:2054–2062.

Rao RN, Kumar KN, Shinde DD. Determination of rat plasma levels of sertraline enantiomers using direct injection with achiral-chiral column switching by LC-ESI/MS/MS. J Pharm Biomed Anal 2010;52:398–405.

Rentsch KM. The importance of stereoselective determination of drugs in the clinical laboratory. J Biochem Biophys Methods 2002;54:1–9.

Schmid MG, Gübitz G. Enantioseparation by chromatographic and electromigration techniques using ligand-exchange as chiral separation principle. Anal Bioanal Chem 2011;400:2305–2316.

Srinivas NR. Drug disposition of chiral and achiral drug substrates metabolized by cytochrome P450 2D6 isozyme: case studies, analytical perspectives and developmental implications. Biomed Chromatogr 2006;20:466–491.

Srinivas NR, Barbhaiya RG, Midha KK. Enantiomeric drug development: issues, considerations, and regulatory requirements. J Pharm Sci 2001;90:1205–1215.

Sun XX, Sun LZ, Aboul-Enein HY. Chiral derivatization reagents for drug enantioseparation by high-performance liquid chromatography based upon pre-column derivatization and formation of diastereomers: enantioselectivity and related structure. Biomed Chromatogr 2001;15:116–132.

Taylor LT. Supercritical fluid chromatography. Anal Chem 2008;80:4285–4294.

Toyo'oka T. Resolution of chiral drugs by liquid chromatography based upon diastereomer formation with chiral derivatization reagents. J Biochem Biophys Methods 2002;54:25–56.

Turnpenny P, Fraier D. Sensitive quantitation of reboxetine enantiomers in rat plasma and brain, using an optimised reverse phase chiral LC-MS/MS method. J Pharm Biomed Anal 2009;49:133–139.

Vecchione G, Casetta B, Tomaiuolo M, Grandone E, Margaglione M. A rapid method for the quantification of the enantiomers of Warfarin, Phenprocoumon and Acenocoumarol by two-dimensional-enantioselective liquid chromatography/electrospray tandem mass spectrometry. J Chromatogr B 2007;850:507–514.

Wang H, Shen Z. Enantiomeric separation and quantification of pindolol in human plasma by chiral liquid chromatography/tandem mass spectrometry using staggered injection with a CTC Trio Valve system. Rapid Commun Mass Spectrom 2006;20:291–297.

Wang S, Cyronak M, Yang E. Does a stable isotopically labeled internal standard always correct analyte response? A matrix effect study on a LC/MS/MS method for the determination of carvedilol enantiomers in human plasma. J Pharm Biomed Anal 2007;43:701–707.

Wang C, Jiang C, Armstrong DW. Considerations on HILIC and polar organic solvent-based separations: use of cyclodextrin and macrocyclic glycopetide stationary phases. J Sep Sci 2008a;31:1980–1990.

Wang Z, Ouyang J, Baeyens WRG. Recent development of enantioseparation techniques for adrenergic drugs using liquid chromatography and capillary electrophoresis: a review. J Chromatogr B 2008b;862:1–14.

Wang H, Ma C, Zhou J, Liu XQ. Stereoselective analysis of tiopronin enantiomers in rat plasma using high-performance liquid chromatography-electrospray ionization mass spectrometry after chiral derivatization. Chirality 2009;21:531–538.

Weng N, Lee JW. Development and validation of a high-performance liquid chromatographic method for the quantitation of warfarin enantiomers in human plasma. J Pharm Biomed Anal 1993;11:785–792.

Weng N, Lee JW, Hulse JD. Development and validation of a chiral HPLC method for the quantitation of methocarbamol enantiomers in human plasma. J Liq Chromatogr Related Technol 1994;17:3747–3758.

Weng N, Pullen RH, Arrendale RF, Brennan JJ, Hulse JD, Lee JW. Stereospecific determinations of (+/−)-DU-124884 and its metabolites (+/−)-KC-9048 in human plasma by liquid chromatography. J Pharm Biomed Anal 1996;14:325–337.

Weng N, Ring PR, Midtlien C, Jiang X. Development and validation of a sensitive and robust LC-tandem MS method for the analysis of warfarin enantiomers in human plasma. J Pharm Biomed Anal 2001;25:219–226.

Wu ST, Xing J, Apedo A, Wang-Iverson DB, Olah TV, Tymiak AA, Zhao N. High-throughput chiral analysis of albuterol enantiomers in dog plasma using on-line sample extraction/polar organic mode chiral liquid chromatography with tandem mass spectrometric detection. Rapid Commun Mass Spectrom 2004;18:2531–2536.

Yang E, Wang S, Kratz J, Cyronak M. Stereoselective analysis of carvedilol in human plasma using HPLC/MS/MS after chiral derivatization. J Pharm Biomed Anal 2004;36:609–615.

Zavitsanos AP, Alebic-Kolbah T. Enantioselective determination of terazosin in human plasma by normal phase high-performance liquid chromatography-electrospray mass spectrometry. J Chromatogr A 1998;794:45–56.

Zhang Y, Caporuscio C, Dai J et al. Development and implementation of a stereoselective normal-phase liquid chromatography-tandem mass spectrometry method for the determination of intrinsic metabolic clearance in human liver microsomes. J Chromatogr B 2008;875:154–160.

Zhong D, Chen X. Enantioselective determination of propafenone and its metabolites in human plasma by liquid chromatography-mass spectrometry. J Chromatogr B 1999;721:67–75.

Zuo Z, Wo SK, Lo CMY, Zhou L, Cheng G, You JHS. Simultaneous measurement of S-warfarin, R-warfarin, S-7-hydroxywarfarin and R-7-hydroxywarfarin in human plasma by liquid chromatography-tandem mass spectrometry. J Pharm Biomed Anal 2010;52:305–310.

42

肽和多肽的液相色谱-质谱（LC-MS）生物分析

作者：Hongyan Li 和 Christopher A. James
译者：詹燕、钟大放
审校：李文魁、张杰

42.1 引　言

肽类是氨基酸的生物聚合体。按照惯例，通常根据大小来区分肽类和蛋白质，肽类一般由少于 100 个氨基酸残基组成（Lien and Lowman, 2003）。它们一般有高度的二级结构，但是没有三级结构。

由于生物医药研究领域对全新的多肽药物和肽类生物标志物越来越感兴趣，因此开发生物基质中肽类的定量分析方法变得越来越重要。来源于天然的生物活性肽可能有助于鉴定新的药效，以及用作合成多肽药物的模板（Sato et al., 2006; Miranda et al., 2008a, 2008b）。内源性肽可用作生物标志物，作为疾病演变诊断的工具或用于辅助开发新疗法（De Kock et al., 2001; Dalluge, 2002; Shushan, 2010; Van Den Broek et al., 2010）。肽类分析也成为测定酶解后特征肽段的重要分析手段，如以定量胰蛋白酶水解后产生的肽段，可进行肽或蛋白质的生物分析（Halquist and Karnes, 2010）。

LC-MS、LC-MS/MS 在过去 10 年中已经逐渐成为肽类生物分析方法的首选（John et al., 2004; Van Den Broek et al., 2008; Cutillas, 2010）。它通过在液相进行色谱分离和质谱检测，给目标多肽的特征肽定量分析提供了无与伦比的分析专属性。LC-MS/MS 已经被广泛用于小分子的生物分析。LC-MS/MS 完善的方法学和在小分子生物分析中良好的专属性、灵敏度、宽的动态范围、准确度和精密度等特点，也经常在肽类的生物分析中得到体现。当然，由于肽类本身复杂的分析特性及肽类相关生物基质的复杂性，为了克服一些特有的挑战，需要对方法进行调适。与配体结合分析（LBA）相比，LC-MS/MS 方法的一个明显优点是不需要特定的抗体试剂就可以有足够选择性来区分结构类似肽。因此，建立 LC-MS/MS 分析方法比较快，测试结果明确，且在不同研究机构之间有可比性。然而，对于需要定量测试一些 pg/ml 浓度水平的内源性生物活性肽或者肽类生物标志物而言，在 LC-MS/MS 分析之前采用专属的肽类抗体进行免疫亲和（IA）提取才可以获得额外的优势（Berna et al., 2006, 2008）。

肽类的 LC-MS 和 LC-MS/MS 生物分析相关研究论文和综述的数量正在快速增加。本章重点描述肽类生物分析方法学的要点和主要挑战，提供一些分析方案实例，用于帮助研究者建立稳健的肽类生物分析方法。

42.2　方法和途径

42.2.1　肽的特点和肽的处理

42.2.1.1　吸附

肽类，尤其是多肽，经常容易吸附到固体表面，包括吸附到试管、吸头、注射器等，这可能会导致肽浓度测定的误差。在方法开发（MD）的开始阶段，需要仔细评价肽的吸附性（Song et al., 2002; John et al., 2004; Wilson et al., 2010）。影响吸附的因素包括肽氨基酸组成、表面材质、溶剂生物基质、pH 等。避免吸附的方式包括通过采用有机溶剂、加入阻断试剂或者结构类似物肽来阻断非特异性结合（NSB）位点，以及采用合适的容器材料（如硅烷化玻璃或者低吸附性聚丙烯小瓶）用于溶液转移或者保存。通常，不要采用水溶液配制低浓度肽类。在血浆/血清样品中或者用血浆/血清配制的溶液中，吸附通常要少得多，主要是由于血浆蛋白抑制了这种 NSB。对于蛋白质含量低的生物基质，如脑脊液（CSF）、尿液和唾液，在生物样品采集和处理时需仔细考查目标肽类潜在的吸附性。

42.2.1.2　肽的稳定性

冻干的肽一般是很稳定的；然而，当肽类存在于溶液中或者生物基质中时，则可能发生化学降解和酶降解（Mesmin et al., 2010）。因此，在生物分析过程中保证肽的稳定性很重要。多种蛋白酶抑制剂和混合抑制剂可以帮助降低或者消除蛋白类降解（Wolf et al., 2001）。有时仅通过酸化样品，如使用三氟乙酸（TFA），即可稳定肽类。当然，稳定性特征与肽的结构有关。只有确保肽类在处理过程中稳定，才可能获得可靠的定量结果，因此进行稳定性研究至关重要。但有时肽的降解速率过快，以至于没有办法可以有效使肽类稳定。例如，到目前为止还没有建立可靠的生物分析方法测试人血浆中爱帕琳-13（Mesmin et al., 2010）。

42.2.1.3　肽的大小

LC-MS/MS 用于肽类生物分析的另一个关键特征是肽的大小（或者肽分子质量），其范围从几百到 10 kDa。与大多数小分子不同的是，肽类在电喷雾离子化（ESI）条件下的一个明显特征是形成多电荷分子离子。多电荷使得形成的肽类离子的质荷比（*m*/*z*）处在大部分市售的三重四极杆质谱仪覆盖的质量范围之内。然而，大分子肽明显的多电荷分布（如肽分子质量大于 5 kDa）也会带来灵敏度的损失，其原因在于离子在多电荷态中分布。肽的大小不同，理化性质会不同，因此，质谱检测、液相色谱分离和生物样品预处理的选择也会不同。对分子质量＜5 kDa 的肽，用于生物分析方法开发的方式通常和小分子生物分析类似，而且可以检测完整的肽（Chang et al., 2005; Van Den Broek et al., 2006）。然而，应该仔细评价灵敏度和专属性，从不同电荷态中选择前体离子和用于 MS/MS 检测的产物离子。对于分子质量＞5 kDa 的肽，这种选择变得更加复杂，且常常很难达到合适的灵敏度，其原因是大分子肽离子明显的多电荷分布和碰撞诱导解离（CID）裂解碎片特征（Ji et al., 2003）。通过严格控制的酶消解（如胰蛋白酶消解，类似于蛋白质组学研究中自下而上的方法），采用鉴定和定量替代肽段来分析大分子肽已经被证明是一种可行的方法。这些替代肽段的浓度可以用来代表完整肽的浓度（Van Den Broek et al., 2007; Berna et al., 2008）。仔细评价和选择独特的替代肽段非常重要。需要特别注意潜在代谢产物在胰酶水解后所形成的相同的肽，这可能会降低完整肽分析的选择性。优化酶解程序也很重要，以保证替代肽段重现和定量生成。

42.2.1.4 治疗肽结合物

肽类的生物半衰期通常很短，从而使得其天然形式不会成为可行的治疗药物。克服这个缺陷的策略之一是将治疗肽通过稳定共价联结基结合到聚乙二醇（PEG）或者载体蛋白（如 FC 和 mAb）上。对于治疗肽结合物，绝大部分采用 LBA[如酶联免疫吸附分析（ELISA）]。然而，LC-MS/MS 结合 IA 捕获正在显示其特有的优势，很有可能变为肽类生物分析的首选方法（Xu et al., 2010）。如方案 3 中对一个 40 kDa 的 PEG 化治疗肽的生物分析（Xu et al., 2010）所示，将抗 PEG 抗体用于靶向免疫捕获 PEG 实体，然后通过酶消解和 MS/MS 检测替代肽段。这便提供了一个高专属性测定人血浆中 PEG 化肽结合物的方法。作为另一种选择，笔者最近发表了采用 LC-MS/MS 直接定量分析分子质量为 20 kDa 的 PEG 化降钙素基因相关肽（CGRP）的生物分析方法，该定量分析的替代肽段通过源内裂解产生，而不是将完整待测分子通过液相消解所得（Li et al., 2011）。与 LBA 方法相比，通过 LC-MS/MS 测定治疗肽的方法易于应用，且 MS/MS 检测专属性好，从而使得肽类分析方法开发变得更快和更经济。

42.2.2 质谱检测方法

42.2.2.1 采用三重四极杆质谱仪的 MS/MS 检测

基于三重四极杆质谱仪的 LC-MS/MS 是用于定量分析生物样品中肽类的最主要方法（John et al., 2004; Li et al., 2009; Cutillas, 2010; Wilson et al., 2010; Ewles and Goodwin, 2011），尤其是当采用选择反应监测（SRM）模式的 MS/MS 检测时。在该模式下，与测定肽类相关的特定质荷比在第一个四极杆（Q1）过滤。该肽然后在第二个四极杆（Q2）上通过 CID 碰撞成碎片离子。随后，第三个四极杆（Q3）设定只有和独特肽段相关的特定质荷比碎片离子可以到达检测器。只有当来源于预先设定的前体离子的碎片离子出现时，才记录该信号。因此，基于肽类独特离子反应的 SRM 监测（前体离子 m/z→产物离子 m/z）是高度专属的。由于两个四极杆分析器（Q1 和 Q3）都以质谱过滤模式运行，因此 SRM 检测也可有很快的扫描周期、很高的离子传输效率和很宽的动态范围。因为采用三重四极杆质谱仪的 LC-MS/MS 具有高灵敏度和高选择性，所以通常是测定生物基质中肽的最好选择。

在三重四极杆质谱仪中，肽 CID 产生的几种类型的碎片离子都有特定命名（Roepstorff and Fohlman, 1984; Johnson et al., 1987）。氮端含有的 b 离子和碳端含有的 y 离子通常是丰度最高的产物离子，从而被广泛用来定量分析肽类。通常，虽然亚铵离子、$m/z<200$ 的小 b 离子和小 y 离子可能达到很高的灵敏度，但是由于共流出基质组分带来很高的化学噪声，一般应该避免采用。此外，与小分子不同的是，因为产物离子的带电荷数可能比较低，所以产物离子的质荷比经常比前体离子高，在一些情况下，这个特点可以提高灵敏度（Berna et al., 2008）。

如前所述，肽在 ESI 电离模式下形成多电荷分子离子，其多电荷分布随着肽的氨基酸组成、流动相组成和 pH 不同而改变。较高电荷态的肽分子离子通常裂解效率较高，但它们可能不是所有分子离子类型中响应最高的。因此，根据灵敏度和专属性评价和优化每对前体离子和它们的产物离子，对方法开发很重要，尤其是那些大分子肽类。

42.2.2.2 采用离子阱质谱仪的 MS/MS 检测

虽然三重四极杆质谱仪被认为是肽类定量生物分析的首选仪器，离子阱质谱仪，尤其是线性离子阱质谱仪通过 CID 获得不同的离子碎片，可以是大分子肽的 LC-MS/MS 生物分析的一个很好替代选择（Shipkova et al., 2008）。在三重四极杆质谱仪中，前体离子在加压的碰撞池（Q2）里通过直流电压加速。在碰撞池中可能发生多步裂解，初始的肽碎片离子通过级联碰撞进一步裂解成很多产物离子，它们的丰度相对较低。这种现象在大分子肽中尤其明显，因为它们需要更多的 CID 能量。因此，一些大分子肽由于缺少高丰度的产物离子，LC-MS/MS 方法的灵敏度低。

在离子阱质谱仪中，通过质荷比的特定谐振频率来激发前体离子，然后在离子阱中通过碰撞气氦气被裂解（Schwartz et al., 2002）。由于产物离子和相应前体离子的质荷比不同，所产生的肽碎片离子偏离共振，不再继续裂解，从而产生较少产物离子，相对强度较高，因此可以提供肽 MS/MS 检测更高的灵敏度。随着近年来线性离子阱仪器在二级全扫描和离子阱容量方面的改进，它们的扫描周期、定量下限（LLOQ）和动态范围都进一步改善（Schwartz et al., 2002; Hager and Le Blanc, 2003; Londry and Hager, 2003）。但是在大多数情况下，对大多数肽的生物分析，三重四极杆质谱仪更适合。LC-MS/MS 采用离子阱质谱仪可以作为肽类生物分析的一个良好替代，对一些大分子肽可能具有优势（Shipkova et al., 2008）。

42.2.2.3 采用 HR/AM 质谱仪的质谱检测

选择性离子监测（SIM）已经被用于单四极杆质谱或者离子阱仪器的肽类生物分析（Yamaguchi et al., 2000; Wolf et al., 2001）。它与 MS/MS 检测相比缺乏选择性，势必就需要更多的样品预处理和更好的色谱分离来尽可能降低基质干扰和其他化学噪声，这样导致该方式在提供单位质量分辨的情况下不具优势。然而，最近引入的质谱仪器能够进行高分辨率、准确质量（HR/AM）测定和定量分析，如 AB SCIEX TripleTOF™5600 系统和 Thermo Scientific Q Exactive 质谱（Michalski et al., 2011）可以提供用于肽类分析的替代。使用这些仪器，首先通过四极杆质谱过滤（Q）来选择感兴趣的肽，然后通过 HR/AM 质量检测。超高分辨率给目标肽提供了高选择性来区分生物基质中干扰组分，如 Orbitrap 质谱仪具有 140 000 的分辨率。用于肽分子离子 SIM 不需要 CID 解离，因此可以实现简单和快速的方法开发。这尤其可以给那些 CID 解离特征比较差的大分子肽测定带来方便。Q Exactive 仪器采用多通路 SIM，对不同电荷态的多种肽分子离子同时进行 MS 检测也非常高效，它可以提供高选择性和灵敏度的大分子肽定量分析，如在人血浆中胰岛素 LLOQ 可以达到 250 pg/ml。

42.2.3 LC 分离方法

ESI 被广泛用作肽类生物分析的 LC 分离和 MS 检测的接口。众所周知，LC 分离中共流出的基质组分会引起离子抑制，并导致分析的灵敏度、准确度和精密度变差（King et al., 2000; Shen et al., 2005）。

改善色谱分离是避开离子抑制的最有效和便利的途径之一。反相色谱采用非极性疏水固定相和极性含水流动相，被广泛用于 LC-MS 和 LC-MS/MS 的肽类生物分析。肽类色谱主要是基于吸附-解吸附机制（Geng and Regnier, 1984）。肽类通过吸附和疏水性固定相相互作用，然后它们在有机溶剂临界浓度的流动相中解吸附。对于大多数肽，有机溶剂临界浓度通常低于 50%（*V*/*V*）。因此，大部分用于肽类的反相高效液相色谱（RP-HPLC）方法采用缓慢梯度增加有机溶剂（如甲醇和乙腈）浓度来获得最优的肽类分离和尖锐峰形。为了良好分离和 ESI 检测，流动相中通常加入 0.1%甲酸，这适用于大多数肽。如需进一步改善色谱行为，可以采用超高效液相色谱（UHPLC）系统，使用粒径小于 2 μm 的色谱柱（如 ACQUITY BEH C18，1.7 μm），相应的流动相输送系统可以在 17 000 PSI 高压下运行。与传统采用 3～5 μm 粒径色谱柱的 HPLC 相比，UHPLC 的主要优势包括显著提高柱效、灵敏度、分辨率、峰容量和分析速度（Churchwell et al., 2005）。此外，UHPLC 通常在高柱温下运行，这不仅有助于降低流动相黏度，还有助于肽类的 LC 分离，尤其是大分子肽。

为了使目标肽与背景基质组分得到良好分离，偶尔使用二维（2D）HPLC。二维 HPLC 采用两个正交色谱分离（Motoyama et al., 2006; Motoyama et al., 2007; Xu et al., 2010），如用于肽类分离的 SCX/RP-HPLC 已经被广泛应用于蛋白质组学研究领域。然而，需要特定仪器和很多时间来建立 2D HPLC 方法。这对于某些特定肽可能有一些优势，但是传统 1D HPLC 或者 UHPLC 分离与具有高分辨能力的现代质谱相结合，通常能够满足 LC-MS/MS 用于肽生物分析的特定分析要求。

42.2.4 生物样品预处理

生物样品预处理是成功建立肽类分析方法的关键，这对方法选择性、灵敏度和避免离子抑制也有重要影响。样品预处理通常移除基质组分（如血清蛋白、脂类、盐和微粒）的干扰，也可以从生物基质样品中预先富集肽分析物，从而使得样品更加适合 LC-MS/MS 分析。肽类生物分析通常采用的样品预处理技术有固相萃取、IA 提取和蛋白质沉淀。

42.2.4.1 固相萃取

固相萃取（SPE）经常被用于从生物体液（Thevis et al., 2006; Li et al., 2009; Wilson et al., 2010）和组织匀浆液中提取肽类，也被用于纯化酶消解后的样品。基于肽类和 SPE 吸附剂表面嵌入功能基的相互作用而实现提取。可以购得不同化学性质的 SPE 吸附剂，它们通过特定的化学相互作用，如亲水性、疏水性、离子交换和混合模式作用，可提供多功能和选择性不同的肽类萃取工具。通常，离子交换 SPE 选择性更好，可获得更加干净的提取物，而混合模式 SPE 对大部分肽的回收率（RE）比较高。SPE 也可使用孔径＜80 Å 的吸附剂，通过尺寸排阻来去除大的血清蛋白，而保留肽类和小的蛋白质。此外，可以使用 96 孔板和微洗脱模式，使得高通量样品预处理的最终洗脱体积很小，从而更有吸引力。正确选择 SPE 吸附剂和处理步骤主要依赖于肽，仔细评价所选 SPE 平台对肽的上样、清洗、洗脱过程，对优化分析物回收率和萃取选择性非常重要。

42.2.4.2 免疫亲和提取

IA 提取是用 LC-MS/MS 进行大分子生物分析的一种新技术（Wolf et al., 2001, 2004; Berna et al., 2006, 2008）。它采用和 LBA（如 ELISA）相同的捕获抗体机制，利用高度专属的抗体-抗原相互作用，从生物基质中分离和富集感兴趣的分析物。

IA 提取可以采用 IA 色谱柱在线捕获，或者通过采用含有免疫捕获抗体的吸头或者磁珠离线捕获。采用磁珠的 IA 提取变得越来越流行，因为它可以允许灵活的提取、洗脱或者 96 孔板模式的下游酶消解，用于高通量生物分析。它也和很多自动化系统兼容。由于需要一个专属性捕获抗体，该技术用于肽生物分析将取决于分析工作的目的和试剂可获得性。例如，对于生物基质中的内源性生物活性肽，如果要获得低 pg/ml 水平的 LLOQ，使用 IA 提取是必要的（Li et al., 2007; Berna et al., 2008）。但是对于那些通常达到 1 ng/ml LLOQ 就足够的治疗肽类，可能就没有这个必要，对后者可以使用其他提取方法，而不需要昂贵的肽专属抗体。

42.2.4.3 蛋白质沉淀

采用有机溶剂或者酸来沉淀血浆或血清蛋白是最简单的样品提取技术，经常用于小分子化合物的生物分析。然而，由于这项技术不能去除很多基质组分而干扰明显，所以没有被广泛用于肽类（尤其是大分子肽）的生物分析。但是，PPT 可以和其他样品提取技术（如 SPE）（Xue et al., 2006）相结合而变得有用，或者用于很容易分析的肽。

42.2.4.4 胰蛋白酶消解

通过严格控制的酶消解来分析大分子肽和肽结合物，已经被证明是可行的方法（Van Den Broek et al., 2007; Xu et al., 2010; Wu et al., 2011）。通过酶消解产生的肽通常适合 LC-MS/MS 分析，因为水解后的肽段经常有合适的大小和质量数（7～20 个氨基酸残基）及好的离子化效率，并产生可以预测的 MS/MS 碎片离子。然而，胰蛋白酶消解完整肽可能产生多种形式的肽段，因为潜在的肽代谢产物可能形成相同的水解肽段，从而可能降低分析的选择性。因为所选替代肽段用于准确代表完整肽浓度，所以仔细选择替代肽段非常重要。在 LC-MS/MS 分析之前，需要考虑的其他重要问题包括选择内标（IS）、确定酶解参数和纯化酶解产物。

42.3 实验方案举例

方案 1：LC-MS/MS 生物分析人血浆中人缓激肽 B1 受体拮抗肽（Wilson et al., 2010）。

肽分析物

D-Orn-Lys-Arg-Pro-Hyp-Gly-Cpg-Ser-D-Tic-Cpg 是人 B1 受体拮抗肽，用于治疗慢性疼痛（分子质量 1180 Da）。

生物基质

人血浆

仪器和试剂

- LC-MS/MS：岛津 LC-20 HPLC 连接 Applied Biosystems 公司 API 5000 质谱仪，ESI 接口，正离子模式。
- RP-HPLC 分析柱：Varian Polaris C18 柱，75 mm×2.1 mm，5 μm。
- 流动相 A：5∶95∶0.1，甲醇∶水∶甲酸（*V*/*V*/*V*）。

- 流动相 B：95∶5∶0.1，甲醇∶水∶甲酸（*V*/*V*/*V*）。
- IS：稳定同位素标记肽（SIL-肽），D-Orn-*Lys-Arg-Pro-Hyp-Gly-Cpg-Ser-D-Tic-Cpg，Lys 由[$^{13}C_6$, $^{15}N_2$]标记，$\Delta m=8$。
- SPE：Waters MAX SPE 96 孔板（10 mg, 30 μm）。

方法

- 肽储备液和血浆校正标样制备：用 25∶75 甲醇/水在聚乙烯小瓶中配制肽的一级标准储备液（1 mg/ml）和 SIL-肽内标。在聚丙烯试管中加入储备液，用人血浆配制浓度为 1 μg/ml、10 μg/ml 和 100 μg/ml 的二级标准储备液。用血浆稀释二级标准储备液，在聚丙烯试管中配制校正标样的肽标准品，获得系列浓度为 1 ng/ml、2 ng/ml、2.5 ng/ml、5 ng/ml、10 ng/ml、20 ng/ml、25 ng/ml 和 50 ng/ml 的样品。使用 25∶75 甲醇/水配制内标工作溶液（1000 ng/ml）。
- SPE：先后用 1 ml 甲醇和 1 ml 水活化 Waters Oasis MAX SPE 板。在抽真空下把血浆样品上样到板上，相继用 1 ml 的 2∶98 氨水/水和 1 ml 的 50∶50 乙腈/甲醇洗涤。洗涤完之后，用 0.5 ml 的 2∶90∶8 乙酸/甲醇/水将样品洗脱在 96 孔收集板里。该样品吹干后，复溶于 200 μl 的 5∶95∶0.1 甲醇/水/甲酸溶液中。
- 质谱检测：肽类的全扫描 MS 鉴定出了 2 个分子离子（M^{2+}和 M^{3+}），分别为 *m/z* 590.9 和 *m/z* 394.4。通过比较 M^{2+}和 M^{3+}作为前体离子的实验结果，选择 M^{2+}离子用于 SRM 监测。根据灵敏度、准确度和精密度，由 M^{2+}前体离子可以获得更好的分析行为。*m/z* 132.2 的 D-Tic 亚铵离子被用作 SRM 离子反应的产物离子；如 M^{2+}的 MS/MS 质谱图（图 42.1）所示，它是丰度最高的产物离子。来源于天然氨基酸的亚铵离子，如脯氨酸的 *m/z* 70 铵离子，通常避免被用作 SRM 监测的产物离子。而 D-Tic 亚铵离子来源于非天然氨基酸，被证明有很好的选择性。优化之后，SRM *m/z* 591→*m/z* 132（B1 肽）和 *m/z* 595→*m/z* 132（内标）用于人血清中 B1 肽定量分析。

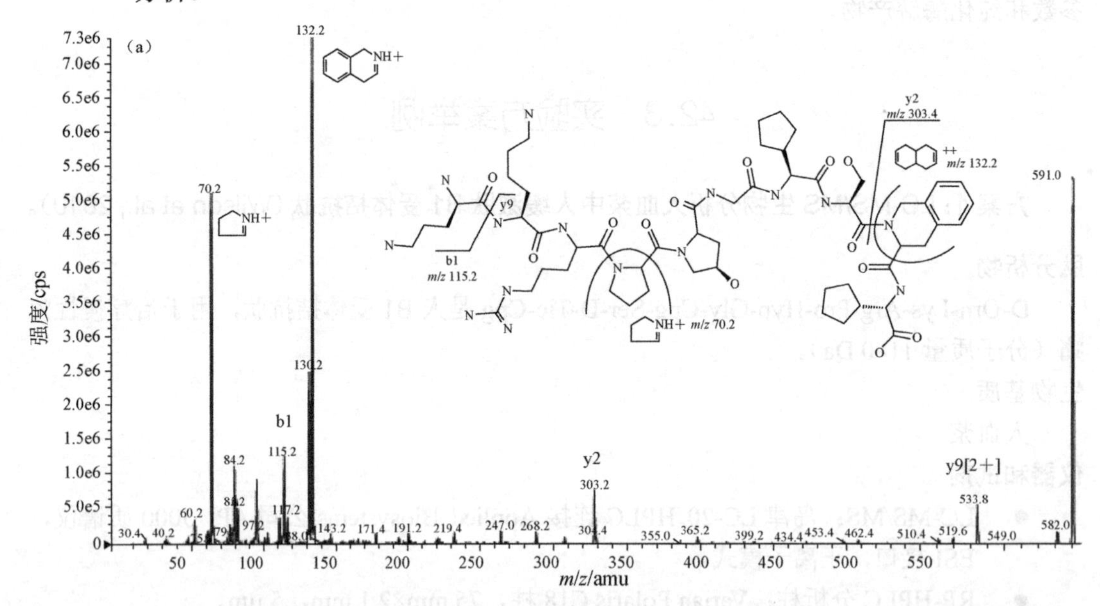

图 42.1　B1 肽（a）和 $^{13}C_6{}^{15}N_2$-B1 肽（b）的产物离子质谱图（Q3），相应的分子离子分别为 591 和 595，以及所推测的碎片结构（Wilson et al., 2010。复制经允许）

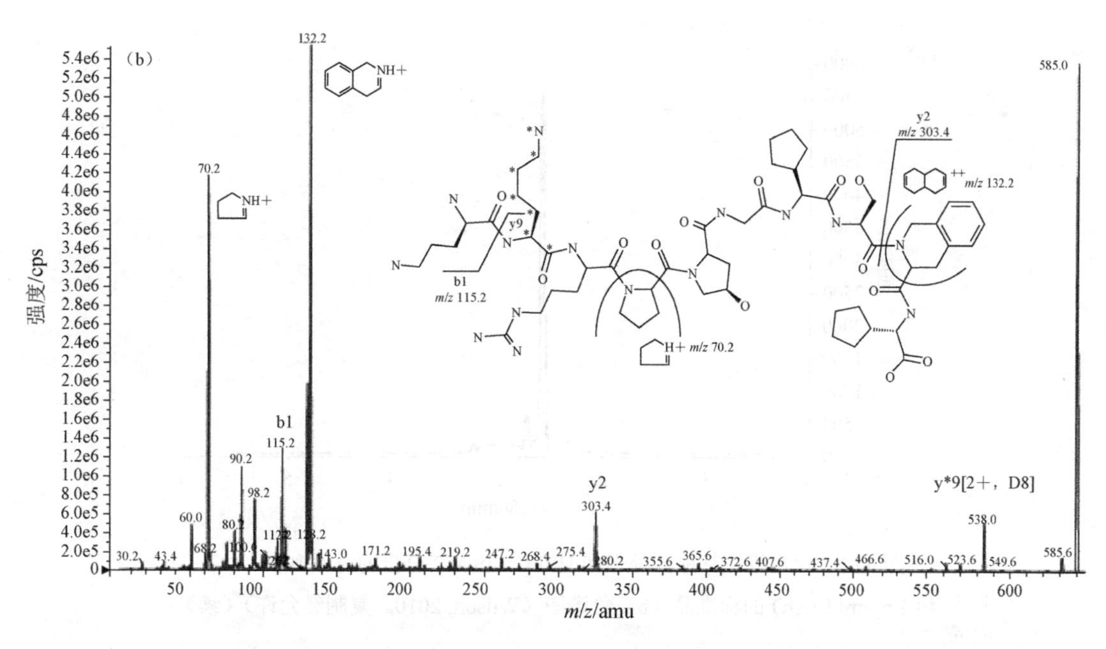

图 42.1 B1 肽（a）和 $^{13}C_6{}^{15}N_2$-B1 肽（b）的产物离子质谱图（Q3），相应的分子离子分别为 591 和 595，以及所推测的碎片结构（Wilson et al., 2010。复制经允许）（续）

- LC-MS/MS 分析：采用梯度洗脱，流动相流速为 0.3 ml/min，进行 SPE 提取样品的色谱分离。初始洗脱液组成为 10%B。该洗脱液在 10%B 下保持 0.8 min，然后在 1.2 min 内增加到 95%B，保持 95%B 2.5 min。然后在 0.3 min 内降低到 10%B，允许在 10%B 平衡 0.7 min。总共运行时间为 5.5 min。进样体积为 25 μl。人血浆对照样品提取物和 1 ng/ml LLOQ 样品的色谱图见图 42.2。

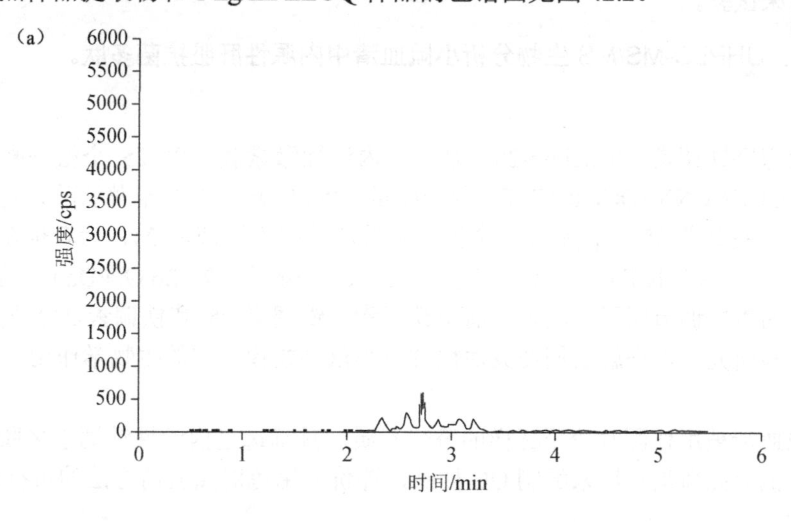

图 42.2 采用固相萃取预处理和 HPLC-MS/MS 分析的对照血浆（a）和 1 ng/ml LLOQ 的标准品（b）色谱图（Wilson, 2010。复制经允许）

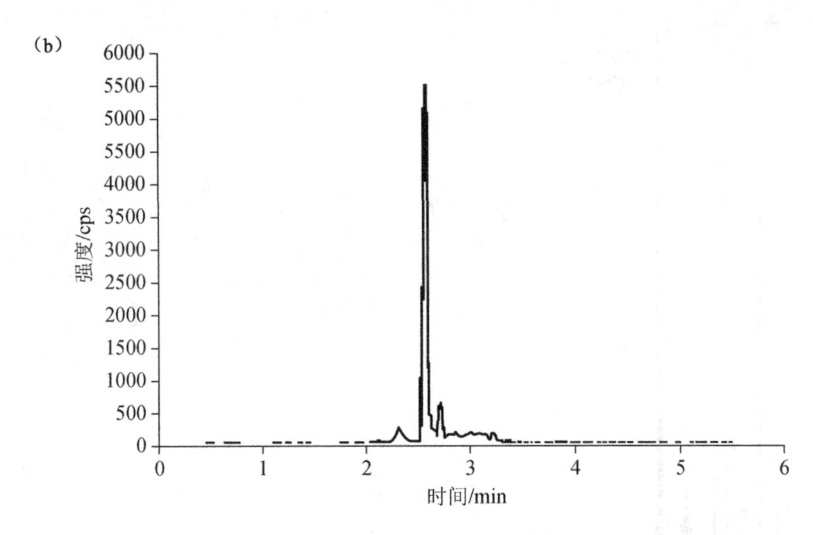

图 42.2 采用固相萃取预处理和 HPLC-MS/MS 分析的对照血浆（a）和 1 ng/ml LLOQ 的标准品（b）色谱图（Wilson, 2010。复制经允许）（续）

分析方法重要特征

建立和验证了测定人血浆中治疗用 B1 肽的方法，线性范围为 1～50 ng/ml。SIL-肽被用作内标。因为一个小的 D-Tic 亚铵离子（*m/z* 132.2）被用作 SRM 监测的产物离子，所以为了避免显著的化学噪声，实施混合模式离子交换 SPE 萃取方法来获得更干净的 SPE 提取物。QC 样品测定结果表明，日内精密度≤7.3%CV，准确度偏差为 6.0%。日间精密度≤5.2%CV，准确度偏差在 2.4%之内。采取预防措施来避免肽吸附，特别是用人血浆稀释所有标准溶液，采用聚丙烯材质容器和有机溶剂-水配制储备液。验证过的分析方法被用于支持人体临床试验。

方案 2：UHPLC-MS/MS 生物分析小鼠血清中内源性肝脏抗菌多肽。

肽分析物

小鼠的完整铁调素（hepcidin-25）是一个内源性激素肽，含 25 个氨基酸，序列为：DTNFPICIFCCKCCNNSQCGICCKT（分子质量 2754.5 Da）。8 个半胱氨酸残基通过 4 个内二硫键交联。铁调素-25 的氮端少一个天冬氨酸的肽即为铁调素-24，后者也在小鼠血清中发现，序列为：TNFPICIFCCKCCNNSQCGICCKT（分子质量 2639.4 Da）。已经证明铁调素为铁稳态的重要调节因子。测定血清中铁调素（铁调素-25 和铁调素-24）的分析方法被用于支持实验研究，以理解它们在炎症性贫血小鼠动物模型中的生物学作用。

生物基质

兔对照血清被用作配制校正标样的替代基质。预筛选过内源性铁调素多肽含量可以忽略不计的小鼠对照血清被用来配制 QC 样品，评价采用兔对照血清方法的可行性。

仪器和试剂

- UHPLC-MS/MS：Waters ACQUITY UPLC 串联 Applied Biosystems 公司的 API 4000 质谱仪，EIS 接口，正离子模式。
- RP-UHPLC 分析柱：ACQUITY BEH C18 柱，50 mm×1.0 mm，1.7 μm。
- 流动相 A：5∶95 乙腈/水（*V*/*V*），含 0.1%甲酸。
- 流动相 B：95∶5 乙腈/水（*V*/*V*），含 0.1%甲酸。

- IS：人铁调素结构类似肽被用来作为IS，它的序列为：DTHFPICIFCCGCCHRSK CGMCCKT。
- SPE：Waters Oasis HLB 微洗脱 SPE 96 孔板（30 μm）。

方法

- 肽储备液和血清标样配制：从小鼠铁调素-25 和铁调素-24 对照品获得的第一级储备液（1 mg/ml）被用来配制 100 μg/ml 的二级储备溶液。两个储备液均在 50∶50（*V*/*V*）甲醇/水中配制，在使用之前存放在 2～8℃冰箱中。采用兔血清配制校正标样，浓度为 1 ng/ml、2.5 ng/ml、5 ng/ml、10 ng/ml、25 ng/ml、50 ng/ml、100 ng/ml、250 ng/ml 和 500 ng/ml，通过系列稀释兔血清新鲜配制的 5000 ng/ml 溶液获得。使用 30∶70 甲醇/水（*V*/*V*）配制 IS 溶液（100 ng/ml 的人铁调素）。
- SPE：分装每个血清样品 50 μl 到 96 孔板的合适孔，然后加入 50 μl 的 IS 溶液（人铁调素 100 ng/ml）和 100 μl 的 0.1 mol/L TFA，涡旋混合。在抽真空条件下，这些预处理过的样品上样到预先活化的 Oasis HLB μElution 96 孔 SPE 板，随后加入水（100 μl），30∶75（*V*/*V*）含 2%氨水的甲醇/水（100 μl）和水（100 μl）。然后这个板用 25 μl 的含 2%乙酸的 90∶10（*V*/*V*）甲醇/水洗脱到 96 孔收集板，每个孔加入 25 μl 水稀释，且涡流混匀这些样品。
- 质谱检测：小鼠铁调素-25 的全扫描质谱鉴定了 3 个分子离子（M^{2+}、M^{3+}和 M^{4+}），分别为 *m/z* 1378.4、*m/z* 919.0 和 *m/z* 621.7。通过评价 M^{2+}、M^{3+}和 M^{4+}作为前体离子的 SRM 离子反应，选择 M^{3+}离子作为 SRM 监测的前体离子。M^{3+}离子的 MS/MS 生成一个高丰度和专属的产物离子 y_{21}^{2+}，*m/z* 1139。对铁调素-24 观察到类似的 MS 和 MS/MS，如图 42.3 所示，选择 M^{3+}离子 *m/z* 880 和它的 y_{21}^{2+}产物离子 *m/z* 1139 用于 SRM 检测。

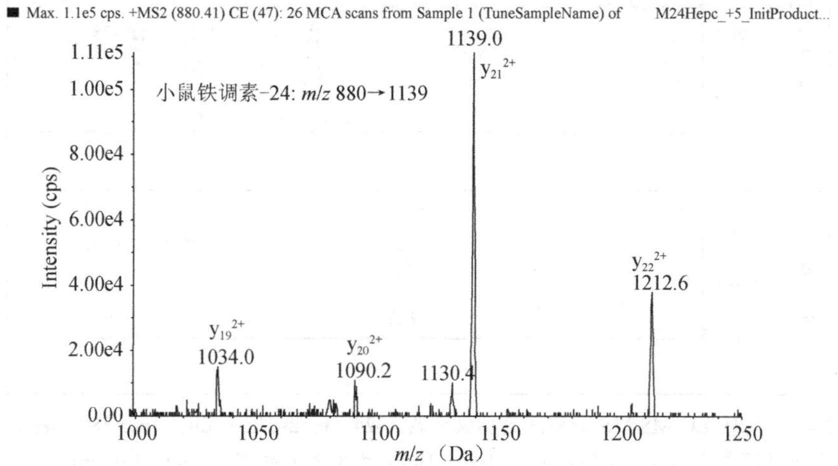

图 42.3 小鼠铁调素（Mouse Hepc-24）的产物离子质谱图：（a）铁调素-24，M^{2+}（*m/z* 880）和（b）铁调素-25，M^{2+}（*m/z* 919）

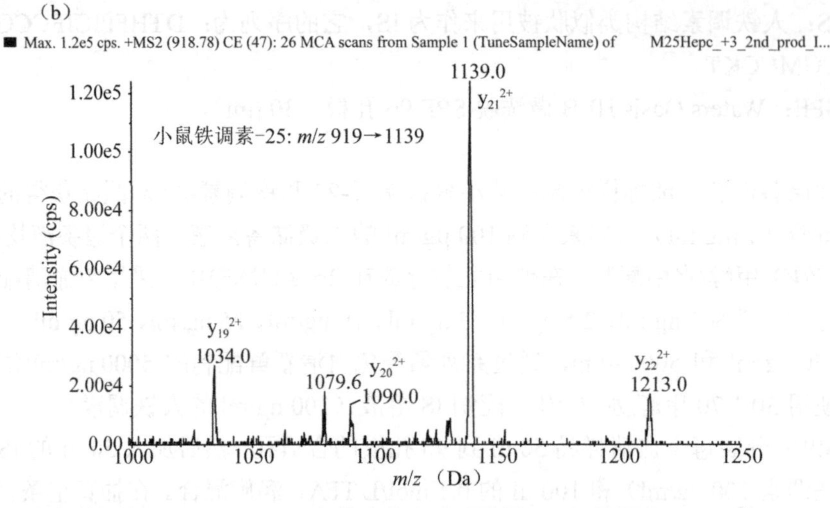

图 42.3 小鼠铁调素（Mouse Hepc-24）的产物离子质谱图：（a）铁调素-24，M^{2+}（*m/z* 880）和（b）铁调素-25，M^{2+}（*m/z* 919）（续）

- LC-MS/MS 分析：SPE 提取的样品在梯度洗脱下进行色谱分离，流动相流速为 0.25 ml/min。LC 梯度程序如下（流动相 B 的 min/%）：0.0/15、0.1/15、1.0/50、1.1/95、1.6/95、1.65/15 和 2.0/15。运行时间总计 2 min。柱温 50℃，进样体积 10 μl。小鼠铁调素-24 和铁调素-25 的 1 ng/ml LLOQ 和内标人铁调素-25 的色谱图如图 42.4 所示。

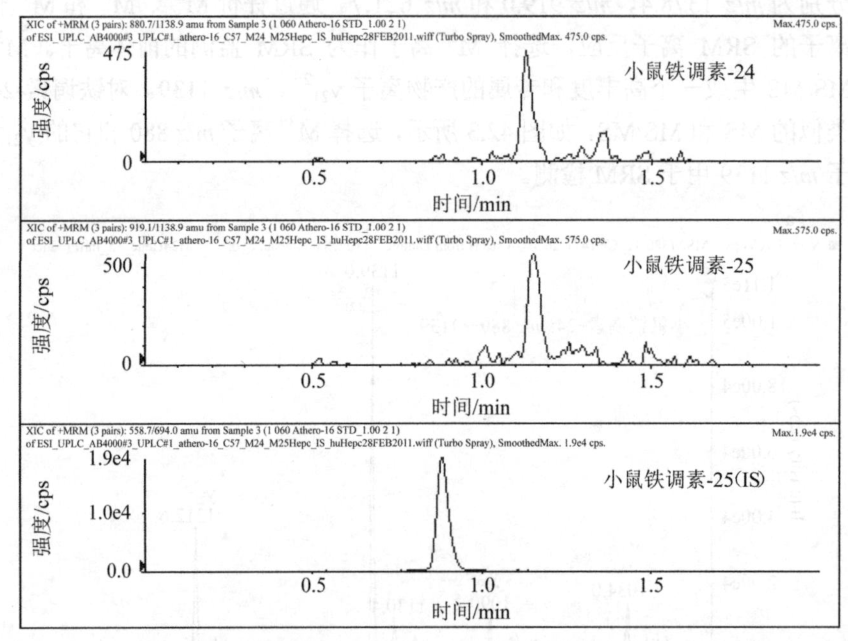

图 42.4 用 UHPLC-MS/MS 分析测定小鼠铁调素-24（mouse hepcidin）[*m/z* 880 →*m/z* 1139] 和小鼠铁调素-25（mouse hepcidin）[*m/z* 919 →*m/z* 1139] 血浆 LLOQ（1 ng/ml）色谱图

分析方法关键特征

该 UHPLC-MS/MS 方法可以明确地同时测定小鼠铁调素-25 和铁调素-24，因此有助于更好地理解它们在炎症性贫血小鼠模型中的生物学作用。该方法非常灵敏，使用 50 μl 的血清可以达到小鼠铁调素-25 和铁调素-24 的 LLOQ 均为 1 ng/ml。方法的线性范围为 1～500 ng/ml。2 min 的运行时间可以实现高通量分析，同时准确度和精密度≤±15%。铁调素是内源性的，但是不同种属的氨基酸序列不同。因此，来源于不同种属的血清可以作为其他种属不含分析物的基质来制备其他种属的 QC 样品和校正标样。

方案 3：采用免疫亲和 LC-MS/MS 和胰蛋白酶消解，进行 PEG 化治疗肽生物分析。

肽分析物

MK-2662 是由 38 个氨基酸组成的肽，分子质量为 40 kDa，碳端与分枝型 PEG 共价键结合：H[Aib]DGTFTSDYSKYLDSRRAQDVQWLMNTKRNRNNIAC-PEG。它是 GLP-1 受体激动剂，可开发用于治疗 2 型糖尿病。它含有一个γ-氨基丁酸（Aib）残基，为非天然氨基酸，具有显著的蛋白酶抗性。

生物基质

人血浆。用含有特定 DPP-IV 抑制剂的全血采集管（BD-P700）采集临床样品。用于制备校正标样和 QC 样品的对照人血浆采用 Linco DPP-IV 抑制剂（20 μl/ml）来稳定。

仪器和试剂

LC-MS/MS

- Cohesive Flux 2300（2D HPLC）串联到 Applied Biosystems 公司的 API 5000 质谱仪，ESI 接口，正离子模式。
- 阳离子交换分析柱（1D）：ThermoBioBasic SCX，50 mm×2.1 mm，5 μm。
- RP-HPLC 分析柱（2D）：ThermoHypersil Gold PFP，50 mm×2.1 mm，5 μm。
- 1D HPLC 流动相 A：50 mmol/L 甲酸铵（pH3），含 10%乙腈。
- 1D HPLC 流动相 B：200 mmol/L 甲酸铵（pH3），含 10%乙腈。
- 2D HPLC 流动相 A：10 mmol/L 甲酸铵，溶于 0.1%甲酸。
- 2D HPLC 流动相 B：10 mmol/L 甲酸铵，溶于含 0.1%甲酸的 90%乙腈。
- IS：H[Aib]DGT*FTSDYSKYLDSRRAQD*FVQWLMNTKRNRNNIAC-PEG 被用作 IS。*F 是[$^{13}C_9$, $^{15}N_1$]标记的苯丙氨酸，$\Delta m=10$。
- IA 提取：生物素化的抗 PEG 兔单克隆抗体，结合到链霉亲和素包衣磁珠。
- 酶消解：胰蛋白酶。

方法

- 肽储备液和血浆标配制：采用乙腈/水（30∶70，*V/V*）配制 MK-2662 储备液（40 μmol/L）。标准工作溶液，包括不同浓度水平的 MK-2662，通过 1%牛血清白蛋白（BSA）系列稀释 MK-2622 储备液配制，分装到 1.5 ml 聚丙烯微量离心管，在－70℃储存。采用 1%BSA 配制 500 nmol/L。通过加入 40 μl 标准工作溶液和 40 μl 内标工作液到 200 μl 对照血浆，新鲜配制血浆校正标样，用于 IA 提取的 MK-2662 的最终浓度范围为 2～200 nmol/L。
- 采用 IA 磁珠（包含 20 μg Ab/ml）和胰蛋白酶消解进行 IA 提取：每个血浆样品的 200 μl 加入到 96 孔板的合适孔内，然后加入 40 μl 的 1% BSA，40 μl 的 500 nmol/L IS 和 50 μl 的 IA 磁珠。加入 IA 磁珠（50 μl）到新鲜制备的血浆标样中。然后在 30℃下孵化该板 2 h。在 PBST（磷酸缓冲液和吐温-20）（pH7.4）和碳酸氢铵（pH8）洗涤之后，每个孔加入 140 μl 含 67 μg/ml 胰蛋白酶的 50 mmol/L 碳酸氢铵（pH8）溶液，然后 37℃下孵化 3 h。转移上清液到 96 孔板，然后采用甲酸淬灭。混合并离心后，注射 20 μl 样品到 LC/LC-MS/MS 进行分析。
- 质谱检测：采用胰蛋白酶消解 MK-2662 和 IS 后，产生 12 个氨基酸组成的氮端肽：

H[Aib]DGTFTSDYSK 和 H[Aib]DGT*FTSDYSK。它们被选择为定量分析 MK-2662 和 IS 的替代肽段。监测替代肽段的前体离子为双电荷分子离子，$[M]^{2+}$分别为 *m/z* 672.1 和 *m/z* 676.9。MS/MS 产物离子质谱显示单电荷 b-和 y-离子（图 42.5）。根据强度和专属性，选择 *m/z* 223 的 b_2 离子，b_2 中的一个非天然氨基酸[Aib]可以使质谱区分 MK-2662 和内源性泌酸调节素肽片段。在优化之后，用 SRM 离子反应 *m/z* 672→*m/z* 223（MK-2662）和 *m/z* 677→*m/z* 223（IS）来定量分析 MK-2662。

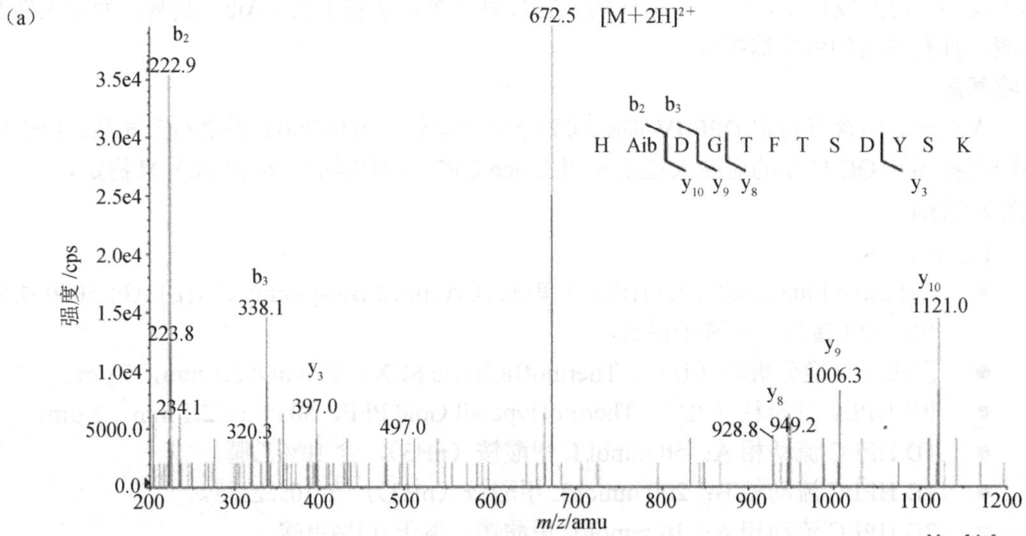

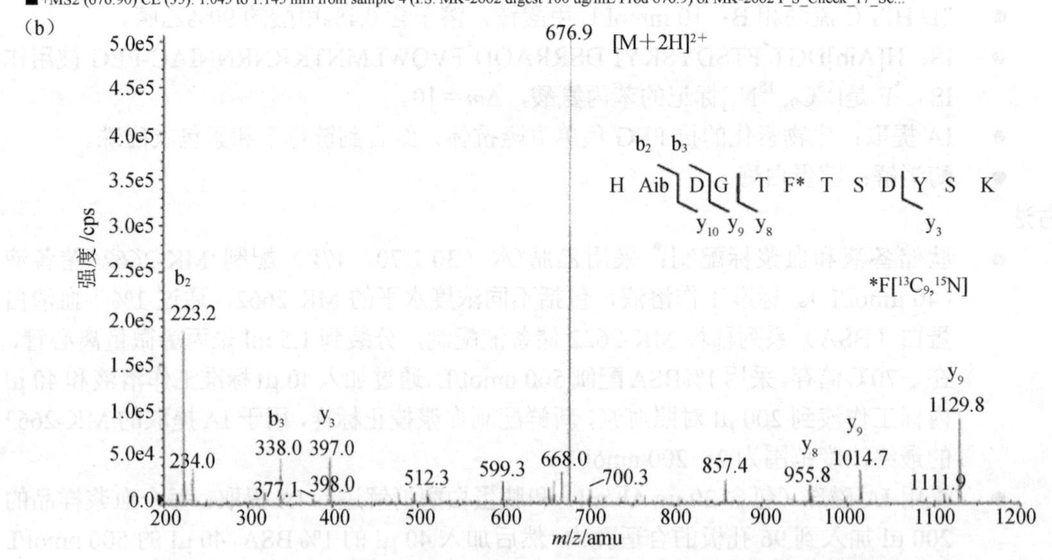

图 42.5　胰蛋白酶水解肽段的产物离子质谱图：（a）HAibDGTFTSDYSK 来自于 MK-2662、M^{2+}，（b）HAibDGTF[$^{13}C_9$,^{15}N]TSDYSK 来自于[$^{13}C_{18}$,$^{15}N_2$]MK-2662（IS）、M^{2+}（Xu et al., 2010。复制经允许）

- LC-MS/MS 分析：2D HPLC 采用两个正交的色谱分离机制来分离目标替代肽段和背景基质组分。第一维阳离子交换色谱在 BioBasic SCX（50 mm×2.1 mm，5 μm）柱上进行，从 50 mmol/L 到 200 mmol/L 甲酸铵的一个盐梯度，流速为 0.5 ml/min。加入 10%乙腈（*V/V*）来维持 SCX 柱好的色谱效率和回收率。通过柱切换阀分离的肽段被上样到 Hypersil Gold PFP 柱（50 mm×2.1 mm，5 μm），第二维反相色谱采用增加有机相梯度洗脱，进一步从背景噪声中分离替代肽段，由此提供一个干净的色谱图（图 42.6）。每个样品的总运行时间为 4.5 min。

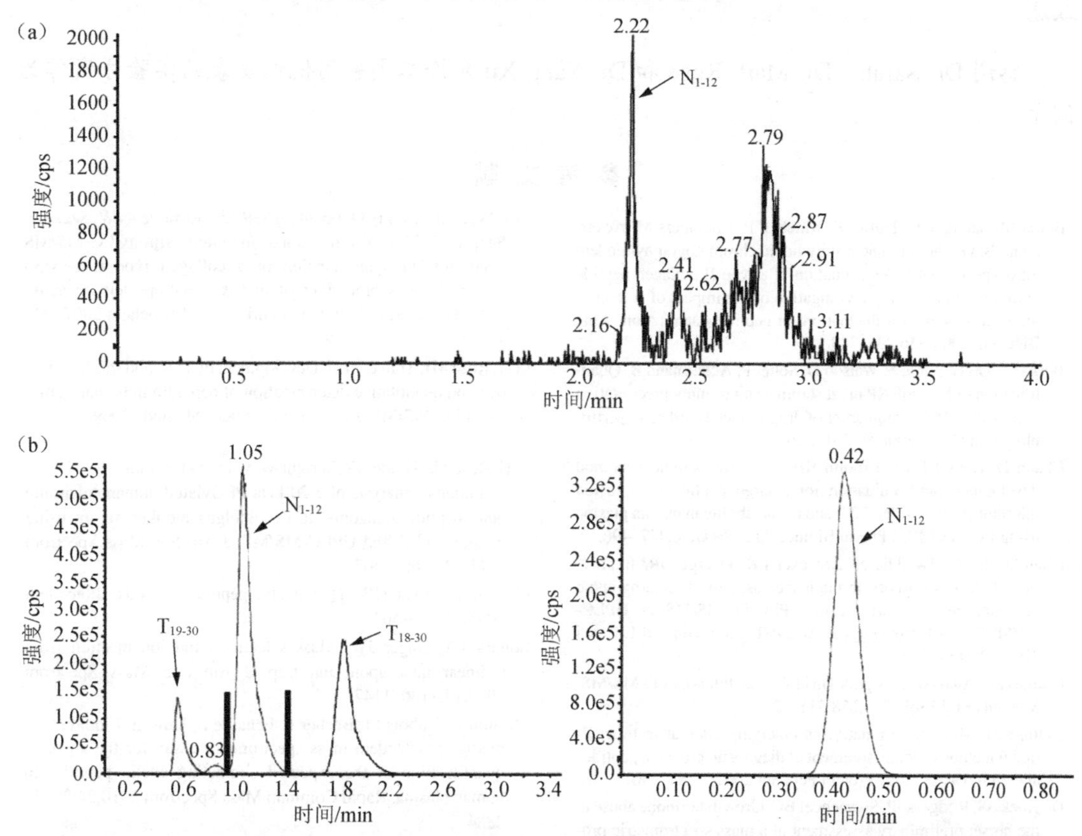

图 42.6　采用 1D LC-MS/MS（a）或 2D LC-MS/MS（b）分析来源于 MK-2662 的 N_{1-12} 肽段血浆样品的代表性色谱图；（b）左来自于 SCX 柱（第一维色谱），其中 T_{18-30} 和 T_{19-30} 肽段是从 MK-2662 的胰蛋白酶水解产物获得；（b）右来自于 RP 柱（第二维色谱）（Xu et al., 2010。复制经允许）

分析方法关键特征

用蛋白酶抑制剂来稳定人血浆中的肽。用 1% BSA 来解决校正标样制备中的 NSB。全长稳定同位素标记（SIL）的肽 PEG 结合物被用作内标物，来追踪分析的每个步骤，以获得可靠的分析结果。用色谱机制对比鲜明的 2D HPLC，来减少 ESI-MS/MS 共流出基质组分，从而显著增加信噪比（*S/N*）。LC-MS/MS 检测氮端的替代肽段，与 IA 提取 PEG 载体相结合，不仅提供高的专属性和灵敏度，而且克服了 ELISA 的限速步骤，即制备肽特异性抗体。

42.4　结　束　语

LC-MS 和 LC-MS/MS 用于生物基质中肽的定量分析，无论使用完整肽或者替代肽段，因为它们可以具有良好的选择性和测量灵敏度，都越来越成为优先采用的分析技术。然而，尽管 LC-MS 和 LC-MS/MS 固有的选择性和灵敏度，肽生物分析仍然如本章 42.2 节所述面临显著的挑战。这些挑战随着肽与肽的不同而有很大差别，通常需要根据目标定制的策略来选择适当的样品预处理过程、LC 分离和质谱检测平台，如在本章样品分析方案部分所列举的例子。随着质谱、色谱和生物样品预处理步骤的进步，采用 LC-MS 的肽生物分析一定会变得更加灵敏、可靠、耐用和经济。

致谢

感谢 Dr. Sarah、Dr. Mark Rose 和 Dr. Yang Xu 允许本文采用他们发表的实验方案作为例子。

参考文献

Berna M, Schmalz C, Duffin K, Mitchell P, Chambers M, Ackermann B. Online immunoaffinity liquid chromatography/tandem mass spectrometry determination of a type II collagen peptide biomarker in rat urine: investigation of the impact of collision-induced dissociation fluctuation on peptide quantitation. Anal Biochem 2006;356:235–243.

Berna M, Ott L, Engle S, Watson D, Solter P, Ackermann B. Quantification of NTproBNP in rat serum using immunoprecipitation and LC/MS/MS: a biomarker of drug-induced cardiac hypertrophy. Anal Chem 2008;80:561–566.

Chang D, Kolis SJ, Linderholm KH, et al. Bioanalytical method development and validation for a large peptide HIV fusion inhibitor (Enfuvirtide, T-20) and its metabolite in human plasma using LC-MS/MS. J Pharm Biomed Anal 2005;38:487–496.

Churchwell MI, Twaddle NC, Meeker LR, Doerge DR. Improving LC-MS sensitivity through increases in chromatographic performance: comparisons of UPLC-ES/MS/MS to HPLC-ES/MS/MS. J Chromatogr B Analyt Technol Biomed Life Sci 2005;825:134–143.

Cutillas PR. Analysis of peptides in biological fluids by LC-MS/MS. Methods Mol Biol 2010;658:311–321.

Dalluge JJ. Mass spectrometry: an emerging alternative to traditional methods for measurement of diagnostic proteins, peptides and amino acids. Curr Protein Pept Sci 2002;3:181–190.

De Kock SS, Rodgers JP, Swanepoel BC. Growth hormone abuse in the horse: preliminary assessment of a mass spectrometric procedure for IGF-1 identification and quantitation. Rapid Commun Mass Spectrom 2001;15:1191–1197.

Ewles M, Goodwin L. Bioanalytical approaches to analyzing peptides and proteins by LC–MS/MS. Bioanalysis 2011;3:1379–1397.

Geng X, Regnier FE. Retention model for proteins in reversed-phase liquid chromatography. J Chromatogr 1984;296:15–30.

Hager JW, Le Blanc JC. High-performance liquid chromatography–tandem mass spectrometry with a new quadrupole/linear ion trap instrument. J Chromatogr A 2003;1020:3–9.

Halquist MS, Karnes TH. Quantitative liquid chromatography tandem mass spectrometry analysis of macromolecules using signature peptides in biological fluids. Biomed Chromatogr 2010;25:47–58.

Ji QC, Rodila R, Gage EM, El-Shourbagy TA. A strategy of plasma protein quantitation by selective reaction monitoring of an intact protein. Anal Chem 2003;75:7008–7014.

John H, Walden M, Schafer S, Genz S, Forssmann WG. Analytical procedures for quantification of peptides in pharmaceutical research by liquid chromatography–mass spectrometry. Anal Bioanal Chem 2004;378:883–897.

Johnson RS, Martin SA, Biemann K, Stults JT, Watson JT. Novel fragmentation process of peptides by collision-induced decomposition in a tandem mass spectrometer: differentiation of leucine and isoleucine. Anal Chem 1987;59:2621–2625.

King R, Bonfiglio R, Fernandez-Metzler C, Miller-Stein C, Olah T. Mechanistic investigation of ionization suppression in electrospray ionization. J Am Soc Mass Spectrom 2000;11:942–950.

Li WW, Nemirovskiy O, Fountain S, Rodney Mathews W, Szekely-Klepser G. Clinical validation of an immunoaffinity LC-MS/MS assay for the quantification of a collagen type II neoepitope peptide: a biomarker of matrix metalloproteinase activity and osteoarthritis in human urine. Anal Biochem 2007;369: 41–53.

Li H, Rose MJ, Tran L, et al. Development of a method for the sensitive and quantitative determination of hepcidin in human serum using LC-MS/MS. J Pharmacol Toxicol Methods 2009;59:171–180.

Li H, Rose MJ, Holder JR, Wright M, Miranda LP, James CA. Direct quantitative analysis of a 20 kDa PEGylated human calcitonin gene peptide antagonist in cynomolgus monkey serum using in-source CID and UPLC-MS/MS. J Am Soc Mass Spectrom 2011;22:1660–1667.

Lien S, Lowman HB. Therapeutic peptides. Trends Biotechnol 2003;21:556–562.

Londry FA, Hager JW. Mass selective axial ion ejection from a linear quadrupole ion trap. J Am Soc Mass Spectrom 2003;14:1130–1147.

Mesmin C, Dubois M, Becher F, Fenaille F, Ezan E. Liquid chromatography/tandem mass spectrometry assay for the absolute quantification of the expected circulating apelin peptides in human plasma. Rapid Commun Mass Spectrom 2010;24:2875–2884.

Michalski A, Damoc E, Hauschild JP, et al. Mass spectrometry-based proteomics using Q Exactive, a high-performance benchtop quadrupole Orbitrap mass spectrometer. Mol Cell Proteomics 2011;10:M111.011015.

Miranda LP, Holder JR, Shi L, et al. Identification of potent, selective, and metabolically stable peptide antagonists to the calcitonin gene-related peptide (CGRP) receptor. J Med Chem 2008a;51:7889–7897.

Miranda LP, Winters KA, Gegg CV, et al. Design and synthesis of conformationally constrained glucagon-like peptide-1 derivatives with increased plasma stability and prolonged in vivo activity. J Med Chem 2008b;51:2758–2765.

Motoyama A, Venable JD, Ruse CI, Yates JR 3rd. Automated ultra-high-pressure multidimensional protein identification technology (UHP-MudPIT) for improved peptide identification of proteomic samples. Anal Chem 2006;78:5109–5118.

Motoyama A, Xu T, Ruse CI, Wohlschlegel JA, Yates JR 3rd. Anion and cation mixed-bed ion exchange for enhanced multidimensional separations of peptides and phosphopeptides. Anal Chem 2007;79:3623–3634.

Roepstorff P, Fohlman J. Proposal for a common nomenclature for sequence ions in mass spectra of peptides. Biomed Mass Spectrom 1984;11:601.

Sato AK, Viswanathan M, Kent RB, Wood CR. Therapeutic peptides: technological advances driving peptides into development. Curr Opin Biotechnol 2006;17:638–642.

Schwartz JC, Senko MW, Syka JE. A two-dimensional quadrupole ion trap mass spectrometer. J Am Soc Mass Spectrom 2002;13:659–669.

Shen JX, Motyka RJ, Roach JP, Hayes RN. Minimization of ion suppression in LC-MS/MS analysis through the application of strong cation exchange solid-phase extraction (SCX-SPE). J Pharm Biomed Anal 2005;37:359–367.

Shipkova P, Drexler DM, Langish R, Smalley J, Salyan ME, Sanders M. Application of ion trap technology to liquid chromatography/mass spectrometry quantitation of large peptides. Rapid Commun Mass Spectrom 2008;22:1359–1366.

Shushan B. A review of clinical diagnostic applications of liquid chromatography-tandem mass spectrometry. Mass Spectrom Rev 2010;29:930–944.

Song KH, An HM, Kim HJ, Ahn SH, Chung SJ, Shim CK. Simple liquid chromatography-electrospray ionization mass spectrometry method for the routine determination of salmon calcitonin in serum. J Chromatogr B Analyt Technol Biomed Life Sci 2002;775:247–255.

Thevis M, Thomas A, Delahaut P, Bosseloir A, Schanzer W. Doping control analysis of intact rapid-acting insulin analogues in human urine by liquid chromatography–tandem mass spectrometry. Anal Chem 2006;78:1897–1903.

Van Den Broek I, Sparidans RW, Huitema AD, Schellens JH, Beijnen JH. Development and validation of a quantitative assay for the measurement of two HIV-fusion inhibitors, enfuvirtide and tifuvirtide, and one metabolite of enfuvirtide (M-20) in human plasma by liquid chromatography-tandem mass spectrometry. J Chromatogr B Analyt Technol Biomed Life Sci 2006;837:49–58.

Van Den Broek I, Sparidans RW, Schellens JH, Beijnen JH. Enzymatic digestion as a tool for the LC-MS/MS quantification of large peptides in biological matrices: measurement of chymotryptic fragments from the HIV-1 fusion inhibitor enfuvirtide and its metabolite M-20 in human plasma. J Chromatogr B Analyt Technol Biomed Life Sci 2007;854:245–259.

Van Den Broek I, Sparidans RW, Schellens JH, Beijnen JH. Quantitative bioanalysis of peptides by liquid chromatography coupled to (tandem) mass spectrometry. J Chromatogr B Analyt Technol Biomed Life Sci 2008;872:1–22.

Van Den Broek I, Sparidans RW, Schellens JH, Beijnen JH. Quantitative assay for six potential breast cancer biomarker peptides in human serum by liquid chromatography coupled to tandem mass spectrometry. J Chromatogr B Analyt Technol Biomed Life Sci 2010;878:590–602.

Wilson SF, Li H, Rose MJ, Xiao J, Holder JR, James CA. Development and validation of a method for the determination of a therapeutic peptide with affinity for the human B1 receptor in human plasma using HPLC-MS/MS. J Chromatogr B Analyt Technol Biomed Life Sci 2010;878:749–757.

Wolf R, Hoffmann T, Rosche F, Demuth HU. Simultaneous determination of incretin hormones and their truncated forms from human plasma by immunoprecipitation and liquid chromatography–mass spectrometry. J Chromatogr B Analyt Technol Biomed Life Sci 2004;803:91–99.

Wolf R, Rosche F, Hoffmann T, Demuth HU. Immunoprecipitation and liquid chromatographic–mass spectrometric determination of the peptide glucose-dependent insulinotropic polypeptides GIP1-42 and GIP3-42 from human plasma samples. New sensitive method to analyze physiological concentrations of peptide hormones. J Chromatogr A 2001;926:21–27.

Wu ST, Ouyang Z, Olah TV, Jemal M. A strategy for liquid chromatography/tandem mass spectrometry based quantitation of pegylated protein drugs in plasma using plasma protein precipitation with water-miscible organic solvents and subsequent trypsin digestion to generate surrogate peptides for detection. Rapid Commun Mass Spectrom 2011;25:281–290.

Xu Y, Mehl JT, Bakhtiar R, Woolf EJ. Immunoaffinity purification using anti-PEG antibody followed by two-dimensional liquid chromatography/tandem mass spectrometry for the quantification of a PEGylated therapeutic peptide in human plasma. Anal Chem 2010;82:6877–6886.

Xue YJ, Akinsanya JB, Liu J, Unger SE. A simplified protein precipitation/mixed-mode cation-exchange solid-phase extraction, followed by high-speed liquid chromatography/mass spectrometry, for the determination of a basic drug in human plasma. Rapid Commun Mass Spectrom 2006;20:2660–2668.

Yamaguchi K, Takashima M, Uchimura T, Kobayashi S. Development of a sensitive liquid chromatography–electrospray ionization mass spectrometry method for the measurement of KW-5139 in rat plasma. Biomed Chromatogr 2000;14:77–81.

43

核苷类药物的液相色谱-质谱（LC-MS）生物分析

作者：Laixin Wang 和 Min Meng
译者：刘爱华、王来新、蒙敏
审校：李文魁、张杰

43.1 引　言

核苷是组成核酸（包括 RNA 和 DNA）的基础单位。核苷由一个碱基和一个核糖（RNA）或者脱氧核糖（DNA）组成。RNA 和 DNA 都含有 4 个天然核苷：腺（嘌呤）苷（A）、尿（嘧啶核）苷（U）/胸（腺嘧啶脱氧核）苷（T）、鸟（嘌呤）苷（G）及胞（嘧啶）苷（C）（图 43.1）。核苷类似物广泛应用于抗癌、抗病毒及免疫抑制治疗（Jansen, 2011）。大部分经 US FDA 批准的用于治疗病毒感染的药物都是核苷类似物，包括治疗艾滋病的叠氮胸苷（AZT）、去羟肌苷、二脱氧胞苷（ddC）、恩曲他滨（FTC）和拉米夫定（3TC），治疗 HBV 的恩替卡韦、拉米夫定和替比夫定及治疗 HSV 的阿昔洛韦。在化学疗法中，核苷或者核碱基类似物也是首批应用于癌症治疗的药物。例如，阿糖胞苷（Ara-C）可以治疗急性骨髓性白血病，5-氟尿嘧啶（5-FU）可治疗皮肤癌，吉西他滨（dFdC）可治疗乳腺癌、胰腺癌、肺癌和皮肤癌。

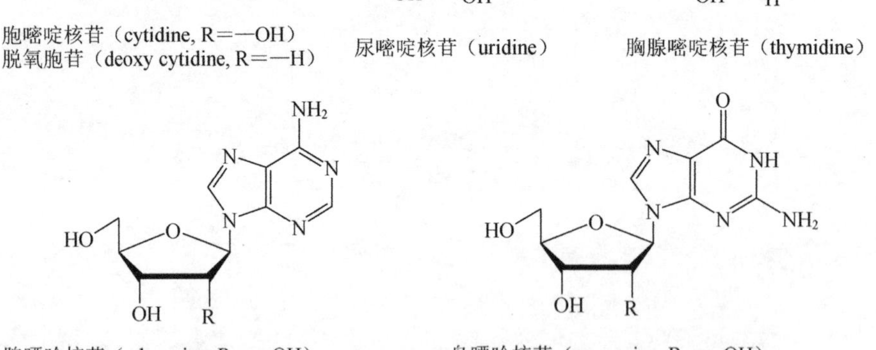

胞嘧啶核苷（cytidine, R=—OH）
脱氧胞苷（deoxy cytidine, R=—H）

尿嘧啶核苷（uridine）

胸腺嘧啶核苷（thymidine）

腺嘌呤核苷（adenosine, R=—OH）
脱氧腺嘌呤核苷（deoxyadenosine, R=—H）

鸟嘌呤核苷（guanosine, R=—OH）
脱氧鸟嘌呤核苷（deoxyguanosine, R=—H）

图 43.1　天然核苷和脱氧核苷的化学结构

修饰的核苷类化合物可作为许多癌症诊断和治疗阶段的潜在生物标志物（Hsu et al., 2011; Dudley, 2010）。研究发现在多种癌症患者的尿液中假尿嘧啶核苷、2-吡啶酮-5-甲酰胺-N1呋喃核糖苷（2-pyridone-5-carboxamide-N1-ribofuranoside）、二甲基鸟嘌呤、1-甲基鸟苷、2-甲基鸟嘌呤核苷和 1-甲基腺苷的浓度升高（Seidel et al., 2006）。8-羟基脱氧鸟苷（8-OHdG）作为生物对氧化应急反应的生物标志物，用于细胞 DNA 或者尿样排出物的检测。因此，生物基质中核苷类似物的定量分析对临床诊断和药物开发都至关重要。为此，毛细管电泳（CE）、反相高效液相色谱（RP-HPLC）、离子对 HPLC（IP-HPLC）、多孔石墨碳色谱（PGC）（Jansen et al., 2009a; Pabst et al., 2010; Vainchtein et al., 2010）及近来越来越多的亲水色谱[亲水相互作用液相色谱（HILIC）]（Marrubini et al., 2010）都被用于核苷类似物及其代谢产物的分离分析。而质谱仪的应用显著地提高了方法的特异性、灵敏性和高通量（Jansen, 2011）。

43.2 方法及步骤

43.2.1 原理和方法

由于其固有的特异性、灵敏性及高通量，LC-MS/MS 是生物分析方法中较为成熟的一个技术（Jansen, 2011）。RP-HPLC 广泛应用于生物分析中的色谱分离。核苷酸类分析物通常需要用合适的离子对试剂作为流动相，从而使得其在反相柱上有充分的保留（Carli et al., 2009; Heudi et al., 2009; Hsu et al., 2011; Renner et al., 2000; Zhao et al., 2004）。和核苷酸类不同，核苷类似物通常不需要离子对试剂就可以在柱子上有充分的保留（Cohen et al., 2010; Jensen, 2011）。然而，由于大部分的核苷类似物是极性非常大的化合物，流动相通常含有非常多的水相（最多可达到 100%水相）。因此，倾向于使用末端封闭或者嵌入极性基团的反相柱，如 Waters Atlantis dC18（or T3）、Varian Polaris C18、Phenomenex Hydro-RP、YMC hydrosphere 和 Agilent Zorbax columns。

除传统的反相柱外，PGC 柱也被应用于核苷类似物的 LC-MS/MS 分析。PGC 柱的保留机制较为复杂（Hanai, 2003）。其固定相的主要作用机制是和芳香类化合物发生 π-π 交互作用和分散交互作用。对于极性溶剂，石墨碳的表面又可作为一个路易斯碱基。因此，核苷类似物在 PGC 柱上通常有较好的柱保留和基线分离（Pabs, 2010; Vainchtein et al., 2010）。然而，研究发现 PGC 柱子会受氧化还原试剂（如过氧化氢或者亚硫酸盐）的影响，从而导致保留时间的变化（Jansen et al., 2009b; Melmer et al., 2010）。核苷类化合物在该柱子上的保留时间的不可预测性阻碍了其在良好实验室规范（GLP）生物分析中的应用。Restek 的 Ultra IBD 柱子是另一种较为特别的柱子，它在通常的反相条件下即可应用于核苷类似物的分离。Ultra IBD 固定相的烷基链上有极性基团。该极性基团使得许多极性化合物具有更好的柱保留和更特别的选择性。同时也使得该柱子与高极性流动相有更好的匹配。因此，在分析核苷类似物的 LC-MS/MS 方法中，Ultra IBD 柱子是个很好的选择。

近年来，越来越多的 LC-MS/MS 方法使用 HILIC 柱来分析核苷类似物。HILIC 可以认为是正相色谱的一种。普遍认为，流动相在 HILIC 柱的极性固定相的表面形成一层水膜，从而产生了类似于液相提取分离的效果。除此以外，在高比例有机溶剂的条件下，它还带有氢键作用及静电吸引作用。这就使得 HILIC 的分离机制和离子交换色谱（IEC）明显不同。和低极性化合物相比，极性越强的化合物越会和固定相的水层形成更强的相互作用；分析物在柱子上的分离主要是基于该化合物的极性和溶剂的极性。因而，核苷类类似物在 HILIC 柱上的峰型和分离主要取决于样品溶剂及流动相的组成。

一般来说，样品的提取方法主要有 3 种：蛋白质沉淀提取（PPE）、液-液萃取（LLE）和固相萃取（SPE）。由于核苷类似物是极性非常强的化合物，液-液萃取通常无法提供理想的提取回收率（RE），因此 SPE（Hsu et al., 2011; Renner et al., 2000）和 PPE（Carli et al., 2009; Heudi et al., 2009; Vainchtein et al., 2010）更普遍地应用于提取生物样品中的核苷类似物。

LC-MS/MS 定量分析通常是在三级四极杆质谱仪器上进行选择反应监测（SRM），并选定母离子及该母离子所产生的子离子进行检测。该特定的母离子及其子离子组成了母离子-子离子对（SRM）。多组 SRM 离子对可在同一个实验中通过 SRM 的快速切换同时进行测定。在 LC-MS/MS 分析中，正离子或者负离子模式下的电喷雾离子化（ESI）很普遍地应用于核苷类似物的检查（Jansen et al., 2011）。最近，大气压化学离子化（APCI）也被应用于腺苷及胞苷类似物的检测（Dycke, 2010; Honeywell et al., 2007; Montange et al., 2010）。

43.2.2 问题排除

在生物基质中的稳定性是核苷类化合物及其类似物生物分析的一个潜在问题。例如，在血浆中，腺苷会被脱胺酶快速脱去氨基而变成次黄嘌呤；而虫草素可快速脱去氨基变成 3′-deoxy-hypoxanthinosine（Tsai et al., 2010）。胞苷脱胺酶是另一种酶，它可以把胞苷、卡培他滨、阿糖胞苷、吉西他滨及核苷类似物在生物基质中变成相应的代谢产物（图 43.2）。因此，低温提取或者简化提取过程对成功地开发这些化合物的生物分析方法至关重要。有时在样品中加入适量的抑制剂对增加分析物在样品储存和提取过程中的稳定性也是非常必要的。赤-9-(2-羟基-3-壬基)腺嘌呤（EHNA）是一个不错的腺苷脱胺酶抑制剂（Tsai et al., 2010; Van Dycke et al., 2010），已成功地用于定量分析生物基质中的腺苷和虫草素。四氢尿苷（THU）是一个常用的胞苷脱胺酶抑制剂（Bowen et al., 2009; Li et al., 2011），也曾成功地应用于胞苷及其类似物的药代动力学（PK）样品定量分析（Bowen et al., 2009; Li et al., 2011）。通常 THU 可在血样收集之前加入到样品试管中，其最终浓度一般控制在 10～100 μg/ml。

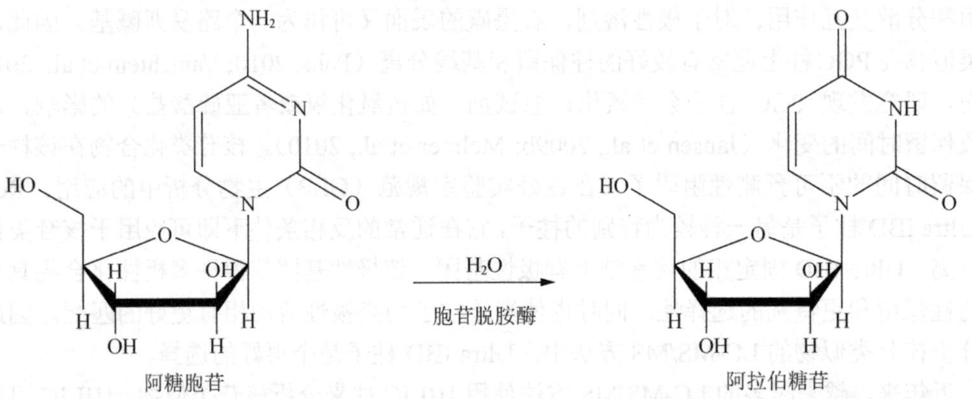

阿糖胞苷 —— H_2O，胞苷脱胺酶 → 阿拉伯糖苷

图 43.2 阿糖胞苷（cytarabine）和尿嘧啶阿拉伯糖苷（uracil arabinofuranoside）的化学结构及其转换过程

当采集样品时，如果加入适量的抑制剂仍无法使得样品足够稳定，样品则要尽量保留

在低温状态以减少分析物的降解。让血浆样品在冰水上解冻也是至关重要的。如果使用抑制剂，则需要尽早在样品处理过程中加入。在后面的案例中，内标液和氨水优先于血浆样品加入到样品提取板中。这样的话，血浆样品中的酶会立即失活。此外，氨水还能打断分析物和基质的黏合，从而提高方法的回收率。因此，保证氢氧化铵的浓度至关重要。由于氢氧化铵的挥发性很强，因此推荐每天使用现配的试剂。

PPE 是最简单、最实惠的核苷类似物提取方法。该方法通常使用强酸、强碱或者适量的有机溶剂使蛋白质在生物基质中变性（失去二级和三级结构）。大部分生物分析方法都会使用至少 3 倍量的有机溶剂加入在水相样品中，然后混合、离心或者过滤。该提取方法可以用标准的 96 孔深孔板来完成，因此很容易实现自动化。如果使用 PPE 板，分析物的提取回收率有时会由于非特异性结合（NSB）而降低（Kocan et al., 2006）。有时，PPE 板会被堵住或者有沉淀物露出。因此，离心是另一个去除沉淀物的好方法。为了提高方法的准确度和精密度，在加入有机溶剂之前，使得内标和样品在水相缓冲液中进行充分混合是至关重要的。对于容易与基质形成接合物的分析物，这一步显得尤其重要。

基质效应是影响 LC-MS/MS 方法准确度和精密度的另一个主要因素。在基质效应中，同流出的基质成分会影响（增强或者抑制）目标分析物的离子化。基质效应的可变性很大，很难控制和预测。基质效应由很多因素引起，包括但不仅限于内源性磷脂、药物载体、剂型添加剂和流动相成分等。典型的基质效应通常表现为在分析过程中增强或者抑制分析物和内标的响应。该效应可以是由于基质干扰物与分析物或者内标同时从液相柱上流出；也可以是某种基质成分停留在液相柱上，然后随机从柱子上流出并对分析物或者内标的离子化产生影响。因此，一些研究者会通过对样品提取方法进行优化来减少基质效应，而有些研究者是通过优化色谱条件达到目的。研究表明，基质效应一般在 ESI 模式下比在 APCI 模式下显得更为突出；并且不同厂家的仪器或者同一厂家不同类型的仪器，其表现出的基质效应程度也有一定的差异（Mei et al., 2003）。一个简单又有效的排除基质效应的方法，就是在每个分析样品之间使用含有较高比例的有机溶剂（丙酮、乙腈或者甲醇）流动相对柱子进行正方向或者反方向冲洗，从而洗脱柱子上停留的基质化合物。PPE 只是简单地把血浆样品中的大部分蛋白质去除掉，因此 PPE 方法通常需要通过优化色谱条件来减少基质效应。Tandem Labs 证明血浆提取样品中的磷脂残留物是引起基质效应的一个主要因素（Bennett and Liang 2004），并发现当有机溶剂在流动相中的比例达到 35%时才有可能把反相柱中残留的磷脂洗脱出来。由于大部分的核苷类似物在有机相比例小于 20%时就能从柱子中洗脱出来，因此内源性磷脂在该条件下会停留在柱上。为了防止磷脂在柱子上沉积，最有效的方法是在每进一个样品后用高比例的有机溶剂（如乙腈：水，90：10）对柱子进行反方向冲洗。用 LC-MS/MS 方法分析核苷类似物的另一个普遍的问题是峰型宽且在液相柱上的保留低。三氟乙酸（TFA）具有给核苷基团提供质子的能力（Xing et al., 2004），因此在流动相中添加 TFA 后，通常可以提高核苷化合物在反相色谱中的峰型及分离率。但是，TFA 通常会抑制质谱的信号，且在使用前必须先除盐（Annesley, 2003; Li et al., 2007）。降低或者缓解 LC-MS/MS 分析方法中 TFA 引起的离子抑制的方法有以下几种：在流动相中添加乙酸来缓解 TFA 所导致的灵敏度下降（Heudi et al., 2009; Shou et al., 2005）；也有报道指出在 ESI 离子源中使用降低表面张力的修饰剂可纠正 TFA 所导致的低灵敏度；或者在柱后导入酸或其他溶剂代替 TFA；也有使用协助溶剂的报道。以上这些处理都被普遍称为“TFA 修理”（Annesley, 2003）。

方案：使用 LC-MS/MS 对人血浆中的阿糖胞苷和尿嘧啶阿拉伯糖苷同时进行定量。

测试原料和基质

- 阿糖胞苷（Toronto Research Chemicals）
- 尿嘧啶 1-β-D-阿拉伯糖苷（Sigma-Aldrich）
- 阿糖胞苷-$^{13}C_3$（Toronto Research Chemicals）
- 人体血浆［乙二胺四乙酸二钾（K_2-EDTA）］（BioChemEd）

设备和试剂

- 液体转移系统：Microlab Nimbus 96, Hamilton Robotics, Inc。
- HPLC 系统：LC10AD HPLC Pumps and SCL-10AVP System Controller, Shimazu Scientific Instruments。
- 自动进样器：CTC PAL Workstation, LEAP Technologies。
- 标准 6 孔转换阀：VICI Cheminert 10U-0263H。
- 质谱仪：Sciex API 4000 Triple Quadrupole MS/MS, AppliedBiosystems, Inc。
- HPLC 柱：VarianPolaris C18-A 3 μm, 2 mm×50 mm
- *N*, *N*-二甲基甲酰胺（DMF），HPLC 级别，Burdick& Jackson。
- 乙酸铵，ACS 级别，Sigma-Aldrich。
- 氢氧化铵（NH_4OH）（约 28%～30%纯度），ACS grade, Sigma-Aldrich。
- 乙腈（MeCN），HPLC 级别，EMD。
- 丙酮，HPLC 级别，EMD。
- 甲酸，ACS 级别，EMD。
- 甲醇（MeOH），HPLC 级别，EMD。
- 双蒸水：Type 1,（typically 18.2 MΩ cm）或者相当仪器。
- 进样针清洗剂 2：50/50，水/DMF。
- 进样针清洗剂 2：含有 0.1%FA 的双蒸水。
- 流动相 A：10 mmol/L 乙酸铵，pH 未调整。
- 流动相 B：乙腈。
- 流动相 C：90/10，乙腈/水（用于柱子的反相冲洗，流速为 0.800 ml/min）。

方法

溶液及样品准备

（1）称取适量的阿糖胞苷和尿嘧啶 1-β-D-阿拉伯糖苷放入聚丙烯试管中，并加入适量体积的 DMF，摇匀，溶解，从而得到 16.0 mg/ml 的储备溶液。所有的储备溶液储存在 1～8℃。

（2）使用以上储备溶液，配置阿糖胞苷和尿嘧啶 1-β-D-阿拉伯糖苷浓度均为 8.00 mg/ml 的混合储备溶液。

（3）用以上储存液在冰水浴中配置校正标样和质量控制（QC）样品。校正标样有 8 个水平的浓度：0.200 μg/ml、0.500 μg/ml、1.00 μg/ml、2.00 μg/ml、5.00 μg/ml、20.0 μg/ml、40.0 μg/ml 和 50.0 μg/ml。而 QC 样品含有 5 个水平的浓度：0.200 μg/ml、0.600 μg/ml、

20.0 μg/ml、38.0 μg/ml 和 200 μg/ml。

（4）称适量的阿糖胞苷-$^{13}C_3$并溶解于适量的 50/50，水/甲醇中，从而得到 50.0 μg/ml 的内标液。

样品提取

（1）在 96 孔深孔板中加入 50.0 μl 的冰冷内标液[cytarabine-$^{13}C_3$在水：甲醇，50：50（*V*/*V*）中的浓度为 50.0 μg/ml]。

（2）每个样品孔中加入 100 μl 新配的（28%～30% 氢氧化铵）/水，50/50（*V*/*V*）。

（3）加入 50.0 μl 的样品到 96 孔深孔板中相应孔中。

（4）大约摇动混合样品 2 min。

（5）每个样品中加入 700 μl 新配的含有 5%氢氧化铵的乙腈。

（6）使用多管自动涡旋混合器在高速下对样品摇动混合大约 10 min。

（7）对样品进行离心分离，速度约为 3000 r/min，时间约为 5 min。

（8）把 100 μl 上清液转入到新的 96 孔深孔板。

（9）在温度 40℃左右，用氮气将样品吹干。

（10）最后在干燥的样品中加入 500 μl 的 10 mmol/L 乙酸铵水溶液将样品溶解。

（11）用涡旋混合器将样品摇动混合大约 2 min。

（12）在 3000 r/min 速度下对样品离心分离大约 10 min。

（13）在样品分析之前把样品储存在室温中。

LC-MS/MS 分析

（1）HPLC 系统带有标准的 6 孔转换阀（VICI Cheminert 10U-0263H）。在分析物流出后，该 6 孔转换阀可以协助完成对柱子的反方向冲洗。具体的液相条件如下（图 43.3）。

a．流速为 0.400 ml/min。

b．液相柱的柱温为 30℃。

c．流动相的比例程序如下：

时间/min	0.0	1.0	2.0	2.5	3.0	3.5	4.0
流动相B%	0.0	0.0	E1*	30.0	E2*	0.0	0.0

*柱子的反方向冲洗使用流动相 C，流速为 0.8 ml/min，时间是从 2 min 到 3 min。

（2）质谱是在正离子模式下，以 ESI 为电离条件。阿糖胞苷、尿嘧啶 1-β-D-阿拉伯糖苷和阿糖胞苷-$^{13}C_3$ 的多反应监测（MRM）分别是 244.1→112.1、245.1→113.1 和 247.1→115.1。典型的质谱条件是：停留时间为 100 ms；离子源温度为 500℃；喷雾电压为 4000 V；去簇电压（DP）为 25 V；气帘气流量为 30 psi，雾化气（GS1）流量为 50 psi；加热气（GS2）流量为 70 psi；碰撞能量（CE）为 35 eV。

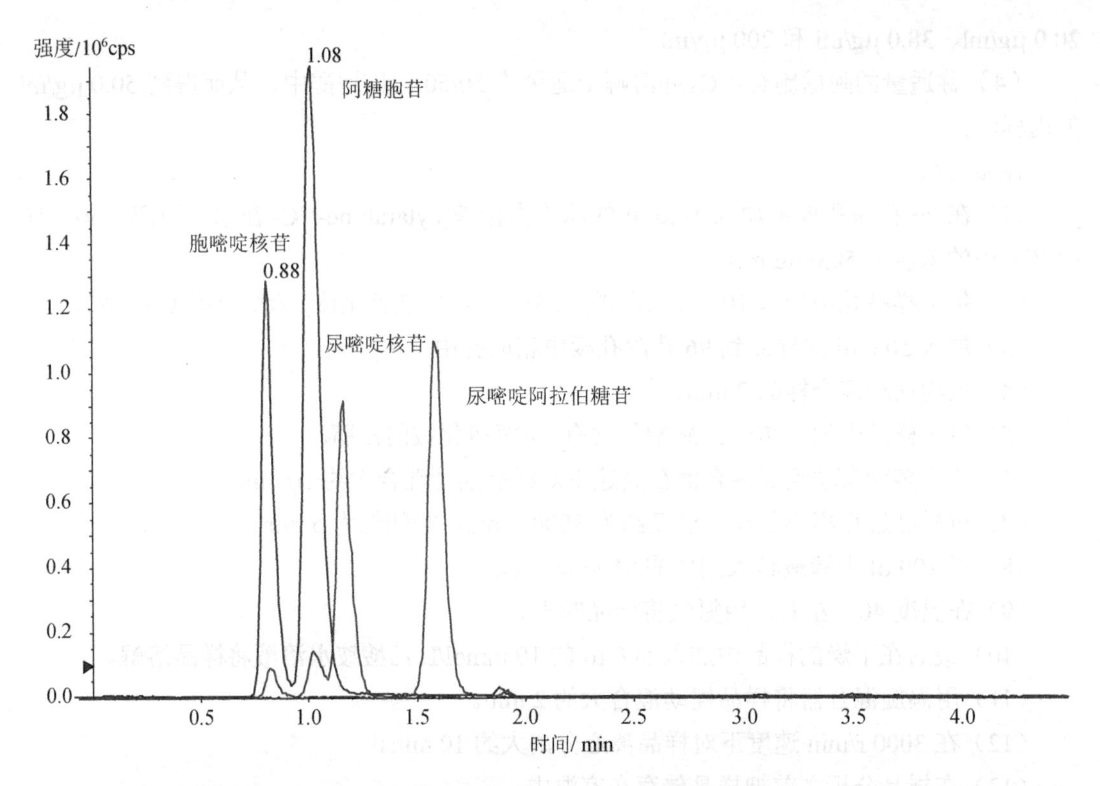

图 43.3　文中所描述的 LC-MS/MS 条件下胞嘧啶核苷（cytidine）、阿糖胞苷（cytarabine）、尿嘧啶核苷（uridine）和尿嘧啶阿拉伯糖苷（uracil arabinofuranoside）的典型色谱图（胞嘧啶核苷和尿嘧啶核苷是内源性化合物，具有同等分子质量，因而在色谱上需要充分的分离）

参 考 文 献

Annesley TM. Ion suppression in mass spectrometry. Clin Chem 2003;49(7):1041–1044.

Bennett P, Liang H. 2004. Overcoming matrix effects resulting from biological phospholipids through selective extractions in quantitative LC/MS/MS. Presented at the 52nd ASMS Conference. Available at http://www.tandemlabs.com/documents/PatrickASMSPaper.pdf. Accessed Apr 4, 2013

Bolin C, Cardozo-Pelaez F. Assessing biomarkers of oxidative stress: Analysis of guanosine and oxidized guanosine nucleotide triphosphates by high performance liquid chromatography with electrochemical detection. J Chromatogr B Analyt Technol Biomed Life Sci 2007;856(1–2):121–130.

Bowen C, Wang S, Licea-Perez H. Development of a sensitive and selective LC-MS/MS method for simultaneous determination of gemcitabine and 2,2-difluoro-2-deoxyuridine in human plasma. J Chromatogr B Analyt Technol Biomed Life Sci 2009;877(22):2123–2129.

Carli D, Honorat M, Cohen S, et al. Simultaneous quantification of 5-FU, 5-FUrd, 5-FdUrd, 5-FdUMP, dUMP and TMP in cultured cell models by LC-MS/MS. J Chromatogr B Analyt Technol Biomed Life Sci 2009;877(27):2937–2944.

Cohen S, Jordheim LP, Megherbi M, Dumontet C, Guitton J. Liquid chromatographic methods for the determination of endogenous nucleotides and nucleotide analogs used in cancer therapy: a review. J Chromatogr B Analyt Technol Biomed Life Sci 2010;878(22):1912–1928.

Dudley E. Analysis of urinary modified nucleosides by mass spectrometry. In: Banoub JH, Limbach PA, editors. Mass Spectrometry of Nucleosides and Nucleic Acids. New York: CRC Press; 2010. p 163–194.

Hanai T. Separation of polar compounds using carbon columns. J Chromatogr A 2003;989(2):183–196.

Heudi O, Barteau S, Picard F, Kretz O. A sensitive LC-MS/MS method for quantification of a nucleoside analog in plasma: application to in vivo rat pharmacokinetic studies. J Chromatogr B Analyt Technol Biomed Life Sci 2009;877(20–21):1887–1893.

Honeywell R, Laan AC, van Groeningen CJ, et al. The determination of gemcitabine and 2′-deoxycytidine in human plasma and tissue by APCI tandem mass spectrometry. J Chromatogr B Analyt Technol Biomed Life Sci 2007;847(2):142–152.

Hsu WY, Lin WD, Tsai Y, et al. Analysis of urinary nucleosides as potential tumor markers in human breast cancer by high performance liquid chromatography/electrospray ionization tandem mass spectrometry. Clin Chim Acta 2011;412(19–20):1861–1866.

Jansen RS, Rosing H, Schellens JH, Beijnen JH. Simultaneous quantification of 2′,2′-difluorodeoxycytidine and 2′,2′-difluorodeoxyuridine nucleosides and nucleotides in white blood cells using porous graphitic carbon chromatography coupled with tandem mass spectrometry. Rapid Commun Mass Spectrom 2009a;23(19):3040–3050.

Jansen RS, Rosing H, Schellens JH, Beijnen JH. Retention studies of 2′-2′-difluorodeoxycytidine and 2′-2′-difluorodeoxyuridine nucleosides and nucleotides on porous graphitic carbon: development of a liquid chromatography-tandem mass spectrometry method. J Chromatogr A 2009b;1216(15):3168–3174.

Jansen RS, Rosing H, Schellens JH, Beijnen JH. Mass spectrometry in the quantitative analysis of therapeutic intracellular nucleotide analogs. Mass Spectrom Rev 2011;30(2):321–343.

Kocan G, Quang C, Tang D. Evaluation of protein precipitation filter plates for high-throughput LC-MS/MS bioanalytical sample preparation. Am Drug Discov 2006;1(3):21–24.

Li W, Luo S, Li S, et al. Simultaneous determination of ribavirin and ribavirin base in monkey plasma by high performance liquid chromatography with tandem mass spectrometry. J Chromatogr B Analyt Technol Biomed Life Sci 2007;846(1–2):57–68.

Li W, Zhang J, Tse FL. Strategies in quantitative LC-MS/MS analysis of unstable small molecules in biological matrices. Biomed Chromatogr 2011;25(1–2):258–277.

Marrubini G, Mendoza BE, Massolini G. Separation of purine and pyrimidine bases and nucleosides by hydrophilic interaction chromatography. J Sep Sci 2010;33(6–7):803–816.

Mei H, Hsieh Y, Nardo C, et al. Investigation of matrix effects in bioanalytical high-performance liquid chromatography/tandem mass spectrometric assays: application to drug discovery. Rapid Commun Mass Spectrom 2003;17(1):97–103.

Melmer M, Stangler T, Premstaller A, Lindner W. Solvent effects on the retention of oligosaccharides in porous graphitic carbon liquid chromatography. J Chromatogr A 2010;1217(39):6092–6096.

Montange D, Bérard M, Demarchi M, et al. An APCI LC-MS/MS method for routine determination of capecitabine and its metabolites in human plasma. J Mass Spectrom 2010;45(6):670–677.

Pabst M, Grass J, Fischl R, et al. Nucleotide and nucleotide sugar analysis by liquid chromatography–electrospray ionization–mass spectrometry on surface-conditioned porous graphitic carbon. Anal Chem 2010;82(23):9782–9788.

Renner T, Fechner T, Scherer G. Fast quantification of the urinary marker of oxidative stress 8-hydroxy-2′-deoxyguanosine using solid-phase extraction and high-performance liquid chromatography with triple-stage quadrupole mass detection. J Chromatogr B Biomed Sci Appl 2000;738(2):311–317.

Seidel A, Brunner S, Seidel P, Fritz G, Herbarth O. Modified nucleosides: an accurate tumour marker for clinical diagnosis of cancer, early detection and therapy control. Br J Cancer 2006;94(11):1726–1733.

Shou WZ, Naidong W. Simple means to alleviate sensitivity loss by trifluoroacetic acid (TFA) mobile phases in the hydrophilic interaction chromatography–electrospray tandem mass spectrometric (HILIC-ESI/MS/MS) bioanalysis of basic compounds. J Chromatogr B Analyt Technol Biomed Life Sci 2005;825(2):186–192.

Tsai YJ, Lin LC, Tsai TH. Pharmacokinetics of adenosine and cordycepin, a bioactive constituent of Cordyceps sinensis in rat. J Agric Food Chem 2010;58(8):4638–4643.

Vainchtein LD, Rosing H, Schellens JH, Beijnen JH. A new, validated HPLC-MS/MS method for the simultaneous determination of the anti-cancer agent capecitabine and its metabolites: 5′-deoxy-5-fluorocytidine, 5′-deoxy-5-fluorouridine, 5-fluorouracil and 5-fluorodihydrouracil, in human plasma. Biomed Chromatogr 2010;24(4):374–386.

Van Dycke A, Verstraete A, Pil K, et al. Quantitative analysis of adenosine using liquid chromatography/atmospheric pressure chemical ionization–tandem mass spectrometry (LC/APCI-MS/MS). J Chromatogr B Analyt Technol Biomed Life Sci 2010;878(19):1493–1498.

Xing J, Apedo A, Tymiak A, Zhao N. Liquid chromatographic analysis of nucleosides and their mono-, di- and triphosphates using porous graphitic carbon stationary phase coupled with electrospray mass spectrometry. Rapid Commun Mass Spectrom 2004;18(14):1599–1606.

Yang FQ, Ge L, Yong JW, Tan SN, Li SP. Determination of nucleosides and nucleobases in different species of Cordyceps by capillary electrophoresis–mass spectrometry. J Pharm Biomed Anal 2009;50(3):307–314.

Zhao M, Rudek MA, He P, et al. Quantification of 5-azacytidine in plasma by electrospray tandem mass spectrometry coupled with high-performance liquid chromatography. J Chromatogr B Analyt Technol Biomed Life Sci 2004;813(1–2):81–88.

44

核苷酸的液相色谱-质谱（LC-MS）生物分析

作者：Sabine Cohen、Marie-Claude Gagnieu、Isabelle Lefebvre 和 Jérôme Guitton
译者：梁文忠、陶怡
审校：罗江、侯健萌、张杰、谢励诚

44.1 引　　言

核苷酸由一个核碱基（含氮碱基）、一个五碳糖（核糖或 2-脱氧核糖）和一个、两个或三个磷酸基团组成。磷酸基团与糖的 2、3 或 5 位碳成键，其中以 5 位碳最为常见（图 44.1）。当磷酸与糖的两个羟基成键时产生环核苷酸。核苷酸包含一个嘌呤或嘧啶碱基。核糖核苷酸中的糖为核糖，而脱氧核糖核苷酸中的糖为脱氧核糖（图 44.1）（Koolman and Roehm, 2005）。当核苷酸分子连接在一起时，组成了核酸 RNA 和 DNA 的单个结构单元。此外，核苷酸参与细胞信号传导（cGMP 和 cAMP），并参与到酶反应的重要协同因子中（辅酶 A、FAD、FMN 和 $NADP^+$）。内源性核糖核苷酸和脱氧核糖核苷酸，特别是其三磷酸形式（ATP 和 GTP），在细胞功能中起到至关重要的作用，并由于其是化学能量的来源，因此在代谢中也起到中心作用（Rodwell, 2003）。

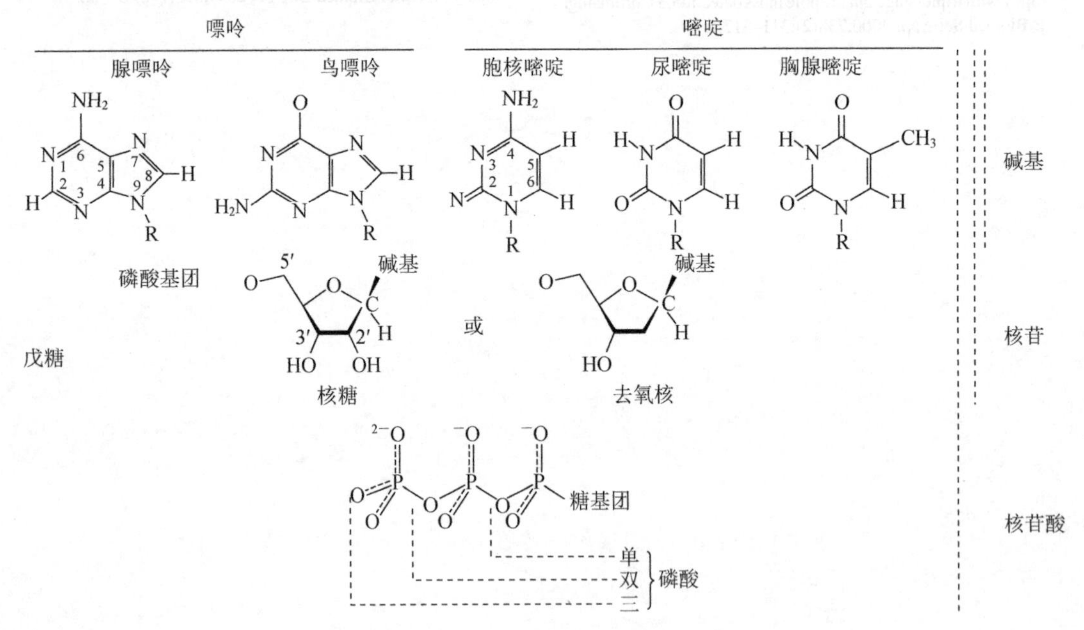

图 44.1　核苷酸的基本结构

核苷类似物通常用于免疫抑制、抗癌和抗病毒治疗，其作用机制是基于它们和天然核苷酸的结构相似性，从而与天然核苷酸竞争进入核苷酸的代谢途径。

对于感染艾滋病病毒的患者，高活性疗法对抗逆转录病毒的药物包括以下几种不同类型：核苷类逆转录酶抑制剂（NRTI）、非核苷类逆转录酶抑制剂、整合酶抑制剂、蛋白酶抑制剂、融合抑制剂和复合受体拮抗剂（Back et al., 2005）。NRTI 类药物是以前药来施用的，需要进入宿主细胞并由细胞激酶进行磷酸化。有几种激酶参与这种顺序的酶促磷酸化步骤，如胸苷激酶、腺苷酸激酶、脱氧胞苷激酶或 5-核苷二磷酸激酶。三磷酸代谢产物是所有 NRTI 类药物的活性成分（图 44.2）。替诺福韦和阿德福韦是核苷酸逆转录酶抑制剂，其活性形式是二磷酸代谢产物。所有的 NRTI 与内源性类似物竞争并停止 DNA 的延长。当病毒感染一个细胞时，逆转录酶复制病毒的单链 RNA 基因组到双链病毒 DNA 中。病毒 DNA 然后被整合到宿主染色体 DNA 中，使得宿主细胞过程得以进行，如转录和翻译以复制病毒。由于 NRTI 类药物的戊糖结构中缺少 3-羟基基团，NRTI 类药物和 5-核苷三磷酸之间的 3，5-磷酸二酯键无法形成（Arts and Hazuda, 2012）。因此，NRTI 类药物阻止逆转录酶的功能并阻止双链病毒 DNA 的合成，从而防止病毒的复制。

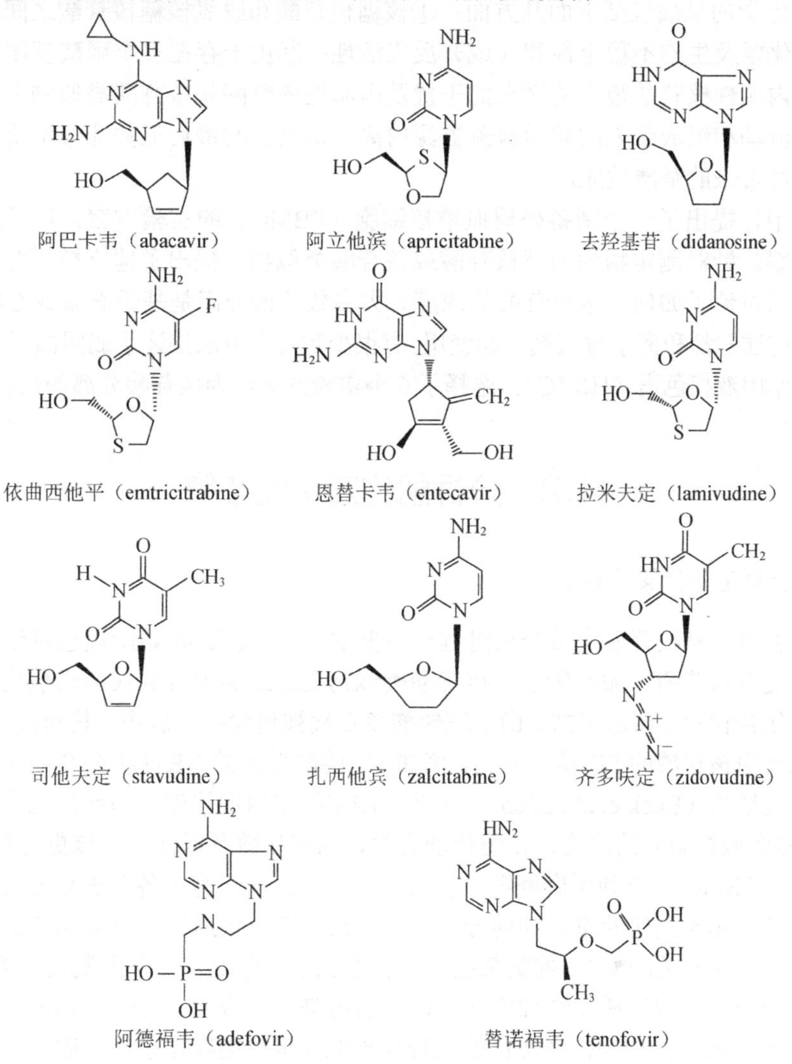

图 44.2　用于艾滋病治疗的核苷酸和核苷类似物逆转录酶抑制剂的结构

核苷酸代谢也是癌症治疗细胞标靶之一。脱氧腺苷类似物如氟达拉滨或克拉屈滨，脱氧胞苷类似物如吉西他滨或阿糖胞苷，以及氟嘧啶类化合物如5-氟尿嘧啶都被用于治疗癌症。如前述关于NRTI类药物，核苷类似物是通过细胞内激酶磷酸化被激活的。已经报道的这些抗癌药物的作用机制有几种，包括加入到DNA中导致产生非天然的核酸、链终止和细胞循环抑制。吉西他滨二磷酸和脱氧腺苷类似物的三磷酸都是核糖核苷酸还原酶的抑制剂（RNR或核糖核苷酸二磷酸还原酶）（Xie and Plunkett, 1995）。RNR催化由核糖核酸产生脱氧核糖核苷酸的反应。因此，RNR的底物是ADP、GDP、CDP和UDP，而RNR在调节DNA合成的总速率上起到很关键的作用。5-FU通过其三磷酸形式整合到RNA和DNA，从而诱导细胞死亡。同时，5-FU因形成氟脱氧尿苷单磷酸而抑制胸苷酸合成酶，因此导致胸苷三磷酸耗尽（Longley et al., 2003）。

从生物分析的角度来看，对天然和核苷酸类似物的分析技术方法是相同的。迄今为止，已经发表了许多利用LC-MS/MS测定天然核苷酸及核苷酸类似物的方法。这些大量的文章不仅反映了定量测定核苷酸的科学相关性，还反映了其在分析上的复杂性。核苷酸LC-MS/MS定量的挑战包括下面几方面：①核糖核苷酸和脱氧核糖核苷酸之间浓度的高度可变性；②化学及生物不稳定性和（或）反应活性；③由于存在多个磷酸基团而带来的高极性；④由内源性核苷酸带来的潜在的干扰及内源性核苷酸和核苷酸类似物之间的干扰；⑤由选用的流动相组成带来的质谱检测器源内离子抑制；⑥最后但并非最不重要的是由生物细胞复杂性带来的基质效应。

在本章中，提出了一个制备外周血单核细胞（PBMC）的实验方案，以及两个提取过程的实验方案。针对测定物为天然核苷酸或核苷酸类似物，提出了建立校正曲线的各种可行方法。然后讨论了如何表达核苷酸的浓度。大多数色谱分离是基于石墨或C18固定相。这两种色谱柱通常都和离子对试剂一起使用。有很少数几个方法描述了弱阴离子交换（WAX）或亲水相互作用液相色谱（HILIC）。选择了6个实验方案作为核苷酸分离的代表性方法。

44.2　分析前的方法和步骤

44.2.1　用于测定核苷酸的基质

样品制备可能是核苷酸定量分析过程中主要的关键步骤。初始阶段包括细胞分离，然后从细胞中提取核苷酸。如前所述，核苷酸类似物经过细胞内合成代谢磷酸化而被转化为对应于活性化合物的三磷酸形式。由于三磷酸核苷酸被包含在细胞中，其药代动力学（PK）的表现与血浆中核苷酸的PK是不同的。例如，三磷酸形态的NRTI类药物的半衰期比母药血浆中的半衰期长（Back et al., 2005）。因此，测定细胞内的浓度，即活性化合物靶向部位（PBMC或白血病细胞）的浓度，在药代动力学、临床疗效及毒性上应该更有意义（Jansen et al., 2012）。PBMC可以利用聚蔗糖梯度离心或者市售的细胞制备管进行分离。实验中应该尽快将血液标本拿到实验室，细胞分离过程应在4℃下快速进行以抑制酶的活性（细胞含有与核苷酸代谢相关的酶）、抑制某些化合物潜在的不稳定性，并限制药物的主动转运。由于下述两个原因，应该避免红细胞（RBC）的污染。一方面，红细胞内的内源性核苷酸可能增强基质效应。另一方面，磷酸化的核苷酸类似物也可能存在于红细胞中并污染PBMC部分（Durand-Gasselin et al., 2007）。

有众多的方法描述在 PBMC 中利用 LC-MS/MS 定量核苷酸。下面提出的实验方案来自于本实验室，它是几个在文献中描述的实验方案的组合。

设备和试剂

- 细胞制管备（CPT）（Becton Dickinson 公司）。
- 0.9%氯化钠溶液。
- 低渗氯化铵溶液：NH_4Cl（3.5 g）和碳酸氢钠（0.036 g）在 500 ml 蒸馏水中。

方法

（1）将 7 ml 外周血抽入细胞制备管中[a]。

（2）按照制造商的实验方案分离出 PBMC，以获得刚好在凝胶上面的含有细胞的扩散层[在 1500～1800×*g*，室温下离心（18～25℃）25 min][b]。

（3）取出血浆后，使用储存在 4℃的 0.9%氯化钠溶液将 PBMC 倒入管中并在 4℃离心（300×*g*，10 min）。

（4）以 0.9%氯化钠冲洗细胞制备管内剩余细胞。

（5）在 4℃离心除去洗涤溶液之后（300×*g*，10 min），使用适当的方法进行细胞计数[典型的细胞回收率（RE）：7 ml 外周中含（5～20）×10^6 个细胞]。

（6）如果需要的话，为了避免红细胞溶解，可以将 2 ml 4℃低渗氯化铵溶液加入到细胞沉淀物中。

（7）2 min 后离心分离去除红细胞裂解液，弃去上清液，并用冷的 0.9%NaCl 溶液洗涤剩余的细胞。

（8）将干沉淀物储存在－80℃。

注意事项

[a] 使用细胞制备管比常用的聚蔗糖梯度离心法耗时少。使用聚蔗糖 Histopaque 方法或细胞制备管可以得到相似的 PBMC 回收率。

[b] 由于一些核苷酸特别不稳定，因此必须尽快收集细胞环（如 d4T-TP 在 40 min 内降解约 40%）。

44.2.2　从细胞基质中提取核苷酸

至今，已报道过几种从细胞中提取核苷酸的方法（Cohen et al., 2010; Jansen et al., 2011）。所有方法的共同点是沉淀步骤。强酸，特别是高氯酸被用来进行沉淀。然后利用碱性溶液对上清液进行中和。虽然报道结果中的回收率令人满意，但必须注意强酸对目标待测物稳定性，对色谱分离和对探测器污染的影响。根据这些潜在的局限性，目前蛋白质沉淀采用乙腈或甲醇和水的混合物（比例从 60%到 80%）。在此条件下，提取率大多在 70%～100%。在一些实验中增加了一个处理步骤如冻融循环、在冰浴上超声，或者额外的固相萃取（SPE）步骤。在处理过程的最后，含有有机溶剂的上清液可以被蒸发以浓缩核苷酸。

在这里，将重点放在制备 PBMC 或细胞培养之后从细胞中提取核苷酸（单、二和三核苷酸）的实验方案。

方案 1：通过简单的沉淀方法提取核苷酸。该细胞裂解技术在文献中很常见。

设备和试剂

- 冷甲醇。

- Tris-HCl 缓冲液（50 mmol/L，pH5）。

方法

（1）将 1～5 ml 含有甲醇/Tris-HCl 缓冲液（70/30，*V*/*V*）的混合物加入到每个细胞沉淀物中[a,b,c]。

（2）通过涡旋振荡破裂细胞（用于总核苷酸的提取）。

（3）在 18 000×*g*，4℃下离心 15 min，以除去细胞碎片。

（4）上清液在 40℃氮气流下吹干。

（5）根据方法灵敏度的需要将残留物溶解在一定体积的水（或流动相中）。

注意事项

[a] 适量的校正标样（STD）工作溶液和内标溶液应该在加入混合物之前马上加入。

[b] 由于三磷酸核苷酸可能在高于 70%的甲醇比例时沉淀出来，甲醇在混合物中的比例不得超过 70%。

[c] 对细胞沉淀物的处理，其他的实验方案中用高氯酸或甲醇/水混合物（60∶40 或者 70∶30，*V*/*V*）替换甲醇/Tris-HCl 缓冲液。

方案 2：甲醇沉淀后再进行 SPE 提取的组合方法。根据本实验室的经验，在该组合萃取方法下信噪比（*S*/*N*）会得到改善。

设备和试剂

- SPE 小柱 Oasis® WAX（60 mg）（Waters）。
- 乙酸铵溶液（50 mmol/L），用乙酸将 pH 调节至 4.5。
- 溶液 A：甲醇/水/乙酸铵溶液（80/15/5，*V*/*V*/*V*），新配。

方法

（1）先用 2 ml 的甲醇再用 2 ml 的乙酸铵溶液活化固相萃取柱[a]。

（2）将先前用甲醇/水混合物（60/40，*V*/*V*）沉淀得到的含细胞沉淀的样品加载到固相萃取柱上。

（3）用 2 ml 乙酸铵溶液洗涤 SPE 柱。

（4）用 2 ml 溶液 A 将分析物从固相萃取柱上洗脱下来[b]。

（5）洗脱液在 40℃氮气流下吹干。

（6）根据方法灵敏度的需要将残留物溶解在一定体积的水（或流动相）中。

注意事项

[a] 用乙酸铵溶液活化固相萃取柱可提高核苷酸的保留。在 pH 4.5，WAX 吸附剂（pK_a 约为 6）是以离子化的形式（R_4-N^+）存在，这大大促进与核苷酸磷酸基团的相互作用。

[b] 由于 WAX 固定相处于非离子化状态，核苷酸可以在碱性 pH 下洗脱。

44.2.3　校正标样和质量控制样品的制备及内标的使用

定量分析核苷酸类似物和内源性核苷酸所面对的挑战显然是不同的。对于核苷酸类似物，因为这些化合物是外源性化合物，它们在细胞内并不存在，可以将待测物加入到空白细胞（WBC）沉淀物中制备校正标样和质量控制（QC）样品[在这里把内源性化合物和（或）内源核苷酸的干扰排除在外，关于这一点参见 44.3 节]。但是，只有很少数核苷酸类似物是市售的。因此，实验室必须从制药公司获得它们或者需要进行复杂而烦琐的合成。近日，

Jansen 等提出了一种将磷酸基团加入到核苷酸中生成其单、二和三磷酸衍生物的方法。用稳定同位素标记 SIL 的核苷、标记的核苷酸混合物可以被合成并用作内标（Jansen et al., 2010）。

对内源性核苷酸，这类化合物在细胞中天然存在。第一种方法是基于校正添加的方法。同位素标记的核苷酸可被用作内标。第二种方法是利用从市面购买得到的 SIL 的类似物建立校正曲线。例如，SIL 的 dATP 被用作替代物定量 dATP。一般认为这两个化合物在 LC-MS/MS 中的响应因子完全相同。此外，应特别注意有关该分子的纯度和标记的百分比。在该方法中，使用了未标记的内标，如溴或氯代核苷酸（Cohen et al., 2009）。根据经验，后一种方法比加入校正方法更准确和精确（未发表的数据）。

44.2.4 核苷酸浓度的表达

核苷酸的浓度和样品中的细胞数量有关。因此，需要精确地测定细胞的数量，这可以采用不同的参数。最常见的方法是采用显微镜或者 Malassez 细胞，如血细胞计数器或流式细胞仪。手动细胞计数耗时且颇需经验。细胞自动计数也会有错误，误差的来源包括如样品中太多或太少的细胞和设备的污染。也有人提出测定细胞沉淀物中的蛋白质浓度。有几种利用牛血清白蛋白（BSA）作为标准测定蛋白质的方法。另一种方法是测定 DNA 含量，因为已知细胞沉淀物中的 DNA 含量与 PBMC 含量的关系。DNA 的检测使用荧光染料、SYBR 绿（Benech et al., 2004）。

44.2.5 液相色谱-串联质谱

44.2.5.1 基于烷基硅胶分析柱的色谱分析

使用 C18 分析柱分析核苷酸是基于在流动相中加入离子对试剂。这种分离模式的原理是对反相色谱填料的表面通过疏水性离子吸附进行动态修改。离子对试剂附着在固定相上，产生一个带电的表面，从而增加与色谱柱的相互作用而产生对化合物更强的保留。离子对试剂是体积大且与分析物带相反电荷的离子性分子，同时也包括其疏水部分与固定相相互作用的疏水部分。大多数的分离是在常规烷基硅胶固定相（C18 和 C8）上进行。洗脱剂的 pH 对控制分析物的电荷状态很关键。选择性可以通过离子对试剂的浓度和洗脱液有机相的比例来控制。常用的离子对试剂是阴离子或阳离子表面活性剂，如烷基磺酸盐或者四烷基铵盐。这些表面活性剂一般都是非挥发性的，在 LC-MS 使用时容易引起离子抑制。然而，如果使用少量的常规离子对试剂（Claire, 2000; Vela et al., 2007）或者流动相中存在挥发性表面活性剂（Fung et al., 2001; Becher et al., 2002a），这种类型的液相色谱法可以和质谱联用。另一种方法是使用小型化的柱子，以减少引入电喷雾离子化（ESI）的离子对试剂的量（Cichna et al., 2003）。

方案 1：同时定量细胞内天然（dATP、dCTP、dGTP、TTP）和抗逆转录病毒核苷[阿巴卡韦（ABC）、恩曲他滨（FTC）、替诺福韦（TDF）、amdoxovir（DAPD）、齐多夫定（ZDV）]，以及它们细胞内的单和三磷酸代谢产物。

化合物在人巨噬细胞中测定。该人巨噬细胞是利用 Histopaque 分离技术，从 PBMC 获得。在细胞培养过程中，存在单核细胞集落刺激因子且细胞暴露于抗逆转录病毒核苷中（Fromentin et al., 2010）。

设备和试剂

- 己胺，磷酸铵，乙腈。
- 色谱系统：Dionex Packing Ultimate 3000 液相色谱系统。
- 质谱仪：TSQ Quantum Ultra 三重四极杆质谱（Thermo Electron）。
- 分析柱：Hypersil Gold-C18 柱 100 mm×1 mm，3 μm 粒径（Thermo Electron）。

方法

（1）色谱分离使用一个线性梯度。

- 流动相 A：含 3 mmol/L 己胺[b]（pH2）[c]的 2 mmol/L 磷酸铵缓冲液[a]。
- 流动相 B：乙腈。
- 梯度由 9%乙腈开始，在 15 min 内达到 60%。然后立即回到初始条件平衡（14 min）。
- 流速 50 μl/min，柱温箱温度 30℃[d]。
- 进样量：45 μl，自动进样器温度 4℃。
- 在 2 min 前和 13 min 后将清洗溶液喷雾在离子源上[e]。

（2）离子通道和检测模式。

- 2～11 min 所有核苷和核苷酸在正离子模式下检测。
  3TC，230→112；3TC-MP，310→112；3TC-TP，470→112；DXG，254→152；DXG-MP，334→152；DGX-TP，494→152；TFV，288→176；TFV-DP，448→270；ZDV-MP，348→81；ZDV-TP，506→380；FTC-TP，488→130；CBV-TP，488→52；dATP，492→136；dGTP，508→152；dCTP，468→112；TTP，483→81；[$^{13}C^{15}N$]dATP，507→146；[$^{13}C^{15}N$]dGTP，523→162；[$^{13}C^{15}N$]dCTP，480→119；[$^{13}C^{15}N$] TTP，495→134。
- ZDV-TP 于 11～13 min 在负离子模式下检测[f]。

注意事项

[a] 测试了 4 种缓冲液 A 的组分：1 mmol/L 和 2 mmol/L 的磷酸铵盐与 10 mmol/L 和 20 mmol/L 的碳酸氢铵。碳酸氢铵与峰拖尾、降低的有效塔板数及分解有关，从而导致色谱更大的可变性。对于所有的核苷酸（除 DXG-TP 外），磷酸铵在 2 mmol/L 浓度下可以得到可重现的色谱条件和更好的峰形。

[b] 测试了 12 mmol/L 的己胺浓度，在此条件下峰拖尾程度最小，有效塔板数最高，灵敏度最高，但 10 min 后离子源被堵塞而且灵敏度降低。选择的 3 mmol/L 己胺浓度足以得到一个对称的峰而且不堵塞质谱离子源。

[c] 对缓冲液 A 不同的 pH（7、8、9.2 和 10）进行了测试以获得质量最佳的色谱（峰的拖尾、峰容量和有效塔板数），结果 pH 9.2 对所有的核苷酸最适合。

[d] 在 25～35℃，柱温 30℃时最佳，可以获得显著改善的色谱。

[e] 清洗溶液为乙腈和水的混合物（80/20，*V/V*），喷在离子源上以避免信号损失。

[f] 对色谱方法进行了优化以实现最后洗脱的核苷酸 CBV-TP 和 ZDV-TP 的有效分离，从而允许在 11 min 转换极性（从正离子到负离子）。

方案 2：由同一个团队提出的将两个方法结合起来测定细胞内抗病毒核苷[司他夫定（d4T）、拉米夫定（3TC）和去羟肌苷（ddi）]。

该测定法也是基于离子对（IP）色谱法与负离子电喷雾模式下的串联质谱联用。然而，该方法中的离子对试剂与方案 1 中使用的不同。由于发表的许多方法都是基于离子对色谱，该课题组提出了两种不同的方案。利用聚蔗糖 Histopaque 方法或者 CPT 分离技术从全血中获得人 PBMC，并测定其中的抗逆转录病毒核苷酸（Pruvost et al., 2001; Becher et al., 2002）。

设备和试剂

- *N'*, *N'*-二甲基己胺（DMH），乙腈，甲醇，甲酸铵盐。
- 内标：2-氯腺苷三磷酸 5'（Cl-ATP）[a]。
- 色谱系统：HP1100 系列液相色谱仪（安捷伦科技）。
- 质谱仪：API 3000（Sciex，Applied Biosystems 公司）。
- 分析柱：Supelcogel ODP-50，5 μm，150 mm×2.1 mm（Sigma-Aldrich 公司，Supelco 公司）[b]。

方法

（1）色谱分离采用线性梯度实现。

- 流动相 A：DMH（10 mmol/L）和磷酸铵（3 mmol/L），pH11.5。
- 流动相 B：DMH（20 mmol/L）和甲酸铵（6 mmol/L）/乙腈（1/1，*V*/*V*）。
- 梯度：0～2 min，A/B＝70/30（*V*/*V*）；2～12 min，线性梯度从 A/B＝70/30 到 A/B＝35/65（*V*/*V*）；12～13 min，线性梯度从 A/B＝35/65 到 A/B＝0/100（*V*/*V*）；13～16 min，B＝100，然后立即返回到初始条件。
- 平衡时间 10 min，A/B＝70/30（*V*/*V*）。
- 流速 300 μl /min，柱温箱温度 30℃。
- 进样体积 40 μl，自动进样器温度 4℃。

（2）离子通道和检测模式。

- 所有分子采用负离子电离电喷雾检测。
- d4T-TP，463→159; dT-TP，481→159; DDA-TP，474→159; DA-TP，490→159; 3TC-TP，468→159; dC-TP，466→159; Cl-ATP，540→159 和 542→159。

注意事项

[a] 由于下述几个原因：在 PBMC 提取物中没有降解，在 Cl-ATP 峰的每一侧基线平稳，以及在空白提取物种保留时间上无干扰峰，因此 Cl-ATP 被选作内标，而不是 8-bromoadenosine 5-triphosphate、adenosine-5-*O*-(3-thiotriphosphate) 或者 guanosine-5-*O*-(3-thiotriphosphate)。

[b] 对几种分析柱进行了测试：SMT-C18，5 μm，150 mm×2.1 mm（Separation Methods Technologies，Interchim）; PLRP-S，5 μm，150 mm×2.1 mm（Polymer Laboratories）; X-TERRA MS C18，5 μm，150 mm×2.1 mm（Waters）; Supelcogel ODP-50，5 μm，150 mm×2.1 mm（Sigma-Aldrich-Supelco 公司）。采用 Supelcogel ODP 可以得到更好的峰效率。

44.2.5.2 基于多孔石墨分析柱的色谱

另一种分析核苷酸的方法是使用多孔石墨分析柱（Xing et al., 2004; Wang et al., 2009）。多孔石墨上的保留机制比较复杂。单个分析物作用的强度在很大程度上取决于分析物和多孔石墨表面接触的分子面积，而且分析物作用的强度取决于和多孔石墨平面接触点的官能团的性质。多孔碳材料在分离强极性、结构相似的化合物时效果极佳。多孔碳材料的保留机制是疏水性和静电相互作用的混合机制。其缺点是保留非常强，从而使有些化合物可能不能从多孔石墨柱上被洗脱下来。这种固定相在整个 pH 范围 1～14 内很稳定。控制流动相的 pH，由此来控制分析物的离子化程度，是在多孔石墨柱上进行方法开发（MD）的有力工具。

方案 3：使用多孔石墨碳色谱（PGC）柱在无离子对试剂条件下同时测定 2',2'-difluorodeoxycytidine（吉西他滨，dFDC）、2', 2'-二氟脱氧尿苷（dFdU）和它们的单、二和三磷酸（dFdCMP、dFdCDP、dFdCTP、dFdUMP、dFdUDP 和 dFdUTP）。该方法被用于在接受 dFDC 治疗的患者的 PBMC 中对这 8 个化合物进行定量（Jansen et al., 2009）。

设备和试剂

- 四氢呋喃，甲酸，乙腈，过氧化氢，乙酸铵，碳酸氢铵。
- 色谱系统：岛津 LC20 系列高效液相色谱（HPLC）系统。
- 质谱仪：TSQ Quantum 三重四极杆质谱（Thermo Electron）。
- 分析柱：Hypercarb 100 mm×2.1 mm，5 μm 粒径（Thermo Electron）。
- 保护柱：Hypercarb 10 mm×2.1 mm 内径（ID），5 μm。

方法

（1）色谱分离采用线性梯度[a]。

- 流动相 A：1 mmol/L 乙酸铵在乙腈/水中（15/85，*V*/*V*），用冰醋酸将 pH 调节至 5[b]。
- 流动相 B：25 mmol/L 碳酸氢铵在乙腈/水中（15/85，*V*/*V*）[b]。
- 梯度洗脱：0～0.1 min，0%B；0.1～2 min，从 0%至 100%B；2～12 min，B 保持在 100%；12～15 min：0%B。
- 流速 250 μl/min，柱温箱温度 45℃。
- 进样体积 25 μl，自动进样器温度 4℃。
- 在最初 4.5 min 内，洗脱物导入废液。
- 在各个样品之间设置一个重新活化阶段，在 100%流动相 A 中进样 100 μl 稀释的甲酸（10%，在水中），出口导向废液 5 min[c]。
- 每个分析批次后，在回到移动相 A 之前，用大约 20 倍柱体积四氢呋喃反冲色谱柱。

（2）离子通道和检测模式。

- 除 dFdU 外，所有化合物均在正离子模式下分析，dFdU 在负离子模式下信号最强。
- 反应监测离子通道为 DFDC，264→112；[^{13}C,^{15}N]-dFdC，267→115；dFdU，263→111；[^{13}C,^{15}N]-dFdU，266→114；dFdCMP，344→246；[^{13}C,^{15}N]-dFdCMP，347→249；dFdUMP，345→247；[$_{13}$C,$_{15}$N]-dFdUMP，248→250；dFdCDP，424→326；[^{13}C,^{15}N]-dFdCDP，427→329；dFdUDP，425→327；[^{13}C,^{15}N]-dFdUDP，428→330；dFd-CTP，504→326；[^{13}C,^{15}N]-dFdCTP，507→329；dFdUTP，505→247；[^{13}C,^{15}N]-dFdUTP，508→250。

注意事项

[a] 在每次分析批（约 60 个样品）前，分析柱用预处理缓冲液处理（30 min，250 μl/min）。预处理缓冲液为 1 mmol/L 乙酸铵缓冲液在乙腈/水中（15/85，*V*/*V*），含 0.05%的过氧化氢，pH 用冰醋酸调节至 4。PGC 的氧化还原状态和 pH 对核苷酸的稳定保留极为重要。它们可

以通过使用 pH 缓冲的过氧化氢溶液（预缓冲液）来控制。

[b] 待测物都在 15 min 内完全分离。核苷保留通过有机溶剂（乙腈）的量来控制，而核苷酸的保留由洗脱离子（碳酸氢盐）的量来控制。

[c] 由于 PGC 柱分离能力的丧失，不能在运行梯度后直接分析第二样品。通过进样 100 μl 稀释的甲酸可以还原色谱柱的分离能力，从而避免了长时间的再平衡（30～60 min）。

方案 4：在细胞中同时分析 8 个内源性核糖核苷三磷酸和脱氧核糖核苷三磷酸。

该方法是基于使用一个 PGC 色谱柱与离子对 LC-MS 在阴离子和阳离子电喷雾两种模式下进行。对这些分析物在鼠白血病细胞株（L1210）中的定量进行了描述。样品前处理为蛋白质沉淀加固相萃取，这将在第 44.2.2 节中描述（参见方案 2）。内源性化合物的浓度通过用其稳定同位素[^{13}C,^{15}N]标记的类似物配制的校正曲线计算得到（Cohen et al., 2009）。

设备和试剂

- 乙腈，甲醇，乙酸，乙酸铵，氨水，二乙胺（DEA），己胺（HA）。
- 色谱系统：Surveyor AS 自动进样器，一个柱温箱，一个 Surveyor MS 四元泵（Thermo Electron）。
- 质谱仪：TSQ Quantum 配有 ESI 三重四极杆质谱（Thermo Electron）。
- 分析柱：Hypercarb 100 mm×2.1 mm，5 μm 粒径（Thermo Electron）。

方法

（1）色谱分离通过一个多级梯度实现。

- 流动相 A：5 mmol/L HA/0.5% DEA 水，pH 用乙酸调节至 10。
- 流动相 B：50%的乙腈/水。
- 梯度洗脱：0～13 min，从 0%至 24%B；13～35 min，B 保持在 24%；35～45 min，从 24%至 50% B；45～46 min，从 50%至 100% B；46～48 min，B 维持在 100%；48～49 min，从 100%到 0% B；49～68 min，B 维持在 0%（图 44.3）。
- 流速 250 μl/min，柱温箱温度 30℃。
- 进样体积 10μl，自动进样器温度 5℃。

（2）离子通道和检测模式。

- 除 ATP 和 dGTP 在正离子模式下外[a]，其余所有化合物在负离子模式下分析。内标溴-ATP 在正离子和负离子模式下都可以监测。
- 反应监测通道为 ATP[b,c]，581.0 →136.1；[$^{13}C_{10}$, $^{15}N_5$]-ATP[b,c]，596.2 → 146.1；dATP，490.1→159.0；[$^{13}C_{10}$,$^{15}N_5$]-dATP，505.0→159.0；GTP，522.1→159.0；[$^{13}C_{10}$,$^{15}N_5$]-GTP，537.0→159.0；dGTP[b]，581.0→152.1；[$^{13}C_{10}$,$^{15}N_5$]-dGTP[b]，596.2→162.1；CTP[d]，482.1→159.0；[$^{13}C_9$,$^{15}N_3$]-CTP，494.0→159.0；dCTP，466.1→ 159.0；[$^{13}C_9$,$^{15}N_3$]-dCTP，478.0→159.0；TTP[d]，481.1→159.0；[$^{13}C_{10}$,$^{15}N_2$]-TTP，493.0→159.0；UTP[d]，483.0→159.0；[$^{13}C_9$,$^{15}N_2$]-UTP，494.0→159.0；Br-ATP[b]（＋），585.9→159.0；Br -ATP（－），660.9→215.9。

注意事项

[a] 在负离子模式下 ATP 和 dGTP 具有相同的分子质量和离子对。用 DEA 做抗衡离子，两种化合物在正离子模式下可以同时被检测（参考 44.3 节）。

[b] 加合物形式：在流动相中存在的抗衡离子如 DEA 会掩盖磷酸盐的负电荷基团，增强

了核碱基的质子化。该加合离子$[NTP\text{-}DEA\text{-}H]^+$比$[NTP+H]^+$有更好的灵敏度。

[c]根据经验，在负离子下检测 ATP 时（*m/z* 506→*m/z* 159.0）信号更稳定。这可能是由于细胞内 dGTP 相对于 ATP 的比例非常低（1/1000），因此不会干扰 ATP 的定量。

[d]因为这两种化合物的分子质量仅差 1 个质量单位及它们具有相同的裂解途径，对 CTP 和 UTP 必须有一个良好的色谱分离。在 TTP 和 CTP 的实验中也观察到了同样的情况。

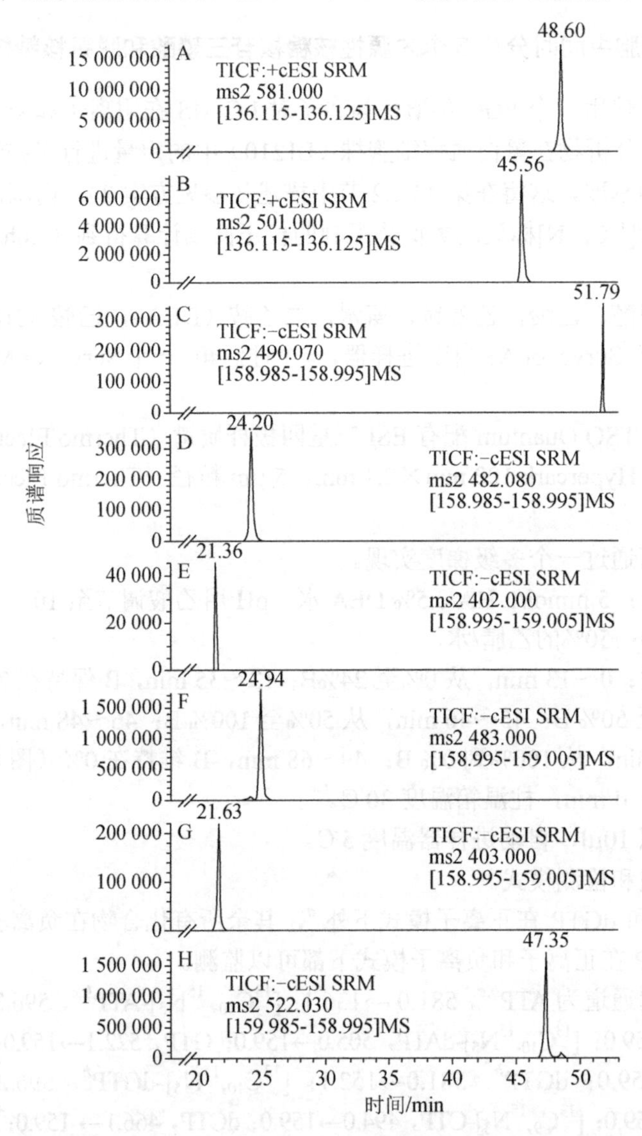

图 44.3 实验方案 4 中描述的分析条件下的代表性多反应监测（MRM）离子色谱图：（a）ATP($[ATP+DEA+H]^+$)，（b）ADP（$[ADP+DEA+H]^+$），（c）dATP

44.2.5.3 基于其他分析柱的色谱分离

核苷酸的分析大多是基于如前所述的色谱方法。但是，虽然现在只有很少数几个报道，WAX 或 HILIC 也是一个相关的核苷酸分析方法，应该提及。WAX 液相色谱的保留模型依赖于固定相的离子容量和流动相中的竞争阴离子。通过增加 pH（在有限的范围内）或者增加竞争负离子，可以实现分析物的洗脱。但是应当指出的是，由于 WAX 并不如反相色谱稳定，基质的离子强度可以对色谱特性造成影响（保留时间、色谱峰分离）（Shi et al., 2002）。HILIC 是一种正相色谱法。在 HILIC 条件下，色谱保留随被分析物极性的增加而增加，随流动相极性的增加而减小。有人提出 HILIC 的保留机制是在大量洗脱液和一个局部固化在固定相上的富水层之间的分配，而在常规正相色谱法的保留主要通过表面吸附现象。

方案 5：细胞内 D-D4FC 三磷酸代谢产物在人 PBMC 样品中的定量，该代谢产物是一个研究性的艾滋病病毒核苷逆转录酶抑制剂（Shi et al., 2002）。

该方法是基于 WAX 液相色谱-串联质谱在正离子模式下。在这项研究中所进行的实验使用的是加入 D-D4FC-TP 的空白人 PBMC 或者人 PBMC 与 D-D4FC 体外孵化的样品。细胞采用 Histopaque 系统制备。

设备和试剂

- 甲醇，冰醋酸乙酸，乙腈，乙酸铵，28%氨水溶液。
- 色谱系统：岛津 LC-10ADVP 二元泵。
- 质谱仪：Sciex 公司 API 4000 三重四极杆质谱。
- 分析柱：Keystone BioBasic 柱，20 mm×1 mm，5 μm 粒径（Thermo Fisher）。

方法

（1）利用梯度实现色谱分离。

- 流动相 A：10 mmol/L 乙酸铵在 30/70（*V*/*V*）乙腈/水中（pH 通过加入冰醋酸调至 6）。
- 流动相 B：1 mmol/L 乙酸铵在 30/70（*V*/*V*）乙腈/水中（pH 用氨水调节为 10.5）。
- 流动相 B 梯度，如在 0～0.2 min 保持 0%，0.21～0.7 min 变化到 20%；0.71～1.1 min 变化到 60%，1.11～1.5 min 变化到 100%，1.51～2 min 保持 0%[a]。
- 流速 500 μl/min。
- 进样体积 40 μl，自动进样器温度 5℃。

（2）离子通道和检测模式。

- 正离子模式[b]（所有化合物在 1～2 min 检测）。
- 反应监测通道（D-D4FC-TP，468→130；D-D4FC-DP，388→130；D-D4FC-MP，308→130；[$^{13}C_5$]-D-D4FC-TP，473→130）作为内标。

注意事项

[a] 上述的 LC 条件不足以分离不同的 NTP。为此，作者提出了其他不同的可能性，如使用另一个缓冲能力约为 8 的流动相。

[b] 负离子模式下的灵敏度约是正离子模式的 4 倍，但 dCTP 和 D-D4FC-TP 分子质量相同。

方案 6：LC-MS/MS 法在肝脏组织样品中测定 2'C-甲基胞苷三磷酸（2'-Me-CY-TP）（Pucci et al., 2009）。

此方法是使用氨丙基柱的 HILIC 方法。在这项研究中所进行的实验用的是加入 2'-Me-Cy-TP 的空白肝脏匀浆样品和口服 2'-C-甲基胞嘧啶前药的大鼠肝脏组织匀浆液。方法中使用一个自动固相萃取程序从肝脏样品中采用 96 孔固相萃取板提取 2'-Me-CY-TP（WAX 吸附剂，Strata-XAW，30 mg，Phenomenex）。

设备和试剂

- 乙腈，乙酸铵。

- 色谱系统：Agilent 1100 系列液相色谱仪（安捷伦科技）。
- 质谱仪：配置 ESI 的 API 4000 三重四极杆质谱仪（Applied Biosystems）。
- 分析柱：Luna 氨丙基柱 100 mm×2.0 mm，3 μm 粒径（Phenomenex）[a]。

方法

（1）使用一个多级梯度实现色谱分离。

- 流动相 A：20 mmol/L 乙酸铵在乙腈/水（5/95，*V*/*V*）中，pH 调节为 9.45。
- 流动相 B：乙腈。
- 梯度洗脱：0～10 min，从 30%到 100%A；10～18 min，流动相 A 保持在 100%；然后梯度开始降低到 30/70%（A/B）并保持该比例直到 30 min。
- 流速 300 μl/min，柱温为室温。
- 进样体积 50 μl，自动进样器温度在 4℃。

（2）离子对和检测模式。

- 负离子电离模式。
- 反应监测离子对：2'-Me-CY-TP，495.9→158.8；7-脱氮 2'-C 甲基腺苷三磷酸（内标）：519.2→158.8。

注意事项

[a] 另一种氨丙基柱也经过测试，Polaris-NH_2（Varian），然而该柱子的提取效率不良。

44.2.5.4 串联质谱检测

理论上，阴离子化合物如核苷酸分析应该在负电离模式下进行。然而，大多数天然核苷酸和核苷酸类似物在负离子和正离子模式下都可以被检测到（Cohen et al., 2009; Jansen et al., 2012）。有一些例外存在，如 UDP。该化合物在负离子模式下不产生信号（Cordell et al., 2008）。同样的，dFdU 的核苷酸在负离子电离模式下可以检测，而 dFdU 不行（Jansen et al., 2009）。从尿嘧啶和胸腺嘧啶衍生得到的核苷酸的质子化强度低于从腺嘌呤、鸟嘌呤和胞嘧啶衍生而来的核苷酸。这是由于后述这些化合物结构中的氨基基团（Pruvost et al., 2008）。根据该测定法，在负离子电离模式下，最丰富的碎片主要都是碱基的碎片离子（糖苷键的裂解），或焦磷酸根离子的碎片离子（*m/z* 159）。当选择正离子电离模式时，所监测到的离子碎片大多数是核酸碱离子（Cohen et al., 2009; Fromentin et al., 2010; Jansen et al., 2012）。

44.3 疑难排解

- 虽然用串联质谱可获得高选择性，但是由于几个核苷酸类似物及内源性核苷酸具有相同的分子质量和碎裂方式，对 LC-MS/MS 生物分析的挑战仍然存在。例如，[^{13}C, $^{15}N_2$]-dFdC 具有和 dFdU 相同的母离子质量，并在 dFdU 通道产生信号。磷酸化衍生物也有同样的问题。[^{13}C, $^{15}N_2$]-dFdU 核苷酸的质量与腺苷、脱氧鸟苷和齐多夫定核苷酸相同（Jansen et al., 2009）。腺苷三磷酸、dGTP 和 ZDVTP（齐多夫定三磷酸）在负离子电离模式下具有相同的分子质量和相似的裂解方式（Henneré et al., 2003）。ZDV-MP、AMP 和 dGMP 也有同样的情况（Fromentin et al., 2010）。3TC-TP 的钠加合物干扰 dATP 的分析（Pruvost et al., 2008）。CTP 干扰 araCTP 的分析（Crauste et al., 2009）。同样的方式，在负离子电离模式下 CTP、UTP 和 TTP

的分子质量只有 1 amu 的不同（相对分子质量分别为 483、484、482），并产生相同的子离子（*m/z* 159.0 焦磷酸根离子）。因此，由于同位素丰度产生的 MS/MS 检测中的干扰很显著。对这 3 个核苷的双和单磷酸衍生物是同样的问题（Tuytten et al., 2002）。因此，在所有情况下，必须取得色谱分离来实现这些化合物的同时测定。最近，Jansen 等发表了定量分析地西他滨三磷酸（aza-dCTP），一个治疗脊髓发育不良综合征的脱氧胞啶类似物的工作（Jansen et al., 2012）。Aza-dCTP 和 dCTP 的质量分别为 467 Da 和 468 Da。然而，由于天然同位素丰度和这两种化合物在色谱上共同洗脱出来，dCTP 会产生对 aza-dCTP 定量的干扰。因此，作者通过在每个样品中增加监测 dCTP 的离子通道来计算 dCTPd 产生的对 CTP 的干扰（Jansen et al., 2012）。有些时候，对 ATP 和 dGTP 还存在另一种解决方法。在负离子电离模式下，这两种化合物具有相同的分子质量（相对分子质量 507）和相同的 MS/MS 通道（*m/z* 506→159.0）（图 44.4）。然而，在使用如 DEA 的抗衡离子并用正离子化模式检测时，这两个化合物会产生不同的加合物。在这些条件下，其裂解途径会发生改变。对于 ATP，对应于腺嘌呤的子离子（*m/z* 136）和对于 dGTP 的鸟嘌呤（*m/z* 152）使得这两种化合物可以区分（Cohen et al., 2009）。

- 据报道，不同批次的 PBMC 其基质效应会变化。由裂解的红细胞带来的污染可能是原因（Shi et al., 2002）。基质效应从无色的 PBMC 中的 0.8 左右变化到微红的 PBMC 中的 0.34 左右。与待测物共同洗脱的阴离子化合物和基质效应有关（见 44.2.1 节中的样品制备）。

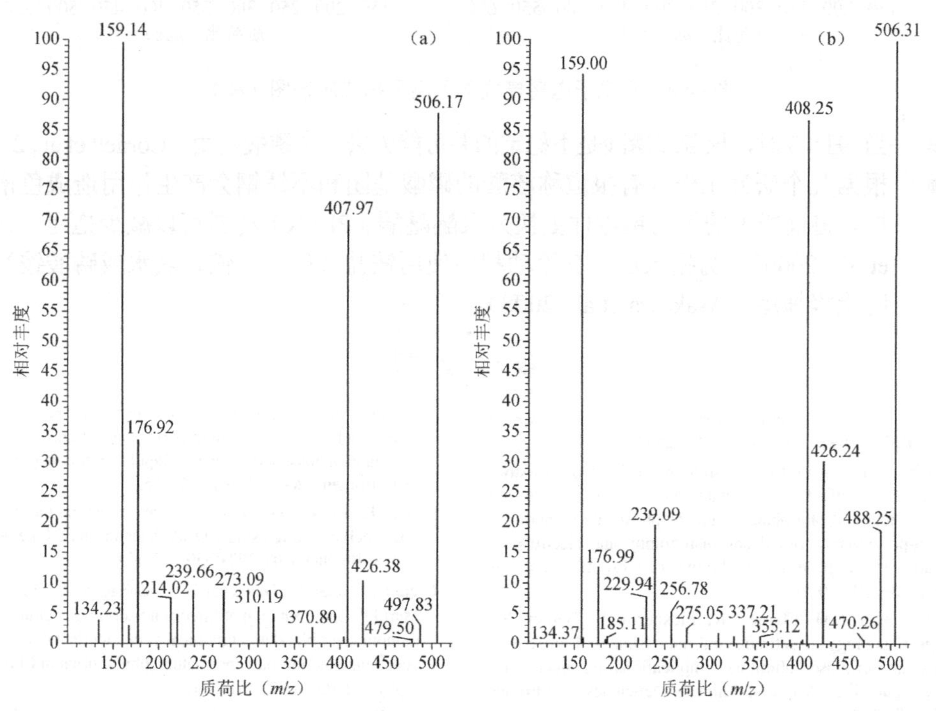

图44.4　负离子电离模式下子离子扫描质谱图；(a)ATP，(b)dGTP，母离子 *m/z* 506 为[ATP-H]⁻和[dGTP-H]⁻；除 dGTP 在 *m/z* 257 的离子外，在两个质谱谱图中的离子相同；该离子可以区分 dGTP 和 ATP，但是其灵敏度非常低。正离子电离模式下子离子扫描质谱图，DEA 在流动相中作为反离子；(c) ATP，(d) dGTP，母离子 *m/z* 581 为$[ATP+DEA+H]^+$和$[dGTP+DEA+H]^+$；流动相中存在的 DEA 掩盖了磷酸集团上的负电荷，从而增强了核碱基的质子化，并由此确定了其裂解模式；ATP 主要的离子是腺嘌呤（*m/z* 136），dGTP 主要的离子是鸟嘌呤（*m/z* 152）；根据经验，加合离子$[NTP+DEA+H]^+$的灵敏度高于$[NTP+H]^+$

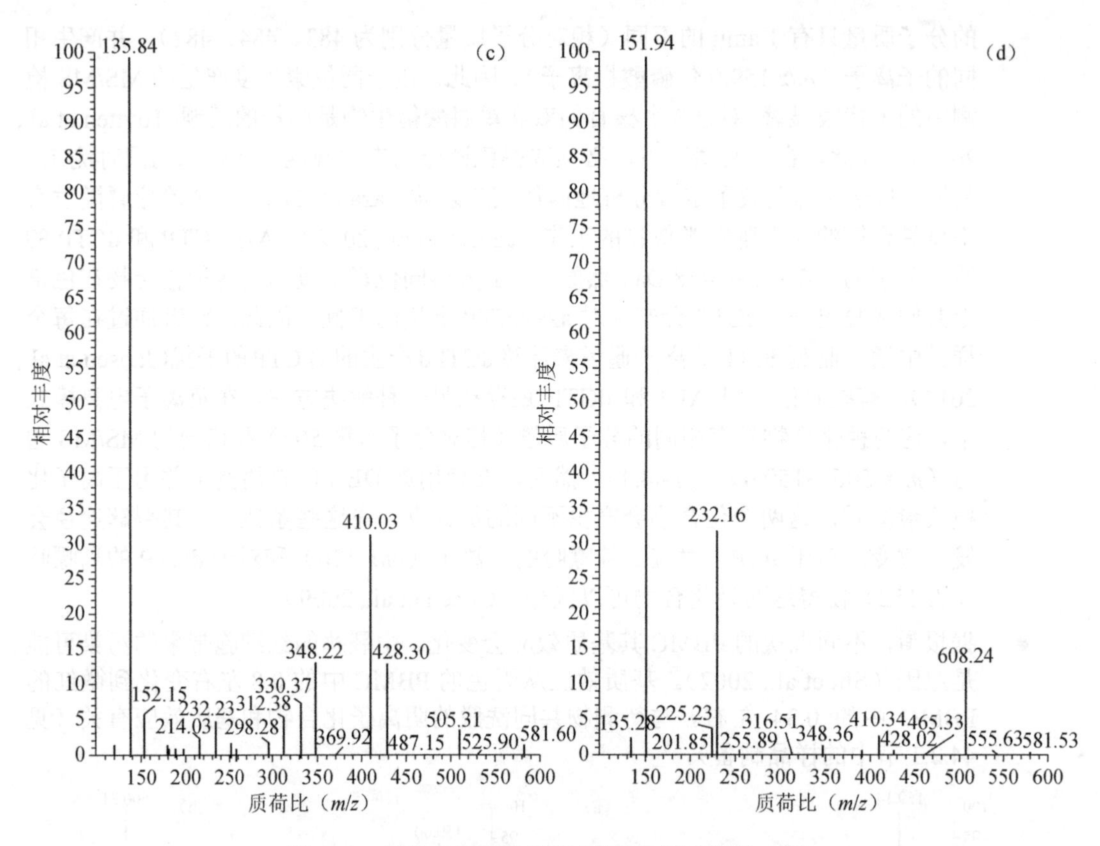

图 44.4　负离子电离模式下子离子扫描质谱图（续）

- 当pH＜3时，核苷二磷酸是不稳定的并可能失去一个磷酸基团（Cordell et al., 2008）。
- 根据几个研究工作，有报道称核酸的磷酸基团和不锈钢会产生作用造成色谱峰拖尾。将仪器中的不锈钢零件更换为聚醚醚酮（PEEK）材料可以减少拖尾（Tuytten et al., 2006）。另据报道，在流动相中使用铵盐（碳酸氢铵、氨水或磷酸铵）可以防止峰拖尾（Asakawa et al., 2008）。

参考文献

Arts EJ, Hazuda DJ. HIV-1 antiretroviral drug therapy. Cold Spring Harbor Perspectives in Medicine 2012;2:a007161.

Asakawa Y, Tokida N, Ozawa C, Ishiba M, Tagaya O, Asakawa N. Suppression effects of carbonate on the interaction between stainless steel and phosphate groups of phosphate compounds in high-performance liquid chromatography and electrospray ionization mass spectrometry. Journal of Chromatography A 2008;1198–1199:80–86.

Back DJ, Burger DM, Charles W, Flexner CW, Gerber JG. The pharmacology of antiretroviral nucleoside and nucleotide reverse transcriptase inhibitors. Implications for once-daily dosing. Journal of Acquired Immune Deficiency Syndromes 2005;39:S1–S23.

Becher F, Schlemmer D, Pruvost A, et al. Development of a direct assay for measuring intracellular AZT triphosphate in humans peripheral blood mononuclear cells. Analytical Chemistry 2002a;74(16):4220–4227.

Becher F, Pruvost A, Goujard C, et al. Improved method for the simultaneous determination of d4T, 3TC and ddl intracellular phosphorylated anabolites in human peripheral-blood mononuclear cells using high-performance liquid chromatography/tandem mass spectrometry. Rapid Communications in Mass Spectrometry 2002b;16(6):555–565.

Benech H, Théodoro F, Herbet A, et al. Peripheral blood mononuclear cell counting using a DNA-detection-based method. Analytical Biochemistry 2004;330:172–174.

Cichna M, Raab M, Daxecker H, Griesmacher A, Müller MM, Markl P. Determination of fifteen nucleotides in cultured human mononuclear blood and umbilical vein endothelial cells by solvent generated ion-pair chromatography. Journal of Chromatography B 2003;787(2):381–391.

Claire RL 3rd. Positive ion electrospray ionization tandem mass spectrometry coupled to ion-pairing high-performance liquid chromatography with a phosphate buffer for the quantitative analysis of intracellular nucleotides. Rapid Communications in Mass Spectrometry 2000;14(17):1625–1634.

Cohen S, Megherbi M, Jordheim LP, et al. Simultaneous analysis of eight nucleoside triphosphates in cell lines by liquid chromatography coupled with tandem mass spectrometry. Journal of Chromatography B 2009;877(30):3831–3840.

Cohen S, Jordheim LP, Megherbi M, Dumontet C, Guitton J. Liquid chromatographic methods for the determination of endogenous nucleotides and nucleotide analogs used in cancer therapy: a review. Journal of Chromatography B 2010;878(22):1912–1928.

Cordell RL, Hill SJ, Ortori CA, Barrett DA. Quantitative profiling of nucleotides and related phosphate-containing metabolites in cultured mammalian cells by liquid chromatography tandem electrospray mass spectrometry. Journal of Chromatography B 2008;871(1):115–124.

Crauste C, Lefebvre I, Hovaneissian M, et al. Development of a sensitive and selective LC/MS/MS method for the simultaneous determination of intracellular 1-beta-D-arabinofuranosylcytosine triphosphate (araCTP), cytidine triphosphate (CTP) and deoxycytidine triphosphate (dCTP) in a human follicular lymphoma cell line. Journal of Chromatography B 2009;877(14–15):1417–1425.

Durand-Gasselin L, Da Silva D, Benech H, Pruvost A, Grassi J. Evidence and possible consequences of the phosphorylation of nucleoside reverse transcriptase inhibitors in human red blood cells. Antimicrobial Agents and Chemotherapy 2007;51(6):2105–2111.

Fromentin E, Gavegnano C, Obikhod A, Schinazi RF. Simultaneous quantification of intracellular natural and antiretroviral nucleosides and nucleotides by liquid chromatography-tandem mass spectrometry. Analytical Chemistry 2010;82(5):1982–1989.

Fung EN, Cai Z, Burnette TC, Sinhababu AK. Simultaneous determination of Ziagen and its phosphorylated metabolites by ion-pairing high-performance liquid chromatography-tandem mass spectrometry. Journal of Chromatography B 2001;754(2):285–295.

Henneré G, Becher F, Pruvost A, Goujard C, Grassi J, Benech H. Liquid chromatography-tandem mass spectrometry assays for intracellular deoxyribonucleotide triphosphate competitors of nucleoside antiretrovirals. Journal of Chromatography B 2003;789(2):273–281.

Jansen RS, Rosing H, Schellens JH, Beijnen JH. Retention studies of 2′-2′-difluorodeoxycytidine and 2′-2′-difluorodeoxyuridine nucleosides and nucleotides on porous graphitic carbon: development of a liquid chromatography-tandem mass spectrometry method. Journal of Chromatography A 2009;1216(15):3168–3174.

Jansen RS, Rosing H, Schellens JHM, Beijnen JH. Facile small scale synthesis of nucleoside 5′-phosphate mixtures. Nucleosides, Nucleotides and Nucleic Acids 2010;(29):14–26.

Jansen RS, Rosing H, Schellens JH, Beijnen JH. Mass spectrometry in the quantitative analysis of therapeutic intracellular nucleotide analogs. Mass Spectrometry Review 2011;30(2):321–343.

Jansen RS, Rosing H, Wijermans PW, Keizer RJ, Schellens JH, Beijnen JH. Decitabine triphosphate levels in peripheral blood mononuclear cells from patients receiving prolonged low-dose decitabine administration: a pilot study. Cancer Chemotherapy and Pharmacology 2012;69(6):1457–1466.

Koolman J, Roehm K-H. Color Atlas of Biochemistry. 2nd ed. Stuttgart, Germany: Thieme; 2005.

Longley DB, Harkin DP, Johnston PG. 5-fluorouracil: mechanisms of action and clinical strategies. Nature Reviews Cancer 2003;3(5):330–338.

Pruvost A, Becher F, Bardouille P, et al. Direct determination of phosphorylated intracellular anabolites of stavudine (d4T) by liquid chromatography/tandem mass spectrometry. Rapid Communications in Mass Spectrometry 2001;15(16):1401–1408.

Pruvost A, Théodoro F, Agrofoglio L, Negredo E, Bénech H. Specificity enhancement with LC-positive ESI-MS/MS for the measurement of nucleotides: application to the quantitative determination of carbovir triphosphate, lamivudine triphosphate and tenofovir diphosphate in human peripheral blood mononuclear cells. Journal of Mass Spectrometry 2008;43(2):224–233.

Pucci V, Giuliano C, Zhang R, et al. HILIC LC-MS for the determination of 2′-C-methyl-cytidine-triphosphate in rat liver. Journal of Separation Science 2009;32(9):1275–1283.

Rodwell VW. Nucleotides. In: Murray RK, Granner DK, Mayes PA, Rodwell VW, editors. Harper's Illustrated Biochemistry. 26th ed. New York: McGraw-Hill Companies; 2003. p 286–292.

Shi G, Wu JT, Li Y, et al. Novel direct detection method for quantitative determination of intracellular nucleoside triphosphates using weak anion exchange liquid chromatography/tandem mass spectrometry. Rapid Communications in Mass Spectrometry 2002;16(11):1092–1099.

Tuytten R, Lemière F, Dongen WV, Esmans EL, Slegers H. Short capillary ion-pair high-performance liquid chromatography coupled to electrospray (tandem) mass spectrometry for the simultaneous analysis of nucleoside mono-, di- and triphosphates. Rapid Communications in Mass Spectrometry 2002;16(12):1205–1215.

Tuytten R, Lemière F, Witters E, et al. Stainless steel electrospray probe: a dead end for phosphorylated organic compounds? Journal of Chromatography A 2006;1104(1–2):209–221.

Vela JE, Olson LY, Huang A, Fridland A, Ray AS. Simultaneous quantitation of the nucleotide analog adefovir, its phosphorylated anabolites and 2′-deoxyadenosine triphosphate by ion-pairing LC/MS/MS. Journal of Chromatography B 2007;848(2):335–343.

Wang J, Lin T, Lai J, Cai Z, Yang MS. Analysis of adenosine phosphates in HepG-2 cell by a HPLC-ESI-MS system with porous graphitic carbon as stationary phase. Journal of Chromatography B 2009;877(22):2019–2024.

Xie C, Plunkett W. Metabolism and actions of 2-chloro-9-(2-deoxy-2-fluoro-beta-D-arabinofuranosyl)-adenine in human lymphoblastoid cells. Cancer Research 1995;55(13):2847–2852.

Xing J, Apedo A, Tymiak A, Zhao N. Liquid chromatographic analysis of nucleosides and their mono-, di- and triphosphates using porous graphitic carbon stationary phase coupled with electrospray mass spectrometry. Rapid Communications in Mass Spectrometry 2004;18(14):1599–1606.

45

类固醇的液相色谱-质谱（LC-MS）生物分析

作者：Jie Zhang 和 Frank Z. Stanczyk
译者：张天谊、古珑、马丽丽
审校：张杰

45.1 引　言

男性和女性体内会产生各种类固醇激素。如表 45.1 中所列，根据碳原子数量和结构特性，它们可以被分成几大类。在本章中，不涉及胆烷和胆甾烷。早期检测类固醇的方法为酶生物分析法和化学分析法，用比色法和荧光检测进行分析。也可采用气相色谱（GC）分离，结合电子捕获检测器进行定量。这些分析方法仅限于尿液样品的分析，而且灵敏度差（在 mg 和μg 的级别）。随后，气相色谱-质谱（GC-MS）和放射免疫测定（RIA）的发展，使得在血清和血浆样品中常规检测类固醇激素得以实现，同时具有较高的灵敏度和特异性。20 世纪 60 年代，GC-MS 接口技术的发展成功建立了采用 GC-MS 进行类固醇激素分析的标准。到 1965 年，文献报道了在血清中测定硫酸雄酮和脱氢表雄酮（DHEA）（Sjövall and Vihko, 1965）；在 1966 年，首次发表了关于尿类固醇分布的全面分析（Horning et al., 1966）。衍生化技术的改善，促成了关于所有人分泌类固醇激素分布的完整分析的完成（Horning et al., 1968）。

表 45.1　类固醇激素的分类和代表性的 LC-MS 检测方法

代表性类固醇和结构	关键的生理信息	代表性的 LC-MS 检测方法和相关的关键信息
甾烷（C_{18} 类固醇）		
雌二醇（estradiol, E_2） OH H H H HO $C_{18}H_{24}O_2$, 272.38 g/mol	• 在体内具有最高的雌激素活性 • 主要由绝经前妇女的卵巢分泌 • 产生于绝经后妇女和男性的外周组织中（主要在脂肪） • 绝经前妇女，约 37%与性激素结合球蛋白相结合，而在男性中，这个比例是 20% • 在月经周期的不同阶段，卵泡、排卵期和黄体期，血清中的浓度水平分别为 20～150 pg/ml、150～750 pg/ml 和 75～300 pg/ml；在绝经期妇女和男性中分别为 <25 pg/ml 和 10～50 pg/ml	• 0.2 ml 血清，最低检测限（LOD）为 1 pg/ml • 蛋白质沉淀加在线提取 • C8 色谱柱和 10 min 甲醇/水的梯度洗脱 • Sciex API 5000，电喷雾离子化（ESI）负模式，271/145 • Guo et al., 2008

续表

代表性类固醇和结构	关键的生理信息	代表性的LC-MS检测方法和相关的关键信息
雌激素酮（estrone, E_1） 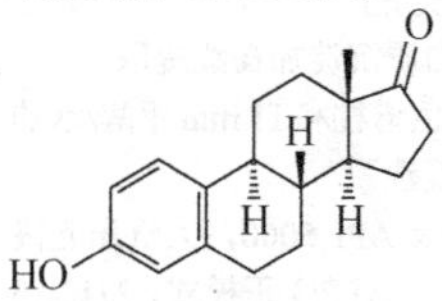 $C_{18}H_{22}O_2$, 270.37 g/mol	• 具有很大程度的雌激素活性 • 部分由卵巢分泌，也产生于外周组织，主要在脂肪 • 循环浓度水平随月经周期的雌二醇分布而变化，但总体浓度水平较低	• 0.25 ml 血清，最低定量限为 1 pg/ml • 甲基吡啶基衍生化 • 固相萃取 • C18 色谱柱和 10 min 乙腈/甲醇/乙酸的梯度洗脱 • Sciex API 5000，ESI 正模式，376/157 • Yamashita et al., 2007
雌三醇（estriol, E_3） 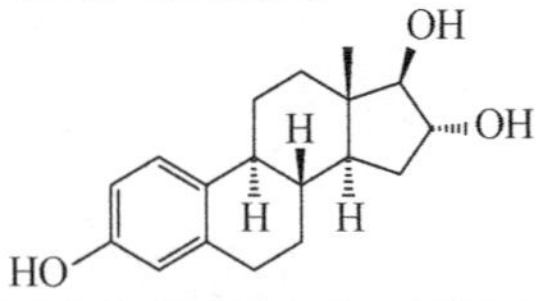 $C_{18}H_{24}O_3$, 288.38 g/mol	• 存在于血清中的弱雌激素，月经周期浓度水平很低，但怀孕期间浓度水平很高 • 主要由胎盘分泌	• 参见 E_2
雄甾烷（C_{19}类固醇）		
睾酮（testosterone, T） 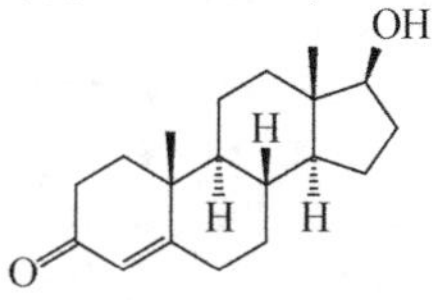 $C_{19}H_{28}O_2$, 288.42 g/mol	• 对男性而言，主要由睾丸分泌；对绝经前妇女，约 65%来源于卵巢，35%来源于肾上腺 • 男性，约 44%与性激素结合球蛋白相结合，而在绝经前妇女中，这个比例是 66% • 男性血清中的浓度水平为 3.5～12 ng/ml，绝经前妇女为 0.20～0.70 ng/ml	• 0.15 ml 血清，最低定量限为 3 pg/ml • 在线与高湍流液相色谱（HTLC）联用 • C12 色谱柱和 4.5 min 乙腈/水/乙酸的梯度洗脱 • Finnigan TSQ Quantum，大气压化学离子化（APCI）正模式，289/109 • Salameh et al., 2010
二氢睾酮（dihydrotestosterone, DHT） 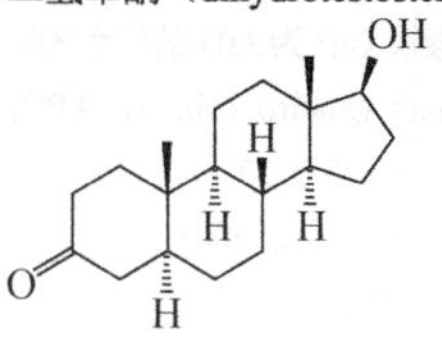 $C_{19}H_{30}O_2$, 290.44 g/mol	• 体内最有效的雄激素 • 产生于外周组织 • 男性，约 60%与性激素结合球蛋白相结合，而在绝经前妇女中，这个比例是 78% • 男性血清中的浓度水平为 0.25～0.75 ng/ml，女性为 0.05～0.3 ng/ml	• 0.15 ml 血清，最低定量限为 10 pg/ml • 在 96 孔板内进行液-液萃取和固相萃取 • 用喹啉酸酐衍生化 • 超高效液相色谱（UHPLC），C18 色谱柱和 5 min 乙腈/水/乙酸铵的梯度洗脱 • Sciex API 5000，ESI 正模式，291/111 • Licea-Perez et al., 2008
雄烯二酮（androstenedione） 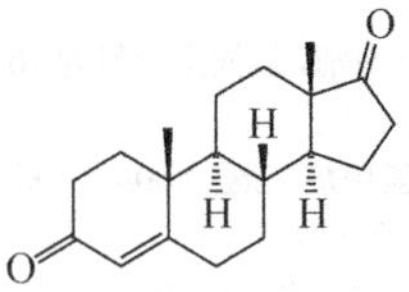 $C_{19}H_{26}O_2$, 286.40 g/mol	• 绝经前妇女，由卵巢分泌的和由肾上腺分泌的量几乎相等 • 相当重要，是睾酮和雌酮的前体	• 15 µl 血清或 14 µl 全血（干血斑），最低定量限为 400 pg/ml • 蛋白质沉淀 • C18 色谱柱和 6 min 甲醇/水/甲酸的梯度洗脱 • Waters Ultima，ESI 正模式，289/97 • Janzen et al., 2008

续表

代表性类固醇和结构	关键的生理信息	代表性的 LC-MS 检测方法和相关的关键信息
脱氢表雄酮（dehydroepiandrosterone, DHEA） $C_{19}H_{28}O_2$, 288.42 g/mol	• 主要由肾上腺产生，少部分由性腺产生 • 是雄激素和雌激素的前体 • 成年人随年龄的增长，在血清中的浓度水平逐渐下降；男性的浓度范围在 1.8～12.5 ng/ml，女性在 1.3～9.8 ng/ml	• 0.2 ml 血清，最低检测限为 10 pg/ml • 蛋白质沉淀加在线提取 • C8 色谱柱和 11 min 甲醇/水的梯度洗脱 • Sciex API 5000，大气压光离子化（APPI）正模式，271/213 • Guo et al., 2006
硫酸脱氢表雄酮（dehydroepiandrosterone sulfate, DHEAS） $C_{19}H_{28}O_5S$, 368.49 g/mol	• 主要由肾上腺产生 • 是肾上腺雄激素生成的很好的标志物 • 在血清中的浓度水平随着年龄增长而下降，与 DHEA 类似，男性的浓度范围在 0.8～5.6 μg/ml，女性在 0.15～2.8 μg/ml	• 参见 DHEA
孕烷（C_{21} 类固醇）		
黄体酮（progesterone） $C_{21}H_{30}O_2$, 314.46 g/mol	• 在月经周期的黄体期，产生于黄体中 • 在妊娠期浓度很高 • 在卵泡期和黄体期，血清中的浓度水平分别为<0.5 ng/ml 和 4～20 ng/ml；在妊娠晚期，可高达 200 ng/ml，甚至更高	• 参见 DHEA
去氧皮质酮［deoxycorticosterone(11-去氧皮质酮，11-deoxycorticosterone, DOC)］ 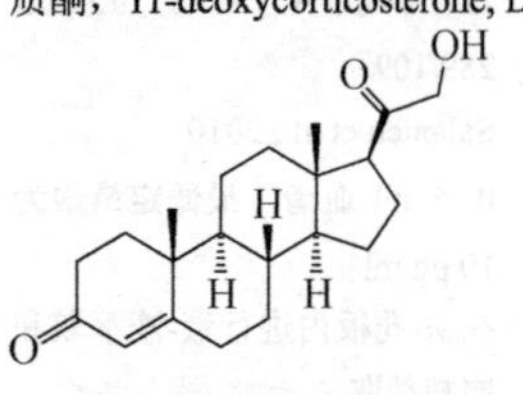 $C_{21}H_{30}O_3$, 330.46 g/mol	• 在肾上腺产生，源于黄体酮 • 皮质酮和醛固酮的前体 • 浓度水平升高可能对应的是缺乏 11-羟化酶的高血压患者，第二个可能的原因是先天性肾上腺增生	• 0.6 ml 血清，最低定量限为 100 pg/ml • 蛋白质沉淀加采用整体柱的在线提取 • C18 色谱柱和 15 min 甲醇/水/甲酸铵（pH 为 3.0）的梯度洗脱 • Waters Quattro Primer，APCI 正模式，331/97 • Carvalho et al., 2008
皮质酮（corticosterone） 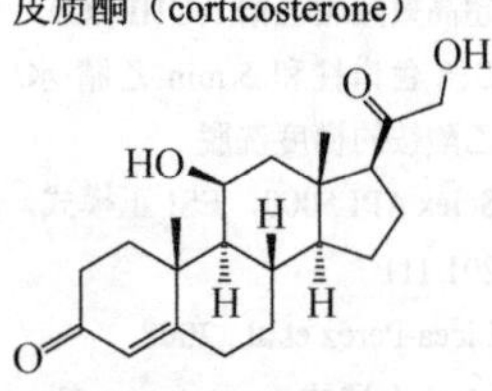 $C_{21}H_{30}O_4$, 346.46 g/mol	• 弱盐皮质激素 • 在肾上腺的生成醛固酮的重要中间体	• 参见 DHEA
醛固酮（aldosterone） 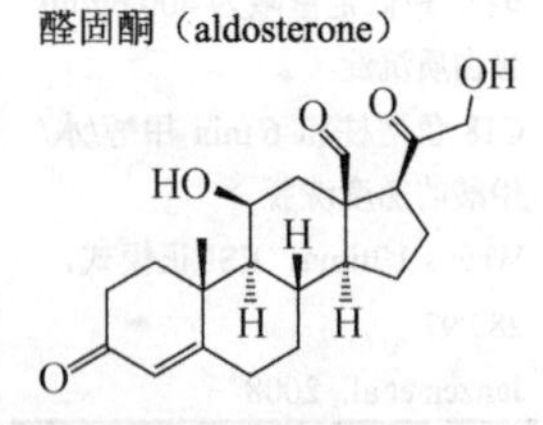 $C_{21}H_{28}O_5$, 360.44 g/mol	• 主要的盐皮质激素 • 来源于皮质酮，通过中间体 18-羟皮质酮在肾上腺产生 • 由肾素-血管紧张素系统传导其分泌 • 是评估血压紊乱和异常血清钠或钾紊乱的有效诊断标志物	• 0.5 ml 血清，最低定量限为 10 pg/ml • 以二氯甲烷/乙醚（60/40）进行液-液萃取 • C18 色谱柱和 10 min 甲醇/水的梯度洗脱 • Sciex API 3000，ESI 负模式，359/189 • Turpeinen et al., 2008

续表

代表性类固醇和结构	关键的生理信息	代表性的 LC-MS 检测方法和相关的关键信息
皮质醇［cortisol（氢化可的松，hydrocortisone）］ $C_{21}H_{30}O_5$, 362.46 g/mol	• 主要的糖皮质激素 • 来源于 17α-羟孕酮，通过中间体 11-脱氧皮质醇在肾上腺产生 • 男性和女性中，将近 90%与皮质类固醇结合球蛋白相结合 • 男性和女性中，血清中浓度水平在清晨最高（50～250 ng/ml），在晚上最低（25～125 ng/ml） • 阿狄森病的血清浓度会下降，而库欣病的血清浓度会上升	• 人唾液 • 在线固相萃取 • C18 色谱柱和 5 min 甲醇/乙酸铵/甲酸的梯度洗脱 • Waters Quattro Primer，ESI 正模式，363/121 • Perogamvros et al., 2009
胆烷（C_{24} 类固醇）		
胆酸（cholic acid） $C_{24}H_{40}O_5$, 408.57 g/mol	• 一种关键的胆汁酸 • 孕期肝脏内胆汁淤积出现时，血清中的浓度水平会升高	• 不在本章中论述
鹅去氧胆酸（chenodeoxycholic acid） $C_{24}H_{40}O_4$, 392.57 g/mol	• 一种关键的胆汁酸 • 孕期肝脏内胆汁淤积出现时，血清中的浓度水平会升高	• 不在本章中论述
胆甾烷（C_{27} 类固醇）		
胆固醇（cholesterol） $C_{27}H_{46}O$, 386.65 g/mol	• 由存在于甾体形成的细胞中的乙酸从头合成 • 通过测定总胆固醇、低密度脂蛋白和高密度脂蛋白，为判断冠状动脉疾病的风险提供了有价值的信息	• 不在本章中论述

GC-MS 成功用于分析类固醇几年后，RIA 也有所发展。在 1969 年，Abraham 发表了在血清中测定雌二醇（E_2）的文章（Abraham, 1969）。之后，RIA 应用于测定其他的类固醇激素。RIA 与 GC-MS 相比，在操作上相对简单，费用更低，它在研究和诊断应用领域更加广泛。RIA 的应用，实现了对很多具有临床和生物重要性的化合物的检测，从而开辟了内分泌领域的新视野。众多研究均采用了 RIA，用新知识丰富了这个领域。此外，它们在诊断测试领域的应用提供给医生有价值的诊断信息，治疗了无数患者。

与此同时，GC-MS 分析方法也在发展。在 1970 年前后，一个关键性的突破是气相色谱质谱数据处理的计算机化和玻璃毛细管柱用于高分辨率的类固醇分离。在20世纪70年代，开始采用GC-MS在临床分析类固醇，选用多次扫描技术进行尿中类固醇激素代谢产物的分布分析，选用选择性离子监测（SIM）分析血清中的目标类固醇激素。1979年，一种弹性石英毛细管柱取代易碎的玻璃柱，使得分析更加成熟。在1982年，惠普公司销售的与质谱选择性检测器联用的台式仪器，配备了计算机控制系统，最终确立了GC-MS分析方法作为常规技术的地位。

在过去的20年中，高效液相色谱（HPLC）与LC-MS/MS已经彻底改变了类固醇的检测方式。此外，电喷雾离子化（ESI）的发明和其后的大气压化学离子化（APCI）的发展，使得液相色谱与质谱的联用更加简单，改变了传统GC-MS分析方法测定类固醇时需要衍生化的状况。这些技术上的进步降低了质谱分析的复杂程度，大大缩短了分析时间，在提供高准确度和高精确度结果的同时，显著增加了处理患者样品的效率。

虽然似乎达成了共识，即质谱分析将成为测定类固醇激素的黄金标准，但是在它实现之前，仍然存在很多的挑战需要攻克。主要的挑战包括如下内容：①小型实验室对于购买质谱仪器支出的承受能力和运营成本的支付能力；②提高检测灵敏度，特别是对于绝经期妇女和接受芳香酶抑制剂治疗的患者，其体内低浓度的雌二醇的测定；③研发分析方法，进行血清和组织中类固醇激素代谢产物的分布分析；④获得可靠的参考范围；⑤标准化的类固醇质谱分析。

质谱分析最困难的挑战在于对测定结果的标准化达成一致。认识到质谱分析方法和传统的RIA及直接免疫分析法之间存在差异是非常重要的。一项研究（Vesper et al., 2009）的结果表明，采用统一的测定原则在不同实验室进行的8个质谱分析方法所测定的结果，在分析性能上存在明显的差异。在质谱分析中存在的准确度方面的差异应是源于标准曲线，而分析精确度的差异可以部分解释为样品制备上的变化。

美国疾病控制与预防中心（CDC）最近发起了一个项目来克服测试中的差异，检查研究中存在的差异，如不同分析方法测得的类固醇激素结果的巨大差异，以及临床诊断和治疗缺乏有效的参考区间，特别是流行病学研究。CDC的目标是确保同一个样品的实验结果是相同的，与实验室所采用的方法和技术无关。虽然CDC之前的努力已经证明，通过分析的标准化可以将测量的性能得到巨大的提高，但是要完成对男性和女性体内大量的主要类固醇激素的测量，还需要数年的时间。

45.2　方法和途径

45.2.1　校正标样和质量控制样品

一般来说，类固醇是疏水性的，可溶解在多种有机溶剂中。通常情况下，制备用于样品定量分析的类固醇标准储备液和（或）标准稀释液，初始溶剂首选甲醇和乙腈。校正标样（STD）和质量控制（QC）样品均应配制在生物基质中，通常有两种方式，一种是以空白基质对标准储备液进行一系列的稀释，另一种是将预先稀释好的各种浓度的标准稀释液加入空白基质。用纯有机溶剂或水溶液制备的校正标样来定量分析生物样品中的类固醇的方式是不被推荐的。因为这不能补偿从生物基质中提取时存在的提取效率问题，也不能补偿在 LC-MS 分析检测时因基质效应而存在的离子化差异问题。

采用 LC-MS 进行类固醇的定量分析时，通常需要不含待测物的空白基质，以避免或减少干扰引发的问题。由于生物系统中存在着内源性的类固醇，在制备用于分析类固醇的校正标样和 QC 样品时，寻找合适的基质是非常大的挑战。开发生物样品中类固醇的 LC-MS 检测方法时，要花很多精力来进行生物基质的评估和预处理。在配制校正标样和 QC 样品之前，需要对多批次的基质进行筛查，看是否存在待测的类固醇。通常，必须预先处理基质，以除去空白基质中的内源性类固醇。一个被广泛接受的方法是使用活性炭来提取空白基质中的类固醇。例如，在人血浆和尿液中定量分析氢化泼尼松龙和氢化可的松（AbuRuz et al., 2003）的方法中，100 ml 人血浆或者尿液中需要加入 4 g 活性炭。在磁力搅拌器上混合 2 h 后，样品在 1610×*g* 下离心 3 h，之后将上清液通过烧结玻璃过滤器过滤。由于这种去除类固醇的操作非常费力，用户可以从供应商处直接购买无类固醇的基质，如 Bioreclamation（Westbury, NY）和 Golden West Biologicals（Temecula, CA）。有些实验室使用白蛋白溶液作为血浆和血清的替代物。例如，在人血清中定量分析雌激素及其代谢产物的方法中，校正标样配制在 4%白蛋白溶液中（Guo et al., 2008）。Ming 等（2011）在准备不含待测物的基质时，采用了一种更复杂的方法。在这个方法中，200 ml 人尿样加在 60 ml 固相萃取柱（Sigma-Aldrich Discovery DSC C18）上。弃去初始的 10 ml 洗脱物，随后的洗脱液收集到 20 ml 收集管中。收集到的所有尿液馏分均通过 LC-MS/MS，检查是否含有待测的类固醇，将没有检测到类固醇的馏分混合，用作不含类固醇的尿样基质。

进行 LC-MS 生物分析时采用人工基质，所引发的担忧源于基质替代物并不包括全部的基质组分，如存在于研究样品中的抗凝剂等在替代物中并不存在。这种差别可能会导致离子源中离子化效率的差异，使得校正标样和研究样品间因基质效应的不同，而最终在质谱响应上存在差异。此外，从不完全相同的基质中提取类固醇的回收率（RE）会有所不同，从而导致定量的偏差。

应谨慎处理定量数据，以确保样品中内源性类固醇的存在不会影响所测定待测物浓度的准确性。如有必要，可将方法的定量下限（LLOQ）提高，使得空白样品中的干扰峰面积低于定量下限（BLQ）待测物峰面积的 20%。

45.2.2 内标

采用 LC-MS/MS 法对生物样品中的类固醇进行定量分析时，内标起到了非常重要的作用。使用内标的目的不仅是校正分析物在样品处理和色谱上的变化，还可以补偿分析物在质谱检测器离子源中离子化时的变化。只要有可能，应该选用稳定同位素标记内标（SIL-IS）。大多数稳定同位素标记（SIL）的类固醇内标是氘代或者是 ^{13}C 的。这两类相比，氘代的类固醇内标更常用，因为氘代内标价格更低，同时合成步骤更容易。SIL-IS 可以从很多供应商处购得，如 Toronto Research Chemicals Inc.（North York, Ontario, Canada）、CDN Isotopes（Pointe- Claire, Quebec, Canada）和 Cambridge Isotope Laboratories（Andover, MA）。一般来说，选择 SIL 的类固醇内标时，有两个因素要考虑。第一个，一个稳定的同位素标记的化合物不应该含有任何待测的未标记的目标类固醇。内标对目标待测物的痕量贡献，会导致一个分析批次因干扰的存在而不合格。第二个，如果待测物和它的 SIL-IS 的质量数过于接近，任何目标待测物的天然同位素对内标的离子强度也会有所贡献。这种类型的干扰与浓度相关，因此可能会影响分析的线性动态范围。为避免此类同位素对定量的影响，一个 SIL-IS 应比待测物本身的质量数至少大 3 个质量单位。如果在方法开发（MD）的过程中无法使用 SIL-IS，结构类似物（如结构近似、功能团稍有不同的化合物）也可以作为替代。在这种情况下，在方法开发和方法验证时，必须仔细地评估待测物和内标的提取回收率和基质效应。对于待测物和内标，如果发现在仪器响应上有明显差异，必须更换内标，寻找其他的化学类似物。应避免不使用内标进行定量分析。有关内标应用的详细信息，参见第 17 章。

45.2.3　通过衍生化提高灵敏度

过去，以 LC-MS 和 GC-MS 进行类固醇分析时，广泛采用样品化学衍生化的前处理方式。大量的文献报道均提及了详细的化学衍生化步骤，这是样品制备的一部分。这些研究表明，衍生化是有效的，可以增加前体离子的分子质量、提高离子化效率、改变检测极性、改善碎裂模式、消除干扰并降低基质效应。总体而言，样品衍生化可以大幅度改善分析性能，从而将检测灵敏度提高几个数量级。从实际意义上来说，这一点对用质谱分析类固醇非常重要，因为与其他类型的化合物相比，多数类固醇在 ESI 或 APCI 离子源中通常不能有效地离子化。衍生化也可以通过改善分离来优化色谱。近年来，随着现代 LC-MS 技术和仪器可用性的提升，对于用 LC-MS 来分析生物样品中的类固醇而言，衍生化已经不再是绝对必须的。无论如何，不论在较旧的分析仪器上开发这些方法，还是处理方法开发中一些异常状况，衍生化总是一个选择。

类固醇类待测物的衍生化是通过将其分子上的酮或羟基与极性基团相结合而实现的。正如 Santa 在第 19 章和他的早期出版物中所述，典型的衍生化试剂是与类固醇上的酮基团进行反应的。这类衍生化试剂包括羟胺、1-(羧甲基)氯化吡啶酰肼（吉拉尔特试剂 T）、2-肼基-1-甲基吡啶（HMP）、2-肼基吡啶（HP）。与类固醇上羟基基团进行反应的衍生化试剂有丹磺酰氯（5-二甲氨基-1-萘磺酰氯，Dns-Cl）、吡啶甲酸、2-氟-1-甲基吡啶对甲苯磺酸盐（FPMTS）、1-(2,4-硝基-氟苯基)-4-甲基哌嗪（PPZ）、4-(4-甲基-1-哌嗪基)-3-硝基苯甲酰叠氮（APZ）。对于包含不止一个酮基或者羟基基团的类固醇，以 HP 或者异烟酰叠氮作为衍生化试剂，可以生成多种衍生物。必须注意的是，这类有多个带电基团的类固醇衍生物组，如果只使用其中单一的衍生物检测时，可能会降低质谱的检测灵敏度。

在方法开发的过程中，必须仔细地考虑和筛选多种衍生化试剂。成功的关键是要确定一个对分析物特异的衍生化试剂。通常情况下，衍生化试剂可以在串联质谱上产生特征的产物离子，这源于衍生化时加上的部分会有特征丢失。例如，Dns-Cl 含有可以作为电离基团的二甲氨基团，还含有活性磺酰氯基团。生成的衍生化产物通过碰撞诱导解离（CID）产生主要的一个子离子，质荷比为 171，是由双甲基氨基萘基团质子化形成的。这个衍生化试剂已经成功应用于人血浆中雌激素酮（E_1）和雌二醇（E_2）的分析（Nelson et al., 2004），将检测灵敏度增加了 6～10 倍。使用同样的衍生化试剂，Xu 等（2007）实现了在人血清中同时分析 15 种雌激素，而且灵敏度水平很高（最低定量限为 8 pg/ml）。如果衍生物缺少具有待测物特异性的特殊子离子，则必须通过更深入的色谱分离来达到分析所需要的特异性。

生物样品的衍生化处理通常在液-液萃取（LLE）或者固相萃取（SPE）之后进行。在所有样品处理中增加衍生化步骤是否会影响生物分析方法的质量始终是一个需要思考的重要问题。很明显，分析的精确度高度依赖于衍生化反应的回收率。可显著影响衍生化反应回收率的因素包括：衍生化试剂、溶液的pH、衍生化温度、衍生化时间。因此，衍生化条件的优化和确认必须在方法开发期间明确下来，待测类固醇在批次间必须能有稳定的回收率。一个好的衍生化反应应该简单、易行，并且有较高的产率。Xu 等在 2005 年发表的一个精确设计的丹酰衍生化步骤是一个例子。在其中很多衍生化条件，包括反应加热时间和温度、Dns-Cl 的浓度、pH 和抗坏血酸的使用都被优化。尿液样品经二氯甲烷液-液萃取，吹干的提取物中加入 0.1 ml 0.1 mol/L 碳酸氢钠缓冲液（pH 9.0）和 0.1 ml 1 mg/ml Dns-Cl-丙酮溶液。反应温度为 60℃，时间仅需要 5 min，反应后的溶液直接进样至 LC-MS/MS，即可分析雌激素的 Dns-Cl 衍生物。

对类固醇分析物衍生化方法的开发是一个烦琐的过程，制定一些系统而有效的步骤是成功所必需的。Licea-Perez 等（2008）在他们的工作中例证了一个非常有效的步骤。该步骤用于开发同时测定睾酮（T）和 5α-二氢睾酮（DHT）的衍生化方法。这两个待测物的结构几乎相同，均含有羟基和羰基，差别只在于 DHT 的 A 环缺少一个双键。作者认为独特的 3-氧-Δ4 结构可以在不经过衍生化时，即可达到所需要的灵敏度。因而方法开发的重点只是 DHT 的衍生化条件。最初的努力是衍生羰基基团并尝试了衍生化试剂羟胺、硝基苄基羟胺和甲胺，但这些都不能满足灵敏度的要求。因此，评估了与 DHT 羟基基团反应的衍生化条件。测试了大量的衍生化试剂，如 2-氟-1-甲基吡啶、硝基苯甲酰氯、*N*-甲基等渗酸酐、3,4-吡啶二酸酐、2,3-吡啶二酸酐、邻苯二甲酸酐、3-硝基邻苯二甲酸酐、2,3-吡嗪二羧酸酐。这些试剂均被排除，有的是因为水解后会产生大量的沉淀，有的是因为衍生化后的产物在质谱上灵敏度不够。同时发现在血清中，3,4-吡啶二酸酐与 T 和 DHT 的衍生物可以达到所需的 DHT 最低定量限，但是 DHT 衍生物和样品中存在的其他内源性类固醇衍生物（如雄甾酮）在色谱上不能分离。最终，发现 2,3-吡啶二酸酐与 T 和 DHT 的衍生化会生成两个位置异构体，它们在质谱的正离子化模式和负离子化模式下表现均相同。在负离子模式下 DHT 的最低定量限可达 0.01 ng/ml，这实现了高效的衍生化反应，T 和 DHT 衍生物及其他的内源性类固醇衍生物可以得到充分分离。此衍生化方法确定后，在实验室成功进行了方法验证。

45.2.4 LC-MS 分析中的提取过程

生物样品的提取净化是采用 LC-MS 分析类固醇的重要一步。提取的目的是去除样品中的蛋白质和干扰物质，帮助待测物在液相色谱柱色谱分离，同时减小质谱离子化时的基质效应，以提高检测灵敏度。有时提取也用于浓缩样品中的待测物，以提高分析方法的灵敏度。提取技术的选择取决于化合物、基质、目标灵敏度和通量。传统上，液-液萃取和固相萃取是类固醇分析的两个主要的样品净化方式。随着现代 LC-MS 仪器的显著进步，近几年蛋白质沉淀（PPT）也越来越多地应用于样品提取。血浆、血清或者全血等复杂生物样品中的类固醇不能未经提取直接用 LC-MS 进行分析。除非采用特殊技术，如在线提取和高湍流液相色谱（HTLC）。采用“稀释样品，注射进样”流程的样品分析可能仅限于尿样的类固醇分析。

45.2.4.1　液-液萃取

液-液萃取是基于待测物分子在水相和有机相中的溶解性差异、酸碱平衡和分配而进行的。在提取前，通常向生物样品中加入化学试剂如甲酸，以便从结合的蛋白质中释放类固醇。含有少量有机溶剂的内标也应加入到样品，之后用与水不互溶的有机溶剂进行提取。在现代高灵敏度的质谱仪和相应的样品制备技术出现之前，需要大量的生物样品和提取溶剂，在 10 ml 甚至更大体积的管中进行提取。目前，在制药工业的典型生物分析实验室中，用于液-液萃取的样品体积和有机溶剂的体积分别为小于 0.1 ml 和 1 ml。因此，基于 96 孔板的高通量液-液萃取已经成为先进的生物分析实验室的流行做法。

对液-液萃取的有机溶剂进行选择，应基于待测类固醇的极性和类型。虽然类固醇分子的极性可以通过置换极性基团（如酮基、羟基或者石炭酸）来逐步增加，但是类固醇分子与甘氨酸、牛磺酸、硫酸和葡萄糖醛酸共轭后，其极性会发生明显的变化。用于从生物样品中提取类固醇的不混溶的典型有机溶剂包括：庚烷、己烷、戊烷、二氯甲烷、乙醚、乙酸乙酯和叔丁基甲基醚（MTBE）（按照极性由低到高排序）。采用标准的液-液萃取程序进行类固醇分析的示例，可参见用 LC-MS/MS 定量分析人血浆中的炔诺酮（NE）和炔雌醇（EE）（Li et al., 2005）。用 0.5 ml 血浆和 4 ml 正丁基氯在带盖的 16 mm×125 mm 玻璃管中进行液-液萃取。在每个样品中加入 25 μl 含 SIL-IS 的甲醇溶液后，玻璃管加盖，在高速涡旋混合 3 min。之后样品在 4000 r/min 下离心 10 min。水相在干冰-丙酮浴中冷冻后，快速将有机相倾倒至预贴标签的 13 mm×100 mm 玻璃管中。有机相在 40℃中以氮气吹干。将吹干后的样品残渣复溶，进样至 LC-MS/MS 分析。另一个实验室也采用 96 孔板和自动设备建立了类似的方法（Licea-Perez et al., 2007）。

作为传统液-液萃取方法的改进版，载体液-液萃取（SLE）近几年成功应用于液相质谱法分析类固醇。SLE 是一项流动-通过为基础的技术，它利用特殊的净化技术和特殊尺寸的多孔吸附剂，包括硅藻土作为支撑介质。有效的液-液萃取发生在支撑介质上，在上样后形成的非常薄的水固定膜和与水不互溶的有机溶剂之间。市售的 SLE 有孔板和单柱两种形式，如 SLE＋（Biotage, Charlotte, NC）和 Aquamatrix（Orochem Ontario, CA）。与传统的液-液萃取相比，SLE 更适合于高通量分析。Wu 等在 2010 年发表的一篇文献中提到，含有 200 mg 硅藻土 Biotage 的 96 孔 SLE 板被应用于样品制备，用于以 LC-MS 法进行大鼠血清中氢化可的松的定量分析。将 100 μl 样品和 25 μl 内标工作液、100 μl 去离子水混合，之后上样至 96 孔 SLE 板，使样品因重力而通过吸附剂。几分钟后，在板的每个孔中加入 600 μl 叔丁基甲基醚（提取溶剂的 3 倍体积）。最后，用约 10 Hg 将真空板抽干，使得待测物从萃取板上完全洗脱。叔丁基甲基醚的洗脱液经进一步处理后，用 LC-MS/MS 进行类固醇分析。

45.2.4.2　固相萃取

约 30 年前将固相萃取引入类固醇领域之后，它就被广泛地应用于样品提取，并被视为定量分析类固醇时最重要的样品提取工具。与其他的提取技术相比，固相萃取通常可以提供更干净的样品萃取物，有利于分析的特异性。

固相萃取柱和板可以从多家供应商处购买，有多种固定相类型（10～200 mg 填充量），每一个都可以按照不同的化学特性来分离待测物。大多数固定相是基于二氧化硅结合特定的官能团。这些官能团包括可变长度的烃链（反相 SPE）、季铵盐或氨基（阴离子交换）和脂肪磺酸基或羧基（阳离子交换）。反相 SPE 主要用于非结合的类固醇的提取，而离子交换 SPE 用于结合的类固醇的提取。固相萃取柱也可以以 96 孔板的形式使用，可以用自动液体处理仪进行处理。自动液体处理仪包括 Tomtec Quadra96、Packard Multiprobe II、HamiltonSTAR 等。与单独的样品处理相比，96 孔板模式和平行的样品处理相结合可以大大提高分析效率并减少周转时间。

在一个典型的反相固相萃取过程中，生物样品中的待测类固醇与一份内标溶液混合。通过在样品中加入化学试剂来破坏类固醇与蛋白质的结合。可选择的试剂包括甲酸、乙二胺四乙酸二钠（Na_2EDTA）、三氯乙酸、乙酸和磷酸。之后将样品加至固相萃取柱。随着样品通过柱，类固醇待测物被保留，生物样品中不需要的组分（如盐和蛋白质）从柱上被淋洗下来。淋洗液是水和有机相的混合液。保留在固定相上的待测物被有机相洗脱，如甲醇和乙腈，并被收集和进一步处理，之后用于 LC-MS 分析。固相萃取的一个设计是可以应用真空（负压），通过真空拉着液体样品完全通过固定相，从而加速萃取过程。基于同样的原理，96 孔板的固相萃取可以通过离心的方法处理（正压模式）。离心的速度通常不超过 1000×g。这种方法的优点是，有效的引力均匀地应用于板中的所有样品。

在固相萃取的方法开发中必须考虑的关键因素包括固相萃取吸附剂的选择（如类型和大小）、待测样品的体积、淋洗液和洗脱液的组成和体积。此外，需要定义样品的预处理程序，用于破坏类固醇-蛋白质的结合。在固相萃取中，pH 预处理可能与大多数类固醇待测物无关，但是对类固醇结合物是必须的。Qin 等（2008）展示了一个严谨的固相萃取程序，对人尿样中 7 种雌激素结合物均可以达到高于 90%的回收率。采用 Waters Oasis HLB 固相萃取柱，以 0.3%磷酸水溶液预处理小柱，尿样在上样前酸化。分别以水和含 2%乙酸的甲醇水溶液（体积比为 60∶40）淋洗固相萃取柱，待测物用含 2%氢氧化铵的甲醇洗脱。

45.2.4.3 蛋白质沉淀

近年来现代质谱灵敏度和特异性的进步已经为在类固醇分析中实施蛋白质沉淀提取方式提供了机会，蛋白质沉淀是最简单、最直接的样品制备技术。样品制备中的蛋白质沉淀步骤是：在样品中加入一份有机溶剂，之后涡旋混合并离心，使得待测物从基质中释放出来，同时溶解并保留在上清液中。最常用的有机溶剂是甲醇和乙腈，以 3∶1 或者更高的比例加入，即可有效地从血浆或血清中除去蛋白质。如果沉淀蛋白质得到的上清液的溶剂组成与液相色谱的流动相近似的话，上清液就可以直接进样到 LC-MS 进行分析。将上清液蒸发至干，再加入其他溶剂组成的复溶液，这种方法也很常见，可以在 LC-MS/MS 上得到更好的色谱峰。蛋白质沉淀技术的缺点是不能有效地去除磷脂，而这可能会导致在质谱分析时出现明显的基质效应。为了解决这个问题，强烈推荐在生物基质中定量对类固醇进行分析时使用 SIL-IS。一个采用蛋白质沉淀来制备样品的示例由 Janzen 等在 2008 年发表。他们开发并验证了一个快速的 LC-MS/MS 方法，此方法只需要 6 min 的仪器检测时间，可以同时分析 10 种孕烷类固醇。样品制备中，在微量滴定板中加入 15 μl 血清样品，与 200 μl 丙酮/乙腈 50∶50（体积比）和 20 μl 内标溶液混合。温和地涡旋混合，离心，样品直接进样至 LC-MS 分析。

45.2.4.4　在线提取

作为LC-MS分析方法的一个组成部分，手动的样品制备方式，包括提取方式不仅烦琐费时，而且被认为是方法开发失败的主要原因之一。应对这一挑战的方法之一就是实现在线提取。随着高度自动化的二维液相色谱系统的引入，近几年在线提取变得更为常用（Carvalho et al., 2008; Guo et al., 2008; Singh, 2008）。在这些实验中，样品被注入上样柱或捕获柱（系统的第一维）。这种柱通常是固相萃取或者离子交换填料的变种，以柱子的形式存在，几乎和传统的HPLC柱相同。样品与离线时类似但是以自动化的形式进行分离，这是通过编程操作和与液相色谱不同的流动相来实现的。这些洗脱液通常是逐步应用的，每一步都将固定相上洗脱出来的待测物峰再切出一部分（如中心馏分）。之后这些待测物直接转移至液相分析柱上（第二维）并通过流动相梯度分离。

有一种类二维液相方法利用了HTLC。在HTLC质谱中，样品首先要进行酸化处理，以便从与蛋白质结合状态释放出来。酸化处理使用10%～20%的甲酸水溶液，加入的体积是样品体积的1.5～2倍（具体的规格要通过实验确定，不同化合物之间会有差别）。酸化之后加入内标，剧烈混合后在室温下温育30 min。将样品放置在Aria TLX-4 HTLC系统中（Cohesive Technologies Inc.; Franklin, MA; part of Thermo Fisher Scientific），制备的样品在高流速下进样至提取柱。柱内形成的湍流使得待测物与萃取柱中的大微粒相结合，同时蛋白质和其他碎片自由通过变为废液。之后流体逆转、减缓、洗脱待测物并转移至反相分析柱。待测物用串联质谱定量。提取、分离和检测的整个流程都是通过Aria TLX-4系统自动进行的，这个系统控制整个色谱过程和质谱上的数据采集。Quest Diagnostics Nichols Institute采用这项技术，成功验证了高灵敏度的HTLC串联质谱分析方法可用于分析人血清中的睾酮，最低定量限可达3 pg/ml（Salameh et al., 2010）。

45.2.5　类固醇Ⅱ相结合物的水解

与葡萄糖醛酸和（或）硫酸结合是人体内类固醇代谢的一个主要途径。因此生物基质中的类固醇都以结合态和非结合态两种形式存在。由于缺乏类固醇结合物的标准对照品，通常采用间接的方式对类固醇结合物进行定量分析，其中对类固醇结合物的分析是在酶解和（或）化学水解之后进行的。对样品中结合态类固醇浓度的计算是通过测定水解前后游离态类固醇的差别来实现的。

对葡萄糖醛酸或硫酸的结合物进行水解，是在水溶液中通过β-葡萄糖醛酸酶或硫酸酯酶与样品温育来完成的。这些酶有很多来源，如大肠杆菌、哺乳动物牛肝脏或软体动物罗马蜗牛。具有绝对纯酶活性的β-葡萄糖醛酸酶或硫酸酯酶产品可能不容易通过商业来源找到，因为这两类酶的活性通常在产品中共存。这使得想通过酶水解方法从样品中单独测定葡萄糖醛酸结合物和硫酸结合物的浓度变得非常困难。需要优化温育的条件，包括酶的使用量、温度、温育时间及pH，使得样品中结合物的水解反应能达到最高的产率。通常情况下，每微升生物样品需要使用1～20单位的酶。水解温育的pH一般保持在酸性条件下。水解反应所需要的时间可以在30 min～22 h变化，这取决于化合物和酶的来源（Gomes et al., 2009）。Xu等在2007年发表的测定血清中雌二醇和雌激素酮的研究中，给出了用于类固醇分析的典型水解程序。在他们的工作中，向0.5 ml血清样品中加入0.5 ml新鲜配制的酶水解缓冲液。这个酶水解缓冲液中包括2 mg抗坏血酸、5 μl β-葡萄糖醛酸苷酶/硫酸酯酶（Helix pomatia，HP-2 型，Sigma Chemical Co.）和 0.5 ml 浓度为 0.15 mol/L 的乙酸钠缓冲液（pH 为 4.1）。在 37℃温育 20 h 之后，每个样品在 8 r/min 转速下，用 8 ml 二氯甲烷进行缓慢反萃取 30 min。萃取后，水相弃去，有机相转移至另一干净的玻璃管中进行下一步处理，最终至 LC-MS/MS 进行分析。

如果酶水解对结合物不起作用，可以采用化学水解的方式将类固醇的葡萄糖醛酸和硫酸结合物断裂开。这种方法采用强酸、高温，反应时间长。然而，采用这种方法时应该谨慎行事，因为这种处理方式可能产生不需要的副产物并且有可能破坏结构脆弱的类固醇。在一个成功的研究中，Tang 和 Crone（1989）温育类固醇结合物样品，与无水甲醇氯化氢在 60℃反应 10 min，高效地完成了类固醇结合物的水解。

过去 20 年 LC-MS 技术的显著发展，为测定完整的类固醇结合物及相关化合物提供了机会，从而避免了分析前的水解步骤。Qin 等在 2008 年报道了采用亲水相互作用液相色谱（HILIC）分离结合串联质谱检测的方法用于分析尿样中 7 种雌激素结合物，且无需水解前处理。该方法的最低检测限为 2 pg/ml，尿样的使用量为 1 ml。由于 HILIC 使用的流动相梯度通常以高比例有机相起始，这也为采用蛋白质沉淀提取-HILIC-质谱分析平台来分析生物样品中的完整类固醇结合物提供了机会。

45.2.6 LC-MS

LC-MS 是目前公认的用于制药工业和临床实验室中生物基质的小分子生物分析的关键工具。虽然 GC-MS 作为传统的标准工具，在测定新的代谢途径和未知类固醇的鉴别方面仍然具有优势，但是 LC-MS 已经被广泛应用于类固醇分布分析和定量。

在质谱进行定量之前，类固醇首先在液相色谱上进行色谱分析，这是基于类固醇在液体流动相和固定相中的选择性分配。填充非极性固定相（C18、C8 和苯基键合硅胶）的反相液相色谱（RPLC）柱［通常为（5～10）cm×（2～4.6）mm］是用于类固醇分析的主要选择，流动相通常是甲醇、乙腈和水。某些流动相添加剂如缓冲液和 pH 调节剂的使用，可以改善色谱和离子效率。例如，用于测定人血清中睾酮和 DHT 的高灵敏度和高选择性的测定方法（Licea-Perez et al., 2008），采用了 Waters Acquity 超高速液相色谱 BEH C18 色谱柱，以水/乙腈为流动相。可以看到，流动相中乙酸铵的浓度越高，峰的分辨率越好，同时两个类固醇待测物的色谱峰保留时间越长。这项研究也表明，超高速液相色谱作为更先进的液相色谱技术，已经成功地应用于制药实验室的类固醇分析。它不仅效率高，而且显著提高分析的分辨率、速度和灵敏度。

质谱是按照化合物的质荷比来进行分析的。质谱分析过程有两个重要部分，一个是在离子源中生成离子，一个是在质量分析器中对离子进行排序。大气压离子化（API）技术的引入使得 LC-MS 可以分析各种化合物，包括类固醇。在 API 中，待测物分子首先在大气压下被离子化。之后待测物离子从中性分子中被物理和静电分离。LC-MS 所采用的离子源有几种不同类型，分别适合不同的化合物。ESI 在分析物到达质谱前，部分地依靠化学在溶液中产生分析物的离子。APCI 适合于广泛的极性和非极性分子。大气压光离子化（APPI）是相对新的技术，与 APCI 类似。不同的是，在 APCI，雾化气（氮气）通过电晕放电针被离子化，并电离气态的溶剂分子，之后通过化学反应（化学电离）转移电荷给分析物分子。相反，在 APPI，气态分子的离子化是通过放电灯在狭窄的电离能范围内产生光子而实现的。一般情况下，类固醇化合物的电离可以在正模式和负模式下进行，而且对极性化合物而言，

ESI 离子源通常比 APCI 离子源更灵敏。因此，ESI 离子源是不经水解直接检测类固醇结合物的理想装置。对于非极性类固醇分子，ESI 离子源的灵敏度不如 APCI 离子源的灵敏度。带有极性基团的类固醇的衍生化，历来作为增加分析灵敏度的一个有效方式。这是通过提高类固醇在 ESI 离子源上的离子化效率来实现的。与单四极杆质谱仪相比，三重四极杆质谱仪提供了更好的灵敏度、选择性和定量时的校正范围。在串联质谱仪中，第一级质量鉴别的四极杆分析器（Q1）用于选择待测物的分子离子，这些被预先选定的离子通过不具有质量鉴别功能的四极杆（Q2），即碰撞室，在那里它们经受惰性气体分子组成的墙的撞击（如氮气或氩气），导致能量以可预测的方式转移至待测物和分子碎片。之后这些碎片离子将由第二级质量鉴别的四极杆分析器（Q3）进行选择，选择的依据是它们的质荷比。监测从一个母离子到一个或多个子离子转换的采集模式被称为多反应监测（MRM）。在方法开发中，必须小心地评估和选择分析物 MRM，因为这将直接关系到分析的灵敏度和选择性。显示最高灵敏度的 MRM 不一定就是最好的，要根据分析的选择性和特异性来确定。有独特碎片的 MRM 通常有更好的分析特异性。使用添加有分析物的生物样品，对目标类固醇和内标的多个质量碎片同时评估，这是一个比较好的方法。与 MRM 相关的另一个参数是停留时间，它是分析时每个 MRM 转移循环的数据采集时间的设定。通常情况下，设定后每个感兴趣的峰上应该有 12～15 次的采集次数。

45.2.7 LC-MS 用于类固醇激素分析的主要挑战

尽管 LC-MS 快速发展为制药工业和临床实验室的黄金标准，是生物基质中定量分析类固醇的关键分析工具，但是仍然存在着很多挑战。从方法开发的角度来看，主要的挑战与分析的灵敏度和特异性相关。

制药和临床实验室的科学家对类固醇进行检测，常规的检测水平是生物基质中存在中端至高端 pg/ml 级和 ng/ml 级的浓度水平。然而，健康人和患者体内的很多类固醇激素都在非常低的浓度下循环。解决临床诊断的问题时，需要超高灵敏度的分析，需要测定到低端的 pg/ml 级，甚至于 fg/ml 级。例如，低浓度水平 E_2 的测定对预测骨折的风险是非常重要的，监测接受芳香酶抑制剂治疗的妇女体内的 E_2 抑制程度和对抗雌激素的反应，可以预防乳腺癌（Stanczyk and Clarke, 2010）。另一个例子是，在目前对乳腺癌成因的研究中，大家对儿茶酚和 16α-羟基雌激素的作用表现了很大的兴趣。然而，这些雌激素代谢产物（EM）在血清和乳腺组织中浓度水平很低。主要的需求就是为这些以非结合物形式存在的雌激素建立有效的高灵敏度分析方法。此外，为新的候选药物做药物相互作用（DDI）研究在药物研发中很常见，如含有 EE 的低剂量口服避孕药（OC）。这些研究需要高灵敏度和高选择性的生物分析方法，以便对人血中的低浓度水平进行精确测定。

质谱仪器方面的改进已经使得能够在类固醇定量分析方面实现更好的灵敏度。应对灵敏度挑战的直接而有效的方式显然是使用最先进的串联质谱仪，如 AB Sciex 公司的 API 4000 或 API 5000，Thermo Scientific 公司的 TSQ Quantum Ultra，Waters 公司的 Xevo TQ 等（可以参见表 45.1 节中显示的方法）。在方法开发中，生物样品基质对检测灵敏度的影响是重要考虑因素。内源性生物成分可以提高非特异性的背景信号，干扰分析物峰或抑制电离。磷脂、共提取物、共洗脱的干扰峰被认为均对基质效应有贡献。由于其疏水性，磷脂在反相色谱柱上显示出强烈的保留。当梯度条件不足以移除这些干扰成分时，它们可能聚积在色谱柱或在随后的进样中洗脱，导致待测物不可预测的仪器响应。评价基质效应的常规程序是在柱后灌流，即在色谱柱的流出物中注入待测物，再引入空白基质样品进样。如在感兴趣的分析物的保留时间处有负峰出现，表明存在离子抑制。评价基质效应的另一种方法是直接比较有基质和无基质时待测物的信号强度。有几种方法可以降低和减少基质效应：①改变前处理步骤，如以液-液萃取或固相萃取来代替蛋白质沉淀，和优化提取时使用的有机溶剂。②优化色谱：通过改变梯度条件、流动相强度和 pH 来移动待测物的保留时间，使其躲开有离子抑制影响的色谱区域，优化色谱还可以解决干扰峰的问题。③优化离子化条件，LC-MS 离子源和离子化极性的选择可以影响基质效应的程度，总的来说，从 ESI 离子源换为 APCI 离子源是处理基质效应的一个有效策略。ESI 离子源通常用于需要高灵敏度的分析；然而，已知它受基质的影响比 APCI 离子源更大。另外，很多中性的类固醇在 ESI 离子源很难离子化。因此，对于类固醇分析的离子源的选择，应按照两个源的仪器响应和基质效应来评估。④通过使用稳定的同位素内标来补偿基质效应。

LC-MS 成为生物分析和临床实验室流行的工具，其中一个原因就是它的高特异性和在生物样品中同时分析多种药物和内源性待测物的能力。在方法开发中，应该评估 LC-MS 方法的特异性。3 组化合物被认为会影响分析的特异性：①目标类固醇的同质异位素（如结构上的同分异构体，具有相同的元素组成或者具有相同的标示分子质量，如可的松和泼尼松龙、氢化可的松和四氢化泼尼松龙、睾酮和脱氢表雄酮、氢化可的松和非诺贝特）；②类固醇分子加上 2 Da 的同位素（如睾酮和二氢睾酮、雌激素酮和雌二醇、可的松和皮质醇、强的松和泼尼松龙、泼尼松龙和氢化可的松）；③共流出的物质，具有相同的母离子和子离子。这些结构相关的类固醇通常有非常近似的质谱碎裂模式，甚至于相同的子离子。

色谱分离是处理类固醇分析特异性问题的最有效方法。必须用巨大的努力去开发色谱条件，以达到生物样品中类固醇化合物最好的分离效果。

常用的评估分析特异性的方法是以评估一个分析物的子离子全谱及其相关 MRM 离子对（IP）开始的。MRM 离子对的相对强度来源于目标分子和内标的不同碎片，将添加了分析物的基质和空白基质相互比较，以排除内源性化合物潜在的干扰。在结束方法开发之前，用类固醇分析方法分析患者样品来确认分析的特异性是很重要的。如果在样品分析开始时就发现有明显的浓度很高的未预测到的干扰物，这样就可以避免方法开发时多余的工作。建立特异的 MRM 来避免干扰问题，这取决于已测样品分析中目标化合物和内标的几个离子对的采集比较。了解待测样品中存在的类固醇化合物的所有潜在干扰对样品分析是很有帮助的。Kushnir 等（2005）所著的一份优秀出版物中描述了用于评价分析特异性的几种方法。读者可以看看这篇文章中关于这个题目的广泛讨论。

类固醇的 LC-MS 分析中存在着同位素的交叉干扰，当生物基质中不同类固醇的浓度范围有显著区别时，这种交叉干扰会被放大。这在健康志愿者和类固醇激素紊乱的患者中并不少见。在这种情况下，一个平均分子质量比另一个类固醇小 1～2 Da 的类固醇，会在串联质谱的 Q1 引起明显的同位素交叉干扰。除非两个类固醇有不同的 CID 规律，否则交叉干扰会造成类固醇的浓度被高估。因此，在类固醇的 LC-MS 定量分析中，使用特异的 MRM 离子对尤为重要，这样才能得到分析的高特异性。

45.3 LC-MS 生物分析类固醇激素的代表性方案举例

已有众多用 LC-MS 分析生物基质中类固醇的方法被报道，也有几篇综述提供给读者

（Kushnir et al., 2010; Shackleton, 2010; Stanczyk and Clarke, 2010）。为了提供一些关键性的技术要素来指导 LC-MS/MS 方法开发与验证，本节中重点讲述了几个方法建立的示例，这些方法都是用于类固醇激素分析的。虽然具体的 LC-MS 仪器可能不适用于某些实验室，但是不同厂家提供的类似设备也可以得到同样好的效果。重要的是，方法的原理和使用方法发展的策略将适用于所有实验室，新的生物分析方法开发时均可以应用到。

45.3.1　雌激素

雌激素负责女性性别特征的开发和维护，包括生育功能、月经周期的调节、妊娠的维持。低浓度雌激素的准确测定对与性激素相关的疾病的诊断是非常重要的。采用 LC-MS 测定雌激素的挑战源于低生理浓度和内源性干扰物的存在。可通过选用更灵敏的仪器或者通过衍生化处理来提高灵敏度。超高速液相色谱的应用和 96 孔板的使用，已经在提高分析速度方面显示了优势。

方案 1：无需衍生化同时测定人血清中雌二醇（E_2）、雌激素酮（E_1）、雌三醇（E_3）和 16α-羟雌酮（16α-OHE_1），Guo 等发表于 2008 年。

方法要点

校正标样和 QC 样品配制在 4%白蛋白溶液中。取一份 200 μl 的血清样品，与含 1 ng/ml 氘代内标的 300 μl 乙腈混合。离心获得的上清液以水稀释，之后直接进样至 SCIEX API 5000，以 ESI 负离子模式进行检测。色谱分离是在 C8 柱进行的，购自 Supelco（33 mm×3 mm, 3 μm），以甲醇和水为流动相。采用切换阀，上样时流速为 1 ml/min，化合物洗脱时流速为 0.6 ml/min。E_2、E_1、E_3 和 16α-OHE_1 定量监测 MRM 离子对分别为质荷比 287/145（183）、269/145（143）、287/171（145）和 285/145（143）。其在血清中的灵敏度很高，E_1 和 16α-OHE_1 的检测限（LOD）为 1 pg/ml，E_2 和 E_3 的检测限为 2 pg/ml。

技术说明

（1）作者出于确证的目的还监测了每个化合物的另外一个 MRM 离子对（显示在上面括号中）。

（2）作者的担心在衍生化或液-液萃取和固相萃取过程中，血清样品里的共轭雌激素发生水解从而导致雌激素浓度被高估。

（3）E_3、16α-OHE_1 和 E_2 的色谱峰可以达到基线分离。E_1 和 E_2 不能基线分离，但是 E_1 和 E_2 间的干扰和交叉干扰是可以忽略的。

（4）使用了两种方法来增加灵敏度：①增加所有待测物的两对 MRM 离子对的驻留时间；②样品提取物进样量的最大化（约总体积的 1/3）。

（5）除 16α-OHE_1 外，所有待测物均使用了 SIL-IS。

（6）ESI 负离子模式与 APPI 正离子模式相比，前者灵敏度提升了 10 倍，而且干扰更少。

方案 2：通过衍生化同时定量分析人尿样和血清中 15 种内源性雌激素，Xu 等发表于 2005 年和 2007 年。

方法要点

校正标样和 QC 样品配制在经活性炭滤取的人尿液或血清中，并加入 0.1%抗坏血酸，最低定量限为尿样中 40 pg/ml，血清中 8 pg/ml。取一份 500 μl 的血清样品，加入含 2 mg 抗坏血酸的酶水解缓冲液、5 μl β-葡萄糖醛酸苷酶/硫酸酯酶、0.5 ml 0.15 mol/L 的乙酸钠缓冲液（pH 为 4.1），在 37℃温育 20 h。向水解后干燥的样品中加入 100 μl 0.1 mol/L 碳酸钠缓冲液（pH 为 9.0）和 100 μl Dns-Cl 溶液（1 mg/ml，配制在丙酮中）。在 60℃反应 5 min 后，反应液直接注入 Finnigan TSQ Quantum MS/MS 系统，采用 ESI 正离子模式进行分析。液相色谱采用 Phenomenex Synergi Hydro-RP 150 mm×2 mm 色谱柱，柱温 40℃。流速为 0.2 ml/min，以甲醇和 0.1%甲酸水溶液为流动相，线性梯度洗脱。监测独特的子离子，质荷比为 171 或 170，此子离子由雌激素及其代谢产物的丹酰衍生物产生，可用于监测每个待测物。

技术说明

（1）用丹酰衍生化来检测雌激素的优势是可以明显地提高灵敏度（通过在结构上引入叔胺），反应条件温和，产物有定量的产率。

（2）为测定结合的雌激素，样品要采用β-葡萄糖醛酸苷酶和硫酸酯酶进行酶水解。为测定非结合的雌激素，除水解步骤外，其他样品制备步骤相同。

（3）为实现所有 15 种雌激素的完全基线分离（除 16α-OHE_1 和 16α-酮 OHE_2 外），采用反相 C18 色谱，梯度时间长达 70 min。

（4）结果发现，在检测和定量雌激素的丹酰化产物方面，ESI 优于 APCI 和 APPI。在雌激素衍生物和 D-雌激素衍生物出峰的时间段，没有看到基质引起的质谱离子抑制。对儿茶酚雌激素（如 1,2-二羟基苯）来说，独特的产物离子是质荷比 170；对其他的雌激素来说，独特的产物离子是质荷比 171。

（5）进行雌激素代谢产物丹酰衍生化条件优化时，测试了以下参数：反应的加热时间和温度、Dns-Cl 的浓度、pH、抗坏血酸存在下丹酰化的产率。所有雌激素丹酰化产率最高时的条件是，在 0.1%（*W/V*）抗坏血酸存在下，在 60℃反应 5 min。在其他条件相同的情况下，将 Dns-Cl 的浓度从 1 mg/ml 提高至 3 mg/ml，产率没有提高。对非儿茶酚雌激素而言，pH 在 8.5～11.5，0.1%（*W/V*）抗坏血酸是否存在均没有明显的变化。不加入 0.1%（*W/V*）抗坏血酸，会导致儿茶酚雌激素的丹酰化效率明显下降。

方案 3：半自动化的高通量超高速 LC-MS/MS 方法用于同时测定人血浆中的 OC，包括炔雌醇（EE）、炔诺酮（NE）或左炔诺孕酮（LN），Licea-Perez 等发表于 2007 年。

方法要点

在 Hamilton STAR 自动化处理系统的帮助下，0.3 ml 血浆样品被转移至 Arctic White 96 孔聚丙烯板中，之后加入内标溶液和 1 ml 的叔丁基甲基醚。在经过涡旋混合和离心之后，有机相被 TomTec 液体处理系统转移至 1.2 ml 聚丙烯管中。在氮气下 45℃吹干后，加入 0.1 ml 100 mmol/L 碳酸氢钠溶液（pH 为 11.0）和 0.1 ml 配制在丙酮中的 1mg/ml Dns-Cl 进行衍生化，在 60℃反应 5 min。类固醇的衍生物在 LLE hydromatrix 板上萃取，以正己烷洗脱，之后用 LC-MS/MS 分析。色谱分离可以在传统的 HPLC（Genesis C18, 50 mm×2 mm, 3 μm）或者超高速液相色谱（Waters BEH C18, 50 mm×2 mm, 1.7 μm）上分别完成，流动相为乙腈/水/甲酸，梯度洗脱。质谱为 Sciex API 4000，TurboIonSpray 接口，正离子模式，EE 丹酰化产物、EE 丹酰化产物-d_4、NE、NE-d_6、LN、LN-d_6 的 MRM 离子对分别为质荷比 530/171、534/171、299/231、305/237、313/245 和 319/251。

技术说明

（1）与高效 LC-MS 相比，采用超高速液相色谱的液相运行时间通常会缩短一半，同时感兴趣的分析物与血浆中会造成干扰的内源性组分可以更好分离。对 EE 丹酰化产物来说，信噪比（*S/N*）也会增加两倍；对 NE 和 LN 来说，信噪比维持不变。对所有待测物来说，最低定量限的信噪比均大于 10。

（2）不考虑使用蛋白质沉淀，这是因为它不足以去除内源性干扰。没有采用 Waters Oasis HLB 96 孔板的固相萃取，因为有一个干扰峰与待测物共同洗脱。

（3）开发了两个在 96 孔板内进行半自动液-液萃取的方法，提高了样品的处理能力：①采用一个 Varian Combilute 96 孔 SLE（260 mg/孔）来辅助自动的液-液萃取。然而由于略低的回收率，方法需要至少 500 μl 样品才能达到 OC 所需要的最低定量限。②采用 Arctic White 2 ml 96 孔板和 ArctiSeal mats，只需要 300 μl 血浆，以 1 ml 叔丁基甲基醚萃取。在使用前，板和密封垫需要用叔丁基甲基醚清洗，洗去塑料的残留物，并移除小的干扰峰。

（4）用于衍生化的碳酸氢钠溶液（pH 为 11.0）会强烈地抑制 NE 和 LN 的离子化。所以需要用 Varian Combilute 96 孔 SLE（260 mg/孔），加入正己烷作为洗脱液，来去除碳酸氢钠。

（5）使用灭活的（硅烷化的）玻璃内插管是至关重要的。因为当提取物保存在聚丙烯或其他未灭活的玻璃管中时，管的吸附会造成 EE 丹酰化产物、EE 丹酰化产物-d_4 完全损失。

（6）良好的分离对于避孕类固醇和干扰物来说是非常重要的，这样才能准确地测定低浓度水平样品中分析物的浓度。EE 和 NE（或 LN）的最低定量限分别为 0.01 ng/ml 和 0.1 ng/ml。

45.3.2　雄性激素

雄性激素是一类刺激和控制男性特征开发和维持的类固醇激素。睾酮是男性主要的雄性激素，也是女性主要的活性雄性激素。睾酮所扮演的重要角色不仅仅是开发和维持男性的表现型，也包括女性和儿童的生理功能和疾病。采用灵敏精确的生物分析方法对人血清中的 T 和 DHT 进行定量测定，这是男性雄性激素缺乏诊断和治疗的需要。

方案 4：采用 LC-MS/MS 无需衍生化就可同时测定血清中的睾酮和 DHT，由 Shiraishi 等发表于 2008 年。

方法要点

使用经活性炭滤取的人血清作为分析的空白基质。取一份 100 μl 的血清样品，与 25 μl 内标溶液在玻璃管中混合，之后以乙酸乙酯/正己烷（体积比 3∶2）提取，提取两次，每次 2 ml。将两次的提取物合并，加入 0.35 ml 0.1 mol/L 氢氧化钠，以除去提取物中的酸性污染物，这些物质可能会对分析造成干扰。LC-MS/MS 分析采用 Sciex API 5000 LC-MS/MS 仪器，ESI 源，在正模式下进行。色谱柱为 Thermo Hypersil GOLD（100 mm×1 mm, 3 μm），梯度洗脱，流速为 0.045 ml/min，流动相为甲醇和含 2%甲醇与 26 mmol/L 甲酸的水溶液，梯度时间为 17.5 min。两个化合物可以达到基线分离。T 的 MRM 离子对为质荷比 289.2/109.0，D_2-T 的 MRM 离子对为 291.2/110.9, DHT 的 MRM 离子对为 291.2/255.2，D_3-DHT 的 MRM 离子对为 294.2/258.2。

技术说明

（1）与其他已经发表的方法相比，此方法采用了简单的液-液萃取方法，且无需衍生化。它只需要 0.1 ml 样品即可达到理想的特异性和灵敏度（20 pg/ml），方法易于在临床化学实验室中进行，作为常规分析。

（2）固相萃取提取回收率低，不予考虑。

（3）特异性的评估是通过测试存在潜在交叉反应的类固醇（雄激素、孕激素和雌激素）稀释液进行的，其浓度高达分析最高定量限的 100 倍。

（4）对非处方药物（抗坏血酸、水杨酸或对乙酰氨基酚）和采血管中的添加物（EDTA、柠檬酸或肝素抗凝剂）形成的潜在的化学干扰进行了评估，没有发现干扰。

（5）对基质效应进行了评估，这是通过向 LC-MS/MS 注入溶剂和不含类固醇的空白血清提取物后，对待测物和内标的相应离子对的基线响应变化进行测定而实现的。

45.3.3 孕烷衍生物

孕烷衍生物含有基本的 21 碳骨架，包括孕酮（P）、孕烯醇酮（Preg）和它们的 17α-羟基衍生物，即 17α-羟基孕酮（17OHP）和 17α-羟基孕烯醇酮（17OHPreg），以及盐皮质激素和糖皮质激素。大多数类固醇通常在全血中相对浓度较低，用于测定复杂样品基质中这些类固醇的生物分析方法需要高灵敏度和高特异性。过去采用 LC-MS/MS 法分析 11-脱氧皮质醇（11DC）、Pregn 和 17OHPreg 遇到的困难是，这些化合物难以离子化，而且在串联质谱上没有特异的 MRM 离子对。以下收集的方案显示：①这些年付出的努力，增强质谱检测的灵敏度和改善孕烷衍生物的碎裂模式，是通过在结构上加上易电离的官能团实现的，②LC-MS 方法用于干血斑（DBS）样品中孕酮衍生物的分析。

方案 5：同时测定人血清中 11-脱氧皮质醇、17OHP、17OHPreg 和孕烯醇酮，由 Kushnir 等发表于 2006 年。

方法要点

校正标样配制于 10 mg/ml 的牛血清白蛋白（BSA）中。取一份 0.2 ml 的样品，转移至含有 2 ml 水的玻璃管中，之后加入 20 μl 氘代内标溶液（11DC-d_2、17OHP-d_8、17OHPr-d_3、Pr-d_4）。样品上样至 Phenomenex Strata X 固相萃取柱，上样前固相萃取柱用水和 20%乙腈水溶液预洗。干燥 15 min 后，类固醇用 3 ml 叔丁基甲基醚洗脱。将有机相吹干，用 0.3 ml 羟胺溶液（1.5 mol/L，pH 为 10.0）溶解样品残留，在 90℃进行衍生化反应 30 min。衍生化产物用 2 ml 叔丁基甲基醚提取后，进入 LC-MS/MS 分析。色谱分离在 Phenomenex Synergi Fusion RP（C18）色谱柱上进行，以流动相甲醇、水和甲酸进行梯度洗脱，流速为 0.5 ml/min。在 Sciex API 4000 LC-MS/MS 上，以 ESI 正离子模式进行分析，11DC、17OHP、17OHPreg 和 Preg 的 MRM 离子对分别为质荷比 377/124（112）、361/124（112）、348/330（312）和 332/86（300）。

技术说明

（1）在方法开发阶段，为测定潜在的交叉干扰，检查了 43 种类固醇及代谢产物。11DC、17OHP 和 Preg 的检测限为 0.025 ng/ml，17OHPreg 的检测限为 0.10 ng/ml。

（2）11DC、17OHPreg 和 Preg 在 Sciex API 3000 上显示极差的离子化效率和 CID 裂解，因而需要采用衍生化方法。最有希望的衍生化反应是肟化反应，通过羟胺与类固醇中的酮基基团反应，形成肟衍生物。ESI 正离子模式对于肟衍生物显示出最佳的灵敏度。

（3）作者发现，与其他缓冲液相比，在流动相中加入甲酸会提高离子化效率。

（4）采集在 EDTA 钠中的样品测得的 Preg 浓度比采集在血清和肝素血浆中的高出

280%。因此，不要使用含 EDTA 的采集管。

（5）作者对于离子化效率和类固醇结构之间的关系，在使用和不使用肟衍生化的情况下做了综合分析。

（6）对分析物的多个 MRM 离子对都进行了监测，以评估 MS/MS 分析的选择性。

方案 6：同时测定干血斑中 17α -羟基孕烯醇酮和 17α-羟基孕酮，由 Higashi 等发表于 2008 年。

方法要点

从 10 mm 直径的干血斑上切出一个 3 mm 的圆盘（相当于 2.65 μl 全血）。提取样品时，需要在每个样品试管中加入 3 个干血过滤纸圆盘。在试管中加入 200 μl 含两个内标（每个 100 pg）的甲醇，之后在室温下超声波提取 30 min。甲醇提取物用 1 ml 水稀释，用 60 mg Phenomenex Strata-X 小柱纯化。以 2 ml 水、2 ml 甲醇/水（1∶1，*V*/*V*）和 1 ml 正己烷淋洗，1 ml 乙酸乙酯洗脱类固醇。吹干后的残留物溶解于 50 μl 乙醇中，与新鲜配制的衍生化试剂反应。衍生化试剂为配制于 50 μl 乙醇中的 10 μg HP，其中含有 25 μg 三氟乙酸（TFA）。反应需要在室温下超声处理 15 min。HP 衍生物在 Sciex API 2000 LC-MS/MS 系统中进一步分析，反相色谱分离，在 ESI 正离子模式下检测，17OHPreg-HP 的 MRM 离子对为质荷比 424.3/253.0，17OHP-bisHP 的 MRM 离子对为 513.4/364.1，内标 1-HP 的 MRM 离子对为 427.3/253.0，内标 2-bisHP 的 MRM 离子对为 520.4/368.1。17OHPreg 和 17OHP 的最低定量限分别为 1.0 ng/ml 和 0.5 ng/ml。

技术说明

（1）该方法结合使用了类固醇含氧基团的衍生化，以处理结构相关的类固醇，17OHP（3-氧-4-烯-类固醇）和 17OHPreg（3β-羟基-5-烯-类固醇）在 ESI 或 APCI 离子化时有不同的离子化效率。

（2）从干血斑样品中得到的提取回收率，两个化合物均可达 80%左右。

（3）在 ESI 正离子模式下，17OHPreg 和 17OHP HP 衍生物有特征性的产物离子，质荷比分别为 253.0 和 364.1。

（4）含氧类固醇的衍生化会生成 E-和 Z-同分异构体，导致在色谱上出现两个峰。在特定的色谱条件下（如 YMC-Pack Pro C18 RS 色谱柱，流动相为乙腈/甲醇/10 mmol/L 乙酸铵，体积比 5∶3∶1），17OHPreg 和 17OHP HP 衍生物会表现为两个单独的峰，尽管 17OHP HP 衍生物的色谱峰形不对称。

（5）通过对 10 种以上的内源性孕激素、皮质激素和雄激素在同样的 LC-MS/MS 条件下进行分析，评估分析的特异性，证实了内源性类固醇不会干扰 170HPreg 和 170HP 的定量。

（6）17OHPreg 和 17OHP 的 LLOQ 分别为 1.0 ng/ml 和 0.5 ng/ml。如果用更先进的串联质谱仪替代 Sciex API 2000，灵敏度可以很容易地提升 100 倍。

致谢

我们要感谢来自于 Norvartis Institutesfor BioMedical Research 部门的 J. Flarakos 博士，他对原稿提出了很多宝贵意见。我们非常感谢来自于 Quest Diagnostics Nichols Institute 的 Nigel Clarke 博士，在准备本章的过程中，感谢他有价值的讨论和建议。

参 考 文 献

Abraham GE. Solid-phase radioimmunoassay of estradiol-17 beta. J Clin Endocrinol Metab 1969;29(6):866–870.

AbuRuz S, Millership J, Heaney L, McElnay J. Simple liquid chromatography method for the rapid simultaneous determination of prednisolone and cortisol in plasma and urine using hydrophilic lipophilic balanced solid phase extraction cartridges. J Chromatogr B Analyt Technol Biomed Life Sci 2003;798(2):193–201.

Carvalho VM, Nakamura OH, Vieira JG. Simultaneous quantitation of seven endogenous C-21 adrenal steroids by liquid chromatography tandem mass spectrometry in human serum. J Chromatogr B Analyt Technol Biomed Life Sci 2008;872(1–2):154–161

Gomes RL, Meredith W, Snape CE, Sephton MA. Analysis of conjugated steroid androgens: deconjugation, derivatisation and associated issues. J Pharm Biomed Anal 2009;49(5):1133–1140.

Guo T, Gu J, Soldin OP, Singh RJ, Soldin SJ. Rapid measurement of estrogens and their metabolites in human serum by liquid chromatography-tandem mass spectrometry without derivatization. Clin Biochem 2008;41(9):736–741.

Guo T, Taylor RL, Singh RJ, Soldin SJ. Simultaneous determination of 12 steroids by isotope dilution liquid chromatography-photospray ionization tandem mass spectrometry. Clin Chim Acta 2006;372(1–2):76–82.

Higashi T, Nishio T, Uchida S, Shimada K, Fukushi M, Maeda M. Simultaneous determination of 17alpha-hydroxypregnenolone and 17alpha-hydroxyprogesterone in dried blood spots from low birth weight infants using LC-MS/MS. J Pharm Biomed Anal 2008;48(1):177–182.

Horning EC, Brooks CJ, Vanden Heuvel WJ. Gas phase analytical methods for the study of steroids. Adv Lipid Res 1968;6:273–392.

Horning MG, Knox KL, Dalgliesh CE, Horning EC. Gas-liquid chromatographic study and estimation of several urinary aromatic acids. Anal Biochem 1966;17(2):244–257.

Janzen N, Sander S, Terhardt M, Peter M, Sander J. Fast and direct quantification of adrenal steroids by tandem mass spectrometry in serum and dried blood spots. J Chromatogr B Analyt Technol Biomed Life Sci 2008;861(1):117–122.

Kushnir MM, Rockwood AL, Bergquist J. Liquid chromatography-tandem mass spectrometry applications in endocrinology. Mass Spectrom Rev 2010;29(3):480–502.

Kushnir MM, Rockwood AL, Nelson GJ, Yue B, Urry FM. Assessing analytical specificity in quantitative analysis using tandem mass spectrometry. Clin Biochem 2005;38(4):319–327.

Kushnir MM, Rockwood AL, Roberts WL, et al. Development and performance evaluation of a tandem mass spectrometry assay for 4 adrenal steroids. Clin Chem 2006;52(8):1559–1567.

Kushnir MM, Rockwood AL, Roberts WL, Yue B, Bergquist J, Meikle AW. Liquid chromatography tandem mass spectrometry for analysis of steroids in clinical laboratories. Clin Biochem 2011;44(1):77–88.

Li W, Li YH, Li AC, Zhou S, Naidong W. Simultaneous determination of norethindrone and ethinyl estradiol in human plasma by high performance liquid chromatography with tandem mass spectrometry—experiences on developing a highly selective method using derivatization reagent for enhancing sensitivity. J Chromatogr B Analyt Technol Biomed Life Sci 2005;825(2):223–232.

Licea-Perez H, Wang S, Bowen CL, Yang E. A semi-automated 96-well plate method for the simultaneous determination of oral contraceptives concentrations in human plasma using ultra performance liquid chromatography coupled with tandem mass spectrometry. J Chromatogr B Analyt Technol Biomed Life Sci 2007;852(1–2):69–76.

Licea-Perez H, Wang S, Szapacs ME, Yang E. Development of a highly sensitive and selective UPLC/MS/MS method for the simultaneous determination of testosterone and 5-alpha-dihydrotestosterone in human serum to support testosterone replacement therapy for hypogonadism. Steroids 2008;73(6):601–610. Epub 2008 Feb 2.

Ming DS, Heathcote J, Garg A, Darbyshire J, Eagleston E, Bajkov TL. The determination of urinary free and conjugated cortisol using UPLC-MS/MS. Bioanalysis 2011;3(3):301–312.

Nelson RE, Grebe SK, OKane DJ, Singh RJ. Liquid chromatography–tandem mass spectrometry assay for simultaneous measurement of estradiol and estrone in human plasma. Clin Chem 2004;50(2):373–384.

Perogamvros I, Owen LJ, Newell-Price J, Ray DW, Trainer PJ, Keevil BG. Simultaneous measurement of cortisol and cortisone in human saliva using liquid chromatography-tandem mass spectrometry: application in basal and stimulated conditions. J Chromatogr B Analyt Technol Biomed Life Sci 2009;877(29):3771–3775.

Qin F, Zhao YY, Sawyer MB, Li XF. Hydrophilic interaction liquid chromatography-tandem mass spectrometry determination of estrogen conjugates in human urine. Anal Chem 2008;80(9):3404–3411.

Salameh WA, Redor-Goldman MM, Clarke NJ, Reitz RE, Caulfield MP. Validation of a total testosterone assay using high-turbulence liquid chromatography tandem mass spectrometry: total and free testosterone reference ranges. Steroids 2010;75(2):169–175.

Santa T. Derivatization reagents in liquid chromatography/electrospray ionization tandem mass spectrometry. Biomed Chromatogr 2011;25(12):1–10.

Shackleton C. Clinical steroid mass spectrometry: a 45-year history culminating in HPLC-MS/MS becoming an essential tool for patient diagnosis. J Steroid Biochem Mol Biol 2010;121(3–5):481–490. Epub Feb 25, 2010.

Shiraishi S, Lee PW, Leung A, Goh VH, Swerdloff RS, Wang C. Simultaneous measurement of serum testosterone and dihydrotestosterone by liquid chromatography–tandem mass spectrometry. Clin Chem 2008;54(11):1855–1863.

Singh RJ. Validation of a high throughput method for serum/plasma testosterone using liquid chromatography tandem mass spectrometry (LC-MS/MS). Steroids 2008;73(13):1339–1344.

Sjövall J, Vihko R. Determination of androsterone and dehydroepiandrosterone sulfates in human serum by gas-liquid chromatography. Steroids 1965;6(5):597–604.

Stanczyk FZ, Clarke NJ. Advantages and challenges of mass spectrometry assays for steroid hormones. J Steroid Biochem Mol Biol 2010;121(3–5):491–495.

Tang PW, Crone DL. A new method for hydrolyzing sulfate and glucuronyl conjugates of steroids. Anal Biochem 1989;182:289–294.

Turpeinen U, Hämäläinen E, Stenman UH. Determination of aldosterone in serum by liquid chromatography-tandem mass spectrometry. J Chromatogr B Analyt Technol Biomed Life Sci 2008;862(1–2):113–118.

Vesper HW, Bhasin S, Wang C, et al. Interlaboratory comparison study of serum total testosterone [corrected] measurements performed by mass spectrometry methods. Steroids 2009;74(6):498–503.

Wu S, Li W, Mujamdar T, Smith T, Bryant M, Tse FL. Supported liquid extraction in combination with LC-MS/MS for high-throughput quantitative analysis of hydrocortisone in mouse serum. Biomed Chromatogr 2010;24(6):632–638. PubMed

Xu X, Roman JM, Issaq HJ, Keefer LK, Veenstra TD, Ziegler RG. Quantitative measurement of endogenous estrogens and estrogen metabolites in human serum by liquid chromatography-tandem mass spectrometry. Anal Chem 2007;79(20):7813–7821.

Xu X, Veenstra TD, Fox SD, et al. Measuring fifteen endogenous estrogens simultaneously in human urine by high-performance liquid chromatography-mass spectrometry. Anal Chem 2005;77(20):6646–6654.

Yamashita K, Okuyama M, Watanabe Y, Honma S, Kobayashi S, Numazawa M. Highly sensitive determination of estrone and estradiol in human serum by liquid chromatography-electrospray ionization tandem mass spectrometry. Steroids 2007;72(11–12):819–827.

46

脂质体药物和脂质的液相色谱-质谱（LC-MS）生物分析

作者：Troy Voelker 和 Roger Demers
译者：袁苏苏
审校：兰静、李文魁

46.1 简　介

脂质体（liposome）是用天然磷脂和其他脂质链人工合成的球形囊泡，它具有表面活性剂的性质（Edwards, 2006）。脂质体主要包括多层脂质体（MLV）、小单层脂质体（SUV）和大单层脂质体（LUV）等。根据设计，脂质体将水溶液包封在其疏水膜的内侧。因此，溶解在水相的亲水溶质不能轻易通过脂质膜。相反，疏水化合物却能溶入膜中。另外，脂质体能和其他双分子层膜（如细胞膜）融合。这些特性使得脂质体制剂能同时携带疏水和亲水药物以改进药物的释放，进而提高药效（Torchilin, 2006）。脂质体制剂的推出，开辟了一个增加药物生物利用度（BA）的新途径。一个特别的例子就是抗癌药阿霉素（doxorubicin）的乙二醇脂质体（polyethylene glycol liposome）制剂。该制剂选择性地药物释放增强了其治疗晚期乳腺癌的疗效，从而增加患者的存活率（Perez, 2002）。

脂质体药物制剂包括药物、脂质和其他制剂辅料。脂质体药物制剂的物理和化学性质是保证药品质量的关键。因此，药物监管部门要求不仅要对脂质体药物进行检测，还要对制剂的每一个成分进行评估，例如。为了评估制剂特别是一些特殊脂质［如阳离子脂质（cationic lipid）和聚乙二醇化脂质（pegylated lipid）］对药代动力学-药效学（PK-PD）的影响，可能也需要对这些脂质（阳离子脂质和聚乙二醇化脂质）进行分析。

46.2 方法和途径

46.2.1 原理

在脂质体药物给药后，临床前实验和临床试验的生物样品分析中要考量一个关键因素，即检测总的（游离的＋与蛋白质结合的＋被脂质体包裹的）和游离的（未被脂质体包裹的＋未与蛋白质结合的）药物成分。在检测游离的药物成分时，脂质体在生物分析过程中可能存在的不稳定性是个要面对的问题。脂质体的稳定性与许多环境因素相关，如pH、温度和共存的化合物等。在这些因素中，储存温度和冻融最为重要，在开发生物分析方法时要对这些因素进行仔细评估，对热敏感的制剂尤其如此。当可能的不稳定性及造成该不稳定性的因素经过仔细评估和确认后，生物分析方法的开发和验证将会变得快捷。

最常用的脂质体药物生物分析的策略就是分别测定游离的（未被脂质体包裹的＋未与蛋白质结合的）和总的［游离的（未被脂质体包裹的＋未与蛋白质结合的）＋与蛋白质结合的＋被脂质体包裹的］药物的含量，再将后者减去前者以计算结合的（与蛋白质结合的＋被脂质体包裹的）药物的含量。在已经发表的常用方法中，固相萃取（SPE）和体积排阻可将脂质成分与游离的药物分离（Druckmann, 1989; Thies, 1990）。

作为脂质体药物制剂的组成成分，脂质同时具有亲水性和疏水性。在 LC-MS 生物分析中，这一特性使得液相色谱分离变得棘手。据观察，阳离子脂质用正相色谱可获得很好的保留及很好的峰型，而聚乙二醇化脂质在反相色谱条件下分离更好。在聚乙二醇化脂质的分析中，另一个重要因素也需要考虑，即在合成脂质时，由于聚合过程的变异，在不同批次的同一脂质中可能会检测到不同的质荷比（*m/z*）。

46.2.2 方法学

46.2.2.1 脂质体药物的分析

检测血浆样品中游离药物（未被脂质体包裹的＋未与蛋白质结合的）（如阿霉素）的含量时，可使用固相萃取方法。将含脂质体的血浆样品上样到 SPE 板，当样品通过后，游离的药物（如阿霉素）被保留在 SPE 板上。随后，将这些被吸附的药物从 SPE 板上洗脱出来进行 LC-MS/MS 分析。为了测得总的药物浓度，可用甲醇处理血浆样品并消解脂质体，然后再用 SPE 进行萃取。

46.2.2.2 聚乙二醇化和阳离子脂质的分析

聚乙二醇化脂质和阳离子脂质的生物分析可采用蛋白质沉淀提取，随后将获得的提取物分为两份以分别对聚乙二醇化脂质和阳离子脂质进行测定。究其原因，是因为聚乙二醇化脂质在反相色谱条件下峰形较好，而阳离子脂质在正相条件下峰形更佳。由于聚乙二醇化脂质具有较强的疏水和亲水性，使用 SPE 时回收率（RE）较低，将影响到低浓度的 LLOQ 的检测。液-液萃取（LLE）也因为同样的原因回收率较低。与 SPE 和 LLE 相比，使用异丙醇（IPA）/乙腈作为沉淀剂进行蛋白质沉淀时回收率较高。聚乙二醇化脂质在 IPA 中溶解度较差，使用 IPA 作为沉淀剂可提高回收率。

46.3 实验方案

46.3.1 使用 LC-MS/MS 定量分析血浆中游离的阿霉素和阿霉素醇（图 46.1～图 46.3）

实验材料和基质

- 阿霉素（doxorubicin）。
- 阿霉素醇（doxorubicinol）。
- 道诺红菌素醇（内标）（daunorubicinol）。
- 含乙二胺四乙酸二钾（K_2EDTA）的人血浆（BioChemEd）。

分子式＝$C_{27}H_{29}NO_{11}$
分子质量＝543.174 061 Da
单一同位素质量＝543.519 26

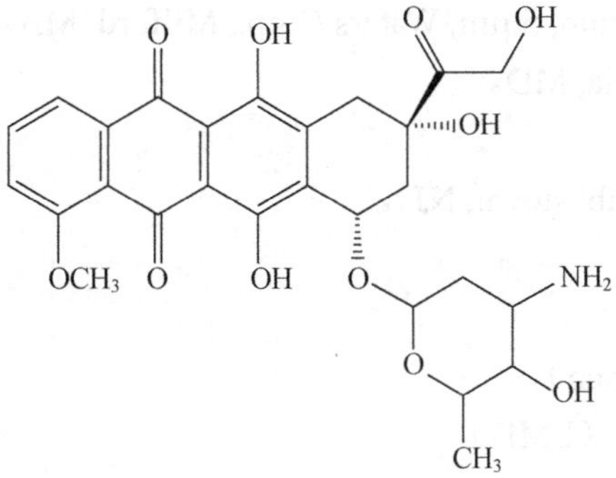

图 46.1 阿霉素（doxorubicin）分子结构和分子质量

分子式＝$C_{27}H_{31}NO_{11}$
分子质量＝545.535 14
单一同位素质量＝545.189 711 Da

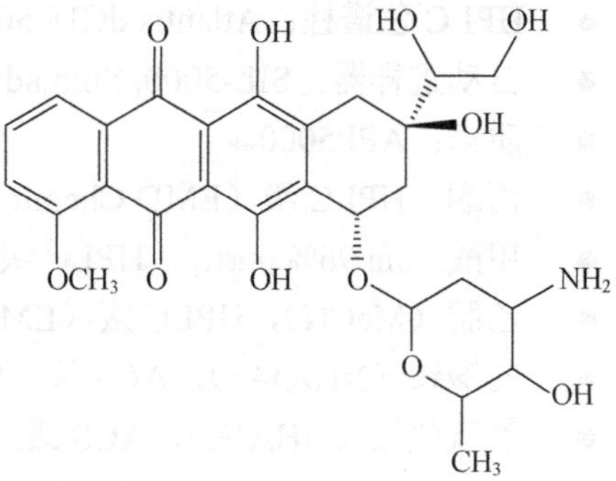

图 46.2 阿霉素醇（doxorubicinol）分子结构和分子质量

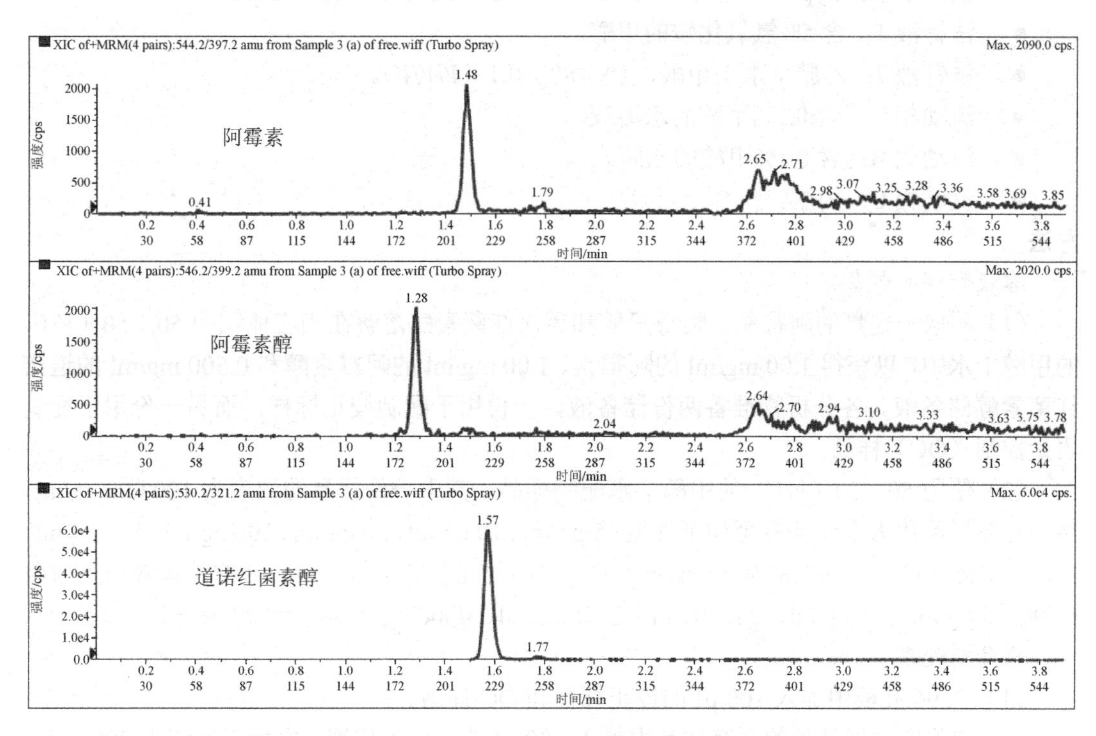

图 46.3 阿霉素（doxorubicin，5.00 ng/ml，上图）、阿霉素醇（doxorubicinol，5.00 ng/ml，中图）和内标（internal standard，下图）LLOQ 样品提取物的 LC-MS/MS 谱图

仪器和试剂

- 液体处理工作站：Tomec Quadra96 或 Hamilton MICROLAB® NIMBUS 96。
- HPLC 系统：Shimadzu LC-10D。
- HPLC 色谱柱：Atlantis dC18 50 mm×2.1 mm, 5 μm, Waters Corp., Milford, MA。
- 自动进样器：SIL-5000, Shimadzu, Columbia, MD。
- 质谱：API 5000。
- 丙酮，HPLC 级（EMD Chemicals Inc.，Gibbstown, NJ）。
- 甲酸, min 96% purity，HPLC 级（EMD）。
- 乙腈（MeCN），HPLC 级（EMD）。
- 乙酸铵（NH_4OAc），ACS 级（Sigma-Aldrich）。
- 氢氧化铵（NH_4OH），ACS 级, 28%～30%（EMD）。
- 甲醇（MeOH），HPLC 级（EMD）。
- 磷酸缓冲液（PBS）1×，pH 7.4，Gibco，Invitrogen。
- 去离子水，Type 1（电导率为 18.2 MΩ cm）或同等级别（HPLC 级）。
- 洗针液 1：含 5%氢氧化铵的甲醇。
- 洗针液 2：乙腈：水：甲酸，20：80：0.1（*V*/*V*/*V*）。
- 流动相 A：含 0.1%甲酸的水溶液。
- 流动相 B：含 0.1%甲酸的乙腈。
- 流动相 C：丙酮。

方法

溶液和样品制备

（1）称取一定量的阿霉素、阿霉素醇和道诺红菌素醇溶解在相应体积的 50：50（*V*/*V*）的甲醇：水中，以获得 1.00 mg/ml 的阿霉素、1.00 mg/ml 的阿霉素醇和 0.500 mg/ml 的道诺红菌素醇储备液。各分析物准备两份储备液，一份用于配制校正标样，而另一份用于配制质量控制（QC）样品。

（2）使用 50：50（*V*/*V*）的甲醇：水配制样品。其中一份样品的浓度为 100 000 ng/ml，然后将该样品用人血浆稀释至如下浓度：5 ng/ml、10 ng/ml、50 ng/ml、100 ng/ml、500 ng/ml、1000 ng/ml、4500 ng/ml 和 5000 ng/ml。QC 样品的配制则是将 1 mg/ml 的储备液用人血浆稀释至 5 ng/ml、15 ng/ml、245 ng/ml、2000 ng/ml、4000 ng/ml 和 25 000 ng/ml。

样品前处理

（1）在 96 孔板中加入 100 μl 的校正标样和 QC 样品。

（2）向除空白样品外的所有样品中加入 100 μl 的内标工作液。内标工作液为 200 ng/ml 道诺红菌素醇，配制于 PBS 溶液中。

（3）在空白样品中加入 100 μl 的 PBS。

（4）向所有样品中加入 300 μl 的 PBS。

（5）在高速下用多管涡旋仪（multitube vortexer）涡旋 3 min。

（6）用 500 μl 的甲醇活化 Cerex CBA SPE Cartridges（20 mg），以约 1 滴/s 的速度滤出（自行滤出或加压过滤）。

（7）再用 500 μl 的水活化 Cerex CBA SPE Cartridges（20 mg），以约 1 滴/s 的速度滤出（自行滤出或加压过滤）。

（8）使用液体处理工作站将 250 μl 的样品转移至 SPE 板。样品转移至 SPE 板后，加压以约 1 滴/s 的速度缓慢滤出（自行滤出或加压过滤）。

（9）用 500 μl 的水清洗 SPE 板，加压以约 1 滴/s 的速度滤出（自行滤出或加压过滤）。

（10）再用 500 μl 的 40∶60（*V/V*）的甲醇∶水清洗，加压以约 1 滴/s 的速度缓慢滤出（自行滤出或加压过滤）。

（11）用 300 μl 含 200 mmol/L 乙酸铵的 80∶20（*V/V*）的甲醇∶水将样品洗脱至 96 孔板中，加压以约 1 滴/s 的速度缓慢滤出（自行滤出或加压过滤）。

（12）向所有的样品中加入 700 μl 的水。

（13）在低速下用多管涡旋仪涡旋 1 min。

（14）将样品以 3000 r/min 的速度离心约 1 min。

（15）将样品储存在室温待测。

LC-MS/MS 分析

（1）色谱系统带有两个标准六通阀（VICI Cheminert 10U-0263H），在样品的最后一个峰被洗脱出色谱柱后，反冲分离色谱。色谱条件如下。

a. 流速：0.300 ml/min。

b. 柱温：室温。

c. 等度：

时间/min	0	2	2.03	3.3	3.33	4
B%	20	50	95	95	20	停止

注意事项：在 2.03～3.3 min 反冲色谱柱，以便在下一次进样前将残留在色谱柱中的干扰物洗脱出去。

（2）质谱采用电喷雾离子化（ESI）正离子模式。阿霉素、阿霉素醇和道诺红菌素醇在选择反应监测（SRM）模式下的离子对（IP）分别为：*m/z* 544.2→*m/z* 397.2，*m/z* 546.2→*m/z* 399.2 和 *m/z* 530.2→*m/z* 321.2。质谱参数为：停留时间（dwell time）100 ms；离子源温度（source temperature）400℃；离子喷雾电压（IS voltage）5000 V；去簇电压（DP）50；气帘气（curtain gas）35 psi；雾化气（GS1）75 psi；辅助加热气（GS2）70 psi；碰撞能量（CE）17 eV。

46.3.2 使用 LC-MS/MS 定量分析血浆中总的阿霉素和阿霉素醇

实验材料和基质

- 阿霉素（doxorubicin）。
- 阿霉素醇（doxorubicinol）。
- 道诺红菌素醇（内标）（daunorubicinol）。
- 含 K_2EDTA 的人血浆（BioChemEd）。

仪器和试剂

- 液体处理工作站：Tomec Quadra96 或 HamiltonMICROLAB®NIMBUS 96。
- HPLC 系统：Shimadzu LC-10D。
- HPLC 柱：Atlantis dC18 50 mm×2.1mm, 5 μm, WatersCorp., Milford, MA。
- 自动进样器：SIL-5000, Shimadzu, Columbia, MD。
- 质谱：API 5000。
- 丙酮，HPLC 级（EMD）。

- 甲酸，min 96% purity，HPLC 级（EMD）。
- 乙腈（MeCN），HPLC 级（EMD）。
- 乙酸铵（NH_4OAc），ACS 级（Sigma-Aldrich）。
- 氢氧化铵（NH_4OH），ACS 级，28%～30%（EMD）。
- 甲醇（MeOH），HPLC 级（EMD）。
- 磷酸缓冲液（PBS）1×，pH 7.4，Gibco，Invitrogen。
- 去离子水，Type 1（电导率为 18.2 MΩ cm）或同等级别（HPLC 级）。
- 洗针液 1：含 5%氢氧化铵的甲醇。
- 洗针液 2：乙腈：水：甲酸，20：80：0.1（*V*/*V*/*V*）。
- 流动相 A：含 0.1%甲酸的水溶液。
- 流动相 B：含 0.1%甲酸的乙腈。
- 流动相 C：丙酮。

方法

溶液和样品制备

（1）称取一定量的阿霉素、阿霉素醇和道诺红菌素醇溶解在相应体积的 50：50（*V*/*V*）的甲醇：水中，以获得 1 mg/ml 的阿霉素、1 mg/ml 的阿霉素醇和 0.500 mg/ml 的道诺红菌素醇储备液。各分析物准备两份储备液，一份用于配制校正标样，而另一份用于配制 QC 样品。

（2）使用 50：50（*V*/*V*）的甲醇：水配制 100 000 ng/ml 样品。然后将该样品用人血浆稀释至如下浓度：5 ng/ml、10 ng/ml、50 ng/ml、100 ng/ml、500 ng/ml、1000 ng/ml、4500 ng/ml 和 5000 ng/ml。QC 样品是将 1 mg/ml 的储备液用人血浆稀释至 5 ng/ml、15 ng/ml、245 ng/ml、2000 ng/ml、4000 ng/ml 和 25 000 ng/ml。

样品前处理

（1）在 96 孔板中加入 100 μl 的校正标样和 QC 样品。

（2）向除空白样品外的所有样品中加入 100 μl 的内标工作液。内标工作液为 200 ng/ml 道诺红菌素醇，配制于 PBS 溶液中。

（3）在空白样品中加入 100 μl 的 PBS。

（4）向所有样品中加入 300 μl 的甲醇。

（5）将 96 孔板用密封垫封紧后在涡旋仪上涡旋 5 min（多管蜗旋仪，速度设置为 2～4）。

（6）室温下以 3000 r/min 的速度离心 5 min。

（7）使用液体处理工作站移取 100 μl 的上清液至新的 96 孔板。

（8）在所有的样品中加入 400 μl 的 PBS。

（9）在高速下用多管涡旋仪涡旋约 3 min。

（10）用 500 μl 的甲醇活化 Cerex CBA SPE Cartridges（20 mg），以约 1 滴/s 的速度滤出（自行滤出或加压过滤）。

（11）再用 500 μl 的水平衡 Cerex CBA SPE Cartridges（20 mg），以约 1 滴/s 的速度滤出（自行滤出或加压过滤）。

（12）使用液体处理工作站将 250 μl 的样品转移至 SPE 板。样品转移至 SPE 板后，加压以约 1 滴/s 的速度缓慢滤出（自行滤出或加压过滤）。

（13）用 500 μl 的水清洗 SPE 板，加压以约 1 滴/s 的速度滤出（自行滤出或加压过滤）。

（14）再用 500 μl 的 40∶60（*V/V*）的甲醇∶水清洗，加压以约 1 滴/s 的速度缓慢滤出（自行滤出或加压过滤）。

（15）用 300 μl 含 200 mmol/L 乙酸铵的 80∶20（*V/V*）的甲醇∶水将样品洗脱至 96 孔板中，加压以约 1 滴/s 的速度缓慢滤出（自行滤出或加压过滤）。

（16）向所有的样品中加入 100 μl 的水。

（17）在低速下用多管涡旋仪（multitube vortexer）涡旋 1 min。

（18）将样品以 3000 r/min 的速度离心约 1 min。

（19）将样品储存在室温待测。

LC-MS/MS 分析

（1）色谱系统带有两个标准六通阀（VICI Cheminert 10U-0263H），在样品最后一个峰被洗脱出色谱柱后分离色谱洗脱液并倒着冲洗色谱柱。色谱条件如下。

a. 流速：0.300 ml/min。

b. 柱温：室温。

c. 等度：

时间/min	0	2	2.03	3.3	3.33	4
B%	20	50	95	95	20	停止

注意事项：在 2.03～3.3 min 反冲色谱柱，以便在下一次进样前将残留在色谱柱中的干扰物洗脱出去。

（2）质谱采用 ESI 正离子模式。阿霉素、阿霉素醇和道诺红菌素醇在 SRM 模式下的离子对分别为：*m/z* 544.2→*m/z* 397.2，*m/z* 546.2→*m/z* 399.2 和 *m/z* 530.2→*m/z* 321.2。质谱参数为：停留时间（dwell time）100 ms；离子源温度（source temperature）400℃；离子喷雾电压（IS voltage）5000 V；去簇电压（DP）50；气帘气（curtain gas）35 psi；雾化气（GS1）75 psi；辅助加热气（GS2）70 psi；碰撞能量 17 eV。

46.3.3 使用 LC-MS/MS 定量分析血浆中的阳离子脂质

实验材料和基质（图 46.4 和图 46.5）

- 阳离子脂质（cationic lipid）。
- 人血浆（K_2EDTA）[BioChemEd]。

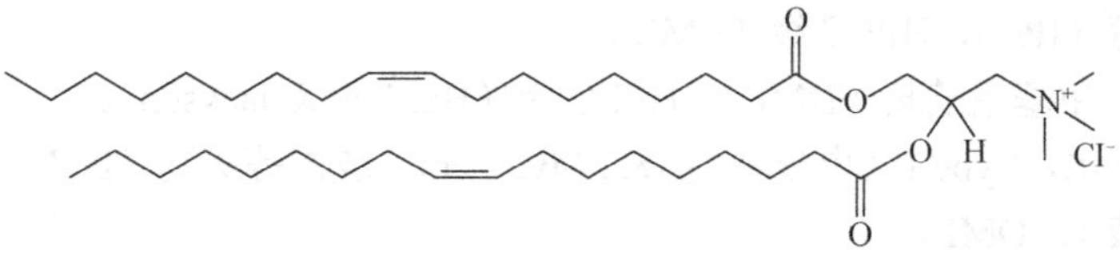

O O N+ O H Cl⁻ O

图 46.4 代表性阳离子脂质（cationic lipid）的结构

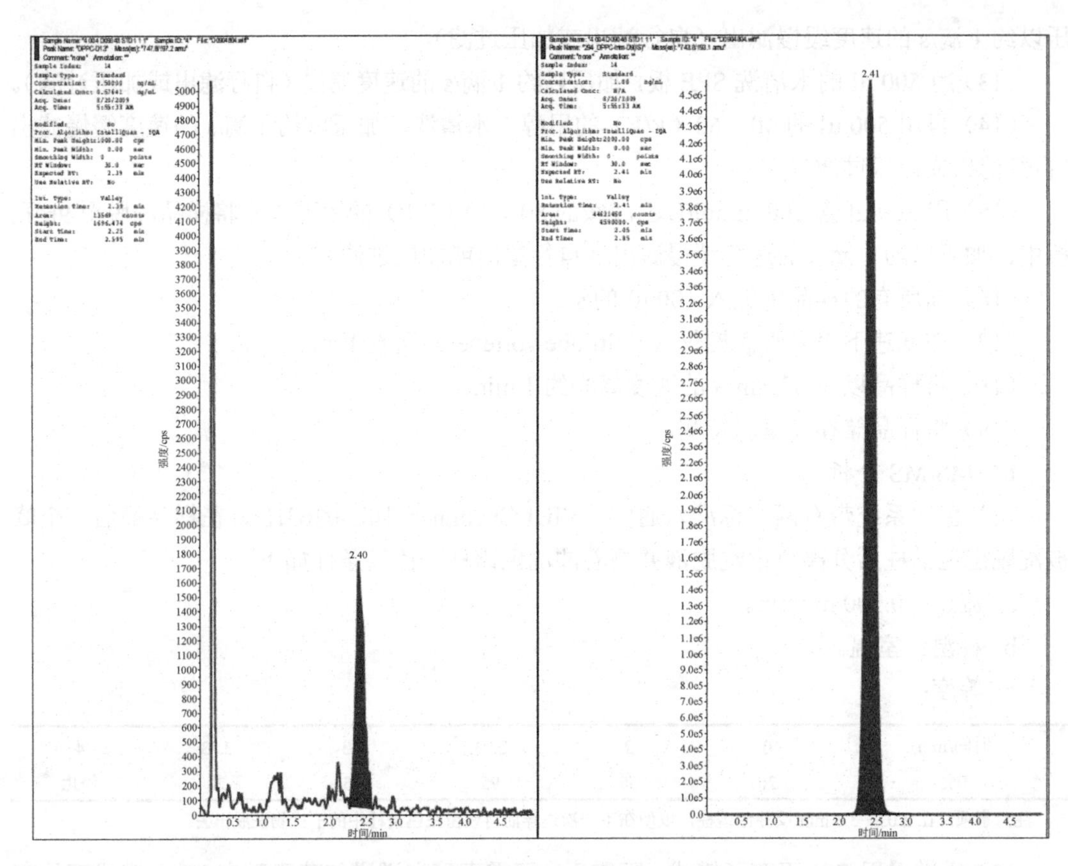

图 46.5　阳离子脂质（cationic lipid，0.100 ng/ml，左图）和内标（internal standard，右图）LLOQ 的 LC-MS/MS 谱图

仪器和试剂

- 液体处理工作站：Tomec Quadra96 或 HamiltonMICROLAB® NIMBUS 96。
- HPLC 系统：Shimadzu LC-10D。
- HPLC 柱：Phenomenex Luna Silica 2.0 mm×50 mm, 5 μm。
- 自动进样器：LEAP PAL LC Autosampler。
- 质谱：API 5000。
- 乙腈（MeCN），HPLC 级（EMD）。
- 甲酸铵，ACS 级（Sigma-Aldrich）。
- 异丙醇（IPA），HPLC 级（EMD）。
- *N*, *N*-二甲基甲酰胺（DMF），HPLC 级（Burdick & Jackson）。
- 去离子水，Type 1（电导率为 18.2 MΩ　cm）或同等级别（HPLC 级）。
- 洗针液 1：DMF。
- 洗针液 2：乙腈：水，90：10（*V*/*V*）。
- 流动相 A：10 mmol/L 的甲酸铵，不调整 pH。
- 流动相 B：异丙醇：乙腈，50：50（*V*/*V*）。
- 流动相 C：乙腈：水，70：30（*V*/*V*），用于分流和反冲色谱柱。

方法

溶液和样品制备

（1）称取一定量的阳离子脂质和内标溶解在相应体积的 DMF 中，以获得 1.20 mg/ml 的阳离子脂质和 1.63 mg/ml 的内标储备液。准备两份储备液，一份用于配制校正标样，另一份用于配制 QC 样品。

（2）用 DMF 配制样品。校正标样包含 8 个浓度：2 ng/ml、4 ng/ml、20 ng/ml、100 ng/ml、400 ng/ml、1200 ng/ml、1800 ng/ml 和 2000 ng/ml。同时，5 个 QC 样品的浓度分别为：2 ng/ml、6 ng/ml、400 ng/ml、1600 ng/ml 和 8000 ng/ml。

（3）用人血浆稀释样品以获得校正标样和 QC 样品。校正标样含 8 个浓度：0.1 ng/ml、0.2 ng/ml、1 ng/ml、5 ng/ml、20 ng/ml、60 ng/ml、90 ng/ml 和 100 ng/ml。QC 样品有 5 个浓度：0.1 ng/ml（LLOQ）、0.3 ng/ml（低）、40 ng/ml（中）、80 ng/ml（高）和 400 ng/ml（稀释）。

样品前处理

（1）向除空白样品外的所有样品加入 400 μl 的内标工作液［500 ng/ml 的内标溶液，溶剂为 50∶50（*V*/*V*）的异丙醇∶乙腈］。

（2）向空白样品中加入 400 μl 的 50∶50（*V*/*V*）的异丙醇∶乙腈。

（3）使用多管涡旋仪在高速下涡旋 5 min。

（4）以 3000 r/min 的速度离心约 5 min，以分离沉淀。

（5）移取 250 μl 的上清液至干净的 96 孔板中。

（6）使用 Turbovap 在 45℃用氮气将样品吹干，需时约 40 min。

（7）加入 300 μl 的乙腈复溶样品。

（8）在低速下用多管涡旋仪（multitube vortexer）涡旋 1 min。

（9）以 3000 r/min 的速度离心约 1 min。

（10）将样品储存在冰箱待测。

LC-MS/MS 分析

（1）色谱系统带有两个标准六通阀（VICI Cheminert 10U-0263H），在样品中的最后一个峰被洗脱出色谱柱后倒冲色谱柱。色谱条件如下。

a. 流速：0.8 ml/min。

b. 柱温：30℃。

c. 等度：

时间/min	0.0	3.5
B%	90	停止

注意事项：经过分流，仅 0.5～2 min 的色谱洗脱液进入质谱。在 1.3～2 min 反冲色谱柱，以便在下一次进样前将残留在色谱柱中的干扰物洗脱出去。

（2）质谱采用 ESI 正离子模式。阳离子脂质和内标在 SRM 模式下的离子对分别为：*m/z* 642.5→*m/z* 132 和 *m/z* 655→*m/z* 83。质谱参数为：停留时间（dwell time）100 ms；离子源温度（source temperature）500℃；离子喷雾电压（IS voltage）5000 V；去簇电压（DP）25；气帘气（curtain gas）30 psi；雾化气（GS1）50 psi；辅助加热气（GS2）70 psi；碰撞能量 40 eV。

46.3.4　使用 LC-MS/MS 定量分析血浆中的聚乙二醇化脂质

实验材料和基质（图 46.6 和图 46.7）

- 聚乙二醇化脂质（pegylated lipid）。
- 人血浆（K_2EDTA）［BioChemEd］。

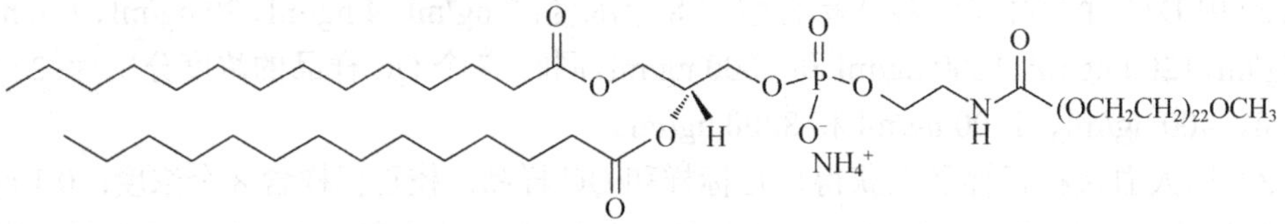

图 46.6　代表性聚乙二醇脂质（pegylated lipid）的结构

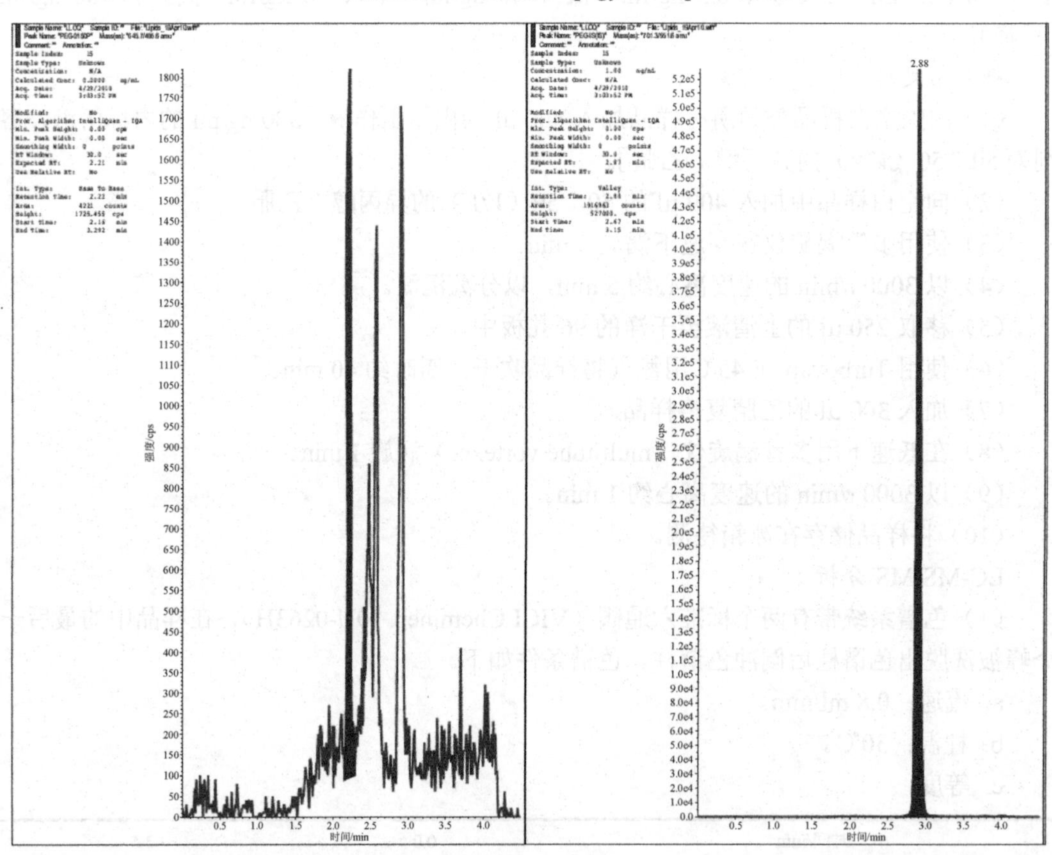

图 46.7　聚乙二醇脂质（pegylated lipid，5 ng/ml，左图）和内标（internal standard，右图）LLOQ 的 LC-MS/MS 谱图

仪器和试剂

- 液体处理工作站：Tomec Quadra 96 或 HamiltonMICROLAB® NIMBUS 96。
- HPLC 系统：Shimadzu LC-10D。
- HPLC 柱：Waters X-Bridge，C8 2.1 mm×50 mm, 3.5 μm。
- 自动进样器：LEAP PAL LC Autosampler。
- 质谱：API 5000。

- *N*, *N*-二甲基甲酰胺（DMF），HPLC 级（Burdick & Jackson）。
- 乙酸铵，ACS 级（Sigma-Aldrich）。
- 乙腈（MeCN），HPLC 级（EMD）。
- 甲酸，ACS 级（EMD）。
- 甲醇（MeOH），HPLC 级（EMD）。
- 去离子水，Type 1（电导率为 18.2 MΩ cm）或同等级别（HPLC 级）。
- 异丙醇（IPA），HPLC 级（EMD）。
- 氢氧化铵（NH_4OH），ACS 级（Sigma-Aldrich）。
- 碳酸氢铵（AmBicarb），≥99.0%（Sigma-Aldrich）。
- 洗针液 1：含 0.1%甲酸的 10∶90（*V*/*V*）的水∶乙腈。
- 洗针液 2：含 0.1%甲酸的水溶液。
- 流动相 A：含 0.2%氢氧化铵的 5 mmol/L 碳酸氢铵溶液，不调整 pH。
- 流动相 B：甲醇∶乙腈，50∶50（*V*/*V*）。
- 流动相 C：乙腈∶水，90∶10（*V*/*V*），用于分流和反冲。

方法

溶液和样品制备

（1）称取一定量的聚乙二醇（PEG）脂质和内标溶解在相应体积的 DMF 中，以获得 0.541 mg/ml 的阳离子脂质和 2.09 mg/ml 的内标储备液。准备两份储备液，一份用于配制校正标样，另一份用于配制 QC 样品。

（2）用 DMF 配制样品。校正标样包含 4 个浓度：250 ng/ml、1000 ng/ml、5000 ng/ml 和 20 000 ng/ml。同时，4 个 QC 样品的浓度分别为：500 ng/ml、4000 ng/ml、2000 ng/ml 和 574 000 ng/ml。

（3）用人血浆稀释样品以获得校正标样和 QC 样品。校正标样含 8 个浓度：5 ng/ml、10 ng/ml、50 ng/ml、250 ng/ml、1000 ng/ml、3000 ng/ml、4500 ng/ml 和 5000 ng/ml。QC 样品有 5 个浓度：5 ng/ml（LLOQ）、15 ng/ml（低）、2000 ng/ml（中）、4000 ng/ml（高）和 20 000 ng/ml（稀释）。

样品前处理

（1）向所有样品中加入 100 μl 的 100 mmol/L 乙酸铵溶液。

（2）在低速下用多管涡旋仪涡旋 1 min。

（3）向除空白样品外的所有样品加入 50 μl 的内标工作液[6000 ng/ml 的内标溶液，溶剂为含 1%甲酸的 50∶50（*V*/*V*）的水∶异丙醇]。

（4）向空白样品中加入 50 μl 的含 1%甲酸的 50∶50（*V*/*V*）的水∶异丙醇。

（5）以 3000 r/min 的速度离心约 1 min。

（6）使用多管涡旋仪在高速下涡旋 1 min。

（7）向所有样品中加入 800 μl 的乙腈。

（8）使用多管涡旋仪首先在低速下涡旋，随后缓慢将速度增至中速以避免溅出，共涡旋约 3 min。

（9）以 3000 r/min 的速度离心约 5 min，以分离沉淀。

（10）移取上清液至干净的聚丙烯管中。

（11）使用 Turbovap 在 50℃用氮气将样品吹干，需时约 40 min。

（12）加入 200 μl 含 1%甲酸的 50∶50（*V*/*V*）的水∶异丙醇复溶样品。

（13）用多管涡旋仪在高速下涡旋 1 min。

（14）以 3000 r/min 的速度离心约 1 min。

（15）转移样品至干净的锥形孔板，并以 3000 r/min 的速度离心约 1 min。

（16）将样品储存在自动进样器或冰箱待测。

LC-MS/MS 分析

（1）色谱系统带有两个标准六通阀（VICI Cheminert 10U-0263H），在样品最后一个峰被洗脱出色谱柱后倒冲色谱柱。色谱条件如下。

a．流速：0.800 ml/min。

b．柱温：30℃。

c．等度：

时间/min	0.0	3.5
B%	90	停止

注意事项：经过分流，仅 1～2 min 的色谱洗脱液进入质谱。在 2～3 min 反冲色谱柱，以便在下一次进样前将残留在色谱柱中的干扰物洗脱出去。

（2）质谱采用 ESI 正离子模式。PEG 脂质和内标在 SRM 模式下的离子对分别为：*m/z* 893.2 →*m/z* 726.1 和 *m/z* 903.5 →*m/z* 728.1。质谱参数为：停留时间（dwell time）100 ms；离子源温度（source temperature）500℃；离子喷雾电压（IS voltage）4500 V；去簇电压（DP）40；气帘气（curtain gas）25 psi；雾化气（GS1）0 psi；辅助加热气（GS2）60 psi；碰撞能量 45 eV。

参 考 文 献

Druckmann S, Gabizon A, Barenholz Y. Separation of liposome-associated doxorubicin from non-liposome-associated doxorubicin in human plasma: implications for pharmacokinetic studies. Biochim Biophys Acta 1989;980:381–384.

Edwards KA, Baeumner AJ. Analysis of liposomes. Talanta 2006;68:1432–1441.

Perez AT, Domenech GH, Frankel C, Vogel CL. Pegylated liposomal doxorubicin for metastatic breast cancer: the Cancer Research Network, Inc., Experience. Cancer Investigation 2002;20:22–29.

Thies RL, Cowens DW, Cullins PR, Bally MB, Mayer LD. Method for rapid separation of liposome-associated doxorubicin from free doxorubicin in plasma. Anal Biochem 1990;188:65–71.

Torchilin VP. Recent approaches to intracellular delivery of drugs and DNA and organelle targeting. Annu Rev Biomed Eng 2006;8:343–375.

47

蛋白质的液相色谱-质谱（LC-MS）生物分析

作者：Ziping Yang、Wenkui Li、Harold T. Smith 和 Francis L. S. Tse
译者：李颖
审校：刘佳、侯健萌、李文魁、谢励诚

47.1 引 言

在生物药物工业界，生物制剂如重组蛋白、单克隆抗体（mAb）的开发呈现出增长趋势，并很有希望解决现在尚未能满足的医疗需求。因此，及时开发生物基质样品如血浆中蛋白类治疗药物的检测方法对阐释其在动物与人体的药代动力学（PK）与毒理学性质至关重要。免疫分析法是蛋白质检测的传统方法，对待测蛋白质具有高灵敏度与高专属性。但是免疫分析法也遇到一些困难，如相对较窄的线性范围，方法精密度不佳，基质干扰和相对较长的方法开发（MD）周期。

近年来，随着 LC-MS 法在小分子分析领域的广泛应用，这项技术开始应用于蛋白类药物的生物分析（Yang et al., 2007; Heudi et al., 2008; Ji et al., 2009）。与免疫分析法不同，LC-MS 分析法具有开发周期短、专属性强、线性范围较宽、精密度与准确度高等优点。LC-MS 方法通常有一些共同步骤，包括将蛋白质酶解成为多肽，从中选择一种或多种多肽作为 LC-MS 的检测目标，然后用检测到的多肽来定量蛋白质。由于血浆具有非常复杂的蛋白质组成，从而影响分析方法的灵敏度，在酶解之前通常需要将待测蛋白质进行浓缩。为纠正样品处理过程带来的影响和潜在的 LC-MS 仪器的信号波动，通常使用内标物质来保证分析方法的可靠性。

本章介绍已普遍应用于血浆中蛋白类药物检测的生物分析方法（图 47.1），并讨论不同样品处理方法对提高方法灵敏度、准确性与检测能力的影响。

方法开发

确定代表待测蛋白质的信号肽（和蛋白质内标）
↓
开发具有良好选择性的LC-MS方法定量信号肽

分析过程

血浆样品取样
↓
加入蛋白质内标（如使用内标）
↓
富集血浆样品中的待测蛋白质
↓
用蛋白酶消解样品蛋白质
↓
加入多肽内标（如使用内标）
↓
用SPE方法纯化蛋白质酶解产物
↓
LC-MS方法分析样品
↓
监测待测蛋白质和内标蛋白质的特定信号肽用以定量

图 47.1 蛋白类药物生物分析方法开发（MD）的一般过程

47.2 方　法

47.2.1 信号肽的选择

通常，LC-MS 法是通过定量待测蛋白质中一种专属的多肽（信号肽）来对蛋白质进行分析的。选择待测蛋白质的信号肽可以从选择蛋白酶（如胰蛋白酶）酶解后产生的一系列肽段开始。然后通过排除那些含有可修饰的氨基酸残基来缩小范围，如潜在的葡萄糖基化位点，包括天门冬氨酸、丝氨酸和苏氨酸。包含半胱氨酸的多肽也应避开，因为它们可以在酶解过程中被衍生化。另一个选择原则是多肽的大小。一个含有＜20 个氨基酸残基的信号肽就可以在质谱上产生良好的离子化。对最初被选的多肽应进行蛋白质数据库对比，以确保它的确是唯一可以代表此类蛋白质的多肽肽段。对于抗体蛋白的专属性，数据库的多肽筛选可以只扫描其轻链或重链中可变区域的序列。

信号肽的选择应根据其在 LC-MS/MS 上的信号强度进一步优化。此外，还应确保信号肽的唯一性，即确保基质中没有影响多肽在 LC-MS/MS 上响应信号的主要干扰物，这也有利于减少背景噪声。

47.2.2 内标物

47.2.2.1 稳定同位素标记的多肽

很多蛋白质的 LC-MS/MS 定量方法都应用了稳定同位素标记（SIL）的信号肽作为内标。合成 SIL 的多肽通常昂贵且费时，成为方法开发过程中的限速步骤。

一项最近的研究应用了特异性的二甲基标记来模拟 SIL 多肽的合成。这种方法是将多肽用一种简单的试剂甲醛进行还原氨化，将赖氨酸残基侧链的氨基端和ε-氨基衍生化。衍生化过程在一个氨基基团加上两个甲基基团，这样一个衍生化位点的反应就使多肽分子质量改变了 28 Da，如果用 ^{2}H 标记的甲醛作为衍生化试剂则是 32 Da。如果多肽含有多个二甲基衍生化位点，这种分子质量的变化可以是 28 Da 或 32 Da 的整数倍。

在一个待测蛋白质的生物分析过程中，待测蛋白质的标准品被降解，然后用 ^{2}H 标记的甲醛进行衍生化，同时生物样品的降解产物的混合物与未标记的甲醛反应。再将衍生化后的蛋白质标准品降解物加入到样品降解物中作为内标。当多肽含有 1 个、2 个或多个衍生化位点时，来自内标的多肽分子质量要比来自生物样品的多肽多 4、8 或 4 的整数倍。还原氨化反应条件温和，在室温下反应约 2 h 即可获得较高的产率，对于有些蛋白质来说所需时间可能更短。所用的试剂均为市售且价格低廉。更重要的是，在 LC-MS 分析时，二甲基标记多肽的带电状态在电喷雾离子化质谱（ESI-MS）中能够得以保留。这种内标法的一个缺点是，^{2}H 标记多肽与未被标记多肽的质量差只有 4 Da。带多电荷的多肽离子对（IP）则很难被分辨。在这种情况下，可能发生化合物与内标间质谱信号的交叉干扰（Hsu et al., 2003）。因此，选择一个带有多个衍生化位点的信号肽以减小交叉干扰是明智的。众所周知，甲醛是一种有毒化学试剂，易引起过敏和致癌，因此反应应该在通风橱中进行。

通常，应用 SIL 的多肽作为内标利于监测酶解后的样品，并监视 LC-MS 仪器分析的波动。然而，这种方法无法监控蛋白酶解过程中可能发生的变化或在该步骤之前的样品流程。

47.2.2.2 蛋白类似物

用适当的蛋白类似物作为内标开发蛋白质药物的LC-MS/MS生物分析方法是一条方便而高效的途径。例如，牛血清蛋白用作一种单克隆抗体和生长激素[重组人生长激素(hGH)]的生物分析方法的内标（Yang et al., 2007）。因为药物体内实验一般不在牛中进行，牛血清蛋白在胰蛋白酶酶解后产生多种不同于常见基质中的多肽。这些多肽的物理化学性质不同，在LC-MS分析洗脱时间范围较宽（图47.2）。因此，可以相对较容易地找到与待测蛋白质信号肽保留时间相近的多肽，以便更好地监控LC-MS分析时常见的离子化抑制和溶剂效应等问题。而且，牛血清蛋白在方法开始阶段加入，与化合物共同经历样品处理过程，因此可以矫正样品分析中因多步处理程序而导致的波动。

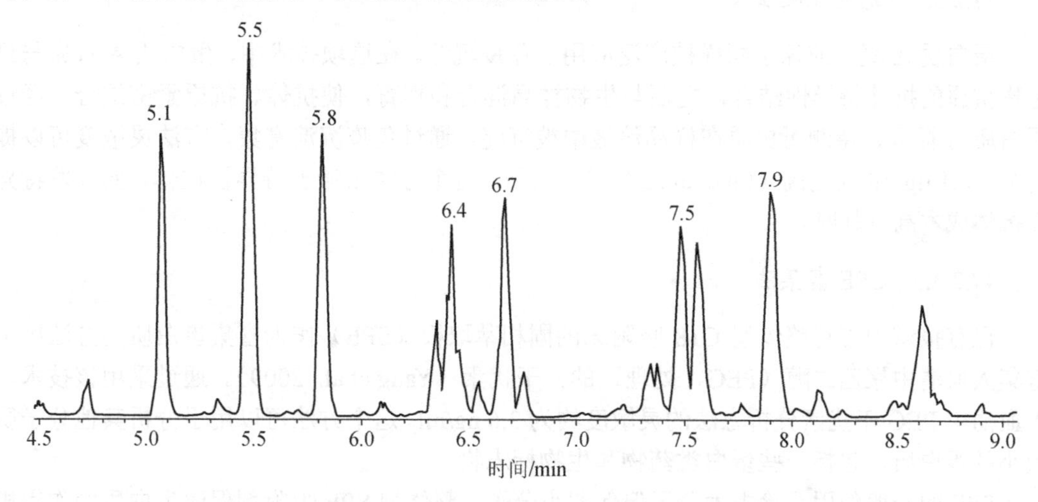

图47.2 牛胎球蛋白（bovine fetuin）的胰蛋白酶降解产物色谱图

47.2.2.3 稳定同位素标记的蛋白质

蛋白质LC-MS/MS生物分析中理想的内标是SIL的蛋白质。一个例子是Heudi等(2008)最近对单克隆抗体药物的定量方法研究。SIL的单克隆抗体通过将SIL的苏氨酸加入到细胞培养基中获得。所得蛋白质的所有苏氨酸残基含有4个^{13}C和1个^{15}N。另一个例子可见Liu等的报道（2011），SIL的蛋白质同时含有^{13}C-精氨酸和^{13}C-赖氨酸残基。

SIL的蛋白质内标具有与未被标记蛋白质相同的物理和生物化学性质。在样品分析过程一开始就把SIL蛋白质加入到生物样品中，对监控从酶解到信号肽的LC-MS/MS分析的整个过程是非常有用的。用标记蛋白质作为内标的另一个优点是信号肽的选择更灵活，能实现对多组信号肽的监控而无需额外加入SIL的信号肽。尽管SIL的蛋白质被认为是蛋白质生物分析的理想内标，但这个方法并未被广泛应用，其主要原因是时间和成本。

47.2.3 样品的富集

47.2.3.1 应用蛋白质A的抗体药物富集法

蛋白质A最初发现于葡萄球菌的细胞壁，它具有与免疫球蛋白（IgG）上带Fc区段的重链相结合的能力，特别是哺乳动物的IgG。这种特殊能力使其能被用于IgG的提取和纯化。市售的蛋白质A产品包括蛋白质A磁珠和蛋白质A凝胶树脂。在抗体提取过程中，蛋白质A与生物样品一起混合和孵育使其与样品中的抗体结合，之后通过离心或磁铁引力将抗体与样品中其他成分分离。此后，在抗体与蛋白质 A 分离后进行酶解处理和 LC-MS 分析。

一般来说，富集过程条件温和，易于掌控。在通常情况下，免疫球蛋白占血浆蛋白质总量的约 10%。因此，随着蛋白质 A 的富集，约 90%的血浆蛋白被除去，这大大降低了后续酶解、LC 分离和质谱分析的负担。有趣的是有文献报道，应用蛋白质 A 富集抗体药物进行分析的灵敏度为 1～2 μg/ml 或更高（Lu et al., 2009; Liu et al., 2011），这与没有应用蛋白质 A 的富集过程的分析结果相似。一种可能的解释是在多步骤样品处理过程中发生蛋白质丢失，而且蛋白质 A 产品的结合容量可能限制了这种分析方法的线性范围。

47.2.3.2 免疫沉淀法

蛋白质 A 凝胶或珠子同样被广泛应用于免疫沉淀。在这项技术中，蛋白质 A 首先与目标物抗原的抗体特异性结合，之后与生物样品混合和孵育，使抗体、抗原紧密结合。经过蛋白质 A 提取，待测蛋白质在样品溶液中被沉淀。通过免疫沉淀富集，方法灵敏度可以提高至～0.1 μg/ml 或更高（Lu et al., 2009）。但是，这个方法依赖于特异性抗体，而开发特异性抗体成本高且耗时。

47.2.3.3 SPE 富集法

已有报道用带有整体型 C18 吸附床的固相萃取板（SPE）作为富集蛋白质的方法用于富集人血清中聚乙二醇（PEG，处理过的）干扰素（Yang et al., 2009）。通过采用该技术，人血清中 PEG 干扰素分析方法的灵敏度约为 3.6 ng/ml。这个方法可以用于分析其他分子质量小的蛋白质，包括一些蛋白类药物和生物标志物。

SPE 的一般作用是除去大分子但保留小分子。整体型 SPE 吸附剂保留蛋白质的作用机制尚不明确，可能是由于整体型 SPE 吸附剂拥有更大的活性表面，可以保留较高分子质量的分子。

47.2.4 样品蛋白质的消解

为了得到生物样品中待测蛋白质的信号肽，需要用蛋白酶如胰蛋白酶将样品中的蛋白质分解成多肽。胰蛋白酶水解的一般过程始于蛋白质变性、半胱氨酸残基的还原和烷基化，然后是酶参与的孵育。这个酶解过程成功与否对接下来的 LC-MS/MS 分析非常关键，因为酶解所产生信号肽的多少直接影响到方法的灵敏度。下面的例子就是酶解 10 μl 血浆的过程，10 μl 是分析动物和临床生物样品中蛋白类药物的合理样品量。

为使 10 μl 血浆样品变性和还原（打开二硫键），加入 90 μl 含 6 mol/L 盐酸胍的 0.1 mol/L 碳酸氢铵缓冲液（pH8）和 2 μl 1 mol/L 二硫苏糖醇（DTT）使 DTT 浓度达到 5 mmol/L。在缓慢振摇下于 75℃孵育 1 h。新鲜配制含 1 mol/L 碘乙酰胺（IAA）的 0.1 mol/L 碳酸氢铵溶液，转移 10 μl 至样品中使 IAA 的最终浓度为 0.02 mol/L。于室温下避光孵育 2 h（IAA 对光敏感），使其氨基化从而保护降解产物——半胱氨酸的—SH 基团。用 10 kDa 分子质量超滤器（MWCO、Millipore、Billerica、MA）去除高浓度的盐。较大的分子质量筛截（MWCO）超滤器可用于大分子蛋白质的分析。样品中的剩余部分用 0.5 ml 0.1 mol/L 碳酸氢铵（pH 8）复溶。加入 7.5 μg 胰蛋白酶后，样品于 37℃继续孵育过夜。

此过程可根据起始样品体积很容易地按比例放大或缩小，一些试剂可用性质相似的其他化学制剂替换，如盐酸胍可用尿素替代而不影响结果。此外，研究表明使用微波可以明显缩短酶解时间。

47.2.5 样品酶解后的纯化

酶解之后的样品是非常复杂的多肽混合物，还含有高浓度的盐。这些盐的存在会导致LC-MS分析时严重的基质效应和背景噪声。因此，需要进行样品纯化来除去这些多余的化合物，以改善方法的信噪比（*S/N*）或灵敏度。

SPE是高通量样品纯化的常见方法。反相SPE（RP-SPE）可除去样品中的盐和高疏水性成分。通过调整除杂质用的溶剂和洗脱溶剂的强度，经反相SPE得到的样品应该含有目标信号肽和很少量的其他疏水性成分。因此，这一步骤减小了反相色谱分离的负担，允许使用较缓且较短的有机溶剂洗脱梯度便可实现化合物的保留。最后，化合物与噪声峰能被更好地分辨，而且由于应用了较短的洗脱程序，每个样品的LC-MS/MS分析时间相应缩短，提高了整体通量。

离子交换固相萃取，包括强阳离子交换（SCX）-SPE和强阴离子交换（SAX）-SPE是另一种纯化样品方法。作为反相SPE的补充，离子交换SPE根据那些不想要的基质成分的酸/碱性而将它们除去。通过优化SPE除杂质和洗脱的条件，样品酶解液中多数的多肽被除去，或吸附在SPE上。最后的样品提取物中只含有目标多肽和尽可能少的其他成分。这种离子交换SPE纯化过程可以清除一部分在反相色谱上可与目标多肽共同洗脱的多肽，因此可降低基质效应，同时改善灵敏度。

研究证明了反相SPE之后再进行离子交换SPE（二维SPE）在样品酶解后纯化的优点（Yang et al., 2007），尽管这种方法增加了一个样品处理步骤。

47.2.6 液相色谱-串联质谱

用于生物样品酶解产物中复杂多肽混合物分离的液相色谱柱是内径（ID）1～4.6 mm的常见色谱柱。常规的高效液相色谱（HPLC）系统均能提供合适的流动相流速，而不需要对仪器系统进行进额外的调整。用反相色谱柱时，多肽通常在合适流速下用5%～40%的有机相（如乙腈）洗脱。因此，在此范围内较慢的有机相洗脱即可有效地分离多肽。

与传统的液相分析方法相比，毛细管色谱结合纳升或微升级ESI-MS可为多肽分析提供绝佳的灵敏度。然而，毛细管色谱液相分离时间非常长，因此限制了方法的通量。另外，超高效液相色谱（UHPLC）近来被用于蛋白质的生物分析，由于其高的流速和高的分离效率，分析通量也较高。

三重四级杆质谱的多反应监测（MRM）模式常用于目标多肽的分析。经过质谱的正离子ESI之后，胰酶酶解后的多肽通常为带双电荷的离子，因为离子化作用发生在两个—NH_2基团，一个在N端支链上，另一个在C端支链的赖氨酸或精氨酸上。带双倍电荷使多肽母离子的质荷比（*m/z*）降低到原来多肽的一半。这样的质荷比正好落进质谱能够检测的质荷比范围内。多肽离子可用中等碰撞能量（CE）轻易地碎片化而形成多子碎片。这些MS/MS离子对的选择可以通过监测其信号强度及来自的基质干扰或噪声来进行优化。

47.3 结束语

本章介绍了开发蛋白类药物 LC-MS/MS 检测方法的一般过程，相对于免疫分析法，LC-MS/MS 法具有更好的准确度和精密度。本章讨论了包括内标选择、样品富集和酶解等每一过程中的几种不同策略。在为特定项目寻找合适的蛋白质生物分析方法时，必须考虑项目的预算、时限、材料是否易于获得、理想的灵敏度（最低定量限）。另外需指出，本章所讨论的 LC-MS/MS 方法学侧重于测定生物样品中总的待测蛋白质浓度，并没有将游离形式的蛋白质和与受体结合的蛋白质进行区分。

运用 LC-MS 进行蛋白质生物分析以支持生物制剂的研发是近些年才逐渐兴起的，要面临的挑战很多。例如，必须改善方法的灵敏度以适应低剂量临床研究的需要，必须提高分析通量以能及时分析药品开发过程产生的大量样品。尽管如此，相对于免疫分析法，LC-MS/MS 方法的开发要快捷得多，这使得这技术成为蛋白质药物分析的一个较好选择，特别是在药物的发现阶段和药物开发阶段的前期。

参考文献

Heudi O, Barteau S, Zimmer D, et al. Towards absolute quantification of therapeutic monoclonal antibody in serum by LC-MS/MS using isotope-labeled antibody standard and protein cleavage isotope dilution mass spectrometry. Anal Chem 2008;80:4200–4207.

Hsu JL, Huang SY, Chow NH, Chen SH. Stable-isotope dimethyl labeling for quantitative proteomics. Anal Chem 2003;75:6843–6852.

Ji C, Sadagopan N, Zhang Y, Lepsy C. A universal strategy for development of a method for absolute quantification of therapeutic monoclonal antibodies in biological matrices using differential dimethyl labeling coupled with ultra performance liquid chromatography–tandem mass spectrometry. Anal Chem 2009;81:9321–9328.

Liu H, Manuilov AV, Chumsae C, Babineau ML, Tarcsa E. Quantitation of a recombinant monoclonal antibody in monkey serum by liquid chromatography–mass spectrometry. Anal Biochem 2011;414:147–153.

Lu Q, Zheng X, McIntosh T, et al. Development of different analysis platforms with LC-MS for pharmacokinetic studies of protein drugs. Anal Chem 2009;81:8715–8723.

Yang Z, Hayes M, Fang X, Daley M, Ettenberg S, Tse FLS. LC-MS/MS approach for quantification of therapeutic proteins in plasma using a protein internal standard and 2D-solid-phase extraction cleanup. Anal Chem 2007;79:9294–9301.

Yang Z, Ke J, Hayes M, Bryant M, Tse FLS. A sensitive and high-throughput LC-MS/MS method for the quantification of pegylated-interferon-α2a in human serum using monolithic C18 solid phase extraction for enrichment. J Chromatogr B Analyt Technol Biomed Life Sci 2009;877:1737–1742.

48

寡核苷酸的液相色谱-质谱（LC-MS）生物分析

作者：Michael G. Bartlett、Buyun Chen 和 A. Cary McGinnis
译者：梁文忠、陶怡
审校：李文魁

48.1 引 言

寡核苷酸包含了所有细胞过程的基本信息，因此代表了一些生物医学研究人员所需的最重要的东西。寡核苷酸常用于调制基因的表达，而且越来越多地被作为许多疾病状态的生物标志物。最近人们对治疗性寡核苷酸的兴趣使得正在进行临床试验的这些分子的数目越来越多。因此，越来越需要能够有选择性地和灵敏地检测寡核苷酸的方法。

现在测定寡核苷酸的方法主要是一些分子生物学的方法，包括实时逆转录聚合酶链反应（RT-qPCR）方法或更间接的方法，如使用蛋白质印迹测定目标蛋白质表达的损失（Overhoff et al., 2004; Yu et al., 2004; Chen et al., 2005; Ro et al., 2006; Wei et al., 2006; Liu et al., 2008;Stratford et al., 2008; Cheng et al., 2009; Kim et al., 2009; Kroh et al., 2010; Tijsen et al., 2010）。虽然这些方法在跟踪寡核苷酸对它们的目标基因的有效性上很出色，但是它们并不直接测量寡核苷酸的浓度，也不具有研究其代谢降解和化学降解产物的能力。现在直接测量低浓度水平寡核苷酸的方法包括茎环 RT-qPCR 和杂交免疫。然而，这两个方法都需针对每一寡核苷酸设计和验证引物。而且，这些方法也不能跟踪未知的代谢产物或降解产物。此外，这些方法不能区分经修饰的寡核苷酸和未修饰的寡核苷酸，并且它们不能在其扩增过程中复制这些修饰过程（Chen et al., 2005; Cheng et al., 2009）。

替代这些方法来直接测定寡核苷酸的技术包括液相色谱［特别是离子交换和离子对（IP）色谱］、质谱和毛细管电泳，这些方法都能识别未知物。另外，在质谱的帮助下，可以鉴定未知物。文献中报道有几种方法，然而很多方法的准确性和精密度均有限或未见报道，另外检测灵敏度也相对有限（Leeds et al., 1996; Chen et al., 1997; Srivatsa et al., 1997; Beverly et al., 2005; Dai et al., 2005; Lin et al., 2007; Zhang et al., 2007; Zou et al., 2008; Issaq and Blonder, 2009; McCarthy et al., 2009; Deng et al., 2010）。要使如 LC-MS 这样的方法广泛地应用到寡核苷酸的测定中，并能够检测到 ng/ml 和更低的浓度是非常重要的。这将为许多细胞内机制的基础研究及基于寡核苷酸的治疗药物的药代动力学-药效学（PK-PD）和代谢研究打开一扇门。表 48.1 包括了用于寡核苷酸分析的主要技术及其所涵盖的检测范围。

表 48.1 各种用于定量测定寡核苷酸的技术所涵盖的浓度范围

技术	浓度范围
LC-UV	中等浓度的 ng/ml～高浓度的μg/ml
LC-MS	低浓度的 ng/ml～低浓度的μg/ml

续表

技术	浓度范围
杂交（hybridization）	中等浓度的 pg/ml～低浓度的μg/ml
q-PCR	低浓度的 pg/ml～高浓度的 ng/ml

在本章中，将着重介绍用 LC-MS 进行寡核苷酸测定的挑战和成果。虽然过去已经有一些成功运用连续快速原子轰击测定寡核苷酸的例子（van Breemen et al., 1991; Vollmer and Gross, 1995），所有最近成功的文献则都是采用电喷雾离子化（ESI）来进行的。因此，ESI 技术是本章的重点，另外会提及其他几个技术。对于寡核苷酸有两个主要的研究领域：分子生物学和临床治疗。虽然每个领域所研究的目标都不同，但在使用 LC-MS 时所面临的挑战是相似的。

48.2 理化特性与寡核苷酸的修饰

在讨论 LC-MS 测定寡核苷酸之前，首先需要了解这些分子的理化特性及这些特性给生物分析带来的挑战。

48.2.1 寡核苷酸的理化性质

在几类主要的生物分子中，寡核苷酸的极性是最大的。它们包括 3 个主要部分：①核酸碱基，②呋喃糖（通常为核糖），③磷酸键（图 48.1）。最常见的核酸碱基是腺嘌呤、鸟嘌呤、胞嘧啶、胸腺嘧啶和尿嘧啶。虽然在自然界中有许多通过对碱基进行修饰以改善它们生物学功能的情况，但对治疗性寡核苷酸的核碱基进行修饰的例子并不多见。但也有例子显示这种修饰确实可以提高疗效（Chiu and Rana, 2003）。糖是决定一个寡核苷酸是归类为核糖核酸（RNA）或脱氧核糖核酸（DNA）的主要因素。虽然 2-羟基的存在与否只是一个小小的修改，但其对寡核苷酸的整体结构和稳定性的影响很大。例如，在很大程度上就是由于这个 2-羟基的存在，核糖核酸（RNA）的稳定性远低于脱氧核糖核酸（DNA）。该羟基不管是在化学还是在酶的作用下都非常容易去质子化，并对相邻的磷原子进行亲核进攻，从而导致磷酸骨架的裂解。

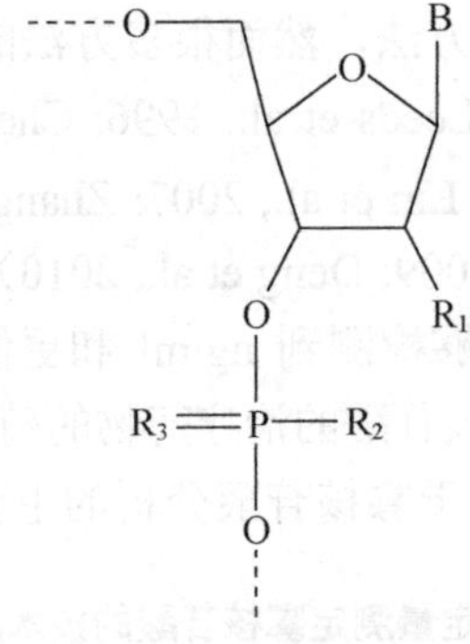

图 48.1 各种寡核苷酸的结构；B 代表各种核碱基，典型的 R_1 是—H(DNA)、—OH(RNA)、—OMe、—OEt 或—F；典型的 R_2 是—OH(DNA 或 RNA)、—Me 甲基磷酸)；典型的 R_3 是=O (DNA 或 RNA)或=S(磷硫酰)

连接上一个核糖单位的5-羟基和下一个核糖单位3-羟基的磷酸基团是这类寡核苷酸生物聚合物的一个关键结构特征。核糖环和磷酸基团之间的夹角受到很大的限制，从而使这类化合物具刚性。在生理 pH 条件下，磷酸基团是高度带电的，并常与如钠、镁等阳离子相结合，这导致了另一个与寡核苷酸测定相关的显著挑战——样品很自然地和这些阳离子有高亲和性，因而需要对其样品进行有效的脱盐。

寡核苷酸可以是单链或双链的。ESI-MS 可以用于检测以非共价键结合的寡核苷酸的双螺旋。然而，通过液相色谱柱保留这些氢键相互作用却很难。在主要的几种色谱中，只有离子交换方法已经显示出能够始终保持这些双链完整的能力（Beverly et al., 2005; Seiffert et al., 2011）。虽然已经有一些离子交换色谱（IEC）与质谱联用的成功案例，寡核苷酸所需的洗脱缓冲液（氯化钠或高氯酸钠）与 ESI 并不兼容。因此，LC-MS 寡核苷酸方法的主要关注点一直在单链（ss）形式上。

48.2.2 修饰

人们在寡核苷酸的修饰上做过许多努力，以提高它们的耐水解性，尤其是对 RNA。在自然界中最常见的是 2 号位 *O*-甲基的修饰。这种修饰阻止了由去质子化引起的 RNA 碱催化水解，这种水解也是大多数核糖核酸酶的主要作用机制（Spahr and Hollingworth, 1961）。有些治疗性寡核苷酸就是模拟这种作用机制，除采用较大的烷基基团外，如 *O*-乙基、*O*-甲氧基乙基也用来修饰，或甚至将 2 号位的羟基完全用氟化物来取代（Chiu and Rana, 2003）。在 2 号位的取代也被用于增强各种 RNA 与它们互补 mRNA 的结合亲和力，以及具有避免脱靶效应的作用（Braasch et al., 2003; Chiu and Rana, 2003; Crooke, 2004; Watts et al., 2008）。

除减少降解外，对寡核苷酸的修饰还可以通过增强寡核苷酸的药代动力学（PK）性能，如提高分布体积（De Fougerolles et al., 2007）来降低毒性和提高药效。这种修饰还可以增强寡核苷酸的结合特异性。2-*O*-甲氧基乙基的修饰在许多类似物中大大增加了寡核苷酸在血浆和组织中的半衰期，半衰期可高达 30 天（Geary et al., 2001）。2 号位的氟化修饰则降低了寡核苷酸的疏水性，从而有助于寡核苷酸进入到细胞内（Watts et al., 2008）。总的来说，在核糖的 2 号位进行修饰可降低寡核苷酸与 RNase H 酶的亲和力，使其更倾向于 RNA 干扰路径而不是反义路径（antisense pathway）。

甲醚和烯丙基醚用于封闭 si RNA 3 号位突出的部分，以保护它们免受核酸外切酶的攻击（Amarzguioui et al., 2003; Prakash et al., 2005）。有趣的是，尽管这些大的丙烯基对 RNA 的内部修饰不是很好，但当用到下调内源性 micro RNA 功能的 anti-micro RNA 时，烯丙基的存在不改变活性（Davis et al., 2006）。

对于骨架的修饰有两种方法，包括硫代磷酸酯化和甲基磷酸酯化。这两种方式都被用来增强寡核苷酸的疏水性和对磷酸外切酶的抵抗力（De Clerq et al., 1969; Miller et al., 1981）。这些修饰也能增加寡核苷酸与血浆蛋白的结合，提高它们的组织分布并减少它们的肾脏排泄。临床上，甲基磷酸酯化的成功案例不多，但硫代磷酸酯化的修饰方法已被广泛应用于维持寡核苷酸的类 DNA 性质（Eckstein, 2000）。经硫代磷酸酯化的寡核苷酸还是 RNase H 酶优良的底物，它们对血清蛋白具有低的结合力（Stein, 1988）。经静脉注射（IV）给药后，硫代磷酸酯化的寡核苷酸被快速吸收和分布，它们在体内的消除半衰期很长（人体内大于 60 h）（Crooke, 2004）。在体内，它们主要通过代谢降解被清除，代谢清除包括通过几种核酸酶的脱硫和水解作用。

48.3 方法和途径

多数寡核苷酸的LC-MS生物分析方法都使用ESI。因为磷酸骨架的高度带电，这种方法特别成功。然而，对ESI的高度依赖性却严重限制了可用于分析寡核苷酸的色谱方法。检测寡核苷酸最常用的LC-MS方法是基于离子对的色谱法。这种方法需要在流动相中加入阳离子离子对试剂，以实现色谱分离中的弱阴离子交换（WAX）。

48.3.1 样品制备

48.3.1.1 常规的蛋白质沉淀、液-液萃取和固相萃取

生物分析方法首先是从在生物基质中进行提取开始。样品制备的目的是从众多干扰化合物中分离出目标寡核苷酸。提取的目的是在除去不需要的组分时最大限度地提取分析物。蛋白质沉淀，由于其简单和快速，在众多方法中是最理想的。在寡核苷酸分析中，有两种基本方法可从生物样品中去除蛋白质：①甲醇沉淀，②蛋白酶K消解（Chen et al., 1997; Raynaud et al., 1997; Arora et al., 2002）。然而应该注意的是，这些方法都未涉及质谱检测。因此迄今为止，这些方法在寡核苷酸的LC-MS测定上没有取得任何显著的成果。

多年来，液-液萃取（LLE）在分离寡核苷酸上得到了广泛的应用。最常见的液-液萃取方法是使用苯酚-氯仿提取或者是在此基础上的改进(Griffey et al., 1997; Beverly et al., 2005; Beverly et al., 2006; Waters et al., 2000)。在液-液萃取硫代磷酸酯化DNA时，发现在苯酚-氯仿中加入5%的氨水有助于寡核苷酸在水相的分布(Zhang et al., 2007)。在测定 RNA时，用苯酚-氯仿-异戊醇（25∶24∶1）和1 mmol/L Tris/乙二胺四乙酸（EDTA）(pH 8.0）的混合物可以得到14%～40%的回收率(RE)，并且直接用于LC-MS分析(Beverly et al., 2005)。

固相萃取（SPE）是寡核苷酸样品制备中使用最广泛的方法（Bellon et al., 2000; Gilar et al., 1997; Dai et al., 2005; Deng et al., 2010）。大部分的固相萃取方法采用与色谱分离中相似的缓冲系统。Dai等(2005)提出了一个简单易行的硫代磷酸酯化DNA样品净化处理方法。将生物样品与含有离子对试剂，如三乙基碳酸氢铵（TEBA）的上样缓冲液混合后，用C18 SPE柱提取，蛋白质和盐很容易被TEAB和水洗脱掉。由于增高的疏水性及因与TEAB配对而产生的拟中性使得寡核苷酸能够被保留在萃取柱上。铵离子也屏蔽掉了寡核苷酸与钠和钾离子的结合。根据寡核苷酸浓度的不同，这个萃取过程的回收率为43%～64%。利用紫外检测寡核苷酸从SPE柱的穿透情况，发现其可以忽略不计，这说明与SPE固定相的不可逆结合可能是其回收率低的原因。Johnson等（2005）采用类似的方法，使用三乙基乙酸（TEAA）作为离子对试剂来定量脂质体包裹的反义DNA（Johnson et al., 2005)。

最后，液-液萃取和固相萃取的组合也是测定寡核苷酸相当普遍的方法。例如，Zhang等（2007）采用液-液萃取后再用固相萃取的方法来检测血浆中一个硫代磷酸酯化 DNA。对于RNA来说，液-液萃取和固相萃取的组合方法也是有利的。

在一个测定眼组织中治疗性RNA的方法中，对样品进行破细胞和匀浆处理后，采用苯酚∶氯仿（5∶1)、异戊醇的pH为4.7的混合液进行处理，以除去大部分细胞成分和DNA。

然后再用水与乙醇的混合物处理，以增加分析物对玻璃支撑物的亲和力。最后将该混合物通过玻璃纤维过滤器过滤两次。小 RNA 被固定在过滤器上，而较大的 RNA 被洗掉，分析物则通过用去离子水冲洗过滤器而收集。

随着对生物分析方法需求的不断增长，高通量样品处理已成为方法开发（MD）的一个重要标志。目前有许多试剂盒可用于 DNA 和 RNA 的提取。但是，这些试剂盒大多是针对聚合酶链反应（PCR）的应用，但也有几个正在市场上销售的试剂盒是针对小长度的寡核苷酸，尤其是微 RNA。对简单且高通量提取小寡核苷酸方法的需求一直存在，且需求很多。这些方法必须能适用于多种生物基质，包括细胞和组织。主要的需求是在 PK/PD 及寡核苷酸细胞机制研究中分析少量 RNA 和 DNA 时要有稳定的提取回收率。

48.3.1.2 寡核苷酸的酶消解

上述传统的方法对小寡核苷酸非常适用。然而，随着寡核苷酸序列的增大，其样品制备也越来越难。在这些情况下，通常要使用酶来降解寡核苷酸，从而获得更易于操控的寡核苷酸片段（通常＜25 个碱基）（Bellon et al., 2000; Hossain and Limbach, 2007）。这些方法最常用于较大的 RNA，如与核糖体相关的 RNA。然而，随着人们对茎环（stem-loop）结构 RNA 研究兴趣的日益增加，通过消化得到微 RNA 来定量一些具有特征性代表的小片段看起来也是更合理的方法。

使用这种方法甚至可以对更小的寡核苷酸进行测序，或者获得更大的寡核苷酸的部分测序信息。根据寡核苷酸的大小和想要得到的信息，有两种基本的方法可以使用。对于较小的寡核苷酸，核酸外切酶结合 LC-MS 可以有效地帮助确定部分或全部序列。在这种情况下，可以在固定的时间间隔取出等分试样，然后测定剩余寡核苷酸的分子质量。根据测得的寡核苷酸分子质量的差别可以确定丢失的末端核苷酸。这种方法是使用一个 3'或 5'端特异的核酸外切酶，从而可以测定寡核苷酸末端 3～4 个碱基（Hossain and Limbach, 2007）。Farand 和他的同事扩展了该方法，他们采用外切核酸酶结合化学降解来对含有如 2-F、2-*O*-Me 和一些碱基残留物修饰后的 siRNA 进行完全测序。他们的方法甚至允许对两条被高度修饰的 siRNA 链进行完全测序（Farand and Beverly, 2008; Farand and Gosselin, 2009）。

48.3.2 色谱法

48.3.2.1 离子对色谱

寡核苷酸的色谱分离首次用到了 TEAA（triethylammonium acetate）（Fritz et al., 1978; Huber et al., 1992; Kamel and Brown, 1996）且分离效果不错。最初的色谱分离是为了纯化 PCR 产物和引物，TEAA 因其挥发性而在质谱离子源的去溶剂化过程中被蒸发，所以对于 LC-MS 方法来说是一种很不错的离子对试剂（Huber et al., 1993; Gilar, 2001）。

Huber 等（1993）在对一个 14 聚体的单链 DNA 分析中使用了 TEAA 流动相。该方法有很宽的线性动态范围和 8 ng/ml 的检测下限。该研究组的另一篇论文也报道了用色谱分离含有 12～30 个核苷酸的均聚寡核苷酸混合物，这些寡核苷酸之间的差别在于碱基的多少（Huber and Krajete, 1999）（图 48.2）。用 TEAA 作为离子对试剂的液相色谱也被用来分离高达 30 聚体的合成引物，以及超过 450 个碱基长度的 DNA 序列（Gilar et al., 2002）。Dickman 等用 TEAA 离子对色谱分析了弯曲和含有大量 poly A 的折叠双螺旋 DNA（Dickman, 2005）。

采用IEC方法，弯曲的DNA的保留时间比预期的长，导致它们与具有较高分子质量的DNA片段共同洗脱。但是，在使用TEAA离子对液相色谱分离一个含378个碱基对的DNA时，弯曲或折叠的寡核苷酸被同时洗脱下来，这表明具较高序列的寡核苷酸的结构对色谱保留机制没有明显影响。

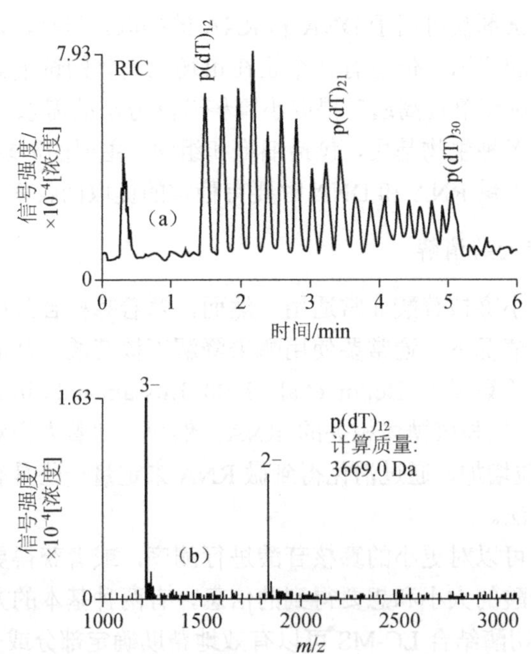

图48.2 （a）使用三乙胺乙酸盐（triethylammonium acetate）离子对流动相的LC-MS分离poly T DNA；（b）上述LC-MS分析中dT12的质谱图（Huber and Krajete, 1999。复制经允许）

Gilar等（2002）广泛地研究了单链DNA在TEAA离子对液相色谱中的保留。他们分析了大量的寡核苷酸混合物并根据所得数据创建了一个数学模型，这个模型可以用于预测寡核苷酸的色谱保留行为。他们利用该模型成功地预测了39个不同的混合的碱基单链DNA产物的洗脱行为。其数据显示，在确定一个序列的疏水性时，碱基C和G的贡献少于碱基A和T，这些观察与早先发表的结果相符（Fritz et al., 1978; Huber et al., 1993; Gilar，2001; Gilar et al., 2002）。

人们对离子对缓冲液体系进行了一个小小的改动，三乙胺碳酸氢盐（triethylammonium bicarbonate，TEBA）被用来分离DNA。第一次使用TEAB分离寡核苷酸是在1999年由Huber和Krajete提出的（Huber and Krajete, 1999）。该流动相也用到了挥发性抗衡离子（碳酸氢盐），因此与质谱兼容。他们证明对较小的寡核苷酸，与TEAA相比，TEAB能增强色谱分离度，但对较大的寡核苷酸（＞30 聚体），两者的作用相似。关于这项工作的详情，可以参考Huber和Oberacher（2001）的综述文章。

2-异丙基乙酸铵（diisopropylammonium acetate）是另外一种能够为寡核苷酸提供优良分离能力的离子对试剂。Bothner等（1995）用该离子对试剂对几种经修饰的寡核苷酸类型进行分离，包括硫代磷酸酯和甲基磷酸酯寡核苷酸。在一个应用中，一个一半骨架被转化为甲基磷酸酯寡核苷酸和其$n-1$和$n-2$的代谢产物一起被分析。虽然它们在色谱上只有部分分离，采用选择性离子监测（SIM）的质谱检测可准确无误地测定每个代谢产物。对含有硫代磷酸酯的寡核苷酸进行分析，也可以获得类似的结果。

最近，有人提出己基乙酸铵（HAA）可以作为离子配对剂来测定寡核苷酸，而且能够达到和用三乙胺（TEA）基本相同的质谱检测灵敏度（McCarthy et al., 2009）。McCarthy 等用 HAA 在过量的单链及双链杂质中将合成的半制备 RNA 与未修饰的双链 RNA 分离(图 48.3)。

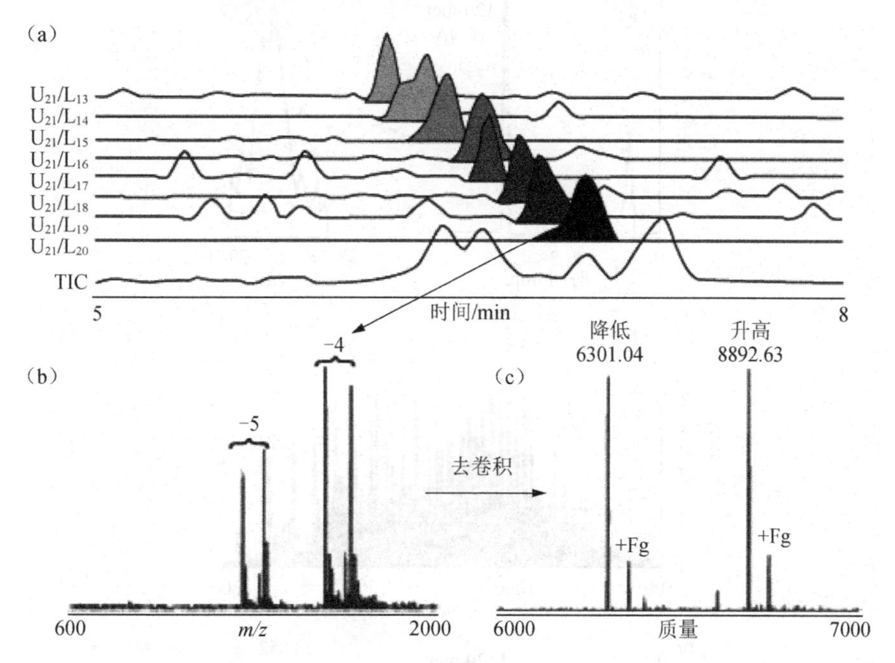

图 48.3 （a）一个双螺旋 siRNA 中杂质的总离子流图和重建离子流色谱图；（b）低链失去一个核苷酸后得到的缩短的双螺旋质谱图；（c）siRNA 两条链的去卷积质谱图（McCarthy et al., 2009。复制经允许）

48.3.2.2 毛细管液相色谱

大多数寡核苷酸的 LC-MS 分析要用 1～2 mm 直径的色谱柱。然而，毛细管液相色谱与常规液相色谱相比能更好地色谱分离，而且质谱中的离子化效率更高，其对寡核苷酸的检测更具优势。Dickman 和 Hornby（2006）利用毛细管液相色谱分析了从 HeLa 细胞中提取出的总 RNA 中的 miRNA。他们的目标待测物是 Let-7 miRNA，他们发现可以把 Let-7 miRNA 从总 RNA 组分中分离出来。这项研究对于 miRNA 的研究应用是一个极好的药物临床概念验证（PoC）证明，同时也是很少数采用市售毛细管 LC 在寡核苷酸研究中应用的例子之一。

Oberacher 等（2001）用毛细管柱成功分离了一组长度相同但组成不同的 21 聚体单链 DNA 引物，以及（双链）DNA 的引物产物。他们提出双链的静电作用是双链 DNA 的保留机制，而核酸碱基的疏水相互作用对单链 DNA 的分离起主要作用。如将柱温提高到该寡核苷酸的解链温度（T_m），就可以检测到双链 DNA 的碱基替换。在该温度下，单链可以很容易地分解并被鉴定。

Holzl 等（2005）也采用毛细管液相色谱进行 RNA 的分离。他们将一个合成的未经修饰的 55 聚体 RNA 配制在 900 倍摩尔浓度的过量 EDTA 中。在样品制备中加入 EDTA 是为了减少在 ESI-MS 中所观察到的阳离子加合物。该色谱法可以很容易地分离 EDTA 并检测脱盐的 55 聚体 RNA。用相同的方法他们分析了一个完整的 5S rRNA 亚基（图 48.4）。

尽管观察到了一些被同时洗脱的 $n-1$ 序列，但作者也展示了将一个合成的 21 聚体 RNA 与比其低 7 个碱基的失误序列（failure sequence）的分离。该文章也提出了一个利用在线质谱对一个非常大的寡核苷酸（32 聚体）测序的例子。

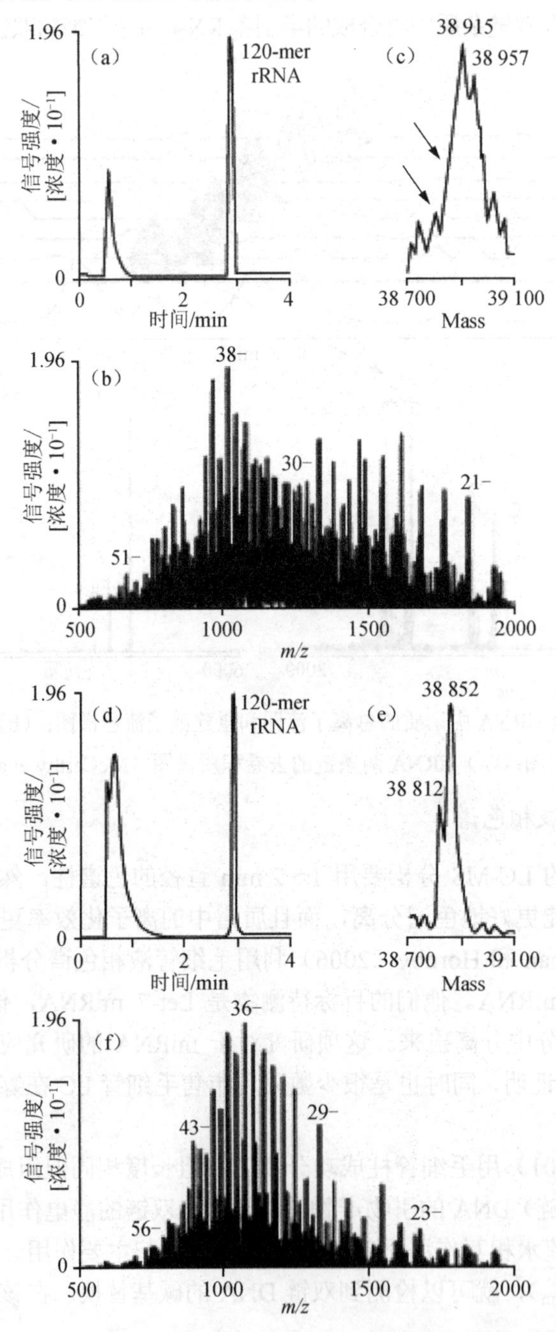

图 48.4　*E. coli* 在水（a～c）和 25 mmol/L EDTA（d～f）溶液中 5S 核糖亚基的电喷雾离子化质谱（ESI-MS）图（Holzl et al., 2005。复制经允许）

48.3.2.3 其他色谱方法

由于流动相中较高的有机相比例，从而可以得到更高的质谱响应，亲水相互作用液相色谱（HILIC）用于 LC-MS 联用最近获得了人们很大的关注。一个应用 HILIC 测定寡核苷酸的方法中运用了电感耦合等离子体质谱（ICP-MS）(Easter et al., 2010)。该色谱法只能基线分离全长未修饰的寡核苷酸和其 $n-5$ 序列（图 48.5）。因此，虽然该色谱方法有待改进，但使用了新颖的 ICP-MS，通过检测氧化磷离子（*m/z* 47）以测定磷酸骨架来分析核苷酸，这一点值得关注。对 dT30 的检测限（LOD）为 0.336 ng/ml。该方法的潜在应用是通过检测硫氧化物的响应来选择性地测定硫代磷酸酯寡核苷酸。今后在分离上的进一步改进可使该方法成为寡核苷酸定量分析的一种非常好的选择。

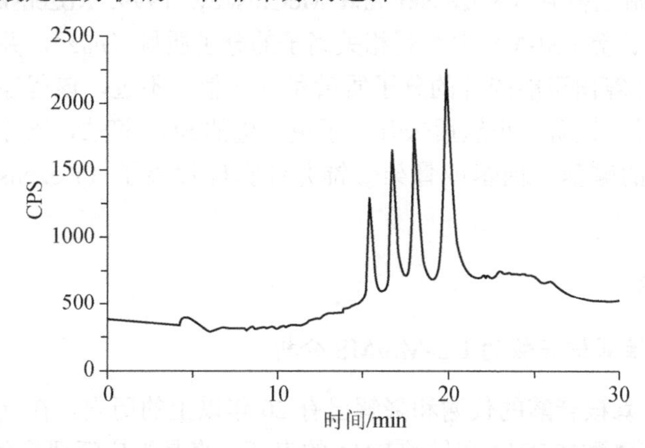

图 48.5 用亲水相互作用液相色谱（HILIC）串联电感耦合等离子体质谱（ICP-MS）分析 dT10、dT15、dT20 和 dT30 的色谱图（Easter et al., 2010。复制经允许）

48.3.3 寡核苷酸串联质谱分析

利用串联质谱对寡核苷酸进行结构鉴定已经有些年了。不过，只有很少数几个与液相色谱联用的例子。这是由于许多因素，这些因素包括：①总的来讲负离子质谱法的灵敏度有限；②寡核苷酸的高分子质量和由此而来的高自由度。尽管如此，串联质谱法大大方便了内源性和治疗性寡核苷酸的鉴定。

治疗性寡核苷酸如要得到法规监管部门的批准，就必须对其进行全面表征。鉴定生产过程中产生的杂质，以及这些治疗性寡核苷酸的代谢产物，可以提供更全面的数据以回答有关药效和潜在不良反应的问题。代谢产物的表征也可以揭示寡核苷酸代谢过程的细节，并提示该分子中可以修改的区域以改进其 PK/PD 特性。液相色谱和质谱分析的组合可以提供广泛的结构信息。然而，这需要寡核苷酸的浓度足够高、色谱峰宽合适，以得到高质量的串联质谱图。

大多数小的单链寡核苷酸可通过碰撞诱导解离（CID）直接测序（McLuckey, 1992; McLuckey and Habibi-Goudarzi, 1993)。对含超过 25 个碱基的寡核苷酸测序则比较复杂，其原因是二级裂解使得所得质谱图的解释变得困难。因此，可能需要在质谱分析之前进行额外的酶消解（Crain and McCloskey, 1998)。Beverly 做了一个精彩的有关寡核苷酸串联质谱法的综述（Beverly, 2011)。一般来讲，a-B 和 w 碎片离子是 DNA 寡核苷酸 MS/MS 质谱图中丰度最高的，而 c 和 y 离子是 RNA 寡核苷酸 MS/MS 质谱图中丰度最高的（McLuckey,

1992）。然而，对寡核苷酸结构的不同修改对质谱碎片的分布有不同的影响。例如，Ni 等（1996）观察到，相对磷酸二酯骨架的 B 和 y 离子在含有硫代磷酸酯的 DNA 寡核苷酸质谱图中丰度明显增高，这表明这些离子可能对这些分子的测序更加有用。

计算机算法大大增强了使用质谱数据来识别或确认一个给定的寡核苷酸序列的应用（Watson and Sparkman, 2008）。最初，寡核苷酸测序需要大量的人工将计算所得的质谱图中的质荷比与相应的预期值一一比较，以解读数据（Gaus et al., 1997）。最早的一种算法是由 Pomerantz 等开发的（1993），对于给定分子质量的 DNA 和 RNA，该算法可以把相应的碱基组成列表。随着寡核苷酸在实验室和临床上更广泛的应用，已经有基于互联网的计算机程序帮助质谱解读。其中最有用的是由 McCloskey 和其同事开发出的 MONGO 算法，该算法可从犹他大学网站上得到（Rozenski and McCloskey, 1999; Rozenskia and McCloskey, 2002）。该算法能够计算 ESI-MS 中系列相关离子的分子质量（*m/z*），并从一个已确认带电电荷数的前体离子计算出可能碎片的分子质量和 *m/z* 值。不过，该程序仅支持结构修改很少的寡核苷酸的计算。该研究小组后来开发了更先进的 SOS 算法，该算法允许用户任意组合寡核苷酸结构中的碱基、糖基或骨架修饰并计算碎片离子（Rozenski and McCloskey, 2002）。

48.3.4 LC-MS/MS

48.3.4.1 治疗性寡核苷酸的 LC-MS/MS 分析

用 LC-MS 研究寡核苷酸的代谢和降解已有 20 年以上的历史。在众多的寡核苷酸中，反义(antisense)硫代磷酸酯DNA和转移RNA的表征一直是被广泛研究的对象。运用LC-MS研究含有硫代磷酸酯的寡核苷酸比对 tRNA 的研究更容易些。这主要是由于前者比后者疏水性更强且只在有机溶剂在流动相中比例更高时才被洗脱。

有人用肝脏匀浆孵育研究了一个 21 聚体的硫代磷酸酯寡核苷酸的体外代谢（Crooke et al., 2000）。研究发现在酶解反应中，3’端外切酶（exonuclease）活性占主导地位，但也观察到了 5'端外切酶和核酸内切酶（endonuclease）活性。代谢产物通过阴离子交换色谱收集馏分并在 LC-MS/MS 分析之前层析脱盐。对于大多数代谢产物，在质谱裂解中观察到 a-B 离子和 w 离子。但只观察到 3’端链缩短的代谢产物（*n*+1 到 *n*−3）。同时观察到少量的 3’端脱嘌呤代谢产物。有趣的是，也观察到了[*n*+1]代谢产物，虽然没有获得其明确的结构信息。

在其他的一些含有硫代磷酸酯的寡核苷酸的体内代谢研究中也有类似的发现（Gaus et al., 1997）。质谱中丰度最高的代谢产物来自于 3’端核苷酸的丢失。在肝脏代谢研究中也观察到腺嘌呤碱基的脱嘌呤反应。肾脏和肝脏中的代谢非常不同。与肝脏相比，在肾脏中与 5'端相关的代谢更多。或多或少令人惊讶的是，整体上代谢反应更多地发生在肾脏而不是肝脏。

Dai 等（2005）鉴定了在人和大鼠血浆和尿液中 Bcl-3 反义寡核苷酸 DNA g3139 的代谢产物。DNA g3139 的 3’端的代谢产生了 6 个代谢产物。值得注意的是，因 3’和 5’端的碱基都是胸腺嘧啶，去褶合的前体离子质谱图不能提供足够的信息以区分这两种代谢途径所产生的代谢产物。该研究人员通过串联质谱分析这两个代谢产物的标准品，得到了相应的产物离子质谱图，并对两个代谢产物的 w 和 a-B 离子系列和未知代谢产物进行了对比，由此确定了其结构为 3’端 *n*−1 短链序列。

由于存在单链和双链代谢产物，双链寡核苷酸代谢产物的鉴定更复杂些。此外，在 ESI 内双链离子会产生解离，所以除非在离子化前有足够的色谱分离，双链离子的解离会使鉴定过程更加复杂。Beverly 和他的同事对一个 siRNA 在尿液和眼组织中的体内和体外代谢进行了研究（Beverly et al., 2005; Beverly et al., 2006）。该 siRNA 在 5'端增加了一个去碱基保护基团并修饰加入了两个胸腺嘧啶，而在 3'端进行了硫代磷酸酯骨架修饰。对单链（在尿样中）或双链（在尿液和眼样品中）的代谢研究均显示核酸外切酶在 3'端具有活性，而核酸内切酶在 5'端具有活性（图 48.6）。据此作者提出了一个机制，核酸内切酶会跳过被保护的去碱基位点启动降解，而核酸外切酶从这个位点开始进行降解。通过观察不同的代谢产物，也了解到在核酸骨架上有不同的切除位点。因为反义链上连接每个嘧啶碱基的核糖的 2 号位都有一个氧-甲基基团，因而阻止了核酸酶的作用，所以在整个代谢降解过程中，正义（sense）链的降解较晚发生。因为反义链可以直接干扰 mRNA，这种较慢发生的降解对治疗作用是很重要的。由于 ESI 的变性作用，会在双链的质谱图上观察到正义链和反义链的信号。作者指出由变性双链形成的单链会发生反复，且会给出双链代谢产物的错误信息。这个问题可以通过将双倍浓度的单链代谢产物（5'端 $n-3$ 正义链）加入到双链中并分析结果来解决。如果质谱图上看不到带 $n-3$ 代谢产物的相应双链的质量峰，则表明全长链与代谢产物链之间没有发生反复。在双链的体内代谢研究中，比一条单链 $n-2$ 更短的 siRNA 序列均可被准确无误地鉴定出来，包括结合到一个全长正义链 3'端的 $n-3$ 与 $n-5$ 的反义链，以及结合到一个 5'端 $n-5$ 正义链上的均含终端磷酸的 3'端 $n-5$ 反义链。但是，不能确定结合到一个全长正义链上的 $n-2$ 反义链的序列，原因是 3'端的短链代谢产物与 5'端带有磷酸末端的代谢产物没有足够的分离度（0.05 Da 差异）。

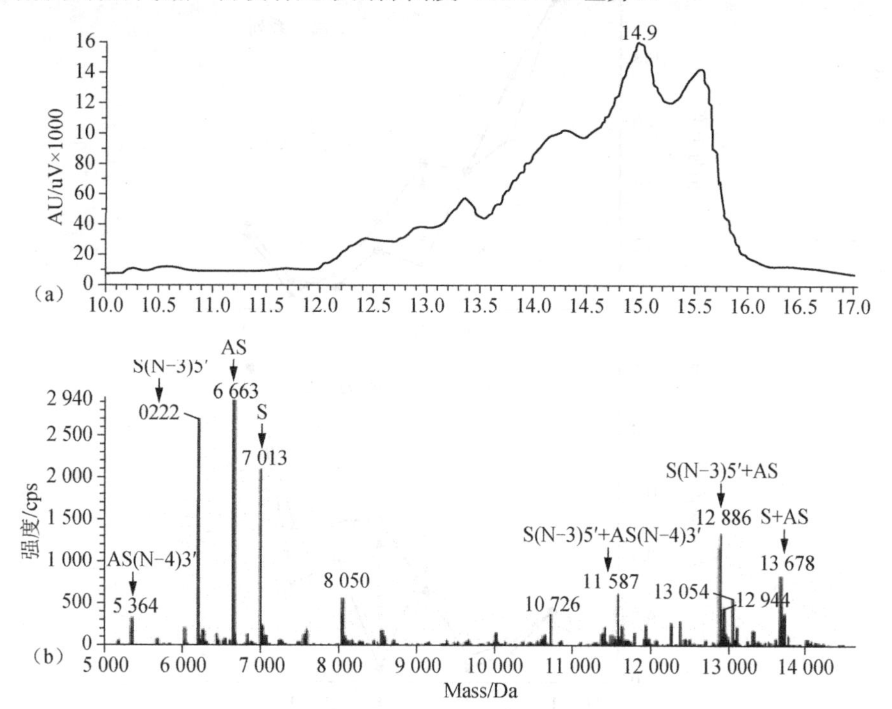

图 48.6 （a）治疗性 siRNA 给药 4 天后一个玻璃体样品的 LC-UV（A260 nm）谱图；（b）在（a）LC-UV 色谱中 14～16 min 的质谱图；全长双螺旋是 13 678 Da，两个链缩短的双螺旋代谢产物分别是 12 886 Da 和 11 578 Da；可看见的单链是 7013 Da 和 6663 Da 及其两个代谢产物 6222 Da 和 5364 Da（Beverly et al., 2006。复制经允许）

48.3.4.2 转移 RNA（tRNA）和核糖体 RNA（rRNA）的 LC-MS 分析

天然 RNA 有很多的结构修饰，以增强其生物功能。转移 RNA 的修饰种类数目最大，并且大小适中（60～80 个碱基），因此被研究得最多。最近，有人利用类似于 top-down 的研究策略对整体 tRNA 进行了全测序（Huang et al., 2010; Taucher and Breuker, 2010）。值得注意的是，这是迄今为止在一个质谱实验中完成测序的最大的 tRNA。尽管对这样大的寡核苷酸的测序是个很大的成就，但这两项研究都采用了灌注进样。因此，这样大的寡核苷酸在 LC-MS 分析中是否可以被测序还是未知数。

通常情况下，较大的 RNA 可被消解成为更小的序列（2～10 碱基）。这种方法最早是由 Pomerantz 和 McCloskey（1990）在 20 多年前提出的。这些小的寡核苷酸可以使用 LC-MS 分析或者通过串联质谱测定序列。最近，这种方法已被用于 RNase 图标记，并已成功地与 MS/MS 和 LC-MS/MS 相结合（Matthiesen and kirpekar, 2009）。McCloskey 和他的同事对 tRNA 的修饰进行了总结，并不断地更新这些总结（Cantara et al., 2011）。

在所发现的 RNA 的众多修饰中，最有意思的就是假尿苷修饰。假尿苷多处于 tRNA 的环状（loop）结构中，同时在 RNA 的其他部位也存在（Durairaj and Limbach, 2008）。假尿苷以碳-碳键代替了碱基与核糖之间正常的 N-链接的糖苷键。寡核苷酸的许多主要裂解的第一步是丢失核碱基，因此就不难理解假尿苷的存在明显地改变了序列中假尿苷所处部位碎片离子的特征（图 48.7）。但是这些改变，以及特征离子 *m/z* 207 的出现，使得大家关注到该位点并进行进一步的实验去验证这个不同寻常的碱基的存在（Pomerantz and McCloskey, 2005; Addepalli and Limbach, 2011）。

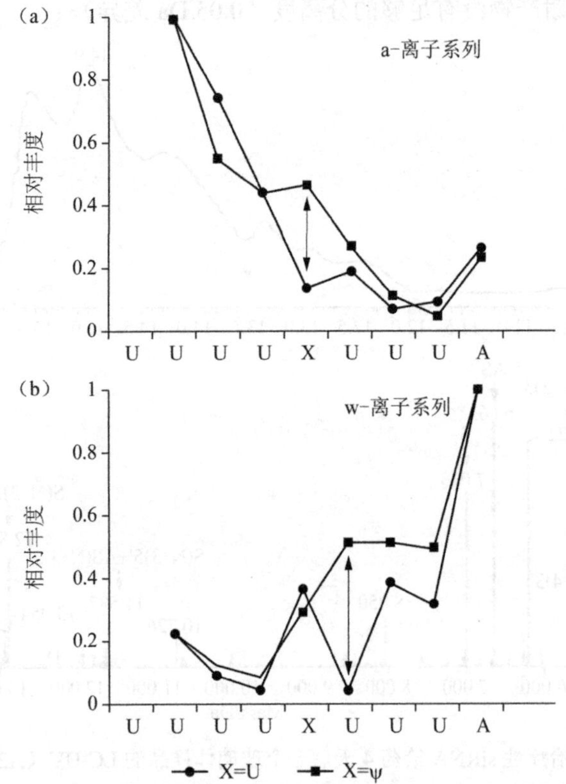

图 48.7 两个寡核苷酸的所有电荷状态的归一化子离子丰度总结；（a）以 a_2 离子归一化的 a-离子系列；（b）以 w_1 离子归一化的 w-离子系列；箭头代表在假尿嘧啶化（pseudouridylation）位点的差别（Pomerantz et al., 2005。复制经允许）

用于定位修饰 tRNA 的方法也被用于修饰更大的 rRNA。例如，McCloskey 和同事能够对古菌硫化叶菌（*Sulfolobus solfataricus*）中的 5S、16S 及 23S rRNA 进行定位修饰（Bruenger et al., 1993; Noon et al., 1998）。他们也对盐富饶菌（*Haloferax volcanii*）、海栖热袍菌（*Thermatoga maritima*）、嗜热菌（*Thermus thermophilus*）、隐蔽热网菌（*Pyrodictium occultum*）及大肠杆菌（*Escherichia coli*）rRNA 的许多位点进行了各样的修饰（Bruenger et al., 1993; Kowalak et al., 1995, 1996, 2000; Guymon et al., 2006, 2007）。

最近 LC-MS 方法被用于监测细胞中 tRNA 的相对改变（Castleberry and Limbach, 2010; Chan et al., 2011）。这类实验是将 tRNA 经 T1 核酸酶消解，测定得到小寡核苷酸。在这些小寡核苷酸中有许多独特序列，它们分别代表着参与蛋白质合成的 70 多个 tRNA。这个方法可以定量分析细胞由环境改变而引起的 tRNA 变化。

48.3.4.3 LC-MS 定量检测寡核苷酸时色谱中离子对试剂强度与质谱检测中 ESI 效率的平衡

透彻地理解离子对试剂在 LC-MS 的分离和解吸过程中的作用对评估各种选择很有必要。流动相一般采用弱阳离子离子对试剂，使用六氟异丙醇（HFIP）作为抗衡离子（counterion）。这种流动相体系首先由 Hancock 和其同事采用。近 20 年来，虽然选用的离子对试剂有些改变，但该方法本身没有大的变化（Apffel et al., 1997a, 1997b）。

表 48.2 展示了一个用于 LC-MS 寡核苷酸分析的完整的离子对试剂及其物理性质列表。值得注意的是，所有的已被成功使用的弱阳离子试剂是胺，因此其带电的程度受流动相的 pH 控制。在液相色谱柱中需要离子对试剂来修饰固定相，以允许双重分离机制的发生。来自烷基（C-8 或 C-18）固定相的典型的疏水性分离机制仍然存在，但由于流动相中引入了胺，从而有了一种离子交换作用。然而，与大多数采用离子对试剂的 LC 方法相反，在 ESI 过程中，解吸过程高度依赖于离子对试剂的存在，离子对试剂协助寡核苷酸从液相到气相的有效转移。该解吸过程的机制已经是好几项研究的主题（Mack et al., 1970; Whitehouse et al., 1985; Greig and Griffey, 1995; Muddiman et al., 1996; Griffey et al., 1997; de la Mora, 2000; Kebarle and Peschke, 2000; Wang and Cole, 2000; Nguyen and Fenn, 2007）。

表 48.2 用于寡核苷酸 LC-MS 生物分析的离子对试剂及它们的物理性质

名称	pK_a	沸点/℃	Log P	气相碱性/（kJ/mol）
三乙胺（triethylamine）	10.75	88	1.47	951
己胺（hexylamine）	10.56	131～132	1.565	893.5
二丙胺（dipropylamine）	11.0	105～110	1.504	929.3
二异丙胺（diisopropylamine）	11.05	84	1.444	—
哌啶（piperidine）	11.22	106	0.655	921
二甲基丁胺（dimethylbutylamine）	10.2	93	1.78	938.2
二异丙基乙胺（diisopropylethylamine）	10.5	127	2.064	963.5
三丙胺（tripropylamine）	—	156	3.175	991
三丁胺（tributylamine）	10.89	216	4.656	967.6
咪唑（imidazole）	14.5	256	−0.08	909.2
三乙胺（triethylamine）	10.75	88	1.47	951

在讨论寡核苷酸 LC-MS 分析中离子对试剂的作用之前，必须认识到 ESI 是个表面解吸

过程，这点很重要。因此，溶液环境的改变将导致分析物在毛细管中液体与气化室小液滴表面的平衡改变，而这改变将体现在质谱图上。很长一段时间来，分析物的疏水性被认为是影响其向电喷雾液滴表面移动速率的一个因子。展示这种现象比较好的例子是 Muddiman 等对等摩尔 DNA 互补序列质谱信号强度的比较（Null et al., 2003; Shuford and Muddiman, 2011）。单链 DNA 的疏水性越强，它的质谱信号强度会提高大约 30%。有趣的是，这种效应可以通过加热电喷雾毛细管消除掉（图 48.8）（Frahm et al., 2005）。这种效应的准确机制还未明确，但可能的原因是所形成的电喷雾液滴变小而降低了表面张力，加上离子释放所需活化能的改变从而改善了离子从液滴表面解吸附的过程。离子对试剂也是通过相似的原理作用的。离子对试剂与寡核苷酸的相互作用屏蔽了寡核苷酸的带电磷酸骨架，增加了寡核苷酸从混合液向液滴表面转移的速率。

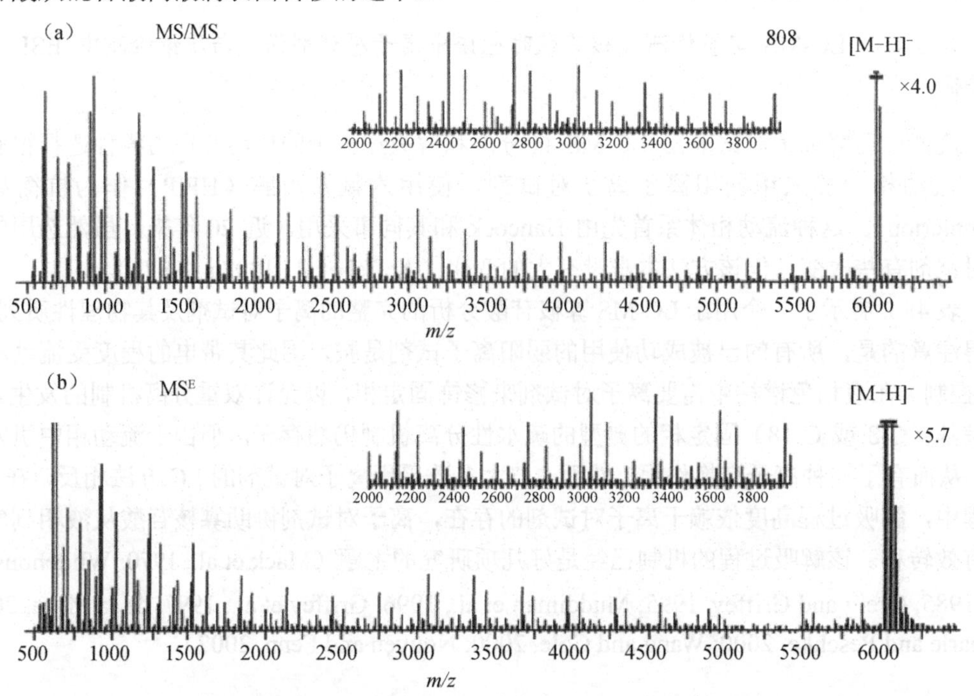

图 48.8 20-核苷多聚脱氧胸苷（20-nucleotide polydeoxythymidine）的碰撞诱导解离（CID）质谱（a）和 MS^E 质谱（b）谱图比较

虽然最早的寡核苷酸 ESI 研究都用到 TEAA，近年来其他离子对系统则越来越多地被运用。由 Apffel 等开发的 HFIP/TEA 流动相系统是当今寡核苷酸 LC-MS 分析中使用最多的（Apffel et al., 1997a, 1997b; Beverly et al., 2005; Dai et al., 2005; Beverly et al., 2006; Lin et al., 2007; Zhang et al., 2007; Kenski et al., 2009; Deng et al., 2010）。Gilar 等（2003）把 HFIP 的浓度优化到 400 mmol/L 并把 TEA 的浓度优化到 16.3 mmol/L，以获得单链 DNA 的最大分离效率和质谱检测的最大信号强度。

Apffel 等提出，随着液滴 pH 升高到 10，HFIP/TEA 缓冲液系统中的 HFIP 会选择性地从液滴蒸发，从而有助于寡核苷酸向气相转移（Apffel et al., 1997a, 1997b）。同时，随着 pH 升高，TEA 从磷酸二酯骨架上脱离，增加了寡核苷酸的解吸附而令其进入气相。此外，具有较低 pK_a 的 HFIP（9.3）会快速蒸发，因为它在这些流动相缓冲液典型的 pH 下解离不明显。

关于酸性反荷离子（counterion）对电喷雾信号强度的影响，已有大量的研究报道。对于电喷雾液滴的去溶剂化，考虑缓冲液两个组成部分的沸点是很重要的。实验证据表明，当用 TEAA，所得的信号强度比用 HFIP/TEA 或 TEAB 得到的要低（Apffel et al., 1997a, 1997b; Huber and Krajete, 1999; Huber and Krajete 2000a; Gilar et al., 2003）。为了解释这一现象，应当注意的是溶剂的沸点，TEA 比乙酸的沸点还低（分别为 89℃和 118℃）。因此，在 ESI 的去溶剂过程中，TEA 会比乙酸更快蒸发。TEA 的蒸发改变了液滴的 pH，导致样品的离子化效率降低，究其原因，可能是乙酸与寡核苷酸之间的离子化竞争。另一个原因则是 TEAA 比其他离子对缓冲系统疏水性差。因此，只需更少的有机改性剂从液相系统中将寡核苷酸洗脱下来，所以液滴的表面张力更高，导致离子化效率降低。

除乙酸盐外，碳酸氢盐也在不同的离子对体系中作为抗衡离子来测定寡核苷酸。与胺类如 TEA 和丁基二甲基胺（BDMA）相比，碳酸氢盐的一个优势就是其挥发性好。Huber 等的研究表明，在流动性加入乙腈鞘液，在色谱保留行为相似的情况下，用 TEAB 比用 TEAA 信号强度增加了 7 倍（Huber and Krajete, 1999）。在另外一篇文献中，Huber 等发现含有丁基二甲基碳酸氢铵（BDMAB）的流动相与含有 TEAB 的流动相相比，带来更高的灵敏度（Oberacher et al., 2001）。这种效应可能是由于 BDMAB 比 TEAA 或 TEAB 具有明显高的疏水性。这就意味着在色谱上需要用更高比例的乙腈才能将寡核苷酸洗脱下来。更高的有机相浓度可以降低电喷雾液滴的表面张力，并产生更高的信号强度。

抗衡离子的导电性在离子化过程中也起到了一定的作用。Huber 和 Krajete 考察了多种三乙胺（TEA）的抗衡离子在 ESI 过程中的作用。他们使用了乙酸盐、碳酸氢盐、甲酸盐和氯化物，将这些物质溶解在含 20%乙腈的 pH 为 8.9 的溶液中。他们发现，抗衡离子的挥发性大小与信号强度并无关系，这或多或少出人意料。在这些条件下，用乙酸抗衡离子所得信号强度为最高。由此他们推断，抗衡离子的挥发性不能完全解释离子对试剂对寡核苷酸电喷雾解吸过程的作用。他们提出抗衡离子导电性的增加导致其在离子化过程中与寡核苷酸竞争，从而导致寡核苷酸信号的抑制。Gilar 等的工作证明了这一观点，他们的研究表明降低 HFIP 的浓度可以增加寡核苷酸的信号，但最终寡核苷酸的解吸过程也会受到负面的影响。由此可知，离子对试剂可以提高离子的解吸但也会产生离子抑制，所以在优化寡核苷酸的 LC-MS 方法时需要平衡好二者的关系。

离子化效率也必须和寡核苷酸电荷态（charge state）分布的改变相平衡。电荷态低时，可出现的峰（*m/z*）少，因而信号强度就高，这样可以提高方法的灵敏度。一般来说，当质子仍然与磷酸二酯骨架结合时，电荷态就会减少，留下的负电荷也更少。在离子转移进入气相的过程中及在气相环境里都会有这种现象发生。Muddiman 等研究了这一过程，他们提出了电荷态减少的一种可能机制，即磷酸二酯键和三乙胺之间通过分子间氢键形成一个二聚物，从而导致电荷态减少（Muddiman et al., 1996）。正是因为寡核苷酸骨架具有更高的质子亲和力，所以三乙胺在电喷雾解吸附过程中以中性分子的形式丢失掉了。与用其他离子对缓冲系统如 TEAB 和 BDMAB（Oberacher et al., 2001）观察到的情况相比较发现，加入 HFIP 可以使寡核苷酸离子带点分布漂移到更高的 *m/z* 值范围，但不导致电荷态减少。这一结果表明与碳酸氢盐相比，HFIP 具有更高的质子亲和力（Huber and Krajete, 2000b; Beverly et al., 2005）。

近来，Ivleva 等进行了另外的研究，应用 LC-MS 方法表征硫代磷酸酯 siRNA 和以锁核酸（locked nucleic acid）为基础的 siRNA（Ivleva et al., 2010）。作者应用了 Waters 开发的 MS^E 技术，交替使用高碰撞能量（CE）和低碰撞能量进行质谱扫描。用低碰撞能量扫描采集的数据可提供寡核苷酸的分子质量信息，而使用较高碰撞能量所得的数据提供了所有与分析物序列信息相关的离子片段。和多目标多反应监测（MRM）检测方法相比，这一方法的优点在于所有的离子而不仅仅是事先预测的离子，均裂解为碎片且这些碎片都能被检测到。因此，如果色谱图中出现新峰，MS^E 可以直接对这些新峰进行分析而无需修正 MS 方法。作者使用这个方法表征了一个修饰合成的 siRNA，其失误序列和副产物及其体外水解代谢产物。图 48.9 比较了分别使用 MS/MS 和 MS^E 方法对一个 20 聚的寡核苷酸测序的结果。

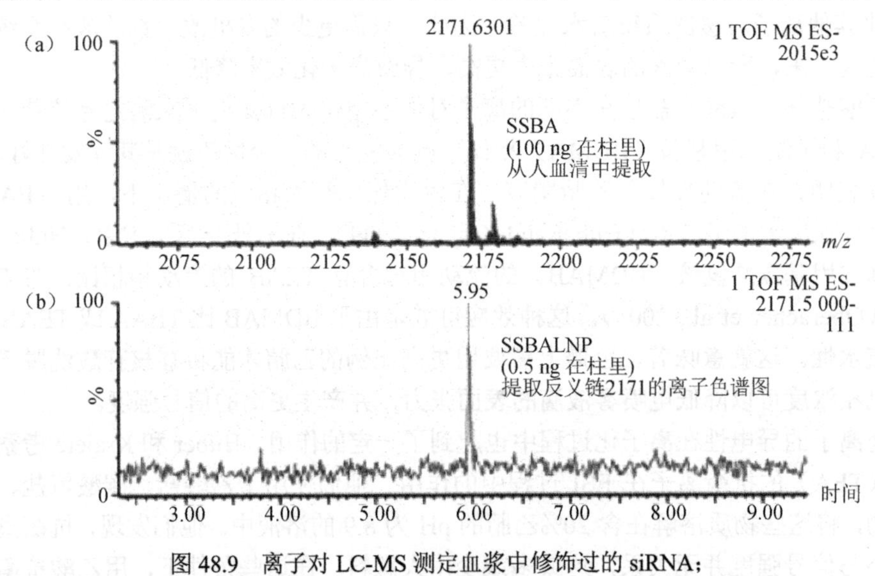

图 48.9 离子对 LC-MS 测定血浆中修饰过的 siRNA；

浓度分别是 10 μg/ml（a）和 50 ng/ml（b）（Beverly，2011。复制经允许）

48.4 实验方案

如前所述，LC-MS 对寡核苷酸的研究有许多不同的应用。以下部分包含了用于检测各种体外或体内样品中寡核苷酸的最常见的实验步骤。这些方案旨在协助进入这一颇具挑战领域的研究人员应用 LC-MS 方法测定寡核苷酸。

48.4.1 反义 DNA

在治疗性寡核苷酸中研究最多的是反义 DNA。其中获得最大成功的一类是单链硫代磷酸酯修饰的 18～24 聚的寡核苷酸。然而，这种类型的寡核苷酸有一些独特的难题，最值得注意的是它们增加的疏水性和容易被氧化的特性。因此，针对这一类寡核苷酸的分析，即使是经过优化的样品制备方法和色谱条件，在用于极性更高的寡核苷酸的分析时，也可能有麻烦。此外，还需特别关注样品挥干步骤和样品储存的条件，因为在这些过程中可能会发生硫代磷酸酯骨架转换回常见的磷酸二酯键。因此，要加入抗氧化剂，但还需仔细评价使用高浓度抗氧化剂对方法回收率的影响和可能的分析物离子抑制。

方案 1：血浆中反义 DNA 测定的实验方案（引自 Zhang et al., 2007）。

第 1 部分：液-液萃取

（1）在一个 200 μl 的血浆样品中，加入 500 μl 5%氨水和 100 μl 的氯仿：苯酚（1：2，*V*/*m*）。

（2）涡漩样品 2 min。

（3）在 3000×*g* 下离心样品 10 min。

（4）将样品中的水相转移到一个干净的样品管。

（5）加入 800 μl 含 17.2 mmol/L 三乙胺和 200 mmol/L HFIP、pH 8.5 的缓冲液。

（6）涡漩样品 2 min。

（7）现在样品已经准备好，可以进行固相萃取。

第 2 部分：固相萃取

（1）用 1 ml 乙腈，然后用 2 ml 含 8.6 mmol/L 三乙胺和 100 mmol/L HFIP、pH 8.5 的缓冲液活化亲水亲油平衡-固定相固相萃取柱（1 ml，10 mg）。

（2）将液-液萃取所得样品加载到固相萃取柱上。

（3）用 300 μl 含 8.6 mmol/L 三乙胺和 100 mmol/L HFIP、pH 8.5 的缓冲液洗涤固相萃取柱。

（4）然后用 500 μl 100 mmol/L 三乙胺碳酸氢盐溶液冲洗固相萃取柱。

（5）用 500 μl 乙腈：100 mmol/L 三乙胺（*W*/*V*，60：40）的混合溶液洗脱分析物。

第 3 部分：LC-MS 分析的样品制备

（1）将由固相萃取得到的洗脱液在氮气下蒸发至近干（剩 2～3 μl）。

（2）将样品复溶在 100 μl 7 mmol/L 甲醇-三乙胺水溶液（*V*/*V*，1：9）中。

（3）涡漩样品 2 min。

（4）进样 40 μl 到 LC-MS 系统中。

第 4 部分：液相色谱条件

（1）LC 流动相 A 为含 1.7 mmol/L 三乙胺和 100 mmol/L HFIP 的水溶液（pH 7.5），流动相 B 为甲醇。

（2）液相色谱梯度（时间/min，%流动相 B）：（0,8）；（0.5,8）；（10,28）；（17,40）；（17.5,8）；（22.5,8）。

（3）分离采用一个 50 mm×2.1 mm Hypersil Gold C18 柱，填充粒径为 1.9 μm 颗粒。柱温为 35℃，流速为 0.15 ml/min。

（4）液相色谱流在 5～10 min 进入质谱仪，而其余时间均导入到废液中。

（5）进样后自动进样针用水和甲醇洗两次以减少进样残留。

第 5 部分：质谱条件

（1）质谱采用三重四极杆质谱仪，负离子 MRM 模式。

（2）利用第一级四极杆选择丰度最高的寡核苷酸的带多电荷的分子离子（*m*/*z*），并用氩气作为碰撞气体产生碎片。

（3）分析中监测的 MRM 离子对是从分子信号到带单电荷的$[W1-H_2O]^-$离子。

（4）常用仪器条件如下：去簇电压（DP）－10 V，聚焦电压（FP）－80 V，入口电压（EP）－10 V，碰撞能量－30 eV，碰撞出口电压（CXP）－15 V，雾化气 13psi，气帘气 10 psi，碰撞气体 4 psi，离子喷雾针电压（IS）－3000 V，温度 550℃。

48.4.2 si RNA 和微 RNA

RNA 中因为引入 2-羟基使其比 DNA 更具亲水性。因此，为了保持与 DNA 相似的分离效率，适用于 DNA 的色谱条件在分析 RNA 时就需要进行改进。RNA 的分析需要含水更多的流动相，但这会导致 ESI 效率降低（图 48.10），从而降低 LC-MS 响应。此外，由于 RNA 样品可以是单链或双链的，能保留非共价结合双链 RNA 的色谱方法往往与单链 RNA 的测定方法大有不同。

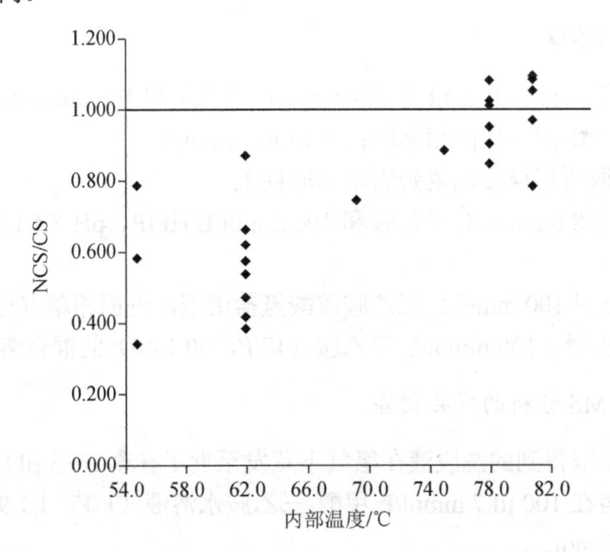

图 48.10 非编码链（NCS）和编码链（CS）的离子丰度比与加热的电喷雾离子化（ESI）温度的关系图；直线代表 NCS 和 CS 的响应相同

方案 2：血浆中单链 siRNA 和微 RNA 测定方案（摘自 Ye and Beverly , 2011）。

第 1 部分：磁珠的制备

（1）20 μl 50 mg/ml 的强阴离子交换（SAX）磁珠与 180 μl 水（pH 4.0，0.1% 吐温-20）平衡得到均一的悬浊液。

（2）将上述悬浊液加入到 96 孔板中。将 96 孔板置于一个磁性环状磁铁中，将磁珠带向板壁，并将上清液移除。

第 2 部分：从血清样品中分离 siRNA

（1）向 20 μl 血清样品中加入 2 μl 内标溶液，再用 pH 4.0 的水加到总体积 200 μl。

（2）向 96 孔板中加入 200 μl 稀释的血清样品。

（3）用移液枪上下吹打样品 8 次，以混合样品。

（4）进行样品提取 2 min。

（5）将样品放入磁性环状磁铁中 2 min，以分离磁珠。

（6）将上清液移除。

（7）加入 200 μl pH4.0 的 0.01%吐温溶液洗涤磁珠。

（8）移去洗涤液。

（9）加入 200 μl 1 mol/l 氯化铵溶液，将 siRNA 从磁珠上洗脱下来。

（10）在 LC-MS 进样分析前，用 0.2 μm 聚偏二氟乙烯（PVDF）膜过滤样品，以确保除去磁珠。

第 3 部分：siRNA 的 LC-MS 测定

（1）siRNA 的分离采用 2.1 mm×50 mm Waters BEH C18，1.7 μm 粒径的色谱柱。

（2）LC 的流动相 A 为含 200 mmol/L HFIP 和 8.5 mmol/L 三已胺的水溶液，流动相 B 为甲醇。

（3）液相色谱梯度条件（时间/min，%流动相 B）：（0,1）;（10,1）;（20,8.5）。

（4）将色谱柱加热到 75℃以使双链 siRNA 变性，然后色谱分离每一条链。

（5）流速为 300 μl/min，进样体积为 10 μl。

（6）时间飞行质谱仪采用 ESI 负离子模式。

（7）毛细管电压设置为 4000 V，锥电压为 30 V，提取电压为 3 V，离子源温度为 125℃，去溶剂温度为 350℃，锥气流为 40 L/hr，去溶剂气流设置为 600 L/hr。

48.4.3 转运 RNA 和核糖体 RNA

由于它们参与蛋白质生物合成，加上核苷修饰已被建议是一种理顺物种间亲缘关系的途径，因此转运 RNA 和核糖体 RNA 被广泛研究（McCloskey et al., 2001; Cole et al., 2009）。尽管这些寡核苷酸都有相应明显的二级和三级结构，它们比前述方案中所描述的分子要大得多，且它们都是单链结构。在过去的几十年里，McCloskey 和其同事在这一领域做了许多开拓性研究（Crain and McCloskey, 1998）。然而，近年来大部分有关 RNA 修饰的研究都涉及使用 LC-MS。这些 RNA 大小相差很大，从约 75 个核苷酸链（tRNA）到 2900 个核苷酸链（23S rRNA）。对于一个已知基因组的物种而言，除被修饰的部分外，这些 RNA 的序列都是已知的。然而，需要识别这些核苷酸的修饰并弄清楚修饰的位点，只有这样才能进一步增进对蛋白质生物合成分子机制的认识。

方案 3：测定转运 RNA 和核糖体 RNA（摘自 Castleberry and Limbach, 2010）。

第 1 部分：RNA 的酶解

（1）用丙酮将核糖核酸酶 T1（RNase T1）从原溶液中沉淀，再悬浮，然后用 1 ml 的 75%乙腈水溶液从 C18 固相萃取柱上洗脱。将洗脱液吹干并悬浮在无菌水中。

（2）酶解时，将 500 单位的 RNase T1 加入到含 10 μg RNA 的 5 μl 220 mmol/L 乙酸胺缓冲液中，并在生理温度下孵育 2 h 进行酶解。

（3）酶解后，将样品冷冻干燥后复溶于含 16.3 mmol/L 三乙胺和 400 mmol/L HFIP、pH 7.0 的溶液中，样品终浓度为 0.5 μg/ml。

第 2 部分：RNA 酶解产物的 LC-MS 测定

（1）RNA 的色谱分离采用 1 mm×150 mm Waters XTerra MS C18 柱，粒径 3.5 μm，孔径 50 μm。

（2）LC 的流动相 A 为含 400 mmol/L HFIP 和 16.3 mmol/L 三乙胺的水溶液（pH 7.0），流动相 B 为甲醇。

（3）液相色谱梯度条件（时间/min，%流动相 B）：（0,5）；（5,20）；（7,30）；（50,95）；（55,95）；（55.1,5）；（70,5）。

（4）流速为 40 μl/min，进样体积为 10 μl。

（5）FT-ICR 质谱仪采用 ESI 负离子模式。

（6）毛细管电压设置为 4250 V，源温度为 325℃。仪器的质量范围限制在质荷比（*m/z*）为 360～2000，以避免来自 HFIP 二聚体的干扰。

48.5 LC-MS 寡核苷酸生物分析中的故障排除

在 LC-MS 方法开发中总是会有问题出现。在本节中，主要讨论影响寡核苷酸 LC-MS 方法的特有问题。寡核苷酸的分离是相当有挑战性的，分析物和固定相之间的相互作用也很复杂。此外，为了保持流动相必要的挥发性以支持 ESI，液相色谱流动相的组成就有所限制。液相色谱对寡核苷酸的分离主要采用离子交换或离子配对机制。另外，尽管一些 IEC 已成功地与质谱联用，但用于替换化合物并能与质谱兼容的盐的可选数目十分有限。迄今为止，还没有一个能与质谱兼容的盐被成功地用于 IEC 来分离寡核苷酸。因此，目前所有分析寡核苷酸的 LC-MS 方法都采用离子对色谱法。

48.5.1 离子对试剂的选择

必须认识到离子对试剂可能对寡核苷酸产生的离子抑制，这点很重要。Gilar 等研究证明，当将离子对色谱方法从 LC-UV 转移到 LC-MS 时，加入较低浓度的 TEA 和 HFIP 确实可以提高信号强度。但是，当离子对试剂浓度降低到一定阈值时，由于分析物解吸附效率低，信号强度下降（Fountain et al., 2003）。虽然有人提出了 HFIP/TEA 缓冲体系的优化浓度，但这种优化还没有被严格地拓展到 HFIP 和其他离子对试剂的组合。认识到这点很重要，因为有几项研究已证明使用其他胺类在 LC-MS 分析寡核苷酸上比用 TEA 效果更好。由于寡核苷酸的性质差别很大，很可能不同的阳离子胺适合于不同的修饰和化合物种类（DNA 与 RNA 或单链与双链）。根据数量有限地使用不同阳离子胺的寡核苷酸 LC-MS 测定研究，很难确定选择阳离子胺的通用原则，尽管如此，10～20 mmol/L 可能是一个好的起点。

在已过的几年出现了一个总的趋势，就是在 ESI-MS 方法中避免使用含离子对试剂的流动相，是因为它们的离子抑制效应，但这往往降低了分析物的整体响应。因此，为了减少离子对试剂的离子抑制效应，人们对 LC 色谱柱进行了修饰，即通过共价键把离子对试剂结合到色谱柱的固定相上（Bicker et al., 2008）。尽管如此，对寡核苷酸而言，离子对试剂对提高分析物的解吸附很重要，因此如将其从流动相去掉，就会显著降低分析物的信号。

48.5.2 溶剂和缓冲盐的兼容性

寡核苷酸 LC-MS 分析的溶剂选择主要决定于缓冲系统。大多数 ESI 采用乙腈作为流动相的有机相，因为使用该溶剂通常可观察到检测灵敏度的增加。然而，由于 HFIP 在乙腈中的溶解度有限，几乎所有的寡核苷酸 LC-MS 分析方法都使用甲醇（Apffel et al., 1997a, 1997b）。HFIP 浓度一般是 100 mmol/L 或更高，所以在考察流动相时，应切记这一事实。而当选择胺阳离子流动相组成时，因为没有溶解度问题，则无此限制。

虽然几乎所有的 LC-MS 方法都选择水和甲醇组成的流动相，值得注意的是，甲醇和乙腈的混合物可以与 HFIP 共同使用，这样做既利用了乙腈高的挥发性，又保持了甲醇对分析物的溶解性。

48.5.3 稳定性和储存

不同寡核苷酸的稳定性不尽相同。总体而言，DNA 分子相对稳定，可以在冷藏（−4℃）或冷冻（−20℃或−80℃）条件下保存较长的一段时间。高盐含量会使双链寡核苷酸不稳定（在 ESI 过程中有形成加合物的可能）。当处理 RNA 时，需要采取多种预防措施以尽量减少寡核苷酸与核糖核酸酶的接触，而后者却无处不在。因此，以下处理措施是非常重要的，即先后用漂白粉溶液和乙醇溶液清洁实验工作台区域，并将要接触含有 RNA 溶液的玻璃器皿在 200℃加热 4 h。此外，还要购买使用不含核糖核酸酶的耗材。

像许多不同类型的分子一样，寡核苷酸也会由于表面非特异性结合（NSB）而损失。大多数的损失是由于寡核苷酸与容器表面、提取设备或仪器表面的静电相互作用。玻璃表面的静电相互作用问题可能特别突出，但如 Zhang 等（2007）报道的，这样的 NSB 可以通过将玻璃表面硅烷化来减少。然而，排除这种担忧并非那样简单，把玻璃换成塑料容器也不能排除这种担忧，因为许多塑料容器也有较高的 NSB。除容器外，样品制备过程中用到的高表面积材料也会有 NSB 问题，如 SPE。然而，这种影响的大小很大程度上取决于 SPE 表面材料的化学性质。

正如大多数生物分析方法中的液相色谱系统采用聚醚醚酮（PEEK）一样，惰性表面材料能最大限度地减少由 NSB 造成的损失。总的来说，NSB 会造成严重的损失，因此通过在样品中加入更高浓度的内标，或加入另外一个寡核苷酸作为牺牲品（sacrificialmaterial）来占据活性表面是非常有帮助的。

48.5.4 离子抑制

对于采用 ESI 的 LC-MS 方法来讲，一个普遍的问题就是离子抑制。需要考虑几种会产生离子抑制的分子的来源。首先，是色谱分离必须使用的离子对试剂。HFIP 和 TEA 或其他的胺类都会明显抑制质谱信号。Fountain 等详细研究了这种抑制效应（Fountain et al., 2003），并建议将 HFIP 的浓度从 400 mmol/L 降低到 100 mmol/L，将 TEA 的浓度从 16.3 mmol/L 降低到 8.6 mmol/L。

其次，除流动相外，选择不同的样品制备方法会使样品中共流组成（coeluting compound）不同，因而导致分析物响应不同。使用液-液萃取提取，如氯仿-苯酚，对寡核苷酸的提取非常有效，但对磷脂的提取也同样有效。因此，SPE 和液-液萃取联用可能有利于减少样品中的磷脂（Zhang et al., 2007）。除内源性生物分子外，离子抑制也可能来自药物制剂中的辅料（Murugaiah et al., 2010），正如前面提到的，增加内标浓度或使用其他牺牲性寡核苷酸（sacrificial oligonucleotide）来覆盖活性表面都也可能是离子抑制的来源。

最后，由于寡核苷酸的多阴离子特性导致其可以与大量的阳离子形成加合物，如钠离子和钾离子。如果所采取的样品制备技术不能够减少样品中这些盐的浓度，它们的存在会将信号分散得更多而大大降低方法的灵敏度。虽然这并不是通常所说的离子抑制，但其影响是类似的。现已证明当流动相中含有高浓度的胺时，如 TEA、哌啶、咪唑，可显著降低这些碱金属加合物的形成而增加方法灵敏度（Greig and Griffey, 1995）。

48.6 结 束 语

在开发使用电喷雾 LC-MS 生物分析方法测定寡核苷酸时有许多关键因素要考虑。其中很多因素是这类分子独有的，如果不能充分控制这些因素，将对方法有严重的影响。以下列出此类 LC-MS 分析方法中最显著的特征。

（1）离子对色谱法提供了良好的色谱分离和质谱信号强度。但在方法开发早期需仔细评估离子对试剂的种类及其浓度，这是很重要的。

（2）一般来讲，由于 DNA 较 RNA 具有较强的疏水性，在 ESI 条件下 DNA 的响应会高于 RNA。

（3）样品制备可采用液-液萃取和固相萃取联用，同时获得高回收率并降低离子抑制。

（4）需要注意，许多常见的流动相添加剂在乙腈中的溶解度有限。这也是大多数 LC-MS 方法使用甲醇作为有机溶剂的原因。

（5）由于核糖核酸酶的降解作用，在处理 RNA 时需格外小心。溶液和材料都需要无菌、无核糖核酸酶，以确保方法的稳健性。

参 考 文 献

Addepalli B, Limbach PA. Mass spectrometry-based quantification of pseudouridine in RNA. J Am Soc Mass Spectrom 2011;22(8):1363–1372.

Amarzguioui M, Holen T, Babaie E, Prydz H. Tolerance for mutations and chemical modifications in a siRNA. Nucl Acids Res 2003;31(2):589–595.

Apffel A, Chakel J, Fischer S, Lichtenwalter K, Hancock WS. Analysis of oligonucleotides by HPLC–electrospray ionization mass spectrometry. Anal Chem 1997a;69(7):1320–1325.

Apffel A, Chakel J, Fischer S, Lichtenwalter K, Hancock WS. New procedure for the use of high-performance liquid chromatography–electrospray ionization mass spectrometry for the analysis of nucleotides and oligonucleotides. J Chromatogr A 1997b;777(1):3–21.

Arora V, Knapp DC, Reddy MT, Weller DD, Iversen PL. Bioavailability and efficacy of antisense morpholino oligomers targeted to c-myc and cytochrome P-450 3A2 following oral administration in rats. J Pharm Sci 2002;91(4):1009–1018.

Bellon L, Maloney L, Zinnen SP, Sandberg JA, Johnson KE. Quantitative determination of a chemically modified hammerhead ribozyme in blood plasma using 96-well solid-phase extraction coupled with high-performance liquid chromatography or capillary gel electrophoresis. Anal Biochem 2000;283(2):228–240.

Beverly M, Hartsough K, Machemer L. Liquid chromatogramphy/ electrospray mass spectrometric analysis of metabolites from an inhibitory RNA duplex. Rapid Commun Mass Spectrom 2005;19(12):1675–1682.

Beverly M, Hartsough K, Machemer L, Pavco P, Lockridge J. Liquid chromatography electrospray ionization mass spectrometry analysis of the ocular metabolites from a short interfering RNA duplex. J Chromatogr B Analyt Technol Biomed Life Sci 2006;835(1–2):62–70.

Beverly MB. Applications of mass spectrometry to the study of siRNA. Mass Spectrom Rev 2011;30(6):979–998.

Bicker W, Lammerhofer M, Lindner W. Mixed-mode stationary phases as a complementary selectivity concept in liquid chromatography-tandem mass spectrometry-based bioanalytical assays. Anal Bioanal Chem 2008;390:263–266.

Bothner B, Chatman K, Sarkisian M, Siuzdak G. Liquid chromatography mass spectrometry of antisense oligonucleotides. Bioorg Med Chem Lett 1995;5(23):2863–2868.

Braasch DA, Jensen S, Liu Y, et al. RNA interference in mammalian cells by chemically-modified RNA. Biochemistry 2003;42(26):7967–7975.

Bruenger E, Kowalak JA, Kuchino Y, et al. 5S rRNA modification in the hyperthermophilic archaea Sulfolobus solfataricus and Pyrodictium occultum. FASEB J 1993;7(1):196–200.

Cantara WA, Crain PF, Rozenski J, et al. The RNA modification database, RNAMDB: 2011 update. Nucleic Acids Res 2011;39(Suppl 1):D195–D201.

Castleberry C, Limbach P. Relative quantitation of transfer RNAs using liquid chromatography mass spectrometry and signature digestion products. Nucleic Acids Res 2010;38(16):e162.

Chan CT, Dyavaiah M, DeMott MS, Taghizadeh K, Dedon PC, Begley TJ. Correction: a quantitative systems approach reveals dynamic control of tRNA modifications during cellular stress. PLoS Genet 2011;7(2). DOI: 10.1371/annotation/6549d0b1-

efde-4aa4-9cda-1cef43f66b30.

Chen C, Ridzon D, Broomer AJ, et al. Real-time quantification of microRNAs by stem-loop RT-PCR. Nucleic Acids Res 2005;33(20):e179.

Chen SH, Qian M, Brennan JM, Gallo JM. Determination of antisense phosphorothioate oligonucleotides and catabolites in biological fluids and tissue extracts using anion-exchange high-performance liquid chromatography and capillary gel electrophoresis. J Chromatogr B Biomed Sci Appl 1997;692(1):43–51.

Cheng A, Li M, Liang Y, et al. Stem-loop RT-PCR quantification of siRNAs in vitro and in vivo. Oligonucleotides 2009;19(2):203–208.

Chiu Y, Rana T. siRNA function in RNAi: a chemical modification analysis. RNA 2003;9(9):1034–1048.

De Clerq E, Eckstein F, Merigan TC. Interferon induction increased through chemical modification of a synthetic polyribonucleotide. Science 1969;165(3898):1137–1139.

Cole J,Wang Q, Cardenas E, et al. The Ribosomal Database Project: improved alignments and new tools for rRNA analysis. Nucleic Acids Res 2009;37:D141–D145.

Crain PF, McCloskey JA. Applications of mass spectrometry to the characterization of oligonucleotides and nucleic acids. Curr Opin Biotech 1998;9(1):25–34.

Crooke RM, Graham MJ, Martin MJ, Lemonidis KM, Wyrzykiewiecz T, Cummins LL. Metabolism of antisense oligonucleotides in rat liver homogenates. J Pharmacol Exp Ther 2000;292(1):140–149.

Crooke ST. Antisense strategies. Curr Mol Med 2004;4(5):465–487.

Dai G,Wei X, Liu Z, Liu S, Marcucci G, Chan KK. Characterization and quantification of Bcl-2 antisense G3139 and metabolites in plasma and urine by ion-pair reversed phase HPLC coupled with electrospray ion-trap mass spectrometry. J Chromatogr B Analyt Technol Biomed Life Sci 2005;825(2):201–213.

Davis S, Lollo B, Freier S, Esau C. Improved targeting of miRNA with antisense oligonucleotides. Nucleic Acids Res 2006;34(8):2294–2304.

De Fougerolles A, Vornlocher HP, Maraganore J, Lieberman J. Interfering with disease: a progress report on siRNA-based therapeutics. Nat Rev Drug Discov 2007;6(6):443–453.

de la Mora F. Electrospray ionization of large multiply charged species proceeds via Dole's charged residue mechanism. Anal Chim Acta 2000;406(1):93–104.

De Paula D, Bentley MV, Mahato RI. Hydrophobization and bioconjugation for enhanced siRNA delivery and targeting. RNA 2007;13(4):431–456.

Deng P, Chen X, Zhang G, Zhong D. Bioanalysis of an oligonucleotide and its metabolites by liquid chromatography-tandem mass spectrometry. J Pharmaceut Biomed Anal 2010; 52(4):571–579.

Dickman M. Effects of sequence and structure in the separation of nucleic acids using ion pair reverse phase liquid chromatography. J Chromatogr A 2005;1076(1–2):83–89.

Dickman M, Hornby D. Enrichment and analysis of RNA centered on ion pair reverse phase methodology. RNA 2006;12(4):691–696.

Durairaj A, Limbach PA. Mass spectrometry of the fifth nucleoside: a review of the identification of pseudouridine in nucleic acids. Anal Chim Acta 2008;623(2):117–125.

Easter RN, Kröning KK, Caruso JA, Limbach PA. Separation and identification of oligonucleotides by hydrophilic interaction liquid chromatography (HILIC) inductively coupled plasma mass spectrometry (ICPMS). Analyst 2010;135:2560–2565.

Eckstein F. Phosphorothioate oligodeoxynucleotides: What is their origin and what is unique about them? Antisense Nucleic Acid Drug Dev 2000;10(2):117–121.

Farand J, Beverly M. Sequence confirmation of modified oligonucleotides using chemical degradation, electrospray ionization, time-of-flight, and tandem mass spectrometry. Anal Chem 2008;80(19):7414–7421.

Farand J, Gosselin F. De novo sequence determination of modified oligonucleotides. Anal Chem 2009;81(10):3723–3730.

Fountain K, Gilar M, Gilar M. Analysis of native and chemically modified oligonucleotides by tandem ion-pair reversed-phase high-performance liquid chromatography/electrospray ionization mass spectrometry. Rapid Commun Mass Spectrom 2003;17(7):646–653.

Frahm JL, Muddiman DC, Burke MJ. Leveling response factors in the electrospray ionization process using a heated capillary interface. J Am Soc Mass Spectrom 2005;16(5):772–778.

Fritz H, Belagaje R, Brown EL, et al. High-pressure liquid chromatography in polynucleotide synthesis. Biochemistry 1978;17(7):1257–1267.

Gaus HJ, Owens SR, Winniman M, Cooper S, Cummins LL. On-line HPLC electrospray mass spectrometry of phosphorothioate oligonucleotide metabolites. Anal Chem 1997;69(3):313–319.

Geary RS, Khatsenko O, Bunker K, et al. Absolute bioavailability of 2′-O-(2-methoxyethyl)-modified antisense oligonucleotides following intraduodenal instillation in rats. J Pharmacol Exp Ther 2001;296(3):898–904.

Geary RS, Watanabe TA, Truong L, et al. Pharmacokinetic properties of 2′-O-(2-methoxyethyl)-modified oligonucleotide analogs in rats. J Pharmacol Exp Ther 2001;296(3):890–897.

Gilar M. Analysis and purification of synthetic oligonucleotides by reversed-phase high-performance liquid chromatography with photodiode array and mass spectrometry detection. Anal Biochem 2001;298(2):196–206.

Gilar M, Belenky A, Smisek DL, Borque A, Cohen AS. Kinetics of phosphorothioate oligonucleotide metabolism in biological fluids. Nucleic Acids Res 1997;25(18):3615–3620.

Gilar M, Fountain K, Budman Y, Holyoke JL, Davoudi H, Gebler JC. Characterization of therapeutic oligonucleotides using liquid chromatography with on-line mass spectrometry detection. Oligonucleotides 2003;13(4):229–243.

Gilar M, Fountain KJ, Budman Y, et al. Ion-pair reversed-phase high-performance liquid chromatography analysis of oligonucleotides: retention prediction. J Chromatogr A 2002;958(1–2):167–182.

Greig M, Griffey R. Utility of organic bases for improved electrospray mass spectrometry of oligonucleotides. Rapid Commun Mass Spectrom 1995;9(1):97–102.

Griffey R, Greig M, Gaus HJ, et al. Characterization of oligonucleotide metabolism in vivo via liquid chromatography/electrospray tandem mass spectrometry with a quadrupole ion trap mass spectrometer. J Mass Spectrom 1997;32(3):305–313.

Griffey R, Sasmor H, Greig MJ. Oligonucleotide charge states in negative ionization electrospray-mass spectrometry are a function of solution ammonium ion concentration. J Am Soc Mass Spectr 1997;8(2):155–160.

Guymon R, Pomerantz SC, et al. Influence of phylogeny on post-transcriptional modification of rRNA in thermophilic prokaryotes: the complete modification map of 16S rRNA of Thermus thermophilus. Biochemistry 2006;45(15):4888–4899.

Guymon R, Pomerantz SC, Ison JN, Crain PF, McCloskey JA. Post-transcriptional modifications in the small subunit ribosomal RNA from Thermotoga maritima, including presence of a novel modified cytidine. RNA 2007;13(3):396–403.

Hölzl G, Oberacher H, Pitsch S, Stutz A, Huber CG. Analysis of biological and synthetic ribonucleic acids by liquid chromatography- mass spectrometry using monolithic capillary columns. Anal Chem 2005;77(2):673–680.

Hossain M, Limbach P. Mass spectrometry-based detection of transfer RNAs by their signature endonuclease digestion products. RNA 2007;13(2):295–303.

Huang TY, Liu J, McLuckey SA. Top-down tandem mass spectrometry of tRNA via ion trap collision-induced dissociation. J Am Soc Mass Spectrom 2010;21(6):890–898.

Huber C, Krajete A. Analysis of nucleic acids by capillary ion-pair reversed-phase HPLC coupled to negative-ion electrospray ionization mass spectrometry. Anal Chem 1999;71(17):3730–3739.

Huber C, Krajete A. Comparison of direct infusion and on line liquid chromatography/electrospray ionization mass spectrometry for the analysis of nucleic acids. J Mass Spectrom 2000a;35(7):870–877.

Huber C, Krajete, A. Sheath liquid effects in capillary high-performance liquid chromatography-electrospray mass spectrometry of oligonucleotides. J Chromatogr A 2000b;870(1–2):413–424.

Huber C, Oberacher H. Analysis of nucleic acids by on-line liquid chromatography–mass spectrometry. Mass Spectrom Rev 2001; 20(5):310–343.

Huber C, Oefner P, Bonn GK. High-performance liquid chromatographic separation of detritylated oligonucleotides on highly cross-linked poly-(styrene-divinylbenzene) particles. J Chromatogr A 1992;599(1–2):113–118.

Huber C, Oefner P, et al. High-resolution liquid chromatography of oligonucleotides on nonporous alkylated styrene-divinylbenzene copolymers. Anal Biochem 1993;212(2):351–358.

Issaq HJ, Blonder, J. Electrophoresis and liquid chromatography/tandem mass spectrometry in disease biomarker discovery. J Chromatogr B Analyt Technol Biomed Life Sci 2009;877(13):1222–1228.

Ivleva V, Yu Y, Gilar M. Ultra performance liquid chromatography/tandem mass spectrometry (UPLC/MS/MS) and UPLC/MSE analysis of RNA oligonucleotides. Rapid Commun Mass Spectrom 2010;24(17):2631–2640.

Johnson JL, Guo W, Zang J, et al. Quantification of raf antisense oligonucleotide (rafAON) in biological matrices by LC MS/MS to support pharmacokinetics of a liposome entrapped rafAON formulation. Biomed Chromatogr 2005;19(4):272–278.

Kamel A, Brown P. High-performance liquid chromatography versus capillary electrophoresis for the separation and analysis of oligonucleotides. Am Lab 1996;28:40–51.

Kebarle P, Peschke M. On the mechanisms by which the charged droplets produced by electrospray lead to gas phase ions. Anal Chim Acta 2000;406(1):11–35.

Kenski DM, Cooper AJ, Li JJ, et al. Analysis of acyclic nucleoside modifications in siRNAs finds sensitivity at position 1 that is restored by 5′-terminal phosphorylation both in vitro and in vivo. Nucl Acids Res 2009;38(2):660–671.

Kim E-J, Park TG, Oh Y-K, Shim C-K. Assessment of siRNA pharmacokinetics using ELISA-based quantification. J Control Release 2009;143(2):660–671.

Kowalak JA, Bruenger E, Crain PF, McCloskey JA. Identities and phylogenetic comparisons of posttranscriptional modifications in 16 S ribosomal RNA from *Haloferax volcanii*. J Biol Chem 2000;275(32):24484–24489.

Kowalak JA, Bruenger E, et al. Structural characterization of U*-1915 in domain IV from Escherichia coli 23S ribosomal RNA as 3-methylpseudouridine. Nucleic Acids Res 1996;24(4):688–693.

Kowalak JA, Bruenger E, Hashizume T, Peltier JM, Ofengand J, McCloskey JA. Posttranscriptional modification of the central loop of domain V in Escherichia coli 23 S ribosomal RNA. J Biol Chem 1995;270(30):17758–17764.

Kroh E, Parkin R, Mitchell PS, Tewari M. Analysis of circulating microRNA biomarkers in plasma and serum using quantitative reverse transcription-PCR (qRT-PCR). Methods 2010;50(4):298–301.

Leeds JM, Graham MJ, Truong L, Cummins LL. Quantitation of phosphorothioate oligonucleotides in human plasma. Anal Biochem 1996;235(1):36–43.

Lin Z, Li W, Dai G. Application of LC-MS for quantitative analysis and metabolite identification of therapeutic oligonucleotides. J Pharmaceut Biomed Anal 2007;44(2):330–341.

Liu W, Stevenson M, Seymour LW, Fisher KD. Quantification of siRNA using competitive qPCR. Nucleic Acids Res 2008;37(1):e4.

Mack LL, Kralik P, Rheude A, Dole M. Molecular beams of macroions. II. J Chem Phys 1970;52:4977.

Matthiesen R, Kirpekar F. Identification of RNA molecules by specific enzyme digestion and mass spectrometry: software for and implementation of RNA mass mapping. Nucleic Acids Res 2009;37(6):e48.

McCarthy SM, Gilar M, Gebler. Reversed-phase ion-pair liquid chromatography analysis and purification of small interfering RNA. Anal Biochem 2009;390(2):181–188.

McCloskey JA, Graham DE, Zhou S, et al. Post-transcriptional modification in archaeal tRNAs: identities and phylogenetic relations of nucleotides from mesophilic and hyperthermophilic Methanococcales. Nucleic Acids Res 2001;29(22):4699–4706.

McLuckey S. Principles of collisional activation in analytical mass spectrometry. J Am Soc Mass Spectrom 1992;3(6):599–614.

McLuckey S, Habibi-Goudarzi S. Decompositions of multiply charged oligonucleotide anions. J Am Chem Soc 1993;115(25):12085–12095.

Miller PS, McParland KB, Jayaraman K, Ts'o PO. Biochemical and biological effects of nonionic nucleic acid methylphosphonates. Biochemistry 1981;20(7):1874–1880.

Muddiman D, Cheng X, Udseth HR, Smith RD. Charge-state reduction with improved signal intensity of oligonucleotides in electrospray ionization mass spectrometry. J Am Soc Mass Spectrom 1996;7(8):697–706.

Murugaiah V, Zedalis W, Lavine G, Charisse K, Manoharan M. Reversed-phase high-performance liquid chromatography method for simultaneous analysis of two liposome-formulated short interfering RNA duplexes. Anal Biochem 2010;401(1):61–67.

Nguyen S, Fenn J. Gas-phase ions of solute species from charged droplets of solutions. Proc Natl Acad Sci USA 2007;104(4):1111.

Ni J, Pomerantz SC, Rozenski J, Zhang Y, McCloskey JA. Interpretation of oligonucleotide mass spectra for determination of sequence using electrospray ionization and tandem mass spectrometry. Anal Chem 1996;68(13):1989–1999.

Noon KR, Bruenger E, McCloskey JA. Posttranscriptional modifications in 16S and 23S rRNAs of the archaeal hyperthermophile Sulfolobus solfataricus. J Bacteriol 1998;180(11):2883–2888.

Null AP, Nepomuceno AI, Muddiman C. Implications of hydrophobicity and free energy of solvation for characterization of nucleic acids by electrospray ionization mass spectrometry. Anal Chem 2003;75(6):1331–1339.

Oberacher H, Oefner P, Parson W, Huber CG. On line liquid chromatography mass spectrometry: a useful tool for the detection of DNA sequence variation. Angew Chem Int Edit 2001;40(20):3828–3830.

Oberacher H, Parson W, Muhlmann R, Huber CG. Analysis of polymerase chain reaction products by on-line liquid chromatography- mass spectrometry for genotyping of polymorphic short tandem repeat loci. Anal Chem 2001;73(21):5109–5115.

Overhoff M, Wunsche W, Sczkiel G. Quantitative detection of siRNA and single-stranded oligonucleotides: relationship between uptake and biological activity of siRNA. Nucleic Acids Res 2004;32(21):e170.

Pomerantz SC, Kowalak J, McCloskey JA. Determination of oligonucleotide composition from mass spectrometrically measured molecular weight. J Am Soc Mass Spectrom 1993;4(3):204–209.

Pomerantz SC, McCloskey J. Analysis of RNA hydrolyzates by liquid chromatography–mass spectrometry. Method Enzymol 1990;193:796–824.

Pomerantz SC, McCloskey J. Detection of the common RNA nucleoside pseudouridine in mixtures of oligonucleotides by mass spectrometry. Anal Chem 2005;77(15):4687–4697.

Prakash TP, Allerson CR, Dande P, et al. Positional effect of chemical modifications on short interference RNA activity in mammalian cells. J Med Chem 2005;48(13):4247–4253.

Raynaud F, Orr R, Goddard PM, et al. Pharmacokinetics of G3139, a phosphorothioate oligodeoxynucleotide antisense to bcl-2, after intravenous administration or continuous subcutaneous infusion to mice. J Pharmacol Exp Ther 1997;281(1):420–427.

Ro S, Park C, Jin J, Sanders KM, Yan W. A PCR-based method for detection and quantification of small RNAs. Biochem Biophys Res Commun 2006;351(3):756.

Rozenski J, McCloskey JA. 1999. From http://library.med.utah.edu/masspec/mongo.htm.

Rozenski J, McCloskey JA. SOS: a simple interactive program for ab initio oligonucleotide sequencing by mass spectrometry. J Am Soc Mass Spectrom 2002;13(3):200–203.

Seiffert S, Debelak H, Hadwiger P, et al. Characterization of side reactions during the annealing of small interfering RNAs. Anal Biochem 2011;414(1):47–57.

Shuford CM, Muddiman DC. Capitalizing on the hydrophobic bias of electrospray ionization through chemical modification in mass spectrometry-based proteomics. Expert Rev Proteomics 2011;8(3):317–323.

Spahr P, Hollingworth B. Purification and mechanism of action of ribonuclease from Escherichia coli ribosomes. J Biol Chem 1961;236(3):823–831.

Srivatsa GS, Klopchin P, Batt M, Feldman M, Carlson RH, Cole DL. Selectivity of anion exchange chromatography and capillary gel electrophoresis for the analysis of phosphorothioate oligonucleotides. J Pharm Biomed Anal 1997;16(4):619–630.

Stein CA, Subasinghe C, Shinozuka K, Cohen JS. Physicochemical properties of phospborothioate oligodeoxynucleotides. Nucleic Acids Res 1988;16(8):3209–3221.

Stratford S, Stec S, Jadhav V, Seitzer J, Abrams M, Beverly M. Examination of real-time polymerase chain reaction methods for the detection and quantification of modified siRNA. Anal Biochem 2008;379(1):96–104.

Taucher M, Breuker K. Top-down mass spectrometry for sequencing of larger (up to 61 nt) RNA by CAD and EDD. J Am Soc Mass Spectrom 2010;21(6):918–929.

Tijsen A, Creemers E, Moerland PD, et al. MiR423–5p as a circulating biomarker for heart failure. Circ Res 2010;106(6):1035–1039.

van Breemen RB, Martin LRB, Le JC. Continuous-flow fast atom bombardment mass spectrometry of oligonucleotides. J Am Soc Mass Spectrom 1991;2(2):157–163.

Vollmer DL, Gross ML. Cation-exchange resins for removal of alkali metal cations from oligonucleotide samples for fast atom bombardment mass spectrometry. J Mass Spectrom 1995;30(1):113–118.

Wang G, Cole RB. Charged residue versus ion evaporation for formation of alkali metal halide cluster ions in ESI. Anal Chim Acta 2000;406(1):53–65.

Waters J, Webb A, Cunningham D, et al. Phase I clinical and *pharmacokinetic study of bcl-2 antisense oligonucleotide therapy* in patients with non-Hodgkin's lymphoma. J Clin Oncol 2000;18(9):1812.

Watson JT, Sparkman OD. *Introduction to Mass Spectrometry: Instrumentation, Applications, and Strategies for Data Interpretation*. 4th ed. Chichester, UK: John Wiley & Sons, Ltd.; 2008.

Watts J, Deleavey G, Damha MJ. Chemically modified siRNA: tools and applications. Drug Discov Today 2008;13(19–20):842–855.

Wei X, Dai G, Marcucci G, et al. A specific picomolar hybridization-based ELISA assay for the determination of phosphorothioate oligonucleotides in plasma and cellular matrices. Pharmaceut Res 2006;23(6):1251–1264.

Whitehouse C, Dreyer R, Yamashita M, Fenn JB. Electrospray interface for liquid chromatographs and mass spectrometers. Anal Chem 1985;57(3):675–679.

Ye G, Beverly M. The use of strong anion exchange (SAX) magnetic particles for the extraction of therapeutic siRNA and their analysis by liquid chromatography/mass spectrometry. Rapid Commun Mass Spectrom 2011;25(21):3207–3215.

Yu RZ, Geary RS, Levin AA. Application of novel quantitative bioanalytical methods for pharmacokinetic and pharmacokinetic/pharmacodynamic assessments of antisense oligonucleotides. Curr Opin Drug Discov Devel 2004;7(2):195–203.

Zhang G, Lin J, Srinivasan K, Kavetskaia O, Duncan JN. Strategies for bioanalysis of an oligonucleotide class macromolecule from rat plasma using liquid chromatography–tandem mass spectrometry. Anal Chem 2007;79(9):3416–3424.

Zou Y, Tiller P, Chen IW, Beverly M, Hochman J. Metabolite identification of small interfering RNA duplex by high resolution accurate mass spectrometry. Rapid Commun Mass Spectrom 2008;22(12):1871–1881.

49

铂类药物的液相色谱-质谱（LC-MS）生物分析

作者：Troy Voelker 和 Min Meng
译者：朱云婷、钟大放
审校：李文魁、张杰

49.1 引　　言

铂类药物可用于治疗包括肉瘤、小细胞肺癌、卵巢癌、淋巴瘤、生殖细胞瘤在内的多种癌症。该类药物在体内通过与 DNA 发生链间或链内交联，干扰基因的转录与 DNA 的复制，最终导致细胞凋亡（细胞程序性死亡）（Rosenberg et al., 1969）。尽管铂类药物是临床使用最有效的化疗药物类别之一，并用于治疗多种癌症，但由于其毒性作用较强，且具有耐药性，使其临床应用受到一定程度的限制。短期使用铂类药物可能会引起腹痛、腹泻与呕吐等不良反应，长期使用则可能导致肾毒性，这主要是由铂类药物在肾小管中的蓄积引起的。目前，顺铂和卡铂是全世界临床上使用普遍的两种抗肿瘤铂类药物。早期研究表明，卡铂与顺铂的疗效类似，但卡铂的非血液系统毒性较低，与使用顺铂相比，患者的生活质量显著改善。当前对新型铂类药物的研发集中于提高药物的耐受性和改善耐药性。正在开发中的对卵巢癌疗效良好的新型铂类药物包括奥沙利铂、奈达铂、洛铂、沙铂（JM216）、BBR3464 和 ZD0473（Manzotti et al., 2000; Barefoot, 2001; Piccart et al., 2001; Boulikas and Vougiouka, 2003）。

如图 49.1 所示，所有铂类药物均为金属配位体，结构中包含中心铂原子和多个有机或无机配体。顺铂是结构最简单的铂类药物，中心铂原子分别与两个胺基和两个氯相连。卡铂、奥沙利铂、奈达铂、洛铂、沙铂（JM216）和 ZD0473 均为顺铂的衍生物，它们是通过用其他有机基团替换或修饰胺基配体而获得的。与上述化合物不同，BBR3464 是一个结构全新的阳离子三核铂类药物。

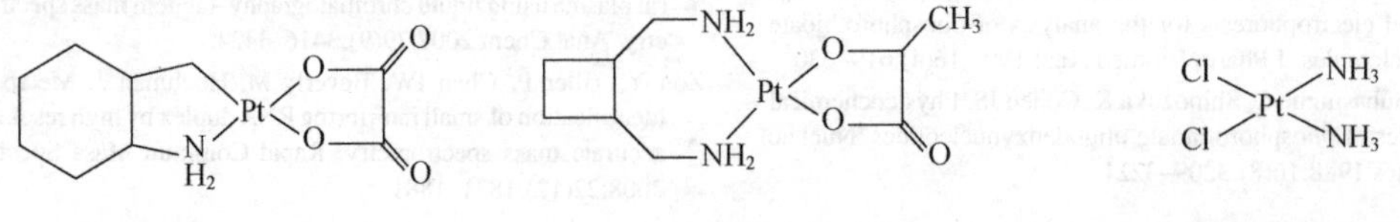

奥沙利铂(oxaliplatin)　　洛铂(lobaplatin)　　顺铂(cisplatin)

图 49.1　铂类化合物顺铂、卡铂、奥沙利铂、奈达铂、洛铂、沙铂（JM216）、BBR3464 和 ZD0473 的化学结构

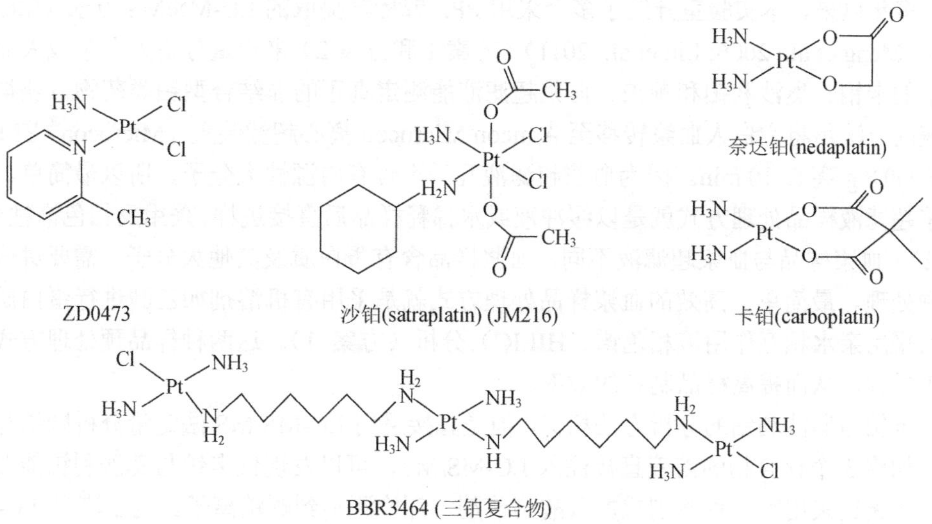

ZD0473　沙铂(satraplatin) (JM216)　奈达铂(nedaplatin)　卡铂(carboplatin)

BBR3464 (三铂复合物)

图 49.1　铂类化合物顺铂、卡铂、奥沙利铂、奈达铂、洛铂、沙铂（JM216）、BBR3464 和 ZD0473 的化学结构（续）

49.2　方法和方式

49.2.1　原理

生物基质中铂类药物的定量分析对临床诊断和新药开发都非常重要。目前，测定生物基质中铂类药物共有 3 种方式：①测定 Pt-DNA 加合物的量；②测定金属铂的量；③测定原型铂药物的量。

所有铂类药物均能在一定程度上与 DNA 发生链间或链内交联形成加合物。例如，体内约有 65%的顺铂能与 1,2-鸟嘌呤-鸟嘌呤发生结合形成 CP-d（GpG）加合物。对于测定铂类药物而言，Pt-DNA 加合物是非常好的生物标志物。测定 Pt-DNA 加合物的常用方法是抗体探针和 ^{32}P 标记（Iijima et al., 2004; Baskerville-Abraham et al., 2009）。另一种测定铂类药物的方法是采用原子吸收光谱（AAS）和电感耦合等离子体质谱（ICP-MS）来测定金属铂的含量（Bosch et al., 2008），这意味着直接测定体内铂的总量，而没有考虑特定形式的铂（游离型、结合型或加合型）的生物活性。与 AAS 相比，ICP-MS 具有更高的灵敏度，因此常被用于分析临床样品。由于结合型铂原子不具有细胞毒性，因此测定含铂原型药物对临床诊断和新药研发的意义重大。考虑到液相色谱-串联质谱（LC-MS/MS）的特异性、高灵敏度和高通量，该方法是含铂原型药物定量分析中最常用的技术手段（Guetins et al., 2002; Guo et al., 2003; Stokvis et al., 2005）。本章主要关注 LC-MS/MS 法定量分析生物基质中的含铂原型药物。

49.2.2　方法学

铂类药物的极性很大，在未经衍生化的情况下不能通过液-液萃取（LLE）来直接提取。由于铂类药物的治疗浓度较高，没有必要用能获得更纯净提取物的固相萃取（SPE）。最常用的铂类药物提取方法是稀释提取与蛋白质沉淀提取（PPE）。

多年以来，本实验室开发了多个采用 PPE 或稀释提取的 LC-MS/MS 方法（Meng et al., 2003; Meng et al., 2006; Liu et al., 2011）（方案 1 和方案 2）来定量分析人血浆或人血浆超滤液中的卡铂、奥沙利铂和顺铂。血浆超滤液能测定真正的非结合型铂类药物。获得血浆超滤液的方法是将空白人血浆转移至 Amicon Microcon 离心超滤装置（Microcon® YM-30）后经 6000×*g* 离心 10 min。因为血浆超滤液几乎不含有内源性大分子，所以最简单、高效的血浆超滤液样品处理方式就是以缓冲液或水稀释样品后直接进样，采用反相色谱柱分析（方案 2）。血浆样品与血浆超滤液不同，血浆样品含有蛋白质及其他大分子，需要进一步的样品预处理。最简单、高效的血浆样品处理方式就是采用有机溶剂如乙腈进行蛋白质沉淀，然后采用亲水相互作用液相色谱（HILIC）分析（方案 1）。这两种样品预处理方式均省去吹干过程，从而提高样品制备的效率。

卡铂与奥沙利铂的分析方法相似，但是直接采用 LC-MS/MS 法定量分析顺铂却非常困难。如将 3 个化合物的溶液直接注入 LC-MS/MS，可以发现仅卡铂与奥沙利铂能发生离子化。但无论采用哪一种溶剂或加入酸调节剂，都检测不到顺铂离子。为了满足 LC-MS/MS 的定量需求，只能通过衍生化的方法使其离子化。最终建立的方法是采用二乙基二硫代氨基甲酸酯（DDTC）作为衍生化试剂，通过 LLE 处理样品后定量分析顺铂（Andrews et al., 1984; Meng et al., 2006）。DDTC 是一种强螯合剂，能取代所有的有机或无机配体，特异性地形成 Pt-$(DDTC)_4$（图 49.2）。因此，可采用同样的方法学来定量分析其他铂类药物如卡铂与奥沙利铂。

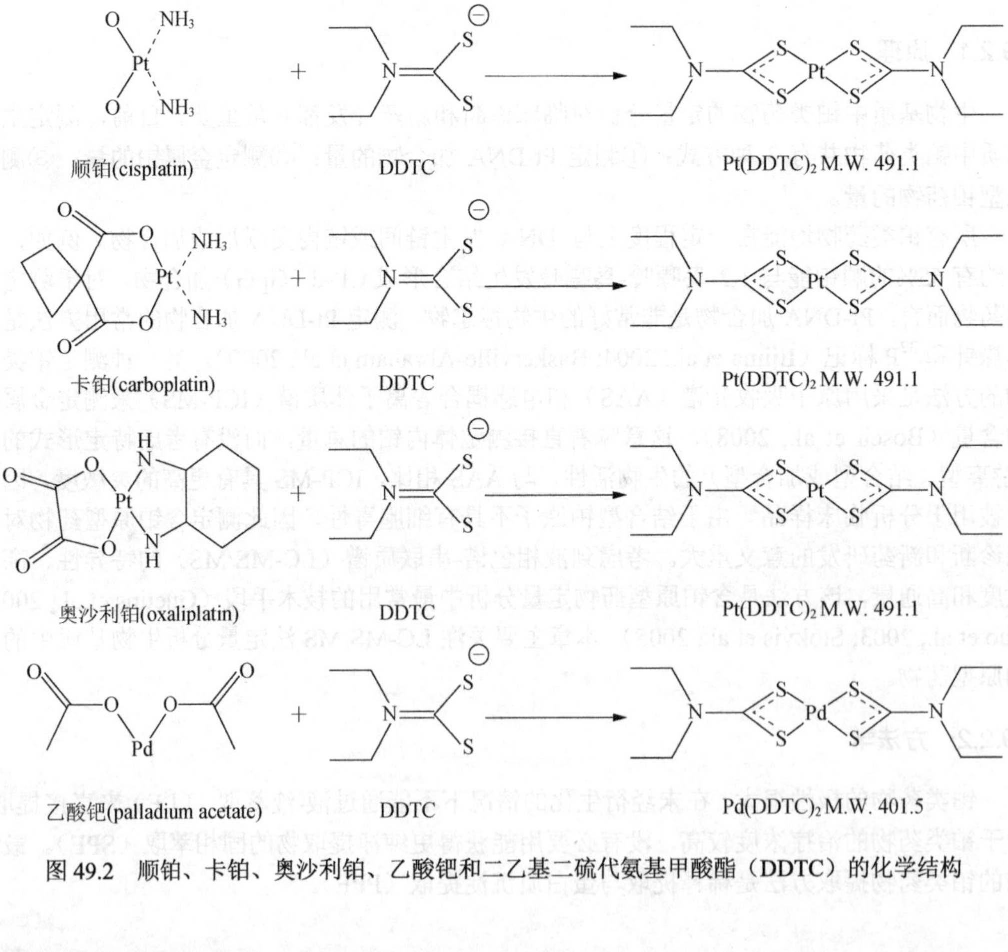

顺铂(cisplatin) + DDTC → $Pt(DDTC)_2$ M.W. 491.1

卡铂(carboplatin) + DDTC → $Pt(DDTC)_2$ M.W. 491.1

奥沙利铂(oxaliplatin) + DDTC → $Pt(DDTC)_2$ M.W. 491.1

乙酸钯(palladium acetate) + DDTC → $Pd(DDTC)_2$ M.W. 401.5

图 49.2　顺铂、卡铂、奥沙利铂、乙酸钯和二乙基二硫代氨基甲酸酯（DDTC）的化学结构

49.3 问题排除

在室温条件下，奥沙利铂在生物基质或水中均不稳定。所以定量分析奥沙利铂时，样品的预处理需要在冰水浴中完成。禁止通过升温来吹干或浓缩提取液。制备完成的样品需冷藏保存，并将自动进样器的温度调低。

尽管稀释提取是最快速的提取方法，但获得的样品却是最不干净的。因此，良好的色谱分离与保留至关重要。对于铂类化合物而言，*K*'值（容量因子）应大于 2.0。另外，为了保持质谱仪接口清洁，有必要在色谱运行过程中使用切换阀，使得最早流出的只含不保留成分的洗脱液直接切入废液而不进入质谱仪。这样设置可以避免由接口处长期积累污染引起的信号降低。

因为铂类药物的极性非常大，所以很难实现它们在反相色谱柱上的保留。流动相组成通常含有高比例水相，甚至为 100%水相。因此，优先选用封端或极性嵌入式的反相色谱柱，可适应高比例水相。在两项应用中（Meng et al., 2003）（方案 2），分别采用 MetasilInertsil® ODS-2 柱和 Inertsil C4 柱获得了足够的保留和 *K*'。实现色谱保留的另一种方式是采用 HILIC 柱，如两项应用所示（Liu et al., 2011）（方案 1）。正相色谱法对采用乙腈沉淀蛋白质处理的血浆样品具有较大的实用性。然而，作为生物基质中引起基质效应的主要内源性成分之一，磷脂可能会是潜在的问题（Bennett and Van Horne, 2003; Liu et al., 2011）。在 Liu 的应用中，磷脂与卡铂在初始液相色谱条件下共流出，改变色谱条件后，可以分离磷脂与卡铂，但分析周期超过 10 min。为了解决由磷脂引起的基质效应，并开发出快速而可靠的方法，建立了二维液相色谱方法，采用保护柱[Luna C18(2)®，30 mm×2 mm，5 μm]、分析柱（Alltima™ HILIC 柱，50 mm×2 mm，5 μm），并使用切换阀。通过以上策略，磷脂被保护柱捕获，无法进入分析柱和质谱仪。尽管方法较为复杂，但是这样设计可以保持质谱仪的清洁，并且将色谱运行时间缩短至 3.5 min。

方案 1：采用 LC-MS/MS 法测定人血浆中的卡铂总含量。

分析物与基质

- 卡铂（Sigma）。
- 奥沙利铂（Sigma）。
- 人血浆［乙二胺四乙酸二钾（K_2EDTA）］（BioChemEd）。

设备与试剂

- 液体处理系统：Tomec Quadra96 或 Hamilton MICROLAB® NIMBUS 96。
- 高效液相色谱（HPLC）系统：Shimadzu LC-10D。
- HPLC 柱：Phenomenex Luna Silica 3 mm×50 mm，3 μm。
- 自动进样器：LEAP PAL LC 自动进样器。
- 质谱仪：API 5000。
- 乙酸铵，ACS 级，Sigma-Aldrich。
- 乙腈，HPLC 级，EMD。
- 甲酸：ACS 级，EMD。

- 水：去离子水，1 型，（常规 18.2 MΩ cm）或同等规格。
- 洗针液 1：水/乙腈，90∶10，*V/V*（含 0.1%甲酸）。
- 洗针液 2：水（含 0.1%甲酸）。
- 流动相 A：5 mmol/L 乙酸铵（含 0.1%甲酸），不调 pH。
- 流动相 B：乙腈。
- 流动相 C：乙腈/水，90∶10（用于流动相切换）。

方法

溶液与样品配制

（1）分别称取适量的卡铂和奥沙利铂（内标）溶解于一定体积的水中，配制成浓度为 10 mg/ml（卡铂）和 0.5 mg/ml（奥沙利铂）的储备液。储备液平行配制两份，一份用于稀释配制标准系列样品，另一份用于稀释配制质量控制（QC）样品。

（2）以水稀释配制样品。8 个标准系列样品的浓度分别为 2 μg/ml、4 μg/ml、20 μg/ml、100 μg/ml、300 μg/ml、600 μg/ml、900 μg/ml 和 1000 μg/ml。5 个 QC 样品的浓度分别为 2 μg/ml、6 μg/ml、400 μg/ml、800 μg/ml 和 4000 μg/ml。

（3）以人血浆稀释配制标准系列样品和 QC 样品。8 个标准系列样品的浓度分别为 0.1 μg/ml、0.2 μg/ml、1 μg/ml、5 μg/ml、15 μg/ml、30 μg/ml、45 μg/ml 和 50 μg/ml。5 个 QC 样品的浓度分别为 0.1 μg/ml（LLOQ）、0.3 μg/ml（低）、20 μg/ml（中）、40 μg/ml（高）和 200 μg/ml（稀释）。

样品提取

（1）分别取 50 μl 样品至 96 孔板中（包括标准系列样品、QC 样品、未知样品、QC 零样品和空白人血浆）。

（2）加入 50 μl 内标工作液（10 000 ng/ml 奥沙利铂，以水配制），空白基质样品不加内标。

（3）空白基质样品补加 50 μl 水。

（4）样品于 1500×*g* 下离心约 1 min。

（5）样品中加入 400 μl 乙腈。

（6）在多样品涡流器上低速涡流约 2 min。

（7）样品于 1500×*g* 下离心约 5 min，进行蛋白质沉淀。

（8）另取干净的 96 孔板，并加入 200 μl 乙腈。

（9）采用 Tomec Quadra96 或 Hamilton Nimbus 转移 200 μl 上清液至干净的 96 孔板中。

（10）在多样品涡流器上中速涡流约 2 min。

（11）样品于 1500×*g* 下离心约 1 min。

（12）样品于 1～8℃储存，待测。

LC-MS/MS 分析

（1）LC 系统配备标准六通切换阀（VICI Cheminert 10U-0263H），可实现样品中最晚出峰的分析物洗脱完成之后的流动相切换。色谱条件如下。

a．流速：1 ml/min。

b．柱温：25℃。

c．梯度：

时间/min	0.0	1.60	1.62	2.60	2.61	3.5
B%	90	85	50	50	90	停止

注意事项：仅 0.5～1.6 min 的洗脱液进入质谱仪。

（2）质谱仪采用电喷雾离子化（ESI）正离子方式检测。选择反应监测（SRM）的离子反应分别为 *m/z* 372.2→*m/z* 294.2（卡铂）和 *m/z* 398.2→*m/z* 306.3（奥沙利铂）。质谱条件如下：扫描时间 100 ms；源温度 500℃；IS 电压 4000 V；去簇电压（DP）25；气帘气 30 psi；雾化气（GS1）50 psi；辅助气（GS2）70 psi；碰撞能量（CE）35 eV（图 49.3）。

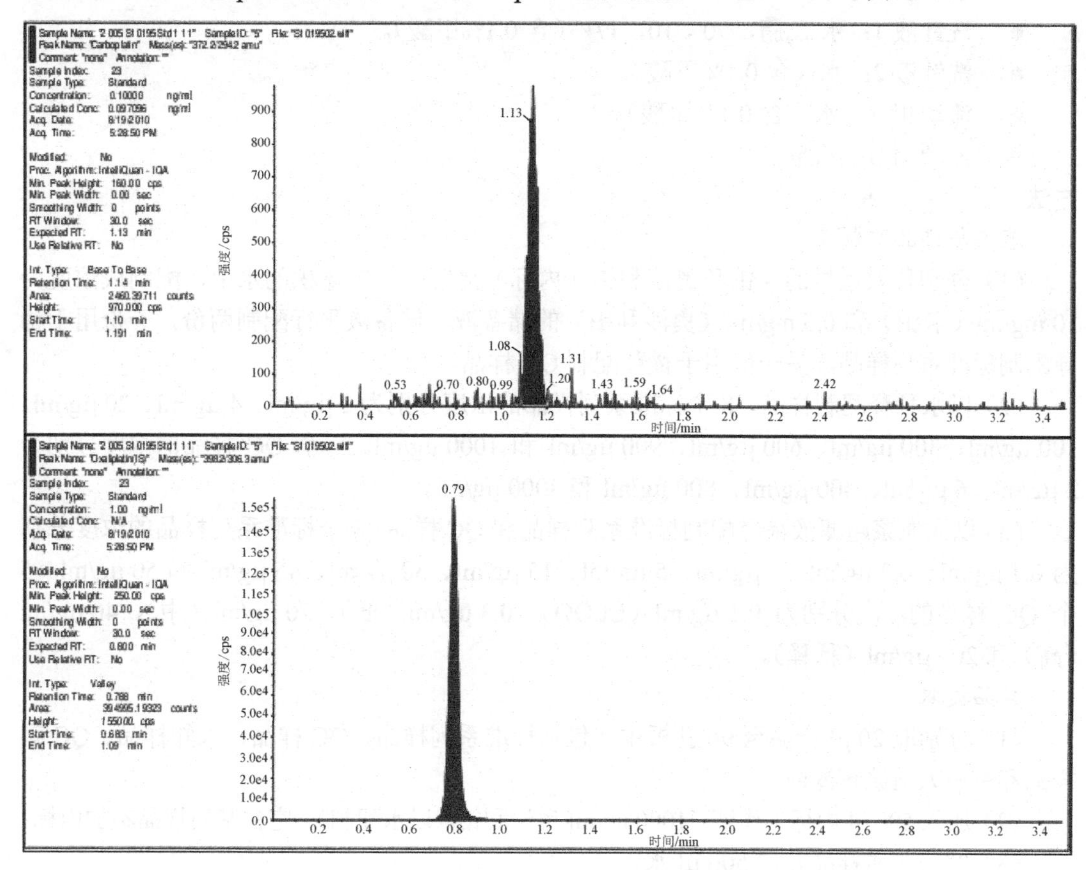

图 49.3 采用蛋白质沉淀的正相 LC-MS/MS 方法测定人血浆低浓度校正标样（0.1 μg/ml）的典型色谱图；上图.卡铂（carboplatin）；下图.奥沙利铂（oxaliplatin）

方案 2：采用 LC-MS/MS 测定人血浆超滤液中的游离卡铂含量。

分析物与基质

- 卡铂（Sigma）。
- 奥沙利铂（Sigma）。
- 人血浆（K_2EDTA）（BChemEd）。
- 人血浆（K_2EDTA）超滤液（自制）。

设备与试剂

- HPLC 系统：Shimadzu LC-10D。
- HPLC 柱：Varian Inertsil C4，3 mm×150 mm，3μm。

- 自动进样器：LEAP PAL LC 自动进样器。
- 质谱仪：API 5000。
- 乙酸铵，ACS 级，Sigma-Aldrich。
- 乙腈，HPLC 级，EMD。
- 甲酸：ACS 级，EMD。
- 甲醇，HPLC 级，EMD。
- 水：去离子水，1 型，（常规 18.2 MΩ cm）或同等规格。
- 洗针液 1：水/乙腈，90∶10，*V/V*（含 0.1%甲酸）。
- 洗针液 2：水（含 0.1%甲酸）。
- 流动相 A：水（含 0.1%甲酸）。
- 流动相 B：乙腈。

方法

溶液与样品配制

（1）分别称取适量的卡铂和奥沙利铂（内标）溶解于一定体积的水中，配制成浓度为 10 mg/ml（卡铂）和 0.5 mg/ml（奥沙利铂）的储备液。储备液平行配制两份，一份用于稀释配制标准系列样品，另一份用于稀释配制 QC 样品。

（2）以水稀释配制样品。8 个标准系列样品的浓度分别为 2 μg/ml、4 μg/ml、20 μg/ml、100 μg/ml、300 μg/ml、600 μg/ml、900 μg/ml 和 1000 μg/ml。5 个 QC 样品的浓度分别为 2 μg/ml、6 μg/ml、400 μg/ml、800 μg/ml 和 4000 μg/ml。

（3）以人血浆超滤液稀释配制标准系列样品和 QC 样品。8 个标准系列样品的浓度分别为 0.1 μg/ml、0.2 μg/ml、1 μg/ml、5 μg/ml、15 μg/ml、30 μg/ml、45 μg/ml 和 50 μg/ml。5 个 QC 样品的浓度分别为 0.1 μg/ml（LLOQ）、0.3 μg/ml（低）、20 μg/ml（中）、40 μg/ml（高）和 200 μg/ml（稀释）。

样品提取

（1）分别取 20 μl 样品至 96 孔板中（包括标准系列样品、QC 样品、未知样品、QC 零样品和空白人血浆超滤液）。

（2）加入 500 μl 内标工作液（1000 ng/ml 奥沙利铂，以水配制），空白基质样品不加内标。

（3）空白基质样品补加 500 μl 水。

（4）在多样品涡流器上低速涡流约 2 min。

（5）样品于 1500×*g* 下离心约 5min，进行蛋白质沉淀。

（6）样品于 1～8℃储存，待测。

LC-MS/MS 分析

（1）色谱条件如下。

a．流速：0.6 ml/min。

b．柱温：30℃。

c．等度：

时间/min	0	6
B%	5	停止

注意事项：3～5 min 的流速为 0.8 ml/min。

（2）质谱仪采用 ESI 正离子方式检测。SRM 的离子反应分别为 *m/z* 372.2→*m/z* 294.2（卡铂）和 *m/z* 398.2→*m/z* 306.3（奥沙利铂）。质谱条件如下：扫描时间 100 ms；源温度 500℃；IS 电压 4000 V；去簇电压（DP）25；气帘气 30 psi；雾化气（GS1）50 psi；辅助气（GS2）70 psi；碰撞能量 35 eV（图 49.4）。

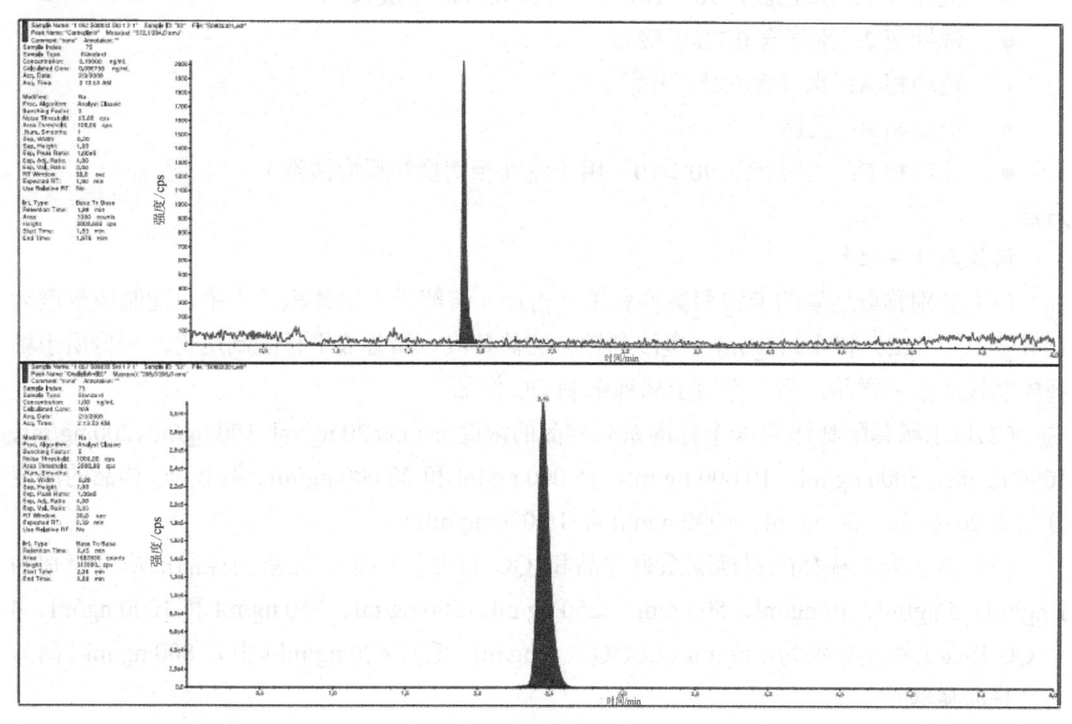

图 49.4 低浓度校正标样（0.1 μg/ml）的典型色谱图；上图.卡铂（carboplatin）；下图.奥沙利铂（oxaliplatin）

方案 3：LC-MS/MS 法测定人血浆超滤液中的未结合型顺铂、卡铂和奥沙利铂的 Pt-DDTC 络合物。

分析物与基质

- 卡铂（Sigma）。
- 奥沙利铂（Sigma）。
- 顺铂（Sigma）。
- DDTC（Sigma）。
- 人血浆（K_2EDTA）（BioChemEd）。

设备与试剂

- 液体处理系统：Tomec Quadra96 或 Hamilton MICROLAB® NIMBUS 96。
- HPLC 系统：Shimadzu LC-10D。
- HPLC 柱：Phenomenex Luna Gemini C18, 2 mm×50 mm，5 μm。
- 自动进样器：LEAP PAL LC 自动进样器。
- 质谱仪：API 4000。
- 乙酸铵，ACS 级，Sigma-Aldrich。

- 乙腈，HPLC 级，EMD。
- 甲酸：ACS 级，EMD。
- 水：去离子水，1 型，（常规 18.2 MΩ cm）或同等规格。
- 洗针液 1：水/乙腈，90∶10，*V*/*V*（含 0.1%F 甲酸）。
- 洗针液 2：水（含 0.1%甲酸）。
- 流动相 A：水（含 0.1%甲酸）。
- 流动相 B：乙腈。
- 流动相 C：乙腈/水，90∶10（用于流动相切换和反向清洗）。

方法

溶液与样品配制

（1）分别称取适量的卡铂和奥沙利铂（内标）溶解于一定体积的水中，配制成浓度为 10 mg/ml（卡铂）和 0.5 mg/ml（奥沙利铂）的储备液。储备液平行配制两份，一份用于稀释配制标准系列样品，另一份用于稀释配制 QC 样品。

（2）以水稀释配制样品。8 个标准系列样品的浓度分别为 20 ng/ml、100 ng/ml、200 ng/ml、1000 ng/ml、5000 ng/ml、10 000 ng/ml、15 000 ng/ml 和 20 000 ng/ml。4 个 QC 样品的浓度分别为 20 ng/ml、60 ng/ml、8000 ng/ml 和 16 000 ng/ml。

（3）以人血浆稀释配制标准系列样品和 QC 样品。8 个标准系列样品的浓度分别为 1 ng/ml、5 ng/ml、10 ng/ml、50 ng/ml、250 ng/ml、500 ng/ml、750 ng/ml 和 1000 ng/ml。4 个 QC 样品的浓度分别为 1 ng/ml（LLOQ）、3 ng/ml（低）、400 ng/ml（中）、800 ng/ml（高）。

样品提取

（1）分别取 50 μl 样品至 96 孔板中（包括标准系列样品、QC 样品、未知样品、QC 零样品和空白人血浆）。

（2）于 100 μl 含 Pt 的人血浆超滤液中加入 100 μl 内标乙酸钯（1000 ng/ml，以水配制）。

（3）空白基质样品补加 50 μl 水。

（4）所有样品中加入新鲜配制的 5% DDTC（0.2 mol/L NaOH 溶液）。

（5）样品于 45℃孵化 30 min。

（6）样品于 1500×*g* 下离心约 1 min。

（7）样品中加入 2 ml 甲基叔丁基醚（MTBE）。

（8）样品振摇 15 min。

（9）样品于 1500×*g* 下离心约 5 min 后分层。

（10）将水层冷冻于丙酮-干冰浴中。

（11）有机层转移至干净的试管中。

（12）Turbovap 设定 45℃，约 20 min 吹干样品。

（13）加入 200 μl 乙腈复溶样品。

（14）在多样品涡流器上低速涡流样品约 2 min。

（15）样品于 1500×*g* 下离心约 1min。

（16）将处理好的样品转移至自动进样器样品瓶中。

LC-MS/MS 分析

（1）LC 系统配备标准六通切换阀（VICI Cheminert 10U-0263H），可实现样品中最晚出峰的分析物洗脱完成之后的流动相切换。色谱条件如下。

a．流速：0.3 ml/min。

b．柱温：30℃。

c．等度：

时间/min	0.0	3.5
B%	80	停止

注意事项：仅 0.8～2.2 min 的洗脱液进入质谱仪。2.3～3.5 min 切换为 0.5 ml/min 流动相 C 进行反向清洗。

（2）质谱仪采用 ESI 正离子方式检测。SRM 的离子反应分别为 *m/z* 492→ *m/z* 426[Pt-$(DDTC)_2$]和 *m/z* 403→ *m/z* 254[Pd-$(DDTC)_2$]。质谱条件如下：扫描时间 100 ms；源温度 500℃；IS 电压 4000 V；去簇电压（DP）25；气帘气 30 psi；雾化气（GS1）50 psi；辅助气（GS2）70 psi；碰撞能量 35 eV（图 49.5）。

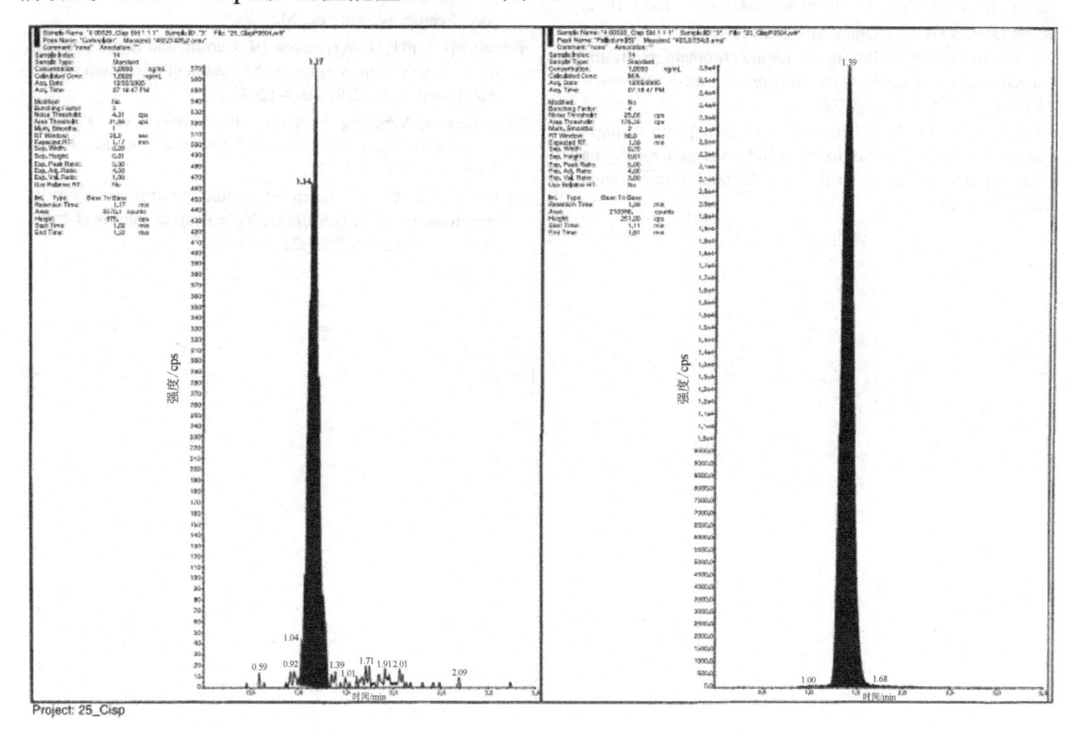

图 49.5 选择反应监测（SRM）定量下限（LLOQ）的典型色谱图

参 考 文 献

Andrews PA, Wung WE, Howell SB. A high-performance liquid chromatographic assay with improved selectivity for cisplatin and active platinum (II) complexes in plasma ultrafiltrate. Anal Biochem 1984;143(1):46–56.

Barefoot RR. Speciation of platinum compounds: a review of recent applications in studies of platinum anticancer drugs. J Chromatogr B Biomed Sci Appl 2001;751(2):205–211.

Baskerville-Abraham IM, Boysen G, Troutman JM, et al. Development of an ultraperformance liquid chromatography/mass spectrometry method to quantify cisplatin 1,2 intrastrand guanine–guanine adducts. Chem Res Toxicol 2009;22(5):905–912.

Bennett PK, Van Horne KC. Identification of the major endogenous and persistent compounds in plasma, serum, and tissue that cause matrix effects with electrospray LC/MS techniques. Presented at the 2003 AAPS Annual Meeting and Exposition, Salt Lake City, Utah, October 2003.

Bosch ME, Sánchez AJ, Rojas FS, Ojeda CB. Analytical methodologies for the determination of cisplatin. J Pharm Biomed Anal 2008;47(3):451–459.

Boulikas T, Vougiouka M. Cisplatin and platinum drugs at the molecular level [Review]. Oncol Rep 2003;10(6):1663–1682.

Guetins G, Boeck GD, Highley MS, et al. Hyphenated techniques in anticancer drug monitoring: II. Liquid chromatography-mass spectrometry and capillary electrophoresis-mass spectrometry. J Chromat A 2002;976:239–247.

Guo P, Li S, Gallo JM. Determination of carboplatin in plasma and tumor by high-performance liquid chromatography–mass spectrometry. J Chromatogr B Analyt Technol Biomed Life Sci 2003;783(1):43–52.

Iijima H, Patrzyc HB, Dawidzik JB, et al. Measurement of DNA adducts in cells exposed to cisplatin. Anal Biochem 2004;333(1):65–71.

Liu Y, Demers R, Wentzel D, Hess E, Cojocaru L. Novel assay with phospholipids column trapping and switching valve system for the determination of carboplatin in human plasma by LC/MS/MS. Presented at the 2011 ASMS Conference, Denver, Colorado, June 2011.

Manzotti C, Pratesi G, Manta E, et al. BBR3464: a novel triplatinum complex, exhibiting a preclinical profile of antitumor efficacy different from cisplatin. Clin Cancer Res 2000;6:2626–2634.

Meng M, Liu S, Bennett P. Simple and rapid determination of carboplatin in human plasma ultrafiltrate using LC/MS/MS by direct injection coupled with post column addition. Presented at the 2003 AAPS Annual Meeting and Exposition, Salt Lake City, Utah, October 2003.

Meng M, Kuntz R, Fontanet A, Bennett P. A novel approach to quantify unbound cisplatin, carboplatin, and oxaliplatin in human plasma ultrafiltrate by measuring platinum-DDTC complex using LC/MS/MS. Presented at the 2006 ASMS Conference, Seattle, Washington, May 2006.

Piccart MJ, Lamb H, Vermorken JB. Current and future potential roles of the platinum drugs in the treatment of ovarian cancer. Ann Oncol 2001;12(9):1195–1203.

Rosenberg B, VanCamp L, Trosko JE, Mansour VH. Platinum compounds: a new class of potent antitumour agents. Nature 1969;222(5191):385–386.

Stokvis E, Rosing H, Beijnen JH. Liquid chromatography–mass spectrometry for the quantitative bioanalysis of anticancer drugs. Mass Spectrom Rev 2005;24(6):887–917.

50

微流量液相色谱-质谱（LC-MS）结合微量采样法在药物定量分析中的应用

作者：Heather Skor 和 Sadayappan V. Rahavendran
译者：邢金松
审校：刘佳、侯健萌、谢励诚

50.1 引　言

在药物开发过程中，人们越来越注重药物靶点的验证和临床前药效模型的开发，力求减少候选药物在临床开发Ⅱ期阶段由于缺乏疗效而导致的失败（Wehling, 2009）。小鼠是用于评估肿瘤靶向治疗功效的一种重要动物模型（Caponigro and Sellers, 2011）。使用小鼠作为模型是由于其体型小，成本消耗相对较低，能迅速繁殖而且适合基因修饰（Cheon and Orsulic, 2011）。支持小分子药物开发的药物代谢（DM）人员通常在小鼠上进行初始药代动力学（PK）的研究，以确保肿瘤生物学家在进行小鼠药效（PK/PD）研究之前有足够的药物暴露量。

通常情况下，处于开发阶段的化合物，其单一 PK 曲线是通过给药 2～3 只小鼠并在 24 h 内收集 7～9 个时间点的全血得到（每只小鼠采集 3 个时间点全血，每个时间点采集 75～150 μl）。这种方法被称为复合采血技术，可以提高对化合物和动物的使用及增加 PK 多样性。复合采血技术是一种分散采样技术，根据设计好的时间点从每只动物上采集一组全血样品。得益于高灵敏度的 LC-MS/MS 方法的使用，当今通过微量采样法已能够从单只小鼠上采集一系列更少体积的血样（即每个时间点 10～50 μl 全血）并得到化合物的完整 PK 曲线。使用连续微量采样法的优点包括：在每个研究中使用的小鼠数量更少，从而降低了成本，减少了化合物的给药量，更少的失血量还减轻了动物由失血造成的不适，并且可以从单一动物上获得更多的结果（测定血浆中的分析物、代谢产物及生物标志物的水平，提供 PK 和 PD 终点），从同一小鼠身上得到的 PK 曲线还可以消除个体差异（Balani et al., 2004）。图 50.1 描述了连续和复合采样法采集小鼠血样的时间点。连续微量采样所得到的样品通常使用以下 4 种方法之一处理：液体血液，液体血浆，干血斑（DBS），干血浆斑（DPS）。本章只列出了液体血浆和 DBS 的方法。

复合采样：125 μl血/样品

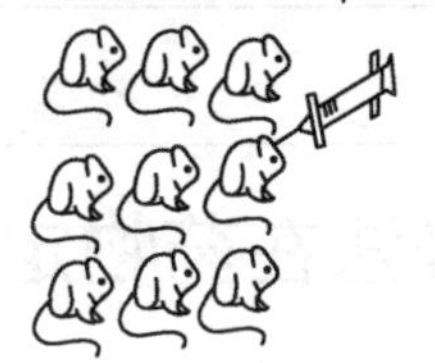

动物	5 min	15 min	30 min	1 h	2 h	4 h	6 h	8 h	24 h
1	x			x			x		
2	x			x			x		
3	x			x			x		
4		x			x			x	
5		x			x			x	
6		x			x			x	
7			x			x			x
8			x			x			x
9			x			x			x

动物	15 min	30 min	1 h	2 h	4 h	6 h	8 h	24 h
1	x	x	x	x	x	x	x	x
2	x	x	x	x	x	x	x	x
3	x	x	x	x	x	x	x	x

图 50.1　小鼠复合采样和连续采样的研究设计图示

随着连续从小鼠身上采集小体积的全血样品技术的应用，如何能够准确定量低浓度分析物重新唤起了人们对微孔 LC-MS/MS 的兴趣（Rainville, 2011; Rahavendran et al., 2012）。微孔柱[定义为内径（ID）≤1 mm，也被称为毛细管柱]的发展和使用最初是由 Horvath 等在 20 世纪 60 年代末开始进行的（Horvath et al., 1967），而 Novotny 和其他研究者在 20 世纪 70 年代进行了更广泛的研究（Ishii et al., 1977; Novotny, 1980）。这些早期研究者认为使用微孔柱具有以下优点：减少流动相溶剂的消耗，所用样品体积更小，并且提升了灵敏度。相对于传统的色谱柱（即 2.1 mm 或 4.6 mm 内径的），微孔柱具有更好的灵敏度是由于减少了分析物的色谱稀释，使分析物在浓度依赖型检测器如电喷雾离子化质谱（ESI-MS）仪上获得更高的响应（Vissers et al., 1997）。Qu 和他的同事还介绍了微孔 LC-MS/MS（Qu et al., 2007; Yu et al., 2008）技术在定量血浆样品中低浓度糖皮质激素水平和 pg/ml 级紫杉醇含量的应用。在较低流速时，可以观察到 ESI 灵敏度增强，这是由于相对于大液滴，小液滴更易蒸发，离子生成和进入质谱仪真空系统的效率最佳。因此，小液滴在低流速（微孔色谱）时比高流速（传统色谱）时更易带电（Covey et al., 2009）。已经有报道称，微孔 LC-MS/MS 使运行时间更短，样品量更小，基质效应更少，溶剂用量更少，而且更干净的离子源使质谱仪耐受时间更长，并可以获得与传统 LC-MS/MS 相当的灵敏度（Lim and Lord, 2002; Neyer and Hobbs, 2009; Smith et al., 2011）。

50.2　方法和途径

50.2.1　小鼠微量采样原则

在一项急性研究（<24 h）中，对于体重 25 g（70 ml/kg 血容量）的小鼠，可接受的最大采血量大约是 350 μl 血，占其循环血液量的 20%（Diehl et al., 2001; Burnett, 2011）。在许多实验室，动物护理和使用方案（ACUP）中规定急性 PK 研究过程中采血上限是 10%～15% 循环血液量，对于延伸到 4 周的慢性研究，可以采集循环血液量的 20%，这取决于实验动物护理和使用委员会（IACUC）的规定。可按照式 50.1 计算小鼠最大采血量。

最大采血量＝平均血量（70 ml/kg）×小鼠体重（0.025 kg）×%血容量　　(50.1)

从小鼠尾静脉连续采血，隐静脉穿刺，颌下和眼窝部位采血以支持 PK 研究的方法先前已有报道（Avni et al., 2009; Peng et al., 2009; Kurawattimath et al., 2012）。尾静脉和隐静脉穿刺技术不需要使用麻醉；然而，眼眶取血需要麻醉处理。眼眶取血还需要熟练的抽血技术。这项技术可用于复合血样采集，而且在需要快速和大量采血时可以与隐静脉穿刺技术结合使用（Avni et al., 2009）。隐静脉穿刺是一种快速、可靠、常规的采血方式，对小鼠的压力较小（Hem et al., 1998; Oruganti and Gaidhani, 2011）。通过不同采血方法的组合进行采血，如组合隐静脉穿刺、眼眶、尾静脉和心脏穿刺采血提供更多样的小鼠采样方式，可实现在一只小鼠身上进行微量（最多 40 μl）及更大量（＞50 μl）的采血（Rahavendran et al., 2012）。对于使用血浆作为分析基质的连续采样，使用乙二胺四乙酸（EDTA）抗凝的毛细采集管收集 30～50 μl 血液，然后转移到 100 μl EDTA 涂层的微量离心管中离心，得到 15～25 μl 血浆进行分析。Jonsson 等报道，从小鼠身上经尾静脉采取约 32 μl 全血直接至 EDTA 抗凝的血细胞比容（HCT）管（Jonsson et al., 2012）。HCT 管一端用蜡封堵并放置在 4.5 ml 试管中离心。离心后，用陶瓷切割器将 HCT 管中血细胞层以上切割，用毛细管从比容管的血浆部分准确收集 8 μl 血浆。最后，含血浆样品的毛细管置于 1.1 ml 聚丙烯管中盖上盖子，储存在－2℃等待样品分析。当通过 DBS 进行连续取样时，使用 EDTA 抗凝的毛细管在每个时间点采集 10～20 μl 的全血。血液被直接点样到一个 DBS 卡上并在室温下放置 2～4 h 使其干燥。然后液体血浆或 DBS 的样品被处理并通过 LC-MS/MS 测定分析物。

研究化合物在荷瘤小鼠身上的暴露-能效关系（PK/PD）之前，测定了空白小鼠与荷瘤小鼠口服多组不同剂量的化合物的暴露量。这些实验有两个目的：①确保化合物血浆暴露量在给药间隔期等于或高于有效浓度；②评估最大耐受剂量（MTD）。该血浆有效浓度（C_{eff}）是由测定基于细胞的体外 IC_{50} 方法确定的。一旦 MTD 即化合物的暴露量确定了，提供的 C_{eff} 可以覆盖给药间隔期，就将该化合物给药到荷瘤小鼠，通过持续数天/数周的给药间隔期来验证肿瘤生长抑制。化合物的血浆和肿瘤药物浓度与生物标志物的测定都被用来开发化合物的 PK/PD 模型。

50.2.2 微孔 LC-MS/MS 的原理

微孔液相色谱法采用指具有 1 mm 或更小内径的色谱柱。精确的术语（Vissers et al., 1997）是微孔色谱使用内径为 0.5～1.0 mm 的色谱柱；毛细管色谱使用内径为 0.1～0.5 mm 的色谱柱，纳米级色谱使用内径为 0.01～0.1 mm 的色谱柱。微孔柱可提供的分离效率（塔板数）和选择性与传统内径为 2.1～4.6 mm 色谱柱上使用的固定相效果相同。微孔柱中的固定相具有较低的传质阻力系数，因此在同样的压力下，微孔高效液相色谱法（HPLC）系统可以提供比传统 HPLC 更快的线速度和更快速度的分析。与常规 HPLC 相比，使用微孔 HPLC 的显著意义包括减少柱体积，减小流速来实现线性流速，降低体积流速使得分析更快；相对于传统的 HPLC 有更小的体积，梯度混合可以在没有混合器时实现。为了确保在低流速（5～150 μl/min）时微孔色谱柱有最佳性能，必须最小化混合后体积尤其是柱后死体积。如今大多数市售微孔液相色谱系统是超高效液相色谱（UHPLC），相较于传统的 HPLC 系统（约 5000 psi），它有能力在更高的压力（10 000 psi）下提供系统快速分离。近来市场上已有使用双活塞往复泵设计和流动注射泵设计的产品（Dionex; Michrom; ABsciex websites）。以 Eksigent Express HT UHPLC 系统为例，采用微流体控制（MFC）和气动注射泵以提供准确的高压来输送每个流动相。每个压力源耦合到一个快速响应的流量计上用来监测每个通道的液体输送。反馈回路可实时调整流速。通过连续监测每个泵的流速，流量可以每秒精确调整数次，无脉动流动相输送可使保留时间重现，背景噪声更少（Neyer and Hobbs, 2009）。

当 ESI-MS/MS 被用作检测器时，因为微孔 UHPLC 对峰浓度的稀释要小得多，相比于传统 HPLC，微孔 UHPLC 可以显著地增加信噪比（S/N），见式 50.2（Qu et al., 2007）。

$$D = C_{end}/C_{inj} = \varepsilon\pi r^2(1+k)(2\pi LH)^{1/2}/V_{inj} \qquad (50.2)$$

式中，ε 是柱孔隙率，r 是柱半径，k 是保留因子，L 是柱长度，H 是塔板高度，V_{inj} 是进样体积。

色谱分离期间，样品的稀释因子 $D = C_{end}/C_{inj}$，式中，C_{end} 是色谱分离后浓度，C_{inj} 是进样浓度。D 与柱半径的平方成正比。

与传统色谱相比，使用微孔色谱的一个缺点是减小了柱负荷能力，因此抵消了可以通过较低流速实现灵敏度增强的好处。所以，为了增加微孔 LC-MS/MS 相对于常规 LC-MS/MS 的灵敏度，样品的进样体积需要增加，这可以通过最初引入俘获柱作为浓缩步骤，然后再进行色谱分析柱分离来实现（Yu et al., 2008）。

优化微流 LC-MS/MS 系统至最佳性能时应解决柱后带增宽的问题。这可以通过改进 Sciex 公司的标准 Turbo V 离子源谱仪（如 API 4000、API 5000 或 API 5500），搭配较小内径的（25～50 μm）电极针来实现。相对于传统的 LC-MS/MS，运用微孔 LC-MS/MS 的一个重要的优势是减少了基质效应。柱后进样技术，通过识别最有可能有离子抑制和离子增强的色谱区域，用于定性基质效应（Chambers et al., 2007）。在该技术中，萃取的空白基质被注入 LC-MS/MS 系统，使用标准方法的程序（进样体积、色谱柱、梯度），而待测化合物的溶液用 T 型接头和输液泵被连续注入系统柱后，对待测化合物进行多反应监测（MRM）得到色谱图。然后将该色谱图相比于空白色谱图，空白色谱图使用相同条件，但只进样流动相溶剂。进样空白基质及溶剂并对比其在色谱响应的差异可以用来评估离子抑制和离子增强的可能色谱区域。在这个例子中，传统和微孔的色谱系统使用了各自的色谱柱和梯度方法。浓度为 50 ng/ml 的 verapamil 使用进样泵以 10 μl/min 的流速注入柱后。具体的柱后进样方法的建立，LC-MS/MS 系统条件和色谱结果（离子抑制谱图）如图 50.2 所示。verapamil 的多反应离子检测谱图表明传统方法在 verapamil 的保留时间处有离子增强的存在，但是使用微孔 LC-MS/MS 系统离子增强很小。

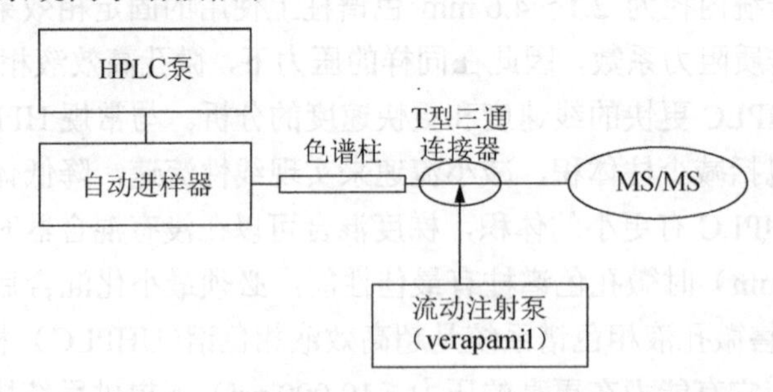

图 50.2　T 型-灌流进样法在传统及微孔 LC-MS/MS 分析大鼠血浆中的基质效应

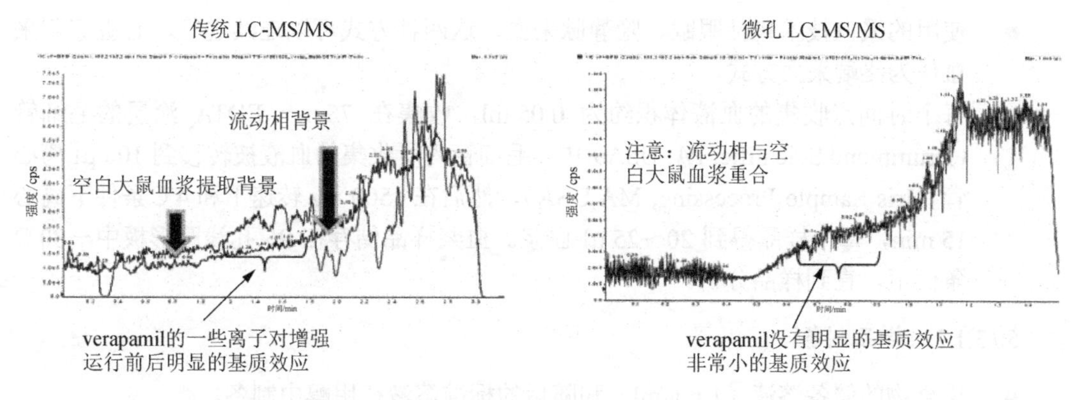

图 50.2 T 型-灌流进样法在传统及微孔 LC-MS/MS 分析大鼠血浆中的基质效应（续）

50.3 方 案

50.3.1 研究设计、血浆样品采集及口服给药小鼠 PF-A 溶液和悬浮液后微孔 LC-MS/MS 分析

50.3.1.1 给药和取样

在此项研究设计中，将 PF-A 以溶液或悬浮液的形式口服给予小鼠。每只小鼠分别在第 30 min、2 h、4 h、7 h 和 24 h 连续采集血液样品，并离心得到血浆。表 50.1～表 50.3 提供了给药信息、受试动物信息和血液采样时间表，然后是样品制备和 LC-MS/MS 分析。

表 50.1 给药信息

化合物	分组	给药	给药单位	给药方式	剂型	次数	禁食/给食	辅料
PF-A	1	25	mg/kg	口服	溶液	单次	给食	PEG-200：DMSO：生理盐水=70：10：20
PF-A	2	25	mg/kg	口服	混悬液	单次	给食	0.5%甲基纤维素

表 50.2 动物信息

组别	小鼠	给药	种系和性别	质量/g	在辅料中的浓度/(mg/ml)	摄入体积/(ml/kg)	给药时间
1	01	口服-溶液	雌性裸鼠	20～25	2.5	10	
1	02	口服-溶液	雌性裸鼠	20～25	2.5	10	
2	03	口服-混悬液	雌性裸鼠	20～25	2.5	10	
2	04	口服-混悬液	雌性裸鼠	20～25	2.5	10	

表 50.3 采血时间-口服给药 PF-A 溶液和混悬制剂之后的采血时间点

小鼠编号	质量/g	摄入体积/μl	摄入时间	30 min 采血点	2 h 采血点	4 h 采血点	7 h 采血点	24 h 采血点
01								
02								
03								
04								

- 使用的采血技术包括眼眶、隐静脉采血，这两种方式可以连续进行，心脏穿刺采血作为终端采血方式。
- 每个时间点收集的血液体积约为 0.05 ml，收集在 75 mm EDTA 涂层的毛细管（Drummond Scientific, PA, USA）中。毛细管内所收集的血液被转移到 100 μl 离心管（Iris Sample Processing, MA,USA），然后在 1500×*g* 转速下和 4℃条件下离心 15 min，每个样品得到 20～25 μl 血浆。血浆样品储存在 96 孔浅圆形板中－80℃条件下，直到样品分析。

50.3.1.2　样品制备

- 化合物的储备溶液（1 mg/ml）和随后的标准溶液在甲醇中制备。
- 结构类似物被用作内标（IS），以甲醇制备成浓度为 500 ng/ml 的溶液。所有的储备液储存在－20℃条件下。
- 校正标样用裸鼠血浆制备，由 7 个浓度组成，分别为 1 ng/ml、5 ng/ml、10 ng/ml、50 ng/ml、200 ng/ml、1000 ng/ml 和 2500 ng/ml。通过在 20 μl 空白小鼠血浆加入 2 μl 的储备液得到校正标样。质量控制（QC）样品用小鼠血浆制备，浓度分别为 15 ng/ml、75 ng/ml、250 ng/ml 和 750 ng/ml。
- 采用通用的血浆蛋白质沉淀提取进行处理。约转移 10 μl 校正标样、QC 样品及待测样品到一个 96 孔板（0.65 ml 小管，National Scientific Supply Co., Inc., CA, USA）。加入约 10 μl 内标工作溶液（500 ng/ml）到除双空白样品外的所有样品中，随后加入 40 μl 乙腈/甲醇（1∶1）溶液。样品在旋涡混合和 4℃条件下离心（3000×*g*, 5 min）。将 25 μl 上清液转移到 0.65 ml 的小管中，该管中已预先加入 50 μl 10%乙腈水溶液，将 1.5 μl 样品进样到微孔 LC-MS/MS 系统。

50.3.1.3　微孔 LC-MS/MS 分析

- 微孔 LC-MS/MS 系统包括一个 CTC-HTS-PAL 配有冷却器的自动进样器（LEAP Technologies, Carrboro, NC），一个 Eksigent Express HT Ultra UHPLC 系统（Applied Biosystems,Foster City, CA, USA）和一个 API 5500 QTRAP 四极杆质谱仪（AB Sciex, Foster City,CA, USA）。流动相 A 为 0.1%甲酸水溶液，流动相 B 为 0.1%甲酸乙腈溶液。Halo 反相色谱柱 C18，1 mm×50 mm，2.7 μm（Eksigent，CA，USA），0.150 ml/min 流速。使用梯度洗脱程序，初始时保持梯度 10%B 0.15 min，然后用 0.75 min 将梯度线性增加至 90%B，并保持在 90%B 0.4 min，最后该柱回到初始条件（10%B）重新平衡 0.2 min，总的运行时间为 1.5 min。质谱操作采用离子电喷雾模式多反应监测（MRM）（正离子或负离子）。离子电压被设定为 4.5～5.5 kV，辅助气体的温度保持在 450～500℃。离子源气体 1、离子源气体 2、气帘气和碰撞气使用高纯氮气。分别优化分析物和内标的去簇电压（DP）、碰撞能量（CE）、入口电压（EP）和碰撞池出口电压条件。
- 使用 Analyst 软件（AB Sciex, Foster City, CA, USA）1.5.1 版本，用于数据采集和色谱峰积分。使用加权（$1/X^2$）线性回归的标准曲线。使用 Watson Bioanalytical LIMS 软件 7.2.0.0.3 版本（Thermo Fisher Scientific, Waltham, MA, USA）计算药代动力学（PK）参数。

- 图 50.3 展示了 PF-A 溶液和悬浮液制剂口服单次给药 25 mg/kg 后游离的血浆浓度（f_u=0.02）PK 曲线。

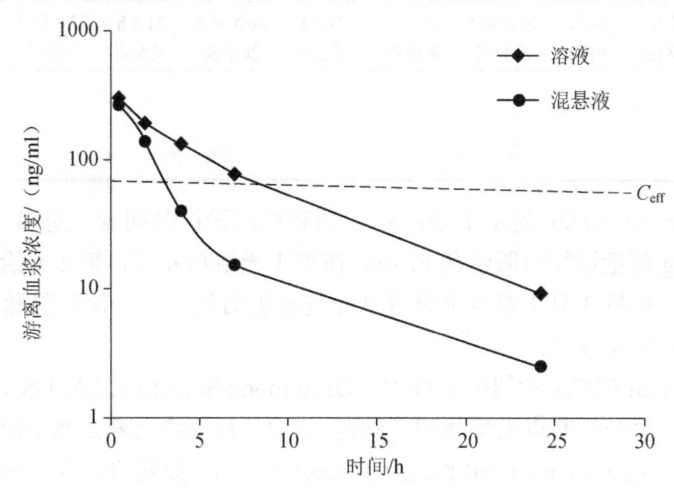

图 50.3 小鼠口服 PF-A（25 mg/kg 剂量）的游离血浆暴露图

50.3.2 每天 4 次和每天 3 次口服给药小鼠 PF-A 后的研究设计，使用 DBS 方法采样和微孔 LC-MS/MS 分析

50.3.2.1 给药和采样方案

在这项实验设计中，PF-A 经口服给予小鼠，在第 1 天给药 4 次，第 2 天给药 3 次，以评估 PF-A 的血药浓度在 C_{eff} 以上的持续时间。表 50.4～表 50.6 提供了具体给药信息、受试动物信息和连续采血时间表，然后是 DBS 采样、样品处理和 LC-MS/MS 分析。

表 50.4 给药信息

化合物	给药	给药单位	给药方式	剂型	次数	禁食/给食	辅料
PF-A	25	mg/kg	口服	混悬液	多次	给食	0.5%甲基纤维素

表 50.5 动物信息

组别	小鼠	给药	种系和性别	质量/g	在辅料中的浓度/（mg/ml）	摄入体积/（ml/kg）	给药时间
1	01	口服-混悬液	雌性裸鼠	20～25	2.5	10	
1	02	口服-混悬液	雌性裸鼠	20～25	2.5	10	
1	03	口服-混悬液	雌性裸鼠	20～25	2.5	10	

表 50.6 给药和采血时间点

（a）第 1 天给药和采血时间点

小鼠编号	质量/g	摄入体积/μl	摄入时间	0 h 第 1 次给药	0.5 h 采血点	4 h 第 2 次给药	7.5 h 采血点	8 h 第 3 次给药	12 h 第 4 次给药	12.5 h 采血点	23.5 h 采血点
01											
02											
03											

续表

(b) 第2天给药和采血时间点											
小鼠编号	质量/g	摄入体积/μl	摄入时间	24 h第5次给药	24.5 h采血点	27.5 h采血点	28 h第6次给药	31.5 h采血点	32 h第7次给药	32.5 h采血点	35.5 h采血点
01											
02											
03											

- 表 50.6a 和 50.6b 显示了 PF-A 给药和血液采样时间表。对 3 只雌性裸鼠按照 25 mg/kg 剂量进行口服给药 PF-A，在第 1 天给药 4 次，第 2 天给药 3 次。两天实验时间内从每 3 只小鼠身上设置 9 个连续的时间点，采用隐静脉连续采血和心脏穿刺终端采血技术。
- 使用 75 mm EDTA 涂覆的毛细管（Drummond Scientific, PA, USA）进行直接隐静脉采血，每个时间点采集体积大约是 15 μl，仔细将血液点到 DBS 卡上[未处理的 DBS 纸片是从 31 ET CHR 纸上（47 cm×57 cm）裁剪的，购自 GE-Whatman 公司（catalog# 3031–915, NJ, USA）]。点好样品的 DBS 纸片在室温下干燥 2～4 h，并于室温条件下储存在干燥器中直到样品分析。

50.3.2.2　样品制备

- 在甲醇中制备化合物（1 mg/ml）的储备溶液及随后的标准溶液。
- 结构类似物作为内标，在甲醇中配制成 500 ng/ml 浓度。所有储备液均储存在 －20℃条件下。
- 校正标样用裸鼠血液制备，由 7 个浓度组成，分别为 1 ng/ml、5 ng/ml、10 ng/ml、50 ng/ml、200 ng/ml、1000 ng/ml 和 2500 ng/ml。通过在 20 μl 空白小鼠血浆加入 2 μl 的储备液得到校正标样。QC 样品用小鼠的血液制备，浓度分别为 15 ng/ml、250 ng/ml 和 750 ng/ml。
- 在距离 DBS 卡上方几毫米的位置将约 15 μl 的校正标样和 QC 样品使用枪头或毛细管点到卡片上。包含校正标样和 QC 样品的 DBS 卡在室温下彻底干燥(2～4 h)，然后 QC 样品在室温下储存在干燥器中直到样品分析。
- 实验室结果表明，DMPK-C 卡和由 GEWhatman 提供的未处理的 31 ET CHR 纸可以得到类似的结果。为了节约成本和灵活使用，31 ET CHR 纸被裁剪成一定尺寸，用于所有后续的 DBS 项目。
- 3.2 mm 圆形孔 DBS 样品、校正标样和 QC 样品均采用冲压自动化 WALLAC DBS 穿孔器（型号 1296-071，Perkin Elmer Life 和 Analytical Sciences, CT, USA）打孔得到。将 10 μl 内标工作溶液（500 ng/ml）加入到每个 DBS 样品孔中（除双空白样品外），涡旋混合 1 min，然后加入 50 μl 的 60%甲醇水溶液，超声处理 20 min。在 4℃下离心（3000×*g*，10 min），将上清液转移到干净的 96 孔板。将 1.5 μl 的上清液进样到微孔 LC 柱中进行质谱分析。
- 微孔 LC-MS/MS 的分析条件在 3.1.3 节中已描述。
- 图 50.4 显示了多次口服给药 25 mg/kg PF-A 后游离的血浆暴露情况和 PF-A 水平高于 C_{eff}浓度的持续时间。LC-MS/MS 分析得到的血药浓度用体外血液-血浆分离比

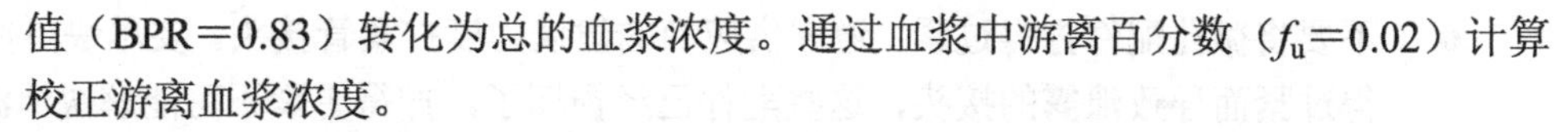

值（BPR＝0.83）转化为总的血浆浓度。通过血浆中游离百分数（f_u＝0.02）计算校正游离血浆浓度。

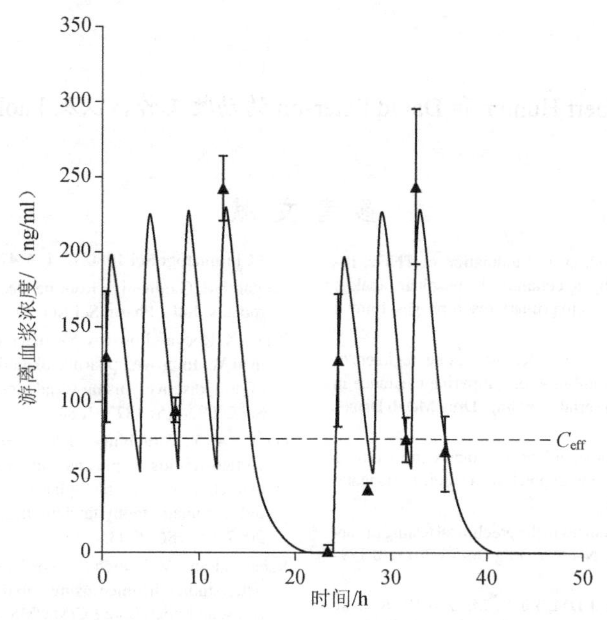

图 50.4 小鼠一天 4 次（QID）和一天 3 次（TID）口服 PF-A（25 mg/kg 剂量）后浓度时间曲线

50.4 问题排除

在动物阶段的问题

- 大隐静脉采血适合微量取样（50 μl 或更小），由于血流速率较慢不适合大量采血。某些小鼠品系，如 CD-1、nu/nu、C57 BL6，大隐静脉采血很有效，然而在血压低的小鼠如 SCID/beige 上采血时就会较为困难。一个可替代的方法是使用尾静脉采血。
- 从少量的全血中分离血浆时（如 30 μl 血或更少），需要特别注意要确定该血是否会溶血。

DBS

- 点血样时不要将枪头接触到 DBS 卡，让血液从枪头滴落到卡上。
- 根据实验室温度和湿度可能需要额外的干燥时间。
- DBS 卡应先干燥，然后再储存在干燥器中。
- 当采集多个血样到同一卡时，让血样之间有足够的距离以防止交叉污染。
- 在 DBS 卡打孔时，打样品卡之间打一个空白卡，减小可能发生的交叉污染。

微孔 LC-MS/MS 分析

- 在微孔 LC-MS/MS 上的泄漏可能很难观察到。沿着流动管路用实验室擦拭纸擦拭以检查泄漏。监测压力的变化，以确定流动路径中是否有泄漏或堵塞存在。
- 当购买和安装微孔柱时，检查供应商对合适接头的要求。不兼容的配件和套圈会导致峰形较差。

● 不要将微孔配件拧得过紧。遵守供应商的建议力度拧紧管接头。要尽快更换由于拧得过紧而导致泄露的接头，这些配件已经损坏了，拧得更紧不可能解决泄漏问题。

致谢

作者要感谢 Robert Hunter 和 David Paterson 的动物工作，以及 Paolo Vicini 对 PF-A PK 给药方案的讨论。

参考文献

Avni D, Goldsmith M, Ernst O, et al. Modulation of TNFα, IL-10 and IL-12p40 levels by a ceramide-1-phosphate analog, PCERA-1, in vivo and ex vivo in primary macrophages. Immun Lett 2009;123:1–8.

Balani SK, Li P, Nguyen J, et al. Effective dosing regimen of 1-aminobenzotriazole for inhibition of antipyrine clearance in guinea pigs and mice using serial sampling. Drug Metab Dispos 2004;32:1092–1095.

Burnett JEC. Dried blood spot sampling: practical considerations and recommendation for use with preclinical studies. Bioanalysis 2011;3(10):1099–1107.

Caponigro G, Sellers WR. Advances in the preclinical testing of cancer therapeutic hypotheses. Nat Rev Drug Discov 2011;10:179–187.

Chambers E, Wagrowski-Diehl DM, Lu X, Mazzeo JR. Systematic and comprehensive strategy for reducing matrix effects in LC/MS/MS analyses. J Chromatogr B 2007;852:22–34.

Cheon DJ, Orsulic S. Mouse models of cancer. Ann Rev Pathol 2011;6:95–119.

Covey TR, Thomson BA, Schneider BB. Atmospheric pressure ion sources. Mass Spectrom Rev 2009;28:870–897.

Diehl K-H, Hull R, Morton D, et.al. A good practice guide to the administration of substances and removal of blood including routes and volumes. J Appl Tox 2001;21:15–23.

Hem A, Smith AJ, Solberg P. Saphenous vein puncture for blood sampling of the mouse, rat, hamster, gerbil, guinea pig, ferret and mink. Lab Anim 1998;32:364–368.

Horvath CG, Preiss BA, Lipsky SR. Fast liquid chromatography—an investigation of operating parameters and the separation of nucleotides on pellicular ion exchangers. Anal Chem 1967;39(12):1422–1428.

Ishii D, Asai K, Hibi K, Jonokuchi T, Nagaya M. A study of micro high performance liquid chromatography. I. Development of technique for miniaturization of high performance liquid chromatography. J Chromatogr A 1977;144(2):157–168.

Jonsson O, Villar RP, Nilsson LB, Eriksson M, Konigsson K. Validation of a bioanalytical method using capillary microsampling of 8 μL plasma samples: application to a toxicokinetic study in mice. Bioanalysis 2012;4(16):1989–1998.

Kurawattimath V, Pocha K, Mariappan TT, Trivedi RK, Mandlekar S. A modified serial blood sampling technique and utility of dried-blood spot technique in estimation of blood concentration: application in mouse pharmacokinetics. Eur J Drug Metab Pharmacokinet 2012;37:23–30.

Lim CK, Lord G. Current developments in LC-MS for pharmaceutical analysis. Biol Pharm Bull 2002;25(5):547–557.

Neyer D, Hobbs S. Application of microbore UHPLC-MS-MS to the quantitation of in vivo pharmacokinetic study samples. Curr Trends Mass Spectrom 2009;7:40–44.

Novotny M. Capillary HPLC: columns and related instrumentation. J Chromatogr Sci 1980;18:473–478.

Oruganti M, Gaidhani S. Routine bleeding techniques in laboratory rodents. Intl J Pharm Sci Res 2011;2(3):516–524.

Peng SX, Rockafellow BA, Skedzielewski TM, Huebert ND, Hageman W. Improved pharmacokinetic and bioavailability support of drug discovery using serial blood sampling in mice. J Pharm Sci 2009;98(5):1877–1884.

Qu J, Qu Y, Straubinger RM. Ultra-sensitive quantification of corticosteroids in plasma samples using selective solid-phase extraction and reversed-phase capillary high-performance liquid chromatography/tandem mass spectrometry. Anal Chem 2007;79:3786–3793.

Rahavendran SV, Vekich S, Skor H, et al. Discovery pharmacokinetic studies in mice using serial microsampling, dried blood spots, and microbore LC/MS/MS. Bioanalysis 2012;4(9):1077–1095.

Rainville P. Microfluidic LC-MS for analysis of small volume biofluid samples: where we have been and where we need to go. Bioanalysis 2011;3(1):1–3.

Smith D, Tella M, Rahavendran SV, Shen Z. Quantitative analysis of PD 332991 in mouse plasma using automated micro-sample processing and microbore liquid chromatography coupled with tandem mass spectrometry. J Chromatogr B Analyt Technol Biomed Life Sci. 2011;879:2860–2865. doi:10.1016/j.jchromb.2011.08.009

Vissers JPC, Claessens HA, Cramers CA. Microcolumn liquid chromatography: instrumentation, detection and applications. J Chromatogr A 1997;779:1–28.

Wehling M. Assessing the translatability of drug projects: what needs to be scored to predict success? Nat Rev Drug Discov 2009;8:541–546.

Yu H, Straubinger RM, Cao J, Qu J. Ultra-sensitive quantification of paclitaxel using selective solid-phase extraction in conjunction with reversed-phase capillary liquid chromatography/tandem mass spectrometry. J Chromatogr A 2008;1210:160–167.

Thermoscientific. Ultimate 3000RSLC nano system. Available at http://www.dionex.com/en-us/products/liquid-chromatography/lc-systems/rslc/rslcnano/lp-81238.html. Accessed Dec 13, 2012.

Bruker-Michrom. Advance splitless nano-capillary LC. Available at https://www.michrom.com /Products/LCInstruments/AdvanceSplitlessnanoLC/tabid/116/Default.aspx. Accessed Apr 8, 2013.

AB SCIEX. Eksigent HT ultra UHPLC. Available at http://www.absciex.com/company/news-room/ab-sciex-expands-eksigent-microflow-uhplc-capabilities-for-lcms-workflows. Accessed Apr 8, 2013.

51

液相色谱-质谱（LC-MS）定量生物体液中的内源性分析物：用稳定同位素作为替代分析物，以真实生物基质构建校正曲线

作者：Wenlin Li、Lucinda Cohen 和 Erick Kindt

译者：刘佳、钟大放

审校：李文魁、张杰

51.1 引 言

分析方法的选择性是评价在基质中存在其他干扰组分的情况下，用该方法测定特定分析物的能力。换言之，分析方法的选择性必须是专属性的（USFDA, 2001; Lee et al., 2006）。LC-MS 对选择性的 3 个主要贡献在于：①样品预处理，将分析物从含干扰组分的基质中提取出来；②LC 分离；③基于前体离子和产物离子的质荷比（mass-to-charge, *m/z*）进行的选择反应监测（SRM）。不幸的是，上述方法均不能成功地解决当基质中含有分析物本身时的背景干扰问题。因此，与药物生物分析方法不同，开发和验证一个稳健的生物标志物定量方法的根本难题在于：缺乏不含目标分析物的相关生物基质（图 51.1）。这一挑战不仅要求对方法的选择性进行评价和优化，而且要求有相应的制备校正标样（STD）和质量控制（QC）样品的策略。替代基质或因来源短缺，或因存在干扰组分，或因不合适的回收率（RE）无法与真实的生物基质相比，因此常常不被认可。对这个问题的另一种可能解决方案就是经典的标准品添加法，即在校正标样中加入一系列已知量的分析物，然后反过来计算样品中分析物的原始未知浓度（Skoog et al., 1998）。但是，由于动物实验获得的生物样品体积经常较小（血浆 10～50 μl；组织 10～100 mg 等），而且这一方法冗长费时，因此可操作性不好。表 51.1 中描述了科学家使用 LC-MS/MS 法进行生物标志物定量时制备校正标样的一些策略及相应的优缺点。同样，评价线性范围内分析方法的可靠性时，要求使用真实的生物基质制备 QC 样品。但是，由于基质中已经含有生物标志物，再加上生物标志物在样品中可能的浓度变化，QC 样品的制备也不那么容易。

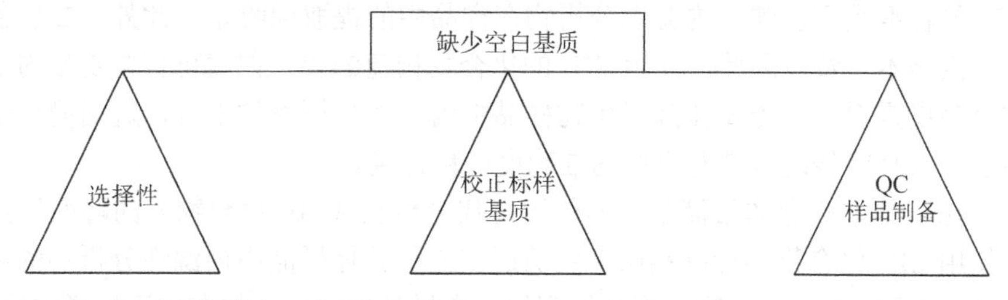

图 51.1　用 LC-MS/MS 质谱法定量生物标志物的一个主要问题是缺乏不含有分析物的校正标样基质；这一挑战需要一个能够解决分析选择性、质量控制（QC）样品和校正标样制备的策略

表 51.1　LC-MS/MS 法定量生物标志物时一些制备校正标样技术的优缺点

标样制备技术	优点	缺点
1. 使用水或纯有机溶液	简便	可能无法评价生物基质中样品的提取效率或分析检测时的基质效应
2. 对生物基质预处理以去除内源性分析物	可使内源性分析物低于检测水平；可评价生物基质中样品的提取效率	可能消耗大量人力物力，且成功率不高
3. 使用生物基质；数据处理过程中扣除内源性本底（EB）	基质与试验样品相似	如果分析物的背景浓度水平远高于预期检测水平，则缺乏可操作性
4. 每一个样品中加入系列浓度标准溶液（Bader, 1980）	基质与试验样品相同	可能需要大量样品，非常消耗时间，且分析线性范围有限；仅当样品浓度高于基质的本底浓度时才可实现定量

同位素稀释法是一种在质谱定量分析中被广泛应用和接受的方法，该方法是在每一个校正标样、QC 样品和试验样品中加入已知量的同位素标记的分析物（De Leenheer et al., 1985; Giovannini et al., 1991）。生物标志物在引入 ^{13}C、^{15}N、^{2}H 或其他重同位素后，与其内源性未被标记的标志物相比，有相似的回收率、色谱和离子化特征。但因其质量数不同，能够与后者在质谱上得以区分。在这一传统方法中，以稳定同位素标记（SIL）的分析物作为内标，可以抵消因样品预处理和 LC-MS/MS 分析过程中分析物损失和基质效应带来的影响。随后，使用线性最小二乘法回归分析，以标准品浓度对分析物与稳定同位素标记内标（SIL-IS）的峰面积比作图，拟合出校正曲线。

应用上述同位素稀释的概念，Cohen 等（Li and Cohen, 2003; Penner et al., 2010）报道了另一种“替代标准品”的方法，并成功解决了在质谱分析中选择配制校正标样的基质的问题。这一技术使用 SIL 的生物标志物来配制校正标样。

51.2　方法和方式

51.2.1　“替代分析物”方式的原则

质谱定量内源性分析物的“替代分析物”方式将质谱法和替代分析物相结合，该方法用替代分析物（即 SIL 的内源性分析物）作为参照标准，并利用质谱法能够区分不同同位素的相同元素的特有选择性。不同于使用稳定同位素作为内标的同位素稀释法，在该方法中，SIL 的被测物被用作替代分析物。由于生物基质中不存在 SIL 化合物的背景信号，因此可在任何空白基质中制备校正标样。标记的和天然的分析物的固有理化性质几乎一致，因此，SIL 的标准品可反映出内源性分析物在样品中的提取回收率。此外，二者色谱和质谱离子化行为基本一致。因此，使用 SIL 的化合物构建的校正曲线可直接定量内源性分析物。从这个角度来看，该方法排除了生物样品中内源性分析物的干扰，进而简化了方法的开发和验证，并且比传统方法有更好的准确度和精密度。

其实，这一基本概念非常简单，即使用替代分析物（SIL 化合物）的峰面积拟合校正曲线，并使用 SIL 化合物的标准品所产生的回归方程计算样品中内源性分析物的浓度。与同位素稀释法不同，SIL 化合物并不是加到每一个样品中，而仅加在校正标样中进行定量。因此，SIL 的分析物并不是内标，而是替代分析物。方法的开发和分析过程包括以下步骤。

（1）获得天然（内源性）分析物的标准品、替代分析物的标准品[SIL 的天然（内源性）分析物]，且与内源性分析物有至少 2 Da 的分子质量差异），以及内标（结构类似物或另一个 SIL 的分析物）。如无法获得结构类似物或另一个 SIL 的分析物，则使用外标法定量。

（2）确定每个化合物在质谱中的主要前体离子，评估并排除这些化合物之间可能的互相干扰。

（3）使用含有内源性分析物和替代分析物（SIL 的天然分析物）的纯溶液，用 LC-MS/MS 测量其色谱峰面积。确定替代分析物和内源性分析物的响应因子（response factor, RF），以排除由于同位素效应和离子化效率不同而产生的影响。

（4）使用替代分析物（SIL 的天然分析物）和空白基质配制所需浓度范围的校正标样。

（5）使用恰当的样品预处理方法对校正标样、QC 样品和未知样品进行提取。

（6）使用 LC-MS/MS 分析提取后的样品和标样，测定内源性分析物、替代分析物和内标的峰面积响应。根据替代分析物和内标（internal standard, IS）的峰面积比构建校正曲线。

（7）根据校正曲线回归方程及内源性分析物与内标的峰面积比，计算样品中内源性分析物的浓度。

51.2.2　一般性应用

对内源性分析物进行 LC-MS/MS 分析时，其基质效应可能比外源性分析物的情况更复杂。当无法获得不含分析物的基质时，就得使用别的替代基质来配制校正标样，这些替代基质包括处理过的血浆或尿液、牛血清白蛋白（BSA）、纯溶剂或它们的组合。因此，校正标样和实际样品之间基质效应的不同是必然的，这可能会严重影响方法的重现性和分析的准确性。使用 SIL 的分析物作为内标是解决这个问题的一个办法。但是，文献中也有反面的例子。Jemal 等（2003）报道，使用 SIL-IS 并不总是能够补偿实际样品和替代基质校正标样之间的不同，这成了开发可靠的生物标志物分析方法的障碍。他们研究了使用替代分析物配制校正标样来定量甲羟戊酸（MVA）的可行性，结果证明甲羟戊酸可被成功分析，并具有足够的准确度和精密度；使用同位素稀释法则无法达到这样的准确度和精密度。除此以外，一些最近的例子（Ahmadkhaniha et al., 2010; MacNeill et al., 2010;Sharma et al., 2011; Shi et al. 2011）也证明替代分析物法与其他方法相比更准确、更精密、更简便。总之，替代分析物法适用于用任何质谱设备来定量含有高背景分析物的复杂基质（如食物、土壤或组织）中的生物标志物。

51.2.3　方法学

方案 1：替代分析物方式——LC-MS/MS 系统设置。

仪器及试剂

- 内源性分析物对照品。
- 替代分析物对照品：（^{13}C、^{15}N 或 ^{2}H）标记的内源性分析物。
- 内标物。
- 供配制流动相和储备液使用的高效液相色谱（HPLC）级溶剂和 pH 调节剂。
- 合适的反相（RP）分析柱。

● 根据需求选择色谱分离系统［HPLC、超高效液相色谱（UHPLC）、微流 LC 或纳流 LC］质谱仪（单四极杆或三重四极杆、混用）。

步骤

（1）备制 5 μg/ml 的每个化合物的纯溶液。

（2）通过流动注射或灌注获得前体离子和产物离子。

（3）通过注入含有混合化合物的纯溶液，开发并优化液相色谱和质谱条件，并获得合适的保留、分离和峰形。图 51.2 展示了使用 $^2H_3$-酮异己酸作为替代分析物，酮己酸作为内标，建立大鼠血浆中内源性α-酮异己酸的色谱分离和质谱定量分析方法（Li and Cohen, 2003）。

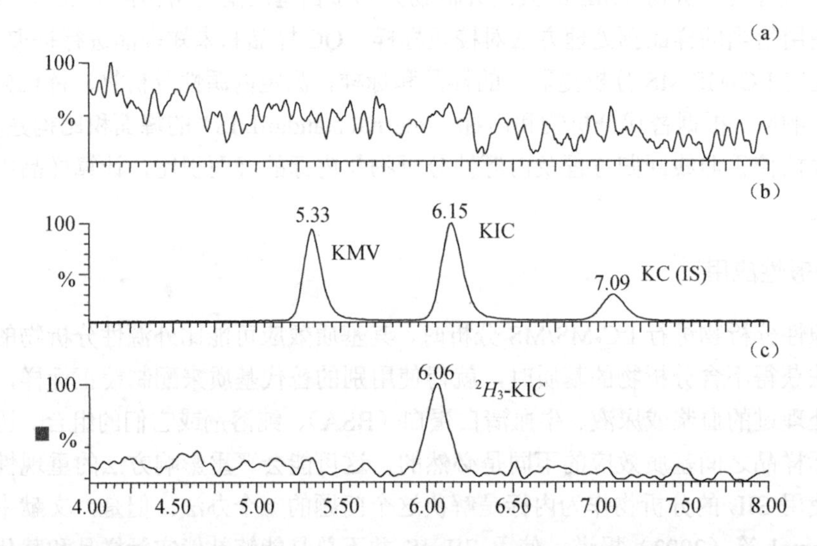

图 51.2　大鼠血浆提取物 LC-MS 色谱图：（a）基质中不含 $^2H_3$-酮异己酸（*m/z* 132）的对照大鼠血浆；（b）内源性酮异己酸（KIC）*m/z* 129 和异亮氨酸酮酸（KMV，酮异己酸同分异构体）及内标酮己酸（KC，250 ng/ml），它们的质荷比相同，但实现了良好的色谱分离；（c）血浆中加入 $^2H_3$-酮异己酸（$^2H_3$-KIC）至 10 ng/ml；经 ACS 出版社允许重印

（4）制备含有相同摩尔浓度的定量上限（ULOQ）的标记和未标记分析物标准品，然后系列稀释至整个校正曲线浓度范围，评价标记和未标记分析物的仪器响应。每一浓度水平至少制备 3 个样品，每一样品中标记和非标记的分析物均由 LC-MS/MS 分析。标记分析物对非标记分析物的 RF 值通过公式 51.1 计算。

$$RF=\frac{峰面积_{(替代分析物)}}{峰面积_{(分析物)}}\text{（在相同浓度下）}\qquad(51.1)$$

（5）使用商品化软件（如 Sigma Stat、JMP）进行单因素方差分析，对 RF 值进行统计分析，确定标记和非标记分析物之间的离子化效率差异。如果每一浓度水平的 RF 值均没有显著差异，则取 RF 平均值进行数据分析。表 51.2 提供了测定 RF 值的实例。

表 51.2 评价不同浓度水平的响应因子（$^2H_3$-酮异己酸峰面积/酮异己酸峰面积）

浓度/（ng/ml）	重复				平均值	标准差	%相对标准差
	1	2	3	4			
10	0.984	0.982	0.950	NA	0.972	0.0194	2.000
25	0.855	1.040	0.936	0.984	0.955	0.0795	8.330
50	1.090	0.977	1.040	1.080	1.050	0.0535	5.100
100	0.912	1.080	1.080	1.000	1.020	0.0799	7.850
250	1.020	1.040	0.992	1.030	1.020	0.0213	2.090
500	1.040	0.976	1.030	1.040	1.020	0.0301	2.950
1 000	1.030	1.010	1.010	1.030	1.020	0.0108	1.060
2 500	1.020	1.040	1.020	1.060	1.030	0.0181	1.750
5 000	0.994	1.050	1.000	1.050	1.030	0.0320	3.212
10 000	1.050	1.050	1.060	1.000	1.040	0.0290	2.780
总平均值	1.020						
平均标准差	0.0482						
%平均相对标准差	4.740						

通过对校正曲线每一浓度水平（10 ng/ml、25 ng/ml、50 ng/ml、100 ng/ml、250 ng/ml、500 ng/ml、1000 ng/ml、2500 ng/ml、5000 ng/ml、10 000 ng/ml）的复溶溶剂中酮异己酸和 $^2H_3$-酮异己酸进行 4 次样品分析，确定 RF 值。通过比较同一摩尔浓度酮异己酸和 $^2H_3$-酮异己酸的不同响应，计算获得 RF 值。使用 SigmaStat 软件进行单因素方差分析，结果表明每一浓度水平的 RF 平均值均无显著性差异（$P=0.134$）。这一结果显示，在测试浓度范围内，RF 值与浓度无关，且接近于理论值 1，应用该值对酮异己酸进行定量（Li and Cohen, 2003）。

注意事项：开发可靠方法的第一步在于选择合适的替代分析物。需考虑如下方面，包括化学稳定性、纯度、对天然分析物的干扰及成本。常用的有 ^{2}H（氘）、^{13}C、^{15}N、^{18}O 和 ^{3}H（氚）标记的类似物，同位素应标记在分子中稳定的位点以避免反交换。由于精密度、准确度、重现性、合成便利性和成本低廉等因素，这些标记最受欢迎且很常用（Pickup and McPherson, 1976）。但是随着类似物中氘原子数的增加，色谱保留时间会增加，这可能会对 LC-MS/MS 分析的准确度造成负面影响。另外需注意，分析物与 SIL 的对照品应该产生各自的特征产物离子，而不是丢失含稳定同位素的分子片段产生的离子，以避免 SRM 通道间的相互干扰。

当 SIL 的化合物被用作内标时（同位素稀释法），纯度是至关重要的。被标记的化合物中若含少量非标记的化合物就会干扰内源性分析物的分析，从而影响检测限（LOD）和校正曲线的线性。本章中描述的步骤并不存在该问题。首先，在质谱中具有不同质量转变的非内源性类似物均可作为内标，而不一定需要 SIL 的类似物。其次，仅在建立校正曲线时才使用标记分析物的响应。采用这一过程，在进行校正曲线结果计算时，已考虑并消除了分析物纯度和原型化合物百分比的影响。最后，通过检测的响应值来反映标示浓度。此外，由标记不完全对实际分析物产生的影响，一般比生物基质中背景信号干扰低几个数量级。

RF 值被定义为 SIL 分析物和内源性分析物的仪器响应比。理论上，该值应接近于 1，也就是说等量的稳定标记的和天然的化合物应产生相同的 MS/MS 响应强度。操作上，流动相和生物样品提取物的基质效应经常会导致离子抑制。比较标记和非标记分析物纯溶液信号值（峰面积）获得的 RF 值并没有将生物基质的离子抑制（或增强）所产生的影响考虑在内。然而，因为空白基质中已存在分析物，所以 King 等（2000）报道的评价基质效应的最可靠方法此时并不适用。况且，通过去除空白血浆中内源性分析物来评价基质效应非常消耗人力物力。然而，可通过 QC 样品的回收率来评估内源性分析物的基质效应。

方案 2：替代分析物方式——制备校正标样、QC 样品和试验样品。

仪器及试剂

- 与样品基质相似的生物基质，尽可能使用相同步骤采集。
- 标记和未标记的分析物及内标储备液。
- 适用于高通量样品处理的 96 孔板或试管。
- 液体处理装置，如多通道移液器或机器人（如 Tomtec、Hamilton）。
- 适用于 96 孔板的离心机、蒸发仪和板密封机。

步骤

（1）合并至少 2 个或多个不同来源的含有分析物的生物基质，制备“混合基质”。用于制备校正标样和 QC 样品的基质需与待测样品一致。采用以下方案之一，使用标记的分析物与“混合基质”制备校正标样。

a．根据预先设定的浓度范围，用生物基质系列稀释标记分析物标准储备液。

b．将标记分析物标准工作溶液（纯溶液）与适当体积的基质混合，终体系中生物基质含量需高于 95%。

（2）采用以下方案之一，使用“混合基质”制备 QC 样品。

a．使用与校正标样同样的方法，向“混合基质”中加入已知浓度的标记分析物，制备 QC 样品。QC 样品的浓度需分布于校正曲线线性范围内，如定量下限（LLOQ）浓度的 2～5 倍（LQC），校正曲线中间浓度点（MQC），以及接近校正曲线最高点的浓度值（HQC）。

b．向“混合基质”中加入已知浓度的非标记分析物，制备 QC 样品。需预先考察分析物的内源性本底（EB）。每一 QC 样品中的标示浓度由 EB 和非标记标准品浓度加合获得。QC 样品的浓度水平应涵盖样品中生物标志物的预期浓度。

c．向“混合基质”中同时加入已知浓度的标记和非标记分析物。可在 QC 样品中单独加入标记和非标记分析物，或加入两个分析物的混合。

（3）向所有样品中，包括校正标样、QC 样品、试验样品，加入一定量的内标。随后，使用常用预处理方法如甲醇或乙腈蛋白质沉淀提取、液-液萃取或固相萃取从生物基质中提取标记和非标记的分析物。

（4）使用 LC-MS/MS 进行样品分析。

注意事项：选择合适的方式制备 QC 样品对证明方法的准确度和精密度至关重要。对于方案（2a）中 QC 样品的制备方法，一个必要的假设是非标记分析物与标记分析物的基质效应相似。但是，实际上并不完全如此。方案（2b）描述了从生物基质中定量内源性分析物时 QC 样品制备的标准操作规程（SOP）。通过标记分析物的校正曲线计算获得“混合基质”中内源性分析物的回收率，既考虑了基质效应的影响，又最佳地反映了样品分析的准确度。

大多数情况下，使用替代分析物方式最好不要稀释样品，也没有必要进行样品稀释。但当生物基质中分析物的 EB 值相对较高，而由于药物作用试验样品中分析物的浓度降低（向下调制）时，为了保证 QC 样品与试验样品的浓度相当，配制浓度低于 EB 的 QC 样品是必要的。在这种情况下，可使用方案（2c）。表 51.3 给出了使用 HPLC 串联四极杆质谱法定量干血斑（DBS）样品中 5-羟色胺时制备 QC 样品的实例。

表 51.3 LC-MS/MS 定量大鼠全血干血斑样品中 5-羟色胺（serotonin）的 QC 样品

	QC1 100 ng/ml $^2H_4$-5-羟色胺	QC2 500 ng/ml $^2H_4$-5-羟色胺	QC3 内源本底	QC4 内源本底 ＋250 ng/ml 5-羟色胺	QC5 内源本底 ＋500 ng/ml 5-羟色胺	QC6 内源本底 ＋1500ng/ml 5-羟色胺
标示浓度/（ng/ml）	100	500	2195	2445	2695	3695
批内均值	89.5	448	2140	2540	3040	3810
批内标准差	4.55	25.50	135.00	252.00	140.00	85.40
批内%CV	5.1	5.7	6.3	9.9	4.6	2.2
批内%RE	−10.5	−10.4	−4.5	1.6	10.9	1.9
样品数	3	3	6	3	3	3
批内均值	93.1	501	2220	2850	3000	4430
批内标准差	6.9	30.1	190.0	64.3	50.3	223.0
批内%CV	7.4	6	8.6	2.3	1.7	5
批内%RE	−6.9	0.2	−0.9	14	9.5	18.4
样品数	3	3	6	3	3	3
批内均值	95.1	438	2224	2420	2800	4140
批内标准差	4.3	21.8	963.0	75.1	137.0	150.0
批内%CV	4.5	5	36.9	3.1	4.9	3.6
批内%RE	−4.9	−12.4	16.5	−3.2	2.2	10.7
样品数	3	3	5	3	3	3
批间均值	92.6	462.3	2195	2604	2944	4127
批间标准差	5.27	37.00	171.00	236.00	149.00	303.00
批间%CV	5.69	8.00	7.79	9.05	5.07	7.35
批间%RE	−7.44	−7.53	0.00	6.52	9.26	11.70
总样品数	9.00	9	15	9	9	9

校正标样是用大鼠全血系列稀释含 $^2H_4$-5-羟色胺的水溶液而获得的。甲基-5-羟色胺用作内标。根据预计的试验样品中 5-羟色胺的浓度范围，使用混合全血制备 6 个浓度水平的 QC 样品，包括 2 个浓度水平的 $^2H_4$-5-羟色胺（100 ng/ml 和 500 ng/ml）和 4 个浓度水平的 5-羟色胺（EB、EB＋250 ng/ml、EB＋500 ng/ml 和 EB＋1500 ng/ml）。大鼠空白全血由肝素化采血管收集，并点样（20 μl）至滤纸卡（Schleicher & Schuell BioScience）。取 1/8 个样片置于 1.2 ml 塑料试管中；每管加入 300 μl 含内标及 2%甲酸的甲醇溶液；涡流混合 15 min，4000 r/min 下离心 10 min；转移 50 μl 上清液到 1 ml 96 孔板中；干燥后使用 150 μl 水复溶。分析物经反相高效液相色谱（RP-HPLC）柱分离（Metasil Thermo Heparin C18 AQ 2.0 mm×100 mm，5 μm），由 API 4000 三重四极杆串联质谱仪检测。

方案 3：替代分析物方式——未知样品处理。

在替代物校正曲线建立后，可使用回归参数和内源性分析物与内标物的峰面积比，由 Excel™ 电子工作表计算获得样品中内源性分析物的浓度。如果 SIL 的分析物（标准品）与内源性分析物的 RF 值不等于 1 时，计算过程中需包含该值。

（1）使用线性回归方程处理未知样品。

线性最小二乘法计算替代分析物的方程如下。

$$y=a_0+a_1x \text{ 或 } x=(y-a_0)/a_1 \tag{51.2}$$

式中，a_1 为回归直线的斜率，a_0 为截距，y 为替代分析物与内标的峰面积比，x 为替代分析物的浓度。因此，替代分析物的浓度为

$$\text{浓度}_{(\text{替代分析物})}=\frac{\left(\dfrac{\text{峰面积}_{(\text{替代分析物})}}{\text{峰面积}_{(\text{内标})}}\right)-a_0}{a_1} \tag{51.3}$$

使用由替代分析物获得的回归参数（斜率和截距）及 RF 值，未知样品中内源性分析物的浓度为

$$\text{浓度}_{(\text{分析物})}=\frac{\left(\dfrac{\text{峰面积}_{(\text{分析物})}}{\text{峰面积}_{(\text{内标})}}\right)\times \text{RF}-a_0}{a_1} \tag{51.4}$$

首先对回归参数定义专门的单元格，对样品标识、峰面积比值和计算浓度设定不同的列，方可在 Excel™ 电子工作表中生成内源性分析物的结果表。图 51.3 展示了使用线性回归方程处理未知样品的电子工作表的典型设计。该例中，由稳定同位素 $^{13}C_5$,$^{15}N_2$ 标记的谷氨酰胺获得校正曲线线性回归方程，进而计算出细胞裂解液样品中内源性谷氨酰胺的浓度。在校正曲线参数项下简单输入 a_0、a_1 和 RF 值，并将样品标识和相应的峰面积复制到设定好的列中即可。然后对第一个样品设置好计算内源性分析物的公式，选择复制/向下填充即可获得其余样品的浓度。

	A	B	C	D	E
1	Regression Parameters Gnerated by Calibration Curve of Surrogat Analyte				
2	Peak Name: 13C5-15N2 Glutamine				
3	Internal Standard: D4 Glutamine				
4	Q1/Q3 Masses: 154.00/89.00 Da				
5	Fit	Linear ($Y=a_0+a_1x$)	Weighting	$1/x$	
6	a_0	0.013			
7	a_1	0.00666			
8	Correlation coefficient	0.9999			
9	Use Area				
10					
11		Entry of calibration Parameters			
12	a_0	a_1	RF		
13	0.013	0.00666	1		
14					
15	Processing Unknown Samples (Glutamine)				
16	Sample ID	$Area_{analyte}/Area_{IS}$	$Conc_{Analyte}$ (ng/ml)	Formula for calutating the Conc. of the Analyte	
17	QC1 (EB, endogenous basal conc.)	0.08	10.4	(B17*$C$13-$A$13)/$B$13	
18	QC1 (EB, endogenous basal conc.)	0.06	6.5	(B18*$C$13-$A$13)/$B$13	
19	QC1 (EB, endogenous basal conc.)	0.06	6.9	(B19*$C$13-$A$13)/$B$13	
20	QC2 (EB+20 ng/ml Glutamine)	0.19	26	(B20*$C$13-$A$13)/$B$13	
21	QC2 (EB+20 ng/ml Glutamine)	0.21	29	(B21*$C$13-$A$13)/$B$13	
22	QC2 (EB+20 ng/ml Glutamine)	0.17	23	(B22*$C$13-$A$13)/$B$13	
23	QC3 (EB+200 ng/ml Glutamine)	1.40	208	(B23*$C$13-$A$13)/$B$13	
24	QC3 (EB+200 ng/ml Glutamine)	1.44	214	(B24*$C$13-$A$13)/$B$13	
25	QC3 (EB+200 ng/ml Glutamine)	1.38	206	(B25*$C$13-$A$13)/$B$13	
26	QC4 (EB+2000 ng/ml Glutamine)	13.4	2005	(B26*$C$13-$A$13)/$B$13	
27	QC4 (EB+2000 ng/ml Glutamine)	14.1	2119	(B27*$C$13-$A$13)/$B$13	
28	QC4 (EB+2000 ng/ml Glutamine)	12.8	1927	(B28*$C$13-$A$13)/$B$13	
29	Unknown Sample 1	1.29	192	(B29*$C$13-$A$13)/$B$13	
30	Unknown Sample 2	1.95	291	(B30*$C$13-$A$13)/$B$13	
31	Unknown Sample 3	1.52	226	(B31*$C$13-$A$13)/$B$13	
32	Unknown Sample 4	1.39	206	(B32*$C$13-$A$13)/$B$13	
33	Unknown Sample 5	1.36	202	(B33*$C$13-$A$13)/$B$13	
34	Unknown Sample 6	1.60	238	(B34*$C$13-$A$13)/$B$13	
35	Unknown Sample 7	1.45	216	(B35*$C$13-$A$13)/$B$13	
36	Unknown Sample 8	1.27	189	(B36*$C$13-$A$13)/$B$13	
37	Unknown Sample 9	1.31	194	(B37*$C$13-$A$13)/$B$13	
38	Unknown Sample 10	1.27	188	(B38*$C$13-$A$13)/$B$13	
39	Unknown Sample 11	1.23	183	(B39*$C$13-$A$13)/$B$13	

图 51.3　在 Excel 电子工作表中使用线性回归方程处理未知样品的典型设计；由稳定标记的 $^{13}C_5$,$^{15}N_2$-谷氨酰胺（glutamine）获得标准曲线线性回归方程，进而推算得出细胞裂解液样品中内源性谷氨酰胺的浓度

使用二次回归方程处理未知样品。

计算替代分析物的二次拟合方程如下。

$$y=a_0+a_1x+a_2x^2 \tag{51.5}$$

式中，a_0、a_1和a_2为3个常数，y为替代分析物与内标的峰面积比，x为替代分析物的浓度。

$$y=\frac{\text{峰面积}_{(\text{替代分析物})}}{\text{峰面积}_{(\text{内标})}} \tag{51.6}$$

$$x=\text{浓度}_{(\text{替代分析物})} \tag{51.7}$$

因此，替代分析物的浓度由公式 51.8 计算。

$$\text{浓度}_{(\text{替代分析物})}=\frac{(-a_1)+\sqrt{a_1^2-4(a_0-y)\times a_2}}{2a_2} \tag{51.8}$$

使用由替代分析物获得的回归参数及 RF 值，未知样品中内源性分析物的浓度可由公式 51.9 计算。

$$\text{浓度}_{(\text{分析物})}=\frac{(-a_1)+\sqrt{a_1^2-4(a_0-y')\times a_2}}{2a_2} \tag{51.9}$$

$$y'=\frac{\text{峰面积}_{(\text{分析物})}}{\text{峰面积}_{(\text{内标})}}\times \text{RF} \tag{51.10}$$

图 51.4 展示了使用二次回归方程在 Excel™ 电子工作表中对未知样品进行定量。该例中，由稳定同位素 $^{13}C_5,^{15}N_1$ 标记的谷氨酸获得回归参数，进而计算出细胞裂解液样品中内源性谷氨酸的浓度。使用非线性回归生成结果表格的步骤与上一部分线性回归类似。

	A	B	C	D
1	Regression Parameters Generated by Calibration Curve of Surrogate Analyte			
2	Peak Name: 13C5-15N1 Glutamic Acid			
3	Internal Standard: D4 Glutamine			
4	Q1/Q3 Masses: 154.00/89.00 Da			
5	Fit	Quadratic ($Y=a_0+a_1x+a_2x^2$)	Weighting	1 / x
6	a_0	0.00832		
7	a_1	0.00341		
8	a_2	–1.93E-07		
9	Correlation coefficient	0.9983		
10				
11		Entry of calibration Parameters		
12	a_0	a_1	a_2	RF
13	0.00832	0.00341	–1.93E-07	1
14				
15	Processing Unknown Samples (Glutamic Acid)			
16	Sample ID	$Area_{analyte}/Area_{IS}$	$Conc_{Analyte}$ (ng/ml)	Formula for calculating the Conc. of the Analyte
17	Unknown Sample 1	0.03	6.36	(SQRT($B$14*$B$14-4*$C$14*($A$14-B18*$D$14))-$B$14)/(2*$C$14)
18	Unknown Sample 2	0.063	16.05	(SQRT($B$14*$B$14-4*$C$14*($A$14-B19*$D$14))-$B$14)/(2*$C$14)
19	Unknown Sample 3	0.085	22.52	(SQRT($B$14*$B$14-4*$C$14*($A$14-B20*$D$14))-$B$14)/(2*$C$14)
20	Unknown Sample 4	0.093	24.87	(SQRT($B$14*$B$14-4*$C$14*($A$14-B21*$D$14))-$B$14)/(2*$C$14)
21	Unknown Sample 5	0.131	36.05	(SQRT($B$14*$B$14-4*$C$14*($A$14-B22*$D$14))-$B$14)/(2*$C$14)
22	Unknown Sample 6	0.177	49.61	(SQRT($B$14*$B$14-4*$C$14*($A$14-B23*$D$14))-$B$14)/(2*$C$14)
23	Unknown Sample 7	0.241	68.50	(SQRT($B$14*$B$14-4*$C$14*($A$14-B24*$D$14))-$B$14)/(2*$C$14)
24	Unknown Sample 8	0.249	70.86	(SQRT($B$14*$B$14-4*$C$14*($A$14-B25*$D$14))-$B$14)/(2*$C$14)
25	Unknown Sample 9	0.315	90.40	(SQRT($B$14*$B$14-4*$C$14*($A$14-B26*$D$14))-$B$14)/(2*$C$14)
26	Unknown Sample 10	0.363	104.63	(SQRT($B$14*$B$14-4*$C$14*($A$14-B27*$D$14))-$B$14)/(2*$C$14)
27	Unknown Sample 11	0.442	128.11	(SQRT($B$14*$B$14-4*$C$14*($A$14-B28*$D$14))-$B$14)/(2*$C$14)
28	QC1 (EB, endogenous basal conc.)	0.145	40.17	(SQRT($B$14*$B$14-4*$C$14*($A$14-B29*$D$14))-$B$14)/(2*$C$14)
29	QC1 (EB, endogenous basal conc.)	0.138	38.11	(SQRT($B$14*$B$14-4*$C$14*($A$14-B30*$D$14))-$B$14)/(2*$C$14)
30	QC1 (EB, endogenous basal conc.)	0.13	35.76	(SQRT($B$14*$B$14-4*$C$14*($A$14-B31*$D$14))-$B$14)/(2*$C$14)
31	QC2 (EB+10 ng/ml Glutamic Acid)	0.162	45.18	(SQRT($B$14*$B$14-4*$C$14*($A$14-B32*$D$14))-$B$14)/(2*$C$14)
32	QC2 (EB+10 ng/ml Glutamic Acid)	0.163	45.48	(SQRT($B$14*$B$14-4*$C$14*($A$14-B33*$D$14))-$B$14)/(2*$C$14)
33	QC2 (EB+10 ng/ml Glutamic Acid)	0.164	45.77	(SQRT($B$14*$B$14-4*$C$14*($A$14-B34*$D$14))-$B$14)/(2*$C$14)
34	QC3 (EB+100 ng/ml Glutamic Acid)	0.454	131.68	(SQRT($B$14*$B$14-4*$C$14*($A$14-B35*$D$14))-$B$14)/(2*$C$14)
35	QC3 (EB+100 ng/ml Glutamic Acid)	0.471	136.74	(SQRT($B$14*$B$14-4*$C$14*($A$14-B36*$D$14))-$B$14)/(2*$C$14)
36	QC3 (EB+100 ng/ml Glutamic Acid)	0.465	134.95	(SQRT($B$14*$B$14-4*$C$14*($A$14-B37*$D$14))-$B$14)/(2*$C$14)
37	QC4 (EB+1000 ng/ml Glutamic Acid)	3.002	926.50	(SQRT($B$14*$B$14-4*$C$14*($A$14-B38*$D$14))-$B$14)/(2*$C$14)
38	QC4 (EB+1000 ng/ml Glutamic Acid)	3.365	1046.33	(SQRT($B$14*$B$14-4*$C$14*($A$14-B39*$D$14))-$B$14)/(2*$C$14)
39	QC4 (EB+1000 ng/ml Glutamic Acid)	3.039	938.63	(SQRT($B$14*$B$14-4*$C$14*($A$14-B40*$D$14))-$B$14)/(2*$C$14)

图 51.4 在 Excel 电子工作表中使用二次回归方程处理未知样品的典型设计；由稳定标记的 $^{13}C_5,^{13}N_1$-谷氨酸（glutamic acid）获得标准曲线非线性回归方程，进而推算得出细胞裂解液样品中内源性谷氨酸的浓度

注意事项：一些新版本的 LC-MS 数据处理软件提供了通用型校正曲线选项，可以在数据积分处理时直接使用一个多反应监测（MRM）离子对对另一个离子对进行定量。例如，应用 QuanLynx 软件（Waters），可以使用非标记分析物的校正曲线对 ^{13}C 标记的分析物进行定量。相似地，使用 MultiQuant 软件（AB Sciex），可以使用同位素标记类似物的校正曲线对内源性物质进行定量。关于这些软件的特性和功能，可参考相应的用户手册或软件使用指南。此外，使用 Watson LIMS 的回归分析程序可简化数据处理。在原始数据导入 Watson 之前，要将每一个校正曲线点的内源性分析物的峰面积替换成相应的同位素标记类似物的峰面积。通过仪器控制软件或 Waston 进行的数据处理高效而快速，并且比手工方式更准确。

参考文献

Ahmadkhaniha R, Shafiee A, Rastkari N, Khoshayand MR, Kobarfard F. Quantification of endogenous steroids in human urine by gas chromatography mass spectrometry using a surrogate analyte approach. J Chromatogr B Analyt Technol Biomed Life Sci 2010;878(11–12):845–852.

Bader M. A systematic approach to standard addition methods in instrumental analysis. J Chem Educ 1980;57(10):703.

De Leenheer AP, Lefevere MF, Lambert WE, Colinet ES. Isotope-dilution mass spectrometry in clinical chemistry. Adv Clin Chem 1985;24:111–161.

USFDA. Guidance for Industry: Bioanalytical Method Validation. 2001.

Giovannini MG, Pieraccini G, Moneti G. Isotope dilution mass spectrometry: Definitive methods and reference materials in clinical chemistry. Ann Ist Super Sanita 1991;27(3):401–410.

Jemal M, Schuster A, Whigan DB. Liquid chromatography/tandem mass spectrometry methods for quantitation of mevalonic acid in human plasma and urine: Method validation, demonstration of using a surrogate analyte, and demonstration of unacceptable matrix effect in spite of use of a stable isotope analog internal standard. Rapid Commun Mass Spectrom 2003;17(15):1723–1734.

King R, Bonfiglio R, Fernandez-Metzler C, Miller-Stein C, Olah T. Mechanistic investigation of ionization suppression in electrospray ionization. J Am Soc Mass Spectrom 2000;11(11):942–950.

Lee JW, Devanarayan V, Barrett YC, et al. Fit-for-purpose method development and validation for successful biomarker measurement. Pharm Res 2006;23(2):312–328.

Li W, Cohen LH. Quantitation of endogenous analytes in biofluid without a true blank matrix. Anal Chem 2003;75(21):5854–5859.

MacNeill R, Sangster T, Moussallie M, Trinh V, Stromeyer R, Daley E. Stable-labeled analogues and reliable quantification of nonprotein biomarkers by LC-MS/MS. Bioanalysis 2010;2(1):69–80.

Penner N, Ramanathan R, Zgoda-Pols J, Chowdhury S. Quantitative determination of hippuric and benzoic acids in urine by LC-MS/MS using surrogate standards. J Pharm Biomed Anal 2010;52(4):534–543.

Pickup J, McPherson K. Theoretical considerations in stable isotope dilution mass spectrometry for organic analysis. Anal Chem 1976;48(13):1885–1890.

Sharma K, Singh RR, Kandaswamy M, et al. LC-MS/MS-ESI method for simultaneous quantitation of three endocannabinoids and its application to rat pharmacokinetic studies. Bioanalysis 2011;3(2):181–196.

Shi J, Liu HF, Wong JM, Huang RN, Jones E, Carlson TJ. Development of a robust and sensitive LC-MS/MS method for the determination of adenine in plasma of different species and its application to in vivo studies. J Pharm Biomed Anal 2011;56(4):778–784.

Skoog DA, Holler FJ, Nieman TA. Principles of Instrumental Analysis. Philadelphia, PA: Saunders College Publishing; 1998. p 15–18.

附录 1

实验动物和人类的身体与器官质量及生理参数

		小鼠	大鼠	兔	猴	狗	人	参考文献
体重/kg		0.02	0.25	2.5	5	10	70	1
器官质量/g	脑	0.36	1.8	14	90	80	1400	1
	肝	1.75	10.0	77	150	320	1800	1
	肾	0.32	2.0	13	25	50	310	1
	心	0.08	1.0	5	18.5	80	330	1
	脾	0.10	0.75	1	8	25	180	1
	肾上腺	0.004	0.05	0.5	1.2	1	14	1
	肺	0.12	1.5	18	33	100	1000	1
血量/ml		1.7	13.5	165	367	900	5200	1
血液 pH		—	7.38	7.35	—	7.36	7.39	2
血细胞比容/%		45	46	36	41	42	44	2
尿液 pH		—	—	—	—	—	4.5～8.0	2

注：文献 1. Davies B, Morris T. Physiological parameters in laboratoryanimalsandhumans. PharmRes. 1993 Jul;10(7):1093-1905.

文献 2. Kwon Y. Handbook of essential pharmacokinetics, pharmacodynamics, and drug metabolism for industrial Scientist. Springer; 2002.

附录 2

常用于血液样品采集的抗凝剂

抗凝剂	结构	机制	反离子	使用浓度
肝素	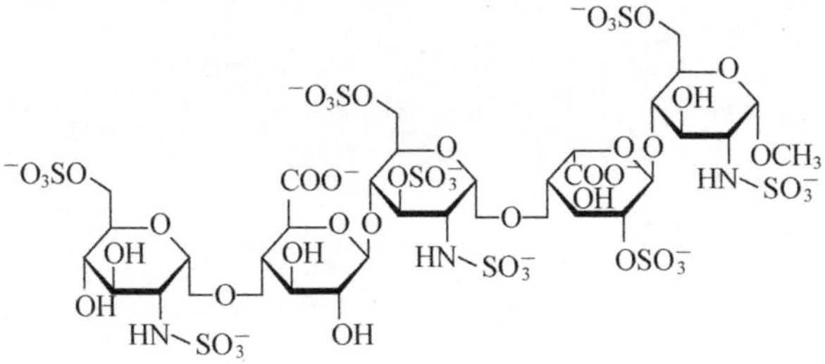	抑制纤维蛋白凝固	锂、钠、钾、铵等	约 20 单位/ml 血（约 0.2 mg/ml）
乙二胺四乙酸（EDTA）	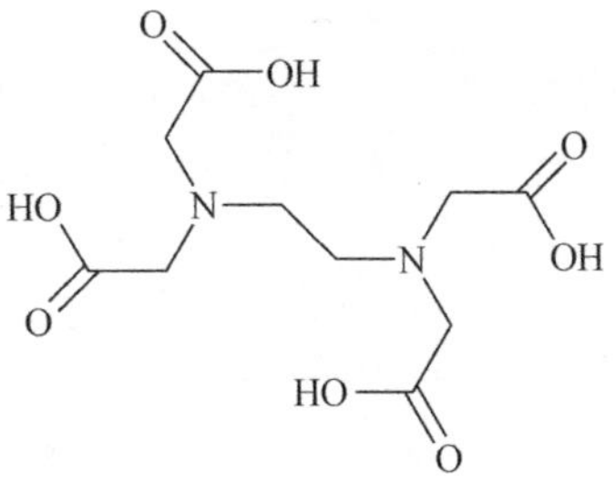	螯合钙	钠、K_2（固体形式）、K_3（液态形式	约 1.5 mg/ml
柠檬酸	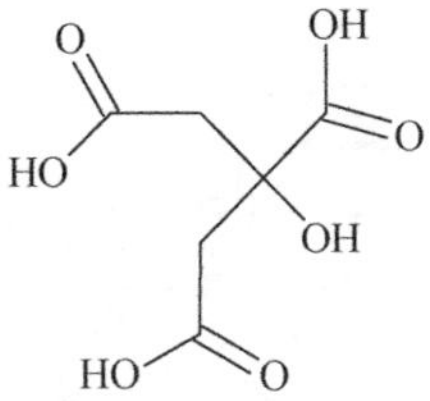	螯合钙	钠	3.2%
草酸盐	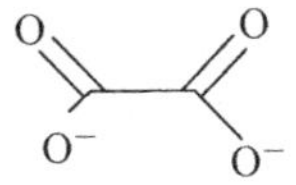	螯合钙	锂、钠、钾、铵	1～2 mg/ml

附录 3

液相色谱-质谱（LC-MS）生物分析中常用的溶剂和试剂

溶剂/试剂	分子式	分子质量/Da	pK_a
乙酸	CH_3CO_2H	60.05	4.8
丙酮	C_3H_6O	58.08	—
乙腈	CH_3CN	41.05	—
甲酸铵	HCO_2NH_4	63.06	3.8/9.2
乙酸铵	$CH_3CO_2NH_4$	77.08	4.8/9.2
碳酸氢铵	NH_4CO_3H	79.06	6.4/9.2/10.3
氢氧化铵	NH_4OH	35.04	9.2
氯仿	$CHCl_3$	119.38	—
二氯甲烷	CH_2Cl_2	84.93	—
乙醚	$(CH_3CH_2)_2O$	74.12	—
二乙胺	$C_4H_{11}N$	73.14	11.0
二甲基亚砜	C_2H_6OS	78.13	—
乙醇	CH_3CH_2OH	46.08	—
乙酸乙酯	$CH_3CO_2CH_2CH_3$	88.12	—
甲酸	HCO_2H	46.03	3.8
庚烷	$CH_3(CH_2)_5CH_3$	100.21	—
正己烷	$CH_3(CH_2)_4CH_3$	86.18	—
异丙醇	$CH_3CH(OH)CH_3$	60.11	—
甲醇	CH_3OH	32.04	—
甲基叔丁基醚	$(CH_3)_3COCH_3$	88.15	—
正丙醇	$CH_3CH_2CH_2OH$	60.11	—
四氢呋喃	C_4H_8O	72.12	—
三乙基铵乙酸	$(CH_3CH_2)_3NHOCOCH_3$	161.24	4.8/11.0
三氟乙酸	CF_3CO_2H	114.02	0.2
三（羟甲基）氨基甲烷	$(HOCH_2)_3CNH_2$	121.14	8.3
水	H_2O	18.02	—

附录 4

液相色谱-质谱（LC-MS）生物分析常用词汇

FDA 483 表——美国 FDA 用于记录在检查中所发现问题的一种表格。

pK_a值——溶液酸度解离常数的负常用对数。

按需定制的方法验证（fit-for-purpose method validation）——一种根据研究目的而建立并获得所需生物分析方法验证参数的程序。

保护柱（guard column）——一种放置在进样器和分析柱之间的小柱，以保护分析柱。

标示浓度（nominal concentration）——理论浓度或预期浓度。

标准操作规程（standard operating procedure, SOP）——书面文件。用来说明既定步骤和流程来完成特定的任务。

标准差（standard deviation）——为方差的算术平方根，反映组内数据间的离散程度。

标准曲线（standard curve）——见校正曲线。

部分验证（partial validation）——对一个已经验证的生物分析方法进行变更后，只重复进行相关部分验证的一系列分析实验。

残留（carry-over）——在高浓度分析物样品分析后进样空白样品时出现的分析物信号峰。

产物离子（daughter ion）——见串联质谱法。

超高效液相色谱（ultra high performance liquid chromatography, UHPLC）——一种色谱法。使用颗粒度更小（≤2 μm）的柱填充料，可提供比传统色谱更好更快的分离。

重复性（reproducibility）——精确地或独立地重复实验结果的能力。

储备液（stock solution）——由纯分析物配制的溶液，作为分析步骤的一部分，储备液用来配制分析物工作液。

穿孔干血斑（perforated dried blood spot）——在穿孔过滤纸上定量收集全血的微量采样技术。

串联质谱（tandem mass spectromety）——使用两个或更多个质量分析器的串联质谱技术，由第一个质量分析器选择前体离子（或母离子）并聚焦到一个碰撞区域，在那里它们被分裂成产物离子（子离子），然后由第二个质量分析器检测。

存档（archive）——在规定时间内对记录（原始数据、方案、报告等）的收集和存放。

大气压光离子化（atmospheric pressure photo ionization, APPI）——一种化合物在紫外光下电离的技术。

大气压化学离子化（atmospheric pressure chemical ionization, APCI）——一种于质谱离子源进行的在大气压力下的气相化学电离过程。

代谢（metabolism）——见生物转化（biotransformation）。

代谢产物（metabolite）——药物通过代谢或生物转化而产生的化合物。

代谢谱（metabolite profiling）——生物样品中药物代谢产物的检测、鉴定和定量。

单克隆抗体（单抗）（mAb）——通过 B 淋巴细胞产生的单个克隆抗体（单抗）。

蛋白质沉淀（protein precipitation, PPT）——一种生物样品提取方法。通过向生物样品中加入可混溶的有机溶剂致使蛋白质沉淀。

等度洗脱（isocratic elution）——以恒定组成的流动相进行洗脱。

电喷雾离子化（electrospray ionization, ESI）——一种在液相质谱中使用的软电离技术。含分析物的溶液由带有高电位的毛细管喷出并雾化，在气相中产生离子化分析物。

定量（quantification）——测定生物基质中化合物的浓度。

定量范围（quantification range）——见校正范围。

定量上限（upper limit of quantification, ULOQ）——样品中分析物可以被定量测定并达到预定精密度和准确度的最高含量。

定量下限（lower limit of quantification, LLOQ）——样品中可以被定量测定并达到预定精密度和准确度的分析物的最低含量。

对照标准物质（reference material）——被认证并附有认证书的化合物。

多反应监测（multiple reaction monitoring, MRM）——一种在串联质谱中使用的定量分析方法，通过在串联质谱仪的第一级（Q1）锁定母离子并在第三级（Q3）锁定子离子来测定分析物。

二维色谱（2 dimensional chromatography）——一种色谱法。是将两种分离机制不同的色谱方式组合在一起，以实现对复杂样品中分析物的分离。

反荷离子（counter-ion）——与相关物质电荷相反的离子。

反相色谱法（reversed phase chromatography）——一种色谱方法。使用非极性固定相和极性亲水性流动相。

反义寡核苷酸（antisense oligonucleotide）——短的核苷酸链，可以结合到 mRNA 以阻止基因表达。

反应性代谢产物（reactive metabolite）——一类药物代谢产物。因其带自由电子，可亲核攻击细胞中的一些分子，如谷胱甘肽等。

范德姆特方程（Van Deemer curve）——一个色谱方程。方程式 $H=A+B/V+CV$。该式直观地反映了流动相流速对分离的影响。式中，A、B、C 为常数，V 表示流动相的流速。

方法验证（method validation）——验证一个生物分析方法适合于它的预期目的，并能提供有用和有效分析数据的测试过程。

非特异性结合（nonspecific binding, NSB）——分析物在特定基质中与容器表面的相互作用。

分析步骤（analytical procedure，AP）——对执行分析必需步骤所进行的详细描述。

分析方法（analytical method）——用于特定样品中药物及相关成分定性和定量分析的技术和步骤。

分析批（analytical run）——一个完整系列的分析和试验样品，含适当数目校正标样和 QC 样品用于验证。一天内可能完成几个分析批，也可能几天完成一个分析批。

分析物（analyte）——待测的特定化学物质，可以是生物基质中的药物分子或其衍生物，也可以是代谢产物或降解产物。

分析证书（certificate of analysis, CoA）——一种适用于 GMP 或 GLP 的分析结果报告。

辅助气体（auxiliary gas）——在质谱仪离子源中使用的氮气，以帮助去除溶剂。

肝素（heparin）——一种硫酸化糖胺聚糖，用作血液样品收集时的抗凝剂。

干基质斑（dry matrix spot, DMS）——将除血液外的其他液态样品如血浆、血清、眼泪、唾液、尿液和滑膜液采集于以纤维素为基础的纸上所形成的干样品。

干扰物（interference）——与分析物在相同的质荷比（*m/z*）及保留时间出现信号的内源性成分，同服药物或其他物质。

干血斑（dry blood spot, DBS）——将血样采集于以纤维素为基础的纸上所形成的干血样品。

高电场不对称波形离子迁移谱（high-field asymmetric-waveform ion-mobility spectrometry, FAIMS）——一种质谱技术。在大气压高点场下，气化的离子化分子由于非对称射频和静态波作用在两极间的迁移率不同而得到分离。

高效液相色谱（high performance liquid chromatography, HPLC）——一种色谱技术，用于分离溶解在溶液中的化合物，HPLC 仪器包括流动相、泵、进样器、色谱柱、柱温箱和检测器等。

共价结合（covalent binding）——两个分子通过一个共享的键形成一个完整的分子。

固相萃取（solid phase extraction, SPE）——根据混合物中分析物物理和化学性质的不同，使用填充固体吸附剂（如二氧化硅或聚合物）和适当的洗脱溶剂将它们分离。

寡核苷酸（oligonucleotide）——一种由一般 20 个或少于 20 个碱基组成的短链核苷酸聚合物。

规范生物分析（regulated bioanalysis）——符合 GLP 规范的生物分析。

轨道阱（orbitrap）——一种基于傅里叶变换的质量分析器，由一个管状外电极和一个位于同轴上的纺锤状内电极形成四极对数静电场。

合同研究组织（contract research organization, CRO）——在医药及生物技术行业提供外包研究服务的机构。

回收率（recovery, RE）——分析方法的提取效率。为样品经过提取和处理方法所需步骤后所测分析物量与已知量的百分比。

基线（baseline）——LC-MS 色谱图中不含分析物时的信号。

基质效应（matrix effect）——由于样品中存在非分析物或其他干扰物质，导致分析物信号的增强或抑制。

基质因子（matrix factor, MF）——在生物分析方法验证中对基质效应的定量计算，为基质存在时与无基质存在时响应的比例。

加速器质谱（accelerated mass spectrometry, AMS）——一种高度灵敏的用于分离并测量同位素的方法。利用 AMS，可以通过给志愿者服用非常微量的 ^{14}C 标记药物来进行药物质量平衡（mass balance）的研究。

键合相（bonded phase）——固定相，利用共价键链到载体颗粒或管壁上。

交叉验证（cross validation）——比较两个生物分析方法的验证参数。

精密度（precision）——一个分析方法在预定的条件下获得的一系列测量值之间的接近程度（分散度）。精密度定义为标准差/均值（%）。

绝对生物利用度（absolute bioavailability）——药物通过非静脉给药达到全身循环后与通过静脉给药的测定药量的比较分数。

抗凝血剂（anticoagulant）——在血液采集过程中加入的用来防止血液凝固（结块）的物质。

抗体-药物偶联物（ADC）——生物活性分子（payload）通过化学链接（linker）链接于单克隆抗体（mAb）。

空白基质（blank matrix）——不含分析物的生物基质。

控制基质（control matrix）——见空白基质。

离子对（ion pairing）——加到流动相中以屏蔽带电基团并增加分析物的疏水性从而改进反相色谱性能的试剂。

离子化抑制/增强（ion suppression/enhancement）——由于基质中内源性物质与分析物共同洗脱而产生的LC-MS信号减少/增强的现象。

离子阱质谱仪（ion trap mass spectrometer）——一种质谱仪，其所带装置可以在一定时间内储存一定质量范围的气化离子。

离子迁移谱（ion mobility spectrometry, IMS）——一种根据离子化分子在气化状态下迁移率的差异来进行分离的技术。

离子源（ion source）——质谱仪中的电磁装置，用来电离分析物分子。在LC-MS生物分析中通常有两种离子源：ESI和APCI。

临床试验（clinical trial）——一种用受试者来评估新药的研究。

临床样品（clinical sample）——取自临床研究受试者的样品。

磷脂（phospholipid）——一类脂质成分，是所有细胞膜的主要成分，因为它们能形成脂质双层。大部分的磷脂含有甘油二酯、磷酸基和简单的有机分子。一个例外是鞘磷脂，它的来源是鞘氨醇而不是甘油。

流动相（mobile phase）——色谱中用来洗脱分析物的溶剂（通常是水和有机溶剂）。

流速（flow rate）——在每单位时间内流动相穿过色谱柱的体积。

毛细管电泳（capillary electrophoresis）——利用在毛细管中被分析的带电分子在电场作用下因移动速率不同而达到分离不同分子的方法。

毛细管液相色谱（capillary liquid chromatography, capillary LC）——一种用毛细管柱进行的液相色谱。

酶（enzymes）——具有特定三维结构的生物大分子（主要是蛋白质）。在体内酶代谢药物的同时也会导致分析物在体外条件下的不稳定。

母离子（parent ion）——又称前体离子，见串联质谱法。

内标（internal standard, IS）——用来校正分析过程中的变异而在校正标样、QC样品和试验样品的预处理及分析过程中加入的浓度固定且与被测分析物结构类似或用稳定同位素标记的化合物。

内源性化合物（endogenous compound）——存在于生物体组织、体液或细胞内的化合物。

内源性基质（endogenous matrix）——见空白基质。

尿液（urine）——见生物基质。

偶联物（conjugate）——两种或多种物质结合在一起。

碰撞池（collision cell）——位于串联质谱仪Q1和Q3之间，充有惰性气体如氮气、氩气或氦气。当气体分子达到某点，惰性气体与带电离子碰撞产生碎片（产物离子）。

碰撞激活解离（CAD）——在质谱仪上使分子离子在由电势引起的高动能加速过程中

与中性分子（通常是氦气、氮气或氩气）碰撞导致键断裂而产生较小碎片的机制。

碰撞诱导解离（collision-induced-dissociation, CID）——见碰撞激活解离。

批次（batch/run）——一个完整的生物分析批，包含适当数目的空白样品、零样品、校正标样和QC样品及未知样品。

偏差（bias）——测得值与标准值或参考值或标示值之间的差。

气帘气（curtain gas）——用于防止污染物进入质谱分析器而在离子源中心入口孔处设置的逆流干燥气体。

前体药物（prodrug）——是指经过生物体内转化后才具有药理作用的化合物。

曲线下面积（area under the curve, AUC）——给药后药物浓度（通常是血浆浓度）时间曲线下的面积。

全血（whole blood）——没有除去任何组分（如血浆或血小板）的血液。

认证（qualification）——一种根据预定性能和标准来测量分析仪器或相关工作软件是否运行正常并能产生预期结果的步骤。包括安装认证（IQ），操作认证（OQ）和性能认证（PQ）。

溶血（hemolysis）——一种由红细胞破裂导致血红蛋白释放到血浆中的现象。

色谱（chromatography）——一种利用化合物在不同相态的分配系数不同，以合适流动相对吸附在固定相上的混合物进行洗脱而使混合物中不同化合物以不同速度沿固定相移动，最终达到分离的方法。

生物标本（biological specimen）——见生物基质。

生物标志物（biomarker）——一种或几种用于测量和评估生物过程、致病发病过程或药理学作用的标志物。

生物等效性（bioequivalence, BE）——两种含有相同活性成分的药物制剂在服用后的吸收速率及吸收程度的可比性。

生物分析（bioanalysis）——分析药物、药物代谢产物、化合物或内源性生物标志物的过程，以测定它们在生物基质样品中的浓度。

生物分析方法转移（bioanalytical method transfer）——把验证过的生物分析方法从一个实验室转移到另一个实验室的过程。

生物分析检测（bioanalytical assay）——用于定量测定生物基质中药物、药物代谢产物、化合物或内源性生物标志物的方法。

生物基质（biological matrix）——生物体内的液体或组织，如血液、血清、血浆、尿液、粪便、唾液、痰液和各种组织。

生物利用度（bioavailability, BA）——指药物从制剂中吸收并进入血液循环后结构没有变化的部分相对于给药量的比例。

生物液体（biofluid）——见生物液体（biological fluid）。

生物液体（biological fluid）——人体或实验动物体内的体液或排泄液。常见的生物液体包括全血、血浆、血清、脑脊液、胆汁、唾液、精液、眼泪、粪便和尿液等。

生物制药（biopharmaceutical）——利用生物体来制造药品，包括蛋白质（如抗体）、核酸（DNA、RNA或反义寡核苷酸）等，用于治疗或诊断目的。

生物转化（biotransformation）——药物在生物体内的化学改变。这种改变可导致药物失活，或产生别的活性分子。

实验室信息管理系统（laboratory information management system, LIMS）——一种提供实验室工作流程和数据跟踪、处理、管理与支持的信息管理系统。

手性分离（chiral separation）——见手性柱色谱。

手性固定相（chiral stationary phase）——用于色谱分离和测定手性化合物固定相的物质。

手性化合物（chiral compound）——含有不对称中心或手性中心的化合物。

手性柱色谱（chiral column chromatography）——一种通过 HPLC 柱上手性固定相来分离手性化合物的色谱方法。手性化合物通过其与固定相亲和力的不同而被分离。

特异性（specificity）——是指在基质中内源性和外源性化合物存在的情况下精确测量分析物的能力。

梯度洗脱（gradient elution）——一种色谱技术，通过调节流动相梯度来调整分析物的保留时间。

体外（*in vitro*）——在受控环境下进行的体外过程。

添加剂（additive）——化合物（通常以液体形式）加到 HPLC 流动相中以改善 LC-MS 分析。

同量异序化合物（isobaric compound）——由相同元素构成并具相同分子式或分子质量的结构异构体。

同位素稀释（isotope dilution）——一种分析技术，将已知量的稳定同位素标记物加到待测样品中。通过比较两个信号强度来确定它们的相对比例，从而测得分析物在待测样品中的浓度。

统计离群值（statistical outlier）——明显偏离对照组的数据点。

完整验证（full validation）——根据 SOP 建立每种分析物方法的验证参数，用于生物样品分析。

稳定同位素标记内标（stable isotope labeled internal standard, SIL-IS）——将分析物的几个原子交换成重同位素，如 ^{2}H、^{15}N、^{13}C 等，用作在 LC-MS 生物分析中的内标。

涡流（turbulent flow）——一种借助大颗粒填充料和小口径柱的色谱分离技术。在高线速（涡流）下，较大的分子比较小的分子先被洗脱，而较小的分子因其扩散到颗粒孔隙中而较晚地被洗脱出来。

污染（contamination）——样品中出现不该存在的分析物。

吸附剂（adsorbent）——能够吸附另一种物质的材料。

洗脱（elution）——流动相穿过色谱床或固定相以洗脱化合物。

细胞色素 P450（cytochrome P450）——广泛分布于哺乳动物中的一类酶，它代谢各种内源性和外源性化合物。

线性回归（linear regression）——一种表达两个变量关系的方法。在生物分析中，这两个变量分别为浓度和仪器响应（通常是分析物和内标峰面积比）。二者关系可由一个直线回归方程表达为 $y=ax+b$，式中，y 为仪器响应，x 是浓度，a 是斜率，b 为截距。

校正（calibration）——一种测量并核定仪器响应值和相应已知值之间关系的过程。

校正标样（calibration standard）——加入已知量分析物的基质。校正标样用于建立校正曲线。

校正范围（calibration range）——一个分析方法的范围，即样品中分析物高浓度和低浓度的区间。在此范围内，已经证明该分析方法能满足所需的精密度、准确度和响应函数。

校正曲线（calibration curve）——一组若干个已知浓度的标样，用于确定未知样品中分析物的浓度。

新药申请（new drug application, NDA）——一种向美国食品和药物监督管理局（FDA）正式申请营销新药品的程序。

信噪比（signal/noise, *S/N*）——在生物分析中使用的一种度量。是所得分析物信号（*S*）与仪器背景噪声（*N*）的比值。

选择性（selectivity）——是指生物分析方法在样品中可能组分存在的情况下，测量和区分分析物和内标的能力。

选择性反应监测（selected reaction monitoring, SRM）——见多反应监测。

血浆（plasma）——见生物基质。

血清（serum）——见生物基质。

血细胞比容（hematocrit, HCT）——血红细胞在血液中的比例（通常为体积百分比）。

血液-血浆浓度比（blood to plasma ratio）——化合物在全血与血浆中浓度的比值。

衍生化（derivatization）——将化合物特定官能团进行改变以改善该化合物的分离和检测。

验证（validation）——获得针对分析物的生物分析方法验证参数的过程。

验证方案（validation protocol）——一种书面计划。说明验证某特定生物分析方法所应测试的参数、方法的特性、所用的设备及可能影响测试结果的因素和所采取的测试办法。

阳离子交换色谱（cation-exchange chromatography）——一种色谱法，通过使用带负电荷的固定相来分离带阳离子的化合物。

药代动力学（pharmacokinetic, PK）——有关研究药物吸收、分布、代谢和排泄速率和程度的学科。

药物代谢（drug metabolism, DM）——见生物转化。

药物代谢产物（drug metabolite）——药物通过生物转化所形成的化合物。

药物降解（drug degradation）——药物变化成副产物或较不复杂化合物的过程。

药物相互作用（drug-drug interaction, DDI）——一种药物对另一个药物的吸收、分布、代谢和排泄的影响。

药效学（pharmacodynamic, PD）——有关研究药物对人体生化和生理作用的学科。

液相色谱（LC）——见 HPLC。

液相色谱-串联质谱法（LC-MS，LC-MS/MS）——一种液相色谱（HPLC）与质谱或串联质谱（MS 或 MS/MS）的组合。这种技术在定性和定量分析中具有非常高的灵敏度和选择性。

液-液萃取（liquid-liquid extraction, LLE）——一种生物样品提取技术。用两种不混溶的溶剂，使分析物从一个液相转到另一个液相（通常是从水相转到有机相）。

已测样品（incurred samples）——来自给药受试者的生物样品。

已测样品再分析（incurred sample reanalysis, ISR）——重新分析已测的临床和非临床试验样品，以确定原来的分析结果是否可以重现。

阴离子交换色谱（anion-exchange chromatography）——一种色谱法，通过使用带正电的固定相从中性或阳离子组分中分离带阴离子电荷的化合物。

优良实验室规范（good laboratory practice, GLP）——研究实验室的一种组织管理和质量控制体系，以确保实验的质量和结果的可靠性与重复性。

载体液-液萃取（supported liquid extraction, SLE）——一种提取方法。它与传统的液-液萃取（LLE）不同，是使用填有硅藻土的柱子和与水互不相溶的有机溶剂来进行分离。

整体柱（monolithic column）——一种多孔材料填充分析色谱柱，相对于微粒填充柱，整体柱可在低柱压下承受相对高的流动相流速。

正相色谱（normal phase chromatography）——一种使用极性固定相和非极性非水流动相的色谱技术。

酯酶（esterase）——转换酯为酸和醇的酶。

质荷比（*m/z*）——带电离子质量与它所带电荷的比值。

质量控制（quality control, QC）——为完成符合规范的质量要求而设定操作技术和实施的过程控制。

质量控制样品（quality control sample）——含有已知量分析物的样品，用于监测生物分析方法的性能和评估每个分析批未知样品测定结果的完整性和可靠性。

质谱（mass spectrometry, MS）——一种分析技术。基于测量离子的质荷比（*m/z*）来进行定性和定量分析。

柱切换（column switch）——具有多通道可以转换位置的开关阀。可以使用它将混合物在两组分析柱上用不同的分离机制得到分析。

柱死体积（column dead volume）—空隙体积（填料内体积与填料间体积）与进样器、连接管路和连接头的多余体积之和。

准确度（accuracy）——分析方法测得值与真实值或对照值的接近程度。准确度定义为（测定值/真实值）×100%。

自动化（automation）——使用机器人或自动设备来完成分析任务。

自动进样器稳定性（autosampler stability）——从生物样品中提取的分析物在LC-MS系统自动进样器中于预先设定的温度条件下的稳定性。

总离子色谱图（total ion chormatogram）——记录总离子信号相对于色谱保留时间的图谱。

组织（tissue）——见生物基质。

最小二乘法（least square）——确定最能说明两个变量关系的回归方程的统计方法。

索　引

A

B

C

D

E

F

G

K

L

M

N

O

P

Q

R

S

T

W

X

Y

Z

其他